Günther Schuh (Hrsg.)
Produktionsplanung und -steuerung

Günther Schuh (Hrsg.)

Produktionsplanung und -steuerung

Grundlagen, Gestaltung und Konzepte

3., völlig neu bearbeitete Auflage
mit 321 Abbildungen

Professor Dr.-Ing. Dipl.-Wirt. Ing. Günther Schuh
RWTH Aachen
Forschungsinstitut für Rationalisierung
Pontdriesch 14/16
52062 Aachen
g.schuh@fir.rwth-aachen.de

Bibliografische Information der Deutschen Bibliothek
Die Deutsche Bibliothek verzeichnet diese Publikation in der Deutschen Nationalbibliografie; detaillierte bibliografische Daten sind im Internet über http://dnb.ddb.de abrufbar.

ISBN-10 3-540-40306-x Berlin Heidelberg New York
ISBN-13 978-3-540-40306-7 Berlin Heidelberg New York

Dieses Werk ist urheberrechtlich geschützt. Die dadurch begründeten Rechte, insbesondere die der Übersetzung, des Nachdrucks, des Vortrags, der Entnahme von Abbildungen und Tabellen, der Funksendung, der Mikroverfilmung oder Vervielfältigung auf anderen Wegen und der Speicherung in Datenverarbeitungsanlagen, bleiben, auch bei nur auszugsweiser Verwertung, vorbehalten. Eine Vervielfältigung dieses Werkes oder von Teilen dieses Werkes ist auch im Einzelfall nur in den Grenzen der gesetzlichen Bestimmungen des Urheberrechtsgesetzes der Bundesrepublik Deutschland vom 9. September 1965 in der jeweils geltenden Fassung zulässig. Sie ist grundsätzlich vergütungspflichtig. Zuwiderhandlungen unterliegen den Strafbestimmungen des Urheberrechtsgesetzes.

Springer ist ein Unternehmen von Springer Science+Business Media
springer.de
© Springer-Verlag Berlin Heidelberg 2006
Printed in Germany

Die Wiedergabe von Gebrauchsnamen, Handelsnamen, Warenbezeichnungen usw. in diesem Buch berechtigt auch ohne besondere Kennzeichnung nicht zu der Annahme, dass solche Namen im Sinne der Warenzeichen- und Markenschutz-Gesetzgebung als frei zu betrachten wären und daher von jedermann benutzt werden dürften. Sollte in diesem Werk direkt oder indirekt auf Gesetze, Vorschriften oder Richtlinien (z. B. DIN, VDI, VDE) Bezug genommen oder aus ihnen zitiert worden sein, so kann der Verlag keine Gewähr für die Richtigkeit, Vollständigkeit oder Aktualität übernehmen. Es empfiehlt sich, gegebenenfalls für die eigenen Arbeiten die vollständigen Vorschriften oder Richtlinien in der jeweils gültigen Fassung hinzuzuziehen.

Umschlaggestaltung: medionet AG, Berlin
Satz: Digitale Druckvorlagen des Herausgebers

Gedruckt auf säurefreiem Papier   68/3020/m   - 5 4 3 2 1 0

Vorwort

Anfang 1998 haben Herr Prof. Walter Eversheim und Herr Prof. Holger Luczak die erste Auflage des Buches „Produktionsplanung und -steuerung. Grundlagen, Gestaltung und Konzepte", das auf Basis jahrelanger Arbeit des Forschungsinstituts für Rationalisierung (FIR) entstanden ist, herausgegeben. Bewusst auf Anwendungsorientierung ausgerichtet, hat es sich schnell als Standardwerk der Produktionsplanung und -steuerung (PPS) – nicht zuletzt auch für Betriebspraktiker – etabliert, so dass schon wenig später eine zweite Auflage folgen konnte.

Jetzt, fast genau acht Jahre später, bin ich deshalb besonders froh, als Direktor am FIR Herrn Prof. Luczak auch in der Herausgeberschaft dieses Buches nachfolgen zu dürfen, das sich hoffentlich als ebenso nützlich erweisen wird wie sein Vorgängerwerk. Die Thematik jedenfalls ist aktueller denn je: Seit nunmehr über zwanzig Jahren behauptet sich der Begriff der Produktionsplanung und -steuerung als einer der zentralen Aspekte im Produktionsmanagement. Zwar schien es zwischenzeitlich, als würden „modernere" Begriffe wie das Supply Chain Management (SCM) an die Stelle der „traditionellen" PPS treten, aber in den letzten Jahren hat sich immer mehr gezeigt, dass es sich dabei vielmehr um eine logische Weiterentwicklung des PPS-Begriffes handelt, die fest auf ihrer Wurzel fußt.

Dieser forschungsgeschichtlichen Evolution wird mit diesem Buch anschaulich Rechnung getragen, indem das „Aachener PPS-Modell" als Kernstück der ersten Auflage entsprechend erweitert wurde – auch hier ersetzt das Neue das Alte nicht, sondern baut logisch auf ihm auf. Die wesentliche Neuerung dabei ist, dass die ursprünglich rein innerbetrieblich ausgelegte Sichtweise, gewissermaßen als Reaktion auf die reale Marktsituation in der Produktionsindustrie, um die Netzwerk-Perspektive ergänzt wurde.

Ich möchte allen Mitwirkenden, insbesondere Herrn Andreas Gierth, meinen herzlichen Dank für ihren Erneuerungswillen aussprechen, auf dass auch der nächsten Forscher- und Praktikergeneration griffige Erklärungsmodelle und solide theoretische Grundlagen geboten werden können.

Aachen, im Januar 2006   Günther Schuh

1 Einführung

2 Grundlagen
der Produktionsplanung und -steuerung
2.1 Aachener PPS-Modell
2.2 Aufgaben
2.3 Prozessarchitektur
2.4 Prozesse
2.5 Funktionen

3 Gestaltung
der Produktionsplanung und -steuerung
3.1 Gestaltungsaufgaben
3.2 Reorganisation der PPS
3.3 Auswahl und Einführung von PPS-Systemen
3.4 Harmonisierung der PPS
3.5 Koordination von Produktionsnetzwerken
3.6 Controlling in Lieferketten
3.7 PPS in Produktionsnetzwerken
3.8 Best Practices des SCM

4 Konzeptentwicklung
in der Produktionsplanung und -steuerung
4.1 Materialkreislaufführung
4.2 Simulation in der Produktion
4.3 Handel mit Produktionsleistungen
4.4 Selbststeuerung logistischer Prozesse
4.5 Product Lifecycle Management
4.6 PPS bei flexiblen Arbeitszeiten
4.7 Bestandsmanagement

5 Ausblick

Inhaltsverzeichnis

1	Einführung	3
	von Günther Schuh und Andreas Gierth	
2	Grundlagen der Produktionsplanung und -steuerung	11
2.1	**Aachener PPS-Modell**	**11**
	von Günther Schuh und Andreas Gierth	
2.1.1	Überblick	11
2.1.2	Grundverständnis und Aufbau des Aachener PPS-Modells	12
2.1.3	Einsatz von Sichten in PPS-Projekten	15
2.1.4	Referenzsichten	18
2.1.4.1	Aufgabensicht	19
2.1.4.2	Prozessarchitektursicht	21
2.1.4.3	Prozesssicht	23
2.1.4.4	Funktionssicht	25
2.1.5	Literatur	27
2.2	**Aufgaben**	**28**
	von Günther Schuh und Robert Roesgen	
2.2.1	Überblick	28
2.2.2	Netzwerkaufgaben	31
2.2.2.1	Netzwerkkonfiguration	31
2.2.2.2	Netzwerkabsatzplanung	33
2.2.2.3	Netzwerkbedarfsplanung	34
2.2.3	Kernaufgaben	37
2.2.3.1	Produktionsprogrammplanung	37
2.2.3.2	Produktionsbedarfsplanung	42
2.2.3.3	Eigenfertigungsplanung und -steuerung	48
2.2.3.4	Fremdbezugsplanung und -steuerung	56
2.2.4	Querschnittsaufgaben	58
2.2.4.1	Auftragsmanagement	59
2.2.4.2	Bestandsmanagement	64
2.2.4.3	Controlling	69
2.2.5	Datenverwaltung	71
2.2.5.1	Stammdaten	72
2.2.5.2	Bewegungsdaten	77
2.2.6	Literatur	78

2.3	**Prozessarchitektur**	**81**
	von Günther Schuh, Andreas Gierth und Philipp Schiegg	
2.3.1	Überblick	81
2.3.2	Wesen und Zweck der Prozessarchitektur	82
2.3.3	Typologie von Produktionsnetzwerken	83
2.3.3.1	Produktionsverbund, Produktionsstandort und Produktionsnetzwerk	83
2.3.3.2	Morphologie	84
2.3.4	Produktionsnetzwerktypen	92
2.3.4.1	Projektnetzwerk	92
2.3.4.2	Hierarchisch-stabile Kette	94
2.3.4.3	Hybridfertigungs-Netzwerk	94
2.3.4.4	Entwicklungsgeprägtes Seriennetzwerk	97
2.3.4.5	Fremdbestimmtes Lieferanten-Netzwerk	97
2.3.5	Prozessmerkmale der Prozessarchitektur	100
2.3.6	Ableitung typspezifischer Prozessarchitekturen	102
2.3.6.1	Prozessarchitektur Projektnetzwerk	102
2.3.6.2	Prozessarchitektur Hierarchisch-stabile Kette	103
2.3.6.3	Prozessarchitektur Hybridfertigungs-Netzwerk	105
2.3.7	Literatur	106
2.4	**Prozesse**	**108**
	von Günther Schuh und Carsten Schmidt	
2.4.1	Überblick	108
2.4.2	Struktur und Darstellungsform der Prozessmodelle	110
2.4.3	Unternehmensübergreifende Netzwerkprozesse	112
2.4.3.1	Netzwerkkonfiguration	112
2.4.3.2	Netzwerkabsatzplanung	115
2.4.3.3	Netzwerkbedarfsplanung	117
2.4.4	Unternehmensinterne Auftragsabwicklungsprozesse	120
2.4.4.1	Morphologie der lokalen Auftragsabwicklung	120
2.4.4.2	Charakterisierung der Merkmale und Ausprägungen	122
2.4.4.3	Auftragsabwicklungstypen	135
2.4.5	Auftragsfertiger	136
2.4.5.1	Auftragsmanagement	139
2.4.5.2	Produktionsprogrammplanung	145
2.4.5.3	Produktionsbedarfsplanung	147
2.4.5.4	Eigenfertigungsplanung und -steuerung	149
2.4.5.5	Fremdbezugsplanung und -steuerung	151
2.4.5.6	Bestandsmanagement	153
2.4.6	Rahmenauftragsfertiger	153
2.4.6.1	Produktionsprogrammplanung	158
2.4.6.2	Produktionsbedarfsplanung	161
2.4.6.3	Eigenfertigungsplanung und -steuerung	163
2.4.6.4	Fremdbezugsplanung und -steuerung	164

2.4.6.5	Auftragsmanagement	166
2.4.6.6	Bestandsmanagement	167
2.4.7	Variantenfertiger	167
2.4.7.1	Auftragsmanagement	170
2.4.7.2	Produktionsprogrammplanung	173
2.4.7.3	Produktionsbedarfsplanung	175
2.4.7.4	Eigenfertigungsplanung und -steuerung	177
2.4.7.5	Fremdbezugsplanung und -steuerung	179
2.4.7.6	Bestandsmanagement	180
2.4.8	Lagerfertiger	180
2.4.8.1	Produktionsprogrammplanung	182
2.4.8.2	Produktionsbedarfsplanung	185
2.4.8.3	Eigenfertigungsplanung und -steuerung	187
2.4.8.4	Fremdbezugsplanung und -steuerung	190
2.4.8.5	Auftragsmanagement	190
2.4.8.6	Bestandsmanagement	191
2.4.9	Literatur	192
2.5	**Funktionen**	**195**
	von Günther Schuh und Svend Lassen	
2.5.1	Anwendungssysteme im Umfeld der Produktion	195
2.5.2	Funktionen zur Unterstützung der Kernaufgaben	197
2.5.2.1	Absatz- und Produktionsprogrammplanung	199
2.5.2.2	Materialdisposition	203
2.5.2.3	Produktionsplanung	207
2.5.2.4	Produktionssteuerung	219
2.5.2.5	Einkauf und Beschaffung	226
2.5.3	Funktionen zur Unterstützung der Netzwerkaufgaben	234
2.5.3.1	Netzwerkkonfiguration	234
2.5.3.2	Netzwerkabsatzplanung	238
2.5.3.3	Netzwerkprogrammplanung	243
2.5.4	Funktionen zur Unterstützung der Querschnittsaufgaben	248
2.5.4.1	Produktdatenmanagement	248
2.5.4.2	Angebots- und Auftragsbearbeitung	264
2.5.4.3	Projektmanagement	271
2.5.4.4	Materialwirtschaft	279
2.5.4.5	Lagerverwaltung	285
2.5.5	Literatur	292
3	**Gestaltung der Produktionsplanung und -steuerung**	**295**
3.1	**Gestaltungsaufgaben in der PPS**	**295**
	von Günther Schuh und Andreas Gierth	
3.1.1	Überblick	295
3.1.2	Gestaltungsstrategien	297
3.1.2.1	Standardisierung	297

3.1.2.2	Integration	298
3.1.2.3	Optimierung	299
3.1.2.4	Dezentralisierung	299
3.1.2.5	Zentralisierung	300
3.1.3	Gestaltungsaufgaben	301
3.1.4	Literatur	303
3.2	**Reorganisation der PPS**	**304**
	von Carsten Schmidt und Robert Roesgen	
3.2.1	Überblick	304
3.2.2	Zielsetzung der PPS-Reorganisation	310
3.2.3	Projekteinrichtung	311
3.2.4	Prozess- und Strukturanalyse	316
3.2.5	Prozess- und Strukturreorganisation	322
3.2.6	Literatur	328
3.3	**Auswahl und Einführung von ERP-/PPS-Systemen**	**330**
	von Robert Roesgen und Carsten Schmidt	
3.3.1	Überblick	330
3.3.2	Herausforderungen bei der Softwareauswahl	331
3.3.2.1	Projektmanagement	332
3.3.2.2	Strategische Entwicklungstrends bei ERP-/PPS-Systemen und Anbietern	335
3.3.2.3	Funktionale Entwicklungstrends bei ERP-/PPS-Systemen	336
3.3.3	Grundsätzliche Vorgehensweisen zur Softwareauswahl	337
3.3.4	Das 3-Phasen-Konzept	340
3.3.4.1	Die Vorauswahl	341
3.3.4.2	Die Endauswahl	347
3.3.4.3	Verpflichtungsheft und Vertragsabschluss	358
3.3.5	Einführung von ERP-/PPS-Systemen	360
3.3.5.1	Überblick	360
3.3.5.2	Personalentwicklung und Qualifizierung	361
3.3.5.3	Erstellung eines Prototypen	364
3.3.5.4	Feinkonzeption	365
3.3.5.5	Anpassung und Konfiguration des ERP-/PPS-Systems	369
3.3.5.6	Datenaufbereitung und -übernahme	372
3.3.5.7	Übergang in den Echtbetrieb	374
3.3.6	Literatur	375
3.4	**Harmonisierung von ERP-/PPS-Prozessen und -Systemen**	**377**
	von Svend Lassen	
3.4.1	Überblick	377
3.4.1.1	Integration verteilter Standorte und Unternehmen	377
3.4.1.2	Begriffe Integration und Harmonisierung	379

3.4.2	Harmonisierungsstrategien	381
3.4.2.1	Untersuchung der Harmonisierungspotenziale	381
3.4.2.2	Merkmale der Harmonisierungsstrategien	386
3.4.2.3	Abgleich von Strategieanforderungen und -merkmalen	392
3.4.3	Nutzenorientierte Bewertung der Strategien	396
3.4.3.1	Grundlagen der Nutzenbewertung	396
3.4.3.2	Strategische Ziel- und Prozessgewichtung	399
3.4.3.3	Operative Prozess- und Datenbewertung	401
3.4.3.4	Bewertung der Strategien nach den Potenzialen	403
3.4.4	Kostenorientierte Bewertung der Strategien	405
3.4.4.1	Grundlagen der Kostenbewertung	405
3.4.4.2	Kalkulationsschema für die Projektkosten	405
3.4.4.3	Methoden zur Kostenermittlung	408
3.4.4.4	Verfahren zur Bestimmung der Projektkosten	409
3.4.5	Vorgehen bei der Harmonisierung	410
3.4.5.1	Projekt-Kickoff	410
3.4.5.2	Ist-Analyse der Prozesse und Systeme	411
3.4.5.3	Unternehmensspezifisches Soll-Konzept	412
3.4.5.4	Bewertung und Auswahl einer Strategie	414
3.4.5.5	Implementierung der Strategie	416
3.4.5.6	Projekt-Controlling	416
3.4.6	Zusammenfassung	416
3.4.7	Literatur	417
3.5	**Koordination interner Produktionsnetzwerke**	**421**
	von Alexandra Kaphahn und Thorsten Lücke	
3.5.1	Überblick	421
3.5.2	Ausgangssituation und Problemstellung	421
3.5.3	Modell einer Supply Chain Organisation	425
3.5.4	Rolle der fokalen Unternehmung als zentrale Planungsinstanz	426
3.5.5	Koordinationsbedarf durch strukturbedingte Interdependenzen in internen Produktionsnetzwerken	428
3.5.6	Koordinationsebenen und -schwerpunkte in internen Produktionsnetzwerken	431
3.5.6.1	Koordinationsebene „Abstimmung des Absatzes"	435
3.5.6.2	Koordinationsebene „Abstimmung des Bedarfs"	435
3.5.6.3	Koordinationsebene „Abstimmung der Beschaffung"	436
3.5.6.4	Koordinationsebene „Abstimmung der Produktion"	436
3.5.6.5	Koordinationsebene „Abstimmung der Distribution"	436
3.5.6.6	Koordinationsebene „Auftragskoordination"	437
3.5.7	Interne Produktionsnetzwerktypen	437
3.5.7.1	Morphologisches Merkmalsschema	438
3.5.7.2	Produktorientiertes Produktionsnetzwerk	440
3.5.7.3	Marktorientiertes Produktionsnetzwerk	442
3.5.7.4	Rein prozessorientiertes Produktionsnetzwerk	442
3.5.7.5	Prozessorientiertes Produktionsnetzwerk mit Inputdominanz	444

3.5.7.6	Prozessorientiertes Produktionsnetzwerk mit Outputdominanz	446
3.5.7.7	Wirkzusammenhänge zwischen Koordinationsschwerpunkten und internen Produktionsnetzwerktypen	447
3.5.8	Zielsystem für die übergeordnete Koordination in internen Produktionsnetzwerken	451
3.5.8.1	Zielmodell	451
3.5.8.2	Wirkzusammenhänge zwischen Zielen und Koordinationsschwerpunkten	453
3.5.9	Methode zur unternehmensspezifischen Auswahl und Priorisierung von Koordinationsschwerpunkten	456
3.5.9.1	Gestaltung des Entscheidungsprozesses	456
3.5.9.2	Vorgehensmodell	460
3.5.10	Zusammenfassung und Ausblick	462
3.5.11	Literatur	464
3.6	**Controlling in Lieferketten**	**467**
	von Hans-Peter Wiendahl, Peter Nyhuis, Andreas Fischer und Daniel Grabe	
3.6.1	Zielgrößen in Lieferketten	467
3.6.2	Grundlagen des Controllings	469
3.6.3	Kennzahlen für das Controlling	472
3.6.4	Modellierung der Produktion	474
3.6.4.1	Das Trichtermodell	474
3.6.4.2	Durchlaufdiagramm	475
3.6.4.3	Produktionskennlinien	476
3.6.4.4	Produktionscontrolling	479
3.6.5	Bestandscontrolling im Lager	485
3.6.6	Controlling in der Lieferkette	496
3.6.7	Einführung des Controllings	502
3.6.8	Literatur	508
3.7	**Produktionsplanung und -steuerung (PPS) in temporären Produktionsnetzwerken des Maschinen- und Anlagenbaus**	**511**
	von Martin Meyer, Benjamin Walber und Carsten Schmidt	
3.7.1	Temporäre Produktionsnetzwerke des Maschinen- und Anlagenbaus	511
3.7.2	Herausforderungen bei der Koordination temporärer Produktionsnetzwerke	515
3.7.3	Einheitlicher Datenstandard für den Maschinen- und Anlagenbau	526
3.7.4	Prozessstandard für die Auftragsabwicklung in temporären Produktionsnetzwerken	530
3.7.5	Internetbasiertes Koordinationsinstrument	536
3.7.6	Zusammenfassung	540
3.7.7	Literatur	540

3.8	**Best Practices des SCM in Kunden-Lieferanten-Beziehungen**	**542**
	von Benedikt Schweicher und Martin Weidemann	
3.8.1	Ausgangssituation und Problemstellung	542
3.8.2	Zielsetzung	545
3.8.3	Modellierung eines Zielsystems für die Gestaltung der Kunden-Lieferanten-Schnittstelle aus Lieferantensicht	545
3.8.3.1	Anforderungen an das Zielsystem	546
3.8.3.2	Zielsystem für die Gestaltung der Kunden-Lieferanten-Schnittstelle	546
3.8.4	Best Practices des SCM	555
3.8.4.1	Quick Response	555
3.8.4.2	Efficient Consumer Response	555
3.8.4.3	Collaborative Planning, Forecasting and Replenishment	557
3.8.4.4	Continuous Replenishment	558
3.8.4.5	Consignment Inventory Management	559
3.8.4.6	Vendor Managed Inventory	559
3.8.4.7	Just in Time Anlieferung	561
3.8.4.8	Just in Sequence Anlieferung	562
3.8.4.9	Kanban	562
3.8.5	Entwicklung eines Morphologischen Merkmalsschemas zur Beschreibung von Unternehmenstypen im Produktionsnetzwerk	563
3.8.5.1	Bestimmung der Einflussgrößen des Lieferanten und der Kunden-Lieferanten-Schnittstelle	563
3.8.5.2	Ableitung von Unternehmenstypologien	570
3.8.6	Best Practices des SCM in der Anwendung	581
3.8.6.1	Ermittlung der Wirkzusammenhänge zwischen Zielen und Best Practices des SCM	581
3.8.6.2	Ermittlung der Restriktionen mittels Abgleichs von Unternehmenstypologien und Best Practices	582
3.8.6.3	Aufwandsdeterminierende Faktoren für die Gestaltung der Kunden-Lieferanten-Schnittstelle	585
3.8.7	Priorisierung und Auswahl von Best Practices des SCM für die Gestaltung der Kunden-Lieferanten-Schnittstelle	586
3.8.7.1	Systematisierung des Entscheidungswegs	587
3.8.7.2	Nutzenorientierte Relevanzermittlung von Best Practices	587
3.8.7.3	Aufwandsorientierte Relevanzermittlung der Best Practices	590
3.8.7.4	Fallspezifische Auswahl von Best Practices	591
3.8.8	Zusammenfassung und Ausblick	593
3.8.9	Literatur	594

4	**Konzeptentwicklung in der Produktionsplanung und -steuerung**	**603**
4.1	**Unternehmensübergreifende Materialkreislaufführung in Produktionskooperationen**	**603**
	von Ralf Pillep und Jana Spille	
4.1.1	Überblick	603
4.1.2	Kreislauforientiertes Wirtschaften	604
4.1.3	Situation in Produktionsbetrieben	604
4.1.4	Aufbau und Betrieb der Kooperation	606
4.1.4.1	Phasenschema	606
4.1.4.2	Phase 1: Initiierung	608
4.1.4.3	Phase 2: Partnersuche	611
4.1.4.4	Phase 3: Konstituieren	623
4.1.4.5	Phase 4: Management	624
4.1.4.6	Phase 5: Rekonfiguration	636
4.1.5	Fallbeispiel aus der Papierindustrie	637
4.1.5.1	Initiierungsphase	637
4.1.5.2	Partnersuche und Konstituierungsphase	637
4.1.5.3	Management der Kooperation	638
4.1.5.4	Zusammenfassung der Ergebnisse	641
4.1.6	Zusammenfassung	641
4.1.7	Literatur	642
4.2	**Zeitdynamische Simulation in der Produktion**	**646**
	von Andreas Gierth und Carsten Schmidt	
4.2.1	Überblick	646
4.2.2	Zielsetzung einer simulationsunterstützten PPS	647
4.2.3	Organisatorischer Gestaltungsrahmen einer simulationsunterstützten PPS	649
4.2.3.1	Aufgabenmodell einer simulationsunterstützten PPS	650
4.2.3.2	Referenztypen der Auftragsabwicklung	653
4.2.3.3	Prozessmodell der simulationsunterstützten PPS	656
4.2.4	Konzeption einer integrierten Planungsunterstützung	657
4.2.4.1	Strukturierung des Gestaltungsfeldes	657
4.2.4.2	Systematik der integrierten Planungsumgebung	660
4.2.4.3	Definition methodenbezogener Planungsmodule	663
4.2.5	Adaption des Konzepts an konkrete Systemumgebungen	672
4.2.5.1	Simulationsumgebung	673
4.2.5.2	PPS-System	674
4.2.6	Anwendungserfahrung	676
4.2.6.1	Charakterisierung des Anwenderunternehmens	676
4.2.6.2	Ausgangssituation im Planungsprozess	677
4.2.6.3	Erfahrungen aus der Pilotanwendung	678
4.2.7	Fazit	679
4.2.8	Literatur	680

4.3 Gestaltung der PPS bei elektronischem Handel mit Produktionsleistungen 682
von Ingo Aghte und Benjamin Walber

4.3.1	Einleitung	682
4.3.2	Intermediäre für den Handel mit Produktionsleistungen	683
4.3.2.1	Handelsobjekt	686
4.3.2.2	Marktstruktur	686
4.3.2.3	Transaktion	687
4.3.3	Organisatorische Rahmenbedingungen	688
4.3.3.1	Ziele der Planung und Steuerung	688
4.3.3.2	Beschreibung des Handels mit Produktionsleistungen	688
4.3.3.3	Gestaltungsgegenstände des Handel mit Produktionsleistungen	692
4.3.4	Gesamtmodell der intermediärangebundenen Produktionsplanung und -steuerung	697
4.3.4.1	Flexibilisierungseffekte im Zuge des Handels mit Produktionsleistungen	698
4.3.4.2	Planungshierarchische Implikationen der Flexibilisierungseffekte	699
4.3.4.3	Aufgabenpartialmodell der IPPS	700
4.3.4.4	Prozesspartialmodell der IPPS	712
4.3.4.5	Funktionspartialmodelle der IPPS	718
4.3.4.6	Datenpartialmodele der IPPS	719
4.3.5	Implementierung der intermediärangebunden Produktionsplanung und -steuerung	724
4.3.5.1	Methodischer Ansatz	724
4.3.5.2	Ausgestaltung der Implementierungsmethode	725
4.3.5.3	Implementierung der intermediärangebunden Produktionsplanung und -steuerung bei einem mittelständischen Unternehmen des Anlagenbaus	735
4.3.6	Zusammenfassung und Ausblick	739
4.3.7	Literatur	740

4.4 Selbststeuerung logistischer Prozesse mit Agentensystemen 745
von Bernd Scholz-Reiter und Hartmut Höhns

4.4.1	Überblick	745
4.4.2	Selbststeuerung im Zusammenhang mit Produktionsplanung und -steuerung	746
4.4.2.1	Ursprünge von Selbststeuerungskonzepten	746
4.4.2.2	Selbststeuerung logistischer Prozesse – Eine Definition	749
4.4.3	Grundlagen der Softwareagenten	750
4.4.3.1	Herkunft der Agententechnologie	750
4.4.3.2	Definition und Merkmale von Softwareagenten	752
4.4.3.3	Anwendungen von Softwareagenten	757
4.4.4	Konzeption und Entwicklung selbststeuernder logistischer Prozesse mit Agentensystemen	758

4.4.4.1	Identifikation und Entwurf auf der Mikroebene	759
4.4.4.2	Entwurf und Konzeption auf der Makroebene	760
4.4.5	Selbststeuerung logistischer Prozesse mit Agentensystemen	761
4.4.5.1	Selbststeuerung in der Produktionslogistik	761
4.4.5.2	Selbststeuerung in der Transportlogistik	766
4.4.5.3	Selbststeuerung im Supply Chain Management	768
4.4.6	Zusammenfassung	776
4.4.7	Literatur	776
4.5	**PPS-Systeme als Bestandteil des Product Lifecycle Management**	**781**
	von Wolfgang Boos und Eduardo Zancul	
4.5.1	Überblick	781
4.5.2	Grundlagen des Product Lifecycle Management	782
4.5.2.1	Ausgangssituation der betrieblichen Praxis	782
4.5.2.2	Grundgedanke des Product Lifecycle Management	784
4.5.3	IT-Unterstützung für das Product Lifecycle Management	786
4.5.3.1	Evolution der Systeme für das Product Lifecycle Management	786
4.5.3.2	Gestaltung einer integrierten PLM-Lösung	789
4.5.3.3	IT-Funktionen des Product Lifecycle Management	792
4.5.3.4	Übersicht integrierter Product Data Management Systeme	795
4.5.4	Einsatz von PPS-Systemen zur Unterstützung eines ganzheitlichen Product Lifecycle Management	796
4.5.4.1	PDM-Funktionen aus dem PPS-System	796
4.5.4.2	Produktdatenverwaltung mit PLM-Systemen	798
4.5.4.3	Potenziale zur Integration der Systeme	798
4.5.4.4	Gestaltungsansatz für eine ganzheitliche PLM-Lösung	801
4.5.5	Nutzenpotenziale der ganzheitlichen PLM-Lösung	804
4.5.5.1	Integrierte Produkt- und Prozessentwicklung	804
4.5.5.2	Unternehmensweite Wiederverwendung von Komponenten bzw. Informationen	805
4.5.5.3	Änderungsmanagement im kompletten Lebenszyklus und in der erweiterten Logistikkette	806
4.5.6	Fazit	806
4.5.7	Literatur	807
4.6	**Produktionsplanung und -steuerung bei flexiblen Arbeitszeiten**	**809**
	von Richard Schieferdecker	
4.6.1	Wenig Unterstützung für eine integrierte Personalressourcenplanung	810
4.6.1.1	Konzeptentwicklung	812
4.6.2	Modell arbeitszeitspezifischer Personalressourcenplanung	814
4.6.2.1	Modell der Wirkungszusammenhänge	814
4.6.2.2	Planung auf der Basis von Merkmalen flexibler Arbeitszeitmodelle	817

4.6.2.3	Referenzmodell der integrierten Personalressourcenplanung	819
4.6.3	Gestaltung unternehmens- und arbeitszeitmodellspezifischer Planungsmodelle	822
4.6.4	Unternehmensspezifische Personalressourcenplanung ableiten	826
4.6.5	Exemplarische Anwendung im Unternehmen	828
4.6.5.1	Beurteilung des Konzepts und der Ergebnisse aus Sicht der Praxis	828
4.6.5.2	Expertenbefragung	829
4.6.6	Bewertung des Konzeptes	830
4.6.7	Literatur	831
4.7	**Unternehmensübergreifendes Bestandsmanagement**	**833**
	von Georgios Loukmidis	
4.7.1	Überblick	833
4.7.2	Terminologie Bestandsmanagement	834
4.7.3	Bestandsfunktionen	836
4.7.4	Bestandskategorien und -arten	837
4.7.5	Ziele und Zielkonflikte des Bestandsmanagements	838
4.7.6	Ursachen und Auswirkungen „falscher" Bestände	841
4.7.7	Bestandsmanagement-Konzept „House of Stock"	843
4.7.7.1	Strukturierungsebene	845
4.7.7.2	Planungs- und steuerungsebene	849
4.7.7.3	Simulation und Controlling Ebene	854
4.7.8	Zusammenfassung	855
4.7.9	Literatur	856
5	**Zusammenfassung und Ausblick**	**861**
	von Günther Schuh und Andreas Gierth	
Sachverzeichnis		**867**

Autoren

Aghte, Ingo, Dr.-Ing., Supply Chain Management Practice, McKinsey & Company, Köln
Boos, Wolfgang, Dipl.-Ing., Laboratorium für Werkzeugmaschinen und Betriebslehre, Lehrstuhl für Produktionssystematik, RWTH Aachen
Fischer, Andreas, Dipl.-Ing., IFA Institut für Fabrikanlagen und Logistik, Hannover
Gierth, Andreas, Dipl.-Wi.-Ing., Forschungsinstitut für Rationalisierung, RWTH-Aachen
Grabe, Daniel, Dipl.-Ing., IFA Institut für Fabrikanlagen und Logistik, Hannover
Höhns, Hartmut, Dipl.-Ing., BIBA Bremer Institut für Betriebstechnik und angewandte Arbeitswissenschaft, Universität Bremen
Kaphahn, Alexandra, Dipl.-Ing. Dipl.-Wirt. Ing., Forschungsinstitut für Rationalisierung, RWTH-Aachen
Lassen, Svend, Dipl.-Wirtsch.-Ing., Forschungsinstitut für Rationalisierung, RWTH-Aachen
Loukmidis, Georgios, Dipl.-Ing. Dipl.-Wirt.Ing., Forschungsinstitut für Rationalisierung, RWTH-Aachen
Lücke, Thorsten, Dr.-Ing., Forschungsinstitut für Rationalisierung, RWTH-Aachen
Meyer, Martin, Dipl.-Ing. Dipl.-Wirt.-Ing., Forschungsinstitut für Rationalisierung, RWTH-Aachen
Nyhuis, Peter, Univ.-Prof. Dr.-Ing. habil., Institut für Fabrikanlagen und Logistik IFA der Universität Hannover
Pillep, Ralf, Dr.-Ing., Bayer MaterialScience AG, Leverkusen
Roesgen, Robert, Dipl.-Ing., Forschungsinstitut für Rationalisierung, RWTH-Aachen
Schieferdecker, Richard, Dr.-Ing., Ingenieurbüro Richard Schieferdecker, Aachen
Schiegg, Philipp, Dr.-Ing. Dipl.-Wi.-Ing., Forschungsinstitut für Rationalisierung, RWTH-Aachen
Schmidt, Carsten, Dipl.-Ing., Forschungsinstitut für Rationalisierung, RWTH-Aachen

Scholz-Reiter, Bernd, Prof. Dr.-Ing., BIBA Bremer Institut für Betriebstechnik und angewandte Arbeitswissenschaft, Universität Bremen

Schuh, Günther, Univ.-Prof. Dr.-Ing. Dipl.-Wirt. Ing., Forschungsinstitut für Rationalisierung, RWTH-Aachen

Schweicher, Benedikt, Dipl.-Ing., Forschungsinstitut für Rationalisierung, RWTH-Aachen

Spille, Jana, Dipl.-Kff., Forschungsinstitut für Rationalisierung, RWTH Aachen

Walber, Benjamin, Dipl.-Kfm., Forschungsinstitut für Rationalisierung, RWTH-Aachen

Weidemann, Martin, Dr.-Ing., Forschungsinstitut für Rationalisierung, RWTH-Aachen

Wiendahl, Hans-Peter, Prof.em. Dr.-Ing. Dr.-Ing. E.h., IPH Institut für Integrierte Produktion GmbH, Hannover

Zancul, Eduardo, Laboratorium für Werkzeugmaschinen und Betriebslehre, Lehrstuhl für Produktionssystematik, RWTH Aachen

Autoren in alphabetischer Reihenfolge, Titel zur Zeit der Drucklegung, Institutszugehörigkeit zur Zeit der Manuskripterstellung

Danksagung. Die technische und redaktionelle Bearbeitung des Manuskriptes und der Abbildungen lagen bei Frau Vera Küsgen, Frau Silvia Fritsche, Herrn Malte Wolpert und Herrn Florian Niehaus, denen vom Herausgeber und den Autoren an dieser Stelle herzlich gedankt sei.

1 Einführung

1 Einführung

von Günther Schuh und Andreas Gierth

Ein ständig wachsender Preisdruck und immer individuellere Fertigungsaufträge sind nur zwei Kennzeichen eines tief greifenden strukturellen Wandels, dem die produzierende Industrie seit Jahren unterliegt. Die verschärften Marktanforderungen zwingen die Unternehmen zur Konzentration auf bestimmte Kernkompetenzen und zur Auslagerung weniger zentraler Aktivitäten an spezialisierte Partner. Damit rückt die überbetriebliche Kooperation zunehmend in den Mittelpunkt unternehmerischer Planung. Produktionsplanung und -steuerung bedeutet somit nicht mehr ausschließlich innerbetriebliche Planung, sondern Organisation und Steuerung von Netzwerken. Das Netzwerk ist zur wichtigsten und modernsten Organisationsform produzierender Unternehmen geworden.

Diese Konzentrationstendenzen bringen auf der anderen Seite eine gesteigerte Komplexität mit sich. Dies zeigt sich insbesondere auf der Ebene der IT-Systeme, die der schnellen organisatorischen Vernetzung aufgrund fehlender Homogenität nicht immer gewachsen sind. Nur eine effiziente, möglichst einheitliche IT-Landschaft kann aber die Wandlungsprozesse nachhaltig unterstützen und die Synergieeffekte der innerbetrieblichen Spezialisierung einerseits und der überbetrieblichen Kooperation andererseits langfristig garantieren.

Die auf dem Prinzip der Sukzessivplanung basierenden Produktionsplanungs- und -steuerungs-Systeme (PPS-Systeme) nehmen schon seit geraumer Zeit die zentrale Stellung bei der Auftragsabwicklung in der produzierenden Industrie ein. Diese Systeme müssen dem Strukturwandel v. a. in zweierlei Hinsicht Rechnung tragen: Zum einen ist zunehmend nicht mehr nur die Ressourcenplanung im engeren Sinne, sondern die komplette Auftragsabwicklung entlang der gesamten Lieferkette (Supply Chain) zu gewährleisten, und zum anderen muss eine maximale Kompatibilität mit der Systemlandschaft der Netzwerkpartner erreicht werden. Moderne PPS-Systeme operieren genau wie die Produktionsplanung und -steuerung bereits unternehmensübergreifend. Zudem ermöglichen sie eine relativ zeitnahe Reaktion auf unvorhergesehene Störungen im Produktionsprozess oder kurzfristige Auftragsänderungen.

Der Begriff der Produktionsplanung und -steuerung (PPS) wurde Anfang der 1980er-Jahre geprägt, um Material- und Zeitwirtschaft in der produzierenden Industrie unter einem übergreifenden Konzept zusammenzufassen. Seither hat sich dieser Begriff sowohl in der unternehmerischen Praxis, als auch in der akademischen Forschung sukzessive etabliert und ist, nicht zuletzt als verbindendes Element zwischen beiden, nicht mehr wegzudenken. Dabei profitieren beide, Wissenschaft wie Praxis, voneinander und adaptieren gegenseitig die gewonnenen Erkenntnisse des anderen.

Erstmalig hatte Hackstein für den Begriff der Produktionsplanung und -steuerung in seinem gleichnamigen Buch eine breit akzeptierte Definition geliefert. Zielobjekt der PPS war danach die gesamte Produktion inklusive der indirekt beteiligten Bereiche wie etwa der Konstruktion. In der Folge wurde der PPS-Begriff ständig erweitert. Nach diesem erweiterten Verständnis wurde PPS so verstanden, dass sie die gesamte technische Auftragsabwicklung von der Angebotsbearbeitung bis hin zum Versand umfasste. Ihre Planungs- und Steuerungsaufgaben berührten dabei die Bereiche des Vertriebs, der Konstruktion, des Einkaufs, der Fertigung und Montage sowie des Versands. Dieses Begriffsverständnis lag auch der ersten Auflage dieses Buches zu Grunde.

Auch wenn heute vielfach der Begriff ERP (Enterprise Resource Planning) verwendet wird, behält das Kürzel PPS seine prägende Bedeutung. Dabei ist ERP ebenso wie SCM (Supply Chain Management) offensichtlich ein logischer Schritt auf dem Evolutionspfad von der Mengen- und Kapazitätsplanung in der Fertigung über die Einbeziehung der vor- und nachgelagerten Bereiche wie Beschaffung oder Vertrieb bis hin zur Darstellung und Unterstützung der kompletten Auftragsabwicklung entlang der gesamten Lieferkette. Im Zentrum steht aber nach wie vor die Beplanung der Ressourcen und Produktionsprozesse wie sie schon im ursprünglichen PPS-Begriff erfasst war.

Inzwischen hat sich das industrielle Umfeld für produzierende Unternehmen und damit auch das Anforderungsprofil für ein zeitgemäßes Produktionsmanagement weiterentwickelt. Es zeigte sich mehr und mehr, dass der bis dahin gültige PPS-Begriff allenfalls eine „Kern-PPS" abdeckte. In der wissenschaftlichen Forschung versuchte man daher zunehmend, dem Aspekt der wachsenden Vernetzung industrieller Strukturen Rechnung zu tragen. Damit rückte statt des Einzelunternehmens nun das gesamte Produktionsnetzwerk in den Blickpunkt der Betrachtung. Planungsobjekt war nicht mehr ausschließlich der innerbetriebliche Produktions- und Auftragsabwicklungsvorgang, sondern der Wertschöpfungsprozess entlang der gesamten Lieferkette vom Lieferanten bis zum (End-)Kunden.

Im Grunde genommen ist diese Orientierung am Wertstrom keine revolutionäre Idee der jüngsten Vergangenheit. Bereits zum Anfang des 20. Jahrhunderts spricht Henry Ford I in seinen wichtigsten Werken vom ganzheitlichen Produktionssystem, von der konsequenten Wertorientierung und sogar vom verschwendungsfreien Produktionsprozess. Ford (aber auch Winston Frederic Taylor mit seinem Ansatz der Arbeitsteiligkeit) hat mit seinem Verständnis vom konsequent am Wertstrom orientierten Produktionsablauf die bis heute geltende Produktionstheorie manifestiert.

Im Wandel der Zeit sind jedoch scheinbar viele der produktionswirtschaftlichen Theorieelemente verloren gegangen. Häufig werden wahllos Einzelideen umgesetzt, wobei der Blick für das gesamtheitliche Produktionssystem fehlt. Erst die *Lean Production Studie* von Womack, Jones und Ross hat die Produktionstheorie der Industriegesellschaft wieder zum Leben erweckt. Entscheidend ist dabei, wie bereits zu Zeiten Fords, diese umfassende Theorie in adäquater Weise zu interpretieren und in ein ganzheitliches Produktionssystem umzusetzen. Mit dem Verständnis der Produktionstheorie als ganzheitlichen, systemischen Ansatz wurde das Aachener PPS-Modell in dieser Auflage weiterentwickelt.

Das Aachener PPS-Modell

Die Produktionsplanung und -steuerung war von Beginn an sehr praxisnah angelegt. Anfangs konnten die Betriebspraktiker die wissenschaftlichen Beiträge nur begrenzt nutzen. Nicht zuletzt lag das am hohen Abstraktionsniveau, das viele Arbeiten zu Grunde legten, um eine maximale wissenschaftliche Exaktheit bewahren zu können. Verstärkt sah sich die PPS-Forschung gemäß ihrem praxisnahen Selbstverständnis daher mit der Forderung konfrontiert, noch stärker anwendungsorientiert zu arbeiten und zu publizieren. Seit 1993 wurde am Forschungsinstitut für Rationalisierung (FIR) an der RWTH Aachen an der Ausarbeitung eines PPS-Modells gearbeitet, das von Anfang an den Anspruch hatte, eine sinnvolle theoretische Unterstützung für die betriebliche Praxis darzustellen, ohne auf die wissenschaftlich präzise Fundierung verzichten zu müssen. Dieses Modell, für das sich schnell der Name „Aachener PPS-Modell" etablierte, wurde zum Ausgangspunkt für die erste Fassung dieses Buches, das 1998 erstmals erschien und sich seither in mehrfacher Auflage in betrieblicher Praxis wie in akademischer Lehre und Forschung gleichermaßen bewährte.

Der oben angedeutete Trend zur betrieblichen Vernetzung ist gewissermaßen die unternehmerische Antwort auf ein verändertes industrielles Umfeld, das die oft stark traditionsgeprägten Produktionsunternehmen vermehrt zu Neu- und Umstrukturierungen zwingt. Sämtlichen Veränderungstendenzen, denen die Produktionsindustrie quer durch alle Branchen unterliegt, erwächst letztlich der Druck, Ressourcen einzusparen und Kompetenzen zu bündeln. Die Festigung von Netzwerkstrukturen ist somit als Reaktion auf die „turbulenten Märkte" zu verstehen, die den Betrieben u. a. Instrumente für ein schnelles, aber zuverlässiges Informationsmanagement abverlangen und gleichzeitig größtmögliche Flexibilität beanspruchen.

Träger dieser Prozesse ist im Wesentlichen die betriebliche Produktionsplanung und -steuerung, die zu großen Teilen auf die Erkenntnisse der PPS-Forschung zurückgreift und von dieser unterstützt wird. Mehr und mehr wurde so die überbetriebliche, sprich netzwerkweite Ressourcenplanung, zum zentralen Gegenstand der PPS. Damit trägt die PPS über die Koordination der eigentlichen Leistungserstellung hinaus auch in erheblichem Maße zur Integration der Produktions- und Lieferkette bei. Ein maßgeblicher Erfolgsfaktor für das Funktionieren dieser Lieferketten ist dabei die richtige Verteilung der PPS-Teilaufgaben auf die einzelnen Organisationseinheiten des Netzwerks.

Erweitertes Aachener PPS-Modell

Angesichts der erweiterten Planungsaufgaben und den daraus erwachsenen Anforderungen bildet das Aachener PPS-Modell in seiner ursprünglichen Gestalt nur noch einen Teil der betrieblichen Realität ab. Die Grundlage dieses Buches bildet deshalb ein PPS-Modell, das eine Erweiterung des Aachener PPS-Modells in seiner alten Form darstellt. Ausgehend von einem um Netzwerkaufgaben erweiterten Aufgabenmodell werden verschiedene „Referenzsichten" verwendet, um unterschiedliche Blickrichtungen auf die netzwerkweite Produktionsplanung und -steuerung abzubilden. Zu den bewährten Sichten – Aufgabensicht, Prozesssicht und Funktionssicht – kommt mit der *Prozessarchitektur* eine weitere Referenzsicht hinzu: Sie dient dazu, die Verteilung einzelner Prozesselemente in einem Unternehmensnetzwerk darzustellen. Anhand einer Morphologie werden – empirisch gestützt – typische Formen von Produktionsnetzwerken identifiziert, indem Merkmale bzw. Merkmalsausprägungen gebündelt und zu Netzwerktypen verdichtet werden. Damit ist trotz des hohen Abstraktionsgrades, den jedes Modell mit sich bringt, eine differenziertere Anwendung der einzelnen Modellbausteine möglich. Das erweiterte PPS-Modell ist und bleibt wie sein Vorgängermodell insbesondere bei der Gestaltung der PPS und bei der Auswahl und Einführung von PPS-Systemen ein wichtiges und erprobtes Instrument.

Der Aufbau des Buches gliedert sich in drei Hauptabschnitte. Im zweiten Kapitel werden zunächst Grundlagen zur Produktionsplanung und -steuerung behandelt. Einführend gibt der Abschnitt 2.1 einen Überblick über den Aufbau des Aachener PPS-Modells. In den Abschnitten 2.2 bis 2.5 werden anschließend die einzelnen Modellteile detailliert beschrieben und erläutert. Der zweite Hauptabschnitt, Kapitel 3, befasst sich mit der Gestaltung der PPS. Der einführende Abschnitt 3.1 erläutert zunächst den grundlegenden Zusammenhang zwischen Gestaltungsstrategien und Gestaltungsaufgaben. In den darauf folgenden Abschnitten werden Gestaltungsprozesse, wie die Reorganisation der PPS (vgl. Abschn. 3.2) und die Harmonisierung von PPS-Prozessen und -Systemen, beschrieben. Darüber hinaus beinhaltet der zweite Hauptabschnitt die ausführliche Darstellung von Gestaltungsansätzen, wie zum Beispiel die Koordination interner Produktionsnetzwerke (vgl. Abschn. 3.5). Im letzten Hauptabschnitt des Buches wird die Konzeptentwicklung der PPS behandelt. Hier werden unterschiedliche Schwerpunkte thematisiert, wie zum Beispiel die Simulation in der Produktion (vgl. Abschn. 4.3), die Selbststeuerung logistischer Prozesse (vgl. Abschn. 4.5) und das unternehmensübergreifende Bestandsmanagement (vgl. Abschn. 4.8)

Zum Abschluss des Buches werden in Kapitel 5 die Beiträge zusammengefasst und im Ausblick zukünftige Herausforderungen im Bereich der Produktionsplanung und -steuerung aus heutiger Sicht skizziert.

2 Grundlagen
der Produktionsplanung und -steuerung

2.1 Aachener PPS-Modell
2.2 Aufgaben
2.3 Prozessarchitektur
2.4 Prozesse
2.5 Funktionen

2 Grundlagen der Produktionsplanung und -steuerung

2.1 Aachener PPS-Modell

von Günther Schuh und Andreas Gierth

2.1.1 Überblick

Die Produktionsplanung und -steuerung bildet heute nach wie vor den Kern eines jeden Industrieunternehmens (Günther u. Tempelmeier 2005; Wiendahl 2005; Corsten 2004; Vahrencamp 2004). Entgegen bisweilen kurzzeitigen Trends, die sich in immer wieder als „modern" und „zeitgemäß" proklamierten Konzepten äußern, hält das Aachener PPS-Modell am Betrachtungsansatz des ganzheitlichen Produktionssystems fest.

Ressourcen und Prozesse eines Unternehmens und darüber hinaus auch die der Zulieferer müssen auf den Nutzen des Kunden bzw. auf die Wertschöpfung für den Kunden abgestimmt sein. Im Vordergrund steht die Optimierung des gesamten Produktionssystems. Produktionssysteme beschreiben die ganzheitliche Produktionsorganisation und beinhalten die Darstellung aller Konzepte, Methoden und Werkzeuge, die in ihrem Zusammenwirken die Effektivität und Effizienz des gesamten Produktionsablaufes ausmachen. Die Orientierung am Kundennutzen muss dabei weitestgehend unter Vermeidung von Verschwendung erfolgen. Dafür stehen heute die Begriffe ‚Production System' und ‚Lean Thinking' (Womack u. Jones 2003).

Die Produktionsplanung und -steuerung ist der wesentliche Baustein eines Produktionssystems (Günther u. Tempelmeier 2005; Corsten 2004; Vahrencamp 2004). Die Entwicklung des Aachener PPS-Modells erfolgte mit dem Ziel, die ganzheitliche Betrachtungsweise durch Abstraktion bzw. Vereinfachung in der modellhaften Abbildung aller relevanten Zusammenhänge in der PPS zu unterstützen. Dabei lässt sich feststellen, dass eine ganzheitliche Betrachtung des Produktionssystems mit dem Fokus auf die PPS mit einem hohen Komplexitätsgrad einhergeht. Der Gesamtumfang einer solchen ganzheitlichen Betrachtungsweise macht es erforderlich, das Modell in verschiedene anforderungsspezifische Bereiche zu untergliedern und die einzelnen Teilmodelle miteinander zu verknüpfen.

Einen Überblick über das Grundverständnis und den Aufbau des Aachener PPS-Modells liefert der folgende Abschnitt. Im Anschluss daran erfolgt eine grundlegende Darstellung der Einsatzmöglichkeiten einzelner Modellteile, im Rahmen des Aachener PPS-Modells auch Referenzsichten genannt, sowie eine kurze inhaltliche Beschreibung der einzelnen Referenzsichten.

2.1.2 Grundverständnis und Aufbau des Aachener PPS-Modells

Das Aachener PPS-Modell wurde entwickelt, um Praxisvorhaben (im folgenden Projekte genannt) mit den Inhalten:

- Auswahl und Einführung von PPS-Systemen,
- Reorganisation der PPS,
- Entwicklung von PPS-Konzepten oder
- Entwicklung von PPS-Systemen sowie
- Harmonisierung von PPS-Prozessen

effizient zu unterstützen (Luczak u. Eversheim 2001). Innerhalb eines Projekts soll das Aachener PPS-Modell dazu bestimmte Aufgaben übernehmen. Zu diesen gehören

- die Beschreibung von verschiedenen Teilaspekten der PPS
- die Unterstützung der Ermittlung von PPS-Zielausprägungen und
- die Unterstützung bei der Anwendung von Gestaltungs- bzw. Optimierungsmethoden.

Die vorrangige Aufgabe des Aachener PPS-Modells besteht in der Beschreibung von Teilen der PPS aus den unterschiedlichen Blickwinkeln, die in den verschiedenen Teilschritten eines Projektes benötigt werden. Sogar das Ergebnis eines Projektes kann ein Beschreibungsmodell sein, wenn beispielsweise ein Konzept für die überbetriebliche PPS erstellt werden soll. Auch das Fachkonzept für ein PPS-System oder ein betriebsspezifisches Soll-Konzept entspricht einem Beschreibungsmodell.

Eine weitere Aufgabe des Aachener PPS-Modells besteht darin, die Ermittlung der Zielgrößen zu unterstützen, nach denen ein System, ein Konzept oder eine Organisation ausgelegt werden soll. Beispiele für solche

Zielgrößen sind die Durchlaufzeiten für Auftragsabwicklungsprozesse, der Verzehr von Ressourcen oder die Kosten der Auftragsabwicklung. Es sind aber auch operationale Größen denkbar, wie die Anzahl der Medienbrüche oder die Anzahl der Abteilungswechsel in einem Auftragsabwicklungsprozess.

Das Aachener PPS-Modell soll schließlich die Anwendung von Gestaltungs- und Optimierungsmethoden unterstützen. So können mit Hilfe des Modells zum Beispiel PPS-Systeme prozessorientiert ausgewählt und eingeführt oder eine Auftragsabwicklung prozesskostenorientiert gestaltet werden. Es existieren darüber hinaus Methoden zur Gestaltung der Auftragsabwicklung auf Basis des Aachener PPS-Modells sowie Methoden zur objektorientierten sowie komponentenorientierten Gestaltung von PPS-Systemen.

Die Analyse der Einflüsse, Wirkungen und Strukturen verschiedener Aspekte der PPS führt auf drei Gruppen von Aspekten, die mit grundsätzlich unterschiedlichen Zielsetzungen und Modellanforderungen verbunden sind:

- humanorientierte Aspekte (Mensch),
- informationstechnische Aspekte (Technik) und
- betriebswirtschaftliche Aspekte (Organisation).

Die Aspekte weisen teilweise Überschneidungen und gegenseitige Abhängigkeiten auf. So lassen sich zum Beispiel Kostensenkungen durch einen geeigneten Einsatz von Informationstechnik oder eine bessere Qualifikation der PPS-Anwender erreichen (vgl. Abb. 2.1-1). Die unterschiedlichen Aspekte der PPS sind ein wesentliches Kriterium für die Bildung von verschiedenen Sichten im Aachener PPS-Modell. In den nächsten Abschnitten werden die verschiedenen Sichten auf die PPS und ihre Verwendung in Projekten mit spezifischem Bezug zur PPS erläutert.

Ein Projekt besteht allgemein aus einer Abfolge von Projektteilschritten. In Abhängigkeit der definierten Projektziele erfolgt im Rahmen der Projektstrategie eine individuelle Anordnung und Ausgestaltung der einzelnen Teilschritte. Die Projektstrategie bestimmt damit, welche Teilmodelle in den Projektteilschritten zum Einsatz kommen. Neben der Projektebene existiert also parallel eine Modellebene. Innerhalb eines Projektes werden in der Regel mehrere Teilmodelle benötigt. Diese Teilmodelle können zueinander in einer Beziehung stehen. Die Beziehung zwischen den Teilmodellen können verschiedene Gründe haben, u. a.:

- die Teilmodelle beschreiben den gleichen Teil der PPS oder
- die Teilmodelle dienen dem gleichen Zweck.

14 2 Grundlagen der Produktionsplanung und -steuerung

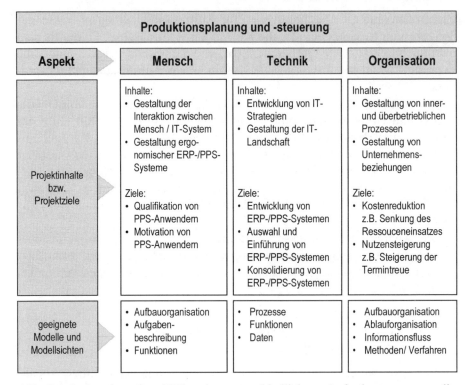

Abb. 2.1-1 Aspekte der PPS mit unterschiedlichen Anforderungen an die Modellierung

Entsprechend der vorliegenden Beziehungen werden die Teilmodelle einen bestimmten projektspezifischen Integrationsgrad aufweisen. Die Teilmodelle, die dem gleichen Zweck dienen, werden als eine Sicht auf die PPS bezeichnet. Modelle unterscheiden sich zudem danach, ob sie

- den Ist-Zustand,
- den Soll-Zustand bzw. alternative Soll-Zustände oder
- andere Zustände (Idealzustände oder Referenzzustände)

beschreiben sollen. Während Ist-Zustand und Soll-Zustand die Grenzzustände des organisatorischen Gestaltungsprozesses eines speziellen Unternehmens markieren, beschreiben Referenzzustände sinnvolle, aber (wie auch Ist- und Soll-Zustand) nicht notwendigerweise ideale Zustände (Wenzel u. Klinger 2000).

Referenzmodelle können die Erstellung eines fallspezifischen Ist- oder Soll-Modells unterstützen. Sie dienen dem Organisationsgestalter zudem zur Orientierung und zur Beschleunigung des Gestaltungsprozesses. Die besondere Problematik bei der Erstellung und Verwendung von Referenzmodellen besteht darin, dass weder alle denkbaren Unternehmensrandbedingungen noch alle denkbaren Modellierungsziele gleichzeitig in hohem Maße berücksichtigt werden können. Referenzmodelle stellen daher beispielhafte Beschreibungen möglicher Organisationsformen aus bestimmten Sichten und aufgrund von bestimmten Annahmen dar. Sie beziehen sich auf bestimmte Zwecke oder bestimmte Randbedingungen, wodurch die Verwendbarkeit eines Referenzmodells für andere Zwecke eingeschränkt sein kann. Gegebenenfalls müssen für unterschiedliche Zwecke oder Randbedingungen mehrere Referenzmodelle entwickelt werden. Diese weisen dann u. U. eine gewisse Redundanz auf. Die Referenzsichten des Aachener PPS-Modells werden in den Abschn. 2.2 bis 2.5 vorgestellt.

So groß der Nutzen von Referenzmodellen in PPS-Projekten auch sein kann, im Anwendungsfall werden immer Anpassungen oder gar die Erstellung eines neuen PPS-Modells erforderlich sein. Zudem sind evtl. zusätzliche Sichten zu berücksichtigen und es ist ein bestimmter anwendungsspezifischer Grad der Integration der Sichten herzustellen. Unter dem Begriff Aachener PPS-Modell wird deshalb in einem erweiterten Verständnis neben den Referenzsichten auch die Gesamtheit der Anwendungsformen und -vorgehensweisen verstanden. Nur durch die gemeinsame Betrachtung von Referenzsichten und deren Anwendungsformen in Projekten kann die Bereitstellung eines effizienten anwendungsorientierten Modells ermöglicht werden.

2.1.3 Einsatz von Sichten in PPS-Projekten

Die Verwendung von Teilmodellen der PPS, die Reihenfolge der Modellierungsschritte und die anwendungsspezifische Integration der Sichten hängen vom Ziel des PPS-Projekts und der Projektstrategie ab. In Abbildung 2.1-2 sind einige Projektteilschritte verschiedenen Sichten der PPS gegenübergestellt und beispielhaft Zuordnungen angegeben.

Zur Abgrenzung und Diskussion von Aufgabeninhalten und -zielen wird zunächst die Aufgabensicht herangezogen. Bei der Betrachtung der Netzwerkebene ist die Prozessarchitektursicht hilfreich. Als zusätzliche Sicht kann anwendungsspezifisch ein Zielsystem aufgestellt werden, dessen Elementen (Unterzielen) die entsprechenden Aufgaben zugeordnet werden. Steht beispielsweise die Qualifikation des PPS-Personals im Vordergrund, muss festgelegt werden, welche Funktionsbereiche, Module oder Komponenten z. B. von PPS-Systemen eingesetzt werden. Dazu reicht in vielen Fällen eine Zuordnung der Funktionen zu den Aufgaben aus. Aufbauorganisatorische Maßnahmen erfordern zusätzlich die Erfassung und Struk-

16 2 Grundlagen der Produktionsplanung und -steuerung

turierung von Stellen bzw. Aufgabenträgern, denen die Aufgaben zugewiesen werden (Projektinhalte A und B).

Im Rahmen der Gestaltung von PPS-Prozessen wird zunächst der Untersuchungsbereich abgegrenzt. Anschließend werden die Ist-Prozesse aufgenommen. Die Bewertung und Umgestaltung der Prozesse kann auf der Basis unterschiedlicher Kriterien erfolgen, die jeweils eine Aufnahme der entsprechenden Ausprägungen erfordern. Bei der Ermittlung von Durchlaufzeiten und Kosten ist gegebenenfalls die informationstechnische Unterstützung unter Benutzung von Funktionssicht zu erfassen, um deren Einfluss auf den Ressourcenverzehr bestimmen zu können. Zur Strukturierung der Kosten eignet sich die Modellierung der Prozesse besonders gut, da der (Kosten treibende) Verzehr von Ressourcen verursachergerecht ermittelt werden kann. Die Wirkungen von Reorganisationsmaßnahmen auf die Verbesserung von PPS-Zielausprägungen, wie der Termintreue oder der Kapazitätsauslastung, sind weit schwerer zu ermitteln. Die grundsätzlichen Einflüsse auf die Zielerreichung sind aber durch die angegebenen Sichten erfassbar. Sie bestehen im Ablauf der PPS (PPS-Verfahren) sowie den in den Stellen verfügbaren Funktionen (Projektinhalte C und D).

	(Teil-)Projekte \ Sichten	Aufgabensicht	Prozessarchitektur	Prozesssicht	Funktionssicht	Zielsicht	Stellensicht
	Referenzsicht	■	■	■	■		
A	Definition/Beschreibung/Diskussion von Aufgaben	●	◐		◐	●	
B	Analyse und Gestaltung der Aufbauorganisation	●	◐			●	●
C	Analyse der Kosten der Auftragsabwicklung	●	◐	●	◐		●
D	Analyse des Nutzens (der Zielerreichung) der Auftragsabwicklung	●	◐	●	◐	●	◐
E	Analyse von Beleg- und Informationsflüssen	●	◐	●	◐		●
F	Funktionale Auswahl von PPS-Systemen	●	●		●		
G	Prozessorientierte Auswahl von PPS-Systemen	●	●	●	●		●
H	Einführung von PPS-Systemen	●	◐	●	●		
I	Entwicklung von PPS-Systemen	●	●	●	●		●
J	Gestaltung von PPS-Systemen	●	◐	◐	◐	◐	◐
K	Harmonisierung von PPS-Prozessen	●	●	●		◐	
L	Harmonisierung von PPS-Systemen/-Funktionen		●	●	◐		

■ Referenzsicht vorhanden   ● Sicht erforderlich   ◐ Sicht bedingt erforderlich

Abb. 2.1-2 Anwendungen des Aachener PPS-Modells und verwendete Sichten

Steht die Steigerung der Flexibilität der Auftragsabwicklung und deren Effizienz unabhängig von der Verbesserung logistischer Zielgrößen im Vordergrund eines Projekts, so bietet sich die Durchführung von Informationsflussanalysen an. Dabei wird der Informationsfluss auf die entstehenden Kosten und die Durchlaufzeiten untersucht. Besonders geprüft werden dabei eventuelle Medienbrüche, redundante Erstellungs- und Dokumentationstätigkeiten sowie Möglichkeiten der Automation des Informationsflusses (Projektinhalt E).

Zur Auswahl von PPS-Systemen wird insbesondere die Funktionssicht benötigt. Die Erfahrungen des FIR haben jedoch gezeigt, dass auf die Prozesssicht nicht verzichtet werden sollte. Die prozessorientierte Auswahl hat den Vorteil, dass die Bedeutung einzelner Funktionen für das Ergebnis der PPS (Zielerreichung und Kosten) genauer ermittelt werden kann. (Projektinhalte F und G).

Die Einführung von PPS-Systemen sowie die Entwicklung von PPS-Systemen und PPS-Konzepten gehören zu den komplexesten und umfangreichsten Gestaltungsvorhaben in der PPS. Bei ihnen werden nahezu alle Sichten auf die PPS benötigt (Projektinhalte H und I). Die Vorgehensweise zur Auswahl und Einführung von PPS-Systemen auf Basis des Aachener PPS-Modells wird in Abschn. 3.3 ausführlich beschrieben. Methoden zur Gestaltung von PPS-Konzepten auf der Basis des Aachener PPS-Modells werden in Abschn. 4.3. und 4.6 dargestellt. Ebenfalls auf Basis des Modells werden in Abschn. 4.1 unternehmensübergreifende Materialkreisläufe, in Abschn. 4.2 zeitdynamische Simulation in der PPS und in Abschn. 4.5 Produktdatenmanagementfunktionen in PPS-Systemen analysiert (Projektinhalt J).

Die Harmonisierung von PPS-Prozessen sowie PPS-Systemen und -Funktionen zielt auf die Reduktion der Komplexität der PPS. Durch die permanente Veränderung des unternehmerischen Umfeldes muss sowohl die organisatorische als auch informationstechnische Unterstützung der PPS angepasst werden. Veränderungen ergeben sich zum Beispiel durch Zukauf von Unternehmen und Innovationen im Bereich der Informationssysteme. Diese führen schnell dazu, dass die Strukturen der PPS zu komplex werden und damit den Unternehmen die Transparenz und Flexibilität der Auftragsabwicklung nicht mehr gegeben ist. Harmonisierungsprojekte setzen hier auf den unterschiedlichen Ebenen *Prozesse*, *Informationssysteme* und *Daten* an (Projektinhalte K und L). Detaillierte Ausführungen zu dieser Problemstellung finden sich in Abschn. 3.4.

Neben der dargestellten Verwendung des Aachener PPS-Modells in unterschiedlichen PPS-Projekten sind jedoch viele zusätzliche Zwecke einzelner Modellteile und Modellsichten denkbar.

2.1.4 Referenzsichten

Das Aachener PPS-Modell besteht aus vier unterschiedlichen Referenzsichten auf die PPS (vgl. Abb. 2.1-3). Die einzelnen Sichten wiederum beinhalten Strukturen und Formulierungen, die sie für unterschiedliche Verwendungszwecke prädestinieren.

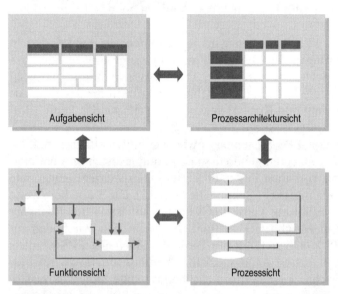

Abb. 2.1-3 Das Aachener PPS-Modell mit seinen vier Referenzsichten

In bestimmten Fällen werden innerhalb einer Sicht zusätzlich mehrere Teilmodelle in Abhängigkeit von vorliegenden Unternehmensmerkmalen gebildet. Die vier Sichten bilden die Basis für die Gestaltung und Konzeption der PPS (vgl. auch Kapitel 3 und 4).

Abbildung 2.1-4 zeigt die vier Referenzsichten mit der Zuordnung von Zweck und Differenzierungen der Teilmodelle. Die einzelnen Sichten sind für den Einsatz in unterschiedlichen PPS-Projekten vorgesehen (vgl. Abschn. 2.1.3). Der Fokus des Aachener PPS-Modells liegt auf der gesamtheitlichen Betrachtung der PPS, so dass die Referenzsichten durch lose Zusammenhänge verbunden sind. Die in Abbildung 2.1-4 dargestellten Zusammenhänge sollen bei der Durchführung von PPS-Projekten die Erzeugung einzelner Sichten und den Wechsel zwischen verschiedenen Sichten vereinfachen. Die Aufgabensicht bildet die Grundstruktur des Aachener PPS-Modells. Zusammen mit der Prozess- und Prozessarchitektursicht sind die Teilmodelle Grundlage zur Gestaltung der Aufbau- und Ablauforganisation im Rahmen der PPS.

2.1 Aachener PPS-Modell

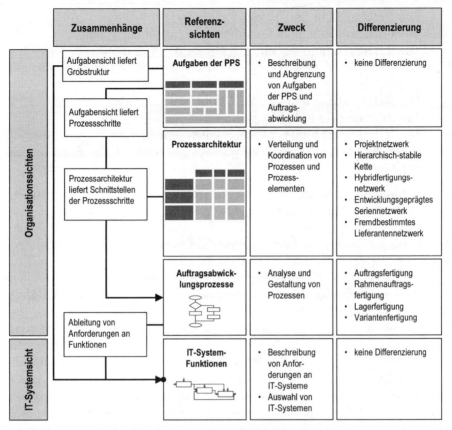

Abb. 2.1-4 Referenzsichten des Aachener PPS-Modells

Aufbauend auf diesen drei Sichten unterstützt die Funktionssicht die Ableitung von Anforderungen an die informationstechnische Unterstützung der PPS.

2.1.4.1 *Aufgabensicht*

Die Aufgabenreferenzsicht spezifiziert und detailliert die Aufgaben der PPS in einer allgemeingültigen, hierarchischen Abstraktion. Um dem Anspruch auf Allgemeingültigkeit gerecht zu werden, muss die Aufgabenreferenzsicht bestimmte Anforderungen erfüllen:

- Die Aufgaben der Referenzsicht müssen unabhängig von aufbauorganisatorischen Gliederungsmöglichkeiten strukturiert sein. Jede Aufgabe der Referenzsicht kann, je nach unternehmensspezifischen Randbedingungen, prinzipiell unterschiedlichen aufbauorganisatorischen Einheiten zugewiesen werden.

- Die Referenzsicht darf keine organisatorisch bedingten Ablaufstrukturen determinieren und muss betriebstypunabhängig sein.
- Die Referenzsicht muss mit den abgebildeten abstrahierten Aufgaben eine eindeutige Zuordnung jeder betriebsspezifischen Aufgabe gewährleisten.
- Die Referenzsicht muss einfach aufgebaut sein und eine transparente Modellierung der PPS erlauben.
- Die Referenzsicht muss gleichermaßen innerbetriebliche wie überbetriebliche (netzwerkbezogene) Planungs- und Steuerungsaufgaben abbilden.

Die Anforderungen begründen eine besondere Eignung des Aufgabenmodells zur Analyse und Gestaltung der Aufbauorganisation sowie zur Beschreibung und Diskussion von Tätigkeitsinhalten und -zielen im Rahmen von Reorganisationsprojekten in Produktionsunternehmen und -netzwerken. Die Aufgabensicht dient zur Abgrenzung von Aufgabenbereichen sowohl hinsichtlich der Zuordnung von Aufgaben zu einzelnen Stellen bzw. Organisationseinheiten oder Personen als auch hinsichtlich des Umfangs eines Untersuchungs- oder Reorganisationsbereichs.

In Abbildung 2.1-5 ist die Struktur des Aufgabenmodells auf der Ebene der Hauptaufgaben dargestellt. Es wird zwischen den überbetrieblichen Netzwerkaufgaben und den innerbetrieblichen Kern- sowie den Querschnittsaufgaben unterschieden. Kernaufgaben definieren, in Anlehnung an das ursprüngliche Aachener PPS-Modell, die Aufgaben der Produktionsplanung und -steuerung aus Sicht des einzelnen Unternehmens. Sie umfassen dabei sämtliche Aufgaben des eigentlichen Produkterstellungsprozesses, die einen direkten Fortschritt im Produktionsprozess erzeugen. Unter dem Begriff Kernaufgaben werden im Aachener PPS-Modell die Produktionsprogrammplanung, die Produktionsbedarfsplanung, die Eigenfertigungsplanung und -steuerung und die Fremdbezugsplanung und -steuerung zusammengefasst.

Die Gruppe der Netzwerkaufgaben stellt die Erweiterung des ursprünglichen PPS-Modells um den überbetrieblichen Aspekt auf strategischer Ebene dar. Die Planungselemente der Netzwerkaufgaben können auf der lokalen Planungsebene (Kernaufgaben) teilweise ein entsprechendes Pendant haben, sind aber i. d. R. weniger detailliert. Die Netzwerkaufgaben umfassen die strategisch ausgelegte Netzwerkkonfiguration, die Netzwerkabsatzplanung und die Netzwerkbedarfsplanung.

Querschnittsaufgaben dienen der Integration der Netzwerk- und Kernaufgaben und somit der Optimierung der ganzheitlichen PPS. Zu den Querschnittsaufgaben gehören das Auftragsmanagement, das Bestandsmanagement und das Controlling. Die Datenverwaltung wird sämtlichen Auf-

2.1 Aachener PPS-Modell

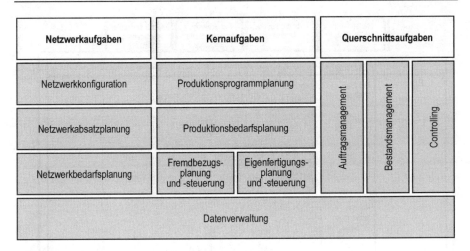

Abb. 2.1-5 Struktur der Aufgabenreferenzsicht

gabenarten zugerechnet, da alle Aufgaben der PPS bei ihrer Ausführung auf die Datenverwaltung zurückgreifen.

In der Aufgabenreferenzsicht werden die Aufgaben der Produktionsplanung und -steuerung semantisch in einer hierarchischen Struktur beschrieben. Das Aufgabenmodell bildet die Grundstruktur für die systematische Erfassung und Abbildung von PPS-Funktionen. Für die Prozessarchitektur- und Prozesssicht werden aus dem Aufgabenmodell die einzelnen Prozessschritte abgeleitet.

2.1.4.2 *Prozessarchitektursicht*

Die Prozessarchitektur ist eine neue Referenzsicht im Aachener PPS-Modell (vgl. Abb. 2.1-6). Sie bildet das Bindeglied zwischen der erweiterten Aufgabenreferenzsicht und der nach Betriebstypen differenzierten Prozessreferenzsicht. Durch die Unterscheidung von Netzwerk- und Unternehmensebene in der Aufgabenreferenzsicht ist es erforderlich, die Schnittstellen zwischen den Aufgaben der Netzwerkebene und den Aufgaben auf der Unternehmensebene im Aachener PPS-Modell adäquat abzubilden. Für die innerbetrieblichen Kern- und Querschnittsaufgaben liefert die Aufgabenreferenzsicht die einzelnen Prozessschritte, die in der Prozessreferenzsicht entsprechend der charakteristischen Merkmalsausprägung der vier unterschiedlichen Betriebstypen in eine zeitlich-logische Ordnung gebracht werden.

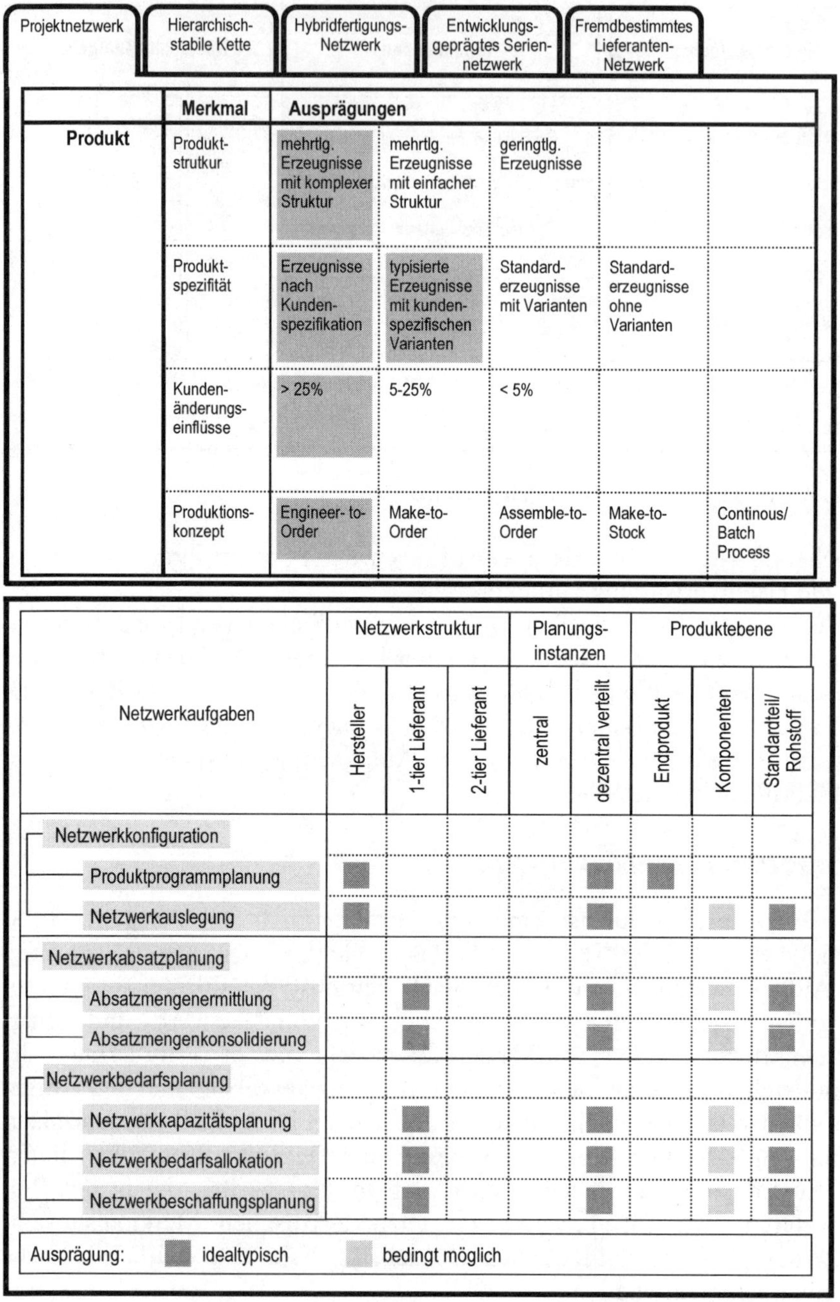

22 2 Grundlagen der Produktionsplanung und -steuerung

	Projektnetzwerk	Hierarchisch-stabile Kette	Hybridfertigungs-Netzwerk	Entwicklungs-geprägtes Seriennetzwerk	Fremdbestimmtes Lieferanten-Netzwerk	
	Merkmal	**Ausprägungen**				
Produkt	Produktstrutkur	mehrtlg. Erzeugnisse mit komplexer Struktur	mehrtlg. Erzeugnisse mit einfacher Struktur	geringtlg. Erzeugnisse		
	Produktspezifität	Erzeugnisse nach Kundenspezifikation	typisierte Erzeugnisse mit kundenspezifischen Varianten	Standarderzeugnisse mit Varianten	Standarderzeugnisse ohne Varianten	
	Kundenänderungseinflüsse	> 25%	5-25%	< 5%		
	Produktionskonzept	Engineer-to-Order	Make-to-Order	Assemble-to-Order	Make-to-Stock	Continous/Batch Process

Netzwerkaufgaben	Netzwerkstruktur			Planungsinstanzen		Produktebene		
	Hersteller	1-tier Lieferant	2-tier Lieferant	zentral	dezentral verteilt	Endprodukt	Komponenten	Standardteil/Rohstoff
Netzwerkkonfiguration								
Produktprogrammplanung	■					■	■	
Netzwerkauslegung	■				■		▒	■
Netzwerkabsatzplanung								
Absatzmengenermittlung		■			■		▒	■
Absatzmengenkonsolidierung		■			■		▒	■
Netzwerkbedarfsplanung								
Netzwerkkapazitätsplanung					■		▒	■
Netzwerkbedarfsallokation		■			■		▒	■
Netzwerkbeschaffungsplanung		■			■		▒	■

Ausprägung: ■ idealtypisch ▒ bedingt möglich

Abb. 2.1-6 Struktur der Prozessarchitekturreferenzsicht

Für die überbetrieblichen Netzwerkaufgaben bildet die Prozessreferenzsicht ebenfalls die zeitlich-logische Reihenfolge der einzelnen Prozessschritte ab. Jedoch wird dabei dem unternehmensübergreifenden Charakter der einzelnen Aufgaben nicht Rechnung getragen. Für die Abbildung im Modell sind dazu weitere Dimensionen notwendig. Hier setzt die Prozessarchitekturreferenzsicht an, indem die Verteilung und Koordination einzelner Prozesse und Prozesselemente auf der Netzwerkebene beschrieben wird. Die Verteilung und Koordination ist in Abhängigkeit der vorliegenden Netzwerkstruktur unterschiedlich. Neben der Struktur haben auch die im Netzwerk hergestellten Produkte und die Form der Zusammenarbeit Einfluss auf die Prozessarchitektur. Dem wird in der Darstellung Rechnung getragen, indem die Prozessarchitekturen für unterschiedliche Netzwerktypen entwickelt wurden.

Die Prozessarchitektur bildet also auf der Netzwerkebene gemeinsam mit der Prozessreferenzsicht die Basis für die Ableitung von Gestaltungsstrategien, -prozessen und -aufgaben im Rahmen der überbetrieblichen PPS.

2.1.4.3 *Prozesssicht*

Die Prozessreferenzsicht leitet aus den Aufgaben der Aufgabenreferenzsicht Prozesse ab, bringt sie in eine zeitlich-logische Ordnung und beschreibt die Auftragsabwicklung inhaltlich exakter (vgl. Abb. 2.1-7). Die dargestellten Prozessschritte werden in der durch den Prozess dokumentierten Folge am Planungsobjekt Auftrag oder einer Menge von Aufträgen durchgeführt. Dabei werden die Prozessobjekte als Eingangsgrößen entsprechend einer definierten Vorschrift durch die Prozesssubjekte derart transformiert, dass das gewünschte Prozessergebnis erreicht wird (Becker u. Kahn 2002; Schulte-Zurhausen 2005). Neben der zeitlich-logischen Reihenfolge werden die Schnittstellen zu den vor- und nachgelagerten Prozessen bzw. zu unternehmensexternen Partnern definiert. Die Referenzprozesse werden auf der Basis von DIN 66001 dokumentiert.

Die Prozesssicht des Aachener PPS-Modells unterscheidet wie die Aufgabensicht inner- und überbetriebliche Gestaltungsbereiche. Für den überbetrieblichen Gestaltungsbereich werden die im Aufgabenmodell definierten Netzwerkaufgaben in ihrer zeitlich-logischen Abfolge modelliert und beschrieben. Im Gegensatz zum innerbetrieblichen Gestaltungsbereich können die Netzwerkaufgaben durch mehrere Unternehmen wahrgenommen werden. Hier muss die Ableitung von Gestaltungsstrategien, -prozessen und -aufgaben zusätzlich durch die Prozessarchitekturreferenzsicht unterstützt werden (vgl. Abschn. 2.3).

24 2 Grundlagen der Produktionsplanung und -steuerung

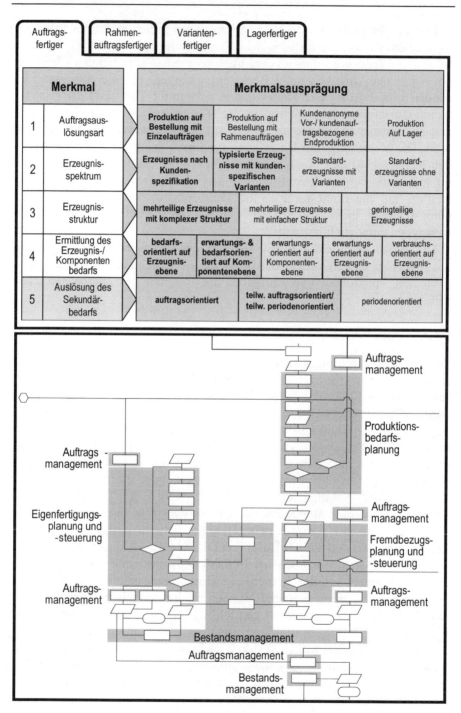

Abb. 2.1-7 Struktur der Prozessreferenzsicht

Für den innerbetrieblichen Gestaltungsbereich erfolgt in Analogie zur Prozessarchitektur (Netzwerktypen) zusätzlich eine typologische Differenzierung dieser Referenzsicht. Während das *eine* Aufgabenmodell unabhängig von einem zentralen bzw. dezentralen Planungsansatz oder der Art der Auftragsabwicklung strukturiert ist, bilden *verschiedene* Prozessmodelle eine typenspezifische Ablauforganisation der Produktionsplanung und -steuerung mit dem Blickwinkel auf das betrachtete Einzelunternehmen ab. Dabei liegen die vier Betriebs- bzw. Auftragsabwicklungstypen des ursprünglichen PPS-Modells zu Grunde:

- Auftragsfertiger
- Rahmenauftragsfertiger
- Variantenfertiger
- Lagerfertiger

Ziel der Verwendung dieses Prozessreferenzmodells ist es, durch eine einfache Zuordnung der realen Gegebenheiten im Unternehmen nach kurzer Zeit ein aussagefähiges und in sich stimmiges Prozessmodell für ein konkretes Produktionsunternehmen zu erhalten.

Die dargestellten Prozessmodelle beschreiben bewusst nicht alle, sondern bestimmte mögliche Formen einer Auftragsabwicklung. Grundsätzlich besitzt ein derartiges Referenzmodell den Charakter einer allgemeingültigen Vorlage, die als Ausgangsbasis für die Ableitung spezifischer Modelle dienen bzw. durch Erweiterung oder Detaillierung verhältnismäßig einfach auf ausgewählte Anwendungsgebiete übertragen und konkretisiert werden kann.

2.1.4.4 *Funktionssicht*

Die Durchführung der Aufgaben innerhalb eines Prozesses setzt sich aus Teilen zusammen, die einen Ermessensspielraum oder allgemein die Wahrnehmung von Verantwortung beinhalten und solchen, die diesen nicht beinhalten. Informationstechnisch klar definierbare (Teil-)Aufgaben können durch ein IT-System unterstützt werden. Der Begriff IT-System bezieht sich im Zusammenhang mit dem Aachener PPS-Modell in der Regel auf so genannte *Enterprise Ressource Planning Systeme* (ERP-Systeme) bzw. *Produktionsplanungs- und -steuerungssysteme* (PPS-Systeme).

Die Funktionsreferenzsicht dient der Beschreibung von Anforderungen an ein solches IT-System zur Unterstützung aller innerbetrieblichen PPS-Aktivitäten und entstammt der funktionalen Auswahl von ERP-/PPS-Systemen. Die Funktionen werden dazu semantisch beschrieben. Die Referenzfunktionen sind in einer flachen Hierarchie geordnet. Die Gliederung entspricht der des Aufgabenmodells, so dass sich Funktionen schnell identifizieren lassen, die zur Unterstützung bestimmter Aufgaben dienen können (vgl. Abb. 2.1-8). Durch die Angabe von IT-gestützten Funktionen können prozess- oder aufgabenorientiert Anforderungen an ERP-/PPS-Systeme ermittelt und dokumentiert werden.

Die PPS-Funktionen werden durch Merkmale beschrieben, die aus folgenden Elementen bestehen:

- Funktionsmerkmal
- verbale Beschreibung des Merkmals und seiner Ausprägungen
- Ausprägungen

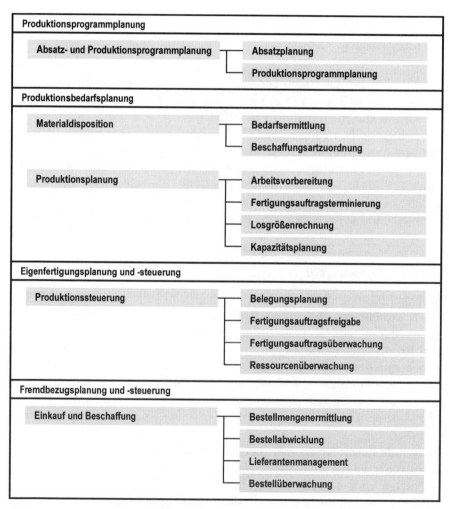

Abb. 2.1-8 Struktur der Funktionsreferenzsicht

Die Funktionen können dabei unterschiedliche informationstechnische Aspekte beinhalten. Es können u. a.:

- Funktionen zur Verwaltung von Daten und Datenstrukturen,
- klar abgegrenzte Algorithmen (Methoden),
- Oberflächenmerkmale oder
- komplexe Funktionen, die Daten, Methoden und Oberflächenfunktionen beinhalten,

abgefragt werden.

2.1.5 Literatur

Corsten H (2004) Produktionswirtschaft. Einführung in das industrielle Produktionsmanagement, 10. vollst. überarbeitete Aufl. Oldenbourg Verlag, München Wien.

Günther H-O, Tempelmeier H (2005) Produktion und Logistik, 6. Aufl. Springer, Berlin Heidelberg

Luczak H, Eversheim W (2001) Produktionsplanung und -steuerung. Grundlagen, Gestaltung und Konzepte, 2. Aufl. Springer, Berlin

Scheer A-W (1997) Wirtschaftsinformatik, Referenzmodelle für industrielle Geschäftsprozesse, 7. Aufl. Springer, Berlin

Schönsleben P (2004) Integrales Logistikmanagement, Planung und Steuerung von umfassenden Geschäftsprozessen, 4. überarbeitete und erweiterte Aufl. Springer, Berlin

Schulte-Zurhausen M (2005) Organisation, 4. überarbeitete und erweiterte Aufl. Franz Vahlen, München

Wenzel S, Klinger A (2000) Referenzmodelle – Begriffsbestimmung und Klassifikation. In: Referenzmodelle für die Simulation in Produktion und Logistik, SCS Publishing House

Becker J, Kahn D (2002) Der Prozess im Fokus. In: Becker J, Kugeler M, Rosemann M (Hrsg) Prozessmanagement – Ein Leitfaden zur prozessorientierten Organisationsgestaltung, 3. Aufl. Springer, Berlin Heidelberg

Vahrencamp R (2004) Produktionsmanagement, 5. vollst. überarbeitete Aufl. Oldenbourg Verlag, München Wien.

Wiendahl H-P (2005) Betriebsorganisation für Ingenieure, 5. aktualisierte Aufl. Hanser Verlag, München Wien

Womack J, Jones D (2003) Seeing the Whole, The Lean Enterprise Institute, Brookline, Massachusetts, USA

2.2 Aufgaben

von Günther Schuh und Robert Roesgen

2.2.1 Überblick

Aufgabe der Produktionsplanung und -steuerung (PPS) ist die termin-, kapazitäts- und mengenbezogene Planung und Steuerung der Fertigungs- und Montageprozesse (Eversheim 2002). Während die Produktionsplanung den Inhalt und die Einzelprozesse der Fertigung und der Montage zu gestalten hat, regelt die Produktionssteuerung den Ablauf der Tätigkeiten in der Fertigung im Rahmen der Auftragsabwicklung. Dabei regelt die Produktionssteuerung, wann unter Berücksichtigung der Vorgaben der Produktionsplanung einerseits und der vorgegebenen logistischen Zielgrößen andererseits welche Teilprozesse in welcher Reihenfolge einen Produktionsfaktor beanspruchen.

Zu den Zielen der PPS gehören:

- hohe Termintreue,
- hohe und gleichmäßige Kapazitätsauslastung,
- kurze Durchlaufzeiten,
- geringe Lager- und Werkstattbestände und
- hohe Flexibilität.

Das Aachener PPS-Modell (Eversheim u. Luczak 1999) wurde am FIR auf Basis breiter empirischer Erfahrungen entwickelt. Es stellt ein Referenzmodell zur Analyse, Bewertung und Konzeption der Produktionsplanung und -steuerung dar. Im Fokus steht dabei die Betrachtung von unternehmensinternen Planungs- und Steuerungsprozessen. Durch die erhöhten Kundenansprüche, die Internationalisierung der Beschaffungs- und Absatzmärkte, die Substituierbarkeit der Güter und den fortschreitenden Globalisierungsprozess haben Produktionsunternehmen ihre Wertschöpfungstiefe kontinuierlich gesenkt, so dass sie sich zunehmend als Teil eines Wertschöpfungsnetzwerkes wieder finden. Um die damit verbundenen Herausforderungen adäquat im PPS-Modell zu berücksichtigen, wurde die Aufgabensicht um sog. Netzwerkaufgaben erweitert. Weitere Aufgabentypen sind gemäß dem ursprünglichen Aufgabenmodell die Kernaufgaben und die Querschnittsaufgaben.

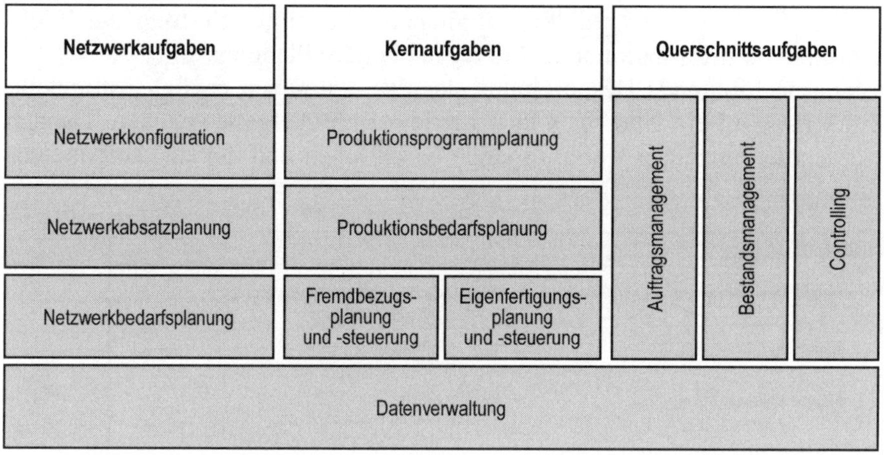

2.2 Aufgaben

Netzwerkaufgaben	Kernaufgaben	Querschnittsaufgaben		
Netzwerkkonfiguration	Produktionsprogrammplanung	Auftragsmanagement	Bestandsmanagement	Controlling
Netzwerkabsatzplanung	Produktionsbedarfsplanung			
Netzwerkbedarfsplanung	Fremdbezugs-planung und -steuerung / Eigenfertigungs-planung und -steuerung			
Datenverwaltung				

Abb. 2.2-1 Übersicht Aachener PPS-Modell, Aufgabensicht

Netzwerkaufgaben fassen sämtliche planenden Aufgaben zusammen, die im Kontext des Netzwerkes zu sehen sind. Gegebenenfalls bedarf es einer engen Abstimmung bzw. Koordination der Netzwerkpartner untereinander oder alternativ einer zentralen Planungsinstanz. Kernaufgaben umfassen sämtliche Aufgaben des eigentlichen Produkterstellungsprozesses unter dem Fokus des Einzelunternehmens. Der ursprüngliche Ansatz der PPS – die unternehmensinterne Optimierung der Prozesse – findet sich in dieser Definition wieder. Querschnittsaufgaben sind planende und steuernde Aufgaben, die Elemente von Kern- wie von Netzwerkaufgaben aufweisen und somit auch einen koordinierenden Charakter zwischen Netzwerk- und Kernaufgaben einnehmen.

Netzwerkaufgaben umfassen die strategisch ausgelegte Netzwerkkonfiguration, die Netzwerkabsatzplanung, Netzwerkbedarfsplanung und -allokation. Kernaufgaben sind die Produktionsprogrammplanung, die Produktionsbedarfsplanung, die Eigenfertigungsplanung und -steuerung und die Fremdbezugsplanung und -steuerung. Querschnittsaufgaben sind das Auftragsmanagement, das Bestandsmanagement und das Controlling. Die Datenverwaltung wird sämtlichen Aufgabenarten zugerechnet, da alle Aufgaben der PPS bei der Ausführung der Aufgaben auf die Datenverwaltung zurückgreifen.

Vertikal differenziert die Aufgabensicht des Aachener PPS-Modells somit einen strategischen, taktischen und operativen Charakter der Aufgaben. Im Rahmen der Aufgabendurchführung werden die Produktionsressourcen, also Betriebsmittel und Personal, von übergeordneten zu untergeordneten Planungsstufen mit zunehmendem Detaillierungsgrad geplant. Die Planungsergebnisse einer Stufe sind Vorgaben für die nächstfolgende

Stufe. Mit Hilfe einer regelkreisähnlichen Abstimmung erfolgt die Rückführung von Informationen an die nächst höhere Planungsstufe.

Die nachfolgende Beschreibung der PPS-Aufgaben erfolgt zweigeteilt. Zunächst wird ein Überblick über die jeweilige Aufgabe gegeben. Danach werden die einzelnen Unteraufgaben beschrieben und die zur Aufgabenerfüllung eingesetzten Verfahren vorgestellt.

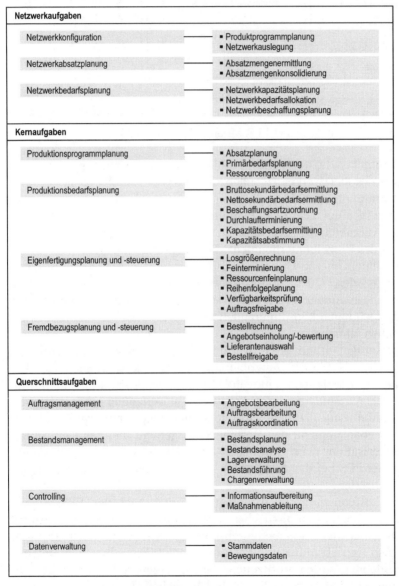

Abb. 2.2-2 Aufgabengliederung der Produktionsplanung und -steuerung

2.2.2 Netzwerkaufgaben

Vor dem Hintergrund der Organisationsstruktur von inter- und intraorganisationalen Produktionsnetzwerken mit verteilten lokalen Unternehmenseinheiten ist eine strategische Gestaltungsebene als Grundlage der strategisch/taktischen Planung notwendig. Diese Planungselemente werden unter den Netzwerkaufgaben zusammengefasst und können auf der lokalen Planungsebene (Kernaufgaben) teilweise ein entsprechendes Pendant haben, weisen durch den unternehmensübergreifenden Charakter aber einen gröberen Detaillierungsgrad auf. Die Netzwerkaufgaben, im Detail die Netzwerkkonfiguration, Netzwerkabsatz- sowie Netzwerkbedarfsplanung, haben Anknüpfungspunkte und Interdependenzen zu verschiedenen Kernaufgaben auf der lokalen Ebene des Aachener PPS-Modells. Je nach Aufgabe innerhalb der Netzwerkaufgaben wird eine zentrale Instanz innerhalb des Netzwerks sinnvoll/notwendig, die einen entsprechenden Überblick über die Netzwerkpartner hat.

2.2.2.1 Netzwerkkonfiguration

Das einzelne Unternehmen findet im Rahmen der Netzwerkkonfiguration Unterstützung in der eigenen strategischen Positionierung sowie deren Korrelation zur Notwendigkeit und Gestaltung eines Partnernetzwerkes. Fokus des Aachener PPS-Modells ist dabei nicht, dass eine zentrale Planungsinstanz ein gesamtes Netzwerk gestaltet, sondern sich ein Netzwerk durch die individuelle Einordnung von einzelnen Unternehmen konfiguriert. Nichts desto trotz sind die genannten Aufgaben auch für eine zentrale Planungsinstanz im Sinne eines zentralen Supply Chain Designs, wie in intraorganisationalen Netzwerken (z. B. Konzern), anwendbar und gültig.

Die strategisch ausgelegte Netzwerkkonfiguration gliedert sich in die Unteraufgaben Produktprogrammplanung und Netzwerkauslegung (vgl. Abb. 2.2-3), die im Folgenden beschrieben werden.

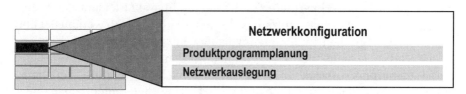

Abb. 2.2-3 Unteraufgaben der Netzwerkkonfiguration

Produktprogrammplanung

Die Produktprogrammplanung definiert in der Produktprogrammstrategie welche Produkte durch ein Unternehmen erstellt werden sollen (Schuh 1999). Diese werden im Produktprogramm nach Art, Variante, Qualität und ggf. Menge spezifiziert. Dieser Aufgabe sind ebenso wettbewerbsstrategische Überlegungen zuzuordnen.

Weiterer Inhalt der Produktprogrammplanung ist die grundsätzliche Auswahl der Beschaffungs- und Distributionskanäle, d. h. der Beschaffungs- und Vertriebswege. Hier sind Entscheidungen zu fällen, welche die Länge, Breite und Tiefe der Beschaffungs- und Absatzkanäle betreffen (Steffenhagen 2004). Bei der Gestaltung der Absatzwege werden direkte Absatzwege, die ohne Zwischenhändler direkt an den Endverbraucher adressiert sind, und indirekte Absatzwege, die über eine oder mehrere Zwischenstufen durch den Groß- und/oder Einzelhandel abgewickelt werden, unterschieden (Steffenhagen 2004).

Netzwerkauslegung

Die Netzwerkauslegung umfasst zunächst die grundsätzliche Festlegung, welche der zur Verwirklichung des Produktprogramms erforderlichen Leistungen in Eigenleistung des einzelnen Unternehmens hergestellt oder fremdbezogen werden (Hungenberg 1999; Hahn et al. 1994). Dabei werden neben Sachgütern auch Dienstleistungen betrachtet. Diese „Make-or-buy"-Analyse entscheidet über Eigenfertigungs- und Fremdbezugsanteile. Sie hat daher direkten Einfluss auf die Wertschöpfungstiefe und auch auf die Beschaffungsartzuordnung (vgl. Kernaufgabe Produktionsbedarfsplanung in Abschn. 2.2.3.2) des einzelnen Unternehmens sowie indirekten Einfluss auf die Notwendigkeit und die Kompetenzen von Partnerunternehmen – beschaffungs- wie abnehmerseitig – im Netzwerk (Friedrich 2002).

Somit nimmt auch die Festlegung der grundsätzlichen Bewertung und Auswahl von Netzwerkpartnern (Lieferantenpolitik als Element des Lieferantenmanagements) eine zentrale Rolle innerhalb der Netzwerkauslegung ein. Dem strategischen Lieferantenmanagement können ggf. auch Elemente des Vertragsmanagements zugeordnet werden, die z. B. für bestimmte Lieferantengruppen (strategischer Lieferant, System-, Modul-, Teilelieferant etc.) Anwendung finden (Arnold 2004). Das Lieferantenmanagement wird in der Lieferantenauswahl (vgl. Kernaufgabe Fremdbezugsplanung in Abschn. 2.2.3.4) aufgegriffen und auftragsbezogen detailliert.

Die Standortplanung als letztes Element der Netzwerkauslegung legt bei intraorganisationalen Netzwerken und einer entsprechenden zentralen Planungsinstanz die Standortstruktur der dezentral verteilten Standorte in der

Weise fest, dass sie einen strategischen Wettbewerbsvorteil bildet (Wildemann 1997). Dabei werden Entscheidungen bezüglich der Auswahl neuer sowie der Veränderung bereits bestehender Produktions- und Distributionsstandorte getroffen (Gehr et al. 2003). Maßnahmen zur Neuordnung der bestehenden Standortstruktur beinhalten beispielsweise die geographische Auswahl neuer Produktionsstandorte im Zusammenhang mit der Festlegung der an den jeweiligen Standorten zu fertigenden Produkte, die im vorangegangenen Schritt der Produktprogrammplanung näher spezifiziert wurde (Wiendahl 1999). Bezüglich der Gestaltung der Distributionsstruktur stehen Entscheidungen über die Verteilung und den Auf- oder Abbau zentraler oder dezentraler Lager im Mittelpunkt der Betrachtungen.

Für sämtliche Unternehmen und Netzwerke beinhaltet die Standortplanung die Entscheidungen über langfristige Investitionsentscheidungen, die beispielsweise den Auf- und Abbau von Produktionskapazitäten, Entscheidungen bezüglich der netzwerkinternen Verteilung von Ressourcen und des spezifischen Aufbaus von Kompetenzen sowie die Gestaltung von Geschäftsprozessen betreffen (Friedrich 2002; Rohde et al. 2000).

2.2.2.2 Netzwerkabsatzplanung

Die dispositive Absatzplanung ist ursprünglich eine Aufgabe, die dezentral in jedem einzelnen Unternehmen im Rahmen der Produktionsprogrammplanung durchgeführt wird und ist auch dementsprechend den Kernaufgaben zugeordnet. Die Netzwerkabsatzplanung grenzt sich von der lokal durchgeführten Absatzplanung durch ihren unternehmensübergreifenden (Netzwerk-)Charakter ab, z. B. in Form des sog. „Collaborative Demand Planning" oder „Collaborative Planning, Forecasting and Replenishment" (CPFR). Des Weiteren ist die Netzwerkabsatzplanung rein absatzmarkt- bzw. nachfrageorientiert. Das heißt, dass der Absatzmarkt für das Endprodukt fokussiert wird und sich so sämtliche Bedarfe aus dem Primärbedarf des Endproduktes ableiten. Ergebnis des Absatzplanungsprozesses ist ein genaues Verständnis davon, welche Mengen von welchen Produkten oder Produktgruppen wann nachgefragt bzw. abgesetzt werden können.

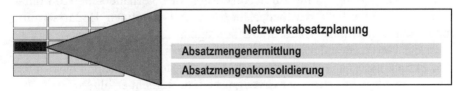

Abb. 2.2-4 Unteraufgaben der Netzwerkabsatzplanung

Der Netzwerkabsatzplan kann nach zwei unterschiedlichen Ansätzen generiert werden. Entweder werden für das gesamte Netzwerk unternehmensübergreifend die Absatzmengen aggregiert ermittelt und ggf. im nächsten Schritt auf die Netzwerkpartner verteilt. Dieses Konzept findet bspw. in Netzwerken mit konzernartigen Strukturen, vergleichbaren Absatzmärkten oder vergleichbaren Produkten Anwendung. Die zentrale Absatzmengenermittlung kann ggf. auf Basis einer unternehmensübergreifenden Budget- und Umsatzplanung erfolgen.

Der alternative Ansatz basiert auf einer konsensbasierten Absatzplanung, d. h. ein Planungsprozess durchläuft mehrere Phasen, in denen die an der Planung beteiligten Unternehmen oder Organisationseinheiten mehr oder weniger dezentral ihre Teilplanungen zu einem Gesamtplan zusammenführen. Es findet nach diesem Ansatz eine Absatzmengenkonsolidierung für das Netzwerk statt. Dieses Konzept ist insb. sinnvoll, wenn sich die Absatzmärkte u./o. -kanäle der Netzwerkpartner unterscheiden und so eine zentrale Planungsinstanz nur schwerlich einen Gesamtabsatzplan für das Netzwerk generieren könnte.

Der Netzwerkabsatzplan unterstützt ebenso unternehmensübergreifende Prognoseaufgaben. Dazu zählen bspw. die Glättung von Prognosewerten, die Identifikation und Beachtung von saisonalen Effekten, eine unternehmensübergreifende (z. B. gruppen- oder konzernweite) Aktionsplanung (z. B. Marketing-Events) etc.

Der Netzwerkabsatzplan gilt als wesentliche Einflussgröße für eine unternehmensübergreifende Umsatz- u./o. Budgetplanung. Mit den Ergebnissen der Netzwerkabsatzplanung kann somit die Umsatz-/Budgetplanung erfolgen und stellt daher eine Unteraufgabe der Netzwerkabsatzplanung dar.

2.2.2.3 Netzwerkbedarfsplanung

Vom Planungsablauf sowie durch den operativeren Charakter erfolgt die Netzwerkbedarfsplanung im Anschluss an die Netzwerkkonfiguration und die Netzwerkabsatzplanung. Eine standortübergreifend ausgelegte Netzwerkbedarfsplanung sollte zur Reduzierung des vorhandenen Koordinationsbedarfs innerhalb der bedarfsbezogenen Disziplinen Bedarfsermittlung und Beschaffungsartzuordnung beitragen.

In der Netzwerkbedarfsplanung werden die im Netzwerk herzustellenden Erzeugnisse nach Art, Menge und Zeitfenster festgelegt. Dabei muss eine genaue Spezifikation der Erzeugnisse i. d. R. nicht erfolgen.

Die Ergebnisse der Netzwerkkonfiguration und der Netzwerkabsatzplanung stellen die wesentlichen Eingangsgrößen für die Planungsprozesse der Netzwerkbedarfsplanung dar. Während die Netzwerkkonfiguration vorgibt, welche Partner grundsätzlich für welche Produktions-/Leistungsprozesse in Frage kommen, werden in der Netzwerkabsatzplanung die Mengen, die über das Netzwerk abgesetzt werden sollen, prognostiziert. Die sich aus dem Absatzplan ergebenden Bedarfe müssen entsprechend ermittelt und auf die Netzwerkpartner verteilt werden, um so die Bedarfsdeckung sicher zu stellen. Erfolgt die Bedarfsdeckung durch ein Netzwerk von Unternehmen, so ergeben sich unterschiedliche im Netzwerk wahrzunehmende Aufgaben, die in den drei Unteraufgaben Netzwerkkapazitätsplanung, Netzwerkbedarfsallokation sowie Netzwerkbeschaffungsplanung zusammengefasst sind.

Eine Feinabstimmung und lokale Ressourcenplanung findet für alle genannten Unteraufgaben der Netzwerkbedarfsplanung wiederum auf der lokalen Ebene statt und wird über die Kernaufgaben abgedeckt. Die Ergebnisse der Netzwerkbedarfsplanung stellen somit eine wesentliche Eingangsgröße für die lokale Produktionsprogramm- und Produktionsbedarfsplanung dar (vgl. Produktionsprogrammplanung in Abschn. 2.2.3.1 und Produktionsbedarfsplanung in Abschn. 2.2.3.2).

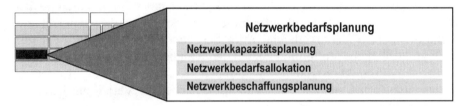

Abb. 2.2-5 Unteraufgaben der Netzwerkbedarfsplanung

Netzwerkkapazitätsplanung

Der Absatzplan wird in der Netzwerkkapazitätsplanung mit den im Netzwerk vorhandenen Kapazitäten, Ressourcen und Beständen abgeglichen und so ein grober Netzwerkproduktionsplan erstellt. Ziel ist es, die Machbarkeit der Bedarfsdeckung aus dem Absatzplan zu überprüfen sowie eine gleichmäßige Belastung der Kapazitäten und Ressourcen innerhalb des Netzwerkes zu erreichen.

Der grobe Netzwerkproduktionsplan wird innerhalb der Netzwerkkapazitätsplanung durch eine simultane Erfassung der erforderlichen und vorhandenen Kapazitäten aller netzwerkinternen Standorte im Rahmen einer Kapazitätsdeckungsrechnung für eine Planungsperiode abgestimmt. Dabei werden die tatsächliche Belastung aller netzwerkinternen Kapazitäten sowie die Materialverfügbarkeit überprüft. Die Kapazitätsdeckungsrechnung ermittelt, ob das vorhandene Kapazitätsangebot zur Deckung des errechneten Bedarfs ausreicht. Dies beinhaltet eine grobe Bedarfsermittlung für

Personal, Maschinen, Arbeitsplätze, Werkzeuge, Lagerkapazitäten und Transportmittel und dient als Richtwert für die nachgeordneten lokalen Planungen. Von entscheidender Bedeutung ist die Netzwerkkapazitätsplanung außerdem bei interner Fremdfertigung innerhalb des Produktionsnetzwerks. Bei der Verlagerung von Fertigungsaufträgen oder Arbeitsgängen im Rahmen der internen Fremdfertigung sind neben Kapazitäten vor allem auch Vorgangsecktermine abzustimmen (Philippson 2003).

Stellt sich nach der Netzwerkkapazitätsplanung das Netzwerkproduktionsprogramm als realisierbar heraus, erfolgt die Freigabe des Produktionsprogramms. Andernfalls müssen die lokalen Absatzpläne überarbeitet werden und aktualisiert in die standortübergreifende Absatzmengenermittlung eingespeist oder über einen Fremdbezug (außerhalb des Netzwerks) entschieden werden.

Netzwerkbedarfsallokation

Ergebnis dieses Planungsschritts ist die Festlegung, welche Produkte hinsichtlich der geplanten Absätze und der Realisierbarkeit der Erfüllung von welchem Netzwerkpartner beschafft bzw. produziert werden sollen. Dabei kann es – je nach Netzwerkkonfiguration – vorkommen, dass unterschiedliche Standorte (Werke) gleiche Aufgaben übernehmen können oder nur eine grundsätzliche Verteilung gemäß den Kompetenzen stattfindet. Bei alternativen Produktionsstandorten können Kosten, Qualität, Lieferzeit Transportaufwand etc. als Entscheidungskriterien zur Verteilung herangezogen werden.

Auf Primärbedarfsebene unter Berücksichtigung der lokalen Produktionskapazitäten werden die Bedarfe auf die Partner verteilt. Die so verteilten Bedarfe dienen den einzelnen Standorten als Vorgabe für die lokale Produktionsprogramm- und die lokale Produktionsbedarfsplanung. Input bilden wiederum der im Rahmen der Netzwerkabsatzplanung konsolidierte Absatzplan, auf dessen Grundlage der gesamte Bruttoprimärbedarf ermittelt wird, sowie die Ergebnisse der Netzwerkkapazitätsplanung.

Netzwerkbeschaffungsplanung

Innerhalb einer standortübergreifenden Sekundärbedarfsbestimmung werden auf Grundlage des Produktionsprogramms die Sekundärbedarfe für die Produkte des Netzwerks bestimmt. Dies ist insbesondere bei der Herstellung ähnlicher oder gleichartiger Erzeugnisse zweckmäßig, da hier in der Regel gleichartige oder ähnliche Sekundärbedarfe vorliegen. Nettosekundärbedarfe für Teile, die in mehreren Standorten eingesetzt werden, werden nach Möglichkeit zusammengefasst, um die Beschaffung standortübergreifend durchzuführen. Die Bedarfsbestimmung mittels unterschiedlicher statistischer Methoden unter Berücksichtigung saisonaler Einflüsse bildet die Grundlage für die detailliertere Planung an den verteilten Standorten (vgl. Abschn. Produktionsbedarfsplanung; Gehr et al. 2003).

Das gesamte Bedarfsprogramm des Netzwerks wird in ein Netzwerkfremd- und Netzwerkeigenfertigungsprogramm gesplittet. Ergebnis der Netzwerkbeschaffungsplanung ist das Netzwerkbeschaffungsprogramm, das sich aus einem Eigenfertigungs- und Fremdbezugsprogramm zusammensetzt. Das Beschaffungsprogramm enthält grobe Fertigungsaufträge für eigengefertigte Teile und Einkaufsaufträge für fremdbezogene Teile und Materialien.

Ziel der Netzwerkbeschaffungsplanung ist die unternehmensweite Bündelung von Beschaffungsbedarfen. Durch eine solche Bündelung können Potenziale hinsichtlich Preisreduktionen, Qualitätssteigerungen, Größendegressionseffekte und verbesserte Zahlungsbedingungen beim Lieferanten erzielt werden (Jahns 2004).

2.2.3 Kernaufgaben

Kernaufgaben definieren die ursprünglichen Aufgaben der Produktionsplanung und -steuerung aus Sicht des einzelnen Unternehmens. Kernaufgaben umfassen dabei sämtliche Aufgaben des eigentlichen Produkterstellungsprozesses, die einen direkten Fortschritt im Produktionsprozess erzeugen.

Die Planungselemente der Kernaufgaben können auf der globalen Planungsebene (Netzwerkaufgaben) teilweise ein entsprechendes Pendant haben, auf dessen Ergebnis die entsprechende Kernaufgabe aufbaut und das als Input oder Vorgabe benutzt wird. Unter dem Begriff Kernaufgaben sind die Aufgaben der Produktionsprogrammplanung, der Produktionsbedarfsplanung, der Eigenfertigungsplanung und -steuerung sowie der Fremdbezugsplanung und -steuerung zusammengefasst.

2.2.3.1 *Produktionsprogrammplanung*

In der Produktionsprogrammplanung werden die herzustellenden Erzeugnisse nach Art, Menge und Termin für einen definierten Planungszeitraum festgelegt. Ergebnis ist der hinsichtlich seiner Absetzbarkeit und Realisierbarkeit abgestimmte Produktionsplan, der verbindlich festlegt, welche Leistungen (Primärbedarfe = verkaufsfähige Erzeugnisse sowie kundenanonym vorzuproduzierende Standardkomponenten) in welchen Stückzahlen (Mengen) zu welchen Zeitpunkten produziert werden sollen (Hackstein 1989; Zimmermann 1988).

Die Produktionsprogrammplanung ist eine rollierende Planung, die periodisch, z. B. monatlich, durchgeführt wird. Die Planungsperioden werden dabei gegenüber der letzten Planung jeweils um eine Periode in die Zukunft fortgeschrieben. Planungshorizont und -genauigkeit können in Abhängigkeit von Branche, den zu planenden Erzeugnissen und Komponenten individuell sehr verschieden sein.

Die Planung des Produktionsprogramms ist eng mit der Absatzplanung verbunden, da sich die geplanten Absatzzahlen nur dann realisieren lassen, wenn die Erzeugnisse auch in den jeweils erforderlichen Mengen produziert werden können. Das Produktionsprogramm kann somit zwangsläufig nur in enger Abstimmung zwischen Produktion und Vertrieb entstehen. Zu bestimmen sind die gewinn- bzw. kostenoptimalen Absatz- bzw. Produktionszahlen unter Berücksichtigung kapazitiver Restriktionen.

Um zu überprüfen, ob das Produktionsprogramm zu einer ausgeglichenen Belastung der Kapazitäten führt und ob der zu erwartende Materialbedarf gedeckt ist, wird eine grobe Ressourcenplanung durchgeführt. Dazu ist der Primärbedarf in Form einer Deckungsrechnung mit den in der Produktion zur Verfügung stehenden Ressourcen grob abzustimmen. Zusammenfassend zeigt Abb. 2.2-6 den Ablauf der Produktionsprogrammplanung.

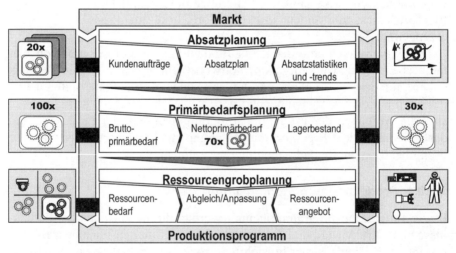

Abb. 2.2-6 Ablauf der Produktionsprogrammplanung (Luczak 2004)

Um Umfang und Komplexität der in der Produktionsprogrammplanung erforderlichen Berechnungen zu reduzieren, werden einerseits die Erzeugnisse zu Erzeugnisgruppen verdichtet oder nur repräsentative Gruppenvertreter betrachtet und andererseits die Kapazitätseinheiten zu Kapazitätsgruppen zusammengefasst oder aber nur Engpasskapazitäten betrachtet. Man unterscheidet daher eine Produktionsprogrammplanung mit repräsentativen Erzeugnissen, bei der für jede Erzeugnisgruppe ein bezüglich Funktion, Leistung usw. typisches Produkt ausgewählt wird, von einer Produktionsprogrammplanung mit verdichteten Erzeugnisdaten. Alle Verfahren der Datenverdichtung basieren auf der Zielsetzung die Datenmenge zu verringern, um die Planung bei vergröberter Genauigkeit kostengünstig und schnell durchführen zu können. Gängige Verfahren der Datenverdichtung sind beispielsweise Netzplantechnik, Belastungsprofile, Standard-Einsatzprofile und Referenzverfahren.

Die Produktionsprogrammplanung hat in Abhängigkeit vom vorliegenden Produktionstyp unterschiedliche Informationsgrundlagen und Aufgabenschwerpunkte. Während im Extremfall des reinen Einzelauftragfertigers die Produktionsprogrammplanung ausschließlich auf der Basis von Kundenaufträgen erfolgt, wird bei der rein kundenanonymen Lagerfertigung der Produktionsplan durch die prognostizierten Absatzerwartungen bestimmt. Sind die von den Kunden geforderten Lieferzeiten geringer als die Beschaffungszeiten (hier verstanden als Fertigungsdurchlaufzeiten bei Eigenfertigung und Wiederbeschaffungszeiten bei Fremdbezug), dann muss bis zu einer bestimmten Produktionsstufe, dem sog. Kundenauftragsentkopplungspunkt, kundenauftragsanonym und erwartungsbezogen produziert bzw. eingekauft und gelagert werden. In der Produktionsprogrammplanung werden die entsprechenden Planmengen für die einzelnen Planungsperioden ermittelt. Oberhalb des Kundenauftragsentkopplungspunktes, auch Bevorratungsebene (vgl. Bestandsmanagement in Abschn. 2.2.4.2) genannt, wird dann erst bei Vorliegen von Kundenaufträgen kundenauftragsbezogen produziert.

Die Grenzfälle einer rein erwartungsbezogenen Produktion (Bevorratungsebene = Enderzeugnis) und einer rein kundenauftragsbezogenen Produktion (Bevorratungsebene = Kaufteile bzw. Rohmaterial) liegen in der betrieblichen Praxis nur äußerst selten vor. Zumeist sind die auftragsgebundene und die lagergebundene Produktion in den Unternehmen nebeneinander anzutreffen. Je nach Standardisierungsgrad der Erzeugnisse (ohne Varianten, mit Standardvarianten oder mit kundenindividuellen Varianten) entstehen zudem gemischte Produktionsformen, die zwischen einer kundenbezogenen Auftragsfertigung und einer erwartungsbezogenen Lagerfertigung anzusiedeln sind. In der Produktionsprogrammplanung sind daher entsprechende Planungsarten vorzusehen, die eine kundenanonyme Vorplanung von Komponenten auf Baugruppenebene oder auch von Gleich- und Unterschiedsteilen bei Varianten erlauben. Die später eintreffenden Kundenaufträge müssen dann mit den Primärbedarfen verrechnet werden, damit der aus dem Produktionsprogramm abgeleitete erwartete Bedarf und der Bedarf aus den Kundenaufträgen nicht additiv in die Materialdisposition eingehen.

Ergebnisse einer umfassenden Produktionsprogrammplanung sind einerseits ein Produktionsplan für ausgewiesene Primärbedarfe und andererseits ein Rahmenbeschaffungsplan für den Einkauf. Die im Rahmen der Produktionsprogrammplanung anfallenden Unteraufgaben werden nachfolgend beschrieben.

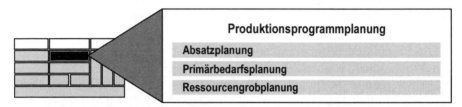

Abb. 2.2-7 Unteraufgaben der Produktionsprogrammplanung

Absatzplanung

Mit der Absatzplanung wird festgelegt, in welchen Perioden welche Mengen eines vorgegeben Erzeugnissortiments lieferbar sein sollen. Die Absatzplanung wird in der Regel für Erzeugnisgruppen durchgeführt, wenn aufgrund der hohen Anzahl an Enderzeugnissen eine Planung auf Enderzeugnisebene aus Aufwandsgründen nicht ratsam ist. Ggf. stellen prognostizierte Absatzzahlen aus einer Netzwerkabsatzplanung (vgl. Abschn. 2.2.2.2) eine wesentliche Eingangsgröße/Vorgabe für die lokale Absatzplanung dar. Die Daten für den Absatzplan werden entweder aus Absatzprognosen (z. B. aus dem Netzwerkabsatzplan) oder aus Vorgaben der Gewinn- und Umsatzplanung abgeleitet. Während im ersten Fall auf der Basis aggregierter und in die Zukunft prognostizierter Vergangenheitswerte gerechnet wird, erfolgt im zweiten Fall eine Aufteilung der Absatzmengen auf einzelne Produktgruppen ausgehend von einer Umsatzzielvorgabe (Wiendahl 2005; Kurbel 2003).

Unternehmen, die Teile, Baugruppen oder Erzeugnisse kundenanonym vorproduzieren, müssen die entsprechenden Bedarfe auf der Basis von Absatzprognosen bestimmen. Der Bedarf von Standarderzeugnissen und -komponenten wird allerdings nicht nur prognostiziert, um eine Vorratsproduktion rechtzeitig anstoßen zu können, sondern auch, um unabhängig vom Kundenauftragsbezug einer Fertigung durch eine grobe Ressourcenplanung die Machbarkeit des geplanten Absatzes prüfen zu können.

Die Absatzprognose, bei der auf der Basis von Vergangenheitsdaten ein wahrscheinlicher künftiger Bedarf ermittelt wird, erfolgt mit Hilfe mathematisch-statistischer Prognosemethoden. Die Auswahl eines geeigneten

Verfahrens wird durch den Trend des Absatzverlaufs bestimmt (z. B. steigender Absatz, saisonale Absatztrends). Je nach Absatzverlauf kommen dann unterschiedliche Prognoseverfahren zum Einsatz, von denen einige gängige Verfahren nachfolgend aufgeführt sind:

- ungewichtete oder gewichtete, gleitende Mittelwertbildung
- exponentielle Glättung erster Ordnung
- exponentielle Glättung zweiter Ordnung
- Verfahren nach Winters
- Hochrechnung (Extrapolation)
- Verfahren nach Holt
- (Multiple) lineare Regressionsrechnung

Der unter Berücksichtigung des Absatzmarkts vom Vertrieb aufgestellte Absatzplan ist mit den Restriktionen der Produktion abzustimmen. Dazu dienen die Primärbedarfs- und die Ressourcengrobplanung.

Primärbedarfsplanung

Der aus der Absatzplanung und aus bereits vorliegenden Kundenaufträgen sowie ggf. weiteren internen Bedarfen stammende Bruttoprimärbedarf wird durch Abgleich mit den Lagerbeständen als Nettoprimärbedarf ausgewiesen. Falls in der Absatzplanung mit aggregierten Werten für Erzeugnisgruppen gerechnet wurde, sind diese Daten in der Primärbedarfsplanung zu disaggregieren. Dazu sind über die Anteilsfaktoren der jeweiligen Enderzeugnisse als Mitglieder einer Produktgruppe und ggf. vorhandenen Mengenrelationen (z. B. Umwandlung von Tonnen in Stück) die konkreteren Werte für Enderzeugnisse zu ermitteln (Zimmermann 1988; Much u. Nicolai 1995).

Bei Erzeugnissen, die kundenauftragsbezogen produziert werden, sind in der Regel einzelne Kundenauftragspositionen noch nicht vollständig konstruktiv spezifiziert. Diese Auftragspositionen müssen nach der Auftragsklärung einer Erzeugnisgruppe bzw. einem Erzeugnis vorläufig zugeordnet werden, um in der Primärbedarfsplanung berücksichtigt zu werden. Dies gilt für Kundenauftragspositionen, die nicht direkt in die Produktionsbedarfsplanung eingehen, sondern längerfristig in die Planungsperioden der Produktionsprogrammplanung fallen.

Ergebnis dieses Planungsschritts ist ein vorläufiger Produktionsplan (Produktionsprogrammvorschlag) mit Nettoprimärbedarfen, die sich aufgrund von geplanten Absatzzahlen, bereits angenommenen Kundenaufträgen und internen Bedarfen ergeben. Dieser vorläufige Produktionsplan muss im nächsten Arbeitsschritt noch mit den verfügbaren Ressourcen abgestimmt werden.

Ressourcengrobplanung

In der Ressourcengrobplanung im Rahmen der Produktionsprogrammplanung wird überprüft, ob die Absatzpläne und Produktionsprogramme mit den vorhandenen Ressourcen realisierbar sind, das heißt die nach Art, Menge und Termin festgelegten Bedarfe an Erzeugnissen und/oder Komponenten werden grob eingeplant und mit den verfügbaren Ressourcen abgeglichen. In diesem Zusammenhang werden Personal, Betriebsmittel, Hilfsmittel und Material als Ressourcen bezeichnet. Falls mit repräsentativen oder verdichteten Daten gerechnet wird, müssen die Bedarfe aus dem Produktionsprogrammvorschlag den Ersatzdaten (z. B. Erzeugnisprofilen) zugeordnet werden. Für Standarderzeugnisse erfolgt die Planung dagegen mit den normalen Stücklisten- und Arbeitsplandaten (Hackstein 1989; Dorninger et al. 1996).

Im Zuge der Materialdeckungsrechnung wird sichergestellt, dass das vorhandene Materialangebot zur Deckung des ermittelten vorläufigen Primärbedarfs ausreicht. Dabei wird beispielsweise mit kumulierten Materialgruppenbedarfen oder Materialprofilen gerechnet. In der Kapazitätsdeckungsrechnung wird ermittelt, ob das vorhandene Kapazitätsangebot zur Deckung des errechneten Bedarfs ausreicht. Hier bietet es sich an, beispielsweise mit Grobarbeitsplänen oder Kapazitätsprofilen zu arbeiten.

Wird festgestellt, dass der Primärbedarf nicht gedeckt werden kann, ist eine Ressourcenabstimmung notwendig. Dabei lässt sich einerseits durch eine zeitliche Verschiebung der Primärbedarfe ein Abgleich vornehmen. Andererseits kann das Ressourcenangebot z. B. durch Sonderschichten angepasst werden. Reichen diese Mittel zur Abstimmung nicht aus, so ist unter Umständen sogar eine Änderung des Absatzplans erforderlich.

2.2.3.2 *Produktionsbedarfsplanung*

Die Produktionsbedarfsplanung hat die Aufgabe, ausgehend von einem zu realisierenden Produktionsprogramm, die hierzu mittelfristig erforderlichen Ressourcen zu planen. Eine in der PPS meist vorgenommene Stufenplanung der Material- und Zeitwirtschaft weist einige Nachteile auf. Die Ergebnisse der Materialwirtschaft sind Eingangsgrößen der folgenden Zeitwirtschaft. Rückkopplungen sind dabei häufig nur schwierig zu realisieren. Aus dem Operations Research stammen einige Ansätze zur simultanen Planung von Material und Kapazität (z. B. APS). In der vorliegenden Gliederung sind Material- und Kapazitätsbetrachtungen in der Produktionsbedarfsplanung zusammengefasst. Des Weiteren können die aufgeführten Unteraufgaben (vgl. Abb. 2.2-8) – je nach Konzept und IT-Unterstützung – sukzessiv oder auch simultan durchgeführt werden, letztendlich erfolgen sie jedoch allesamt.

Abb. 2.2-8 Unteraufgaben der Produktionsbedarfsplanung

Die Produktionsbedarfsplanung erhält als Eingangsinformation den zu realisierenden Produktionsplan, der Ergebnis der Produktionsprogrammplanung ist. Dort sind bezogen auf Produkte oder Produktbereiche beispielsweise für einen Planungshorizont von einem Jahr monatlich zu produzierende Mengen vorgegeben (Planungsraster). Die Produktionsbedarfsplanung hat die Aufgabe, die Realisierbarkeit des Produktionsprogramms mit geeignet geplanten Beschaffungsprogrammen sicherzustellen. Die hierbei betrachteten Ressourcen (Produktionsfaktoren) sind Betriebsmittel, Material (Sekundärbedarfe), Personal, Transportmittel etc., d. h. alle Mittel, die in den betrieblichen Produktionsprozess einfließen. Aus den Primärbedarfen sind die Bedarfe an Rohstoffen, Teilen und Gruppen abzuleiten. Die ermittelten Bruttosekundärbedarfe sind den Beständen gegenüberzustellen. Weiterhin ist die Zuordnung des Teilebedarfs zur korrekten Beschaffungsart (Fremdbezug/-Eigenfertigung) vorzunehmen. Schließlich erfolgen die klassischen Aufgaben der Zeitwirtschaft. Abb. 2.2-9 stellt den Ablauf innerhalb der Produktionsbedarfsplanung dar.

Bruttosekundärbedarfsermittlung

Die erste innerhalb der Produktionsbedarfsplanung durchzuführende Aufgabe ist die Bruttosekundärbedarfsermittlung. Der Bruttosekundärbedarf wird zunächst ohne Berücksichtigung der Lagerbestände ermittelt. Die verschiedenen Bedarfsarten (Primär-, Sekundär-, Tertiärbedarf) sowie die Einteilung der Sekundärbedarfe nach einer ABC-/XYZ-Analyse stellen die wesentlichen Einflussgrößen der zum Einsatz kommenden Verfahren der Bedarfsermittlung dar (vgl. Abb. 2.2-10). Zu unterscheiden ist in deterministische, stochastische und heuristische Verfahren. Mittels einer deterministischen Stücklistenauflösung wird unter Berücksichtigung von Vorlaufzeiten, die in der Regel im Teilestamm der übergeordneten Komponenten hinterlegt sind, der Bedarf hinsichtlich Art, Menge und Termin ermittelt. Die Erzeugnisstruktur kann nach Fertigungs- oder nach Dispositionsstufen organisiert sein. Das so genannte Dispositionsstufenverfahren wird in der Praxis häufiger angewandt, da hier Bruttobedarfe gleicher Teile zusammen disponiert werden können. Vorteile ergeben sich hinsichtlich eines verringerten Rechenaufwands sowie geringerer Lagerbestände (Hackstein 1989; Kurbel 2003; Hartmann 2002).

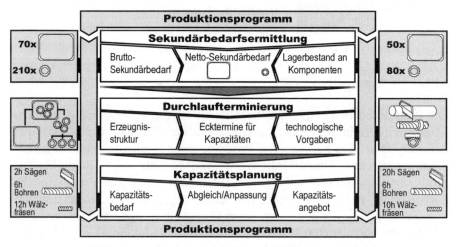

Abb. 2.2-9   Ablauf der Produktionsbedarfsplanung (Luczak 2004)

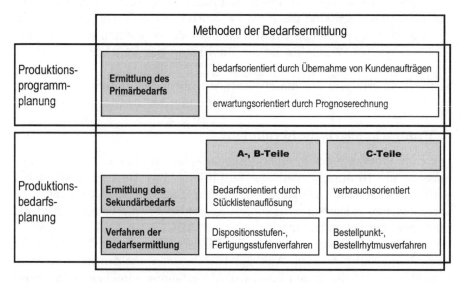

Abb. 2.2-10   Methoden der Sekundärbedarfsermittlung

Kennzeichen der stochastischen Bedarfsermittlung ist die Prognose der zu erwartenden Bedarfe mit Hilfe statistischer Prognoseverfahren, wobei als Datengrundlage die Verbrauchswerte der Vergangenheit dienen. Bei der heuristischen Bedarfsermittlung basieren die ermittelten Bedarfe lediglich auf subjektiven Schätzungen des Disponenten. Diese Methode kommt insbesondere dann zum Einsatz, wenn sich aufgrund des geringen Werts der betrachteten Güter die beiden anderen Methoden als zu aufwendig erweisen oder aber eine unzureichende Datenbasis für die Anwendung dieser Methoden besteht.

Nettosekundärbedarfsermittlung

Die Ermittlung des zu beschaffenden Sekundärbedarfs ist Aufgabe der Nettosekundärbedarfsermittlung. Der Bruttosekundärbedarf wird unter Berücksichtigung von Lagerbeständen, Reservierungen, Umlauf-, Sicherheits-, Meldebeständen sowie Bestellungen auf den Nettosekundärbedarf reduziert. Verfahren der verbrauchsorientierten Nettosekundärbedarfsermittlung sind in Abb. 2.2-11 aufgeführt. Der Nettosekundärbedarf ist der einer bestimmten Periode zugeordnete Bedarf, der bisher weder lagerbestandsmäßig verfügbar, noch in einem bereits geplanten bzw. veranlassten Auftrag zur Bedarfsdeckung enthalten ist. Der Bedarf kann entweder einzeln auf einen Termin genau geführt werden (Terminbedarf) oder innerhalb einer Periode zusammengefasst sein (Periodenbedarf). Die Bestimmung wirtschaftlicher Losgrößen respektive optimaler Bestellmengen wird in den Aufgabenbereichen Eigenfertigungs- sowie Fremdbezugsplanung und -steuerung durchgeführt.

Beschaffungsartzuordnung

Die Entscheidung, ob ein ermittelter Bedarf durch Eigenfertigung oder Fremdbezug gedeckt werden soll, wird in der Beschaffungsartzuordnung getroffen. Dies kann entweder grundsätzlich festgelegt und im Teilestamm hinterlegt werden oder fallweise entschieden werden. Die grundsätzliche Festlegung der Bezugsart (meist aufgrund von Kompetenzen/Einrichtungen) ist charakteristisch für einen Lagerfertiger. Bei der fallweisen Entscheidung sind die erforderlichen Kompetenzen sowohl im eigenen Unternehmen vorhanden, können aber auch von Partnerunternehmen durchgeführt werden.

Die hier angesprochene Make-or-buy-Problematik stellt für Produktionsunternehmen eine zentrale Entscheidung – analog zur Netzwerkauslegung als Unteraufgabe der Netzwerkkonfiguration (vgl. Abschn. 2.2.2.1) – über die optimale Leistungstiefe dar. Auf der strategischen Ebene (Geschäftsführung) ist bereichs-(abteilungs-)neutral festzulegen, welche Teile der Wertschöpfung im Unternehmen stattfinden, weil sie für die technologische Differenzierung am Markt notwendig sind und gleichzeitig wirtschaftlich gefertigt werden können (verglichen mit dem Fremdbezug bei leistungsfähigen Lieferanten) (Rommel et al. 1993). Anschließend werden die Nettosekundärbedarfe als Bestell- und Fertigungsaufträge periodenbezogen zusammengefasst.

Durchlaufterminierung

Die Durchlaufterminierung stellt zeitliche Zusammenhänge zwischen den Fertigungsaufträgen her. Durch Aneinanderreihung von Fertigungsaufträgen, die aufgrund der Erzeugnisstrukturen miteinander in Beziehung stehen, wird ein Netzplan erstellt, der die gegenseitigen Abhängigkeiten zum Ausdruck bringt. Die zeitliche Strukturierung des Fertigungsprozesses, die auch in Form der Vorlaufverschiebung bei der Sekundärbedarfsermittlung erfolgt, wird hier mit einem höheren Genauigkeitsgrad durchgeführt. Verglichen mit der sehr detaillierten Eigenfertigungsplanung und -steuerung werden hier größere Planungszeiträume betrachtet. Ergebnis der Durchlaufterminierung im Rahmen der Produktionsbedarfsplanung sind Ecktermine bezogen auf Kapazitäten bzw. Kapazitätsgruppen. Die tatsächliche Belastungssituation kann erst später berücksichtigt werden (Wiendahl 2005).

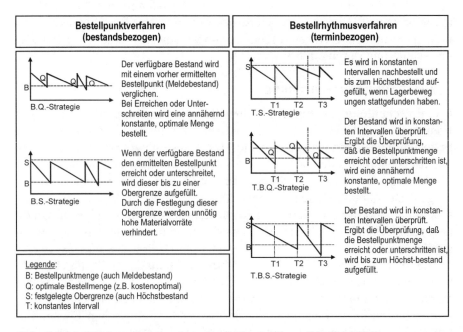

Abb. 2.2-11 Verbrauchsorientierte Bedarfsermittlung (Zäpfel 1994)

Die (periodenbezogenen) Beschaffungsaufträge und hier insbesondere die Eigenfertigungsaufträge werden mittels einer Durchlaufterminierung verplant, indem Zwischentermine je Arbeitsgang aufgrund der technologisch bedingten Arbeitsabläufe festgelegt werden. Die Durchlaufzeit setzt sich aus der Belegungszeit (Rüst- und Bearbeitungszeit) sowie der Übergangszeit (Wartezeiten vor und nach Bearbeitung, Kontroll- und Transportzeit) zusammen. Bei der Durchlaufterminierung wird – je nach Planungslogik – von unbegrenzten bzw. freien Kapazitäten ausgegangen, das heißt die Belastung der Kapazitäten wird (noch) nicht berücksichtigt. Die Planungsgrundlagen für diese Aufgabe stellen Arbeitspläne sowie Übergangsmatrizen dar. In einer Übergangsmatrix sind Planwerte der Übergangszeiten für jeden Übergang von einem Arbeitsplatz zum nächsten hinterlegt. Die Durchlaufterminierung unterscheidet drei Terminierungsarten:

- Bei der **Vorwärtsterminierung** wird ausgehend von einem fixen Starttermin der früheste Fertigstellungstermin berechnet.
- Die **Rückwärtsterminierung** geht von einem fixen Bedarfsendtermin aus und errechnet von dort aus den spätest möglichen Starttermin, der nötig ist, um den Auftrag termingerecht fertig stellen zu können.
- Bei der **Mittelpunktterminierung** wird von einem Mittelpunkttermin ausgegangen. Von diesem Zeitpunkt aus wird in die Zukunft eine Vorwärtsterminierung und in die Vergangenheit eine Rückwärtsterminierung vorgenommen. Mit einer Mittelpunktterminierung ist es möglich, bei einem beliebigen Arbeitsgang aufzusetzen. Für diesen Arbeitsgang kann ein fixer Termin eingeplant werden. Dies bietet sich z. B. beim Vorliegen und gesondertem Berücksichtigen von Engpassmaschinen an.

Kapazitätsbedarfsermittlung

Bei der Durchlaufterminierung wurde von unbegrenzt zur Verfügung stehenden Kapazitäten ausgegangen. Da die Fertigungskapazitäten tatsächlich aber begrenzt sind, muss der sich durch die Einlastung von Aufträgen ergebende Kapazitätsbedarf ermittelt und dem verfügbaren Kapazitätsangebot gegenübergestellt werden. Eine gemeinsame Betrachtung der beiden Unteraufgaben Durchlaufterminierung und Kapazitätsbedarfsermittlung wird mittlerweile durchaus auch von Systemen geboten. Nichts desto trotz finden beide Unteraufgaben statt – entweder sukzessiv oder simultan. Die Kapazitätsbedarfsermittlung ermittelt aus den terminierten Arbeitsgängen den Kapazitätsbedarf in den Planungsperioden. Die Stückzeiten werden mit den Stückzahlen multipliziert. Man erhält die Bearbeitungszeit, mit der die dem Arbeitsgang zugeordnete Kapazität oder Kapazitätsgruppe in der betroffenen Planungsperiode belastet wird. Dieser Vorgang kann sich in sehr unterschiedlichen Varianten abspielen. Kapazitäten können neben Maschinen z. B. Personal, Werkzeuge oder Transportfahrzeuge sein. Der Kapazitätsbedarf kann für eine Einzelkapazität oder, wie für eine gröbere Planung typisch, für eine Kapazitätsgruppe ermittelt werden. Die Grundlage für die Kapazitätsplanung muss nicht unbedingt der Arbeitsgang sein. Kapazitätsbedarfe können auch auf der Basis so genannter Kapazitätsprofile oder Grobarbeitspläne berechnet werden. In diesen werden die Kapazitätsbedarfe speziell für die Verwendung in einer Kapazitätsplanung zusammengefasst und aufbereitet. Eine weitere Variation kann dadurch entstehen, dass innerhalb derselben Planungsstufe unterschiedliche Kapazitätsarten parallel berücksichtigt werden sollen, z. B. Personal und Maschinen.

Nachdem die Kapazitätsbedarfe der Arbeitsgänge für alle relevanten Aufträge ermittelt wurden, werden sie pro Planungsperiode summiert. Das Ergebnis der Kapazitätsbedarfsermittlung ist damit ein Kapazitätsbedarfsplan, aus dem für jede betrachtete Kapazitätseinheit der Kapazitätsbedarf je Planungsperiode für den (Kapazitäts-) Planungshorizont ersichtlich ist.

Kapazitätsabstimmung

In der Kapazitätsabstimmung wird der Kapazitätsbedarf dem Kapazitätsangebot gegenübergestellt (Wiendahl 2005). Im Gegensatz zur Durchlaufterminierung wird hierbei die tatsächliche Belastung der Kapazitäten berücksichtigt. Viele Aufträge konkurrieren gleichzeitig um inner- und außerbetriebliche Ressourcen. Grundsätzlich existieren die beiden folgenden Möglichkeiten, Diskrepanzen zwischen Kapazitätsbedarf und -angebot auszugleichen (vgl. Abb. 2.2-12):

- Die Kapazitätsanpassung erhöht das zur Verfügung stehende Angebot, indem z. B. Überstunden und/oder Sonderschichten vorgesehen werden.
- Der Kapazitätsabgleich verschiebt den (Spitzen-)Bedarf in andere Bereiche, das heißt, es wird eine zeitliche Verschiebung von Aufträgen, eine Auswärtsvergabe oder eine technische Verlagerung auf Ausweichmaschinen vorgenommen.

2.2.3.3 *Eigenfertigungsplanung und -steuerung*

Die im Rahmen der Produktionsbedarfsplanung gebildeten Fertigungsaufträge sind so eingeplant, dass dem Planungsergebnis zufolge die Ressourcenverfügbarkeit gesichert ist. Die eingeplanten Fertigungsaufträge enthalten Arbeitsgänge, die in einem oder mehreren Fertigungsbereichen abzuarbeiten sind. Durch eine Ressourcenfeinplanung soll die Verfügbarkeit der erforderlichen Kapazitäten gesichert werden (vgl. Abb. 2.2-13). Durch die Bildung des Fremdbezugsprogramms werden in der Fremdbezugsplanung und -steuerung Bestellvorgänge veranlasst, die die Verfügbarkeit der Fremdbezugsmaterialien sicherstellen sollen.

Die Produktionsbedarfsplanung ermittelt für die Fertigungsbereiche auf Basis der Arbeitspläne Ecktermine für die einzelnen Arbeitsgänge. Das Kapazitätsangebot der einzelnen Abteilungen kann dabei nur grob berücksichtigt werden, da zum Zeitpunkt der Produktionsbedarfsplanung das Kapazitätsangebot zu den in der Zukunft liegenden Fertigungsterminen nur ungefähr bekannt ist. Maschinenstörungen, Personal- oder Werkzeugausfälle können im Voraus nur auf der Basis von Erfahrungswerten berücksichtigt werden. Abbildung 2.2-14 zeigt den Ablauf in der Eigenfertigungsplanung und -steuerung.

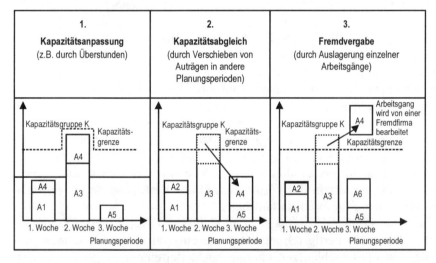

Abb. 2.2-12 Möglichkeiten der Kapazitätsabstimmung

Abb. 2.2-13 Unteraufgaben der Eigenfertigungsplanung und -steuerung

50 2 Grundlagen der Produktionsplanung und -steuerung

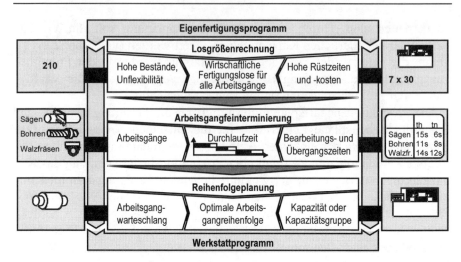

Abb. 2.2-14 Ablauf der Eigenfertigungsplanung und -steuerung (Luczak 2004)

Die Fertigungsaufträge des Eigenfertigungsprogramms können je nach Fertigungsstruktur die komplette Fertigung eines Enderzeugnisses oder einer Baugruppe oder einzelne Arbeitsgangfolgen, wie z. B. Montagearbeiten, enthalten. Die Arbeitsinhalte sind mit Mengen und spätesten Endterminen vorgegeben.

In der Eigenfertigungsplanung und -steuerung werden die Planvorgaben im Rahmen des zur Verfügung stehenden Dispositionsspielraums detailliert und die Umsetzung kontrolliert. Der Dispositionsspielraum der Eigenfertigungsplanung ergibt sich aus der Differenz von frühest und spätest möglichem Starttermin der Fertigung und der Verteilung der zu fertigenden Mengen auf die Werkstattaufträge.

Bei einem frühen Fertigungsbeginn bleibt der Dispositionsspielraum erhalten. Die frühe Fertigstellung führt allerdings zu hohen Beständen. Außerdem ist die Durchlaufzeit unnötig hoch. Bei einem späten Fertigungsbeginn fallen diese Nachteile zwar weg, aber die Störanfälligkeit ist hoch und eine optimale Belegungsplanung z. B. hinsichtlich einer Rüstzeitoptimierung ist nur noch eingeschränkt möglich.

Dieser Konflikt führt zu der Bestrebung, einen optimalen Freigabetermin für die zu bildenden Werkstattaufträge zu bestimmen, bei dem einerseits der Dispositionsspielraum für Optimierungsvorgänge erhalten bleibt und andererseits unter der Restriktion der Termineinhaltung die Durchlaufzeiten und Bestände minimiert werden.

Bei der Feinplanung wird die simultane Planung aller am Fertigungsprozess beteiligten Ressourcen angestrebt. Zwar ist die simultane Planung von Terminen und Kapazitäten unter Berücksichtigung einer zu optimierenden Nutzenfunktion mathematisch lösbar, sie ist jedoch mit einem hohen Rechenaufwand verbunden. Alternativ kann die Planung interaktiv durchgeführt werden, so dass die Erfahrungswerte des Menschen innerhalb des Feinplanungsvorgangs genutzt werden können.

Die auf der Basis von immer komplexer werdenden Regeln durchzuführende Feinplanungstätigkeit wird in besonderem Maße dann notwendig, wenn die Rückmeldedaten aus der Fertigung Soll-/Istabweichungen anzeigen, die wegen der durch die Störung verursachten Absenkung des Gesamtnutzens eine Umplanung erzwingen (vgl. Abb. 2.2-15). Diese Umplanungen sind besonders hinsichtlich des Rechenaufwands dann problematisch, wenn durch bestehende Zusammenhänge von Arbeitsgängen viele andere Maschinen und auf diesen eingelastete Arbeitsgänge betroffen sind und neu geplant werden müssen.

Die an den Maschinen entstehenden Warteschlangen werden durch Prioritätsregeln gesteuert. Gängige Prioritätsregeln sind FIFO (First In First Out), KOZ (Kürzeste Operatonszeit) oder die so genannte Schlupfzeitregel (der Arbeitsgang mit der kleinsten noch verbleibenden Zeit bis zum Endtermin des Auftrags). Diese heuristischen Planungsregeln werden wegen ihrer unterschiedlichen Wirkung und der bestehenden Zielkonflikte oft kombiniert und in sehr fallspezifischer Art und Weise angewandt.

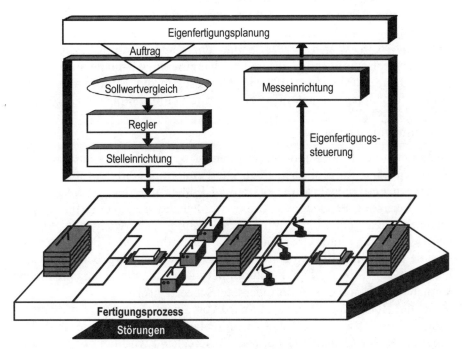

Abb. 2.2-15 Fertigungsregelung (in Anlehnung an Burger 1992)

Losgrößenrechnung

Die einem Fertigungsbereich zugeordneten Arbeitsgänge werden je nach Menge in ein oder mehrere Fertigungslose aufgeteilt. Die Losgrößen sind im Rahmen der Losgrößenrechnung festzulegen. Es werden wirtschaftlich optimale Losgrößen angestrebt. Der am häufigsten zu findende Kompromiss ist dabei der zwischen hohen Werkstattbeständen bei großen Losen und hohen Rüstzeiten und Rüstkosten bei kleinen Losen (Glaser et al. 1992; Kurbel 2003).

Die eigentliche Losgrößenbildung wird auf sehr unterschiedliche Art und Weise durchgeführt. Oft werden die Losgrößen vor dem Erfahrungshintergrund der Mitarbeiter einmalig intuitiv festgelegt und nur dann verändert, wenn sich die Losgröße als Grund für eine Unwirtschaftlichkeit der Fertigung klar erkennen lässt. In anderen Fällen basiert die Berechnung der Losgrößen auf Losgrößenformeln. Die Berechnung der Losgröße kann sporadisch, einmal in einem festzulegenden Zeitraum oder bei jeder Losbildung erneut geschehen.

Die Bildung von Losen, in denen Teillose aus unterschiedlichen Kundenaufträgen zusammengefasst werden, führt zu einer so genannten Entkopplung der entsprechenden Fertigungsstufe. Entkopplung bedeutet, dass die weitere Planung des Auftragsfortschritts ohne Berücksichtigung des Kundenauftragsbezugs der Teillose durchgeführt wird, also der Fertigungsauftrag vom Kundenauftrag entkoppelt wird. Eine solche Berücksichtigung wäre wegen der Mischung der Kundenauftragsbezüge (Auftragsmix) sehr aufwendig. Eine Umplanung eines Kundenauftrags auf dieser Ebene würde zur Auflösung des Loses in die Teillose führen, um das dem umzuplanenden Auftrag zugehörige Teillos umplanen zu können.

Feinterminierung

Im Rahmen der Produktionsbedarfsplanung werden die Eckdaten der Fertigungsaufträge nur grob festgelegt. Die Feinterminierung ermittelt für die gebildeten Fertigungslose die Start- und Endtermine der Arbeitsgänge in jedem Fertigungsbereich neu. Dabei werden die im Eigenfertigungsprogramm vorgegebenen Ecktermine berücksichtigt. Den Arbeitsgängen werden Bearbeitungs- und Übergangszeiten zugeordnet. Die Übergangszeiten und die Bearbeitungszeiten der einzelnen Arbeitsgänge ergeben die Durchlaufzeit des Auftrags. Die Feinterminierung kann mit unterschiedlichen Vorgehensweisen durchgeführt werden (Scheer 1997).

Bei der Rückwärtsterminierung wird von einem fixen Endtermin ausgegangen (vgl. Abschn. 2.2.3.2, Unteraufgabe Durchlaufterminierung). Das Ergebnis ist der späteste Starttermin. Entsprechend wird bei der Vorwärtsterminierung von einem fixen Starttermin ausgegangen und der früheste

Endtermin ermittelt. Bei der Engpass- oder Mittelpunktterminierung wird ein Arbeitsgang terminlich festgelegt. Die vorausgehenden Termine werden dann durch eine Rückwärtsterminierung und die nachfolgenden Termine durch eine Vorwärtsterminierung ermittelt. Sind mehrere Engpässe vorhanden oder sollen parallele Arbeitsgangfolgen berücksichtigt werden, wird eine Netzterminierung durchgeführt.

Die Feinterminierung liefert nicht immer ein befriedigendes Ergebnis. Der späteste Starttermin kann in der Vergangenheit oder der früheste, errechnete Endtermin nach dem spätest möglichen Endtermin liegen. Auch kann die Ressourcenfeinplanung fehlende Verfügbarkeiten einer oder mehrerer Ressourcen ergeben oder es ist eine Terminverschiebung aufgrund von Störungen in der Fertigung entstanden. In diesen Fällen wird versucht, durch eine Durchlaufzeitverkürzung eine günstigere Planung zu erreichen.

Die Verkürzung der Durchlaufzeiten kann durch eine Losaufteilung oder eine Loszusammenfassung erreicht werden. Auch die Veränderung von Losgrößen ist möglich. Bei der Losaufteilung wird versucht, die Durchlaufzeit durch das Splitten von Losen und gleichzeitiges Bearbeiten an mehreren Maschinen oder durch das Überlappen von Losen, das heißt den Beginn eines Arbeitsgangs vor Ende des vorherigen, zu erreichen. Die Zusammenfassung von Losen kann über die Einsparung von Rüstzeiten zu Durchlaufzeitverkürzungen führen. Ist durch die Feinterminierung kein befriedigendes Planungsergebnis erreichbar oder kann das Fertigungsprogramm nicht umgesetzt werden, so ist die Produktionsbedarfsplanung entsprechend zu wiederholen.

Ressourcenfeinplanung

Bei der Feinterminierung wird davon ausgegangen, dass unbegrenzte Kapazitäten zur Verfügung stehen. Unter Ressourcen werden in diesem Fall das Material und die Kapazitäten an Personal, Betriebsmitteln und Hilfsmitteln verstanden. Im Rahmen der Ressourcenfeinplanung wird die tatsächliche Ressourcenbelastung berücksichtigt und die bisherige Planung entsprechend korrigiert.

Die Ressourcenfeinplanung beinhaltet zunächst die Gegenüberstellung von Kapazitätsbedarf und Kapazitätsangebot. Der Kapazitätsbedarf ergibt sich aus der Feinterminierung durch Summation der Belegungszeiten pro Kapazität und Planungszeiteinheit. Das Kapazitätsangebot ist die disponible, also nicht reservierte Belegungszeit pro Planungszeiteinheit, die die aktuellen Rückmeldungen aus der Ressourcenüberwachung berücksichtigt.

Durch die Gegenüberstellung von Kapazitätsbedarf und Kapazitätsangebot werden Kapazitätsüberlastungen und Kapazitätsunterauslastungen sichtbar. Dadurch wird eine Kapazitätsabstimmung notwendig, deren

Hauptaufgabe in der Schaffung einer gleichmäßigen Kapazitätsauslastung liegt. Die Aufgabe wird dadurch erschwert, dass gleichzeitig andere Fertigungsziele wie die Minimierung von Werkstattbeständen und Rüstzeiten angestrebt werden.

Die Kapazitätsabstimmung kann im Wesentlichen durch zwei Maßnahmen erreicht werden. Durch eine Anpassung der Ressourcen können Überlasten aufgefangen werden. Die Anpassung der Ressourcen kann z. B. durch die Veranlassung einer Sonderschicht erreicht werden. Sind neben den Überlasten auch Unterauslastungen vorhanden, so bietet sich der Kapazitätsabgleich an. Dabei wird versucht, die Überlast der betroffenen Kapazitäten zeitlich in Bereiche niedrigerer Belastung oder auf andere Kapazitäten zu verschieben und so eine gleichmäßigere Kapazitätsauslastung zu erreichen. Bei diesem Vorgehen kann es erforderlich sein, Start- und Endtermine zu verschieben, ohne die spätesten Endtermine zu gefährden.

Eine Alternative zur sequentiellen Durchführung von Feinterminierung und Ressourcenfeinplanung stellt die Ressourcenbelegungsplanung dar. Sie ist eine Simultanplanung von Terminen und Kapazitäten. Die Arbeitsgänge werden (meist auf einer Plantafel) in einem Planungsschritt sowohl einer Kapazität als auch genauen Start- und Endterminen zugeordnet (vgl. Abb. 2.2-16).

Reihenfolgeplanung

Die für eine Planungszeiteinheit an einer Kapazität oder einer Kapazitätsgruppe vorgesehenen Arbeitsgänge bilden eine Warteschlange. Die Reihenfolge der Abarbeitung der Warteschlange ist je nach Genauigkeit der Einplanung der Arbeitsgänge nicht festgelegt. Mit Hilfe von ausgewählten Kriterien wird deshalb in der Reihenfolgeplanung versucht, eine optimale Abarbeitungsreihenfolge zu ermitteln (Hackstein 1989).

Die Auswahl von wartenden Arbeitsgängen kann dabei nach festen Selektionskriterien (z. B. Prioritätsregeln) oder Kumulationskriterien (z. B. Rüstzeitminimierung) erfolgen. Es kann aber auch auf eine explizite Reihenfolgeplanung verzichtet werden, wenn z. B. durch intensive Kommunikation und Erfahrungseinsatz in Fertigungsinseln die Mitarbeiter selbst über die Abarbeitungsreihenfolge entscheiden. In allen Fällen ist es das Ziel, eine optimale Abarbeitungsreihenfolge festzulegen, ohne die geforderten Endtermine zu gefährden. Die Summe der eingeplanten Werkstattaufträge eines Fertigungsbereichs bildet das Werkstattprogramm dieses Bereichs.

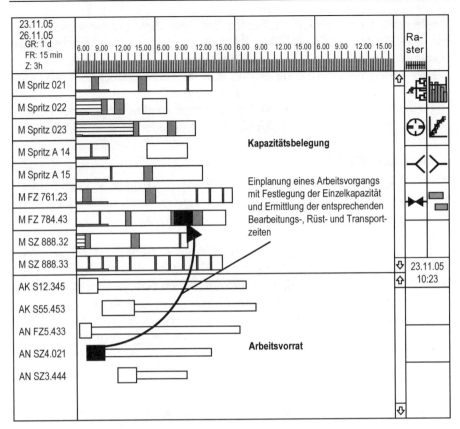

Abb. 2.2-16 Leitstandseinsatz zur Ressourcenfeinplanung

Verfügbarkeitsprüfung

Durch die vorstehend beschriebenen planerischen Aufgaben der Eigenfertigungsplanung und -steuerung wird der Arbeitsvorrat der Eigenfertigung je nach Ausprägung und Gestaltung der Planungsebenen bis auf Arbeitsgangebene verplant. Pro Fertigungsbereich ist ein Werkstattprogramm gebildet worden. Mit der Verfügbarkeitsprüfung für einzelne Werkstattaufträge beginnen die steuernden Aufgaben der Eigenfertigungsplanung und -steuerung.

Nach der Einplanung und vor der Freigabe eines Werkstattauftrags wird die Verfügbarkeit aller erforderlichen Ressourcen, insbesondere des Materials und der Kapazitäten überprüft. Fehlende Verfügbarkeiten führen zur Infragestellung der vorgesehenen Planungsergebnisse. Ist z. B. durch eine Änderung der Reihenfolge die im Rahmen der Produktionsbedarfsplanung festgelegte Kapazitätsbelegung nicht mehr realisierbar, so ist eine erneute

Feinterminierung erforderlich. Fehlen Teile der für die Abarbeitung eines Fertigungsauftrags erforderlichen Ressourcen gänzlich, so muss sogar das Fertigungsprogramm in Frage gestellt werden.

Die Verfügbarkeitsprüfung erfolgt sowohl buchungstechnisch als auch physisch. Der buchungstechnischen Verfügbarkeitsprüfung schließt sich eine eventuelle Reservierung von Ressourcen an. Die physische Verfügbarkeitsprüfung kann z. B. als Sichtprüfung vorgenommen werden.

Auftragsfreigabe

Die Auftragsfreigabe erfolgt unter Beachtung der Ergebnisse der Feinterminierung und der Ressourcenfeinplanung. Dabei werden festgelegte Freigaberegeln oder Verfahren, wie z. B. die belastungsorientierte Auftragsfreigabe, angewendet.

Im Rahmen der Auftragsfreigabe wird die Bereitstellung der Ressourcen veranlasst, die je nach Gestaltung der Fertigung ein Bring- oder Holsystem beinhalten kann. Dazu werden alle erforderlichen Belege erstellt. Zu ihnen können Laufkarten, Materialscheine, Lohnscheine und Rückmeldescheine gehören. Verfügt das Unternehmen über entsprechende EDV-Systeme (z. B. ein Betriebsdatenerfassungssystem), können die Informationen beleglos weitergegeben werden.

2.2.3.4 *Fremdbezugsplanung und -steuerung*

Das Beschaffungsprogramm als Ergebnis der Produktionsbedarfsplanung gliedert sich auf in ein Eigenfertigungs- und ein Fremdbezugsprogramm. Letzteres ist die Eingangsinformation für die Fremdbezugsplanung und -steuerung. Hierin ist festgelegt, welche Teile, Baugruppen und Erzeugnisse bezüglich Menge und Termin zu beschaffen sind. Der Trend geht in Produktionsunternehmen zu einer geringeren Fertigungstiefe; immer größere Teile des Leistungserstellungsprozesses werden ausgelagert, so dass die Fremdbezugsplanung und -steuerung eine immer größere Bedeutung erhält.

Rationalisierungspotentiale, die in diesem Aufgabenbereich erschlossen werden, haben eine überdurchschnittlich hohe Auswirkung auf den gesamten Unternehmenserfolg. Probleme ergeben sich hinsichtlich hoher Lagerbestände, die unter anderem zu hohen Kapitalbindungskosten sowie zu einem Verdecken von Problemen im Bereich der Materialdisposition führen.

Weiterhin sind Erfordernisse, die sich aus Konzepten wie Just in Time und Kanban ergeben, und daraus abzuleitende Anforderungen an die Fremdbezugsplanung und -steuerung zu berücksichtigen, indem die Produktion häufig lagerlos mit den benötigten Materialien zu versorgen ist. Die durchzuführenden Aufgaben sind in Abb. 2.2-17 dargestellt.

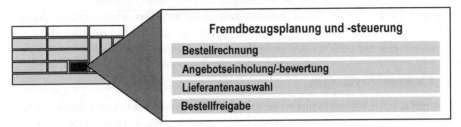

Abb. 2.2-17 Unteraufgaben der Fremdbezugsplanung und -steuerung

Bestellrechnung

Ziel der Bestellrechnung ist die Ermittlung der wirtschaftlichen Bestellmenge. Diese bezieht sich innerhalb dieses Aufgabenbereichs auf fremdzubeziehende Materialien. Die Ermittlung von wirtschaftlichen Losgrößen ist Aufgabenbestandteil der Eigenfertigungsplanung und -steuerung. Ausgangspunkt für die Bestellrechnung sind sowohl die ermittelten Nettosekundärbedarfe als auch Nettoprimärbedarfe, bei denen eine Entscheidung zugunsten des Fremdbezugs gefallen ist (Handelsware). Sämtliche Bedarfe mit Wunschtermin und Menge sind bekannt. Die Bestellrechnung fasst die Bedarfe für einen bestimmten Zeitraum zu Bestellaufträgen zusammen. Unter Optimierungsgesichtspunkten (z. B. nach Andler oder Dynamischer Losgrößenbestimmung) werden optimale Bestellmengen gebildet (Fandel et al. 1997). Zu unterscheiden sind einerseits Beschaffungskosten, die mit steigender Stückzahl sinken. Hierunter fallen die Kostenarten Bestell-, Transport-, Versicherungs-, Verpackungskosten sowie Zusatzkosten bei ungünstigen Bestellmengen. Kostenmindernd wirken eingeräumte Rabatte, Boni und Skonti bei großen Bestellmengen. Andererseits fallen Lagerkosten an. Diese erhöhen sich bei großen Bestellmengen. Zinskosten für das gebundene Kapital sowie die Lagerhaltungskosten sind hier zu nennen. Neben dem skizzierten Zielkonflikt werden zusätzlich Aspekte wie die Lieferfähigkeit des Lieferanten, Größe des Lagerraums, Lagerfähigkeit der Ware (verderbliche Güter) sowie die Liquidität des eigenen Unternehmens in die Entscheidung über die optimale Bestellmenge mit einbezogen (Hackstein 1989; Wiendahl 2005; Hartmann 2002).

Angebotseinholung/-bewertung

Die Aufgabe Angebotseinholung/-bewertung ist insbesondere dann durchzuführen, wenn die zu deckenden Bedarfe das erste Mal auftreten und noch keine Lieferanten zugeordnet sind. Bei mehreren Lieferanten werden Anfragen gestellt. Hierzu orientiert sich der Sachbearbeiter an Firmen, die schon einmal geliefert haben sowie an Firmen aus Katalogen, die das erforderliche Liefersortiment im Programm haben. Die eingehenden Angebote sind im Rahmen einer Angebotsbewertung zur Unterstützung der Lieferantenauswahl aufzubereiten und zu vergleichen.

Lieferantenauswahl

Während bei Einmalfertigern wegen der häufig neu zu beschaffenden Teile die Lieferantenauswahl auf Basis der Angebotsbewertung durchgeführt werden muss, kann die Auswahl bei Vorliegen einer Lagerfertigung bei häufig zu beschaffenden Teilen bereits im Vorfeld wahrgenommen werden. Dann werden im Teilestamm des zu beschaffenden Materials der Hauptlieferant sowie die Nebenlieferanten hinterlegt. Die Lieferantenauswahl steht in engem Zusammenhang mit der Bestellrechnung, da die Kostenarten je nach Lieferant unterschiedliche Ausprägungen aufweisen und in der Bestellrechnung Berücksichtigung finden. Voraussetzungen in Form von Vorauswahlen für bestimmte Lieferanten bzw. Leitlinien für eine Lieferantenpolitik werden ggf. in der Netzwerkauslegung (vgl. Abschn. 2.2.2.1, Unteraufgabe Netzwerkauslegung) geschaffen.

Basierend auf den Ergebnissen der Angebotseinholung/-bewertung wird eine Lieferantenbewertung hinsichtlich der Kriterien Qualität, Liefertermintreue sowie Preisen und (Liefer-) Konditionen vorgenommen, die schließlich in der Auswahl eines (Haupt-) Lieferanten mündet. Mit den Lieferanten werden ggf. Rahmenvereinbarungen geschlossen. Über einen längeren Zeitraum sind hierin Abnahmemengen und Konditionen vereinbart. Kontrakte und Lieferpläne bestimmen die Mengen und Terminschranken für Abrufbestellungen.

Bestellfreigabe

Die Bestellfreigabe schickt basierend auf den Ergebnissen der vorgelagerten Arbeitsschritte die Bestellungen an die Lieferanten. Sämtliche Überwachungstätigkeiten bzgl. (Liefer-)Terminen, Wareneingang etc. sind der Aufgabe Auftragsmanagement oder Controlling zugeordnet.

2.2.4 Querschnittsaufgaben

Während die Kernaufgaben die Fertigstellung eines Auftrags vorantreiben sollen, dienen die Querschnittsaufgaben der Integration und Optimierung der PPS. Die einzelnen Querschnittsaufgaben können sowohl für die Kernals auch für die Netzwerkaufgaben relevant sein. Sie weisen zur Erfüllung der Auftragsabwicklung einen übergreifenden Charakter auf – entweder zur Integration mehrerer Kernaufgaben, mehrerer Netzwerkaufgaben oder auch einer Kombination aus Kern- und Netzwerkaufgaben. Zu den Querschnittsaufgaben gehören das Auftragsmanagement, das Bestandsmanagement und das Controlling.

2.2.4.1 Auftragsmanagement

Schwachstellenanalysen in Produktionsunternehmen fördern zumeist erhebliche Defizite hinsichtlich der Durchgängigkeit des Informationsflusses zutage. Ursache hierfür ist eine unzureichende Wahrnehmung der prozessübergreifenden Auftragsabwicklung. In Abgrenzung zu der Querschnittsaufgabe Controlling, die keinen unmittelbaren Auftragsbezug hat, werden im Auftragsmanagement die Aufgaben der Auftragsplanung, -steuerung und -überwachung für einen einzelnen Auftrag zusammengefasst. Das Auftragsmanagement ist eine Aufgabe, die in allen Phasen der Auftragsabwicklung von Bedeutung ist und beinhaltet die Aktivitäten, die aus einer auftragsbezogenen Sichtweise zur Erfüllung des Kundenwunsches notwendig sind.

Eine prozessorientierte, bereichsübergreifende Grobplanung der Auftragsdurchläufe und die permanente Auftragssteuerung und -überwachung erfolgt mit dem Ziel, die Transparenz der Auftragsabwicklung zu erhöhen und die Flexibilität bei der Reaktion auf unternehmensinterne und -externe Störgrößen zu verbessern.

Gleichzeitig werden objektive Entscheidungshilfen zur Lösung von Interessenskonflikten zwischen Fachbereichen/ggf. Partnerunternehmen sowie zur Ausregelung von Zielkonflikten im Sinne einer effizienten Erfüllung der Gesamtaufgabe des Unternehmens bereitgestellt.

Zu diesem Zweck umfasst die Auftragskoordination alle Aufgaben, die eine integrierte Planung und Steuerung der Aufträge erlauben, das heißt, hier wird der Auftrag vom Kunden angenommen, ständig überwacht und abgeschlossen. Alle den Auftragsablauf betreffenden wesentlichen Informationen müssen vollständig erfasst und an die richtigen Stellen weitergeleitet werden. Dies beinhaltet die Angebotsbearbeitung, Auftragsbearbeitung sowie Auftragskoordination, die Kunden- und Produktionsaufträge hinsichtlich Terminen, Kapazitäten, Materialien und Kosten verfolgt.

Die Wahrnehmung der Aufgaben im Bereich des Auftragsmanagements wird betriebstypspezifisch mit unterschiedlicher Intensität erfolgen. So entfällt bei der kundenanonymen Lagerproduktion der Aufwand für die Angebotsbearbeitung, da die Erzeugnisse katalogmäßig geführt und vertrieben werden, während genau diese Aufgabe bei einem Projektfertiger von besonderer Relevanz ist.

Abb. 2.2-18 Unteraufgaben des Auftragsmanagements

Angebotsbearbeitung

Ausgelöst durch eine Kundenanfrage ist es die Aufgabe der Angebotsbearbeitung, ein Angebot zu erstellen. Zu diesem Zweck werden in der PPS alle erforderlichen Aktivitäten bereichsübergreifend koordiniert und die notwendigen Informationen bereitgestellt.

Die im Rahmen der Angebotsbearbeitung anfallenden Planungs- und Steuerungsaufgaben, wie beispielsweise die Lieferterminplanung, werden daher der PPS zugeordnet (Eversheim 1998; Kurbel 2003).

Beginnend mit der Erfassung und Systematisierung der Anfragedaten werden die erforderlichen Informationen zur Angebotsbearbeitung aufbereitet. Im Rahmen der Anfragebewertung wird der Lieferumfang bestimmt, die Realisierbarkeit des Kundenproblems geprüft und je nach Auftragswahrscheinlichkeit die Angebotsform festgelegt. Danach kann die Umsetzung der Kundenanforderungen in eine technische Problemlösung angestoßen werden.

Aufgabe der Lieferterminplanung ist die Bestimmung des möglichen Liefertermins bzw. die Überprüfung des verlangten Liefertermins unter Berücksichtigung der Material- und Kapazitätsverfügbarkeit (ATP/CTP bei bspw. Konsumgütern). Charakteristisch für diese Grobterminierung ist, dass nur Ecktermine (Meilensteine) geplant werden, da die Mengen- und Terminvorgaben häufig noch unsicher sind, genaue Angaben über den Produktionsablauf unter Umständen noch nicht vorliegen und der Bearbeitungsaufwand möglichst gering gehalten werden soll. Zumeist wird daher mit verdichteten Daten gerechnet, z. B. in Form von Belastungsprofilen oder Standarddurchlaufkurven. Dabei sollte die Umwandlungsrate und/oder die Auftragswahrscheinlichkeit der Angebote berücksichtigt werden. Komplexe Produktionsabläufe werden mit Hilfe der Netzplantechnik geplant.

Angebotskalkulation und Preisermittlung dienen der transparenten Kalkulation der Herstellkosten und der Bestimmung des Verkaufspreises. Die

Ergebnisse der technischen und dispositiven Angebotsbearbeitung werden mit allen erforderlichen Unterlagen (z. B. auch Verkaufsbedingungen) zu einem Angebot zusammengestellt. In der Angebotsverfolgung wird die Überwachung des Fortschritts der Angebotsbearbeitung wahrgenommen, um die ständige Verfügbarkeit des aktuellen Bearbeitungsstands zu gewährleisten. Zudem erfolgt hier die Nachbereitung von Angeboten (z. B. Auftragsverlustanalyse).

Auftragsbearbeitung

Nach Annahme der Kundenbestellungen erfolgen zunächst ein Vergleich der Bestelldaten mit den Angebotsdaten und eine Überprüfung der eingehenden Bestellungen auf ihre technische Realisierbarkeit (insb. bei Einzelfertigern). Es folgt die Ermittlung des noch zu beschaffenden kundenspezifischen Lieferumfangs und die Bestimmung, welche Fachabteilung welche Einzelaufgaben erledigen muss. Die auftragsspezifischen Daten und Informationen werden so aufbereitet, dass allen an der Auftragsabwicklung beteiligten Bereichen die notwendigen Eingangsinformationen zur Verfügung stehen. Mit diesen Auftragsunterlagen liegt eine für alle Bereiche verbindliche Auslegung des Auftrags mit genauer Festlegung des Auftragsumfangs vor.

Anschließend wird ein grober Produktionsablauf für einen längerfristigen Planungszeitraum festgelegt. Dies beinhaltet die Grobterminierung des gesamten Auftragsdurchlaufs von den Vorlaufbereichen, wie z. B. Konstruktion, bis zur Teilefertigung und Montage. Dabei werden die für den gesamten Auftragsdurchlauf relevanten Ecktermine festgelegt und die erforderlichen Kapazitätsbedarfe bestimmt. Mit fortschreitendem Konkretisierungsgrad wird bei Erzeugnissen mit konstruktivem Aufwand während der Auftragsabwicklung (Erzeugnisse, deren Struktur bei Auftragseingang noch nicht eindeutig und vollständig konkretisiert werden kann) in der Regel eine mehrmalige Aktualisierung der Grobplanung erforderlich. Bei komplexen Produktionsabläufen empfiehlt sich die Führung hierarchischer Auftragsnetze.

In einer Ressourcengrobplanung im Rahmen des Auftragsmanagements wird überprüft, ob die grobterminierten Aufträge mit den vorhandenen Ressourcen (Personal, Betriebsmittel, Hilfsmittel und Material) realisierbar sind. In der Kapazitätsdeckungsrechnung wird dazu zunächst der Kapazitätsbedarf ermittelt und dem verfügbaren Kapazitätsangebot gegenübergestellt. Durch Abgleich oder Anpassung wird dann eine Ressourcenabstimmung vorgenommen.

Auftragskoordination

In der Querschnittsaufgabe Auftragskoordination werden sämtliche auftragsbezogenen Aufgaben der Prozessüberwachung zusammengefasst. Diese beziehen sich auf die verschiedenen Unteraufgaben der Netzwerk- und Kernaufgaben, insb. der Eigenfertigungsplanung und -steuerung sowie der Fremdbezugsplanung und -steuerung.

Weiterhin ist es Aufgabe der Auftragskoordination, auf interne und externe Anfragen jederzeit aktuelle Auskünfte über den Auftragsbearbeitungsstand zu geben. Diese Aufgabe wird auch häufig unter den Begriffen Auftragsverfolgung, Monitoring oder Tracking & Tracing zusammengefasst.

Durch die Auftragseinsteuerung wird der Start der Auftragsabwicklung in den Vorlaufbereichen (Konstruktion, Arbeitsplanung, Qualitätssicherung, Betriebsmittelbau usw.) ausgelöst. Dazu werden die Auftragsunterlagen mit den zuvor abgestimmten Eckterminen und ggf. Prioritätsvorgaben an die entsprechenden Produktionsbereiche weitergeleitet. Die Feinplanung und -steuerung in den Vorlaufbereichen ist dagegen Aufgabe der jeweiligen Fachbereiche, während die Auftragskoordination die Aufgabe hat, die Einhaltung der Ecktermine zu überwachen. Diese Auftragsverfolgung erstreckt sich über alle Produktionsbereiche sowie sonstige logistischen Prozesse (z. B. Transport) und dient dazu, eine hohe Transparenz über die gesamte Auftragsabwicklung zu erlangen, um Störungen jeglicher Art frühzeitig zu erkennen und auf diese angemessen zu reagieren. Dabei liegt der Fokus auf nicht-alltäglichen Problemen. Dafür wird bei erwarteten Ereignissen höchstens der Vollzug gemeldet. Routine-Probleme können automatisiert gelöst werden, so dass die Aufmerksamkeit direkt auf nicht-alltägliche Probleme konzentriert werden kann. Diese Automatismen werden häufig als Bestandteil eines Supply Chain Event Management (SCEM)-Konzeptes betrachtet. Im Folgenden werden drei typische Aufgabenbereiche der Auftragskoordination skizziert.

Im Rahmen der Eigenfertigungsplanung und -steuerung (vgl. Abschn. 2.2.3.3) fällt insb. eine Fortschrittsüberwachung der Produktionsaufträge an. Sie basiert auf Soll-/Ist-Vergleichen von Terminen und Mengen, kann aber auch die Überwachung auftragsbezogener Kennzahlen beinhalten. Bei erheblichen Soll/Ist-Abweichungen wird durch eine Veränderung der Kapazitätsbelegung oder eine erneute Feinterminierung die Einhaltung des Fertigungsprogramms angestrebt.

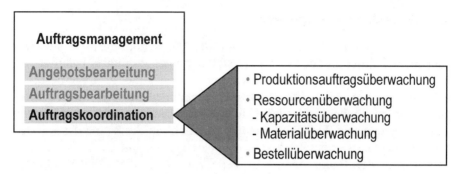

Abb. 2.2-19 Typische Aufgabenbereiche der Auftragskoordination

Neben der Produktionsauftragsüberwachung werden des Weiteren die Ressourcen überwacht. Dies beinhaltet die Überwachung von Materialien und Kapazitäten an Maschinen, Werkzeugen, Vorrichtungen und anderen Hilfsmitteln. Die Ressourcenüberwachung gewinnt – wie die Produktionsauftragsüberwachung – ihre Informationen aus der Betriebsdatenerfassung.

Im Zuge der Ressourcenüberwachung wird die Belastungssituation der Kapazitäten kontrolliert. Bei kurzfristigen Überlastungen oder einer unausgeglichenen Auslastung der Kapazitäten wird eine Änderung der Reihenfolgeplanung oder ein neue Feinterminierung angestoßen (Umplanung von Aufträgen).

Gegenstand der Materialüberwachung hingegen ist die Kontrolle des Materialflusses und der Bestandsentwicklung im Fertigungsbereich. Diese stößt bei Störungen im Materialfluss korrigierende Maßnahmen an, z. B. dann, wenn sich durch fehlende Verfügbarkeiten Terminverschiebungen ergeben.

Bei Einkaufsaufträgen im Rahmen der Fremdbezugsplanung und -steuerung (vgl. Abschn. 2.2.3.4) prüft eine Terminüberwachung laufend die in der Bestellung hinterlegten (Liefer-)Termine mit den tatsächlichen Wareneingängen und versendet ggf. Mahnungen. Bei besonders kritischen Bedarfen werden häufig Zwischenmeldungen bzw. Fortschrittskontrollen vereinbart.

Eine umfassende Auftragskoordination erstreckt sich damit vom Auftragseingang bis zum Versand und kann als entscheidungsunterstützende Querschnittsaufgabe verstanden werden. In den Aufgabenbereich der Auftragskoordination einzubeziehen ist ferner die auftragsbezogene Kostenverfolgung der in der Kalkulation bestimmten Kosten. Der Schwerpunkt liegt hierbei wiederum auf der auftragsbegleitenden Gegenüberstellung von geplanten Auftragsbudgets und den in den Produktionsbereichen anfallenden Ist-Werten, um ebenso wie bei Terminüberschreitungen rechtzeitig Steuerungsmaßnahmen einzuleiten.

2.2.4.2 *Bestandsmanagement*

Durch die kontinuierliche Reduzierung der Wertschöpfungstiefe sind immer mehr Partner an der Leistungserstellung eines Produktes beteiligt. An den Schnittstellen zwischen den Partnern werden i. d. R. Lagerbestände vorgehalten, um eventuelle Bedarfsschwankungen des Abnehmers kompensieren zu können bzw. um nicht auf die Termintreue des Lieferanten angewiesen zu sein. Des Weiteren nimmt durch die Forderung der Kunden nach individualisierten Produkten die Variantenvielfalt stark zu, so dass die Anzahl der Baugruppen und Teile enorm ansteigt. Diese Faktoren haben ein effizientes Bestandsmanagement – sowohl für das einzelne Unternehmen als auch für die gesamte Lieferkette – unabdingbar gemacht. Ziel dabei ist es, zum richtigen Zeitpunkt die richtigen Bestände in der entsprechenden Menge verfügbar zu haben. Es muss eine hohe Lieferfähigkeit bei möglichst geringen Lagerkosten gewährleistet sein.

Fokussiert wird in dieser Aufgabe das verbrauchsorientierte Bestandsmanagement. Das Bestandsmanagement gliedert sich in die Unteraufgaben Bestandsplanung, Bestandsanalyse, Lagerverwaltung, Bestandsführung, Chargenverwaltung und Nachschubsteuerung.

Abb. 2.2-20 Unteraufgaben des Bestandsmanagements

Bestandsplanung

Nach der Festlegung der überbetrieblichen Lagerstrukturen innerhalb eines Netzwerks, was Teil der Netzwerkkonfiguration ist (vgl. Abschn. 2.2.2.1), gilt es in der Bestandsplanung für das gesamte Netzwerk anforderungsgerechte Dispositionsstrategien und geeignete Dispositionsparameter festzulegen. Ziel der Bestandsplanung ist es, einerseits keine hohen Lagerbestände vorzuhalten und andererseits das Auftreten von Fehlmengen zu vermeiden, um die zur Realisierung der gewünschten Absatzmengen benötigten Erzeugnis- und/oder Komponentenmengen rechtzeitig bereitzustellen (Much u. Nicolai 1995). Das muss entsprechend der Verantwortungs sowohl auf Netzwerkebene als auch für das einzelne Unternehmen durchgeführt werden.

Zu diesem Zweck ist es zunächst erforderlich, die Bevorratungsebenen für die einzelnen Erzeugnisse, Erzeugnisgruppen oder Teile festzulegen. In Abhängigkeit der vom Markt geforderten Lieferzeiten und der innerbetrieblichen Durchlaufzeiten bzw. Wiederbeschaffungszeiten werden die Bevorratungsebenen so bestimmt, dass in der zur Verfügung stehenden Restdurchlaufzeit die zugesagten Liefertermine realisiert werden können. Eine Bevorratung auf einer Stufe mit hohem Fertigstellungsgrad (z. B. endmontagefähige Baugruppen) ermöglicht kurze Lieferzeiten, hat aber eine hohe Kapitalbindung auf Grund der großen Lagerbestände zur Folge. Bei einer Bevorratung auf einer niedrigen Fertigstellungsstufe (z. B. Teilefertigung) ist zwar die Kapitalbindung gering, die Lieferzeit in der Regel aber höher. Wenn die Bevorratungsebene nicht durch den Kundenauftragsentkopplungspunkt vorgegeben ist (vgl. Abschn. 2.2.3.1), werden in diesem Zusammenhang häufig Lagerkennlinien zur Unterstützung der Bestandsplanung eingesetzt (Much u. Nicolai 1995).

Auf der Basis einer ABC- und/oder XYZ-Analyse kann anschließend ein geeignetes Verfahren zur Bedarfsermittlung bestimmt werden (vgl. Abb. 2.2-21). Im Falle der stochastischen Bedarfsermittlung sind im Weiteren geeignete Prognoseverfahren auszuwählen. Dazu sind auf der Grundlage einer Zeitreihenanalyse der Vergangenheit die entsprechenden Verbrauchsmodelle zu ermitteln. Diesen Verbrauchsmodellen werden dann geeignete Prognoseverfahren zugeordnet. Input kann hier dann wiederum die Absatzplanung innerhalb der Produktionsprogrammplanung (vgl. Abschn. 2.2.3.1) sein, die sich allerdings auf die Prognose von Enderzeugnissen bezieht.

Abschließend sind die für die einzelnen Verfahren erforderlichen Dispositionsparameter festzulegen. Der Höchstbestand gibt an, welche Materialmenge maximal am Lager vorhanden sein darf. Mit seiner Hilfe soll ein überhöhter Lagervorrat und damit eine zu hohe Kapitalbindung am Lager vermieden werden. Weil Mehrverbrauch, Lieferverzögerung oder Unterlieferung in der Regel unvorhersehbar auftreten, aber dadurch verursachte Unterdeckung der Nachfrage („stock outs" und Fehlmengenkosten) vermieden werden sollen, ist es notwendig, einen Sicherheitsbestand zu bevorraten. Dieser stellt einen Puffer dar und wird auch Mindestbestand genannt. Die Wahrscheinlichkeit, dass ein Lager in der Lage ist, die Nachfrage zu erfüllen, wird durch den Lieferbereitschaftsgrad oder Lieferservicegrad abgebildet. Dieser hat wesentlichen Einfluss auf die Bestimmung des Sicherheitsbestands.

66 2 Grundlagen der Produktionsplanung und -steuerung

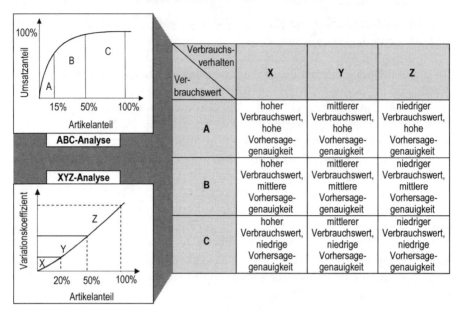

Abb. 2.2-21 ABC- und XYZ-Analyse (Specht 1994)

Insbesondere bei der Planung der Reichweite von Lagerbeständen und der Festlegung von Sicherheitsbeständen sind die Spezifika der einzelnen Erzeugnisse und vorzuplanenden Komponenten, wie beispielsweise Preise, Umsatzanteile, saisonales Verhalten, Wiederbeschaffungszeiten und ähnliches zu berücksichtigen.

Bestandsanalyse

Ziel einer Bestandsanalyse ist es, das Lagerwesen rentabel zu führen, indem möglichst alle Rationalisierungspotenziale umfassend ausgeschöpft werden. Hierzu bieten sich beispielsweise folgende Auswertungen:

- Materialbestandslisten (z. B. geordnet nach Materialklassen, Bestandskonten, Lagerwert etc.)
- Analyse der Umschlagshäufigkeit (Ermittlung der Reichweiten, Ermittlung der Lagerhüter)
- Analyse der Transportmittelnutzung

Aus den Ergebnissen lassen sich Maßnahmen zur besseren Gestaltung des Bestandsmanagements ableiten.

Lagerverwaltung

Gleiche Lagergüter können zur selben Zeit an verschiedenen Lagerorten und -plätzen aufbewahrt werden. Die Lagerverwaltung stellt einerseits die Zuordnung des entsprechenden Lagerguts zu einem geeigneten Aufbewahrungsort innerhalb des Netzwerkes oder innerhalb eines Unternehmens sicher. Das Material kann dabei alternativ chaotisch oder nach fest vorgegebenen Lagerplätzen eingelagert werden. Andererseits gewährleistet sie das zielsichere Wiederfinden der benötigten Lagergüter.

Bestandteil der Lagerverwaltung ist auch die Differenzierung von unterschiedlichen Lagertypen mit entsprechend verschiedenen Abläufen. Neben Wareneingangs-, Fertigwaren-, Zoll-, Sperrlager und weiteren Lagerarten fallen hierunter auch Konzepte wie z. B. Vendor Mangaged Inventory (VMI). Beim VMI-Konzept ist der Zulieferer auf Basis eines entsprechenden Informationsaustauschs verantwortlich für den Lagerbestand beim Produzenten (Christopher 2005).

Bestandsführung

Die Bestandsführung erfasst sämtliche Lagerbewegungen, die Erfassung der Zu- und Abgänge der Lager bzw. der Lagerorte. Bestandteil der Aufgabe Bestandsführung ist also zunächst die Erfassung der Lagerzugänge in einem Wareneingangslager, z. B. über Barcodes. Die Materialannahme schließt eine erste Identitätsprüfung mit ein. Die Mengenprüfung wird meist im Wareneingang als Voll- oder Stichprobenprüfung vorgenommen. Die Qualitätsprüfung obliegt dagegen meist einer gesonderten, nachgelagerten Stelle im Unternehmen. Die verfügbaren Lagergüter sind entsprechend des Bedarfs hinsichtlich Menge und Termin dem Lager, der Fertigung oder dem Vertrieb (Handelsware) weiterzuleiten. Unkontrollierte Lagerbewegungen sind generell zu vermeiden, indem Umbuchungsvorgänge innerhalb eines Lagerorts bzw. zwischen verschiedenen Lagerorten erfasst werden. Umlagerungen können dabei auf Grund technologischer (z. B. Umschichten und Wenden von Holz) sowie organisatorischer Gegebenheiten auftreten (Umlagerung innerhalb eines Konzerns) (Hartmann 2002).

Neben der rein physischen, mengenmäßigen Erfassung werden Bestände auch wertmäßig geführt. Dabei können unterschiedliche Strategien zum Einsatz kommen, die im Vorfeld entweder produktübergreifend oder produktspezifisch definiert werden müssen. FIFO (first in – first out) bezeichnet jegliche Verfahren der Bewertung, die auf der Annahme basieren, dass diejenigen Elemente, die zuerst eingelagert wurden, auch zuerst wieder aus dem Lager entnommen werden. Das gegenteilige Prinzip wird als LIFO-Verfahren (last in – first out) bezeichnet. Im Bereich der Warenwirtschaft ist FIFO das übliche Verfahren, da die ältesten (zuerst eingelagerten) Bestände auch nach Möglichkeit zuerst verbraucht werden sollten. Ausnahmen bestehen beispielsweise bei der Lagerung von Schüttgütern in Halden, die nur wieder von oben abgetragen werden können, also nach dem LIFO-Verfahren betrachtet werden. Alternativ kann auch eine Durchschnittsbewertung angewendet werden. Weitere Bewertungsstrategien sind das HIFO (highest in – first out), LOFO (lowest in – first out) und das KIFO (Konzern in – first out). HIFO unterstellt, dass die am teuersten beschafften Gegenstände zuerst verbraucht werden, wohingegen bei LOFO die am günstigsten beschafften Gegenstände zuerst verbraucht werden. KIFO bedeutet, dass die Waren, die innerhalb des Konzerns beschafft wurden, zuerst verbraucht werden (Ehrmann 2005).

Im Rahmen einer Inventur als weiterer Bestandteil der Bestandsführung wird der Buchbestand mit dem tatsächlich vorhandenen physischen Bestand abgeglichen. Durch Diebstahl, Schwund, Fehlbuchungen etc. können hier Abweichungen auftreten. Auf Grund der Gesetzeslage (Handels- und Steuerrecht) sowie der Notwendigkeit der korrekten Berücksichtigung der Bestandsmengen bei der Disposition führen Unternehmen diesen Abgleich durch. Man unterscheidet (zeitlich) in Stichtags- und permanente Inventur (körperliche Bestandsaufnahme ohne Betriebsunterbrechung auf das ganze Jahr verteilt) sowie (mengenmäßig) in eine Inventur des gesamten Materialumfangs und in eine Stichprobeninventur. Nach der Auswahl des Inventurumfangs wird eine Inventurerfassungsliste mit dem buchmäßigen Sollbestand sowie einem freien Feld für die Eintragung des Istbestands erstellt. Soll-/Ist-Abweichungen stehen für die Lagerkontrolle zur Verfügung. Entsprechend der Bewertungsverfahren kann dann auf Basis der ermittelten Mengen der Bestandswert ermittelt werden.

Chargenverwaltung

Unter Charge wird die Gesamtheit von Materialien verstanden, die unter praktisch gleichen Umständen erzeugt, hergestellt oder verpackt wurde. Für chargenpflichtige Materialien muss jeder Teilbestand einer Charge zugeordnet werden. Zu jeder Charge werden unter anderem die Informationen Verfallsdatum, Wareneingangsdatum, Herkunftsland und Lagerbestand pro Lagerort geführt. Bei jeder Warenbewegung innerhalb der Unternehmung entlang der Wertschöpfungskette muss immer die Chargennummer weitergegeben werden, deren Eigenschaften vererbt werden und neue Eigenschaften hinzugefügt werden können (Kernler 2005).

Die Chargenverwaltung kann nicht nur für die Lagerung, sondern auch für sämtliche Produktionsprozesse relevant sein. Aus folgenden Gründen kann eine Chargenverwaltung in einem Unternehmen unter anderem notwendig werden:

- Ausgehend von möglichen Regressansprüchen (Produkthaftungsgesetz), die an das Produktionsunternehmen gestellt werden, muss sichergestellt werden, dass die in das Produkt eingeflossenen Fertigungs- und Lieferantenchargen zurückverfolgbar sind.
- Bei angezeigten, fehlerhaften Lieferungen muss die Verwendung in Erzeugnissen identifizierbar sein, um z. B. gezielte Rückrufaktionen durchführen zu können.
- Bei fehlerhaften Produkten muss ermittelt werden können, welcher Teilprozess für den Fehler verantwortlich ist.

2.2.4.3 Controlling

Unter Controlling versteht man die zielbezogene Erfüllung von Führungsaufgaben, die der systemgestützten Informationsbeschaffung und -verarbeitung zur Planerstellung, Koordination und Kontrolle dient (Horvath 1994). Dem Controlling obliegt im Rahmen der wirtschaftlichen Lenkung der PPS, transparente und verständlich interpretierbare Informationen zu erarbeiten und zur Verfügung zu stellen (Much u. Nicolai 1995). Im Gegensatz zum Auftragsmanagement fokussiert das Controlling die Steuerungs- und Kontrollfunktion nicht mit einem Auftragsbezug, sondern evaluiert und reguliert vielmehr das Produktionssystem in seiner Grundeinstellung, d. h. ohne einen konkreten Auftragsbezug.

Ziel eines durchgängigen Controlling-Konzeptes ist die Erhöhung der Transparenz im Unternehmen bzw. im Netzwerk durch die Abbildung der relevanten Informationen zur vollständigen Bewertung der erbrachten Leistung. So soll eine signifikante Steigerung der Anpassungsfähigkeit und -geschwindigkeit des Unternehmens/Netzwerkes erreicht werden. Es gilt damit als wirkungsvolles Instrument, um die Aktivitäten eines Unternehmens/Netzwerkes auf die Unternehmensstrategie auszurichten, indem sämtliche Prozesse und Abläufe (nicht nur Produktionsprozesse) in der Lieferkette überwacht, simuliert, gesteuert und berichtet werden. Des Weiteren werden strukturelle Schwachstellen bewertet sowie wird diesen entgegengewirkt. Das Controlling umfasst demnach die Unteraufgaben Informationsaufbereitung und Maßnahmenableitung.

70 2 Grundlagen der Produktionsplanung und -steuerung

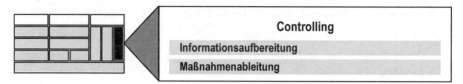

Abb. 2.2-22 Unteraufgaben des Controllings

Informationsaufbereitung

Der Verwendung von Kennzahlen oder Key Performance Indicators (KPI) kommt in einem prozessorientierten Controlling eine besondere Bedeutung zu. Sie bilden die Abläufe im Unternehmen/Netzwerk mit einer deutlich reduzierten Komplexität ab, indem sie die relevanten Informationen verdichten.

In einem ersten Schritt müssen demnach zunächst die Kennzahlen und Ereignisprofile identifiziert und beschafft werden. Für die Beschaffung der Informationen ist eine Strukturierung erforderlich, die die Kenntnis des Informationsbedarfs der betroffenen Entscheidungsträger, der Ziele und der Planwerte sowie der auf sie wirkenden Einflussgrößen voraussetzt. Mit Hilfe von Modellen, die Wirkungen von Einflussgrößen auf Ziele der PPS beschreiben, können mögliche Einflussgrößen ermittelt und Informationsstrukturen sinnvoll gebildet werden.

Die Erhebung und Aufbereitung der definierten Informationen dient zur Entscheidungsvorbereitung. Die Art der Aufbereitung hängt von den Zielen bei der Bewertung ab. So sind mit der Angabe einer aussagekräftigen Kennzahl in der Regel auch die Einflussgrößen bekannt, mit denen diese Kennzahlen beeinflusst werden können. Die Beeinflussung der Kennzahlen durch die Einflussgrößen kann Teil eines Wirkungsmodells sein. Beispielsweise wirkt die Erhöhung des Mindestbestands für ein Teil, das häufig und regelmäßig umgesetzt wird, in der Regel steigernd auf Termintreue und Bestände.

Durch einen Soll-Ist-Vergleich werden somit aktuelle und aufkommende Probleme identifiziert. Fakultativ kann bei auftretenden Problemen manuell, automatisiert oder durch kollaborative Problemlösungsprozeduren eingegriffen werden. Dem Regelkreis entsprechend können dann aus historischen Ereignissen Rückschlüsse gezogen werden und ggf. Kennzahlen oder Lösungsautomatismen angepasst werden.

Dies ist möglich, weil mit der Bewertung Hinweise eng verbunden sind wie bestimmte betriebliche Kennzahlen verbessert werden können. Mit Hilfe von Entscheidungsmethoden und auf der Basis einer Gewichtung der Teilziele können dann mögliche Alternativen für die weitere Vorgehensweise entwickelt und gegenübergestellt werden.

Maßnahmenableitung

Bei bekannten Zusammenhängen können Reaktionsmaßnahmen festgelegt und ggf. sogar automatisiert werden. In anderen Fällen sind Maßnahmen abzuwägen, zu erarbeiten und vorzuschlagen, die zu einer optimalen Zielerreichung führen. Es kann aber aus der Bewertung auch eine Änderung der Zielgewichtung resultieren.

Automatisierte Maßnahmen können z. B. bei der Verwendung von Formeln für die Berechnung von PPS-Parametern zum Einsatz kommen. Diese Formeln werden dann auf der Basis von ausgewerteten Kennzahlen eingesetzt oder verändert. Beispielsweise kann eine automatische Vergabe von Prioritäten so verändert werden, dass der Einfluss der verbleibenden Zeit zum Liefertermin auf die Priorität zunimmt. Ähnlich werden nicht automatisierte Maßnahmen für die Ermittlung und den Einsatz von Stellgrößen eingesetzt oder verändert.

Die Umsetzung von Veränderungsmaßnahmen kann auch ablauforganisatorisch wirksam werden. Als strategische Maßnahme ist die Verlagerung von Dispositionsspielräumen in die Fertigung ein mögliches Beispiel. Zu den längerfristigen Konfigurationsmaßnahmen zählen auch die Veränderung, Neuentwicklung, Beschaffung oder die Einführung von Programmen oder Programmteilen.

2.2.5 Datenverwaltung

Die Speicherung und Pflege sämtlicher Daten ist Aufgabe der Datenverwaltung, deren Ziel darin besteht eine möglichst hohe Datenqualität zu gewährleisten. Die Datenverwaltung ist für sämtliche Netzwerk-, Kern- und Querschnittsaufgaben relevant, weil diese auf die entsprechenden Daten zurückgreifen. Die Daten der Produktionsplanung und -steuerung kann man in Stamm- und Bewegungsdaten untergliedern, die heutzutage meist losgelöst vom eigentlichen ERP-/PPS-System in relationalen Datenbanken gespeichert werden, wobei der Dialog zwischen den beiden Systemen über eine Datenbankschnittstelle gewährleistet wird. Zur datenbanktechnischen Implementierung der zum Teil sehr komplexen Datenstrukturen haben sich in der Vergangenheit unterschiedliche Beschreibungsmodelle entwickelt (z. B. das Entity-Relationship-Modell, Kurbel 2003).

Abb. 2.2-23 Unteraufgaben der Datenverwaltung

2.2.5.1 *Stammdaten*

Auf den Stammdatenbestand wird im Sukzessivplanungsprozess permanent zurückgegriffen. Aus diesem Grund weisen diese Daten eine lange Lebensdauer auf und beanspruchen einen umfassenden Pflegeaufwand. Typische Stammdaten sind bspw. Material-, Ressourcenstammdaten, Stücklisten, Arbeitspläne sowie Kunden- und Lieferantenstammdaten.

Materialstammdaten

Bei Materialien wird nach der Beschaffungsart zwischen Eigenfertigungsteilen, Fremdbezugsteilen und Fremdfertigungsteilen differenziert. Außerdem können Materialien nach dem Grad der Bearbeitung in Enderzeugnisse, Baugruppen und Einzelteile unterschieden werden. Weitere Unterteilungen von Material können nach dem Verwendungszweck, der Dispositionsart und anderen Kriterien vorgenommen werden. Je nach Art des Materials kann es mit anderen Daten in Beziehung stehen. Eigenfertigungsteile haben z. B. eine Stückliste, Fremdbezugsteile möglicherweise einen oder mehrere Standardlieferanten.

Für ein Material, das sowohl eigengefertigt, als auch teilweise fremdbezogen wird, werden z. B. sowohl Lieferantendaten, wie auch Stücklisten und Arbeitspläne verwendet. Für ein nur fremdbezogenes Material werden zwar Lieferantendaten, jedoch keine Stücklisten und Arbeitspläne benötigt. Für ein ausschließlich eigengefertigtes Material müssen hingegen keine Lieferantendaten vorhanden sein. Üblicherweise wird unabhängig von der Materialart jedes Material durch eine eindeutige Materialnummer bezeichnet.

Materialbeschreibende Attribute können je nach Materialart unterschiedlich sein. Sie umfassen z. B. Materialbezeichnungen nach DIN, Maße, Gewicht, Zeichnungsnummern zugehöriger CAD-Zeichnungen, verschiedene Mengeneinheiten für Beschaffung, Lagerung und Produktion sowie ggf. zuständige Disponenten und Einkäufer. Der Großteil der Materialeigenschaften in ERP-/PPS-Systemen beschreibt dessen Behandlungsweise in den Abteilungen (z. B. die Dispositionsart) oder verweist auf entsprechende Daten, in denen die Behandlungsweise festgelegt wird (z. B. Einkaufs-/Verkaufskonditionen). Weiterhin können Alternativmaterialien hinterlegt werden, auf die bei Versorgungsengpässen oder verschiedenen Produktionslosgrößen zurückgegriffen wird.

Einem Material werden, sofern es ein Eigenfertigungsteil ist, ein Arbeitsplan und eine Stückliste zugeordnet. Die Stückliste enthält die in das Erzeugnis eingehenden Materialien. In den Arbeitsgängen des zugeordneten Arbeitsplans werden die technischen und personellen Ressourcen festgelegt, mit denen das Material gefertigt wird. Ebenso wie es alternative Materialien gibt, können auch Alternativstücklisten und -arbeitspläne vorgesehen werden, die im Bedarfsfall (z. B. bei höherer Produktionslosgröße) Anwendung finden.

Die Gruppierung von Material zu Materialgruppen bietet die Möglichkeit zur Planung auf höheren Aggregationsniveaus. So kann z. B. eine Absatzplanung nicht auf der Basis von einzelnen Erzeugnissen, sondern auch auf Erzeugnisgruppenebene erfolgen. Des Weiteren können Materialgruppen zusätzliche Attribute zugewiesen werden, wie z. B. Material- und Kapazitätsprofile. Damit sind grobe Planungen auch für Materialien möglich, für die keine vollständigen Stücklisten und Arbeitspläne vorhanden sind. Zudem kann eine unnötige Detaillierung der Planung in frühen Planungsstadien (z. B. bei der Ressourcengrobplanung eines Absatzplans) umgangen werden.

Eine letzte Gruppe von Materialeigenschaften sind der Status (z. B. „für den Vertrieb gesperrt" oder „für die Produktion freigegeben"), die Version und die zeitliche Gültigkeit eines Materials. Diese Attribute sind für die Koordination in arbeitsteiligen Organisationen wichtig, da sie Auskunft über die Relevanz der Daten und Objekte der realen Welt für jede Abteilung geben.

Ressourcendaten

Maschinen sind die wesentlichen dispositiven Ressourcen in Produktionsunternehmen. Innerhalb der Ressourcendaten werden Informationen über die verschiedenen Arbeitsplätze, d. h. bezüglich einzelner Maschinen bzw. deren Aggregation zu übergeordneten Maschinengruppen (Potenzialfaktoren) und das jeweilige Kapazitätsangebot gespeichert. Das Kapazitätsangebot berechnet sich aus dem Leistungsvermögen einer Maschine (-ngruppe), einem Betriebskalender und dem darin integrierten Schichtmodell. Zur eindeutigen Identifizierung erhalten die Ressourcen eine eindeutige Identifizierungsnummer einschließlich einer Maschinenbeschreibung. Zur internen Leistungsverrechnung werden in den Datensätzen zusätzlich die Kostenstellennummer und Maschinenstundensätze hinterlegt.

Die Zuordnung von Personal zu Maschinen oder Maschinengruppen ist in der Regel fest, d. h. es gibt einen festen Pool an Bedienpersonal je Maschine oder Maschinengruppe. Für die Produktionsplanung und -steuerung relevante Personaldaten sind die Qualifikation des Personals, Lohnkostensätze, und der Zeitraum der Zuordnung zu einer Maschine oder Maschinengruppe. Werkzeuge und Vorrichtungen werden je nach Arbeitsgang benötigt, und daher auch ausschließlich dem Arbeitsgang zugeordnet.

Stücklisten

Die Beschreibung der Erzeugnisgliederung in tabellarischer Form erfolgt bei diskreter Fertigung in Form von Stücklisten, während man in der Chemie- und der Nahrungsmittelindustrie von Rezepturen spricht. Stücklisten werden Eigenfertigungsteilen zugeordnet und bilden die hierarchische Struktur ihrer Zusammensetzung ab. Sie sind formal aufgebaute Verzeichnisse für ein Material, die die zu dem Material gehörigen Materialien unter Angabe von Bezeichnung, Menge und Einheit enthalten. Hinsichtlich Aufbau und Einsatzzweck werden verschiedene Stücklistentypen, wie z. B. Mengenübersichtsstücklisten, Baukastenstücklisten und Strukturstücklisten unterschieden. Die Stückliste enthält organisatorische Attribute wie Status, Version, Gültigkeitszeitraum, gültige Produktionslosgröße für die Stückliste und alternativ verwendbare Stücklisten.

Einer Stückliste sind mehrere Stücklistenpositionen zugeordnet. Eine Stücklistenposition beinhaltet als wesentliche Daten die Stücklistenpositionsmenge, die Mengeneinheit, Zuschlags- oder Ausschussfaktoren und die Materialnummer des in die Stücklistenposition eingehenden Materials. Durch negative Stücklistenpositionsmengen werden beim Produktionsprozess ggf. anfallende Kuppel- oder Nebenprodukte berücksichtigt.

Für Grobplanungszwecke kann die Struktur der Eigenfertigungsteile auch durch Materialprofile abgebildet werden. Ein Materialprofil beinhaltet die wichtigsten Materialien, die zur Herstellung des Erzeugnisses benötigt werden, deren Menge und deren relativen Bedarfszeitpunkt bezogen auf den Bedarfstermin des Erzeugnisses. Materialprofile erleichtern die Durchführung von Materialgrobplanungen in der Phase der Produktionsprogrammplanung und der Auftragskoordination, in der vollständige Stücklistenauflösungen zur Bestimmung der Materialdeckung zu aufwendig oder aufgrund fehlender Stücklisten (insbesondere in der Phase der Angebotserstellung bei Auftragsfertigern) nur mit hohem Aufwand möglich sind.

Arbeitspläne

Arbeitspläne und Arbeitsgänge bilden die Produktionsprozesse eines Produktes ab. In verschiedenen Branchen, z. B. in Gießereien, Druckereien oder Lackierereien kann unter Umständen auf Stücklisten verzichtet werden, so dass Materialien direkt ein Arbeitsplan zugeordnet werden kann. Attribute des Arbeitsplans sind u. a. Arbeitsplanstatus, Gültigkeitszeitraum für die Arbeitsplandaten, alternative Arbeitspläne und arbeitsplanspezifische Rüstzeiten.

Ähnlich wie Stücklisten sind Arbeitspläne aus Positionen aufgebaut. Die Arbeitsplanpositionen werden als Arbeitsgänge bezeichnet. Arbeitsgänge sind mit einer Maschine und ggf. einem Werkzeug verknüpft. Weitere Daten eines Arbeitsgangs sind Zeiten für die Bearbeitung auf der Maschine, erforderliche Personalzeit (diese kann kleiner oder größer als die Maschinenzeit sein), Rüstzeit, Durchführzeit, Transportzeit, technisch bedingte Liegezeit und Übergangszeit sowie entsprechende Kostensätze für die Zeiten. Je mehr Zeitanteile und entsprechende Kostensätze als Attribute des Arbeitsgangs vorhanden sind, desto differenzierter können die Kosten des Arbeitsganges bestimmt werden.

Kapazitätsprofile für Materialien sind eine Erleichterung für die Durchführung von Grobplanungen der Ressource Maschine im Rahmen der Produktionsprogrammplanung und der Auftragskoordination. Das Kapazitätsprofil beinhaltet als Attribute die wichtigsten zur Materialherstellung erforderlichen Maschinen, den Kapazitätsbedarf und die Periode des Kapazitätsbedarfs relativ zum Bedarfszeitpunkt des Materials.

Kundenstammdaten

Kunden sind ehemalige, bestehende oder potenzielle Vertriebsgeschäftspartner. Jeder Kunde hat Adressen, die für unterschiedliche Zwecke relevant sind. Der Ansprechpartner ist für den Kontakt mit dem internen Vertrieb wichtig. Die Versandadresse gibt an, an welchen Ort Güter geliefert werden sollen und die Rechnungsanschrift ist für die Fakturierung von Bedeutung. Zumeist gibt es mehrere mögliche Versandadressen für unterschiedliche Werke, jedoch eine zentrale Rechnungsanschrift. Kunden können zu Kundengruppen aggregiert werden.

Vertriebsbereiche werden zur besseren Bearbeitung von Märkten gebildet. Sie können nach Produktgruppen (Beziehung zwischen Vertriebsbereich und Material), nach Kundengruppen (Beziehung zwischen Vertriebsbereich und Kunde/Kundengruppe) oder regional ausgerichtet sein. Bei regional orientierten Vertriebsbereichen können sowohl Kunden als auch Produkte zu mehreren regional verteilten Vertriebsbereichen verknüpft sein.

Materialdaten können in Verbindung mit einzelnen Kunden oder Kundengruppen stehen. Dies betrifft diejenigen Materialdaten, die speziell für einen Kunden gültig sind, wie z. B. kundenspezifische Materialbezeichnungen, kundenspezifische Ersatzmaterialien, kundenspezifische Lieferzeiten und Liefermengen für Materialien sowie kundenspezifische Qualitätsanforderungen und Verpackungsvorschriften. Diese Daten werden in Form des Kundenmaterials abgebildet.

Durch die Verknüpfung der Verkaufskonditionen zum Kundenmaterial können Materialdaten wie z. B. kundenspezifische Materialpreise abgebildet werden, also Daten, die spezielle Konditionen in einer Kunden-Material-Beziehung beschreiben. Durch die Verknüpfung von Material und Verkaufskondition werden hingegen allgemeingültige Verkaufseigenschaften des Materials festgelegt, die kundenunabhängig sind. Dies ist vorwiegend bei Serien- und Massenfertigern üblich. Durch die Verknüpfung der Verkaufskonditionen zum Kunden oder zur Kundengruppe können Informationen abgebildet werden, die bezüglich eines Kunden gelten, unabhängig davon, welches Erzeugnis der Kunde kauft. Dies sind z. B. Zahlungs- und Versandbedingungen, die allgemein für den Geschäftsverkehr mit einem Kunden vereinbart wurden.

Lieferantenstammdaten

Analog zu den Vertriebsgeschäftspartnern existieren Einkaufsgeschäftspartner für den Fremdbezug und die Fremdfertigung von Material. In den Verknüpfungen des Einkaufsbereichs werden Beziehungen zusammengefasst, die der Fremdbezugsplanung und -steuerung zugrunde liegenden Organisationsstrukturen abbilden (z. B. dezentraler Einkauf, produktgruppenbezogener Einkauf). Lieferantenmaterialien in Verbindung mit Einkaufskonditionen repräsentieren Vereinbarungen, die sich auf bestimmte Lieferanten-Material-Beziehungen beziehen. Dies sind beispielsweise lieferantenspezifische Materialbezeichnungen, alternative Materialien, Lieferzeiten, Liefermengen und Verpackungs- und Qualitätsspezifikationen. Die direkte Verknüpfung zwischen Einkaufskondition und Lieferant repräsentiert hingegen eine Vereinbarung, die sich auf alle Materialtransaktionen bezieht, also generelle Zahlungsbedingungen, die Kreditlinie oder auch sämtliche weitere Attribute wie Lieferzeit und Qualitätsnormen. Beide Beziehungen (alle Lieferanten-Material-Einkaufskondition und Lieferant-Einkaufskondition) können parallel bestehen. Im Falle einer Bestellung muss dann jedoch entschieden werden, welche Einkaufskondition, also die generelle oder die materialbezogene, für diese Bestellung gelten soll.

2.2.5.2 Bewegungsdaten

Im Gegensatz zu den Stammdaten ist die Lebensdauer der Bewegungsdaten auf eine begrenzte Zeitdauer beschränkt. Die beiden wesentlichen Merkmale der Bewegungsdaten sind zum einen der Zeitbezug, (z. B. bezieht sich der Lagerbestand eines Teils immer auf einen konkreten Zeitpunkt) und zum anderen die Verwaltung unterschiedlicher Statuszustände. So können Produktionsaufträge z. B. die Zustände „gesperrt", „freigegeben", „in Bearbeitung" und „abgeschlossen" aufweisen. Dabei beziehen sich Bewegungsdaten auf die gespeicherten Stammdaten (beispielsweise werden zur Erfüllung eines Produktionsauftrags Informationen aus den Materialstammsätzen benötigt).

Die Bewegungsdaten, die auf Grund des Zeitbezugs kontinuierlichen Veränderungen unterliegen, werden im Folgenden kurz skizziert. Dabei werden die Lagerbestands-, Produktionsauftrags- und Betriebsdaten thematisiert (Loos 1999).

Lagerbestandsdaten

Für alle Material- und Produktstammdaten werden die Lagerbestände in separaten Bestandskonten geführt, auf denen Lagerzugänge (tatsächliche und erwartete Zugänge) auf der Aktivseite und Lagerabgänge (tatsächliche und erwartete Abgänge sowie Reservierungen) auf der Passivseite verbucht werden. Da eine solche Bestandsführung für alle Materialien und Produkte erfolgt, besteht zwischen den Material- und Produktstammdaten und den Bestandskonten eine eineindeutige Relation (1:1-Beziehung).

Produktionsauftragsdaten

Produktionsauftragsdaten haben die Aufgabe, den Auftragsabwicklungsprozess zu koordinieren. Die mengen- und zeitmäßige Abstimmung der benötigten Ressourcen erfolgt auf der Grundlage eines vorliegenden Kundenauftrags oder eines prognostizierten Absatzplans. Da die Produktionsauftragsdaten im Rahmen des gesamten Sukzessivplanungsprozesses berücksichtigt werden, erfolgt bei der Auftragsabwicklung ein Zugriff auf die verschiedenen Stammdaten (z. B. Material- und Produktstammdaten, Stücklisten, Arbeitspläne etc.) und Bewegungsdaten (z. B. Lagerbestände etc.).

Betriebsdaten

Betriebsdaten sind zeitliche, mengenmäßige, kapazitäts- und auftragsbezogene Ist-Werte, die innerhalb des Produktionsprozesses auftreten und mittels einer Betriebsdatenerfassung in den Produktionsplanungs- und

-steuerungsprozess zurückgemeldet werden. Diese Daten (z. B. Bearbeitungs- und Stillstandszeiten der Potenzialfaktoren, Verbräuche der Repetierfaktoren, Fertigungsfortschritt, Anwesenheit der Mitarbeiter etc.) werden heutzutage zum Teil automatisch erfasst und auf elektronischem Weg direkt in das ERP-/PPS-System übermittelt (Scheer 1990).

2.2.6 Literatur

Arnold B (2004) Strategische Lieferantenintegration. Berlin
Arnolds H, Heege F, Tussing W (2001) Materialwirtschaft und Einkauf: praxisorientiertes Lehrbuch, 10. durchgesehene Aufl. Gabler, Wiesbaden
Burger C (1992) Verteilte Produktionsregelung mit simulations- und wissensbasierten Informationssystemen, Springer Verlag Berlin
Christopher M (2005) Logistics and Supply Chain Management. Strategies for Reduction Cost and Improving Service, 3. Aufl. Financial Times Prentice Hall, London (UK)
Dorninger C, Janschek O, Olearczik E (1996) PPS - Produktionsplanung und -steuerung. Konzepte, Methoden, Kritik, Nachdruck Carl Ueberreuter, Wien
Ehrmann H (2005) Logistik, 5. Aufl. Friedrich Kiehl, Ludwigshafen
Eversheim W (1998) Organisation in der Produktionstechnik, Band 2: Konstruktion, 3. Aufl. VDI, Düsseldorf
Eversheim W (2002) Organisation in der Produktionstechnik, Band 3: Arbeitsvorbereitung, 4. Aufl. VDI, Düsseldorf
Eversheim W, Schuh G (Hrsg) (1999) Betriebshütte - Produktion und Management, 7. Aufl. Springer, Berlin Heidelberg
Fandel G, Francois P, Gubitz K-M (1997) PPS-Systeme - Grundlagen-Methoden-Software-Marktanalyse, 2. Aufl. Springer, Berlin Heidelberg
Friedrich M (2002) Von der Produktionsplanung und -steuerung zum Management von Supply Chain: Gestaltungsfelder und Ansatzpunkte zur Weiterentwicklung des Aachener PPS-Modell. (Unveröffentlichtes Manuskript zum Vortrag im Rahmen des Promotionsverfahrens. RWTH Aachen)
Gehr F, Nayabi K, Hellingrath B, Laakmann F (2003) Supply Chain Management – Referenzmodell und Marktstudie. Supply Chain Management (2003)2:55-60
Glaser H, Geiger W, Rohde V (1992) PPS - Grundlagen-Konzepte-Anwendungen, 2. Aufl. Gabler, Wiesbaden
Hackstein R (1989) Produktionsplanung und -steuerung - Ein Handbuch für die Betriebspraxis, 2. Aufl. VDI, Düsseldorf
Hahn D, Hungenberg H, Kaufmann L (1994) Optimale Make-or-buy-Entscheidung. Controlling (1994)2:74-82
Hartmann H (2002) Materialwirtschaft - Organisation, Planung, Durchführung, Kontrolle, 8. Aufl. Deutscher Betriebswirte Verlag, Gernsbach
Horvath P (2003) Controlling, 9. Aufl. Vahlen, München

Hungenberg H (1999) Produktprogramm- und Beschaffungsgestaltung. In: Eversheim W, Schuh G (Hrsg) Betriebshütte - Produktion und Management, 7.Aufl. Springer, Berlin Heidelberg, S 5-40 – 5-52

Jahns C (2005) Supply Chain Management, Teil 7: Globale Beschaffungsnetzwerke – Supply Organisation dezentral aufgestellt, zentral gesteuert. BA Beschaffung aktuell. http://www.baexpert.de, abgerufen am 10.03.2005

Kernler H (1995) PPS der 3. Generation: Grundlagen, Methoden, Anregungen, 3. Aufl. Hüthig Buch, Heidelberg

Kurbel K (2003) PPS - Methodische Grundlagen von PPS-Systemen und Erweiterungen, 5. Aufl. Oldenbourg, München Wien

Loos P (1999) Grunddatenverwaltung und Betriebsdatenerfassung als Basis der Produktionsplanung und -steuerung. In: Corsten H, Friedl B (Hrsg) Einführung in das Produktionscontrolling. Vahlen, München, S 227-253

Luczak H, Eversheim W (1999) Produktionsplanung und -steuerung: Grundlagen, Gestaltung und Konzepte, 2. Aufl. Springer Berlin

Luczak H (2004) Rationalisierung und Reorganisation (Skript zur Vorlesung, Eigendruck, Aachen)

Much D (1997) Harmonisierung von technischer Auftragsabwicklung und Produktionsplanung und -steuerung bei Unternehmenszusammenschlüssen. Dissertation, RWTH Aachen

Much D, Nicolai H (1995) PPS-Lexikon. Cornelsen, Berlin

Philippson C (2003) Koordination einer standortbezogen verteilten Produktionsplanung und -steuerung auf der Basis von Standard-PPS-Systemen. Dissertation, Aachen

Rommel G (1994) Outsorcing als Instrument zur Optimierung der Leistungstiefe. In: Corsten H (Hrsg) Handbuch Produktionsmanagement. Gabler, München Wien, S 207-220

Rohde J, Meyr H, Wagner M (2000) Die Supply Chain Planning Matrix. PPS Management – Zeitschrift für Produktion und Logistik 5(2000)1:10-15

SAP Business Maps SCM und ERP
http://www.sap.com/solutions/businessmaps/index.aspx
Download am 10.02.2005

Scheer A-W (1990) EDV-orientierte Betriebswirtschaftslehre: Grundlagen für ein effizientes Informationsmanagement, 4. völlig neu bearbeitete Aufl. Springer, Berlin Heidelberg

Scheer A-W (1997) Wirtschaftsinformatik, 7. Aufl. Springer, München Heidelberg

Schuh G (1999) Aktivitäten des strategischen Produktionsmanagements. In: Eversheim W, Schuh G (Hrsg) Betriebshütte - Produktion und Management, 7. Aufl. Springer, Berlin Heidelberg, S 5-35 – 5-39

Specht G (1994) Portfolioansätze als Instrument zur Unterstützung strategischer Programmentscheidungen. In: Corsten H (Hrsg) Handbuch Produktionsmanagement. Gabler, Wiesbaden, S 93-114

Steffenhagen H (2004) Marketing. Eine Einführung, 5. vollständig überarbeitete Aufl. Kohlhammer, Stuttgart

Wiendahl H-P (1999) Grundlagen der Fabrikplanung. In: Eversheim W, Schuh G (Hrsg) Betriebshütte – Produktion und Management 3 – Gestaltung von Produktionssystemen. Springer, Berlin, S 9-1 – 9-31
Wiendahl H-P (2005) Betriebsorganisation für Ingenieure, 5.Aufl. Carl Hanser, München Wien
Wildemann H (1997) Fertigungsstrategien, 3. überarbeitete Aufl. Transfer-Centrum-Verlag, München
Zäpfel G (1994) Entwicklungssstand und -tendenzen von PPS-Systemen. In: Corsten H (Hrsg) Handbuch Produktionsmanagement. Gabler, Wiesbaden, S 719-745
Zäpfel G (2001) Grundzüge des Produktions- und Logistikmanagement, 2. unwesentlich veränderte Aufl. Oldenbourg, München Wien
Zimmermann G (1988) Produktionsplanung variantenreicher Erzeugnisse mit EDV. Springer, Berlin Heidelberg

2.3 Prozessarchitektur

von Günther Schuh, Andreas Gierth und Philipp Schiegg

2.3.1 Überblick

Das Aachener PPS-Modell beschreibt Aufgaben, Prozesse und Funktionen für die Produktionsplanung und -steuerung in verschiedenen Referenzsichten. Dabei liegt der Fokus auf den unterschiedlichen Aspekten der Planung und Steuerung inner- und überbetrieblicher Produktion. Die Unterscheidung in inner- und überbetriebliche Aufgaben wurde bereits im Aufgabenmodell dargestellt (vgl. Abschn. 2.2). Betrachtet man die Produktion in Netzwerken, so wird deutlich, dass nicht alle Aufgaben durch einen Netzwerkpartner abgedeckt werden können. Die kooperative Leistungserstellung macht es erforderlich, dass die Erfüllung einzelner Teilaufgaben durch unterschiedliche Netzwerkpartner koordiniert wird (Eversheim u. Schuh 2005; Killich u. Luczak 2003). Für die PPS in Produktionsnetzwerken werden daher die Netzwerkebene und die Ebene der einzelnen Unternehmung unterschieden (Schönsleben 2004; Corsten u. Gössinger 2000; vgl. auch Abschn. 2.2).

Die Aufgaben auf Unternehmensebene sind dadurch charakterisiert, dass sie durch ein Unternehmen koordiniert und durchgeführt werden. Im Gegensatz dazu können Aufgaben auf der Netzwerkebene durch verschiedene Unternehmen innerhalb des Netzwerkes wahrgenommen werden. Damit stellt sich für die Aufgaben der Netzwerkebene die Frage, wie diese zwischen mehreren Partnern des Netzwerkes durchgeführt und koordiniert werden können. Die Prozessarchitektur als Teilmodell des Aachener PPS-Modells soll diese Frage beantworten.

Die Art und Weise der Aufgabenverteilung und -durchführung hängt von der jeweiligen Struktur des betrachteten Netzwerkes ab. Die unterschiedlichen Strukturen der Netzwerke ergeben sich durch die verschiedenen Motive, die bei der Netzwerkbildung verfolgt werden. Die Ursachen der Netzwerkbildung lassen sich dabei auf die oft genannten Markt- bzw. Kundenanforderungen, wie kurze Reaktionszeiten, hohe Verfügbarkeiten, kürzere Produktzyklen, steigende Variantenvielfalt etc. zurückführen (Niemann et al. 2004; Schuh 2003). Um den Anforderungen zu begegnen, konzentrieren sich Unternehmen verstärkt auf ihre Kernkompetenzen und verringern ihre Fertigungstiefe (Meier et al. 2004; Wildemann 2001). Im

Gegenzug dazu werden die anderen Wertschöpfungsaktivitäten durch Netzwerkpartner übernommen. So entstehen flexible Organisationseinheiten, die schnell auf sich verändernde Anforderungen reagieren können (Schuh et al. 2005; Schuh u. Wegehaupt 2004).

In der Realität existiert eine Vielzahl unterschiedlicher Formen von Netzwerken, die sich beispielsweise in der Anzahl der beteiligten Unternehmen, in der geographischen Verteilung der Unternehmen oder in der Dauer der Zusammenarbeit innerhalb des Netzwerkes unterscheiden können. Die Praxis zeigt, dass Unternehmen in der Regel gleichzeitig an mehreren Netzwerken teilnehmen. Sie beteiligen sich parallel an Entwicklungs- und Einkaufsgemeinschaften oder sind mit unterschiedlichen Produkten bzw. Dienstleistungen in unterschiedlichen Wertschöpfungsketten integriert. Sie können also parallel Teilnehmer mehrer stabiler und dynamischer Netzwerke sein, innerhalb derer unterschiedliche Zielstellungen verfolgt werden können (Fleisch 2001).

Zur Darstellung der Verteilung von Netzwerkaufgaben müssen die vielseitigen Strukturen auf wenige idealtypische Netzwerk-Typen reduziert werden. Anhand solcher Netzwerk-Typen lassen sich die Ansatzpunkte für eine Verteilung von Netzwerkaufgaben und Prozessen ableiten. Analog zur (innerbetrieblich ausgerichteten) Prozesssicht basiert auch die Prozessarchitektursicht auf einer Typologie bzw. auf einer typologisch differenzierten Betrachtung mittels Typen. Diese Typen können als idealtypische Formen der Zusammenarbeit zwischen Unternehmen in einem Netzwerk aufgefasst werden. Weiterhin können sie dazu verwendet werden, typische Verteilungen von Prozesselementen in einem Netzwerk aufzuzeigen.

2.3.2 Wesen und Zweck der Prozessarchitektur

Die Prozessarchitektur als Referenzsicht dient als „Schablone" für die Gestaltung der Verteilung und Durchführung von Prozessen innerhalb verschiedener Netzwerktypen. Dabei wird idealtypisch dargestellt, wie Prozesse und Prozesselemente innerhalb des Wertschöpfungsnetzwerkes auf die einzelnen Organisationseinheiten verteilt werden können. In der Eigenschaft als Schablone sind die Darstellungen als Muster zu verstehen, die einen organisatorischen Rahmen der Prozessgestaltung aufzeigen, der auf konkrete Anwendungsfälle angepasst wird. Im Überblick wurde dargestellt, dass Unternehmen aus unterschiedlichen Motiven heraus Netzwerke bilden bzw. an diesen teilnehmen. Die Prozessarchitektur orientiert sich daher an idealtypischen Netzwerkstrukturen, die signifikante Unterschiede in ihrer Struktur aufweisen.

Unabhängig vom Netzwerktyp muss die Prozessarchitektur folgende Fragen beantworten:

- Durch welche Organisationseinheit bzw. Planungsinstanz wird ein Prozess im Netzwerk gesteuert?
- Auf welche Organisationseinheiten wirkt sich der betrachtete Prozess aus bzw. welche Organisationseinheiten müssen in den Prozess eingebunden werden?
- Welche (Planungs-) Objekte sind Gegenstand der Betrachtungen?

In Anlehnung an die charakteristischen Eigenschaften bestimmter Netzwerktypen können die Verteilung und die Koordination von Prozessen und Prozesselementen unterschiedlich ausgeprägt sein. Die Prozessarchitektur ermöglicht die unternehmensspezifische Gestaltung der Verteilung und Koordination in Abhängigkeit des vorliegenden Netzwerktyps. Mit Hilfe einer Morphologie kann der vorliegende Netzwerktyp abgeleitet werden. Für die Netzwerktypen zeigt die Prozessarchitektur idealtypische Verteilungsmöglichkeiten auf, die für die Konkretisierung von Gestaltungsmaßnahmen als Basis dienen.

2.3.3 Typologie von Produktionsnetzwerken

Die im Aachener PPS-Modell verwendete Typologie von Produktionsnetzwerken basiert auf empirischen Forschungsarbeiten des Forschungsinstituts für Rationalisierung (FIR). Dabei wurden die Strukturen von Produktionsnetzwerken untersucht. Zielstellung der Forschungsarbeiten war die Entwicklung eines Rahmens zur systematischen Strukturierung und Beschreibung von Produktionsnetzwerken, die Bildung empirisch gestützter Typen von Produktionsnetzwerken und die Ableitung von Erklärungsmodellansätzen (vgl. Schiegg 2005).

Die Ableitung von Netzwerktypen erfolgt mit Hilfe eines morphologischen Merkmalsschemas (vgl. Abschn. 2.3.3.2). Im folgenden Abschnitt werden zunächst die verwendeten Begrifflichkeiten Produktionsverbund, -standort und -netzwerk voneinander abgegrenzt.

2.3.3.1 Produktionsverbund, Produktionsstandort und Produktionsnetzwerk

Der Begriff *Produktionsverbund* bezeichnet die Summe aller Produktionseinheiten, die am mehrstufigen und mehrteiligen Produktionsprozess eines bestimmten Produktes beteiligt sind (vgl. Abb. 2.3-1). Dieses Produkt ist die Bezugsgröße des Produktionsverbundes. Die kleinste betrachtete Pro-

84 2 Grundlagen der Produktionsplanung und -steuerung

duktionseinheit ist der *Produktionsstandort*. Der Produktionsprozess innerhalb eines Produktionsverbundes findet an einem oder mehreren räumlich verteilten Produktionsstandorten statt.

Der Begriff des *Produktionsnetzwerkes* charakterisiert die Summe bzw. Überlagerung mehrerer Produktionsverbünde (vgl. Abb. 2.3-2). Durch die Produktbezogenheit des Produktionsverbund-Begriffes kann ein Produktionsstandort also durchaus zwei verschiedenen Produktionsverbünden und gleichzeitig einem Produktionsnetzwerk angehören, in dem wiederum beide Verbünde zusammengefasst sind (Schiegg 2005)

2.3.3.2 Morphologie

Produktionsnetzwerke und -verbünde lassen sich hinsichtlich der in Abb. 2.3-3 dargestellten Merkmale durch Zuordnung zu den jeweiligen Merkmalsausprägungen charakterisieren. Die Merkmale der Klasse *Produkt* beschreiben dabei eher operative, produktionstechnische Aspekte, während die Merkmale, die die Klassen *Zusammenarbeit* und *Netzwerk- und Verbundstruktur* bilden, eher die strategische Anordnung und Konzeption des Gesamtnetzwerks bzw. -verbunds darstellen.

Eine eindeutige Zuordnung ist dabei nicht in allen Fällen möglich. Über alle Merkmale hinweg ergibt sich allerdings ein relativ prägnantes Profilband.

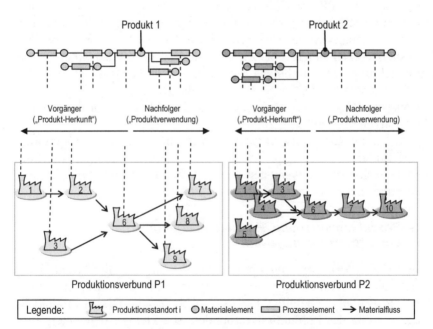

Abb. 2.3-1 Verteilte Produktion in Produktionsverbünden

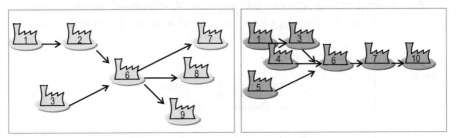
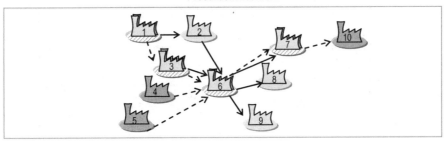

Abb. 2.3-2 Produktionsnetzwerke bestehen aus Produktionsverbünden

Produktstruktur

Das Merkmal *Produktstruktur* kennzeichnet den konstruktionsbedingten Aufbau des Produktes, das den Produktionsverbund konstituiert. Maßgebende Kriterien zur Ausdifferenzierung des Merkmals sind einerseits die Strukturtiefe (Anzahl der Strukturstufen, Differenzierung komplex/einfach) und andererseits die Strukturbreite (Anzahl der Stücklistenpositionen, Differenzierung geringteilig/mehrteilig). Mit Hilfe dieser beiden Kriterien erfolgt eine Aufteilung des Merkmals in die drei dargestellten Merkmalsausprägungen *mehrteilige Erzeugnisse mit komplexer Struktur*, *mehrteilige Erzeugnisse mit einfacher Struktur* und *geringteilige Erzeugnisse*.

Produktspezifität

Der Organisationsaufwand zur Herstellung eines Produktes hängt in hohem Maße von dessen Standardisierungsgrad ab. Ein entscheidendes Kriterium ist dabei der Einfluss des Kunden auf die Ausgestaltung des

Produktes. Geringe Produktstandardisierung sowie große Kundeneinflüsse erhöhen gleichermaßen die organisatorische Komplexität des Produktionsprozesses. Diesen Sachverhalt bildet das Merkmal *Produktspezifität* ab.

	Merkmal	Ausprägungen				
Produkt	Produktstruktur	mehrtlg. Erzeugnisse mit komplexer Struktur	mehrtlg. Erzeugnisse mit einfacher Struktur	geringtlg. Erzeugnisse		
	Produktspezifität	Erzeugnisse nach Kundenspezifikation	typisierte Erzeugnisse mit kundenspezifischen Varianten	Standarderzeugnisse mit Varianten	Standarderzeugnisse ohne Varianten	
	Kundenänderungseinflüsse	> 25%	5-25%	< 5%		
	Produktionskonzept	Engineer-to-Order	Make-to-Order	Assemble-to-Order	Make-to-Stock	Continous/ Batch Process
	Produktneuauflage	> 9 Jahre	3 - 9 Jahre	6 Monate – 3 Jahre	1 – 6 Monate	< 1 Monat
Zusammenarbeit	Dauer der Zusammenarbeit	einmalig auftragsbezogen	temporär wiederkehrend	saisonal	konstant	
	Stabilität der Zusammenarbeit	intensiv-vertraut	intensiv-formal	anfällig-formal		
	Koordinationsform	persönliche Weisung	Selbstabstimmung	Pläne	Programme	Marktmechanismen
Netzwerk-/ Verbundstruktur	Substituierbarkeit	flexibel mit niedrigen Wechselkosten	flexibel mit hohen Wechselkosten	eingeschränkt mit hohen Wechselkosten		
	Dominanz	beschaff.-seitig dominiert	absatzseitig dominiert	heterarchisch		

Abb. 2.3-3 Morphologisches Merkmalsschema für Produktionsnetzwerke

Bei der Produktion von *Produkten nach Kundenspezifikation* erfolgt die Festlegung der Produktzusammensetzung fast ausschließlich nach den Anforderungen des Kunden. Somit muss die Produktzusammensetzung für jeden Auftrag neu festgelegt werden. Eine Standardisierung von Produktkomponenten ist dementsprechend nicht oder nur kaum möglich.

Typisierte Produkte mit kundenspezifischen Varianten bauen auf einer konstanten Grundstruktur des Produktes bzw. Produkttyps auf, die bereits auf Standardkomponenten basiert. Den Kundenanforderungen wird Rechnung getragen, indem die Grundstruktur des Produktes variabel ergänzt bzw. angepasst wird, so dass die Endprodukte einen noch relativ starken kundenspezifischen Konstruktionsanteil aufweisen.

Den *Standardprodukten mit Varianten* liegt ein Variantenprogramm zugrunde, das der Hersteller mit einer endlichen Anzahl von Standardkomponenten realisiert. Der kundenspezifische Einfluss auf die Gestalt des Endproduktes beschränkt sich auf die Auswahl der Komponenten bzw. einer bestimmten Produktvariante.

Den maximalen Standardisierungsgrad haben *Standardprodukte ohne Varianten*. Dabei haben Kunden i. d. R. keinen Einfluss auf die Produktzusammensetzung. Deren Auswahl erfolgt herstellerseitig mit Hinblick auf die Marktbedürfnisse. Konstruktive Änderungen an den Produkten sind normalerweise entwicklungsbedingt.

Kundenänderungseinflüsse

Das Merkmal *Kundenänderungseinflüsse* erfasst nicht den kundenseitigen Einfluss auf die vor dem Produktionsprozess zu planende Produktgestaltung, sondern vielmehr solche Störeinflüsse, die durch verspätete Kundenwünsche während der Produktion eingehen und die Produktgestaltung im laufenden Prozess modifizieren.

Eine Differenzierung dieses Merkmals erfolgt anhand des durchschnittlichen Anteils der Aufträge, die nach Beginn der Produktion infolge von Kundenwünschen gestalterischen Änderungseinflüssen unterworfen sind.

Produktionskonzept

Mit dem *Produktionskonzept* (Supply Chain Council 2003) wird eigentlich ein ganzes Merkmalsbündel erfasst. Aus diesem Grund und weil sich nicht immer ein einheitliches Produktionskonzept für das gesamte Produktionsnetzwerk definieren lässt, ist die Zuordnung der Konzepte *Engineer-to-Order* (ETO), *Make-to-Order* (MTO), *Assemble-to-Order* (ATO), *Make-to-Stock* (MTS) und *Continuous/Batch-Process* (C/BP) nicht immer eindeutig. Die Art des Produktionskonzepts steht meist in engem Zusammenhang mit der Produktart.

Engineer-to-Order bedeutet, dass die Endmontage erst bei vorliegendem Kundenauftrag mit individueller Spezifikation erfolgt. Das heißt, der Kunde gibt die Produktspezifikation vor und Änderungswünsche können auch später noch berücksichtigt werden. Meistens werden nur geringe Stückzahlen oder sogar Einzelstücke produziert und es gibt oft auftragsbedingte Umrüstungen. Wegen des hohen Spezialisierungsgrades werden kaum oder keine Lagerbestände gehalten. Absatzprognosen können i. d. R. nicht erstellt werden. Es gibt meist keine feste Zuliefererstruktur und die Vertragslaufzeiten mit den Lieferanten sind überwiegend kurz. Eine für dieses Produktionskonzept typische Branche ist der Maschinen- und Anlagenbau.

Auch für das Konzept *Make-to-Order* gilt die auftragsspezifische Fertigung. Auf Prozessplanung und Entwicklung hat der Kunde allerdings i. d. R. keinen Einfluss. Rohmaterialien oder vormontierte Module werden nur gelagert, wenn ihre Lieferzeit länger als der folgende Produktionsschritt bzw. Montage dauert. Lagerbestände komplexer Erzeugnisse werden selten bevorratet. Es kommen bereits höhere Losgrößen vor, z. B. die Fertigung von Kleinserien. Bei geringerem Kundenänderungseinfluss spricht man von *Assemble-to-Order*. In diesem Fall werden (ausschließlich) Standardmodule und -teile kundenindividuell montiert. Dieses Produktionskonzept wird oft als Reaktion auf marktseitige Sonderwünsche/Service gewählt und stellt ein Übergangskonzept zwischen Make-to-Order und Make-to-Stock dar.

Das *Make-to-Stock* Konzept bezeichnet den klassischen Lagerfertiger. Hierbei erfolgt der Anstoß der Produktion über Bedarfsprognosen, und zwar i. d. R. auftragsanonym und bedarfsorientiert. Da die Produkte nach der Fertigung gelagert werden, kann eine Auslieferung direkt nach Eingang des Kundenauftrags erfolgen. Kundenänderungseinflüsse sind damit ausgeschlossen. Die Produkte werden meistens in Serien- und Massenproduktion gefertigt und können zum Beispiel nach Katalog bestellt werden. Es handelt sich um Standardprodukte, bestenfalls gibt es durch Rahmenverträge festgelegte kundenspezifische Produktvarianten.

Einen produktspezifischen Sonderfall stellt das Konzept *Continuous/Batch-Process* dar. Es kommt überwiegend in der Prozessindustrie (Petrochemie, Raffinerie, Chemie, Pharma) und Hybridfertigung (Stahl, Glas, Nahrungsmittel) vor. Die Fließfertigung ist gekennzeichnet durch die Notwendigkeit einer zeitlichen Abstimmung der Verrichtungen. Im Extremfall sind Eingriffe in den Produktionsprozess nicht möglich bzw. vorgesehen. Man spricht dann von „kontinuierlicher Fließfertigung" (z. B. bei der Produktion von Gasen oder Flüssigkeiten), bei der die Anlagen direkt gekoppelt sind. Zwischenlager entfallen bei der Fließfertigung.

Produktneuauflage

In Abhängigkeit der Anforderungen des Marktes werden Produkte in kürzeren oder längeren Zeiträumen neu aufgelegt. Diese Tatsache wird mit dem Merkmal *Produktneuauflage* bemessen. Die Gründe für eine Produktneuauflage können unterschiedlicher Natur sein. Eine eher anbieterseitig motivierte Neuauflage liegt etwa im Fall von Produktinnovationen vor, die beispielsweise durch wissenschaftlichen Fortschritt ermöglicht werden. Eine Produktneuauflage kann aber auch kundenseitig motiviert sein, z. B. in Fällen wo der Produzent sein Angebot an Phänomenen wie Mode oder Trends auszurichten versucht.

Unter einer Neuauflage wird dementsprechend die Produktion eines gegenüber der vorherigen Serie leicht modifizierten oder sehr ähnlichen Produktes verstanden. Eine untergeordnete Rolle spielt dabei, wie hoch der Aufwand (z. B. für Planung oder Umrüstung) und wie groß die Modifikation am Produkt ist. Der Zeitraum, nach dem ein Produkt neu aufgelegt wird, wird hier in fünf Intervallen von *geringer als ein Monat* bis *größer als neun Jahre* dargestellt.

Dauer der Zusammenarbeit

Kunden-Lieferanten-Beziehungen sind i. d. R. nicht fest institutionalisiert, sondern Vertrags- oder Vereinbarungssache. Basis solcher Vereinbarungen können Einzelaufträge, Rahmenaufträge, Joint Ventures etc. sein.

Das Merkmal *Dauer der Zusammenarbeit* bildet die Frequenz ab, mit der es zu Kooperationen kommt. Eine *einmalig auftragsbezogene* Zusammenarbeit liegt dann vor, wenn die Kunden-Lieferantenbeziehung lediglich auf einem Einzelauftrag basiert und zeitlich befristet ist. Eine Wiederholung der Zusammenarbeit kommt, wenn überhaupt, unregelmäßig vor und muss immer aufs Neue verhandelt werden. *Temporär wiederkehrende* Kooperationen sind ebenfalls einzelauftragsbasiert. Allerdings können durch die in gewisser Regelmäßigkeit vorkommende Zusammenarbeit bereits gewisse Auftragsdaten standardisiert sein und müssen nicht in jedem Fall neu definiert werden. *Saisonale* Zusammenarbeit kennzeichnet die regelmäßig wiederkehrende Kooperation, die u. U. jeweils einen gewissen Zeitraum dauert, aber danach abgeschlossen ist. Sie umfasst i. d. R. eine Folge von mehreren Aufträgen bzw. Rahmenaufträge. *Konstante* Zusammenarbeit liegt dann vor, wenn die Beziehung zwischen Kunden und Lieferanten auf unbestimmte Dauer angelegt ist und eine ständige, wenn auch nicht zwangsläufig regelmäßige, Vergabe von Aufträgen erfolgt. Die Auftragsabwicklung läuft dabei meist in standardisierten Prozessen ab.

Stabilität der Zusammenarbeit

Dauer und Frequenz von Kooperationen bzw. auftragsbasierten Kunden-Lieferanten-Beziehungen geben jedoch keine Auskunft darüber, wie intensiv und vertraut und damit wie stabil diese Beziehungen sind. Das Merkmal *Stabilität der Zusammenarbeit* beschreibt einerseits die Anfälligkeit der Beziehung, z. B. in Form von Fehler- oder Preissensivität. Bei einer intensiven Zusammenarbeit muss eine Preisänderung oder eine mangelhafte Auftragsabwicklung nicht zwangsläufig zur Beendigung der Kooperation führen.

Andererseits erfasst das Merkmal den Grad der Vertraulichkeit der Kunden-Lieferanten-Beziehung. Eine intensive ist nicht automatisch eine vertraute Zusammenarbeit, sondern kann sich z. B. auch rein aus Sachzwängen ergeben. Außerdem können häufiger Personalwechsel oder regelmäßige Umstrukturierungen innerhalb der Partnerunternehmen einer vertrauten Unternehmensbeziehung im Wege stehen.

Beide Merkmalskomponenten hängen in der Praxis häufig davon ab, wie lange die Beziehungen bereits bestehen und wie die persönlichen Verbindungen zwischen den Partnern sind.

Koordinationsform

Koordinationsbedarf besteht immer dann, wenn strukturelle oder Entscheidungsinterdependenz zwischen einzelnen Systemelementen, d. h. Organisationseinheiten oder Prozessen, vorliegt. In Produktionsverbünden gibt es daher naturgemäß einen hohen Koordinationsbedarf. Entscheidungsinterdependenzen liegen immer dann vor, wenn eine Entscheidung „direkt oder indirekt die Zielerreichung mindestens einer anderen Entscheidung beeinflusst" (Horváth 1994), und können also als ein Resultat der Arbeitsteilung begriffen werden. Eine Dezentralisierung der Entscheidungskompetenz sowie eine erhöhte Komplexität des Produktionsverbundes bzw. -netzwerkes sind in der Regel mit einem erhöhten Koordinationsbedarf verbunden (vgl. Frese 1993).

Im Merkmal *Koordinationsform* werden folgende typische Prägungen von Entscheidungsprozessen in Produktionsverbünden unterschieden (Kieser u. Kubicek 1992):

- Koordination durch persönliche Weisung (vorwiegend vertikal)
- Koordination durch Selbstabstimmung (vorwiegend horizontal)
- Koordination durch Pläne: periodisch bestimmte Vorgaben im Rahmen eines institutionalisierten Planungsprozesses
- Koordination durch Programme: Verfahrensrichtlinien als Ergebnis von Lernprozessen, nur zur Vorauskoordination

- Marktmechanismen

Als maßgebliches Kennzeichen dieser Mechanismen wird dabei die „Institutionalisierung von Koordinationsmedien" betrachtet. Bei den ersten beiden Fällen handelt es sich um unmittelbare persönliche Kommunikation. Koordination durch Programme oder Pläne ist dagegen eher als unpersönlich einzustufen und erfolgt ausschließlich als Vorauskoordination. Eine Nutzung als Feedbackinstrument ist nicht möglich.

Substituierbarkeit

Das Merkmal *Substituierbarkeit* bezieht sich auf die Lieferantenseite des Produktionsnetzwerkes. Es kennzeichnet, mit welchem finanziellen und logistischen Aufwand Lieferanten ersetzbar sind. Die Substituierbarkeit hängt u. a. eng zusammen mit der Spezifität der von den Lieferanten gelieferten Teile oder Module. Je größer die Zahl an möglichen Lieferanten, die die gewünschten bzw. benötigten Komponenten zur Verfügung stellen können, desto geringer fallen die Kosten bei einem Lieferantenwechsel aus. Darüber hinaus spielt die Intensität der Lieferantenbeziehung eine große Rolle. „Eingespielte" Verbindungen und Kommunikationswege sind bei einem Lieferantenwechsel nicht ohne weiteres bzw. erst nach einer gewissen Anlaufzeit wieder herzustellen.

Die Merkmalsausprägungen werden nach den Parametern Flexibilität und Höhe der Wechselkosten unterschieden. Die Flexibilität gibt Auskunft darüber, inwiefern überhaupt eine Substituierbarkeit gewährleistet ist. Die Höhe der Wechselkosten kennzeichnet den Aufwand, der mit einem Lieferantenwechsel verbunden ist.

Dominanz

Die *Dominanz* in Netzwerken ist u. a. von der Marktmacht der einzelnen Netzwerkpartner abhängig. Dabei spielt zum Beispiel die Anzahl der Konkurrenten eine Rolle. Von großem Einfluss sind aber auch persönliche Kontakte oder Markenstärke. Diese „weichen" Faktoren können nicht generell für Typen von Produktionsnetzwerken charakterisiert werden.

Grundsätzlich kommt eine eher *absatz- oder beschaffungsseitige* Dominanz des Netzwerks in Frage. Bei der Dominanz geht es etwa um die Gestaltung von Konditionen, Auswahl der Netzwerkpartner bzw. die Konfiguration des Netzwerks, die Wahl der Koordinationsform etc. Netzwerke, in denen keine Instanz eindeutig dominant ist, werden als *heterarchisch* bezeichnet.

2.3.4 Produktionsnetzwerktypen

Durch Zuordnung der Merkmalsausprägungen aus der oben beschriebenen Morphologie zu real existierenden Unternehmensnetzwerken lassen sich ähnliche Netzwerke zu Gruppen zusammenfassen. Auf diese Weise entsteht eine Typologie von Produktionsnetzwerktypen. Die hier vorgestellte Typenbildung ist, wie in Abschn. 2.3.3 empirisch gestützt (Schiegg 2005). Die Bezeichnungen der fünf identifizierten Typen sind begriffliche Verkürzungen, die die bestimmenden Eigenschaften des Typs hervorheben und von Eigenschaften anderer Typen bestmöglich abzugrenzen versuchen. Sie können nicht sämtliche Facetten eines Typs erfassen. Daher werden die einzelnen Typen in den folgenden Abschnitten hinsichtlich ihrer Merkmale erläutert.

2.3.4.1 Projektnetzwerk

Kennzeichnend für den Typ *Projektnetzwerk* ist die Produktion nach dem Engineer-to-Order Prinzip mit mehrteiligen Erzeugnissen komplexer Struktur (vgl. Abb. 2.3-4). Der Einfluss des Kunden auf die Konstruktion und Produktion ist vergleichsweise hoch. Entweder geben Kunden die Produktspezifikationen selbst vor (bzw. entwickeln sie zusammen mit dem Produzenten) oder sie wählen aus einem individuellen Variantenportfolio. Durch die hohen Entwicklungskosten ist eine häufige Neuauflage meist nicht sinnvoll.

Die Zusammenarbeit der Netzwerkpartner (i. d. R. kleine Unternehmen mit relativ kleiner Lieferanten- und Kundenbasis) ist temporär, aber durchaus längerfristig und auftragsbezogen. Durch die enge Kooperation bei der Konstruktion gibt es eine intensive Zusammenarbeit, die je nach Häufigkeit und Dauer sehr vertraut sein kann. Durch den hohen Abstimmungsbedarf, wird häufig die *persönliche Weisung* eingesetzt. Da häufig aber auch Ausschreibungsmechanismen zum Tragen kommen, bleibt es i. d. R. bei einer formalen Zusammenarbeit.

Diese Art der Zusammenarbeit macht einen Wechsel des Kooperationspartners kompliziert und kostspielig, da die Kommunikationskanäle erneut aufgebaut werden müssen. Da jeder Auftrag nach der Abwicklung vollständig erledigt ist, ist die Substituierbarkeit der Kooperationspartner technisch aber jederzeit möglich.

Die geographische Ausdehnung des Netzwerks ist (v. a. beschaffungsseitig) eher lokal oder regional begrenzt. Das hohe Maß an Eigenständigkeit der Unternehmen in Netzwerken des Typs *Projektnetzwerk* charakterisiert diese Netzwerke als polyzentrisch (heterarchisch). Unternehmen des

2.3 Prozessarchitektur

Typs *Produktionsnetzwerk* kommen vornehmlich aus den Branchen „Maschinenbau" und „sonstiger Fahrzeugbau".

	Merkmal	Ausprägungen				
Produkt	Produktstruktur	mehrtlg. Erzeugnisse mit komplexer Struktur	mehrtlg. Erzeugnisse mit einfacher Struktur	geringtlg. Erzeugnisse		
	Produktspezifität	Erzeugnisse nach Kundenspezifikation	typisierte Erzeugnisse mit kundenspezifischen Varianten	Standarderzeugnisse mit Varianten	Standarderzeugnisse ohne Varianten	
	Kundenänderungseinflüsse	> 25%	5-25%	< 5%		
	Produktionskonzept	Engineer-to-Order	Make-to-Order	Assemble-to-Order	Make-to-Stock	Continous/ Batch Process
	Produktneuauflage	> 9 Jahre	3 - 9 Jahre	6 Monate – 3 Jahre	1 – 6 Monate	< 1 Monat
Zusammenarbeit	Dauer der Zusammenarbeit	einmalig auftragsbezogen	temporär wiederkehrend	saisonal	konstant	
	Stabilität der Zusammenarbeit	intensivvertraut	intensivformal	anfälligformal		
	Koordinationsform	persönliche Weisung	Selbstabstimmung	Pläne	Programme	Marktmechanismen
Netzwerk-/ Verbundstruktur	Substituierbarkeit	flexibel mit niedrigen Wechselkosten	flexibel mit hohen Wechselkosten	eingeschränkt mit hohen Wechselkosten		
	Dominanz	beschaff.-seitig dominiert	absatzseitig dominiert	heterarchisch		
Legende:		▓ häufig/ vorwiegend		░ selten		

Abb. 2.3-4 Typ Produktionsnetzwerk

2.3.4.2 Hierarchisch-stabile Kette

Der Produktionsnetzwerktyp *Hierarchisch-stabile Kette* wird insbesondere dadurch bestimmt, dass die Beziehungen unter den Netzwerkpartnern besonders „eingespielt", stabil und langfristig angelegt sind, z. B. durch Fertigungs-, Logistik-, und Entwicklungspartnerschaften (vgl. Abb. 2.3-5). Die Zusammenarbeit kann daher auf der Grundlage von festen Plänen erfolgen, die bei Bedarf nach Absprache modifiziert werden. Die Kommunikationswege sind dabei kurz und vertraut. Durch die Eingespieltheit der partnerschaftlichen Beziehung ist nur eine geringe Substituierbarkeit gegeben. Ein Wechsel würde hohe Kosten verursachen.

Die Produkte dieses Netzwerktyps sind mehrteilig mit komplexer oder auch einfacher Struktur. Dabei werden meist kundenspezifische Varianten oder Standardvarianten eines determinierten Produkttyps produziert (Produktionskonzepte *Make-to-Order* oder *Assemble-to-Order* in Klein- oder Großserienfertigung). Bei kundenspezifischen Varianten werden Kundenänderungswünsche mitunter auch noch nach Anlauf der Produktion berücksichtigt. Meist erfolgt in regelmäßigen, mittelfristigen Abständen (sechs Monate bis drei Jahre) eine Neuauflage der Produktkonstruktion.

Vorherrschende Branchen sind die Automobil(-zulieferer)- und die Konsumgüterindustrie. Das Netzwerk wird oft als dominiert empfunden, wobei den absatzmarktnahen Netzwerkunternehmen die dominante Rolle zugesprochen wird.

2.3.4.3 Hybridfertigungs-Netzwerk

Produktionsnetzwerke vom Typ *Hybridfertigungs-Netzwerk* (vgl. Abb. 2.3-6) zeichnen sich im Wesentlichen durch Prozessfertigungs- und Lagerfertiger-Strukturen aus (*Continuous/Batch Process* bzw. *Make-to-Stock*). Die Erzeugnisse sind in der Regel geringteilige Standarderzeugnisse.

Kundenänderungseinflüsse sind deshalb unbedeutend. Es dominieren Erzeugnisse, die in verhältnismäßig großen Zeitabständen neu aufgelegt werden (3 Jahre bis 9 Jahre, >9 Jahre), d. h. das Produktionsnetzwerk ist eher „langsam drehend".

Die Beziehungen der Netzwerkpartner untereinander sind langfristig angelegt, weisen jedoch nicht eine eng verzahnte Zusammenarbeit wie bei anderen Typen auf. Auch wenn ein Lieferantenwechsel technisch jederzeit möglich und nicht mit hohen Wechselkosten verbunden ist, ist die Zusammenarbeit meistens konstant. Koordiniert wird i. d. R. über Produktionsprogramme.

Unternehmen dieses Netzwerkstyps gehören den Branchen Papier, chemische und pharmazeutische Industrie, aber auch Elektrotechnik und Metallerzeugung und -bearbeitung an. Bisweilen dominieren die beschaffungsseitigen (rohstoffmarktnahen) Unternehmen die Netzwerke.

	Merkmal	Ausprägungen				
Produkt	Produktstrutkur	mehrtlg. Erzeugnisse mit komplexer Struktur	mehrtlg. Erzeugnisse mit einfacher Struktur	geringtlg. Erzeugnisse		
	Produktspezifität	Erzeugnisse nach Kundenspezifikation	typisierte Erzeugnisse mit kundenspezifischen Varianten	Standarderzeugnisse mit Varianten	Standarderzeugnisse ohne Varianten	
	Kundenänderungseinflüsse	> 25%	5-25%	< 5%		
	Produktionskonzept	Engineer-to-Order	Make-to-Order	Assemble-to-Order	Make-to-Stock	Continous/ Batch Process
	Produktneuauflage	> 9 Jahre	3 - 9 Jahre	6 Monate – 3 Jahre	1 – 6 Monate	< 1 Monat
Zusammenarbeit	Dauer der Zusammenarbeit	einmalig auftragsbezogen	temporär wiederkehrend	saisonal	konstant	
	Stabilität der Zusammenarbeit	intensivvertraut	intensivformal	anfälligformal		
	Koordinationsform	persönliche Weisung	Selbstabstimmung	Pläne	Programme	Marktmechanismen
Netzwerk-/ Verbundstruktur	Substituierbarkeit	flexibel mit niedrigen Wechselkosten	flexibel mit hohen Wechselkosten	eingeschränkt mit hohen Wechselkosten		
	Dominanz	beschaff.-seitig dominiert	absatzseitig dominiert	heterarchisch		

Legende:	▓ häufig/ vorwiegend	░ selten

Abb. 2.3-5 Typ Hierarchisch-stabile Kette

2 Grundlagen der Produktionsplanung und -steuerung

	Merkmal	Ausprägungen				
Produkt	Produktstrutkur	mehrtlg. Erzeugnisse mit komplexer Struktur	mehrtlg. Erzeugnisse mit einfacher Struktur	geringtlg. Erzeugnisse		
	Produktspezifität	Erzeugnisse nach Kundenspezifikation	typisierte Erzeugnisse mit kundenspezifischen Varianten	Standarderzeugnisse mit Varianten	Standarderzeugnisse ohne Varianten	
	Kundenänderungseinflüsse	> 25%	5-25%	< 5%		
	Produktionskonzept	Engineer-to-Order	Make-to-Order	Assemble-to-Order	Make-to-Stock	Continous/ Batch Process
	Produktneuauflage	> 9 Jahre	3 - 9 Jahre	6 Monate – 3 Jahre	1 – 6 Monate	< 1 Monat
Zusammenarbeit	Dauer der Zusammenarbeit	einmalig auftragsbezogen	temporär wiederkehrend	saisonal	konstant	
	Stabilität der Zusammenarbeit	intensiv-vertraut	intensiv-formal	anfällig-formal		
	Koordinationsform	persönliche Weisung	Selbstabstimmung	Pläne	Programme	Marktmechanismen
Netzwerk-/ Verbundstruktur	Substituierbarkeit	flexibel mit niedrigen Wechselkosten	flexibel mit hohen Wechselkosten	eingeschränkt mit hohen Wechselkosten		
	Dominanz	beschaff.-seitig dominiert	absatzseitig dominiert	hetearchisch		

Legende: ▓ häufig/ vorwiegend ░ selten

Abb. 2.3-6 Typ Hybridfertigungs-Netzwerk

2.3.4.4 Entwicklungsgeprägtes Seriennetzwerk

Der Typ *Entwicklungsgeprägtes Seriennetzwerk* (vgl. Abb. 2.3-7) ist eine Variante des Typs *Hierarchisch-stabile Kette*. Im Gegensatz dazu sind die Erzeugnisse meist geringteiliger, werden aber kundenspezifischer konstruiert (größerer *Engineer-to-Order*-Anteil). Das bedeutet, dass der Kunde im Bereich der Produktentwicklung einen starken Einfluss nimmt, die Produktion aber seriell wie bei Standarderzeugnissen verläuft und in großen Serien aufgelegt wird. Eine derartige Form der Produktion ist beispielsweise im Textil- und Bekleidungsgewerbe auszumachen. Der *Engineer-to-Order*-Anteil wird in diesem Fall durch die Kollektionsentwicklung bestimmt.

Die Zusammenarbeit zwischen den Partnern ist normalerweise auf die Produktionsserie begrenzt, wiederholt sich aber meist in regelmäßigen Abständen. Sie ist vergleichsweise anfällig, da keine enge Bindung zwischen den Partnern besteht. Bei einem Lieferantenwechsel fallen i. d. R. keine hohen Wechselkosten an. Diese Tatsache spiegelt sich auch in der Polyzentrizität solcher Netzwerke wider, d. h. kein einzelnes Unternehmen dominiert den Produktionsverbund.

Solche Strukturen sind bei der Produktion von Möbeln, Schmuck, Musikinstrumenten oder Sportgeräten sowie in der Herstellung von Datenverarbeitungsgeräten, Büromaschinen und -einrichtungen anzutreffen.

2.3.4.5 Fremdbestimmtes Lieferanten-Netzwerk

Dieser Netzwerktyp ist wiederum eine Variante des Typs *Projektnetzwerk*. Die Produktion erfolgt dabei ebenso meist nach dem *Engineer-to-Order* Prinzip (z. T. auch *Make-to-Order*) (vgl. Abb. 2.3-8). Allerdings sind die Produkte i. d. R. deutlich weniger komplex und bestehen aus wenigen Teilen. Die Unternehmen selbst haben häufig weniger als 50 Mitarbeiter und die geographische Ausdehnung des Netzwerkes ist eher begrenzt.

Wird das Netzwerk von absatzseitigen Unternehmen (meist größeren Kunden) dominiert, haben diese großen Einfluss auf die Auftragsabwicklung fest. In diesem Fall greifen standardisierte Koordinationsformen. Ansonsten herrschen persönliche Koordinationsformen vor. Die Zusammenarbeit zwischen den Partnern ist meist auftragsbezogen. In unregelmäßigen Abständen wird aber gegebenenfalls erneut ein gemeinsames Projekt durchgeführt. Bezüglich des Lieferantenwechsels sind diese Netzwerke daher als äußerst flexibel einzustufen.

Unternehmen dieses Netzwerktyps finden sich vor allem in Branchen wie der Herstellung von Metallerzeugnissen und im Maschinen- und Anlagenbau wieder.

2 Grundlagen der Produktionsplanung und -steuerung

	Merkmal	Ausprägungen				
Produkt	Produktstrutkur	mehrtlg. Erzeugnisse mit komplexer Struktur	mehrtlg. Erzeugnisse mit einfacher Struktur	geringtlg. Erzeugnisse		
	Produktspezifität	Erzeugnisse nach Kundenspezifikation	typisierte Erzeugnisse mit kundenspezifischen Varianten	Standarderzeugnisse mit Varianten	Standarderzeugnisse ohne Varianten	
	Kundenänderungseinflüsse	> 25%	5-25%	< 5%		
	Produktionskonzept	Engineer-to-Order	Make-to-Order	Assemble-to-Order	Make-to-Stock	Continous/ Batch Process
	Produktneuauflage	> 9 Jahre	3 - 9 Jahre	6 Monate – 3 Jahre	1 – 6 Monate	< 1 Monat
Zusammenarbeit	Dauer der Zusammenarbeit	einmalig auftragsbezogen	temporär wiederkehrend	saisonal	konstant	
	Stabilität der Zusammenarbeit	intensivvertraut	intensivformal	anfälligformal		
	Koordinationsform	persönliche Weisung	Selbstabstimmung	Pläne	Programme	Marktmechanismen
Netzwerk-/ Verbundstruktur	Substituierbarkeit	flexibel mit niedrigen Wechselkosten	flexibel mit hohen Wechselkosten	eingeschränkt mit hohen Wechselkosten		
	Dominanz	beschaff.-seitig dominiert	absatzseitig dominiert	heterarchisch		

Legende: ▓ häufig/ vorwiegend ░ selten

Abb. 2.3-7 Typ Entwicklungsgeprägtes Seriennetzwerk

2.3 Prozessarchitektur

	Merkmal	Ausprägungen				
Produkt	Produktstrutkur	mehrtlg. Erzeugnisse mit komplexer Struktur	mehrtlg. Erzeugnisse mit einfacher Struktur	geringtlg. Erzeugnisse		
	Produktspezifität	Erzeugnisse nach Kundenspezifikation	typisierte Erzeugnisse mit kundenspezifischen Varianten	Standarderzeugnisse mit Varianten	Standarderzeugnisse ohne Varianten	
	Kundenänderungseinflüsse	> 25%	5-25%	< 5%		
	Produktionskonzept	Engineer-to-Order	Make-to-Order	Assemble-to-Order	Make-to-Stock	Continous/ Batch Process
	Produktneuauflage	> 9 Jahre	3 - 9 Jahre	6 Monate – 3 Jahre	1 – 6 Monate	< 1 Monat
Zusammenarbeit	Dauer der Zusammenarbeit	einmalig auftragsbezogen	temporär wiederkehrend	saisonal	konstant	
	Stabilität der Zusammenarbeit	intensivvertraut	intensivformal	anfälligformal		
	Koordinationsform	persönliche Weisung	Selbstabstimmung	Pläne	Programme	Marktmechanismen
Netzwerk-/ Verbundstruktur	Substituierbarkeit	flexibel mit niedrigen Wechselkosten	flexibel mit hohen Wechselkosten	eingeschränkt mit hohen Wechselkosten		
	Dominanz	beschaff.-seitig dominiert	absatzseitig dominiert	heterarchisch		

Legende: ▓ häufig/ vorwiegend ░ selten

Abb. 2.3-8 Typ Fremdbestimmtes Lieferanten-Netzwerk

2.3.5 Prozessmerkmale der Prozessarchitektur

Im Rahmen des Aachener PPS-Modells werden im Wesentlichen Planungs- und Steuerungsprozesse betrachtet. Für die Referenzsicht der Prozessarchitektur steht die Verteilung und Durchführung von Prozessen und Teilprozessen auf und durch die Netzwerkpartner im Vordergrund. Eine Verteilung lässt sich dabei durch unterschiedliche Merkmale und deren Ausprägungen abbilden. Zum einen ist es von Bedeutung, auf welcher Ebene der Netzwerkstruktur die Aufgaben wahrgenommen werden. Für diesen Aspekt steht das Merkmal *Netzwerkstruktur*. Zum andern ist relevant, ob es im Netzwerk nur eine zentrale Stelle als Planungsinstanz oder mehrere dezentral verteilte Planungsinstanzen gibt. Diese Aussage wird über das Merkmal *Planungsinstanz* getroffen.

Für die Durchführung der Prozesse und Teilprozesse auf der Netzwerkebene müssen die Betrachtungsobjekte feststehen. Die Netzwerkaufgaben haben, wie in Abschn. 2.2.2 beschrieben, einen unternehmensübergreifenden Charakter und weisen einen gröberen Detaillierungsgrad als die unternehmensinternen Aufgaben auf. Für die Gestaltung der Prozessarchitektur ist es daher von Bedeutung, welche Objekte Gegenstand der Planungs- und -steuerungsprozesse sind. Das Merkmal *Produktebene* verdeutlicht diese Unterscheidung.

Die Prozessarchitektur wird in Abhängigkeit des Netzwerktyps über die Struktur der definierten Prozessmerkmale (vgl. Abb. 2.3-9) dargestellt. Auf der Ebene der Unteraufgaben zeigt die typspezifische Architektur eine idealtypische Verteilung in Verbindung mit den relevanten Betrachtungsobjekten auf.

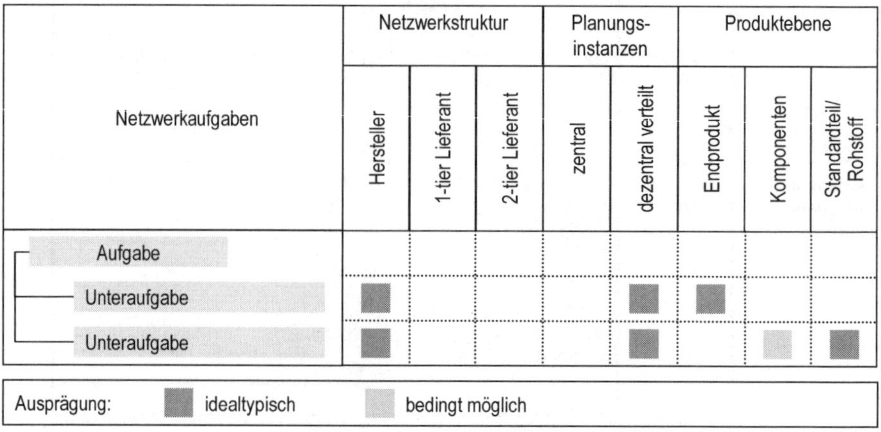

Netzwerkaufgaben	Netzwerkstruktur			Planungsinstanzen		Produktebene		
	Hersteller	1-tier Lieferant	2-tier Lieferant	zentral	dezentral verteilt	Endprodukt	Komponenten	Standardteil/Rohstoff
Aufgabe								
Unteraufgabe	■				■	■		
Unteraufgabe	■				■		▨	■

Ausprägung: ■ idealtypisch   ▨ bedingt möglich

Abb. 2.3-9 Prozessmerkmale der Prozessarchitektur

2.3 Prozessarchitektur

Das Merkmal *Netzwerkstruktur* weist dabei die Ausprägungen *Hersteller*, *1-tier Lieferant* und *2-tier Lieferant* auf. Die Merkmalsausprägungen sind abstrahiert und fassen jeweils Gruppen gleichartiger Netzwerkunternehmen zusammen. Zu den Netzwerkunternehmen auf der Herstellerebene zählen die Unternehmen, die innerhalb der Wertschöpfungskette nah an der Absatzseite agieren. Die Ebene 1-tier Lieferanten umfasst die Netzwerkunternehmen, deren Produkte bereits komplexe Module oder Komponenten sind, jedoch noch in einer weiteren Wertschöpfungsstufe in ein Endprodukt eingehen. Die 2-tier Lieferanten bezeichnen im Rahmen der Prozessarchitektur Unternehmen, die Produkte auf den nachfolgenden Stufen der Wertschöpfungskette herstellen. Unter diesen Produkten werden neben Standarderzeugnissen und -teilen auch Rohstoffe subsumiert.

Das Merkmal *Planungsinstanz* beschreibt, ob im Netzwerk nur eine Organisationseinheit *zentral* die Aktivitäten im Rahmen der Netzwerkaufgaben auslöst oder ob Aktivitäten *dezentral* durch mehrere Organisationseinheiten angestoßen werden können (Friedrich 2002). Unter Organisationseinheiten werden an dieser Stelle rechtlich selbstständige Unternehmen, aber auch einzelne Standorte innerhalb eines Unternehmens verstanden. Im Fall einer zentralen Planungsinstanz werden alle notwendigen Aktivitäten durch eine Organisationseinheit durchgeführt und die Einbindung weiterer Netzwerkpartner erfolgt von dieser Stelle aus. Bei dezentral verteilten Planungsinstanzen erfolgen Planungsprozesse an mehreren Stellen im Netzwerk. Eine Konsolidierung einzelner Planungsergebnisse kann bei Bedarf durch bestimmte Organisationseinheiten durchgeführt werden.

Das Merkmal Produktebene weist die Ausprägungen *Endprodukt*, *Komponente* und *Standardteil/Rohstoff* auf. Ähnlich der Abstufung der Ausprägungen des Merkmals *Netzwerkstruktur* sind unter den Begriffen jeweils Gruppen von Produkten zusammengefasst. *Endprodukte* bezeichnen mehrteilige Erzeugnisse mit komplexer Struktur, die nach Kundespezifikationen individuell oder in Form von Varianten erzeugt werden. *Komponenten* können ebenfalls mehrteilige, komplexe Produkte sein, die jedoch in einer höheren Wertschöpfungsstufe in ein Endprodukt eingehen. Unter der Ausprägung *Standardteil/Rohstoffe* werden geringteilige, standardisierte Erzeugnisse, aber auch einfache Stoffe und Materialien zusammengefasst (vgl. auch Luczak u. Eversheim 2001).

Die Ausprägungen werden bezogen auf die einzelnen Unteraufgaben als *idealtypisch* und *bedingt möglich* angegeben. Dabei unterliegt die Prozessarchitektur generell einem gewissen Unschärfegrad. Dieser ergibt sich aus der Typologisierung der Netzwerktypen und der Abstraktion der Ausprägungen der verwendeten Prozessmerkmale. Die Darstellung von verteilten Prozessen und Prozesselementen hat daher, wie in Abschn. 2.3.1. bereits angedeutet, einen schablonen-artigen Charakter und bezieht sich auf idealisierte Netzwerktypen. Der folgende Abschnitt beinhaltet eine detaillierte Beschreibung dieser Netzwerktypen.

2.3.6 Ableitung typspezifischer Prozessarchitekturen

Die beschriebenen Netzwerktypen fassen jeweils Gruppen real existierender Unternehmensnetzwerke zusammen. Es wird deutlich, dass die drei Haupttypen *Projektnetzwerk*, *Hierarchisch-stabile Kette* und *Hybridfertigungs-Netzwerk* unterschieden werden können. Die weiteren zwei Typen *Entwicklungsgeprägtes Seriennetzwerk* und *Fremdbestimmtes Lieferanten-Netzwerk* können als Varianten von Haupttypen aufgefasst werden. Für die Ableitung typspezifischer Prozessarchitekturen werden daher in diesem Abschnitt nur die drei Haupttypen behandelt.

2.3.6.1 *Prozessarchitektur Projektnetzwerk*

Das *Projektnetzwerk* ist charakterisiert durch das Engineer-to-Order-Prinzip, d. h. die kundenindividuelle Fertigung von komplexen, mehrteiligen Produkten (vgl. Abschn. 2.3.4.1). Die Zusammenarbeit der Netzwerkpartner ist temporär und auftragsbezogen.

Die Netzwerkkonfiguration erfolgt in diesem Netzwerktyp vorwiegend dezentral durch unterschiedliche Netzwerkpartner auf der Ebene der Hersteller von Endprodukten (vgl. Abb. 2.3-10). Eine strategische Produktprogrammplanung auf Ebene der Endprodukte führt dabei jeder Hersteller aufgrund der komplexen und kundenindividuellen Erzeugnisse sowie der hohen Fertigungstiefe dezentral durch. Das Ergebnis führt dabei indirekt zu einem netzwerkbezogenen Produktprogramm. In Produktionsverbünden, die nach dem Engineer-to-Order-Prinzip fertigen, sind aufgrund des hohen Spezialisierungsgrades kaum Absatzprognosen möglich. Außerdem weisen diese häufig keine feste Zulieferstruktur auf (vgl. Abschn. 2.3.3.2). Die Netzwerkauslegung kann also durch die Hersteller lediglich auf der Ebene von Standardteilen und teilweise auch auf der Ebene von Komponenten durchgeführt werden.

Die Netzwerkabsatzplanung mit den Unteraufgaben Absatzmengenermittlung und Absatzmengenkonsolidierung erfolgt im Typ Projektnetzwerk durch Unternehmen auf der Ebene 1-tier Lieferant. Diese Unternehmen liefern Komponenten und Standarderzeugnisse innerhalb des Projektnetzwerkes an mehrere Netzwerkpartner in unterschiedlichen Produktionsverbünden. Hier kann dezentral durch die entsprechenden Netzwerkunternehmen eine Absatzmengenermittlung auf Basis lokaler Absatzpläne der übergeordneten Netzwerkebene vorgenommen werden. Eine

Absatzmengenkonsolidierung können die Unternehmen auf der 1-tier Ebene bei Bedarf durchführen. Die Konsolidierung bezieht sich dabei vorwiegend auf Standarderzeugnisse, die in vielen Produktionsverbünden eingesetzt werden. Sie kann bei mehreren Planungsinstanzen innerhalb der Netzwerkstruktur stattfinden.

Die Netzwerkbedarfsplanung erfolgt ebenfalls auf der 1-tier Ebene. Die Betrachtungsobjekte sind wiederum Standarderzeugnisse und zum Teil Komponenten. Der Umfang der Aktivitäten im Bereich der Netzwerkkapazitätsplanung, -bedarfsallokation und -beschaffungsplanung hängt jedoch stark von der Netzwerkstrukturtiefe unterhalb der 1-tier-Ebene ab. Projektnetzwerke sind durch eine kleine und flach ausgeprägte Lieferantenstruktur charakterisiert. Insofern überschneidet sich hier ggf. die Netzwerkbedarfsplanung mit der lokalen unternehmensbezogenen Bedarfsplanung.

2.3.6.2 Prozessarchitektur Hierarchisch-stabile Kette

Der Netzwerktyp *Hierarchisch-stabile Kette* tritt in den Branchen Automobil(-zulieferer)- und Konsumgüterindustrie auf. Diese Netzwerke sind dominiert durch absatzmarktnahe Netzwerkunternehmen.

Netzwerkaufgaben	Netzwerkstruktur			Planungsinstanzen		Produktebene		
	Hersteller	1-tier Lieferant	2-tier Lieferant	zentral	dezentral verteilt	Endprodukt	Komponenten	Standardteil/Rohstoff
Netzwerkkonfiguration								
— Produktprogrammplanung	■					■		
— Netzwerkauslegung	■					■		■
Netzwerkabsatzplanung								
— Absatzmengenermittlung		■		■				■
— Absatzmengenkonsolidierung		■		■				
Netzwerkbedarfsplanung								
— Netzwerkkapazitätsplanung		■						■
— Netzwerkbedarfsallokation		■		■				
— Netzwerkbeschaffungsplanung		■		■				■

Ausprägung der Prozessarchitektur: ■ idealtypisch   ■ bedingt möglich

Abb. 2.3-10 Prozessarchitektur für den Typ *Projektnetzwerk*

104 2 Grundlagen der Produktionsplanung und -steuerung

Die Netzwerkkonfiguration erfolgt in der Regel zentral durch das dominante Unternehmen. Dieses Unternehmen legt die Produktprogrammstrategie auf Ebene der Enderzeugnisse fest. Die Netzwerkauslegung wird ebenfalls durch das dominante Unternehmen zentral vorgenommen. Dabei erfolgt die Auslegung der unternehmenseigenen Produktionsstandorte auf Basis der Endprodukte und auf der Ebene der 1-tier Lieferantenstruktur für die Betrachtungsobjekte Komponenten.

Die Netzwerkabsatzplanung besteht für diesen Netzwerktyp vorrangig aus der Absatzmengenermittlung auf Basis der Endprodukte und wichtiger Komponenten. Eine Absatzmengenkonsolidierung ist hier durch den zentralen Ansatz nicht notwendig (vgl. Abschn. 2.4.3.2).

Die Netzwerkbedarfsplanung erfolgt für diesen Netzwerktyp vorwiegend zentral auf der Ebene der Hersteller. Die regionale Verteilung der Absatzmengen sowie die entsprechenden Zeitfenster sind relevante Eingangsgrößen zur Netzwerkkapazitätsplanung. Dabei wird der Netzwerkabsatzplan mit den im Netzwerk vorhandenen Kapazitäten, Ressourcen und Beständen abgeglichen und auf Realisierbarkeit geprüft. Durch die zentrale Netzwerkbedarfsallokation wird auf Basis logistischer Kenngrößen bestimmt, auf welche Produktionsstandorte die Absatzmengen der Erzeugnisse und Komponenten verteilt werden.

Netzwerkaufgaben	Netzwerkstruktur			Planungsinstanzen		Produktebene		
	Hersteller	1-tier Lieferant	2-tier Lieferant	zentral	dezentral verteilt	Endprodukt	Komponenten	Standardteil/ Rohstoff
Netzwerkkonfiguration								
— Produktprogrammplanung	■			■		■		
— Netzwerkauslegung	■			■		■	■	
Netzwerkabsatzplanung								
— Absatzmengenermittlung	■			■		■	■	
— Absatzmengenkonsolidierung								
Netzwerkbedarfsplanung								
— Netzwerkkapazitätsplanung	■			■		■	■	
— Netzwerkbedarfsallokation	■			■		■	■	
— Netzwerkbeschaffungsplanung		■		■			■	■
Ausprägung der Prozessarchitektur:	■ idealtypisch					▒ bedingt möglich		

Abb. 2.3-11 Prozessarchitektur für den Typ *Hierarchisch-stabile Kette*

Die Netzwerkbeschaffungsplanung erfolgt dann vorwiegend dezentral auf der Ebene der 1-tier Lieferanten für die Komponenten und Standarderzeugnisse.

2.3.6.3 *Prozessarchitektur Hybridfertigungs-Netzwerk*

Das Hybridfertigungs-Netzwerk beschreibt Netzwerktypen, die im Wesentlichen durch Prozessfertigungs- und Lagerfertigungsstrukturen gekennzeichnet sind. Es werden geringteilige Standarderzeugnisse gefertigt, deren Neuauflage nur in größeren Abständen erfolgt. Dominanz von Unternehmen innerhalb dieses Netzwerktyps ist eher auf unteren Wertschöpfungsstufen, d. h. auf der Beschaffungsseite, zu sehen.

Die Netzwerkkonfiguration erfolgt auf der Ebene der 1-tier Lieferanten. Diese legen auf der Ebene der Komponenten das Produktprogramm fest und bestimmen dafür auf der Ebene der Standarderzeugnisse die Netzwerkauslegung, d. h. eine Auswahl der Netzwerkpartner wird getroffen. Diese Festlegung hat dabei eher einen langfristigen Charakter.

Die Netzwerkabsatzplanung findet dezentral an mehreren Stellen innerhalb des Netzwerkes statt. Für den Fall, dass im Netzwerk ein Standarderzeugnis nur durch einen Partner gefertigt wird, erfolgt die Absatzmengenermittlung und -konsolidierung zentral durch dieses Unternehmen.

Die Netzwerkbedarfsplanung ist eher dezentral ausgelegt. In Abhängigkeit der Netzwerkstrukturtiefe auf der Ebene 2-tier Lieferanten findet eine Netzwerkkapazitätsplanung, -bedarfsallokation und -beschaffungsplanung statt. Bei flachen Strukturen überschneidet sich die Netzwerkbedarfsplanung mit der lokalen unternehmensinternen Bedarfsplanung.

Die abgebildeten Architekturen beziehen sich auf die Eigenschaften von idealtypischen Netzwerktypen, die in den Abschn. 2.3.3 und 2.3.4 hergeleitet und beschrieben worden sind. Die Referenzsicht *Prozessarchitektur* soll eine Hilfestellung zur Ableitung von Gestaltungsmaßnahmen für die überbetriebliche PPS geben. Sie beschreibt die Zusammenhänge zwischen Netzwerkstrukturen und möglicher Prozessverteilung innerhalb dieser Strukturen.

Für die überbetriebliche Zusammenarbeit von Unternehmen in Wertschöpfungsketten gibt es darüber hinaus eine Vielzahl weiterer Gestaltungsansätze und -methoden. Unter dem Begriff Supply Chain Management finden sich zahlreiche Veröffentlichungen zu diesem Thema. Die Prozessarchitektur im Aachener PPS-Modell stellt die Verbindung zwischen der Aufgabensicht und der Prozesssicht her. Über eine Typologisierung von Produktionsnetzwerken werden mögliche Verteilungen von Prozessen und Prozesselementen dargestellt.

2 Grundlagen der Produktionsplanung und -steuerung

Netzwerkaufgaben	Netzwerkstruktur			Planungs-instanzen		Produktebene		
	Hersteller	1Tier Lieferant	2Tier Lieferant	zentral	dezentral verteilt	Endprodukt	Komponenten	Standardteil/Rohstoff
Netzwerkkonfiguration								
— Produktprogrammplanung	■				■		■	
— Netzwerkauslegung	■				■			■
Netzwerkabsatzplanung								
— Absatzmengenermittlung		■		■	■			■
— Absatzmengenkonsolidierung		■		■	■			
Netzwerkbedarfsplanung								
— Netzwerkkapazitätsplanung		■		■				■
— Netzwerkbedarfsallokation		■		■				
— Netzwerkbeschaffungsplanung		■		■				■

Ausprägung der Prozessarchitektur: ■ idealtypisch bedingt möglich

Abb. 2.3-12 Prozessarchitektur für den Typ *Hybridfertigungs-Netzwerk*

2.3.7 Literatur

Corsten H, Gössinger R (2000) Produktionsplanung und -steuerung in virtuellen Produktionsnetzwerken. In: Kaluza B, Blecker Th (Hrsg) Produktions- und Logistikmanagement in Virtuellen Unternehmen und Unternehmensnetzwerken. Springer, Berlin Heidelberg New York, S 249-294

Eversheim W, Schuh G (2005) Integrierte Produkt- und Prozessgestaltung. Springer, Berlin

Fleisch E (2001) Das Netzwerkunternehmen. Springer, Berlin Heidelberg

Frese E (1993) Grundlagen der Organisation, 5. vollst. überarbeitete Aufl. Gabler, Wiesbaden

Friedrich M (2002) Von der Produktionsplanung und -steuerung zum Management von Supply Chains - Gestaltungsfelder und Ansatzpunkte zur Weiterentwicklung des Aachener PPS-Modells. Doktorvortrag, 25. April 2002.

Horváth P (1994) Controlling, 5. überarbeitete Aufl. Vahlen

Killich S, Luczak H (2003) Unternehmenskooperation für kleine und mittelständische Unternehmen. Springer, Heidelberg

Luczak H, Eversheim W (Hg.) (2001) Produktionsplanung und -steuerung., 2. korr. Aufl. 1999. Nachdruck 2001. Springer, Berlin Heidelberg

Meier H, Golembiewski M, Zoller Ch (2004) Systematik für Produktionsnetzwerke im Supply Chain Management. ZWF 99(2004)3:86-89.

Niemann J, Stierle T, Westkämper E (2004) Kooperative Fertigungsstrukturen im Umfeld des Maschinenbaus. wt Werkstattstechnik online 94(2004)10:537-543

Schiegg Ph (2005) Typologie und Erklärungsansätze für Strukturen der Planung und Steuerung in Produktionsnetzwerken. Dissertation RWTH Aachen. Shaker Verlag, Aachen

Schönsleben P (2004) Integrales Logistikmanagement. Planung und Steuerung der umfassenden Supply Chain, 4. Aufl. Springer, Berlin

Schuh G (2003) Gestaltung von Unternehmenskooperationen – Die virtuelle Fabrik revisited. GfA Konferenz, Aachen, 01.10. 2003.

Schuh G, Wegehaupt P (2004) Kooperation in Produktentwicklung und Fertigung – Zehn Jahre Erfahrungen mit der Virtuellen Fabrik. In: Baumgarten H, Wiendahl H P, Zentes J (Hrsg) Logistik Management. Berlin, S 1-17

Schuh G, Friedli Th, Kurr M A (2005) Kooperationsmanagement – Systematische Vorbereitung, Gezielter Auf- und Ausbau, Entscheidende Erfolgsfaktoren. München Wien

Supply Chain Council (2003) Supply-Chain Operations Reference-model - Overview of SCOR Version 6.0. Pittsburgh, PA. http://www.supply-chain.org.

Wildemann H (2001) Wandlungsfähige Netzwerkstrukturen als moderne Organisationsform. Industrie Management 17(2001)5:53-57

2.4 Prozesse

von Günther Schuh und Carsten Schmidt

2.4.1 Überblick

Im betriebsorganisatorischen Kontext wurde der Prozessbegriff insbesondere im Zuge der Neuorientierung von der funktions- zur prozessorientierten Organisationsgestaltung geprägt (Becker u. Kahn 2002; Gaitanides et al. 1994; Fromm 1992; Milberg u. Koepfer 1992). Während eine funktionsorientierte Unternehmensgestaltung gleichartige Verrichtungen in spezialisierten Funktionsbereichen zusammenfasst und dementsprechend die Aufbauorganisation eines Unternehmens gliedert, rückt die prozessorientierte Organisationsgestaltung zunächst das effiziente Zusammenspiel der innerbetrieblichen Aufgaben in den Vordergrund (Schulte-Zurhausen 2005; Gaitanides et al. 1994; Gaitanides 1983). Gleichzeitig nimmt die unternehmensübergreifende Kooperation bzw. Vernetzung im Rahmen komplexer Leistungserstellungsprozesse kontinuierlich zu (Killich u. Luczak 2003; Corsten u. Gössinger 2001, Sydow 2001; Schuh et al. 2000), so dass zusätzlich eine detailliertere Betrachtung der überbetrieblichen Auftragsabwicklungsprozesse notwendig wird. Dabei bildet die Wahrung von unternehmensinternen Kernkompetenzen eine weitere Schlüsselanforderung an die prozessorientierte Organisationsgestaltung. Für Produktionsunternehmen gewinnt somit die Identifikation und optimale Gestaltung der inner- und überbetrieblichen Auftragsabwicklungsprozesse stetig an Bedeutung (Eversheim u. Schuh 2005; Killich u. Luczak 2003; Reichwald u. Picot 2003).

Für die effiziente Gestaltung des Leistungserstellungsprozesses im Unternehmen bildet die Verwendung eines geeigneten Referenzmodells den Grundstein, um in möglichst kurzer Zeit und ohne großen Aufwand ein repräsentatives Abbild der konkreten Ablauforganisation zu generieren. Als geeignetes Referenzmodell hat sich in diesem Anwendungszusammenhang das Aachener PPS-Modell bewährt (Schotten 2001; Heiderich u. Schotten 2001). Dem als Prozesssicht bezeichneten Teil des Aachener Referenzmodells widmen sich die folgenden Abschnitte des Kapitels im Besonderen.

In diesem Prozessmodell werden die Aufgaben der Produktionsplanung und -steuerung (vgl. Abschn. 2.2) zu Prozessen angeordnet. Elementare Bestandteile dieser Aufgaben sind inhaltlich miteinander verknüpfte Arbeitsschritte, die zur Erstellung einer Leistung sukzessive oder parallel durchzuführen sind. Dabei werden die Prozessobjekte als Eingangsgrößen (Input, z. B. Informationen oder materielle Güter) entsprechend einer definierten Vorschrift durch die Prozesssubjekte (z. B. Sachmittel oder menschliche Akteure) derart transformiert, dass das gewünschte Prozessergebnis (Output) erreicht wird (Schulte-Zurhausen 2005; Becker u. Kahn 2002). Die jeweiligen Anfangs- und Endpunkte einer Prozessaufgabe definieren die Durchlaufzeit des Prozesses und bilden gleichzeitig die Schnittstellen entweder zu den vor- und nachgelagerten Prozessen bzw. Aktivitäten oder zu unternehmensexternen Lieferanten und Kunden (Schulte-Zurhausen 2005; Siebiera 1996).

Die Prozesssicht des Aachener PPS-Modells unterscheidet in enger Analogie zur Aufgabensicht die Gestaltungsbereiche der unternehmensübergreifenden Netzwerk- bzw. Querschnittsaufgaben und der unternehmensinternen Kern- bzw. Querschnittsaufgaben. Dabei verweist das Prozessmodell im Bereich der Netzwerkaufgaben im Sinne einer verallgemeinerten Prozessdarstellung auf die Netzwerktypen der Prozessarchitektursicht (vgl. Abschn. 2.3) und berücksichtigt insbesondere die folgenden Ansätze:

- zentrale Planung
- dezentrale Koordination.

Im Bereich der unternehmensinternen Aufgaben der PPS differenziert die Prozesssicht in bewährter Tradition vier idealtypische Auftragsabwicklungsstrukturen für den

- Auftragsfertiger,
- Rahmenauftragsfertiger,
- Variantenfertiger und
- Lagerfertiger.

Während das Aufgabenmodell unabhängig von einem zentralen bzw. dezentralen Planungsansatz oder der Art der Auftragsabwicklung strukturiert ist, bilden die Prozessmodelle eine typenspezifische Ablauforganisation der Produktionsplanung und -steuerung mit dem Blickwinkel auf das betrachtete Einzelunternehmen ab.

Damit bringt die Prozessreferenzsicht die im Aufgabenmodell (vgl. Abschn. 2.2) inhaltlich abgegrenzten Aufgaben in eine zeitlich-logische Reihenfolge und ordnet die zur Aufgabenerfüllung notwendigen Informationsflüsse zu. Die Aufgaben der Produktionsplanung und -steuerung erhalten eine Bedeutung, die von dem durch das Prozessmodell erzeugten Ordnungszusammenhang abhängt. Es entsteht eine Orientierung an den Prozessen, mit deren Hilfe die zunächst prozessneutralen Aufgaben aus unterschiedlicher Sicht beschrieben und ihre organisatorische Bedeutung aus der unternehmensspezifischen Einordnung in einen vom Netzwerk- oder Auftragsabwicklungstyp abhängigen Prozess abgeleitet werden kann.

Ziel der Verwendung dieses Prozessreferenzmodells ist es also, durch eine einfache Zuordnung der realen Gegebenheiten im Unternehmen nach kurzer Zeit ein aussagefähiges und in sich stimmiges Prozessmodell für ein konkretes Produktionsunternehmen zu erhalten. Grundsätzlich besitzt ein derartiges Referenzmodell den Charakter einer allgemeingültigen Vorlage, die als Ausgangsbasis für die Ableitung spezifischer Modelle dienen bzw. durch Erweiterung oder Detaillierung verhältnismäßig einfach auf ausgewählte Anwendungsgebiete übertragen und konkretisiert werden kann (Wenzel u. Klinger 2000; Schütte 1998).

Die nachfolgende Beschreibung der unternehmensübergreifenden und unternehmensinternen Prozesse erfolgt aus dem Blickwinkel eines Einzelunternehmens. Im unternehmensübergreifenden Fall beplant oder koordiniert dieses Unternehmen ein entsprechendes Netzwerk, im unternehmensinternen Fall ist die Ablauforganisation des Unternehmens selbst Gegenstand der Betrachtung. Nach der grundsätzlichen Definition von Struktur und Darstellungsform der Prozessmodelle werden zunächst die übergreifenden Netzwerkaufgaben modelliert und beschrieben. Anschließend wird auf die Grundlagen zur Beschreibung der Auftragsabwicklungstypen eingegangen und darauf aufbauend werden die typenbezogenen Referenzprozesse der unternehmensinternen Auftragsabwicklung dargestellt.

2.4.2 Struktur und Darstellungsform der Prozessmodelle

In der Prozesssicht des Aachener Referenzmodells werden die Aufgaben der Produktionsplanung und -steuerung in eine zeitbezogene Ordnung gebracht und im Sinne einer Referenz beschrieben. Der so entstandene Prozesszusammenhang erzeugt eine besondere Sicht auf die einzelnen Aufgaben und führt zu einer genaueren Darstellung des Aufgabeninhalts. So weisen die Prozessmodelle verglichen mit dem Aufgabenmodell einen meist höheren Detaillierungsgrad auf. Im Einzelnen bedeutet dies, dass einerseits bestimmte Aufgaben des Aufgabenmodells in der Prozessdarstellung detailliert und andererseits neue, gegebenenfalls typenspezifische Aufgaben zusätzlich modelliert werden.

Das Aachener PPS-Modell folgt mit seinen drei Planungsebenen – der strategischen Grobplanung, einer mittelfristig ausgerichteten, taktischen Planung und der operativen Feinplanung – dem Sukzessivplanungsansatz. Dabei erfolgt die Planung der Ressourcen (Material, Betriebsmittel, Personal) in Richtung der untersten Planungsebene mit abnehmendem Planungshorizont zunehmend detailliert (Luczak u. Eversheim 2001; Much u. Nicolai 1995). Die Planungsergebnisse einer Ebene sind gleichzeitig Vorgabe für die nächstfolgende Ebene. Ist hier die Durchsetzung eines Plans nicht möglich, so erfolgt mit Hilfe einer regelkreisähnlichen Abstimmung die Rückführung von Informationen an die vorgelagerte Planungsebene. Diese drei Planungsebenen sind aber nicht zwangsläufig in jedem Unternehmen vorhanden bzw. erforderlich, da abhängig vom Planungsumfang häufig auf die Grob- oder mittelfristige Planung verzichtet werden kann. In kleineren Betrieben kann in der Regel auf die mittelfristige Planung verzichtet werden – die Aufgaben sind dann entsprechend auf die Grob- und Feinplanung verteilt.

Diese Heterogenität der Auftragsabwicklung in Produktionsunternehmen lässt kein umfassendes Prozessmodell zu, welches für sämtliche Unternehmen Gültigkeit besitzt. Ein derartiges Modell wäre aufgrund der Vielzahl zu berücksichtigender Fallunterscheidungen extrem komplex und unübersichtlich. Im hier vorgestellten Prozessreferenzmodell werden daher die Prozesse der Auftragsabwicklung für sechs strukturell unterschiedliche Rahmenbedingungen dargestellt. So berücksichtigt das Prozessmodell im Bereich der Netzwerkaufgaben sowohl einen zentralen Planungs- als auch einen dezentralen Koordinationsansatz und differenziert im Bereich der unternehmensinternen Kern- und Querschnittsaufgaben die Prozessdarstellung anhand der zuvor genannten vier Auftragsabwicklungstypen.

Mit Hilfe dieser verschiedenen Prozessmodelle sollen bewusst nicht alle, sondern bestimmte Formen der inner- und überbetrieblichen Auftragsabwicklung diskutiert werden. Für Produktionsunternehmen, die in diversen Netzwerken unterschiedlichen Typs agieren oder verschiedene Auftragsabwicklungstypen in sich vereinigen, können auch mehrere Teilmodelle relevant sein.

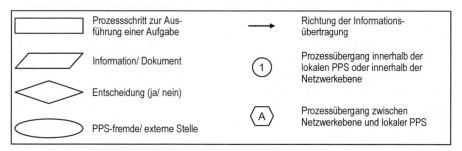

Abb. 2.4-1 Symbolik der Modellierungselemente im Referenzmodell

Im Hinblick auf eine übersichtliche und strukturierte Darstellung werden die Prozesse der Produktionsplanung und -steuerung in Subprozesse gegliedert, die sich aus den Netzwerk-, Kern- und Querschnittsaufgaben des Aufgabenmodells ergeben. Die Darstellung der Prozesse erfolgt in Anlehnung an die Modellierungsmethode nach DIN 66001 (DIN 1983), welche die in Abb. 2.4-1 dargestellte Symbolik verwendet.

2.4.3 Unternehmensübergreifende Netzwerkprozesse

Für die Auftragsabwicklung in inter- und intraorganisationalen Produktionsnetzwerken mit verteilten lokalen Unternehmenseinheiten ist eine unternehmens- bzw. standortübergreifende Gestaltungsebene als Grundlage der strategischen Planung erforderlich (vgl. Abschn. 2.2). Diese Gestaltungsebene ist durch die Netzwerkaufgaben der Aufgabensicht beschrieben und berücksichtigt sowohl einen zentralen Planungs- als auch einen dezentralen Koordinationsansatz. Aufgrund ihres übergreifenden Charakters besitzen die entsprechenden Netzwerk- und Querschnittsaufgaben Anknüpfungspunkte zu verschiedenen Kernaufgaben der lokalen Planungsebene.

Im Folgenden werden die im Aufgabenmodell inhaltlich definierten Netzwerkaufgaben der Netzwerkkonfiguration, der Netzwerkabsatz- und der Netzwerkbedarfsplanung zusammen mit den relevanten Querschnittsaufgaben des Auftrags- und Bestandsmanagements in ihrer zeitlich-logischen Abfolge modelliert und beschrieben.

2.4.3.1 *Netzwerkkonfiguration*

Ziel der Netzwerkkonfiguration ist die Gestaltung eines inter- und intraorganisationalen Partnernetzwerks, welches der strategischen Positionierung des betrachteten Einzelunternehmens gerecht wird.

Im Rahmen der Netzwerkkonfiguration ist demnach zunächst eine Produktprogrammplanung als Grundlage für die eigentliche Netzwerkauslegung durchzuführen. Dabei muss das gesamte Netzwerk nicht zwingend durch eine zentrale Instanz gestaltet werden. Das Netzwerk kann sich ebenso durch individuelle Kooperationen zwischen verschiedenen Einzelunternehmen konfigurieren. Die Prozessdarstellung der Netzwerkkonfiguration (vgl. Abb. 2.4-2 und Abb. 2.4-3) soll daher für beide Fälle als Orientierungsrahmen dienen.

Mit Hilfe von Marktbeobachtungen z. B. im Hinblick auf neue Technologien oder konkrete Anforderungen des Kundenkreises wird die Entwicklung der Nachfrage im betrachteten Produktbereich abgeschätzt. Diese meist technologieorientierte Nachfrageentwicklung bildet die Eingangsinformation für die strategische Produktprogrammplanung (Schuh 1996).

Vor dem Hintergrund der Produktprogrammstrategie werden anschließend die geeigneten Beschaffungs- und Distributionskanäle unter wettbewerbsstrategischen Gesichtspunkten analysiert und bestimmt (Steffenhagen 2004).

Ergebnis der Produktprogrammplanung (vgl. Abb. 2.4-2) ist das netzwerkbezogene Produktprogramm. Mit diesem Produktprogramm sind demnach die abzusetzenden Produkte nach Technologievariante, Art und Qualität spezifiziert und gleichzeitig den grundsätzlichen Beschaffungs- und Absatzkanälen zugeordnet.

Auf Basis des derart fixierten Netzwerkproduktprogramms erfolgt im Rahmen der Netzwerkauslegung (vgl. Abb. 2.4-3) die übergeordnete Festlegung, welche der zur Erfüllung des Produktprogramms erforderlichen Güter oder Dienstleistungen im Netzwerk selbst erbracht oder netzwerkextern beschafft werden.

Diese Make-or-Buy-Entscheidung hat dabei einen direkten Einfluss auf die Wertschöpfungstiefe im Netzwerk und damit auch auf die Aufgabe der lokalen Beschaffungsartzuordnung im unternehmensinternen Kontext. Für die im Netzwerk zu erbringenden Leistungen können daraus Anforderungsprofile abgeleitet und deren Überdeckung mit den (ggf. verhandelten) Leistungsprofilen potenzieller Kooperationspartner bewertet werden.

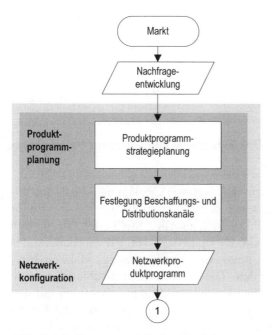

Abb. 2.4-2 Prozessmodell der Produktprogrammplanung im Rahmen der Netzwerkkonfiguration

114 2 Grundlagen der Produktionsplanung und -steuerung

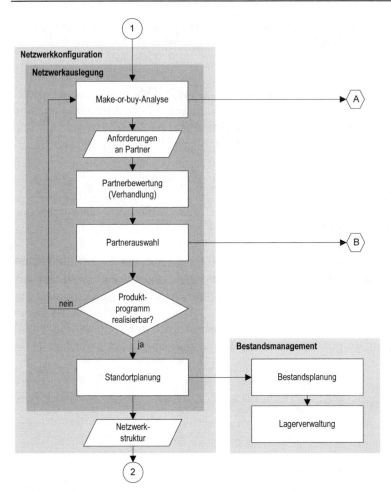

Abb. 2.4-3 Prozessmodell der Netzwerkauslegung im Rahmen der Netzwerkkonfiguration

Eine zentrale Rolle im Rahmen der Netzwerkauslegung spielt die anschließende Auswahl der konkreten Netzwerkpartner anhand der zuvor bewerteten Anforderungs- und Leistungsprofile. Stellt sich zu diesem Zeitpunkt heraus, dass wesentliche Kompetenzen zur Verwirklichung des Produktprogramms fehlen, so muss die übergeordnete Make-or-Buy-Analyse erneut angestoßen werden. Diese Abstimmungsschleife wird so lange durchlaufen, bis das geplante Produktprogramm zusammen mit den ausgewählten Netzwerkpartnern grundsätzlich realisierbar ist. Die Ergebnisse der Partnerbewertung und -auswahl werden zudem in der lokalen Fremdbezugsplanung und -steuerung aufgegriffen und im Sinne einer auftragsbezogenen Lieferantenauswahl konkretisiert.

Alle bisherigen Informationen zur Gestaltung der Netzwerkstruktur laufen in der Standortplanung zusammen. Im Rahmen der Standortplanung werden Entscheidungen über die Auswahl neuer oder die Veränderung bereits bestehender Produktions-, Lager- und Distributionsstandorte getroffen (Gehr et al. 2003). Daraus abgeleitete Maßnahmen können beispielsweise die geographische Auswahl neuer Produktionsstandorte oder eine zentrale bzw. dezentrale Verteilung der Lagerstandorte sein. Da es sich bei derartigen Maßnahmen grundsätzlich um langfristige Investitionsentscheidungen handelt, sind für die Standortplanung keinerlei Rückkopplungsschleifen für eine etwaige Abstimmung mit nachfolgenden Planungsebenen vorgesehen.

Die im Rahmen der Standortplanung definierte Lagerstruktur wird zusätzlich an die unternehmensübergreifende Bestandsplanung übergeben. Hier gilt es, für das gesamte Netzwerk geeignete Dispositionsstrategien und Dispositionsparameter festzulegen. Auf dieser Grundlage können dann innerhalb der Lagerwaltung anforderungsgerechte Strategien zur überbetrieblichen Nachschubsteuerung – wie beispielsweise ein Konsignationslagerkonzept oder VMI – definiert werden.

Ergebnis der Netzwerkkonfiguration ist damit zusammenfassend eine Beschreibung der physischen Netzwerkstruktur, die alle zur Verwirklichung des geplanten Produktprogramms erforderlichen Produktions-, Lager- und Distributionsstandorte beinhaltet.

2.4.3.2 Netzwerkabsatzplanung

Während die Netzwerkkonfiguration vorgibt, welche Partner grundsätzlich an welchen Leistungsprozessen beteiligt sind, werden im Rahmen der Netzwerkabsatzplanung die Mengen verkaufsfähiger Erzeugnisse, die über das Netzwerk abgesetzt werden sollen, über den Zeitverlauf prognostiziert und in einem Netzwerkabsatzplan zusammengeführt. Diese rein absatzmarkt- bzw. nachfrageorientierte Netzwerkabsatzplanung grenzt sich von der lokal im Rahmen der Produktionsprogrammplanung durchgeführten Absatzplanung über ihren unternehmensübergreifenden Charakter ab.

Dabei kann der Netzwerkabsatzplan mit Hilfe zweier unterschiedlicher Ansätze generiert werden. So basiert beispielsweise die Erstellung des Netzwerkabsatzplans auf einer konsensorientierten Abstimmung der lokalen Absatzpläne, die in den beteiligten Unternehmen oder Organisationseinheiten lokal generiert wurden. Dieser Koordinationsansatz ist insbesondere dann sinnvoll, wenn sich die Absatzmärkte und Produkte der Netzwerkpartner derart unterscheiden, dass eine Zusammenführung der Netzwerkbedarfe nicht auf Primär- sondern frühestens auf der Sekundärbedarfsebene möglich ist.

116 2 Grundlagen der Produktionsplanung und -steuerung

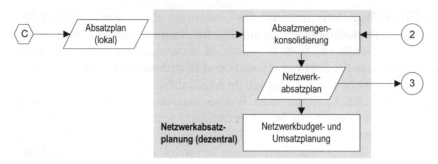

Abb. 2.4-4 Prozessmodell der dezentralen Netzwerkabsatzplanung

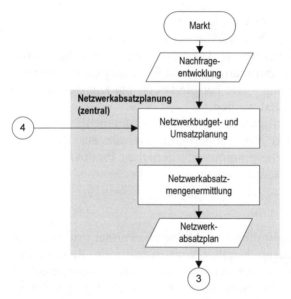

Abb. 2.4-5 Prozessmodell der zentralen Netzwerkabsatzplanung

Im Rahmen der dezentralen Netzwerkabsatzplanung (vgl. Abb. 2.4-4) erfolgt demnach zunächst eine Konsolidierung der geplanten Absatzmengen auf Basis der lokalen Absatzpläne und der grundsätzlichen Netzwerkstruktur. Der Netzwerkabsatzplan als Ergebnis der dezentralen Netzwerkabsatzplanung dient gleichzeitig als Eingangsgröße für eine unternehmensübergreifende Umsatz- und Budgetplanung.

Der zweite mögliche Ansatz kommt beispielsweise in Netzwerken mit konzernartigen Strukturen, vergleichbaren Absatzmärkten bzw. vergleichbaren Produkten zur Anwendung. Hier findet eine unternehmensübergreifende, aggregierte Absatzmengenermittlung auf Basis einer Budget- und Umsatzplanung für das gesamte Netzwerk statt (vgl. Abb. 2.4-5). Diese

Budget- und Umsatzplanung greift dazu auf Absatzprognosen unter Berücksichtigung der Nachfrageentwicklung und konzernweiter Marketingaktionen zurück. Im Nachgang dieser zentralen Absatzplanung werden dann die ermittelten Primärbedarfe auf beteiligten Netzwerkpartner verteilt.

2.4.3.3 *Netzwerkbedarfsplanung*

Die Netzwerkbedarfsplanung erfolgt im Anschluss an die Netzwerkkonfiguration und die Netzwerkabsatzplanung. Ziel der Netzwerkbedarfsplanung ist es, den je nach Netzwerkkonfiguration unterschiedlich hohen Koordinationsbedarf zwischen den bedarfsbezogenen Disziplinen der lokalen Ebene mittels einer standortübergreifenden Sicht weiter zu reduzieren. Dazu bedarf es im Rahmen der Netzwerkbedarfsplanung den Teilprozessen der Netzwerkkapazitätsplanung, der Netzwerkbedarfsallokation sowie der Netzwerkbeschaffungsplanung, wobei die Feinabstimmung zwischen diesen Aufgaben wiederum auf der lokalen Ebene stattfindet. Die folgende Prozessdarstellung bildet daher einen Orientierungsrahmen für den zeitlogischen Bezug zwischen diesen Netzwerkaufgaben selbst und deren Wechselwirkungen mit den Aufgaben der lokalen Produktionsprogramm- und Produktionsbedarfsplanung.

Auf der Grundlage des Netzwerkabsatzplans wird zunächst im Rahmen der Netzwerkkapazitätsplanung der Bruttoprimärbedarf des Netzwerks ausgewiesen (vgl. Abb. 2.4-6). Unter Berücksichtigung der im Bestandsmanagement geführten Produktbestände des Netzwerks wird aus dem Bruttoprimärbedarf der Nettoprimärbedarf errechnet und im Ergebnis ein grober Netzwerkproduktionsprogrammvorschlag erstellt.

Ziel der anschließenden Netzwerkkapazitätsdeckungsrechnung ist es, einerseits die Realisierbarkeit des Produktionsprogrammvorschlags zu überprüfen und andererseits eine gleichmäßige Belastung der Kapazitäten und Ressourcen innerhalb des Netzwerks zu erreichen. Dazu werden die erforderlichen und vorhandenen Ressourcen der netzwerkinternen Standorte mit Hilfe der übergreifenden Ressourcenüberwachung überprüft und die tatsächliche Belastung aller netzwerkinternen Kapazitäten für eine Planungsperiode abgestimmt.

Die einzelnen Primärbedarfe des grundsätzlich realisierbaren Produktionsprogrammvorschlags werden nun im Rahmen der Netzwerkbedarfsallokation unter Berücksichtigung der geographischen Netzwerkstruktur und der lokalen Produktionskapazitäten auf die Partner verteilt (vgl. Abb. 2.4-6). Neben der grundsätzlichen Berücksichtigung der Kompetenzen im Netzwerk können für diese Verteilung bei alternativen Produktionsstand-

118 2 Grundlagen der Produktionsplanung und -steuerung

orten zusätzliche Entscheidungskriterien wie der Transportaufwand oder regionale Besonderheiten herangezogen werden.

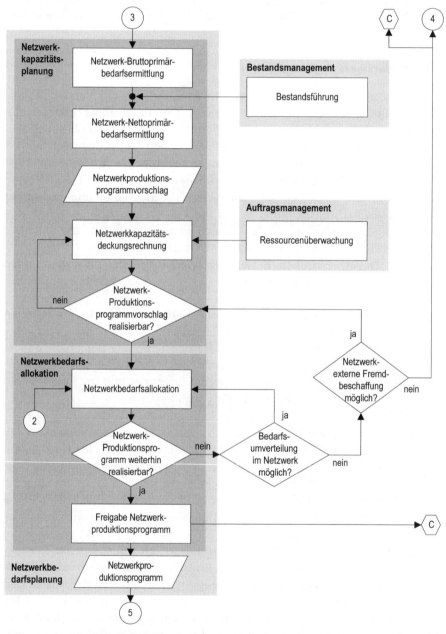

Abb. 2.4-6 Prozessmodell der Netzwerkkapazitätsplanung und Netzwerkbedarfsallokation im Rahmen der Netzwerkbedarfsplanung

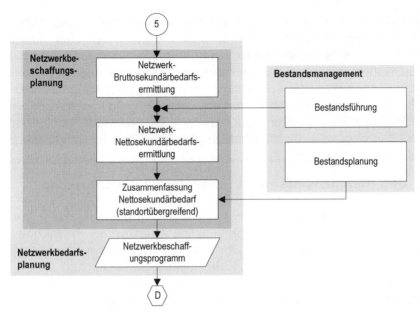

Abb. 2.4-7 Prozessmodell der Netzwerkbeschaffungsplanung im Rahmen der Netzwerkbedarfsplanung

Stellt sich nach der Netzwerkkapazitätsplanung und -bedarfsallokation das Netzwerkproduktionsprogramm als weiterhin realisierbar heraus, erfolgt die Freigabe des Netzwerkproduktionsprogramms. Andernfalls sollte zunächst regelkreisähnlich geprüft werden, ob eine Umverteilung der Bedarfe innerhalb oder außerhalb des Netzwerks möglich ist. Scheitert auch diese Abstimmungsmaßnahme, so müssen die zentralen bzw. lokalen Absatzpläne angepasst und in der standortübergreifenden Absatzmengenermittlung bzw. -konsolidierung aktualisiert werden.

Das realisierbare und freigegebene Netzwerkproduktionsprogramm dient abschließend sowohl als Vorgabe für die lokale Produktionsprogrammplanung als auch für die folgende Beschaffungsplanung auf Netzwerkebene.

Ziel der Netzwerkbeschaffungsplanung (vgl. Abb. 2.4-7) ist die unternehmensübergreifende Bündelung von Beschaffungsbedarfen, um dadurch Skaleneffekte am Beschaffungsmarkt für die einzelnen Netzwerkpartner zu realisieren. Dies ist insbesondere bei der Herstellung ähnlicher Erzeugnisse zweckmäßig, da hier in der Regel gleichartige Sekundärbedarfe vorliegen. Ausgehend vom Netzwerkproduktionsprogramm wird dazu zunächst der Bruttosekundärbedarf und anschließend unter Berücksichtigung der im Bestandsmanagement geführten Materialbestände der Nettosekundärbedarf bestimmt. Im Rahmen der Bestandsplanung werden die dispositionsrelevanten Größen – wie beispielsweise die Information, ob ein Sekundärbedarf in mehreren Standorten zum Einsatz kommt – verwaltet. Somit können im Anschluss an die Bedarfsermittlung alle Sekundärbedarfe mit diesem Dispositionskennzeichen netzwerkweit zusammengefasst werden.

Ergebnis der Netzwerkbeschaffungsplanung und gleichzeitig der Netzwerksbedarfsplanung ist das Netzwerkbeschaffungsprogramm, das sowohl Eigenfertigungs- als auch Fremdbezugsbedarfe des Netzwerks enthält und somit als Eingangsgröße für die lokale Produktionsbedarfsplanung dient.

2.4.4 Unternehmensinterne Auftragsabwicklungsprozesse

Die Kern- und Querschnittsaufgaben der lokalen Auftragsabwicklung entsprechen im Wesentlichen den ursprünglichen Aufgaben der Produktionsplanung und -steuerung aus der Sicht des einzelnen Unternehmens (vgl. Abschn. 2.2). Dabei umfassen die Kernaufgaben sämtliche Aufgaben im Auftragsabwicklungsprozess, die einen direkten Fortgang der Produktentstehung bewirken. Die Querschnittsaufgaben verfolgen das Ziel einer unternehmensweiten bzw. -übergreifenden Integration der genannten Kernaufgaben. Die relevanten Planungselemente entsprechen dabei in weiten Teilen denen der Netzwerkebene, wobei diese je nach Aufgabenkontext wechselseitig als Eingangs- oder Ausgangsgröße dienen.

Bevor nun auf die eigentlichen Referenzprozessmodelle der unternehmensinternen Auftragsabwicklung eingegangen wird, sollen zunächst die Grundlagen zur Beschreibung unterschiedlichen Auftragsabwicklungsstrukturen dargestellt und darauf aufbauend die vier traditionellen Auftragsabwicklungstypen hergeleitet werden.

2.4.4.1 *Morphologie der lokalen Auftragsabwicklung*

Das im Folgenden vorgestellte morphologische Schema zur Beschreibung von Auftragsabwicklungsstrukturen ermöglicht anhand von zwölf Auftragsabwicklungsmerkmalen eine erste grobe Analyse der technischen Auftragsabwicklung (Sames u. Büdenbender 1997; Büdenbender 1991; Schomburg 1980).

Das Erfassen der unterschiedlichen Erzeugnisse eines Unternehmens im morphologischen Merkmalsschema dokumentiert die gegenwärtige Ausprägung der Auftragsabwicklungsstruktur. Darüber hinaus lassen sich in dieser Übersicht auch in groben Zügen die zukünftigen Zielrichtungen festlegen. Im Zuge der auch heute noch zu beobachtenden Erhöhung der Variantenvielfalt (Kinkel 2005) können beispielsweise bei einem Unternehmen, dessen Auftragsabwicklungsstruktur sich durch Lagerfertigung auszeichnet, oft nicht mehr alle Erzeugnisvarianten am Lager gehalten werden. Eine zukünftige Zielrichtung könnte demzufolge ein Übergang von der kundenanonymen Produktion von Erzeugnissen auf ein Fertigwarenlager zu einer kundenanonymen Vorproduktion von Komponenten auf ein Zwischenlager gesehen werden. Bei Annahme eines Kundenauftrages werden dann die benötigten Komponenten vom Zwischenlager entnommen und einer kundenauftragsbezogenen Endfertigung zugeführt.

Selbstverständlich kann das morphologische Merkmalsschema eine detaillierte Analyse der unternehmensspezifischen Ablauf- und Aufbauorganisation nicht ersetzen. Dennoch ist das Schema aufgrund seiner Einfachheit ideal für eine erste grobe Analyse der Auftragsabwicklung geeignet, was zahlreiche Anwendungen in der Praxis belegen. Gleichzeitig erleichtert es die Dokumentation des gegenwärtigen Ist-Zustands und des gewünschten Soll-Zustands der Auftragsabwicklung.

Merkmale zur Beschreibung von Auftragsabwicklungsstrukturen		
	Initialmerkmal	Auftragsauslösungsart
	Erzeugnismerkmale	Erzeugnisspektrum
		Erzeugnisstruktur
	Dispositionsmerkmale	Ermittlung des Erzeugnis-/Komponentenbedarfs
		Auslösung des Sekundärbedarfs
		Beschaffungsart
		Bevorratung
	Fertigungsmerkmale	Fertigungsart
		Ablaufart in der Teilefertigung
		Ablaufart in der Montage
		Fertigungsstruktur
		Kundenänderungseinflüsse während der Fertigung

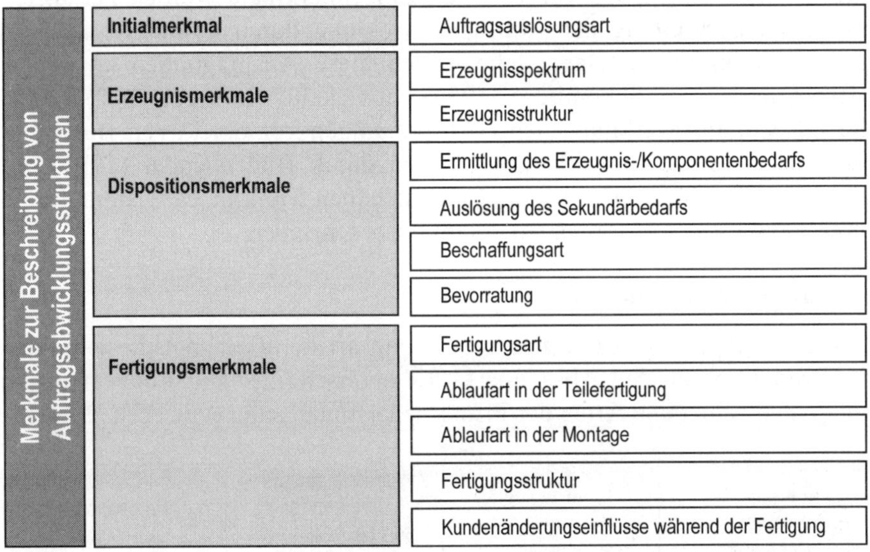

Abb. 2.4-8 Merkmalsstrukturen zur Beschreibung der Auftragsabwicklung

In der Morphologie werden insbesondere derartige Merkmale berücksichtigt, in deren Ausprägungen sich Industrieunternehmen der Stückgutfertigung wieder finden. Gleichzeitig müssen die berücksichtigten Merkmale den folgenden Kriterien genügen (Büdenbender 1991; Schomburg 1980):

- Die Merkmale müssen einen Einfluss auf die Ermittlung von Anforderungen und Gestaltungsvorschlägen zur Konzeption einer ganzheitlichen PPS haben.
- Die Merkmale müssen auftragsabwicklungsspezifischer Natur sein.

2 Grundlagen der Produktionsplanung und -steuerung

- Die Merkmale müssen einen objektiven Charakter haben und mit einer hinreichend hohen Genauigkeit erfassbar sein.
- Die Erfassung der Merkmale muss mit einem vertretbaren Aufwand möglich sein.

Die derart systematisierten Beschreibungsmerkmale der technischen Auftragsabwicklung lassen sich in vier Merkmalsgruppen unterscheiden. Dazu zählen die Initiierung der Auftragsabwicklungsaktivitäten, die Ausführung der Erzeugnisse, die Durchführung der Dispositionsmaßnahmen und die Abwicklung des eigentlichen Fertigungsprozesses (vgl. Abb. 2.4-8). Dabei sind die genannten Merkmalsgruppen wiederum in Einzelmerkmale zur Charakterisierung der Auftragsabwicklungsstruktur untergliedert.

2.4.4.2 Charakterisierung der Merkmale und Ausprägungen

Die in Abbildung 2.4-8 vorgestellten Einzelmerkmale wurden zur differenzierten Darstellung der Auftragsabwicklung durch definierte Ausprägungen konkretisiert. Dabei lehnen sich diese Ausprägungen an einige Merkmale der von Schomburg (1980) entwickelten Betriebstypologie an, die um weitere Merkmale nebst Ausprägungen zur objektiven Beschreibung der Auftragsabwicklungsstrukturen durch Büdenbender (1991) ergänzt wurden. Im Folgenden sind die einzelnen Merkmale zusammen mit ihren möglichen Ausprägungen detailliert beschrieben.

Auftragsauslösungsart

Das erste Merkmal der Auftragsauslösungsart kennzeichnet die Bindung der Produktion an den Absatzmarkt. Es unterscheidet mit seinen Ausprägungen verschiedene Arten der Primärbedarfsauslösung (vgl. Abb. 2.4-9).

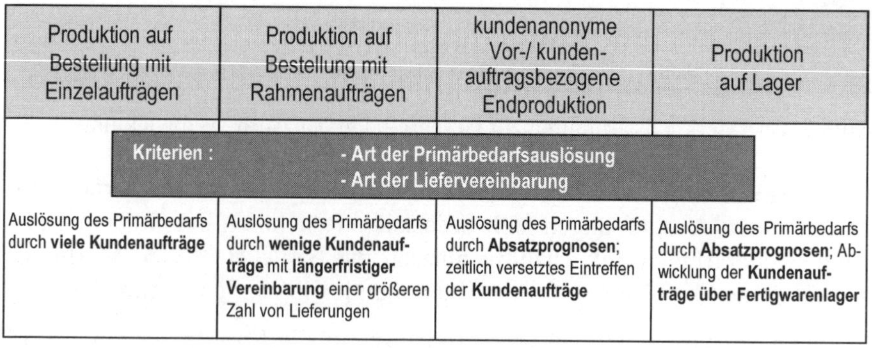

Produktion auf Bestellung mit Einzelaufträgen	Produktion auf Bestellung mit Rahmenaufträgen	kundenanonyme Vor-/ kundenauftragsbezogene Endproduktion	Produktion auf Lager
Kriterien:	- Art der Primärbedarfsauslösung - Art der Liefervereinbarung		
Auslösung des Primärbedarfs durch **viele Kundenaufträge**	Auslösung des Primärbedarfs durch **wenige Kundenaufträge** mit **längerfristiger Vereinbarung** einer größeren Zahl von Lieferungen	Auslösung des Primärbedarfs durch **Absatzprognosen**; zeitlich versetztes Eintreffen der **Kundenaufträge**	Auslösung des Primärbedarfs durch **Absatzprognosen**; Abwicklung der **Kundenaufträge** über Fertigwarenlager

Abb. 2.4-9 Ausprägungen der Auftragsauslösungsart

Die Initiierung der Auftragsabwicklungsaktivitäten kann dabei grundsätzlich entweder durch Kundenaufträge (Produktion auf Bestellung mit Einzel- oder mit Rahmenaufträgen) oder anhand von Absatzerwartungen (Produktion auf Lager) erfolgen. Ebenso ist die Kombination der beiden Auslösungsarten (kundenanonyme Vorproduktion/ kundenauftragsbezogene Endproduktion) möglich. Im diesem Fall werden bestimmte Erzeugniskomponenten auf der Grundlage von Absatzerwartungen kundenanonym vorgefertigt und nach der Realisierung des Kundenauftrags bezogen auf das bestellte Erzeugnis komplettiert bzw. endmontiert (Büdenbender 1991).

Erzeugnisspektrum

Die technische Auftragsabwicklung wird in hohem Maße durch den organisatorischen Aufwand für die Erfüllung eines Kundenauftrages geprägt. Dieser ist umso größer, je geringer der Standardisierungsgrad der Erzeugniskonstruktion und je größer der Kundeneinfluss auf die Gestaltung des Erzeugnisses ist. Dieser Sachverhalt wird anhand des Erzeugnisspektrums abgebildet.

Das Merkmal Erzeugnisspektrum charakterisiert mit seinen Ausprägungen den Standardisierungsgrad sowie den kundenseitigen Gestaltungseinfluss auf die Erzeugniskonstruktion (Schomburg 1980). Anhand dieser Kriterien bietet sich die Aufteilung des Merkmals in vier Ausprägungen an (vgl. Abb. 2.4-10).

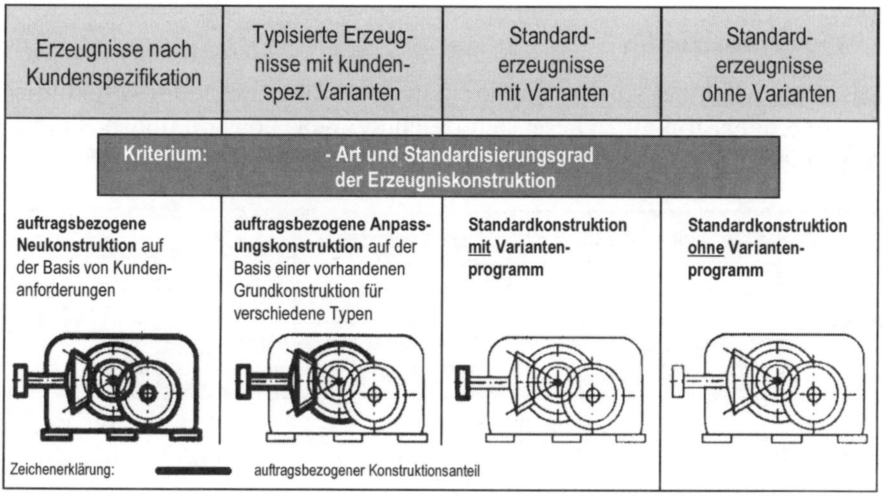

Erzeugnisse nach Kundenspezifikation	Typisierte Erzeugnisse mit kundenspez. Varianten	Standarderzeugnisse mit Varianten	Standarderzeugnisse ohne Varianten
Kriterium:	- Art und Standardisierungsgrad der Erzeugniskonstruktion		
auftragsbezogene Neukonstruktion auf der Basis von Kundenanforderungen	auftragsbezogene Anpassungskonstruktion auf der Basis einer vorhandenen Grundkonstruktion für verschiedene Typen	Standardkonstruktion mit Variantenprogramm	Standardkonstruktion ohne Variantenprogramm

Zeichenerklärung: ▬▬▬ auftragsbezogener Konstruktionsanteil

Abb. 2.4-10 Ausprägungen des Erzeugnisspektrums

Bei der Produktion von Erzeugnissen nach Kundenspezifikation erfolgt die Festlegung der Erzeugniskonstruktion fast ausschließlich nach den Anforderungen der Kunden. Jeder Kundenauftrag hat somit den Charakter einer Neukonstruktion. Das Unternehmen ist damit nicht in der Lage, einen nennenswerten Anteil seiner Erzeugniskomponenten zu standardisieren.

Typisierte Erzeugnisse mit kundenspezifischen Varianten bauen auf einer bestehenden Grundkonstruktion für verschiedene Erzeugnistypen auf, die einen gewissen Anteil an Standardkomponenten (Baugruppen und Teile) enthalten. Auf der Basis der vorliegenden Grundkonstruktion wird eine den Kundenanforderungen entsprechende Erzeugnisausführung durch eine Anpassungskonstruktion realisiert.

Den Standarderzeugnissen mit Varianten liegt ein Variantenprogramm zugrunde. Die kundenspezifische Erzeugnisausführung wird nach einer Baukastensystematik (Standard- und Variantenkomponenten) zusammengestellt. Der kundenspezifische Einfluss auf die Konstruktion der Erzeugnisse ist sehr gering. Gelegentlich werden noch einige geringfügige kundenspezifische Modifikationen im Sinne einer Anpassungskonstruktion erforderlich.

Bei den Standarderzeugnissen ohne Varianten fehlt jeglicher kundenspezifischer Einfluss auf die Erzeugniskonstruktion. Die Erzeugnisausführungen werden vom Unternehmen selbst unter Berücksichtigung der Marktbedürfnisse festgelegt und beispielsweise in Form eines Produktkatalogs vertrieben. Konstruktive Änderungen an den Erzeugnissen sind in der Regel nur entwicklungsbedingt.

Erzeugnisstruktur

Das dritte Merkmal zur Beschreibung der Auftragsabwicklungsstruktur ist die Erzeugnisstruktur. Diese kennzeichnet den konstruktionsbedingten Aufbau der Erzeugnisse (Brankamp 1977; Schomburg 1980).

mehrteilige Erzeugnisse mit komplexer Struktur	mehrteilige Erzeugnisse mit einfacher Struktur	geringteilige Erzeugnisse
Kriterien:	- durchschnittliche Anzahl Strukturstufen (N_{St}) - durchschnittliche Anzahl Stücklistenposten (N_{Pos})	
$N_{St} > 5$ $N_{Pos} > 500$	$5 > N_{St} > 3$ $500 > N_{Pos} > 25$	$N_{St} \leq 3$ $N_{Pos} \leq 25$

Abb. 2.4-11 Ausprägungen der Erzeugnisstruktur

Maßgebende Kriterien zur Differenzierung des Merkmals sind die Strukturtiefe (Anzahl der Strukturstufen) und die Strukturbreite (Anzahl der Stücklistenpositionen). Anhand dieser beiden Kriterien erfolgt eine Konkretisierung des Merkmals in die drei in Abb. 2.4-11 dargestellten Merkmalsausprägungen.

Ermittlung des Erzeugnis- bzw. Komponentenbedarfs

Das Merkmal der Ermittlung des Erzeugnis- bzw. Komponentenbedarfs charakterisiert die Art der Bedarfsermittlung und die Strukturstufe des Erzeugnisses, auf der die Bedarfsermittlung durchgeführt wird. Mit Hilfe dieser beiden Kriterien wird eine an der betrieblichen Realität orientierte Differenzierung des Merkmals in fünf Ausprägungen vorgenommen (vgl. Abb. 2.4-12).

Die Ermittlung des Erzeugnis- bzw. Komponentenbedarfs erfolgt dabei einerseits bedarfsorientiert auf Erzeugnisebene anhand der laufend eingehenden Kundenaufträge. Der vorliegende Auftragsbestand, der die Eingangsgröße für die dann zu beginnende Planungsphase bildet, ist oft noch erheblichen Schwankungen durch weitere Auftragseingänge und Änderungen unterworfen.

Bedarfsorientiert auf Erzeugnisebene	erwartungs-/ & bedarfsorientiert auf Komponentenebene	Erwartungsorientiert Auf Komponentenebene	Erwartungsorientiert auf Erzeugnisebene	Verbrauchsorientiert auf Erzeugnisebene
Kriterien:	- Art der Bedarfsermittlung - Strukturstufe der Basisermittlung			
Der **Erzeugnisbedarf** wird **bedarfsorientiert** anhand der laufenden **Kundenaufträge** ermittelt.	Der **Komponentenbedarf** (Haupt-/ Baugruppen etc.) wird **teilweise erwartungsorientiert** auf der Basis von **Absatzprognosen** und **teilweise bedarfsorientiert** anhand der laufend eingehenden Kundenaufträge ermittelt. Die Erzeugnisse entstehen durch Kombination von Komponenten nach dem **Baukastenprinzip**. Hierbei erfolgt teilweise die Vormontage, spätestens aber die Endmontage kundenbezogen.	Der **Komponentenbedarf** (Haupt-/ Baugruppen etc.) wird **erwartungsorientiert** auf Basis von **Absatzprognosen** ermittelt. Die Erzeugnisse entstehen durch Kombination von Komponenten nach dem **Baukastenprinzip**, wobei maximal die Endmontage kundenbezogen erfolgt.	Der **Erzeugnisbedarf** wird **erwartungsorientiert** auf der Basis von **Absatzprognosen** ermittelt.	Der **Erzeugnisbedarf** wird **verbrauchsorientiert** über einen festgelegten **Mindestbedarf** unter Berücksichtigung der **Wiederbeschaffungszeit** ermittelt.

Abb. 2.4-12 Ausprägungen zur Ermittlung des Erzeugnis- bzw. Komponentenbedarfs

Andererseits wird die Bedarfsermittlung teilweise erwartungsorientiert und teilweise bedarfsorientiert auf Komponentenebene (Haupt-/ Baugruppenebene etc.) vorgenommen. Diese Art der Bedarfsermittlung wird meistens von Unternehmen angewendet, die standardisierte Erzeugnisse mit kundenspezifischen Anpassungskonstruktionen herstellen. Dabei wird der Bedarf an Standardkomponenten für die Erzeugnisse auf der Basis von Absatzprognosen kundenanonym, also erwartungsorientiert, vorgefertigt. Die Ermittlung des kundenspezifischen Komponentenbedarfs erfolgt bedarfsorientiert anhand der laufend eingehenden Kundenaufträge. Durch Kombination dieser Komponenten mit den vorgefertigten Standardkomponenten nach dem Baukastenprinzip werden die Erzeugnisse zusammengesetzt.

Weiterhin ist es möglich, den gesamten Bedarf erwartungsorientiert auf Komponentenebene zu ermitteln. Diese Form der Bedarfsermittlung wird von Unternehmen favorisiert, die den gesamten Komponentenbedarf (Standard- und Variantenkomponenten) auf der Grundlage von Absatzprognosen kundenneutral vorfertigen. Nach Eingang der Kundenaufträge erfolgt die Endmontage der nach dem Baukastenprinzip aufgebauten Erzeugnisse aus den vorgefertigten Komponenten.

Neben der erwartungsorientierten Ermittlung des Bedarfs auf Komponentenebene besteht auch die Möglichkeit, den Bedarf erwartungsorientiert auf der Erzeugnisebene zu bestimmen. Diese Form der Bedarfsermittlung wird vornehmlich von Unternehmen angewendet, die nur ein begrenztes Variantenspektrum anbieten.

Außer den genannten Formen der Bedarfsermittlung lässt sich der Bedarf auch verbrauchsorientiert auf Erzeugnisebene ermitteln. Dies geschieht vielfach bei Unternehmen, die einfach strukturierte Erzeugnisse herstellen. Die Ermittlung der zu produzierenden Erzeugnisstückzahlen erfolgt über einen festgelegten Mindestbestand unter Berücksichtigung der Wiederbeschaffungszeiten.

Auslösung des Sekundärbedarfs

Die Auslösung des Sekundärbedarfs gibt Aufschluss darüber, auf welche Weise der Anstoß zur Fertigung bzw. Beschaffung des Sekundärbedarfs erfolgt. Unter dem Sekundärbedarf wird der Bedarf an Komponenten (Teile, Baugruppen) zur Fertigung des Primärbedarfs (Erzeugnis) verstanden. Dabei erfolgt eine Differenzierung des Merkmals anhand des mengenmäßigen Verhältnisses zwischen den auftragsorientiert und den periodenorientiert ausgelösten Sekundärbedarfen in drei Merkmalsausprägungen (vgl. Abb. 2.4-13).

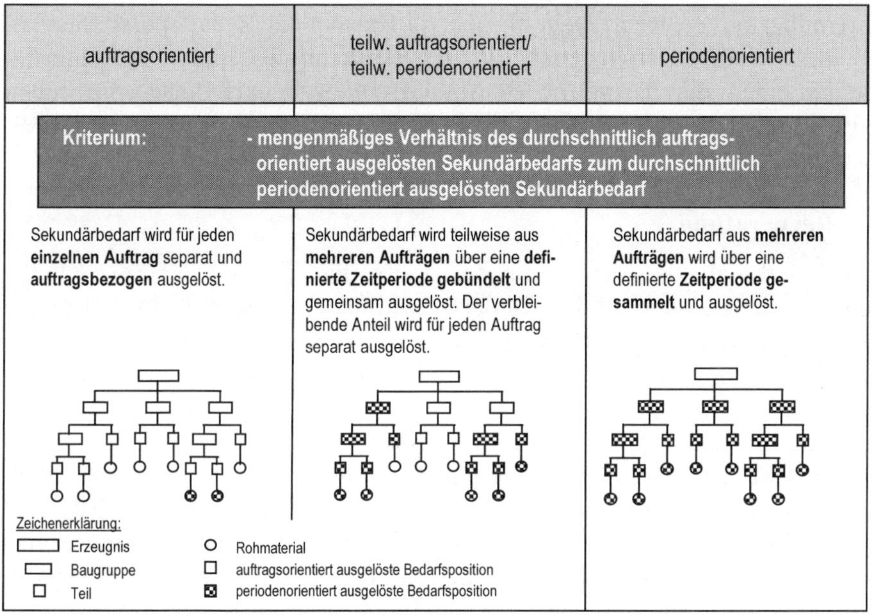

auftragsorientiert	teilw. auftragsorientiert/ teilw. periodenorientiert	periodenorientiert
Kriterium:	- mengenmäßiges Verhältnis des durchschnittlich auftragsorientiert ausgelösten Sekundärbedarfs zum durchschnittlich periodenorientiert ausgelösten Sekundärbedarf	
Sekundärbedarf wird für jeden **einzelnen Auftrag** separat und **auftragsbezogen** ausgelöst.	Sekundärbedarf wird teilweise aus **mehreren Aufträgen** über eine **definierte Zeitperiode gebündelt** und gemeinsam ausgelöst. Der verbleibende Anteil wird für jeden Auftrag separat ausgelöst.	Sekundärbedarf aus **mehreren Aufträgen** wird über eine definierte **Zeitperiode gesammelt** und ausgelöst.

Zeichenerklärung:
- ▭ Erzeugnis   ○ Rohmaterial
- ▭ Baugruppe   ☐ auftragsorientiert ausgelöste Bedarfsposition
- ☐ Teil   ⊠ periodenorientiert ausgelöste Bedarfsposition

Abb. 2.4-13 Ausprägungen der Auslösung des Sekundärbedarfs

Bei der auftragsorientierten Auslösung erfolgt der Anstoß zur Fertigung bzw. Beschaffung des Sekundärbedarfs separat für jeden Auftrag. Demgegenüber wird bei einer periodenorientierten Auslösung der Sekundärbedarf aus mehreren Aufträgen über eine definierte Zeitperiode gesammelt und gemeinsam ausgelöst.

Beide Formen treten auch in Kombination auf und zwar vornehmlich bei Unternehmen, die ein breit gefächertes Spektrum an Erzeugnisvarianten anbieten. Hier werden die Standardkomponenten aus mehreren Aufträgen periodenorientiert zu größeren Serien zusammengefasst und zur Fertigung freigegeben, während die kundenspezifischen Variantenkomponenten für jeden Kundenauftrag separat ausgelöst werden.

Beschaffungsart

Das Merkmal der Beschaffungsart bezeichnet den Umfang des Einsatzes von fremdbezogenen Bedarfspositionen im Rahmen der betrieblichen Leistungserstellung und berührt somit das gesamte Bestellwesen eines Unternehmens (Schomburg 1980). Als Kriterium zur Differenzierung des Merkmals wird der durchschnittliche Anteil fremdbezogener Bedarfspositionen herangezogen. Dadurch ergibt sich eine Konkretisierung des Merkmals in die drei Merkmalsausprägungen des prozentualen Fremdbezugsumfangs (vgl. Abb. 2.4-14). So liegt im Unternehmen ein weitgehender

Fremdbezug vor, wenn mehr als achtzig Prozent der Bedarfspositionen zugekauft werden. Demgegenüber kann bei einer umfassenden Fertigungstiefe und einem durchschnittlichen Anteil fremdbezogener Bedarfspositionen von weniger als zehn Prozent der Fremdbezug als unbedeutend eingestuft werden.

Bevorratung

Das Merkmal der Bevorratung beschreibt den Umfang der bevorrateten eigen- oder fremdgefertigten Bedarfspositionen. Es unterscheidet in seinen vier Ausprägungen im Wesentlichen die Strukturebene der bevorrateten Bedarfspositionen, wobei Rohmaterialien und Normteile nicht berücksichtigt werden (vgl. Abb. 2.4-15).

Eine Bevorratung von Bedarfspositionen kann in der Regel kaum durchgeführt werden, wenn Erzeugnisse hergestellt werden, deren konstruktiver Aufbau weitgehend durch kundenspezifische Anforderungen festgelegt wird (Büdenbender 1991). Dies ist beispielsweise im Sondermaschinenbau oder Anlagenbau die Regel, da hier jeder Kundenauftrag den Charakter einer Neukonstruktion besitzt. Dies führt dazu, dass der Standardisierungsgrad sowohl auf Baugruppen- als auch auf Teileebene sehr gering ist und demzufolge eine Bevorratung von Bedarfspositionen, die zwecks Verkürzung der Auftragsdurchlaufzeiten kundenanonym vorgefertigt werden könnten, nicht sinnvoll ist.

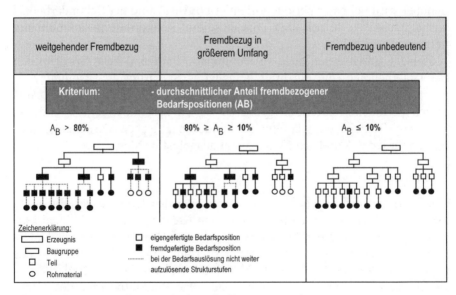

Abb. 2.4-14 Ausprägungen der Beschaffungsart

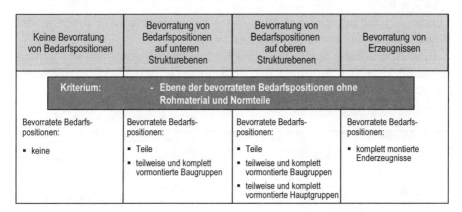

Abb. 2.4-15 Ausprägungen der Bevorratung

Ein anderes Bild ergibt sich für Unternehmen, die ihre Kunden innerhalb sehr kurzer Lieferfristen bedienen müssen. Bei diesen Unternehmen unterschreitet die zur Verfügung stehende Lieferzeit häufig erheblich die erforderliche Wiederbeschaffungszeit. Sie sind somit gezwungen, eine kundenanonyme Vorproduktion der Standardkomponenten der Erzeugnisse durchzuführen.

Diese Bevorratung kann sich in Abhängigkeit von der jeweiligen Situation und dem Standardisierungsgrad der Erzeugniskonstruktion auf Bedarfspositionen der unteren Strukturebenen (Teile, teilweise vormontierte und komplett vormontierte Baugruppen) beschränken, aber auch bis auf Bedarfspositionen der oberen Strukturebenen (bis hin zu teilweise vormontierten und komplett vormontierten Hauptbaugruppen) ausgedehnt werden.

Die Bevorratung von komplett montierten Erzeugnissen wird primär von Unternehmen durchgeführt, die einfache Standarderzeugnisse kundenanonym produzieren, die dann vom Lager an die jeweiligen Kunden verkauft und ausgeliefert werden.

Fertigungsart

Die Fertigungsart bildet die Häufigkeit der Leistungswiederholung im Produktionsprozess ab (Schomburg 1980). Als maßgebende Kriterien zur Differenzierung des Merkmals dienen die durchschnittliche Auflagenhöhe und die durchschnittliche Wiederholhäufigkeit der Erzeugnisse pro Jahr. Mit ihrer Hilfe wird eine Aufteilung des Merkmals in die vier Ausprägungen Einmalfertigung, Einzel- und Kleinserienfertigung, Serienfertigung und Massenfertigung vorgenommen (vgl. Abb. 2.4-16).

Die Einmalfertigung zeichnet sich dadurch aus, dass die Erzeugnisse in sehr geringer Auflagenhöhe produziert werden. Eine Wiederholung der

Leistungserstellung gleicher oder fast gleicher Erzeugnisse findet in der Regel nicht statt (Grosse-Oetringhaus 1974).

Eine Abgrenzung der Einzel- und Kleinserienfertigung von der Serienfertigung lässt sich aufgrund der fließenden Definitionsgrenzen dagegen nur schwer vornehmen. Etwaige quantitative Grenzwerte können von daher immer nur als grobe Richtwerte angegeben werden.

Einmalfertigung	Einzel- und Kleinserienfertigung	Serienfertigung	Massenfertigung
Kriterien:	- durchschnittliche Auflagenhöhe der Erzeugnisse - durchschnittliche Wiederholbarkeit pro Jahr		
Auflagenhöhe **gering**; **keine** Wiederholung	Auflagenhöhe **< 50**; Wiederholhäufigkeit **< 12**	Auflagenhöhe **> 50**; Wiederholhäufigkeit **< 24**	sehr große Auflagenhöhe; Fertigung **ununterbrochen**

Abb. 2.4-16 Ausprägungen der Fertigungsart

Aus Betriebsuntersuchungen mit typischen Maschinenbaubetrieben ist bekannt, dass Unternehmen eher der Serienfertigung zuzurechnen sind, wenn die durchschnittliche Wiederholhäufigkeit der Erzeugnisse pro Jahr größer als der Wert zwölf ist. Dies bedeutet, dass etwa jeden Monat durchschnittlich mehr als ein Los gestartet wird, wobei die Auflagenhöhe in der Regel fünfzig und mehr Einheiten beträgt. Weitere Indizien für den Seriencharakter einer Fertigung sind darüber hinaus ein höherer Automatisierungsgrad in der Teilefertigung und Montage sowie ein stärker arbeitsteilig ausgeprägter Fertigungsprozess.

Eine Massenfertigung liegt vor, wenn die Erzeugnisse in sehr hohen Stückzahlen ununterbrochen nacheinander gefertigt werden. Die Auflagenhöhe ist somit unbegrenzt.

Ablaufart in der Teilefertigung

Das Merkmal Ablaufart in der Teilefertigung kennzeichnet mit seinen Ausprägungen die räumliche Anordnung der Fertigungsmittel und die Transportbeziehungen zwischen den Fertigungsmitteln. Im Hinblick auf die Auswirkungen auf die Produktionsplanung und -steuerung lassen sich unter Berücksichtigung der beiden angeführten Kriterien im Wesentlichen vier unterschiedliche Ablaufprinzipien unterscheiden (vgl. Abb. 2.4-17).

Die Werkstattfertigung als ein mögliches Ablaufprinzip ist durch die Zusammenfassung von Fertigungsmitteln mit gleichem Bearbeitungsverfahren zu räumlichen Einheiten (Dreherei, Fräserei etc.) gekennzeichnet.

Dabei ist der Materialfluss zwischen den einzelnen Fertigungseinheiten als ungerichtet zu bezeichnen (Eversheim 2002).

Die Inselfertigung ist ein Organisationsprinzip, das unter dem Aspekt der Etablierung autonomer Fertigungseinheiten immer mehr an Bedeutung gewonnen hat. Diese Ausprägung beinhaltet die Zusammenfassung von Fertigungsmitteln unterschiedlicher Bearbeitungsverfahren zur möglichst vollständigen Bearbeitung fertigungstechnisch ähnlicher Teilegruppen (Teilefamilien). Innerhalb der Fertigungsinseln ist der Materialfluss weitgehend variabel. Ein weiteres wesentliches Charakteristikum der Fertigungsinseln ist die weitgehende Selbststeuerung durch die jeweiligen Arbeitsgruppen (AwF 1985).

Eine Reihenfertigung liegt vor, wenn sich die Zusammenfassung der Fertigungsmittel an der Arbeitsvorgangsfolge einer Teilegruppe orientiert. Der Materialfluss ist gerichtet und unterliegt keinem Taktzwang. Es besteht darüber hinaus die Möglichkeit, einzelne Bearbeitungsstationen zu überspringen, um Ablaufvarianten hinsichtlich der Arbeitsvorgangsfolge einzelner Teile realisieren zu können.

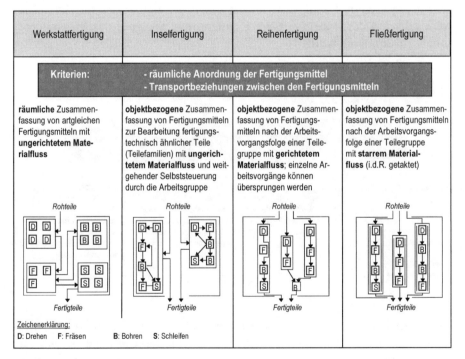

Abb. 2.4-17 Ausprägungen der Ablaufart in der Teilefertigung

Bei der Fließfertigung erfolgt ebenfalls eine Zusammenfassung der Fertigungsmittel nach der Arbeitsvorgangsfolge. Im Unterschied zur Reihenfertigung werden bei der Fließfertigung die einzelnen Bearbeitungsstationen zu starren Anlagen verkettet (Eversheim 2002). Ein Fertigungsablauf, der keine Ablaufalternativen im Materialfluss mehr zulässt, unterliegt in der Regel einem Taktzwang.

Ablaufart in der Montage

Die Ablaufart in der Montage berücksichtigt die unterschiedlichen Organisationsformen in der Montage. Anhand der beiden Kriterien Bewegungsablauf der Montageobjekte, Arbeitsplätze bzw. Montageeinrichtungen und dem Grad der Arbeitsteilung wird eine Differenzierung in die vier wesentlichen Organisationsformen der Baustellen-, Gruppen-, Reihen- und Fließmontage vorgenommen (Eversheim 2002; Luczak 1986; Dolezalek 1981; vgl. Abb. 2.4-18).

Bei der als Baustellenmontage ausgeführten Organisationsform erfolgt eine Zuordnung von ortsfesten Montageobjekten zu ortsfesten Arbeitsplätzen. Das Erzeugnis wird komplett an einem Montageplatz im Herstellerwerk oder auf der Baustelle beim Kunden ohne Wechsel des Montagepersonals zusammengebaut.

Baustellenmontage	Gruppenmontage	Reihenmontage	Fließmontage
Kriterien:	- Bewegungsablauf der Montageobjekte, Arbeitsplätze bzw. Montageeinrichtungen		
	- Grad der Arbeitsteilung		
Zuordnung von **stationären** Montageobjekten zu **stationären** Arbeitsplätzen; kompletter Zusammenbau der Erzeugnisse durch das Montagepersonal an einem **Arbeitsplatz** im Herstellerwerk oder auf der Baustelle des Kunden	Zuordnung von **bewegten** Arbeitsplätzen (Montagegruppen) zu **stationären** Montageobjekten oder umgekehrt; Arbeitsteilung (Montageabschnitte)	Zuordnung von **bewegten** Montageobjekten zu **stationären** Arbeitsplätzen; **gerichtet aperiodischer** Bewegungsablauf der Montageobjekte (kein Taktzwang); definierte Arbeitsteilung	Zuordnung von **bewegten** Montageobjekten zu **stationären** Arbeitsplätzen bzw. Montageeinrichtungen; **gerichteter periodischer** Bewegungsablauf der Montageobjekte (Taktzwang); definierte Arbeitsteilung

Abb. 2.4-18 Ausprägungen der Ablaufart in der Montage

Hinsichtlich der Gruppenmontage können zwei Ablaufalternativen unterschieden werden. Zum einen lässt sich die Montageaufgabe in einzelne Montageabschnitte gliedern, die einer spezialisierten Montagegruppe zugewiesen werden. Nach Erledigung des jeweiligen Aufgabenumfangs wechselt die Arbeitsgruppe zum nächsten Montageobjekt. Dieses Prinzip lässt sich im anderen Fall auch umkehren und zwar in der Weise, dass den ortsfesten Montagearbeitsplätzen die Abwicklung definierter Montageabschnitte (z. B. der Zusammenbau bestimmter Baugruppen) zugewiesen wird. Nach Erledigung des jeweiligen Arbeitsumfangs wird dann das Montageobjekt von der betreffenden Montagegruppe zur nächsten weitergeleitet.

Eine Reihenmontage liegt vor, wenn die Arbeitsplätze für bewegte Montageobjekte entsprechend dem Montageablauf angeordnet sind. Der gesamte Arbeitsumfang wird auf die einzelnen Arbeitsplätze aufgeteilt, wobei der den Arbeitsplätzen zugeteilte Arbeitsumfang in gewissen Grenzen variabel ist. Dies schließt eine Taktung des Montageablaufs aus. Die Reihenmontage ist dabei meist flexibel gegenüber Änderungen im Montageablauf. So besteht beispielsweise bei der Montage von Varianten die Möglichkeit, dass einzelne Arbeitsplätze übersprungen werden können, wenn die an den betreffenden Arbeitsplätzen bereitliegenden Teile nicht eingebaut werden sollen.

Die Fließmontage ist ähnlich strukturiert wie die Reihenmontage. Der gesamte Arbeitsumfang wird allerdings mit einem höheren Detaillierungsgrad und einer strengeren zeitlichen Abstimmung als dies bei der Reihenmontage der Fall ist, auf die einzelnen Arbeitsplätze aufgeteilt. Diese Maßnahmen führen zu einem quasi kontinuierlichen Bewegungsablauf, der eine Taktung des Montageablaufs ermöglicht. In Verbindung mit automatisierten Montageeinrichtungen wird eine Taktung des Montageablaufs sogar erforderlich.

Fertigungsstruktur

Das Merkmal Fertigungsstruktur kennzeichnet die durchschnittliche Anzahl der aufeinander folgenden Arbeitsvorgänge und Montageabschnitte im Fertigungsprozess (Schomburg 1980; Schirmer 1980). Unter Montageabschnitten wird in diesem Fall eine Untergliederung in baugruppenorientierte Teilkomplexe verstanden. Anhand des oben genannten Kriteriums erfolgt eine Charakterisierung der Fertigungstiefe durch die in Abb. 2.4-19 definierten Ausprägungen.

So liegt im Unternehmen ein geringer Strukturierungsgrad der Fertigung vor, wenn weniger als zehn Arbeitsgänge und Montageabschnitte im Fertigungsprozess aufeinander folgen. Demgegenüber kann bei mehr als zwanzig aufeinander folgender Fertigungs- und Montageabschnitte der Strukturierungsgrad als hoch bezeichnet werden.

Fertigung mit geringem Strukturierungsgrad	Fertigung mit mittlerem Strukturierungsgrad	Fertigung mit hohem Strukturierungsgrad
Kriterium: - durchschnittliche Anzahl aufeinander folgender Arbeitsgänge und Montageabschnitte im Fertigungsprozess		
Anzahl < 10	10 < Anzahl < 20	Anzahl > 20

Abb. 2.4-19 Ausprägungen der Fertigungsstruktur

Kundenänderungseinflüsse während der Fertigung

Das letzte Merkmal kennzeichnet die Kundenänderungseinflüsse während der Fertigung. Hiermit werden die Störeinflüsse erfasst, die durch verspätet eingehende Kundenwünsche (nach Beginn der Fertigung) hinsichtlich gestalterischer Änderungsmaßnahmen an den bestellten Erzeugnissen auf den Fertigungsprozess einwirken. Im Hinblick auf die Produktionsplanung und -steuerung bedeutet dies, dass umfangreiche Umplanungsmaßnahmen erforderlich werden, die zudem Auswirkungen auf die übrige Auftragssituation haben (Büdenbender 1991).

Änderungseinflüsse in größerem Umfang	Änderungseinflüsse gelegentlich	Änderungseinflüsse unbedeutend
Kriterium: - durchschnittlicher Anteil der Aufträge (AK), die nach Fertigungsbeginn infolge von Kundenwünschen gestalterischen Änderungseinflüssen unterworfen sind		
$100\% \geq A_K \geq 25\%$	$25\% \geq A_K \geq 0\%$	$A_K \approx 0$

Abb. 2.4-20 Ausprägungen der Kundenänderungseinflüsse während der Fertigung

Eine Differenzierung dieses Merkmals erfolgt in drei Ausprägungen anhand des durchschnittlichen Anteils der Aufträge, die nach Beginn der Fertigung infolge von Kundenwünschen gestalterischen Änderungseinflüssen unterworfen sind (vgl. Abb. 2.4-20).

2.4.4.3 Auftragsabwicklungstypen

Die zuvor beschriebenen Merkmale ergeben zusammen mit ihren jeweiligen Ausprägungen das morphologische Merkmalsschema der lokalen Auftragsabwicklung.

Durch die Anwendung des Merkmalsschemas auf die unterschiedlichen Erzeugnisse in einem Unternehmen werden Auftragsabwicklungstypen gebildet. Unter einem Auftragsabwicklungstyp lässt sich eine Gruppe von Produktionsunternehmen zusammenfassen, die sich hinsichtlich ihrer Auftragsabwicklung gemäß der hier angesprochenen Merkmale und Ausprägungen gleichen (Heiderich u. Schotten 2001). Dabei können die Erzeugnisse eines Auftragsabwicklungstyps auf vollkommen unterschiedlichen technischen und physikalischen Prinzipien basieren. Anhand des Initialmerkmals der Auftragsauslösungsart lassen sich als idealtypische Formen der Auftragsabwicklung die Auftrags- bzw. Rahmenauftrags-, die Varianten- und die Lagerfertigung unterscheiden.

Der Leistungserstellungsprozess des Auftragsfertigers wird durch Bestellungen mit Einzelaufträgen ausgelöst. Dieser Auftragsabwicklungstyp fertigt seine Produkte als kundenauftragsbezogener Einmalfertiger bzw. Einzelfertiger. Repräsentativ sind in diesem Zusammenhang Unternehmen des Sondermaschinenbaus, des Anlagenbaus, des Maschinenbaus oder des Apparatebaus. Bei vielen Unternehmen dieses Typs ist aufgrund von Standardisierungsbemühungen ein Trend zur Produktion von Kleinserien zu verzeichnen (Heiderich u. Schotten 2001).

Eine Produktion auf Bestellung mit Rahmenaufträgen kennzeichnet die Auftragsauslösungsart des Rahmenauftragsfertigers. Charakteristisch für diesen Auftragsabwicklungstyp ist das Vorliegen langfristiger Rahmenvereinbarungen bzw. -aufträge. Diese Kontrakte erlauben es dem Unternehmen, seine Produktionsplanung und -steuerung während der Laufzeit der Vereinbarungen auf eine genauere Planungsbasis zu stellen. Als Besonderheit ist eine Lieferabrufsystematik zu nennen, innerhalb derer der Kunde zu bestimmten Zeitpunkten mit dem Lieferanten in Kontakt tritt und die benötigte Erzeugnismenge hinsichtlich Liefertermin und Menge konkretisiert (Eversheim 2002).

Bei einem Variantenfertiger entstehen die Erzeugnisse durch eine kundenanonyme Vor- und eine kundenauftragsbezogene Endproduktion. Diesen Typ kennzeichnet eine auftragsanonyme Vorproduktion bis zu einer festgelegten Bevorratungsebene (Büdenbender 1991), ab der eine größere Anzahl an variablen Endprodukten erzeugt werden kann. Ein vorliegender Kundenauftrag löst anschließend eine auf diesen Auftrag bezogene Endproduktion aus. Dies beschränkt sich in der betrieblichen Praxis meist auf eine Endmontage der lagerhaltig verfügbaren Baugruppen.

Der Idealtyp des Lagerfertigers produziert seine Erzeugnisse ausschließlich auf Lager. Die Aktivitäten der Auftragsabwicklung gehen von einem auftragsanonymen Absatzplan aus. Der Kunde hat keinen Einfluss auf die Auftragsabwicklung und sein Auftrag wird ausschließlich aus einem Erzeugnislager bedient. Typische Vertreter der Lagerfertigung finden sich in der Konsumgüterindustrie. Der Trend zu einer intensiveren Kundenorientierung führt allerdings auch beim Lagerfertiger zunehmend zur kundenspezifischen Endmontage und damit zu den typischen Auftragsabwicklungsabläufen eines Variantenfertigers (Heiderich u. Schotten 2001).

Im hier vorgestellten Prozessreferenzmodell werden die Auftragsabwicklungsprozesse für die zuvor beschriebenen vier Auftragsabwicklungstypen getrennt dargestellt. Durch die unterschiedlichen Prozessmodelle sollen bewusst nicht alle, sondern bestimmte Ausprägungen der Auftragsabwicklung diskutiert werden (Heiderich et al. 1997). Für Produktionsunternehmen, die verschiedene Auftragsabwicklungstypen in sich vereinigen, können auch mehrere Teilmodelle relevant sein. Der durch die zeitbezogene Ordnung entstehende Prozesszusammenhang erzeugt eine besondere Sicht auf die einzelnen Aufgaben der Auftragsabwicklung und führt zu einer genaueren Darstellung des Aufgabeninhalts, der abhängig vom Auftragsabwicklungstyp differieren kann.

Im Folgenden werden nun die im Aufgabenmodell inhaltlich definierten Kernaufgaben der Produktionsprogramm- und Produktionsbedarfsplanung sowie der Eigenfertigungs- bzw. Fremdbezugsplanung und -steuerung zusammen mit den relevanten Querschnittsaufgaben des Auftrags- und Bestandsmanagements in ihrer zeitlogischen Abfolge typenspezifisch modelliert und beschrieben.

2.4.5 Auftragsfertiger

Bei einem Auftragsfertiger initiiert ein einzelner Kundenauftrag den Auftragsabwicklungsprozess und erzeugt damit einen individuellen Primärbedarf. Dieser Primärbedarf ist entweder in Form von kundenspezifisch zu produzierenden Erzeugnissen oder in Form von typisierten Erzeugnissen mit kundenspezifischen Varianten spezifiziert (vgl. Abb. 2.4-21). Bei der erstgenannten Art der Produktion von Erzeugnissen wird die Erzeugniskonstruktion nahezu vollständig nach den Anforderungen der Kunden erstellt. Jeder Kundenauftrag hat somit den Charakter einer Neukonstruktion. Im Gegensatz dazu bauen typisierte Erzeugnisse mit kundenspezifischen Varianten auf einer bestehenden Grundkonstruktion für verschiedene Erzeugnistypen auf, die einen nicht zu vernachlässigenden Anteil an Standardbaugruppen und -teilen enthalten. Auf Basis der vorliegenden Grundkonstruktion wird dazu eine den Kundenanforderungen entsprechende Erzeugnisausführung durch eine Anpassungskonstruktion realisiert (Eversheim 2002).

#	Merkmal	Merkmalsausprägung			
1	Auftragsauslösungsart	Produktion auf Bestellung mit Einzelaufträgen	Produktion auf Bestellung mit Rahmenaufträgen	Kundenanonyme Vor-/ kundenauftragsbezogene Endproduktion	Produktion Auf Lager
2	Erzeugnisspektrum	Erzeugnisse nach Kundenspezifikation	typisierte Erzeugnisse mit kundenspezifischen Varianten	Standarderzeugnisse mit Varianten	Standarderzeugnisse ohne Varianten
3	Erzeugnisstruktur	mehrteilige Erzeugnisse mit komplexer Struktur	mehrteilige Erzeugnisse mit einfacher Struktur		geringteilige Erzeugnisse
4	Ermittlung des Erzeugnis-/ Komponentenbedarfs	bedarfsorientiert auf Erzeugnisebene	erwartungs- & bedarfsorientiert auf Komponentenebene	erwartungsorientiert auf Komponentenebene	erwartungsorientiert auf Erzeugnisebene	verbrauchsorientiert auf Erzeugnisebene
5	Auslösung des Sekundärbedarfs	auftragsorientiert	teilw. auftragsorientiert/ teilw. periodenorientiert	periodenorientiert	
6	Beschaffungsart	weitgehender Fremdbezug	Fremdbezug in größerem Umfang	Fremdbezug unbedeutend	
7	Bevorratung	keine Bevorratung von Bedarfspositionen	Bevorratung von Bedarfspositionen auf unteren Strukturebenen	Bevorratung von Bedarfspositionen auf oberen Strukturebenen	Bevorratung von Erzeugnissen
8	Fertigungsart	Einmalfertigung	Einzel- und Kleinserienfertigung	Serienfertigung	Massenfertigung
9	Ablaufart in der Teilefertigung	Werkstattfertigung	Inselfertigung	Reihenfertigung	Fließfertigung
10	Ablaufart in der Montage	Baustellenmontage	Gruppenmontage	Reihenmontage	Fließmontage
11	Fertigungsstruktur	Fertigung mit hohem Strukturierungsgrad	Fertigung mit mittlerem Strukturierungsgrad	Fertigung mit geringem Strukturierungsgrad	
12	Kundenänderungseinflüsse während der Fertigung	Änderungseinflüsse in größerem Umfang	Änderungseinflüsse gelegentlich	Änderungseinflüsse unbedeutend	

Abb. 2.4-21 Idealtypische Charakterisierung des Auftragsfertigers

Durch den direkten Kundenauftragsbezug wird der Erzeugnisbedarf rein bedarfsorientiert, also deterministisch durch Stücklistenauflösung, bestimmt. Ebenso wird die Mehrzahl der Sekundärbedarfe bedarfsorientiert durch die Auflösung vorhandener Stücklisten ermittelt. Im Rahmen einer kundenspezifischen Auftragsfertigung besteht häufig das Problem, dass Baugruppen und -teile noch nicht konstruktiv bestimmt und Stücklisten lediglich als Rumpfstücklisten vorhanden sind. Dennoch müssen die Materialien für die Teilefertigung aufgrund ihrer langen Wiederbeschaffungszeiten (Langläufer) bereits in einer sehr frühen Phase der Auftragsabwicklung beschafft oder sogar angearbeitet werden.

Gleichzeitig ist die Wahrscheinlichkeit, innerhalb einer Periode identische Sekundärbedarfe aus unterschiedlichen Kundenaufträgen zu identifizieren und diese zu einem Fertigungslos zusammenfassen zu können, beim Auftragsfertiger sehr gering. Daher wird der Bedarf an Sekundärmaterialien in der Regel auftragsorientiert bzw. zu einem geringeren Teil – insbesondere bei Rohmaterialien – periodenorientiert disponiert.

Aufgrund der erheblichen Komplexität seiner Produkte konzentriert sich der Auftragsfertiger zunehmend auf seine Kernkompetenzen in Entwicklung, Konstruktion und Montage (Eversheim und Schuh 2005; Schmidt et al. 2004; Reichwald u. Picot 2003). Dies führte in hohem Maße zur Verlagerung diverser Produktionsschritte auf andere Unternehmen. Dadurch wurde die Fertigungstiefe gerade bei Unternehmen des Maschinen- und Anlagenbaus erheblich reduziert und die Anzahl fremdbezogener Bedarfspositionen im Rahmen der Auftragsabwicklung in entsprechendem Umfang erhöht. Aufgrund der oft sehr langen Wiederbeschaffungszeiten einzelner Rohmaterialien lagert der Auftragsfertiger diese in größeren Mengen ein, um somit den Bedarf mehrerer Perioden abdecken zu können. Darüber hinaus besteht für den Auftragsfertiger häufig die Notwendigkeit, Standardkomponenten – beispielsweise technische Steuerelemente – einzulagern. Diese Komponenten befinden sich als Zukaufteile auf der unteren Strukturebene des Erzeugnisses.

Die Fertigungsart ist im Maschinen- und Anlagenbau entweder als eine konsequente Einmalfertigung oder als Einzel- und Kleinserienfertigung ausgeprägt. In vielen Fällen liegen beim Auftragsfertiger aufgrund dieser Fertigungsart keine detaillierten Arbeitsanweisungen vor, so dass Terminermittlungen im Rahmen der Projektgrobplanung häufig auf Annahmen beruhen.

Die Ablaufart in Teilefertigung und Montage ist beim Auftragsfertiger in erster Linie durch eine räumliche oder objektbezogene Zusammenfassung der Produktionsmittel in Form der Werkstatt- oder Inselfertigung bzw. der Baustellen- oder Gruppenmontage gekennzeichnet. In allen Fällen koordiniert die Auftragsabwicklung einen ungerichteten Materialfluss zwischen den Fertigungsmitteln. Darüber hinaus ergibt sich aus der Komplexität des Erzeugnisses eine Fertigung mit hohem Strukturierungsgrad – also eine Produktion mit einer großen Anzahl aufeinander folgender Arbeitsgänge und Montageabschnitte.

Die Notwendigkeit der intensiven Abstimmung mit dem Kunden im Rahmen der Produktspezifizierung birgt gleichzeitig die Gefahr zahlreicher Anpassungswünsche des Kunden. Diese Änderungseinflüsse wirken sich im größeren Umfang auf den Fertigungsprozess aus. Hierbei werden konstruktive Änderungen am Erzeugnis auch noch bei weit fortgeschrittener Fertigung und im Extremfall sogar nach der Auslieferung bzw. der Inbetriebnahme der Anlage beim Kunden vorgenommen.

Im Folgenden wird der Auftragsabwicklungsprozess des Auftragsfertigers beschrieben, dessen schematische Struktur in Abb. 2.4-22 dargestellt ist. Die Komplexität dieses Prozesses lässt eine umfassende Diskussion sämtlicher Details als nicht zielführend erscheinen. Mit der Darstellung der grundsätzlichen Strukturen wird daher das Ziel verfolgt, einen fundierten Überblick über die typenbezogenen Auftragsabwicklungsprozesse zu vermitteln.

2.4.5.1 *Auftragsmanagement*

Eine Kundenanfrage initiiert beim Auftragsfertiger die Aktivitäten des Auftragsmanagements. Erste Schritte im Auftragsmanagement sind die Anfrageerfassung, die Angebots- und die Auftragsbearbeitung, die aufgrund des in der Regel geringen Standardisierungsgrads mit jedem Auftrag erneut durchgeführt werden müssen. Ebenso zählen zu den Aufgaben des Auftragsmanagements auftrags- bzw. projektbegleitende Koordinationsmaßnahmen sowie der abschließende Versand und die Inbetriebnahme der Anlage beim Kunden.

Nach der Erfassung einer Kundenanfrage wird im Rahmen der Angebotsbearbeitung stets eine größere Anzahl von Informationen kundenindividuell erhoben und verarbeitet. Dabei kommt der Anfragebewertung die Aufgabe zu, bereits zu diesem frühen Zeitpunkt die generelle Realisierbarkeit und insbesondere die technische Machbarkeit des vom Kunden gewünschten Produkts zu überprüfen. Hierbei leisten grobe Vergleichsdaten vorhergehender Aufträge eine wertvolle Unterstützung. Zusätzlich sind zu diesem Zeitpunkt die Eintrittswahrscheinlichkeit eines Auftrages sowie das technische Risiko der Auftragsbearbeitung auf Basis der Anfrage abzuschätzen.

140 2 Grundlagen der Produktionsplanung und -steuerung

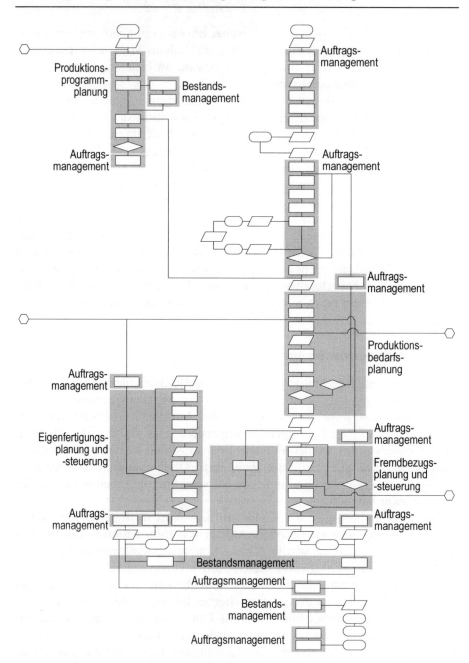

Abb. 2.4-22 Schematische Darstellung der Auftragsabwicklungsprozesse des Auftragsfertigers

2.4 Prozesse

Ergebnis dieser eher technisch geprägten Machbarkeitsprüfung ist das Auftragsgrobdesign, welches beispielsweise in Form erster Konstruktionszeichnungen die Grundlage für die anschließende Lieferterminermittlung bildet. Aufgrund des Unikatcharakters der Produkte des Auftragsfertigers liegen für die Terminbestimmung im Rahmen der Angebotsbearbeitung meist keine konkreten Planungsinformationen (Stücklisten, Arbeitspläne) vor. Hierfür wird dann auf Ersatzdaten, wie beispielsweise auf Auftragsstrukturen vergleichbarer und bereits abgewickelter Aufträge oder Erfahrungswerte des Projektbearbeiters zurückgegriffen. Auf der Basis dieser Ersatzdaten wird im folgenden Schritt der Verkaufspreis des Erzeugnisses ermittelt und die übrigen kaufmännischen Konditionen für die Erstellung und Auslieferung der Anlage fixiert. Abschließend werden alle bisher erhobenen Informationen (technische Spezifikation, kaufmännische Konditionen etc.) im schriftlichen Angebot für den Kunden zusammengefasst.

Die Angebotsbearbeitung hat beim Auftragsfertiger durch den erheblichen Arbeitsumfang und die erforderliche intensive Abstimmung mit dem Kunden im Vergleich zu den anderen hier vorgestellten Auftragsabwicklungstypen einen besonderen Stellenwert. Diesem wird durch die Detaillierung der Angebotsbearbeitung in Anfragebewertung, Lieferterminermittlung, Preisermittlung und Angebotserstellung Rechnung getragen (vgl. Abb. 2.4-23).

Nach Eingang eines Kundenauftrages findet im Rahmen der Auftragsklärung (vgl. Abb. 2.4-24) ein Abgleich zwischen den Angebotsdaten und der beauftragten Kundenspezifikation statt. Eine weitere Aufgabe der Auftragsklärung beim Auftragsfertiger besteht in der Definition von Teilprojekten und deren Zuordnung zu den beteiligten Fachabteilungen. In der folgenden Auftragsgrobterminierung werden die groben Ecktermine zur Auftragsbearbeitung ermittelt und mit den im Angebot abgegebenen Terminen hinsichtlich ihrer Realisierbarkeit verglichen.

Die Grobterminierung bezieht sich meistens auf die direkten Bereiche der Teilefertigung und Montage. Häufig vernachlässigen die Unternehmen eine grobe Terminierung der indirekten Bereiche, obwohl hier zwischen vierzig und siebzig Prozent der Gesamtdurchlaufzeit des Auftrags benötigt werden (AWF 2004). So wird beispielsweise für die Konstruktion und Arbeitsplanung mit Standarddurchlaufzeiten kalkuliert, die unabhängig vom Auftragsumfang für jede Bearbeitung unverändert bleiben.

Anschließend werden in der auftragsbezogenen Ressourcengrobplanung (vgl. Abb. 2.4-24) die benötigten Kapazitäten dem verfügbaren Kapazitätsangebot gegenübergestellt und miteinander abgestimmt. Wie zahlreiche Projekte mit Unternehmen des Maschinen- und Anlagenbaus belegen, verfügt dieser Auftragsabwicklungstyp auch heute noch über eine kaum zufrieden stellende Datenbasis hinsichtlich der Arbeitsplanzeiten oder Kalku-

142 2 Grundlagen der Produktionsplanung und -steuerung

lationsinformationen. Vielmehr wird im Rahmen der Auftragsbearbeitung mit Hilfe von Schätzwerten terminiert und der Ressourcen- bzw. Budgetverzehr nur grob geplant. Sind die Ecktermine für einen Kundenauftrag fixiert, werden die bereits bekannten Langläuferteile vorab disponiert. Dabei sind als Langläufer diejenigen Teile und Rohmaterial anzusehen, deren Wiederbeschaffungszeit die geplante (Teil-)Durchlaufzeit übersteigt.

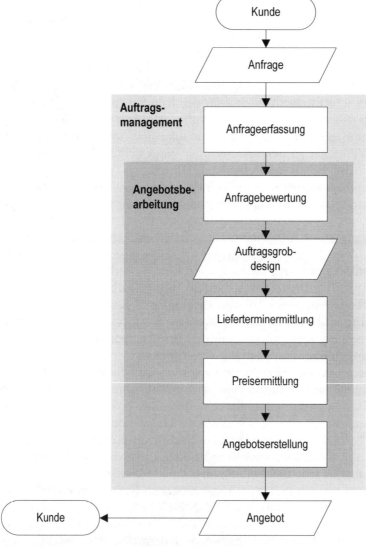

Abb. 2.4-23 Prozessmodell des Auftragsfertigers – Anfrageerfassung und Angebotsbearbeitung im Rahmen des Auftragsmanagements

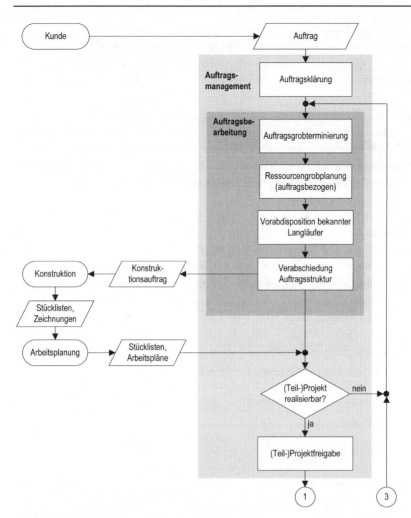

Abb. 2.4-24 Prozessmodell des Auftragsfertigers – Auftragsklärung und Auftragsbearbeitung im Rahmen des Auftragsmanagements

Nach der Fertigstellung und Verabschiedung der Auftragsstruktur werden die Konstruktion und die Arbeitsplanung mit der Erstellung der entsprechenden Planungsunterlagen zu den jeweiligen Teilprojekten beauftragt. Es handelt sich hierbei um eine sequentielle Erteilung von Konstruktionsaufträgen für die jeweils anstehenden Teilprojekte, mit denen die Auftragsstruktur im Sinne einer wachsenden Stückliste schrittweise konkretisiert wird. Obwohl demnach die Auftragsstückliste noch nicht bis auf die unterste Strukturstufe detailliert bzw. die Arbeitspläne noch nicht fertig gestellt sind, müssen zu nicht näher spezifizierten Teilen oder Baugruppen bereits die Kapazitäten reserviert oder sogar Fertigungs- und Bestellaufträge erteilt werden. Dabei verfügt der Auftragsfertiger in der Regel lediglich über grobe Vergleichsdaten für Material- und Kapazitätsbedarfe.

Kann ein Teilprojekt anhand der erstellten Planungsunterlagen als grundsätzlich realisierbar bewertet werden, wird dieses freigegeben und der kundenauftragsbezogene Teil des Produktionsprogramms in die Produktionsbedarfsplanung eingesteuert. Treten beispielsweise durch zu spät erkannte Konstruktionsrestriktionen, kundenseitige Änderungswünsche oder zusätzlich erforderliche Arbeitsfolgen entsprechende Terminverzögerungen auf, muss für die nachfolgenden Teilprojekte die Auftragsgrobterminierung mit der anschließenden Ressourcengrobplanung erneut angestoßen und aktualisiert werden.

Neben den zuvor beschriebenen – eher der langfristigen Planungsebene zuzuordnenden Aufgaben – werden im Rahmen des Auftragsmanagements ebenso die mittel- bis kurzfristig orientierten Aufgaben der Versandabwicklung durchgeführt (vgl. Abb. 2.4-25). Hier erfolgt meist auf Basis umfangreicher Funktionsprüfungen bzw. Vorabnahmen die Versandfreigabe. Teilweise müssen die zwecks Fähigkeitsprüfung vormontierten Anlagen für den Versand wieder demontiert und als entsprechende Versandeinheit verpackt und verladen werden. Die einzelnen Versandeinheiten bilden zusammen mit den verwendeten Lade- und Transportmitteln die Grundlage zur Erstellung der erforderlichen Versandpapiere. Abschließend wird die Anlage an ihrem Bestimmungsort aufgestellt. Dabei erfolgt im Anschluss an die Inbetriebnahme die Endabnahme durch den Kunden.

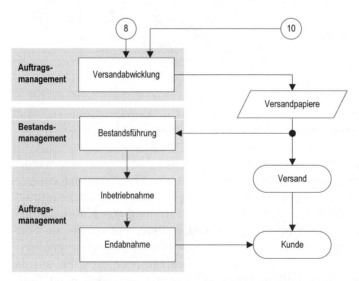

Abb. 2.4-25 Prozessmodell des Auftragsfertigers – Versandabwicklung und Inbetriebnahme im Rahmen des Auftragsmanagements

Insbesondere beim Auftragsfertiger ist auftragsbezogen ein hoher inner- und überbetrieblicher Kommunikationsaufwand zu bewältigen. Dieser Abstimmung der handelnden Akteure widmet sich die Auftragskoordination im Rahmen des Auftragsmanagements. In der betrieblichen Praxis ist die Auftragskoordination häufig in Form einer Auftragsleitstelle aufbauorganisatorisch repräsentiert.

2.4.5.2 *Produktionsprogrammplanung*

Trotz langer Produktdurchlaufzeiten von meist mehreren Monaten kann der Auftragsfertiger mit Hilfe der Produktionsprogrammplanung seine Lieferzeiten verkürzen bzw. eine höhere Termintreue erreichen. Hierzu kann der Bedarf für bestimmte Standardbaugruppen oder Rohmaterialien prognostiziert und dessen Produktion oder Zukauf im Voraus angestoßen werden. Ein weiterer wesentlicher Bestandteil der Produktionsprogrammplanung (vgl. Abb. 2.4-26) beim Auftragsfertiger ist die langfristige Liquiditätsplanung, innerhalb derer der zukünftige Bedarf an Finanzmitteln abgeschätzt wird.

Anhand der Nachfrageentwicklung des Marktes wird der Erzeugnisabsatz dezentral prognostiziert. Durch den hier unterstellten erheblichen Einfluss kundenspezifischer Anforderungen an die Erzeugnisse lässt sich der Absatz allerdings lediglich auf Produktgruppenebene planen. Im Falle einer zentralen Netzwerkabsatzplanung fließt zusätzlich der übergeordnet erstellte Absatzplan des Unternehmensverbundes als Eingangsinformation in die lokale Absatzplanung ein. Demgegenüber stellt der lokal prognostizierte Absatzplan für den dezentralen Koordinationsansatz eine Eingangsinformation auf der Netzwerkebene dar. Aus dem derart definierten Erzeugnisabsatz wird im Rahmen der Liquiditätsplanung eine langfristig orientierte Liquiditätsvorschau (Finanzstatus) durch eine Gegenüberstellung der zukünftigen Mittelzu- und -abflüsse erstellt.

Aus der Absatzplanung lässt sich der auftragsanonyme Bedarf an Baugruppen und Komponenten je Produktgruppe ableiten. Das Ergebnis dieser Bedarfsermittlung ist – unter Berücksichtigung der vorhandenen Bestände an Baugruppen und Komponenten – der noch zu produzierende Nettobedarf. Dabei dient der entsprechende Bruttobedarf als Eingangsinformation für die Bestandsplanung der verbrauchsgesteuert disponierten Sekundärbedarfe (Teile und Rohmaterialien). Da der Anteil verbrauchsgesteuert disponierter Sekundärbedarfe beim Auftragsfertiger in der Regel gering ist, spielt die Bestandsplanung jedoch eine eher untergeordnete Rolle.

Die ermittelten Nettobedarfe werden sowohl für die kundenanonyme Produktion bzw. die Beschaffung als auch für die Montage der Produkte unter Berücksichtigung der Ressourcen grob terminiert. Den Planungshorizont und den Planungszeitpunkt der auftragsanonymen Ressourcengrobplanung legt das Unternehmen individuell fest – oftmals wird am Ende eines Jahres das Produktionsprogramm für das kommende Jahr geplant. In der Ressourcengrobplanung wird dabei regelkreisähnlich überprüft, ob der geplante Erzeugnisabsatz grundsätzlich realisierbar ist oder ob dazu ggf. zusätzliche Ressourcen zur Verfügung gestellt werden müssen. Diese Informationen werden dann an die Ressourcenüberwachung als Bestandteil des Auftragsmanagements übergeben.

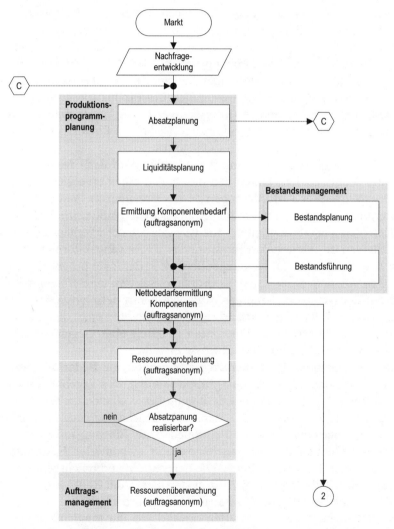

Abb. 2.4-26 Prozessmodell des Auftragsfertigers – Produktionsprogrammplanung

2.4.5.3 Produktionsbedarfsplanung

Ergebnis der Produktionsprogrammplanung ist ein Produktionsprogramm, welches sich aus Aufträgen zusammensetzt, die aus kundenauftragsbezogenen Projekten aus der Angebots- und Auftragsbearbeitung sowie zu einem geringeren Anteil aus auftragsanonymen Planaufträgen resultieren. Besonders zu beachten ist im Rahmen der folgenden Produktionsbedarfsplanung (vgl. Abb. 2.4-27) der Abgleich zwischen den zunächst kundenauftragsanonym ermittelten Bedarfen aus der Produktionsprogrammplanung mit den realen Bedarfen aus konkreten Kundenaufträgen.

Anhand des projekt- bzw. baugruppen- und komponentenbezogenen Produktionsprogramms wird der Bruttosekundärbedarf unter stufenweiser Auflösung bereits vorhandener Stücklisten ermittelt. Die besondere Herausforderung besteht beim Auftragsfertiger darin, dass bereits Baugruppen und -teile terminiert werden müssen, die konstruktiv noch nicht vollständig spezifiziert bzw. deren entsprechender Arbeitsplan oder NC-Programm noch nicht erstellt sind.

Diesem Schritt folgt für bereits vollständig spezifizierte Baugruppen und Teile der unteren Strukturstufen die Nettosekundärbedarfsermittlung unter Berücksichtigung der Informationen aus der Bestandsführung. Dabei werden den ermittelten Sekundärbedarfen die vorhandenen Bestände und die geplanten Zu- und Abgänge gegenübergestellt. Der Anteil der eigen gefertigten lagerhaltigen Baugruppen und Teile ist beim Auftragsfertiger eher gering. Daher werden in erster Linie nur Rohmaterialien oder zugekaufte Baugruppen am Lager geführt.

Im Anschluss an die Nettosekundärbedarfsermittlung wird den zu disponierenden Teilen unter Rückgriff auf die im Rahmen der strategischen Netzwerkauslegung durchgeführte Make-or-Buy-Analyse die entsprechende Beschaffungsart zugeordnet. Hierbei entsteht der lokale Beschaffungsprogrammvorschlag, dessen Bedarfe mit dem Netzwerkbeschaffungsprogramm aus der Netzwerkbedarfsplanung abgeglichen werden. Auf diese Weise wird ein unternehmensübergreifend konsolidierter Beschaffungsprogrammvorschlag generiert, der als Vorgabe für die folgenden Planungsschritte dient.

Die nächsten Schritte der Durchlaufterminierung, Kapazitätsbedarfsermittlung und Kapazitätsabstimmung beziehen sich vorwiegend auf den Eigenfertigungsanteil der Erzeugnisse und erfolgen abhängig von der Produktstruktur und der Fertigungsart unterschiedlich detailliert. Die Durchlaufzeiten für die einzelnen Fertigungsaufträge werden beim Auftragsfertiger aufgrund der häufig noch nicht fertig gestellten Konstruktions- und Planungsunterlagen entweder durch Vergleichsdaten ähnlicher Aufträge oder mit Hilfe von Erfahrungswerten abgeleitet. Sie sind deshalb mit einer größeren Ungenauigkeit verbunden. Weiterhin kann oftmals lediglich eine annähernde Aussage über die benötigten Maschinen- bzw. Personalkapazitäten getroffen werden. In den meisten Fällen muss daher eine Planung auf Maschinen- bzw. Personalgruppen ausreichen.

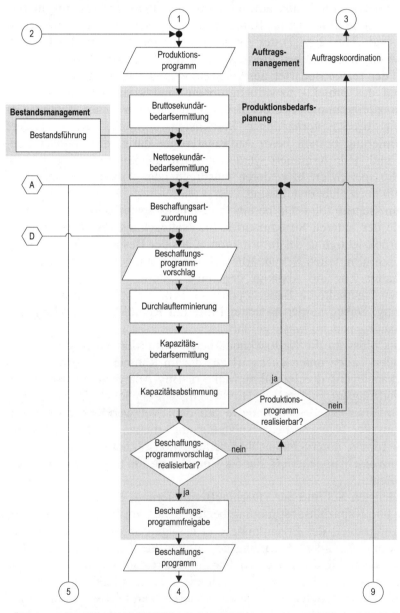

Abb. 2.4-27 Prozessmodell des Auftragsfertigers – Produktionsbedarfsplanung

Sind die einzelnen Aufträge des Beschaffungsprogrammvorschlags in ihrer geplanten Form grundsätzlich realisierbar, so wird das Beschaffungsprogramm freigegeben. Andernfalls müssen alternative Beschaffungswege – wie beispielsweise eine netzwerkinterne Fremdvergabe – hinsichtlich ihrer Eignung zur Durchsetzung des Programmvorschlags überprüft werden. Nachdem eine alternative Beschaffungsart zugeordnet wurde, können erneut Termine und Kapazitäten ermittelt und abgestimmt werden. Lassen sich die Aufträge des Beschaffungsprogrammvorschlags weiterhin nicht realisieren, sind die Vorgaben des Produktionsprogramms aus der Angebots- bzw. Auftragsbearbeitung zu überprüfen und ggf. zu ändern. Eine Entscheidung darüber wird meist im Rahmen der Auftragskoordination gefällt, der bei komplexen Auftragsstrukturen das Projektmanagement obliegt.

Als Ergebnis der Produktionsbedarfsplanung liegt ein grundsätzlich realisierbares Beschaffungsprogramm vor, welches sich in die Elemente Eigenfertigungs- und Fremdbezugsprogramm untergliedert.

2.4.5.4 *Eigenfertigungsplanung und -steuerung*

Nachdem das Eigenfertigungsprogramm für den Werkstattbereich bekannt ist, muss dem Fertigungsbereich ein detailliertes Zeitgerüst zur Belegung der Kapazitäten zur Verfügung gestellt werden. Dazu fasst die Losgrößenrechnung alle innerhalb eines durch das Eigenfertigungsprogramm eingegrenzten Zeitraumes zu produzierenden Baugruppen- und Teilebedarfe mit gleichen Arbeitsgangfolgen zusammen.

Bei der anschließenden Feinterminierung werden auf der Arbeitsgangebene die Termine innerhalb des für den Arbeitsgang vorhandenen zeitlichen Puffers festgelegt. Bisher wurden im Rahmen der Produktionsbedarfsplanung die Kapazitäten lediglich auf Gruppenebene abgestimmt. Bei der Feinterminierung werden die Arbeitsgänge den einzelnen Kapazitäten zugeordnet und jedem Arbeitsgang wird innerhalb seines zeitlichen Puffers ein Starttermin zugeordnet. Auf diese Weise werden für die Einzelkapazitäten Arbeitsvorräte für kleinere Zeitabschnitte (z. B. eine Schicht oder einen Arbeitstag) gebildet, ohne die tatsächliche Reihenfolge der Abarbeitung des Arbeitsvorrats je Einzelkapazität festzulegen. Hierbei wird zunächst davon ausgegangen, dass Kapazitäten in unbegrenztem Umfang zur Verfügung stehen.

Im Rahmen der anschließenden Ressourcenfeinplanung werden Belastungsspitzen ausgeglichen oder das Kapazitätsangebot angepasst. Dies kann beispielsweise durch Arbeitszeitverlängerungen oder durch zusätzlichen Maschinen- bzw. Personaleinsatz geschehen.

150 2 Grundlagen der Produktionsplanung und -steuerung

Als Ergebnis der Ressourcenfeinplanung ist der jeweilige Vorrat an Arbeitsaufträgen fixiert, der innerhalb einer bestimmten Periode (z. B. ein Tag, eine Schicht etc.) an einer Kapazitätseinheit gefertigt werden kann. Eine Kapazitätseinheit ist dabei beispielsweise das Montagepersonal, der Montagearbeitsplatz oder eine Einzelmaschine. Gibt es für den Vorrat der Arbeitsaufträge noch einen zeitlichen Spielraum bei der Abarbeitung, wird für den kapazitätsbezogen Arbeitsvorrat die Abarbeitungsfolge unter Beachtung entsprechender Planungsregeln (z. B. FIFO) im Rahmen der Reihenfolgeplanung festgelegt.

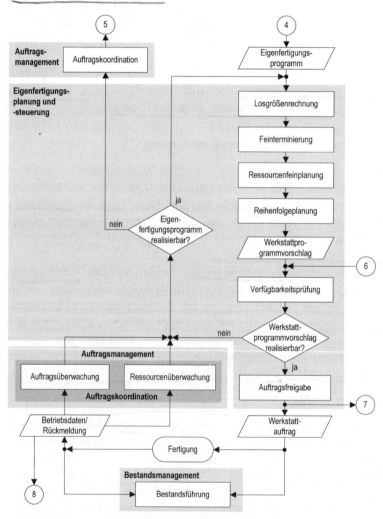

Abb. 2.4-28 Prozessmodell des Auftragsfertigers – Eigenfertigungsplanung und -steuerung

Die Schritte der Terminierung, der Ressourcenfein- und Reihenfolgeplanung führen zu einem arbeitsgangbezogenen Werkstattprogrammvorschlag, auf dessen Basis die Verfügbarkeit von Material und Kapazitäten vor Fertigungsbeginn nochmals genauer geprüft werden kann. Sind die erforderlichen Ressourcen vorhanden, wird der Werkstattauftrag zur Fertigung freigegeben. Dieser Freigabeschritt beinhaltet gleichzeitig die Überprüfung der Arbeitsunterlagen (Konstruktionszeichnung, Arbeitsplan, Stückliste etc.) sowie die Ausgabe der physischen Fertigungs- bzw. Montagepapiere. Beim Auftragsfertiger ist häufig eine Außenmontage beim Kunden vor Ort erforderlich. Gerade bei diesen Montageaufträgen kann bereits eine Freigabe erfolgt sein, ohne dass alle Materialien bereits zur Verfügung stehen.

Der Fortschritt der Fertigungs- und Montageaufträge wird im Rahmen der Auftragskoordination verfolgt. Dabei werden die Auftrags- und die Ressourcenüberwachung heute vielfach durch ein Betriebsdatenerfassungssystem (BDE-System) unterstützt, welches die Rückmeldungen der Werkstattaufträge und die Leistungsdaten der Betriebsmittel kontinuierlich überprüft. Ergeben sich aufgrund von Störungen terminliche Abweichungen, so müssen die Durchführbarkeit des Eigenfertigungsprogramms hinterfragt und entsprechende Kompensationsmaßnahmen eingeleitet werden. Darüber hinaus wird bei größeren Abweichungen vom Zeitplan der Kunde durch die Verantwortlichen der Auftragskoordination über den Terminverzug informiert. Das Auftragsmanagement nimmt während des gesamten Projektfortschritts die Aufgabe der Projektverfolgung wahr, um jederzeit Auskünfte über den aktuellen Bearbeitungsstand geben zu können.

2.4.5.5 *Fremdbezugsplanung und -steuerung*

Auf Basis des Fremdbezugsprogramms, das sich aus den jeweiligen Kundenaufträgen und Planbedarfspositionen zusammensetzt, wird im Einkauf die Bestellrechnung durchgeführt (vgl. Abb. 2.4-29). Diese Bestellrechnung beinhaltet neben der Ermittlung bestands- und transportkostenoptimierter Bestellmengen auch die Zusammenfassung von mehreren gleichartigen Bedarfen über einen häufig nicht vordefinierbaren Zeitraum.

Den als Ergebnis vorliegenden Bestellprogrammvorschlag verwendet der Einkauf daraufhin als Eingangsinformation zur Anfrageerstellung. Während der Angebotseinholung spezifiziert der Auftragsfertiger die konstruktiven Details des Zukaufteils zusammen mit dem Lieferanten. Nicht selten hat der Auftragsfertiger mehrere Lieferanten für einzelne Baugruppen und Teile, während für Rohmaterialien zumeist nur ein (Haupt-) Lieferant zur Verfügung steht.

152 2 Grundlagen der Produktionsplanung und -steuerung

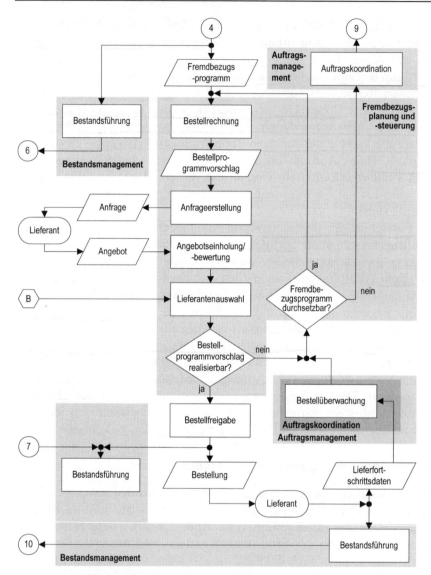

Abb. 2.4-29 Prozessmodell des Auftragsfertigers – Fremdbezugsplanung und -steuerung

Anschließend werden die eingehenden Angebote nach unternehmensspezifisch definierten Kriterien, wie beispielsweise Einkaufspreis, Liefertermin und Qualität bewertet und der passende Lieferant ausgewählt. Sind die erforderlichen Fremdlieferungen des Bestellprogrammvorschlags grundsätzlich realisierbar, werden diese freigegeben und die entsprechenden Bestellungen erstellt und versandt.

Die vom Lieferanten zum jeweiligen Bestellvorgang eingehenden Lieferfortschrittsinformationen (z. B. Auftragsbestätigung, Lieferavisierung etc.) werden im Rahmen der Bestellüberwachung erfasst und ausgewertet. Ebenso ist neben der gängigen Fortschrittsverfolgung auch die Abwicklung von Reklamationen gegenüber einem Lieferanten Bestandteil der Bestellüberwachung.

2.4.5.6 Bestandsmanagement

Das Bestandsmanagement ist eine Querschnittsaufgabe, deren Teilaufgaben auf allen Planungsebenen durchgeführt werden. So werden Bestandsdaten, die im Rahmen der Bestandsführung ermittelt werden, insbesondere für die Nettoprimär- bzw. Nettosekundärbedarfsrechnung oder die Verfügbarkeitsprüfung von Material und Erzeugnissen benötigt. Darüber hinaus fließen Daten über geplante sowie reale Zu- und Abgänge in das dispositive Bestandskonto innerhalb der Bestandsführung ein.

Die Aufgaben der Lagerverwaltung zur Bestimmung von Lagerorten und -plätzen werden immer dann angestoßen, wenn reale Bestandszu- oder -abgänge auftreten. Dies geschieht beispielsweise bei der Entnahme von eingelagertem Material für die Fertigung, bei der Einlagerung von Erzeugnissen und Restmengen nach der Fertigung oder Montage, bei der Einlagerung von fremdbezogenen Materialien oder bei der Entnahme von eingelagerten Erzeugnissen zum Versand an den Kunden.

Der Auftragsfertiger benötigt für Rohmaterialien und die geringe Anzahl an kundenanonym vorgefertigten Baugruppen und Teilen vergleichsweise einfache Lagerstrukturen. Enderzeugnisse werden in der Regel nicht mehr eingelagert, sondern nach der Vorabnahme direkt an den Kunden versandt, dort montiert und in Betrieb gesetzt.

2.4.6 Rahmenauftragsfertiger

Den Rahmenauftragsfertiger kennzeichnet eine enge logistische Verbindung zum Kunden. Charakteristisch sind häufige Bedarfsmitteilungen der Auftraggeber mittels Abrufaufträgen, die gerade im Bereich der Automobilindustrie mit Hilfe informationstechnischer Schnittstellen übermittelt werden. Für verschiedene Branchen haben sich dafür unterschiedliche Austauschformate bzw. Übertragungsstandards wie beispielsweise der VDA-Standard (Verband der Automobilindustrie) oder EDIFACT (Electronic Data Interchange for Administration, Commerce and Transport) etabliert (Killich u. Luczak 2003; Buxmann 2001; Kcrmar 1997). Diese Abrufe enthalten ein weites Informationsspektrum hinsichtlich Mengen sowie Lieferterminen und basieren auf diversen Formen von Kontrakten (Lassen et al. 2005). Rahmenkontrakte bilden die Grundlage für die zuvor genannte Abrufsystematik und funktionieren nach dem Prinzip der rollierenden Planung. Hierbei werden die Lieferabrufe mit Bezug zu drei Planungsebenen (lang-, mittel- und kurzfristig) mit einer zunehmenden Konkretisierung an die Zulieferer übermittelt (Scheer 1998; Much u. Nicolai 1995).

Auf der langfristigen Planungsebene wird zwischen dem Einkauf des Produzenten und dem Vertrieb des Lieferanten ein Rahmenkontrakt mit einer meist einjährigen Laufzeit ausgehandelt und abgeschlossen. Diese Vereinbarung legt beispielsweise die Funktionsweise, die Qualität, den Preis und die Lieferbedingungen der entsprechenden Güter fest. Darüber hinaus werden verbindliche Abnahmemengen (Mengenkontrakt) oder Beschaffungswerte (Wertkontrakt) in Form von Kontingenten vereinbart. Diese Informationen bilden dann eine solide Planungsgröße für die langfristig orientierte Produktionsprogrammplanung.

Entsprechend dem Wesen der Auftragsabwicklung auf der Basis von Rahmenkontrakten werden die zugehörigen Rahmenaufträge und Abrufe sukzessive mengenmäßig und terminlich detailliert. Die konkret für einen Liefertermin bereitzustellenden Mengen werden in der Regel derart kurzfristig mitgeteilt, dass eine zeitgerechte Fertigstellung der Erzeugnisse auf der Basis von Absatzprognosen vorgenommen werden muss. Diese Annahmen resultieren aus den mit den Kunden geschlossenen Rahmenkontrakten, die allerdings noch eine erhebliche Terminunsicherheit hinsichtlich der abzusetzenden Mengen aufweisen.

Rahmenkontrakte werden meist dann geschlossen, wenn ein Kunde einen großen Bedarf an gleichen oder ähnlichen Erzeugnissen über eine bestimmte Zeit erwartet. Der Kunde sichert sich mit einer Rahmenvereinbarung günstige Lieferkonditionen und eine garantierte Lieferbereitschaft. Für den Rahmenauftragsfertiger liegen die Vorteile der Kontrakte in einer garantierten Mindestabnahmemenge eines Erzeugnisses oder Erzeugnistyps und der daraus resultierenden besseren Planbarkeit von Materialbedarf, Materialbeschaffung oder Kapazitätsauslastung über die gesamte Laufzeit der Vereinbarung.

Häufig wird beim Rahmenauftragsfertiger das Fortschrittszahlenkonzept angewendet, welches ein auf kumulierten Werten basierendes Planungs- und Steuerungskonzept für die nach dem Fließprinzip organisierte montageorientierte Serien- und Massenfertigung ist (Kurbel 2003; Eversheim 2002; Sames 1992). Für das Fortschrittszahlenkonzept erfolgt eine erzeugnisbezogene Gliederung des gesamten Produktionsprozesses in so genannte Kontrollblöcke. Diese Blöcke werden stets mittels Fortschrittszahlen über ein- und abgehende Werte gezählt. Darüber hinaus lassen sich Soll-

Fortschrittszahlen z. B. in Form kumulierter Bedarfsvorhersagen von tatsächlichen Ist-Fortschrittszahlen unterscheiden.

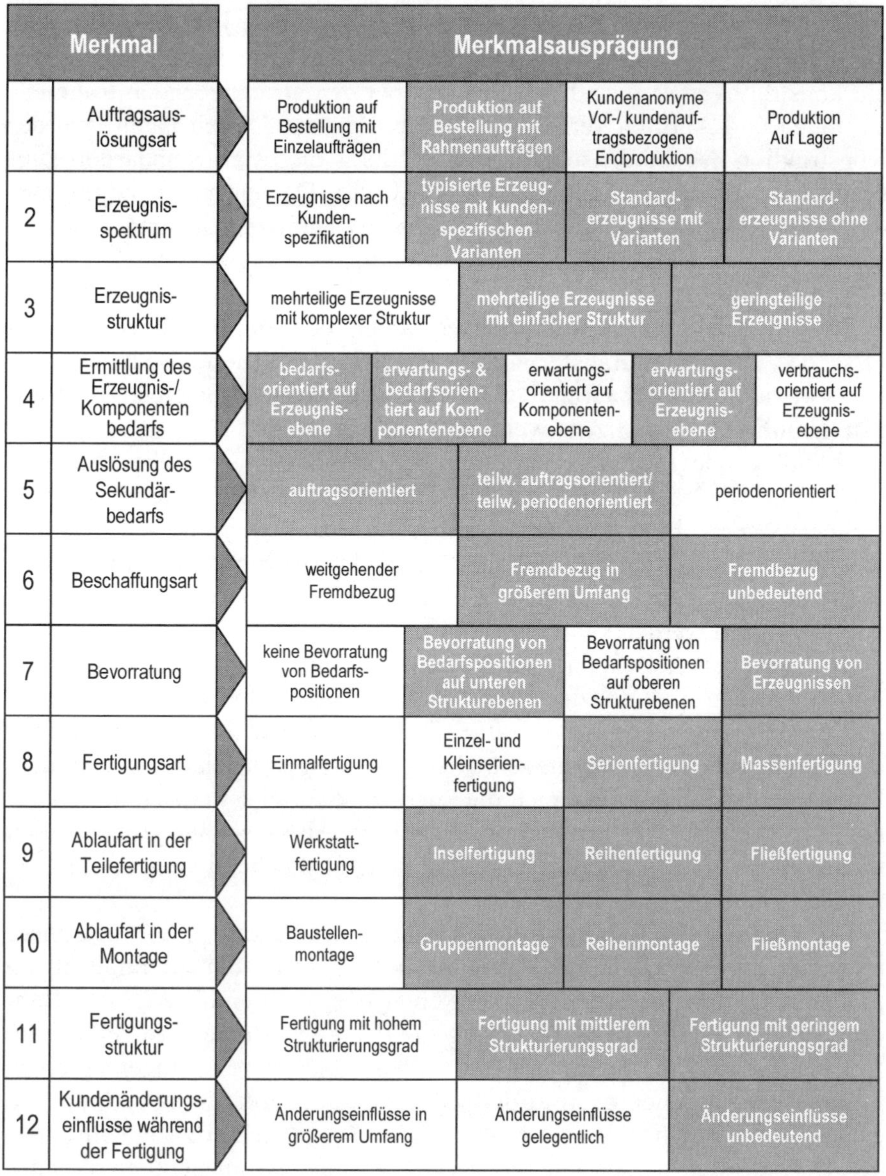

#	Merkmal	Merkmalsausprägung				
1	Auftragsauslösungsart	Produktion auf Bestellung mit Einzelaufträgen	Produktion auf Bestellung mit Rahmenaufträgen	Kundenanonyme Vor-/ kundenauftragsbezogene Endproduktion		Produktion Auf Lager
2	Erzeugnisspektrum	Erzeugnisse nach Kundenspezifikation	typisierte Erzeugnisse mit kundenspezifischen Varianten	Standarderzeugnisse mit Varianten		Standarderzeugnisse ohne Varianten
3	Erzeugnisstruktur	mehrteilige Erzeugnisse mit komplexer Struktur	mehrteilige Erzeugnisse mit einfacher Struktur			geringteilige Erzeugnisse
4	Ermittlung des Erzeugnis-/ Komponentenbedarfs	bedarfsorientiert auf Erzeugnisebene	erwartungs- & bedarfsorientiert auf Komponentenebene	erwartungsorientiert auf Komponentenebene	erwartungsorientiert auf Erzeugnisebene	verbrauchsorientiert auf Erzeugnisebene
5	Auslösung des Sekundärbedarfs	auftragsorientiert	teilw. auftragsorientiert/ teilw. periodenorientiert			periodenorientiert
6	Beschaffungsart	weitgehender Fremdbezug	Fremdbezug in größerem Umfang			Fremdbezug unbedeutend
7	Bevorratung	keine Bevorratung von Bedarfspositionen	Bevorratung von Bedarfspositionen auf unteren Strukturebenen	Bevorratung von Bedarfspositionen auf oberen Strukturebenen		Bevorratung von Erzeugnissen
8	Fertigungsart	Einmalfertigung	Einzel- und Kleinserienfertigung	Serienfertigung		Massenfertigung
9	Ablaufart in der Teilefertigung	Werkstattfertigung	Inselfertigung	Reihenfertigung		Fließfertigung
10	Ablaufart in der Montage	Baustellenmontage	Gruppenmontage	Reihenmontage		Fließmontage
11	Fertigungsstruktur	Fertigung mit hohem Strukturierungsgrad	Fertigung mit mittlerem Strukturierungsgrad			Fertigung mit geringem Strukturierungsgrad
12	Kundenänderungseinflüsse während der Fertigung	Änderungseinflüsse in größerem Umfang	Änderungseinflüsse gelegentlich			Änderungseinflüsse unbedeutend

Abb. 2.4-30 Idealtypische Charakterisierung des Rahmenauftragsfertigers

Eine kundenspezifische Produktentwicklung findet in der Regel vor dem Abschluss von Rahmenvereinbarungen oder als erster Schritt der kundenbezogenen Auftragsabwicklung innerhalb eines bestehenden Rahmenkontrakts statt. Vor diesem Hintergrund wird im Aachener PPS-Modell davon ausgegangen, dass nach erstmaliger Vereinbarung eines Rahmens einmalig ein konstruktiver Aufwand entsteht, der bei den anschließenden Rahmenaufträgen und Abrufen vernachlässigt werden kann. Somit kann nach der Konstruktion des kundenspezifischen Produkts dieses als Standardprodukt des Rahmenauftragsfertigers aufgefasst werden. Dementsprechend umfasst das Erzeugnisspektrum sowohl typisierte Erzeugnisse mit kundenspezifischen Varianten als auch Standarderzeugnisse mit und ohne Varianten (vgl. Abb. 2.4-30).

Für die meist einfach strukturierten, mehr- oder geringteiligen Erzeugnisse des Rahmenauftragsfertigers kann der periodisierte Bedarf erwartungsorientiert auf der Grundlage aller vorliegenden Rahmenvereinbarungen kumuliert prognostiziert werden.

Grundlegendes Planungsinstrument der Grobplanung sind die eingehenden Rahmenaufträge, gegen die die später eingehenden Lieferabrufe verrechnet werden. Eine weitere Detaillierung der Systematik bei Rahmenvereinbarungen stellen die fein- bzw. produktionssynchronen Abrufe dar. Während nach dem Eingang der Lieferabrufe die Beschaffungsplanung noch korrigiert werden kann, sind bei Übermittlung der fein- bzw. produktionssynchronen Abrufe durch den Kunden keine Änderungen für die Fertigung und den Fremdbezug mehr möglich. Diese sehr kurzfristigen fein- und produktionssynchronen Abrufe werden entweder aus Lagerbeständen oder direkt von der Endmontage bedient. So kann beispielsweise nach dem Eingang eines Feinabrufes noch die kundenspezifische Verpackung vorgenommen werden. Der produktionssynchrone Abruf erfolgt grundsätzlich unmittelbar vor der Lieferung und lässt dementsprechend keine modifizierenden Arbeitsgänge mehr zu.

Der Idealtyp des Rahmenauftragsfertigers produziert seine Erzeugnisse mit einer durchschnittlichen Fertigungstiefe, so dass ein Fremdbezug im größeren Umfang erforderlich ist. Neben diesem Fremdbezug von Baugruppen und -teilen stellt die häufig notwendige externe Veredelung der Erzeugnisse oder die Fremdvergabe von einzelnen Arbeitsgängen an einen Lohnfertiger besondere Anforderungen an die Auftragsabwicklung. So entstehen hierdurch beispielsweise weitere Schnittstellen zu einem externen Dienstleister, dessen Leistungserstellungsprozess hinsichtlich Terminplanung, Bauteilbereitstellung und Zusammenführung zusätzlich koordiniert werden muss.

Die Bevorratung wird entweder direkt auf Erzeugnisebene oder auf oberen Strukturebenen des Erzeugnisses vorgenommen, so dass lediglich kurzfristig durchführbare Montage- oder Verpackungsvorgänge erforderlich sind. Die Bevorratung von Erzeugnissen kommt durch eine kundenabrufneutral bestimmte Fertigungslosgröße zustande. Um wirtschaftlich produzieren zu können, ist diese Losgröße häufig höher festgelegt als die vom Auftraggeber mittels Abrufen spezifizierte Menge.

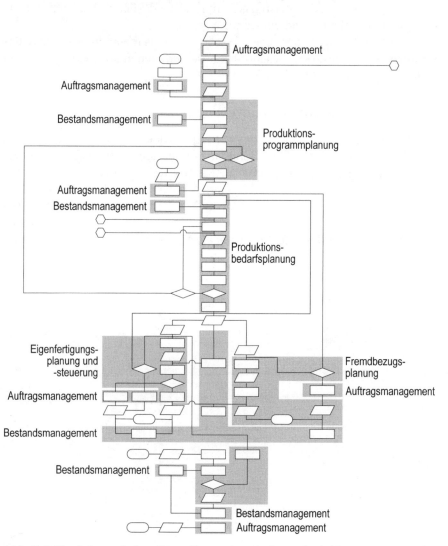

Abb. 2.4-31 Schematische Darstellung der Auftragsabwicklungsprozesse des Rahmenauftragsfertigers

158   2 Grundlagen der Produktionsplanung und -steuerung

Die Fachabteilungen der Konstruktion und Arbeitsplanung werden für Rahmenaufträge vorwiegend in der Vorbereitungsphase zu einem Rahmenauftrag tätig. Aufgrund des vorliegenden Seriencharakters werden hier in entscheidendem Maße die Herstellkosten der Erzeugnisse fixiert. Die Änderungseinflüsse der Kunden sind bis zu diesem Zeitpunkt vorhanden, nehmen aber nach dem Vertragsabschluß ab und können bezogen auf die Fertigung als unbedeutend eingestuft werden.

Im Folgenden wird der idealtypische Auftragsabwicklungsprozess des Rahmenauftragsfertigers beschrieben, dessen schematische Struktur in Abb. 2.4-31 dargestellt ist.

2.4.6.1 Produktionsprogrammplanung

Zu Beginn des hier betrachteten Auftragsabwicklungsprozesses steht die mit dem Kunden getroffene Rahmenvereinbarung, auf deren Basis der Rahmenauftragsfertiger den erwarteten Absatz pro Periode plant (vgl. Abb. 2.4-32). Während der Auftragsfertiger aus seiner Absatzplanung eher die strategischen Unternehmensziele (z. B. langfristige Erweiterung des Kapazitätsangebotes oder vermehrte Fremdvergabe) ableitet, bezieht sich die Absatzplanung des Rahmenauftragsfertigers insbesondere auf die lang- und mittelfristig zu produzierenden Erzeugnisse.

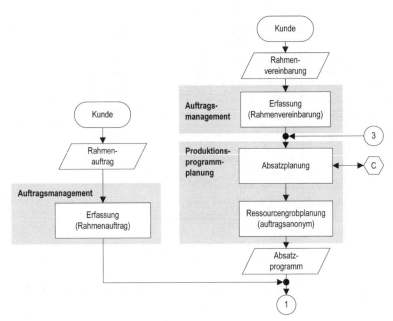

Abb. 2.4-32 Prozessmodell des Rahmenauftragsfertigers – Absatzplanung im Rahmen der Produktionsprogrammplanung

Bei der Erfassung einer Rahmenvereinbarung mit einem Kunden liegen bereits mehrere Kontrakte mit anderen Kunden bzw. mit dem gleichen Kunden zu anderen Produkten vor. Die Absatzplanung stützt sich somit zunächst nur auf diese Rahmenvereinbarung und prognostiziert auf deren Basis die erwarteten Bedarfe. Dabei muss ein Rahmenkontrakt nicht auf ein spezielles Produkt bezogen sein, sondern kann auch rein wert- bzw. mengenbezogen zu einer Produktgruppe ausgehandelt werden. Die Absatzplanung beim Rahmenauftragsfertiger hat somit in erster Linie die Aufgabe, Schwankungsbreiten zukünftig eingehender Lieferabrufe zu einer Rahmenvereinbarung zu prognostizieren. Darüber hinaus zu berücksichtigen ist die Abstimmung der lokalen Absatzplanung mit dem netzwerkbezogen geplanten Erzeugnisabsatz.

Im Anschluss an die Absatzplanung erfolgt die auftrags- und abrufanonyme Ressourcengrobplanung. Dabei werden die periodenbezogenen Bedarfe den vorhandenen Ressourcen unter Berücksichtigung der bereits für andere Rahmenvereinbarungen reservierten Ressourcen zugeordnet. Häufig greift der Rahmenauftragsfertiger hierfür auf Planungsinformationen eines höheren Aggregationsniveaus (Ersatzstücklisten und -arbeitspläne) zurück. Das Ergebnis der Ressourcengrobplanung ist das Absatzprogramm auf der Grundlage aller vorliegenden Rahmenvereinbarungen.

Die eingehenden Rahmenaufträge werden nach ihrer Erfassung dem zuvor gebildeten Absatzprogramm gegenübergestellt. Waren bisher die Bruttobedarfe der Primärerzeugnisse durch eine produktgruppenbezogene Rahmenvereinbarung nicht vollständig bekannt, so werden diese jetzt anhand der eingehenden Rahmenaufträge ermittelt und mit dem zugrunde liegenden Rahmenkontrakt verrechnet. Dabei können identische Primärbedarfe aus unterschiedlichen Rahmenaufträgen über einen festgelegten Zeitraum kumuliert werden.

Anschließend wird mit Hilfe der Bestandsführung unter Berücksichtigung der vorhandenen Bestände und der bereits geplanten Zu- und Abgänge, der erforderliche Nettoprimärbedarf bestimmt (vgl. Abb. 2.4-33). Im Gegensatz zum Auftragsfertiger müssen beim Rahmenauftragsfertiger die Produktionsaufträge für Primärerzeugnisse auch verbrauchsgesteuert ausgelöst werden. Dabei wird eine Unterschreitung des Bestellbestands durch die Fortschreibung des dispositiven Kontos im Rahmen der Bestandsführung festgestellt.

Die aus der Primärbedarfsplanung resultierenden Produktionsaufträge des Produktionsprogrammvorschlags werden für die erneute Ressourcengrobplanung herangezogen. Diese Ressourcengrobplanung bezieht sich auf einen kürzeren Zeitraum und ist aufgrund der konkretisierten Angabe der Erzeugnisbedarfe detaillierter als die in Nachgang zur Absatzplanung durchgeführte Ressourcengrobplanung. Die erforderlichen Ressourcen können dabei entweder durch Kumulation über mehrere Aufträge oder mit direktem Bezug zu einem konkreten Rahmenauftrag verplant werden. Letzteres kann aufgrund der mit dem Auftrag verbundenen Schwankungsbreite zum Zeitpunkt der Ressourcengrobplanung zu erheblichen Planabweichungen führen. Daher wird im Rahmen der Ressourcengrobplanung häufig mit Sicherheitsfaktoren gearbeitet, um die Auswirkungen der entsprechenden Schwankungsbreite zu kompensieren.

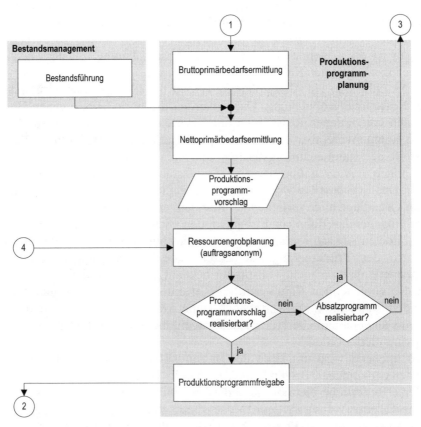

Abb. 2.4-33 Prozessmodell des Rahmenauftragsfertigers – Primärbedarfsplanung im Rahmen der Produktionsprogrammplanung

Die Produktionsprogrammfreigabe setzt die grundsätzliche Machbarkeit des Produktionsprogrammvorschlags voraus. Erweist sich der geplante Programmvorschlag als nicht realisierbar, so sind die Ressourcen beispielsweise durch die Vergabe von Aufträgen an externe Unternehmen langfristig abzustimmen. Nach der Freigabe wird das Produktionsprogramm an die Produktionsbedarfsplanung übergeben. Treten im Rahmen der Produktionsbedarfsplanung Störungen auf, die das Produktionsprogramm in seiner geplanten Form infrage stellen, so ist unter Berücksichtigung der generellen Durchführbarkeit des Absatzprogramms die Ressourcengrobplanung oder bei nicht realisierbarem Absatzprogramm die Absatzplanung erneut durchzuführen.

2.4.6.2 Produktionsbedarfsplanung

Eingehende Lieferabrufe werden beim Rahmenauftragsfertiger im Rahmen des Auftragsmanagements erfasst und dem entsprechenden Rahmenauftrag zugeordnet. Gleichzeitig werden diese Abrufe mit dem bisher geplanten Primärbedarf aus dem Produktionsprogrammvorschlag abgeglichen und die entsprechenden Produktionsaufträge bei einer Abweichung vom Programmvorschlag korrigiert. Aus dieser Zusammenführung des Produktionsprogrammvorschlags mit den konkreten Lieferabrufen des Kunden wird das Produktionsprogramm abgeleitet (vgl. Abb. 2.4-34).

Anhand des Produktionsprogramms wird mittels Stücklistenauflösung der Bruttosekundärbedarf und unter Berücksichtigung aktueller Bestandsinformationen der Nettosekundärbedarf periodengenau ermittelt. Anschließend wird den disponierten Teilen die entsprechende Beschaffungsart unter Rückgriff auf die Make-or-Buy-Analyse der strategischen Netzwerkauslegung zugeordnet. Hierdurch entsteht der lokale Beschaffungsprogrammvorschlag, dessen Bedarfe mit dem Netzwerkbeschaffungsprogramm aus der Netzwerkbedarfsplanung abgeglichen werden. Die Durchlaufterminierung verbindet den Materialbedarf mit entsprechenden Fertigungsaufträgen zu einem Auftragsnetz (Kernler 1995), so dass die anschließende Kapazitätsbedarfsermittlung den zeitlichen Bedarf pro Kapazität ermitteln sowie Kapazitätsangebot und -bedarf aufeinander abstimmen kann. Nach den entsprechenden Prüfungsschleifen zur grundsätzlichen Realisierbarkeit des Programmvorschlags erfolgt die Freigabe des abgestimmten Beschaffungsprogramms als Eingangsinformation sowohl für die Eigenfertigungs- als auch für die Fremdbezugsplanung und -steuerung.

Bezogen auf den im Aachener PPS-Modell dargestellten Prozessablauf entspricht die Produktionsbedarfsplanung des Rahmenauftragsfertigers demnach in weiten Teilen der Bedarfsplanung des Auftragsfertigers.

Im Wesentlichen unterscheidet die beiden Idealtypen der Auftragsabwicklung aber die höhere Planungsgenauigkeit, mit der ein Rahmenauftragsfertiger aufgrund der bereits durchgängig spezifizierten Stammdaten (z. B. Stücklisten und Arbeitspläne) im Rahmen der Bedarfsplanung arbeiten kann. Darüber hinaus gibt es bei den Auftragsabwicklungstypen unterschiedliche Schwerpunkte hinsichtlich der Kapazitätsabstimmung. Während der Auftragsfertiger bei Engpässen meist die Beschaffungsart wechselt, kann der Rahmenauftragsfertiger aufgrund der größeren Ähnlichkeit seiner Produkte beispielsweise durch eine geringfügige Modifikation bestehender Alternativteile die Vorgaben des Produktionsprogramms dennoch einhalten.

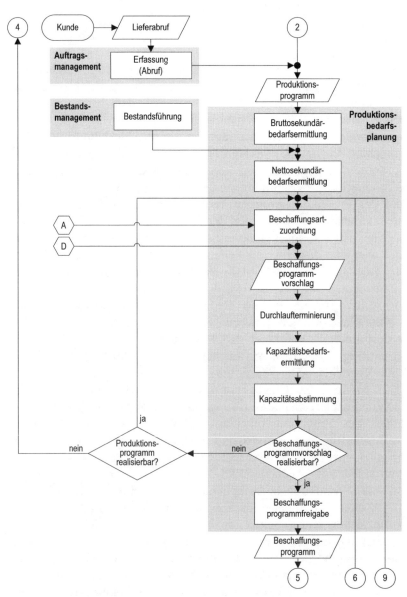

Abb. 2.4-34 Prozessmodell des Rahmenauftragsfertigers – Produktionsbedarfsplanung

Ferner ist die Bedeutung der Auftragskoordination im Rahmen des Auftragsmanagements aufgrund des geringeren Strukturierungsgrads der Fertigung beim Rahmenauftragsfertiger nicht in dem Maße gegeben, wie dies beim Auftragsfertiger der Fall ist.

2.4.6.3 Eigenfertigungsplanung und -steuerung

Da beim Rahmenauftragsfertiger mit kundenseitigen Änderungen während der laufenden Fertigung nur in geringem Umfang zu rechnen ist, sind die Fertigungsabläufe in der Regel bekannt.

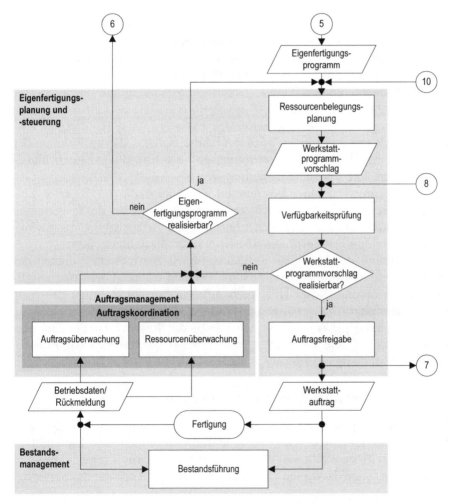

Abb. 2.4-35 Prozessmodell des Rahmenauftragsfertigers – Eigenfertigungsplanung und -steuerung

164 2 Grundlagen der Produktionsplanung und -steuerung

Die Eigenfertigung eines Rahmenauftragsfertigers kann mehrere, unterschiedlich gesteuerte Fertigungsbereiche umfassen. Für den Rahmenauftragsfertiger und den Lagerfertiger wird daher angenommen, dass mindestens ein Fertigungsbereich existiert, in dem aufgrund der Einfachheit der Fertigungsstruktur (z. B. einstufige Fertigung mit gleichartigen Maschinen oder Anlagen) und der exakt spezifizierten Bearbeitungs- und Rüstzeiten (vollautomatisierte Maschinen) eine Ressourcenbelegungsplanung und damit eine deterministische Feinplanung sinnvoll möglich ist (vgl. Abb. 2.4-35). In der Regel wird die Belegungsplanung durch einen Leitstand elektronisch unterstützt, um die Transparenz eines Fertigungsbereichs zu erhöhen (Schotten 1998).

Die aus der Ressourcenbelegungsplanung resultierenden Fertigungs- und Montageaufträge bilden den Werkstattprogrammvorschlag, anhand dessen in einem weiteren Schritt die Verfügbarkeit weiterer Ressourcen (z. B. Personal oder Werkzeuge) überprüft wird. Eine weitere Prüfung der Fertigungsunterlagen durch die Eigenfertigungsplanung und -steuerung erfolgt nur in Ausnahmefällen.

Die freigegebenen Fertigungsaufträge enthalten dann für diesen Fertigungsbereich meist nur einen oder zwei Arbeitsgänge, die im Rahmen der Eigenfertigungsplanung und -steuerung auf die Einzelkapazitäten eingeplant werden. Die genaue Bearbeitungszeit wird durch die Zuordnung eines Arbeitsgangs zu einer bestimmten Einzelkapazität (z. B. über Leistungsfaktoren) bestimmt. Die Rüstzeiten ergeben sich aus der festgelegten Arbeitsgangreihenfolge. Gegebenenfalls werden Arbeitsgänge zur Reduktion der Durchlaufzeit gesplittet, überlappt oder zusammengefasst.

Die während der Fertigung aufgenommenen Betriebsdaten dienen der Auftrags- und Ressourcenüberwachung. Werden während der kontinuierlichen Durchführung dieser Überwachungsaufgaben im Rahmen der Auftragskoordination Abweichungen festgestellt, so ist unter Berücksichtigung der Abweichungsgröße eine Aktualisierung der Ressourcenbelegungsplanung oder sogar eine Umplanung der Aufträge im Rahmen der Produktionsbedarfsplanung erforderlich.

2.4.6.4 Fremdbezugsplanung und -steuerung

Bei dem hier dargestellten Rahmenauftragsfertiger haben die Aufgaben der Angebotseinholung und -bewertung und die anschließende Lieferantenauswahl bereits einmalig stattgefunden, so dass für die Fremdbezugsteile der Hauptlieferant bzw. die Nebenlieferanten im Teilestamm hinterlegt sind.

Auf Basis der Beschaffungsaufträge im Fremdbezugsprogramm wird zunächst die Bestellrechnung durchgeführt (vgl. Abb. 2.4-36). Hierbei werden vor dem Hintergrund der anfallenden Beschaffungs- und Lagerkosten optimale Bestellmengen, z. B. durch Zusammenfassen der Bedarfe für einen bestimmten Zeitraum, ermittelt. Die derart bestimmten Bestellaufträge sind Inhalt des Bestellprogrammvorschlags.

Im Rahmen der Fremdbezugsplanung und -steuerung kann davon ausgegangen werden, dass sich die auf eine Rahmenvereinbarung bezogenen Produkte während der Laufzeit der Vereinbarung nicht konstruktiv ändern. Dadurch sind die durch Fremdbezug zu beschaffenden Baugruppen und Teile hinreichend spezifiziert. Häufig werden daher ebenfalls Rahmenvereinbarungen mit den Lieferanten des Rahmenauftragsfertigers über die Laufzeit der mit dem Kunden bestehenden Rahmenvereinbarung getroffen.

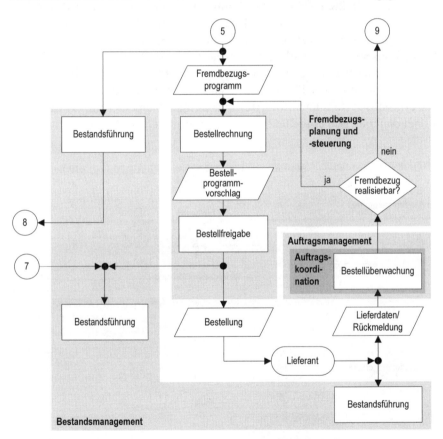

Abb. 2.4-36 Prozessmodell des Rahmenauftragsfertigers – Fremdbezugsplanung und -steuerung

Der vorliegende Bestellprogrammvorschlag wird hinsichtlich der Machbarkeit bzw. der Lieferbereitschaft des Lieferanten überprüft und anschließend zur Bestellung freigegeben. Zusammen mit der Bestellfreigabe wird die Bestellung erstellt und versandt. Die zum Bestellvorgang vom Lieferanten eingehenden Lieferfortschrittsdaten – wie beispielsweise die Auftragsbestätigung oder die Lieferavisierung – dienen der anschließenden Bestellüberwachung.

2.4.6.5 Auftragsmanagement

Nachdem ein Rahmenkontrakt mit dem Kunden fixiert ist, werden die zu späteren Zeitpunkten folgenden Rahmenaufträge und (Fein-)Abrufe erfasst. Vom Kontrakt über den Rahmenauftrag bis hin zum Abruf werden die entsprechenden Erzeugnisse hinsichtlich Mengen und Terminen sukzessive konkretisiert. Deutlich anders läuft dieser Prozess beim Auftragsfertiger ab, der zunächst eine Anfrage aufnimmt, aus dieser ein Angebot formuliert und dieses schließlich in einen Auftrag umwandelt. Demgegenüber erfasst der Rahmenauftragsfertiger einmalig einen Kontrakt und verrechnet dagegen alle eingehenden Rahmenaufträge und Abrufe.

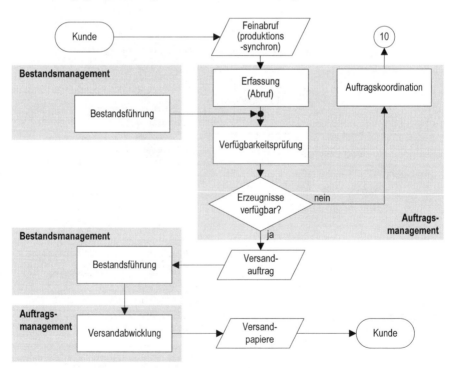

Abb. 2.4-37 Prozessmodell des Rahmenauftragsfertigers – Auftragsmanagement

Nach der Abruferfassung folgt die Prüfung der Produktverfügbarkeit gegen den vom Kunden gewünschten Liefertermin (vgl. Abb. 2.4-37). Sind die zu liefernden Produkte verfügbar, wird der Versandauftrag erstellt. Der Versandauftrag stößt im Rahmen des Bestandsmanagements zum Zwecke der Kommissionierung die Bestandsführung für die Ausbuchung der Produkte an. Wird während der Verfügbarkeitsprüfung eine Unterdeckung festgestellt, so ist es Aufgabe der Auftragskoordination, diese Unterdeckung mit Hilfe geeigneter Maßnahmen auszugleichen oder kurzfristig mit dem Kunden Kontakt aufzunehmen.

Gerade bei produktionssynchronen Abrufen, die dem Logistikdienstleister (z. B. Spediteur) oftmals ein Lieferzeitfenster von nur wenigen Stunden vorgeben, ist die Abstimmung der logistischen Vorgänge zwischen dem Produktionsunternehmen und dem Logistikdienstleister von entscheidender Bedeutung.

2.4.6.6 Bestandsmanagement

Der Rahmenauftragsfertiger besitzt durch die zusätzliche Lagerung von Erzeugnissen und Baugruppen auf unteren Strukturebenen in der Regel eine komplexere Lagerstruktur als der Auftragsfertiger.

Die grundsätzliche Herausforderung besteht bei diesem Fertigungstyp darin, dass ungeplante Bedarfe nur aus den Sicherheitsbeständen eines Erzeugnislagers bedient werden können. Gleichzeitig muss die Lagerstruktur in der Lage sein, die aufgrund von überhöhten Rahmenvereinbarungen bzw. Rahmenaufträgen zuviel produzierten Erzeugnismengen aufnehmen zu können. Vielfach wird daher eine Bevorratung von Standardbaugruppen auf unteren Strukturebenen angestrebt, die in mehrere kundenspezifische Endprodukte einfließen können.

2.4.7 Variantenfertiger

Der als Variantenfertiger definierte Auftragsabwicklungstyp produziert seine Erzeugnisse auf Basis einer kundenanonymen Vorproduktion mit anschließender kundenauftragsbezogener Endproduktion (vgl. 2.4-38). Dabei wird im Rahmen der kundenauftragsanonymen Vorproduktion meist mit größeren Losen gearbeitet als bei der auftragsbezogenen Endproduktion. Hierdurch entsteht ein so genannter Kundenentkopplungspunkt. Bis zu diesem Entkopplungspunkt werden die kundenanonym vorproduzierten Baugruppen zwischengelagert und erst danach einer kundenauftragsbezogenen Endmontage zugeführt.

168   2 Grundlagen der Produktionsplanung und -steuerung

Während beim Auftragsfertiger ein vergleichsweise hoher Konstruktionsaufwand je Kundenauftrag entsteht, verringert sich dieser beim Variantenfertiger aufgrund des höheren Standardisierungsgrads bei ähnlicher Erzeugniskomplexität zu einer Anpassungskonstruktion. Nicht selten sind sogar alle Baugruppen bereits vollständig spezifiziert.

	Merkmal	Merkmalsausprägung				
1	Auftragsauslösungsart	Produktion auf Bestellung mit Einzelaufträgen	Produktion auf Bestellung mit Rahmenaufträgen	Kundenanonyme Vor-/ kundenauftragsbezogene Endproduktion	Produktion Auf Lager	
2	Erzeugnisspektrum	Erzeugnisse nach Kundenspezifikation	typisierte Erzeugnisse mit kundenspezifischen Varianten	Standarderzeugnisse mit Varianten	Standarderzeugnisse ohne Varianten	
3	Erzeugnisstruktur	mehrteilige Erzeugnisse mit komplexer Struktur	mehrteilige Erzeugnisse mit einfacher Struktur	geringteilige Erzeugnisse		
4	Ermittlung des Erzeugnis-/ Komponentenbedarfs	bedarfsorientiert auf Erzeugnisebene	erwartungs- & bedarfsorientiert auf Komponentenebene	erwartungsorientiert auf Komponentenebene	erwartungsorientiert auf Erzeugnisebene	verbrauchsorientiert auf Erzeugnisebene
5	Auslösung des Sekundärbedarfs	auftragsorientiert	teilw. auftragsorientiert/ teilw. periodenorientiert	periodenorientiert		
6	Beschaffungsart	weitgehender Fremdbezug	Fremdbezug in größerem Umfang	Fremdbezug unbedeutend		
7	Bevorratung	keine Bevorratung von Bedarfspositionen	Bevorratung von Bedarfspositionen auf unteren Strukturebenen	Bevorratung von Bedarfspositionen auf oberen Strukturebenen	Bevorratung von Erzeugnissen	
8	Fertigungsart	Einmalfertigung	Einzel- und Kleinserienfertigung	Serienfertigung	Massenfertigung	
9	Ablaufart in der Teilefertigung	Werkstattfertigung	Inselfertigung	Reihenfertigung	Fließfertigung	
10	Ablaufart in der Montage	Baustellenmontage	Gruppenmontage	Reihenmontage	Fließmontage	
11	Fertigungsstruktur	Fertigung mit hohem Strukturierungsgrad	Fertigung mit mittlerem Strukturierungsgrad	Fertigung mit geringem Strukturierungsgrad		
12	Kundenänderungseinflüsse während der Fertigung	Änderungseinflüsse in größerem Umfang	Änderungseinflüsse gelegentlich	Änderungseinflüsse unbedeutend		

Abb. 2.4-38 Idealtypische Charakterisierung des Variantenfertigers

Aufgrund der kundenauftragsbezogenen Endproduktion werden die Enderzeugnisbedarfe bedarfsorientiert ermittelt. Demgegenüber liegt der kundenanonymen Vorfertigung eine erwartungs- oder verbrauchsorientierte Ermittlung des Sekundärbedarfes zugrunde. Dabei lässt sich jedoch eine erzeugnisneutrale Vorfertigung von Erzeugnisbaugruppen bis unmittelbar unter die Erzeugnisebene nicht immer konsequent durchführen.

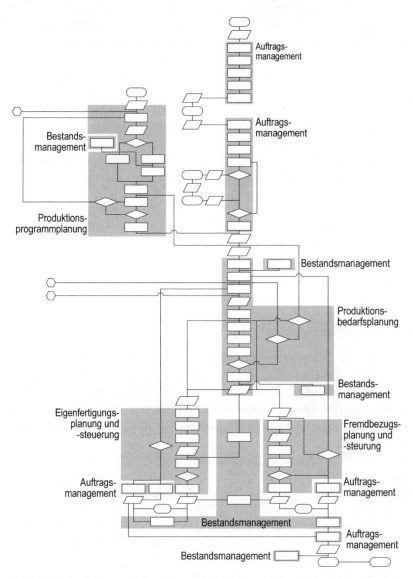

Abb. 2.4-39 Schematische Darstellung der Auftragsabwicklungsprozesse des Variantenfertigers

Um möglichst kurze Lieferzeiten zu erreichen, produziert der Variantenfertiger seine Erzeugnisse soweit wie möglich kundenanonym vor. Allerdings kann die kundenauftragsbezogene Endproduktion einen derart großen Anteil an der gesamten Produktion ausmachen, dass lediglich eine Lagerung von vorgefertigten Bauteilen, nicht aber von Baugruppen möglich ist.

Während der Fertigung treten beim Variantenfertiger nur noch gelegentlich Änderungen am Erzeugnis auf. Gerade bei der kundenanonymen Vorproduktion sind kurzfristige Änderungseinflüsse durch den Kunden von untergeordneter Bedeutung. So sind beispielsweise bei Unternehmen der Automobilbranche konstruktive Änderungen am Erzeugnis nicht mehr vorzunehmen. Änderungen resultieren vielmehr aus einer kurzfristig veränderten Zusammensetzung alternativ einsetzbarer Komponenten.

Ein wesentlicher Teil der kundenspezifischen Varianten kommt durch eine Neukombination vorhandener Standardbaugruppen zustande. Aktuelle Studien zeigen jedoch, dass durch immer individuellere Kundenanforderungen die Variantenvielfalt weiterhin stetig zunimmt (Kinkel 2005).

Durch den Trend der zunehmenden Standardisierung von Baugruppen und -teilen beim Auftragsfertiger gleichen sich die Auftragsabwicklungsstrukturen und -prozesse des Auftragsfertigers und des Variantenfertigers immer weiter aneinander an (vgl. Abb. 2.4-39). Diese Entwicklung lässt sich auch anhand der strukturellen Ähnlichkeit der Referenzprozessmodelle dieser beiden Auftragsabwicklungstypen im Aachener PPS-Modell erkennen.

2.4.7.1 *Auftragsmanagement*

Zu Beginn der kundenbezogenen Auftragsabwicklung steht beim Variantenfertiger nach der Erfassung der Kundenanfrage die Angebotsbearbeitung. Die einzelnen Aufgaben der häufig automatisierten Angebotsbearbeitung besitzen aufgrund des meist stark typisierten Erzeugnisspektrums einen wesentlich höheren Standardisierungsgrad als beim Auftragsfertiger (vgl. Abb. 2.4-40).

Im Rahmen der Variantenkonfiguration ergibt sich aus der Produktgruppe und der beschreibenden Merkmale des gewünschten Erzeugnisses die kundenspezifische Variante. Diese Merkmalsbeschreibungen (z. B. Farben, Abmaße oder Materialien) treten beim Variantenfertiger an die Stelle der gestaltenden Produktspezifikation bzw. -zeichnung beim Auftragsfertiger. Werden zudem technische Restriktionen bei der verbalen Produktbeschreibung mittels geeigneter Variantenlogiken abgefragt und berücksichtigt, lassen sich technisch abgesicherte Konfigurationen direkt in exakte Baubeschreibungen auf Stücklistenebene umsetzen.

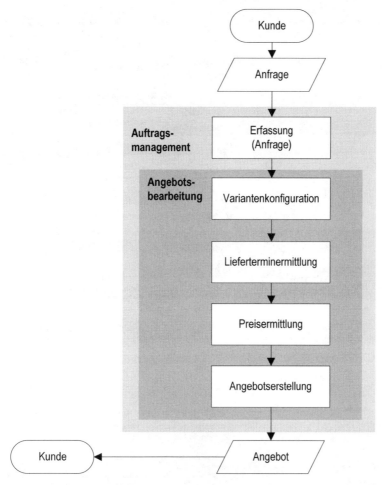

Abb. 2.4-40 Prozessmodell des Variantenfertigers – Angebotsbearbeitung im Rahmen des Auftragsmanagements

Die während der Variantenkonfiguration generierten Stücklisten und Arbeitspläne bilden die Planungsbasis für die folgende Liefertermin- und Preisermittlung. Die konfigurierte Produktbeschreibung, der ermittelte Liefertermin und der kalkulierte Verkaufspreis werden anschließend im Angebot für den Kunden zusammengefasst.

Im Anschluss an die Erfassung des Auftrags folgt die Auftragsbearbeitung (vgl. Abb. 2.4-41). Hierbei findet zunächst im Rahmen der Auftragsklärung ein Abgleich zwischen den Angebotsdaten und der beauftragten Erzeugnisbeschreibung statt. Unter Rückgriff auf die Ergebnisse der Lieferterminermittlung aus der Angebotsbearbeitung werden nun die groben Ecktermine zur Auftragsbearbeitung ermittelt.

2 Grundlagen der Produktionsplanung und -steuerung

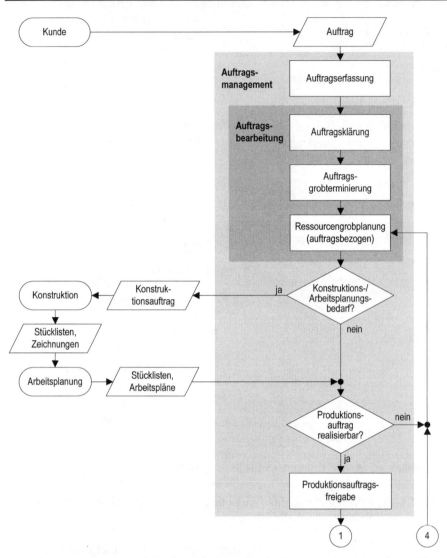

Abb. 2.4-41 Prozessmodell des Variantenfertigers – Auftragsbearbeitung im Rahmen des Auftragsmanagements

Die nachfolgende Ressourcengrobplanung wird auftragsbezogen vorgenommen. Hier wird der benötigte Ressourcenverzehr dem verfügbaren Kapazitätsangebot gegenübergestellt und dadurch die grundsätzliche Realisierbarkeit der zuvor bestimmten Ecktermine überprüft. Eine auftragsbezogene Vorabdisposition von Langläuferteilen – in Analogie zum Auftragsfertiger – ist beim Variantenfertiger nicht vorhanden. Dieses würde der Forderung nach kurzen Lieferzeiten widersprechen.

Weitaus seltener als beim Auftragsfertiger entsteht aufgrund stark individualisierter Kundenspezifikationen ein Konstruktionsbedarf, zu dem Aufträge zur Erstellung von Zeichnungen, Stücklisten und Arbeitsplänen erteilt werden müssen.

Erscheint der Produktionsauftrag anhand der erstellten oder bestehenden Planungsunterlagen als grundsätzlich realisierbar, wird dieser freigegeben und an die Produktionsbedarfsplanung übergeben. Andernfalls ist die auftragsbezogene Ressourcengrobplanung erneut durchzuführen, um Kapazitätsbedarf und -angebot aufeinander abzustimmen.

Wie auch beim Auftragsfertiger werden die nach der Teilefertigung und Montage durchzuführenden mittel- bis kurzfristigen Aufgaben der Versandabwicklung dem Auftragsmanagement zugeordnet (vgl. Abb. 2.4-42).

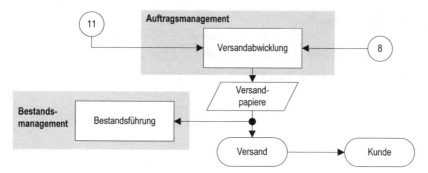

Abb. 2.4-42 Prozessmodell des Variantenfertigers – Versandabwicklung im Rahmen des Auftragsmanagements

2.4.7.2 Produktionsprogrammplanung

Während beim Auftragsfertiger die Initiierung der Auftragsabwicklung auf der Grundlage von Kundenaufträgen eindeutig im Vordergrund steht, unterscheidet der idealtypische Variantenfertiger zwei für ihn gleichbedeutende Auftragsabwicklungsprozesse. Dies sind einerseits die Planungsprozesse zur Vorproduktion auf Basis der Nachfrageentwicklung (vgl. Abb. 2.4-43) und andererseits die erforderlichen Planungsprozesse zur kundenauftragsbezogenen Endproduktion. Beide Planungswege sind dabei intensiv miteinander verknüpft.

Für die Ermittlung des kundenanonymen Produktionsprogramms kann eine Erzeugnisvariante entweder als Standardprodukt innerhalb einer Produktgruppe geführt oder über eine Produktkonfiguration generiert werden. Datentechnisch ergibt sich für das Standardprodukt die Notwendigkeit, für jede einzelne Variante eine eigene Sachnummer zu definieren. Demgegenüber bedarf es nur einer einzigen Sachnummer für alle möglichen Varianten einer Produktgruppe, wenn die Produktvariante mit Hilfe der Produktkonfiguration erzeugt wird.

Neben der Nachfrageentwicklung des Marktes fließt im Falle einer zentralen Netzwerkabsatzplanung zusätzlich der übergeordnet erstellte Absatzplan des Unternehmensverbundes in die lokale Absatzplanung ein.

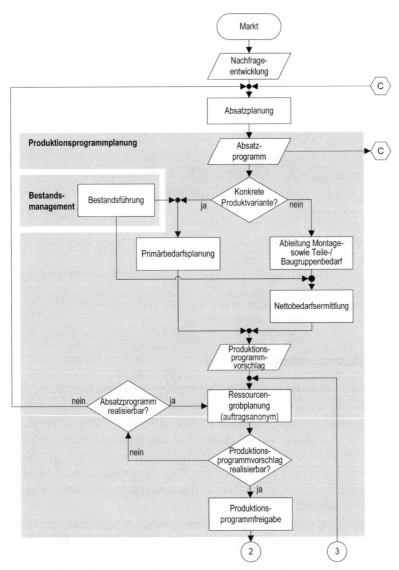

Abb. 2.4-43 Prozessmodell des Variantenfertigers – Produktionsprogrammplanung

Ergebnis der lokalen Absatzplanung ist das Absatzprogramm, welches im Falle eines dezentral koordinierten Unternehmensverbunds an die konsolidierende Netzwerkabsatzplanung übergeben wird.

Bezieht sich ein Produktionsauftrag aus dem Absatzprogramm auf eine eindeutig definierte Variante, so wird eine Primärbedarfsplanung durchgeführt. Dabei werden die Produktgruppenbedarfe des Absatzprogramms (z. B. über Anteilsfaktoren) disaggregiert. Mit dem so ermittelten Bruttoprimärbedarf lässt sich mit Hilfe der aktuellen Bestandsdaten aus der Bestandsführung ein Nettoabgleich durchführen. Bezieht sich hingegen ein Produktionsauftrag aus dem Absatzprogramm auf eine mögliche Produktgruppenvariante so ist zunächst der Montagebedarf kumuliert über die Produktgruppe zu prognostizieren. In einem weiteren Schritt wird dann für diese Produktgruppe der Teile- und Baugruppenbedarf mittels Ersatzdaten (z. B. Mengenrelationen) abgeleitet. Auf der Basis von Montagebedarf sowie Teile- und Baugruppenbedarf werden die Bereitstellungstermine der Teile und Baugruppen ermittelt. Schließlich wird auch für die auf diesem Wege ermittelten Bruttobedarfe ein Nettoabgleich durchgeführt und sämtliche Bedarfe werden im Produktionsprogrammvorschlag zusammengefasst.

Die auftragsanonyme Ressourcengrobplanung berücksichtigt im Rahmen der Produktionsprogrammplanung insbesondere den Ressourcenbedarf der Primärbedarfe. Hierzu bedarf es einer engen Abstimmung der bereits im Rahmen des Auftragsmanagements kundenauftragsbezogen eingeplanten Ressourcen.

2.4.7.3 *Produktionsbedarfsplanung*

Zu Beginn der Produktionsbedarfsplanung fließen die Ergebnisse der zuvor beschriebenen Planungsprozesse im Produktionsprogramm zusammen. Dieses Produktionsprogramm enthält demnach sowohl die freigegebenen Produktionsaufträge aus der kundenbezogenen Auftragsbearbeitung als auch die freigegebenen Planaufträge der auftragsanonymen Produktionsprogrammplanung (vgl. Abb. 2.4-44).

Dabei unterscheidet sich das Produktionsprogramm des idealtypischen Variantenfertigers von dem des Auftragsfertigers insbesondere in der Art und Weise der Sekundärbedarfsermittlung. Während der Auftragsfertiger hierfür in größerem Umfang auf Ersatzdaten zurückgreifen muss, sind dem Variantenfertiger die Stücklisten der Erzeugnisse bereits bekannt. Diese können nun soweit aufgelöst werden, dass der Bruttobedarf kundenanonym zu produzierender Teile und Baugruppen vollständig spezifiziert ist.

Aufgrund der Individualität der Baugruppen und -teile entspricht beim Auftragsfertiger der Bruttobedarf sehr häufig dem zu produzierenden Nettobedarf. Demgegenüber kann der Variantenfertiger einen Teil des Bruttobedarfs über bereits vorhandene Bestände decken, die dann bezogen auf das aktuelle Produktionsprogramm zu einem geringeren Nettobedarf führen.

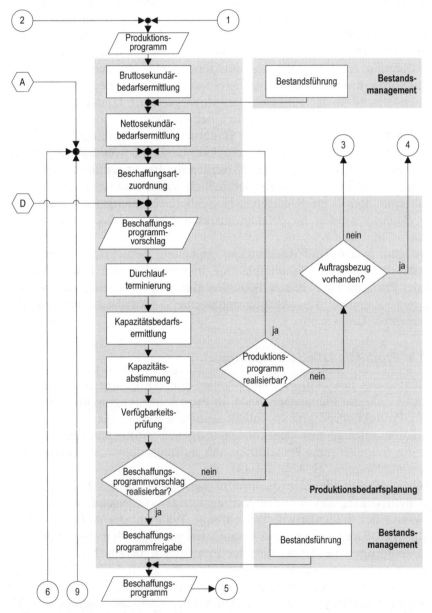

Abb. 2.4-44 Prozessmodell des Variantenfertigers – Produktionsbedarfsplanung

Dem unter Rückgriff auf aktuelle Bestandsdaten ermittelten Nettosekundärbedarf wird anschließend die Beschaffungsart (Eigenfertigung oder Fremdbezug) zugeordnet. Dabei gilt es zusätzlich, die im Rahmen der strategischen Netzwerkauslegung durchgeführte Make-or-Buy-Analyse zu berücksichtigen. Hieraus entsteht der lokale Beschaffungsprogrammvorschlag, dessen Bedarfe mit dem Netzwerkbeschaffungsprogramm aus der Netzwerkbedarfsplanung abgeglichen werden. Auf diese Weise wird ein unternehmensübergreifend konsolidierter Beschaffungsprogrammvorschlag generiert, der als Vorgabe für die folgenden Planungsschritte dient.

Die Planungsschritte der Durchlaufterminierung, Kapazitätsbedarfsermittlung und -abstimmung sowie der Verfügbarkeitsprüfung funktionieren analog zu den äquivalenten Planungsschritten des Auftragsfertigers. Nach erfolgreicher Prüfung der grundsätzlichen Realisierbarkeit des Beschaffungsprogrammvorschlags werden die entsprechenden Beschaffungsaufträge erzeugt und in den weiteren Prozess eingesteuert.

Darüber hinaus kann die Anlage weiterer Beschaffungsaufträge aufgrund von Bestellbestandsunterschreitungen notwendig werden. Zur Feststellung dieser Unterschreitungen werden aus der Bestandsführung die Bestandsdaten herangezogen, die im Rahmen der Bestandsplanung festgelegt wurden. Die Auslösung von Beschaffungsaufträgen aufgrund von Bestellbestandsunterschreitungen erfolgt dabei periodisch.

In der überwiegend kundenauftragsanonymen Vorproduktion können für einige Teile oder Baugruppen sehr gleichmäßige Bedarfsverläufe auftreten. Diese Beschaffungsaufträge können dann – wie auch beim Lagerfertiger – ohne erneute Einbeziehung der Produktionsbedarfsplanung verbrauchsorientiert angelegt und freigegeben werden. Hierfür werden Bestandsgrößen (z. B. Kanbanpuffergrößen) und Beschaffungslosgrößen (Kanbanlosgrößen) innerhalb der Bestandsplanung festgelegt. Die Bestandsführung stößt dann die Anlage der Beschaffungsaufträge automatisch bei einem entsprechenden Verbrauch des Materials an. Die daraus resultierende Ressourcenbelastung ist in Form einer regelkreisähnlichen Abstimmung auf den übergeordneten Planungsebenen zu berücksichtigen.

2.4.7.4 Eigenfertigungsplanung und -steuerung

Die Aufträge des Beschaffungsprogramms enthalten sowohl das Eigenfertigungs- als auch das Fremdbezugsprogramm (vgl. Abb. 2.4-45). Das Eigenfertigungsprogramm stößt nun die Aktivitäten der Eigenfertigungsplanung und -steuerung an.

Insbesondere beim idealtypischen Variantenfertiger ist aufgrund der unterschiedlichen Planungsanforderungen für die Vor- und Endproduktion eine zeitliche Differenzierung der Planungstätigkeiten üblich. Dabei ist der

178 2 Grundlagen der Produktionsplanung und -steuerung

Planungszeitpunkt für die kundenanonyme Vorproduktion eher im Rahmen der Produktionsbedarfsplanung angesiedelt. Die Planung der kundenauftragsbezogenen Endproduktion findet hingegen vorrangig dezentralisiert im Rahmen der Eigenfertigungsplanung und -steuerung statt. Daher beziehen sich die Aufgaben der Feinterminierung, Ressourcenfein- und Reihenfolgeplanung beim Variantenfertiger in erster Linie auf die kundenauftragsbezogene Endproduktion.

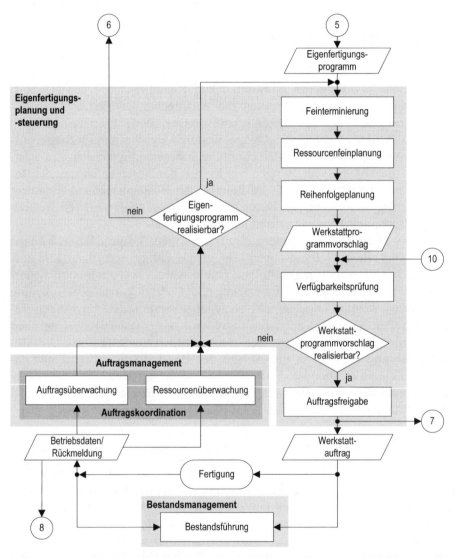

Abb. 2.4-45 Prozessmodell des Variantenfertigers – Eigenfertigungsplanung und -steuerung

2.4.7.5 Fremdbezugsplanung und -steuerung

Parallel zur Eigenfertigungsplanung stoßen die Fremdbezugsaufträge aus dem Beschaffungsprogramm die Aktivitäten der Fremdbezugsplanung und -steuerung an.

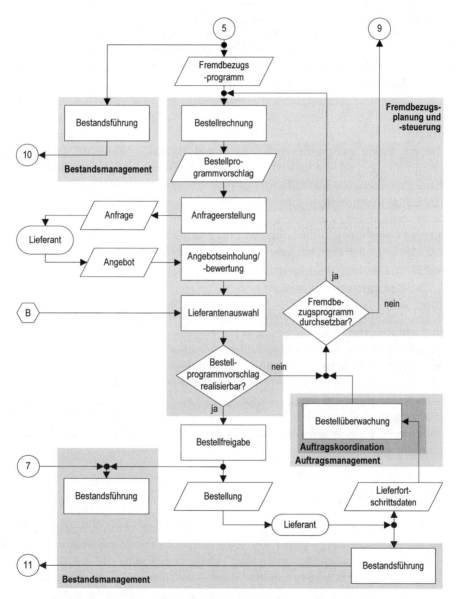

Abb. 2.4-46 Prozessmodell des Variantenfertigers – Fremdbezugsplanung und -steuerung

Für den idealtypischen Variantenfertiger spielt die Bestellrechnung im Rahmen der Fremdbezugsplanung eine besondere Rolle (vgl. Abb. 2.4-46). Aufgrund der besonderen Auftragsabwicklungsstruktur greifen viele unterschiedliche Kundenaufträge auf gleiche Baugruppen und Teile zu, was eine periodenbezogene Zusammenfassung gleichartiger Bedarfe im Bestellprogrammvorschlag erforderlich macht.

Für erstmalig zu beschaffende Fremdbezugsteile des Bestellprogrammvorschlags wird eine Anfrage erstellt und an einen oder mehrere Lieferanten versendet. Nach dem Eingang der Angebote, die im Sinne einer Angebotsvergleichsrechnung bewertet werden, erfolgt die Lieferantenauswahl nach unternehmensspezifisch definierten Kriterien und unter Berücksichtigung der auf Netzwerkebene durchgeführten Auslegung des Produktionsverbunds.

Ist der Bestellprogrammvorschlag grundsätzlich realisierbar, folgt die Bestellfreigabe und damit verbunden die Erstellung und Versendung der Bestellung. Die zum Bestellvorgang vom Lieferanten eingehenden Lieferfortschrittsinformationen dienen der anschließenden Bestellüberwachung. Treten terminliche Verzögerungen auf, kann dieses den Vollzug des geplanten Fremdbezugsprogramms in Frage stellen und damit eine neue Bestellrechnung oder Beschaffungsartzuordnung erforderlich machen.

2.4.7.6 *Bestandsmanagement*

Die laufend eingehenden Kundenaufträge werden mit den kundenanonym vorgefertigten Baugruppen aus dem Lager bedient. Dafür benötigt der Variantenfertiger eine komplexere Lagerstruktur als beispielsweise der Auftragsfertiger, die neben dem üblichen Rohmaterial- und Erzeugnislager auch über ein Lager für Halbfabrikate verfügt.

Zusätzlich können beim Variantenfertiger im Rahmen einer Kanbansteuerung die Aufgaben der Pufferauslegung innerhalb der Bestandsplanung sowie der Puffersteuerung und Pufferführung innerhalb der Bestandsführung auftreten.

2.4.8 Lagerfertiger

Im letzten Abschnitt dieses Kapitels soll abschließend der Idealtyp des Lagerfertigers vorgestellt werden. Der Lagerfertiger produziert ausschließlich auf der Grundlage kundenanonymer Absatzprognosen und erfüllt seine konkreten Kundenaufträge später direkt aus einem Fertigwarenlager. Demnach beruht die Auslösung von Produktionsaufträgen in erster Linie auf dem aus der Nachfrageentwicklung abgeleiteten Produktionsprogramm. Ein sehr typisches Kennzeichen des Lagerfertigers ist der Produktkatalog, aus dem die Kunden die gewünschten Erzeugnisse direkt bestellen. Jedes Erzeugnis ist hierbei vollständig spezifiziert – Optionen zur Variation der angebotenen bzw. endgültigen Erzeugnisgestalt bestehen nicht (vgl. Abb. 2.4-47).

	Merkmal	Merkmalsausprägung			
1	Auftragsauslösungsart	Produktion auf Bestellung mit Einzelaufträgen	Produktion auf Bestellung mit Rahmenaufträgen	Kundenanonyme Vor-/ kundenauftragsbezogene Endproduktion	**Produktion Auf Lager**
2	Erzeugnisspektrum	Erzeugnisse nach Kundenspezifikation	typisierte Erzeugnisse mit kundenspezifischen Varianten	Standarderzeugnisse mit Varianten	**Standarderzeugnisse ohne Varianten**
3	Erzeugnisstruktur	mehrteilige Erzeugnisse mit komplexer Struktur	**mehrteilige Erzeugnisse mit einfacher Struktur**		geringteilige Erzeugnisse
4	Ermittlung des Erzeugnis-/ Komponentenbedarfs	bedarfsorientiert auf Erzeugnisebene	erwartungs- & bedarfsorientiert auf Komponentenebene	erwartungsorientiert auf Komponentenebene	**erwartungsorientiert auf Erzeugnisebene** / **verbrauchsorientiert auf Erzeugnisebene**
5	Auslösung des Sekundärbedarfs	auftragsorientiert	teilw. auftragsorientiert/ teilw. periodenorientiert		**periodenorientiert**
6	Beschaffungsart	weitgehender Fremdbezug	**Fremdbezug in größerem Umfang**		**Fremdbezug unbedeutend**
7	Bevorratung	keine Bevorratung von Bedarfspositionen	Bevorratung von Bedarfspositionen auf unteren Strukturebenen	Bevorratung von Bedarfspositionen auf oberen Strukturebenen	**Bevorratung von Erzeugnissen**
8	Fertigungsart	Einmalfertigung	Einzel- und Kleinserienfertigung	**Serienfertigung**	**Massenfertigung**
9	Ablaufart in der Teilefertigung	Werkstattfertigung	Inselfertigung	**Reihenfertigung**	**Fließfertigung**
10	Ablaufart in der Montage	Baustellenmontage	Gruppenmontage	**Reihenmontage**	**Fließmontage**
11	Fertigungsstruktur	Fertigung mit hohem Strukturierungsgrad	**Fertigung mit mittlerem Strukturierungsgrad**		**Fertigung mit geringem Strukturierungsgrad**
12	Kundenänderungseinflüsse während der Fertigung	Änderungseinflüsse in größerem Umfang	Änderungseinflüsse gelegentlich		**Änderungseinflüsse unbedeutend**

Abb. 2.4-47 Idealtypische Charakterisierung des Lagerfertigers

Dementsprechend liegen beim Lagerfertiger ausschließlich Standarderzeugnisse vor, denen jeglicher kundenspezifischer Einfluss auf die Erzeugniskonstruktion fehlt. Durch diese kundenanonyme Produktion treten Kundenänderungseinflüsse während der laufenden Fertigung nicht auf.

Die endgültige Erzeugnisausführung wird vom Unternehmen selbst unter Berücksichtigung der Marktbedürfnisse festgelegt und im fertigen Zustand gelagert.

Bei den Produkten des idealtypischen Lagerfertigers handelt es sich um Erzeugnisse mit einfacher Struktur (z. B. Baubeschläge oder Schrauben), deren Herstellungs- und Materialkosten verhältnismäßig gering sind. Diese Erzeugnisse können aufgrund der kundenanonymen Absatzplanung häufig mit hohen Stückzahlen in Serien- bzw. Massenfertigung produziert werden.

Die vom Kunden bestellten Erzeugnismengen können stark variieren und sogar Positionen mit der Menge „Eins" umfassen. Somit muss aufgrund der unterschiedlichen Losgrößen ein Enderzeugnislager als Entkopplungspunkt zwischen der Produktionsplanung und -steuerung und den eigentlichen Kundenaufträgen eingerichtet werden. Diese strikte Entkopplung des Leistungserstellungsprozesses von der Bearbeitung konkreter Kundenaufträge im Auftragsmanagement lässt auch die schematische Darstellung der Auftragsabwicklungsprozesse im Aachener PPS-Modell deutlich erkennen (vgl. Abb. 2.4-48).

Neben der Bestimmung des Erzeugnisbedarfs auf der Grundlage von Absatzprognosen kann die Bedarfsermittlung auf unteren Strukturstufen verbrauchsorientiert gesteuert werden. Der entsprechende Sekundärbedarf wird dabei periodisch ausgelöst. Somit ist neben der Bevorratung von Erzeugnissen die Lagerung von Sekundärmaterialien auf oberen und unteren Strukturebenen eines Erzeugnisses notwendig.

2.4.8.1 *Produktionsprogrammplanung*

Für die Erstellung des erzeugnisbezogenen Produktionsprogramms ist der Abwicklungsprozess der Kundenbestellung nebensächlich. Lediglich zur Validierung der Marktentwicklungen fließen aus diesem Teilprozess die Informationen über die aktuellen Kundenbestellungen und -anfragen in die Produktionsprogrammplanung ein.

Zunächst wird im Rahmen der Absatzplanung anhand der Nachfrageentwicklung des Marktes sowie unter Berücksichtigung der Ergebnisse einer unternehmensübergreifenden Netzwerkabsatzplanung ein Verkaufsprogramm erstellt (vgl. Abb. 2.4-49). Im Verkaufsprogramm sind die zu Erzeugnisgruppen aggregierten Summen der gemäß Absatzplanung absetzbaren Erzeugnisse unter Angabe der Absatzperiode zusammengeführt.

In der Regel wird die Absatzplanung auf der Ebene von Erzeugnisgruppen durchgeführt. In Abhängigkeit von der Anzahl unterschiedlicher Endprodukte kann der Bedarf in der Absatzplanung aber auch bereits auf Erzeugnisebene prognostiziert werden.

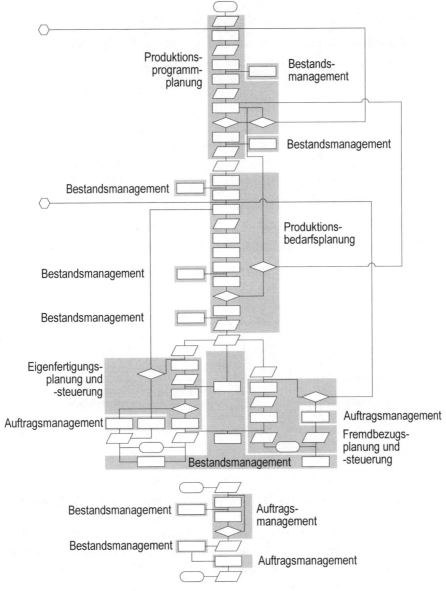

Abb. 2.4-48 Schematische Darstellung der Auftragsabwicklungsprozesse des Lagerfertigers

184 2 Grundlagen der Produktionsplanung und -steuerung

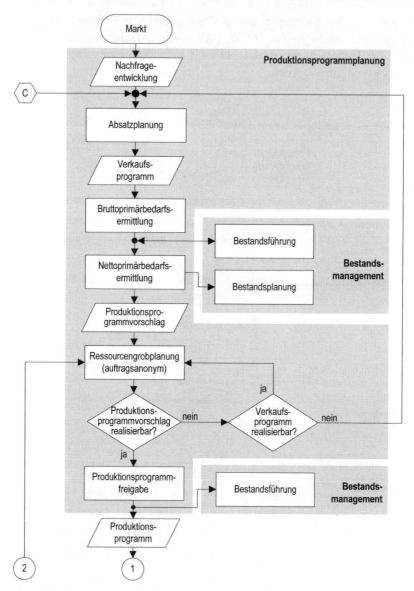

Abb. 2.4-49 Prozessmodell des Lagerfertigers – Produktionsprogrammplanung

Aus dem Verkaufsprogramm erzeugt die Primärbedarfsplanung den Produktionsprogrammvorschlag. Dazu werden zunächst im Rahmen der Bruttoprimärbedarfsplanung die Erzeugnisgruppen mit Hilfe von Anteilsfaktoren disaggregiert und der zu produzierende Bedarf je Erzeugnis ermittelt. In der Nettobedarfsermittlung wird dann anhand aktueller Bestandsdaten aus der Bestandführung der Nettoabgleich durchgeführt.

Innerhalb der Bestandsplanung werden für diejenigen Erzeugnisse, die verbrauchsgesteuert disponiert werden, die Mindestbestände bzw. Lagerreichweiten ermittelt. Für rein verbrauchsorientiert disponierte Erzeugnisse löst die Bestandsführung später bei Unterschreitung des Bestellbestandes die Erstellung eines entsprechenden Produktionsauftrags aus. Das Bestandsmanagement hat demzufolge beim Lagerfertiger eine wesentlich höhere Bedeutung als beispielsweise beim Auftragsfertiger. Dieses hängt nicht zuletzt damit zusammen, dass das Lager als Entkopplungspunkt zwischen der Produktion und dem Versand bzw. dem Vertrieb fungiert und dabei gleichzeitig eine enge Abstimmung hinsichtlich der verfügbaren Bestände notwendig ist.

Nach der Nettoprimärbedarfsermittlung wird im Rahmen der auftragsanonymen Ressourcengrobplanung der Ressourcenbedarf den verfügbaren Kapazitäten periodenbezogen gegenübergestellt. Dabei lässt sich der Ressourcenbedarf beim Lagerfertiger meist wesentlich exakter abschätzen als beim Auftragsfertiger. Lässt sich der geplante Bedarf mit den vorhandenen Kapazitäten realisieren, so wird das Produktionsprogramm freigegeben.

Sollte der Produktionsprogrammvorschlag jedoch nicht realisierbar sein, so müssen Ressourcenbedarf und -angebot aufeinander abgestimmt werden. So könnte beispielsweise in diesem Fall das Verkaufsprogramm durch eine Erhöhung des Kapazitätsangebots oder die Änderung der Anteile einer Erzeugnisgruppe an den Produktionsmengen einer Erzeugnisgruppe dennoch durchgesetzt werden.

2.4.8.2 Produktionsbedarfsplanung

Anhand des erzeugnisbezogenen Produktionsprogramms aus der Produktionsprogrammplanung wird über eine Stücklistenauflösung der Bruttosekundärbedarf auf den ausgewählten Dispositionsstufen ermittelt und dieser den Beständen gegenübergestellt (vgl. Abb. 2.4-50). Dieser Nettoabgleich kann sowohl dynamisch unter Berücksichtigung der Planzu- und -abgänge bis zum Bedarfszeitpunkt als auch statisch unter Berücksichtigung der zum Planungszeitpunkt vorhandenen Bestände durchgeführt werden. Zur Deckung der Bruttobedarfe erfolgt einerseits die Reservierung der herangezogenen Bestände oder andererseits die Erstellung von Beschaffungsaufträgen zum verbliebenen Nettobedarf.

Die Anlage zusätzlicher Beschaffungsaufträge kann dabei aufgrund von Bestellbestandsunterschreitungen notwendig werden. Zur Feststellung von Bestellbestandsunterschreitungen werden die Bestandsdaten aus der Bestandsführung herangezogen. Die Bestellbestandsgrenzwerte selbst werden innerhalb der Bestandsplanung im Rahmen der zuvor beschriebenen Produktionsprogrammplanung festgelegt. Da bei einem idealtypischen Lager-

186   2 Grundlagen der Produktionsplanung und -steuerung

fertiger kein Kundenauftragsbezug zu berücksichtigen ist, können die insgesamt angelegten Beschaffungsaufträge problemlos auf den festgelegten Dispositionsstufen zu den jeweils frühesten Bedarfszeitpunkten zusammengefasst werden.

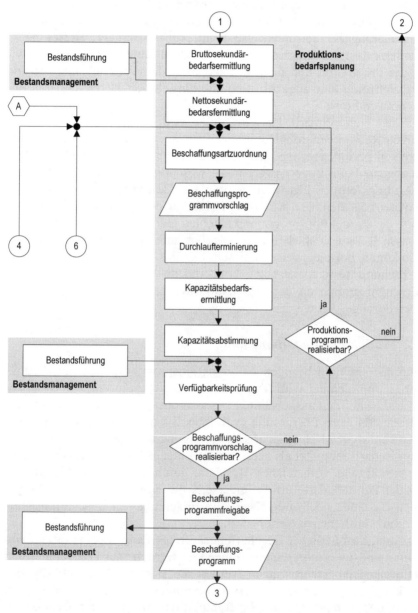

Abb. 2.4-50   Prozessmodell des Lagerfertigers – Produktionsbedarfsplanung

Die Beschaffungsart ist beim Lagerfertiger in vielen Fällen bereits im Teilestamm eindeutig hinterlegt. Sie ergibt sich entweder aus unternehmensinternen Erwägungen oder unter Berücksichtigung der im Rahmen der strategischen Netzwerkauslegung durchgeführten Make-or-Buy-Analyse. Das Ergebnis der Beschaffungsartzuordnung sind die im Beschaffungsprogrammvorschlag zusammengefassten Beschaffungsaufträge.

Die mittelfristige Termin- und Kapazitätsplanung kann bei denjenigen Lagerfertigern entfallen, die aufgrund vergleichsweise einfacher Bedarfsstrukturen und der Verfügbarkeit exakter Planzeiten direkt im Rahmen der Eigenfertigungsplanung und -steuerung eine Ressourcenbelegungsplanung durchführen können. In diesem Planungsszenario wird dabei gleichzeitig die Reihenfolge der Aufträge an den Einzelkapazitäten festgelegt.

Die zu produzierenden Losgrößen bzw. Bestellmengen müssen beim Lagerfertiger nicht zu jedem Nettosekundärbedarf erneut berechnet werden. Vielmehr werden die Losgrößen und Bestellmengen mit unterschiedlichen Modellen und Verfahren einmalig determiniert und anschließend im Teilestamm hinterlegt. In der Regel sind diese dann für die Lebensdauer eines Produktes unter der Voraussetzung gleich bleibender Fertigungsbedingungen festgelegt.

Um die Voraussetzungen für eine möglichst große Planungssicherheit in der Eigenfertigungsplanung und -steuerung zu schaffen, wird beim Lagerfertiger vor der Freigabe des Beschaffungsprogramms die Materialverfügbarkeit überprüft. Die Verfügbarkeitsprüfung kann sowohl physisch als auch buchungstechnisch vorgenommen werden.

Die Freigabe des Beschaffungsprogramms erfolgt beim Lagerfertiger aufgrund der großen Auflagenhöhen meist zentral. Dabei werden die Bestellvorschläge an die Fremdbezugsplanung weitergeleitet. Erfolgt die Eigenfertigungsplanung dezentral, so sind die Fertigungsaufträge an den entsprechenden Fertigungsbereich zu übergeben.

Bei sehr gleichmäßigen Bedarfsverläufen können Beschaffungsaufträge auch ohne Einbeziehung in die Produktionsbedarfsplanung verbrauchsorientiert angelegt und freigegeben werden. In diesem Fall werden Bestandsgrößen und Beschaffungslosgrößen in der Bestandsplanung festgelegt. Die Bestandsführung stößt dann die Anlage der Beschaffungsaufträge automatisch bei Verbrauch des entsprechenden Materials an. Dabei ist die daraus resultierende Ressourcenbelastung in den übergeordneten Planungsebenen zu berücksichtigen.

2.4.8.3 *Eigenfertigungsplanung und -steuerung*

Die Eigenfertigung eines Lagerfertigers kann mehrere Fertigungsbereiche umfassen, die unterschiedlich gesteuert werden. Für den idealtypischen

Fall wird angenommen, dass der Lagerfertiger über mindestens einen Fertigungsbereich verfügt. Die Fertigungsstruktur ist dabei beispielsweise durch eine einstufige Fertigung auf gleichartigen Maschinen und exakt ermittelbaren Bearbeitungs- und Rüstzeiten für eine vollautomatisierte Bearbeitung charakterisiert. Aufgrund dieser einfachen Fertigungsstruktur ist eine Ressourcenbelegungsplanung und damit eine deterministische Feinplanung sinnvoll möglich (vgl. Abb. 2.4-51).

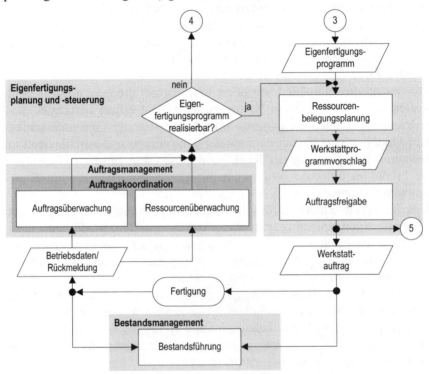

Abb. 2.4-51 Prozessmodell des Lagerfertigers – Eigenfertigungsplanung und -steuerung

Für einen Fertigungsbereich enthalten die freigegebenen Fertigungsaufträge nicht mehr als einen oder zwei Arbeitsgänge. Diese werden im Rahmen der Eigenfertigungsplanung und -steuerung auf die jeweiligen Einzelkapazitäten eingeplant. Über die Zuordnung eines Arbeitsgangs zu einer bestimmten Einzelkapazität lässt sich die genaue Bearbeitungszeit bestimmen. Die Rüstzeit je Fertigungsauftrag ergibt sich aus der grundsätzlich festgelegten Reihenfolge der Arbeitsgänge, die nur bei Bedarf – beispielsweise zur Reduktion der Durchlaufzeit – gesplittet oder überlappt werden. Dabei werden die Arbeitsgänge innerhalb der ihnen zugeordneten Pufferzeiten und entsprechend der in der Produktionsprogrammplanung ermittelten Prioritäten eingeplant. Gelingt dies nicht, so erfolgt eine Abstimmung und ggf. ein erneuter Anstoß der Produktionsbedarfsplanung.

Teilweise sind im Rahmen der Eigenfertigungsplanung und -steuerung unterschiedliche Ressourcen zu beplanen oder besondere Eigenschaften des Fertigungsablaufs zu berücksichtigen. So kann beispielsweise bei komplexeren Fertigungsanlagen eine optimale Aufteilung des Fachpersonals auf die Anlagen oder der optimale Einsatz von knappen Transportmitteln bestimmt werden. Sind die auftretenden Optimierungsprobleme algorithmisierbar, so können Optimierungsprogramme zur Vorbereitung der entsprechenden Feinplanungsschritte eingesetzt werden.

Die im Fertigungsbereich eingeplanten Arbeitsgänge bilden den Werkstattprogrammvorschlag, der nach der Freigabe in Form von Werkstattaufträgen dem Maschinenpersonal übergeben wird. Die während der laufenden Fertigung kontinuierlich erfassten Betriebsdaten werden im Rahmen der Auftragskoordination zur Auftrags- und Ressourcenüberwachung herangezogen. Werden Störungen festgestellt, so sind geeignete Maßnahmen bzw. Umplanungen einzuleiten.

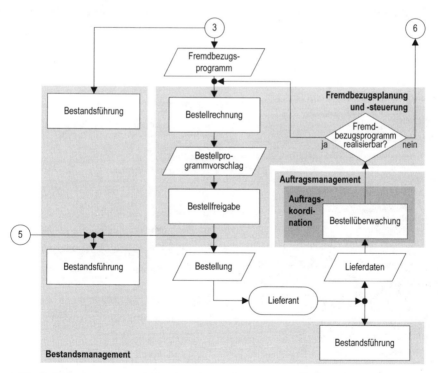

Abb. 2.4-52 Prozessmodell des Lagerfertigers – Fremdbezugsplanung und -steuerung

2.4.8.4 Fremdbezugsplanung und -steuerung

Beim Lagerfertiger verändern sich analog zu den Erzeugnissen auch die Fremdbezugsteile vergleichsweise selten. Deshalb kann der Lagerfertiger mit seinen Lieferanten längerfristige Lieferkonditionen vereinbaren und die Einkaufsprozesse erheblich vereinfachen. Hinsichtlich des Bestellabwicklungsprozesses innerhalb der Fremdbezugsplanung ergeben sich somit große Ähnlichkeiten zum Prozess der Fremdbezugsplanung und -steuerung beim Rahmenauftragsfertiger (vgl. Abb. 2.4-52).

2.4.8.5 Auftragsmanagement

Für die vom Lagerfertiger angebotenen Erzeugnisse werden im Rahmen der Auftragserfassung zunächst die Mengen und Wunschtermine zu den gewünschten Erzeugnissen erfasst (vgl. Abb. 2.4-53).

Durch die vergleichsweise einfache Formalisierbarkeit kann diese Aufgabe beim Lagerfertiger leicht automatisiert werden. So setzten heute beispielsweise zahlreiche Konsumgüterhersteller elektronische Marktplätze oder Kundenportale ein, die einen direkten Zugriff des Kunden auf die Produktkataloge des Herstellers ermöglichen (Klein et al. 2002; Picot et al. 2003).

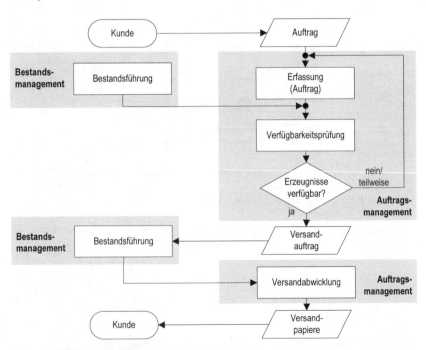

Abb. 2.4-53 Prozessmodell des Lagerfertigers – Auftragsmanagement

Im Anschluss an die Auftragserfassung wird zunächst eine Verfügbarkeitsprüfung durchgeführt. Hinsichtlich der Auftragspositionen, bei denen die Verfügbarkeitsprüfung zum Wunschtermin negativ ausfällt, erfolgt eine Rücksprache mit dem Kunden. Diesem können ein späterer Liefertermin oder ein Alternativerzeugnis mit vergleichbarem Funktionsumfang angeboten werden.

Bei erfolgreicher Verfügbarkeitsprüfung werden die bestellten Erzeugnisse reserviert und der anschließend erstellte Versandauftrag zur Kommissionierung an das Lagerwesen überstellt. Anschließend ist die Entnahme der Erzeugnisse in der Bestandsführung zu buchen.

Abschließend erfolgt im Rahmen des Auftragsmanagements die Versandabwicklung, wobei die Lieferpapiere generiert und zusammen mit dem Erzeugnis an den Spediteur überstellt werden. Dieser liefert die Erzeugnisse nach abgestimmten Transportstrategien an die vom Kunden bestimmte Adresse. Alternativ kann die Lieferung durch eine unternehmensinterne Transportplanung und -steuerung unterstützt werden.

2.4.8.6 *Bestandsmanagement*

Das Bestandsmanagement hat insbesondere beim Lagerfertiger Anknüpfungspunkte zu allen Planungsebenen. So werden Bestandsdaten, die im Rahmen der Bestandsführung ermittelt werden, einerseits für die Nettoprimär- und Nettosekundärbedarfsrechnung oder die Verfügbarkeitsprüfung von Material und Erzeugnissen benötigt. Andererseits gehen Informationen über geplante sowie reale Zu- und Abgänge in die Bestandsführung ein. Wenn reale Zu- und Abgänge gebucht werden, ist zusätzlich der Prozessschritt der Lagerverwaltung zur Bestimmung von Lagerorten und Lagerplätzen anzustoßen.

Im überbetrieblichen Kontext lassen sich beim Lagerfertiger aufgrund des langfristig bekannten und vollständig spezifizierten Sekundärbedarfs Konzepte der überbetrieblichen Nachschubsteuerung besonders zielführend einsetzen. So ist beispielsweise beim Vendor Mangaged Inventory-Konzept (VMI) der Zulieferer auf der Basis eines entsprechenden Informationsaustauschs verantwortlich für den Lagerbestand beim Produzenten (Christopher 1998).

Wie auch beim Variantenfertiger bietet sich bei nahezu gleich bleibenden Abgangsverläufen der Erzeugnisse bzw. Sekundärmaterialien für beide Auftragsabwicklungstypen das Kanbankonzept als Steuerungsmöglichkeit innerhalb der Produktion an.

2.4.9 Literatur

AwF (1985) Integrierter EDV-Einsatz in der Produktion, CIM - Computer Integrated Manufacturing - Begriffe, Definitionen, Funktionszuordnung. Eschborn

AwF (2004) Praktischer Einsatz von Kennzahlen und Kennzahlensystemen in der Produktion: Praxisleitfaden der AWF-Arbeitsgemeinschaft "Kennzahlen und Kennzahlensysteme zur Unternehmensführung und -steuerung". Eschborn

Becker J, Kahn D (2002) Der Prozess im Fokus. In: Becker J, Kugeler M, Rosemann M (Hrsg) Prozessmanagement – Ein Leitfaden zur prozessorientierten Organisationsgestaltung, 3. Aufl. Springer, Berlin Heidelberg

Brankamp K (1977) Leitfaden zur Einführung einer Fertigungssteuerung, 1. Aufl. Essen

Büdenbender W (1991) Ganzheitliche Produktionsplanung und -steuerung. Dissertation, RWTH Aachen

Buxmann P (2001) Informationsmanagement in vernetzten Unternehmen. Wirtschaftlichkeit, Organisationsänderungen und der Erfolgsfaktor Zeit. Gabler, Wiesbaden

Christopher M (1998) Logistics and Supply Chain Management. Strategies for Reduction Cost and Improving Service, 2. Aufl. Financial Times Prentice Hall, London (UK)

Corsten H, Gössinger R (2001) Einführung in das Supply Chain Management. Oldenbourg, München

DIN 66001 (1983) Sinnbilder und ihre Anwendung. Beuth, Berlin

Dolezalek C-M (1981) Planung von Fabrikanlagen, 2. Aufl. Springer, Berlin

Eversheim W (2002) Organisation in der Produktionstechnik, 4. bearbeitete und korrigierte Aufl. Springer, Berlin

Eversheim W, Schuh G (2005) Integrierte Produkt- und Prozessgestaltung. Springer, Berlin

Gehr F, Nayabi K, Hellingrath B, Laakmann F (2003) Supply Chain Management Software – Marktstudie 2003. Planungssysteme im Überblick. Fraunhofer, Stuttgart

Gaitanides M, Scholz R, Vrohlings A, Raster M (1994) Prozessmanagement Konzepte, Umsetzungen und Erfahrungen des Reengineering. Hanser, München Wien

Grosse-Oetringhaus W-F (1974) Fertigungstypologie unter dem Gesichtspunkt der Fertigungsplanung. Berlin

Heiderich T, Much D, Schotten M (1997) Aachener PPS-Modell, Das Prozessmodell, 3. Aufl. Sonderdruck Forschungsinstitut für Rationalisierung, Aachen

Heiderich T, Schotten M (2001) Prozesse. In: Luczak H, Eversheim W (Hrsg) Produktionsplanung und -steuerung. Grundlagen, Gestaltung und Konzepte, 3. Aufl. Springer, Berlin Heidelberg, S 75-143

Kernler H (1995) PPS der 3. Generation: Grundlagen, Methoden, Anregungen, 3. Aufl. Hüthig, Heidelberg

Killich S, Luczak H (2003) Unternehmenskooperation für kleine und mittelständische Unternehmen. Springer, Heidelberg

Kinkel S (2005) Anforderungen an die Fertigungstechnik von morgen. Mitteilungen aus der Produktionsinnovationserhebung des Fraunhofer Instituts für System- und Innovationsforschung, Nr. 37

Klein S, Gogolin M, Dziuk M (2002) Elektronische Märkte im Überblick. In: HMD Praxis der Wirtschaftsinformatik 39(2002)223:7-19

Kurbel K (2003) Produktionsplanung und -steuerung. Methodische Grundlagen von PPS-Systemen und Erweiterungen, 5. Aufl. Oldenbourg, München Wien

Lassen S, Roesgen R, Meyer M, Schmidt C, Gautam D (2005) Marktspiegel Business Software – ERP/PPS 2005/2006. Schuh G, Stich V (Hrsg) 3. Aufl. Aachen

Luczak H (1986) Manuelle Montagesysteme. In: Spur G (Hrsg) Handbuch der Fertigungstechnik, Band 5. München Wien

Luczak H, Eversheim W (2001) Produktionsplanung und -steuerung. Grundlagen, Gestaltung und Konzepte, 3. Aufl. Springer, Berlin

Milberg J, Koepfer Th (1992) Aufgaben- und Rechnerintegration – ein Gegensatz zur schlanken Produktion? VDI-Bericht 990, VDI

Much D, Nicolai H (1995) PPS-Lexikon, 1. Aufl. Cornelsen, Berlin, S 239f

Picot A, Reichwald R, Wigand T W (2003) Die grenzenlose Unternehmung. Information, Organisation und Management, 5. Aufl. Gabler, Wiesbaden

Reichwald R, Picot A (2003) Die grenzenlose Unternehmung: Information, Organisation und Management. Lehrbuch zur Unternehmensführung im Informationszeitalter, 5.Aufl. Gabler, Wiesbaden

Sames G (1992) PPS für Zulieferer. Dissertation, RWTH Aachen

Sames G, Büdenbender W (1997) Aachener PPS-Modell, Das morphologische Merkmalsschema, 6. Aufl. Sonderdruck Forschungsinstitut für Rationalisierung, Aachen

Scheer A-W (1998) Wirtschaftsinformatik – Referenzmodelle für industrielle Geschäftsprozesse, 2. Aufl. Springer, Berlin

Schirmer A (1980) Dynamische Produktionsplanung bei Serienfertigung. In: Ellinger T (Hrsg) Betriebswirtschaftlich-technologische Beiträge zur Theorie und Praxis des Industriebetriebes, Band 6. Gabler, Wiesbaden

Schmidt C, Meyer M, Sticht W, Aechtner R (2004) "Plug and Do Business" - ERP der nächsten Generation für die effiziente Auftragsabwicklung in Produktionsnetzwerken. In: Luczak H, Stich V (Hrsg) Betriebsorganisation im Unternehmen der Zukunft. Springer, Berlin, S 217-226

Schomburg E (1980) Entwicklung eines betriebstypologischen Instrumentariums zur systematischen Ermittlung der Anforderungen an EDV-gestützte Produktionsplanungs- und -steuerungssysteme im Maschinenbau. Dissertation, RWTH Aachen

Schotten M (1998) Beurteilung von EDV-gestützten Koordinationsinstrumentarien in der Fertigung. Dissertation RWTH Aachen. Shaker, Aachen

Schulte-Zurhausen M (2005) Organisation, 4. Aufl. Franz Vahlen, München

Siebiera G (1996) Aktuelles Stichwort „Prozeß". fir+iaw-Mitteilungen 1/1996

Schuh G (1996) Aktivitäten des strategischen Produktionsmanagements. In: Eversheim W, Schuh G (Hrsg) Hütte – Produktion und Management. Springer, Berlin Heidelberg, S 5-35 - 5-39

Schuh G, Eisen S, Dierkes M (2000) Virtuelle Fabrik: Flexibles Produktionsnetzwerk zur Bewältigung des Strukturwandels. In: Kaluza B, Blecker T (Hrsg) Produktions- und Logistikmanagement in Virtuellen Unternehmen und Unternehmensnetzwerken. Springer

Schuh G (2005) Produktkomplexität managen: Strategien, Methoden, Tools, 2. Aufl. Hanser, München

Schütte R (1998) Grundsätze ordnungsgemäßer Referenzmodellierung. Konstruktion konfigurations- und anpassungsorientierter Modelle. Gabler, Wiesbaden

Steffenhagen H (2004) Marketing: Eine Einführung, 5. Aufl. Kohlhammer, Stuttgart

Sydow J (2001) Steuerung von Netzwerken: Konzepte und Praktiken. Westdeutscher, Opladen

Wenzel S, Klinger A (2000) Referenzmodelle – Begriffsbestimmung und Klassifikation. In: Referenzmodelle für die Simulation in Produktion und Logistik, SCS Publishing House

2.5 Funktionen

von Günther Schuh und Svend Lassen

Die Aufgaben der PPS in den direkten und indirekten Bereichen in Fertigungsunternehmen sind als Funktionalitäten in Informations- bzw. Anwendungssystemen umgesetzt. Informationssysteme unterstützen die Verwaltung und Bereitstellung von Informationen, die Erstellung von Plänen, die Koordination von Abteilungen, die Überwachung und Steuerung von Prozessen u. a.

2.5.1 Anwendungssysteme im Umfeld der Produktion

Die Planung und Steuerung der Produktion erfolgt durch PPS-Systeme, die insbesondere Funktionen der Material-, Zeit- und Kapazitätswirtschaft auf Basis von Stücklisten und Arbeitsplänen beinhalten (Geitner 1997). Für die Materialwirtschaft wurde in den 60er Jahren das Material Requirements Planning (MRP) entwickelt, bei dem die Sekundärbedarfe von Produkten per Stücklistenauflösung und die Nettobedarfe durch den Abgleich mit Lagerbeständen ermittelt werden. Mit der Weiterentwicklung zum Manufacturing Resource Planning (MRP II) können jetzt darüber hinaus zum Beispiel Fertigungsaufträge terminiert, wirtschaftliche Fertigungs- und Montagelose gebildet und Arbeitsgänge auf Kapazitäten eingeplant werden. Durch diese Funktionalitäten werden die Zeit- und die Kapazitätswirtschaft unterstützt.

Zu den PPS-Systemfunktionen sind weitere Funktionsbereiche, wie z. B. das interne und externe Rechnungswesen und die Personalwirtschaft, hinzugekommen. Informationssysteme, die durchgängig die Aufgaben der technischen und kaufmännischen Auftragsabwicklung unterstützen, werden als Enterprise Resource Planning (ERP) Systeme bezeichnet. ERP-Systeme sind definiert als „integrierte Softwarelösungen, bestehend aus mehreren Modulen, wie z. B. Produktionsplanung und -steuerung, Materialwirtschaft, Finanzbuchhaltung, Personalabrechnung, Logistik, die mit einer zentralen Datenbank verbunden sind" (Stotz 2001).

Im Umfeld der ERP-/PPS-Systeme existieren weitere betriebliche Anwendungssysteme, zu denen Schnittstellen bestehen (vgl. Abb. 2.5-1). Entsprechend den Geschäftsprozessen in Fertigungsunternehmen werden Informationssysteme für das Engineering (Produktentwicklung) und die Logistik (Auftragsabwicklung) unterschieden (Scheer 1997).

2 Grundlagen der Produktionsplanung und -steuerung

	Auftragsabwicklung		Produktentwicklung	
Netzwerkplanung	SCM			
Produktionsplanung	ERP/PPS		EDM/PDM	CAD
Feinplanung	MES			
Produktionssteuerung	BDE	MDE		

Legende:
SCM Supply Chain Management
PPS Produktionsplanung und -steuerung
PDM Product Data Management
MES Manufacturing Execution System
MDE Maschinendatenerfassung
ERP Enterprise Resource Planning
EDM Engineering Data Management
CAD Computer Aided Design
BDE Betriebsdatenerfassung

Abb. 2.5-1 Anwendungssysteme im Umfeld der Produktion

Im Engineering werden die Produkte des Unternehmens mittels Computer Aided Design (CAD) Systemen entwickelt. Als Ergebnis liegen Konstruktionszeichnungen und Stücklisten vor, die zumeist in einem Engineering und Product Data Management (EDM-/PDM) System verwaltet werden. Die zeichnungsbezogenen Stücklisten eines Produkts werden zu einer Stücklistenstruktur verknüpft und in Verbindung mit den Zeichnungen nach Schlagworten, z. B. Produktbezeichnung, Sachmerkmalen, Baugruppen und Produktgruppen, abgelegt. Das Engineering bzw. die Produktentwicklung liefert somit die Stammdaten für die Informationssysteme der Auftragsabwicklung.

Nach dem Anlegen, Ändern oder Freigeben eines Produkts zur Produktion werden die Stücklisten an das ERP-/PPS-System übergeben. Das ERP-/PPS-System unterstützt durchgängig die Aufgaben der Auftragsabwicklung. Im Rahmen der Auftragsabwicklung werden Kundenaufträge verwaltet, Material disponiert sowie Produktionsprozesse geplant und gesteuert. Abschließend werden die Kunden- und Fertigungsaufträge kosten-, mengen- und terminbezogen abgerechnet.

Die ERP-/PPS-Systeme und die weiteren Systeme der Auftragsabwicklung können nach den Ebenen der Produktionsplanung und -steuerung unterschieden werden. ERP-/PPS-Systeme werden für die Produktionsplanung und -steuerung eines oder mehrerer Standorte eingesetzt. Werden erweiterte Planungsfunktionalitäten für verteilte Standorte und Produktionsnetzwerke benötigt, kann ein Supply Chain Management (SCM) System zum Einsatz kommen. SCM-Systeme unterstützen die Aufgaben der übergreifenden Netzwerkplanung auf einer groben Bedarfs-, Termin- und Kapazitätsebene. Sie liefern Planungsvorgaben für die untergeordneten Ebenen der PPS.

Reichen die Möglichkeiten zur Feinplanung, Simulation, Optimierung und Überwachung der Produktion im ERP-/PPS-System nicht aus, kann zudem ein Manufacturing Execution System (MES) als Addon-Lösung verwendet werden. Das MES übernimmt grob terminierte Fertigungsaufträge aus dem ERP-/PPS-System, unterstützt die Feinplanung und -steuerung und meldet die Fertigstellung der Fertigungsaufträge anschließend zurück. Die Kommunikation zwischen MES bzw. ERP-/PPS-System und der Produktion wird durch Systeme der Maschinen- bzw. Betriebsdatenerfassung (MDE/BDE) unterstützt.

Die Ausführungen zeigen, dass die betrieblichen Anwendungssysteme zum einen Schnittstellen untereinander und zum anderen Überschnittsbereiche besitzen. ERP-/PPS-Systeme lassen sich damit nicht eindeutig von anderen betrieblichen Softwarelösungen abgrenzen. Einen möglichen Ansatz zur Definition von ERP-/PPS-Systemen liefert die nachfolgende Beschreibung von Funktionsbereichen und Funktionalitäten. Die Kenntnis über die Funktionalitäten von ERP-/PPS-Systemen ist für deren nutzenorientierten Einsatz in Fertigungsunternehmen von Bedeutung.

Die Funktionalitäten von ERP-/PPS-Systemen lassen sich aus den Anforderungen der Produktionsplanung und -steuerung, wie diese durch das Aachener PPS-Modell beschrieben werden, ableiten (vgl. Abschn. 2.1). Im Aachener PPS-Modell werden Kern-, Netzwerk- und Querschnittsaufgaben der PPS unterschieden, die durch Systemfunktionalitäten zu unterstützen sind.

Wesentliche Funktionsbereiche von ERP-/PPS-Systemen sind in Abb. 2.5-2 in Korrespondenz zu den Aufgaben der PPS aufgeführt. Zudem werden die Schnittstellen und die Überschnittsbereichen zu anderen Anwendungssystemen aufgezeigt. Die funktionalen Anforderungen an die ERP-/PPS- und SCM-Systeme werden in den nachfolgenden Abschnitten differenziert nach den Aufgabentypen behandelt.

2.5.2 Funktionen zur Unterstützung der Kernaufgaben

Die technische Auftragsabwicklung umfasst die produkt- und produktionsorientierten Aufgabenbereiche, in denen die Materialflüsse geplant und gesteuert werden. Sie beinhaltet die „...Ablauforganisation aller an der Erstellung von Produkten beteiligten Unternehmensbereiche" (Eversheim u.

Schuh 1999). Den Kern der technischen Auftragsabwicklung bilden somit Absatz- und Produktionsprogrammplanung, Materialdisposition, Produktionsplanung und -steuerung sowie Einkauf und Beschaffung (vgl. Abb. 2.5-3). Diese Funktionsbereiche werden nachfolgend näher beschrieben.

Aufgaben des Aachener PPS-Modells	Funktionsmodule der Systemlösungen		
	EDM-/PDM-Systeme	ERP-/PPS-Systeme	SCM-Systeme
Kernaufgaben			
Produktionsprogrammplanung		Absatz- und Produktionsprogrammplanung	
Produktionsbedarfsplanung		Materialdisposition	
		Produktionsplanung	
Eigenfertigungsplanung und -steuerung		Produktionssteuerung	
Fremdbezugsplanung und -steuerung		Einkauf und Beschaffung	
Netzwerkaufgaben			
Netzwerkkonfiguration			Netzwerkkonfiguration
Netzwerkabsatzplanung			Netzwerkabsatzplanung
Netzwerkbedarfsplanung			Netzwerkprogrammplanung
Querschnittsaufgaben			
Datenverwaltung	Produktdatenmanagement		
Auftragsmanagement		Angebots- und Auftragsbearbeitung	
		Projektmanagement	
Bestandsmanagement		Materialwirtschaft	
		Lagerverwaltung	

Abb. 2.5-2 Funktionsbereiche anhand des Aachener PPS-Modells

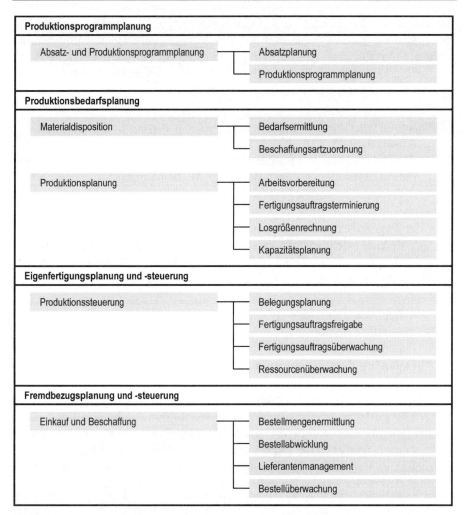

Abb. 2.5-3 Funktionsbereiche zur Unterstützung der Kernaufgaben

2.5.2.1 *Absatz- und Produktionsprogrammplanung*

In der Absatz- und Produktionsprogrammplanung werden die herzustellenden Erzeugnisse für einen definierten Planungszeitraum unter Berücksichtigung des Absatzmarktes festgelegt.

Absatzplanung

Aufgabe der Absatzplanung ist die Abschätzung des zukünftigen Absatzes an Erzeugnissen, verkaufsfähigen Baugruppen, Ersatzteilen und Handelsware. Die Absatzstatistik enthält Vergangenheitsdaten, die manuell weiterbearbeitet werden müssen. Bei Absatzschätzungen/-prognosen werden automatisch Vorschläge basierend auf den Vergangenheitsdaten und Markterwartungen für den Absatzplan prognostiziert. Periodenbezogene Verkaufspläne beruhen auf den Absätzen zurückliegender Perioden. Das Ergebnis der Absatzplanung ist ein Absatzplan.

Funktionen der Absatzplanung
- Absatzstatistik
- Absatzabschätzung/-prognose
- periodenbezogener Verkaufsplan (z. B. Jahresplan)

Neben der manuellen Eingabe können auch Daten aus einem Vertriebsplan oder der Ergebnisrechnung übernommen werden. Der Vertriebsplan wird aus der Vertriebssicht erstellt und quantifiziert zukünftige Bedarfe auf Erzeugnis(Gruppen)ebene. Der Ergebnisplan quantifiziert zukünftige Umsätze.

Übernahme der Daten in den Absatzplan
- manuelle Eingabe
- Daten aus dem Vertriebsplan kopieren
- Daten aus dem Ergebnisplan kopieren

Es existieren verschiedene Verfahren zur Durchführung der Prognoserechnung. Die einfache und gleitende Mittelwertbildung geht von konstanten Absatzmengen aus, wobei die gleitende Mittelwertbildung ältere Werte nicht berücksichtigt. Die exponentielle Glättung erster Ordnung dient ebenfalls der Vorhersage bei konstantem Bedarfsverlauf, berücksichtigt allerdings den in der letzten Periode aufgetretenen Planungsfehler.

Prognoseverfahren
- Kopieren der alten Verbräuche mit Multiplikator
- gleitender Mittelwert
- gewichteter gleitender Mittelwert
- exponentielle Glättung erster Ordnung

Die Parametrisierung des Prognoseverfahrens kann durch das System unterstützt werden. Eine Möglichkeit diesbezüglich ist die variable Betrachtung des Prognosehorizonts. Weiterhin können Musterverläufe der Vergangenheitsdaten mit geeigneten Parametern hinterlegt werden. Wenn der Nutzer bei der Definition des Prognoseverfahrens geführt und durch Hilfeanweisungen unterstützt wird, spricht man von einem Assistent.

Möglichkeiten bei der Parametrisierung von Prognoseverfahren
- variable Betrachtung des Prognosehorizonts - Parametrisierung mit Hilfe von Mustern (Pattern) - Assistenten zur Definition von Prognoseverfahren

Die Ergebnisse der Absatzplanung können nach definierbaren Kriterien, z. B. nur für bestimmte Umsatzgruppen oder auch Verkaufsgebiete, in nachfolgende Planungen übernommen werden. Während der Übernahme kann ein Soll/Ist-Vergleich mit den tatsächlichen Auftragseingängen erfolgen. Bei der so genannten Stellvertreterplanung wird für die unterschiedlichen Varianten des Endproduktes ein "Stellvertreter"-Material verwendet. Dem Stellvertreter-Material können Wahrscheinlichkeiten für die Variantenausprägungen hinterlegt werden, so dass auch eine differenziertere Aufschlüsselung möglich ist. Beim Auftragseingang erfolgt eine Verrechnung mit den Planwerten, da es sonst zu einer doppelten Beschaffung kommt.

Übernahme der Ergebnisse der Absatzplanung in nachfolgende Ebenen
- Übertragung der Daten nach frei definierbaren Planungshorizonten - mittels definierbarer Kriterien zur Übernahme mit Soll/Ist-Vergleich von Absatzplanung und Auftragseingang anhand der Kriterien - Stellvertreterplanung mit frei definierbaren Verrechnungsmethoden auf den Auftragseingang

Produktionsprogrammplanung

In der Produktionsprogrammplanung werden die herzustellenden Erzeugnisse nach Art, Menge und Termin für einen definierten Planungszeitraum festgelegt. Ergebnis der Produktionsprogrammplanung ist der Produktionsplan. Als Informationsquellen für die Produktionsprogrammplanung dienen vorgelagerte Planungen, Informationen von Kunden oder aus dem Vertrieb.

Informationsquellen der Primärbedarfsermittlung
- Absatzplan - Kundenanfragen der -angebote - Kundenaufträge - Lieferpläne - Kundenrahmenaufträge - Kundenbedarfsfortschrittszahlen

Bei der Produktionsprogrammplanung wird ermittelt, wie viele Erzeugnisse gefertigt werden müssen, um den zukünftigen Kundenbedarf zu decken. Die im Lager verfügbaren Mengen werden dazu vom Bruttobedarf abgezogen, um den Nettobedarf zu bestimmen. Die Berechnung des verfügbaren Lagerbestandes kann verschiedene dispositive Bestandsarten berücksichtigen, wie z. B. geplante und nicht reservierte Zugänge.

Informationen für den Bestandsabgleich
- geplante, nicht reservierte Zugänge
- geplante, nicht reservierte Abgänge
- verfügbarer Bestand
- geplante, reservierte Zugänge
- geplante, reservierte Abgänge

Der Planungsrhythmus kann unterschiedlich gestaltet werden. Bei der zyklischen Planung wird eine (meist feste) Planungsperiode gewählt, an die sich die darauf folgende Planungsperiode lückenlos anschließt (Planungsperiode = Planungshorizont, z. B. Quartalsplanung). Bei der rollierenden Planung ist die Planungsperiode kürzer als der Planungshorizont, der verbleibende Teil des alten Planungshorizontes wird erneut geplant. Für die bedarfsweise Planung wird kein Planungshorizont festgelegt

Planungsrhythmus bei der Produktionsprogrammplanung
- zyklisch
- rollierend
- bedarfsweise

Zur Deckung der im Produktionsplan spezifizierten Nettobedarfe werden Planaufträge angelegt. Die Planaufträge stellen, ebenso wie Kundenaufträge, eine Aufforderung zur Produktion von Erzeugnissen dar. Plan- und Kundenaufträge sind dementsprechend zu koordinieren.

Koordination von Plan- und Kundenaufträgen
- eingesteuerte Planaufträge für ein Produkt werden nachträglich durch Kundenaufträge ersetzt
- Kundenaufträge werden zusätzlich eingelastet
- Plan- und Kundenaufträge können bis zur Freigabe jederzeit unterschieden werden

2.5.2.2 *Materialdisposition*

Im Zusammenhang mit der Materialdisposition sind zunächst die Bedarfe zu ermitteln. Anschließend ist für die Bedarfe eine Beschaffungsart festzulegen. Dadurch wird bestimmt, welche Teile und Komponenten zu fertigen oder von Lieferanten zu beziehen sind.

Bedarfsermittlung

Im Rahmen der Materialdisposition wird der Bedarf an Baugruppen und Teilen der Erzeugnisse (Bruttosekundärbedarf) ermittelt. Dafür existieren einerseits deterministische, anderseits stochastische Methoden. Die deterministische Bedarfsauflösung berechnet den Teilebedarf durch die Analyse der Produktstruktur, meist über die Stückliste, unter Berücksichtigung von Vorlaufzeiten, die im Materialstamm der übergeordneten Komponenten hinterlegt sind, oder über Arbeitsgangzeiten. Die stochastische Bedarfsermittlung basiert auf einer Prognose der zu erwartenden Bedarfe mit Hilfe statistischer Prognoseverfahren, wobei als Datengrundlage die Verbrauchswerte der Vergangenheit dienen. Darüber hinaus können die Bedarfe verbrauchsorientiert, z. B. nach dem Bestellpunkt- oder Bestellrhythmusverfahren, bestimmt werden.

Kennzeichen der stochastischen Bedarfsvorhersage ist die Prognose der zu erwartenden Bedarfe mit Hilfe statistischer Prognoseverfahren, wobei als Datengrundlage die Verbrauchswerte der Vergangenheit dienen. Die stochastische Bedarfsermittlung erfolgt üblicherweise für C-Material und eingeschränkt für B-Material. Beim Bestellpunktverfahren wird der verfügbare Lagerbestand mit dem Meldebestand (Bestellpunkt) verglichen und bei Unterschreitung ein Bestellvorschlag ausgelöst. Beim manuellen Verfahren werden Melde- und Sicherheitsbestand vom Benutzer festgelegt. Dies geschieht üblicherweise für Schüttgut oder bei neuen Teilen. Beim automatischen Verfahren werden Melde- und Sicherheitsbestand durch das System anhand alter Abgänge festgelegt. Beim Bestellrhythmusverfahren werden in einem vorgegebenen Rhythmus, z. B. alle 4 Wochen, Bestellungen ausgelöst.

Möglichkeiten der stochastischen Bedarfsermittlung
- manuelle Festlegung der Parameter des Bestellpunktverfahrens
- automatische Festlegung der Parameter des Bestellpunktverfahrens
- Anzeige weiterer statistischer Daten (Verfügbarkeit etc.)
- manuelle Festlegung der Parameter des Bestellrhythmusverfahrens
- automatische Festlegung der Parameter des Bestellrhythmusverfahrens

Die deterministische Bedarfsauflösung berechnet den Teilebedarf durch Stücklistenauflösung. Bei der stufenweisen Auflösung ist die dispositive Entscheidung des Sachbearbeiters nach jeder Auflösungsstufe möglich und erforderlich (Fertigungsstufenverfahren). Das Fertigungsstufenverfahren stellt Bedarfe in die jeweilige Fertigungsstufe ein, fasst aber gleiche Materialbedarfe nicht zusammen. Bei der Auflösung über alle Strukturstufen wird der Primärbedarf dagegen automatisch bis zum Rohteil aufgelöst (Dispositionsstufenverfahren). Das Dispositionsstufenverfahren stellt alle gleichartigen Bedarfe in die niedrigste Fertigungsstufe. Nachteilig ist hier die zu frühe Beschaffung der Teile der höheren Fertigungsstufe. Die Kennzeichensteuerung stellt eine Mischform dar. Bei der synthetischen Bedarfsermittlung auf Basis von Teileverwendungsnachweisen wird geprüft, in welche Erzeugnisse ein Material eingeht. Bei der Verwendung von Fortschrittszahlen auf Sekundärbedarfsebene werden die Primärbedarfsfortschrittszahlen über die Stücklistenauflösung in Sekundärbedarfsfortschrittszahlen umgerechnet.

> **Möglichkeiten der deterministischen Bedarfsermittlung**
> - analytische Bedarfsermittlung mit dem Fertigungsstufenverfahren
> - analytische Bedarfsermittlung mit dem Dispositionsstufenverfahren
> - analytische Auflösung mit Kennzeichensteuerung
> - synthetische Bedarfsermittlung auf Basis von Teileverwendungsnachweisen
> - mit Verwendung von Fortschrittszahlen auf Sekundärbedarfsebene

Sofern die Erzeugnisstruktur vollständig vorliegt, kann die Terminrechnung über Vorgabewerte aus der Stückliste (Vorlauf-/Wiederbeschaffungszeit) oder über die Arbeitsplanzeiten erfolgen. Unvollständige Erzeugnisstrukturen erfordern den Einsatz von Ersatzdaten, z. B. Pseudo-Stücklisten.

> **Basis für die Terminrechnung bei der Stücklistenauflösung**
> - mengenunabhängige Vorlauf- und Wiederbeschaffungszeiten
> - mengenabhängige Vorlaufzeiten
> - Arbeitsplanzeiten
> - Ersatzdaten

Der terminierte Bruttosekundärbedarf wird unter Berücksichtigung von Lagerbeständen, Reservierungen, Umlauf, Sicherheits-, Meldebeständen sowie Bestellungen auf den Nettosekundärbedarf reduziert. Der Nettosekundärbedarf ist somit der einer bestimmten Periode zugeordnete Bedarf, der bisher weder lagerbestandsmäßig verfügbar, noch in einem bereits geplanten bzw. veranlassten Auftrag zur Bedarfsdeckung enthalten ist. Der Bedarf kann entweder einzeln auf einen Termin genau geführt werden (Terminbedarf) oder innerhalb einer Periode zusammengefasst sein (Periodenbedarf).

Dispositionsdaten für die Bedarfsermittlung
- Vorlaufzeit
- Wiederbeschaffungszeit
- Bestellbestand
- Sicherheitsbestand
- Kanbanlosgröße
- Anzahl Kanbankarten
- Kanbanpufferbestand
- Höchstbestand
- Beschaffungsmenge
- Beschaffungsrhythmus
- Ausbeute-/Ausschussfaktor

Die Vorlaufzeit entspricht der Zeit, die für die Bereitstellung eines Teils notwendig ist, wenn alle Vormaterialien vorhanden sind (Durchlaufzeit der letzten Fertigungsstufe). Die Wiederbeschaffungszeit entspricht der Zeit, die für eine erneute Bereitstellung eines Teils inkl. externer Beschaffungszeit erforderlich ist. Bei Unterschreitung des Bestellbestands wird eine Beschaffung ausgelöst. Der Sicherheitsbestand sollte nicht unterschritten werden und dient zum Auffangen von kurzfristigen Bedarfen oder Spitzenbedarfen. Der Kanbanpufferbestand ist mit dem Bestellbestand vergleichbar, ist aber immer mit festen Losgrößen verbunden. Der Höchstbestand eines Artikels darf bei der disponierten Menge nicht überschritten werden.

Die Bestandsdaten/-informationen dienen zur Kontrolle der Bestandsentwicklung (Vergangenheit bis Zukunft). Bei der Mehrlagerortdisposition werden die Bestandsdaten aufgeteilt nach mehreren Lagern, z. B. Vormateriallager, Außenlager oder Versandlager, angezeigt. Statische Reservierungen bedeuten nicht zeitlich begrenzt, z. B. Reservierungen für eine Produktlinie.

Bestandsinformationen direkt aus dem Materialkonto
- Ist-Zugänge
- Ist-Entnahmen
- Reservierungen (statisch)

206 2 Grundlagen der Produktionsplanung und -steuerung

Bestandsinformationen direkt aus dem Materialkonto
- zeitlich begrenzte Reservierungen (Angebotsbindefrist) - Plan-Zugänge (Beschaffungsaufträge) - Plan-Entnahmen (Bedarfe, dynamische Reservierungen, Planbereitstellungen) - Plan-Bestand - Bestand nach Lagerorten - Charge - Gebinde

Bei der Nettomengenrechnung wird die zu beschaffende Menge an Material ermittelt. Statische Verfahren berücksichtigen nur die tatsächlichen Ist-Bestände, während dynamische Verfahren auch Reservierungen sowie Planzugänge und -entnahmen berücksichtigen. Berücksichtigung von Beständen in beliebigen Lagern, z. B. Vormateriallager, Außenlager, Lager anderer Standorte oder Versandlager, bedeutet, dass auch Lager außerhalb der Produktionsstätte mit in die Nettomengenrechnung eingehen.

Bestände für den Bestandsabgleich
- Fertigungsaufträge (Planzugänge) - Ist-Lagerbestand - offene Bestellungen (Planzugänge) - Ist-Werkstattbestände - Ist-Bestände in beliebigen Lagern - Planentnahmen (Bedarfe, dynamische Reservierungen, Planbereitstellungen) - Reservierungen (statisch) - Planentnahmen in beliebigen Lagern - Planzugänge in beliebigen Lagern

Strukturstufe des Bestandsabgleichs
- auf jeder Stufe (Fertigungsstufenverfahren) - nur auf der untersten Stufe (Dispositionsstufenverfahren) - mit Verwendung von Fortschrittszahlen auf Sekundärbedarfsebene

Beschaffungsartzuordnung

Ein Materialbedarf kann durch verschiedene Beschaffungsarten abgedeckt werden. Bestellungen werden zur Beschaffung von Rohmaterial und Fremdbezugsteilen bei externen Lieferanten erstellt. Fertigungsaufträge dienen der Deckung des Teilebedarfs durch Eigenfertigung. Durch Fremdvergaben wird die Herstellung auf Fremdfertiger ausgelagert (verlängerter

Werkbank), bei denen die benötigten Produkte meist nach vorgegebenen Unterlagen gefertigt werden. Bei der Kundenbeistellung stellt der Kunde für das bestellte Erzeugnis bzw. die Baugruppe Material bereit. Bei der Lieferantenbeistellung wird dem Lieferanten für die bestellte Baugruppe Material beigestellt.

Beschaffungsarten der Einzelbedarfe
- Fertigungsauftrag
- Bestellung
- Fremdvergabe
- mit Kundenbeistellung
- mit Lieferantenbeistellung

Möglichkeiten der Beschaffungsartzuordnung
- eine Beschaffungsart je Material
- alternative Beschaffungsarten je Material
- frei wählbare Beschaffungsart je Bedarf
- gemischte Beschaffung (anteilige Zuordnung eines Bedarfs zu mehreren Beschaffungsarten)

Eine alternative Beschaffungsart bedeutet, dass im Teilestamm nicht eine, sondern mehrere mögliche, aber konkret genannte Beschaffungsarten angegeben sind.

Bei der Zuordnung einer Beschaffungsart zu einem Materialbedarf kann das ERP-/PPS-System verschiedene Hilfestellungen geben.

Hilfen für die Make-or-Buy-Entscheidung
- feste Angabe(n) im Teilestamm
- Kostenvergleichsrechnung
- es können Regeln definiert werden (auch kostenunabhängig), die die Beschaffungsartzuordnung unterstützen
- grafische Kapazitätsprofile einzelner Arbeitsplätze
- grafische Kapazitätsprofile von Arbeitsplatzgruppen

2.5.2.3 Produktionsplanung

Funktionen zur Unterstützung der Arbeitsvorbereitung, Fertigungsauftragsterminierung, Losgrößenrechnung und Kapazitätsplanung gehören zum Funktionsbereich der Produktionsplanung.

Arbeitsvorbereitung

In der Arbeitsvorbereitung werden die Fertigungsunterlagen erstellt. Im Allgemeinen basieren ERP-/PPS-Systeme auf Stücklisten und Arbeitsplänen. Bestimmte Fertigungstypen erfordern jedoch nicht zwingend die Anlage von Stücklisten bzw. Arbeitsplänen. Einzelfertiger benötigen stücklistenorientierte Systeme. Diese müssen z. B. Wiederbeschaffungszeiten und Kapazitätsaufwandsschätzungen in der Stückliste verwalten und über diese disponieren können. Eine Ressourcenliste integriert Stücklisten und Arbeitspläne und ermöglicht so die Simultanplanung von Material und Kapazität.

Abbildung der Planungsunterlagen
- Stücklisten und Arbeitspläne erforderlich
- Stücklistenorientiert, Materialstämme sind immer erforderlich
- Stücklistenorientiert mit teilweisem Verzicht auf Materialstamm und Arbeitsplan
- Stückliste und Arbeitsplan integriert in Ressourcenliste

Arbeitspläne können nach verschiedenen Vorgehensweisen erstellt werden.

Erstellung von Arbeitsplänen
- Kopieren eines Standard-Arbeitsplans
- Verwenden von Standard-Arbeitsgängen
- Kopieren eines Auftrags-Arbeitsplans
- Kopieren von Auftrags-Arbeitsgängen

Bei der Wiederverwendung einer Stückliste bzw. ihrer Zusammensetzung aus existierenden Artikeln kann das System eine Liste der fehlenden Arbeitspläne erstellen. Wird ein Arbeitsplan wieder verwendet, sind Auswertungen über die fehlenden bzw. ungültigen Produktionsmittel und Materialien möglich.

Automatische Prüfhilfen bei der Arbeitsplanerstellung
- Liste der fehlenden/ungültigen Arbeitspläne einer Stückliste
- Liste der fehlenden/ungültigen Produktionsmittel eines Arbeitsplans
- Liste der fehlenden/ungültigen Materialien eines Arbeitsplans

Es sind verschiedene Arbeitsplan- und Arbeitsgangarten zu unterscheiden.

Arbeitsplanarten
- Fertigungsarbeitsplan
- Montagearbeitsplan
- Verpackungsarbeitsplan
- Variantenarbeitsplan
- Reparatur-/Instandsetzungsarbeitsplan
- Fremdfertigerarbeitsplan
- Kalkulationsarbeitsplan
- Prüfplan
- Pseudoarbeitsplan (auch Dummy- oder Phantomarbeitsplan)

Alternative Arbeitsgangarten
- Los- oder Prozessarbeitsgang
- Rüstarbeitsgang
- Fremdarbeitsgang
- Transportarbeitsgang
- Prüfarbeitsgang
- Instandhaltungsarbeitsgang

Im Kalkulationsarbeitsplan werden die für eine Kalkulation notwendigen Daten gesondert aufgeführt. Pseudoarbeitspläne werden dann eingesetzt, wenn es sich nicht lohnt, die einfachen, sich ständig ändernden Inhalte zu archivieren, weil eine Wiederverwendung des Inhaltes unwahrscheinlich ist.

Die Verknüpfung von Arbeitsplänen ermöglicht die gemeinsame Terminierung unter automatischer Berücksichtigung der wechselseitigen terminlichen Abhängigkeiten.

Pläne zur Verknüpfung mit Arbeitsplänen
- Bereitstellungspläne
- Montagepläne
- Prüfpläne
- Transportpläne

Arbeitspläne können durch ihren Status unterschieden werden. Bei der Bedarfsauflösung muss evtl. der jeweilige Status berücksichtigt werden. Ein Entwurfsarbeitsplan ist für die Serienfertigung nicht freigegeben. Arbeitspläne, die ab bzw. bis zu einem bestimmten Datum oder einer bestimmten Menge Gültigkeit besitzen, erhalten den Status Ein-/Auslauf. Auftragsspezifische Arbeitspläne haben aufgrund besonderer Rahmenbedingungen keine allgemeine Gültigkeit für den jeweiligen Artikel. Arbeitspläne für ein Labormuster, einen Prototypen oder eine Probefertigung können den Status Test annehmen.

Status von Arbeitsplänen
- Entwurf
- Archiv
- aktiv/passiv
- Ein-/Auslauf
- auftragsspezifisch
- Test

Alternative Arbeitspläne/Arbeitsgänge erlauben den automatischen Wechsel des primär vorgesehenen Ablaufs bzw. die Erzeugung eines entsprechenden Vorschlags.

Verwaltung alternativer Arbeitspläne/Arbeitsgänge
- im Teilestamm des Fertigungsteils
- in der Stückliste
- im Arbeitsplan
- im Arbeitsgang

Der Vorschlag eines alternativen Arbeitsplans/Arbeitsgangs kann aus wirtschaftlichen Gründen erfolgen (abhängig von Losgröße, Herstellkosten) oder aus Gründen der mangelnden Verfügbarkeit (Störung, Auslastung). Eine weitere Möglichkeit besteht in der Auswahl des geeigneten Arbeitsplans/Arbeitsgangs je nach alternativ verwendetem Material. Die Ein-/Auslaufsteuerung ermöglicht den Wechsel zwischen zwei Arbeitsplänen/Arbeitsgängen abhängig von einer bestimmten Charge bzw. von einem vorgegebenen Termin. Eine Vorgabe der Instandhaltung könnte z. B. durch einen Arbeitsgang ausgelöst werden, der häufig ausschlaggebend für einen Ausfall ist.

Kriterien für die Auswahl von alternativen Arbeitsplänen/Arbeitsgängen
- Losgröße
- Werkstoff
- Kosten
- Kapazitätsauslastung
- Ein-/Auslaufsteuerung (z. B. nach Termin, Seriennummer, Charge)
- Vorgabe der Instandhaltung

Die Ressourcen sind Arbeitsgängen zuzuordnen. Die gleichzeitige Zuordnung mehrerer Ressourcen zu einem Arbeitsgang ist erforderlich, wenn diese auch gemeinsam terminiert werden müssen. Je nach produktionstechnischen Rahmenbedingungen können Ressourcen auch dem gesamten Arbeitsplan zugeordnet werden. Dies ist z. B. bei als Einzelmaschinen verwalteten Produktionslinien der Fall, auf welchen alle Arbeitsgänge für ein bestimmtes Erzeugnis ausgeführt werden.

Ressourcen für die Zuordnung zu einem Arbeitsgang oder -plan
- Maschinen
- Vorrichtungen/Werkzeuge
- Mess-/Prüfmittel
- Förder-/Lagermittel
- NC-Programme
- Personal
- Zeichnungen

In verschiedenen Branchen, z. B. in Gießereien, Druckereien oder Lackiereien, kann unter Umständen auf Stücklisten verzichtet werden. Dort kann man Materialien dem Arbeitsplan direkt zuordnen. Über eine Materialliste können dem Arbeitsplan bzw. einzelnen Arbeitsgängen alternative Materialien zugeordnet werden, z. B. verschiedene Farbausprägungen einer Lackierung. Je nach Umfang der Materialliste ist es möglich, auch ohne Stückliste einen Dispositionslauf durchzuführen

Zuordnung der Materialien zum Arbeitsplan
- in Einzelfällen kann auf Stücklisten verzichtet werden
- Material(liste) zum Arbeitsgang
- Material(liste) zum Arbeitsplan
- Material(liste) mit vollem Dispositionsumfang ohne Stückliste

Fertigungsauftragsterminierung

Die Zuordnung verschiedener Status zu einem Fertigungsauftrag ermöglicht eine einfache Überwachung des Auftragsfortschritts.

Status zu einem Fertigungsauftrag
- angefordert/geplant
- freigegeben zur Produktion
- Work in Process/läuft
- Teil-Verbrauchsmeldung

Status zu einem Fertigungsauftrag
- Teil-Produktionsmeldung
- abgeschlossen/fertig
- archiviert

Die Zeitanteile, die bei der Feinterminierung berücksichtigt werden, können sich von denen der zentralen Terminierung unterscheiden. Die Bearbeitungszeit ist die Zeit, in der die Teile tatsächlich bearbeitet werden. Sie ergibt mit der Rüstzeit die Durchführungszeit. Die Transportzeit und die Liegezeit ergeben zusammen die Übergangszeit. Darüber hinaus lassen sich noch Prüfzeiten differenzieren, die für die Überprüfung/Kontrolle von Einzelteilen, Baugruppen oder Erzeugnissen zwischen oder während der Arbeitsgänge verwendet werden.

Zeitanteile bei der Feinterminierung
- Bearbeitungszeiten
- Rüstzeiten
- Durchführungszeiten (Bearbeitungszeit + Rüstzeit)
- Transportzeiten
- Liegezeiten
- Übergangszeiten
- Prüfzeiten

Die Übergangszeit (Zwischenzeit) legt die Zeitspanne fest, die für den Wechsel von einem Arbeitsgang zum nächsten erforderlich ist (Transport- und Liegezeit). Die Übergangszeit kann auf verschiedenen Stufen definiert werden. So kann sie generell, in Bezug auf einen Arbeitsplan oder in Bezug auf einen Arbeitsgang vorgegeben sein. Darüber hinaus kann die Übergangszeit von den jeweiligen Kapazitäten abhängig gemacht werden, wobei eine feste Vorgabe auf Gruppenebene oder auf Ebene einzelner Ressourcen möglich ist. In der Übergangszeitenmatrix werden für alle denkbaren Kombinationen von Arbeitsgängen bzw. Ressourcen die jeweils erforderlichen Übergangszeiten angegeben, welche dann vom System je nach Reihenfolge ausgewählt werden.

Übergangszeiten
- einheitliche Übergangszeit (Einheitszeit)
- arbeitsplanbezogene Übergangszeit (indiv. Einheitszeit)
- arbeitsgangbezogene Übergangszeiten (indiv. Einzelzeiten)
- kapazitätsgruppenbezogene Übergangszeiten (feste Gruppenzeiten)
- kapazitätsbezogene Übergangszeiten (feste Einzelzeiten)
- Übergangszeitenmatrix

Bei der Festlegung der Rüstzeit ergeben sich ebenso verschiedene Möglichkeiten wie bei der Übergangszeit.

Rüstzeiten
- arbeitsgangbezogene Rüstzeit
- arbeitsplanbezogene Rüstzeit
- einzelkapazitätsbezogene Rüstzeiten
- kapazitätsgruppenbezogene Rüstzeiten
- Rüstzeitenmatrix

Auf Basis der hinterlegten Zeitanteile werden die Fertigungsaufträge terminiert. Die Rückwärtsterminierung geht von einem festgelegten Endtermin (Bedarfstermin) aus und ermittelt unter Berücksichtigung der Erzeugnisstruktur und des resultierenden Auftragsnetzplans den spätesten Beginntermin. Bei der Vorwärtsterminierung startet die Berechnung bei einem festgelegten Beginntermin, und es wird in einer Vorwärtsrechnung der früheste Endtermin ermittelt. Die Bezugspunktterminierung (auch Mittelpunktsterminierung) geht von einem feststehenden Bezugspunkt aus, z. B. der Verfügbarkeit einer Engpass-Ressource. Bei diesem beginnend wird für die davor liegenden Vorgänge eine Rückwärtsrechnung durchgeführt, die den spätesten Beginntermin liefert. Gleichzeitig wird durch eine Vorwärtsrechnung für die nachfolgenden Vorgänge der früheste Endtermin bestimmt.

Terminierungsarten
- Rückwärtsterminierung
- Vorwärtsterminierung
- Bezugspunktterminierung

Losgrößenrechnung

Die Losgrößenrechnung ist dann relevant, wenn in der Produktion Spielräume für eine Zusammenfassung von vorgegebenen Fertigungsauftragsmengen bestehen. Diese Situation ist zumeist dann gegeben, wenn dieselben Arbeitsgänge zur Erfüllung unterschiedlicher Fertigungsaufträge führen oder die tatsächlich gefertigte Menge in die Verantwortung der Produktion gelegt wird, z. B. bei hohen Rüstzeiten.

Verfahren der Losgrößenrechnung für Fertigungsaufträge
- exakter Bedarf
- feste Losgröße (z. B. Kanbanlosgröße)
- feste Reichweite
- minimale/maximale Losgröße
- Stückkostenverfahren
- Kostenausgleichsverfahren

Wird im Anschluss an das Dispositionsstufenverfahren der jeweils berechnete Bedarf pro Artikel direkt als Losgröße übernommen, d. h. ohne Betrachtung der Wirtschaftlichkeit, so spricht man vom exakten Bedarf. Feste Losgrößen werden z. B. beim Kanban-Verfahren verwendet. Ändern sich die Rahmenbedingungen nur wenig, wie z. B. bei repetitiver Fertigung mit einer festen Zahl von Varianten und gleichmäßigen Bedarfen, so kann durch die einmalige Berechnung einer wirtschaftlichen Losgröße der Planungsaufwand für die auftragsbezogene Berechnung vermieden werden. Aus organisatorischen Gründen kann es auch sinnvoll sein, die Rüstvorgänge in einer bestimmten Frequenz, z. B. zum Schichtwechsel, durchzuführen, d. h. Lose mit festen Reichweiten zu bilden. In diesem Fall werden die Bedarfe eines Artikels aus verschiedenen Perioden zu einem Los zusammengefasst, welches genau dem vorgegebenen Zeitraum entspricht. Die Einstellung einer minimalen/maximalen Losgröße liefert einen Planungsrahmen, innerhalb dessen ein Kompromiss zwischen einer geringen Flexibilität und hohen Werkstattbeständen bei großen Losen oder hohen Rüstzeiten und Rüstkosten bei kleineren Losen gefunden werden muss. Beim Stückkostenverfahren wird die Losgröße durch Aufsuchen des auf ein Stück bezogenen Minimums aus Lagerhaltungs- und Rüstkosten ermittelt. Es werden sukzessive die Bedarfe weiterer Planungsperioden zur Losgröße hinzugenommen, bis die Stückkosten steigen (= dynamische Losgrößenverfahren, wie z. B. Wagner-Whitin-Verfahren, Silver-Meal-Heuristik). Beim Kostenvergleichsverfahren wird die Losgröße so gewählt, dass die kumulierten Lagerhaltungskosten gerade den losfixen Kosten entsprechen. Dies entspricht dem Minimum der losgrößenabhängigen Kosten nach der Andler-Formel (bzw. dem Harris-Modell).

Bei der Teile(gruppen) bezogenen Zuordnung werden für einzelne Teile (-gruppen) fest vorgegebene Losgrößenbildungsregeln festgelegt. Sinnvoll ist auch eine Zuordnung von Losgrößenregeln in Abhängigkeit von der Beschaffungsart, z. B. unterschiedliche Festlegung von Fertigungs- und Bestelllosgrößen je nach den los- bzw. bestellfixen Kosten.

2.5 Funktionen

Zuordnung eines Losgrößenverfahrens zu einem Materialbedarf
- teilebezogen
- teilegruppenbezogen
- beschaffungsartbezogen

Die vorgegebene bzw. wirtschaftlich günstigste Losgröße erfordert gegebenenfalls eine Änderung der per Stücklistenauflösung ermittelten Fertigungsauftragsmenge. Terminlich zusammenfallende Fertigungsaufträge oder Arbeitsgänge für ähnliche Teile können u. U. zu einem Auftrag zusammengefasst werden (Zusammenfassung von Fertigungsaufträgen/Arbeitsgängen). Dies kann nach verschiedenen Kriterien manuell oder automatisch erfolgen. Unter Splittung von Fertigungsaufträgen/Arbeitsgängen versteht man eine Aufteilung auf verschiedene Ressourcen bzw. verschiedene Termine.

Änderung der Auftragsmengen
- Zusammenfassung von Fertigungsaufträgen
- Splittung von Fertigungsaufträgen auf mehrere Termine
- Zusammenfassung von Arbeitsgängen
- Splittung von Arbeitsgängen

Terminlich zusammenfallende Aufträge für ähnliche Teile können unter Umständen zu einem Auftrag zusammengefasst werden. Ein wichtiges Kriterium hierfür ist die Zugehörigkeit zur gleichen Fertigungsfamilie. Unter einer Fertigungsfamilie versteht man Produkte, die eine vergleichbare Arbeitsgangfolge mit gleicher Zuordnung von Arbeitsgang zu Ressource besitzen.

Zusammenfassung von Fertigungsaufträgen
- manuell, auftragsweise
- manuell, vorselektiert nach Klassifizierungsmerkmalen (z. B. Fertigungsfamilien)
- Vorschläge möglicher Zusammenfassungen nach Fertigungsfamilien und Terminbereich

Terminlich zusammenfallende Arbeitsgänge für ähnliche Teile können unter Umständen zu einem Arbeitsgang zusammengefasst werden. Ein wichtiges Kriterium hierfür ist ebenfalls die Zugehörigkeit zur gleichen Fertigungsfamilie.

2 Grundlagen der Produktionsplanung und -steuerung

Zusammenfassung von Arbeitsgängen
- manuell, arbeitsvorgangsweise
- manuell, vorselektiert nach Klassifizierungsmerkmalen (z. B. Fertigungsfamilien)
- Vorschläge möglicher Zusammenfassungen nach Fertigungsfamilien und Terminbereich

Kapazitätsplanung

Der Kapazitätsbedarf wird auf Basis der terminierten Arbeitsgänge der Fertigungsaufträge und der den Arbeitsgängen zugeordneten Ressourcen für eine Planungsperiode ermittelt. Der Kapazitätsbedarf wird dem Kapazitätsangebot gegenübergestellt.

Das Kapazitätsangebot kann auf übergeordneter Ebene mit Hilfe von Betriebskalendern und Schichtmodellen geplant werden. Neben einfachen Plänen, die für den gesamten PPS-/Produktionsbereich Gültigkeit besitzen, können auch mehrere Pläne erforderlich sein, die z. B. auf unterschiedliche Fertigungsstätten oder Personalgruppen angewendet werden. Unterschiedliche Zeitanteile bei Schichtzeiten sind z. B. Grundzeiten, Überstundenzeiten, Pausen.

Ablauf der übergeordneten Kapazitätsangebotsplanung
- Schichtzeiten können definiert werden
- für eine Schicht können unterschiedliche Zeitanteile unterschieden werden
- ein Tagesplan kann, z. B. auf Basis vordefinierter Schichtpläne oder Wochenpläne, erstellt werden
- ein Wochenplan kann, z. B. auf Basis vordefinierter Tagespläne, erstellt werden

Ablauf der übergeordneten Kapazitätsangebotsplanung
- Schichtzeiten können definiert werden
- für eine Schicht können unterschiedliche Zeitanteile unterschieden werden
- ein Tagesplan kann, z. B. auf Basis vordefinierter Schichtpläne oder Wochenpläne, erstellt werden
- ein Wochenplan kann, z. B. auf Basis vordefinierter Tagespläne, erstellt werden

Konventionelle ERP-/PPS-Systeme, welche auf Stücklisten und Arbeitsplänen basieren, führen die Durchlaufterminierung zunächst unter der Annahme unbegrenzt zur Verfügung stehender Kapazitäten aller benötigten

Ressourcen durch. In einem zweiten Schritt erfolgt die Kapazitätsabstimmung, d. h. die Anpassung der Auftragskonstellation oder die Anpassung des Kapazitätsangebots (Prinzip der sukzessiven Planung). Sind in einem System die Stücklisten und Arbeitspläne in einer, häufig als Ressourcenliste bezeichneten, Planungsgrundlage zusammengeführt, ist eine simultane Terminierung und Kapazitätsabstimmung möglich. Schon im Rahmen der Durchlaufterminierung wird dann die begrenzte Verfügbarkeit von Maschinen, Werkzeugen, Personal usw. berücksichtigt. Zeitgesteuerte alternative Planung bedeutet, dass für einen bestimmten Planungshorizont vorgegeben werden kann, ob eine Planung gegen begrenzte oder unbegrenzte Kapazitäten durchgeführt werden soll. Häufig erfolgt die Planung gegen begrenzte Kapazitäten nur in einem kurz- bis mittelfristigen Planungsbereich.

Berücksichtigung von Kapazitäten bei der Planung
- Planung gegen unbegrenzte Kapazitäten
- Planung gegen begrenzte Kapazitäten
- zeitgesteuerte alternative Planung

Im Rahmen der Kapazitätsplanung ist die Einschränkung des Kapazitätsangebots durch Instandhaltungsarbeiten zu berücksichtigen. Im einfachsten Fall wird für einen bestimmten Planungszeitraum das Kapazitätsangebot herabgesetzt. In diesem Fall ist die Ursache der reduzierten Verfügbarkeit später nicht nachvollziehbar. Es bietet sich daher an, die Kapazitäten durch Instandhaltungsaufträge zu belegen, welche in einer Liste zusammen mit den Fertigungsaufträgen verwaltet werden. Darüber hinaus ist auch die unterschiedliche Kennzeichnung der Auftragsart in einer grafischen Übersicht möglich.

Berücksichtigung von Instandhaltungsaufträgen
- durch Herabsetzung des Maschinenkapazitätsangebotes in einem abgegrenzten Planungszeitraum
- durch gesonderte, explizite Führung von Instandhaltungsaufträgen mit Anzeigemöglichkeit in einer einheitlichen Auftragsliste zusammen mit Produktionsaufträgen
- mit grafischer Unterstützung (grafische/farbliche Differenzierung der Auftragsart)

Die Kapazitätsabstimmung nach einem unbefriedigenden Terminierungslauf erfordert eine erneute Einplanung, die mit unterschiedlicher Genauigkeit vorgenommen werden kann. Neben der manuellen Anpassung kann das System die Umplanung unterstützen. Von einer Umplanung innerhalb eines Fensters spricht man, wenn Arbeitsgänge nur dann neu eingeplant werden, wenn sie sich innerhalb eines bestimmten Planungszeitraums befinden. Bei der Neuplanung ist ggf. die Einhaltung terminlicher Verknüpfungen mit anderen Fertigungsaufträgen von Bedeutung. Die Simulation ermöglicht die Anzeige der sich ergebenden Änderungen in der gesamten Auftragskonstellation. Bei Verfügbarkeit einer entsprechenden Datengrundlage können die Änderungen der kalkulierten Herstellkosten angezeigt werden.

Detaillierungsgrad einer Kapazitätsabstimmung
- Neuplanung eines einzelnen Arbeitsvorgangs innerhalb seiner vorgegebenen Beginn- und Endtermine
- Umplanung von Arbeitsgängen innerhalb eines zeitlichen Fensters
- Neuplanung des gesamten Fertigungsauftrags mit Berücksichtigung terminlicher Verknüpfungen mit anderen Fertigungsaufträgen
- die Planänderung aller noch nicht begonnenen Fertigungsaufträge kann simuliert werden
- die kostenbezogenen Auswirkungen von Planänderungen können angezeigt werden

---

Die Kapazitätsabstimmung erfolgt entweder durch die Anpassung des Kapazitätsangebots (Kapazitätsanpassung) oder durch die Anpassung der Kapazitätsnachfrage bzw. Auftragskonstellation (Kapazitätsabgleich). Die Kapazitätsanpassung kann zunächst in der Veränderung der möglichen Einsatzzeit von Ressourcen bestehen, z. B. durch Überstunden, zusätzliche Schichten oder die Veränderung der Schichtzeit. Die Veränderung von Leistungsfaktoren, z. B. Drehzahl oder Vorschub, ermöglicht eine Kapazitätserhöhung innerhalb eines unveränderten Planungszeitraums. Durch die Sperrung bzw. Reservierung von Kapazitäten für ungeplante Ereignisse entsteht die Möglichkeit, bei Bedarf gesperrte Kapazitäten freizugeben.

Möglichkeiten zur Veränderung des Kapazitätsangebots
- Überstunden/Kurzarbeit
- Schichtzahl
- Schichtzeit
- Veränderung von Leistungsfaktoren
- Bereitstellung neuer Kapazitäten
- Sperrung des Kapazitätsangebots
- ungeplante Reservierung von Kapazitätsanteilen (z. B. für Nacharbeit, Eilaufträge)
- Freigabe gesperrter Kapazitäten

Eine Anpassung der Kapazitätsnachfrage kann durch die zeitliche Verschiebung von Aufträgen bzw. Arbeitsgängen hin zu Zeiträumen mit ausreichendem Kapazitätsangebot erfolgen. Hierbei sind die gewünschten Endtermine der einzelnen Aufträge sowie die Verknüpfungen zwischen Aufträgen und Arbeitsgängen zu beachten. Die Splittung von Aufträgen bzw. Arbeitsgängen verkürzt die Durchlaufzeit durch die Aufteilung des Loses auf verschiedene Ressourcen. Sie führt unter Umständen zu einem erhöhten Transport- und Rüstaufwand. Die Vergabe von Prioritäten für die laufenden Aufträge ist eine mögliche Eingangsgröße für die automatisierte Durchführung des Kapazitätsabgleichs.

Möglichkeiten zum Kapazitätsabgleich für Fertigungsaufträge
- zeitliche Verschiebung von Aufträgen
- Splittung von Aufträgen
- zeitliche Verschiebung von Arbeitsgängen
- Splittung von Arbeitsgängen/Verteilung auf mehrere Ressourcen
- Auswahl alternativer Kapazitäten
- Änderung von Losgrößen
- Fremdbezug
- Fremdvergabe
- Kunden-/Auftrags-Prioritäten

2.5.2.4 Produktionssteuerung

Die Produktionssteuerung kann für unterschiedlich abgegrenzte Fertigungsbereiche, für Inseln, Gruppen oder Einzelarbeitsplätze, erfolgen. Zudem können die Fertigungsbereiche einen unterschiedlichen Anteil an dem Gesamtauftragsdurchlauf haben. Es ist möglich, dass im betrachteten Fertigungsbereich nur ein oder mehrere Arbeitsgänge eines Arbeitsplans, ein ganzer Arbeitsplan oder sogar mehrere Arbeitspläne eines Kundenauftrags abzuarbeiten sind. Die IT-Unterstützung der Produktionssteuerung ist dabei nicht auf ERP-/PPS-Systeme beschränkt, sondern wird oft durch andere Systeme, z. B. MES, Werkstattsteuerungssysteme, Leitstände oder Leitsysteme, Gruppen- oder Werkstattinformationssysteme, ergänzt oder übernommen.

Belegungsplanung

Bei der Belegungsplanung wird ausgehend von der Auswahl einer freien Einzelressource die Position der einzuplanenden Arbeitsgänge in der Warteschlange der Ressource bestimmt. Die Belegungsplanung wird häufig durch eine (elektronische) Plantafel unterstützt. Nach der Einplanung eines

Arbeitsgangs auf eine Einzelressource kann dessen exakte Bearbeitungszeit sowie die in der Reihenfolge entstehenden Rüst- bzw. Übergangszeiten ermittelt werden.

Möglichkeiten der Ressourcenbelegungsplanung in einer Plantafel
- Maschinenbelegungsplanung
- Personalbelegungsplanung
- regel-/wissensbasierte Belegungsplanung
- Simultanplanung mehrerer Ressourcen
- Belegungssimulation

In einer Plantafel kann oft nur eine Ressource, z. B. Maschine, Personal oder Fördermittel, angezeigt werden, während die Verfügbarkeit der anderen Ressourcen durch grafische Hilfen, z. B. Farben, angezeigt wird. Regel-/wissensbasierte Belegungsplanungen erfolgen automatisch, wobei zuvor hinterlegte Regeln Anwendung finden. Bei der Simultanplanung mehrerer Ressourcen (meistens Maschine und Personal) werden Optimierungsalgorithmen zur Einplanung benötigt, welche auf der Zusammenführung aller Ressourcen in einer gemeinsamen Planungsgrundlage basieren. Bei der Belegungssimulation können unterschiedliche Planungsszenarien erstellt und verglichen werden.

Reihenfolgeplanung für Arbeitsvorgänge
- manuell (Freigabereihenfolge)
- durch Terminvergabe (z. B. periodenbezogener Arbeitsvorrat)
- über externe Prioritäten (z. B. Prioritätskennzahl)
- über interne Prioritäten (z. B. FIFO, KOZ, Schlupfzeitregel)

Reihenfolgeplanung für Arbeitsvorgänge
- unter Berücksichtigung der Rüstzeiten
- unter Berücksichtigung von Kampagnen (Rüstfolgen)

Technische Parameter bei der Belegungsplanung
- Rüstzeiten
- Leistungsfaktoren der Einzelmaschinen

Die Rüstzeiten werden abhängig von den Auftragsreihenfolgen an den Maschinen, z. B. aus einer Rüstzeitmatrix, berechnet. Über Leistungsfaktoren kann das Kapazitätsangebot eines Fertigungsmittels variiert werden.

Fertigungsauftragsfreigabe

Vor der Fertigungsauftragsfreigabe ist durch eine Verfügbarkeitsprüfung zu klären, ob die notwendigen Ressourcen zum gewünschten Zeitpunkt bereit stehen. Damit werden Doppelbelegungen oder fehlende Ressourcen erkannt.

Dispositive Verfügbarkeitsprüfung der Ressourcen
- Material (Baugruppen, Teile, Roh-/Hilfs-/Betriebsstoffe)
- Maschinen
- Vorrichtungen, Werkzeuge
- Mess-/Prüfmittel
- Förder-/Lagermittel
- NC-Programme
- Zeichnungen
- Personal
- Hinweis auf mangelnde Verfügbarkeit bei laufenden Instandhaltungsmaßnahmen

Die Freigabe kann nach unterschiedlichen Prinzipien erfolgen. Bei der Freigabe durch Terminvergabe werden alle Fertigungsaufträge innerhalb eines Start- oder Zielterminfensters automatisch freigegeben. Die automatische Freigabe kann anhand von Prioritäten erfolgen. Darüber hinaus kann die automatische Freigabe auch merkmalsgesteuert erfolgen, z. B. bei Kampagnenfertigung von hell nach dunkel. Bei der Steuerung mit Kontrollblöcken erfolgt die Freigabe der Aufträge durch den Vergleich von Soll- und Ist-Fortschrittszahlen, welche vom System berechnet werden müssen.

Festlegung der Freigabereihenfolge
- manuell
- durch Terminvergabe
- durch Prioritätenvergabe
- nach Merkmalskombinationen (z. B. bei Kampagnenfertigung von hell nach dunkel)
- durch Steuerung mit Kontrollblöcken (Fortschrittszahlenmethode)

Kriterien der Fertigungsauftragsfreigabe
- Arbeitsgangweise (einzeln)
- Arbeitsvorgänge eines Fertigungsauftrags
- Arbeitsvorgänge eines Terminbereichs

Kriterien der Fertigungsauftragsfreigabe
- Arbeitsvorgänge für eine Baugruppe - Arbeitsvorgänge für eine Kapazität - belastungsorientiert

Bei der Auftragsfreigabe nach Terminbereich muss dieser Terminbereich durch den Anwender frei wählbar sein. Erfolgt die Fertigungsauftragsfreigabe nach Kapazitäten, sollten die Kapazitäten bzw. auch Kapazitätsgruppen frei wählbar sein. Die Belastungsorientierte Auftragsfreigabe (BoA) basiert auf einer Grobterminierung und einer Verfügbarkeitsprüfung. Durch die Grobterminierung erfolgt eine Trennung dringlicher und nicht dringlicher Aufträge. In der Verfügbarkeitsprüfung wird für alle dringlichen Aufträge überprüft, ob sie zur Überlastung der nötigen Ressourcen führen. Die Belastungsgrenze wird für jede Ressource durch eine Heuristik festgelegt. Freigegeben werden nur solche Aufträge, durch die keine Belastungsgrenze überschritten wird. Ziel ist die Vermeidung eines zu hohen Auftragsbestands in der Fertigung, welcher sich negativ auf die Durchlaufzeit auswirkt.

Die Auftragsfreigabe kann durch Belegdruck oder durch Setzen eines entsprechenden Status erfolgen. Im Anschluss an die Auftragsfreigabe wird die Bereitstellung von Material und Ressourcen an verschiedenen Arbeitsstationen zu bestimmten Zeitpunkten erforderlich. Das System kann hierzu automatisch die entsprechenden Bereitstellungsaufträge erzeugen und in einer Bereitstellübersicht anzeigen.

Bereitstellung in Verbindung mit der Auftragsfreigabe
- Material - Werkzeuge/Vorrichtungen - NC-Programme

Bereitstellung in Verbindung mit der Auftragsfreigabe
- Personal - Bereitstellübersicht

Auch nach der Freigabe eines Fertigungsauftrags im Rahmen der Produktionsbedarfsplanung können noch Änderungen des Auftrags erforderlich werden. Unter der unabhängigen Generierung von Fertigungsaufträgen versteht man die Möglichkeit, neue Fertigungsaufträge anzulegen, für die nicht notwendigerweise ein Kundenauftrag vorliegen muss.

Änderung von Fertigungsaufträgen nach der Freigabe
- unabhängige Generierung von Fertigungsaufträgen in der Fertigung - alternative Arbeitsgänge bzw. Arbeitspläne auswählen - zusätzliche Arbeitsgänge einfügen - geplante Arbeitsgänge löschen - Fertigungsauftrag kann komplett auf Fremdbezug umgestellt werden - einen gesplitteten Fertigungsauftrag teilweise auf Fremdbezug umstellen

Fertigungsauftragsüberwachung

Die Auftragsüberwachung wird durch Funktionen zur Aufbereitung der auftragsbezogenen Ist- und Soll-Daten unterstützt. Die Überwachung der Aufträge kann anhand der gefertigten Mengen oder anhand der Auftragstermine erfolgen.

Im einfachsten Fall wird die Auftragsüberwachung durch eine Statuskontrolle unterstützt, welche den Fertigungsfortschritt grob in vordefinierten Meilensteinen anzeigt. Die Anzeige aller aktiven Arbeitsgänge verschafft dem Fertigungssteuerer eine Übersicht über alle gerade in Bearbeitung befindlichen Fertigungsaufträge sowie ggf. deren Bearbeitungsfortschritt und voraussichtliche Fertigstellungstermine. Diese Anzeige ist besonders bei einer zentral organisierten Fertigungssteuerung mit kurzfristiger Arbeitsverteilung von hoher Bedeutung. Die Rückstandsliste dient der Auftragspriorisierung und weist alle terminlich verzogenen Arbeitsgänge aus. Sie kann Grundlage für die Reihenfolgeoptimierung sein. Die Mengenkontrolle wird hauptsächlich bei zentraler Fertigungssteuerung und lang laufenden Arbeitsgängen eingesetzt. Sie gibt dem Fertigungssteuerer eine Übersicht über gefertigte Gut- und Schlechtmengen. Für den Fall, dass die Fertigung mit dem Fortschrittszahlenprinzip gesteuert wird, muss das System in der Lage sein, Soll-Fortschrittszahlen zu bilden, und in einer Fortschrittszahlenkontrolle Soll/Ist-Abweichungen auszuweisen.

Möglichkeiten der Auftragsübersicht
- Statuskontrolle (z. B. freigegeben, in Arbeit, fertig) - Anzeige der aktiven Arbeitsvorgänge - Terminkontrolle (Rückstandsliste) - Mengenkontrolle (Ausschussliste) - Fortschrittszahlenkontrolle

Die Termin- und Mengenüberwachung dient der Ableitung von Maßnahmen für die organisatorische Optimierung der Produktion.

Termin- und Mengenüberwachung
- Liegezeitanalyse der Aufträge
- Abweichungsanalyse Soll/Ist-Zeiten und -Termine
- Abweichungsanalyse Soll/Ist-Mengen

Im Zusammenhang mit der Auftragsüberwachung ist der Verursacher der Fertigungsaufträge zu verfolgen. Ein Verursacherbezug besteht zwischen Fertigungsaufträgen und den auslösenden Kundenaufträgen. Die analytische Methode stellt den Bezug vom auslösenden Kundenauftrag zum Fertigungsauftrag her (beispielsweise über eine Stücklistenauflösung). Die synthetische Methode erfasst dagegen, welche Kundenaufträge sich hinter einem Fertigungsauftrag verbergen (beispielsweise über einen Teileverwendungsnachweis).

Verursacherbezug bei Fertigungsaufträgen
- analytisch über eine Fertigungsstufe
- analytisch über beliebige Fertigungsstufen
- synthetisch über eine Fertigungsstufe
- synthetisch über beliebige Fertigungsstufen

Häufig werden die Bedarfe verschiedener Kundenaufträge zu einem Fertigungsauftrag zusammengefasst oder die Bedarfe eines Kundenauftrags auf verschiedene Arten beschafft (Eigenfertigung und Fremdbezug). Der Verursacherbezug muss hierbei durch eine entsprechende Verknüpfung nachvollziehbar bleiben.

Verfolgung des Verursacherbezugs bei Fertigungsaufträgen
- nach Bedarfszusammenfassung
- bei gemischter Beschaffung ohne Mengenangabe
- bei gemischter Beschaffung mit Mengenangabe

Verfolgung des Verursacherbezugs eines Arbeitsvorgangs
- eine Stufe (auslösender Fertigungsauftrag)
- mehrere Stufen (z. B. auslösender Fertigungs- oder Produktionsauftrag)
- beliebige Stufen (auslösender Kundenauftrag)
- auch bei Zusammenfassung von Fertigungsaufträgen
- auch bei Zusammenfassung von Arbeitsvorgängen

Ressourcenüberwachung

Die Ressourcenüberwachung umfasst die Funktionen zur Aufbereitung der ressourcenbezogenen Ist- und Soll-Daten. Die Ressourcenüberwachung kann für unterschiedliche Ressourcen und in unterschiedlichen Detaillierungen durchgeführt werden.

Ressourcenübersicht
- Einzelkapazitäten
- Kapazitätsgruppen
- Kostenstellen

Einschränkung der Übersicht
- überlastete Ressourcen
- freie Ressourcen
- bestimmte Ressourcen
- Ressourcen eines Auftrags

Die Belegungsübersicht der Ressourcen kann verschiedene Informationen beinhalten.

Belastungsübersicht der Ressourcen
- kumulierte Stückzahlen
- verursachende Fertigungsaufträge
- verursachende Instandhaltungsaufträge
- verursachende Kundenaufträge
- verdichtete Belastungskennzahlen, z. B. einer Kapazitätsgruppe

Produktionsmittelüberwachung
- Statuskontrolle (z. B. frei, belegt, Störung, Rüsten, Instandhaltung)
- Anzeige der aktiven Arbeitsvorgänge
- Anzeige der wartenden Arbeitsvorgänge
- Anzeige von Maschinenparametern

Die Warteschlangenübersicht zeigt für ein bestimmtes Produktionsmittel alle bereits freigegebenen, jedoch noch nicht bearbeiteten Arbeitsvorgänge und zugehörige Informationen an.

Produktionsmittelbezogene Warteschlangenübersicht
- Arbeitsvorgänge
- Termine, Mengen
- Verursacher (Auftragsbezug)

2.5.2.5 Einkauf und Beschaffung

Durch die Funktionalitäten von Einkauf und Beschaffung werden die Aufgaben der Fremdbezugsplanung und -steuerung unterstützt. Zu den Funktionen gehören die Verwaltung von Lieferantenrahmenaufträgen, die Bestellmengenermittlung, die Bestellabwicklung und -überwachung, die Lieferantenauswahl und die Abwicklung der Fremdfertigung.

Bestellmengenermittlung

Ausgangspunkt für die Bestellmengenermittlung sind sowohl die ermittelten Nettosekundärbedarfe, als auch die Nettoprimärbedarfe (Handelsware), bei denen eine Entscheidung zugunsten des Fremdbezugs gefallen ist. Sämtliche Bedarfe sind somit nach Menge und benötigtem Zeitpunkt bekannt. In der Bestellmengenermittlung werden die Bedarfe für einen bestimmten Zeitraum zu Bestellungen zusammengefasst. Dazu werden sowohl die optimale Bestellmenge als auch der Bestelltermin ermittelt.

Bei statischen Verfahren geht man davon aus, dass die Nachfrage eines Artikels über der Zeit konstant ist und kontinuierlich auftritt. Dynamische Verfahren berücksichtigen schwankende, zu diskreten Zeitpunkten auftretende Bedarfe. Allerdings sind der mit diesen Verfahren verbundene Rechenaufwand und die Anzahl der erforderlichen Eingangsvariablen höher. Die Bestellmengenrechnung kann auch mittels Lieferfortschrittszahlen erfolgen. Beim Fortschrittszahlenkonzept handelt es sich um ein auf kumulierten Werten basierendes Planungs- und Steuerungskonzept für die nach dem Fließprinzip organisierte, montageorientierte Serien- und Massenfertigung. Die Preisfindung muss Rabattstaffeln bzw. Staffelpreise bezüglich des Wertes oder der Menge bei der Berechnung des Bestellpreises berücksichtigen.

Verfahren der Bestellmengenrechnung
- Standardbestellmenge
- minimale/maximale Bestellmenge
- statische Verfahren
- dynamische Verfahren
- Ermittlung von Lieferfortschrittszahlen
- Preisfindung mit Berücksichtigung von Staffelpreisen
- automatische Generierung von Lieferabrufen

Bedarfe werden zusammengefasst, um günstige Lieferbedingungen zu erzielen. Dabei können Bedarfe nach unterschiedlichen Kriterien zusammengefasst werden. Schließlich ist zu unterscheiden, ob der Verursacherbezug nach der Zusammenfassung erhalten bleibt.

2.5 Funktionen

Möglichkeiten der Bedarfszusammenfassung
- Bedarfe zu einem Termin
- Bedarfe, die von einem Lieferanten geliefert werden
- alle gleichartigen Bedarfe eines Auftrags zum frühesten Bedarfstermin
- alle gleichartigen Bedarfe einer Planungsperiode
- alle gleichartigen Bedarfe eines beliebig wählbaren Zeitraums
- Addition von Fortschrittszahlen unterschiedlicher Kundenaufträge
- alle Bedarfe eines Kunden
- Verursacherbezug bleibt vorhanden

Unter gleichartig wird hier die Übereinstimmung in einer Anzahl von Merkmalen oder Attributen verstanden, die aus Beschaffungssicht von Relevanz sind.

Bestellabwicklung

Im Rahmen der Bestellabwicklung sind bei den Lieferanten Angebote einzuholen, wenn die zu deckenden Bedarfe das erste Mal auftreten, noch keine Lieferanten zugeordnet sind oder keine aktuellen Preise vorliegen. Bei mehreren Lieferanten werden Anfragen gestellt. Die eingehenden Angebote sind in der Angebotsbewertung vergleichbar zu machen.

Die Angebotsbearbeitung kann mit der Definition und Verwaltung eines Anfragevorgangs wesentlich erleichtert werden. Die Anfrage wird also nur ein einziges Mal bezüglich Artikel, Menge und Wunschtermin definiert und kann ohne zusätzlichen Erfassungsaufwand an mehrere Lieferanten verschickt werden. Dabei muss jedoch gewährleistet sein, dass jedes eingehende Angebot eindeutig einer Anfrage zugeordnet werden kann. Die terminliche Verfolgung von Anfragen ermöglicht das Mahnen offener Anfragen. Hierunter kann z. B. die Möglichkeit zur Eingabe eines Wiedervorlagedatums verstanden werden. Die Angebotsvergleichsrechnung entspricht der Funktion der Anfragebewertung, in der die einzelnen Anfragen nach bestimmten Kriterien, wie günstigster Preis oder kürzeste Lieferzeit, miteinander verglichen werden.

Funktionen der Angebotseinholung und -bewertung
- Definition und Verwaltung eines Anfragevorgangs
- terminliche Verfolgung von Anfragen
- artikelbezogene Verfolgung von Anfragen
- Angebotsvergleichsrechnung

Erstellung einer Bestellung nach der Angebotseinholung
- Bestelldaten aus dem Angebot übernehmen - Bestelldaten aus der Anfrage bzw. Bestellanforderung übernehmen

Die Bestellfreigabe veranlasst die Bestellungen an den ausgewählten Lieferanten. Sie basiert auf den Ergebnissen der vorgelagerten Arbeitsschritte. Neben der manuellen Selektion von Bestellungen zur Freigabe, können Bestellungen auch teil- oder vollautomatisch freigegeben werden.

Freigabe von Bestellvorschlägen
- durch manuelle Selektion - manuell, mit kriteriengesteuerter Vorselektion - automatisch, kriteriengesteuert

Kriterien für die Bestellfreigabe
- Produktionsauftrag - Terminbereich - Material - Lieferant - Region bzw. Transport - Sachbearbeiter - mehrere Kriterien gleichzeitig

Terminlich zusammenfallende Bestellungen eines Lieferanten können unter Umständen zu einer Sammelbestellung zusammengefasst werden. Diese können durch manuelle Selektion, durch manuelle Selektion mit kriteriengesteuerter Vorselektion oder automatisch mittels Kriteriensteuerung erzeugt werden. Das übergeordnete Ziel einer Sammelbestellung liegt in der Reduzierung von Bestellabwicklungs- sowie Transport- und Versicherungskosten. Gleichzeitig sind Sammelbestellungen auch nur dann sinnvoll, wenn die Einzelbestellungen terminlich zusammenfallen, d. h. auch durch die Zusammenfassung jede Einzelbestellung termingerecht bedient werden kann. Somit stellen Menge und Termin die Hauptkriterien für die oben genannte Kriteriensteuerung dar. Möglich ist aber z. B. auch, dass bei verteilten Produktionsstandorten jeweils Sammelbestellungen für ein Werk erzeugt werden.

Erzeugung von Sammelbestellungen
- durch manuelle Selektion - durch manuelle Selektion, mit kriteriengesteuerter Vorselektion - automatisch, kriteriengesteuert

Voraussetzung zur Erstellung einer Wareneingangsvorschau ist die genaue Avisierung geplanter Wareneingänge. Für die Buchung eingehender Waren können Lieferscheine in das System eingegeben werden. Eine Reduzierung des Eingabeaufwandes kann durch Lieferscheinkontrolle anhand offener Bestellungen oder Lieferavisierungen und ggf. Korrektur erreicht werden. Sind Lademittel, z. B. Paletten, durch den Lieferanten einzeln i. d. R. per Electronic Data Interchange (EDI) avisiert, kann ein vereinfachtes Vereinnahmen von Lademitteln durch Barcode-Identifizierung ohne manuelle Dateneingabe erfolgen. Bei Hinweis auf Direktanlieferung an eine Maschine wird die Einlagerung in das Hauptlager umgangen.

Funktionen zur Wareneingangsabwicklung
- Wareneingangsvorschau
- manuelle Lieferscheineingabe in das System
- Lieferscheinkontrolle anhand offener Bestellungen
- Lieferavisierungen mit Eingabe der Abweichungen (EDI)
- Vereinnahmen von Lagereinheiten durch Barcode-Identifizierung
- Hinweis auf Direktanlieferungen an eine Maschine im Wareneingang (Ship-to-Machine)
- Aktualisierung von Lieferfortschrittszahlen bei Wareneingang

Funktionen der Vereinnahmung
- Anzeige aller offenen Bestellungen sortiert nach Liefertermin
- automatische Toleranzprüfung der Liefermenge (z. B. Teil-/Unter-/Überlieferung)
- automatische Toleranzprüfung des Liefertermins
- automatische Toleranzprüfung der Qualitätsmerkmale
- Übernahme und Verwaltung von Lieferantencharge
- Transportschädenprotokoll
- Übernahme der Wareneingangsdaten in die Lieferantenreklamation
- Ship-to-Machine
- Prüfung auf Vollständigkeit der mitzuliefernden Unterlagen (z. B. Zertifikate, Sicherheitsdatenblatt)

Bei der automatischen Toleranzprüfung werden nach manueller Erfassung und Eingabe von Daten in das System dem Anwender Abweichungen gemeldet. Voraussetzung hierfür ist die Verwaltung der entsprechenden Toleranzgrenzen im System. Mit Hilfe von Ship-to-Machine-Buchungen können Lieferungen direkt in die Fertigung (ohne Umweg über den Wareneingang) eingebucht werden.

Lieferantenmanagement

Das Lieferantenmanagement umfasst die Verwaltung von lieferantenbezogenen Daten und die Bewertung der Lieferanten für die Lieferantenauswahl.

Bei der Verwaltung von lieferantenbezogenen Materialstammdaten können für jedes Material lieferantenspezifische Informationen in den Stammdaten abgelegt werden. Häufig kann neben der eigenen Materialnummer und -bezeichnung auch die des Lieferanten verwaltet werden. Ist dies der Fall, so wird z. B. bei der Erzeugung von Bestellunterlagen die Materialnummer des Lieferanten ausgedruckt. Mit der Verwaltung eines alternativen Materials ist die Angabe eines adäquaten Ersatzmaterials des gleichen Lieferanten gemeint.

Lieferantenbezogene Verwaltung von Materialstammdaten
- Materialnummer und -bezeichnung des Lieferanten
- Standardlieferzeiten
- mengenabhängige Lieferzeiten
- Standardliefermenge
- mengenabhängige Preise (Preisstaffeln)
- alternatives Material des Lieferanten
- Lieferantenmerkmale (z. B. Qualität, Liefertermintreue, Liefermengentreue)

Im Zusammenhang mit der Angebotsbewertung und Lieferantenauswahl ist ein Lieferant nach unternehmensspezifisch definierten Kriterien zu bewerten. Zu den lieferantenbezogenen Bewertungskriterien zählen Qualität, Liefertermintreue, Liefermengentreue und Sonderkonditionen wie Rabatte und Skonti. Die genannten Merkmale beziehen sich auf das gesamte Produktspektrum des Lieferanten.

Artikelneutrale und lieferantenbezogene Bewertungskriterien
- Produktqualität
- Liefertermintreue
- Liefermengentreue
- Preis
- Sonderkonditionen

Lassen sich die Merkmale Qualität, Liefertermintreue, Liefermengentreue, Preis und Sonderkonditionen für jeden Artikel bzw. jede Artikelgruppe eines Lieferanten gesondert zuordnen, so spricht man von artikel- und lieferantenbezogenen Bewertungskriterien. Quoten für Lieferanten sind beispielsweise bei der automatischen Bestellgenerierung von Bedeutung. Mit der Einstellung einer bestimmten Quote wird dann ein gewisser Anteil des Bedarfs über weitere Zulieferer bezogen.

Artikel- und lieferantenbezogene Bewertungskriterien
- Produktqualität
- Liefertermintreue
- Liefermengentreue
- Preis
- Sonderkonditionen
- Quoten für Lieferanten

Wird eine Liste der potenziellen Zulieferer zusammengestellt, aus welcher der Disponent einen geeigneten Lieferanten aussuchen muss, so erfolgt die Lieferantenauswahl manuell nach einer Vorschlagsliste. Die automatische Auswahl kann entweder unter Berücksichtigung von Haupt- und Nebenlieferanten oder unter Berücksichtigung der zuvor genannten Lieferantenkriterien Qualität, Liefertermintreue usw. durchgeführt werden.

Lieferantenauswahl
- manuell, nach einer Vorschlagsliste
- automatisch unter Berücksichtigung von Haupt- und Nebenlieferant
- automatisch unter Berücksichtigung der Lieferantenbewertungskriterien
- mit Möglichkeit zur Gewichtung der Kriterien

Bestellüberwachung

Die Bestellüberwachung vergleicht die in der Bestellung hinterlegten (Liefer)-Termine mit den tatsächlichen Wareneingängen und verschickt gegebenenfalls Mahnungen. Bei besonders kritischen Bedarfen werden häufig Zwischenmeldungen bzw. Fortschrittskontrollen vereinbart.

Für die Bestellüberwachung ist der Verursacherbezug von Interesse. Der Verursacherbezug über eine Stufe lässt erkennen, welcher Fertigungsauftrag der Bestellung zugrunde liegt. Kann man den Verursacher über beliebige Stufen verfolgen, so lässt sich beispielsweise auch der auslösende Kundenauftrag identifizieren. Eigenbedarfe lassen sich unter anderem erkennen, wenn hinter der Bestellung ein Instandhaltungsauftrag steht. Kompliziertere Formen der Verfolgung des Verursachers liegen bei der Zusammenfassung oder Splittung von Kunden- und/oder Planaufträgen vor.

Verfolgung des Verursacherbezugs von Bestellungen
- eine Stufe (auslösender Fertigungsauftrag)
- beliebige Stufen (auslösender Kundenauftrag)
- auch zu Instandhaltungsaufträgen
- auch bei Zusammenfassung von Kunden- und/oder Planaufträgen
- auch bei Splittung von Kunden- und/oder Planaufträgen

Um Bestellungen zu überwachen und gegebenenfalls Maßnahmen einleiten zu können, ist die Verwaltung von Liefermengen und -positionen von Interesse. Unter- und Übermengen sind beispielsweise für das Rechnungswesen von Bedeutung, um sicherzustellen, dass die tatsächlichen Mengen fakturiert werden; während Informationen über Teil- und Restmengen für die weitere Auftragsverfolgung benötigt werden. Fehlpositionen können der Reklamation übergeben werden. Zusatz- und Ersatzpositionen werden ebenfalls an das Rechnungswesen gemeldet. Lieferfortschrittszahlen können in Form von Soll- und Ist-Fortschrittszahlen gegenübergestellt werden und somit ebenfalls für die Verwaltung von Liefermengen und -positionen genutzt werden.

Liefermengen und Lieferpositionen
- Untermengen/Übermengen
- Teilmengen/Restmengen
- Fehl-/Zusatzpositionen
- Ersatzpositionen
- Lieferfortschrittszahlen

Die Bestellmengenübersicht und die Liefermengenübersicht können durch eine Abweichungsanalyse für Soll/Ist-Mengen ergänzt werden, die zur Ermittlung der Liefermengentreue eines Lieferanten herangezogen werden kann. Werden Fremdbezugsfortschrittszahlen in Form von Soll- und Ist-Werten dargestellt, können sie ähnlich wie in der Terminüberwachung (siehe unten stehende Frage) auch für die Mengenüberwachung genutzt werden.

Auskünfte für die Mengenüberwachung
- Fremdbezugsfortschrittszahlenüberwachung
- Abweichungsanalyse Soll/Ist-Mengen
- Bestellmengenübersicht
- Liefermengenübersicht

Die Aufgabe der Terminüberwachung liegt in der kontinuierlichen Überprüfung, ob die erwarteten Lieferungen auch termingerecht eingegangen sind. Die Bestellterminübersicht gibt einen zeitlich geordneten Überblick über die Termine, an denen die Bestellungen verschickt worden sind; während die Lieferterminübersicht die planmäßigen Eingangstermine darstellt. Dabei kann das aktuelle Datum hervorgehoben werden, so dass direkt erkenntlich wird, welche Lieferungen sich bereits im Verzug befinden. Die Wiederbeschaffungszeitanalyse ermittelt die tatsächliche Wiederbeschaffungszeit auf der Basis der Wareneingangstermine. Dabei wird die durchschnittliche Wiederbeschaffungszeit ermittelt, deren Werte gegebenenfalls in die Stammdaten übernommen werden, so dass dem Disponenten aktuelle Planungsdaten zur Verfügung stehen. Eine Abweichungsanalyse für Soll/Ist-Zeiten und -Termine liefert die Möglichkeit, statistische Auswertungen für verschiedene Lieferanten in verschiedenen Zeiträumen durchzuführen. So kann über eine Abweichungsanalyse die Liefertermintreue eines Lieferanten berechnet werden, die eine Eingangsinformation für die Lieferantenbewertung darstellt.

Auskünfte für die Terminüberwachung
- Wiederbeschaffungszeitanalyse
- Abweichungsanalyse Soll/Ist-Zeiten und -termine
- Bestellterminübersicht
- Lieferterminübersicht
- Liefertermineriinnerung

Für säumige Bestellungen sind Mahnungen auszulösen. Die manuelle Selektion aus einer Vorschlagsliste bedeutet, dass eine Liste der sich im Verzug befindlichen Lieferungen generiert wird, aus der dann manuell diejenigen ausgewählt werden können, die gemahnt werden sollen. Bei der automatischen Auslösung von Mahnungen geschieht dies nach Überschreiten einer einzustellenden Mahnungsfrist selbsttätig.

Auslösung von Mahnungen
- durch manuelle Selektion
- durch manuelle Selektion aus einer Vorschlagsliste
- automatisch, kriteriengesteuert
- Unterscheidung verschiedener Mahnstufen

2.5.3 Funktionen zur Unterstützung der Netzwerkaufgaben

Viele Unternehmen besitzen mehrere Standorte, die zum Teil weltweit verteilt sind. Zum einen ist es notwendig, in den regionalen Märkten präsent zu sein. Zum anderen werden Lohn- und Steuergefälle ausgenutzt, um die Produktionskosten zu senken. Die standortübergreifende Planung und Steuerung von Einkauf, Produktion und Distribution nehmen dadurch an Bedeutung zu.

Aus der Absicht, die Standorte übergreifend zu planen und zu steuern, ergeben sich zusätzliche funktionale Anforderungen an die Systemunterstützung (vgl. Abb. 2.5-4). Die zugehörigen Funktionsbereiche werden vorrangig in SCM-Systemen abgebildet. Dazu gehören die Netzwerkkonfiguration, die Netzwerkabsatzplanung und die Netzwerkprogrammplanung.

Netzwerkkonfiguration
- Netzwerkkonfiguration
  - Netzwerkmodellierung
  - Standortverfahren

Netzwerkabsatzplanung
- Netzwerkabsatzplanung
  - Netzwerkabsatzmengenplanung
  - Netzwerkbedarfsermittlung

Netzwerkbedarfsplanung
- Netzwerkprogrammplanung
  - Netzwerkproduktionsplanung
  - Netzwerkbeschaffungsplanung
  - Collaborative Planning

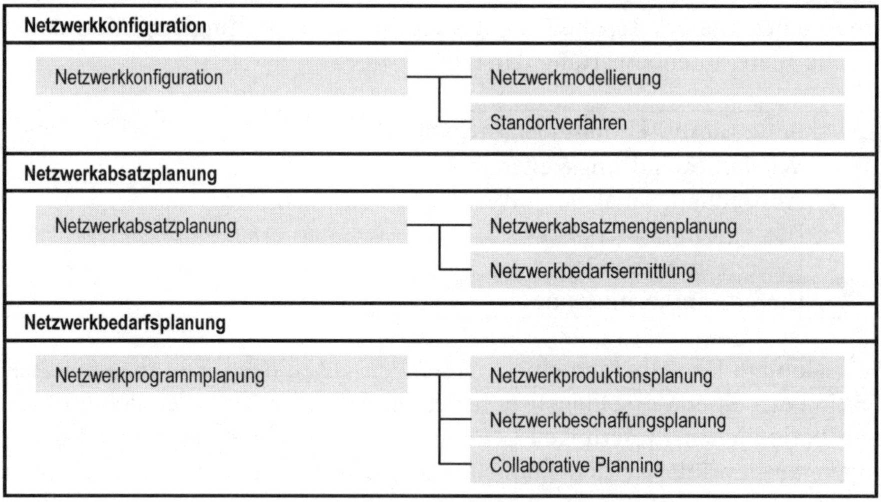

Abb. 2.5-4 Funktionsbereiche zur Unterstützung der Netzwerkaufgaben

2.5.3.1 Netzwerkkonfiguration

Die Netzwerkkonfiguration dient als Funktionsbereich insbesondere der Auslegung des Netzwerks bestehend aus Produktions-, Lager- und Vertriebsstandorten. Zum einen soll das bestehende Netzwerk abgebildet werden. Zum anderen werden Standortentscheidungen unterstützt, um das Netzwerk weiter zu entwickeln.

2.5 Funktionen

Netzwerkmodellierung

Die Modellierung des Netzwerks dient dazu, einen Überblick über verschiedene Betrachtungsbereiche des Logistiknetzwerks, z. B. Lieferanten, Produktion, Lagerung, zu bekommen und Aussagen über deren Leistungsfähigkeit bzw. Positionierung treffen zu können.

Betrachtungsbereiche in einem Netzwerkmodell
- Lieferant
- Produktion
- Lagerung
- Transport
- Kunde/Markt (spezifisch/anonym)

Zu Abbildung und Untersuchung des Netzwerks in den Betrachtungsbereichen werden verschiedene Modellierungsobjekte bereitgestellt. Die Modellierungsobjekte sind hinsichtlich ihrer Spezifikationen zu definieren, z. B. Häufigkeit und Kapazität der Transportbeziehungen.

Modellierungsobjekte für das Netzwerk
- Lokationen
- Transportbeziehungen
- Transportzeiten
- Produkte
- Prozesszeiten
- Kapazitäten (z. B. Maschinen- oder Lagerkapazitäten)
- Kosten
- Produktionsprozessmodelle (PPM)

Zu den Lokationen gehören z. B. Produktionsstandorte, Distributionszentren, Kunden und Lieferanten. Die Lokationen werden durch Transportbeziehungen verbunden. Mit Hilfe eines Produktionsprozessmodells werden Produktionspläne für ein oder mehrere Produkte unter Berücksichtigung von Stücklisten und Arbeitsplandaten generiert. Das Modell legt den Materialfluss und die erforderlichen Kapazitätsprofile fest.

Die Modellierungs- bzw. Stammdatenobjekte können hierarchisch gegliedert (gruppiert) werden. Eine Hierarchie ist eine Struktur, die sich aus Über- und Unterordnung der Objekte ergibt. Durch die Hierarchisierung lassen sich Daten aggregiert und disaggregiert auf verschiedenen Ebenen anzeigen.

2 Grundlagen der Produktionsplanung und -steuerung

Hierarchisierung der Modellierungsobjekte
- Produkte (Produktfamilie, Produktgruppe, Produkt)
- Lokationsprodukte (Zuordnung von Produkten auf bestimmte Lokationen)
- Lokationen (z. B. Kundengruppen mit verschiedenen Kunden in Kundenhierarchie)
- Ressourcen (Ressourcen können zu einer Ressourcengruppe zusammengefasst werden)
- Kunde/Märkte (Kundengruppen)
- Aggregation von Kosten (Kosten können in Blöcken aggregiert werden)
- regionale Aggregation möglich (z. B. Westfrankreich, Westeuropa, EU)

Zwischen den Modellierungsobjekten können weiterhin Beziehungen bzw. Abhängigkeiten bestehen. Beispielsweise können Lokationen einander zugeordnet werden, z. B. die Lagerorte zu einem Produktionsstandort oder die Kunden zu einem Vertriebsstandort. Ebenso gibt es möglicherweise abhängig von der Lokation, z. B. dem Produktionsstandort oder dem Kunden, unterschiedlich zugehörige Produkte.

Beziehungen zwischen den Modellierungsobjekten
- Lokation-Lokation
- Lokation-Transportbeziehung
- Lokation-Produkt
- Lokation-Kapazität
- Produkt-Produkt
- Produkt-Kapazität
- Produktionsprozessmodell-Produktionsprozessmodell
- Produktionsprozessmodell-Produkt
- Produktionsprozessmodell-Kapazität

Das Netzwerkmodell kann, nachdem die Betrachtungsbereiche, Modellierungsobjekte und Beziehungen definiert sind, visualisiert werden. Durch eine grafische Darstellung wird dabei die Anwenderfreundlichkeit erhöht.

Darstellung des Netzwerks für den Anwender
- geographisch (auf einer Karte)
- logisch (grafische Abbildung der Logistikkette)
- Objekte in Baumstruktur

2.5 Funktionen

Für die Bearbeitung des Netzwerkmodells ist eine Arbeitsoberfläche bereitzustellen. Die Arbeitsoberfläche erlaubt als grafische Schalttafel das Gestalten, Verwalten und Kontrollieren des Logistiknetzwerks.

Gestaltung der Arbeitsoberfläche
- Browser (zur grafischen Modellierung, z. B. durch Drag & Drop) - flexible Masken/Menü-Steuerung - Alerts

Die Gesamtansicht des Logistiknetzwerks kann u. U. unübersichtlich sein. Aus diesem Grund sollten Modellierungsobjekte ausgewählt werden können, die darzustellen sind. Alle übrigen Objekte werden zur Vereinfachung der Darstellung ausgeblendet.

Selektion der Modellierungsobjekte zur Darstellung
- Lokationen (Werk, Distributionszentrum, Lieferant, Kunde) - Produkte - Ressourcen (Produktion, Lagerung, Transport) - Produktionsprozessmodelle (PPM) - Transportbeziehungen - Transportzeiten - Prozesszeiten - Kapazitäten (z. B. Maschinen- oder Lagerkapazitäten) - Kosten - Modellierung von Verfahren (z. B. Make to Order-Production, Make to Stock-Production)

Standortverfahren

Bestandteil der strategischen Gestaltung eines Netzwerkes ist die Standortentscheidung mit Hilfe von verschiedenen Entscheidungsvariablen. Zunächst wird die Zahl der Lager- und Produktionsstufen vom Produzenten bis zum Kunden bestimmt (z. B. Werkslager, Zentrallager, Auslieferungslager). Jede Lagerstufe umfasst eine bestimmte Anzahl von Lagern, die an einem bestimmten Standort ein definiertes Liefergebiet abdecken.

Standortentscheidungen
- Zahl der Lager-/Produktionsstufen - Zahl der Lager - Standorte der Lager/Produktion (die Standorte der Lager bestimmen die abzudeckenden Liefergebiete)

Anschließend werden Ort bzw. Gebiet der Lager- und Distributionsstandorte ermittelt, die in Bezug zu den Kunden, Lieferanten und Produktionsstandorten vorzuziehen sind.

Bestimmung von Standorten und Liefergebieten
- diskreter Lösungsansatz (potentielle Lagerstandorte sind vorgegeben, z. B. an konkreten Standorten) - homogener Lösungsansatz (beliebige Lagerstandorte)

Der diskrete Lösungsansatz setzt potentiell mögliche Lagerstandorte voraus. Der homogene Lösungsansatz lässt jeden Punkt eines definierten Gebietes als möglichen Lagerstandort zu.

Heuristische Verfahren dienen der Lösung im diskreten Lösungsraum. Zur Generierung einer Startlösung werden bei der Add-Variante aus der Menge potentieller Lagerstandorte solange Elemente der Lösungsmenge zugeordnet, wie die Zielfunktion dadurch minimiert wird. Bei der Drop-Variante wird ein Vorgehen andersherum gewählt. Das Standort-Austausch-Verfahren dient zur Verbesserung der Startlösung. Durch den systematischen Austausch der Standorte soll die Zielfunktion weiter minimiert werden.

Verfahren zur Bestimmung von Standorten und Liefergebieten
- Add & Drop (z. B. Branch & Bound) - Standort-Austausch-Verfahren - kombinierte Verfahren

Kriterien bei der Standortauswahl
- gesetzliche Auflagen (Umwelt, Arbeitsschutz etc.) - handelsrechtliche Auflagen (Lieferquoten, Zölle etc.) - Währungsschwankungen - Fixkosten - Investitionskosten/Desinvestitionskosten - Laufzeiten (Leasing etc.) - Marktentwicklungen/Bedarfsentwicklungen - frei definierbare Kriterien

2.5.3.2 Netzwerkabsatzplanung

Die Absatzplanung dient zur Erstellung einer Prognose für die Nachfrage nach Produkten unter Berücksichtigung von verschiedenen Faktoren, die den Absatz beeinflussen. Im Gegensatz zur Absatzplanung, die sich auf einen Standort bezieht, werden durch die Netzwerkabsatzplanung die gemeinsamen Absatzmengen für das Netzwerk prognostiziert.

Netzwerkabsatzmengenplanung

Aufgabe der Absatzplanung ist die planmäßige Abschätzung des zukünftigen Absatzes an verkaufsfähigen Produkten. Die Absatzstatistik enthält nur Vergangenheitsdaten, die manuell weiterbearbeitet werden müssen. Bei Absatzschätzungen/-prognosen werden automatisch Vorschläge basierend auf Vergangenheitsdaten und Markterwartungen für den Absatzplan prognostiziert. Periodenbezogene Verkaufspläne beruhen auf den Verbräuchen zurückliegender Perioden und auf Auszügen aus dem Materialstamm. Ergebnis der Absatzplanung ist der Absatzplan.

Funktionen der Absatzplanung
- Absatzstatistik
- Absatzabschätzung/-prognose
- periodenbezogener Verkaufsplan (z. B. Jahresabsatzplan)

Verwendete Daten zur Absatzplanung
- Absatzpläne
- Marktentwicklungsdaten
- Kundenaufträge
- Fertigungsaufträge
- Lagerbestände

Auf Basis der Vergangenheitsdaten können die Absatzmengen für eine zukünftige Periode nach verschiedenen Verfahren prognostiziert werden. Die Auswahl und der Einsatz der Verfahren richten sich nach den Verlaufsmodellen, die für die Absatzmengen angenommen werden. Nach der Auswahl eines Verfahrens ist dieses zu parametrisieren.

Prognoseverfahren
- Kopieren der alten Verbräuche mit Multiplikator
- einfacher oder gleitender Mittelwert
- exponentielle Glättung erster oder zweiter Ordnung
- Trend-Saison-Modell (Holt-Winters-Modell)
- Croston Methode für sporadische Bedarfe
- multiple lineare Regressionsanalyse
- alternative Auswahl/manuelle Auswahl
- weitere Prognoseverfahren

240 2 Grundlagen der Produktionsplanung und -steuerung

Parametrisierung von Prognoseverfahren
- variable Betrachtung des Prognosehorizonts
- Parametrisierung mit Hilfe von Mustern (Pattern)
- Browser-gestützte Definition von Prognoseverfahren
- Assistenten zur Definition von Prognoseverfahren
- automatische Parametereinstellung und -anpassung

Bei der Browser-gestützten Definition können die Parameter innerhalb eines Browsers (z. B. Windows Explorer) geändert oder angepasst werden. Wenn der Nutzer bei der Definition des Prognoseverfahrens geführt wird und durch Hilfeanweisungen unterstützt wird, spricht man von einem Assistent.

Im Gegensatz zur konventionellen Absatzplanung, wo in der Regel nur homogene Verläufe berücksichtigt werden, können auch Ereignisse, wie beispielsweise Werbekampagnen, Einführung und Auslaufen von Erzeugnissen, berücksichtigt werden.

Sonderfälle im Rahmen der Absatzplanung
- Einführung neuer Erzeugnisse
- geänderte Marketingstrategien
- Werbekampagnen
- saisonale Einflüsse (z. B. Wetter, Jahreszeiten)
- regionale Einflüsse
- verdichtete kundenbezogene Daten
- Auslaufen von Erzeugnissen
- Veränderung der Zielsetzung des Unternehmens

Verwendung dieser Sonderfälle bei der Absatzplanung
- Korrektur von historischen Daten
- Anpassung von Prognosen
- Warnung vor Ausnahmen

Die Netzwerkabsatzplanung wird oft auf einer anderen Aggregationsstufe durchgeführt als die lokale Absatzplanung. Beispielsweise werden Produktlinien anstelle von Einzelprodukten sowie Kundenregionen anstelle von Einzelkunden betrachtet. ERP-/PPS- oder SCM-Systeme müssen dementsprechend Prognosen auf unterschiedlichen Ebenen zulassen und durch hierarchische Gruppierung ineinander überführen.

2.5 Funktionen

Erzeugnisebenen für Prognosen
- Produktlinie bzw. Erzeugnisgruppe - Erzeugnis - Grunderzeugnis und Variante - Baugruppe

Hierarchieebenen für Prognosen
- Abteilung - Verkaufseinheit - Produktfamilie - Region - Zeitintervalle

Die Absatzmengenprognose ist insbesondere bei der Neueinführung von Produkten schwierig, da keine Historiedaten vorliegen. Ein SCM-System sollte aus diesem Grund verschiedene Prognoseersatzfunktionen unterstützen. Zum Beispiel sind Kannibalisierungseffekte, d. h. die negativen Auswirkungen, die eine Marke auf andere Marken eines Unternehmens haben kann, zu berücksichtigen.

Prognostizierung der Neueinführung von Produkten
- Erzeugung von Bedarfsprofilen - Modifikation von „alten" Produkten - Produkt-Lebenszyklus-Informationen - Vertriebsart - Kannibalisierungseffekte

Netzwerkbedarfsermittlung

In Ergänzung zur Absatzplanung können Bedarfsmengen für Erzeugnisse sporadisch bzw. fallweise ermittelt werden. Ausschlaggebend für die Kunden ist die Lieferbereitschaft, d. h. die Zeitspanne bis zur Auslieferung eines beauftragten Erzeugnisses. Je nach beabsichtigter Lieferbereitschaft können z. B. Bedarfsmengen für das Netzwerk ermittelt werden.

Für die Bestimmung der Liefertermine gibt es das Available- bzw. Capable-to-Promise (ATP/CTP). Available-to-Promise (ATP) bezeichnet die simulative Verfügbarkeitsprüfung von physischen und dispositiv verfügbaren Beständen. ATP untersucht, ob Lieferversprechen abgegeben oder eingehalten werden können. Es ermöglicht dem Benutzer des Systems, unmittelbar Informationen über die Lieferfähigkeiten und -termine zu erhalten. Die Basis von ATP sind Lagerbestände bis zur Vormontage (keine Berücksichtigung von Fertigung).

2 Grundlagen der Produktionsplanung und -steuerung

Daten für das Available-to-Promise (ATP)
- Bestandsdaten, aufgeteilt nach Lagern - erwartete Zugänge - erwartete Abgänge - eingelastete Aufträge

Für das ATP können verschiedene Zielgrößen, die einen Einfluss auf die Lieferzeit haben, definiert und unterschiedlich gewichtet werden.

Zielgrößen für das Available-to-Promise (ATP)
- geringe Kosten - kurze Lieferzeiten - maximale Mengen - erlaubte Teillieferungen - kundenbezogene Informationen (z. B. Prioritäten)

Der Umfang der ATP-Prüfung kann unterschiedlich gestaltet sein.

Umfang des Available-to-Promise (ATP)
- nur physische Prüfung (statisch) - physische und dispositive Prüfung (dynamisch) - Berücksichtigung mehrerer Standorte bei der Prüfung

Als Ergebnisse von ATP können neben der Bestätigung der Verfügbarkeit oder neben dem geplanten Liefertermin automatische Reaktionen des Systems ausgelöst werden, z. B. Anzeige von Alternativprodukten.

Ergebnisse des Available-to-Promise (ATP)
- Verfügbarkeit oder geplanter Liefertermin - automatischer Vorschlag von Alternativprodukten (z. B. Upgrading) - Anzeige von Alternativstandorten (Sourcing) - abweichendes Erzeugnis, abweichender Standort (Sourcing und Upgrading) - Produktionsvorschlag

Capable-to-Promise (CTP) betrachtet zur Bestimmung eines Liefertermins darüber hinaus die notwendigen Kapazitäten und das Material zur Herstellung der Produkte bzw. Erzeugnisse. Dementsprechend werden Lagerbestände auf verschiedenen Erzeugnisebenen abgeglichen. Zudem sind die

(Rest-)Bearbeitungszeiten der Erzeugnisse für die Lieferterminbestimmung zu berücksichtigen.

Bestandsprüfung auf verschiedenen Erzeugnisebenen
- Produktlinie bzw. Erzeugnisgruppe - Erzeugnis - Baugruppe bzw. Zwischenprodukt - Einzelteil (Ersatzteil) - Rohstoff

2.5.3.3 Netzwerkprogrammplanung

Die Netzwerkprogrammplanung legt die zu produzierenden und zu beschaffenden Materialmengen in einem Netzwerk fest. Im Ergebnis liegen Planvorgaben für jeden Produktionsstandort und jede Einkaufsorganisationseinheit vor.

Die Netzwerkproduktions- und -beschaffungsplanung können als zentraler Planungsansatz realisiert werden. Wenn sich das Netzwerk allerdings über mehrere Unternehmen erstreckt bzw. wenn die Organisationseinheiten autonom arbeiten, sind stattdessen Abstimmungsmechanismen für dezentral verteilte Planungen bereitzustellen (Collaborative Planning).

Netzwerkproduktionsplanung

Die Produktionsplanung in einem SCM-System erlaubt die werksübergreifende Planung von Material und Kapazität für vorliegende Aufträge. Traditionelle PPS-Systeme folgen in der Regel der MRP-Logik, die lediglich die auf lokaler Nachfrage beruhende Bedarfsdeckung errechnen und unidirektional planen. Mit Hilfe von Advanced Planning and Scheduling (APS) Verfahren ist eine simultane Material- und Kapazitätsplanung unter Berücksichtigung von Rahmenbedingungen (Constraints) wie Material, Kapazität (Personal, Betriebsmittel und Werkzeuge), Standortfähigkeit möglich.

Planungsvorgehensweise
- echte Simultanplanung (Termin- und Kapazitätsrechnung) - online Planung in Echtzeit - Abwicklung im Batch-Betrieb

Die Reservierung von Ressourcen ermöglicht die verbindliche Absicherung, dass im Auftragsfall die eingeplanten Ressourcen auch verfügbar sind.

Ressourcenreservierung
- Materialreservierung
- Reservierung von Kapazitäten
- Anzeige der überlasteten Kapazitäten
- Reservierung von Kapazitäten nach Forecast
- Personalreservierung
- Personalreservierung nach Forecast
- Reservierung weiterer Ressourcen

Durch die Grobterminierung werden Ecktermine festgelegt, bis zu denen einzelne Abschnitte des Fertigungsauftrags erbracht sein müssen. Bei der Terminierung allein anhand von Termindaten werden lagerhaltige Materialien implizit als verfügbar betrachtet. Bei der kombinierten Betrachtung von Termin- und Materialdaten wird anhand der Vorlaufzeit und der Materialverfügbarkeit die Lieferzeit errechnet. Bei der parallelen Betrachtung von Termindaten und der Betriebsmittelverfügbarkeit kann die Betriebsmittelbelastung z. B. anhand von Kapazitätsprofilen oder Arbeitsplandaten ermittelt werden. Bei der kombinierten Betrachtung von Termin, Material und Betriebsmittel (Simultanplanung) müssen alle benötigten Ressourcen zum Termin verfügbar sein. Input sind das Produktionsprogramm, die Material- und Kapazitätsdaten. Output sind Ecktermine und (verdichtete) Kapazitätsbelastungen.

Grobterminierung
- nur mit Planzeiten (Wiederbeschaffungszeit, Vorlaufzeit)
- mit Planzeiten und unter Berücksichtigung der Materialverfügbarkeit
- mit Planzeiten und unter Berücksichtigung der Ressourcen
- mit Planzeiten, unter Berücksichtigung der Materialverfügbarkeit und Ressourcen

Für die Terminierung unter Berücksichtigung der Materialverfügbarkeit werden verschiedene Materialdaten verwendet. Mit kumulierten Teilegruppenbedarfen können in kurzer Rechenzeit eventuelle Materialunterdeckungen ermittelt werden. Materialprofile enthalten verdichtete zeitraumbezogene Bedarfe eines Erzeugnisses. Kritische Teile werden im Teilestamm oder in der Stückliste gekennzeichnet. Die einstufige Grobplanmatrix führt neben den Materialdaten den zugehörigen Kapazitätsbedarf auf.

Verwendete Materialdaten
- kumulierte Teilegruppenbedarfe
- Materialprofile
- anhand kritischer Teile
- einstufige Grobplanmatrix
- Planung durch vollständige Stücklistenauflösung

Die Ressourcenverfügbarkeit basiert auf Kapazitätsdaten. Mit kumulierten Kapazitätsgruppenbedarfen können in kurzer Rechenzeit eventuelle Unterdeckungen ermittelt werden. Mittels grob zusammengefasster Kapazitätsbedarfe erfolgt eine erste Abschätzung. Kapazitätsprofile bilden den terminierten Kapazitätsbedarf eines Erzeugnisses ab. Kritische Kapazitäten werden im Kapazitätsstamm oder im Arbeitsplan gekennzeichnet.

Verwendete Kapazitätsdaten
- kumulierte Kapazitätsgruppenbedarfe
- Kapazitätsprofile
- eingrenzbar auf kritische Kapazitäten
- vollständige Arbeitsplanauflösung

Die Ebenenzuordnung ermöglicht die Betrachtung von verdichteten Werten und Kennzahlen. Oft werden Einzelressourcen (Maschinen) in Ressourcengruppen, und Ressourcengruppen zu Ressourcenhauptgruppen zusammengefasst (entspricht 3 Ebenen).

Verwaltete Ressourcenebenen
- 1 Ebene
- 2 Ebenen
- 3 Ebenen oder mehr

Getrennte Berücksichtigung von Ressourcen
- Maschinen
- Werkzeuge und Vorrichtungen
- Personal
- simultane Kapazitätsplanung möglich

Die getrennte Berücksichtung von Ressourcen bedeutet in diesem Zusammenhang, dass die einzelnen Ressourcenarten vom System unterschieden werden und getrennt planbar sind. Die simultane Kapazitätsplanung berücksichtigt gleichzeitig die aufgeführten Ressourcen.

Die Ergebnisse der Grobplanung können Vorgaben für nachfolgende Planungen darstellen. Können diese Vorgaben nicht eingehalten werden, so muss dies der übergeordneten Ebene mitgeteilt werden.

Ergebnisse für nachfolgende Planungsebenen
- Teilebedarf
- Kapazitätsbedarf
- Personalbedarf
- Ecktermine auf Erzeugnisebene
- Kapazitätsengpässe
- Engpassverursacherverfolgung

Netzwerkbeschaffungsplanung

Die wesentlichen Aufgaben in der Beschaffungsplanung sind die Bedarfsermittlung für Zukaufmaterial, die Bestimmung von Lieferanten sowie die Ermittlung von Lieferterminen. Zur Berechnung der Bedarfsdeckung müssen alle überbetrieblichen und innerbetrieblichen Lieferquellen im Liefernetzwerk berücksichtigt werden. Lieferanten können sowohl externe Lieferanten als auch Werke bzw. Lager innerhalb des Netzwerks sein.

Die Bedarfsermittlung für Zukaufmaterial kann nach verschiedenen Methoden und auf Basis unterschiedlicher Daten erfolgen.

Methoden zur Bedarfsermittlung für Zukaufmaterial
- Auszugslisten der kritischen Materialkomponenten
- Langläufer
- Materialprofile
- teilweise Stücklistenauflösung bis zu einer spezifizierten Ebene
- vollständige Stücklistenauflösung

Auszugslisten der kritischen Materialkomponenten führen nur ausgewählte Materialien, die aufgrund der Lieferzeit oder besonderer Anforderungen an die Beschaffung explizit zu betrachten sind, auf. Langläufer zeichnen sich dadurch aus, dass sie eine lange Lieferzeit besitzen und das Erzeugnis, in dem sie enthalten sind, bei der Beschaffung des Langläufers noch nicht vollständig spezifiziert ist. Dementsprechend liegen zumeist keine oder nur unvollständige Stücklisten für die Disposition vor. Materialprofile enthalten den verdichteten, zeitraumbezogenen Bedarf eines Erzeugnisses. Darüber hinaus kann eine teilweise oder vollständige Stücklistenauflösung durchgeführt werden.

Collaborative Planning

Das Collaborative Planning (CP) dient der dezentralen Planung und der übergreifenden Abstimmung mehrerer Organisationseinheiten. Die Abstimmung kann standort- oder unternehmensübergreifend erfolgen.

Anwendungsbereiche des Collaborative Planning (CP)
- standortintern (z. B. zwischen Vertrieb und Produktion)
- unternehmensintern (z. B. zwischen mehreren Standorten)
- unternehmensübergreifend mit Lieferanten
- unternehmensübergreifend mit externen Produktionspartnern
- unternehmensübergreifend mit Distributionspartnern

Für das CP werden Prozeduren eingesetzt, die auf Vorschlägen eines Partners basieren und die Zustimmung der anderen Partner abfragen. Dabei können voreingestellte Toleranzwerte möglicher Abweichungen berücksichtigt werden.

Austausch von Informationen zwischen den Partnern
- Bedarfskennzahlen
- Bestandskennzahlen
- Prognosedaten (z. B. Prognosegenauigkeit)
- Verfügbarkeitskennzahlen/Kapazitäten
- Auftragsdaten
- Störungssituationen in der Produktion, Disposition, Distribution
- Lieferabrufdaten
- Retourendaten (z. B. Informationen über Ladehilfsmittel, Paletten etc.)

Die Prozedur des CP kann unterschiedlich gestaltet sein.

Collaborative Planning (CP) Prozedur
- einmaliger Vorschlag mit Zustimmungspflicht
- mehrfacher Durchlauf bei Nichtzustimmung eines Partners
- flexibler Ablauf abhängig von Toleranzschwellenabweichungen
- Definition flexibler Workflows
- problemspezifische Alerts

Planungsmappen unterstützen die Online-Simulation verschiedener Planungsszenarios. Mit Hilfe von konfigurierten Layouts, z. B. ein Übersichtsbaum für die Datenselektion, unterschiedliche Planungstabellen und Grafikelemente, wird eine konsistente Planung im gesamten Unternehmen

(Top-Down-, Middle-Out- oder Bottom-Up-Planung) unterstützt. Jede Planungsmappe verfügt über eine oder mehrere Sichten, die der Benutzer nach seinen Bedürfnissen mit Hilfe von Funktionen und Daten gestalten kann. Planungsmappen mit Online-Simulationsmöglichkeit bieten den Austausch der Daten zwischen den Partnern über das Internet.

Verwendung internetfähiger Planungsmappen
- proprietäre, systemspezifische Planungsmappen - systemübergreifende, offene Planungsmappen - Planungsmappen mit Online-Simulationsmöglichkeit

2.5.4 Funktionen zur Unterstützung der Querschnittsaufgaben

Zu den Querschnittsaufgaben der PPS, die durch spezifische Funktionen zu unterstützen sind, zählen die Datenverwaltung, das Auftragsmanagement und das Bestandsmanagement (vgl. Abb. 2.5-5). Diesen Aufgaben ist gemein, dass sie die Grundlage für verschiedene Kern- und Netzwerkaufgaben bilden und diese miteinander verbinden.

Die Datenverwaltung stellt die Stammdaten für die Auftragsabwicklung, insbesondere die Spezifikationen der zu produzierenden Erzeugnisse in Form von Zeichnungen und Stücklisten, bereit. Nachfolgend wird deshalb auf die Funktionen des Produktdatenmanagements eingegangen.

Das Auftragsmanagement integriert alle an der Auftragsabwicklung beteiligten Bereiche. Zu den Funktionen gehören die Angebots- und Auftragsbearbeitung. Zudem sind insbesondere Projektmanagementfunktionen zur Planung und Steuerung von Leistungen, Terminen und Kosten über die gesamte Auftragsabwicklung zu berücksichtigen. Diese Funktionen kommen vorrangig bei der Abwicklung von komplexen Kundenaufträgen zum Einsatz.

Für die Produktion im Netzwerk werden des Weiteren Bestände und Bestandsinformationen benötigt, die das Bestandsmanagement bereitstellt. Die Funktionen des Bestandsmanagements unterteilen sich in die Materialwirtschaft, in der die Materialflüsse und die Bestände verfolgt werden, sowie in die Lagerverwaltung, mit der die physische Ein- und Auslagerung von Material unterstützt wird.

2.5.4.1 Produktdatenmanagement

Die Funktionen des Produktdatenmanagements können anhand der zu generierenden Stammdaten der Produkte bzw. Erzeugnisse systematisiert werden. Dementsprechend ergeben sich Funktionen im Zusammenhang mit Materialstämmen, Stücklisten, Klassifizierungen und Zeichnungen. Nachfolgend werden Funktionen zur Anlage, Verwaltung, Bearbeitung und Nutzung dieser Daten beschrieben.

Materialstammverwaltung

Der Materialstamm stellt das zentrale Datenobjekt für die Verwaltung von produktbezogenen Informationen dar. Je nach Abteilung, Konstruktion, Vertrieb, Einkauf, können spezifische Standardvorgaben beim Anlegen eines neuen Materialstammes vergeben werden. Im Schnellanlagemodus wird der Anwender in einer Listendarstellung (jede Zeile ein möglicher Materialstamm) durch die Muss-Felder des Stammsatzes geführt, ohne diesen komplett bearbeiten zu müssen. Die Materialstämme können dann eventuell abteilungsbezogen komplettiert werden. Die dialoggesteuerte Erstellungshilfe macht dem Anwender Vorschläge und zeigt eventuell Folgen der jeweiligen Aktionen an.

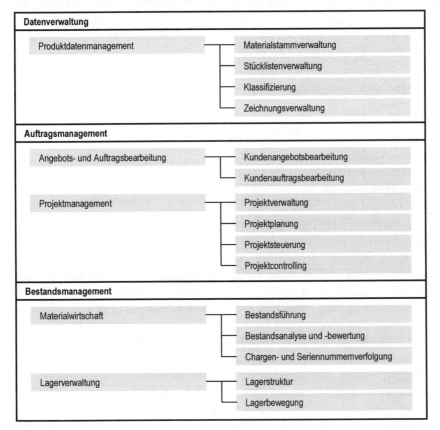

Abb. 2.5-5 Funktionsbereiche zur Unterstützung der Querschnittsaufgaben

Erstellungshilfen für die Neuanlage von Materialstämmen
- abteilungsspezifische Standardvorgaben - Schnellanlagemodus - Schnellanlagemodus mit abteilungsbezogener Komplettierung von Materialstämmen - dialoggesteuerte Erstellungshilfe (Materialstammassistent)

Der Status eines Materialstammes soll Auswirkung auf dessen Verwendung haben. Ein Materialstamm im Entwurfsstadium kann weder disponiert, gefertigt noch fakturiert werden. Archiv bedeutet, dass der Materialstamm noch bearbeitet werden kann, er jedoch für die Archivierung vorgesehen ist. Mit Ein-/Auslauf werden Stammdaten gekennzeichnet, die ab der Erfüllung eines Ein-/Auslaufkriteriums einen anderen Stamm ersetzen. Bei aktiven Stammdaten werden z. B. Preisinformationen laufend gepflegt, während passive Stammdaten bei Ihrer Verwendung überprüft werden müssen. Wird ein Materialstamm im Schnellanlagemodus erstellt, so wird der Status unvollständig gesetzt, was eine weitere Bearbeitung erfordert. Ein frei definierbarer Status muss auf definierbare Systemfunktionen Einfluss haben (kein reines Textfeld).

Status des Materialstammes
- Entwurf - Archiv - aktiv/passiv - Ein-/Auslauf - auftragsspezifisch - unvollständig (Schnellanlage) - frei definierbare Status

Die Materialnummern dienen im einfachsten Fall nur der Identifizierung mit Hilfe der Zählnummer. Beim Aufbau der Materialnummer kann darüber hinaus eine Gliederung in klassifizierende und identifizierende Nummernteile vorgesehen werden. Ein Verbundnummernsystem bedeutet eine starre Verbindung zwischen der Klassifizierung und der Identifizierungsnummer. Zur eindeutigen Identifizierung eines Materials ist die Eingabe der kompletten Nummer erforderlich. In einem Parallelnummernsystem werden der identifizierende und der klassifizierende Teil der Nummer getrennt gespeichert. Ein Material ist über die Identifizierungsnummer eindeutig identifizierbar. In einem Parallelnummernsystem sind kurzfristige Änderungen der Klassifizierungsmerkmale sowie mehrere Klassifizierungen möglich.

Aufbau des Materialnummernsystems
- nur Identifizierung (reine Zählnummer) - Verbundnummernsystem - Parallelnummernsystem

Art der Materialnummernvergabe
- manuelle Vergabe der Zählnummer - automatisches Hochzählen der Zählnummer - automatisches Hochzählen der Zählnummer mit Nummernbereichen

Im Materialstamm sind gegebenenfalls weitere Nummern für den firmenübergreifenden Datenaustausch zu verwalten. Diese Nummern sind auf Belegen, Etiketten und als Barcode auszugeben. Des Weiteren soll ein Material mittels dieser Nummern im System identifiziert werden können (Suchen, Finden, Filterung, Zugriff).

Zusätzlichen Nummern zur Produktidentifikation
- EAN (European Article Number) - UPC (Universal Product Code)

Verwaltung von EAN (European Article Number)
- EAN-13/UPC - kurz-EAN - Gewichts-/Frischwaren-EAN - eine EAN je Verpackungseinheit (Stück, Karton etc.) - mehrere EAN je Verpackungseinheit (Stück, Karton etc.) - EAN-Zuordnung mit Zeitsteuerung (Gültigkeit) - EAN-Prüfung mittels Prüfzifferalgorithmus - autom. Vergabe von EAN (fortlaufend im vorgegebenen Nummernbereich) - durchgängige Verwendung der EAN statt der Artikelnummer (z. B. Artikelsuche, Auftragserfassung, Wareneingang)

Bei der Einwortbenennung wird ein Begriff zur Benennung des Materials festgelegt. Die Mehrwortbenennung erfolgt durch mindestens zwei durch Leerzeichen getrennte Begriffe.

Methoden der Materialbenennung
- Einwortbenennung - Mehrwortbenennung

Für eine Selektierung von Artikeln ist eine entsprechende Kennzeichnung im Stammdatenbereich erforderlich. Ist z. B. ein Vorgängerteil vorhanden, sollte dies vorzugsweise aufgebraucht werden. Gebrauchtteile aus zurückgekauften Altmaschinen oder -anlagen sind gesondert zu verwalten. Verschleißteile werden besonders häufig bei der Reparaturabwicklung benötigt, und Beistellteile (Werkzeug, Farbe, Aufkleber, etc.) sollten erst direkt vor dem Versand der Lieferung beigefügt werden.

Merkmale zur Kennzeichnung von Artikeln
- Vorgängerteil im Bestand - Ersatzteil - Gebrauchtteil - Verschleißteil - Beistellteil

Die Verwaltung von alternativen Materialien ist z. B. bei standardisierten Baugruppen und Erzeugnissen sinnvoll, die wiederholt gefertigt werden oder unterschiedliche Beschaffungsarten aufweisen. Diese können dann manuell oder automatisch nach verschiedenen Kriterien gewählt werden.

Datensätze zur Verwaltung von alternativem Material
- Materialstamm - Stückliste - Stücklistenposition

Die automatische Verwendung alternativer Teile kann durch verschiedene Kriterien vorgegeben werden. So kann z. B. ab einer bestimmten Losgröße oder bei einer bestimmten Kapazitätsauslastung ein Fremdfertigerteil wirtschaftlicher als ein Eigenfertigungsteil sein.

Auswahlkriterien für alternatives Material
- Losgröße - Kosten - Kapazitätsauslastung - Ein-/Auslauf (z. B. nach Termin, Seriennummer, Charge)

Die aufgeführten Mengeneinheiten müssen unterschiedliche Einheiten, z. B. Stück, Meter, kg, Liter, Karton, Rolle, annehmen und untereinander umgerechnet werden können.

Mengeneinheiten für ein Material
- Basismengeneinheit - Entnahmemengeneinheit - Stücklistenmengeneinheit - Verkaufsmengeneinheit - Einkaufsmengeneinheit - Lagermengeneinheit - Rechnungsmengeneinheit

Für die Umrechnung von Mengeneinheiten können Umrechnungsfaktoren verwendet werden. Gegebenenfalls werden darüber hinaus Umrechnungsformeln benötigt, die aus Rechenausdrücken bestehen. Formeln mit weiteren Faktoren berücksichtigen nicht nur die umzurechnenden Einheiten und Konstanten, sondern beziehen weitere Angaben aus dem Materialstamm oder den jeweiligen Bewegungsdaten in die Berechnung mit ein, z. B. Stoffdichten, Qualitäten, Gewichte. Beispiele für parallele Mengeneinheiten ohne Umrechnung sind einzelstückbezogene Gewichte (Schweinehälften) oder Längen (Stangenmaterial oder aufgerolltes Material, das in unterschiedlichen Längen unter einer Materialnummer gelagert wird).

Definition der Umrechnung von Mengeneinheiten
- Umrechnungsfaktor - Umrechnungsformel - Formel mit weiteren Faktoren - parallele Mengeneinheiten ohne Umrechnung

Zusatzinformationen dienen einerseits dazu, dass für den Transport oder die Lagerung von Gütern relevante Informationen hinterlegt werden können. Zum anderen muss gewährleistet sein, dass mit Anlage der Zusatzinformationen auch weitergehende Prozesse innerhalb des Systems gesteuert werden.

Zusatzinformationen für den Materialstamm
- Transportvorschriften gemäß Gefahrgutgesetz - Lagerungsvorschriften - Verfahrens- bzw. Arbeitsanweisungen zur Handhabung der Stoffe/Materialien

2 Grundlagen der Produktionsplanung und -steuerung

Zusatzinformationen für den Materialstamm
- stoffliche Zusammensetzung der Teile (Stoffdatenbank) - Sicherheitsdatenblätter nach EU-Norm

Zusätzliche Materialstammdaten
- Lagerungsart (z. B. chargenreine Lagerung) - Materialklassifizierung zur Steuerung der Einlagerung (z. B. ABC-Klasse, Gefahrstoffklasse, Tiefkühlware, Gewicht, Geometrie) - Stapelbarkeit - Zuordnung einer Gebindegröße - Zuordnung mehrerer unterschiedlicher Gebindegrößen - Gewichtsangaben zum Material/Gebinde - Geometrieangaben zum Material/Gebinde - Meldebestand des Materials

Durch Gebinde wird eine bestimmte Anzahl von Teilen als Einheit zusammengefasst. Gebinde sollen für materialbezogene Transaktionen, z. B. die Materialdisposition, verwendet werden, z. B. eine Kiste Schrauben enthält 500 Stück, ein Karton enthält 10 Kisten.

Die Gebindeverwaltung ist z. B. für Flüssigkeiten und Schüttgüter von Bedeutung, die es in unterschiedlichen Packmengen und Verpackungen gibt. Die Systeme können Gebinde in unterschiedlicher Art und Weise verwalten. Die geforderte Lösung ist davon abhängig, welche Anforderungen gestellt werden und welcher Verwaltungsaufwand akzeptabel erscheint.

Verwaltung unterschiedlicher Gebindeformen
- Artikelstamm je Gebindeausprägung des Artikels - Artikelvarianten - Versandeinheit aus Artikel und Lademittel - Artikel in unterschiedlichen Verpackungen - Zuordnung von Gebinden zu Artikeln über Gebindeverwaltung

Stammdaten, die ab bzw. bis zu einem bestimmten Datum oder einer bestimmten Menge Gültigkeit besitzen, erhalten den Status Ein-/Auslauf. Die Ein-/Auslaufsteuerung von Teilen erfolgt in der Regel nach bestimmten Kenngrößen.

Kenngrößen für die Ein-/Auslaufsteuerung
- Ablaufdatum/Terminbereich (von - bis)
- vollständiger Abbau der vorhandenen Bestände
- max. Stückzahl, letzte Seriennummer/Seriennummernbereich o. ä.
- Charge/Chargenbereich

Stücklistenverwaltung

Nach DIN 199, Teil 1, S. 15, ist die Stückliste ein für den jeweiligen Zweck vollständiges, formal aufgebautes Verzeichnis für einen Gegenstand, das alle zugehörigen Gegenstände unter Angabe von Bezeichnung (Benennung, Sachnummer), Menge und Einheit enthält. Als Stücklisten werden nur solche Verzeichnisse bezeichnet, die sich auf die Menge 1 eines Gegenstandes beziehen. Verzeichnisse die nicht die Menge 1 von Gegenständen als Grundlage haben oder Auszüge aus Stücklisten, werden Listen genannt.

Die Mengenübersichtsstückliste (auch Übersichts-, Mengen- und Elementarstückliste genannt) ist eine Stücklistenform, in der für einen Gegenstand alle Teile nur einmal mit Angabe ihrer Gesamtmenge aufgeführt sind. Die Einsatzmöglichkeiten der Mengenübersichtsstückliste sind auf Erzeugnisse einfacher Struktur beschränkt. Sie wird häufig als Ausrüstungs- und Beschaffungsliste eingesetzt. Die Baukastenstückliste enthält nur die Baugruppen, Eigen- und Fremdteile der untergeordneten Ebene eines Erzeugnisses oder einer Gruppe, die unmittelbar für ihren Zusammenbau benötigt werden (einstufige Stückliste). Für jede Baugruppe existiert eine eigenständige Stückliste, die dementsprechend nur einmal gespeichert und geändert wird. Aus gespeicherten Baukastenstücklisten lassen sich alle anderen Stücklisten (insbesondere auch die Strukturstückliste) ableiten. Im Gegensatz zur Mengenübersichtsstückliste enthält die Strukturstückliste alle Teile in strukturierter Anordnung.

Grundaufbau von Stücklisten
- Mengenübersichtsstückliste
- Strukturstückliste
- Baukastenstückliste

Ein Erzeugnis kann je nach Anwendungsbereich unterschiedliche Strukturen mit unterschiedlichem Teileumfang besitzen. Ausgehend von der in der Konstruktion nach Funktionsgesichtspunkten festgelegten Struktur, die prinzipiell fertigungsneutral und auftragsunabhängig ist, können für verschiedene Unternehmensbereiche separate Stücklisten mit bereichsspezifischen Positionsdaten erzeugt werden. Die Montagestückliste ist nach Montagegesichtspunkten erstellt und enthält zusätzlich ablauforientierte Daten sowie Angaben über den Montagearbeitsplatz. Maschinen und Geräte werden teilweise im Betrieb einem Probelauf unterzogen. Dabei wird das Erzeugnis oft nicht vollständig zusammengebaut, sondern nur in dem für die Funktionsprüfung erforderlichen Umfang. Für den Versand muss die Anlage wieder zerlegt werden. Dieses Zerlegen erfolgt aber nicht bis in alle Einzelteile, sondern entsprechend den Transportmöglichkeiten und -gegebenheiten. Eine Versandstückliste hat also eine andere Struktur als eine Fertigungs- oder Montagestückliste. Die Kalkulationsstückliste ist eine Stückliste mit den preisrelevanten Komponenten und Preisangaben.

Struktursichten auf ein Erzeugnis
- Konstruktionsstückliste
- Montagestückliste
- Versandstückliste
- Einkaufsstückliste
- Kalkulationsstückliste
- Fertigungsstückliste

Die Struktursichten auf eine Stückliste können mit verschiedenen Mitteln, wie z. B. durch Kennzeichnung der Teile oder durch Materialnummernbereiche, erstellt werden.

Bildung der Struktursichten
- Kopieren und manuelles Umsortieren
- manuelles Umsortieren durch Drag & Drop
- Kennzeichen im Materialstamm
- Kennzeichen in der Stückliste
- nach Materialnummernbereichen
- durch Zuordnung des Materials zu Artikelgruppen

Listen sind Auszüge aus Stücklisten und Gruppen bzw. Verzeichnisse von Teilen, die nicht für sich montierbar sind. Eine Ersatzteilliste enthält alle Teile einer Baureihe, eines Erzeugnisses oder eines Produkts, die als Ersatzteile lieferbar sind. Die Rückführungsliste führt Hilfsteile und Zwischenprodukte auf, die nicht in das Erzeugnis eingehen. Eine Verpackungsliste ist ein Auszug mit den Verpackungen aus einer Versandstückliste. Eine Dokumentenliste führt die Dokumente zu einem Produkt auf, z. B. technische Zeichnungen, Schriftstücke und Fotos. Eine Langläuferliste enthält Teile, die direkt bei der Auftragserteilung wegen ihrer hohen Wiederbeschaffungszeit bestellt werden müssen, noch bevor die Strukturstückliste erstellt wurde. Bereitstellungs- und Entnahmeliste geben die Teile eines Produkts an, die aus dem Lager entnommen oder vom Wareneingang direkt an einer Kapazität bereitgestellt werden müssen.

Listen als Auszüge von vorhandenen Stücklisten
- Ersatzteilliste
- Fremdfertigungsteileliste
- Rückführungsliste
- Verpackungsliste
- Dokumentenliste
- Langläuferlisten
- Bereitstellungs-/Entnahmeliste

Stücklisten sind besonders im Falle der Wiederverwendung auf Existenz und Gültigkeit aller Stücklistenpositionen sowie der Roh-, Hilfs- und Betriebsstoffe zu prüfen. Insbesondere bei Variantenstücklisten ist außerdem die Zulässigkeit der gewählten Teilekombinationen sicherzustellen. Schleifen in Stücklistenstrukturen liegen vor, wenn bspw. Erzeugnisse als Baugruppen in die eigene Struktur eingehen.

Automatische Prüfhilfen
- Liste der fehlenden/ungültigen Positionen einer Stückliste
- Prüfung auf unzulässige Teilekombinationen
- Prüfung auf Schleifen in Strukturstücklisten

Behandlung fehlender Materialstämme
- vorübergehender Wechsel zur Materialstammverwaltung
- automatische Anlage eines Rumpf-Materialstamms
- Materialstammanlage nicht zwingend erforderlich

Eine Freigabe veranlasst für die Stückliste bzw. die Stücklistenpositionen die Disposition, die Fertigung und alle weiteren Schritte der Auftragsabwicklung.

Portionsweise Freigabe von Stücklisten
- einzelne Positionen oder frei wählbare Positionsgruppen können gekennzeichnet und freigegeben werden
- eine erneute Stücklistenfreigabe gibt nur die restlichen Positionen frei (keine doppelte Bestellung)

Während der Konstruktion ist die Verwendung der Stückliste für Kundenaufträge zu sperren. Mit der Konstruktionsfreigabe wird bei auftragsbezogener Konstruktion signalisiert, dass die Bearbeitung an der Stückliste abgeschlossen ist. Daran kann sich die Materialdisposition anschließen, die TÜV-Freigabe der Zeichnung und Stückliste, oder der Vertrieb ist aufgefordert, für die Zeichnungen die Freigabe des Kunden einzuholen. Mit der Freigabe einer Stücklistenposition explizit für die Materialdisposition wird signalisiert, dass das Material disponiert werden darf, obwohl die Konstruktion noch nicht abgeschlossen ist, z. B. bei Reservierungen, Anfrage bei Lieferanten, Beschaffung der Zukaufteile. Mit der Freigabe zur Fertigung sind alle vorhergehenden Stufen der Freigabe überholt, so dass das Produkt jetzt gefertigt werden kann. Konstruktive Änderungen sollten ohne weiteres nicht mehr möglich sein.

Aufeinanderfolgende Freigabestatus von Stücklistenpositionen
- Freigabe für Kundenaufträge
- Konstruktionsfreigabe
- TÜV- oder Kunden-Freigabe
- Freigabe zur Materialdisposition
- Freigabe zur Fertigung

Die automatische Verwendung alternativer Stücklisten kann durch verschiedene Kriterien vorgegeben werden. So kann z. B. ab einer bestimmten Losgröße oder bei einer bestimmten Kapazitätsauslastung ein Fremdfertigerteil wirtschaftlicher als ein Eigenfertigungsteil sein.

Verwaltung alternativer Produktstrukturen
- alternative Stückliste im Materialstamm des Fertigungsteils
- alternative Stückliste im Stücklistenkopf
- alternative Stücklistenposition

Kriterien für die Auswahl alternativer Stücklisten/-positionen
- Losgröße
- Kosten
- Kapazitätsauslastung
- Ein-/Auslauf (z. B. nach Termin, Seriennummer, Charge)

Dem Einzelfertiger stehen zu Beginn der Auftragsabwicklung keine oder nur unvollständige Planungsunterlagen zur Verfügung. Mit fortschreitender Projektbearbeitung werden in wachsenden Stücklisten fehlende Positionen ergänzt bzw. detailliert. Auftragsstücklisten müssen auch unvollständig eingelastet werden können.

Erstellung unvollständiger bzw. wachsender Stücklisten
- die Auftragsstückliste kann mit Platzhaltern für eine noch zu konstruierende Stücklistenposition aufgebaut und eingelastet werden - die Fertigmeldung für einzelne Positionen aus der Konstruktion bedingt automatisch die Anpassung der bereits freigegebenen Stückliste um die entsprechenden Bereiche - Positionen können nachträglich an beliebiger Stelle in der Stückliste eingefügt werden - Position ohne Teilenummer (Einmalteile, Sondermaterial)

Die Auftragsstücklisten sollten nach unterschiedlichen Vorgehensweisen erstellt werden können. Dabei kommt insbesondere der Suche und der Wiederverwendung von Stücklisten aus anderen Aufträgen eine Bedeutung zu. Die Suche von nicht stammdatengeführten Positionen mittels Sachmerkmalen in Auftragsstücklisten setzt voraus, dass Sachmerkmale für auftragsbezogene Stücklistenpositionen verwaltet werden können.

Erstellungskomfort beim Erzeugen einer Auftragsstückliste
- Zugriff auf Artikel und deren Stücklisten in den Stammdaten - Übernahme von stammdatengeführten Artikeln aus Auftragsstücklisten - Übernahme von nicht stammdatengeführten Positionen aus Auftragsstücklisten - Kopieren verschiedener Positionen aus unterschiedlichen Stücklisten - Drag & Drop zum Kopieren von Stücklistenpositionen

Wiederverwendung von Auftragsstücklisten aus alten Projekten
- Suchen von Stücklistenpositionen mittels Sachmerkmalen, Positions- und Auftragsdaten - Suchen von nicht stammdatengeführten Positionen - Übernahme von Ist-Zeiten und -Mengen mit Neubewertungen zu aktuellen Kostensätzen - Übernahme von Soll-Zeiten und -Mengen mit Neubewertungen zu aktuellen Kostensätzen

Ein Einmalteil wird nur speziell für einen Auftrag benötigt, so dass sich der Erstellungs- und Pflegeaufwand entsprechender Stammdaten nicht lohnt.

Manuelle Disposition von Einmalteilen
- es muss kein Materialstamm im System angelegt werden - es ist ausreichend, nur Artikelnummer und Bezeichnung im Stammdatenbereich zu pflegen - der Bezug zum Bedarfsauslöser kann hinterlegt werden

Bei Langläuferteilen ist die Wiederbeschaffungszeit überdurchschnittlich lang, so dass diese frühzeitig disponiert werden. Eine weitere Besonderheit eines Langläuferteils gegenüber einem Teil mit langer Lieferzeit ist, dass die Stücklistenstruktur des Produkts, in die das Langläuferteil eingehen soll, noch nicht erstellt ist (Einzelfertigung). Gegebenenfalls liegt auch kein Auftrag vor, dem die Langläufer zugeordnet werden können. Langläuferteile sind dementsprechend separat zu verwalten (Materialliste) oder in einer rudimentären Gesamtstückliste zu kennzeichnen. Sie müssen auch kundenauftragsunabhängig verwaltet werden können (ohne Auftragsbezug). Nach der Erfassung des Auftrags und der Erstellung der Stückliste müssen Langläufer mit ihren Beschaffungsinformationen der Stücklistenstruktur zugeordnet werden. Das "Kappen" des ursprünglich erzeugten Bedarfs im Artikelkonto bzw. der Bedarfs-/Bestandsübersicht und das nachträgliche Einlasten der neuen Stückliste zählen nicht als auftragsbezogene Zuordnung. Es sei denn, der konkrete Auftragsbezug kann hergestellt werden.

Vorabdisposition von Materialien mit langer Lieferzeit
- Verwaltung der Langläufer in einer Materialliste - Übergabe der Bestellung und des Bedarfsverursachers an die Einkaufsplanung - Kennzeichnung der vorab disponierten Materialien in der Stückliste - Langläufer können beschafft werden, ohne dass ein Primärbedarf im System angelegt wurde (auch ohne Auftragsbezug) - Zuordnung des vorab disponierten Materials in die Stücklistenstruktur ist nachträglich möglich, Beschaffungsinformationen werden übernommen - bei der Bestellung kann hinterlegt werden, wer nach Eingang des vorab disponierten Teils eine Meldung erhalten soll

Klassifizierung

Die Klassifizierung von Material unterstützt die Suche und Wiederverwendung von Materialdaten. Zudem werden in den Klassifizierungsmerkmalen Informationen für die Auftragsabwicklung hinterlegt.

Klassifizierungssysteme
- Klassifizierung auf Nummernbasis
- Begriffsklassifikation
- Sachmerkmalsleisten
- mit Einbindung von Bildern zur Verdeutlichung von Merkmalen

Bei der Klassifizierung auf Nummernbasis werden die Eigenschaften des Objektes durch eine Nummer beschrieben, deren Ziffern über die unterschiedlichen Merkmale und deren Ausprägungen Aufschluss geben. Der Vorteil der Klassifizierung auf Nummernbasis liegt in der hohen Aussagekraft des kompakten Nummernschlüssels, andererseits wird der Informationsgehalt der Nummer erst durch Interpretation deutlich, wodurch eine genaue Kenntnis der Codierung erforderlich ist. Die Verwendung von Begriffen zur Klassifikation ermöglicht eine leicht verständliche Beschreibung der Merkmale. Die Beschreibung von geometrischen Merkmalen durch Begriffe ist jedoch problematisch. In Sachmerkmalsleisten werden die für die Klassifizierung relevanten funktionalen, technologischen und geometrischen Merkmale tabellarisch zusammengefasst, wodurch eine Klassifizierung mit hoher Aussagekraft erreicht wird.

Stufenanzahl der Klassifikation
- zwei bis drei Stufen
- mehr als drei Stufen, aber begrenzte Anzahl
- beliebig

Standards zur Klassifikation von Material
- ECl@ss
- Proficlass
- UN/SPSC (United Nations Standard Products and Services Code)
- DIN (Deutsche Industrienorm)

Die genannten Klassifizierungsstandards definieren die Ausprägungen von Sachmerkmalsleisten für einen unternehmensübergreifenden Datenaustausch.

Ein Suchsystem ermöglicht das Auffinden von Informationen, zu denen keine oder nur teilweise Schlüsselinformationen vorliegen. Im einfachsten

Fall kann über bestimmte vordefinierte Felder gesucht werden. Einige Systeme bieten die Möglichkeit, über alle Felder einer Maske zu suchen. Eine Merkmalsleiste verwaltet beschreibende (Sach-)Merkmale, nach denen gesucht werden kann, in strukturierter Form. Dabei können Sachmerkmalleisten bezüglich der Merkmale nach DIN 4000/4001 vordefiniert oder nach unternehmensspezifischen Vorgaben definiert werden.

Suchoptionen für bestehendes Material
- Identifizierungsnummer
- Benennung
- Merkmalausprägungen
- vordefinierte Felder
- beliebige Felder
- Klassifikation
- Sachmerkmalleiste nach DIN 4000/4001
- Sachmerkmalleiste mit unternehmensspezifischen Definitionen und Ergänzungen

Ein Materialverwendungsnachweis gibt an, in welchen Datensätzen das Material enthalten ist bzw. zugeordnet wurde.

Datensätze mit der Möglichkeit des Materialverwendungsnachweises
- Erzeugnis
- Stücklisten
- Baugruppe
- Arbeitsplan

Zeichnungsverwaltung

Einheitliche Materialstammdaten im ERP-/PPS-, CAD- und EDM-/PDM-System stellen die Basis für den Datenaustausch zwischen den Systemen dar.

Verwaltung der Materialstammdaten
- integrierte Datenbank von EDM-/PDM- und ERP-/PPS-System für Materialstammdaten
- Übergabe der Materialstammdaten zwischen ERP-/PPS- und CAD- bzw. EDM-/PDM-System
- Übernahme von Material ohne Artikelnummer vom CAD- bzw. EDM-/PDM-System möglich
- Anlegen von Materialstammdaten aus dem CAD- bzw. EDM-/PDM-System möglich

Zwischen ERP-/PPS- und CAD-System muss eine bidirektionale Schnittstelle bestehen. Zum einen sind Daten vom ERP-/PPS- ans CAD-System zu übergeben, wie z. B. Auftragsnummer, Kundennummer und -name für den Zeichnungskopf, Materialstämme sowie hinterlegte Zeichnungen. Zum anderen ist der Datenaustausch auch in der Gegenrichtung zu realisieren, wie z. B. Übergabe von Zeichnungsdaten und Stücklistenpositionen.

Zusätzlich zur Stückliste sind Zeichnungsinformationen vom CAD-System an das ERP-/PPS-System zu übergeben. Dazu gehört die Zeichnungsnummer, die bei Änderung der Zeichnung im ERP-/PPS-System automatisch aktualisiert werden soll (Aktualisierung bei Revisionen, z. B. bei Stammartikeln) oder nicht (ohne Beachtung neuer Revisionsstände, z. B. bei Auftragsstücklisten). Weiterhin sind die Zeichnungspositionsnummern in die Stückliste im ERP-/PPS-System zu schreiben. Eventuell wird gefordert, dass die Reihenfolge der Stücklistenpositionen der Reihenfolge der Zeichnungspositionen entspricht, um die Übersichtlichkeit und das Suchen von Teilen zu verbessern. Darüber hinaus kann es sinnvoll sein, dass Geometriedaten, wie z. B. Position, Ausrichtung, an das ERP-/PPS-System übergeben werden, z. B. für den Produktkonfigurator oder die Produktions- und Montageunterlagen.

Standard-Schnittstelle zu CAD-Systemen
- Ausfüllen des Zeichnungskopfs mit Auftrags-, Kunden- und Artikeldaten
- Übernahme der Stückliste vom CAD-System für einen Stammartikel
- Übernahme der Stückliste vom CAD-System für eine auftragsbezogene Stücklistenposition
- Übernahme von Stücklistenpositionen aus mehreren zugeordneten CAD-Zeichnungen
- Übernahme der Stückliste aus mehreren CAD-Systemen, z. B. AutoCAD und ePLAN

Im einfachsten Fall werden die Zeichnungen an die Datensätze im ERP-/PPS-System angehängt, entweder als Link auf ein Verzeichnis oder durch Kopieren der Zeichnung in den Datenbereich des ERP-/PPS-Systems. Funktionalitäten von EDM-/PDM-Systemen gehen darüber hinaus; sie werden hier nur an der Schnittstelle zum ERP-/PPS-System betrachtet. Die Zeichnungen sind im EDM-/PDM-System nach verschiedenen Merkmalen abzulegen, die zwischen ERP-/PPS- und EDM-/PDM-System abzustimmen sind. Als Merkmale gelten z. B. Kunde, Auftrag, Datum, Zeichnungsnummer, Material- oder Baugruppentyp, Sachmerkmalsleisten.

Funktionalitäten der Zeichnungsverwaltung
- Anhängen der Zeichnungen an die Datensätze im ERP-/PPS-System
- Zuordnung verschiedener Dokumententypen eines EDM-/PDM-Systems zu den Datensätzen des ERP-/PPS-Systems
- Übergabe von Identifizierungs- und Klassifizierungsdaten, z. B. Sachmerkmalsleisten, zwischen den Systemen/Modulen
- Öffnen einer Zeichnung aus dem ERP-/PPS-System, z. B. aus der Stückliste

Die Zeichnungsverwaltung muss die jeweiligen Dateiformate der Zeichnungen unterstützen und Viewer-Funktionalitäten bereitstellen. Damit auch Anwender der nicht-konstruktiven Bereiche die Zeichnungen einsehen können, sind eventuell zusätzliche Dateiformate, wie z. B. TIFF, JPEG, zu generieren und im ERP-/PPS-System zur Verfügung zu stellen.

Verwaltung verschiedener Dateiformate einer Zeichnung
- Zuordnung einer Zeichnung in mehreren Formaten zum Datensatz im ERP-/PPS-System
- Verwaltung proprietärer Formate der Konstruktionsprogramme
- Generierung von Standard-Grafikformaten, wie z. B. TIFF, JPEG, bei Übergabe der Zeichnung an das ERP-/PPS-System
- Viewer für die proprietären Zeichnungsdateien im ERP-/PPS-System vorhanden

2.5.4.2 Angebots- und Auftragsbearbeitung

Das Auftragsmanagement wird als Querschnittsaufgabe durch die Angebots- und die Auftragsbearbeitung unterstützt. Eine besondere Anforderung von Einzelfertigern an die Funktionen des Auftragsmanagements ist die Abwicklung von Aufträgen, bei denen die Produktstruktur während eines großen zeitlichen Anteils der Auftragsbearbeitung nicht oder nur in Teilen eindeutig feststeht. In diesem Zusammenhang sind die direkten und indirekten Bereiche durch ein Projektmanagement übergreifend zu koordinieren.

Kundenangebotsbearbeitung

Die Kundenangebotsbearbeitung umfasst alle Tätigkeiten von der Anfrage durch einen Kunden bis zur Erstellung und Überarbeitung von Kundenangeboten. Zunächst wird eine Kundenanfrage erfasst. Diese enthält verschiedene Angaben.

Daten zu einer Kundenanfrage
- Artikelnummer des Kunden
- Kundenwunschtermin
- Kundenwunschtermin auf Positionsebene

Eine Besonderheit bei der Anfrage-, Angebots- und Auftragsbearbeitung stellen Verkaufssets dar. Ein Verkaufsset fasst mehrere verkaufsfähige Erzeugnisse als Einheit zusammen. Alle zugehörigen Positionen werden auf den gleichen Liefertermin terminiert. Dies ist in der Regel der Termin derjenigen Position, die die längste Lieferzeit hat. In einer Anfrage können mehrere unterschiedliche Sets enthalten sein. Die Sets dürfen den Bezug zur ursprünglichen Anfrage bzw. zum späteren Auftrag nicht verlieren.

Abbildung von Verkaufssets
- Zusammenfassung mehrerer Positionen zu einem Set
- Verwaltung von Verkaufssets möglich
- mehrere Sets in einer Anfrage möglich

Bereits in der Anfragephase besteht die Möglichkeit, dass der Kunde Teillieferungen für eine bestimmte Position spezifiziert. Zudem sollten vom Kunden akzeptierte Alternativen zu einer Position verwaltet werden können.

Besonderheiten bei Anfragepositionen
- Splitten einer Position in Unterpositionen mit eigenen Lieferterminen und Mengen
- Verwaltung von Alternativpositionen

Im Zuge der wachsenden Bedeutung des Internets für die Beschaffung gerade von Norm- und Standardteilen gewinnt die Kompatibilität der ERP-/PPS-Systeme zu Marktplätzen bzw. Portalen an Bedeutung. Durch die Existenz einer Standardschnittstelle können in erheblichem Maße Prozess- und Transaktionskosten bei der Übernahme von Kundenanfragen eingespart werden. Das Modul "GAEB-Schnittstelle" erlaubt den Datenaustausch von Leistungsverzeichnissen, Kostenvoranschlägen, Angebotsanforderungen und Angebotsabgaben per Datenträger, gemäß den Empfehlungen des Gemeinsamen Ausschusses Elektronik im Bauwesen. Daneben existiert eine größere Menge von häufig branchenspezifischen Internetportalen und Leistungsverzeichnissen bzw. Katalogstrukturen.

Erfassung von Leistungsverzeichnissen
- Übernahme öffentlicher Ausschreibungen über eine GAEB-Schnittstelle
- Anbindung an Internetbeschaffungsportale
- Strukturierung der Auftragspositionen gemäß Leistungsverzeichnis

Bei der Erstellung von Kundenangeboten sind verschiedene Daten zu erfassen.

Daten zu einem Kundenangeboten
- Lieferanschrift auf Angebotsebene und/oder Angebotspositionsebene
- Liefertermin auf Angebotsebene und/oder Angebotspositionsebene
- Preis je Angebotsposition
- Angebotspositionen ohne Berechnung
- Verwaltung von kundenspezifischer Chargennummer
- Verwaltung von Verpackungen auf Angebotspositionsebene
- zusätzlicher Text zum Angebot und/oder zu Angebotspositionen
- Rechnungsanschrift
- alternative Rechnungsanschriften

Die Bearbeitung von Kundenangeboten wird durch Angebotsversionen dokumentiert, die ohne Änderungen erhalten bleiben.

Möglichkeiten der Angebotsversionierung
- Verwaltung interner Angebotsversionen
- Verwaltung externer Angebotsversionen (z. B. für Händler und Endkunden)
- Erstellung einer Angebotshistorie mit internen und externen Angebotsversionen

Die Terminierung von Kundenangeboten kann unterschiedlich unterstützt werden.

Ermittlung der Lieferzeit für Angebote
- mit allgemeiner Standard-Lieferzeit
- mit Standard-Lieferzeit aus dem Materialstamm

Ermittlung der Lieferzeit für Angebote
- auf Basis von Vorlaufzeiten auf Stücklistenpositionsebene
- mit Standard-Projektplan

Die Überwachung von Kundenangeboten ist nach verschiedenen Kriterien möglich.

Kriterien zur Angebotsüberwachung
- Artikel
- Bearbeiter
- Kunde
- Versanddatum
- Angebotsbindefrist
- Kombination mehrerer Kriterien
- automatische Wiedervorlage

Im Rahmen der Auftragsverlustanalyse müssen insbesondere statistische Auswertungen bezüglich der verschiedenen Verlustgründe durchgeführt werden können, d. h. die Angabe in einem Freitextfeld ist unzureichend.

Gründe im Rahmen der Auftragsverlustanalyse
- Preis
- Lieferzeit
- Qualität der Waren
- Service/Beratung
- frei definierbare Gründe
- Unternehmen, die den Zuschlag erhalten haben

Kundenauftragsbearbeitung

Die Kundenauftragsbearbeitung beinhaltet alle vertrieblichen Aufgaben vom Eingang und der Erfassung der Kundenaufträge bis zum technischen Abschluss eines Kundenauftrags durch Rechnungsstellung.

Die Auftragsschnellerfassung ermöglicht eine (telefonische) Auftragserfassung mit sehr wenigen Daten, z. B. nur der Artikelnummer und der Auftragsmenge. In vielen Fällen ist es sinnvoll/höflich, zunächst auf die Produktwünsche des potenziellen Kunden einzugehen und dann erst die Daten des Kunden aufzunehmen, anstatt umgekehrt. Die kundenspezifische Auftragshistorie bietet sich bei häufig wiederkehrenden bzw. ähnlichen Aufträgen eines Kunden zur Schnellerfassung an.

Neuerfassung eines Kundenauftrags
- Auftragserfassung mittels kundenspezifischem Produktsortiment
- Auftragsschnellerfassung mit automatischer Wiedervorlage zur Komplettierung
- zuerst Erfassung der Produkte, dann Erfassung der Kundendaten
- Auftragsschnellerfassung mit Übernahme von Bausteinen aus einer kundenspezifischen Auftragshistorie

Wurde ein Angebot erstellt, so können Daten des Angebotes komplett oder positionsweise in einen Auftrag überführt werden. Zudem ist die selektive Übernahme einzelner Angaben zum kompletten Angebot bzw. zu einzelnen Positionen möglich.

Erfassung eines Kundenauftrags auf Basis eines Angebots
- automatisches Einblenden des Angebotes
- Übernahme des kompletten Angebots
- Übernahme einzelner Positionen des Angebots
- Übernahme der Chargennummer des Kunden
- Übernahme des Liefertermins lt. Angebot
- Übernahme der Preise lt. Angebot

Beim Statuswechsel wird der bestehende Datensatz umgewandelt, ohne einen neuen Datensatz zu erzeugen. Werden Angebote und Aufträge in separaten Nummernkreisen verwaltet, so wird bei Umwandlung zusätzlich zum Angebotsdatensatz ein entsprechender Auftragsdatensatz generiert. Dabei sollte der Bezug zwischen Auftrag und zugehörigem Angebot stets aufrechterhalten werden.

Verwaltung von Kundenangebot und -auftrag
- Statuswechsel
- Nummernkreis
- Verknüpfung zwischen Angebot und Auftrag

Die automatische Kreditlimitprüfung erfolgt auf Knopfdruck aus dem Menü heraus. Hierbei müssen laufende Aufträge des Kunden berücksichtigt werden, so dass der verbliebene Kreditrahmen berechnet wird. Je nach Ergebnis müssen einzelne oder alle Aufträge des Kunden gesperrt werden können.

Prüfung des Kreditlimits des Kunden
- automatische Kreditlimitprüfung - Verrechnung aller laufenden Aufträge mit dem Kreditlimit - Vergleich des Kundenauftragswerts mit dem noch offenen Kreditlimit - Sperrung des Kunden für alle Aufträge - Sperrung einzelner Aufträge des Kunden

Durch die Auftragsfreigabe wird der Start der Auftragsabwicklung in den Vorlaufbereichen, Konstruktion, Arbeitsplanung, Qualitätssicherung, Betriebsmittelbau u. a., ausgelöst. Die Aufträge werden dazu nach bestimmten Kriterien sortiert. Die Berücksichtigung des Auslastungsgrads der betroffenen Kapazitäten soll zur Einhaltung einer vordefinierten Höchstbelastung führen. Dies unterstützt die Optimierung von Auftragsbestand, Durchlaufzeiten und Auslastungsgrad. Durch die Auftragsfreigabe werden die Auftragsunterlagen mit den zuvor abgestimmten Eckterminen und ggf. Prioritätsvorgaben an die entsprechenden Fachbereiche weitergeleitet.

Freigabekriterien für Kundenaufträge
- alle Aufträge für einen Kunden - alle Aufträge eines Terminbereichs - alle Aufträge für ein Erzeugnis - alle Aufträge eines Sachbearbeiters - über Prioritätenlisten der Aufträge - Auslastungsgrad der Kapazitäten

Häufig erfordert ein Auftrag die Freigabe durch unterschiedliche Abteilungen bzw. Hierarchieebenen. Dieser mehrstufige Freigabeprozess kann durch eine Tabelle oder durch die Abbildung der internen Genehmigungsroutinen in Workflows unterstützt werden. Letztere sind eventuell nur ab einem bestimmten Auftragswert anzustoßen.

Mehrstufige Freigabeprozesse für Angebote, Aufträge und Änderungen
- mehrstufige Freigabe in Tabellen - manueller Anstoß von Genehmigungsroutinen - automatisierter Anstoß von Genehmigungsroutinen (z. B. gemäß Auftragswert)

Frei definierbare Auftragsstatus bilden in grober Form die unternehmensspezifischen Prozesse der Auftragsabwicklung ab. Die Protokollierung des Auftragsfortschritts umfasst für eine bestimmte Auftragsnummer den Fortschritt in Form der jeweiligen Termine und Bearbeiter bezüglich der verschiedenen Status, zu denen eventuell Kommentare angelegt werden können.

Verwaltung der Status von Aufträgen
- fest definierte Status
- frei definierbare Status
- Anmerkungen zu einzelnen Auftragsstatus

Im Falle externer oder interner Anfragen muss die Auftragsleitstelle jederzeit über den Bearbeitungsstand eines Auftrags Auskunft geben können. Im einfachsten Fall wird zu jedem Auftrag der derzeit erreichte, frei definierbare Status angegeben. Ferner ist auf dieser Basis eine durchgängige Terminverfolgung möglich. Detaillierte Auskünfte zu einem Kundenauftrag werden durch die Verknüpfung mit den zugehörigen Fertigungsaufträgen unterstützt. Ziel ist der direkte Zugriff auf den aktuellen Bearbeitungsstand in der Produktion aus dem Kundenauftrag heraus.

Überwachung von Kundenaufträgen
- Anzeige des Auftragsstatus
- Anzeige der Soll- und Ist-Termine eines Kundenauftrags in einer Maske
- Anzeige des Bearbeitungsstandes mit frei definierbaren Auftragsstatus
- Anzeige aller Fertigungsaufträge bzw. Arbeitsgänge zu einem Kundenauftrag

Die Rechnungsstellung bildet den Abschluss der Auftragsbearbeitung. Wird eine Barzahlung unterstützt, muss das System neben dem evtl. unterschiedlichen Preisermittlungsschema den Ausdruck der entsprechenden Papiere unmittelbar gewährleisten sowie die jeweiligen Materialbewegungen und monetären Buchungen automatisch durchführen. Unter Kommission versteht man die Rechnungszahlung für eine Erzeugnismenge mit der Möglichkeit, ein Teil der Erzeugnisse wieder zurückzugeben. Bei Abschlagszahlungen können Teilzahlungen verwaltet werden. Bestehen Rahmenvereinbarungen mit dem Kunden, besteht die Möglichkeit, für jeden Abruf eine Rechnung zu erstellen. In der Regel sind diese Abrufrechnungen beleglos. Bei Mustern ohne Wert wird dem Kunden kostenlos ein

Produkt zur Verfügung gestellt. Hierbei darf keine Rechnung erstellt werden. Eventuell bestehen Gutschriften, die der Kunde z. B. im Laufe einer Reklamationsabwicklung erhalten hat. Das System sollte die Gutschriften bei der Rechnungserstellung automatisch berücksichtigen und eine entsprechende Verrechnung vorschlagen.

Arten der Rechnungserstellung
- Einzelrechnung
- Sammelrechnung
- Bar
- Kommission
- Muster ohne Wert
- Vorkasse
- Nachnahme
- Gutschrift
- Proformarechnung

2.5.4.3 Projektmanagement

Die Abwicklung von Kundenaufträgen wird in Unternehmen, deren Produkte kundenauftragsbezogen konstruiert werden und bei denen ein besonderer Neuigkeitsgrad für die Auftragsabwicklung besteht, durch ein Projektmanagement unterstützt. Für einen oder mehrere Aufträge eines Kunden wird ein Projektplan erstellt, der Projektphasen und -arbeitspakete, Meilensteine und Termine sowie Budgets beinhaltet. Der Projektplan dient dazu, die an der Auftragsabwicklung beteiligten Bereiche zu koordinieren, den Projektfortschritt auf Basis von Ist-Daten zu überwachen sowie den Zustand des Projekts gegen die Planung zu prüfen. Dabei wird ein hinsichtlich Leistungen, Kosten und Terminen optimierter Auftragdurchlauf angestrebt.

Funktionalitäten des Projektmanagements werden insbesondere bei Einzelfertigern, wie z. B. Anlagenbauunternehmen, eingesetzt. Das entsprechende Funktionsmodul ist mit den Funktionsbereichen der Auftragsabwicklung zu verknüpfen, um Aufträge und Auftragsstatus abzugleichen (Vertrieb, Finanzbuchhaltung), Termine in Bestellungen (Einkauf) und Fertigungsaufträge (Produktion) zu übergeben sowie den Auftragsfortschritt auf Basis von Rückmeldedaten zu überwachen (Zeiten, Kosten und Meilensteine aller Bereiche).

Projektverwaltung

Im Rahmen der Projektverwaltung werden die für die Planung und Steuerung von Projekten wesentlichen Informationen hinterlegt. Die Projektinformationen vervollständigen damit die Daten eines Kundenangebots bzw. -auftrags.

Neben dem zuständigen Projektbearbeiter im eigenen Unternehmen sind zusätzlich unterschiedliche Ansprechpartner auf Seiten des Kunden je nach Aufgabenbereich erforderlich, z. B. bei technischem oder kaufmännischem Abstimmungsbedarf. Unter einem Projektmeilenstein werden all Meilensteine verstanden, die während der Projektierung mit dem Kunden vereinbart werden, z. B. Inbetriebnahme, Lieferung, Design Freeze, Design Review. Diese Projektmeilensteine bilden die groben Ecktermine für eine detailliertere Projektplanung. Ein Zahlungsplan (auch Fakturaplan genannt) legt fest, welcher Betrag vom Kunden bezahlt werden muss, wenn ein bestimmter Leistungsstand, z. B. in Form eines Projektmeilensteins, erreicht ist. Die Zuordnung der Projekte zu einzelnen Geschäftsbereichen ist insbesondere für diverse Auswertungen und die Erhebung von Umsatzkennzahlen relevant. Beliebige Dokumente wie beispielsweise Liefer- und Verpackungsvorschriften oder sonstige vertragsrelevante Dokumente sollen in Dateiform, mindestens mit der Verknüpfung zum Projektdatensatz (auch Auftragsmappe genannt) hinterlegt werden können. Tritt ein Generalunternehmer als potenzieller Auftraggeber auf, kann es sinnvoll sein, den bzw. die zugehörigen Kunden dem entsprechenden Projekt zuzuordnen.

Verwaltung von Informationen zu einem Projekt
- zuständige Projektbearbeiter
- unterschiedliche Ansprechpartner beim Kunden
- mehrere Aufträge zu einem Projekt
- Projektmeilensteine
- Zahlungsplan
- Zuordnung zu Geschäftsbereichen
- beliebige Dokumente in Dateiform
- Verweis auf zugehörige Kunden (bei Generalunternehmerschaft)
- Auftragswahrscheinlichkeit

Zu einem Zahlungsplan können beliebige Zahlungsmeilensteine, z. B. 30% bei Auftragsbestätigung, 30% bei Versandbereitschaft, 30% bei Inbetriebnahme, 10% bei Abnahme, abgebildet werden. Darüber hinaus können unterschiedliche Konditionen, z. B. Zahlungsziele, Skonti, Rabatte, je Zahlungsmeilenstein hinterlegt werden. Verknüpfungen zwischen den

Zahlungs- und Projektmeilensteinen sind dann erforderlich, wenn das Eintreten der Projektmeilensteine im Sinne eines zahlungsrelevanten Ereignisses überwacht werden soll.

Verwaltung von Zahlungs- bzw. Fakturaplänen
- beliebige Zahlungsmeilensteine zu einem Zahlungsplan - Verwaltung von Zahlungskonditionen je Zahlungsmeilenstein - Verknüpfung von Zahlungs- und Projektmeilensteinen - Überwachung zahlungsrelevanter Ereignisse

Im Anlagenbau, wo jeder Auftrag ein Projekt ist, sind zur Aufwandsreduktion vergleichbare Projekte als Grundlage für die Anlage eines neuen Projekts zu verwenden. Für die Suche möglichst vergleichbarer Projekte können identifizierende Projektmerkmale definiert werden. Merkmale sind hierbei z. B. der Kunde selbst oder diverse Anlagenspezifikationen (Leistung, Konformität etc.). Bei üblichen Auftragsverlustquoten im Bereich von 60 bis 80 % werden naturgemäß wesentlich mehr Angebote als Aufträge generiert. Daher sollte die Klassifizierungs- und Suchmöglichkeit neben Aufträgen auch bereits erstellte Angebote einbeziehen.

Suche alter Projekte zur Wiederverwendung
- Verwaltung identifizierender Merkmale für Projekte - Suche vergleichbarer Projekte auf Basis der Merkmale - Suche in Projektaufträgen und -angeboten

Projekte stehen in Beziehung zu Kundenaufträgen. Dabei können Projekte einen oder mehrere Aufträge eines Kunden umfassen. Insbesondere sind Auftragsnachträge oder Folgeaufträge zu einem Projekt zu verwalten.

Verwaltung von Auftragsnachträgen
- Auftragserweiterungen/-änderungen - Folgeaufträge mit Bezug zum Ursprungsprojekt

Projektplanung

Als Grundlage für die Planung des Projekts wird ein Projektplan bzw. eine Projektstruktur erstellt. Die Projektstruktur bildet zum einen die Struktur des Erzeugnisses, z. B. Komponenten, Baugruppen und Teile, sowie andererseits die zur Produkterstellung erforderlichen Gewerke, z. B. Konstruktion der Komponente, Einkauf der Baugruppe, Fertigung des Teils, Montage, Versand, ab. Der Projektplan ist mit den Stücklisten und Arbeitsplänen im ERP-/PPS-System verknüpft.

Grundsätzlich können dabei Bestandteile einer auftragsbezogen erstellten Projektstruktur (aus vergleichbaren Projekten) oder einer auftragsneutral erstellten Projektstruktur (Stammprojektstrukturen) wieder verwendet werden. Bei Projekten mit einem hohen Ähnlichkeitsgrad zu einem bereits abgewickelten Projekt ist es häufig sinnvoll, die komplette Struktur des vergleichbaren Projekts zu übernehmen und hier lediglich Änderungen oder Ergänzungen vorzunehmen. Bei stärker individualisierten Projekten mit einem geringen Überschneidungsbereich zu bereits abgewickelten Projekten können einzelne Elemente der Projektstruktur, z. B. Strukturelement Komponente 4711, kopiert werden. Eine vergleichbare Funktionalität existiert für Bestandteile der Projektstruktur, die als wieder verwendbare Stammprojektstrukturen verwaltet werden. Diese können entweder als Ganzes (Stammprojektstruktur) übernommen oder in Teilen (Stammstrukturelemente) zur Strukturierung des neuen Auftrags herangezogen werden. Als Basis für die Grobplanung des Projekts können diesen Stammstrukturelementen Standardvorgangszeiten, z. B. Durchlaufzeit, Belastungszeit in der Konstruktion für die Komponente 4711, hinterlegt werden. Im Sinne wachsender Projektstücklisten können Projektstrukturelemente frei definiert und an beliebiger Stelle in die Gesamtstruktur eingefügt werden.

Erstellung der Projektstruktur
- komplette Übernahme aus vergleichbaren Projekten
- Kopieren einzelner Strukturelemente aus vergleichbaren Projekten
- Verwendung von Stammprojektstrukturen
- Verwendung von Stammstrukturelementen
- Verwendung von Standardvorgangszeiten je Stammstrukturelement
- Projektstrukturelemente sind frei definierbar
- Projektstrukturelemente können an beliebiger Stelle in die Projektstruktur eingefügt werden

---

Der zeitliche Projektablauf wird meist mit Hilfe von Meilensteinen strukturiert. Neben den Projektmeilensteinen aus der Projektverwaltung (also den vertraglich fixierten Meilensteinen wie Design Freeze oder die Inbetriebnahme der Anlage) werden zur feineren Strukturierung Vorgangsmeilensteine im Sinne fixierter Vorgangsendtermine definiert. Dazu können als grobe Ecktermine die Projektmeilensteine aus der Projektverwaltung übernommen und zugeordnet werden. Die zuvor definierten Vorgänge bzw. Projektstrukturelemente können über Anordnungsbeziehungen zu einem Gesamtnetzplan verknüpft werden.

2.5 Funktionen

Definition des Projektablaufs
- Meilensteine sind frei definierbar
- Zuordnung von Projektmeilensteinen zur Projektstruktur
- Verknüpfung der Projektstrukturelemente zu einem Projektnetzplan

Die Netzplantechnik wird zur Einplanung komplexer Projekte eingesetzt, an denen mehrere Bereiche eines Unternehmens beteiligt sind. Die strukturelle Verknüpfung einzelner Vorgänge bleibt auch bei der Terminverschiebung erhalten.

Die Projektplanung berücksichtigt dabei die Kapazitäten in den direkten Bereichen, Fertigung, Versand und Montage. Da bei Einmalfertigern für die Projektierung und die Konstruktion in den indirekten Bereichen bis zu 60% der Gesamtdurchlaufzeit eines Projektes verwendet werden, sind auch diese Kapazitäten zu planen.

Eine Feinplanung der Kapazitäten erfolgt innerhalb der Bereiche durch zusätzliche Funktionalitäten des ERP-/PPS-Systems. Die Einzelpläne sind mit dem Projektplan hierarchisch zu verknüpfen. Beispielsweise werden im Rahmen der Grobplanung die Stunden der Konstruktion mit einer genauen Durchlaufzeit für das Strukturelement (Konstruktion Komponente 4711) vorgesehen. Auf der untergeordneten Planungsebene erfolgen dann die Zuordnung des Konstruktionsmitarbeiters und eine tagesgenaue Planung innerhalb des durch die Grobplanung fixierten Zeitrahmens. Durch die Zuordnung von Vorgängen bzw. Projektstrukturelementen zu Belastungsprofilen auf Basis von Kapazitäten, z. B. Konstruktionsmitarbeiter, bzw. Kapazitätsgruppen, z. B. Konstruktion, können Aufträge auf Machbarkeit grob überprüft und die resultierende Kapazitätsbelegung angezeigt werden. Die Budgetplanung und -verfolgung ermöglicht die Verwaltung von Teilbudgets und die Gegenüberstellung von Ist- und Soll-Kosten.

Einplanung von Projekten
- Netzplantechnik unter Berücksichtigung der indirekten Bereiche
- Hierarchische Verknüpfung von Einzelplänen
- Verwaltung von Kapazitäten
- Verwaltung von Kapazitätsgruppen
- Anzeige der Kapazitätsbelegung
- Budgetplanung und -verfolgung

Eine Terminierung in die Vergangenheit sollte grundsätzlich möglich sein, ohne dass die Terminierung mit einer Fehlermeldung abgebrochen wird. Dabei sollten Strukturelemente, deren errechneter Starttermin in der Vergangenheit liegt, entsprechend gekennzeichnet werden. Für die Mittelpunktsterminierung müssen Vorgänge, die auf eine Engpassressource zugreifen, vor dem Terminierungslauf zeitlich fixiert werden können. Die Multiprojektplanung berücksichtigt den aus der gesamten Auftragslast im Unternehmen resultierenden Kapazitätsbedarf je Kapazitätseinheit. Mit Hilfe der Simulation kann die resultierende Auftragssituation kapazitätsmäßig dargestellt werden, ohne dass die einzelnen Teilaufträge bereits dispositiv freigegeben wurden.

Möglichkeiten der Terminierung
- Terminierung in die Vergangenheit - Kennzeichnung entsprechender Strukturelemente - Mittelpunktsterminierung - Multiprojektplanung - simulative Einlastung eines Projekts - simulative Anpassung der Gesamtauftragssituation

Aus der Einlastung resultiert eine neue Belastungssituation für die beteiligten Kostenstellen, z. B. Konstruktion, Fertigung, Montage, die in einer entsprechenden Belastungsübersicht dargestellt werden. Dabei kann die Übersichtlichkeit der grafischen Darstellung der Belastungsübersicht mit Hilfe von Filterfunktionen deutlich verbessert werden. Eine rückstandsfreie Belastungsübersicht ist dann gegeben, wenn keine Kapazitätsbelastungen in der Vergangenheit angezeigt werden, sondern die Restbelastungen auf die Restlaufzeit des Vorgangs verteilt werden. Über eine entsprechend hinterlegte Ressourcenstruktur, z. B. Hierarchie, kann die Ansicht innerhalb der Belastungsübersicht durch Drill-Down bis auf Kostenstellenebene detailliert werden. In der Belastungsübersicht können unterschiedliche Auftragsarten, Kundenaufträge, Lageraufträge, interne Aufträge, erwartete Kundenaufträge mit hoher Auftragswahrscheinlichkeit etc., beispielsweise durch eine farbliche Kennzeichnung unterschieden werden. Die unterschiedlichen Auftragsarten können mittels Drill-Down auf die einzelnen Bedarfsverursacher, z. B. Kunde 4712, zurückgeführt werden.

Darstellung der Belastungssituation
- Eingrenzung der Darstellung für ein frei wählbares Zeitfenster - Kapazitätsbedarf und -angebot werden separat ausgewiesen - Engpässe werden separat ausgewiesen - die Belastungsübersicht ist rückstandsfrei - Drill-Down von Kostenstellengruppen auf Kostenstellen (nach entsprechender Zuordnung der Projektstrukturelemente)

Darstellung der Belastungssituation
- Kennzeichnung unterschiedlicher Auftragsarten - Drill-Down aus der Auftragsart auf den Bedarfsverursacher

Die Planungsergebnisse der Projektplanung sind Vorgaben für untergeordnete Planungsebenen. Die über- und untergeordneten Planungen sind konsistent zu halten. Dazu bedarf es einer Verknüpfung.

Verknüpfung der Projektplanung mit untergeordneten Planungsebenen
- Übergabe von Terminen aus dem Projektplan an Bestellungen, Fertigungsaufträge usw. - alle Bedarfstermine sind miteinander verknüpft (Abhängigkeiten bei Änderungen)

Projektsteuerung

Zur Steuerung von Projekten sind Übersichten zum Projektfortschritt bereitzustellen. Die Projektübersicht kann beispielsweise in Form eines Balkenplans dargestellt werden. Der jeweils relevante Bildausschnitt der Projektübersicht kann zur Verbesserung der Übersichtlichkeit nach diversen Kriterien selektiert bzw. eingeschränkt werden.

Kriterien zur Erstellung von Projektübersichten
- Terminbereich - Auftrag - Kostenstelle - Strukturelement

Die Form der Darstellung ist für ein schnelles Erfassen von kritischen Entwicklungen im Projekt von Bedeutung. Bei einem Gantt-Diagramm werden i. d. R. auf der horizontalen Achse die Zeit und auf der vertikalen Achse die durchzuführenden Arbeitsgänge geführt. Mit Hilfe eines Netzplans werden die Ablaufbeziehungen zwischen Vorgängen und/oder Ereignissen eines gesamten Auftrags dargestellt. Einige Systeme erlauben es, Notizen je Vorgang bzw. Projektstrukturelement in der Projektübersicht zu hinterlegen, z. B. Verantwortlicher, Unterlagen unvollständig. Zwecks Abstimmung mit dem Kunden wird häufig der Austausch eines Projekt- oder Teilprojektplans im MS-Projekt-Format gefordert, z. B. zur Weitergabe des Montagezeitplans an den Kunden. Dazu muss der Projekt- oder Teilprojektplan nach MS-Project exportiert werden.

Möglichkeiten zur Darstellung von Projekten
- Darstellung in Form von Gantt-Diagrammen (Balkendiagramm) - Netzpläne (Vorgangspfeil- oder -knotennetz mit Terminen) - Anzeige von Notizen je Projektstrukturelement - Export des gesamten Projektplans nach MS-Project - Export eines selektierten Teilbereichs nach MS-Project

Für externe und interne Anfragen muss die Auftragsführung jederzeit über den Projektfortschritt Auskunft geben können. Die Projektübersicht gilt als zentraler Informationsträger. Die Überwachung von Ist-Kosten und -Zeiten setzt dabei eine Integration von Projektmanagement und Betriebsdatenerfassung voraus, die über das ERP-/PPS-System zu realisieren ist. Rückmeldungen werden in den entsprechenden Vorgang der Grobplanung (Projektstrukturelement) übernommen und für die Anzeige beispielsweise in einen prozentualen Projektfortschritt umgerechnet. So werden in der Konstruktion i. d. R. geleistete Stunden, in der Fertigung gefertigte Stückzahlen und Ist-Stunden zurückgemeldet. In der Projektübersicht wird die Soll- und Ist-Situation gemäß dem Projektfortschritt separat ausgewiesen. In der Projektübersicht ist der Status, z. B. freigegeben, angearbeitet, versandbereit, bestellt, bestätigt, geliefert, aller Bedarfsdecker, z. B. Fertigungsaufträge, Bestellungen, ersichtlich.

Abbildung des Projektfortschritts
- Rückmeldungen erfolgen auf die Projektstrukturelemente - Anzeige von Soll- und Ist-Stunden - Anzeige von Soll- und Ist-Terminen - Statusanzeige je Bedarfsdecker (Fertigungsauftrag, Bestellung)

Projektcontrolling

Neben der Verfolgung des zeitlichen Projektfortschritts ist die Verfolgung der aufgelaufenen Projektkosten von entscheidender Bedeutung. Dabei können die Projektkosten nach unterschiedlichen Kriterien und unter Verwendung der gängigen Kostenarten ausgewertet werden.

Eine Projektion beschreibt die Kosten, welche voraussichtlich noch bis zur Fertigstellung des jeweiligen Projektstrukturelements anfallen. Eine Projektion kann ggf. vom ursprünglich geplanten Budget abweichen. Verschiedene Soll-Projektstände beruhen auf Änderungen der Auftragsspezifikationen und sind als Basis für die Änderungskosten bzw. Mehr-/Minderkalkulation zu dokumentieren. Wählt ein Kunde bspw. im Rahmen der Konstruktion ein höherwertiges Material aus, wird das Projektbudget neu fixiert. Um bei Abweichungen der Ist-Kosten vom Budget die kostenrelevanten Ereignisse nachvollziehen zu können oder die Kostenentwicklung grafisch darzustellen, müssen die Ist-Kosten des Projekts über den Zeitverlauf dokumentiert werden. Aus der Darstellung der Projektkosten können die unterschiedlichen Kostenpositionen mittels Drill-Down bis auf den einzelnen Buchungssatz zurückgeführt werden.

> **Auswertung von Projektkosten**
> - nach Projektstrukturelementen und Stücklistenpositionen
> - Angabe der Kostenarten (MEK, MGK, FEK usw.)
> - Vergleich von Budget, Soll-Kosten, Ist-Kosten
> - Angabe der Projektion
> - Fixierung verschiedener Projektstände als Soll (bei Auftrag, nach Konstruktion u. a.)
> - Dokumentation der Ist-Kosten über den Zeitverlauf
> - Drill-Down bis auf den Buchungssatz

Bei Kostenabweichungen ist eine Mehr-/Minderkalkulation sinnvoll, um die Ursachen zu untersuchen. Änderungskosten entstehen bei Auftragsänderungen, durch Anpassung der Soll-Kosten bzw. Ergänzung einer Kostenposition (Projektstrukturelement oder Stücklistenposition). Änderungskosten und Soll-/Ist-Kostenabweichungen sollen möglicherweise auch fakturiert werden können. Dazu sind entsprechende Funktionalitäten zur Integration der Kostenüberwachung und der Rechnungserstellung bereitzustellen.

> **Unterstützung einer Mehr-/Minderkalkulation**
> - Abweichungen zwischen Soll- und Ist-Kosten können zur Fakturierung freigegeben werden
> - Änderungskosten werden in Abhängigkeit vom Auftragsfortschritt ermittelt
> - Änderungskosten können zur Fakturierung freigegeben werden

2.5.4.4 *Materialwirtschaft*

Die Materialwirtschaft umfasst die bestandsorientierten Funktionen Bestandsführung sowie Bestandsanalyse und -bewertung. Zu den materialflussorientierten Aufgaben der Materialwirtschaft gehört die Materialverfolgung. Diese wird insbesondere durch die Funktionen der Chargen- und Seriennummernverfolgung unterstützt.

Bestandsführung

Die Bestandsführung ist die Voraussetzung für die Materialdisposition. Einige Artikel werden parallel in zwei Mengeneinheiten geführt, die sich nicht direkt ineinander umrechnen lassen, da es keine feste Mengenbeziehung gibt. Beispiele hierfür sind etwa Schinken oder Fisch (Stück und kg) oder Kiwis (Lagen und Stück). Inwieweit eine derartige parallele Bestandsführung erforderlich ist, hängt wesentlich von den Verkaufseinheiten ab. Ist eine parallele Bestandsführung gewünscht, so müssen bei jeder Warenbewegung (Wareneingang, Warenausgang etc.) die Mengen parallel in beiden Bestandsführungseinheiten erfasst werden, z. B. 10 Stück Schinken ergeben in diesem Fall beispielsweise 45,7 kg.

Formen der mengenmäßigen Bestandsführung
- einfache Mengenführung
- parallele Mengenführung mit Umrechnungsfaktor(en)
- parallele Mengenführung ohne Umrechnungsfaktor(en)
- automatische Mengenkorrektur über Schwund-Faktoren

Detaillierungsebenen der Bestandsverwaltung
- Materialien
- Einzelmaterialien/Seriennummern
- Gebinde
- Einzelgebinde
- Chargen
- Chargensplitts
- Lagereinheiten

Bei Einzelmaterialien/Seriennummern ist jedes einzelne Stück bekannt und verfolgbar, d. h. jedes Einzelmaterial hat eine eindeutige Seriennummer. Mengen in unterschiedlichen Gebindeeinheiten können unterschieden werden, nicht aber jedes einzelne Gebinde. Bei der Verwaltung von Einzelgebinden kann jedes Gebinde durch eine eindeutige Nummer im System identifiziert werden. Jeder Chargensplitt kann einzeln nachverfolgt werden und ist dem System als Untermenge der Charge bekannt. Jede Lagereinheit ist mit darauf gelagerten Beständen in Form von Material- oder Gebindemengen bekannt.

Für eine Bestandsführung unterschiedlicher Qualitäten müssen statistische Auswertungen über die jeweils definierten Qualitäten möglich sein. Der Qualitätskontrollbestand ist ein extra ausgewiesener Bestand, der im Rahmen einer statistischen Qualitätskontrolle benötigt wird. Bei einer vorläufigen Freigabe von Losen/Chargen wird Material unter Vorbehalt freigegeben und darf nur für eine bestimmte Anzahl an Arbeitsgängen bearbeitet werden. Im Anschluss daran ist eine weitere Entscheidung bzgl. des Freigabestatus des Materials zu treffen.

Qualitätsrelevante Bestandsarten
- freigegebener Bestand - Materialbestände unterschiedlicher Qualitäten - Qualitätskontrollbestand - gesperrter Bestand (Ausschuss/fehlerhafte Ware) - vorläufige Freigabe von Losen/Chargen möglich - Kundenauftragsbestand/Projektbestand

Dispositionsrelevante Bestandsarten
- Bestellbestand - reservierter Bestand - physischer Bestand - Werkstattbestand (Work-in-Process) - gesperrter Bestand (z. B. Quarantänebestand, Ausschussbestand) - In-Transitbestand in der Distribution - In-Transitbestand in der Beschaffung

Wenn Bestände gleichzeitig in unterschiedlichen Mengeneinheiten, wie beispielsweise in kg, Stück und Meter, angeben werden können, spricht man von einem Zugriff auf Bestände in unterschiedlichen Mengeneinheiten. Eine sukzessive Detaillierung von Bestandsauskünften setzt voraus, dass sich Lagerartikel durch Klassifikation aggregieren lassen. Ausgehend vom Suchbegriff "Motor" können die Bestände beispielsweise mittels Drill-Down bis zu einem konkreten Motor mit spezifischer Leistung, EMV-Verträglichkeit oder Gehäuseabmaßen analysiert werden.

Funktionalitäten der Bestandsauskunft
- Zugriff auf Bestände in unterschiedlichen Mengeneinheiten - sukzessive Detaillierung von Bestandsauskünften möglich - Eingrenzung von Bestandsauskünften auf bestimmte Lagerorte möglich

Bestandsanalyse und -bewertung

Die Bestandsanalyse und -bewertung dient der Überwachung der Bestände hinsichtlich Menge, Wert und Umschlag. Die ABC-Analyse differenziert Teile anhand ihres kumulierten mengenmäßigen oder monetären Wertes nach hohem, mittlerem und geringem Verbrauchswert. Bei der Betrachtung nach monetärem Wert wird nur der Preis pro Stück beachtet. Bei Betrachtung des mengenmäßigen Wertes werden die Kosten der insgesamt gebrauchten Menge in einer Periode verglichen, um eine Rangfolge der Teile zu bilden. Die XYZ-Analyse unterscheidet Teile nach regelmäßigem, schwankendem und unregelmäßigem Bedarf. Zur Ermittlung der Klassifikation werden die Verbräuche, Verbrauchszeitpunkte und Werte der Teile in zurückliegenden Perioden vom System herangezogen. Die UVW-Analyse klassifiziert Teile nach dem Volumen bzw. der Handlichkeit (groß und sperrig gegenüber klein und handlich).

Möglichkeiten der automatischen Teile-Klassifikation
- ABC-Analyse nach monetärem Wert
- ABC-Analyse nach mengenmäßigem Wert
- XYZ-Analyse
- manuelle Festlegung der Klassifikationsgrenzen
- UVW-Analyse

Die XYZ-Analyse unterscheidet Teile nach regelmäßigem, schwankendem und unregelmäßigem Lagerabgangsverhalten. Die Umschlaghäufigkeit eines Teils ist definiert als Gesamtverbrauch einer Periode bezogen auf den durchschnittlichen Bestand. Die Reichweite eines Teils ermittelt sich aus dem vorhandenen Bestand und dem voraussichtlichen Verbrauch.

Für die Lagerüberwachung können im Rahmen des Lagercontrollingberichts verschiedene Informationen angezeigt werden. Einige der Lagerdaten sind durch das System zu überwachen, wie z. B. die Lager- oder Restlaufzeit.

Informationen in Lagercontrollingberichten
- Lagerzeit
- Restlaufzeit
- Lagerabgangsverhalten (XYZ-Analyse)
- Umschlagshäufigkeit
- Lagerreichweite
- Lagerauslastung

Für die finanzbuchhalterische und kostenrechnerische Bestandsbewertung existieren verschiedene Methoden.

Methoden der Bestandsbewertung
- Anschaffungskosten
- gleitender Durchschnittspreis
- Verrechnungspreis
- FIFO
- LIFO
- Ist-Herstellkosten bei Halbfertig- und Fertigware
- Pauschalbewertung für Werkstatt- oder Kleinteilelager

Die Anschaffungskosten sind der Einstandspreis inklusive Nebenkosten der Anschaffung eines identifizierbaren Teils, z. B. Motor, Anlage. Der Verrechnungspreis ist ein Preis, gebildet aus dem Durchschnitt der Anschaffungskosten der letzten Zeit und der Berücksichtigung der zukünftigen Preisentwicklung.

Chargen- und Seriennummernverfolgung

Die Chargen- und Seriennummernverfolgung dient der durchgängigen Verfolgung von Materialien. Während eine Chargennummer eine abzugrenzende Produktmenge identifiziert, wird durch eine Seriennummer ein einzelnes Teil oder eine Baugruppe dokumentiert.

Zu einer Charge sind verschiedene Informationen zu verwalten. Dazu gehören unter anderem Parameter des Produktionsprozesses, z. B. Maschineneinstellungen. Als Qualitätsprofil werden die Ausprägungen bestimmter physikalischer i. d. R. qualitätsrelevanter Merkmale der Charge verstanden.

Informationen zu einer Charge
- Chargennummer des Lieferanten
- Chargennummer des Kunden
- Produktionsdaten
- Mindesthaltbarkeitsdatum (MHD)
- weitere Datumsangaben (z. B. spätestes Auslagerungs- oder Nachprüfungsdatum)
- Parameter des Produktionsprozesses
- Qualitätsprofil
- Ausprägungen von Chargenmerkmalen können Auswirkungen auf Produktionsplanung oder Verkauf haben
- Anteile der Inhaltsstoffe

Chargennummern sind an verschiedenen Stellen in der Auftragsabwicklung zu vergeben. Wird eine neue Chargennummer für bereits chargengeführtes Material vergeben, z. B. nach einem Mischvorgang, sind die Chargennummern miteinander in Beziehung zu setzen. Die Rückverfolgung muss jeweils bis zu den Ursprungschargen sichergestellt werden.

Phase der Generierung der Charge/Chargennummer
- Wareneingang
- Warenausgang
- Produktionsplanung
- Produktion
- bei Zusammenführung von Chargen
- beim Splitten von Chargen
- Lademittelwechsel

Die unterschiedlichen Chargen eines Produkts sind in der Auftragsabwicklung zu berücksichtigen. Die Bestandsführung artikelreiner Mischchargen ist bei Mischvorgängen ohne Entstehen neuer Materialnummern von Bedeutung, z. B. bei Umpalettierungsvorgängen oder Lagerung von Flüssig- oder Schüttgütern in Silos. Werden chargenpflichtige Güter in Silos o. ä. Lagermitteln gelagert, so muss ermittelt werden, welche Chargen in einer Entnahmemenge (in unbekannter Zusammensetzung) enthalten sein können.

Funktionen der Chargenverfolgung
- Bestandsführung chargenreiner Materialmengen
- Bestandsführung artikelreiner Mischchargen
- Dto. mit Ermittlung der Chargenzusammensetzung bei Entnahme
- durchgängige Rückverfolgung vom Endprodukt bis zum Rohmaterial
- Verwendungsnachweis vom Rohmaterial bis zum Endprodukt

Wenn chargenreine Fertigung gefordert ist und die Los- bzw. Ansatzgrößen aufgrund unbekannter Eingangschargenmengen nicht vor Fertigungsbeginn bestimmt werden können, müssen mehrere Ergebnischargen je Fertigungsauftrag zurückgemeldet werden können. In diesem Fall ist es nicht erlaubt, mehrere Eingangschargen zu einem Eingangsmaterial zu buchen. Ist hingegen keine chargenreine Fertigung gefordert, müssen zur durchgängigen Chargenverfolgung mehrere Eingangschargen zu einer Eingangschargenmenge gebucht werden können. Das bedeutet, dass Chargen über verschiedene Strukturstufen verfolgt werden müssen.

2.5 Funktionen 285

> **Funktionen zur Fertigung chargenpflichtiger Materialien**
> - chargenbezogene Materialreservierung
> - Verhinderung von Mischchargen in der Bedarfsplanung
> - eine Ergebnischarge je Fertigungsauftrag
> - mehrere Ergebnischargen je Fertigungsauftrag möglich
> - mehrere Eingangschargen zu einer Ergebnischargenmenge
> - retrograde Materialabbuchung bereitgestellter Chargen nach Zubuchung der Ergebnismaterialien möglich

Bei der Rückverfolgung serienbenummerter Materialien kann ausgehend von einem Enderzeugnis analysiert werden, welche serienbenummerten Materialien enthalten sind. Für den Verwendungsnachweis serienbenummerter Materialien kann das System ausgehend von einem serienbenummerten Material angeben, in welchem konkreten Enderzeugnis dieses enthalten ist. Die Nachweise sollen auch durch Definition eines Seriennummernbereichs für mehrere Teile erbracht werden können. In der Produkthistorie werden vorgefallene Reklamationen, Rücksendungen, Reparaturmaßnahmen, Teilewechsel und andere Aktivitäten an einem bestimmten, einzelnen Enderzeugnis, z. B. bei Elektronikprodukten aber auch im Maschinen- und Anlagenbau, verwaltet.

> **Unterstützung einer Seriennummernverwaltung**
> - Rückverfolgung von Seriennummern ausgehend von einem Material/Erzeugnis
> - Verwendungsnachweis von Seriennummern für ein Material
> - Eingabe von Seriennummernbereichen
> - Produkthistorie

2.5.4.5 *Lagerverwaltung*

Grundlage der Lagerverwaltung ist die Definition der Lagerstruktur, bestehend aus Standorten, Lagerzentren und Lagerorten. Auf Basis dieser Stammdaten werden die Lagerbewegungen gesteuert und dokumentiert.

Lagerstruktur

Die Lagerstruktur wird durch Lager mit verschiedenen Funktionen gebildet. Ein Fremdfertigerlager ist dann erforderlich, wenn Beistellteile ständig beim Fremdfertiger geführt werden und erst dann neue Beistellteile geliefert werden müssen, wenn der dortige Bestand an Beistellteilen nicht mehr ausreicht. Bei einem eigenbetriebenen Außenlager kann die Lagerführung und -abwicklung durch das betrachtete System erfolgen, insofern können

Rücklagerungen sowie Auslieferungen an Kunden etc. als interne Aufträge behandelt werden. Im Gegensatz dazu werden diese bei einem fremdbetriebenen Außenlager über einen Auftrag mitgeteilt. Lagerführung und -abwicklung erfolgen hier nicht durch das betrachtete System. Bei einem externen Distributionslager (EDL) geschieht die Versandabwicklung vollständig über einen externen Dienstleister. Mehrere Werke einer eigenständig bilanzierenden Einheit bedingen eine übergeordnete Lagerstruktur ohne betriebswirtschaftliche Trennung. Liegen mehrere Werke eigenständig bilanzierender Einheiten vor und entsprechen Umlagerungen einer Verkaufstransaktion, so ist eine übergeordnete Lagerstruktur mit betriebswirtschaftlicher Trennung erforderlich. Um zu vermeiden, dass überbetriebliche Umlagerungen, z. B. Rücklagerungen, ohne Initiierung vorgeschlagen werden, muss ein gerichteter Materialfluss in mehrstufigen Distributionsstrukturen möglich sein. Bei externer Distribution oder Distribution aus einem eigenen Außenlager müssen unter Umständen mehrere Fortschrittszahlen (FSZ) geführt werden, wie z. B. Kundenbedarfs-FSZ, interne FSZ für die Produktion, FSZ versendeter Mengen, FSZ versendet im Außenlager, etc. Hier ist eine Fortschrittszahlenverfolgung in der Distribution notwendig.

Aufbau der überbetrieblichen Lagerstruktur
- Fremdfertigerlager
- fremdbetriebenes Außenlager
- externes Distributionslager (EDL)
- übergeordnete Lagerstruktur ohne betriebswirtschaftliche Trennung
- übergeordnete Lagerstruktur mit betriebswirtschaftlicher Trennung
- gerichteter Materialfluss in mehrstufigen Distributionsstrukturen möglich
- Fortschrittszahlenverfolgung in der Distribution möglich

Die standortbezogene Lagerstruktur besteht aus Lagerorten und Lagerplätzen.

Aufbau der innerbetrieblichen Lagerstruktur
- Verwaltung mehrerer Lagerstandorte
- Lagerorte eines Betriebs
- untergeordnete Struktur (Lagerplätze je Lagerort)
- Einzelplätze
- Blockplätze
- variable Blockplätze
- gesonderte Angabe von Gang, Anfahrpunkt und Ebene

Auf einem Einzelplatz kann genau eine Lagereinheit eingelagert werden, die jederzeit im Zugriff ist und einzeln reserviert werden kann. Ein Beispiel hierfür ist das Regallager. Im Gegensatz dazu kann auf Blockplätzen eine feste Menge von Lagereinheiten eingelagert werden, die jedoch nicht immer im Zugriff ist und insofern nicht einzeln reserviert werden kann. Ein Beispiel hierfür ist das Einfahrregallager. Eine Erweiterung ergibt sich durch die Angabe von variablen Blockplätzen, auf denen, je nach Stapelbarkeit des Materials, eine variable Menge von Lagereinheiten eingelagert werden kann. Soll der Staplereinsatz optimiert werden oder sollen Festplätze definiert werden, so ist die gesonderte Angabe von Gang, Anfahrpunkt und Ebene hilfreich.

Der Lagertyp hat Auswirkungen auf Bestandsbewertung, Bedarfsermittlung, Verfügbarkeit, Ein-/Auslagerplatzbestimmung, Aufbereitung von Ein-/Auslageraufträgen, Entnahmemengeneinheit u. a. In einem offenen Wareneingangslager lagern Güter anonym. Ein Beispiel hierfür ist das Containerlager. Ein automatisches Lager benötigt mehrere Auslagerungsaufträge gleichzeitig, damit es seine Regalbedienungen optimieren kann. Hierdurch entstehen Auftragsbatches, die prioritäten- oder zeitgesteuert gebildet werden. Die Kommunikation mit einem automatischen Lager ist daher i. d. R. auch bidirektional zwischen Hochregallager (HRL) Steuerung und betrachtetem System. So muss das ERP-/PPS-System bei einem HRL-geführten Lager nicht die Einzelplätze kennen und dies bei der automatischen Auslagerplatzvorgabe berücksichtigen. Ein Zolllager muss aus rechtlichen Gründen eingeführt werden. Kommissionierlager dienen dem Zusammenstellen kundenspezifischer Bestellungen und der bedarfsgerechten Belieferung der Abnehmer. Konsignationslager dienen zur Verwaltung von Material für Kunden und Lieferanten und werden durch das Unternehmen selbst verwaltet. Sperrlager umfassen Bestände, die wegen Prüfung/Reinigung o. ä. nicht zur Verfügung stehen.

Lagertypen
- Wareneingangslager
- offenes Wareneingangslager
- automatisches Lager
- Zolllager
- Restmengen-/Anbruchlager
- Kommissionierlager
- Kunden-Konsignationslager
- Lieferanten-Konsignationslager
- Sperrlager
- Transitlager

2 Grundlagen der Produktionsplanung und -steuerung

Lagertypen
- Gefahrgutlager - Kühllager - Tanklager - Silolager

Bezogen auf die Lagerorte und -plätze sind Informationen zu verwalten, die bei der Ein- und Auslagerung von Materialien von Bedeutung sind. Sperrkennzeichen werden dann vergeben, wenn das Material vorübergehend nicht genutzt werden darf.

Informationen des Lagerorts
- besondere Lagerbedingungen (z. B. klimatisiertes Lager) - zulässige/geeignete Lademittel (z. B. Europalettenlager) - max. zulässige Lagerungsdichte (z. B. Gefahrstofflager)

Informationen des Lagerplatzes
- Lagervolumen als Vielfaches von Lademitteleinheiten (z. B. 10 Europaletten) - Fachhöhe - exakte Geometrie (Breite, Tiefe, Höhe) - max. zulässiges Gewicht - Sperrkennzeichen

Lagerungsarten je Lagerplatz
- artikelreine Lagerung - artikelgemischte Lagerung - Artikel über n Lager - chargenreine Lagerung - Chargen über n Lager - MHD-reine Lagerung (bei unterschiedlichen Chargen je Mindesthaltbarkeitsdatum)

Für die Lagerplatzverwaltung gibt es verschiedene Konzepte. Beim Festplatzsystem erfolgt eine feste Zuordnung der Materialarten zu bestimmten Lagerplätzen, bei der chaotischen Lagerung wird eine Materialart dort eingelagert, wo innerhalb des Lagers Platz ist. Bei einer Kombination von Festplatzsystem und chaotischer Lagerung können z. B. ein fester Lagerort und ein variabler Lagerplatz oder Ausweichlagerort gleichzeitig vorhanden sein, wenn der Festplatz belegt ist.

Lagerplatzverwaltung (Material-Lager-Zuordnung)
- chaotische Lagerung
- Festplätze für Materialgruppen/-klassen definierbar
- Kombination von Festplatzsystem und chaotischer Lagerung
- möglich

Lagerbewegung

Die Lagerbewegungsführung dient der Erfassung aller Bewegungen zwischen unterschiedlichen Lagerorten sowie innerhalb eines Lagerorts.

Die Einlagerung wird durch verschiedene Kriterien und Formen der Einlagerung bestimmt. Bei einer Berücksichtigung von Zusammenlagerungsverboten, z. B. aggressive Stoffe wie Säuren/Basen und empfindliche Rohstoffe, die leicht reagieren, müssen entsprechende Merkmale im Materialstamm und/oder in der Lagerverwaltung gepflegt werden. Felder mit reinem Informationscharakter sind nicht ausreichend.

Kriterien für die Vorgabe von Einlagerungsplätzen
- manuelle Korrektur des vorgeschlagenen Einlagerplatzes möglich
- nach ABC-/XYZ-Kriterien
- nach Materialgruppe/-klasse
- nach erforderlichen Lagerbedingungen (z. B. Kühllagerung)
- nach Gewicht
- nach Geometrie
- nach Menge (Materialmenge bzw. Chargenmenge)
- unter Berücksichtigung von Zusammenlagerungsverboten

Formen der Einlagerung
- Einlagerung auf freien Lagerplatz
- Zulagerung auf bereits teilbelegten Lagerplatz
- Splittung der Einlagerungsmenge auf mehrere Lagerorte und -plätze

Zwischen Einlagerung und Auslagerung können Materialien umgelagert und/oder umgebucht werden.

Lagerbezogene Umbuchungen
- von einem Lagerplatz auf einen anderen
- von einer Materialnummer auf eine andere
- Zusammenführung artikelreiner Chargen (Chargenverschmelzung)
- Umlagerungsvorschläge zur Optimierung der Lagerplatznutzung

> **Lagerbezogene Umbuchungen**
> - Lagerumbuchung zu externem Lager mit Ausgabe eines Lieferscheins
> - Lagerumbuchung zu externem Lager mit Ausgabe einer Proformarechnung
> - Erstellung eines Transport-/Speditionsauftrags

Die Umbuchung von einer Materialnummer auf eine andere wird z. B. dann eingesetzt, wenn kleinere Fertigungsschritte, z. B. eine Konfektionierung, nicht über einen gesonderten Fertigungsauftrag abgewickelt werden sollen. Bei der Chargenverschmelzung werden gleiche Artikel unterschiedlicher Chargen aus lagertechnischen o. ä. Gründen gemeinsam gelagert, z. B. bei Silolagerung. Grundlage für eine Optimierung der Lagerplatznutzung ist die Verwaltung von lagerplatzspezifischen Daten, z. B. geometrische Daten, maximales Gewicht.

Für die Entnahme bzw. Auslagerung sind ebenfalls Vorgaben zu hinterlegen. Die automatische Vorgabe von Entnahmeplätzen nach First-In-First-Out (FIFO), Last-In-First-Out (LIFO) und Restlagerzeit erfordert die Chargenführung des betreffenden Materials oder die Verwaltung einzelner Lagereinheiten. Unter MHD versteht man das Mindesthaltbarkeitsdatum.

> **Kriterien für die Vorgabe von Entnahmeplätzen**
> - FIFO
> - LIFO
> - Menge
> - minimale Restlagerzeit (MHD-gesteuert)
> - manuelle Vorgabe bzw. Korrektur des vorgeschlagenen Entnahmeplatzes möglich

Die Auslagerung kann im Zusammenhang mit einer Bereitstellung für einen Arbeitsgang erfolgen. Durch mehrfache Bereitstellung für einen Arbeitsgang wird die Überfüllung von Bereitstellflächen bei lang laufenden Arbeitsgängen verhindert. Während durch die Bereitstellung abgezählter bzw. kommissionierter Ware Rückeinlagerungen vermieden werden (Anwendung z. B. bei Montagen im Maschinen- und Anlagenbau) ist bei Serienfertigung eher die Bereitstellung ganzer Gebinde sinnvoll, die nach Anbruch im Werkstattlager verbleiben.

2.5 Funktionen

Arten der Bereitstellveranlassung
- manuelle Bereitstellveranlassung - fertigungsauftragsbezogene Bereitstellveranlassung - fertigungsarbeitsgangbezogene Bereitstellveranlassung - automatische Bereitstellveranlassung mit Auftrags- bzw. Arbeitsgangfreigabe - automatische Bereitstellveranlassung mit festem Vorlauf zum Fertigungsbeginn

Verfahren der Bereitstellung
- einfache Bereitstellung für den Auftrag bzw. Arbeitsgang - mehrfache Bereitstellung für einen Arbeitsgang - Bereitstellung abgezählter bzw. kommissionierter Ware - Ganzgebindebereitstellung

Bereitstellübersichten
- lagerortbezogene Bereitstellübersicht - kapazitäts(gruppen)bezogene Bereitstellübersicht - Fehlteilliste für Bereitstellungen (ggf. mit Hinweis auf kurzfristige Anlieferung)

Alle Lagerbewegungen werden in einem Lagerbewegungsprotokoll dokumentiert. Umlagerungen, Auslagerungen, Einlagerungen u. ä. werden in Kombination mit den entsprechenden Lagerorten als Lagerbewegungstyp bezeichnet.

Informationen im Lagerbewegungsprotokoll
- Materialnummer - Menge der Bewegung - Wert der Ware - Datum des Zu- und Abgangs - Lagerbewegungstyp - Kunden-/Fertigungsauftragsbezug - Quell- und Ziellagerort - Lager-/Versandeinheit - Charge - Gebinde - Seriennummer

2.5.5 Literatur

Eversheim W, Schuh G (1999) Produktion und Management, 7. völlig neu bearbeitete Aufl. 1996. Korr. Nachdruck, 1999. Springer Berlin
Geitner U W (1997) Betriebsinformatik für Produktionsbetriebe. Teil 5 Produktionsinformatik, 3. überarb. Aufl. Carl Hanser, München
Scheer A-W (1997) Wirtschaftsinformatik, 7. durchgesehene Aufl. Springer, Berlin
Stotz H (2001) 8600 Unternehmen gaben Auskunft. Computer@Production (2001)2:32

3 Gestaltung
der Produktionsplanung und -steuerung

3.1 Gestaltungsaufgaben
3.2 Reorganisation der PPS
3.3 Auswahl und Einführung von PPS-Systemen
3.4 Harmonisierung der PPS
3.5 Koordination von Produktionsnetzwerken
3.6 Controlling in Lieferketten
3.7 PPS in Produktionsnetzwerken
3.8 Best Practices des SCM

3 Gestaltung der Produktionsplanung und -steuerung

3.1 Gestaltungsaufgaben in der PPS

von Günther Schuh und Andreas Gierth

3.1.1 Überblick

Das Gestaltungsfeld der Produktionsplanung und -steuerung (PPS) hat sich bis heute permanent vergrößert. Auch inhaltlich haben sich die Herausforderungen gewandelt und werden dies auch zukünftig tun. Ursprünglich war die PPS beschränkt auf die Mengen- und Terminplanung im Unternehmensbereich Produktion. Als wertschöpfender Anteil an der Unternehmensorganisation wurde diesem Bereich hinsichtlich der organisatorischen Auslegung und der Bereitstellung vielfältiger Hilfsmittel im Unternehmen eine hohe Priorität eingeräumt.

Die zunehmende Verknüpfung und steigende Komplexität aller Unternehmensaktivitäten – auch außerhalb der klassischen PPS – führten zu einem Wandel dieses Begriffsverständnisses. Danach umfasste die Produktionsplanung und -steuerung nun das gesamte Feld betrieblicher Aktivitäten im Rahmen der technischen Auftragsabwicklung, beginnend mit der Anfragebearbeitung über die Fakturierung bis zur kompletten Abwicklung einer Außenmontage außerhalb des eigenen Unternehmens.

Der Gedanke der gesamtheitlichen Betrachtung der PPS ist heute mehr denn je der wichtige Kern für die Gestaltung der PPS. Jedoch hat sich der Betrachtungsbereich, wie auch schon in Kapitel 2 immer wieder dargestellt, von der rein innerbetrieblichen Betrachtung auf die überbetriebliche Betrachtung erweitert.

So müssen nun Aufgaben und Prozesse der PPS auch auf der Netzwerkebene gestaltet werden. Dementsprechend erfahren die Gestaltungsansätze ebenfalls eine diesbezügliche Erweiterung hinsichtlich der IT-Unterstützung der überbetrieblichen PPS.

Die Aufgaben bei der Gestaltung der PPS sind dadurch vielfältiger und komplexer geworden. Wissenschaft und Praxis setzen sich bereits seit Jahrzehnten mit den vielschichtigen Problemen auseinander und haben zahlreiche Lösungsansätze entwickelt. Die Zahl der Modelle und Methoden, die etwa im Forschungsbereich entstanden sind, ist unübersehbar (Kurbel 2003).

Im Rahmen dieses einleitenden Abschnitts wird ein Überblick über Gestaltungsstrategien und Gestaltungsaufgaben der PPS gegeben. Vor dem Hintergrund einer gewählten Gestaltungsstrategie werden die Gestaltungsaufgaben zu Gestaltungsprozessen zusammengeführt. Dabei können die einzelnen Gestaltungsaufgabenfelder unterschiedlich ausgeprägt sein. Die Abbildung 3.1-1 stellt den Zusammenhang zwischen Strategie, Prozess, Aufgaben und Aufgabenfeldern bei der Gestaltung der PPS dar.

Als Gestaltungsprozess soll die Vorgehensweise zur Verfolgung einer Gestaltungsstrategie verstanden werden. Der Gestaltungsprozess ist somit zwar durch die vorgegebene Strategie in seiner Ausrichtung festgelegt, kann aber in sich frei aufgebaut werden. Dies wird transparent, wenn man sich vor Augen führt, dass ein annähernd identischer Gestaltungsprozess der Verfolgung unterschiedlichster Strategien dienlich sein kann.

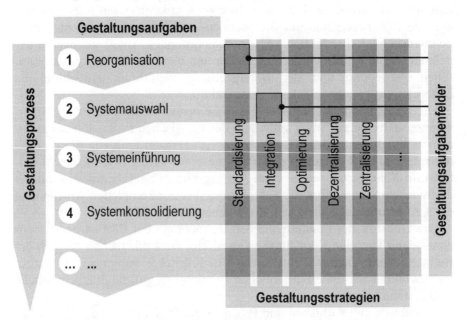

Abb. 3.1-1 Überblick über die Gestaltung der PPS

In Abbildung 3.1-1 ist die Unterteilung des Gestaltungsprozesses in mehrere Prozessschritte bzw. Gestaltungsaufgaben exemplarisch angedeutet. Diese Unterteilung erlaubt schließlich die Bildung einzelner abgeschlossener Aufgabenfelder, die unter Berücksichtigung der durch andere Aufgabenfelder vorgegebenen Randbedingungen bearbeitet werden können. Eine Detaillierung der Prozessstruktur durch eine weitergehende Untergliederung, also die Aufteilung der Prozessschritte in Unterprozessschritte usw., führt somit auch zu einer Detaillierung der Aufgabenfelder.

Zur Schaffung eines grundlegenden Begriffsverständnisses werden in diesem Abschnitt zunächst die wesentlichen Gestaltungsstrategien dargelegt. Die für die Umsetzung der Strategien notwendigen Gestaltungsaufgaben werden im Anschluss daran skizziert.

In den nachfolgenden Beiträgen des dritten Kapitels erfolgt eine eingehende Beschreibung des Gestaltungsprozesses anhand wesentlicher Gestaltungsaufgaben wie der Reorganisation, der Systemauswahl und der Systemeinführung. Die letzten vier Beiträge im dritten Kapitel beschreiben die Umsetzung von Gestaltungsstrategien, d. h. die Durchführung des Gestaltungsprozesses in unterschiedlicher Ausprägung.

3.1.2 Gestaltungsstrategien

Gestaltungsstrategien können sowohl gezielt in Teilbereiche der PPS eingreifen, wie auch unternehmensübergreifend eine Vielzahl von Geschäftsprozessen tangieren. Generell gibt eine Strategie eine Zielrichtung und keine klaren Vorgehensweisen zu ihrer Verfolgung vor. Diese sind vielmehr in einem Gestaltungsprozess aus der vorgegebenen Strategie zu entwickeln.

In Abbildung 3.1-1 sind *Standardisierung*, *Integration*, *Optimierung*, *Dezentralisierung* und *Zentralisierung* als wesentliche Strategien für die Gestaltung der PPS dargestellt. Mit diesen Strategien werden bei der Gestaltung der PPS Zielsysteme verfolgt, deren Erreichung durch entsprechende Gestaltungsprozesse gewährleistet werden soll.

3.1.2.1 *Standardisierung*

Die Standardisierung als Gestaltungsstrategie der PPS zielt darauf ab, Prozesse innerhalb des Betrachtungsbereiches einheitlich zu strukturieren. Standardisierte Prozesse erleichtern die Durchführung und Koordination komplexer Prozessabläufe durch die Erhöhung der Transparenz und Flexibilität in Bezug auf Umsetzung der Prozessschritte. Die Prozesse der PPS können sich über mehrere Organisationseinheiten, sowohl innerbetrieblich als auch überbetrieblich, verteilen. Bei vertikalen Prozessen, die sich von einem Standort zum anderen erstrecken, müssen die Schnittstellen und Übergabepunkte klar definiert sein. Für jeden Prozessschritt müssen Aufgaben, Daten und Funktionen der IT-Systeme auf vor- und nachgelagerten Schritte abgestimmt sein. Verändern sich die Anforderungen an die Organisationsstruktur, können standardisierte Prozesse und Prozesselemente leichter von einer Organisationseinheit auf eine andere übertragen werden. Vertikale Prozesse sind im Rahmen der PPS zum Beispiel Materialumlagerungen, Zusammenführen von Bestellungen oder verteilte Fertigungsschritte.

Werden Prozesse parallel in verschiedenen Organisationseinheiten ausgeführt, spricht man von horizontalen Prozessen. Horizontale Prozesse sind dezentral verteilt und generieren ein vergleichbares Ergebnis. Sind die Prozessabläufe dabei unterschiedlich strukturiert, führt eine Standardisierung zu einer erhöhten Transparenz im Gesamtunternehmen. Standardisierte horizontale Prozesse bilden zum Beispiel eine geeignete Basis für die Einführung von Informationssystemen (Swanton 2003). Darüber hinaus werden Insellösungen vermieden und die Flexibilität des Unternehmens zum Beispiel in Bezug auf den Austausch von Mitarbeitern erhöht.

3.1.2.2 Integration

Die Integration als Gestaltungsstrategie verfolgt das Ziel, zwei Systeme (i. S. der allgemeinen Systemtheorie) durch Schnittstellen miteinander zu verknüpfen (Kromer 2001, Mertens 1997). Für die Gestaltung der PPS bedeutet das die gezielte Zusammenführung von Prozessabläufen in ein gesamtheitliches Konzept. Als Betrachtungsobjekte für eine Integrationsstrategie sind Prozesse, Informationssysteme, Funktionen und Daten für die Gestaltung der PPS relevant.

Veränderungen in der Organisationsstruktur, beispielsweise durch Zukauf von Unternehmen, führen zu einer verteilten Auftragsabwicklung. Zur Erhaltung der Wettbewerbsfähigkeit ist es notwendig, die verteilten Auftragsabwicklungsstrukturen flexibel und markt- bzw. kundenorientiert zu gestalten.

Auf der Ebene der Prozesse bedeutet Integration zum Beispiel die Eingliederung zusätzlicher Prozessschritte in den Prozessablauf, die vorher durch externe Organisationseinheiten durchgeführt wurden. Hier steht die Definition der notwendigen Schnittstellen zwischen den Organisationseinheiten und der Übergabepunkte für In- und Output der Prozessschritte im Vordergrund. Die Integration setzt sich dann auch auf den Ebenen der Funktionen, Systeme und Daten fort. Zusätzliche Funktionen der PPS müssen im PPS-System abgebildet werden oder über Schnittstellen angebunden werden. Auf der Ebene der Systeme bedeutet Integration die Zusammenführung mehrerer PPS-Systeme, auch als Migration bezeichnet. Ebenso können Daten integriert werden, indem beispielsweise gleiche Stammdaten in mehreren Organisationseinheiten verwendet werden.

3.1.2.3 *Optimierung*

Die Optimierung als Gestaltungsstrategie strebt eine Verbesserung der Erfüllung organisatorischer und informationstechnischer Anforderungen der PPS an. Eine Optimierungsstrategie kann sich dabei auf eine einzelne Organisationseinheit (lokale Optimierung) oder übergreifend auf mehrere Organisationseinheiten (globale Optimierung) beziehen. Ähnlich einer Integrationsstrategie bezieht sich die Optimierung auf unterschiedliche Betrachtungsobjekte. Hier stehen Prozesse, Daten und Informationssysteme im Vordergrund.

Eine Verbesserung der Erfüllung organisatorischer und informationstechnischer Anforderungen lässt sich an verschiedenen Kennzahlen ablesen. Für das Betrachtungsobjekt Prozess ist eine häufig verwendete Kennzahl die Prozessdurchlaufzeit. Eine Optimierung der Prozessdurchlaufzeit ist dabei sowohl für eine einzelne Organisationseinheit (lokal) als auch übergreifend für mehrere Organisationseinheiten möglich. Für das Betrachtungsobjekt Informationssystem ist beispielsweise das Antwortzeitverhalten eine messbare Kennzahl, die auf Optimierungspotenzial hinweisen kann. Im Bereich der Daten spielt die Konsistenz und Aktualität der Daten eine wichtige Rolle. Insbesondere die Prozesse im Rahmen der Produktionsplanung sind hier auf eine sehr gute Datenbasis angewiesen.

Für Optimierungsstrategien kann neben den genannten Beispielen eine Vielzahl weiterer Verbesserungsmöglichkeiten für die Gestaltung der PPS relevant sein, die jedoch an dieser Stelle nicht weiter vertieft werden.

3.1.2.4 *Dezentralisierung*

Bei einer Dezentralisierungsstrategie steht die Erhöhung der Unabhängigkeit zwischen zwei Systemen (i. S. der allgemeinen Systemtheorie) im Vordergrund. Für die PPS bedeutet das, dass Prozessabläufe in den Organisationseinheiten dezentral gestaltet und insbesondere Planungsentscheidungen schneller getroffen werden können. Das Ziel ist die Schaffung unabhängiger Organisationseinheiten, um so entsprechend schnell auf Veränderungen der Kunden- bzw. Marktanforderungen reagieren zu können.

Dezentrale Organisationsformen finden sich häufig auf der Fertigungsebene. Sie sind gekennzeichnet durch kurze Entscheidungswege, geringen Koordinationsaufwand und hohe Flexibilität innerhalb der dezentralen Bereiche.

Die Dezentralisierung schafft für einzelne Organisationseinheiten dabei eine höhere Flexibilität, vor allem in Bezug auf die Durchführung der Produktionssteuerung. Aus der gesamtunternehmerischen Sicht kann die dezentrale Führung von Organisationseinheiten in Konflikt zu anderen Zielen stehen. Für übergeordnete organisatorische Instanzen kann sich im Gegensatz dazu der Koordinationsaufwand für die Produktionsplanung erhöhen. Hier stellt sich dann die Frage, wie die dezentralen Einheiten mit Hilfe einer geeigneten IT-Infrastruktur abgebildet werden können.

3.1.2.5 *Zentralisierung*

Im Gegensatz zur Dezentralisierung zielt die Zentralisierung als Gestaltungsstrategie auf die Zusammenführung von Systemen (i. S. der allgemeinen Systemtheorie) und damit insbesondere auf die Reduktion des Koordinationsaufwandes ab (Wildemann 2000). In verteilten Unternehmensstrukturen werden die logistischen Verknüpfungen durch komplexe und Organisationseinheiten übergreifende Prozesse deutlich. Für die PPS führt dies zu einem erhöhten Abstimmungsbedarf, um die Erreichung der gesetzten logistischen und betriebswirtschaftlichen Ziele zu verbessern (Frese 2000).

Aus einer übergeordneten Sicht, beispielsweise der Netzwerksicht, kann eine zentrale Koordination von Planungs- und Steuerungsprozessen, zumindest auf einer groben Planungsebene, sinnvoll oder sogar erforderlich sein. Ziel einer Zentralisierung von Teilaufgaben der PPS ist die Sicherstellung der inhaltlichen und zeitlichen Abstimmung von PPS-Prozessen zwischen den einzelnen Organisationseinheiten eines Netzwerkes. Die Gestaltung zentraler PPS-Prozesse und PPS-Prozesselemente fokussiert dabei das Erreichen globaler Ziele aus Sicht der gesamten Wertschöpfungskette anstelle einzelner suboptimaler Ziele aus Sicht der Organisationseinheiten.

Die dargestellten Gestaltungsstrategien *Standardisierung*, *Integration*, *Optimierung*, *Dezentralisierung* und *Zentralisierung* zeigen generelle Zielrichtungen bei der Gestaltung der PPS auf. Die Ausprägung eines Zielsystems muss im Rahmen eines PPS-Projektes entsprechend der Rahmenbedingungen konkretisiert werden. In der Regel werden in der unternehmerischen Praxis gleichzeitig Zielelemente mehrerer Strategien umgesetzt. Die Vorgehensweise zur Erreichung der Ziele gemäß der definierten Gestaltungsstrategie, wie eingangs des Abschnitts 3.1 bereits beschrieben, stellt der Gestaltungsprozess dar. Ein Gestaltungsprozess kann je nach Betrachtungsbereich unterschiedlich ausgeprägt sein. Wesentliche Elemente des Gestaltungsprozesses sind die einzelnen Prozessschritte bzw. Gestaltungsaufgaben.

3.1.3 Gestaltungsaufgaben

Durch die Auswahl einer geeigneten Gestaltungsstrategie werden, wie im vorangegangenen Abschnitt dargestellt, die Rahmenbedingungen für den Gestaltungsprozess festgelegt. Je nach Zielsetzung erfolgt nun die Ausprägung der Vorgehensweise zur Erreichung der Ziele. Dazu müssen Gestaltungsaufgaben definiert werden. In Abbildung 3.1-1 sind beispielhaft die Gestaltungsaufgaben Reorganisation, Systemauswahl und Systemeinführung dargestellt, die auf die am FIR entwickelte Vorgehensweise zur prozessorientierten Auswahl und Einführung von Standard ERP-/PPS-Systemen referenzieren. Das in den Abschnitten 3.2 und 3.3 beschriebene 3**Phasen**Konzept liefert an dieser Stelle beispielhaft eine Detaillierung des Gestaltungsprozesses und verdeutlicht die Möglichkeit der Unterstützung verschiedenster Gestaltungsstrategien und deren Einfluss auf die einzelnen Gestaltungsaufgabenfelder.

Für den Gestaltungsprozess des 3**Phasen**Konzeptes wurde die Reorganisation als erste Gestaltungsaufgabe festgelegt. Dabei unterteilt sich die Reorganisation in die Unteraufgaben *Prozess- und Strukturanalyse* (Aufnahme des Ist-Zustands) sowie *Prozess- und Strukturreorganisation* (Definition von zukünftigen Soll-Prozess- und Organisationsstrukturen). Die Durchführung beider Aufgaben ist notwendig, um systematisch alle relevanten Unternehmensanforderungen an die Leistungs- und Funktionsmerkmale eines geeigneten Standard ERP-/PPS-Systems zu erfassen. Dabei zeigt die Prozess- und Strukturanalyse organisatorische und informationstechnische Schwachstellen der PPS auf, die im Widerspruch zu den Zielen gemäß der festgelegten Gestaltungsstrategie stehen.

Die organisatorische Gestaltung der PPS durch die Prozess- und Strukturreorganisation ist in den einzelnen Aufgabenfeldern (vgl. Abb. 3.1-1) in Abhängigkeit der gewählten Gestaltungsstrategie unterschiedlich. Im Fall einer Standardisierungsstrategie müssen gleichartige Prozesse in unterschiedlichen Organisationseinheiten miteinander verglichen und ein gemeinsamer Prozessablauf festgelegt werden. Die Implementierung eines ERP-/PPS-Systems kann so einfacher erfolgen, da die vorzunehmenden Einstellungen von Parametern, das so genannte Customizing des Systems, in allen betroffenen Organisationseinheiten für die Prozessablaufsteuerung gleich erfolgen kann.

Wird dagegen eine Zentralisierungsstrategie verfolgt, muss die Definition von Soll-Prozess- und -Organisationsstrukturen unter anderen Gesichtspunkten erfolgen. Es muss nun vor allem bestimmt werden, welche Prozessschritte im Rahmen der PPS durch eine Organisationseinheit zentral ausgeführt werden und wie die Schnittstellen und Übergabepunkte zwischen den einzelnen Prozesselementen der Organisationseinheiten zu gestalten sind. Hieraus leiten sich andere Anforderungen an die informationstechnische Unterstützung ab, als bei der zuvor beschriebenen Standardisierungsstrategie.

Das Beispiel zeigt, dass die Gestaltungsaufgaben und insbesondere die einzelnen Aufgabenfelder entsprechend der Gestaltungsstrategie, d. h. in Abhängigkeit der festgelegten Ziele, variieren. Die Ausprägung der Gestaltungsaufgaben und damit auch des gesamten Gestaltungsprozesses hängt aber auch vom gewählten Betrachtungsbereich ab. Bleibt man bei dem zuvor verwendeten Beispiel, der Reorganisation, dann stellt sich hier die Frage, auf welchen Unternehmensbereich sich diese beziehen soll. Eine Reorganisation lässt sich auf der Ebene einer Abteilung, eines Standortes oder der gesamten Unternehmung durchführen. In Abhängigkeit der betrachteten Ebene verändern sich die Aufgaben.

Auf der untersten Ebene, der Abteilung, betrachtet man bei der Reorganisation sämtliche, der Abteilung zugeordneten Prozesse sowie deren Schnittstellen zu anderen Abteilungen. Dabei gilt es vorrangig, den Prozessablauf innerhalb der Abteilung zu optimieren und durch entsprechende IT-Funktionen zu unterstützen. Betrachtet man hingegen die gesamte Unternehmung, sind weitere Aufgaben durchzuführen. Dazu zählt zum Beispiel die Analyse rechtlicher Abhängigkeiten zwischen den Organisationseinheiten, die für die Anforderungen an Konsolidierungsfunktionen relevant sind. Der Betrachtungsbereich beeinflusst also ebenso wie die Gestaltungsstrategien die Ausprägung des Gestaltungsprozesses bis auf die Ebene der einzelnen Gestaltungsaufgabenfelder.

Der einführende Abschnitt 3.1 hat die Grundprinzipien aufgezeigt, wie die Gestaltung der PPS ausgehend von einer Gestaltungsstrategie durch unterschiedliche Gestaltungsaufgaben und -aufgabenfelder in einem zusammenhängendem Gestaltungsprozess umgesetzt werden kann. Der Fokus lag hier zunächst auf der Darstellung der Zusammenhänge zwischen den einzelnen Elementen der Gestaltung. Eine detaillierte Beschreibung ausgewählter Gestaltungsansätze findet sich in den nachfolgenden Abschnitten in diesem Kapitel. Neben den bereits oben erwähnten Abschnitten 3.2 und 3.3 zu den Themen Reorganisation der PPS sowie Auswahl und Einführung von ERP-/PPS-Systemen wird im Abschnitt 3.4 die Harmonisierung von PPS-Prozessen und -Systemen als weiterer Gestaltungsansatz erläutert. Als weitere Themenfelder werden die Koordination interner Produktionsnetzwerke (Abschn. 3.5), das Controlling in Lieferketten (Abschn. 3.6), die PPS in temporären Produktionsnetzwerken (vgl. Abschn. 3.7) sowie Best Practices des Supply Chain Managements konkretisiert.

3.1.4 Literatur

Frese E (2000) Grundlagen der Organisation, 8. Aufl. Gabler Verlag, Wiesbaden
Kromer G (2001) Integration der Informationsverarbeitung in Merger & Acquisitions. Köln
Kurbel K (2003) Produktionsplanung und -steuerung: methodische Grundlagen von PPS-Systemen und Erweiterungen, 5. durchgesehene und aktualisierte Aufl. Oldenbourg, München Wien
Mertens P (1997) Integrierte Informationsverarbeitung. In: Mertens P et al. (Hrsg) Lexikon der Wirtschaftsinformatik, 3. Aufl. Berlin
Swanton B (2003) Justifying ERP Instance Consolidation Requires a Strategic Business Goal. AMR Research Report 2003
Wildemann H (2000) Supply Chain Management – Leitfaden für ein unternehmensübergreifendes Wertschöpfungsmanagement. TCW-Verlag, München

3.2 Reorganisation der PPS

von Carsten Schmidt und Robert Roesgen

3.2.1 Überblick

Seit Anfang der 80er Jahre vollzieht sich in vielen Industrien ein Wandel vom angebots- zum nachfragedominierten Markt (Schönsleben 2004). Die Kunden erwarten eine zunehmende Qualität und Individualität von Produkten bei steigendem Kostendruck und sich verkürzenden Lieferzeiten. Um diesen Rahmenbedingungen und den daraus resultierenden Herausforderungen in geeigneter Weise zu begegnen, reichen die häufig reaktiven Verbesserungsbestrebungen produzierender Unternehmen nicht mehr aus. Vielmehr müssen die unternehmensinternen sowie -übergreifenden Prozesse und Strukturen einem ganzheitlichen Gestaltungsansatz folgend, kontinuierlich reorganisiert werden (Nyhuis et al. 2005; Grolik et al. 2001; Hammer u. Champy 1996, Nippa u. Picot 1996).

In diesem Zusammenhang sollen unter einer „Reorganisation" sowohl organisatorische Anpassungen als auch „umfassende Veränderungen der Organisationsstruktur" (Gabele 1992) verstanden werden. Im Rahmen der Reorganisation kommt der Philosophie des Lean Thinking eine besondere Bedeutung zu, da diese eine konsequente Ausrichtung sämtlicher Unternehmensaktivitäten auf den Kundennutzen anstrebt. Die Idee des Lean Thinking geht dabei auf das Toyota Produktionssystem zurück (Shingo 1992, Ohno 1998). Grundgedanke des Toyota Produktionssystems ist die konsequente Identifikation und Eliminierung nicht wertschöpfender Aktivitäten im Leistungserstellungsprozess. Dieser Denkansatz wird in der Theorie des Lean Thinking verallgemeinert und die Anwendung auf alle Unternehmensbereiche vorgeschlagen (Womack u. Jones 2003, Wiegand u. Franck 2004).

Als oberste Ziele liegen dem Lean Thinking die Humanisierung der Arbeit, die Erhöhung der Kundenzufriedenheit sowie die konsequente Vermeidung von Verschwendung zu Grunde. Während die beiden Erstgenannten im Wesentlichen als übergeordnete Ziele zu betrachten sind, stellt die Eliminierung von Verschwendung eine Zusammenfassung der grundlegenden Prinzipien des Lean Thinking dar.

Kerngedanke des Lean Thinking ist die konsequente Ausrichtung aller Unternehmensaktivitäten auf die Wertschöpfung für den Endkunden. Der

Wert einer Leistung kann daher nur aus der Sicht des Endkunden definiert werden. Auf dieser Basis lassen sich wertschöpfende Aktivitäten (wie z. B. Montageschritte) von nicht wertschöpfenden Aktivitäten unterscheiden. Nicht wertschöpfende Aufgaben können notwendig (z. B. in Form von Transportvorgängen) oder aber auch vollständig überflüssig sein (z. B. Nacharbeit fehlerhafter Bauteile) (Ohno 1998). Für die Verschwendung ist der japanische Begriff „muda" weit verbreitet, der sieben unterschiedliche Arten der Verschwendung zusammenfasst (vgl. Abb. 3.2-1).

Die 7 Arten der Verschwendung
▪ Verschwendung durch Überproduktion
▪ Verschwendung durch Warte- und Liegezeiten
▪ Verschwendung durch unnötigen Transport
▪ Verschwendung durch unnötige Lager- und Pufferbestände
▪ Verschwendung durch einen nicht sachgerechten Arbeitsprozess
▪ Verschwendung durch unnötige Bewegung
▪ Verschwendung durch Fehler bzw. Fehlerbehebung

Abb. 3.2-1 Arten der Verschwendung nach Ohno 1998

Zur systematischen Eliminierung der Verschwendung lassen sich fünf Prinzipien des Lean Thinking ableiten (Womack u. Jones 1996, vgl. Abb. 3.2-2). In einem ersten Schritt ist der Wert eines Produktes aus Endkundensicht einheitlich zu definieren. Im zweiten Schritt ist der Wertstrom zu identifizieren. Nicht wertschöpfende Aktivitäten sind dabei konsequent zu vermeiden. Als bekannteste Folge aus diesem Denkansatz vermeidet Toyota die Fertigstellung von Produkten, bevor ein konkreter Kundenbedarf besteht. Hieraus resultieren zwei weitere Prinzipien des Lean Thinking. Zum einen sind Unterbrechungen des Wertstroms weitestgehend zu vermeiden. Das heißt, dass Produkte die einzelnen Wertschöpfungsstufen möglichst ohne Los- und Bestandsbildung „im Fluss" durchlaufen. Zum anderen wird ein Produktionsauftrag nach dem Pull-Prinzip nur durch einen Kundenauftrag ausgelöst. Hierzu sind die Kundenbedarfszyklen und die Wiederbeschaffungszeiten im Idealfall synchronisiert. In der betrieblichen Praxis ist dies natürlich auf Grund produkt- und prozessbezogener Rahmenbedingungen sowie der Dynamik des Unternehmensumfeldes nie durchgängig möglich. Diesem Aspekt trägt das Prinzip der kontinuierlichen Verbesserung Rechnung. Hierbei wird der „verschwendungsfreie" Ablauf als Idealziel erklärt. Durch eine kontinuierliche Überprüfung und Verbesserung soll dann eine schrittweise Annäherung an das Idealziel erfolgen.

> **Die Prinzipien des Lean Thinking**
>
> - **Value**: Wert einheitlich aus Sicht des Kunden definieren
> - **Value Stream**: Den inter-organisationalen Wertstrom identifizieren
> - **Flow**: Wertschöpfende Prozesse zum Fluss bringen
> - **Pull**: Wert vom Endkunden durch das System ziehen lassen
> - **Perfection**: Perfektion durch kontinuierliche Verbesserung anstreben

Abb. 3.2-2 Die Prinzipien des Lean Thinking nach Womack u. Jones 1996

Die erste Lean-Welle vor ca. 10 Jahren konzentrierte sich schwerpunktmäßig auf die Eliminierung von nicht wertschöpfenden Aktivitäten im direkten Produktionsbereich. Entsprechende Methoden und Instrumente fanden beispielsweise Anwendung, um die Produktqualität zu erhöhen, um die Produktionsfaktoren zu flexibilisieren oder um die Produktionssteuerung z. B. mit Hilfe des bekannten Kanban-Verfahrens zu optimieren. Sowohl in der Forschung als auch in der betrieblichen Praxis sind diese Verfahren soweit entwickelt, dass sie mehr oder weniger problemlos eingesetzt werden können.

In einer zweiten Entwicklungsstufe wurden dann die Prinzipien des Lean Thinking auf die indirekten Bereiche ausgeweitet (Wiegand u. Franck 2004). Entsprechende Ansätze zielen vor allem auf die produktionsnahen Geschäftsprozesse sowie auf die Reorganisation des Innovationsmanagements ab. Bei einem Blick in die Betriebspraxis kann man jedoch feststellen, dass diese Entwicklungsstufe im Vergleich zum Produktionsbereich bisher einen deutlich geringeren Durchdringungsgrad aufweist. Dennoch existieren auch hierfür mittlerweile Konzepte und Modelle.

Die Lean Supply Chain als dritte Entwicklungsstufe ist bis heute nicht erreicht. Bisherige Ansätze fokussieren die Ausweitung der Prinzipien des Lean Thinking auf die vor- und nachgelagerten Partner in der Supply Chain. Die Optimierung der überbetrieblichen Koordination der Wertschöpfung in der Supply sowie ein effizientes Informationsmanagement stehen hierbei bisher nicht im Vordergrund. „Lean" bedeutet dabei vielmehr als nur „schlank"; es steht für eine effiziente Organisation, in der Werte ohne Verschwendung geschaffen werden.

Auf dem Weg zu einer Lean Supply Chain kommt hinsichtlich der Durchführung der organisatorischen Umgestaltung der PPS eine besondere Bedeutung zu, da diese in engem Zusammenhang mit den meisten Aktivitäten steht, die im Unternehmen durchgeführt werden. So unterstützt die PPS die gesamte technische und kaufmännische Auftragsabwicklung von der Angebotsbearbeitung über die Produktion bis zum Versand der Produkte und dem Erstellen der Rechnungen. Die PPS übernimmt dabei einerseits die Aufgabe der mengen-, termin- und kapazitätsbezogenen Planung und Steuerung der Produkterstellung. Andererseits muss die PPS auch sämtliche hierzu erforderlichen auftragsneutralen und auftragsspezifischen Daten verwalten und den Mitarbeitern zeitgerecht bereitstellen. Es besteht daher eine enge logische Verknüpfung zwischen den operativen Aufgaben der Auftragsabwicklung und den planenden, steuernden und verwaltenden Aktivitäten der PPS.

Zur Unterstützung der Mitarbeiter bei den im Rahmen der PPS wahrzunehmenden Aufgaben sind nicht nur in Großunternehmen, sondern auch in kleinen und mittleren Unternehmen DV-gestützte Systeme zur Produktionsplanung und -steuerung weit verbreitet. Mittlerweile haben viele ERP-/PPS-Systeme einen sehr großen Funktionsumfang erreicht, mit dem sich nahezu sämtliche Auftragsabwicklungsvorgänge in einem integrierten System abbilden lassen (Lassen et al. 2005; vgl. Abschn. 2.5).

In der heutigen Situation stellt sich für zahlreiche Unternehmen nicht nur das Problem, auf die veränderten Randbedingungen (Werte- und Strukturwandel der Gesellschaft, Globalisierung etc.) und die damit verbundenen Schwachstellen der Produktionsplanung und -steuerung zu reagieren (vgl. Abb. 3.2-3). Darüber hinaus unterliegen ERP-/PPS-Systeme in der Regel einem Lebenszyklus von ca. 10 bis 15 Jahren (Lassen et al. 2005). Daher stehen viele Unternehmen vor der Entscheidung, das derzeit eingesetzte ERP-/PPS-System entweder umfassend (und damit zeit- und kostenintensiv) anzupassen oder durch ein neues, innovativeres System abzulösen. Wie die Erfahrungen des FIR aus der Praxis zeigen, erwarten die Unternehmen häufig, allein durch die Anschaffung eines neuen ERP-/PPS-Systems auf die gestellten Herausforderungen reagieren zu können. An den bestehenden Abläufen und Strukturen des Unternehmens sollen dabei i. d. R. keine Veränderungen vorgenommen werden. Es soll lediglich die evtl. veraltete Technologie bzw. die eingeschränkte Funktionalität des Systems ersetzt bzw. erweitert werden, um so die mit der Zeit gewachsenen Probleme zu lösen.

Da häufig in den Unternehmen die vorherige grundlegende Reorganisation der PPS nicht in ausreichendem Maße angegangen wird, bleiben viele PPS-Projekte hinter den in sie gesteckten Erwartungen und Investitionen zurück. Nicht wenige dieser Projekte drohen sogar fehlzuschlagen, denn nur durch die Einführung eines neuen ERP-/PPS-Systems bei gleichzeitigem Festhalten an den bestehenden Strukturen kann eine grundlegende Verbesserung nur in den seltensten Fällen erreicht werden.

308 3 Gestaltung der Produktionsplanung und -steuerung

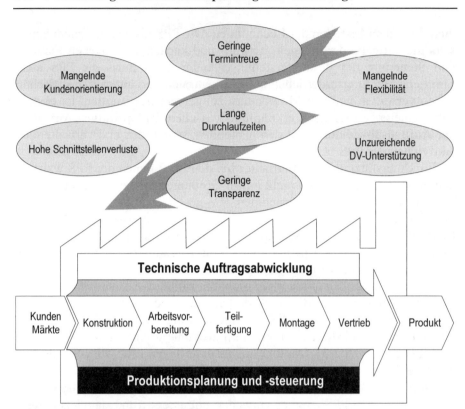

Abb. 3.2-3 Schwachstellen der PPS

Aus diesen Erfahrungen resultiert die Forderung, bestehende Abläufe der PPS bzw. der Auftragsabwicklung sowie existierende Organisationsstrukturen zunächst kritisch zu hinterfragen und diese anschließend ggf. grundlegend zu verbessern, bevor eine Systemauswahl und -einführung vorgenommen wird (vgl. Abschn. 3.3). Grundsätzlich muss die (organisatorische) Reorganisation der PPS jedoch nicht zwangsläufig mit der Auswahl und Einführung eines neuen ERP-/PPS-Systems verknüpft sein (Nicolai 1995, Lassen et al. 2005). Vielmehr stellt die Reorganisation einen kontinuierlichen, iterativen Prozess dar, um den Unternehmenswert ständig zu steigern, indem Prozesse und Abläufe ständig verbessert werden.

In der Praxis zeigt sich, dass in den Unternehmen oftmals keine systematische Vorgehensweise zur Reorganisation verfolgt wird und dass gerade in kleinen und mittleren Unternehmen zahlreiche erfolglose Anläufe zur Auswahl eines ERP-/PPS-Systems und damit verbunden zur Verbesserung der Auftragsabwicklung unternommen werden. Auf Grund des Umfangs und der Komplexität der dabei anfallenden Aufgaben lassen sich solche Innovationen jedoch in der Regel nicht neben dem Tagesgeschäft umsetzen. Insbesondere kleine und mittlere Unternehmen sind in Reorganisationsprojekten häufig mit dem Fehlen der erforderlichen personellen Kapazität sowie einem Mangel an eigener fachlicher Kompetenz konfrontiert.

Im Folgenden wird eine in der Praxis bewährte Vorgehensweise zur integrierten organisatorischen Umgestaltung der Auftragsabwicklung und der PPS vorgestellt. Die Reorganisation der Auftragsabwicklung kann isoliert von Unternehmen angegangen werden, bildet aber ebenso im Rahmen des 3**Phasen**Konzepts des FIR, als Phase 1: Organisationsanalyse, die Basis für eine erfolgreiche Auswahl von ERP-/PPS-Systemen. Der Philosophie des FIR folgend, sollte kein IT-System ausgewählt werden, wenn nicht die zu unterstützenden Prozesse vorab analysiert und verbessert wurden. Ansonsten laufen Unternehmen Gefahr, bestehende organisatorische Schwachstellen mit einem neuen IT-System zu manifestieren. Die vorgestellte Vorgehensweise zur Reorganisation der PPS kann wiederum in drei Teilphasen gegliedert werden (vgl. Abb. 3.2-4).

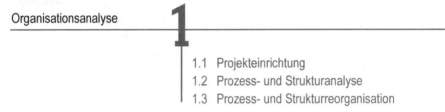

Abb. 3.2-4 Phasen der Organisationsanalyse

Der erste Schritt der Organisationsanalyse besteht in der Einrichtung des gesamten Projektes. Anschließend werden die Reorganisationspotenziale der PPS umfassend analysiert, die hinsichtlich der Prozesse und Strukturen differenziert werden können. Analog zu Abschnitt 2.2 werden Prozessen als inhaltlich miteinander verknüpfte Arbeitsschritte verstanden, die zur Erstellung einer Leistung sukzessive oder parallel durchzuführen sind. Dabei werden die Prozessobjekte als Eingangsgrößen (Input, z. B. Informationen oder materielle Güter) entsprechend einer definierten Vorschrift durch die Prozesssubjekte (z. B. Sachmittel oder menschliche Akteure) derart transformiert, dass das gewünschte Prozessergebnis (Output) erreicht wird (Schulte-Zurhausen 2005, Becker u. Kahn 2002).

Bei einer prozessorientierten Sichtweise auf die Auftragsabwicklung rücken insbesondere die Bearbeitungsvorgänge sowie der Fluss von Informationen und Sachgütern bei der Abwicklung von Aufträgen ins Zentrum der Betrachtung (Picot und Franck 1996).

Daraus lässt sich ableiten, dass bei der Analyse von Prozessen u. a. die folgenden Punkte betrachtet werden sollten:

- Informationsflüsse,
- Belegflüsse,
- Materialflüsse,
- Durchlaufzeiten und
- Schnittstellen zu benachbarten Prozessen.

Wird in diesem Kapitel von „Strukturen" der PPS gesprochen, ist damit nicht nur die Aufbauorganisation (Nordsieck 1934) angesprochen. Vielmehr soll mit diesem Begriff ein umfassenderes Gebiet für die Analyse und spätere Optimierung erschlossen werden. Nach dem Verständnis dieses Kapitels zählen hierzu neben der Aufbauorganisation auch die Auftragsabwicklungsprozesse, Produkt- und Variantenstruktur, Nummernsysteme sowie Dispositionsparameter.

Auf der Grundlage der Analyse wird nachfolgend in der Prozess- und Strukturreorganisation die Optimierung in Form eines Soll-Konzepts vorgenommen. Dabei kann einerseits ein „revolutionärer Ansatz" (Neukonzeption) bzw. andererseits ein „evolutionärer Ansatz" (schrittweise Verbesserung) verfolgt werden. Je nach Größe des angestrebten Verbesserungspotenzials werden hierzu entweder die Prozesse und Strukturen der PPS vollständig neu konzipiert oder eine gezielte Verbesserung einzelner Problempunkte (Prozesssegmente) vorgenommen.

Falls eine Reorganisation der PPS als Basis für eine ERP-/PPS-Systemauswahl erfolgt, sind darüber hinaus im Rahmen der Soll-Konzeption Anforderungen zu definieren, die in der nachfolgenden Auswahlphase eine unternehmensspezifische Bewertung der Eignung der auf dem Markt angebotenen Standard-ERP-/PPS-Systeme ermöglichen (vgl. Abschn. 3.3).

3.2.2 Zielsetzung der PPS-Reorganisation

Mit der Durchführung eines Reorganisationsprojektes wird in der Regel die Zielsetzung verfolgt, das Unternehmen durch die Optimierung der organisatorischen Prozesse sowie der unterstützenden Systemtechnik besser auf die Markt- bzw. Kundenanforderungen auszurichten. Die Reorganisation der Unternehmensprozesse dient der Operationalisierung und Umsetzung der Unternehmensstrategie. Die dabei angestrebte Steigerung der Ablauf- und Kostentransparenz der Auftragsabwicklung soll eine höhere Planungs- und Steuerungsqualität ermöglichen. Die Optimierung der Abläufe hat darüber hinaus eine Reduzierung von organisatorischen Schnittstellen, die Verluste in Form von Abstimmungsaufwand und Liegezeiten verursachen, sowie eine Konzentration auf wertschöpfende Aktivitäten zum Ziel (Eversheim 1996). Durch die Prozess- und Strukturoptimierung wird weiterhin typischerweise logistische Zielgrößen fokussiert, die durch ihre gegenseitige Abhängigkeit zu einem gewissen Zielkonflikt führen können, z. B. eine

- Verkürzung der gesamten Auftragsdurchlaufzeiten,
- Verringerung der Kosten der betrieblichen Leistungserstellung,
- Verbesserung der Planungsgenauigkeit,
- Erhöhung der Liefertermintreue,
- Verbesserung der Kapazitätsauslastungen,
- Bestandsreduzierung,
- Erhöhung der Materialverfügbarkeit etc.

Ein generisches Zielsystem beinhaltet immer gewisse Konflikte der interdependenten Zielgrößen, deren Priorisierung jedoch durch die Unternehmensstrategie vorgegeben werden sollte. Das Zielsystem ist somit eine zentrale Verbindung der Unternehmensstrategie mit den umzusetzenden Prozessen der Auftragsabwicklung.

Bei der Reorganisation der PPS sollte weiterhin das Ziel verfolgt werden, mittels einer Gesamtbetrachtung der Auftragsabwicklung eine höhere Transparenz zu schaffen, die eine Optimierung einzelner organisatorischer Bereiche auch unter Berücksichtigung der Aufgaben und Anforderungen anderer Bereiche ermöglicht. Auf Grund der Kenntnis des bereichsübergreifenden Zusammenhangs können in die Verbesserung der bereichsspezifischen Zustände weitere, sonst möglicherweise vernachlässigte Faktoren einbezogen werden.

3.2.3 Projekteinrichtung

Für die erfolgreiche Abwicklung eines Reorganisationsprojektes ist die Einhaltung einiger wesentlicher Erfolgsfaktoren maßgeblich. Es sind gleichermaßen organisatorische, technische und personelle Rahmenbedingungen zu berücksichtigen (vgl. Abb. 3.2-5).

Die Einrichtung des Projekts bildet den Grundstein für alle folgenden Aktivitäten von der Reorganisation über die Auswahl bis zum erfolgreichen Einsatz eines zukünftigen ERP-/PPS-Systems. Daher muss schon in diesem ersten Arbeitsblock mit der erforderlichen Sorgfalt vorgegangen werden. Die Arbeitsschritte der Projekteinrichtung zeigt Abb. 3.2-6.

Der Projektcharakter der Abwicklung einer PPS-Reorganisation erfordert die Bildung eines Projektteams, in das Mitarbeiter aus allen betroffenen Unternehmensbereichen eingebunden sind. Dies bedeutet für die Zusammensetzung des aufzustellenden Projektteams, dass neben den für die Auswahl und Einführung eines ERP-/PPS-Systems wichtigen IT-

3 Gestaltung der Produktionsplanung und -steuerung

Spezialisten eines Unternehmens vor allem auch die späteren Nutzer aus den operativen Bereichen zu integrieren sind.

Innerhalb des gebildeten Projektteams sind klare, möglichst quantifizierbare Zielvorgaben für das Reorganisationsprojekt festzulegen. Für die gemeinsame Projektarbeit ist wichtig, dass in diesem Team ein Konsens über die angestrebten Ziele gefunden wird.

Für die operative Durchführung der PPS-Reorganisation ist weiterhin ein klar definierter Zeitrahmen zu erstellen, anhand dessen die Zielerreichung nachgehalten werden kann. Bei Erreichen von Projektmeilensteinen und am Projektende sind jeweils die avisierten bzw. erreichten Ziele zu überprüfen. Die Zieldefinition, aber auch die weitere Arbeit des Projektteams während der Einführungsphase, bedürfen einer kontinuierlichen Unterstützung durch die Unternehmensleitung, um gefällte Entscheidungen abzusichern und eventuelle unternehmensinterne Widerstände zu überwinden (vgl. Abb. 3.2-7).

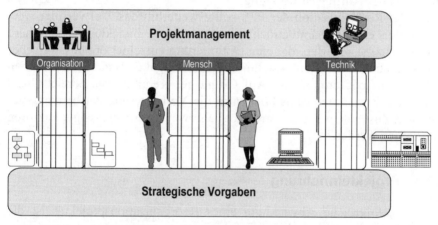

Abb. 3.2-5 Erfolgsfaktoren bei Reorganisationsprojekten

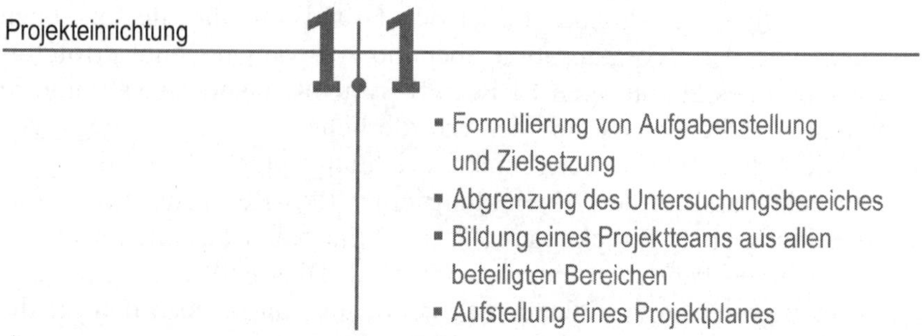

Projekteinrichtung **1.1**

- Formulierung von Aufgabenstellung und Zielsetzung
- Abgrenzung des Untersuchungsbereiches
- Bildung eines Projektteams aus allen beteiligten Bereichen
- Aufstellung eines Projektplanes

Abb. 3.2-6 Arbeitsschritte der Projekteinrichtung

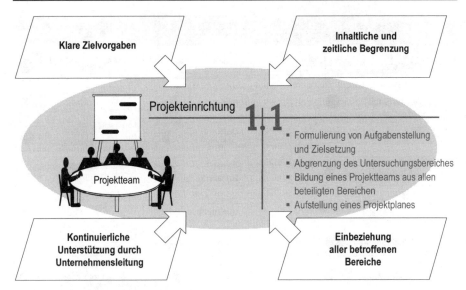

Abb. 3.2-7 Erfolgsfaktoren von PPS-Reorganisationsprojekten

Zu Projektbeginn müssen die Aufgabenstellung und die Zielsetzung des Projektes genau definiert werden. Die Zieldefinition bezüglich der im Reorganisationsprojekt angestrebten Optimierung kann in Form eines mehrstufigen, hierarchischen Zielsystems erfolgen. Durch die Aufstellung eines Zielsystems und die anschließende qualitative Gewichtung der Projektziele können die Untersuchungsschwerpunkte der weiteren Projektabwicklung zunächst grob abgeleitet und in Abhängigkeit der Unternehmensstrategie priorisiert werden (vgl. Abb. 3.2-8).

Die Gewichtung sollte die Konzentration auf die wesentlichen Verbesserungspunkte ermöglichen, damit die konzeptionellen Ansätze ausreichend konkretisiert werden können. In einem weiteren Schritt sollten die individuell angestrebten Ziele auf der Basis des erstellten Zielsystems quantifiziert werden. Durch einen - soweit möglich - quantifizierten Vergleich der Ist-Situation mit dem angestrebten Soll (z. B. Ist-Durchlaufzeit = 10 Wochen, Soll-Durchlaufzeit = 6 Wochen) können bestehende Potenziale transparent dargelegt werden. Während die Verbesserung der Auskunftsbereitschaft gegenüber einem Kunden nicht monetär zu erfassen ist, kann die Auswirkung einer Reduzierung von Beständen quantifiziert werden und ermöglicht damit die spätere Aussage über den Erfolg eines Projektes. Für die abschließende Festlegung des Projekterfolgs sind jedoch neben solchen quantitativen Bewertungen auch nicht direkt messbare Größen wie Kunden- und Mitarbeiterzufriedenheit zu berücksichtigen.

314   3 Gestaltung der Produktionsplanung und -steuerung

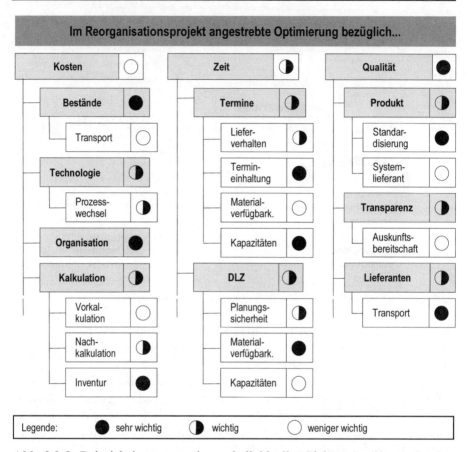

Abb. 3.2-8   Beispiel eines unternehmensindividuellen Zielsystems (Auszug)

Im Rahmen von Projekten zur Reorganisation der PPS müssen zumeist sehr umfangreiche, nahezu alle Bereiche eines Unternehmens tangierende Entscheidungen getroffen werden. Um die Transparenz des Projektes zu erhöhen und damit letztlich das Entscheidungsrisiko zu verringern, empfiehlt es sich, den während der Projekteinrichtung abgegrenzten Untersuchungsbereich weiter zu strukturieren. Dabei kann als methodisches Hilfsmittel das im Aachener PPS-Modell definierte Aufgabenmodell herangezogen werden (vgl. Abschn. 2.2). Im Rahmen der Projekteinrichtung können die zunächst unternehmensneutral dargestellten Aufgaben produktgruppenspezifisch einer ausführenden Stelle zugeordnet werden. Dadurch wird deutlich, aus welchen Abteilungen Vertreter in das Projekt zu entsenden sind.

In der Praxis sind häufig die Zielsetzungen und der Untersuchungsbereich des Projektes der Unternehmensleitung bekannt, jedoch nicht explizit

3.2 Reorganisation der PPS

dokumentiert. Für eine erfolgreiche Projektdurchführung spielt in diesem Zusammenhang eine offene Informationspolitik im Unternehmen eine bedeutsame Rolle. Die Informationsflüsse müssen sowohl horizontal als auch vertikal optimiert werden, um einerseits die für die Projektdurchführung erforderlichen Informationen bereitstellen zu können und andererseits durch eine rechtzeitige und umfassende Information der Mitarbeiter die Akzeptanz von Veränderungen zu fördern. Alle betroffenen Abteilungen und auch der Betriebsrat sollten frühzeitig über Ziele und Vorgehensweise des PPS-Reorganisationsprojektes informiert und in einen offenen Meinungsaustausch einbezogen werden.

Die Aufstellung eines Projektteams ist sehr vom Umfang und Inhalt des Reorganisationsprojektes abhängig. Grundsätzlich gilt es, das Projektteam nicht größer als notwendig zu wählen, um so ein effizientes Arbeiten und dennoch eine breite Akzeptanz im Unternehmen für die Ergebnisse zu gewährleisten. Bei kleinen und mittleren Unternehmen kann es durchaus vorteilhaft sein, wenn die Unternehmensleitung direkt im Projektteam vertreten ist und die Aufgaben der Projektleitung übernimmt. Weitere Randbedingungen, die Zusammensetzung und Größe des Projektteams beeinflussen, sind neben der Unternehmensgröße:

- die Unternehmensstrategie, die u. a. die Eigenverantwortung und fachliche Weisungsbefugnis der Mitarbeiter definiert,
- die Unternehmensstruktur, aus der sich z. B. Abteilungs- oder Prozesszugehörigkeiten ableiten lassen,
- die Mitarbeiterqualifikation, die sich in den persönlichen Anforderungen und der fachlichen Kompetenz ausdrückt und
- die zeitliche Mitarbeiterverfügbarkeit, der bezüglich der Dauer und der Durchsetzbarkeit eines Projektes eine elementare Rolle zukommt.

In Abschnitt 3.3 wird anhand des konkreten Projektbeispiels einer ERP-/ PPS-Systemauswahl der Aufbau eines exemplarischen Projektteams vorgestellt und detailliert. Bei der Aufstellung des Ablauf- und Zeitplans für das Projekt sollten gebräuchliche Hilfsmittel für das Projektmanagement eingesetzt werden. Der Projektplan sollte alle zu diesem Zeitpunkt bereits bekannten Arbeitsschritte mit einer groben Terminierung enthalten. Für die Bestimmung des unternehmensspezifischen Aufwands des Reorganisationsprojekts bietet es sich an, unter Berücksichtigung einer strukturierten Vorgehensweise externen Sachverstand heranzuziehen.

3.2.4 Prozess- und Strukturanalyse

Nachdem die organisatorischen Voraussetzungen für das Reorganisationsprojekt geschaffen worden sind, schließt sich die Analyse der relevanten Prozesse und Strukturen an. Das vorrangige Ziel besteht hierbei in der Analyse und Bewertung von Schwachstellen bzw. deren Ursachen und insbesondere in der Identifikation von Verbesserungspotenzialen. Im Folgenden werden die einzelnen Arbeitsschritte der Analysephase näher erläutert (vgl. Abb. 3.2-9).

Prozess- und Strukturanalyse **1.2**

- Analyse der Auftragsabwicklungsstruktur
- Erhebung des Datengerüstes und Analyse der Datenqualität
- Untersuchung von Ablauforganisation und Informationsflüssen
- Analyse der Planungs- und Steuerungsverfahren
- Ermittlung und Bewertung von Schwachstellen

Abb. 3.2-9 Ablauf der Prozess- und Strukturanalyse

Auf der Basis der Abgrenzung des Untersuchungsbereichs des Projekts erweist es sich als zweckmäßig, zunächst eine Strukturierung der anschließend zu analysierenden Prozesse vorzunehmen. Diese Bildung von unternehmensspezifisch zu unterscheidenden Auftragsarten (z. B. Entwicklungs-, Produktions- oder Ersatzteilaufträge etc.), kann bezüglich der hergestellten Produkte bzw. Produktgruppen, hinsichtlich der Merkmale der Auftragsabwicklung sowie bezüglich der eingebundenen Abteilungen erfolgen. Für die Untersuchung der Merkmale der Auftragsabwicklung eignet sich z. B. das morphologische Merkmalsschema, das eine Beschreibung anhand der Ausprägungen von zwölf Kriterien ermöglicht (vgl. Abschn. 2.4.2).

Als Basis für eine weiterführende detaillierte Betrachtung der für das Projekt relevanten Kernprozesse der PPS sind im Folgenden unter Berücksichtigung der unternehmensspezifischen Auftragstypen zunächst die groben Abläufe zu identifizieren (vgl. Abb. 3.2-10).

3.2 Reorganisation der PPS

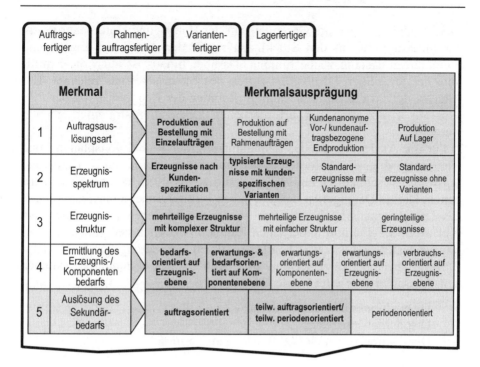

Abb. 3.2-10 Strukturierung gemäß der Auftragsabwicklung (exemplarischer Auszug)

Als Grundlage hierzu kann das im Aachener PPS-Modell enthaltene Prozessreferenzmodell (vgl. Abschn. 2.4) eingesetzt werden. Es beinhaltet die jeweils für die Unternehmenstypen *Auftragsfertiger*, *Rahmenauftragsfertiger*, *Variantenfertiger* sowie *Lagerfertiger* charakteristische Prozesse der PPS. Im Rahmen eines PPS-Reorganisationsprojektes können diese typisierten Prozesse als Orientierungshilfe und Diskussionsgrundlage für die Konzeption unternehmensspezifischer Abläufe herangezogen bzw. mit geringem Aufwand durch eine unternehmensspezifische Anpassung und Ergänzung zu einem Modell der individuellen Abläufe der Auftragsabwicklung weiterentwickelt werden.

Die graphische Dokumentation dieses Schrittes trägt zur verbesserten Transparenz der aufgenommenen Abläufe erheblich bei. Die Dokumentation der Ergebnisse der Ist-Analyse in dieser Form ermöglicht eine Kommunikation bezüglich der Projektergebnisse und bildet die Basis für die spätere Erarbeitung eines Soll-Konzepts der PPS.

Für die Konzeption optimierter dispositiver Abläufe im Rahmen der Produktionsplanung und -steuerung ist oftmals eine Analyse der Produktstruktur(en) erforderlich. Beispielsweise sind für ausgewählte Produkte bzw. Produktgruppen die Gesamtanzahl der Haupt- und Unterbaugruppen, der Strukturstufen in den Stücklisten sowie der Anteil der Eigen- und Fremdfertigungsteile zu bestimmen. Darüber hinaus ist auch die Ermittlung der jeweiligen Dispositionsstufen des Materialbedarfs relevant. Die Analyse der Produktstruktur kann im Rahmen der Reorganisation der PPS u. a. zur Konzeption der erforderlichen Dispositionsstrategien genutzt werden.

Für die Auslegung der DV-Unterstützung der Produktionsplanung und -steuerung, d. h. die Anforderungsdefinition der erforderlichen Hard- und Software, ist schließlich ein grobes quantitatives PPS-Datengerüst zu erarbeiten. Dieses Datengerüst umfasst neben Informationen über Stammdaten des Unternehmens auch Angaben zu den vorhandenen Bewegungsdaten (vgl. Abb. 3.2-11) und bildet einen Rahmen bezüglich der Menge an auftragsneutralen und -spezifischen Daten, deren Verwaltung durch ein ERP-/PPS-System unterstützt werden soll. Anhand des Datengerüsts können u. a. Aussagen abgeleitet werden über:

- Dispositionsstufen des Materials,
- Dispositionsprozesse,
- Dispositionsparameter (z. B. Mengen, Termine).

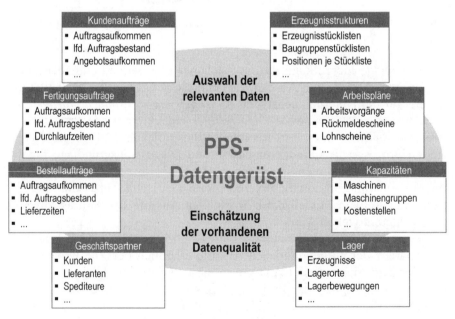

Abb. 3.2-11 Exemplarisches Datengerüst PPS-relevanter Daten

Häufig bietet die Durchführung eines PPS-Reorganisationsprojektes auch den geeigneten Ansatzpunkt, eine Bereinigung der im ERP-/PPS-System gehaltenen Daten vorzunehmen. Die Notwendigkeit einer Datenbereinigung resultiert aus fehlerhaften, zu umfangreichen oder unvollständigen Datensätzen. Zur Abschätzung des notwendigen Aufwands für eine Datenbereinigung ist daher die im Unternehmen vorhandene Datenqualität zu analysieren und zu bewerten.

Im Anschluss an die Abgrenzung des Untersuchungsbereichs sind die im Rahmen des Reorganisationsprojekts zu betrachtenden Auftragsarten hinsichtlich der spezifischen organisatorischen Abläufe und Strukturen sowie der Informationsflüsse näher zu analysieren.

Damit der Gesamtzusammenhang der organisatorischen Auftragsabwicklungsprozesse berücksichtigt werden kann, sind zunächst die bestehenden Prozessketten umfassend zu analysieren. In einem zweiten Durchlauf können relevante Teilprozesse (z. B. die Abläufe der Produktionsfeinplanung) detaillierter betrachtet werden. Hierfür stehen unterschiedliche methodische Hilfsmittel zur Verfügung. Für die Darstellung der Gesamtzusammenhänge der Auftragsabwicklung hat sich die Abbildung der Prozesse auf einem vergleichsweise groben Level in sog. Prozesslandkarten etabliert (vgl. Abb. 3.2-12). Dabei werden sämtliche inner- und überbetrieblichen Prozesse mit einem Flussdiagramm dargestellt. Unterschiedliche Unternehmenseinheiten/Abteilungen werden mit verschiedenen Farben hinterlegt, so dass die Schnittstellen im Auftragsabwicklungsprozess sofort offensichtlich werden.

Die Darstellung in Prozesslandkarten ermöglicht eine effiziente Arbeitsweise, weil nicht sämtliche Prozesse auf dem feinsten Detaillierungsniveau modelliert werden müssen. Es müssen somit nur wichtige Kernprozesse mit einem erheblichen Optimierungspotenzial in einem weiteren Schritt einer ausführlichen Dokumentation und Analyse unterzogen werden. Dafür werden die entsprechenden (Teil-) Prozesse in eine detaillierte Darstellungsform überführt (vgl. als exemplarische Darstellungsform Abb. 3.2-13).

In der exemplarisch vorgestellten Darstellungsform werden die Prozesse als Arbeitsschritte abgetragen inkl. der Abteilung, die den jeweiligen Arbeitsschritt durchführt. Die zeitlichen bzw. logischen Verknüpfungen zwischen den einzelnen Aktivitäten werden durch Pfeile symbolisiert. Zu den einzelnen Aktivitäten werden jeweils die erforderlichen Eingangs- sowie die entstehenden Ausgangsinformationen aufgelistet. Des Weiteren können neben Bemerkungen (z. B. Schwachstellen im Prozessablauf) die Durchlaufzeit (DLZ) sowie die DV-Unterstützung aufgenommen werden.

320 3 Gestaltung der Produktionsplanung und -steuerung

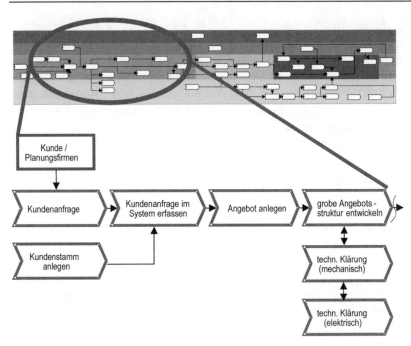

Abb. 3.2-12 Exemplarische Prozesslandkarte (Ausschnitt)

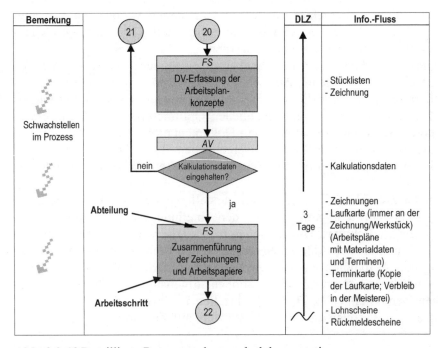

Abb. 3.2-13 Detaillierte Prozessanalyse und -dokumentation

Diese Darstellungsmethode zeichnet sich vor allem durch ihre schnelle Verständlichkeit und einfache Handhabbarkeit für das Projektteam aus. Durch den Einsatz eines derartigen Hilfsmittels bei der Prozess- und Strukturanalyse wird im Projektteam ein gemeinsames Verständnis der bestehenden Abläufe von Auftragsabwicklung und Produktionsplanung- und -steuerung gefördert.

Beide Darstellungsformen können für sämtliche Unternehmensprozesse herangezogen werden. Die detaillierte Prozessanalyse umfasst somit z. B. auch eine Durchlaufzeitenanalyse. Da lange Durchlaufzeiten der Aufträge in den Unternehmen eine häufige Schwachstelle darstellen, ermöglicht die Untersuchung des Zeitbedarfs der direkten und indirekten Prozesse die systematische Aufdeckung von Optimierungspotenzialen. Auf der Basis der erstellten Dokumentation der Ist-Abläufe der Auftragsabwicklung können hierzu Teilbereiche identifiziert werden, in denen eine detailliertere Analyse der Prozesse sowie der Durchlaufzeit notwendig erscheint. Neben der Gesamtdurchlaufzeit der einzelnen Prozesse sind hierzu auch die jeweiligen Anteile der Bearbeitungs- und insbesondere der Liegezeiten vor und nach der jeweiligen Bearbeitung zu bestimmen.

Neben den auftragsbezogenen Prozessen existiert eine Vielzahl von Prozessen, die nicht an den Durchlauf eines einzelnen Auftrags gebunden sind. Hierzu zählen Planungs- und Steuerungsaufgaben (z. B. Absatzplanung, Produktionsprogrammplanung, Controlling), die durch entsprechende Verfahren und Methoden zu unterstützen sind. Durch die Analyse der in diesem Zusammenhang eingesetzten Planungs- und Steuerungsverfahren sowie der damit verbundenen Planungsparameter (z. B. Planungshorizont, Planungsperiode, Planungsgenauigkeit) sind Rückschlüsse auf die Qualität der Planung und Steuerung in Verbindung mit den zur Verfügung stehenden Daten und den eventuell einzusetzenden Hilfsmitteln zu ziehen.

Begleitend zur Prozess- und Strukturanalyse sind die im Projektteam ermittelten organisatorischen und DV-technischen Schwachstellen des Ist-Zustands zu dokumentieren. Diese Dokumentation ist während der gesamten Analysephase fortzuschreiben. Durch das Projektteam sind die relevanten Abteilungen dazu anzuhalten, eine Liste der für ihren Bereich relevanten Probleme der PPS zu erstellen. Diese aufgenommenen Schwachstellen sind zu Problemschwerpunkten zu gruppieren, die für die Bewertung der Optimierungspotenziale herangezogen werden können. Die derart gruppierten Schwachstellen sind vom Projektteam nach ihrer Relevanz für das Unternehmen bzw. für das Reorganisationsprojekt zu priorisieren.

Nach dem Abschluss der hier beschriebenen Schritte der Analysephase ist das Projektteam in der Lage, die Realisierbarkeit der dokumentierten Zielsetzungen sowie die im Rahmen des Projektes erreichbaren Verbesserungspotenziale einzuschätzen. Aus dieser Bewertung der vorhandenen

Optimierungspotenziale kann im weiteren Projektverlauf für die Phase der Soll-Konzeption eine Priorisierung der umzusetzenden Maßnahmen abgeleitet werden.

3.2.5 Prozess- und Strukturreorganisation

Die Prozess- und Strukturreorganisation bietet Unternehmen die Möglichkeit, ihre betrieblichen Abläufe mit der gewählten Unternehmensstrategie zu harmonisieren. Neben den strategischen Vorgaben sowie dem daraus abgeleiteten Zielsystem basiert der Arbeitsschritt der Prozess- und Strukturreorganisation auf den Ergebnissen der vorangegangenen Analysephase. Die während der Analysephase identifizierten Problemschwerpunkte und Schwachstellen sind möglichst durch entsprechende Veränderung der Abläufe bzw. Organisationsstrukturen zu beseitigen. Bei der Gestaltung der Organisationsstrukturen ist zunächst eine Optimierung der abteilungsübergreifenden Prozesse anzustreben, bevor die Verbesserung abteilungsinterner Prozesse konzipiert wird. Dabei wird hier unter der „Optimierung" im pragmatischen Sinne eine „Verbesserung" verstanden. Durch die Optimierungsmaßnahmen im Rahmen eines Soll-Konzeptes für die Organisation der PPS werden insbesondere mittel- bis langfristige Weichen für eine effiziente Auftragsabwicklung gestellt. Das erarbeitete organisatorische Soll-Konzept stellt zudem eine fundamentale Grundlage für die evtl. anschließende ERP-/PPS-Systemauswahl dar. Bei der Gestaltung des Soll-Konzepts ist darauf zu achten, dass zunächst nur die grundlegenden organisatorischen Zusammenhänge und Abläufe zu definieren sind. Zu ausgeprägte Detailkonzepte grenzen möglicherweise bei einer nachfolgenden ERP-/PPS-Systemauswahl die Nutzung von Standardfunktionalitäten eines Systems zu sehr ein. Die weiterführende Detaillierung des Soll-Konzepts wird zweckmäßig erst nach der endgültigen Auswahl eines ERP-/PPS-Systems vorgenommen bzw. im Rahmen von Teilprojekten behandelt.

Zum Abschluss der Reorganisationsphase sind Maßnahmen für die Implementierung des unternehmensspezifischen Soll-Konzepts im Unternehmen zu entwickeln. Die einzelnen Arbeitsschritte der Prozess- und Strukturreorganisation sind in Abb. 3.2-14 zusammengefasst.

Ein grundsätzlicher und zentraler Denkansatz von Reorganisationsprojekten ist das kritische Hinterfragen sämtlicher bestehender organisatorischer Abläufe und Strukturen im Unternehmen. Ziel ist es, das Aufwand-Nutzen-Verhältnis zu optimieren, d. h. den Mitteleinsatz bei gleichem Ergebnis zu verringern bzw. das Ergebnis bei gleich bleibendem Mitteleinsatz zu erhöhen.

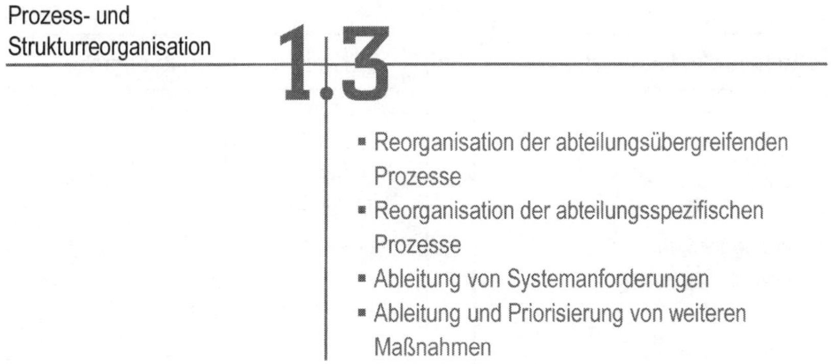

3.2 Reorganisation der PPS

Prozess- und Strukturreorganisation — **1.3**

- Reorganisation der abteilungsübergreifenden Prozesse
- Reorganisation der abteilungsspezifischen Prozesse
- Ableitung von Systemanforderungen
- Ableitung und Priorisierung von weiteren Maßnahmen

Abb. 3.2-14 Ablauf der Prozess- und Strukturoptimierung

Auf Basis der in der Organisationsanalyse dokumentierten Prozesse werden sowohl auf Ebene der Prozesslandkarte als auch auf Ebene der Detailprozesse erste Optimierungspotenziale ersichtlich. So werden bspw. Prozessschleifen, Doppelarbeiten, Wiederholungshäufigkeiten sichtbar. Diese können dann ggf. eliminiert, zusammengehörige Prozesselemente integriert oder häufig auftretende Prozesse standardisiert werden.

Hinsichtlich der individuellen inhaltlichen Gestaltung des Soll-Konzepts können jedoch keine allgemeingültigen Aussagen getroffen werden, da hierfür stets unternehmensspezifische Zielsetzungen, Schwachstellen und Randbedingungen ausschlaggebend sind. Auf Basis der vorhandenen Projekterfahrung können hier jedoch wesentliche Gestaltungsgrößen aufgezeigt werden, deren Ausprägungen bei der Reorganisation unternehmensspezifisch festzulegen sind. Diese „Gestaltungsparameter" beziehen sich sowohl auf die Organisation der PPS als auch auf die DV-Unterstützung der PPS und können jeweils entweder einem direkten oder einem erweiterten Gestaltungsfeld der Reorganisation zugeordnet werden.

Während das direkte Gestaltungsfeld alle unmittelbar mit der ERP-/PPS-System-Einführung verbundenen Parameter beinhaltet, umfasst das indirekte Gestaltungsfeld die aus dem Reorganisationsprojekt heraus angestoßenen organisatorischen/technischen Festlegungen von unternehmensweiter bzw. überbetrieblicher Relevanz (vgl. Abb. 3.2-15). Im Folgenden wird zunächst auf die jeweilige Bedeutung der aufgezeigten Parameter des direkten Gestaltungsfelds im Rahmen der Reorganisation eingegangen.

Bei der Einführung von Standard-ERP-/PPS-Systemen ist zunächst unternehmensspezifisch festzulegen, in welchem Ausmaß die von den Mitarbeitern auszuführenden dispositiven Prozesse durch DV-Funktionalitäten unterstützt werden können und sollen (z. B. automatische Bestellauslösung bei Lieferanten).

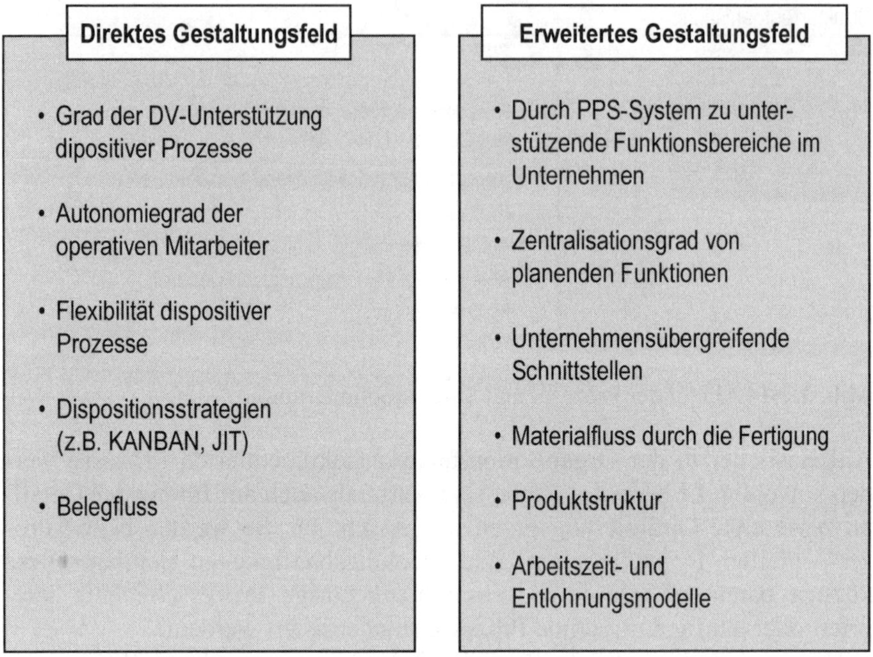

3 Gestaltung der Produktionsplanung und -steuerung

Direktes Gestaltungsfeld

- Grad der DV-Unterstützung dipositiver Prozesse
- Autonomiegrad der operativen Mitarbeiter
- Flexibilität dispositiver Prozesse
- Dispositionsstrategien (z.B. KANBAN, JIT)
- Belegfluss

Erweitertes Gestaltungsfeld

- Durch PPS-System zu unterstützende Funktionsbereiche im Unternehmen
- Zentralisationsgrad von planenden Funktionen
- Unternehmensübergreifende Schnittstellen
- Materialfluss durch die Fertigung
- Produktstruktur
- Arbeitszeit- und Entlohnungsmodelle

Abb. 3.2-15 Gestaltungsparameter der PPS-Reorganisation

Darüber hinaus ist jeweils der operative Entscheidungsspielraum der mit dem ERP-/PPS-System arbeitenden Personen zu definieren (d. h. Vergabe von Zugriffsrechten für Funktionen und Daten). Um einerseits die Berücksichtigung von Kundenanforderungen zu ermöglichen, andererseits aber auch den durch Termin- oder Mengenänderungen verursachten Koordinationsaufwand in vertretbaren Grenzen zu halten, ist die notwendige Flexibilität der Prozesse festzulegen. Dies muss unter Berücksichtigung der organisatorischen Merkmale der Auftragsabwicklung (Lagerfertigung bzw. kundenspezifische Fertigung) erfolgen und kann durch unterschiedliche organisatorische Maßnahmen, z. B. die Einrichtung flexibler Arbeitszeitmodelle, realisiert werden. Darüber hinaus ist die Auswahl von geeigneten Dispositions- und Produktionsablaufstrategien wie beispielsweise KANBAN oder JUST-IN-TIME ein wichtiges Gestaltungselement der Reorganisation, das sich sowohl auf organisatorische Aspekte als auch auf die zugehörige DV-Unterstützung bezieht. Nicht zuletzt ist auch der Belegfluss (z. B. der Fertigungspapiere) ein wichtiger Optimierungsgegenstand im Rahmen der Reorganisation. Hierbei ist u. a. festzulegen, inwieweit auf Papierunterlagen verzichtet werden kann und in welcher Form Buchungen erfolgen sollen (z. B. mittels Barcode).

Das erweiterte Gestaltungsfeld der Prozess- und Strukturreorganisation beinhaltet ggf. die Festlegung derjenigen Funktionsbereiche im Unternehmen, die durch das einzuführende ERP-/PPS-System zu unterstützen sind. Der in den letzten Jahren stark gewachsene Funktionsumfang von Standard-ERP-/PPS-Systemen ermöglicht heute auch die DV-technische Integration von Vertriebs- oder Engineering-Bereichen. Darüber hinaus ist festzulegen, inwieweit planende und steuernde Funktionen im Unternehmen zentral oder dezentral wahrgenommen werden.

Der organisatorischen und DV-technischen Festlegung der Schnittstellen zu Zulieferern und Kunden kommt im Rahmen des erweiterten PPS-Gestaltungsfelds eine zentrale Rolle zu. Hierbei sind dispositive Aspekte, z. B. Bestell- und Abrufrichtlinien sowie technische/betriebswirtschaftliche Aspekte, wie mögliche Fremdvergaben (Make-or-buy) zu klären.

Gestaltungsparameter mit überwiegend technischem Charakter sind der Materialfluss in der Fertigung, z. B. die Anordnung und Auslegung von Puffern oder Lägern sowie die Produktstruktur (z. B. Variantengestaltung), die u. a. Einfluss auf die Dispositionsstufen des Materials hat. Für die angestrebte Steigerung der Flexibilität der Fertigung sind auch die im Unternehmen eingesetzten Formen der Arbeitszeit- und Entlohnungsmodelle von Bedeutung.

Die unternehmensspezifische Festlegung der Gestaltungsparameter hinsichtlich der Organisation und der DV-Unterstützung bildet die Basis für die detailliertere Konzeption des Soll-Zustands der Produktionsplanung und -steuerung. Teilweise lassen jedoch personelle Randbedingungen eine Veränderung der Abläufe sowohl im Hinblick auf den zu leistenden Aufwand als auch auf die geistige „Reorganisationsfähigkeit" nur bedingt zu.

Neben der Entwicklung von abteilungsübergreifenden und -spezifischen Organisationskonzepten anhand der priorisierten Schwachstellen und der aufgezeigten Potenziale ist die Bestimmung von Anforderungen an die DV-Unterstützung der PPS ein weiterer wesentlicher Punkt der Prozess- und Strukturoptimierung (vgl. Abb. 3.2-16). Dabei sind funktionale und systemtechnische Anforderungen zu unterscheiden. Eine funktionale Anforderung an ein ERP-/PPS-System ist z. B. die Fähigkeit der Mehrstandortplanung, während der Einsatz einer speziellen Hardwarelösung eine systemtechnische Anforderung darstellt.

Zur Einschätzung des sinnvoll Realisierbaren bei der Prozess- und Strukturoptimierung ist bei Reorganisationsprojekten die Berücksichtigung von Informationen über die Leistungsmerkmale von marktüblichen Standard-DV-Systemen notwendig. Falls das erforderliche Know-how im Unternehmen nicht vorhanden ist, sollte zur Anforderungsanalyse externer und neutraler Sachverstand hinzugezogen werden. Vielfach kann dadurch

3 Gestaltung der Produktionsplanung und -steuerung

zusätzlich im Projektteam eine Überbetonung der Anforderungen einzelner Abteilungen oder Funktionsbereiche vermieden werden.

Nach der Ausarbeitung eines für das Unternehmen geeigneten, organisatorischen Soll-Konzeptes für Auftragsabwicklung und PPS durch das Projektteam sind entsprechende Optimierungsansätze für die praktische Implementierung abzuleiten (vgl. Abb. 3.2-16).

Diese Ansätze zur praktischen Umsetzung der im Rahmen der Prozess- und Strukturoptimierung erarbeiteten Maßnahmen können sich sowohl auf die Organisation als auch auf die IT beziehen, wobei i. d. R. auf die IT bezogene Maßnahmen stets auch organisatorische Konsequenzen haben.

Unter Berücksichtigung des von der Komplexität abhängigen Umsetzungsaufwands können die Maßnahmen zu diesem Zeitpunkt durch eine Gewichtung priorisiert werden. Dazu sind ebenfalls die mit den Maßnahmen verbundenen Potenziale qualitativ zu bestimmen und zu bewerten sowie Fristigkeiten hinsichtlich einer Maßnahmenumsetzung zu berücksichtigen. Von großem Interesse ist in vielen Fällen die Quantifizierung der Maßnahmenpotenziale, da sich hierdurch eine Möglichkeit der kostenmäßigen Beurteilung der Optimierungskonzepte ergibt.

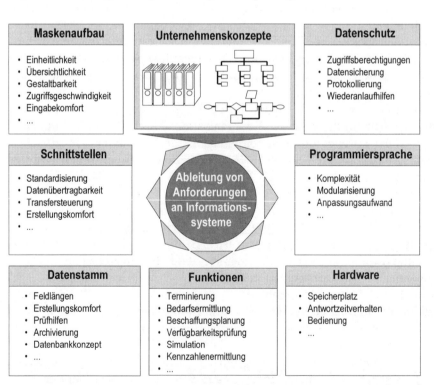

Abb. 3.2-16 Ableitung von DV-Anforderungen bei der Reorganisation der PPS

Die anschließende praktische Implementierung der konzipierten Optimierungsansätze erfolgt in Abhängigkeit davon, ob im Rahmen der Reorganisation der PPS die Einführung eines neuen ERP-/PPS-Systems geplant ist. Falls eine ERP-/PPS-System-Einführung beabsichtigt ist, erfolgt die Umsetzung des Soll-Konzepts sinnvoll integriert mit der Implementierung (vgl. Abschn. 3.3).

Andernfalls sind die Optimierungsansätze entsprechend den zeitlichen und sachlogischen Restriktionen, die zu einer zwingenden Reihenfolge der Maßnahmenschritte führen, umzusetzen. Im Anschluss an diese Umsetzungsphase ist abschließend der Projekterfolg durch den Vergleich der zu Beginn aufgestellten Ziele mit den tatsächlich realisierten Zielen zu bewerten. Gegebenenfalls sind die umgesetzten Optimierungsansätze zu modifizieren bzw. Prozesse zur kontinuierlichen Verbesserung zu initiieren.

lfd. Nr.	Optimierungs-ansatz	Bezug	Klass.	Priorität	Ziele					
					DLZ	Termin	Bestand	Qualität	Transparenz	Flexibilität
1	Einführung von Kanban für den Bereich Standardprodukte	Schwachstelle X	Organisation	3	●	◐	◐	—	—	◐
2	PPS-Systemgerechte Konzeption der Arbeitsplan- und Stücklistennummern	Schwachstelle Y	DV	1	—	◐	◐	—	●	—

Legende: Bezug = Bezug zu Schwachstelle mit lfd. Nr.
Klass. = Differenzierung in organisatorische oder Informationstechnische Maßnahmen
Priorität = Festlegung der Umsetzungsdringlichkeit
◐ = Ziel wird stark beeinflusst
● = Ziel wird mittelbar beeinflusst
— = irrelevant für Zielerreichung

Abb. 3.2-17 Gewichteter Maßnahmenkatalog unter Berücksichtigung des Zielsystems (exemplarisch)

Zusammenfassend bleibt festzuhalten, dass die ganzheitliche Reorganisation der Produktionsplanung und -steuerung ein komplexes Projekt darstellt und eine integrierte Betrachtung der Abläufe innerhalb der Auftragsabwicklung sowie deren DV-technischer Unterstützung erfordert. Für ein erfolgreiches Reorganisationsprojekt ist eine systematische und praxiserprobte Vorgehensweise unerlässlich. Die zuvor beschriebene Vorgehensweise ist zusammen mit den bewährten Methoden und Werkzeugen im 3**Phasen**Konzept hinterlegt. Darin bildet die Reorganisation der PPS die geeignete Vorbereitung zur weiteren Bewertung und Auswahl von Standard-ERP-/PPS-Systemen (vgl. Abschn. 3.3).

3.2.6 Literatur

Becker J, Kahn D (2002) Der Prozess im Fokus. In: Becker J, Kugeler M, Rosemann M (Hrsg) Prozessmanagement – Ein Leitfaden zur prozessorientierten Organisationsgestaltung, 3. Aufl. Springer, Berlin Heidelberg

Eversheim W (1996) Organisation in der Produktionstechnik, Band 1. VDI, Düsseldorf

Glaser H (1991) PPS - Produktionsplanung und -steuerung. Grundlagen - Konzepte –Anwendungen. Gabler, Wiesbaden

Grolik S, Stockheim T, Wendt O, Albayrak S, Fricke S (2001) Dispositive Supply-Web-Koordination durch Multiagentensysteme. Wirtschaftsinformatik 43(2001)2:143-155

Hammer M, Champy J (1996) Business Reengineering, Die Radikalkur für das Unternehmen, Frankfurt/New York

Lassen S, Roesgen R, Meyer M, Schmidt C (2005) Marktspiegel Business Software – ERP/PPS 2005/2006, 3. überarbeitete Aufl. Aachen

Nicolai H (1995) Bewertung von PPS-Systemen. Dissertation RWTH Aachen, Aachen. Verlag der Augustinus Buchhandlung

Nyhuis P, v Cieminski G, Grabe D, Luczak H, Schiegg P (2005) Typologisierung und Modellierung industrieller Lieferketten. Supply Chain Management (2005)1:15-22

Nordsieck F (1934) Grundlagen der Organisationslehre. Stuttgart

Ohno T (1996) Toyota Production System – Beyond Large Scale Production. Productivity Press, New York

Picot A, Franck E (1996) Prozessorganisation, Eine Bewertung der neuen Ansätze aus Sicht der Organisationslehre. In: Nippa M, Picot A (Hrsg) Prozeßmanagement und Reengineering, Die Praxis im deutschsprachigen Raum. Campus, Frankfurt

Schönsleben P (2004): Integrales Logistikmanagement. Planung und Steuerung der umfassenden Supply Chain, 4. Aufl. Springer, Berlin

Schulte-Zurhausen M (2005) Organisation, 4. Aufl. Vahlen, München

Shingo S (1992) Das Erfolgsgeheimnis der Toyota-Produktion. verlag moderne industrie AG, Konstanz

Wiegand B, Franck P (2004) Lean Administration I, Lean Management Institute, Aachen
Womack J, Jones D (1996) Lean Thinking. Touchstone Books, London
Womack J, Jones D (2003) Seeing the Whole. The Lean Enterprise Institute, Brookline, Massachusetts, USA

3.3 Auswahl und Einführung von ERP-/PPS-Systemen

von Robert Roesgen und Carsten Schmidt

3.3.1 Überblick

Der Markt für betriebliche (Standard-)Anwendungssysteme ist durch eine große Heterogenität und Dynamik gekennzeichnet. Die Vielfalt an Softwarelösungen und -anbietern in Verbindung mit unterschiedlichsten funktionalen Schwerpunkten heutiger Systeme lassen die Investitionsentscheidung, die die Softwareauswahl letztlich darstellt, zu einem anspruchsvollen Vorhaben werden.

Die Anschaffung und Einführung einer neuen ERP-/PPS-Software zeichnet sich durch hohe Investitionen und innerbetriebliche (Personal-) Aufwände aus. Gleichzeitig beeinflusst die Softwareinfrastruktur die betrieblichen Abläufe erheblich. Weil die Auswahlentscheidung im Hinblick auf Investitionen, Betriebskosten und nicht zuletzt den Nutzen der ERP-/ PPS-Software einen weit reichenden Charakter hat, verlangt ein Auswahlprojekt nach einer konkreten Definition der Unternehmensanforderungen sowie einer intensiven Auseinandersetzung mit den Leistungs- und Funktionsmerkmalen marktgängiger Softwarelösungen. Darüber hinaus müssen weitere relevante Kriterien, beispielsweise die Technologie, Branchenausrichtung und Systemphilosophie der Softwarelösung sowie die Kompetenzen und die wirtschaftliche Stabilität des Softwareanbieters in die Betrachtungen mit einbezogen werden. Nur auf der Basis einer konkreten und detaillierten Spezifikation der gesuchten Software können im Dialog mit den in Frage kommenden Anbietern die Kosten der Anschaffung, der Einführung und des Betriebs weitestgehend sicher ermittelt werden.

In diesem Abschnitt werden nach der Darstellung der Herausforderungen der Softwareauswahl unterschiedliche grundsätzliche Vorgehensweisen dargestellt. Aufbauend auf der Vorstellung der Phase 1 (Organisationsanalyse) in Abschnitt 3.2 werden die Phasen 2 und 3 des 3**Phasen**-Konzeptes des FIR vorgestellt, das sich bereits in über 250 Auswahlprojekten bewährt hat. Der Abschnitt schließt mit der grundsätzlichen Darstellung der ERP-/PPS-Systemeinführung.

3.3.2 Herausforderungen bei der Softwareauswahl

Ein Unternehmen, welches vor der Auswahl eines ERP-/PPS-Systems steht, sieht sich demnach erfahrungsgemäß mit einer Vielfalt an Herausforderungen konfrontiert (vgl. Abb. 3.3-1).

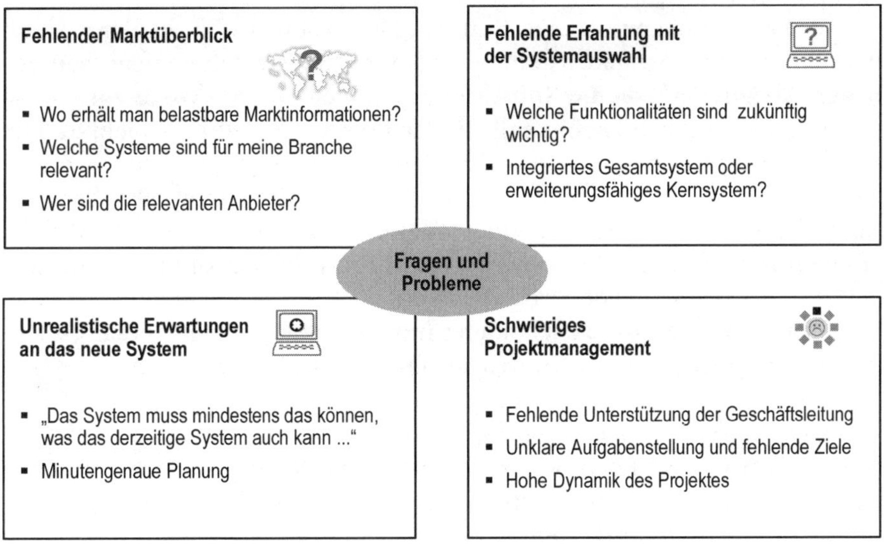

Fehlender Marktüberblick
- Wo erhält man belastbare Marktinformationen?
- Welche Systeme sind für meine Branche relevant?
- Wer sind die relevanten Anbieter?

Fehlende Erfahrung mit der Systemauswahl
- Welche Funktionalitäten sind zukünftig wichtig?
- Integriertes Gesamtsystem oder erweiterungsfähiges Kernsystem?

Fragen und Probleme

Unrealistische Erwartungen an das neue System
- „Das System muss mindestens das können, was das derzeitige System auch kann ..."
- Minutengenaue Planung

Schwieriges Projektmanagement
- Fehlende Unterstützung der Geschäftsleitung
- Unklare Aufgabenstellung und fehlende Ziele
- Hohe Dynamik des Projektes

Abb. 3.3-1 Herausforderungen bei der Softwareauswahl

Auf Grund mangelnder Erfahrung bei der Systemauswahl fehlt den Unternehmen in der Praxis meist eine Vorstellung davon, wie bei der Softwareauswahl zweckmäßig vorzugehen ist und welche Hilfsmittel bei der Entscheidungsvorbereitung eingesetzt werden können. Dies führt – insbesondere in kleinen und mittleren Unternehmen – zu „Bauchentscheidungen" bzw. in größeren Unternehmen zu einem immensen internen Aufwand bei der Vorbereitung wichtiger Investitionsvorhaben. In beiden Fällen ist das Entscheidungsergebnis oft vom Zufall geprägt und birgt erhebliche Risiken für den angestrebten Erfolg der Investition in eine Softwarelösung.

Da die Softwareauswahl – insbesondere in kleinen und mittleren Unternehmen – nicht zum Tagesgeschäft gehört, unterbleibt folglich auf Grund des Aufwands meist die kontinuierliche Beobachtung von technologischen und wirtschaftlichen Trends auf dem Gebiet der Softwarelösungen und -anbieter. Es fehlt somit der Überblick über den Softwaremarkt. Steht eine Softwareauswahl an, sieht sich ein Unternehmen einer unüberschaubaren Vielzahl unterschiedlichster Softwareprodukte und -anbieter gegenüber. So wird ein auswählendes Unternehmen mit über 130 ERP-/PPS-Systemen und weit über 1.000 Systemanbietern konfrontiert (Lassen et al. 2005). Verschärft wird diese Situation durch die Neigung vieler Softwareanbieter, ihrer Kreativität bei der Entwicklung modischer Schlagworte freien Lauf zu lassen. Diese Schlagworte sollen Anwendern eine erste Orientierung bei der Ansprache eines Softwareanbieters bieten, führen in der Praxis aber oft eher zu Verwirrung.

Die Anforderungen an eine Softwarelösung leiten sich zuallererst von der betrieblichen Aufgabenstellung und den daraus resultierenden betrieblichen Abläufen ab, da die Software letztendlich ein Werkzeug zur Unterstützung dieser Abläufe sein soll. In der Praxis mangelt es – nicht zuletzt auf Grund ihrer Komplexität und fehlenden Greifbarkeit – jedoch oft an Übersicht, wie die betrieblichen Abläufe denn nun konkret aussehen, geschweige denn, wie sie sinnvoller Weise aussehen sollten. Vor diesem Hintergrund fällt es häufig schwer, eine Softwarelösung zu finden, die sich später in der betrieblichen Praxis bewährt.

Wie jede Investitionsentscheidung mit Bedeutung für das gesamte Unternehmen, weist die Softwareauswahl den Charakter einer „Buying-Center-Entscheidung" auf. Das heißt, in die Entscheidung sind viele Entscheider (z. B. Geschäftsführung, Bereichsleiter, IT-Leitung, operative Mitarbeiter) eingebunden, die z. T. sehr unterschiedliche Anforderungen haben bzw. unterschiedliche Prioritäten setzen. Hier einen Interessensausgleich zu schaffen setzt voraus, dass Zielsetzung und Randbedingungen definiert, die Vorgehensweise im Rahmen der Softwareauswahl geklärt, alle Anforderungen möglichst objektiv formuliert und priorisiert sowie mit dem Marktangebot abgeglichen werden. Dies alles setzt Erfahrung und Kapazität für eine konsequente Projektsteuerung voraus, an der es in der Praxis oft mangelt.

3.3.2.1 Projektmanagement

Bei der Auswahl und Einführung von ERP-/PPS-Systemen handelt es sich um ein Vorhaben, das in der Gesamtheit der Bedingungen (Zielvorgaben, zeitliche, finanzielle und personelle Bedingungen etc.) einmalig ist. Solche Vorhaben bezeichnet man als Projekte (Stickel 1997; DIN 69901).

Die Gestaltung des Vorgehens für die Planung und Realisierung eines Projektes bezeichnet man als Projektmanagement. Es löst das herkömmliche Planungsvorgehen ab, das infolge der Komplexität, der Vielfalt und des Umfangs der Arbeiten den Anforderungen nicht mehr gerecht werden kann (Aggteleky 1992).

Projektziele

Die eindeutige Formulierung der Aufgabenstellung und die klare Definition der Projektziele sind Grundvoraussetzungen für ein erfolgreiches Projekt. Die Projektziele dienen zu Beginn des Projektes als Wegweiser für die Festlegung des Vorgehens im Projekt und legen den Maßstab für die projektbegleitende und abschließende Beurteilung des Projekts fest.

Projektziele müssen in Bezug auf die systemspezifischen Eigenschaften (Systemziele) und in Bezug auf die Projektdurchführung (Auswahl- und Einführungsziele) definiert werden. Ausgehend von den übergeordneten Unternehmenszielen muss die Unternehmensleitung Unternehmensstrategien entwickeln, die zur Erreichung der Unternehmensziele beitragen. Anhand der Unternehmensziele und der Unternehmensstrategien müssen anschließend die Systemziele und Auswahl- und Einführungsziele abgeleitet werden.

Damit die Projektziele nicht losgelöst im Raum stehen und bei der Projektdurchführung hinreichende Berücksichtigung finden, müssen objektive, beobachtbare Merkmale festgelegt werden. Unter Berücksichtigung der Kostenziele muss daher ein Budget und unter Berücksichtigung der Zeitziele ein Projektplan erstellt werden. Das Budget dient im Projektverlauf als objektives, beobachtbares Merkmal für die Kostenziele der Einführung, während der Projektplan eine objektive Beurteilung des Projektfortschritts ermöglicht.

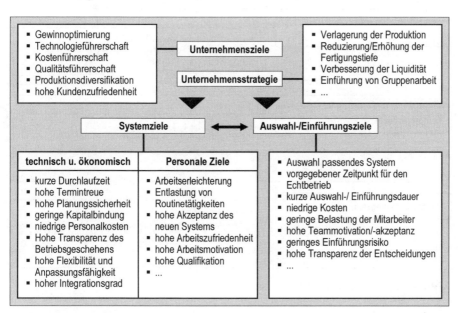

Abb. 3.3-2 Ziele für ein Auswahl- und Einführungsprojekt

Projektorganisation

Durch den interdisziplinären und unternehmensübergreifenden Charakter eines ERP-/PPS-Auswahl- und Einführungsprojektes erfordern die notwendigen Aktivitäten die Zusammenarbeit der Facharbeiter aller Fachbereiche. Für das Projektteam hat sich folgende Struktur in einer Vielzahl von Projekten bewährt: Das so genannte Projektkernteam umfasst Mitarbeiter der primär betroffenen Bereiche und ist dem Lenkungsausschuss, der zumeist aus Mitgliedern der Unternehmensleitung und den Projektleitern besteht, unterstellt. Der Lenkungsausschuss selbst ist für strategische Entscheidungen, Entscheidungen bei alternativen Lösungsmöglichkeiten und für Streitfragen zuständig. Aus dem Kernteam sollte ein Mitarbeiter als Projektleiter benannt sein, der als Koordinator und Ansprechpartner des Lenkungsausschusses zur Verfügung steht.

Zur Klärung von Detailfragen, die die verschiedenen Abteilungen betreffen, sollte das Kernteam außerdem durch ein Ergänzungsteam, dem Vertreter der einzelnen Unternehmensbereiche angehören, temporär erweitert werden können.

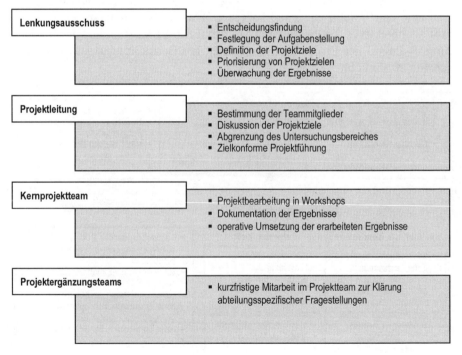

Abb. 3.3-3 Struktur des Projektteams

Bei der Auswahl der unternehmenseigenen Mitarbeiter, die zunächst in das Auswahl-Projektteam einbezogen werden sollen, ist darauf zu achten, dass neben Mitarbeitern aus der DV-Abteilung insbesondere die zukünftigen Systemnutzer beteiligt werden. Es kann darüber hinaus auch sinnvoll sein, aus betriebspsychologischen Gründen weitere Kriterien bei der Auswahl der einzubindenden Mitarbeiter anzulegen. Diese Vorgehensweise stellt eine möglichst breite Akzeptanz des nach Abschluss dieser Phase ausgewählten ERP-/PPS-Systems sicher. Aus dem Projektteam für die Auswahl geht in der Regel auch das Projektteam für die Einführung hervor, ergänzt um weitere Personen.

Aus dem Kernteam sollte ein Mitarbeiter als Projektleiter benannt sein, der als Koordinator und Ansprechpartner des Lenkungsausschusses zur Verfügung steht. Bei vielen kleinen und mittleren Unternehmen ist es von Vorteil, wenn die Unternehmensleitung direkt im Projektteam vertreten ist und die Aufgaben des Projektleiters übernimmt.

Dabei hängt der Erfolg eines Projektes entscheidend von der Qualität der Projektleiter-Besetzung ab. Der Projektleiter muss vor allem von dem Projekt überzeugt und in der Lage sein, die Betroffenen und insbesondere die Anwender von der Qualität der Projektergebnisse zu überzeugen und deren Akzeptanz sicherzustellen.

Der Projektleiter muss daher in starkem Maße über soziale Kompetenzen verfügen, da er die Zusammenarbeit der am Projekt beteiligten Mitarbeiter fördern und auftretende Konflikte beseitigen muss. Seine Aufgabe besteht zusätzlich darin, die Mitarbeiter bei der Ausführung der Projektaktivitäten anzuleiten und sie zu motivieren.

Der Projektleiter benötigt Methodenkompetenz, um den notwendigen Handlungsbedarf und die Ursachen für die auftretenden Probleme zu erkennen. Er muss in der Lage sein, Aufgaben strukturiert anzugehen und komplexe Zusammenhänge zu verstehen.

3.3.2.2 *Strategische Entwicklungstrends bei ERP-/PPS-Systemen und Anbietern*

Ein Trend, der bei dem Softwareangebot in den letzten Jahren zu beobachten war, ist die zunehmende Verdrängung der Individualsoftware durch anpassbare Standardsoftware. Ausschlaggebende Gründe für diese Entwicklung sind, dass Standardsoftware ohne lange Entwicklungszeit schnell verfügbar ist, einen hohen Reifegrad auf Grund der Erfahrungen aus vielen Einzelfällen aufweist und keine hohen Entwicklungskosten verursacht. Zudem besteht die Möglichkeit den spezifischen Anforderungen, die durch die Standardsoftware noch nicht abgedeckt werden, durch Anpassungsprogrammierungen im Standardsystem gerecht zu werden.

Spezifische Anforderungen, die sich durch die Branche, in der das Unternehmen tätig ist, ergeben, werden oftmals schon durch spezielle Branchenlösungen abgedeckt. Hierbei handelt es sich um vorkonfigurierte Systeme mit Branchenspezifika beispielsweise für Maschinenbau, Projektfertiger, Automotive, Fashion etc.

Um ein umfassendes und optional vom Kunden erweiterbares Standardsystem anbieten zu können ergänzen einige Softwareanbieter ihr Produktportfolio durch „fremde" Funktionalitäten über Partnerprodukte. Diese Funktionalitäten können in Form von Modulen über Schnittstellen dem System hinzugefügt werden. Viele Anbieter setzen bei dieser Ergänzung eigener Software durch Partnermodule mittlerweile verstärkt auf Kooperation statt Akquisition.

3.3.2.3 Funktionale Entwicklungstrends bei ERP-/PPS-Systemen

Funktionale Trends ergeben sich einerseits aus den Erwartungen bzw. Anforderungen der potenziellen Nutzer und andererseits durch wirtschaftliche Motive der Anbieter. Auf Seite der potenziellen Nutzer sind die Anforderungen an die Planung und Steuerung eines Unternehmens gestiegen und erfordern somit das Design weiterer ERP-/PPS-Funktionalitäten. Verlangt wird hier u. a. eine Abbildung komplexer Organisationsstrukturen, die sich beispielsweise in Form einer Stammdatenverwaltung bei mehreren Werken, einer Materialwirtschaft in Mehrwerksstrukturen oder auch der Absatzplanung bei international verteiltem Vertrieb zeigen kann.

Des Weiteren führt die rückläufige Bedeutung eines einzelnen Unternehmens gegenüber dem gesamten Produktionsnetzwerk zu einer Verschiebung der Aufgabenschwerpunkte der betrieblichen ERP-/PPS-Systeme (Lassen et al. 2005). Funktionalitäten, die überbetriebliche Aspekte berücksichtigen, sind zukünftig unerlässlich, um uneingeschränkt Teilnehmer eines bestehenden Netzwerkes zu bleiben. Gefordert werden hier Advanced Planning & Scheduling (APS)-Funktionen über mehrere Wertschöpfungsstufen (Partner), mit deren Hilfe u. a. eine Lieferterminermittlung unter Berücksichtigung begrenzter Kapazitäten (Available to Promise) oder auch die Simultanplanung der Produktion in Echtzeit ermöglicht werden. Zudem verfolgen APS-Funktionen die lieferkettenübergreifende Optimierung. Großes Nutzenpotenzial bei der Weiterentwicklung der ERP-/PPS-Systeme steckt somit in Funktionen zur Umsetzung von unternehmensübergreifender Kollaboration.

Mit der Einführung des PLM (Product Lifecycle Management), das die standortunabhängige Produktentwicklung unterstützt, sind bereits erste Schritte in diese Richtung unternommen worden. Während die überbetriebliche Vernetzung des Konstruktionsprozesses vornehmlich bereits bestehende, dauerhafte Kooperationen unterstützt, wird unter dem „Collaborative Manufacturing" die wechselnde Kooperation innerhalb sich dynamisch konfigurierender Wertschöpfungsketten – auch mit Wettbewerbern – verstanden. Nutzenzuwachs wird dann nicht nur durch die Steigerung der Agilität, sondern auch durch den Multiplikatoreffekt aus der Nutzung des eigenen Technologie-Know-Hows in Fremdprojekten und der Streuung des Projektrisikos auf verschiedene Teilnehmer erzielt.

Auf Anbieterseite werden hingegen differenzierte Produktlösungen angeboten, um die Aufwand-Nutzen-Relation zu verbessern. Best-Practice-Lösungen beispielsweise, die auf Grund des branchenspezifisch bewährten Einsatzes eine schnelle, kostengünstige und risikoarme Implementierung versprechen, erleichtern den Einstieg für potenzielle Anwender ebenso, wie das modulweise Angebot einzelner Funktionalitäten.

3.3.3 Grundsätzliche Vorgehensweisen zur Softwareauswahl

Grundsätzlich gehen Unternehmen und auch unterstützende Beratungen je nach Gewichtung der unterschiedlichen Entscheidungsdimensionen sehr individuell vor. Dabei werden verschiedene Methoden und Konzepte zur Unterstützung des Auswahlprozesses herangezogen. Diese unterschiedlichen Ansätze und Vorgehensweisen können grundsätzlich acht verschiedenen Gruppen zugeordnet werden. Dabei ist zu beachten, dass hier „Reinformen" von Auswahlvorgehensweisen vorgestellt werden. Die Konzepte der Berater stellen häufig Mischformen aus in der Regel ca. zwei Vorgehensweisen dar. Im Folgenden werden zunächst die grundsätzlichen Vorgehensweisen erläutert.

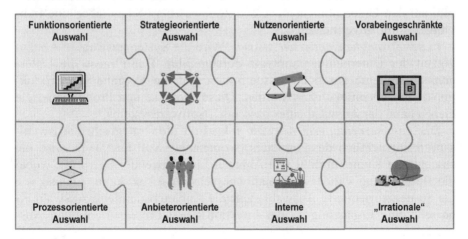

Abb. 3.3-4 Grundsätzliche Vorgehensweisen zur Softwareauswahl

Die *Funktionsorientierte Auswahl* fokussiert die funktionale Erfüllung von Systemen im Vergleich zu den Anforderungen eines Unternehmens. Dabei wird basierend auf Funktions- und Anforderungskatalogen sondiert, welche Systeme funktional für ein Unternehmen in Frage kommen. Durch eine rein funktionale Betrachtung läuft man jedoch Gefahr, dass zum einen strategische Aspekte außer Acht gelassen werden und man bei der Einführung der Software die Unternehmensprozesse sehr aufwändig an die Softwareprozesse anpassen und abändern muss („Structure follows Software").

Die *Prozessorientierte Auswahl* hingegen analysiert und optimiert die Unternehmensprozesse bis zu einem sehr hohen Detaillierungsgrad, um dann ein auf die Prozesse zugeschnittenes Softwarepaket auszuwählen. Die Prozessorientierte Auswahl lässt so zu, dass die wettbewerbsdifferenzierenden Abläufe adäquat beachtet werden. Um die lange Dauer einer vollständigen Prozessreorganisation zu reduzieren, wird häufig auf hinterlegte Standardprozesse zurückgegriffen. Dies ist für bestimmte Prozesse sicherlich hilfreich, allerdings entsprechen die Standardprozesse nur selten den individuellen Unternehmensprozessen. Darüber hinaus birgt die umfangreiche Vorgabe von Standardprozessen das Risiko, nicht mehr neutral den gesamten Softwaremarkt zu evaluieren, weil dann immer die gleichen Systeme die Abläufe am besten abbilden können. Bei einer rigiden Verfolgung dieses Ansatzes tappen die Unternehmen häufig in eine Kostenfalle, weil die Systeme entsprechend aufwändig den Unternehmensstrukturen angepasst werden müssen und man somit Gefahr läuft, eine Standardsoftware zu einer Individuallösung anzupassen („Software follows Structure"), bei der eine Releasefähigkeit nicht mehr gewährleistet ist bzw. nur unter enormem finanziellen Aufwand. Die Herausforderung liegt demnach in der Kombination der Prozessorientierten Auswahl mit anderen Vorgehensweisen, um den Unternehmensprozessen zwar zu entsprechen, aber eine Individuallösung zu vermeiden.

In der *Strategieorientierten Auswahl* wird die Systemauswahl in Abhängigkeit der Unternehmensstrategie durchgeführt. Dafür muss die Unternehmensstrategie durch Prozessdefinition und die Vorgabe von Produktionszielen operationalisiert werden. Diese Prozesse und Produktionsziele dienen dann der Auswahl eines passenden Softwaresystems.

Die *Anbieterorientierte Auswahl* fokussiert die strategischen Auswahlaspekte hinsichtlich des Anbieters (so genannte Soft Facts). Es wird die strategische Kompatibilität von Anbieter und Anwender überprüft, wobei die Beschaffung valider Informationen schwierig sein kann. Ebenso wie die Strategieorientierte Auswahl stellt die Anbieterorientierte Auswahl eine sehr gute Ergänzung zu der Funktions- und Prozessorientierten Auswahl dar.

3.3 Auswahl und Einführung von ERP-/PPS-Systemen

Die *Nutzenorientierte Auswahl* verfolgt den Ansatz, entstehenden Nutzen und Aufwand zu quantifizieren und so einander gegenüber stellen zu können, um so die wirtschaftliche Rentabilität zu beziffern. Die Kosten- und Nutzenanteile, die nicht quantifiziert werden können, werden argumentativ abgeschätzt. Durch die sehr hohen Nutzenanteile, die sich nicht quantifizieren lassen, kommt die qualitative Abschätzung häufig einem „Glaskugelgucken" gleich, so dass auch diese Auswahlvorgehensweise eher ergänzenden Charakter hat.

Bei der *Vorabeingeschränkten Auswahl* werden nur ein bis zwei Systeme im detaillierten Auswahlprozess betrachtet. Diese primäre Einschränkung kann durchaus sinnvoll sein, wenn sich schnell z. B. wegen besonderer Branchenspezifika oder der Unternehmensstrategie/-größe ein bis zwei Systeme herauskristallisieren. Es wird allerdings bewusst auf eine umfassende Sichtung des Marktes verzichtet.

Die *Interne Auswahl* wird getroffen, wenn ein Unternehmen sich beispielsweise einer Konzernlösung anzuschließen hat oder ein internes Projektteam über einen Messebesuch und/oder ein eigenes Pflichtenheft eine Auswahlentscheidung trifft.

Der *„Irrationalen" Auswahl* geht kein rationaler Entscheidungsprozess voraus, stattdessen wird vielmehr nach dem Image eines Anbieters oder auf Grund einer persönlichen Empfehlung entschieden. Diese Vorgehensweise ist auch unter dem Begriff „Golfplatzentscheidung" bekannt. Diese Auswahlvorgehensweise wird daher auch nicht weiter betrachtet.

Als Fazit lässt sich ziehen, dass es unterschiedliche Auswahlvorgehensmodelle gibt, die isoliert betrachtet durch die eingeschränkte Betrachtungsweise jeweils Nachteile mit sich bringen, aber insbesondere jeweils Stärken und Vorteile bieten, die sich in den anderen Vorgehensweisen nicht wieder finden oder sogar deren Schwächen kompensieren. Somit hat jede der vorgestellten Vorgehensweisen seine Berechtigung. In der Praxis entsprechen angewandte Methoden meistens ein bis drei der vorgestellten Vorgehensweisen. Damit nimmt die Entscheidung für eine Auswahlvorgehensweise einen starken Einfluss auf den Auswahlprozess und bereits auch auf das Auswahlergebnis, weil so gewisse Auswahlparameter fokussiert werden und andere teils gänzlich ausgeblendet bleiben.

Das am FIR entwickelte und in zahlreichen Auswahlprojekten bewährte 3**Phasen**Konzept kombiniert mittels einer individuellen Konfiguration und Gewichtung die Elemente und Vorteile der unterschiedlichen, vorgestellten Vorgehensweisen. Bis auf die „Interne" und die „Irrationale" Auswahl werden alle der gerade vorgestellten Vorgehensweisen im 3**Phasen**-Konzept berücksichtigt. Es wird keine strikte Reihenfolge vorgegeben, nach der der Auswahlprozess durchgeführt werden muss, vielmehr können die Elemente unternehmensspezifisch gewichtet und zusammengestellt werden. Durch die Benutzung unterschiedlicher Methoden und Vorgehensweisen finden alle wesentlichen Auswahldimensionen Beachtung und ein geeigneter Mittelweg aus „Structure follows Software" und „Software follows Structure" kann erzielt werden. Dies ermöglicht eine unternehmensindividuelle Softwareauswahl, die gewährleistet, dass die Unternehmensspezifika und Alleinstellungsmerkmale im auszuwählenden System abgedeckt werden können, ohne jedoch zu hohe Anpassungsaufwände und damit verbundene Kosten zu generieren.

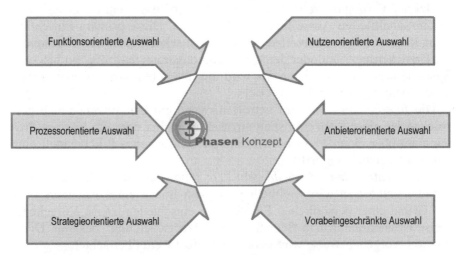

Abb. 3.3-5 Vorgehenselemente im 3**Phasen**Konzept des FIR

Durch die individuelle Konfiguration und Gewichtung der einzelnen Auswahlparameter unterscheidet sich das 3**Phasen**Konzept von anderen Vorgehensweisen zur Auswahl von ERP-/PPS-Systemen, die in der Regel starr sind und keine Gewichtung der Auswahlparameter zulassen, sondern die Betrachtung bestimmter Auswahlparameter vorgeben.

3.3.4 Das 3-Phasen-Konzept

Mit Hilfe einer systematischen Vorgehensweise zur Auswahl und Einführung betrieblicher Standard-Anwendungssysteme lassen sich sowohl die oben beschriebenen Herausforderungen bewältigen als auch die erforderlichen Investitionsentscheidungen auf eine solide und sichere Grundlage stellen. Zu diesem Zweck wurde am FIR das 3**Phasen**Konzept zur Auswahl von Softwarelösungen entwickelt. Dieses Konzept hat sich zwischenzeitlich in mehr als 250 Projekten zur Auswahl betrieblicher Standard-Software bewährt. Das 3**Phasen**Konzept unterscheidet die Phasen der Or-

3.3 Auswahl und Einführung von ERP-/PPS-Systemen

ganisationsanalyse, der Systemvorauswahl und der Systemendauswahl mit jeweils entsprechenden Arbeitsschritten. In den einzelnen Phasen finden sich Elemente der bereits vorgestellten Auswahlvorgehensweisen wieder.

Die Organisationsanalyse (Phase 1) wurde bereits im vorherigen Kapitel ausführlich erläutert (vgl. Abschn. 3.2), im Folgenden werden die Vorauswahl (Phase 2) und die Endauswahl (Phase 3) vorgestellt.

3.3.4.1 Die Vorauswahl

In der Vorauswahl (Phase 2) wird der Anbietermarkt sondiert und von ca. 130 am Markt verfügbaren Systemen auf eine zweckmäßige und überschaubare Anzahl reduziert. Mit den Ergebnissen der Organisationsanalyse (Phase 1, vgl. Abschn. 3.2) werden dazu die unternehmensspezifischen Anforderungen formuliert und mit den Leistungsmerkmalen marktgängiger Softwarelösungen abgeglichen (vgl. Abb. 3.3-6).

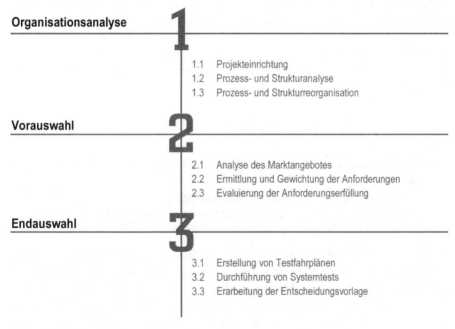

Abb. 3.3-6   Das 3PhasenKonzept zur Softwareauswahl

Grundsätzliche Vorgehensweise

Der diesem Arbeitsschritt zugrunde liegende Merkmalkatalog zur Bewertung von ERP-/PPS-Systemen wurde so gestaltet, dass mit den in der Organisationsanalyse erarbeiteten Sollprozessen (vgl. Abschn. 3.2) eine systematische Vorauswahl von ERP-/PPS-Systemen ermöglicht wird und alle Erkenntnisse aus der Vorauswahl in die Endauswahl einfließen können. Das Verfahren beruht auf dem Prinzip der Nutzwertanalyse, bei dem die Bewertung der Erfüllung der einzelnen Bewertungsmerkmale zu einer Rangreihe von Systemen führt. Die Größe des Nutzwertes stellt gewissermaßen eine Gesamtnote jedes einzelnen Systems dar.

Wesentliche Herausforderung der funktionsorientierten Nutzwertanalyse ist, dass der Anwender unter Berücksichtigung sämtlicher Randumstände entscheiden muss, wie wichtig eine bestimmte Systemfunktionalität für sein Unternehmen ist. Diese Beurteilung führt bei einem unerfahrenen Anwender in der Regel zur Übergewichtung von Spezialfunktionen gegenüber Grundfunktionen, die jedoch täglich benötigt werden und damit ebenfalls entsprechend wichtig sind.

Durch die prozessorientierte Betrachtung wird die Gewichtung wesentlich vereinfacht. In der Analyse- und Reorganisationsphase wird deutlich, welche Unternehmensprozesse den größten Beitrag zur Verwirklichung der Unternehmensziele leisten. Die Prozesse umfassen die im Unternehmen auszuführenden Aufgaben in ihrer zeitlich-logischen Verknüpfung. Im Prozesszusammenhang ist es möglich zu beurteilen, inwiefern einzelne Systemfunktionalitäten die Durchführung von Aufgaben unterstützen. Das Gewicht einer bestimmten Systemfunktionalität kann nun in einem ganz bestimmten Zusammenhang beurteilt werden.

Die Grundauswertung infolge der Gewichtung wird in sinnvoller Weise ergänzt durch:

- Sensitivitätsanalyse durch die Untersuchung mehrerer Anforderungsvarianten,
- Untersuchung von kritischen Merkmalen,
- Teilnutzwertbetrachtung der Hauptprozesse und -funktionen und
- Berücksichtigung ggf. gewünschter Hardware.

Die jeweiligen Nutzwerte können zum einen aggregiert auf einer Gesamtnote dargestellt, zum anderen können Teilnutzwerte aus zwei Sichten betrachtet werden. In der Prozesssicht können Nutzwerte für die Unterstützung einzelner Prozesse berechnet und angezeigt werden. Schwachstellen in der Unterstützung der Auftragsabwicklung bei einem ausgewählten System werden verdeutlicht. Aus Sicht des ERP-/PPS-Aufgaben- und -Funktionsmodells (vgl. Abschn. 2.2 und Abschn. 2.5) können die einzelnen Nutzwerte aufgabenorientiert zusammengefasst werden (z. B. Einkauf, Vertrieb).

Diese standardisierte Vorgehensweise bietet dem Anwender eine Reihe entscheidender Vorteile. Zum einen wird eine umfassende Übersicht über das Angebot an ERP-/PPS-Systemen mit hoher Aktualität und Zuverläs-

3.3 Auswahl und Einführung von ERP-/PPS-Systemen

sigkeit bei der Vorauswahl berücksichtigt. Zum anderen erhält der Anwender eine sachkundige Unterstützung durch erfahrene Mitarbeiter, die ihn bei der Erstellung des Anforderungsprofils und der Interpretation der Auswertungsergebnisse mit ihrem Expertenwissen zur Seite stehen. Somit kann ebenfalls der zeitliche und personelle Aufwand für die Vorauswahl auf ein Minimum reduziert werden.

Durch die starke Funktionsorientierung entspricht die Vorauswahl in wesentlichen Elementen der Funktionsorientierten Auswahl. Neben Elementen der Anbieterorientierten Auswahl ("strategischer Fit" von Anbieter und Anwender) finden sich auch Elemente, die der Prozessorientierten Auswahl zugerechnet werden können, weil schon in diesem Stadium gespiegelt wird, ob ein System grundsätzlich die unternehmensspezifischen Prozesse abbilden kann. Am Ende dieses Arbeitsschrittes werden unter Berücksichtigung der Leistungsfähigkeit von Softwarelösungen und -anbietern sowie der groben Beschaffungs- und Betriebskosten drei bis fünf Systeme ausgewählt, die im Rahmen der Endauswahl (Phase 3) detailliert analysiert werden.

Konkret unterteilt sich die Vorauswahl in drei Arbeitschritte. Zunächst muss erkundet werden, welche ERP-/PPS- Systeme angeboten werden und wo Stärken und Schwächen der einzelnen Systeme liegen. Anschließend werden die spezifischen Anforderungen an ein System, die sich aus den optimierten Geschäftsprozessen des Unternehmens (Phase 1: Organisationsanalyse) ergeben, gegeneinander gewichtet. Anhand der gewichteten Anforderungen können nachfolgend die am Markt angebotenen ERP-/PPS-Systeme bewertet und die Favoritengruppe ermittelt werden. Die einzelnen Arbeitsschritte werden im Folgenden näher erläutert.

Vorauswahl

2.1 Analyse des Marktangebotes
2.2 Ermittlung und Gewichtung der Anforderungen
2.3 Evaluierung der Anforderungserfüllung

Abb. 3.3-7 Arbeitsschritte der Vorauswahl

Analyse des Marktangebotes

Unabdingbare Voraussetzung für eine effiziente und anforderungsgerechte Auswahl ist die Kenntnis des Leistungsstandes der am Markt angebotenen ERP-/PPS-Systeme. Eine Möglichkeit, diesen Überblick zu bekommen, besteht in der Nutzung des IT-Matchmakers der TROVARIT AG. Die

TROVARIT AG ist als Spin-Off des FIR ein Technologie-Provider für die Verwaltung und Pflege der Daten über betriebliche Anwendungssysteme und Anbieter zur internetbasierten Unterstützung des Auswahlprozesses. Durch eine vierteljährliche Erhebung allgemeiner Daten bei Anbietern betrieblicher Anwendungen garantiert der IT-Matchmaker Aktualität. Bei den jeweiligen Systemen werden jährlich mehr als 2.000 beschreibende Merkmale erfasst, nach denen man die Systeme hinreichend differenzieren kann. Die angegebenen Daten der Hersteller werden im Rahmen von eintägigen Workshops durch das FIR überprüft und somit eine absolut verlässliche Datenquelle sichergestellt. Die Datensätze können so mit den Anforderungen der zukünftigen potenziellen Nutzer abgeglichen werden und anschließend kann mit wissenschaftlich fundierter Methode die Anzahl der zur Verfügung stehenden ERP-/PPS-Systemen auf ein handhabbares Maß reduziert werden.

Ermittlung und Gewichtung der Anforderungen

Mit der Ermittlung und Gewichtung der unternehmensspezifischen Anforderungen an das auszuwählende System werden mit Hilfe der Ergebnisse aus der Organisationsanalyse und der Erstellung eines Lastenheftes die strategischen Anforderungen an System und den Anbieter formuliert. Diese können unterschiedlich gewichtet werden (von „sehr wichtig" bis „nice to have"). Darüber hinaus können kritische Merkmale (so genannte K.O.-Kriterien), die unabdingbar für das Unternehmen sind, und unternehmensspezifische Zusatzanforderungen definiert werden. Das Resultat dieses Arbeitsschrittes der Vorauswahl ist ein erstelltes Anforderungsprofil, anhand dessen der Arbeitsschritt samt aller Merkmale mit jeweiliger Kennzeichnung und aller Fragen mit entsprechender Gewichtung dokumentiert ist. Entnommen werden können diese Daten einer Baumstruktur, die verschiedene Ebenen bzw. Bereiche umfasst, in denen das System zum Einsatz kommt (vgl. Abschn. 2.5). Innerhalb dieser Ebenen (z. B. Organisationsstrukturen, Auftragsabwicklung usw.) wird weiter nach Teilbereichen aufgeschlüsselt, denen dann die entsprechenden Fragen mit Gewichtung und zugehörigen Merkmalen mit Kennzeichnung zu entnehmen sind. Die dokumentierten Informationen stehen somit in Form des Anforderungsprofils für sich anschließende Arbeitsschritte zur Verfügung.

Evaluierung der Anforderungserfüllung

Mit der Evaluierung der Anforderungserfüllung wird die Vorauswahl abgeschlossen. Um die Anzahl der zur Auswahl stehenden Systeme auf ein überschaubares Maß (in der Regel drei bis fünf Systeme) reduzieren zu können, wird die Auswertung der funktionalen und die Analyse der strate-

3.3 Auswahl und Einführung von ERP-/PPS-Systemen

gischen Anforderungserfüllung vorgenommen. Weiterhin lässt sich die Anforderungserfüllung anhand des Auswahlgegenstandes differenzieren. Grundsätzlich können die zwei Auswahlgegenstände „System" und „Anbieter/Systemhaus" unterschieden werden. Diese Auswahlgegenstände haben wiederum eine leistungsbezogene und eine strategische Dimension (vgl. Abb. 3.3-9).

Bei den leistungsbezogenen Kriterien des Systems müssen unternehmensspezifisch die funktionalen Anforderungen an das System definiert werden und mit den am Markt gängigen Systemen abgeglichen werden.

Die strategischen Auswahlkriterien des Systems sind ebenso unternehmensindividuell zu definieren und zu gewichten. Die Installationszahlen als Beispiel lassen einen Rückschluss zu, ob es sich um ein junges System handelt, das aber wiederum in einem anderen Unternehmen bereits erfolgreich eingesetzt wird. Des Weiteren ließe sich hier die Frage nach der Passung der Systemphilosophie zu der eigenen Unternehmensphilosophie stellen. Auch könnten beispielsweise die Modernität der Systemtechnologie oder die Flexibilität des Systems eine Rolle spielen.

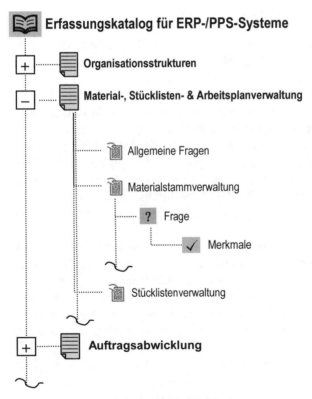

Abb. 3.3-8 Aufbau des Kriterienkataloges

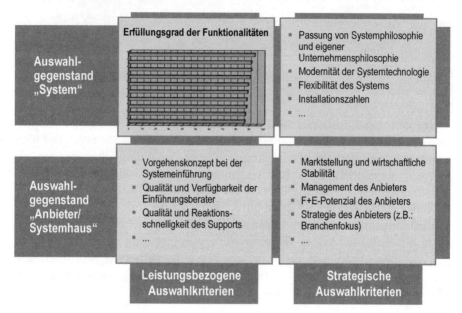

Abb. 3.3-9 Dimensionen der Software-Vorauswahl

Die Auswahlkriterien beim Anbieter/Systemhaus sollen helfen, für ein Unternehmen einen passenden Partner zu finden, der die Software zügig und erfolgreich einführen kann. Zu beachtende leistungsbezogene Kriterien wären hier beispielsweise das Vorgehenskonzept des Anbieters bei der Systemeinführung, die Qualität und Verfügbarkeit der Einführungsberater, sowie die Qualität und Reaktionsschnelligkeit des Supports.

Des Weiteren muss der Anbieter wirtschaftlich stabil sein und von seiner Größe zum Anwenderunternehmen passen. Die strategischen Auswahlkriterien können beispielsweise auf die Marktstellung und wirtschaftliche Stabilität, das Management, das Forschungs- und Entwicklungspotenzial oder auch auf die Strategie des Anbieters (z. B. Branchenfokus) abzielen.

Diese verschiedenen Dimensionen mit den sehr unterschiedlichen Aspekten lassen die ERP-/PPS-Systemauswahl sehr komplex werden. Diese Komplexität wird durch die unterschiedliche Gewichtung der einzelnen Aspekte in auswählenden Unternehmen zusätzlich erhöht, weil somit auch ein Auswahlprozess individuell gestaltet werden muss, um den unternehmensabhängigen Anforderungen und Gewichtungen bestmöglich gerecht zu werden.

Mit einer komparativen Zusammenstellung der Auswahlparameter können die Systeme abschließend aus verschiedenen Perspektiven direkt miteinander verglichen und eine Vorauswahlentscheidung kann getroffen werden. Diese Entscheidung umfasst die Festlegung auf einen Favoritenkreis von ca. drei Systemen, die im weiteren Auswahlprozess, der Endauswahl, näher untersucht werden.

3.3.4.2 Die Endauswahl

Bei der Endauswahl (Phase 3) werden die zuvor ausgewählten Systeme anhand detaillierter Testunterlagen („Testfahrpläne") einer intensiven Analyse unterzogen. Die Endauswahl beinhaltet v. a. Elemente der Prozessorientierten Auswahl, weil in diesem Schritt einzelne Systeme auf ihre Eignung hin überprüft werden, ob sie die detaillierten Unternehmensprozesse abbilden können. Des Weiteren werden Elemente der Anbieter-, Strategie- und Nutzenorientierten Auswahl betrachtet.

Die Erfahrungen aus den am FIR abgewickelten Auswahl- und Einführungsprojekten sowie aus Untersuchungen in Produktionsunternehmen im Rahmen von Forschungsprojekten haben ergeben, dass eine vollständige Erfüllung, der aus der Prozess- und Strukturoptimierung resultierenden Anforderungen an die Systemunterstützung der technischen Auftragsabwicklung, durch ein ERP-/PPS-System in der Regel nicht zu erwarten ist. Die Ursache hierfür liegt darin, dass die verschiedenen Konzepte und Philosophien, die Standardlösungen zugrunde liegen, immer auf eine mehr oder minder breit angelegte Zielgruppe ausgerichtet sind. Dies bietet einerseits den Vorteil, dass mit der Anschaffung einer ERP-/PPS-Standardlösung auch Know-how eingekauft wird, indem die von der Standardlösung vorgegebenen Konzepte in Teilbereichen übernommen werden können. Andererseits gibt es in jedem Einführungsprojekt unternehmensspezifische Anforderungen, die durch kein marktgängiges Standardsystem abgedeckt werden. Aus diesem Grunde ist es erforderlich, diejenigen ERP-/PPS-Systeme, die sich durch die Vorauswahl als grundsätzlich für den Einsatz im jeweiligen Unternehmen geeignet herausgestellt haben, hinsichtlich ihrer Eignung zur Unterstützung der unternehmensspezifischen Prozesse und Daten sowie hinsichtlich des gebotenen Funktionsumfanges genau zu untersuchen.

Grundsätzliche Vorgehensweise

Im Rahmen der Endauswahl müssen demnach die Systeme der Favoritengruppe daraufhin analysiert werden, in welchen Bereichen sie den aus der Prozess- und Strukturreorganisation resultierenden Anforderungen des Unternehmens nicht genügen und wie die so entstehende Lücke zwischen den Anforderungen des Anwenders und den Möglichkeiten des Anbieters geschlossen werden kann. Für die Bereiche, in denen die Systemunterstützung nicht ausreicht, gilt es zu klären, welche Lösungsvorschläge der Anbieter für die einzelnen Problembereiche macht und welcher Anpassungsaufwand seitens des Anbieters und/oder Anwenders damit verbunden ist.

Die oben beschriebene Vorgehensweise beruht darauf, eine mögliche Abfolge von Benutzerhandlungen am zu testenden System zu prüfen, indem ein Szenario entwickelt wird. Dieses Szenario wird durch die zu unterstützenden unternehmensspezifischen Prozesse, Funktionen und Daten definiert. Im Gegensatz zur Vorauswahl werden die Favoriten der Endauswahl nun mit unternehmensspezifischen Szenarien getestet, so dass neben der Identifikation von den o. g. Lücken auch die Eignung der Abbildung der Prozesse und Abläufe überprüft wird.

Darüber hinaus kann die Endauswahl dazu genutzt werden, den Anbieter kennen zu lernen und dessen Kooperationsbereitschaft zu prüfen. Die starke Einbindung der Mitarbeiter des Produktionsunternehmens bei der Bewertung der Entscheidung für ein ERP-/PPS-System erhöht zudem die Akzeptanz bei den späteren Systemnutzern. Dies ist vor dem Hintergrund einer langfristigen Partnerschaft zwischen Anwender und Anbieter ein nicht zu unterschätzender Aspekt, da ein passendes ERP-/PPS-System in einem Produktionsunternehmen immerhin eine Lebensdauer von über zehn Jahren besitzt.

Da diese Fragen nur in enger Zusammenarbeit mit dem Anbieter geklärt werden können, werden für die Endauswahl mit den Anbietern der Favoritengruppe ausführliche Systemtests unter Verwendung ausgewählter Testdaten durchgeführt. Leitfaden zur Durchführung dieser Systemtests ist ein unternehmensindividuell zu erstellender, detaillierter Testfahrplan, auf dessen Grundlage eine Bewertung der Systeme erfolgt. Ergänzend zu den Systemtests können Besuche bei Anwendern der jeweiligen Systeme durchgeführt werden. Die Ergebnisse und die Vereinbarungen der Systemtests gehen in die Erstellung eines Verpflichtungsheftes ein, welches als Zusatzbestandteil in den Kaufvertrag aufgenommen werden sollte.

Endauswahl

3.1 Erstellung von Testfahrplänen
3.2 Durchführung von Systemtests
3.3 Erarbeitung der Entscheidungsvorlage

Abb. 3.3-10 Arbeitsschritte der Endauswahl

Erstellung von Testfahrplänen

Bei der Erstellung von Testfahrplänen geht es darum, Prozesse möglichst realitätsnah in den jeweiligen Systemen simulieren zu können. Somit müssen zunächst einmal unternehmensindividuell exemplarische Auftragsabwicklungsprozesse erarbeitet werden, die ein möglichst breites Spektrum der erwarteten Funktionalitäten abdecken.

Zu Beginn des Testfahrplanes sollten einige einleitende Informationen zum Gesamtprojekt, zum testenden Unternehmen (Unternehmensgröße, Produktpalette, Aufbau- und Ablauforganisation, Merkmale der technischen Auftragsabwicklung, bestehende DV-Landschaft usw.) sowie zum Ablauf des Systemtests aufgeführt sein. Hier sollten insbesondere die wesentlichen Angaben über das zu verwaltende Datenvolumen, die für den Anbieter und den Einsatz des ERP-/PPS-Systems von Bedeutung sind, vorliegen.

Bei der Erstellung der Kernkapitel empfiehlt sich eine Untergliederung in zwei Teile: Mit dem sogenannten Gesamtfahrplan werden aus der Sicht des Auftrages alle Prozesse der technischen Auftragsabwicklung vom Vertrieb bis zum Versand durchlaufen. Um einen systematischen Aufbau des Gesamtfahrplanes zu gewährleisten, sollte der Gesamtfahrplan auf Basis der optimierten Prozesse (Phase 1 des 3**Phasen**Konzeptes, vgl. Abschn. 3.2) erfolgen. Dabei ist zusammen mit den Vertretern der verschiedenen Fachabteilungen zu jedem Prozessschritt zu hinterfragen,

- welche Informationen im System enthalten sein müssen,
- wie diese Informationen im zu testenden System abgefragt werden können, z. B.
    - -Anzahl der Masken, die durchlaufen werden müssen,
    - -Art der Darstellung der Informationen (graphisch/geeignete Größenordnung usw.),
    - -verfügbare Funktionen im System,
- welche Informationen in das System eingegeben werden müssen, z. B.
    - -Auswahllisten,
    - -Plausibilitätsprüfungen,
    - -Hilfestellungen bei der Eingabe usw.,
- wie diese Informationen eingegeben werden müssen (manuell / Kopieren aus anderen Masken / Schnittstelle zu anderer Software usw.).

Die Fragen, die sich auf diese Weise formulieren lassen, werden in den Testfahrplan aufgenommen. Diejenigen Aspekte, die im Gesamtfahrplan nicht oder noch nicht hinreichend abgebildet werden können, werden im Rahmen von Einzelfahrplänen untersucht. Dies sind beispielsweise Fragen zu den Bereichen Stammdatenverwaltung, Auftragskoordination, Kunden- und Lieferantenreklamationen, Systemmanagement usw.

Die Aufteilung des Testfahrplanes in einen Gesamtfahrplan und mehrere Einzelfahrpläne ist auf Basis des Prozessablaufs der Auftragsabwicklung in Abb. 3.3-11 dargestellt. Sie birgt den Vorteil, dass sowohl die durchgängige Unterstützung des gesamten Auftragsabwicklungsprozesses, als auch die Leistungsfähigkeit des ERP-/PPS-Systems bzgl. besonderer funktionaler Schwerpunkte bzw. Einzelprozesse geprüft werden kann.

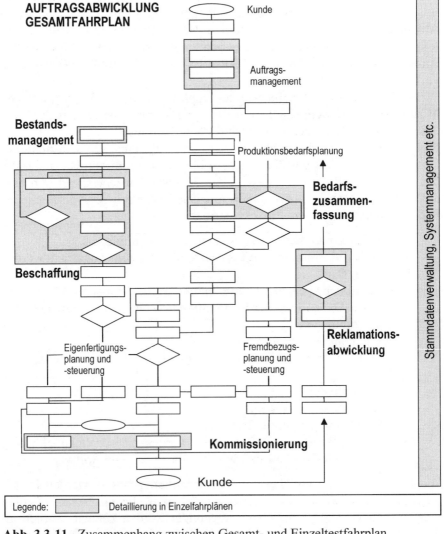

Abb. 3.3-11 Zusammenhang zwischen Gesamt- und Einzeltestfahrplan

Im Testfahrplan sollten außerdem Fragen nach den Kosten für Softwarelizenzen, Beratungs- bzw. Implementierungsaufwand sowie Hardwarebeschaffung bzw. -aufrüstung aufgenommen werden. Lizenzen werden anbieterseitig in der Regel nach einem mehr oder minder komplizierten Verfahren in Abhängigkeit der eingesetzten Module und der einzurichtenden Named bzw. Concurrent User berechnet. Bei einem Teil der Systemanbieter ist in dem so errechneten Softwarelizenzpreis die Nutzung der Datenbank bereits inbegriffen, bei anderen wird diese zusätzlich entweder pauschal oder ebenfalls in Abhängigkeit der Named bzw. Concurrent User erhoben. Weitere Kosten fallen für die Anpassungsprogrammierung und für die Mitarbeiterschulung an, die teilweise in den Berateraufwänden inbegriffen sein können.

Die laufenden Kosten setzen sich vornehmlich aus den Wartungskosten für Software, Hardware und Datenbank zusammen. Im Softwarewartungsvertrag wird in der Regel die Überlassung neuer Releases vereinbart, wohingegen die Arbeitsstunden für den Releasewechsel anbieterseitig häufig in Rechnung gestellt werden. Es sollte daher bei der Erfassung der laufenden Kosten auch auf die Tagessätze und auf die Reisekosten eingegangen werden, da diese sich zu nicht unerheblichen Kosten aufsummieren können.

Zuletzt sollten im Testfahrplan Fragen nach den Erfahrungen des Anbieters mit der Datenübernahme aus dem abzulösenden ERP-/PPS-System, nach der Möglichkeit zu anwenderseitigen Zusatzprogrammierungen, nach dem Schulungskonzept sowie nach der Einführungsstrategie (stichtagsweise/modulweise/auftragweise Einführung) des Anbieters enthalten sein.

Bei der Formulierung der Fragen ist zu beachten, dass der Testfahrplan für den ERP-/PPS-Systemanbieter die einzige Grundlage zur inhaltlichen Vorbereitung des Tests ist. Die Fragen sollten daher so gestellt sein, dass sie auch für eine Person verständlich sind, die mit den betriebsindividuellen Begrifflichkeiten des testenden Unternehmens nicht vertraut ist.

Mit Blick auf eine spätere Bewertung ist darüber hinaus darauf zu achten, dass jede einzelne Frage möglichst präzise gestellt ist, damit das Projektteam im Systemtest auf Basis der vereinbarten Bewertungsskala (z. B. Schulnoten) eine geeignete Abstufung bei unterschiedlichem Leistungsumfang der Systeme vornehmen kann. Mit dieser Vorgehensweise wird eine spätere Kosten-Nutzen-Analyse der im Rahmen der Endauswahl getesteten ERP-/PPS-Systeme systematisch vorbereitet.

Ein wesentliches Ziel der Systemtests auf Basis des Testfahrplanes ist, dass die Teilnehmer evaluieren, ob das getestete System die unternehmensindividuellen Funktionalitäten abdeckt und geforderte Prozesse und Organisationsstrukturen hinreichend abbilden kann. Aus diesem Grunde ist es für den Erfolg der Systemtests wesentlich, dass die Anbieter zuvor in begrenztem Rahmen Daten des interessierten Produktionsunternehmens – so genannte Testdaten – in ihr System einpflegen. Die Durchführung des Systemtests mit den Daten des Anwenderunternehmens hat darüber hinaus den Vorteil, dass der Leistungsumfang des ERP-/PPS-Systems für das Projektteam an Anschaulichkeit gewinnt. Um zu definieren, welche Daten dem Anbieter zur Einpflege übergeben werden, empfiehlt es sich, jede einzelne Frage des Testfahrplanes genau hinsichtlich der zur Systemvorführung benötigten Daten zu untersuchen.

Schließlich sind sowohl der Testfahrplan als auch die dazu notwendigen Testdaten den Anbietern mit einem hinreichenden zeitlichen Vorlauf zwecks Vorbereitung auf den Systemtest zuzusenden. Bereits an dem Umfang, in dem der Systemanbieter sich auf den Systemtest vorbereitet hat (Durcharbeit des Testfahrplanes, Einpflege der Testdaten), lässt sich erkennen, wie sehr der Anbieter an dem testenden Produktionsunternehmen interessiert ist.

Durchführung der Systemtests

Anhand der erstellten Testfahrpläne erfolgt schließlich begleitet durch die Anbieter der favorisierten Systeme die Durchführung der Systemtests. Die zukünftigen potenziellen Anwender absolvieren hierbei die einzelnen Arbeitsschritte des Testfahrplans und durchlaufen mit dem Datenset die fiktiven Auftragsabwicklungsprozesse. Sie erhalten dabei die Unterstützung der Anbieter. Durch moderiertes Kennenlernen des Systems soll sichergestellt werden, dass die Vergleichsgrundlage nicht verloren geht. Die Moderation durch externe Berater sichert dabei die Vergleichsgrundlage, indem sie den Durchlauf der Testfahrpläne überwachen und an entsprechenden Stellen eingreifen. Jedem Schritt des Testfahrplans wird ein gewisses Zeitkonto zugesprochen, welches für jedes der zu untersuchenden Systeme den gleichen Umfang hat. Zudem soll bei jedem System besondere Aufmerksamkeit den kritischen Merkmalen geschenkt werden. Somit wird den Anbietern die Möglichkeit genommen besondere Stärken hervorzuheben bzw. Schwächen des Systems zu überspielen.

Im Hinblick auf die vergleichende Bewertung von ERP-/PPS-Systemen sollte ein externer Moderator darüber hinaus folgende Aufgaben im Rahmen der Tests wahrnehmen:

- Moderation der Systemtests unter besonderer Berücksichtigung der vorher mit dem Anwender abgestimmten Schwerpunkte
- Herausstellen besonderer Systemstärken und -schwächen unabhängig von den Präsentationsfähigkeiten des Anbieters
- Prüfung vom Systemanbieter präsentierter, alternativer Lösungsansätze

- Abschätzung des Parametrisierungsaufwandes

Im Vorfeld der Systemtests wird der zeitliche Ablauf der üblicherweise zweitägigen Workshops genau festgelegt und an die ERP-/PPS-Anbieter verschickt, so dass diese von vornherein den zeitlichen Ablauf und die inhaltlichen Schwerpunkte des Systemtests erkennen. Die Einhaltung des Zeitplans ist im Hinblick auf die vergleichende Bewertung der verschiedenen Systeme sehr wichtig.

Resultat der Überprüfung funktionaler und strategischer Anforderungen sollte eine dokumentierte Bewertung der verschiedenen Systeme auf einheitlicher Grundlage sein. Dazu erfolgt die Vergabe von Noten (z. B. nach Schulnotensystem) durch die neuen potenziellen Nutzer des Systems einerseits und eine Bewertung (spezielle Kennzeichnung) durch die externen Berater andererseits. Die Bewertung der Nutzer bezieht sich ausschließlich auf die Anforderungserfüllung und den subjektiven Eindruck eines jeden Projektteammitgliedes. Die Bewertung der Berater beinhaltet eine Abschätzung der Leistungsumfänge. Es wird dokumentiert, welche Funktionalitäten im Standard enthalten sind bzw. ggf. mit welchem (Anpassungs-)Aufwand verbunden sind. Auf diese Weise liegen für eine vertragliche Zusatzvereinbarung, dem Verpflichtungsheft, erforderliche Informationen bereits in strukturierter Form vor.

Der Umfang von Systemtests – die sorgfältige Vorbereitung und die strukturierte Dokumentation der Testunterlagen vorausgesetzt – beträgt zwei, maximal drei Arbeitstage. Auf jeden Fall sollte verhindert werden, dass einzelne Mitglieder an einem der Systemtests nicht oder nur teilweise teilnehmen, da die Bewertungsmaßstäbe der verschiedenen Testteilnehmer voneinander abweichen und mit wechselnder Zusammensetzung des Testteams die Systembewertung variieren kann. Darüber hinaus ist eine Identifikation mit dem Ergebnis der Endauswahl nur dann gewährleistet, wenn das vollständige Testteam an allen Systemtests gemeinsam teilnimmt.

Grundsätzlich erhält der Anbieter zu Beginn des Systemtests die Gelegenheit, das Softwarehaus und das eigene ERP-/PPS-System vorzustellen. Dies umfasst die Systemphilosophie, die Beschreibung der soft- und hardwaretechnischen Merkmale sowie die Darstellung der besonderen Vorzüge und Schwerpunkte für spezielle Anwendungsfälle bzw. Branchen. Wichtige Kennzahlen zur Beurteilung des Anbieters aus Sicht des Anwenders sind u. a. die zeitliche Entwicklung der Installationszahlen, die Anzahl beschäftigter Mitarbeiter in der Entwicklung und das Verhältnis von Systemberatern zu den aktuell laufenden Einführungsprojekten.

Im Anschluss wird dem Testfahrplan gefolgt, der für die entsprechenden Themen und Prozesse Zeiten vorgibt, die den entsprechenden Fragestellungen gewidmet werden sollen. Der Inhalt des Gesamtfahrplans resultiert aus den optimierten Prozessen und spiegelt so den geplanten, zeitlichen Ablauf des technischen Auftragsabwicklungsprozesses wider. Entlang des gesamten Auftragsabwicklungsprozesses werden alle notwendigen Abläufe am Bildschirm des ERP-/PPS-Systems nachvollzogen. Jedes Teammitglied hat dabei die Aufgabe, seinen Schwerpunkt im Rahmen der Abwicklungsaktivitäten intensiv zu prüfen und die Eignung des Systems aktiv zu hinterfragen. Auf Basis der unternehmenseigenen Testdaten und Prozesse können so die Gesamtzusammenhänge des ERP-/PPS-Systems als Szenario der rechnergestützten Auftragsabwicklung beurteilt werden. Das Testteam kann dabei feststellen, inwieweit die Philosophie des ERP-/PPS-Systems, die sich u. a. im strukturellen Aufbau und der Verknüpfung von Einzelfunktionalitäten zu Bearbeitungsprozessen ausdrückt, mit den Ergebnissen der Prozess- und Strukturoptimierung übereinstimmt.

In den Einzeltests werden die entsprechenden Kernprozesse auf Basis der Einzelfahrpläne vertieft. Anknüpfungspunkte für Einzelfahrpläne sind zum einen die bereits in der Vorauswahl identifizierten, systembezogenen Schwachstellen und Defizite, zum anderen besondere funktionale Anforderungen wie z. B. die Chargierung von Erzeugnissen und ausgewählte Einzelprozesse. Hierbei werden Fragestellungen behandelt, die sich nur mittelbar auf den gesamten Auftragsabwicklungsprozess beziehen bzw. in sich abgeschlossene Prozesse wie die Reklamationsabwicklung darstellen. In diesem Zusammenhang ist auch die Möglichkeit zur Durchführung individueller, statistischer Auswertungen und der Bildung von Kennzahlen zu prüfen.

Zur Vorbereitung der Entscheidungsfindung im Lenkungsausschuss ist eine Nachbereitung der Systemtests unverzichtbar. Daher ist es sinnvoll, dass sich das Testteam einige Tage nach einem Systemtest zusammenfindet, um die Leistungsfähigkeit des Systems und die persönlichen Eindrücke zu diskutieren. Dabei dokumentiert jeder Teilnehmer seinen Eindruck von der Systemfunktionalität als abschließende Bewertung in der Arbeitsunterlage. Eine schriftliche Zusammenfassung der Vor- und Nachteile jedes ERP-/PPS-Systems ermöglicht es, auch nach Ablauf einer gewissen Zeit die für die endgültige Entscheidung wesentlichen Faktoren präsent zu haben.

Erarbeitung der Entscheidungsvorlage

Der letzte Arbeitsschritt der Endauswahl befasst sich mit der Erarbeitung der Entscheidungsvorlage. Er beinhaltet die Auswertung der Systemtests, Referenzkundenbesuche, sowie die komparative Zusammenstellung der Auswahlparameter zur Endauswahlentscheidung (vgl. Abb. 3.3-12).

3.3 Auswahl und Einführung von ERP-/PPS-Systemen

Erarbeitung der Entscheidungsvorlage

- Auswertung der Systemtests
- Referenzkundenbesuche
- Komparative Zusammenstellung der Auswahlparameter zur Endauswahlentscheidung

Abb. 3.3-12 Elemente bei der Erarbeitung der Entscheidungsvorlage

Zur Auswertung der systemseitigen Funktions- und Prozessunterstützung wird die Nutzwertanalyse in vereinfachter Form herangezogen. Dieses Verfahren ermittelt den Nutzwert eines ERP-/PPS-Systems durch Gewichtung und Zusammenfassung der Einzelbewertungen der verschiedenen Mitglieder des Testteams. Die Grundlage für die Beurteilung bilden somit die eigenen, ausgefüllten Arbeitsunterlagen aus den Systemtests (vgl. Abb. 3.3-13).

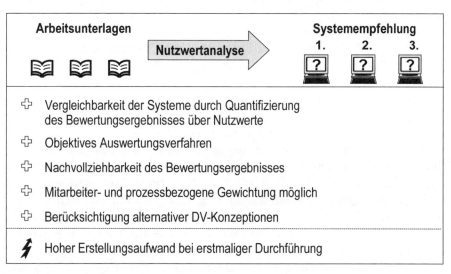

Abb. 3.3-13 Die Nutzwertanalyse im Endauswahlprozess

Mit der Anzahl der bei einer ERP-/PPS-Systemauswahl zu berücksichtigenden Funktionen, Prozesse und Mitarbeiter steigt der Aufwand für die manuelle Auswertung nach dem Verfahren der Nutzwertanalyse stark an. Es empfiehlt sich daher, für die Auswertung auf moderne, programmierbare Datenbankanwendungen zurückzugreifen, welche die beliebige Verdichtung von Funktionen auf Prozess- und Systemebene ermöglichen. Über die Darstellung der Nutzwerte auf den unterschiedlichen Verdichtungsebenen wird die Nachvollziehbarkeit im Hinblick auf den Gesamtnutzwert, der für jedes ERP-/PPS-System einzeln ausgewiesen wird, gewährleistet. Um die besondere Fachkompetenz einzelner Mitarbeiter für ihren eigenen Aufgabenbereich zu berücksichtigen, kann die Gewichtung der Bewertungen und somit ihr Einfluss auf den Nutzwert mitarbeiterabhängig gestaltet werden. Darüber hinaus lassen sich einzelne Funktionsmodule oder Prozesse, die nicht notwendigerweise integrierter Bestandteil eines ERP-/PPS-Systems sein müssen (z. B. Anlagen-, Finanzbuchhaltung), wahlweise in der Auswertung ausklammern. Auf diesem Weg lassen sich auch alternative DV-Konzeptionen einer quantitativen Bewertung über Nutzwerte zuführen.

Die graphische Darstellung der Ergebnisse weist die Nutzwerte topdown, d. h. ausgehend vom Gesamtsystem über die verschiedenen Prozesse bis auf die unterste Funktionsebene, aus. Weiterhin werden die besonderen Stärken und Schwächen der getesteten ERP-/PPS-Systeme separat aufgelistet, so dass auch nicht an den Tests beteiligte Entscheidungsträger des Lenkungsausschusses einen schnellen Überblick über die wesentlichen Nutzenpotenziale der verschiedenen Systeme gewinnen können. Die gewählte Präsentationsform ist insofern von Vorteil, als dass sich auf dieser Grundlage jene Funktionen und Prozesse schnell identifizieren lassen, die durch zusätzliche aufbauorganisatorische Regelungen oder über eine kostenpflichtige Anpassungsprogrammierung zu unterstützen sind.

Neben der Bewertung der funktionalen bzw. prozessbezogenen Anforderungen streben viele Unternehmen ebenso die Analyse von Systemkosten und -nutzen an. Hier ist generell kein für diesen spezifischen Anwendungsfall abgesichertes Verfahren verfügbar. Während die Anschaffungs- und Einführungskosten durch das Einholen von Angeboten relativ konkret ermittelt werden können, ist die Quantifizierung des Systemnutzens jedoch umfassend kaum möglich, da eine Vielzahl von Rationalisierungspotenzialen nur in Kombination mit anderen organisatorischen Maßnahmen erschlossen werden können. Lediglich für jene Bausteine des ERP-/PPS-Systems, die zeitintensive, manuelle Operationen wie z. B. das Löschen, Ändern, Selektieren und Bedarfszusammenfassungen automatisieren, lässt sich ein Nutzen in Form einer Verringerung der Bearbeitungszeit quantifizieren. Des Weiteren können wesentliche Nutzenpotenziale lediglich qualitativ abgeschätzt werden.

Die szenariogestützte Endauswahl beinhaltet nicht nur den Einsatz von in der Praxis erprobten Arbeitsunterlagen und Auswertungs-Tools, sondern sie stellt auch eine nachvollziehbare und systematische Vorgehensweise zur unternehmensspezifischen Auswahl eines ERP-/PPS-Systems dar. Eingrenzungsentscheidungen werden dabei auf der Basis direkter Systemvergleiche vorgenommen. Dem Beispiel (vgl. Abb. 3.3-14) aus einem Projekt mit einem Industrieunternehmen ist zu entnehmen, dass bei gleichem Gesamtnutzwert beider integrierter ERP-/PPS-Systeme der Schwerpunkt der EDV-Unterstützung stark variiert. Während System A insbesondere die der Fertigung vorgelagerten Funktionen und Prozesse unterstützt, weist System B sehr hohe Nutzwerte im Bereich der fertigungsnahen Planungs- und Steuerungsprozesse auf. Als Serienfertiger aus der Automobilzuliefererbranche steht dabei die schnelle Abwicklung zeitkritischer, produktionssynchroner Abrufe eindeutig im Vordergrund, so dass sich für die zu fällende Systementscheidung Vorteile zugunsten des Systems B ergaben.

Ergänzend zu dem Systemtest beim Anbieter sollte auch eine Prüfung der Systeme im Einsatz, d. h. vor Ort bei einem Referenzkunden, erfolgen. Besuche bei Referenzanwendern haben zum Ziel, weitere Informationen über das favorisierte ERP-/PPS-System im Alltagsbetrieb bei einem Anwender zu erhalten. So können eventuell bestehende und beim Systemtest nicht erkannte Schwachstellen im Programm aufgedeckt werden. Im Vordergrund der Anwenderbesuche sollten jedoch weniger die funktionalen Eigenschaften des Systems als vielmehr die praktischen Erfahrungen des Referenzkunden mit dem Anbieter stehen. Darüber hinaus können auch erstmalig Informationen über das Antwortzeitverhalten und die Stabilität eines ERP-/PPS-Systems im Echtbetrieb gewonnen werden. Ein weiterer wichtiger Punkt ist das Verhältnis des Referenzanwenders zum Anbieter sowie der Unterstützungsgrad hinsichtlich Beratung und Betreuung, bei Systemanpassungen, Releasewechseln und bei der Beseitigung bestehender Softwarefehler.

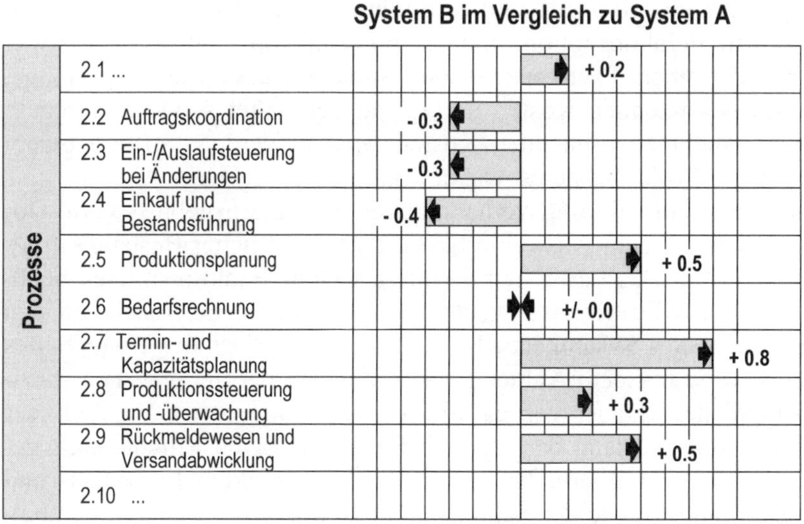

System B im Vergleich zu System A

Prozesse		
2.1 ...		+ 0.2
2.2 Auftragskoordination		- 0.3
2.3 Ein-/Auslaufsteuerung bei Änderungen		- 0.3
2.4 Einkauf und Bestandsführung		- 0.4
2.5 Produktionsplanung		+ 0.5
2.6 Bedarfsrechnung		+/- 0.0
2.7 Termin- und Kapazitätsplanung		+ 0.8
2.8 Produktionssteuerung und -überwachung		+ 0.3
2.9 Rückmeldewesen und Versandabwicklung		+ 0.5
2.10 ...		

Abb. 3.3-14 Entscheidungsunterstützung auf Basis direkter Systemvergleiche

Bei der Auswahl eines Referenzanwenders ist darauf zu achten, dass man nicht an einen Vorzeigeanwender gerät. Beim Vorzeigeanwender ist vielfach ein erheblicher Aufwand seitens des ERP-/PPS-Anbieters investiert worden, um die Systemeinführung und den Systembetrieb zur vollen Zufriedenheit dieses Kunden zu realisieren. Erfahrungsgemäß kann aber nicht damit gerechnet werden, dass dieser Aufwand bei jedem Kunden geleistet wird. Bei der Auswahl eines geeigneten Referenzanwenders sind daher langfristige Erfahrungswerte und Beobachtungen des ERP-/PPS-Marktes durch einen externen Sachverständigen sehr hilfreich. Der Referenzanwender sollte in der Struktur (Branche, Unternehmensgröße, Abläufe etc.) dem Unternehmen in großen Teilen entsprechen, um so eine gewisse Vergleichbarkeit zu gewährleisten.

Geführt werden sollte die Diskussion zum einen mit Sachbearbeitern, die täglich an dem ERP-/PPS-System arbeiten und daher mögliche Probleme hinsichtlich der Benutzerführung und Handhabbarkeit gut kennen. Zum anderen sollte das Gespräch mit dem verantwortlichen Projektleiter der Einführung gesucht werden, um die Erfahrungen des Anwenders bezüglich des Einführungs-, Schulungs- und organisatorischen Anpassungsaufwandes zu erfragen.

3.3.4.3 *Verpflichtungsheft und Vertragsabschluss*

Grundsätzlich folgen die Vertragsverhandlungen in der Regel einem iterativen Vorgehen (vgl. Abb. 3.3-15). So müssen bspw. die Anpassungsprogrammierungen konkretisiert werden, um eine valide Kostenabschätzung zu ermöglichen und so das Risiko zu minimieren. Einige Anbieter nennen diesen Schritt Feinkonzeption, andere sprechen von einer Gap-Analyse, Vorstudie oder einem Fachkonzept. Ziel ist es, einen Vertrag zu gestalten, der die abzuschätzenden Kosten umfassend beinhaltet sowie klar regelt, wie bislang nicht abzusehenden Kosten verteilt werden. So soll einem Abweichen der Projektkosten sowie der -laufzeit vorgebeugt werden.

Grundlage für die Vertragsverhandlungen sind die Ergebnisse und Dokumentationen aus dem Auswahlprozess, die wesentlicher Bestandteil des Lastenheftes sind. Das Lastenheft definiert, welche Funktionalitäten benötigt werden und wie Prozesse gestaltet werden sollen. Es basiert auf den Vereinbarungen des Systemtests. Üblich ist es, auf Basis des Lastenheftes einen Vorvertrag mit dem Anbieter abzuschließen, der die o. g. Feinspezifikation beinhaltet (Dauer von ca. drei bis sechs Monaten). Ergebnis der Feinspezifikation ist dann das Verpflichtungsheft (auch Pflichtenheft genannt), das eine detaillierte Definition des gewünschten Leistungs- und Funktionsumfangs sowie der Schnittstellen zu anderen Systemen beinhaltet (Gabler 1997). Zu diesem Zeitpunkt können dann auch die Projekt-

3.3 Auswahl und Einführung von ERP-/PPS-Systemen

kosten zuverlässig abgeschätzt werden. Das Verpflichtungsheft definiert somit den Handlungsbedarf des Anbieters und kann als vertragsrechtlich verbindlicher Zusatz in den Kaufvertrag aufgenommen werden.

In der Feinkonzeption werden insb. die unverzichtbaren Anforderungen, welche zum Zeitpunkt der Durchführung des Systemtests nicht erfüllt wurden, aber für den konzipierten Betrieb des ERP-/PPS-Systems unabdingbar sind, überprüft und deren Umsetzung definiert. Darüber hinaus ist zu empfehlen, noch einmal intensiv mit dem ERP-/PPS-Anbieter zu prüfen, ob die über den Standard hinausgehenden Anforderungen wirklich in der Praxis erforderlich sind und programmiert werden müssen. Weiterhin werden zusätzlich programmierte Funktionen häufig von der Releasefähigkeit ausgeschlossen bzw. gesondert beim Releasewechsel in Rechnung gestellt.

Das Verpflichtungsheft dient dem ERP-/PPS-Anbieter als Grundlage für die Systemanpassung. Bei der Gestaltung des Softwarevertrages sollte die Anpassungsprogrammierung sowie die Spezifikation zu realisierender Schnittstellen neben der Standardsoftware und der Softwarewartung als gleichberechtigte Position in dem Vertrag aufgeführt werden. Weitere Informationen zur Ausarbeitung von Softwareverträgen können verschiedenen Leitfäden zur Vertragsgestaltung entnommen werden. Mit der Auswertung der Tests sowie der Erstellung des Verpflichtungsheftes sind die Grundlagen für die Vertragsverhandlungen mit dem ERP-/PPS-Anbieter und dem Hardwarelieferanten des gewählten Systems geschaffen.

Abb. 3.3-15 Iterative Vorgehensweise zum Vertragsabschluss

Bei Vertragsabschluss sind auch diejenigen Leistungen zu dokumentieren, die im Unternehmen selbst erbracht werden müssen. Hierzu gehören neben der Schaffung von räumlichen und sonstigen technischen Vorraussetzungen auch die Anpassung bereits vorhandener DV-Systeme, die Schaffung von Schnittstellen sowie die grundlegende Qualifizierung der Mitarbeiter. Diese Dokumentation dient dazu, die Leistungen betriebsintern genau zu verteilen und festzulegen, um einen zügigen Fortgang der Maßnahmen zu sichern.

3.3.5 Einführung von ERP-/PPS-Systemen

3.3.5.1 *Überblick*

Die Einführung von ERP-/PPS-Systemen gestaltet sich zunehmend individuell in Abhängigkeit des ausgewählten und einzuführenden Systems. Die einzelnen Anbieter folgen unterschiedlichen Ansätzen bzw. haben eigene Vorgehensweisen zur Einführung entwickelt, denen es Sinn macht zu folgen, weil sie sich bewährt haben und die Berater der Anbieter entsprechende Erfahrung aufweisen können. Dieser Beitrag soll dem Leser einen Überblick über die grundsätzlich bei der Einführung von ERP-/PPS-Systemen in der Realisierungsphase zu bewältigenden Aufgaben vermitteln.

Die Gestaltung und Detaillierung der Planung und Organisation umfasst die Erarbeitung einer anforderungsgerechten Ablauf-, Aufbau-, und Arbeitsorganisation. Diese wurde im Idealfall in der Organisationsanalyse (Reorganisation der Auftragsabwicklung) im Rahmen des Auswahlprojektes konzeptionell durchgeführt, so dass bei der Einführung die IT-technische Umsetzung fokussiert werden kann. Des Weiteren sind bei der Gestaltung des ERP-/PPS-Systems die systemseitigen Datenfelder zu definieren, die vorhandenen Daten aufzubereiten und zu übernehmen, Benutzerschnittstellen zur Erfassung, Steuerung und Ausgabe von Informationen zu konzipieren sowie geeignete Methoden und Verfahren zur Verarbeitung auszuwählen bzw. zu entwickeln. Anstrengungen erfordert auch die Verbesserung der Arbeitszufriedenheit und Motivation, die Schaffung einer Akzeptanz der Mitarbeiter für den Veränderungsprozess sowie die ausreichende Qualifizierung der Anwender. Der Grundstein dieser Komponenten kann durch einen Auswahlprozess bereits im Vorfeld gelegt werden. Die Aufgaben, die der Gestaltung und Umsetzung des sozio-technischen Systems dienen, werden im Folgenden aufgeführt und erläutert. Dabei unterliegen die vorgestellten Schritte nicht zwingend der vorgestellten Reihenfolge und auch wird nicht jeder der Arbeitsschritte von Unternehmen gewählt und angewendet.

3.3.5.2 Personalentwicklung und Qualifizierung

Nach Lahner (1988) lassen sich für Mitarbeiter in computergestützten Arbeitssystemen unterschiedliche „Schichten der Qualifikation" analysieren. Die Basis der Mitarbeiterqualifikation bildet die berufliche und fachliche Grundqualifikation, die zur Beherrschung von Produktions- und Verwaltungsvorgängen benötigt wird. Ihre Inhalte werden in betrieblichen und schulischen Ausbildungsgängen erworben. Diese Grundqualifikationen werden als gegeben vorausgesetzt.

Die berufliche Grundqualifikation muss durch betriebsspezifische Qualifikationen ergänzt werden. Im Hinblick auf die Implementierung von ERP-/PPS-Systemen ist in erster Linie ein sachkundiger und effizienter Umgang der Mitarbeiter mit den im Betrieb vorhandenen DV-Anlagen von Bedeutung. Die Anforderungen an die Anwender hängen von deren Aufgaben im Projekt sowie im Tagesgeschäft und von der informationstechnischen Ausstattung des Arbeitsplatzes ab.

Neben der Grundqualifikation und der betrieblichen Qualifikation sind für die Einführung und Ablösung von ERP-/PPS-Systemen bedingt durch den einmaligen Charakter von Projekten vor allem Schlüsselqualifikationen von Bedeutung. Schlüsselqualifikationen sind Fähigkeiten, die keinen direkten Bezug zur Tätigkeit haben. Sie ermöglichen es den Mitarbeitern, verschiedenste, nicht vorhersehbare Anforderungen zu bewältigen. Schlüsselqualifikationen sind daher „Langzeitqualifikationen", die Kompetenzen verleihen, die weit über das Feld der jeweils ausgeübten beruflichen Tätigkeit hinausgehen (Lahner 1988). Zu den wichtigsten Schlüsselqualifikationen für die Einführung und Ablösung von ERP-/PPS-Systemen zählen die Methodenkompetenz, die Sozialkompetenz und die Lernkompetenz.

Die Mitglieder des Projektteams haben im Rahmen des Projektes die Aufgabe, das sozio-technische System bestehend aus Anwendern, Organisation und Technik harmonisch aufeinander abzustimmen. Dabei handelt es sich für die Mitarbeiter in aller Regel um eine ungewohnte neuartige Aufgabenstellung, die eine Erweiterung des jeweiligen Wissensstandes erfordert. Für eine Teamentscheidung ist es letztlich unerlässlich, dass alle Projektmitarbeiter von Projektbeginn an über einen vergleichbaren Wissens- und Informationsstand verfügen. Ansonsten besteht die Gefahr, dass diese Wissensdefizite zu Konflikten führen oder das Projekt durch das erneute Erläutern bereits abgeschlossener Entscheidungsprozesse immer wieder verzögert wird (Budde 1989).

Damit geeignete Feinkonzepte entwickelt und umgesetzt werden können, müssen die Mitarbeiter zum einen die Potenziale und die Grenzen des neuen ERP-/PPS-Systems kennen und zum andern auch die Arbeitsweisen und Probleme des eigenen sowie anderer Fachbereiche verstehen. In der

Praxis zeigt sich, dass Unternehmen mit schlechten ERP-/PPS-Systemen sehr oft bessere Ergebnisse erzielen als Unternehmen mit hervorragenden ERP-/PPS-Systemen (Kernler 1987). Demnach muss einer weit reichenden Fachkompetenz und DV-Kompetenz des Projektteams mindestens die gleiche Bedeutung beigemessen werden, wie der Funktionalität und der Anpassbarkeit des ERP-/PPS-Systems. Da die Projektmitarbeiter ihre Aufgaben im Allgemeinen in einem Team bearbeiten, müssen die Projektmitarbeiter zur Vermeidung unnötiger Konflikte über ein ausreichendes Maß an Sozialkompetenz verfügen.

Damit das Projekt nicht am Ende an der mangelnden Umsetzung bzw. Anwendung durch die Anwender scheitert, müssen diese mindestens in die Lage versetzt werden, das neue ERP-/PPS-System zu bedienen. Im Hinblick auf eine Vermeidung von Eingabefehlern und Nachlässigkeiten bei der Arbeit mit dem ERP-/PPS-System ist es allerdings vorteilhaft, wenn die Anwender zusätzlich auch über ein Grundverständnis der Arbeitsweise von ERP-/PPS-Systemen verfügen und sich der Bedeutung ihrer Arbeit für die Arbeit ihrer Kollegen und den Unternehmenserfolg bewusst sind.

Bestehende Qualifikationsdefizite können durch Schulungen, Systemtests im Auswahlprozess sowie durch interdisziplinäre fachliche Diskussionen verringert oder sogar vollständig behoben werden. Zu den wichtigsten Entscheidungen, die bezüglich der Schulung der Mitarbeiter zu fällen sind, zählen die Festlegung der Schulungsformen, des Schulungsumfangs und des Schulungszeitpunkts (vgl. Abb. 3.4-16). Die Schulungsformen unterscheiden sich grundlegend hinsichtlich der Qualität und der Schulungskosten. Sie werden daher immer unternehmensspezifisch oder sogar mitarbeiterspezifisch festgelegt, wobei oftmals verschiedene Schulungsformen kombiniert werden.

Informationsschulungen dienen dazu, ein allgemeines Grundverständnis der PPS zu erzeugen und ggf. einen Überblick über die Leistungsfähigkeit des neuen ERP-/PPS-Systems zu vermitteln. Informationsschulungen tragen dadurch dazu bei, die Mitarbeiter in kurzer Zeit und mit geringem Aufwand auf einen vergleichbaren Wissensstand zu bringen. Insbesondere die Geschäftsleitung sollte mindestens an einer Informationsschulung teilnehmen, damit sie die Schwierigkeiten und die Projektergebnisse während des Projektes beurteilen kann.

Unter dem Begriff Standardschulungen werden Schulungen verstanden, die in der Regel bei dem Systemanbieter anhand vorgegebener Beispieldaten und einem vorgegebenen Vorgehensschema durchgeführt werden. Bei dieser Form der Schulung werden im allgemeinen Mitarbeiter aus verschiedenen Unternehmen zu einem Themengebiet geschult. Hierdurch lassen sich bei Themengebieten, die nur für eine kleine Anzahl von Mitarbeitern von Bedeutung sind (z. B. Systemadministration), Schulungskosten

3.3 Auswahl und Einführung von ERP-/PPS-Systemen

minimieren. Andererseits können diese Schulungen nur in geringem Maße zur Lösung unternehmenspezifischer Probleme beitragen und setzen ein gutes Abstraktionsvermögen der Schulungsteilnehmer voraus (Geitner 1978).

Individualschulungen werden im Allgemeinen im Unternehmen anhand unternehmensspezifischer Daten und Problemfälle durchgeführt. Dies hat den Vorteil, dass sich auch Mitarbeiter mit geringem Abstraktionsvermögen in relativ kurzer Zeit in einem fremden System zurechtfinden und während der Schulungen bereits Lösungen für bestehende Probleme diskutiert werden können. Um das Verständnis des gesamten Prozesses zu fördern, sollten anstelle einzelner Funktionen immer kleine Prozessabläufe in einem Schulungsabschnitt behandelt werden. Aus Erfahrung zeigen sich die Schwierigkeiten bei der Systembedienung häufig erst dann, wenn die Mitarbeiter eigenständig mit einem ERP-/PPS-System arbeiten sollen. Bei der Durchführung der Schulungen sollte daher zusätzlich darauf geachtet werden, dass die Schulungsinhalte nicht nur demonstriert werden, sondern die Mitarbeiter selbst am System arbeiten. Gegenüber Standardschulungen erweisen sich Individualschulungen bei einer geringen Teilnehmerzahl als kostenintensiver und erfordern darüber hinaus einen Schulungsraum mit geeigneter Rechnerausstattung.

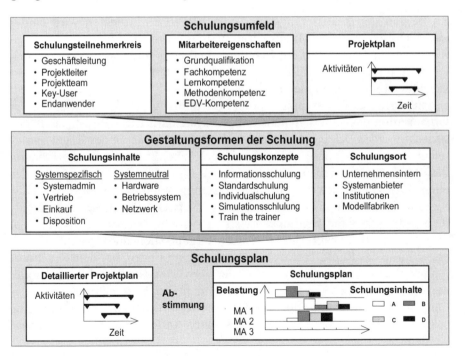

Abb. 3.3-16   Gestaltungsformen und Umfeld der Schulung

Der Nachteil der hohen Kosten von Individualschulungen wird in der Praxis durch das Train-the-Trainer-Konzept behoben. Bei diesem Konzept werden lediglich einige wenige Schlüssel-Personen (so genannte Key-User) vom Systemanbieter geschult, die anschließend selbst alle weiteren Endanwender schulen.

Besonders hohe Erkenntniszuwächse entstehen auch dann, wenn ein kompletter Auftragslauf mit firmenspezifischen Daten am System simuliert wird, da die Benutzer nur so in die Lage versetzt werden, angewendete Funktionen des ERP-/PPS-Systems im Sinne des Gesamtprozesses einzusetzen. Diese Simulation kann in der Regel allerdings erst zu einem sehr späten Zeitpunkt vorgenommen werden, da sie bereits eine weitgehende Konfiguration des Systems voraussetzt.

Einen weiteren wichtigen Parameter zur Beeinflussung der Zufriedenheit der Anwender mit der Schulung stellen der Schulungsumfang und der Schulungszeitpunkt dar. Für die Effizienz der Schulung ist es besonders wichtig, dass die Schulungen in kürzeren Abständen vertieft werden und der Zeitraum zwischen der Schulung und der Anwendung der Schulungsinhalte in der Praxis möglichst gering ist.

3.3.5.3 *Erstellung eines Prototypen*

Zu Beginn der Realisierungsphase von ERP-/PPS-Projekten wird häufig ein Prototyp erstellt. Mittels Prototypings wird im neuen ERP-/PPS-System exemplarisch für ein Erzeugnis und eine Auftragsart ein kompletter Auftragsabwicklungsprozess von der Angebotserstellung bis zur Versandabwicklung abgebildet.

Mit Hilfe des Prototypings sollen Abstimmungsprobleme zwischen der Organisation des Unternehmens und dem Standard-ERP-/PPS-System aufgedeckt werden. Kleine Abbildungsschwächen können in der Regel unmittelbar beseitigt werden, während größere Inkongruenzen in die Planung des Projektes einfließen. Durch einen Vergleich des Datenmodells des alten ERP-/PPS-Systems mit dem Datenmodell des neuen ERP-/PPS-Systems kann darüber hinaus bereits der Aufwand für die Datenaufbereitung und Übernahme abgeschätzt werden.

Bei zu großer Diskrepanz zwischen Organisation und System wird in erster Linie das Rapid Prototyping Verwendung finden, bei dem der Prototyp nach dem Erkenntnisgewinn wieder verworfen wird. Im Idealfall sollte der Prototyp jedoch durch eine Abstimmung der Unternehmensorganisation und der Systemkonfiguration schrittweise optimiert und durch eine sukzessive Hinzunahme weiterer Produkte, Auftragstypen etc. ausgebaut werden.

3.3.5.4 Feinkonzeption

Unter Berücksichtigung der grundsätzlichen Leistungsfähigkeit von ERP-/PPS-Systemen kann bereits im Vorfeld einer ERP-/PPS-Einführung ein geeignetes grobes Soll-Konzept für ein Produktionsunternehmen erstellt werden. Ein solches Soll-Konzept ist Ergebnis der Organisationsanalyse, die der Softwareauswahl vorgeschaltet sein kann (vgl. Abschn. 3.2 bzw. Abschn. 3.3.4). Das auf diese Art und Weise erstellte grobe Soll-Konzept orientiert sich zwar prinzipiell an der Leistungsfähigkeit von ERP-/PPS-Systemen, jedoch nicht speziell an der Leistungsfähigkeit des ausgewählten ERP-/PPS-Systems. In der Praxis wird das ausgewählte ERP-/PPS-System daher im Allgemeinen nicht alle aus den Konzepten resultierenden Anforderungen erfüllen, so dass die bereits erstellten Konzepte verfeinert oder sogar abgeändert werden.

Dass es trotz dieser Abweichungen sinnvoll ist, vorbereitend zur ERP-/PPS-Einführung des Systems ein Soll-Konzept für die zukünftigen Organisationsstrukturen und Prozesse zu erstellen, wird auch anhand unterschiedlicher Befragungen deutlich. Demnach weisen Unternehmen, die im Zuge der ERP-/PPS-Einführung eine Reorganisation vorgenommen haben, einen signifikant höheren Zufriedenheitsgrad mit der Systemauswahl auf als Unternehmen, die auf eine Reorganisation verzichtet haben.

Wichtige Gestaltungsobjekte im Rahmen der Einführung sind die Ablauforganisation, die Aufbauorganisation, die Arbeitsorganisation, die Planungsprozesse und die Steuerungskonzepte (vgl. Abschn. 3.2; vgl. Abb. 3.4-17).

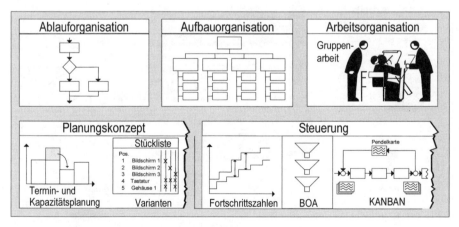

Abb. 3.3-17 Gestaltungselemente der Feinkonzeption

Gegenstand der Arbeitsorganisation ist das aufgabengerechte und optimale Zusammenwirken von arbeitenden Menschen, Betriebsmitteln, sowie Arbeitsgegenständen bzw. Informationen (Heeg 1988). Hieraus resultiert eine enge Verzahnung zu den Gebieten der Aufbau- und Ablauforganisation. Während aufbau- und ablauforganisatorische Fragestellungen aus einer mehr betriebswirtschaftlichen und technischen Perspektive behandelt werden, steht bei der arbeitsorganisatorischen Betrachtung der Mensch im Vordergrund.

Aufgabe der arbeitsorganisatorischen Gestaltung ist es, Bedingungen dafür zu schaffen, dass die Fähigkeiten der Mitarbeiter entsprechend der betrieblichen Ziele optimal zur Geltung kommen (Hirt 1991). Hierzu müssen die anfallenden Aufgaben ermittelt und unter Berücksichtigung der erforderlichen vertikalen und horizontalen Kooperation zu Arbeitspaketen für einen Arbeitsplatz zusammengefasst werden. Für die an einem Arbeitsplatz anfallenden Aufgaben müssen effiziente Arbeitsabläufe sowie der Hilfsmitteleinsatz festgelegt werden.

Zur Reduzierung der mit einer Aufgabe verbundenen Belastung sowie zur Steigerung der Arbeitszufriedenheit und der Arbeitsmotivation sollte darauf geachtet werden, dass bei der Zuordnung von Tätigkeiten zu einzelnen oder Gruppen von Beschäftigten die Anforderungen für eine Tätigkeit und die Fähigkeiten der Mitarbeiter berücksichtigt werden, damit diese nicht überfordert, aber auch nicht unterfordert werden.

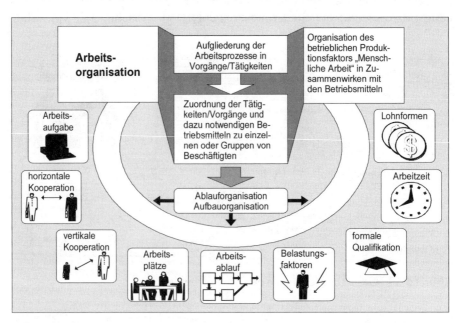

Abb. 3.3-18 Feinkonzeption – Arbeitsorganisation (Luczak 1999)

3.3 Auswahl und Einführung von ERP-/PPS-Systemen

Die Belastungsfaktoren bei Ausübung einer Tätigkeit können durch eine ergonomische Gestaltung des Arbeitsplatzes, durch eine Qualifizierung der Mitarbeiter und geeignete Arbeitszeitmodelle minimiert werden (vgl. Abb. 3.4-18).

Daher ist bei der ERP-/PPS-Einführung zu bedenken, dass sich die Arbeitsorganisation unmittelbar auf die Gestaltung des ERP-/PPS-Systems auswirkt. So werden durch die Arbeitsaufgabe und den Arbeitsablauf automatisch der Informationsbedarf und die notwendige DV-Unterstützung determiniert. Dieser Informationsbedarf muss letztlich durch die Aufbereitung von Daten, die im System verwaltet werden, befriedigt werden. Hierzu bedarf es geeigneter Maskeninhalte und -layouts, Auswertungen, Listen und Berichte.

Bei der Erarbeitung und Umsetzung von Planungskonzepten besteht die Schwierigkeit darin, geeignete Planungs- und Steuerungskonzepte vorzudenken und deren Eignung und Umsetzbarkeit mit den in ERP-/PPS-Systemen vorhandenen Methoden und Verfahren unter Berücksichtigung der Randbedingungen des Unternehmens zu bewerten. Die Bewertung berücksichtigt einerseits, ob das Planungsverfahren in der Lage ist, geeignete Plandaten zu erzeugen. Andererseits muss aus ökonomischer Sicht auch bedacht werden, welcher Aufwand mit der permanenten Verwaltung der für die Planung benötigten Daten sowie der vorbereitenden Formalisierung und Abbildung des Planungswissens in einem ERP-/PPS-System verbunden ist.

In der Praxis stellt sich die Frage, mit welchen Methoden geeignete Organisationsstrukturen und Planungs- und Steuerungsverfahren konzipiert und insbesondere umgesetzt werden können. Bei der Auswahl einer geeigneten Methode muss man sich zunächst der Zielsetzung und der Leistungsfähigkeit der verschiedenen Methoden bewusst werden. Methoden und Verfahren können für den Praktiker folgende Unterstützungen liefern:

- Strukturierung von Problemstellungen und Verdeutlichung von Zusammenhängen (z. B. durch Modellierungsmethoden) (Mertins et al. 1994; Bach et al. 1995),
- Förderung der Kreativität und Ideenfindung (z. B. durch Moderationstechniken) (Klebert et al. 2002),
- Aufdeckung von Schwachstellen bei der Analyse der Auftragsabwicklung aus verschiedenen Sichtweisen (Methoden zur Durchlaufzeitanalyse, Kommunikationsanalyse, Analyse der Datenqualität etc.) (Tiemeyer 1995a),
- Methoden und Verfahren zur Bewertung von Lösungsalternativen (Kosten-Nutzen-Analyse, Argumentenbilanz etc.) (Schmidt 2003; Tiemeyer 1995b),

- Planung und Steuerung von Projekten (siehe z. B. Methoden des Projektmanagements) (Schmidt 2003),
- etc.

In Bezug auf die ERP-/PPS-Einführung ist es von besonderer Bedeutung, dass die Mitarbeiter einerseits die bereichsübergreifenden Zusammenhänge bei der Abwicklung von Aufträgen, die Unternehmensrandbedingungen sowie evtl. vorliegende Reorganisationskonzepte kennen und andererseits aber auch die Leistungsmerkmale und die Arbeitsweise des neuen ERP/PPS-Systems verstehen. Für fachliche Diskussionen ist es darüber hinaus unerlässlich, dass die Mitarbeiter über ein einheitliches Begriffsverständnis verfügen. Das Unternehmen sollte deshalb bei der Feinkonzeption Methoden bzw. Hilfsmittel bereitstellen, die sicherstellen, dass alle wesentlichen Randbedingungen berücksichtigt werden und eine Grundlage für eine strukturierte, inhaltliche Vertiefung der Fachkonzepte bieten.

Im Rahmen der ERP-/PPS-Einführung werden von vielen Unternehmen die Auftragsabwicklungsprozesse modelliert. Die dabei entstehenden Ablaufbeschreibungen tragen wesentlich dazu bei, Zusammenhänge zu vor- und nachgelagerten Tätigkeiten zu verdeutlichen und ein einheitliches Begriffsverständnis für eine vertiefende Diskussion zu schaffen. Je nach Aufbau der Ablaufbeschreibung lassen sich aus der Beschreibung nahezu alle wesentlichen Informationen für eine Beurteilung und Optimierung der Prozessqualität sowie zur Konfiguration des ERP-/PPS-Systems entnehmen.

Beim Einsatz von Modellierungsmethoden muss berücksichtigt werden, dass ein Modell eine am Zweck ausgerichtete Vereinfachung der Realität darstellt. Diese Vereinfachung hat oftmals zur Konsequenz, dass die Modellwelt bei der konkreten Umsetzung verlassen werden muss. Insbesondere fließen die Erkenntnisse, die bei der Umsetzung, beispielsweise im Rahmen des Prototypings, gesammelt werden sowie die dabei vorgenommenen Modifikationen (z. B. Parametereinstellungen) nicht automatisch in das Modell zurück, sondern müssen manuell nachgeführt werden. Dies liegt in der unzureichenden Kopplung der zur Zeit verfügbaren Modellierungswerkzeuge zu den ERP-/PPS-Systemen begründet. Man sollte sich daher bei der Feinkonzeption und der Auswahl einer Methode sehr genau überlegen, welches Ziel man verfolgt. Auf Grund des Umfangs der notwendigen Darstellungen muss an dieser Stelle auf eine detailliertere Beschreibung der vielfältigen Methoden zur Unterstützung der Feinkonzeption verzichtet und auf die Literatur verwiesen werden.

3.3.5.5 Anpassung und Konfiguration des ERP-/PPS-Systems

In der Phase der Anpassung und Konfiguration muss das erarbeitete Feinkonzept in die Praxis umgesetzt werden. Um hierbei den unternehmensspezifischen Anforderungen gerecht zu werden, verfügen die Systeme über Anpassungshilfsmittel. Die Anpassung des Systems an das Unternehmen wird mit Hilfe dieser Anpassungshilfsmittel vorgenommen. Diesen Vorgang bezeichnet man allgemein als Konfiguration oder Customizing. Anpassungen, die lediglich vom Systementwickler vorgenommen werden können und eine Veränderung oder Erweiterung des Source-Codes erfordern, werden als Anpassprogrammierungen bezeichnet.

Zu den wichtigsten Anpassungshilfsmitteln zählen die Modularisierung, Parametrisierung, Listengeneratoren, Maskengeneratoren, Regelwerke und Programmgeneratoren (vgl. Abb. 3.4-19). Die Anpassung durch Parametrisierung findet bei nahezu allen Standard-ERP-/PPS-Systemen Anwendung. Zum Zeitpunkt der Softwareinstallation wird ein Teil der Parameter des ERP-/PPS-Systems vom Systementwickler bereits mit Defaultwerten vorbelegt. Diese Parameter müssen auf ihre Zweckmäßigkeit und Abstimmung mit dem Soll-Konzept überprüft werden.

Eine Modularisierung, die nicht nur zur Preisgestaltung dient, sondern zur groben Abstimmung des Systems auf die Anforderungen des Unternehmens geeignet ist, liegt nur selten vor. Einige Anbieter von Standard-ERP-/PPS-Systemen bieten in sich abgeschlossene Module an, die alternativ zum Einsatz kommen können. Manche Anbieter stellen beispielsweise für Unternehmen der Automobilzuliefererindustrie oder für Unternehmen der Stahlindustrie andere Einkaufsmodule zur Verfügung als für die übrigen Branchen.

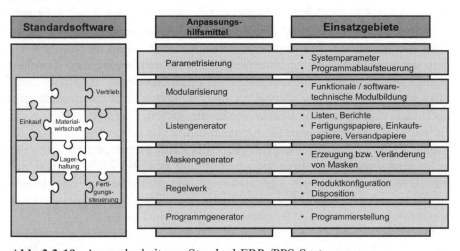

Abb. 3.3-19 Anpassbarkeit von Standard-ERP-/PPS-Systemen

Falls die zur Verfügung stehenden Anpassungshilfsmittel nicht ausreichen, müssen die Anforderungen entweder durch die Einbindung von Fremdsystemen oder aber Anpassungen des Datenmodells oder des Programmcodes im Standard-ERP-/PPS-System realisiert werden. Im Regelfall ist die Releasefähigkeit bei Anpassprogrammierungen im Standard-ERP-/PPS-System allerdings nur noch mit Einschränkung gewährleistet. Aus diesem Grunde und auf Grund der Tatsache, dass Anpassprogrammierungen immer mit Programmierfehlern verbunden sind, die im eigenen Unternehmen getestet und beseitigt werden müssen, sollte allerdings auf umfangreiche Anpassungen verzichtet werden.

Schnittstellen

Zur Einbindung eines ERP-/PPS-Systems in die organisatorische Landschaft gehört auch die Konfiguration von Schnittstellen. Zu den am häufigsten anzutreffenden Schnittstellen zählen die Schnittstellen zu Betriebsdatenerfassungssystemen (BDE), Personalzeiterfassungssystemen (PZE), CAD-Systemen, CRM-Systemen, EDM-/PDM-Systemen und, sofern entsprechende Module nicht bereits im Leistungsumfang von ERP-/PPS-Systemen vorhanden sind, Schnittstellen zu Rechnungswesenpaketen (Finanzbuchhaltung, Anlagenbuchhaltung, Kostenrechnung etc.). Der Standardisierungsgrad der Schnittstelle gehört zu den Eigenschaften, die den Umfang des Einführungs- und Ablöseprozesses besonders stark beeinflussen. Je höher der Standardisierungsgrad der Schnittstellen ist, desto geringer kann der Einführungsaufwand veranschlagt werden.

Test der Anpassungen und Konfigurationseinstellungen

Bevor mit der Schulung der Endanwender und der in der Regel sehr aufwendigen Aufbereitung und Übernahme der Daten begonnen wird, ist es sinnvoll, das System bestehend aus Mensch, Organisation und Technik einem umfassenden Test zu unterziehen. Die Durchführung von Tests ist notwendig, da es den Endanwendern nicht zumutbar bzw. allgemein nicht effizient ist, die Endanwender mit unterschiedlichen Maskenaufbauten und potenziell instabilen Programmen zu konfrontieren. Dadurch bestünde die Gefahr einer Verringerung der Akzeptanz. Die Tests werden zunächst im Projektteam und anschließend mit allen Anwendern durchgeführt.

Im Test werden vor allem die Abstimmung des ERP-/PPS-Systems auf die Geschäftsprozesse des Unternehmens, die Fehlerfreiheit der Anpassungsprogrammierungen, die Einstellung der Planungsparameter und der Kenntnisstand der Mitarbeiter überprüft (vgl. Abb. 3.4-20).

Die Überprüfung des Kenntnisstandes bezieht sich zunächst nur auf das Projektteam bzw. Key-User und DV-Mitarbeiter und wird später im Rahmen der Simulation auf alle Endanwender ausgeweitet. Durch einen Test können bereits erste Unstimmigkeiten und Defizite aufgedeckt und unnötiger Arbeitsaufwand vermieden werden.

Der Test umfasst die Vorbereitung, die Durchführung und die Auswertung der Tests. Im Vergleich zu den Systemtests im Rahmen der Endauswahl (vgl. Abschn. 3.3.5.2) wird auf einem erheblich feineren Detaillierungsgrad getestet, die grundsätzliche Vorgehensweise ist aber vergleichbar.

Die Testvorbereitung umfasst die Erstellung einer Arbeitsunterlage für den Test (Testfahrplan), die Vorbereitung der Mitarbeiter auf den Test, die Abbildung typischer Geschäftsprozesse im ERP-/PPS-System und die Festlegung des Testablaufs. Die Durchführung der Tests erfolgt im Allgemeinen prozessorientiert. Das prozessorientierte Vorgehen trägt dazu bei, evtl. Mängel in der Durchgängigkeit der EDV-Unterstützung und Interdependenzen von Parametereinstellungen zu erkennen. Wenn im Test Mängel festgestellt werden, müssen geeignete Gegenmaßnahmen getroffen und das Ergebnis erneut getestet werden, bis eine Freigabe für die letzte Phase des Projekts erteilt werden kann.

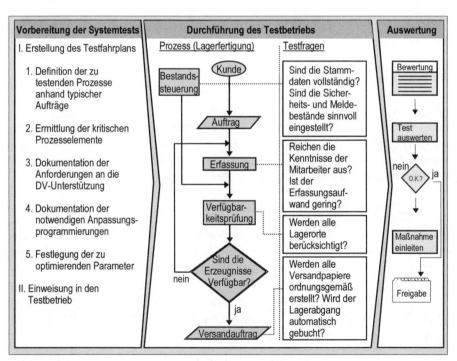

Abb. 3.3-20 Vorbereitung und Durchführung der Tests zur Anpassungsüberprüfung

3.3.5.6 *Datenaufbereitung und -übernahme*

Daten in einem ERP-/PPS-System

Standard-ERP-/PPS-Systeme geben systemseitig Datenfelder vor. Diese sind im Vorhinein festgelegt und haben eine feste Bezeichnung, die nur durch Programmanpassungen abgeändert werden können. Ihren Inhalt erhalten die systemseitigen Datenfelder durch die Eingabe von Werten, die direkten Bezug zu betrieblichen Objekten besitzen.

Die Daten eines Standard-ERP-/PPS-Systems erfüllen sehr unterschiedliche Aufgaben. Identifizierende Daten dienen dem programmtechnischen Zugriff. Qualifizierende Daten beschreiben die betrieblichen Objekte. Quantifizierende Daten beschreiben Eigenschaften von Objekten und unterliegen daher Wertschwankungen. Steuernde Daten (Parameter) veranlassen Programmoperationen. Sie haben fest definierte Schlüsselwerte.

Ein weiteres Merkmal von Daten ist die zeitliche Variabilität. Sie kennzeichnet die zeitliche Abhängigkeit der Daten von betrieblichen Ereignissen oder Zuständen. In der Praxis wird der Grad der zeitlichen Abhängigkeit oft auch anhand der Begriffe Stamm- und Bewegungsdaten umschrieben (vgl. Abschn. 2.2.5).

Ein wichtiger Erfolgsfaktor für eine erfolgreiche Einführung von ERP-/PPS-Systemen ist die Gewährleistung einer hohen Datenqualität. Die Datenqualität kann sowohl an systemseitigen Merkmalen (z. B. Datenredundanzen, Verständlichkeit, Transparenz, Relevanz u. a.) als auch an betriebsseitigen Merkmalen gemessen werden (z. B. Fehlerhaftigkeit, Aktualität, Detailliertheit, Vollständigkeit u. a.). Die betriebsseitigen Qualitätsmerkmale beziehen sich auf die eingegebenen Werte in den systemseitig vorgegebenen Datenfeldern. Bei der Eingabe oder Übernahme der Stamm- und Bewegungsdaten sind vor allem die betriebsseitigen Qualitätsmerkmale zu prüfen.

Parameterkonfiguration

Als Parameter werden Datenfelder bezeichnet, die dem Benutzer die Möglichkeit bieten, das Verhalten des ERP-/PPS-Systems zu steuern und seine Planungsergebnisse zu beeinflussen. Sie unterscheiden sich daher von administrativen Daten dadurch, dass sie nicht zur Abbildung der Realität dienen, sondern vom Planer nach Belieben eingestellt werden können (Pietsch 1994). Dabei lassen sich folgende Parameter hinsichtlich ihrer Wirkungsweise unterscheiden:

- Parameter zur Auswahl von Methoden und Verfahren (z. B. Auswahl des Dispositionsverfahrens)

3.3 Auswahl und Einführung von ERP-/PPS-Systemen

- Parameter, die die Verarbeitung innerhalb vorgegebener Methoden und Verfahren beeinflussen (z. B. Koeffizienten von Prognosemodellen; Art der Verrechnung von Bedarfen aus Kundenaufträgen)
- Daten, die von Methoden und Verfahren verarbeitet werden (z. B. Arbeitsvorgangszeiten, Mindestbestände, Vorgriffshorizont etc.)
- Parameter zur Ablaufsteuerung (auslösendes Ereignis für die Arbeitspapiererstellung, Ort des Arbeitspapierdrucks, Art und Anzahl der Arbeitspapiere, Zwangsbedingungen für eine Auftragsfreigabe, Rückmeldepflicht von Arbeitsvorgängen, Art der Lagerbestandsführung)
- Systeminterne Parameter (Zugriffsberechtigungen, Zeitpunkt von Datensicherungen etc.)

Die Parameter lassen sich zusätzlich hinsichtlich ihrer Bezugsobjekte in globale, materialspezifische, lieferantenspezifische, kundenspezifische, auftragsartenabhängige, arbeitsplatzspezifische und arbeitsvorgangsspezifische Parameter unterscheiden. Bei der Einstellung der Parameter sollte nach Möglichkeit so vorgegangen werden, dass möglichst viele Parameter in Abhängigkeit von bereits eingegebenen Parametern eingestellt werden können (Pietsch 1994). Beim Aufbau der Stammdaten geht man im Allgemeinen so vor, dass man zuerst die Teilestämme anlegt, da diese zur Erstellung von Stücklisten und Arbeitsplänen benötigt werden. Zusätzlich müssen vorbereitend zur Arbeitsplanerstellung alle Arbeitsplätze festgelegt worden sein. Da die Parameter im Allgemeinen in den Stammdateien abgelegt werden, sollte die Reihenfolge der Parametereinstellung dieser Reihenfolge des Stammdatenaufbaus entsprechen.

Die Parametereinstellung lässt sich im Wesentlichen in die zwei Bereiche Parameterinitialeinstellung und das anschließende Parametertuning einteilen. Die Parameterinitialeinstellung wird sowohl während der Einführungsphase des ERP-/PPS-Systems als auch im laufenden Betrieb beispielsweise dann durchgeführt, wenn neue Geschäftsprozesse abgebildet oder neue Materialien aufgenommen werden müssen. Das Parametertuning wird hingegen ausschließlich im laufenden Betrieb vorgenommen und soll das System an die sich ändernden Einflussgrößen anpassen (Ludwig 1992).

Die Dauer der Einführung kann erheblich verkürzt werden, wenn die Parameter mit numerischen Wertebereichen bei Initialeinstellung mit groben Einstellwerten vorbelegt werden und eine exakte Tuning der Parameter erst im laufenden Betrieb vorgenommen wird, wenn die Auswirkungen der Parametereinstellungen erkennbar sind.

Datenübernahme

Hinsichtlich der Datenübernahme und Datenaufbereitung lassen sich grundsätzlich drei verschiedene Arten der Datenübernahme unterscheiden, die interpretative Datenübernahme, die automatisierte 1:1 Datenübernahme und die manuelle Datenübernahme.

Bei der interpretativen Datenübernahme wird die Bedeutung der Werte von Datenfeldern des alten Systems interpretiert und im neuen System abgebildet. Die Datenaufbereitung kann bei der interpretativen Datenübernahme vor, während oder nach der Übernahme erfolgen. Zur Aufbereitung oder Interpretation der betriebsseitigen Daten werden Referenztabellen verwendet oder sogar mathematische Operationen auf mehrere Datenfelder im alten ERP-/PPS-System angewendet.

Bei der automatisierten 1:1 Übernahme wird bei der Datenübernahme maximal ein Abgleich unterschiedlicher Datenfeldbezeichnungen vorgenommen. Die Datenbereinigung kann vor oder nach der Datenübernahme vorgenommen werden. Bei der manuellen Datenübernahme werden die Daten, sofern die notwendigen Informationen zur Verfügung stehen, während der Eingabe überarbeitet.

3.3.5.7 *Übergang in den Echtbetrieb*

Analog zum Test des Systems wird unmittelbar vor dem Übergang in den Echtbetrieb eine Simulation des Gesamtsystems bestehend aus Personal, Organisation und Technik vorgenommen. Im Gegensatz zum Test wird die Simulation jedoch nicht von Key-Usern mit exemplarischen Daten und Geschäftsprozessen durchgeführt, sondern von allen Anwendern einschließlich der Endanwender mit allen für den Echtbetrieb notwendigen Daten. Die Simulation wird, falls erforderlich solange wiederholt, bis das Risiko für den Übergang in den Echtbetrieb auf ein vertretbares Maß minimiert werden kann. Vor dem endgültigen Übergang in den Echtbetrieb müssen Aufträge ggf. von Hand nochmals neu eingegeben werden, um die Bewegungsdaten neu zu erzeugen. Die manuelle Eingabe der korrekten Lagerbestände kann im Rahmen einer Inventur ebenfalls erforderlich sein. Falls man sich für einen zeitweisen Parallelbetrieb entscheidet, müssen die Daten während dieser Zeit permanent abgeglichen werden.

Für den Übergang in den Echtbetrieb sind abhängig von den unternehmensspezifischen Randbedingungen und Zielsetzungen unterschiedliche Strategien sinnvoll. So kann eine Umstellung des Systems in einem Schritt für das komplette System oder stufenweise erfolgen.

Die komplette Umstellung auf das neue System erfolgt in der Regel zu einem Stichtag („Big Bang"). Einige Unternehmen entschließen sich auch zu einem zeitweise parallelen Betrieb von altem und neuem System. Ein stufenweiser Übergang in den Echtbetrieb wird realisiert durch sukzessive Einführung neuer Module oder sukzessive Übernahme von Aufträgen oder Produkten in das neue System.

3.3.6 Literatur

Aggteleky B (1992) Projektplanung: ein Handbuch für Führungskräfte, Grundlagen, Anwendung, Beispiele. Carl Hanser, München Wien
Bach V, Brecht L, Österle H (1995) Softwaretools für das Business Process Redesign, Eine Marktstudie. Institut für Wirtschaftsinformatik, Hochschule St. Gallen. FBO-Verlag, Wiesbaden
Budde R (1989) PPS und BDE: Gut vorbereitet ist halb eingeführt. Die Arbeitsvorbereitung 26(1989)4:143-146
DIN 69901 Projektmanagement - Projektwirtschaft – Begriffe. Beuth Verlag, Berlin
Geitner U-W (1978) Strategie zur Einführung von Steuerungssystemen. Online-adl-Nachrichten, (1978)12:1007-1009
Heeg F-J (1988) Empirische Software-Ergonomie, Zur Gestaltung benutzergerechter Mensch-Computer-Dialoge. Springer, Berlin
Hirt K (1991) Schlußbericht zum DFG-Projekt: Entwicklung einer Methodologie zum prospektiven Design von CIM-Arbeitssystemen, Teil 1: Entwicklung der Grundlagen der Methodologie. Aachen
Hochhut U, Mangold M, Martin R, Plum T (1994) Neue Herausforderungen an kleine und mittlere Unternehmen. (Gutachten im Auftrag des Wirtschaftsministeriums Baden-Württemberg, Tübingen)
Kernler H (1987) Nur fähige Mitarbeiter verwandeln PPS-Informationen in Nutzen. Mega 2(1987)5:68-72
Klebert K, Schrader E, Straub W (2002) Moderationsmethode, vollkommen überarbeitete Neuaufl. Hamburg
Lahner M (1988) Qualifikationen für CIM, Nutzergruppen und -ebenen der Qualifikation in der computerintegrierten Produktion. FB/IE 37(1988)3:26-29
Lassen S, Roesgen R, Meyer M, Schmidt C (2005) Marktspiegel Business Software – ERP/PPS 2005/2006. 3. überarbeitete Aufl. Aachen
Luczak H (1999) Arbeitsorganisation. In: Eversheim W, Schuh G (Hrsg) Betriebshütte, Produktion und Management, Teil 2, 7. völlig neu bearbeitete Aufl. Springer, Berlin
Ludwig L (1992) Beiträge zur wissensbasierten Parameterinitialeinstellung von Standardsoftwarepaketen - dargestellt am Bereich Materialbedarfsplanung des SAP-Systems. Dissertation, Nürnberg
Mertins K, Süssenguth W, Jochem R (1994) Modellierungsmethoden für rechnerintegrierte Produktionsprozesse: Unternehmensmodellierung, Softwareentwurf, Schnittstellendefinition, Simulation, (Produktionswissen für die Praxis). Hanser, München Wien

Pietsch M (1994) Beiträge zur Konfiguration von Standardsoftware am Beispiel der Geschäftsprozeßimplementierung und Parameterinitialeinstellung bei der Einführung eines großintegrierten PPS-Systems. Dissertation, Nürnberg

Schmidt G (2003) Methode und Techniken der Organisation, 13. Aufl. Verlag Dr. Götz Schmidt, Gießen

Stickel E (1997) Wirtschaftinformatiklexikon. Gabler, Wiesbaden

Tienmeyer E (1995a) Software zur Kommunikationsanalyse. Führung + Organisation 3(1995):186-190

Tienmeyer E (1995b) Software zur Zielbildung und Alternativenbewertung. Führung + Organisation 5(1995):316-321

3.4 Harmonisierung von ERP-/PPS-Prozessen und -Systemen

von Svend Lassen

3.4.1 Überblick

3.4.1.1 *Integration verteilter Standorte und Unternehmen*

Produzierende Unternehmen befinden sich in einem Wandlungsprozess. Flexible, marktorientierte Abläufe und Strukturen in der Auftragsabwicklung sind heute entscheidende Wettbewerbsfaktoren für zahlreiche Produktionsunternehmen. Mit dem dynamischen Erwerb (Integration) bzw. der Veräußerung oder Verselbständigung (Desintegration) von Unternehmensteilen begegnen produzierende Unternehmen der steigenden Dynamik der Märkte sowie den gestiegenen Kundenanforderungen. Die Zunahme von Unternehmensakquisitionen bzw. -zusammenschlüssen (Much 1997; Bereszewski et al. 2002; Lauritzen 2000) sowie umfangreichen Reorganisationsvorhaben (Bullinger u. Wiedmann 1995), der Trend zur Verringerung der Fertigungstiefe (Beckmann 1999) sowie die Konzentration auf Kernkompetenzen (Wirth 1995; Wiendahl et al. 1998) sind nur einige Anlässe, die eine zunehmende Unternehmensdynamik bestätigen.

Für diesen Wandlungsprozess müssen die notwendigen Voraussetzungen geschaffen werden, um langfristig den Unternehmenserfolg in Produktionsunternehmen sicherzustellen (Westkämper 1999). Der Bewertung und Gestaltung der unterstützenden Informationstechnologie (IT) kommt im Rahmen der Integration oder Desintegration von Unternehmensteilen eine besondere Bedeutung zu (Baumgarten et al. 2001; Lauritzen 2000). Mehrere Untersuchungen verdeutlichen, dass eine unzureichende Berücksichtigung der IT-Unterstützung die Wandlungs- und Anpassungsfähigkeit von Unternehmen erheblich begrenzt (Wirtz 1996; Hafen et al. 1999; Homburg u. Hocke 1998).

Die Integration neuer Geschäftsbereiche bedeutet somit auch die Integration der Informationssysteme, Prozesse und Daten über Unternehmens- oder Geschäftsbereiche hinweg und stellt eine der herausragenden unternehmerischen Aufgaben der nächsten Jahre dar (Schwinn et al. 1999; Pietsch 1999).

Zwischen den Unternehmensteilen gibt es unterschiedliche gegenseitige Abhängigkeiten. Diese entstehen aufgrund von (Böhm et al. 1996):

- informatorischen Verflechtungen
- gemeinsamer Konkurrenz
- gemeinsamen Absatz- und Beschaffungsmärkten
- rechtlichen Gründen
- Nutzung gemeinsamer Ressourcen
- Lieferverknüpfung

Aufgrund dieser Abhängigkeiten steht das Unternehmen vor der grundsätzlichen Problemstellung, welcher Grad der Integration notwendig bzw. zielgerecht ist und auf welche Weise die Integration der verschiedenen in den Unternehmensbereichen eingesetzten Informationssysteme durchgeführt werden soll.

Ein entscheidendes Problemfeld ist die Auftragsabwicklung sowie die Produktionsplanung und -steuerung (PPS) und deren Organisation. Zur effektiven Unterstützung der Auftragsabwicklung und PPS benötigt das moderne Unternehmen umfassende Informationssysteme (IS), wie z. B. Produktionsplanungs- und -steuerungssysteme (PPS-Systeme) oder umfassende Systeme für das Enterprise Resource Planning (ERP). ERP-/PPS-Systeme werden bereits seit Anfang der achtziger Jahre zur Unterstützung der Aufgaben im Rahmen der Produktionsplanung und -steuerung eingesetzt. Seitdem nimmt ihre Verbreitung kontinuierlich zu (Stadtler et al. 1995; Kernler 1995).

Die Unternehmen werden mit vielschichtigen Handlungsalternativen zur Integration der verschiedenen Informationssysteme der einzelnen Unternehmens- und Geschäftsbereiche konfrontiert. Zudem werden durch die dynamische Veränderung von Unternehmensgrenzen kontinuierlich neue Anforderungen an die PPS und deren IT-Unterstützung gestellt (Philippson 2000). Dies betrifft sowohl den übergreifenden Teil der PPS als auch den spezifischen Teil der PPS für den neu zu integrierenden Unternehmensteil. Das Anforderungsprofil unterschiedlicher Unternehmensbereiche an die ERP-/PPS-Systemunterstützung kann sich dabei grundlegend unterscheiden. Eine Hauptaufgabe im Rahmen des Wandlungsprozesses ist es daher, den geeigneten Informationssystemeinsatz für die veränderte Standortstruktur festzulegen sowie eine adäquate Integration der vorhandenen Informationssysteme vorzunehmen.

Der Erfolg der jeweiligen Integrationsstrategie kann definiert werden als Differenz zwischen dem zu erzielenden Nutzen und dem notwendigen Realisierungsaufwand. Die Bewertung dieser Größen ist abhängig von den betrieblichen Randbedingungen und von den bereits eingesetzten Informationssystemen. Insbesondere der zeitliche Nutzen- und Aufwandsverlauf

3.4 Harmonisierung von ERP-/PPS-Prozessen und -Systemen

der jeweiligen Strategie ist vor dem Hintergrund der sich verkürzenden Wandlungszyklen von Unternehmen zu berücksichtigen. Darüber hinaus muss das Risiko der jeweils verfolgten Integrationsstrategie abgeschätzt werden. Werden diese Größen bzw. die Wirkungszusammenhänge zwischen diesen Größen nicht systematisch oder nur unzureichend in die Betrachtung einbezogen, wird die Integration der Systeme und der Auftragsabwicklung nicht rationell durchgeführt und Synergiepotenziale zwischen den Geschäftsbereichen bleiben gegebenenfalls ungenutzt.

Es kann festgehalten werden, dass die adäquate Integration der einzusetzenden Informationssysteme maßgeblich verantwortlich ist für den Erfolg der organisatorischen Integration neuer Unternehmens- oder Geschäftsbereiche. Sowohl die Festlegung des Grads und Umfangs der Integration als auch das Vorgehen bei der Umstellung stellen sich als komplexes Bewertungsproblem dar.

3.4.1.2 Begriffe Integration und Harmonisierung

Der Begriff der Integration kommt aus dem Lateinischen („integrare", "integratio") und beschreibt die Wiederherstellung von oder das Ergänzen zu einem Ganzen. In der Wirtschaftsinformatik bezeichnet Integration die Verknüpfung von Menschen, Aufgaben und Technik zu einem System (Mertens 1997).

Linß (1995) unterscheidet zwischen der Integration als Zustand und dem Vorgang der Integration. Der Integrationszustand ist ein Status der Verbindung bzw. Zusammenführung von Elementen zu einem System (Kromer 2001). Er ist durch eine Menge von Kriterien charakterisiert, die als Integrationsdimensionen bezeichnet werden. In der Literatur werden vor allem die folgenden Integrationsdimensionen unterschieden (Linß 1995):

- Integrationsgegenstand: Daten, Funktionen, Programme, Prozesse, Methoden
- Integrationsreichweite: innerbetrieblich, zwischenbetrieblich
- Integrationsrichtung: horizontal, vertikal (Scheer 1995)

Die Integration als Vorgang bezeichnet das Vorgehen und die Aktivitäten zur Zusammenführung von Teilen zu einem Ganzen. Dabei kommen Methoden zum Einsatz, die auf das Ziel der Integration, den Integrationszustand, ausgerichtet sind.

Unter der Integration von Anwendungssystemen verstehen Noori u. Mavaddat (1998) die übergreifende Bereitstellung von Informationen, die Koordination von Entscheidungen und das Management von Aufgaben zwischen Menschen und Anwendungssystemen. Die Schaffung einer ganzheitlichen Integrationslösung wird auch durch den Begriff Enterprise Application Integration (EAI) beschrieben. Nach Nußdorfer (2000) hat EAI die Aufgabe, die interne und externe Kommunikation zwischen Software-Lösungen zu ermöglichen und drastisch zu verbessern.

Bei der Betrachtung von Integrationsansätzen und -lösungen sind die unterschiedlichen Ebenen einer Anwendungsarchitektur zu unterscheiden. In der Tabelle 3.4-1 sind verschiedene Ansatz zur Einteilung der Integrationsebenen aus der Literatur gegenübergestellt. Im Folgenden soll der Fokus auf den Geschäftsprozessen und Anwendungssystemen liegen.

Tabelle 3.4-1   Ansätze zur Systematisierung der Integrationsebenen

Trapp u. Otto 2002, S. 109	Winkeler et al. 2001, S. 9	Schott u. Mäurer 2001, S. 43	Sneed 2002, S. 41
Geschäftsprozess-Management-Schicht	Prozessebene (Bedeutung)	Prozessschicht	Geschäfts-architekturschicht
Applikations-anbindungsschicht	Objektebene (Messages)	Anwendungsschicht	Applikations-architekturschicht
Transformations- und Formatierungsschicht	Datenebene (Bits)	Datenschicht	
Kommunikations-schicht		Transportschicht	Technologie-architekturschicht

Die Bedeutung der informationstechnischen Integration ergibt sich aus der Heterogenität und Verteilung von Anwendungs- und Informationssystemen bei Unternehmen. Vielfach existieren Informationssysteme, die für einzelne Funktionsbereiche, z. B. Materialwirtschaft, Produktion, Rechnungswesen, entwickelt wurden, die aber nicht entlang der Auftragsabwicklung integriert sind. Zudem gibt es Anwendungssysteme bei verteilten Organisationseinheiten, deren Funktionen ähnlich und damit redundant sind.

Aus der Heterogenität und der Verteilung von Anwendungssystemen in Verbindung mit den Kosten- und Leistungszielen einer Unternehmung ergeben sich verschiedene Anforderungen an die Anwendungsarchitektur. Die Integration stellt dabei eine der wichtigsten Anforderungen dar. Zudem lassen sich aber auch die Forderung nach Konsolidierung der Informationssysteme (Swanton 2003), Standardisierung (Kromer 2001) und Synchronisation zwischen den verteilten Systemen aufstellen (Weingarten 2002).

Lauritzen (2000) sieht die Aufgabe der Integration bei Unternehmenszusammenschlüssen darin, „eine Harmonisierung bzw. Vereinheitlichung der

3.4 Harmonisierung von ERP-/PPS-Prozessen und -Systemen

Kerngeschäftsprozesse, der Anwendungssysteme, der IT-Infrastruktur sowie der Einbindung der Menschen und Kulturen herbeizuführen."

Im Zusammenhang mit der Integration von verteilten Organisationseinheiten wird auch der Begriff der Kollaboration verwendet. Weingarten (2002) versteht darunter die Ausschöpfung von wirtschaftlichen Potenzialen zwischen (vertikal) verbundenen Unternehmen in einer Wertschöpfungskette mittels Integration und Synchronisation von unternehmensübergreifenden Prozessen.

Die Ausführungen zeigen, dass eine alleinig auf die Integration ausgerichtete Betrachtung der Auftragsabwicklung bei verteilten Standorten zu kurz greift und die Potenziale einer übergreifenden Gestaltung der Anwendungsarchitektur nicht vollständig berücksichtigt.

Um eine möglichst weite Perspektive auf die Problematik verteilter und heterogener Geschäftsprozesse und Informationssysteme einzunehmen, wird anstelle von Integration nachfolgend auch der Begriff der Harmonisierung verwendet. Unter Harmonisierung subsummieren sich die Begriffe Integration, Standardisierung, Konsolidierung, Synchronisation, Koordination und Optimierung.

Harmonisierung wird definiert als die ganzheitliche Gestaltung der Geschäftsprozesse, Daten und Informationssysteme bei verteilten Organisationseinheiten mit dem Ziel, Nutzenpotenziale aus der Harmonisierung zu erschließen. Eine Handlungsanweisung zur Standardisierung, Integration und Optimierung verteilter Geschäftsprozesse und Informationssysteme wird als Harmonisierungsstrategie bezeichnet. Die Harmonisierungsstrategie besitzt eine organisatorische und eine informationstechnische Komponente (IT-Strategie).

3.4.2 Harmonisierungsstrategien

Die Gestaltung einer Harmonisierungsstrategie ist abhängig von den zu erschließenden Harmonisierungspotenzialen. Im Folgenden werden deshalb zunächst die Harmonisierungspotenziale systematisiert, bevor alternative Harmonisierungsstrategien aufgezeigt werden.

3.4.2.1 *Untersuchung der Harmonisierungspotenziale*

Die Auftragsabwicklung ist gekennzeichnet durch verschiedene Geschäftsprozesse, z. B. Vertrieb, Einkauf, Produktion, Finanzbuchhaltung, die zu einem Gesamtprozess gehören. Die Verbindung zwischen den Teilprozessen wird ebenso wie die Verbindung der einzelnen Aufgaben eines Geschäftsprozesses über Informationen hergestellt. Informationssysteme, insbesondere ERP-/PPS-Systeme, sind darauf ausgerichtet, die anfallenden Aufgaben funktional zu unterstützen sowie Informationen aus den Prozessen als Daten abzubilden, zu speichern, aufgabenübergreifend zur Verfügung zu stellen und zwischen den Geschäftsprozessen und Organisationseinheiten zu übergeben.

Bei verteilten Standorten weist die Auftragsabwicklung oft organisatorische Defizite auf, und die ERP-/PPS-Systeme erfüllen die Anforderungen aus den Geschäftsprozessen und bei der Bereitstellung von Daten standortübergreifend nicht adäquat. Daraus ergeben sich Harmonisierungspotenziale. Tabelle 3.4-2 stellt ausgewählte Merkmale und Ausprägungen der Auftragsabwicklung (Luczak u. Becker 2003) dar, die auf ein Harmonisierungspotenzial hinweisen.

Tabelle 3.4-2 Merkmale und Ausprägungen des Harmonisierungspotenzials

Merkmale	defizitäre Ausprägungen
Prozessarchitektur	
Prozessstrukturierung	- komplizierte Strukturierung der Prozesse - Unklarheit über die jeweils nachfolgend auszuführenden Aufgaben im Prozess
Prozessstandardisierung	- ähnliche Prozesse in den Werken sind nicht standardisiert und werden unterschiedlich durchgeführt
Anzahl der Prozessschleifen	- viele Schleifen in den Prozessen, d. h. wiederholte Bearbeitung durch eine Organisationseinheit nach Auftragsweitergabe
Anzahl der Organisationseinheiten	- viele beteiligte Organisationseinheiten an der Bearbeitung eines Auftrags
Verantwortlichkeit	- nicht eindeutige Zuordnung von Verantwortlichkeiten und Bearbeitern für einen Auftrag - unklare Verantwortlichkeit für nachfolgende Aufgaben
Bearbeitungskontinuität	- Aufträge werden diskontinuierlich bearbeitet und weitergeleitet - Warte- und Wegezeiten entstehen
Prozesstransparenz	- Auftragsstatus ist nicht jederzeit nachvollziehbar - keine Übersichtlichkeit zum Bearbeitungsstand über alle Aufträge

3.4 Harmonisierung von ERP-/PPS-Prozessen und -Systemen

Merkmale	defizitäre Ausprägungen
Systemarchitektur	
Aufgabenunterstützung	- schlechte Unterstützung der Aufgaben eines Mitarbeiters durch die ERP-/PPS-Systeme - zusätzliche Aufgaben bedingt durch die ERP-/PPS-Systeme
Automatisierung	- geringe Automatisierung von Routinetätigkeiten
standortübergreifende Funktionen	- keine informationstechnische Unterstützung standortübergreifender Aufgaben der Auftragsabwicklung (z. B. Bestandsprüfung, Auftrags- und Arbeitsgangauslagerung, Materialumlagerung, konsolidierte Planungen, Auftragsüberwachung)
Benutzerfreundlichkeit	- keine einheitliche, benutzerangepasste Oberfläche für alle Aufgaben eines Mitarbeiters
Systemredundanzen	- Redundanzen von Funktionalität in verschiedenen Systemen (Redundanz meint Funktionen, die nicht benötigt werden, sowie die mehrfache Verfügbarkeit von benötigten Funktionen)
Datenarchitektur	
Informationsbereitstellung	- erschwerter Zugriff auf benötigte Daten und Informationen, komplizierte Suche - Informationen zu einem Auftrag oder zu einem Bearbeitungsvorgang stehen nicht an einer Stelle zur Verfügung
Informationen im ERP-/PPS-System	- Informationen für die Bearbeitung eines Auftrags stehen nicht im Informationssystem zur Verfügung - Informationen können nicht durchgängig im ERP-/PPS-System bearbeitet, ergänzt und umgewandelt werden
Datenqualität	- unvollständige, falsche und nicht aktuelle Informationen

Merkmale	defizitäre Ausprägungen
Datenstrukturierung	- schlechter Strukturierungsgrad von Daten - keine Vergleichbarkeit von Daten unterschiedlicher Instanzen
Datenstandardisierung	- geringe Standardisierung der Daten in den Werken (hinsichtlich Struktur, Inhalt und Speicherort)
Anzahl zyklischer Informationsflüsse	- viele Rücksprachen per E-Mail oder Telefon - viele Rückläufer aufgrund fehlender Informationen
Informationsredundanz	- Informationsumfang und Anzahl der Daten sind nicht aufgabenadäquat - Daten sind redundant (mehrfach vorhanden)

Die Übersicht zeigt, dass sich ein Bedarf zur Harmonisierung der Auftragsabwicklung in sehr unterschiedlicher Weise ergibt. Eine vollständige Aufzählung von Harmonisierungspotenzialen ist dadurch nicht möglich. Aus diesem Grund werden die Harmonisierungspotenziale systematisiert. Ein Anhaltspunkt für die Systematisierung des Harmonisierungspotenzials sind die zu berücksichtigenden Integrations- bzw. Harmonisierungsebenen:

- *Prozessarchitektur*: Die Prozessarchitektur beschreibt die Anordnung und die Abfolge von Aufgaben. Die Zusammenfassung von Aufgaben mit gleichen Leistungszielen ergibt Geschäftsprozesse, die selbst wieder zu übergeordneten Prozessen zusammengefasst werden können. Aufgaben und Prozesse werden Organisationseinheiten zugeordnet, die in eine zumeist hierarchische Organisationsstruktur eingebunden sind.
- *Systemarchitektur*: Die Systemarchitektur umfasst alle im Einsatz befindlichen, betrieblichen Informationssysteme, deren Zuordnung zu Prozessen und Organisationseinheiten, die Funktionalität und die enthaltenen Daten sowie die Integrationsbeziehungen zwischen den Systemen.
- *Datenarchitektur*: Die Datenarchitektur beschreibt alle Geschäftsobjekte, Daten und Informationen, die im Zusammenhang mit den Prozessen der Auftragsabwicklung stehen. Die Daten lassen sich hinsichtlich Struktur, Inhalt, Aktualität, Richtigkeit, Vollständigkeit, Übersichtlichkeit, Zugriffsmöglichkeit u. a. bewerten.

3.4 Harmonisierung von ERP-/PPS-Prozessen und -Systemen

Diese Ebenen bzw. Objekte einer Auftragsabwicklung können, obgleich sie eng miteinander verflochten sind, isoliert betrachtet und bewertet werden, um ein Harmonisierungspotenzial zu identifizieren. Die bei der Bewertung festzustellenden Defizite sind über alle Betrachtungsobjekte hinweg ähnlich. Im Zusammenhang mit heterogenen Anwendungssystemen, die bei verteilten Standorten auftreten können, gibt es die folgenden Potenziale:

- *Integrationspotenzial*: Die einzelnen Werke bzw. Standorte unterhalten Lieferbeziehungen für Material und stellen damit die Anforderung, Aufträge übergreifend abzuwickeln und Informationen übergreifend bereitzustellen. Die Informationssysteme sind allerdings nicht ausreichend integriert. Die Bewertung der Integrationspotenziale kann im Vergleich von angestrebter Integration und aktueller Situation bewertet werden. Dabei sind nach Linß (1995) als Integrationsgegenstände Daten und Funktionen, darüber hinaus auch Prozesse und Systeme zu berücksichtigen.
- *Standardisierungspotenzial*: Zum einen werden ähnliche oder gleich geartete Prozesse (horizontale Prozesse) in den Werken bzw. Standorten unterschiedlich ausgeführt. Dies führt zu Intransparenz, Koordinationsproblemen auf übergeordneten Leitungsebenen sowie Mehraufwand bei der Einführung von Informationssystemen und bei Schulungen. Zum anderen sind Prozesse, die standortübergreifend ablaufen (vertikale Prozesse), nicht aufeinander abgestimmt. Eine Standardisierung ist dann hinsichtlich der Aufgaben, Aufgabenverteilung, Daten und Informationssysteme notwendig, um Schnittstellenverluste zu vermeiden.
- *Optimierungspotenzial*: Die Prozesse, Daten und Informationssysteme in den Werken bzw. Standorten weisen Potenziale und Synergien auf, die sich aus der Zusammenarbeit im Produktionsnetzwerk ergeben (globales Potenzial). Auch bezogen auf die einzelnen Standorte können Optimierungspotenziale hinsichtlich Effizienz und Effektivität der Auftragsabwicklung bestehen (lokales Potenzial). Unter solchen Vorbedingungen ist die informationstechnische Harmonisierung ein geeigneter Anlass, Optimierungspotenziale zu erschließen.

Die genannten Potenziale können in einer Gegenüberstellung von jeweils zwei Produktionsstandorten im Ist- und Soll-Zustand der Auftragsabwicklung identifiziert werden (vgl. Abb. 3.4-1). Dabei sind die Integrations- bzw. Harmonisierungsebenen im Einzelnen zu untersuchen.

Als Voraussetzung für die Bewertung des Harmonisierungspotenzials, insbesondere der Optimierungspotenziale, ist insofern ein standortübergreifendes Konzept der Auftragsabwicklung (Soll-Zustand) zu erarbeiten.

3 Gestaltung der Produktionsplanung und -steuerung

Dabei kann es sich um ein standortübergreifendes Gestaltungskonzept mit zentralen und dezentralen Prozessen oder um dezentrale, standortbezogene Konzepte handeln.

Die Harmonisierungspotenziale lassen sich in unterschiedlichem Maße durch verschiedene Strategien erschließen. Dabei besteht ein Trade-Off zwischen der Standardisierung und der Optimierung. Eine weitgehende Standardisierung wird durch die zentrale Vorgabe eines Soll-Konzepts erreicht. Eine dezentrale Lösung führt dagegen tendenziell zu einer höheren Erfüllung lokaler Anforderungen (Optimierung).

3.4.2.2 Merkmale der Harmonisierungsstrategien

Die organisatorische und informationstechnische Harmonisierung kann in Abhängigkeit von den Rahmenbedingungen, den vorhandenen Systemen und den angestrebten Zielen unterschiedlich erreicht werden (Schott u. Mäurer 2001). Die Abbildung 3.4-2 stellt einige beispielhafte Handlungsalternativen dar.

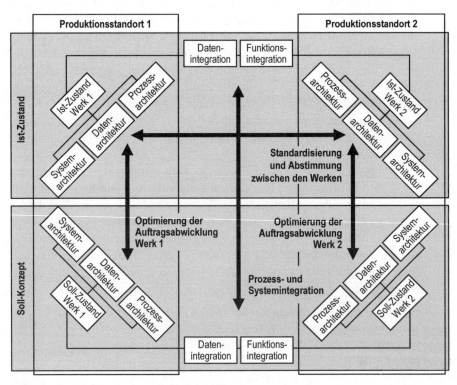

Abb. 3.4-1 Einordnung der Harmonisierungspotenziale

3.4 Harmonisierung von ERP-/PPS-Prozessen und -Systemen

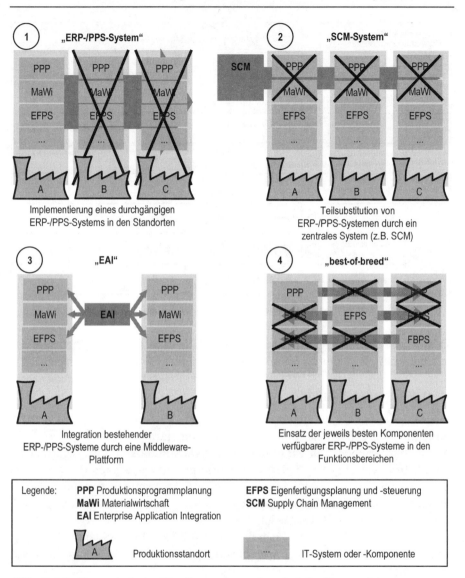

Abb. 3.4-2 Exemplarische Handlungsalternativen bei der Harmonisierung

Darüber hinaus gibt es viele weitere Gestaltungsansätze zur Harmonisierung der Prozesse und ERP-/PPS-Systeme, z. B. den Einsatz eines Data Warehouses, die Schnittstellenprogrammierung und den Aufbau eines Unternehmensportals. Die verschiedenen Strategiealternativen lassen sich nach dem Fokus, den Zielen und dem Vorgehen differenziert beschreiben. Die zugehörigen Merkmale und Merkmalsausprägungen zur Einordnung von Harmonisierungsstrategien sind in Abb. 3.4-3 aufgeführt.

3 Gestaltung der Produktionsplanung und -steuerung

Merkmale der Harmonisierungsstrategien			Ausprägungen der Merkmale				
Fokus	Objekte	▷	Daten	Funktionen	Informationssysteme	Prozesse	Organisationsstrukturen
	Betrachtungsbereich	▷	eine Funktion	ein Prozess	Auftragsabwicklung	Unternehmen	
Ziele	Integrationsgrad	▷	nicht integriert	indirekt integriert	direkt integriert	vereinheitlicht	
	Standardisierungsgrad	▷	nicht abgestimmt	teilweise abgestimmt	abgestimmt	standardisiert	
	Optimierungsgrad	▷	keine Verbesserung	lokale Verbesserung	globale Verbesserung		
Vorgehen	Übernahmegrad	▷	Beibehaltung	Mixing	Übernahme	Neu-Einführung	
	Harmonisierungsansatz	▷	Integration	Rekonfiguration	Erweiterung	Substitution	
	Umstellungskonzept	▷	auftragsweise	modul-/bereichsweise	Big Bang		

Abb. 3.4-3 Merkmale zur Beschreibung von Harmonisierungsstrategien

Der Fokus der Harmonisierung ergibt sich gemäß den Gestaltungsgegenständen (Objekten der Harmonisierung) und dem Betrachtungsbereich.

(Gestaltungs-)Objekte

Die Objekte der Harmonisierung, d. h. die Prozess-, Daten- und Systemarchitektur, wurden im Zusammenhang mit den Harmonisierungspotenzialen bereits beschrieben. Zur Erhöhung der Praxistauglichkeit wird die Prozessarchitektur weiter untergliedert in Funktionen bzw. Aufgaben, Prozesse in deren ganzheitlicher Betrachtung sowie in Organisationsstrukturen. Diese Objekte stellen keine Gestaltungsgegenstände von IT-Strategien im klassischen Sinne dar. Stattdessen handelt es sich um organisatorische Ansatzpunkte. Aus den folgenden Gründen werden diese Objekte dennoch im Zusammenhang mit informationstechnischen Strategien zur Integration und Harmonisierung betrachtet:

- Harmonisierungspotenziale ergeben sich nur im Zusammenspiel von Organisation und Informationstechnik (vgl. Born 2001).
- Reorganisationsmaßnahmen sollten umfangreichen Veränderungen an den Informationssystemen vorausgehen, um Potenziale zu erschließen (Luczak u. Eversheim 2001).
- Eine Zuordnung von Harmonisierungserfolgen zu entweder den organisatorischen oder den informationstechnischen Veränderungen ist nicht möglich (Corsten et al. 1993; Schumann 1992).

3.4 Harmonisierung von ERP-/PPS-Prozessen und -Systemen

Die Reihenfolge bei der Nennung der Ausprägungen im Merkmalsschema orientiert sich an dem zu erwartenden Aufwand bei der Realisierung. Die Veränderung der Organisationsstrukturen bedeutet für die Unternehmen zumeist den größten Aufwand, da Stellen, Aufgabenbereiche, hierarchische Zuordnungen, Verantwortlichkeiten u. a. den Mitarbeitern kommuniziert und von diesen akzeptiert werden müssen. Die Veränderung der Organisationsstruktur bedingt zudem die Anpassung der Prozessstruktur und Informationssysteme. Demgegenüber ist beispielsweise die Datenintegration zwischen zwei Systemen durch Schnittstellenprogrammierung sehr viel einfacher zu realisieren. Die Anordnung der Ausprägungen kann dennoch nur tendenziell erfolgen.

Betrachtungsbereich

Der Betrachtungsbereich beschreibt, in welchem organisatorischen Umfang, d. h. in welchen Geschäftsfeldern, Werken, Prozessen oder Aufgaben eine Harmonisierung angestrebt wird. Eine Festlegung des Betrachtungsbereichs muss fallbezogen erfolgen. Grundsätzlich existieren Strategien, die für einen begrenzten Betrachtungsbereich, wie z. B. eine Funktion geeignet sind, wohingegen andere Strategien eine Harmonisierung von Prozessen oder kompletten Unternehmen ermöglichen. Je größer der Betrachtungsbereich gewählt wird, desto stärker ist die IT-Strategie mit organisatorischen Maßnahmen verflochten.

Die Ziele der Strategien korrespondieren mit den Harmonisierungsdefiziten, explizit der Integrationspotenzial, dem Standardisierungs- und Optimierungspotenzial.

Integrationsgrad

Die Schließung der Integrationslücke wird mit dem Integrationsgrad beschrieben. Im Gegensatz zur direkten Integration, bei der eine Schnittstelle/Beziehung zwischen zwei Systemen geschaffen wird, ist die indirekte Integration über ein zusätzliches System realisiert. Dieses System (IT-System oder Organisationseinheit) empfängt und sendet Prozess- und Prozesssteuerungsinformationen.

Die Vereinheitlichung stellt zweifelsohne die ausgeprägteste Form der Integration dar und ist damit als ein Endpunkt dieses Spektrums zu definieren. Die Gestaltungsobjekte, z. B. Daten, Prozesse, Systeme, zweier Werke (in dem jeweiligen Betrachtungsbereich) sind am ehesten dann vereinheitlicht, wenn eine integrierte und homogene Lösung geschaffen wird.

Standardisierungsgrad

Der Standardisierungsgrad betrifft die Abstimmung oder Standardisierung der zu betrachtenden Objekte. Die Objekte können durch die Harmonisierungsstrategie verschieden stufig abgestimmt oder standardisiert werden.

Für *vertikale Prozesse*, die von einem Standort zum anderen verlaufen, z. B. Materialumlagerung, Weitergabe von Aufträgen, Beistellungen, kann eine fehlende, eine teilweise oder eine ausreichende Abstimmung festgestellt werden. Die Abstimmung ist ausreichend, wenn:

- die Schnittstellen und Übergabepunkte definiert sind,
- die Daten, Aufgaben und Informationssysteme der vor- und nachgelagerten Prozessschritte strukturiert und ganzheitlich gestaltet sind,
- keine Schnittstellenverluste, Medienbrüche und Doppelarbeit entstehen.

Horizontale Prozesse dagegen werden parallel in verschiedenen Standorten ausgeführt, z. B. Absatzplanung der Vertriebsstandorte, lokale PPS in den Werken, dezentraler Einkauf. Die Prozesse sind dezentral verteilt und generieren einen vergleichbaren Output. Die Ausführung der Prozesse ist dennoch zunächst unterschiedlich. Eine Standardisierung ist in diesem Zusammenhang anzustreben mit dem Ziel:

- Qualitätsrichtlinien für die Prozesse und Informationssysteme umzusetzen,
- die globale Einführung neuer Organisationslösungen und Informationssysteme zu erleichtern,
- Transparenz der Mitarbeiter und der Unternehmensführung über die Prozesse in den Standorten zu schaffen,
- Insellösungen zu vermeiden,
- den Austausch von Mitarbeitern, Know-how und Best-Practice zu fördern,
- neuen Mitarbeitern den Einstieg in das Unternehmen zu erleichtern.

Optimierungsgrad

Mit Hilfe des Optimierungsgrades wird beschrieben, inwieweit mit der Harmonisierung auch eine Optimierung für das Unternehmen verbunden ist. Unter Optimierung wird die Verbesserung der Erfüllung von organisatorischen und informationstechnischen Anforderungen verstanden. Dabei ist zu unterscheiden, ob sich eine Verbesserung in Bezug zu den Anforderungen eines Standorts (lokal) oder für die standortübergreifende Zusammenarbeit (global) ergibt.

3.4 Harmonisierung von ERP-/PPS-Prozessen und -Systemen

Der Optimierungsgrad kann anhand von Kennzahlen oder mit Hilfe eines Anforderungskatalogs ermittelt werden. Die Anforderungen (z. B. „Im Rahmen der Auftragsfreigabe sind die Stücklisten positionsweise freizugeben, wobei einzelne Positionen oder Positionsgruppen für die Freigabe gekennzeichnet werden können.") sollten dazu vollständig beschrieben und gewichtet werden. Mit Hilfe einer Punkteskala lassen sich anschließend die Erfüllungen im Ist und Soll bewerten. Aus dem Vergleich der errechneten Punktewerte (Erfüllungsgrade) von Ist- und Soll-Zustand ergibt sich der Optimierungsgrad. Dieses Vorgehen entspricht der Nutzwert-Analyse.

Mit den bisher beschriebenen Merkmalen können die Leistungen von Harmonisierungsstrategien systematisiert werden. Die nachfolgenden Merkmale beziehen sich auf das Vorgehen.

Übernahmegrad

Der Übernahmegrad beschreibt, inwieweit eine bestehende organisatorische oder informationstechnische Lösung eines Standorts auf die anderen Standorte übertragen wird. Als Alternativen zu einer Übernahme von Konzepten (eines Standorts auf einen anderen) existieren das Mixing (Teillösungen werden bewertet und kombiniert) oder die Neueinführung einer Lösung.

Ein Grund für die vollständige Absorption der Gestaltungslösung eines Standorts in allen anderen Standorten kann die hoch bewertete Qualität der Lösung, ein so genanntes Best-Practice-Modell, sein. Weitere Gründe sind die Machtposition eines Werks, dessen Größe oder die zeitliche Abfolge im Harmonisierungsprojekt.

Der Übernahmegrad steht im unmittelbaren Zusammenhang mit der Akzeptanz durch die Unternehmensbereiche und Mitarbeiter. Ist abzusehen, dass die gegebenenfalls undifferenzierte Übernahme von Lösungen in anderen Werken zu Widerständen führt, sollte Wert auf eine Analyse des Best-Practice gelegt und ein unabhängiges Soll-Konzept erstellt werden. Der Grad der Übernahme besitzt eine besondere Bedeutung, um den Erfolg des Harmonisierungsvorgehens sicherzustellen (Born 2001; Schewe u. Gerds 2001).

Harmonisierungsansatz

Der Harmonisierungsansatz bezieht sich auf das Gestaltungsvorgehen zur Erzielung einer harmonisierten Lösung. Die Integration stellt eine direkte Kopplung von existierenden Systemen als Gestaltungsansatz dar. Die Rekonfiguration beschreibt eine strukturelle Änderung vorhandener Systeme. Bei der Erweiterung wird ein neues System als Ergänzung der vorhandenen Lösungen eingeführt. Die Substitution sieht den Ersatz der vorhandenen Systeme und Lösungen vor.

Wird in diesem Zusammenhang der Begriff „System" verwendet, so handelt es sich nicht notwendigerweise um Informationssysteme. Die verschiedenen Ansätze zur Harmonisierung (Integration, Rekonfiguration, Erweiterung, Substitution) beziehen sich auf die Objekte im Fokus der Harmonisierung, z. B. Daten, Funktionen, Prozesse. Entsprechend einer systemtheoretischen Perspektive werden diese zu gestaltenden Objekte verstanden als eine „Menge aus Elementen, zwischen denen bestimmte Relationen bestehen" (Britsch 1979). Durch die Art der Beziehungen ergibt sich eine Struktur. Der Eingriff in diese Systeme, und daraus leiten sich die Harmonisierungsansätze ab, kann erfolgen durch:

- Löschen und Ergänzen von Elementen (Erweiterung)
- Austausch und Ersatz von Elementen (Substitution)
- Löschen und Ergänzen von Beziehungen (Integration)
- Änderung von Beziehungen (Rekonfiguration).

Das Löschen von Elementen und von Beziehungen werden dabei als Spezialfälle der Erweiterung (im Gegenteil: Reduktion) bzw. Integration (im Gegenteil: Desintegration) verstanden.

Umstellungskonzept

Als letztes Merkmal für das Harmonisierungsvorgehen ist das Umstellungskonzept zu nennen. Da es nicht möglich ist, alle Varianten und Ausprägungen von Vorgehensmodellen für Harmonisierungsprojekte in dem Merkmal zu berücksichtigen, wird nur die Art des Wechsels vom Ist- zum Soll-Zustand im Zeitverlauf als Kriterium aufgenommen. Dabei sind eine Änderung in der Auftragsabwicklung beginnend mit einem neuen Auftrag (auftragsweise), entsprechend der Unternehmensfunktionen und Funktionsmodule (modul-/bereichsweise) sowie eine vollständige Umstellung zu einem Zeitpunkt (Big Bang) zu differenzieren. Das Umstellungskonzept stellt dabei weit weniger als die vorher genannten Kriterien ein konstituierendes Merkmal der Harmonisierungsstrategie dar. Grundsätzlich können die Harmonisierungsstrategien mit unterschiedlichem Umstellungsvorgehen realisiert werden.

3.4.2.3 *Abgleich von Strategieanforderungen und -merkmalen*

Die Morphologie der Harmonisierungsstrategien kann zur Grobselektion von alternativ zu betrachtenden Strategien verwendet werden. Die Ausprägungen der Merkmale stehen im Zusammenhang mit wichtigen Anforderungen an die Harmonisierung. Das Anforderungsprofil sollte dementspre-

3.4 Harmonisierung von ERP-/PPS-Prozessen und -Systemen

chend fallbezogen definiert werden. Ein Abgleich der Anforderungen mit den Leistungsprofilen der Harmonisierungsstrategien (vgl. Abb. 3.4-4) erlaubt ein Ranking der Strategien nach den Erfüllungs- und Übererfüllungsgraden.

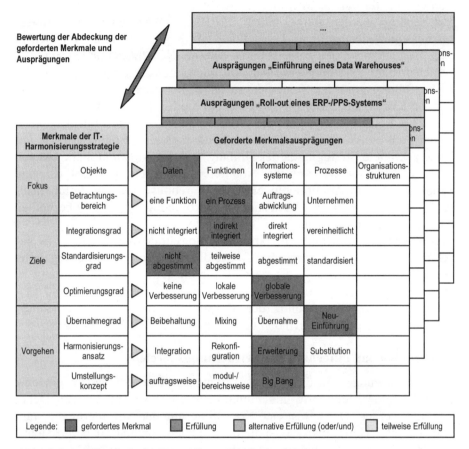

Abb. 3.4-4 Schematische Darstellung der Grobselektion

Der Erfüllungsgrad stellt dar, inwieweit die Strategie die Anforderungen an die Standardisierung, Integration und Optimierung von ausgewählten Objekten in dem Untersuchungsbereich ermöglicht.

Während der Erfüllungsgrad für die Merkmalsbereiche Harmonisierungsfokus und -ziele als ein Nutzenwert interpretiert werden kann, stehen die Merkmale des Harmonisierungsvorgehens im Zusammenhang mit dem Aufwand der Harmonisierung. Der Übernahmegrad, ob Neueinführung, Beibehaltung, Übernahme oder Mixing von Konzepten und Systemen, beeinflusst direkt die Aufwände für Anwendungssysteme und deren Implementierung. Der Harmonisierungsansatz beeinflusst ebenfalls den zu erwartenden Aufwand, wobei die Substitution den größten Eingriff in die bestehende Architekturen und die Integration den kleinsten darstellt. Das Umstellungskonzept ist insofern ebenfalls eine Determinante für die Aufwände, dass für eine schrittweise Umstellung weniger Kapazitäten im Projekt benötigt werden als bei einem Big Bang. Die Kapazitätsbelastungsspitzen einer gleichzeitigen Umstellung von Konzepten und Systemen in allen Bereichen werden zumeist durch externe Dienstleister abgedeckt.

Neben dem Erfüllungsgrad der Anforderungen ist darüber hinaus der Übererfüllungsgrad der Strategien zu betrachten, der im Zusammenhang mit den Kosten steht. Beispielsweise deckt die Einführung eines neuen, integrierten ERP-/PPS-Systems die Anforderungen zur Datenintegration in einem Funktionsbereich ab. Dennoch handelt es sich möglicherweise um keine geeignete Strategie, da der Umfang und der Aufwand nicht adäquat sind. In Abhängigkeit von der konkreten Anforderung reicht es, eine Schnittstelle zu programmieren, ein Data Warehouse oder ein Portal einzusetzen. Die Übererfüllung kann somit in Verbindung mit einem überhöhten Aufwand bei der Umsetzung der Strategie stehen.

Bei der Grobselektion von Harmonisierungsstrategien ist zudem zu beachten, dass die hier vorgestellte Morphologie allgemeingültig abgeleitet und entwickelt wurde. Sie ist deshalb für die praktische Anwendung zu grob und nicht geeignet. Eine Detaillierung der Anforderungs- und Leistungsprofile zur Anwendung der Morphologie in einem Unternehmen kann und sollte deshalb nach den folgenden Gesichtspunkten erfolgen.

Detaillierung innerhalb des Betrachtungsbereichs

Die Anforderungen an die Harmonisierungsstrategie können für einzelne Geschäftsfelder, Standorte und Funktionsbereiche separat und im Detail definiert werden. Danach ist eine Konsolidierung der Anforderungen sinnvoll, um alle Harmonisierungspotenziale gleichermaßen zu berücksichtigen und eine einheitliche Entscheidungsgrundlage zu schaffen.

Weiterhin können die Strategien und die damit verbundenen Leistungen bereichsbezogen bewertet werden. Die Leistungen werden in Bezug zu den Anforderungen betrachtet. Über ein zu definierendes Verfahren sind die Bewertungen durch die Werke und Bereiche zusammenzufassen.

Anschließend sind Strategiealternativen zu definieren, die auch mögliche Kombinationen spezifischer Strategien für die unterschiedlichen Bereiche berücksichtigen. Aus nutzenorientierter Perspektive sollten die Strategien, möglicherweise Kombinationsstrategien, ausgewählt werden, die am besten die Anforderungen aller Bereiche abdecken. Eine detaillierte

3.4 Harmonisierung von ERP-/PPS-Prozessen und -Systemen

Untersuchung der Nutzenpotenziale, Kosten und Realisierbarkeit der Strategiealternativen sollte im Anschluss an die Grobselektion erfolgen.

Verfeinerung des Merkmalsrasters

Das Merkmalsraster zur Beschreibung von Strategien kann verfeinert werden. Statt der allgemeinen Objekte der Harmonisierung, Daten, Funktionen, Systeme, Prozesse usw., können konkrete Objekte, z. B. die Kundenstammdaten, das Vertriebsinformationssystem oder die Kundenauftragsterminierung, definiert werden. Dadurch werden die Merkmalsausprägungen zum Fokus der Strategie feingliedriger.

In Bezug zum Optimierungsgrad kann das Merkmalsschema dahingehend verfeinert werden, dass konkrete Optimierungspotenziale genannt werden. Beispielsweise kann die Anforderung bestehen, zukünftig jährlich eine standortübergreifende Absatzplanung zu realisieren oder monatlich ein Produktionsprogramm für alle Werke zu erstellen. Die gleiche Überlegung gilt für die Integration und die Standardisierung. Zudem sei angemerkt, dass die Morphologie auch bereichsbezogen anders aussehen kann.

Verfeinerung der Bewertungsskala

In den bisherigen Ausführungen zur Morphologie und bei der Einordnung von Strategien wurde implizit eine vierstufige Skala verwendet. Eine Ausprägung konnte einer Strategie zugeordnet werden oder nicht; es waren alternative Merkmalsausprägungen möglich; oder die Erfüllung einer Ausprägung wurde als schwach bzw. teilweise bewertet. In einem Projekt kann es durchaus sinnvoll sein, die Bewertung zu verfeinern, in dem die Erfüllung in Prozentzahlen ausgedrückt wird. Denkbar ist auch die Gewichtung einzelner Anforderungen bzw. Ausprägungen.

Dennoch, und das ist ebenfalls zu beachten, müssen nicht alle Ausprägungen der Merkmale im Anforderungsprofil spezifiziert werden. Besteht beispielsweise noch keine Vorstellung hinsichtlich des Integrationsgrades (indirekte oder direkte Integration) oder des Übernahmegrades (Übernahme oder Neueinführung eines Systems in einem Standort), dann sollten entweder mehrere Ausprägungen alternativ gefordert oder keine Angaben gemacht werden. Eine Angabe schlägt sich unmittelbar in dem Erfüllungsgrad der Strategien nieder; eine Nicht-Angabe im Übererfüllungsgrad.

3.4.3 Nutzenorientierte Bewertung der Strategien

3.4.3.1 *Grundlagen der Nutzenbewertung*

Im Folgenden wird ein Verfahren beschrieben, das die Auswahl einer Harmonisierungsstrategie anhand des Nutzenbeitrags ermöglicht. Dabei werden zum einen operative Effekte berücksichtigt, wie z. B. die übergreifende Datenbereitstellung für die Auftragsabwicklung bei verteilten Werken oder die bessere Unterstützung globaler PPS-Aufgaben durch zusätzliche Funktionalitäten. Zum anderen wird auch eine strategische Bewertung der Strategien angestrebt.

Die strategische Sicht auf die Bewertung soll sich hinsichtlich des Detaillierungsgrads, der übergreifenden Betrachtung aller Prozesse des Unternehmens und der Bewertungskriterien unterscheiden. Statt der Bewertung einzelner Prozesse und Aufgaben mit operativen Bewertungskriterien, wie z. B. Integrationsgrad, funktionale Unterstützung, Prozessqualität, Datenqualität, werden strategische Erfolgsfaktoren (SEF) berücksichtigt.

Für die Bewertung der Harmonisierungsstrategien sind die Wirkungszusammenhänge der Strategien auf die operativen und strategischen Potenziale zu untersuchen. Obgleich grundsätzliche Aussagen über die Effekte ausgewählter Strategien formuliert werden können, sind die Wirkungszusammenhänge projektbezogen spezifisch zu evaluieren.

Zur Erleichterung der Bewertung werden die Wirkungszusammenhänge in mehrere Stufen zerlegt (vgl. Abb. 3.4-5). Die entstehenden Wirkungsketten ermöglichen eine schrittweise Zuordnung von Potenzialen zu Strategien. Dadurch kann eine möglichst genaue Zurechenbarkeit erreicht werden. Die Strategien werden somit vom Ende der Wirkungskette, bei den Zielen beginnend, bewertet.

Die Harmonisierungsstrategien besitzen, wie bereits beschrieben, einen direkten Einfluss auf das operative Harmonisierungspotenzial. Dabei können die Strategien mehrere, jeweils unterschiedliche Aspekte des Harmonisierungspotenzials mit einer unterschiedlichen Intensität decken. Es entstehen m:n-Beziehungen, die mit einem Faktor zu bewerten sind. Beispielsweise führt die Einführung eines SCM-Systems zur Optimierung der standortübergreifenden PPS-Aufgaben Absatzplanerstellung, Material- und Kapazitätsbedarfsplanung und -allokation, Materialflusssteuerung u. a. Die Schnittstellenprogrammierung dagegen deckt den Bedarf zur direkten Daten- und Funktionsintegration für stark abgegrenzte Aufgabenbereiche.

Ein Aspekt des Harmonisierungspotenzials lässt sich in jeweils eindeutig bestimmbaren Prozessen oder Aufgaben mit unterschiedlicher Intensität ermitteln. Die Zuordnung der Potenziale zu Prozessen, deren Systematisie-

3.4 Harmonisierung von ERP-/PPS-Prozessen und -Systemen

rung und Gewichtung sind in der Daten- und Prozessbewertung, insbesondere Schwachstellenanalyse, zu erarbeiten.

Die Prozesse können wiederum im Hinblick auf die Einflussnahme auf die strategischen Erfolgsfaktoren betrachtet werden. Die Geschäftsprozesse führen im Zusammenhang mit den Material- und Finanzflüssen zum Erreichen der unternehmerischen Ziele. Die Unterteilung der Geschäftsprozesse nach primär wertschöpfenden und sekundären Prozessen spiegelt diese Zurechenbarkeit von Prozessleistungen zum Unternehmenserfolg wider. Dabei ist es wichtig für Unternehmen, erfolgskritische Prozesse zu stärken. Harmonisierungsstrategien, die erfolgskritische Prozesse, wie z. B. die Auftragsabwicklung, adressieren, haben einen höheren Einfluss auf die Strategiedefinition und -auswahl.

Bei der Analyse der Wirkungszusammenhänge sind eine operative und eine strategische Perspektive zu unterscheiden. Die operative Wirkungskette endet beim Harmonisierungspotenzial und setzt nur einen Zuordnungsschritt voraus. Sowohl das Harmonisierungspotenzial als auch die Definition der Harmonisierungsstrategien zur Deckung des Bedarfs sollten auf einem gemeinsamen, sehr hohen Detaillierungsgrad erfolgen. Die Zuordnung ist durch die Ausrichtung der Harmonisierungsstrategien an den Potenzialen möglich.

Die strategische Wirkungskette ist erst mit der Betrachtung der strategischen Erfolgsfaktoren beendet. Sie schließt dabei die operative Wirkungskette mit ein. Aus diesem Grund wird das Verfahren nur einmal anhand der strategischen Wirkungskette erläutert.

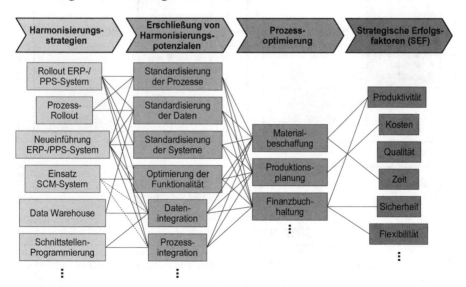

Abb. 3.4-5 Wirkungszusammenhänge zwischen den Strategien und den SEF

Die Bewertung der Harmonisierungsstrategien erfolgt ausgehend vom Ende der Wirkungskette. Die Abbildung 3.4-6 stellt das Verfahren im Überblick dar.

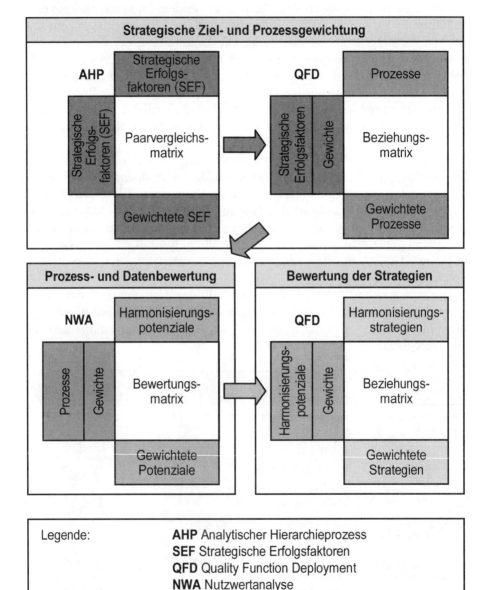

Abb. 3.4-6 Verfahren zur Nutzenbewertung der Harmonisierungsstrategien

3.4 Harmonisierung von ERP-/PPS-Prozessen und -Systemen

Ausgangspunkt für das Vorgehen ist die Erfassung und Bewertung von strategischen Erfolgsfaktoren (strategische Ziel- und Prozessgewichtung), die im Zusammenhang mit der Harmonisierung stehen. Durch die Methode analytischer Hierarchieprozess (AHP) und Paarvergleiche kann eine Gewichtung der SEF erfolgen. Alternative Methoden, wie z. B. Punktekleben, sind im Rahmen eines teamorientierten Projektansatzes ebenfalls geeignet.

Die Gewichtung der Prozesse erfolgt anschließend mit Hilfe der Quality Function Deployment (QFD) Methode. Dabei werden die Wirkungsbeziehungen zwischen den Prozessen und den Erfolgsfaktoren abgebildet. Nach der QFD-Methode kann daraus eine Gewichtung für die Prozesse errechnet werden.

Die gewichteten Prozesse gehen in die operative Prozess- und Datenbewertung ein. Die Prozesse und das Harmonisierungspotenzial können nach verschiedenen, operativen Kriterien im Rahmen einer Nutzwertanalyse (NWA) evaluiert werden. Die Ausprägung des Harmonisierungspotenzials wird zusätzlich mit der Bedeutung des Prozesses verrechnet.

Im Ergebnis liegt ein gewichtetes Harmonisierungspotenzial für die abschließende, nutzenorientierte Bewertung der Strategien vor. Im Rahmen eines weiteren QFD-Schritts wird die Einflussnahme der Strategien auf die Harmonisierungspotenziale bewertet und zusammen mit der Gewichtung des Potenzials zu einem Nutzwert verrechnet. Dieser Nutzwert symbolisiert die Vorziehenswürdigkeit einer Strategie gegenüber einer anderen.

Nachdem das methodische Vorgehen festgelegt ist, werden die einzelnen Bewertungsschritte des Verfahrens in den folgenden Abschnitten inhaltlich ausgearbeitet.

3.4.3.2 Strategische Ziel- und Prozessgewichtung

Die strategische Ziel- und Prozessanalyse dient der Untersuchung der Harmonisierungsansätze unter strategischen Gesichtspunkten. Ausgangspunkt ist die Definition von relevanten Unternehmenszielen und strategischen Erfolgsfaktoren.

Die Unternehmensziele lassen sich in Ober-, Zwischen- und Unterziele unterscheiden (Wöhe 1996). Auf der obersten Ebene der Unternehmensführung stehen die Ziele Erfolgspotenzial, Erfolg und Liquidität in Abfolge der Zielerreichung. Entsprechend der Dringlichkeit und dem Planungshorizont stehen die Oberziele in einer umgekehrten Reihenfolge.

Die *Liquidität* beschreibt die Fähigkeit eines Unternehmens, seinen Zahlungsaufforderungen zu jedem Zeitpunkt nachkommen zu können. Es stellt demnach eine Vorbedingung für den Fortbestand des Unternehmens dar und muss durch eine kurzfristige Finanzmittelplanung oder Cash Management gesteuert werden.

Der *Unternehmenserfolg* kann vereinfacht mit den Begriffen Betriebsergebnis, Gewinn oder Jahresüberschuss gleichgesetzt werden. Dabei handelt es sich um einperiodische Zielgrößen, die im Planungshorizont kurz- bis mittelfristig einzuordnen sind.

Demgegenüber ist das *Erfolgspotenzial* eine mittel- bis langfristige Zielgröße. Es beschreibt die Fähigkeit des Unternehmens, in der Zukunft erfolgreich zu sein bzw. eine langfristige Gewinnmaximierung verfolgen zu können. Faktoren, die einen wesentlichen Einfluss auf das Erfolgspotenzial haben, werden bei Baum et al. (1999) als strategische Erfolgsfaktoren definiert. Das Erkennen, Nutzen und Entwickeln von Erfolgsfaktoren ist die Aufgabe der strategischen Unternehmensführung.

In der Tabelle 3.4-3 findet sich eine Übersicht über strategische Erfolgsfaktoren mit ausgewählten Inhalten. Diese müssen mit konkreten, auf die Situation des Unternehmens zutreffenden Inhalten detailliert werden (z. B. Durchlaufzeit der Ersatzteilaufträge, Qualität eines Produkts). Die relative Bedeutung der Erfolgsfaktoren lässt sich anschließend unter Anwendung des analytischen Hierarchieprozesses ermitteln, indem diese paarweise verglichen werden.

Tabelle 3.4-3 Erfolgsfaktoren für Projekte in der Logistik (Antweiler 1995; Schumann 1992; Schönsleben 1998)

SEF	Inhalte
Produktivität	Erhöhung der Produktivität: - am Arbeitsplatz - in den Arbeitsprozessen
Kosten	Verringerung des Kostenanfalls durch: - Kostenvermeidung in den unterstützenden Funktionen (Verwaltung, Koordination, Lagerung) - Kostenreduktion in der Wertschöpfung (Material, Personal, Fertigung) - Kostenverschiebung im Wertschöpfungsprozess
Qualität	Erhöhung der Qualität von: - Produkten - Betriebsmitteln - Entscheidungen - Planungen

3.4 Harmonisierung von ERP-/PPS-Prozessen und -Systemen

SEF	Inhalte
Zeit	Verringerung von: - Bearbeitungs-, Durchlauf-, Liege-, Transport- und Lieferzeiten im Materialfluss - Durchlaufzeiten im Daten- und Steuerungsfluss
Flexibilität und Agilität	Erhöhung der Flexibilität und Agilität im: - Ressourceneinsatz - Erreichen des Kundennutzens - Reagieren auf ungeplante Ereignisse

Liegen die Zielkriterien vollständig und gewichtet vor, gilt es, die Wirkungsbeziehungen zwischen den Prozessen und den strategischen Erfolgsfaktoren abzubilden.

3.4.3.3 Operative Prozess- und Datenbewertung

Die Prozess- und Datenanalyse dient der Bewertung der operativen Geschäftsprozesse und Datenhaltung der Auftragsabwicklung bezüglich ausgewählter Kriterien. Diese beinhalten Aspekte der Effizienz, der systemtechnischen Unterstützung und der Integration zu anderen Bereichen. Das Harmonisierungspotenzial und demzufolge auch der Nutzen von Harmonisierungsstrategien lassen sich im Vergleich des Ist-Zustandes mit einer Soll-Lösung bestimmen (Schumann 1992).

In Tabelle 3.4-4 ist der prinzipielle Aufbau eines Bewertungsschemas für die Analyse der Geschäftsprozesse basierend auf der Nutzwertanalyse dargestellt

Die Bedeutung der Prozesse wird aus der Bewertung der strategischen Erfolgsfaktoren und der Beziehung der Prozesse zu den Erfolgsfaktoren gewonnen. Es ergibt sich die strategische Prozesspriorität.

In dem Bewertungsschema müssen anschließend der Ist-Zustand und das (maximal) zu erreichende Soll-Potenzial der Standorte bewertet werden, wobei die folgende Skala angewendet werden kann:

- Kriterium nicht erfüllt: 0%
- Kriterium teilweise erfüllt: 50%
- Kriterium gut erfüllt: 75%
- Kriterium best-möglich erfüllt: 100%

Tabelle 3.4-4 Bewertungsschema für die Prozesse der Auftragsabwicklung

Prozesse / Aufgaben	Strategische Prozesspriorität	Prozessqualität						Datenqualität						Funktionalität					Integration					
		Leistung			Strukturierung			Leistung			Strukturierung								Funktionen			Daten		
		Ist Standort 1	Ist Standort 2	Angleichungspotenzial	Ist Standort 1	Ist Standort 2	Angleichungspotenzial	Ist Standort 1	Ist Standort 2	Angleichungspotenzial	Ist Standort 1	Ist Standort 2	Angleichungspotenzial	Soll	Ist Standort 1	Ist Standort 2	Angleichungspotenzial	Optimierungspotenzial	Ist	Soll	Integrationspotenzial	Ist	Soll	Integrationspotenzial
Absatzplanung																									
Absatzplan durch Vertrieb erstellen																									
Absatzpläne konsolidieren																									
...																									

Die folgenden Kriterien werden für die Prozess- und Datenanalyse vorgeschlagen:

- *Prozessleistung*: Die Aufgaben werden entsprechend ihrer Notwendigkeit und nötigen Regelmäßigkeit durchgeführt. Die Leistung ist für die nachfolgenden Prozesse und Bearbeitungsschritte anforderungsgerecht.
- *Prozessstrukturierung*: Der Prozess ist strukturiert. Das Vorgehen ist festgelegt und dokumentiert. Die Ziele sind klar (Jost 1993).
- *Datenleistung*: Die benötigten Daten stehen aktuell, richtig und vollständig im System zur Verfügung. Der Zugriff ist unkompliziert und erfolgt in Echtzeit.
- *Datenstrukturierung*: Alle Geschäftsobjekte im Zusammenhang mit der Aufgabe, die im System und als Papierbeleg vorliegen, sind logisch und verständlich aufgebaut. Die benötigten Informationen sind anforderungsgerecht enthalten.
- *Funktionalität*: Die Aufgabe wird systemtechnisch unterstützt. Die Bedienung durch den Mitarbeiter ist ergonomisch. Die benötigten Da-

ten stehen im System zur Verfügung. Alle Routineaufgaben laufen weitestgehend automatisch ab (Jost 1993).
- *Funktionsintegration*: Ausgehend von der Bearbeitungsfunktion können benötigte Funktionen in anderen Modulen und Betrachtungsbereichen aufgerufen und ausgeführt werden (Bsp. Bestandsabfrage bei einem anderen Standort, Kundenanlage bei Auftragserfassung). Alle dazu notwendigen Schnittstellen zu externen Anwendungssystemen sind vorhanden (Jost 1993).
- *Datenintegration*: Daten, Informationen und Geschäftsbelege stehen für alle Aufgaben im System zur Verfügung, die darauf Zugriff haben müssen.

Das Harmonisierungspotenzial berechnet sich mit Hilfe der Nutzwertanalyse aus der Bewertung der entsprechenden Prozesse bezüglich der benannten Kriterien. Dazu wird die Differenz der Punktebewertungen zwischen den beiden Standorten bzw. dem Soll- und Ist-Zustand mit der Gewichtung des jeweiligen Prozesses multipliziert. Im Anschluss kann das Harmonisierungspotenzial eines Prozesses aus der Bewertung verschiedener Kriterien zusammengefasst werden.

Die Ergebnisse der Prozess- und Datenanalyse können zum einen mit Hilfe von Stärken-Schwächen-Profilen visualisiert werden. Zum anderen lässt sich das Harmonisierungspotenzial als Balkendiagramm über den Prozessen darstellen.

3.4.3.4 Bewertung der Strategien nach den Potenzialen

Der letzte Verfahrensschritt zur Bewertung der Strategien basiert auf der Quality Function Deployment Methode. Im Kern handelt es sich dabei um eine Einflussnahme-Matrix, in der eine Punktebewertung für die Wirkungszusammenhänge von Strategien auf das Harmonisierungspotenzial vorgenommen wird. Die zu erwartenden Nutzeneffekte der Strategien sind in der Abb. 3.4-7 grob zusammengefasst. Eine Detaillierung ist erst im Zusammenhang mit einem Anwendungsfall und nach einer genauen Definition der Strategiealternativen möglich.

Die Abbildung 3.4-7 verdeutlicht auch, dass mehrere Harmonisierungsstrategien sinnvoll in Kombination realisiert werden können. Beispielsweise ergänzt sich das Leistungsprofil eines EAI-Systems mit dem einer SCM-Lösung. Ein SCM-System ist auch komplementär zu ERP-/PPS-Systemen nutzbar. Unternehmensportale und Data Warehouses können in Kombination ebenfalls eine stärkere Harmonisierungswirkung erzielen. Während das Unternehmensportal eine Daten- und Prozessintegration for-

3 Gestaltung der Produktionsplanung und -steuerung

ciert, erlaubt das Data Warehouse die Standardisierung, Konsolidierung und bessere Auswertbarkeit von Daten.

Harmonisierungsstrategien	Standardisierung			Integration		Optimierung		
	Prozesse	Daten	Systeme	Daten	Funktionen	Prozesse	Daten	Systeme
Einführung eines Data Warehouses	X	●	X	●	X	X	●	X
Schnittstellenprogrammierung	X	○	X	●	●	X	X	X
"best-of-breed"-Systemauswahl	X	X	●	X	X	X	X	●
Einsatz einer EAI-Lösung	X	○	X	●	●	X	X	●
Einführung eines SCM-Systems	X	X	X	○	○	●	●	●
Business Process Reengineering	●	X	X	X	X	●	X	X
Roll-out eines ERP-/PPS-Systems	○	●	●	●	●	X	X	X
Einsatz von Unternehmensportalen	○	○	X	●	●	●	X	X
ERP-/PPS-Systemeinführung	●	●	●	●	●	○	○	○
"best-of-breed"-Systemeinführung	●	●	●	●	●	○	○	●
...								

Legende: ● erfüllt   ○ teilweise erfüllt   X nicht erfüllt

Abb. 3.4-7 Beziehungen zwischen den Strategien und den Potenzialen

3.4.4 Kostenorientierte Bewertung der Strategien

3.4.4.1 *Grundlagen der Kostenbewertung*

In den vorangegangenen Abschnitten wurden die Nutzeneffekte der Harmonisierungsstrategien betrachtet und bewertet. Obgleich die Nutzenbewertung die größte Herausforderung darstellt und die für das Vorgehen wesentliche Determinante ist, sollen im Folgenden auch Methoden und Verfahren zur Ermittlung von Projektkosten vorgestellt werden. Die Kosten- und Aufwandsbewertung unterstützt damit die Auswahl von Strategien im Kosten-Nutzen-Vergleich, die Budgetierung des Realisierungsprojekts und die Projektsteuerung.

Zunächst wird ein Kalkulationsschema für Projekte im Zusammenhang mit Informationssystemen erarbeitet. Anschließend werden fundierte Methoden und darauf aufbauende Verfahren beschrieben.

3.4.4.2 *Kalkulationsschema für die Projektkosten*

Die durch ein Projekt verursachten Kosten lassen sich in einmalige und laufende Kosten unterteilen. Die einmaligen Kosten werden auf die Phasen der Einführung einer Lösung bezogen, während die laufenden Kosten ihrer Entstehungsursache zugeordnet werden (Schreuder u. Upmann 1988). Zu den einmaligen Kosten bei der Einführung von Standardsystemen zählen:

- Anschaffungskosten der Anwendungssysteme
- externer Beratungsaufwand für Konzept und Einführung
- Modifikation und Erweiterung der Anwendungssysteme
- Schulungskosten und Ausbildung der Endanwender
- Erstellung betriebsinterner Unterlagen
- Die periodischen bzw. laufenden Kosten setzen sich zusammen aus:
- Wartungsgebühren
- Kosten für Systempflege und Administration
- Anwendersupport
- sonstige Kosten (Datenträger, Gebühren für Standleitungen usw.)

In Antweiler (1995) wird auf weitere Nebenkosten eingegangen, wie z. B. Kosten der Personalbeschaffung und Personalfreisetzung, Kosten für Mobiliar, Miet- und Reinigungskosten, Ausfallkosten und Umweltschutzkosten. Eine direkte Zurechenbarkeit dieser Kosten zum Projekt ist allerdings nur selten gegeben, so dass die Kosten nicht berücksichtigt werden.

Eine weitere Kostengliederung empfiehlt sich für interne und externe Kosten. Die externen Kosten sind ausgabewirksam und eignen sich zur Kalkulation von Cash-Flow-basierten Kennzahlen. Dazu gehören Anschaffungskosten für Hardware und Software, Kosten für externe Beratung und

Wartungsgebühren. Interne Kosten entstehen beispielsweise durch den Einsatz von Mitarbeitern des Unternehmens für Projektaufgaben.

Aus den genannten Kostengrößen ergibt sich das in Tabelle 3.4-5 dargestellte Schema für die Kostenkalkulation. Darin wird der Kostenanfall in den einzelnen Perioden der Projektdurchführung und im Betrieb des implementierten Systems berücksichtigt.

Tabelle 3.4-5   Kalkulationsschema für die Projektkosten

		Kostensatz	Periode 1	2	...
Projektkosten	1. Projektmanagement				
	Personen-Tage intern				
	Personen-Tage extern				
	2. Vorstudie und Konzeption				
	Personen-Tage intern				
	Personen-Tage extern				
	3. Konfiguration und Umsetzung				
	Personen-Tage intern				
	Personen-Tage extern				
	4. Tests / Review				
	Personen-Tage intern				
	Personen-Tage extern				
	5. Schulung / Change Management				
	Personen-Tage intern				
	Personen-Tage extern				
IT-Infrastruktur	1. Softwarelizenzen				
	2. Zusätzliche Hardware				
	Server				
	PCs				
	Peripherie u. a.				

3.4 Harmonisierung von ERP-/PPS-Prozessen und -Systemen

		Kosten-satz	Periode		
			1	2	...
Lfd. Kosten	1. Systempflege				
	2. Anwendersupport				
	3. Wartungsgebühren				
	Summe interner Kosten				
	Summe externer Kosten				

Für den Personaleinsatz bietet sich die Planung in Personen-Tagen, d. h. Arbeitstagen der Projektmitarbeiter, für die einzelnen Projektphasen an. Diese Personen-Tage können über einen Tages- bzw. Kostensatz in Kosten umgerechnet werden. Ist das Projektziel nicht die Einführung von Anwendungssystemen, sondern die Gestaltung der Aufbau- und Ablauforganisation, die Datenstrukturierung oder die Integration von vorhandenen Systemen, so ist das Schema dementsprechend anzupassen.

Der in der Praxis übliche Einsatz von Fremddienstleistern (Beratern) für die Konzeption, Implementierung, Schulung und Tests in Projekten sowie das Projektmanagement müssen im geplanten Umfang berücksichtigt werden. In der Projektorganisation werden neben der Differenzierung von internen und externen Mitarbeitern zudem verschiedene Rollen spezifiziert, die eine unterschiedliche Kostenverursachung beinhalten. Diese Rollen können grob den benannten Arbeitspaketen (Projektmanagement, Schulung u. a.) zugewiesen werden. Beispiele für Rollen sind:

- Projektmanager
- Prozessberater
- Programmierer
- Anbieter-Spezialist
- Schulungsmitarbeiter
- Systembetreuer, technischer Support

Für die Schulung wird ein stufenweises Konzept vorgeschlagen, bei dem die externen Kosten möglichst gering gehalten werden. Die Schulung des Projektteams erfolgt vor und während der Projektdurchführung. Sind erste Arbeitsergebnisse und Konzepte entwickelt, werden Key-User geschult, die besonders geeignet sind, ihr Wissen an Kollegen weiterzugeben.

3.4.4.3 Methoden zur Kostenermittlung

Für die Ermittlung von Kosten bei Projekten existieren verschiedene Methoden, die in Anlehnung an Gronau (2001) vorgestellt werden:

- Analogiemethode
- Relationsmethode
- Multiplikationsmethode
- Gewichtungsmethode
- Methode parametrischer Schätzgleichungen
- Prozentsatzmethode

Die *Analogiemethode* stellt ein Vorgehen dar, bei dem das zu bewertende Projekt mit bereits durchgeführten Projekten verglichen wird. Dabei sind solche Projekte zum Vergleich heranzuziehen, die unter ähnlichen Voraussetzungen und Anforderungen durchgeführt wurden. Für diesbezügliche Abweichungen ist die Modifikation des Aufwandes vorzunehmen.

Die *Relationsmethode* basiert ähnlich der Analogiemethode auf dem Vergleich mit bereits abgeschlossenen Projekten. Sie stellt demgegenüber ein formalisiertes Vorgehen dar, bei dem die Ähnlichkeit des Vergleichsprojekts bewertet wird. Dazu werden aufwandsbeeinflussende Faktoren identifiziert und Vergleichsindizes gebildet, deren Durchschnittswert 100 ergeben soll.

Bei der *Multiplikationsmethode* wird das Projekt in ähnlich aufwändige Teilprojekte, Arbeitspakete oder Betrachtungsobjekte aufgeteilt, denen ein Aufwand zugeordnet werden kann. Anschließend wird die Anzahl der Elemente mit dem Aufwand multipliziert, um den Gesamtaufwand zu bestimmen.

Für die *Gewichtungsmethode* werden Faktoren identifiziert, die den Aufwand beeinflussen. Anschließend werden für jeden Faktor Ausprägung und Gewichtung bewertet sowie die Wirkung auf den Projektaufwand eingeschätzt. Diese Faktorenbewertung wird dann auf das abzuschätzende Projekt übertragen.

Die *Methode parametrischer Schätzgleichungen* nutzt die Korrelationsanalyse zur Projektaufwandsschätzung. Es wird angestrebt, den Zusammenhang zwischen Einflussfaktoren und Projektaufwand in Korrelationskoeffizienten abzubilden. Diese Koeffizienten, welche die Stärke des Einflusses darstellen, werden als Faktoren für die Schätzgleichung verwendet. Eine Ausprägungskombination der Faktoren kann damit in den Projektaufwand umgerechnet werden.

Die *Prozentsatzmethode* geht von einer grundsätzlich ähnlichen Aufwandsverteilung zwischen den einzelnen Phasen von Projekten aus. Diese Aufwandsverteilung kann aus Erfahrungswerten erhoben werden. Darauf aufbauend ist es möglich, aus dem Aufwand einer bereits abgeschlossenen, vorangestellten Projektphase auf den Aufwand nachfolgender Phasen zu schließen. Ebenso kann der Aufwand einer bestimmten, gut zu überschauenden Phase abgeschätzt werden, um mit Hilfe der Prozentsatzmethode den Gesamtaufwand hochzurechnen.

3.4.4.4 Verfahren zur Bestimmung der Projektkosten

Die beschriebenen Methoden stellen allgemeine Vorgehensprocedere dar, die allerdings ohne Modifizierung nicht praktisch einsetzbar sind (Reiter 1992). Deshalb wurden Aufwandsschätzverfahren entwickelt, die auf einer oder mehrerer Methoden basieren und mit Hilfe konkreter Kriterien eine Projektbewertung ermöglichen. In Anlehnung an Reiter (1992) sollen folgende Verfahren kurz beschrieben werden:

- Function-Point
- Data-Point
- Object-Point

Die Grundannahme des *Function-Point-Verfahrens* ist, dass der Projektaufwand vom Schwierigkeitsgrad und Umfang des Projekts abhängt (Noth u. Kretschmar 1986). Einflussgrößen, die sich aus den Gruppen Eingabedaten, Ausgabedaten, Datenbestände, Schnittstellen und Abfragen ergeben, werden mit Function Points bewertet. Darüber hinaus bekommen vierzehn Faktoren, die einen Einfluss auf den Projektaufwand haben, ebenfalls Punkte zugeordnet. Die Gesamtsumme der Function Points kann mit abgeschlossenen Projekten und dort entstandenen Kosten in einer Regressionsanalyse verglichen werden. Dieses Verfahren nutzt eine Kombination aus Analogie- und Gewichtungsmethode.

Während beim Function-Point-Verfahren der Aufwand aus der Komplexität der Funktionen und dem Datenfluss bestimmt wird, ergibt sich die Abschätzung beim *Data-Point-Verfahren* aus der Komplexität der Datenstrukturen, ausgedrückt in der Anzahl Entitäten, Beziehungen und Sichten.

Beim *Object-Point-Verfahren* orientiert sich die Schätzung an Schätzobjekten, die z. B. Informationsobjekte oder Elementarfunktionen darstellen. Die Vorgehensweise von Function-Point-, Data-Point und Object-Point-Verfahren ist sehr ähnlich und beruht auf der qualitativen Bewertung eines hierarchischen Multifaktorensystems. Eine genauere Beschreibung der Bewertungsfaktoren, Schätzobjekte und Schrittfolgen soll hier nicht vorgenommen werden.

3.4.5 Vorgehen bei der Harmonisierung

Die Strategieauswahl stellt ein Entscheidungsproblem dar, das entsprechend dem Vorgehen und der Methodik der Entscheidungstheorie gelöst werden kann. Bei Entscheidungsprozessen werden, gemäß der Theorie von Cyert und March, die folgenden Phasen durchlaufen (Bamberg u. Coenenberg 1994):

- *Zieldefinition*: Festlegung der Entscheidungskriterien für die Auswahl
- *Informationsprozess*: Sammlung von problembezogenen Informationen, Identifizierung von Entscheidungsalternativen und deren Auswirkungen
- *Auswahlprozess*: Bewertung der Entscheidungsalternativen gemäß den Auswahlkriterien

Werden diese Phasen auf die Problemstellung der Harmonisierung übertragen, muss auf eine Zieldefinition für die Harmonisierung, eine Analyse des Harmonisierungspotenzials, eine Festlegung von Strategiealternativen der Harmonisierung, eine Bewertung der Ursachen-Wirkungs-Zusammenhänge der Strategien auf die Ziele und eine Auswahl einer Strategie entsprechend der Kriterien aus der Zieldefinition folgen.

Diese Schritte bilden die Basis für das Vorgehenskonzept, das in Abb. 3.4-8 dargestellt ist und für die Harmonisierung entwickelt wurde. Das Vorgehenskonzept bildet den Rahmen für die Bewertung der Strategiealternativen nach den Nutzenpotenzialen und Kosten in Unternehmen. Die beschriebenen Bewertungsverfahren werden somit Teil des Vorgehenskonzepts.

Die Auswahl einer Harmonisierungsstrategie sollte in Form eines Projekts organisiert werden. Die Kriterien zur Anwendung einer Projektorganisation nach Kieser u. Kubicek (1992) sind grundlegend erfüllt:

- Es werden Experten aus verschiedenen Unternehmensbereichen benötigt (Fachbereiche und IT-Abteilung).
- Zeit- und Budgetressourcen sind begrenzt.
- Die Maßnahme ist auf ein Gestaltungsziel ausgerichtet.

Das Projektvorgehen wird nachfolgend beschrieben. Startpunkt der Projektarbeit ist das Projekt-Kickoff.

3.4.5.1 *Projekt-Kickoff*

Die folgenden Ziele sollten mit dem Projekt-Kickoff realisiert werden:

- Kommunikation der Bedeutung des Projekts für das Unternehmen und Bildung eines gemeinsamen Verständnisses für das Problem

3.4 Harmonisierung von ERP-/PPS-Prozessen und -Systemen

- Festlegung der Projektorganisation und des Projektvorgehens
- Abgrenzung des Untersuchungsbereichs für das Projekt
- Definition der Zielsetzung für die Strategieauswahl

3.4.5.2 Ist-Analyse der Prozesse und Systeme

Die Ziele und Inhalte der Bestandsaufnahme der Prozesse und Systeme werden anhand der Objekte der Harmonisierung beschrieben.

Informationssysteme und -strukturen

Die informationstechnische Harmonisierung und Integration der Auftragsabwicklung bei verteilten Standorten setzt ein Verständnis zu den Informationssystemen und -strukturen in den Standorten voraus. Die Informationssysteme stellen das Gestaltungsobjekt der IT-Strategie dar.

Geschäftsprozesse

Informationssysteme werden zur Unterstützung der Geschäftsprozesse eingesetzt. Die (Neu-)Gestaltung der IT erfolgt mit dem Ziel, Nutzenpotenziale bei der Abwicklung der Geschäftsprozesse zu erzielen. Die Untersuchung der Geschäftsprozesse ist demnach eine Vorbedingung für die Definition der Harmonisierungsstrategie.

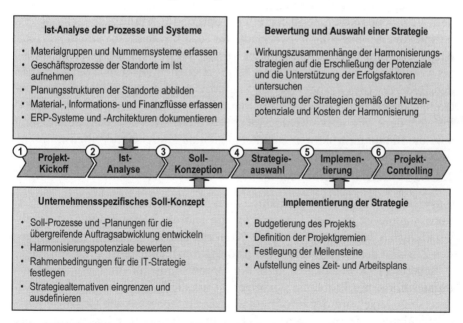

Abb. 3.4-8 Vorgehenskonzept zu Harmonisierung

Materialflüsse

Es sind horizontale und vertikale Geschäftsprozesse der Auftragsabwicklung zu unterscheiden. Bei den horizontalen Prozessen wird, wie bereits dargestellt, neben der Optimierung eine Standardisierung angestrebt. Die vertikalen Prozesse stehen dagegen in Verbindung mit einer leistungswirtschaftlichen Verflechtung, d. h. einem Materialfluss, zwischen den Standorten. Hier gilt es, die Standorte aufeinander abzustimmen, zu integrieren und die Koordination zu optimieren. Die Untersuchung der Materialflüsse ist eine Vorbedingung für die Gestaltung vertikaler Geschäftsprozesse.

Informationsflüsse

Zwischen den Geschäftsprozessen, Abteilungen und Standorten bestehen Informationsbeziehungen. Belege, Dokumente und Informationen werden bei der Ausführung eines Geschäftsprozesses generiert und an nachfolgende Stellen weitergegeben. Die Realisierung durchgängiger Informationsflüsse zwischen den Standorten setzt eine Integration der Informationssysteme voraus. Der Informationsfluss muss einer gesonderten Betrachtung unterzogen werden.

Planungsstrukturen

Die voneinander abweichenden Planungsstrukturen der Standorte behindern gegebenenfalls eine übergreifend optimierte Auftragsabwicklung. Ist beispielsweise der Planungsvorlauf für das Produkt in einem vertikal nachgelagerten Produktionsstandort kürzer als der des Vorprodukts in einer vorgelagerten Fertigungsstufe, so ergeben sich Diskrepanzen zwischen den Bedarfen (des nachgelagerten Standorts) und der geplanten Bedarfsdeckung (durch den vorgelagerten Standort). Für die Harmonisierung und insbesondere die Optimierung der übergreifenden Auftragsabwicklung sind die Planungsstrukturen zu untersuchen und aufeinander abzustimmen.

3.4.5.3 *Unternehmensspezifisches Soll-Konzept*

Ausgehend von der Ist-Aufnahme der Geschäftsprozesse und Informationssysteme ist ein Soll-Konzept für die Harmonisierung der Auftragsabwicklung zu entwickeln. Das Soll-Konzept beschreibt einen anzustrebenden Zustand der Organisation und informationstechnischen Unterstützung.

Scherer (1996) stellt fest, dass die Organisation für die Lösung ablauforganisatorischer Probleme wichtiger ist als die Informationssysteme. Andererseits „erscheint der Informatikeinsatz einfacher als die Organisationsentwicklung". Daraus ergibt sich laut Scherer das Dilemma, dass

3.4 Harmonisierung von ERP-/PPS-Prozessen und -Systemen

Unternehmen eher die Gestaltung der Informationstechnik fokussieren, aber damit nicht die zugrundeliegenden Probleme lösen.

In den 80er Jahren führten die Arbeiten von Gaitanides (Prozessorganisation), Porter (Wertkettenansatz), Davenport (Process Innovation) sowie Hammer u. Champy (Business Process Reengineering, BPR) zu einer Sensibilisierung für eine prozessorientierte Unternehmensgestaltung. BPR ist definiert als fundamentales Überdenken und radikales Redesign von Unternehmen oder wesentlichen Unternehmensprozessen mit dem Ziel, Verbesserungen in den Kategorien Kosten, Zeit und Kundennutzen (insbesondere Qualität und Service) zu erreichen (Hammer u. Champy 1994).

Der BPR-Definition liegt die Erkenntnis zu Grunde, dass viele Aufgaben im Unternehmen nicht der Erfüllung von Kundenwünschen, sondern der Erfüllung nicht wertschöpfender, interner, organisatorischer Anforderungen dienen. Daher beinhaltet BPR die Empfehlung, die bestehenden Prozesse grundsätzlich in Frage zu stellen und neu zu gestalten. Somit bedeutet BPR nicht die Verbesserung bestehender Unternehmensabläufe, sondern eine radikale Neugestaltung (Hammer u. Champy 1994). Hammer u. Champy bezeichnen die Optimierung von bestehenden Prozessen als den „ungeheuerlichsten Fehler, den man im Business Reengineering begehen kann" (Hammer u. Champy 1994).

Sich verändernde Umweltbedingungen erfordern dennoch auch eine kontinuierliche Überarbeitung und Verbesserung der Organisation (Neumann et al. 2002). Scheer et al. (1995) sind im Gegensatz zu Hammer u. Champy der Meinung, dass Prozesse einer laufenden systematischen Modellierung, Steuerung und Verbesserung unterzogen werden müssen. Dieser Forderung entsprechen Konzepte wie Kaizen bzw. Continuous Improvement (CI) (Imai 1992; Emrich 1996; Al-Ani 1996) und Kontinuierliches Prozessmanagement (KPM) (Neumann et al. 2002).

Revolutionäre Ansätze wie das BPR und evolutionäre Ansätze wie KPM schließen sich nicht gegenseitig aus. Um neuen Anforderungen dynamisch Rechnung zu tragen, sind Prozesse im Anschluss an die radikale Neugestaltung solange an sich wandelnde Umweltbedingungen anzupassen, bis eine erneute grundlegende Umgestaltung erforderlich ist (Bogaschewsky u. Rollberg 1998; Al-Ani 1996; Neumann et al. 2002). Die wesentlichen Unterschiede der Gestaltungsansätze sind in Tabelle 3.4-6 dargestellt.

Bei der Harmonisierung und Integration der Auftragsabwicklung in verteilten Produktionsstrukturen handelt es sich um einen zeitdiskreten Projektansatz, der in seiner organisationsgestaltenden Perspektive dem Konzept des BPR folgt. Für das Vorgehen bei der Soll-Konzeption empfehlen sich die folgenden Schritte:

- Schwachstellen identifizieren und bewerten

- Maßnahmen ableiten und das organisatorische Soll-Konzept ausarbeiten
- alternative Harmonisierungsstrategien definieren

Im Rahmen der Soll-Konzeption wird dabei noch keine Harmonisierungsstrategie ausgewählt, sondern es werden die Rahmenbedingungen bestimmt und alternative Gestaltungsansätze identifiziert.

Tabelle 3.4-6 Gegenüberstellung von Ansätzen der Prozessgestaltung (Bogaschewsky u. Rollberg 1998)

Revolutionäre Ansätze	Evolutionäre Ansätze
Neudefinition der Aufgaben und Prozesse	Orientierung an bestehenden Aufgabeninhalten und Prozessen
Innovativer, einmaliger Veränderungsprozess	Inkrementeller, u. U. permanenter Verbesserungsprozess
Grundsätzlich ganzheitliche Prozesssicht	Fokus auf einzelne Prozesse bzw. -abschnitte möglich
Erstmalige Einführung der Prozessorganisation (Schnittstellenvermeidungsstrategie)	Aufbau auf bestehenden Organisationsstrukturen (Schnittstellenmanagement)
Einseitige Priorisierung der Prozesseffizienz; Ressourceneffizienz durch IT-Nutzung	Berücksichtigung aller organisatorischen Ziele und Effizienzkriterien
Instabiler Umbruch	Relative Stabilität bei kontrolliertem Wandel
Top-down-Vorgehensweise	Bottom-up-Vorgehensweise

3.4.5.4 Bewertung und Auswahl einer Strategie

Bisher wurden bereits ausführlich Methoden und Verfahren zur Nutzen- und Kostenbewertung von Handlungsalternativen vorgestellt. Diese bilden den Kern der Phase Strategieauswahl. Teilschritte des Verfahrens zur Vorbereitung der Auswahlentscheidung werden allerdings in anderen Phasen vollzogen.

Die strategische *Ziel- und Prozessbewertung* sollte beim Projekt-Kickoff durchgeführt werden. Sie ermöglicht die Fokussierung des Projekts auf die kritischen Prozesse entsprechend den Unternehmenszielen.

Wenn die Prozesse beim Projekt-Kickoff noch nicht im Detail vorliegen, so ist Bewertung der Prozesse auf Basis der SEF in der Prozess- und Systemanalyse durchzuführen. Zusätzlich wird in dieser Phase auch die *Prozess- und Datenanalyse* zur Bestimmung des Harmonisierungspotenzials begonnen. Dabei können die Unternehmensstandorte nach operativen

3.4 Harmonisierung von ERP-/PPS-Prozessen und -Systemen

Kriterien verglichen werden, um den Standardisierungs- und Angleichungsbedarf zu identifizieren.

Alle Optimierungs- und Integrationspotenziale ergeben sich im Vergleich des Ist- mit dem Soll-Zustand, so dass eine abschließende Bewertung des Harmonisierungspotenzials erst nach der Entwicklung eines Soll-Konzepts erfolgen kann. Die Bewertung der Strategiealternativen setzt die detaillierte Ausarbeitung ausgewählter Strategien voraus. Dazu ist eine Vorauswahl notwendig, die entsprechend der in Abschn. 3.4.2.2 beschriebenen Grobselektion durchgeführt werden kann. Die Detaildefinition der zu betrachtenden Strategien ist eine Aufgabe in der Soll-Konzeptionsphase.

In der Phase zur *Bewertung und Auswahl einer Strategie* nach Nutzen- und Kostengesichtspunkten werden die operativen und strategischen Wirkungsketten auf die Nutzenpotenziale analysiert sowie die Kosten bewertet. Auf Basis der quantifizierten Kosten- und Nutzenpotenziale kann eine Rentabilitätsrechnung für die Harmonisierungsstrategien durchgeführt werden.

Um die Verfahren der dynamischen Investitionsrechnung anzuwenden, sind die einnahmen- und ausgabewirksamen Positionen zu differenzieren. Bei den Kostenaspekten kann zwischen internen Kosten und ausgabewirksamen, externen Kosten unterschieden werden. Die Nutzenaspekte ergeben sich entweder aus steigenden Erlösen und Deckungsbeiträgen oder aus reduzierten Kosten (Kapitalbindungskosten, Personalkosten, Sachausgaben oder Betriebskosten o. a.). Während die Erlöswirkung einnahmewirksam ist, beziehen sich die Einsparungen in den meisten Fällen zunächst auf kalkulatorische und nicht ausgabewirksame Kosten (Kapitalbindungskosten, Abschreibung für Geräte u. a.). Die Verringerung von Aufwänden, wie z. B. Personaleinsatz, Lagerkapazität, ist erst dann ausgabewirksam, wenn auch Zahlungen des Unternehmens reduziert werden.

Liegen die Nutzenwirkungen der Harmonisierungsalternativen als Erträge und die Projektkosten als Aufwendungen über einen mehrperiodigen Betrachtungszeitraum vor, lässt sich für jede Periode ein Mehr-Gewinn/Verlust bestimmen. Dieser kann für die Rentabilitätsrechnung herangezogen werden.

Während in der Investitionsrechnung der Kapital- bzw. Barwert (BW) der Investition, die Amortisationsdauer und der interne Zins als Entscheidungskriterien gelten, wird in der strategischen Unternehmensführung der Unternehmenswert (UW, engl. Shareholder-Value) als Zukunftserfolgswert herangezogen. Soll der Wertbeitrag einer Investition oder eines Projekts ermittelt werden, überschneiden sich beide Ansätze. Die Berechnung des Zukunftserfolgswerts ist identisch dem Kapitalwertansatz; sie lässt allerdings in Abhängigkeit der betrachteten Flussgrößen folgende Unterteilung zu (Günther 1997):

- Ein- und Auszahlungen des Unternehmens: zahlungsorientierter UW
- Einnahmen und Ausgaben: Cash-Flow-orientierter UW
- Erträge und Aufwendungen: gewinnorientierter UW (Bsp. Ertragswert)

Die Berechnung erfolgt über die Perioden t des Betrachtungszeitraums bei Diskontierung mit einem Kalkulationszinssatz, der den Kapitalkosten des Unternehmens entspricht (Günther 1997). Die Handlungsalternative mit der größten, positiven Wirkung auf den Unternehmenswert ist anschließend auszuwählen.

3.4.5.5 Implementierung der Strategie

Die Implementierung einer Harmonisierungsstrategie erfolgt zumeist als separates Projekt, dem ein Budget, Personal und weitere Ressourcen zugeordnet sind. Bevor nicht die Auswahl der Strategie abgeschlossen ist, kann das Projekt nicht geplant werden. Das Vorgehen und der Umfang des Projekts hängen von der gewählten Handlungsalternative ab.

Mit der Implementierung der Strategie sind insofern neue Projektgremien einzurichten, Meilensteine festzulegen sowie Zeit- und Arbeitspläne aufzustellen. Parallel zur Bearbeitung des Projekts ist ein Projektmanagement zu etablieren.

3.4.5.6 Projekt-Controlling

Auf die Nachbetrachtung des Projekts im Rahmen des Projekt-Controllings wird hier nur kurz eingegangen. Das Projekt-Controlling bezieht sich auf die Ergebnisse und die Zielerreichung in allen Phasen des Vorgehenskonzepts.

Insbesondere sind die im Rahmen der Strategieauswahl ermittelten Kosten und Nutzenpotenzialen den durch die Implementierung realisierten Ergebnissen gegenüberzustellen. Treten wesentliche, negativ zu bewertende Abweichungen auf, sollte über Maßnahmen nachgedacht werden, um den Erfolg der Harmonisierung sicherzustellen.

3.4.6 Zusammenfassung

Die Betrachtung verteilter Standorten ist vor dem Hintergrund der Globalisierung der Wirtschaft, der Konzentration der Unternehmen auf ihre Kernkompetenzen, der Expansion in neue Märkte und der organisatorischen

Dynamik besonders interessant. Neue Konzepte der standort- und unternehmensübergreifenden Zusammenarbeit, wie z. B. SCM, EAI und Portale, werden im Themenfeld der Produktionsplanung und -steuerung aktuell erarbeitet und diskutiert. Entsprechend den Konzepten und Lösungsansätzen werden auch die Informationssysteme weiter entwickelt. Die Handlungsalternativen für Unternehmen, die IT-Unterstützung der Auftragsabwicklung ausgehend von den bestehenden Informationssystemen auszubauen, sind vielfältig.

In diesem Unterkapitel wurde das Harmonisierungspotenzial von Unternehmen mit verteilten Standorten systematisiert. Die möglichen Harmonisierungsstrategien, insbesondere im Hinblick auf die Anwendungssysteme, konnten entsprechend dem Harmonisierungspotenzial nach deren Leistungen, dem Fokus und dem Vorgehen differenziert werden. Die Merkmale und Ausprägungen alternativer Strategien wurden in einer Morphologie zusammengefasst.

Mit Hilfe der Morphologie lassen sich die Handlungsalternativen der Harmonisierung einordnen und für die Auswahl strukturieren. Anschließend können die Strategiealternativen entlang der Wirkungszusammenhänge im Unternehmen bewertet werden. Zu diesem Zweck wurde ein Bewertungsverfahren entwickelt, das auf fundierten Methoden der Kosten- und Nutzenbewertung aufbaut. Die zeitlichen Nutzen- und Aufwandsverläufe der jeweiligen Strategien sind vor dem Hintergrund der sich verkürzenden Wandlungszyklen von Unternehmen von besonderer Bedeutung und sollen deshalb bei der Auswahl im Vordergrund stehen.

Das Bewertungs- und Auswahlverfahren wurde in ein Vorgehenskonzept für Unternehmen integriert. Mit diesem können Harmonisierungsstrategien definiert, implementiert und nachverfolgt werden.

Das Vorgehenskonzept ist als ein Projektansatz zu verstehen, an dem die Unternehmensbereiche und Standorte des Untersuchungsbereichs beteiligt sein sollten. Die Bewertungs- und Auswahlphasen sind nach der Methodik von Entscheidungsprozessen gegliedert.

Die Implementierung einer Harmonisierungsstrategie schließt sich an deren Bewertung und Auswahl an. Dazu sollte ein eigenes (Teil-)Projekt eingerichtet werden, dass von der Auswahl der Strategiealternative und dem Controlling der Ergebnisse umschlossen wird.

3.4.7 Literatur

Al-Ani A (1996) Continuous Improvement als Ergänzung des Business Reengineering. zfo 65(1996)3:142-148

Antweiler J (1995) Wirtschaftlichkeitsanalyse von Informations- und Kommunikationssystemen (IKS) – Wirtschaftlichkeitsprofile als Entscheidungsgrundlage. Köln

Bamberg G, Coenenberg A G (1994) Betriebswirtschaftliche Entscheidungslehre, 8. Aufl. Vahlen, München

Baum H-G, Coenenberg A G, Günther T (1999) Strategisches Controlling, 2. Aufl. Stuttgart

Baumgarten H, Zadek H, Keller T (2001) Mergers & Acquisitions – Logistik als Erfolgsfaktor. In: Jahrbuch Logistik 15, S 14-18

Beckmann H (1999) Prinzipien zur Gestaltung verteilter Fabrikstrukturen. Zeitschrift für wirtschaftliche Fertigung 94(1999)1-2:42-47

Bereszewski M, Kloss K, Keßler F (2002) Fusion, Konfusion, Kapitulation. Information Week (2002)2:20-24

Bogaschewsky R, Rollberg R (1998) Prozeßorientiertes Management. Berlin

Böhm R, Fuchs E, Pacher G (1996) System-Entwicklung in der Wirtschaftsinformatik. Zürich

Born M (2001) Mehr Erfolg bei Softwareimplementierungen. PPS Management 6(2001)3:1-4

Britsch K (1979) Grenzen wissenschaftlicher Problemlösungen. Baden-Baden

Bullinger H-J, Wiedmann G (1995) Der Wandel beginnt. Office Management (1995)7-8:58-62

Corsten H, Will Th (1993) Strategieunterstützung durch CIM – Simultaneität von Kostenführerschaft und Differenzierung durch neuere informationstechnologische Produktionskonzepte? Wirtschaftswissenschaftliches Studium (WiSt) – Zeitschrift für Ausbildung und Hochschulkontakt 22

Emrich C (1996) Business Process Reengineering. io management 65(1996)6:53-56

Gronau N (2001) Industrielle Standardsoftware – Auswahl und Einführung. München

Günther T (1997) Unternehmenswertorientiertes Controlling. München

Hafen U, Künzler C, Fischer D (1999) Erfolgreich restrukturieren in KMU. Werkzeuge und Beispiele für eine nachhaltige Veränderung. Zürich

Hammer M, Champy J (1994) Business Reengineering. Die Radikalkur für das Unternehmen, 2. Aufl. Frankfurt a. M. New York

Homburg C, Hocke G (1998) Change Management durch Reengineering? Eine Bestandsaufnahme. Zeitschrift Führung und Organisation 67(1998)5:294-299

Imai M (1992) Kaizen. Der Schlüssel zum Erfolg der Japaner im Wettbewerb. München

Jost W (1993) EDV-gestützte CIM-Rahmenplanung. In: Scheer A-W (Hrsg) Schriften zur EDV-orientierten Betriebswirtschaft. Wiesbaden

Kernler H (1995) PPS der 3. Generation. Grundlagen, Methoden und Anregungen, 3. Aufl. Heidelberg

Kieser A, Kubicek H (1992) Organisation. Berlin

Kromer G (2001) Integration der Informationsverarbeitung in Merger & Acquisitions. Köln

Lauritzen S (2000) IT-Integration nach Mergers & Acquisitions. Information Management & Consulting 15(2000)3:19-23
Linß H (1995) Integrationsabhängige Nutzeneffekte der Informationsverarbeitung. Dissertation, Göttingen
Luczak H, Becker J (Hrsg) (2003) Workflowmanagement in der Produktionsplanung und -steuerung. Berlin
Luczak H, Eversheim W (2001) Produktionsplanung und -steuerung, 3. Aufl. Berlin
Mertens P (1997) Integrierte Informationsverarbeitung. In: Mertens P et al. (Hrsg) Lexikon der Wirtschaftsinformatik, 3. Aufl. Berlin, S 208-209
Much D (1997) Harmonisierung von technischer Auftragsabwicklung und Produktionsplanung und -steuerung bei Unternehmenszusammenschlüssen. (Abschlussbericht Stiftung Industrieforschung SiF 363. FIR, Aachen)
Neumann S, Probst C, Wernsmann C (2002) Kontinuierliches Prozessmanagement. In: Becker J, Kugeler M, Rosemann M (Hrsg.) Prozessmanagement. Ein Leitfaden zur prozessorientierten Organisationsgestaltung, 3. Aufl., Berlin, S 297-323.
Noori H, Mavaddat F (1998) Enterprise Integrations: issues and methods. International Journal of Production Research 36(1998)8:2083-2097
Noth T, Kretschmar M (1986) Aufwandsschätzungen von DV-Projekten. Darstellung und Praxisvergleich der wichtigsten Verfahren, 2. Aufl. Berlin Heidelberg
Nußdorfer R (2000) EAI-Artikel: zusammenfassende Darstellung der Gesamtthematik. http://www.eaiforum.de (Abruf am 11.11.2000).
Philippson C (2000) ERP-Auswahl im Wandel der Zeit – Kann ein PPS-System heute noch alle Anforderungen abdecken? (Vortragsunterlagen der Aachener PPS-Tage 2000. FIR, Aachen)
Pietsch T (1999) Bewertung von Informations- und Kommunikationssystemen. Ein Vergleich betriebs-wirtschaftlicher Verfahren. Berlin
Reiter K-U (1992) Aufwandsschätzverfahren für Softwareentwicklungsprojekte. In: Schweigert F (Hrsg) Wirtschaftlichkeit von Software-Entwicklung und -Einsatz. (Gemeinsame Fachtagung des German Chapter of the ACM, der Gesellschaft für Informatik (GI) und der Sektion Angewandte Informationsverarbeitung der Universität Ulm am 21. und 22. September 1992 in Ulm, S 177-195)
Scheer A-W (1995) Wirtschaftsinformatik. Berlin
Scherer E (1996) PPS-Systeme – wie weiter? Zürich
Schewe G, Gerds J (2001) Erfolgsfaktoren von Post Merger Integration. Zeitschrift für Betriebswirtschaft (2001)1:75-103
Schönsleben P (1998) Integrales Logistikmanagement – Planung und Steuerung von umfassenden Geschäftsprozessen. Springer, Berlin Heidelberg New York
Schott K, Mäurer R (2001) Auswirkungen von EAI auf die IT-Architektur in Unternehmen. Information Management & Consulting 16(2001)1:39-43
Schreuder S, Upmann R (1988) CIM-Wirtschaftlichkeit: Vorgehensweise zur Ermittlung des Nutzens einer Integration von CAD/CAP/CAM/PPS und CAQ. Köln

Schumann M (1992) Betriebliche Nutzeneffekte und Strategiebeiträge der großintegrierten Informationsverarbeitung. Berlin Heidelberg
Schwinn K, Dippold R, Ringgenberg A, Schnider W (1999) Unternehmensweites Datenmanagement, 2. Aufl. Braunschweig
Stadtler H, Wilhelm S, Becker M (1995) Entwicklung des Einsatzes von Fertigungsleitständen in der Industrie. Management & Computer (1995)3:39-43
Swanton B (2003) Justifying ERP Instance Consolidation Requires a Strategic Business Goal. (AMR Research Report)
Weingarten U (2002) Was steckt hinter dem neuen Logistikbegriff Collaboration? Logistik für Unternehmen (2002)12:3
Westkämper E (1999) Die Wandlungsfähigkeit von Unternehmen. wt Werkstattstechnik 89(1999)4:131-140
Wiendahl H-P, Helms K, Höbig M (1998) Fremdvergabe in Produktions-Netzwerken. Industrie Management 14(1998)6:39-43
Wirth S (1995) Innovative Produktionsnetze. Jahrbuch der Logistik. Verlagsgruppe Handelsblatt, Düsseldorf, S 162-164
Wirtz B W (1996) Business Process Reengineering – Erfolgsdeterminanten, Probleme und Auswirkungen eines neuen Reorganisationsansatzes. zfbf Zeitschrift für betriebswirtschaftliche Forschung 48(1996)11:1023-1036
Wöhe G (1996) Einführung in die Allgemeine Betriebswirtschaftslehre. München

3.5 Koordination interner Produktionsnetzwerke

von Alexandra Kaphahn und Thorsten Lücke

3.5.1 Überblick

Dieser Beitrag beschäftigt sich mit der Koordination der Produktionsplanung und -steuerung in internen Produktionsnetzwerken durch eine zentrale Planungsinstanz. Dabei wird aufgezeigt, wie Unternehmen mit verteilter Standortstruktur kontextspezifisch bei der Auswahl und Priorisierung von Koordinationsschwerpunkten methodisch unterstützt werden können.

Hierzu wird zunächst neben der Darstellung der Ausgangssituation (vgl. Abschn. 3.5.2) die Supply-Chain-Organisationsstruktur modellhaft abgebildet (vgl. Abschn. 3.5.3) und die Rolle der zentralen Planungsinstanz respektive fokalen Unternehmung in einem internen Produktionsnetzwerk erläutert (vgl. Abschn. 3.5.4).

Anschließend wird der durch strukturbedingte Abhängigkeiten zwischen den Produktionsstandorten induzierte Koordinationsbedarf aufgezeigt (vgl. Abschn. 3.5.5), woraus sich wiederum verschiedene Koordinationsebenen und -schwerpunkte ableiten lassen (vgl. Abschn. 3.5.6). Um die Vielzahl der in der Realität existierenden Erscheinungsformen interner Produktionsnetzwerke zu erfassen, werden in Abschn. 3.5.7 Produktionsnetzwerktypen gebildet. Anschließend wird ein Zielmodell aufgezeigt, das die Ziele einer übergeordneten Koordination durch ein fokales Unternehmen operationalisiert (vgl. Abschn. 3.5.8).

Schließlich wird ein Entscheidungsmodell vorgestellt, das die Netzwerktypen, das Zielsystem sowie die zwischen ihnen und den Koordinationsschwerpunkten jeweils bestehenden Wirkungsbeziehungen als Methodenbausteine in eine Gesamtmethodik integriert (vgl. Abschn. 3.5.9). Es unterstützt, unter Berücksichtigung nutzen- und aufwandsorientierter Aspekte, Unternehmen bei der Entscheidung, welche Koordinationsaufgaben unternehmensspezifisch fokussiert werden sollten.

3.5.2 Ausgangssituation und Problemstellung

Der zunehmende Wunsch der Kunden nach individuelleren, dem Kundenbedürfnis speziell angepassten Produkten und Leistungen hat nicht nur zu einer größeren Variantenvielfalt in der Produktion, sondern auch zu steigenden Koordinationsaufwänden innerhalb der Auftragsabwicklungskette produzierender Unternehmen geführt. Gleichzeitig erfordert der globale Wettbewerb ein Höchstmaß an Effizienz bei der Leistungserbringung sowie die Diskontinuität des Unternehmensumfelds ein maximales Maß an Unternehmensflexibilität (vgl. Abb. 3.5-1; Deloitte 2003; Schuh u. Weghaupt 2003).

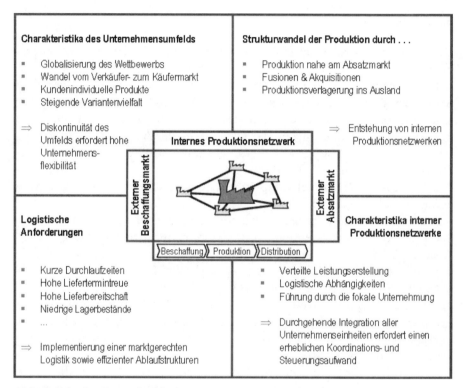

Abb. 3.5-1 Ausgangssituation

Diese neuen Wettbewerbsanforderungen haben einen Strukturwandel in der Produktion hervorgerufen. Um den veränderten Rahmenbedingungen Rechnung zu tragen, haben viele Unternehmen ein weltweites Produktionsnetzwerk mit international verteilten Standorten aufgebaut (Jehle u. Kaczmarek 2003; Sydow 2001). Allgemeine Ziele derartiger Netzwerke liegen vornehmlich in der Markterschließung, der Kostenersparnis und der Nutzung von Synergieeffekten (von Wrede 2000).

Vor dem Hintergrund der zuvor beschriebenen Entwicklung verfügen immer mehr Unternehmen über mehrere eigene Standorte, die ein sog. internes Produktionsnetzwerk aufspannen, auf das sich die Wertschöpfung verteilt. Aufgrund der aktuellen politischen und wirtschaftlichen Entwicklungen zur Verbesserung der internationalen Zusammenarbeit wird der Trend zur globalen Verteilung von Wertschöpfungsstrukturen weiter anhalten und neben den Großunternehmen aller Voraussicht nach auch den Mittelstand erreichen (Jahns 2004).

Der Aufbau globaler Produktionsnetzwerke führt zu einer Zunahme an komplexen, unternehmensinternen und vor allem standortübergreifenden logistischen Prozessen (Freitag et al. 2004). Die entstehende Komplexität ist auf die logistischen Beziehungen zwischen den einzelnen Standorten innerhalb des Produktionsnetzwerks zurückzuführen, die aus Materialflussbeziehungen sowie der dezentralen Verteilung von interdependenten Planungs- und Steuerungsaufgaben resultieren. Dies führt zu Abstimmungsbedarfen bei der Produktionsplanung und -steuerung sowie zu dispositiven Freiheitsgraden, deren systematische Nutzung zur Verbesserung logistischer und betriebswirtschaftlicher Ziele aus Sicht der Gesamtunternehmung beitragen kann (Philippson 2003).

Aus diesem Grund ist eine standortübergreifende Koordination der lokalen Unternehmenseinheiten zumindest auf grober Planungsebene durch eine fokale Unternehmenseinheit, die über entsprechende Macht- bzw. Weisungsbefugnisse verfügt, erforderlich, um die angestrebten Wettbewerbsvorteile eines internationalen Produktionsnetzwerks zu erschließen (Sucky 2004). Hierzu sind Koordinationsprozesse notwendig, welche die inhaltliche und zeitliche Abstimmung der Prozesse zwischen den Standorten des internen Produktionsnetzwerks vornehmen. Die Fokussierung auf primär einzelstandortbezogene Aspekte führt lediglich zu einem suboptimalen Betrieb des internen Produktionsnetzwerks (Jehle u. Kaczmarek 2003). Eine mangelhafte Abstimmung physisch interdependenter Wertschöpfungsaktivitäten wirkt sich negativ auf die logistischen Ziele aus Sicht des Gesamtunternehmens aus und führt insbesondere zu einer mangelhaften Erfüllung der Kundenanforderungen (Lücke u. Luczak 2003). Durch standortübergreifende Koordinations- und Planungsaktivitäten können die lokalen Unternehmenseinheiten auf die globalen Netzwerkziele ausgerichtet werden. Hierdurch können netzwerkweit abgestimmte Pläne erstellt und der Abstimmungsaufwand zwischen den lokalen Unternehmenseinheiten reduziert werden (Jehle u. Kaczmarek 2003).

Die standortübergreifende Koordination in Form von ganzheitlichen und durchgängigen Informationsflüssen in internen Netzwerken in der industriellen Praxis weist allerdings Schwächen auf, was sich insgesamt negativ auf das Erreichen logistischer und produktionswirtschaftlicher Ziele auswirkt (PRTM 2003). Darüber hinaus wird dadurch der Einsatz moderner SCM-Softwaretools zur effizienten Unterstützung der Planung und Steuerung in internen Produktionsnetzwerken behindert (Kling et al.

1999). Für eine erfolgreiche Implementierung einer SCM-Software ist es unentbehrlich, zunächst die organisatorischen Voraussetzungen durch die Implementierung anforderungsgerechter Koordinationsprozesse im eigenen Netzwerk zu schaffen (vgl. Abb. 3.5-2; Schmidt 2003; McKinsey 2004; Frink et al. 2004).

In diesem Zusammenhang fehlt in der betrieblichen Praxis eine methodische Unterstützung zur Gestaltung der standortübergreifenden Koordination von internen Produktionsnetzwerken. Hierbei erweist sich die Gestaltung der Informationsflüsse zur verbesserten Abstimmung der einzelnen Produktionsstandorte innerhalb des Produktionsnetzwerks als schwierig, da der Überblick über die notwendigen zentralen Koordinationsaufgaben bei den Organisationsgestaltern, die mit der Reorganisation der Auftragsabwicklung beauftragt sind, kaum vorhanden ist (Pak 2004).

Ziel dieses Beitrags ist es daher, eine Methode zur Unterstützung der fallspezifischen Auswahl der relevanten Koordinationsschwerpunkte in internen Produktionsnetzwerken aufzuzeigen. Von zentraler Bedeutung ist hierbei die Definition interner Produktionsnetzwerke und standortübergreifender Koordinationsaufgaben. Durch die Anwendung des Entscheidungsmodells sollen die Anwender der Methode in die Lage versetzt werden, die Koordinationsschwerpunkte auf Basis der unternehmensspezifischen Zielgewichtung und Randbedingungen hinsichtlich ihrer Eignung zu priorisieren und somit die für den spezifischen Anwendungsfall besonders relevanten Koordinationsschwerpunkte auszuwählen.

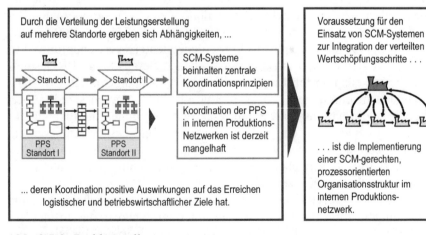

Abb. 3.5-2 Problemstellung

3.5.3 Modell einer Supply Chain Organisation

Die Planungs- und Steuerungs-(PS-)Organisationsstruktur umfasst die Planung und Steuerung der Produktions- und Logistikabläufe innerhalb der Supply Chain Struktur. Die PS-Organisationsstruktur stellt somit eine Gliederung des Planungs- und Steuerungsaufgabenkomplexes hinsichtlich einer Verteilung der Planungs- und Steuerungsentscheidungen auf die verschiedenen Planungsebenen (global/lokal) sowie auf die verschiedenen Organisationseinheiten als Träger der PS-Entscheidungen dar (vgl. Abb. 3.5-3).

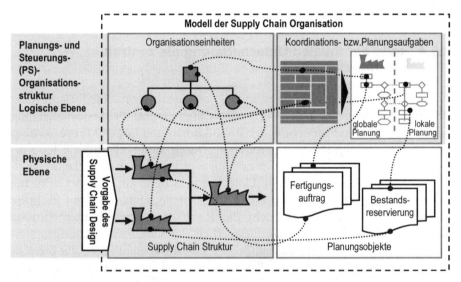

Abb. 3.5-3 Zusammenhang zwischen Supply Chain Struktur, Planungsobjekten sowie Planungs- und Steuerungs- Organisationsstruktur

Die Verknüpfung zwischen der PS-Organisationsstruktur und der Supply Chain Struktur einer Unternehmung wird folglich im Wesentlichen durch die Planungsobjekte hervorgerufen (Philippson 2003). Planungsobjekte sind z. B. Produktionsmengen oder Produktionstermine, die sich auf zukünftige Zustände einzelner Elemente der Supply Chain Struktur beziehen. Die Basis für die Planung und Steuerung bildet ein Modell der Supply Chain Struktur, das in Form von Ressourcen, Material, Stücklisten, Arbeits- und Transportplänen sowie Aufträgen etc. beschrieben wird. Die Supply Chain Struktur wird in ERP-/PPS-Systemen bzw. SCM-/APS-Systemen durch Stamm- bzw. Bewegungsdaten repräsentiert. Ein direkter Bezug entsteht durch die Veranlassung operativer Vorgänge (wie z. B. Fertigen, Montieren, Material bereitstellen, Kommissionieren, Versenden,

Einlagern etc.) durch die PS-Organisationsstruktur innerhalb der Supply Chain Struktur. Ebenso existiert der umgekehrte Fall, wenn eine Rückmeldung von der Supply Chain Struktur in die Supply Chain Organisationsstruktur erfolgt, um ein aktuelles und reales Abbild der Supply-Chain-Struktur innerhalb der PS-Organisationsstruktur zu gewährleisten.

Durch die Vorgabe des sog. „Supply Chain Design" werden die Beziehungen zwischen den Elementen der Supply Chain Struktur determiniert. Die Analyse dieser Beziehungen sowie die systematische Ableitung der daraus resultierenden Interdependenzen in der Supply Chain Struktur bilden die Grundlage zur Ableitung des übergeordneten Koordinationsbedarfs.

3.5.4 Rolle der fokalen Unternehmung als zentrale Planungsinstanz

Aufgabe der fokalen Unternehmung ist es, den Informationsfluss entlang der Supply Chain zu steuern und eine durchgängige Prozessorientierung bei der Planung und Steuerung der Produktions- und Logistikprozesse über alle Wertschöpfungsstufen zu erreichen. Durch die übergeordnete Koordination der verteilten Leistungserstellung werden die lokalen Planungseinheiten auf die übergeordneten Unternehmensziele ausgerichtet. Da bei einem internen Produktionsnetzwerk die Leistungserstellung auf mehrere Unternehmen verteilt ist, besteht die Rolle der fokalen Unternehmung darin, das zielgerichtete Zusammenwirken der verteilten Leistungserstellung zu koordinieren. Hierbei handelt es sich im Wesentlichen um die Koordination von Beschaffungs-, Produktions- und Transportprozessen. Die notwendigen Koordinationsprozesse umfassen die inhaltliche und zeitliche Abstimmung der Prozesse zwischen den an der Leistungserstellung beteiligten Unternehmenseinheiten (Sucky 2004).

Aufgrund des zuvor beschriebenen Sachverhalts kann die Rolle der fokalen Unternehmenseinheit nur auf grober Ebene in allgemeiner Form beschrieben werden. Grundsätzlich werden durch das fokale Unternehmen nur diejenigen Planungs- und Steuerungsaufgaben wahrgenommen werden, die netzwerkweite bzw. standortübergreifende Bedeutung haben, um die Nachteile einer zentralen Planung zu reduzieren. Planungsaufgaben, die primär die Belange der einzelnen lokalen Unternehmenseinheit betreffen, verbleiben auch weiterhin im Verantwortungsbereich der jeweiligen Unternehmenseinheit. Für eine zentrale Planung und Steuerung sprechen jedoch die erreichbaren Skaleneffekte, die gegenüber einer dezentralen Planung und Steuerung erreicht werden können, sowie die höhere Güte der Planungsergebnisse. Durch die zuvor beschriebene Planungs- und Durchsetzungsmacht des fokalen Unternehmens in internen Netzwerken kann eine weitgehende Umsetzung der generierten Pläne sichergestellt werden. Die fokale Unternehmung fungiert im Allgemeinen als Auftragsplanungs- und -steuerungsinstanz auf Netzwerkebene, die für die terminliche Abwicklung der Kundenaufträge bzw. kundenanonymer Lageraufträge entlang der Supply Chain im internen Produktionsnetzwerk verantwortlich ist. Hierdurch können abgestimmte Pläne erstellt und der Abstimmungsaufwand zwischen den einzelnen lokalen Standorten reduziert werden. Als zentrale Terminstelle soll die fokale Unternehmung die auftrags- bzw. prozessorientierte Denkweise fördern und die standortübergreifende Auftragsabwicklung über alle Fachbereiche transparent gestalten. Die fokale Unternehmung gewährleistet die Koordination aller terminrelevanten Informationen. Sie stellt somit eine zentrale Informationsdrehscheibe innerhalb der Auftragsabwicklung dar.

Die Rolle der fokalen Unternehmung ist zusammenfassend in nachfolgender Abbildung noch einmal dargestellt (vgl. Abb. 3.5-4; Luczak u. Lücke 2003).

Rolle der fokalen Unternehmung in internen Produktionsnetzwerken

- Realisierung einer standortübergreifenden Auftragsplanung und -steuerung auf grober Ebene. Durch einen hohen Objektbezug wird eine stärkere Ausrichtung auf den Prozess der standortübergreifenden Auftragsabwicklung ermöglicht.

- Koordination der termin- und durchlaufzeitrelevanten Informationsflüsse zu und von den beteiligten Unternehmenseinheiten entlang der Supply Chain

- Bereitstellung von objektiven Entscheidungshilfen zur Ausregelung der im Produktionsverbund herrschenden Zielkonflikte im Sinne der optimalen Erfüllung der Gesamtaufgabe des Unternehmens.

- Zentralisierung von Planungs- und Steuerungsaufgaben bezüglich der Auftragsebene mit dem Ziel, Störungen im Rahmen der Auftragsabwicklung frühzeitig zu erkennen und Steuerungsmaßnahmen abzuleiten.

Abb. 3.5-4 Rolle der fokalen Unternehmung

In Abhängigkeit der Interdependenzen innerhalb des Produktionsnetzwerks sind der fokalen Unternehmenseinheit unterschiedliche Koordinationsaufgaben zuzuordnen, so dass sich hierdurch wiederum unterschiedliche Koordinationsprozesse ergeben. Eine allgemeingültige und normative Beschreibung des Aufgabenspektrums einer fokalen Unternehmung ist jedoch nicht möglich, da hierzu die Kenntnis der konkreten Standortbeziehungen und der daraus resultierenden Interdependenzen sowie der unternehmensspezifischen Zielsetzung erforderlich ist.

Um den Organisationsgestalter dennoch bei der Auswahl und Gestaltung geeigneter Aufgaben zu unterstützen, werden in Abschn. 3.5.7 geeignete Produktionsnetzwerktypen abgeleitet. Vor dem Hintergrund des konkreten Produktionsnetzwerktyps sowie der unternehmensspezifischen Zielsetzung ist die Auswahl der relevanten übergeordneten Koordinationsaufgaben möglich.

3.5.5 Koordinationsbedarf durch strukturbedingte Interdependenzen in internen Produktionsnetzwerken

Koordinationsbedarf in internen Produktionsnetzwerken lässt sich durch eine Untersuchung von Interdependenzen auf Grundlage von Materialflussbeziehungen zwischen den verteilten Standorten eines internen Netzwerks ableiten (Philippson 2003). Bei dieser Betrachtung werden Interdependenzen berücksichtigt, die durch eine direkte Materialflussbeziehung zwischen den Standorten hervorgerufen werden. Abhängigkeiten, die auf redundant vorhandene Technologien oder Ressourcen und somit nicht auf eine direkte Materialflussbeziehung zurückzuführen sind, bleiben bei der rein materialflussorientierten Sichtweise unberücksichtigt. Im Folgenden werden Interdependenzen zwischen den Aufgaben der Produktionsplanung und -steuerung verteilter Produktionsstandorte, die aufgrund leistungswirtschaftlicher Beziehungen miteinander verknüpft sind, untersucht.

Grundsätzlich können leistungswirtschaftliche Standortbeziehungen zwischen Produktionsstätten auf horizontaler und vertikaler Ebene unterschieden werden (Pausenberger 1989). Horizontalbeziehungen, denen eine branchen- und fertigungsstufenbezogene Übereinstimmung zugrunde liegt, können dabei in mengenbezogene, systembezogene und technologiebezogene horizontale Standortbeziehungen gegliedert werden. Vertikale Beziehungsformen, bei denen die Standorte nach unterschiedlichen, aufeinander folgenden Fertigungsstufen strukturiert sind und folglich in einem unternehmensinternen „Kunden-Lieferanten-Verhältnis" stehen, bilden dabei die vertikal-fertigungsstufenbezogene und die technologiebezogene Verteilung der Standorte (vgl. Abb. 3.5-5).

3.5 Koordination interner Produktionsnetzwerke

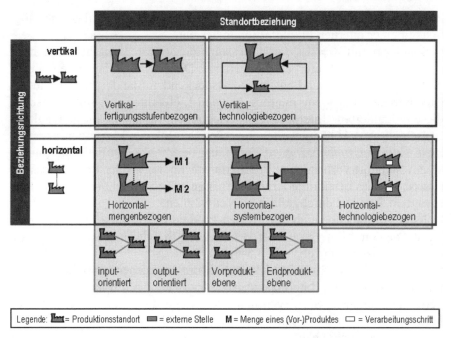

Abb. 3.5-5 Leistungswirtschaftliche Standortbeziehungen

Charakteristisch für *horizontal-mengenbezogen* verteilte Standorte ist die Fähigkeit, auf einer oder mehreren Fertigungsstufen gleiche oder ähnliche Materialien zu produzieren oder zu lagern. Horizontal-mengenbezogen verteilte Standorte zeichnen sich durch eine Erzeugniskonkurrenz auf End- oder Zwischenproduktebene aus. Ein interner Fremdbezug ist bei dieser Konstellation möglich. Der Materialfluss zwischen den Standorten stellt jedoch keine zwingende Voraussetzung dar. Darüber hinaus kann eine Differenzierung in inputorientierte sowie outputorientierte horizontal-mengenbezogene Verteilung vorgenommen werden. Die inputorientierte horizontal-mengenbezogene Verteilung beschreibt den Verteilungsaspekt auf Vorproduktebene, während die outputorientierte Verteilung den Verteilungsaspekt auf Endproduktebene berücksichtigt. Kennzeichnend für *horizontal-systembezogen* verteilte Standorte ist die Kombination von Erzeugnissen zu einem Systemerzeugnis. Die Zusammensetzung des Systemerzeugnisses erfolgt allerdings nicht an einem der eigenen Standorte innerhalb Netzwerks, sondern erst beim Kunden bzw. durch andere externe Stellen, z. B. einen Logistikdienstleister. Es kann zwischen einer horizontal-systembezogenen Verteilung auf Vor- und Endproduktebene unterschieden werden. Die wesentliche Eigenschaft *horizontal-technologiebezogen* verteilter Standorte besteht in einer kongruent vorhandenen

Produktionstechnologie an unterschiedlichen Standorten, so dass die Möglichkeit einer internen Fremdfertigung besteht.

Standorte mit *vertikal-fertigungsstufenbezogener* Verteilung zeichnen sich durch interne Lieferbeziehungen aus. Dabei wird zwischen einem bedarfsverursachenden und einem bedarfsdeckenden Standort unterschieden. Charakteristisch ist ein internes Kunden-Lieferantenverhältnis zwischen diesen Standorten. Interne Lieferbeziehungen führen in diesem Fall zu vielschichtigen Abhängigkeiten zwischen den lokalen Planungen. Die *vertikal-fertigungsstufenbezogene* Verteilung beschreibt den Fall einer nur an einem Standort vorhandenen Produktionstechnologie oder Produktionsressource, so dass bestimmte Arbeitsvorgänge exklusiv und ausschließlich an besagtem Standort durchgeführt werden können.

Jeder Aufgabenbereich der lokalen Produktionsplanung und -steuerung weist vor dem Hintergrund der betrachteten Standortbeziehungstypen Interdependenzen auf (vgl. Abb. 3.5-6).

In den meisten Fällen handelt es sich um Interdependenzschwerpunkte mit wechselseitigen Interdependenzen zwischen den Planungsaufgaben verteilter Standorte. Sie liegen dann vor, wenn die Planung einer lokalen Unternehmenseinheit von den Ergebnissen der Planung einer anderen Unternehmenseinheit abhängig ist und umgekehrt. So ist bei einer horizontal-mengenbezogenen Beziehung beispielsweise die Produktionsprogrammplanung, die festlegt, welche Mengen eines bestimmten Erzeugnisses in einem künftigen Planungszeitraum herzustellen sind, wechselseitig abzustimmen, da die Möglichkeit besteht, Aufträge auf verschiedenen Standorte zu verlagern.

		Interdependenzschwerpunkte im Bereich lokaler PPS-Aufgaben					
		ISP1: PPP	ISP2: PBP	ISP 3: EFPS	ISP 4: FBPS	ISP 5: AK	ISP 6: LW
Standortbeziehung	Horizontal-mengenbezogen	●	●	●	●		●
	Horizontal-systembezogen					●	
	Horizontal-technologiebezogen		●				
	Vertikal-fertigungsstufenbezogen	○	●	●	●	●	
	Vertikal-technologiebezogen		●	●	●	●	

Legende:
PPP: Produktionsprogrammplanung EFPS: Eigenfertigungsplanung und -steuerung AK: Auftragskoordination
PBP: Produktionsbedarfsplanung FBPS: Fremdbezugsplanung und -steuerung LW: Lagerwesen
○ einseitige Interdependenz ● Interdependenzschwerpunkt ISP: Interdependenzschwerpunkt

Abb. 3.5-6 Interdependenzschwerpunkte im Bereich lokaler PPS-Aufgaben

Bei einer vertikal-fertigungsstufenbezogenen Verteilung der Standorte liegen im Bereich der Produktionsprogrammplanung dagegen einseitige Interdependenzen zwischen den Standorten vor. So haben die Planungsergebnisse der Absatzplanung des als Kunden auftretenden Standortes einen direkten Einfluss auf die künftigen Auftragseingänge des als Zulieferer fungierenden Standortes. Der produzierende Standort ist dagegen innerhalb seiner Fremdbezugsplanung und -steuerung abhängig von der Ressourcengrobplanung des Lieferanten, in der im Anschluss an eine Absatzplanung oder einen Auftragseingang die erforderlichen Ressourcen für die anstehende Periode grob bestimmt und in einem Absatzprogramm festgelegt werden.

Aus der Notwendigkeit der Abstimmung der Interdependenzen resultiert Koordinationsbedarf, der umso höher ist, je größer die Anzahl spezialisierter Einheiten und je umfangreicher die zwischen ihnen existierenden Interdependenzen sind (Gaitanides 1983). Der Koordinationsbedarf ist somit auf die auftretenden Entscheidungsinterdependenzen, die durch die Verteilung der Planungs- und Steuerungsorganisation hervorgerufen werden, zurückzuführen. Koordinationsbedarf stellt sich insbesondere innerhalb der Aufgabenbereiche ein, die von Interdependenzschwerpunkten betroffen sind.

3.5.6 Koordinationsebenen und -schwerpunkte in internen Produktionsnetzwerken

Vor dem Hintergrund der strukturbedingten Interdependenzen bzw. daraus entstehender standortübergreifender Koordinationsbedarfe können verschiedene Koordinationsebenen (KE) zur Abstimmung der lokalen Planungen verteilter Standorte und zur Reduzierung der analysierten Interdependenzen abgeleitet werden. Die Koordinationsebenen sind als prozessorientierte Sichtweise von aus den Abstimmungsbedarfen sich jeweils ergebenden Koordinationsaufgaben zu verstehen. Sie beinhalten thematisch und ablauforganisatorisch zusammenhängende Informationsflüsse der Abstimmung zwischen fokalen und lokalen Unternehmenseinheiten. Die Koordinationsebenen können wiederum zu Koordinationsschwerpunkten detailliert werden (vgl. Abb. 3.5-7).

Durch die Modellierung der Koordinationsschwerpunkte werden die Ankopplungspunkte sowie die Informationsflüsse an den Schnittstellen der übergeordneten und lokalen Planungen umfassend beschrieben. Nachfolgende Abbildung repräsentiert dabei in schematischer Form den prinzipiel-

432 3 Gestaltung der Produktionsplanung und -steuerung

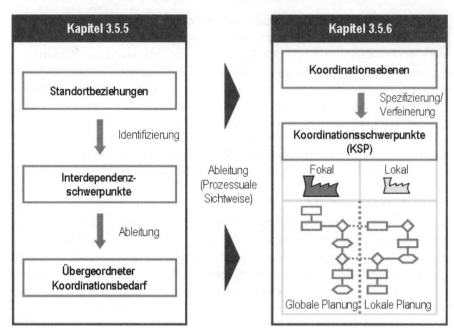

Abb. 3.5-7 Vorgehensweise zur Ermittlung der Koordinationsschwerpunkte

len Aufbau eines Koordinationsschwerpunktes als Informationsflussmodell nach DIN 66001 (vgl. Abb. 3.5-8). Hierbei werden die in der lokalen respektive fokalen Unternehmenseinheit jeweils durchgeführten Verarbeitungsschritte sowie die zwischen den Einheiten ausgetauschten Informationen bzw. Daten als Prozessabläufe abgebildet.

Die Bezeichnung der Koordinationsebenen orientiert sich dabei an der Einteilung des SCM-Aufgabenmodells in die Prozesse Beschaffung, Produktion, Distribution und Absatz. Die Koordinationsebenen sind in Abb. 3.5-9 dargestellt.

Der Fokus der Koordinationsebene *Abstimmung des Bedarfs* liegt auf der Koordination der Bedarfsplanung für das gesamte Netzwerk und stellt einen Bezug zwischen der übergeordneten Bedarfsplanung mit der lokalen Produktionsbedarfsplanung her. Die Koordinationsebene *Abstimmung der Beschaffung* betrachtet die standortübergreifende Beschaffungsplanung in Verbindung mit der lokalen Fremdbezugsplanung. Aufgabe der Koordinationsebene *Abstimmung der Produktion* ist die Verknüpfung von standortübergreifender mit lokaler Produktionsplanung, während die Koordinationsebene *Abstimmung der Distribution* standortübergreifende und lokale Distributionsplanung und -steuerung beinhaltet. Im Mittelpunkt der Koordinationsebene *Abstimmung des Absatzes* steht die Anpassung der Absatzplanung für das gesamte Netzwerk. Eine Querschnittsfunktion obliegt der

3.5 Koordination interner Produktionsnetzwerke

Koordinationsebene *standortübergreifende Auftragskoordination*, die eine fortlaufende Abstimmung von lokaler und überbetrieblicher Auftragskoordination zum Inhalt hat.

Eine zusammenfassende Darstellung des Einflusses der Koordinationsebenen mit den in Abschn. 3.5.5 aufgezeigten standortstrukturinduzierten Interdependenzschwerpunkten ist in Abb. 3.5-10 dargestellt.

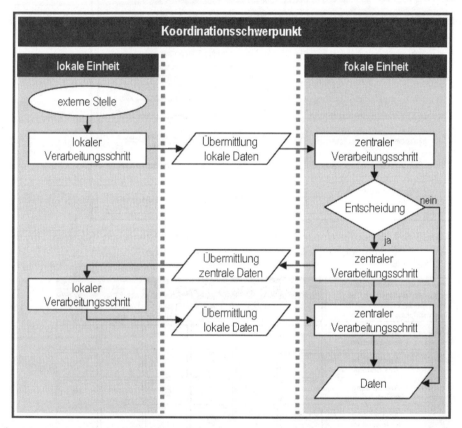

Abb. 3.5-8 Schematische Darstellung eines Koordinationsschwerpunktes als Informationsflussmodell

3 Gestaltung der Produktionsplanung und -steuerung

Koordinationsebenen	Koordinationsschwerpunkte
(1) Abstimmung des Absatzes	(1) Abstimmung Absatzplanung
(2) Abstimmung des Bedarfs	(2) Erstellung Netzwerk-Produktionsprogramm (3) Ermittlung Netzwerk-Sekundärbedarf
(3) Abstimmung der Beschaffung	(4) Abstimmung externer Fremdbezug (5) Abstimmung Lieferanten-Rahmenvereinbarung (6) Abstimmung interner Fremdbezug
(4) Abstimmung der Produktion	(7) Abstimmung Kapazitätsplanung mit determinierter Mengenzuteilung (8) Abstimmung Kapazitätsplanung mit optimierter Mengenzuteilung
(5) Abstimmung der Distribution	(9) Abstimmung externe Transportplanung (10) Abstimmung interne Transportplanung
(6) Auftragskoordination	(11) Abstimmung kundenbezogene Liefertermingrobplanung (12) Standortübergreifendes Eventmanagement

Abb. 3.5-9 Koordinationsebenen und -schwerpunkte zwischen fokalem Unternehmen und lokalen Unternehmenseinheiten

Ableitung standortübergreifender Koordinationsebenen aus den Interdependenzschwerpunkten innerhalb lokaler PPS-Aufgaben	Interdependenzschwerpunkte im Bereich lokaler PPS-Aufgaben					
	ISP1: PPP	ISP2: PBP	ISP 3: EFPS	ISP 4: FBPS	ISP 5: AK	ISP 6: LW
Abstimmung des Absatzes	●					
Abstimmung des Bedarfs	●	●				
Abstimmung der Beschaffung				●		●
Abstimmung der Produktion		●	●			
Abstimmung der Distribution	●					
Auftragskoordination					●	

Legende:
PPP: Produktionsprogrammplanung
PBP: Produktionsbedarfsplanung
EFPS: Eigenfertigungsplanung und -steuerung
FBPS: Fremdbezugsplanung und -steuerung
AK: Auftragskoordination
LW: Lagerwesen
ISP: Interdependenzschwerpunkt
● Abstimmung vorhandener Interdependenzschwerpunkte auf Koordinationsebene

Abb. 3.5-10 Abstimmung von Interdependenzschwerpunkten auf standortübergreifenden Koordinationsebenen

3.5.6.1 Koordinationsebene „Abstimmung des Absatzes"

Gegenstand der Koordinationsebene *Abstimmung des Absatzes* ist die Auswertung der Einschätzung der Nachfrageentwicklung des Marktes für das gesamte Netzwerk. Die Aufgabe der Absatzplanung legt allgemein fest, welche Mengen eines vorgegebenen Erzeugnissortiments in einer bestimmten Periode lieferbar sein sollen. Eine solche Festlegung basiert in der Regel auf Absatzprognosen, die im Rahmen der Produktionsprogrammplanung an den lokalen Standorten durchgeführt werden. Aufgabe des fokalen Unternehmens ist hierbei das Aggregieren dieser lokalen Beurteilungen der prognostizierten Nachfrage zwecks Auswertung und anschließender Bündelung der abzusetzenden Erzeugnisse. Ziel der Koordinationsebene ist ein Konkretisieren der prognostizierten Nachfrageentwicklung in einem standortspezifischen Verkaufs- oder Absatzprogramm, dem konsolidierten standortübergreifenden Absatzplan. Ein solcher standortübergreifender Absatzplan wird unter der Beachtung von Kapazitätsrestriktionen erstellt und dient den lokalen Unternehmenseinheiten als Basis zur Feststellung des Primärbedarfs innerhalb der Produktionsprogrammplanung.

Im Rahmen der Detaillierung der Koordinationsebene Abstimmung des Absatzes wird der Koordinationsschwerpunkt *Abstimmung Absatzplanung* abgeleitet.

3.5.6.2 Koordinationsebene „Abstimmung des Bedarfs"

Gegenstand der Koordinationsebene *Abstimmung des Bedarfs* ist die Abstimmung der standortübergreifenden Bedarfsplanung mit den lokal angesiedelten Planungsaufgaben der Produktionsbedarfsplanung und Eigenfertigungsplanung. Eingangsgröße ist der aus Absatzprognosen ermittelte Primärbedarf, aus dem in der Regel durch Stücklistenauflösung der Sekundärbedarf bestimmt wird.

Ergebnis der unternehmensweiten Bedarfsplanung ist die Freigabe eines Netzwerk-Beschaffungsprogramms, das sich aus einem Eigen- und Fremdbezugsprogramm zusammensetzt. Das Beschaffungsprogramm enthält grobe Fertigungsaufträge für eigengefertigte Teile und Einkaufsaufträge für fremdbezogene Teile und Materialien, die Eingang in die Eigenfertigungs- und Fremdbezugsplanung finden.

Innerhalb der Koordinationsebene *Abstimmung des Bedarfs* werden die Koordinationsschwerpunkte *Erstellung Netzwerkproduktionsprogramm* und *Ermittlung Netzwerk-Sekundärbedarf* unterschieden.

3.5.6.3 Koordinationsebene „Abstimmung der Beschaffung"

In den Bereich der Koordinationsebene *Abstimmung der Beschaffung* fällt die unternehmensweite Bündelung des Beschaffungsbedarfes. Zweck einer solchen Bündelung ist u. a. das Erzielen von Preisreduktionen, Qualitätssteigerungen oder verbesserten Zahlungsbedingungen beim Lieferanten (Jahns 2004).

Parallel zur externen Beschaffung ist auch der netzwerkinterne Fremdbezug Gegenstand von Abstimmungsmodalitäten zwischen fokalem Unternehmen und lokalen Unternehmenseinheiten. In Abhängigkeit von der im Netzwerk vorhandenen Stufigkeit der Produktion muss notwendigerweise ein Austausch von Materialflüssen zwischen verschiedenen Produktionsstandorten erfolgen. Standortübergreifende und fertigungsstufenbezogene Arbeitsteilung führt dazu, dass der Koordinationsbedarf der netzwerkinternen Beschaffung mehr oder weniger stark ausgeprägt ist.

Die Koordinationsebene *Beschaffung* wird durch die Koordinationsschwerpunkte *Abstimmung externer Fremdbezug*, *Abstimmung Lieferanten-Rahmenvereinbarung* und *Abstimmung interner Fremdbezug* konkretisiert.

3.5.6.4 Koordinationsebene „Abstimmung der Produktion"

Inhalt der Koordinationsebene *Abstimmung der Produktion* ist die Kombination der lokalen Aufgabengebiete Produktionsbedarfsplanung und Eigenfertigungsplanung und -steuerung mit der standortübergreifenden Produktionsplanung. Im Rahmen einer Termin- und Kapazitätsgrobplanung werden Fertigungsaufträge in eine zeitliche Reihenfolge gebracht und bzgl. Kapazitätsrestriktionen abgestimmt. Ziel der überbetrieblichen Abstimmung ist hier besonders die Abstimmung von Kapazitätsbedarf und Kapazitätsangebot, indem beispielsweise ein standortbezogener Kapazitätsmangel durch Allokation auf andere Standorte mit freien Kapazitäten beseitigt wird.

Die Koordinationsebene *Produktion* wird durch die Koordinationsschwerpunkte *Abstimmung Kapazitätsplanung mit determinierter Mengenzuteilung* und *Abstimmung Kapazitätsplanung mit optimierter Mengenzuteilung* genauer bestimmt.

3.5.6.5 Koordinationsebene „Abstimmung der Distribution"

Innerhalb der Koordinationsebene *Abstimmung der Distribution* wird die standortübergreifende Abstimmung externer und interner Materialflüsse thematisiert. Im Zuge der Bündelung netzwerkweit benötigter Distributionsbedarfe ist insbesondere die transportbezogene grobe Kapazitäts- und Terminsynchronisation Schwerpunkt der Koordinationsebene.

Die Koordinationsebene *Distribution* wird durch die Koordinationsschwerpunkte *Abstimmung externe Transportplanung* und *Abstimmung interne Transportplanung* näher spezifiziert.

3.5.6.6 Koordinationsebene „Auftragskoordination"

Zum Aufgabenkreis der standortübergreifenden Auftragskoordination zählen alle Aufgaben, die zur Abstimmung der Auftragsbearbeitung erforderlich sind. Die lokale Aufgabe der Auftragskoordination ist im Aachener PPS-Modell als Querschnittsfunktion angelegt, die über alle Phasen der Auftragsabwicklung eine Synchronisation der Aufgabenerfüllung verfolgt (Nicolai et al. 1999). Zugleich bildet die Auftragskoordination die Schnittstelle zum Kunden. So erfolgt bei Vorliegen des Prozesstyps „Make-to-Order" die Annahme des Kundenauftrags im Rahmen der Auftragskoordination. Eine weitere Teilaufgabe besteht in der Überwachung des Kundenauftrags sowie der Sicherstellung eines fortlaufenden Informationsaustausches zwischen dem Produzenten und dem Kunden.

Innerhalb der Koordinationsebene *Auftragskoordination* werden die Funktionen des überbetrieblichen mit dem lokalen Auftragsmanagement verknüpft. Alle essentiellen Informationen, die den Auftragsablauf anbelangen, müssen vollständig den richtigen Stellen übermittelt werden. Im Vordergrund stehen hierbei Abstimmungsaktivitäten bezüglich der Auftragserfassung und -klärung, der Allokation der Aufträge auf die dezentralen Netzwerkstandorte, der Verfolgung der Kunden- bzw. der Produktionsaufträge, der Grobplanung von Aufträgen hinsichtlich Terminen, Kapazitäten, Materialien und Kosten sowie der Versandabwicklung.

Innerhalb der Koordinationsebene *Auftragskoordination* werden die Koordinationsschwerpunkte *Abstimmung kundenbezogene Liefertermingrobplanung* und *Standortübergreifendes Eventmanagement* unterschieden.

3.5.7 Interne Produktionsnetzwerktypen

Um die Vielzahl unterschiedlicher realer Erscheinungsformen von Produktionsunternehmen mit verteilten Produktionsstandorten zu reduzieren, werden mit Hilfe eines morphologischen Merkmalsschemas praxisgerechte interne Produktionsnetzwerktypen abgeleitet. Die Zuordnung zu einem der folgenden Netzwerktypen soll es Unternehmen erleichtern, zielgerichtet die jeweils relevanten Koordinationsschwerpunkte zu identifizieren.

3.5.7.1 Morphologisches Merkmalsschema

Da insbesondere die strukturellen Standortbeziehungen den Koordinationsbedarf bewirken, sind vordringlich Merkmale zur Ableitung der Produktionsnetzwerktypen relevant, die sich auf die Struktur von Produktionsnetzwerken beziehen (vgl. Abb. 3.5-11). Die in Abschnitt 3.5.5 behandelten *leistungswirtschaftlichen Standortbeziehungen* fungieren dabei in ihrer Kombination als Initial- oder Leitmerkmal für die Produktionsnetzwerktypen, da von ihnen ausgehend die Festlegung der für die einzelnen Typen charakteristischen Merkmalsausprägungen erfolgt.

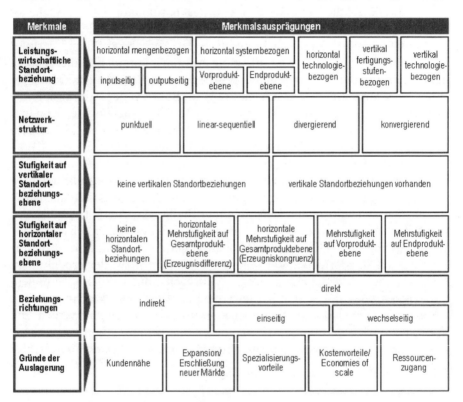

Abb. 3.5-11 Morphologisches Merkmalsschema

Die standortübergreifende und fertigungsstufenbezogene Aufteilung der Produktion des unternehmensinternen Produktionsverbundes bilden den Ausgangspunkt des Merkmals *Netzwerkstruktur* und seiner Ausprägungen, mit denen die Beziehungen bzw. logistischen Abhängigkeiten zwischen den Produktionsstandorten und damit der schnittstellenbezogene Koordinationsbedarf determiniert werden. Während bei der punktuellen Netzwerkstruktur eine produktionsstufenbezogene Übereinstimmung auf Gesamtproduktebene besteht, sind die Standorte bei den übrigen drei Merkmalsausprägungen nach unterschiedlichen, aufeinander folgenden Produktionsstufen strukturiert. Jeder Standort ist an einem Teil des Wertschöpfungsprozesses beteiligt, wodurch unternehmensinterne Kunden-Lieferanten-Verhältnisse zwischen den Standorten entstehen. Bei einer linear-sequentiellen Anordnung wird jede Fertigungsstufe ausschließlich an einem Standort ausgeführt. Divergierende Strukturen entstehen, wenn mehrere Standorte auf einer Wertschöpfungsstufe am Ende der Kette vorhanden sind. Im umgekehrten Fall wird von konvergierenden Netzwerkstrukturen gesprochen.

Das Merkmal *Stufigkeit auf vertikaler Standortbeziehungsebene* gibt die Anzahl der unterschiedlichen, aufeinander folgenden Produktionsstufen, auf denen eine standortübergreifende Arbeitsteilung stattfindet, wieder und deckt damit die internen Lieferbeziehungen sowie die mit ihnen implizierten Abstimmungsgegenstände wie bspw. die Liefertermin-, Liefermengenabstimmung und Abstimmung der Objektspezifikation auf.

Korrespondierend zum Merkmal der vertikalen Stufigkeit verdeutlicht die *Stufigkeit auf horizontaler Standortbeziehungsebene* die Komplexität der Beziehungen auf horizontaler Ebene. Koordinationsmaßnahmen, wie z. B. Terminabstimmungen, sind auch zwischen horizontal verteilten Standorten möglich, wenn kein direkter Materialfluss zwischen den Standorten vorliegt. Dies liegt an den dispositiven Freiheitsgraden, die sich bspw. durch die Möglichkeit des internen Fremdbezugs ergeben. Bei einer einstufigen Merkmalsausprägung wird weder ein Produkt noch eine bestimmte Produktionsstufe an mehreren Standorten hergestellt bzw. ausgeführt. Horizontale Mehrstufigkeit auf Gesamtproduktebene liegt vor, wenn die komplette Produktion entweder gleicher Erzeugnisse (Erzeugniskongruenz) oder unterschiedlicher Erzeugnisse (Erzeugnisdifferenz) parallel an mehreren Standorten stattfindet. Gibt es mehrere Standorte, die sich parallel auf bestimmte Teile des Produktionsprozesses konzentrieren, so kann hier wiederum eine Mehrstufigkeit auf Vorproduktebene von einer Mehrstufigkeit auf Endproduktebene unterschieden werden.

Das Merkmal *Beziehungsrichtung* resultiert aus den zwischen den lokalen Standorten stattfindenden Materialflüssen. Während eine direkte Standortbeziehung mit einem zwingenden Materialfluss zwischen den Standorten verbunden ist, liegen bei einer indirekten Beziehung die Interdependenzen zwischen den Standorten nicht im unmittelbaren Materialfluss begründet. Dies ist bspw. der Fall, wenn die von den lokalen Einheiten produzierten Erzeugnisse zu einem Systemerzeugnis beim Kunden zusammengefügt werden und sich dadurch Abhängigkeiten bezüglich der Terminsynchronisierung ergeben.

Das Merkmal *Gründe der Auslagerung* mit seinen verschiedenen Ausprägungen erfasst schließlich die maßgeblichen Treiber für eine geographisch verteilte Produktionsstandortstruktur. Diese können zum einen in der Intention des Unternehmens liegen, im Sinne einer Expansionsstrategie durch Unternehmensfusionen bzw. übernahmen zu wachsen, respektive neue Märkte zu erschließen. Zum anderen wird aber auch die Notwendigkeit gesehen, in der Nähe der Absatzmärkte zu produzieren, um zum Zwecke einer optimalen Kundenorientierung hohe Termintreue und maximale Auskunftsbereitschaft dem Kunden gegenüber sicherzustellen. Durch die Konzentration der jeweiligen Standorte auf die Produktion bestimmter Erzeugnisse bzw. Durchführung einzelner Produktionsstufen können Spezialisierungsvorteile generiert werden. Des Weiteren besteht die Möglichkeit, dass nur an bestimmten Standorten der Zugang zu natürlichen Ressourcen, die zur Produktion notwendig sind, vorhanden ist. Neben absatzmarktgerichteten und ressourcenorientierten Motiven bildet schließlich auch das Ausnutzen von Faktorkostenvorteilen den Grund für eine Verlagerung besonders lohnintensiver Wertschöpfungsschritte in Regionen mit deutlich niedrigeren Lohnkosten, so dass auf einzelne Wertschöpfungsschritte spezialisierte Standorte entstehen.

3.5.7.2 *Produktorientiertes Produktionsnetzwerk*

Der erste Typ, das *Produktorientierte Produktionsnetzwerk*, ist dadurch gekennzeichnet, dass der Wertschöpfungsprozess nicht fragmentiert ist, so dass der vollständige Produktionsprozess an den jeweiligen Standorten erfolgt (vgl. Abb. 3.5-12).

Darüber hinaus werden an den verschiedenen Standorten jeweils unterschiedliche Erzeugnisse hergestellt, die erst beim Kunden bzw. externen Logistikdienstleister zusammengefügt werden. Zwischen den Standorten herrschen demnach in erster Linie horizontal systembezogene Beziehungen auf Endproduktebene. Da kein unmittelbarer Materialaustausch zwischen den Produktionsstätten stattfindet, besteht die Beziehung indirekt über die Zusammensetzung der jeweiligen Erzeugnisse außerhalb des Unternehmenseinflussbereiches beim Kunden. Es können weiterhin auch horizontale technologiebezogene Beziehungen vorliegen, sofern die Standorte trotz ihrer Konzentration auf jeweils unterschiedliche Erzeugnisse redundante Produktionstechnologien aufweisen. Da hier die Möglichkeit (gegenseitiger) interner Fremdfertigung besteht, ist in diesem Fall die Beziehung zwischen beiden Standorten als indirekt wechselseitig zu betrachten. Wenn die Herstellung unterschiedlicher (systemfähiger) Erzeugnisse parallel an mehreren Standorten erfolgt, liegt horizontale Mehrstufigkeit auf Gesamtproduktebene mit Erzeugnisdifferenz vor. Vertikale, fertigungsstufenbezogene Standortbeziehungen und Verflechtungen zwischen den Standorten existieren bei diesem Typ nicht, so dass er eine punktuelle Netzwerkstruktur aufweist. Die Gründe für die Auslagerung der Produktionsstätten liegen in erster Linie in der Generierung von Spezialisierungs- und Kostenvorteilen.

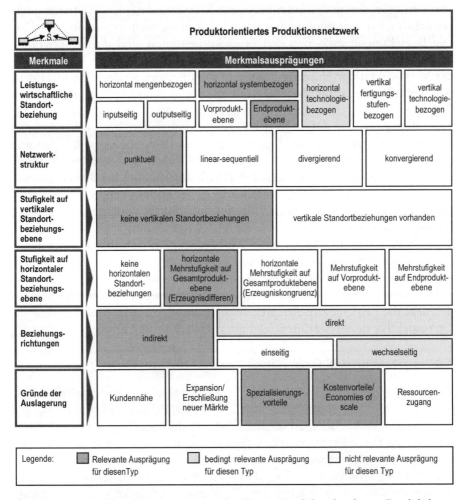

Abb. 3.5-12 Merkmalsausprägungen des Typs „Produktorientiertes Produktionsnetzwerk"

3.5.7.3 Marktorientiertes Produktionsnetzwerk

Der Typ *Marktorientiertes Produktionsnetzwerk* zeichnet sich ebenfalls durch die parallele Durchführung des vollständigen Produktionsprozesses an den jeweiligen Standorten aus. Allerdings fokussieren die Produktionsstätten auf die Herstellung der gleichen Erzeugnisse. Es liegt demnach horizontale Mehrstufigkeit auf Gesamtproduktebene mit Erzeugniskongruenz vor; vertikale, fertigungsstufenbezogene Standortrelationen existieren auch bei diesem Typ mit punktueller Netzwerkstruktur nicht (vgl. Abb. 3.5-13). Die Beziehungen zwischen den Produktionsstätten sind durch horizontal outputseitig-mengenbezogene Verknüpfungen charakterisiert. Hier besteht die Möglichkeit der Nutzung internen Fremdbezugs, so dass die Standorte bei Bedarf jeweils auf die Materialbestände der anderen im Zuge einer Umlagerung zugreifen können. Weiterhin kann aber auch die interne Fremdfertigung, die aufgrund der Erzeugniskongruenz im Vorhandensein derselben Produktionstechnologien begründet liegt, in Anspruch genommen werden. Hier sind die Beziehungen zwischen den Standorten durch die Technologiebezogenheit geprägt. Damit sind sowohl bei den horizontalen mengen- als auch technologiebezogenen Verknüpfungen, die bei diesem Netzwerktyp zwischen den Produktionsstätten vorliegen, die Beziehungen zwischen ihnen als direkt wechselseitig zu bezeichnen. Vornehmlich liegt das Motiv einer Auslagerung, in der Absicht, möglichst nahe am Absatzmarkt zu produzieren und/oder im Zuge einer Wachstumsstrategie neue Märkte zu erschließen.

Beispiele für produktorientierte Produktionsnetzwerke bilden Unternehmen, die markspezifische, sich schnell umschlagende Produkte herstellen respektive deren Sortiment klar abgrenzbare Produktgruppen umfasst.

3.5.7.4 Rein prozessorientiertes Produktionsnetzwerk

Beim Typ *Rein prozessorientiertes Produktionsnetzwerk* spezialisiert sich jeder Standort auf einen bestimmten Teil des Produktionsprozesses, der wiederum ausschließlich an diesem Standort durchgeführt wird (vgl. Abb. 3.5-14). Da keine Fertigungsstufe parallel an mehr als einem Werk ausgeführt wird, liegen nur vertikale und keine horizontalen Verknüpfungen vor. Die Produktionsstätten stehen dabei in einer vertikal-fertigungsstufenbezogenen Beziehung zueinander. Teilweise sind jedoch auch vertikal-technologiebezogene Relationen möglich, wenn eine Produktionstechnologie nur in einem Werk oder wenigen Werken vorliegt, so dass bestimmte Arbeitsvorgangstypen nur von einem Standort oder wenigen Standorten exklusiv bearbeitet werden können. Aufgrund der unidirektionalen Materialflüsse von den beliefernden, bedarfsdeckenden zu den nachfragenden, bedarfverursachenden Standorten der nächsten Fertigungsstufe erweist sich die Beziehungsrichtung als direkt-einseitig. Steht eine bestimmte Produktionstechnologie lediglich an einem Standort zur Verfügung, so ist die Beziehung zu den Produktionsstätten, die diese Ressource nicht besitzen aber in Anspruch nehmen, als direkt wechselseitig anzusehen. Das Produktionsnetzwerk als Ganzes weist eine linear-sequentielle Struktur auf. „Economies of Scale" bei der Produktion von Komponenten bzw. Kostenvorteile durch Verlagerung lohnintensiver Wertschöpfungsschritte in Regionen mit niedrigen Lohnkosten und Spezialisierungsvorteile bilden die Hauptgründe für die Dezentralisierung der Wertschöpfungsaktivitäten.

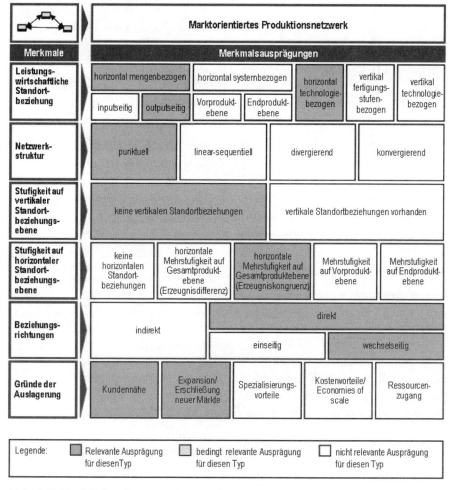

Abb. 3.5-13 Merkmalsausprägungen des Typs „Marktorientiertes Produktionsnetzwerk"

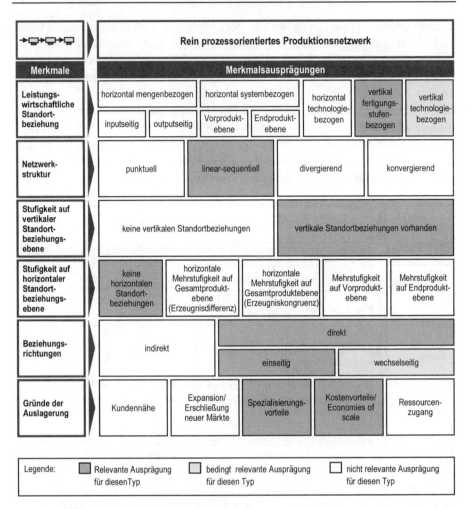

Abb. 3.5-14 Merkmalsausprägungen des Typs „Rein prozessorientiertes Produktionsnetzwerk"

Rein prozessorientierte Produktionsnetzwerke sind vor allem bei Unternehmen mit sehr kleinvolumigen, lohnintensiven Produktionsstufen vorzufinden. Häufig findet dabei eine verfahrensorientierte Dreiteilung der Produktionsstandorte in Vorfertigung, Fertigung und Montage statt.

3.5.7.5 Prozessorientiertes Produktionsnetzwerk mit Inputdominanz

Eine konvergierende Netzwerkstruktur ist kennzeichnend für den Typ *Prozessorientiertes Produktionsnetzwerk mit Inputdominanz*, bei dem ebenfalls eine standortübergreifende, fertigungsstufenbezogene Arbeitsteilung

3.5 Koordination interner Produktionsnetzwerke

und damit vertikale Mehrstufigkeit mit vertikal-fertigungsstufenbezogenen bzw. vertikal-technologiebezogenen Standortbeziehungen vorliegt, zusätzlich aber horizontale Standortbeziehungen auf der Vorproduktebene bestehen (vgl. Abb. 3.5-15).

Demnach existieren mehrere Standorte, an denen jeweils parallel Produktionsprozesse auf den ersten Fertigungsstufen durchgeführt werden. Produzieren die Werke auf der ersten Produktionsstufe dieselben Vorprodukte, so liegen horizontal inputseitig-mengenbezogene bzw. horizontal-technologiebezogene Relationen zwischen den Standorten vor. Aufgrund der Möglichkeit internen Fremdbezugs respektive interner Fremdfertigung der Vorproduktproduktionsstätten sind die Beziehungen als direkt

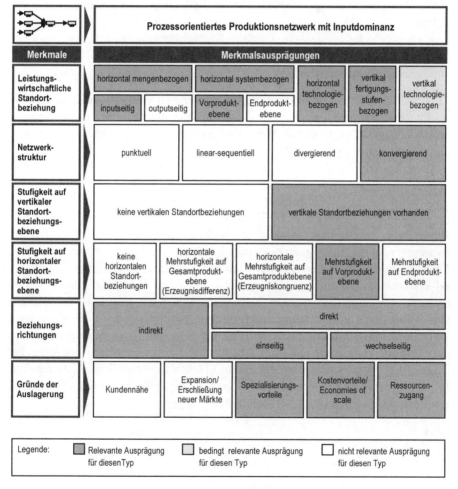

Abb. 3.5-15 Merkmalsausprägungen des Typs „Prozessorientiertes Produktionsnetzwerk mit Inputdominanz"

wechselseitig zu charakterisieren. Produzieren die Werke auf der ersten Produktionsstufe unterschiedliche Vorprodukte, existieren zwischen den Standorten dagegen horizontal-systembezogene, indirekte Beziehungen auf Vorproduktebene. In vertikaler Richtung sind die Standortbeziehungen direkt einseitig. Neben den Spezialisierungs- und Kostenvorteilen bildet bei diesem Netzwerktyp der bessere Zugang zu bestimmten, für die Vorproduktion erforderlichen und nur an bestimmten Standorten vorzufindenden (natürlichen) Ressourcen den Grund für die geographisch verteilte Produktionsstruktur.

Charakteristisch für prozessorientierte Produktionsnetzwerke mit Inputdominanz sind Unternehmen mit einer durch hohe Fertigungstiefe sowie vielen Vorprodukten gekennzeichneten Fertigung und wenigen Endproduktarten.

3.5.7.6 *Prozessorientiertes Produktionsnetzwerk mit Outputdominanz*

Entsprechend dem inputdominierten Netzwerktyp ist das *Prozessorientierte Produktionsnetzwerk mit Outputdominanz* durch eine divergierende Netzwerkstruktur und damit Mehrstufigkeit bzgl. horizontaler Standortbeziehungen auf Endproduktebene charakterisiert (vgl. Abb. 3.5-16).

Liegt bei den Produktionsstätten auf der letzten Fertigungsstufe Erzeugnisredundanz vor, so herrschen horizontal outputseitig-mengenbezogene und damit direkte, wechselseitige Beziehungen zwischen den Standorten. Produzieren die Werke trotz Verarbeitung gleicher Vorprodukte unterschiedliche Erzeugnisse, besteht die Möglichkeit, diese beim Kunden als Systemerzeugnis zusammenzusetzen. In diesem Fall erweisen sich die Relationen zwischen den entsprechenden Standorten als indirekt und horizontal systembezogen auf Enderzeugnisebene. Neben den horizontalen Beziehungen existieren bei diesem Netzwerktypus auch vertikale fertigungsstufenbezogene und bedingt auch technologiebezogene Verknüpfungen zwischen den Produktionsstätten. Die Gründe der Auslagerung liegen in der Absicht, möglichst nahe am Absatzmarkt zu produzieren und/oder im Zuge einer Wachstumsstrategie neue Märkte zu erschließen. Außerdem führen Spezialisierungs- und Kostenvorteile zu einer geographisch verteilten Produktionsstruktur in vertikaler Richtung.

3.5 Koordination interner Produktionsnetzwerke

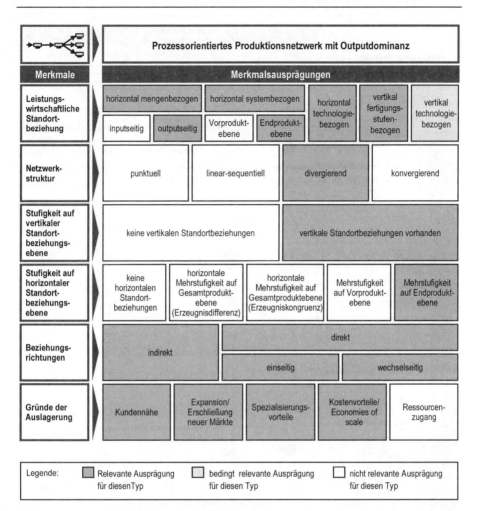

Abb. 3.5-16 Merkmalsausprägungen des Typs „Prozessorientiertes Produktionsnetzwerk mit Outputdominanz"

3.5.7.7 Wirkzusammenhänge zwischen Koordinationsschwerpunkten und internen Produktionsnetzwerktypen

Im Folgenden wird die Eignung der abgeleiteten Koordinationsschwerpunkte bzgl. der spezifischen Koordinationsanforderungen für die verschiedenen Produktionsnetzwerktypen aufgezeigt. Die Bedeutung der Koordinationsschwerpunkte für die typspezifischen Koordinationsanforderungen, die sich durch die verschiedenen Standortkonstellationen ergeben, sind in Abb. 3.5-17 dargestellt und werden im Folgenden näher beschrieben.

3 Gestaltung der Produktionsplanung und -steuerung

Relevanz der einzelnen Koordinationsschwerpunkte für die verschiedenen Produktionsnetzwerktypen		Produktionsnetzwerktypen				
		Produkt-orientiertes Netzwerk	Markt-orientiertes Netzwerk	Rein prozess-orientiertes Netzwerk	Prozess-orientiertes NW mit Input-dominanz	Prozess-orientiertes NW mit Output-dominanz
KE 1 (A)	1 Abstimmung Absatzplanung	●	○	○	○	○
KE 2 (BP)	2 Erstellung Netzwerk-Produktionsprogramm	○	●	○	○	○
KE 2 (BP)	3 Ermittlung Netzwerk-Sekundärbedarf	○	○	●	●	●
KE 3 (BS)	4 Abstimmung externer Fremdbezug	◐	●	○	●	○
KE 3 (BS)	5 Abstimmung Lieferanten-Rahmenvereinbarung	◐	●	○	●	○
KE 3 (BS)	6 Abstimmung interner Fremdbezug	◐	●	○	●	●
KE 4 (P)	7 Abstimmung Kapazitätsplanung mit determinierter Mengenzuteilung	○	○	●	●	●
KE 4 (P)	8 Abstimmung Kapazitätsplanung mit optimierter Mengenzuteilung	○	●	○	○	○
KE 5 (D)	9 Abstimmung externe Transportplanung	●	●	○	○	●
KE 5 (D)	10 Abstimmung interne Transportplanung	◐	●	●	●	●
KE 6 (AK)	11 Abstimmung kundenbezogene Liefertermingrobplanung	◐	●	●	●	●
KE 6 (AK)	12 Standortübergreifendes Eventmanagement	●	●	●	●	●

Legende
● Koordinationsschwerpunkt besitzt hohe Relevanz
◐ Koordinationsschwerpunkt besitzt bedingt Relevanz
○ keine Relevanz des Koordinationsschwerpunktes

AK: Auftragskoordination   **A**: Abtstimmung Absatz   **BP**: Abtimmung Bedarf   **BS**: Abstimmung Beschaffung
P: Abstimmung Produktion   **D**: Abstimmung Distribution   **KE**: Koordinationsebene

Abb. 3.5-17 Wirkungszusammenhänge zwischen internen Produktionsnetzwerktypen und Koordinationsschwerpunkten

Das *Produktorientierte Netzwerk* ist dadurch gekennzeichnet, dass an den verschieden Produktionsstandorten unterschiedliche Erzeugnisse komplett hergestellt werden. Dabei besteht die Möglichkeit, die Produkte beim Kunden als „Systemerzeugnis" auftragsspezifisch zusammenzusetzen. Zwischen den Produktionsstätten bestehen demnach keine materialflussbedingten Verknüpfungen. Die Interdependenzen werden durch die außerhalb des Unternehmenswirkungsbereichs liegende zeitsynchrone Zusammenführung der Erzeugnisse beim Kunden hervorgerufen. Die Abstimmung der Produktionsstandorte über den Zeitpunkt, zu dem die entsprechenden Erzeugnisse zeitgleich beim Kunden eintreffen sollen, lässt den Koordinationsschwerpunkten *Abstimmung kundenbezogene Liefertermingrobplanung* und *Abstimmung externe Transportplanung* eine hohe Relevanz zukommen. Die *Abstimmung der Absatzplanung* in Bezug auf das Systemgeschäft ist in diesem Zusammenhang ebenso von Bedeutung, da sie die Prognosegenauigkeit der systemfähigen Erzeugnisse unterstützt. Auch wenn die Produktionsstätten jeweils unterschiedliche Produkte herstellen, kann die Option bestehen, dass sie redundante Bauteile oder Materialien verwenden. Da sich hier eine gemeinsame Fremdbeschaffung anbietet und auch Umlagerungsmöglichkeiten bestehen, kommen der Koordinationsebene *Abstimmung der Beschaffung* mit ihren drei Koordinationsschwerpunkten sowie der *internen Transportplanung* Bedeutung zu. Die Relevanz der letztgenannten Koordinationsschwerpunkte ist jedoch als bedingt anzusehen, da eine Kongruenz bestimmter Bauteile bzw. Materialien für diesen Netzwerktyp nicht konstituierend ist.

Beim *Marktorientierten Netzwerk* erfolgt der vollständige Produktionsprozess ebenso an einem Standort, jedoch stellen die einzelnen Produktionsstätten dieselben Erzeugnisse her. Dies impliziert die Möglichkeit eines Rückgriffs auf mehrfach vorhandene, gleichartige Produktionsressourcen und führt insbesondere im Bereich der Produktionsprogrammplanung zu Abhängigkeiten innerhalb der Teilplanungen der einzelnen Standorte, so dass dem Koordinationsschwerpunkt *Erstellung Netzwerk-Produktionsprogramm* eine wichtige Rolle im Rahmen der zentralen Abstimmung zukommt. Aufgrund der ebenfalls redundant vorhandenen Materialbestände besitzen die Koordinationsschwerpunkte *Abstimmung externer Fremdbezug* und *Abstimmung Lieferanten-Rahmenvereinbarung* eine hohe Relevanz; durch Umlagerungsmöglichkeiten werden die *Abstimmung interner Fremdbezug* und *Abstimmung interne Transportplanung* bedeutend. Eine sehr gewichtige Rolle für diesen Netzwerktyp
nimmt der Koordinationsschwerpunkt *Abstimmung Kapazitätsplanung mit optimierter Mengenzuteilung* ein, da die Zuordnung der Auftragsmengen mit Auslastungsoptimierungsbestreben der bei den Standorten redundant vorliegenden Produktionskapazitäten einen Hauptaspekt dieses Netzwerk-

typs darstellt. Im Zuge der Verfügbarkeits- und Machbarkeitsprüfung innerhalb der Angebotsbearbeitung sind die Lagerbestände bzw. Produktionskapazitäten für eine Zusage bzw. Bestätigung des Liefertermins an den Kunden standortübergreifend abzugleichen. Diese Erfordernis spiegelt sich in dem Koordinationsschwerpunkt *Abstimmung kundenbezogene Liefertermingrobplanung* wieder. Durch geographisch verteilte Produktionsstandorte auf Enderzeugnisebene ergibt sich die Möglichkeit, im Rahmen des externen Transports zwecks Generierung von Synergiepotenzialen bestimmte Touren standortübergreifend zusammenzufassen. Mit zunehmender Distanz zwischen den Standorten verringern sich jedoch die erzielbaren Synergiepotenziale, so dass dieser Koordinationsschwerpunkt nur als bedingt relevant für diesen Netzwerktyp einzustufen ist.

Das *Rein prozessorientierte Netzwerk* ist dadurch gekennzeichnet, dass jeder Standort auf einen bestimmten Teil des Wertschöpfungsprozesses spezialisiert ist. Bei diesem Netzwerktyp erfolgt keine Fertigungsstufe parallel an mehr als einem Standort. Aufgrund des linear-sequentiellen Charakters dieses Netzwerktyps weist der Koordinationsschwerpunkt *Abstimmung Kapazitätsplanung mit determinierter Mengenzuteilung* eine hohe Relevanz auf. Durch die Implementierung dieses standortübergreifenden Koordinationsprozesses wird eine stufenweise Weitergabe der Bedarfe entlang der Supply Chain vermieden. Hierdurch wird zum einen die Auftragsabwicklung beschleunigt. Zum anderen wird das Risiko von Abstimmungsdefiziten bei kurzfristig auftretenden Änderungen oder Störungen durch die wertschöpfungsstufenübergreifende Abstimmung reduziert. In diesem Zusammenhang sollte auch eine standortübergreifende Ermittlung des Sekundärbedarfs durchgeführt werden, anhand derer die einzelnen Bedarfe der sich auf eine Fertigungsstufe spezialisierten Standorte abgeleitet werden. Insofern ist der Koordinationsschwerpunkt *Ermittlung Netzwerk-Sekundärbedarf* als relevant anzusehen. Aufgrund der Lieferbeziehungen zwischen bedarfsverursachenden und bedarfsdeckenden Standorten bietet sich der Koordinationsschwerpunkt *Abstimmung interne Transportplanung* an, um einen durchgängigen, standortübergreifenden Materialfluss zu gewährleisten. Bei der Machbarkeitsprüfung im Rahmen der Bestimmung des Kundenliefertermins wird ein Abgleich bzgl. der zur Verfügung stehenden Produktionskapazitäten aller Fertigungsstufen und damit aller Standorte vorgenommen, worin die Relevanz des Koordinationsschwerpunktes *Abstimmung kundenbezogene Lieferterminplanung* begründet liegt.

Das *Prozessorientierte Produktionsnetzwerk mit Inputdominanz* und das *Prozessorientierte Netzwerk mit Outputdominanz* beinhalten Merkmale des rein prozessorientierten Netzwerkes. Sie besitzen ebenso die Eigenschaften des produktorientierten respektive marktorientierten Netzwerkes, wobei diese beim *Prozessorientierten Produktionsnetzwerk mit Inputdominanz* auf Vorproduktebene und beim *Prozessorientierten Netzwerk mit Outputdominanz* auf Endproduktebene vorliegen. Vergleichbar sind auch die Anforderungen an eine standortübergreifende Abstimmung und die Relevanz der entsprechenden Koordinationsschwerpunkte. Mit den an dieser Stelle als bedingt relevant bezeichneten Koordinationsschwerpunkten soll zum Ausdruck gebracht werden, dass sie jeweils nur dann eine Rolle spielen, wenn eine Erzeugniskongruenz oder -differenz auf Vorprodukt- oder Endproduktebene vorliegt. In der zunehmenden Komplexität dieser Mischtypen, die strukturelle Elemente aus den ersten drei Netzwerktypen vereinen, liegt damit auch die große Anzahl der relevanten Koordinationsschwerpunkte begründet.

Der Koordinationsschwerpunkt *Standortübergreifendes Eventmanagement* besitzt für alle Netzwerktypen eine hohe Relevanz, da das Aufdecken von Planabweichungen über den gesamten Wertschöpfungsprozess hinweg und die Einleitung entsprechender Lösungsmaßnahmen unter Beachtung der übergeordneten Unternehmensziele für alle Unternehmen mit geographisch verteilter Standortstruktur von hoher Bedeutung sind.

3.5.8 Zielsystem für die übergeordnete Koordination in internen Produktionsnetzwerken

3.5.8.1 *Zielmodell*

Das Zielmodell beschreibt die Ziele, die mit einer übergeordneten Koordination in internen Produktionsnetzwerken verfolgt werden.

In einem marktwirtschaftlichen Wirtschaftssystem stellt die langfristige Gewinnmaximierung für ein Unternehmen das oberste Ziel dar (Wöhe 2002). Gemäß dem erwerbswirtschaftlichen Prinzip besteht somit die Hauptaufgabe eines Unternehmens darin, durch seine Aktivitäten einen Mehrwert (z. B. Gewinn) für seine Eigentümer zu erwirtschaften. Die Verbesserung der Unternehmensleistung, die anhand der Gesamtkapitalrentabilität messbar ist, wird deshalb als Oberziel definiert. Zur Erreichung dieses Oberziels sind nach dem Zweck-Mittel-Denken (auch Finalrelation) Zwischen- und Unterziele zu definieren, die gut operationalisierbar sind.

Aktuelle Studien, welche die Ziele einer übergeordneten Koordination in Produktionsnetzwerken und Lieferketten untersuchen, haben ergeben, dass die überwiegende Mehrheit der befragten Unternehmen die Erhöhung der Kundenorientierung zur Verbesserung der Kundenzufriedenheit als vorrangigstes Ziel angeben (vgl. Abb. 3.5-18).

3 Gestaltung der Produktionsplanung und -steuerung

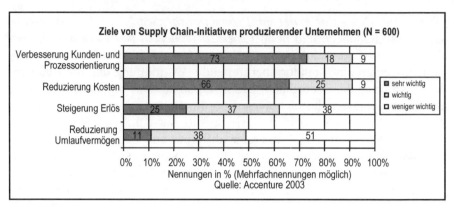

Abb. 3.5-18 Ziele von Supply Chain Initiativen

Durch den Wandel der Märkte – vom Verkäufer- zum Käufermarkt – hat die Bedeutung dieses Ziels stark zugenommen, da durch eine Verbesserung der Kundenzufriedenheit die Absatz- bzw. Umsatzzahlen positiv beeinflusst werden können. An zweiter Stelle wird von mehr als 60% der Unternehmen durch eine Supply Chain Initiative eine signifikante Reduzierung der Kosten zur Stärkung ihrer eigenen Wettbewerbsfähigkeit angestrebt (PRTM 2003). Die Reduzierung der Kosten sowie die Erhöhung der Kundenzufriedenheit tragen wesentlich zum Erreichen des zuvor definierten Oberziels bei und werden somit aufgrund ihrer hohen Relevanz im SCM-Kontext als Zwischenziele definiert. Da der Zielerreichungsgrad der zuvor abgeleiteten Zwischenziele aufgrund der unzureichend präzisen Formulierung nicht direkt messbar ist, müssen diese in einem nächsten Schritt in weitere Teilziele operationalisiert werden. Als Unterziele zur Erreichung einer höheren Kundenzufriedenheit sowie zur Kostenminimierung eignen sich die klassischen produktionswirtschaftlichen Ersatzziele sowie die eher kundenorientierten Logistikziele.

Zwischen den Zielen bestehen sowohl komplementäre als auch konkurrierende und indifferente Beziehungen. Eine konkurrierende Zielbeziehung wird anhand des Ziels „Reduzierung der Bestände" exemplarisch verdeutlicht. So kann sich beispielsweise eine Reduzierung des Fertigwarenbestands negativ auf die Lieferbereitschaft auswirken. Eine hohe Lieferbereitschaft ist jedoch wiederum für eine hohe Kundenzufriedenheit wichtig. Vor diesem Hintergrund ist eine unternehmensspezifische Zielgewichtung erforderlich.

Eine zusammenfassende Darstellung sämtlicher Ziele, die durch eine standortübergreifende Koordination lokaler Unternehmenseinheiten in internen Produktionsnetzwerken beeinflusst werden, ist in Abb. 3.5-19 zu finden.

3.5 Koordination interner Produktionsnetzwerke

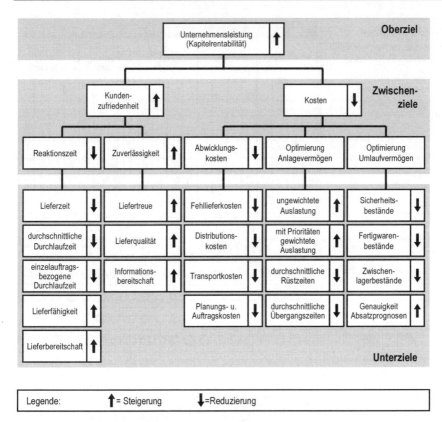

Abb. 3.5-19 Zielsystem für eine standortübergreifende Koordination in internen Produktionsnetzwerken

3.5.8.2 Wirkzusammenhänge zwischen Zielen und Koordinationsschwerpunkten

In Abbildung 3.5-20 wird der Zusammenhang zwischen dem hergeleiteten Zielsystem und den Koordinationsschwerpunkten übersichtlich dargestellt. Im Rahmen der Analyse der Wirkzusammenhänge wird zwischen direktem und indirektem Zielbezug differenziert.

Um die Relevanz eines Koordinationsschwerpunktes vor dem Hintergrund des Zielsystems aufzuzeigen und gleichzeitig den ersten Baustein für das Entscheidungsmodell abzuleiten, erfolgt der Abgleich rein qualitativ, indem die Beziehungen zwischen den Zielen und Koordinationsschwerpunkten verbal beschrieben werden. Eine quantitative Ermittlung der Wirkzusammenhänge, d. h. eine Ermittlung des prozentualen Anteils eines Koordinationsschwerpunktes an der Gesamtzielerfüllung, kann nur unternehmens- bzw. fallspezifisch vorgenommen werden.

454 3 Gestaltung der Produktionsplanung und -steuerung

Relevanz der einzelnen Koordinationsschwerpunkte für die Erfüllung des jeweiligen Ziels für die übergeordnete Koordination in internen Produktionsnetzwerken	Ziele für eine übergeordnete Koordination in internen Produktionsnetzwerken				
	Reaktionszeit	Zuverlässigkeit	Abwicklungskosten	Optimierung Anlagevermögen	Optimierung Umlaufvermögen
	Lieferzeit / durchschnittl. Durchlaufzeit / einzelauftragsbezogene Durchlaufzeit	Lieferfähigkeit / Lieferbereitschaft / Liefertreue / Lieferqualität	Informationsbereitschaft / Fehllieferkosten / Distributionskosten / Transportkosten / Planungs- und Auftragskosten	ungewichtete Auslastung / mit Prioritäten gewichtete Auslastung / durchschnittl. Rüstzeiten / durchschnittl. Übergangszeiten	Sicherheits-bestände / Fertigwarenbestände / Zwischenlagerbestände / Genauigkeit Absatzprognosen

Koordinationsschwerpunkte:
1. Abstimmung Absatzplan
2. Erstellung Netzwerk-Produktionsprogramm
3. Ermittlung Netzwerk-Sekundärbedarf
4. Abstimmung externer Fremdbezug
5. Abstimmung Lieferanten-Rahmenvereinbarung
6. Abstimmung interner Fremdbezug
7. Abstimmung Kapazitätsplanung mit determinierter
8. Abstimmung Kapazitätsplanung mit optimierter Mengenzuteilung
9. Abstimmung externe Transportplanung
10. Abstimmung interne Transportplanung
11. Abstimmung kundenbezogene Liefertermingrobplanung
12. Standortübergreifendes Eventmanagement

Legende: ● Direkter Bezug des Koordinationsschwerpunktes bzgl. Zielerfüllung   ◐ Indirekter Bezug des Koordinationsschwerpunktes bzgl. Zielerfüllung   ○ Kein Bezug

Abb. 3.5-20 Wirkungszusammenhänge zwischen Zielen der übergeordneten Koordination und Koordinationsschwerpunkten

Die zwischen den Abstimmungszielen und Koordinationsschwerpunkten bestehenden Zusammenhänge werden im Folgenden an einigen Beispielen verdeutlicht. Der Koordinationsschwerpunkt *Abstimmung Kapazitätsplanung mit optimierter Mengenzuteilung* trägt direkt zur Erreichung des Ziels „ungewichtete Auslastung" bzw. „mit Prioritäten gewichtete Auslastung" bei, da die Mengenzuordnung zu den einzelnen (redundanten) Produktionsstandorten unter Beachtung der dort vorhandenen Produktionskapazitäten vorgenommen wird. Hierdurch kann eine Optimierung der Kapazitätsauslastung durch Prüfen und „Simulieren" verschiedener Verteilungsszenarien erreicht werden. Eine auslastungsbezogene Optimierung wird ebenso mit den Koordinationsschwerpunkten *externe und interne Transportplanung* verfolgt. Die optimale Auslastung bezieht sich in diesem Fall jedoch auf die Transportkapazitäten. Ein weiteres Beispiel für einen direkten Bezug eines Koordinationsschwerpunktes bzgl. der Zielerfüllung stellt die Abstimmung der Absatzplanung dar. Der Koordinationsschwerpunkt *Abstimmung der Absatzplanung* hat direkten, positiven Einfluss auf das Zwischenziel *Optimierung des Umlaufvermögens*. Durch die globale Abstimmung der lokalen Absatzpläne kann die Prognosegüte signifikant erhöht werden, was zu einer besseren Planbarkeit der Sicherheitsbestände führt. Hierdurch können die Bestandskosten signifikant reduziert werden und damit zum Zwischenziel der Optimierung des Umlaufvermögens beitragen.

Der Koordinationsschwerpunkt *Abstimmung externe Transportplanung* trägt hingegen zur Zielerreichung des Ziels „Lieferqualität" nur indirekt bei. Die Lieferqualität dient als Bewertungsmaßstab für den Anteil der nach Kundenspezifikation fehlerfrei ausgeführten Aufträge, wobei zeitliche Aspekte, wie z. B. verspätete Lieferungen, in diese Kenngröße nicht einfließen. Im Rahmen der Transportkapazitätsbedarfsermittlung, einer Teilaufgabe der externen Transportplanung, werden in begrenztem Umfang auch Distributionsspezifika berücksichtigt. Ein Beispiel hierfür ist die Berücksichtigung spezifischer Transportbedingungen, die zumindest mittelbaren Einfluss auf die Produktqualität haben. Da die Qualität des gelieferten Produktes jedoch in erster Linie durch seine Herstellung und damit im Produktionsbereich bestimmt wird, ist bei diesem Koordinationsschwerpunkt somit nur von einem indirekten Zielbezug auszugehen.

Keinen unmittelbaren Bezug weist der Koordinationsschwerpunkt „Abstimmung kundenbezogene Liefertermingrobplanung" auf das Ziel „Lieferbereitschaft" auf. Die auf Basis einer standortübergreifenden Verfügbarkeits- und Machbarkeitsprüfung durchgeführte Ermittlung bzw. Bestätigung des Kundenliefertermins trägt zwar zu einer Verbesserung bzgl. einer Übereinstimmung von zugesagtem bzw. bestätigtem und tatsächlichem Auftragserfüllungstermin bei, auf eine Erhöhung des Anteils an sich auf Lager befindlichen Auftragsmengen hat sie allerdings keinen Einfluss.

Weitere Wirkungszusammenhänge zwischen den kundenzufriedenheits- und kostenbezogenen Zielen und den Koordinationsschwerpunkten sind in Abb. 3.5-20 dargestellt. Zusammenfassend kann festgestellt werden, dass alle Koordinationsschwerpunkte zum Gesamtziel der Kapitalrentabilität direkt oder indirekt einen Beitrag leisten.

3.5.9 Methode zur unternehmensspezifischen Auswahl und Priorisierung von Koordinationsschwerpunkten

Inhalt dieses Kapitels ist die Ableitung einer praxisgerechten Methode, welche den Organisationsgestalter bei der Auswahl der unternehmensspezifisch relevanten Koordinationsschwerpunkte in internen Produktionsnetzwerken effizient unterstützt. Gleichzeitig werden durch die Auswahl der relevanten Koordinationsschwerpunkte die von der fokalen Unternehmung als übergeordnete Planungsinstanz wahrzunehmenden Koordinationsaufgaben determiniert. Hierbei sind die von der Unternehmung verfolgte Zielsetzung sowie die mit der Umsetzung der ausgewählten Koordinationsschwerpunkte verbundenen Aufwände als Kontextfaktoren zu berücksichtigen.

3.5.9.1 Gestaltung des Entscheidungsprozesses

Neben Funktions- und Zweckmäßigkeitsüberlegungen spielen bei der Entscheidung für die Implementierung übergeordneter Koordinationsprozesse sowie hierfür erforderlicher Informationsflüsse Aufwands- und Nutzenüberlegungen eine wesentliche Rolle. Um den Organisationsgestalter bei der Auswahl und Priorisierung der unternehmensspezifisch am besten geeigneten Koordinationsschwerpunkte effektiv und effizient zu unterstützen, ist das Verhältnis zwischen Nutzen und Aufwand qualitativ vor dem unternehmensspezifischen Hintergrund abzuschätzen. Dabei haben die Koordinationsschwerpunkte eine sehr hohe Auswahlpriorität, die zum einen eine hohe nutzenorientierte Relevanz besitzen und zum anderen im Produktionsnetzwerk mit angemessenem Aufwand umgesetzt werden können.

Mit Hilfe einer Nutzwertanalyse kann eine Priorisierung und Auswahl der Koordinationsschwerpunkte vorgenommen werden, die entsprechend der Zielwertkombination einen maximalen Gesamtnutzen aufweisen. Eine nutzenorientierte Bewertung der abgeleiteten Koordinationsschwerpunkte kann vor dem Hintergrund des Beitrags zur Erreichung der Ziele unter Berücksichtigung der produktionsnetzwerktypspezifischen Anforderungen erfolgen. Da eine rein nutzenorientierte Betrachtung in der betrieblichen Praxis unzureichend ist, erfolgt im Anschluss eine aufwandsorientierte Betrachtung der Koordinationsschwerpunkte. Im Rahmen der aufwandsorientierten Analyse finden die unternehmensspezifischen Folgeaktivitäten Berücksichtigung, die unter fallspezifischen Voraussetzungen und Randbedingungen erforderlich sind, um die Koordinationsschwerpunkte im Unternehmensnetzwerk umzusetzen.

3.5 Koordination interner Produktionsnetzwerke

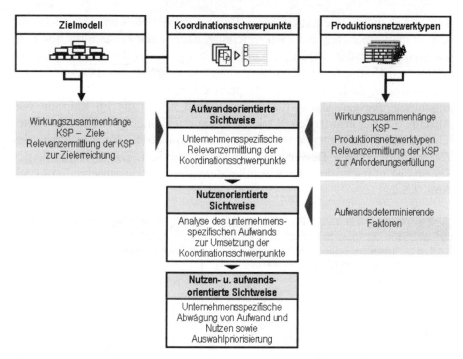

Abb. 3.5-21 Design des Entscheidungsprozesses

Durch die Abwägung der nutzen- und der aufwandsorientierten Analyseergebnisse erfolgt schließlich die Auswahl der unternehmensspezifisch bestgeeigneten Handlungsalternative (vgl. Abb. 3.5-21).

Die nutzen- und aufwandsorientierte Betrachtung im Rahmen des oben skizzierten Entscheidungsprozesses wird nachfolgend etwas detaillierter erläutert:

Nutzenorientierte Betrachtung

Zunächst erfolgt die unternehmensspezifische Gewichtung der in Abschn. 3.5.8.1 abgebildeten Ziele. Vor dem Hintergrund des Beitrags der verschiedenen Koordinationsschwerpunkte zur Zielerreichung kann eine unternehmensspezifische Bewertung vorgenommen werden. Einige der Ziele stehen allerdings in einer konkurrierenden Zielbeziehung und können somit nicht gleichzeitig in gleichem Maße verfolgt werden können. Aus diesem Grund ist eine Gewichtung der abgeleiteten Ziele erforderlich, um die Relevanzermittlung der verschiedenen Koordinationsschwerpunkte zu ermöglichen. Zur Unterstützung der Zielgewichtung werden qualitative Gewichtungsstufen definiert. Die Ziele können somit von den Anwenderunternehmen als unwichtig bis sehr wichtig eingestuft werden. Somit erfolgt eine unternehmensspezifische Bewertung des Beitrags eines Koordinationsschwerpunktes zur Zielerreichung. Durch die Gestaltung des Entscheidungsprozesses wird dem Organisationsgestalter die Möglichkeit gegeben, den Beitrag eines Koordinationsschwerpunktes für die als relevant identifizierten Ziele unternehmensspezifisch nach eigenem Ermessen vorzunehmen. Ausgangsbasis für diesen Schritt bilden die im Rahmen von Abschn. 3.5.8.2 ermittelten Wirkungszusammenhänge zwischen den Zielen und den abgeleiteten Koordinationsschwerpunkten. Zur Bewertung des Zielbeitrags werden Bewertungskategorien gebildet. Die Systematik des Schritts ist in nachfolgender Abbildung exemplarisch veranschaulicht (vgl. Abb. 3.5-22).

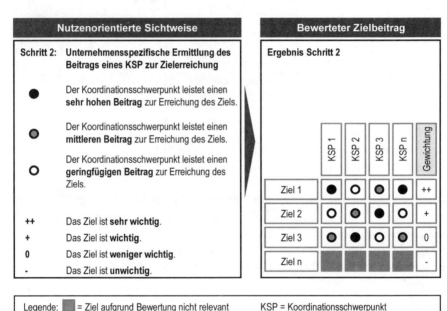

Abb. 3.5-22 Bewertung des Beitrags eines Koordinationsschwerpunkts zur Zielerreichung

Nach der unternehmensspezifischen Bewertung der einzelnen Koordinationsschwerpunkte bzgl. des Beitrags zur Zielerreichung folgt eine zusammenfassende Beurteilung der Relevanz der Koordinationsschwerpunkte über alle Ziele.

Neben der Analyse des Zielbeitrags der Koordinationsschwerpunkte ist es aus nutzenorientierter Sicht außerdem erforderlich, die Erfüllung der netzwerktypspezifischen Anforderungen durch die Anwendung der Koordinationsschwerpunkte zu untersuchen. Durch die Zuordnung eines Unternehmens zu einem Produktionsnetzwerktyp mit Hilfe des morphologischen Merkmalsschemas erfolgt eine Auswahl prinzipiell geeigneter Koordinationsschwerpunkte auf Basis der impliziten Anforderungen der verschiedenen Produktionsnetzwerktypen. Hierzu werden die abgeleiteten Wirkzusammenhänge zwischen Produktionsnetzwerktypen sowie den Koordinationsschwerpunkten herangezogen. Die im Rahmen dieser Analyse vorgenommene Relevanzermittlung kann bei Bedarf der unternehmensspezifischen Einschätzung angepasst werden.

Durch die Zusammenfassung dieser Bewertungsergebnisse wird das Gesamtergebnis aus nutzenorientierter Sicht entwickelt.

Aufwandsorientierte Betrachtung

Der Aufwand zur Implementierung einer integrierten Planung durch die Realisierung standortübergreifender Koordinations- und Informationsflüsse ist stark von der fallspezifischen Ausgangssituation abhängig. Die Ausgangssituation determiniert dabei wesentlich den einmaligen Realisierungsaufwand. Darüber hinaus hat die Konfiguration der Ausgangssituation (z. B. die vorhandene IT-Landschaft etc.) aber auch wesentlichen Einfluss auf den späteren Aufwand in der Betriebsphase, der neben der Umlage des Investitionsaufwands über die Abschreibung vor allem den Personal- und Sachaufwand umfasst. Zur Analyse des unternehmensspezifischen Aufwands bei der Umsetzung der einzelnen Koordinationsschwerpunkte werden aufwandsdeterminierende Faktoren herangezogen. Zu den wichtigsten zu berücksichtigenden Faktoren zählen die vorhandene Informationstechnologie sowie die Bereitschaft und Fähigkeit zum Informationsaustausch, da diese wesentlich die Aufwände zur Informationsbeschaffung, -weitergabe und -verarbeitung determinieren (vgl. Abb. 3.5-23).

Hierbei ist für jeden einzelnen Koordinationsschwerpunkt fallspezifisch zu bewerten, welche Folgeaktivitäten vor dem Hintergrund der unternehmensspezifischen Randbedingungen und Voraussetzungen erforderlich sind. Zur Bewertung der in den Phasen Informationsbeschaffung, -austausch und -bearbeitung anfallenden Aufwände können Kriterien herangezogen werden, die in folgender Abbildung exemplarisch aufgeführt sind (vgl. Abb. 3.5-24).

Im Rahmen des Entscheidungsprozesses ist der tatsächliche Aufwand bei der Umsetzung der relevanten Koordinationsschwerpunkte nur qualitativ möglich, da die aufwandsdeterminierenden Faktoren stark fallspezifisch sind und die einzelnen Aufwände somit meist nicht vor der eigentlichen Umsetzung quantitativ ermittelt werden können. Die Übersicht über die aufwandsbeeinflussenden Größen stellt lediglich einen ersten Anhaltspunkt dar, die durch den Organisationsgestalter fallspezifisch angepasst

460 3 Gestaltung der Produktionsplanung und -steuerung

bzw. erweitert werden muss. Die Vorgehensweise zur Bewertung des Aufwands sowie die Beschreibung der zugrunde liegenden qualitativen Bewertungsstufen sind in Abb. 3.5-25 dargestellt.

3.5.9.2 Vorgehensmodell

Um die Anwendung des Entscheidungsmodells zur Priorisierung und Auswahl unternehmensspezifisch geeigneter Koordinationsschwerpunkte zu unterstützen, ist die Erarbeitung eines praxisgerechten Vorgehensmodells erforderlich. Das Vorgehensmodell orientiert sich im Wesentlichen an den zuvor ausführlich dargestellten Entscheidungsprozess und bringt die einzelnen Teilschritte mit den entsprechenden Ergänzungen in eine geeignete Reihenfolge (vgl. Abb. 3.5-26). Darüber hinaus sind die aus Anwendersicht notwendigen Ergänzungen vorzunehmen, um die Anwendbarkeit in der betrieblichen Praxis zu gewährleisten

\multicolumn{3}{c}{Informationsbezogene aufwandsdeterminierende Faktoren}		
Informations-technologie	Integrationsgrad/ Integrationsfähigkeit	• Integrationsgrad (Integration der IT-Systeme innerhalb des U.-Netzwerks; Durchgängigkeit der eingesetzten Lösungen) • Integrationsfähigkeit (Flexibilität und Offenheit der eingesetzten Lösungen)
	Planungsfunktionalität	• Verhältnis manueller zu IT-gestützter Planungsprozesse • Unterstützung einzelner Planungsprozesse durch IT-Systeme • Durchgängige IT-Unterstützung vollständiger Planungsprozesse
Bereitschaft zum Informationsaustausch	Motivation zum Informationsaustausch	• Kenntnis über die Wichtigkeit der auszutauschenden Informationen • Engagement zum Informationsaustausch bzw. zur Informationsweitergabe
	Form des Informationsaustausch	• Zugriffsmöglichkeit auf gemeinsame Datenbanken (Internet, ERP-/PPS-System) • Austauschmöglichkeiten von Daten (manuell, Fax, Telefon, EDI etc.)
Fähigkeit zum Informationsaustausch	Technologie	• Modernität der IT-Landschaft • Einsatz von Identifizierungssystemen (standardisierte Kennung) • Einsatz von SCM-/APS-Technologien
	Einfachheit	• Aufgeschlossenheit (Möglichkeit eines schnellen Informationsaustausches) • Strukturierung von Informationen, Klarheit, Verständlichkeit
\multicolumn{3}{c}{Nicht-Informationsbezogene aufwandsdeterminierende Faktoren}		
\multicolumn{3}{l}{• Vereinfachung, Disziplin, Kultur etc.}		

Abb. 3.5-23 Übersicht über die aufwandsdeterminierenden Faktoren

3.5 Koordination interner Produktionsnetzwerke

Kriterien zur Bewertung des Aufwands in den Phasen Informationsbeschaffung, -austausch und -verarbeitung	
Informations-beschaffung	▪ Existieren die Informationen bereits in der gewünschten Form? ▪ Welche informationstechnische Unterstützung kann zur Beschaffung genutzt werden? ▪ Wie hoch ist der manuelle Aufwand der Beschaffungstätigkeiten? ▪ Aus wie vielen einzelnen Teilinformationen besteht diese Information? ▪ Wie muß die Information für die empfangende Unternehmenseinheit aufbereitet werden? ▪ ...
Informations-austausch	▪ Mit welchen informationstechnischen Mitteln kann die Weitergabe erfolgen? ▪ Wie hoch ist der manuelle Aufwand zur Weitergabe? ▪ Ist die Informationen für das empfangende Unternehmen auswertbar? ▪ Mit welcher informationstechnischen Unterstützung kann die Aufnahme erfolgen? ▪ Ist die Information für den Empfänger brauchbar? ▪ ...
Informations-verarbeitung	▪ Welche informationstechnische Unterstützung kann zur Verarbeitung genutzt werden? ▪ Wie hoch ist der manuelle Aufwand bei Verarbeitungstätigkeiten? ▪ Aus wie vielen Teilinformationen muß die Informationen zusammengesetzt werden? ▪ An wie viele Unternehmenseinheiten muß die Informationen weitergeleitet werden? ▪ Müssen die Informationen für die verschiedenen Einheiten unterschiedlich aufbereitet werden? ▪ ...

Abb. 3.5-24 Übersicht über die Kriterien zur Bewertung des Aufwandes

Das Vorgehensmodell besteht aus drei Phasen. In der ersten Phase ist eine klassische Ist-Analyse durchzuführen. Von besonderer Bedeutung ist hierbei, den Betrachtungsbereich einzugrenzen. Bei Unternehmen mit stark unterschiedlichen Produkten oder Unternehmenssparten ist eine Auswahl des zu betrachtenden Produkts bzw. der zu betrachtenden Sparte erforderlich. Im Anschluss erfolgt die Zuordnung zu einem der Produktionsnetzwerktypen mit Hilfe des morphologischen Merkmalsschemas. Im nächsten Schritt wird der Auftragsabwicklungstyp des Unternehmens bestimmt und eine grobe Prozessanalyse durchgeführt. Im letzten Analyseschritt werden die Ziele aus Sicht des gesamten Produktionsnetzwerks abgeleitet.

Schwerpunkt der zweiten Phase ist die Durchführung der Nutzen- und Aufwandsbetrachtung auf Basis der gewichteten Ziele. Anhand der gewichteten Ziele kann eine Vorauswahl geeigneter Koordinationsschwerpunkte aus nutzenorientierter Sicht erfolgen. Im Anschluss sind die Aufwände für die ermittelten Koordinationsschwerpunkte qualitativ abzuschätzen.

462 3 Gestaltung der Produktionsplanung und -steuerung

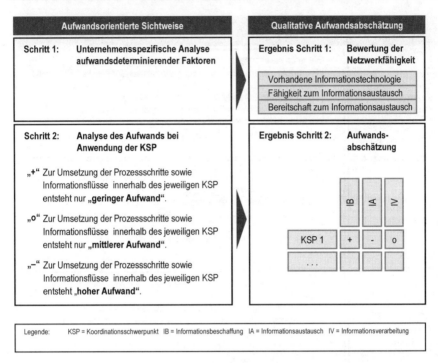

Abb. 3.5-25 Vorgehensweise zur aufwandsorientierten Relevanzermittlung

Mit Hilfe einer Entscheidungstabelle erfolgt abschließend die Gegenüberstellung von Aufwand und Nutzen. Auf Basis dieser Bewertung erfolgt die Priorisierung und Auswahl der zu implementierenden Koordinationsschwerpunkte.

Im Rahmen der dritten Phase des Vorgehensmodells werden die unternehmensspezifisch ausgewählten Koordinationsschwerpunkte im Unternehmen umgesetzt.

3.5.10 Zusammenfassung und Ausblick

Eine Vielzahl von Unternehmen steht heute vor der Herausforderung, die global verteilten Wertschöpfungsprozesse innerhalb des eigenen Produktionsnetzwerks effektiv und effizient im Sinne eines internen Supply Chain Managements zu koordinieren. Die standortübergreifende Abstimmung der durch die verschiedenen Standortbeziehungen hervorgerufenen Interdependenzen hat direkte Auswirkungen auf die Erreichung der klassischen produktionswirtschaftlichen sowie logistikorientierten Ziele. Die standortübergreifende Koordination ist derzeit in der industriellen Praxis allerdings ungenügend.

3.5 Koordination interner Produktionsnetzwerke

Vorgehensschritte	Hilfsmittel	Ergebnis
Phase 1		
Analyse und Abgrenzung des Betrachtungsbereichs	Offener halbstandardisierter Fragebogen	▪ Produktspektrum, Sparten etc. ▪ Standortanzahl und -struktur ▪ Eingesetzte Informationstechnologie ▪ ...
Auswahl des zugrunde liegenden Produktionsnetzwerktyps	Morphologie Produktionsnetzwerke	▪ Produktionsverbundtyp ▪ Potentiell relevante Koordinationsschwerpunkte ▪ ...
Analyse der Auftragsabwicklung	Morphologisches Merkmalschema der PPS	▪ Auftragsabwicklungstyp ▪ Ist-Prozessabläufe ▪ Ist-Informationsflüsse ▪ ...
Analyse der Zielsetzungen innerhalb des Betrachtungsbereichs	Offener halbstandardisierter Fragebogen	▪ SCM-Ziele innerhalb des Netzwerks ▪ ...
Phase 2		
Gewichtung der Zielkriterien	Offener halbstandardisierter Fragebogen	▪ Unternehmensspezifisch gewichtete Ziele ▪ ...
Ermittlung der Relevanz der KSP bzgl. Zielerreichung und Anforderungserfüllung	Bewertungsmatrix, Entscheidungstabellen	▪ Eignung der KSP bzgl. Zielbeitrag und Anforderungserfüllung ▪ ...
Bewertung des Aufwands der Anwendung für die einzelnen KSP	Bewertungsmatrix, Offener Fragebogen	▪ Qualitative Aufwandsabschätzung für die Umsetzung der Informationsflüsse ▪ ...
Priorisierung und Auswahl der unternehmensspezifisch relevanten KSP	Entscheidungstabellen	▪ Liste mit Auswahlprioritäten ▪ ...
Phase 3		
Implementierung der ausgewählten KSP	Prozessablauf-Diagramme nach DIN 66 241	▪ Integrierte und synchronisierte Prozessabläufe ▪ ...

Legende: KSP = Koordinationsschwerpunkt   Phase 1 = Analyse, Phase 2 = Bewertung, Phase 3 = Umsetzung

Abb. 3.5-26 Vorgehensmodell

In diesem Zusammenhang werden häufig klassische SCM-Konzepte sowie die unterstützenden IT-Systeme als viel versprechende Möglichkeiten angesehen, um die Flexibilität und Effizienz des Produktionsnetzwerks zu erhöhen. Die industrielle Praxis zeigt jedoch, dass die angestrebten Verbesserungen in den wenigsten Fällen realisiert werden. Eine wesentliche Ursache hierfür besteht in der mangelnden Berücksichtigung der fallspezifischen Besonderheiten sowie der Vorgabe von Konzepten mit Leitcharakter. Darüber hinaus stellt die Gestaltung übergeordneter Koordinationsprozesse zur Synchronisation der verteilten Wertschöpfung in internen Produktionsnetzwerken eine komplexe Entscheidungssituation dar, die einen erheblichen finanziellen und zeitlichen Aufwand verursacht und zu deren Unterstützung bisher geeignete Hilfsmittel und Methoden fehlen.

Die hier aufgezeigte Methode unterstützt Unternehmen mit verteilter Standortstruktur bei der Auswahl relevanter Koordinationsschwerpunkte unter Berücksichtigung der unternehmensspezifischen Zielsetzung sowie der jeweiligen Ausgangssituation. Auf dieser Entscheidungsgrundlage können die relevanten Koordinationsprozesse und zugehörigen Informationen gestaltet und implementiert werden. Hierdurch werden wiederum die Voraussetzungen für eine durchgängige Prozessorientierung bei der standortübergreifenden Planung und Steuerung der Produktions- und Logistikprozesse sowie für die spätere Implementierung einer anforderungsgerechten IT-Unterstützung geschaffen.

Zur Umsetzung standortübergreifender Koordinationsprozesse ist allerdings eine homogene informationstechnische Infrastruktur innerhalb des gesamten Produktionsnetzwerks erforderlich. Viele Unternehmen verfügen jedoch über eine heterogene IT-Landschaft, bestehend aus verschiedenen Anwendungssystemen, teilweise unterschiedlichen Betriebssystemen und Hardwareplattformen. Eine wesentliche Herausforderung liegt somit auch in der Harmonisierung heterogener IT-Systemlandschaften in internen Unternehmensnetzwerken.

3.5.11 Literatur

A Deloitte Research Global Manufacturing Study (2003) The challenge of complexity in global manufacturing. Critical trends in supply chain management. Deloitte Touche Tohmatsu, London

DIN 66001 (1994) Informationsverarbeitung. Sinnbilder für Datenfluß- und Programmabläufe 1977-1982. In: Deutsches Institut für Normung e. V. (Hrsg) DIN 66001. Beuth, Berlin

3.5 Koordination interner Produktionsnetzwerke

Freitag M, Herzog O, Scholz-Reiter B (2004) Selbststeuerung logistischer Prozesse – Ein Paradigmenwechsel und seine Grenzen. Ein Sonderforschungsbereich an der Universität Bremen. Industriemanagement (2004)20:23-27

Frink D, Lücke Th, Neureuther W, Rüttgers M (2004) Internes Supply Chain Management bei verteilten Produktionsstandorten in der Pharmaindustrie. In: Luczak H, Stich V (Hrsg) Betriebsorganisation im Unternehmen der Zukunft. Springer, Berlin Heidelberg New York, S 63-78

Gaitanides M (1983) Prozeßorganisation. Entwicklung, Ansätze und Programme prozeßorientierter Organisationsgestaltung. Vahlen, München.

Jahns C (2004) Supply Chain Management, Teil 7: Globale Beschaffungsnetzwerke – Supply Organisation dezentral aufgestellt, zentral gesteuert. BA Beschaffung Aktuell, http://www.baexpert.de

Jehle E, Kaczmarek M (2003) Organisation der Planung und Steuerung in Supply Chains. Modellierung großer Netze in der Logistik. (Sonderforschungbereich 559 – Teilprojekt A 3. Technical Report 03022)

Kling R, Kraemer K L, Allen, J P, Bakos Y, Gurbaxani V, Elliot M (1999) Transforming Coordination: The Promise and Problems of Information Technology in Coordination. In: Malone T, Olson G, Smith JB (eds) Coordination Theory and Collaboration Technology. Lawrence Erlbaum, Mahwah, NJ

Lücke Th, Luczak H (2003) Production Planning and Control in a Multi-Site Environment – Holistic Planning Concepts for the Internal Supply Chain. In: Luczak H, Zink K J (Hrsg) Human Factors in Organizational Design and Management – VII. IEA Press, Santa Monica, CA, USA, S°81-86

McKinsey (2004) Change Management. Operations Strategy and Effectiveness. McKinsey & Company, http://www.mckinsey.com/practices/operationsstrategyeffectiveness/supplychainmanagement/changemanagement/

Nicolai H, Schotten M, Much D (1999) Aufgaben. In: Luczak H, Eversheim W (Hrsg) Produktionsplanung und -steuerung: Grundlagen, Gestaltung und Konzepte. Springer, Berlin Heidelberg New York

Pak M (2004) Behind the organization chart. Principles of supply chain design. McKinsesy & Company, http://www.mckinsey.com/practices/operationsstrategyeffectivness/supplychainmanagement/pdf/Behind_the_organization_chart.pdf.

Pausenberger E (1989) Zur Systematik von Unternehmenszusammenschlüssen. WISU (1989)11:621-626

Philippson C (2002) Koordination einer standortbezogenen verteilten Produktionsplanung und -steuerung auf der Basis von Standard-PPS-Systemen. Dissertation, RWTH Aachen. Shaker Verlag, Aachen

PRTM (2003) European Supply Chain Trends 2003. Press Release: Survey Uncovers Top Supply Chain Issues on Management Agenda. Frankfurt, Germany and Paris, http://www.prtm.com/pressreleases/2003/11.11.asp.

Schmidt K (2003) Quo Vadis E-Logistics – noch zu wenig Erfahrung aus der Praxis. LOGISTIK für Unternehmen (2003)10:66-67

Schuh G, Wegehaupt P (2003) Kooperation im Wandel – Collaborative Swarms als Antwort auf Diskontinuität. In: Luczak H, Stich V (Hrsg) Betriebsorganisation der Zukunft. Springer, Berlin Heidelberg New York

Sucky E (2003) Koordination in Supply Chains. Spieltheoretische Ansätze zur Ermittlung integrierter Bestell- und Produktionspolitiken. Dissertation, Universität Frankfurt/Main. Deutscher Univ.-Verlag, Wiesbaden 2004

Sydow J (2001) Management von Netzwerkorganisationen. Beiträge aus der „Managementforschung". Gabler, Wiesbaden

Von Wrede P (2000) Simultane Produktionsprogrammplanung bei international verteilten Produktionsstandorten für Serienfertigung. Dissertation, RWTH Aachen. Shaker Verlag, Aachen

Wöhe G (2002) Einführung in die Betriebswirtschaftslehre. Vahlen, München

3.6 Controlling in Lieferketten

von Hans-Peter Wiendahl, Peter Nyhuis, Andreas Fischer, Daniel Grabe

3.6.1 Zielgrößen in Lieferketten

Laut einer umfangreichen Studie der Boston Consulting Group legen Kunden in der Zukunft zunehmend Wert auf kürzere Lieferzeiten und eine genauere Einhaltung der Liefertermine (Wildemann 2004). Eine ausschließliche Differenzierung über Produktmerkmale ist somit nicht mehr ausreichend, um sich auf dem Markt zu behaupten (Deloitte & Touche 1998; Wiendahl 2002). Liefertreue und Lieferzeit haben sich neben dem Preis und der Produktqualität zu gleichgewichtigen Kaufkriterien entwickelt (Droege & Comp. 2003; Spath 2001).

Die wirtschaftlich sinnvolle Erfüllung der genannten Kunden- und Unternehmenswünsche setzt eine ganzheitliche Betrachtung der logistischen Zielgrößen voraus. Dies liegt darin begründet, dass für die gesamte Lieferkette ein logistisches Zielsystem existiert, welches die zwei Zielrichtungen Logistikleistung und Logistikkosten verfolgt. In der Lieferkette finden die Logistikkosten ihren Ausdruck in einer gleichmäßigen Auslastung der Ressourcen aller Beteiligten. Weiterhin werden sie maßgeblich durch die Bestände in der Fertigung und in den Lagerstufen der Lieferkette beeinflusst. Daher wird ein Minimum an Beständen angestrebt. Die Logistikleistung einer Lieferkette drückt sich in einer kurzen Lieferzeit und einem hohen Servicegrad gegenüber den Kunden aus. Diese können sowohl Endverbraucher als auch Unternehmen sein, die nicht Bestandteil der betrachteten Lieferkette sind.

Die Zielgrößen der Lieferkette finden ihre spezifische Ausprägung in den zwei grundsätzlichen Elementen Fertigung und Lagerung. Für die Fertigung und für die Lagerstufen existieren ebenfalls individuell unterschiedliche Zielsysteme. Beide Zielsysteme haben die Wirtschaftlichkeit als Oberziel und verfolgen in Analogie zum Zielsystem der Lieferkette die Richtungen Logistikleistung und Logistikkosten (Wiendahl 2005), jedoch mit unterschiedlichen Zielgrößen. In Abbildung 3.6-1 sind die Zielsysteme einer Lieferkette dargestellt.

Die logistischen Zielgrößen von Fertigungs- und Lagerprozessen unterliegen gegenseitigen Wechselwirkungen. So wird beispielsweise die Logistikleistung eines Erzeugnislagers einer Lieferkette durch die

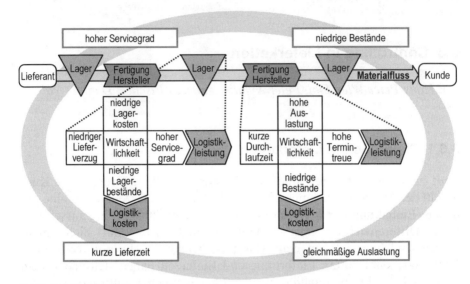

© IFA 10.160_Fi

Abb. 3.6-1 Zielsysteme in einer logistischen Lieferkette

Planabweichungen im Zugang dieses Lagers wesentlich mitbestimmt. Diese Planabweichungen resultieren aus der logistischen Leistungsfähigkeit der vorhergehenden Fertigung, deren logistische Zielerreichung wiederum durch ihr Eingangslager mitbestimmt wird. Diese Kausalkette kann weitergeführt werden und beginnt am Anfang der Lieferkette.

Die Produktionsplanung und -steuerung (PPS) unterstützt die Realisierung dieser marktseitigen Ziele durch die Positionierung der Fertigung im so genannten Spannungsfeld der produktionslogistischen Ziele (Wirth u. Petermann 2001; Westkämper 1998).

Für eine sichere Auftragsabwicklung spielen daher die Abbildung, Auswertung und Interpretation der logistischen Fertigungsabläufe und ihrer Interdependenzen eine immer größere Rolle. Erst damit sind eine sinnvolle Beurteilung, die einfache Aufdeckung von Schwachpunkten und die Ableitung von Verbesserungsmaßnahmen möglich (Wiendahl 2002). Hierzu sind Abbildungs- und Analysemethoden für den Durchlauf von Kundenaufträgen erforderlich, welche Wirkzusammenhänge zwischen den Zielgrößen sichtbar machen. Ein entsprechendes Controlling erlaubt im Zusammenspiel mit dem Enterprise Ressource Planning (ERP)- und Manufacturing Execution Systems (MES)-System die Analyse, Bewertung und Gestaltung der betrachteten logistischen Prozesse und leistet damit einen Beitrag zur Bewältigung des angesprochenen Defizits.

3.6.2 Grundlagen des Controllings

Viele Unternehmen haben erhebliche Defizite in der Zielerreichung der Kunden- und Unternehmenswünsche, da es oftmals an einer systematischen Vorgehensweise zu ihrer Verbesserung fehlt. Oft wird versucht, die Defizite der Zielerreichung mit einer neuen ERP-Software zu lösen. Vielfach wird jedoch festgestellt, dass eine Verbesserung der Betriebssituation hinsichtlich der logistischen Zielsetzungen nicht bzw. nicht im gewünschten Umfang feststellbar ist (Wiendahl, Begemann u. Nickel 2003). Dies liegt häufig an einer geringen Übereinstimmung zwischen dem Realprozess mit den Planvorgaben. Ein Grund hierfür ist die inkonsequente oder nicht vorhandene Ermittlung und Überwachung der relevanten Zielgrößen sowie die schlechte Rückführung der gewonnenen Erkenntnisse in den Planungsprozess (Horváth 2002).

Hinsichtlich der Erfüllung der logistischen Ziele steht die PPS damit vor einer klassischen Regelungsaufgabe: Sie muss die Zielerreichung durch beständiges Anpassen ihrer Parameter (Regelgrößen) an Vorgabewerte (Führungsgrößen) realisieren. Hierfür wurde der Regelkreis der PPS entwickelt (Wiendahl 1997) (vgl. Abb. 3.6-2). Dieser umfasst, ausgehend von den strategischen Zielen eines Unternehmens und den Kundenbedarfen (Soll), die Planung des Produktionsprogramms (Plan) sowie die Steuerung der Abläufe bei der Durchführung von Produktion, Beschaffung und Distribution. Des Weiteren schließt der Regelkreis die Aufnahme der Rückmeldedaten im Rahmen der Betriebs- und Maschinendatenerfassung (Ist) ein. Ein wesentlicher Bestandteil des Regelkreises ist das logistische Controlling, mit dessen Hilfe Plan- und Istgrößen verglichen und Abweichungen interpretiert werden. Der Regelkreis ermöglicht somit sowohl vergangenheitsbezogene als zukunftsbezogene Betrachtungen. Funktional wirkt das Controlling als PPS-Subsystem, das die Planung und Kontrolle sowie die Informationsversorgung koordiniert und so die Adaption und die Koordination eines Unternehmens als Gesamtsystem ungeachtet zahlreicher Störungen unterstützt (Horváth 2002). Auf diese Weise ergibt sich ein geschlossener Regelkreis, der auf Abweichungen zwischen Soll, Plan und Ist zeitnah und zielführend durch Veränderung der Regelgrößen reagieren kann.

Die moderne Auffassung des Controlling-Begriffes muss über das traditionelle Verständnis des Controllings als reine Kontrollfunktion mit vornehmlich betriebs- und finanzwirtschaftlicher Ausrichtung hinausgehen. Heute wird das Controlling als ein Werkzeug der Unternehmensführung zur Unterstützung der betrieblichen Planungs- und Kontrollfunktionen angesehen (Horváth 2002). Die entscheidungsbezogene Informationsversorgung der betrieblichen Führungssysteme bildet dabei einen Schwerpunkt.

470   3 Gestaltung der Produktionsplanung und -steuerung

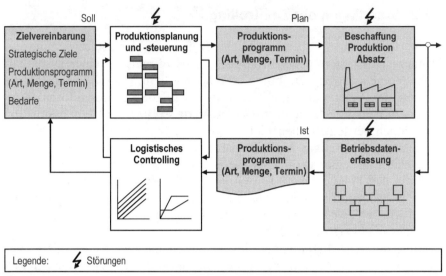

Abb. 3.6-2 Regelkreis der PPS

Das Controlling erlaubt es, die unternehmerischen Aktivitäten auf den Unternehmenserfolg auszurichten und dessen Wirkung laufend zu messen. Dementsprechend verfolgt das Logistik-Controlling die Formulierung und die Kontrolle der Einhaltung der logistischen Ziele der Produktion einschließlich Abweichungsanalysen und die Ableitung von Verbesserungsvorschlägen (Wiendahl 2002). Dazu sind explizit produktionslogistische Kennzahlen zu berücksichtigen. Insbesondere amerikanische Autoren warnen davor, dass der alleinige Einsatz traditioneller Finanzkennzahlen im Controlling der Produktion häufig zu überhöhten Durchlaufzeiten und Beständen führt (Suri 1998)

Sowohl in zahlreichen wissenschaftlichen Veröffentlichungen (Breithaupt 2001; Windt 2001; Ludwig 1995) als auch in Industrieprojekten (Schneider et al. 2002; Breithaupt et al. 2000; Westkämper 1998) hat sich das Logistik-Controlling als wirksames Instrument erwiesen, um auf der Grundlage logistischer Gesetzmäßigkeiten weit reichende Verbesserungen der logistischen Zielgrößen zu erreichen. Mittlerweile ist das konventionelle Logistik-Controlling fester Bestandteil von PPS-Modellen wie z. B. des Aachener PPS-Modells (Luczak et al. 1998). Darüber hinaus hat das Logistik-Controlling Eingang in PPS- bzw. ERP-Systeme gefunden (Bauer 2002; Gronau 2003).

Typischerweise wird das Logistik-Controlling in sechs auf einander abgestimmten Schritten durchgeführt. Abbildung 3.6-3 zeigt beispielsweise

3.6 Controlling in Lieferketten

den Regelkreis eines Logistik-Controllings der Produktion mit folgenden Schritten:

1. Zielsetzung: Die relevanten Zielgrößen, z. B. Durchlaufzeit und Terminabweichung, müssen gemäß dem unternehmerischen Zielsystem quantifiziert werden. Dabei sind insbesondere die gegenseitigen Abhängigkeiten zwischen den Zielgrößen zu beachten, um die Zielkonsistenz sicherzustellen.
2. Planwertermittlung: Planwerte dienen als Führungsgrößen. Dem Logistik-Controlling kommt die Aufgabe zu, ihre Ermittlung durch die Ableitung von Steuerungsparametern zu unterstützen, die sich an den logistischen Zielen orientieren. Beispielsweise kommt den Plan-Durchlaufzeiten eine besondere Bedeutung für die Zielsetzung niedriger Bestände und Durchlaufzeiten sowie einer hohen Termintreue zu. Sie werden in aller Regel arbeitssystemspezifisch festgelegt.
3. Istwerterfassung: Das Prozessverhalten ist auf Basis der Analyse aktueller Rückmeldungen festzustellen. Die Festlegung der Messpunkte, der Messgrößen und der Messverfahren muss sich an den verwendeten Planungsgrößen orientieren.
4. Plan / Ist-Vergleich: Durch einen Plan / Ist-Vergleich können unzulässige Abweichungen des Ist-Prozesses festgestellt werden.

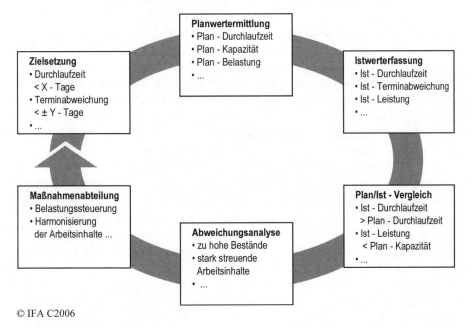

Abb. 3.6-3 Regelkreis des Logistik-Controllings der Produktion (Hautz)

5. Abweichungsanalyse: Beim Auftreten unzulässiger Abweichungen muss eine Analyse der Ursachen erfolgen, um korrigierend in den Prozess eingreifen zu können. Häufig liegen z. B. zu hohe Bestände an den Arbeitssystemen vor oder die Arbeitsinhalte streuen stark.
6. Maßnahmenableitung: Das Logistik-Controlling sollte Unterstützung bei der Ableitung geeigneter Korrekturmaßnahmen bieten. Wesentlich ist in diesem Zusammenhang eine Priorisierung der Maßnahmen entsprechend des günstigsten Verhältnisses von Nutzen zu Aufwand. Vor dem Hintergrund der in Schritt 5 exemplarisch genannten Abweichungsursachen bietet sich eine Steuerung der Belastung in Kombination mit einer Harmonisierung der Arbeitsinhalte an.

Dieser Regelkreis bietet einen systematischen Ansatz zur Gestaltung und Durchführung eines wirkungsvollen Logistik-Controllings der Produktion, der sich in der Anwendung bewährt hat und darüber hinaus weiterentwickelt wurde (Nyhuis u. Wiendahl 2003).

3.6.3 Kennzahlen für das Controlling

Eine wesentliche Basis für das Controlling sind aus dem Betriebsgeschehen ableitbare und übersichtlich dargestellte Kennzahlen. Ihnen kommt die Aufgabe zu, quantitativ erfassbare Sachverhalte und Entwicklungen für einen periodischen fortschreitenden Betrachtszeitraum in konzentrierter Form darzustellen. Hierbei ist auf die Aktualität der Kennzahlen zu achten, weil die Zeitnähe der Information über ihren Nutzen und die Vergleichbarkeit entscheidet (Gronau 2003). Die Qualität der Kennzahlenwerte wird wesentlich durch die Genauigkeit des zugrunde liegenden Datenmaterials und die Richtigkeit der Kennzahlenbildungslogik geprägt. Darüber hinaus wird die statistische Sicherheit und Aussagekraft der Kennzahlenwerte durch den Umfang der einfließenden Daten bestimmt.

Das Aussagepotenzial von Kennzahlen wird nicht nur durch die Art der Größen bestimmt, die zu ihrer Bildung herangezogen werden. Ebenso wichtig ist eine aussagekräftige Präsentationsform. Mittels geeigneter Darstellungsarten kann der Erkenntniswert von Kennzahlen wesentlich gesteigert werden. Es hat sich als zweckmäßig herausgestellt, Kennzahlen, die in einer sachlich sinnvollen Beziehung zueinander stehen, einander ergänzen oder erklären und insgesamt auf ein übergeordnetes Ziel ausgerichtet sind, in einem Kennzahlensystem zusammenfassen (Horváth 2002).

Kennzahlen können jedoch in unbegrenztem Umfang gebildet werden, deshalb kommt es oft zur Erzeugung einer „Kennzahlen-Inflation" (Schönsleben 2004). Daher ist bei der Bildung des Kennzahlensystems auf die Bildung von quantifizierbaren Oberzielen (Spitzenkennzahlen) zu achten, aus denen operationale Subziele für die jeweiligen Entscheidungsträger abgeleitet werden können. Eine Spitzenkennzahl des Kennzahlensystems für die Produktion nach VDI 4400 ist beispielsweise die logistische Effizienz (vgl. Abb. 3.6-4). Bei der Entwicklung dieser Richtlinie wurden von wissenschaftlichen Instituten in Kooperation mit der Industrie Kennzahlensysteme für die ganze Prozesskette aufgebaut und in der Praxis getestet. Eine im Anschluss durchgeführte empirische Studie belegt die hohe Qualität dieses Kennzahlensystems. Prägend für dieses Kennzahlensystem sind die bereits erwähnten Sichten des Kunden (Logistikleistung) und des Unternehmens (Logistikkosten). Diese beiden Zielbegriffe erfahren ihre Konkretisierung in mehreren Unterzielen, deren Erfüllung mit Kennzahlen überwacht wird. Wesentlich im Sinne der logistischen Prozessbeherrschung ist, dass – wo es sinnvoll ist – nicht nur Mittelwerte, sondern auch Streuungen gemessen werden. Zu jeder Kennzahl sind Definitionen, Messpunkte, Datenquellen und Berechnungsvorschriften verfügbar. Darüber hinaus hat sich die mitlaufende Überwachung so genannter Struktur- und Rahmendaten bewährt. Ihre Veränderung deutet auf Veränderungen der strukturellen Rahmenbedingungen, z. B. der Auftragsstruktur hin.

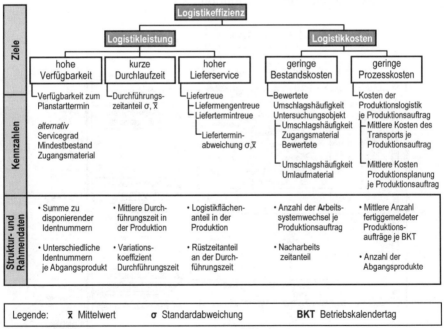

Abb. 3.6-4 Kennzahlensystem für die Produktion nach VDI 440

3.6.4 Modellierung der Produktion

3.6.4.1 *Das Trichtermodell*

Als allgemeingültiges Modell für das logistische Controlling von Prozessketten hat sich in der industriellen Praxis das Hannoversche Trichtermodell bewährt. Dabei wird in Analogie zur Abbildung verfahrenstechnischer Fließprozesse davon ausgegangen, dass jede beliebige Kapazitätseinheit einer Fertigung durch die Größen Zugang, Bestand und Abgang in ihrem Durchlaufverhalten vollständig beschrieben werden kann. Dieses gilt für einen Arbeitsplatz, eine Arbeitsgruppe, eine Kostenstelle bis hin zu einem ganzen Fertigungs- oder Montagebereich.

Aber auch ein Lager wird durch die Zugangs- und Abgangsbuchungen beschrieben. Der wesentliche Unterschied zwischen Fertigung und Lager liegt in der Wertschöpfung der Fertigung bzw. Montage gegenüber der nicht wertschöpfenden Pufferfunktion eines Lagers. Fasst man nun sämtliche Fertigungs-, Montage- und Lagerfunktionen eines Produktionsunternehmens zusammen, ergibt sich Abb. 3.6-5 mit den Hauptprozessen Beschaffung, Zukaufteillagerung, Fertigung, Halbfabrikatelagerung, Montage, Fertigwarenlagerung und Distribution.

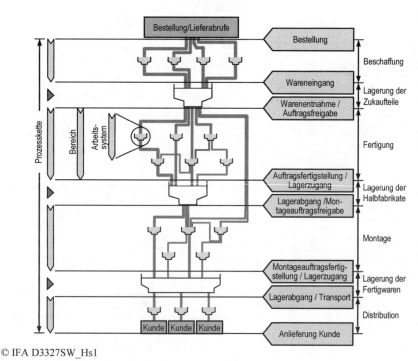

© IFA D3327SW_Hs1

Abb. 3.6-5 Abbildung der Prozesskette mit Hilfe des Trichtermodells

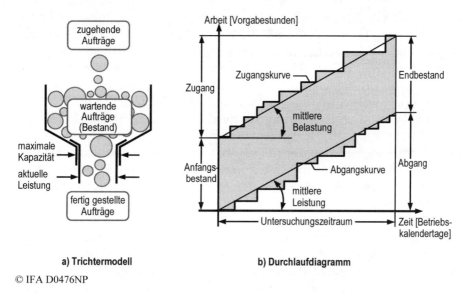

a) Trichtermodell b) Durchlaufdiagramm

© IFA D0476NP

Abb. 3.6-6 Trichtermodell und Durchlaufdiagramm

Im Folgenden soll ein einzelner Arbeitsplatz betrachtet werden. Die an einem einzelnen Arbeitssystem ankommenden Lose bilden gemeinsam mit den dort bereits vorliegenden Aufträgen den Bestand an wartenden Aufträgen (vgl. Abb. 3.6-6, links). Diese fließen nach der Bearbeitung aus dem Trichter ab. Die Trichteröffnung symbolisiert dabei die Leistung, die innerhalb der Kapazitätsgrenzen variiert werden kann (Wiendahl 1997).

3.6.4.2 Durchlaufdiagramm

Die Ereignisse an einer Arbeitsstation lassen sich in das aus dem Trichtermodell abgeleitete Durchlaufdiagramm übertragen (vgl. Abb. 3.6-6, rechts). Dazu werden die fertig gestellten Aufträge mit ihrem Arbeitsinhalt (gemessen in Vorgabestunden) über dem Fertigstellungstermin kumulativ aufgetragen (Abgangskurve). Analog dazu erfolgt der Aufbau der Zugangskurve, indem die zugehenden Aufträge mit ihrem Arbeitsinhalt über dem Zugangstermin aufgetragen werden. Der Startwert bzw. Achsenabschnitt der Zugangskurve wird durch den Bestand bestimmt, der sich zu Beginn des Bezugszeitraums am Arbeitssystem befindet.

Mit dem Durchlaufdiagramm wird das dynamische Systemverhalten qualitativ und zeitpunktgenau beschrieben. Die Wirkungszusammenhänge zwischen den logistischen Zielgrößen lassen sich graphisch sichtbar machen und sind einer mathematischen Beschreibung zugänglich (Wiendahl 2005). Die mittlere Leistung ergibt sich aus dem Verhältnis der geleisteten Arbeit zur Länge des Bezugszeitraumes. Als mittlere Belastung ist der Zugang im Betrachtungszeitraum dividiert durch die Länge des Bezugszeitraums definiert. Üblich ist die Skalierung in Arbeits- oder Betriebskalendertagen. Der Bestand als vertikaler Abstand zwischen der Zugangs- und der Abgangskurve entspricht dem Arbeitsinhalt der auf die Bearbeitung wartenden und in Bearbeitung befindlichen Aufträge. Der mittlere Bestand ergibt sich durch Division der gerastert angelegten Bestandsfläche durch den Bezugszeitraum.

Bei einer idealisierten Darstellung des Zugangs- und Abgangsverlaufs im Durchlaufdiagramm in Gestalt von Geraden entspricht der vertikale Abstand zwischen diesen dem mittleren Bestand und der horizontale Abstand der mittleren Reichweite. Sie ist ein Maß für den Arbeitsvorrat gemessen in Arbeitstagen und entspricht der Zeitdauer, die ein ankommender Auftrag bis zu seiner Abfertigung verweilen muss, wenn keine Reihenfolgevertauschungen in der Warteschlange vorgenommen werden. Hieraus lässt sich eine wichtige Beziehung ableiten: Die mittlere Reichweite ist gleich dem Bestand dividiert durch die mittlere Leistung. Diese Beziehung wird auch als Trichterformel bezeichnet.

Im Durchlaufdiagramm lassen sich die vier Zielgrößen der Fertigung (vgl. Abb. 3.6-1) visualisieren. Neben dem Bestand und der Durchlaufzeit lässt sich im Durchlaufdiagramm die Termintreue darstellen, indem den Ist-Abgangsdaten die Plan-Abgangsdaten der Aufträge gegenübergestellt werden. Die Auslastung ergibt sich aus der mittleren Leistung und der zur Verfügung stehenden Kapazität.

Werden in ein Durchlaufdiagramm nicht nur diejenigen Aufträge eingetragen, die in der Vergangenheit bearbeitet wurden, sondern auch diejenigen, deren Bearbeitung geplant ist, so können auf dieser Basis auch die anderen Logistischen Kennzahlen für die nähere Zukunft überprüft werden.

Das Durchlaufdiagramm ist folglich zur Erhebung von logistischen Zielgrößen geeignet. Hierfür muss die reine Information der Kennzahl mit einem Zielwert verknüpft sein. Unter logistischen Gesichtspunkten bedeutet dies, dass Aussagen getroffen werden müssen hinsichtlich des anzustrebenden Auftragsbestands in der Produktion und der daraus resultierenden Reichweite bzw. Durchlaufzeit.

3.6.4.3 Produktionskennlinien

Die zuvor beschriebenen Durchlaufdiagramme sind geeignet, um die Prozessabläufe an einem Arbeitssystem hinsichtlich der vier Zielgrößen Bestand, Reichweite, Auslastung und Termintreue zu visualisieren. Damit ist aber keine Aussage über deren Wirkzusammenhänge möglich, deren

Kenntnis zur gezielten Planung und Steuerung unerlässlich ist. Hierzu haben sich die so genannten Logistischen Kennlinien bewährt. Sie entstehen, indem die zentrale Regelgröße Bestand variiert wird. Abbildung 3.6-7 zeigt im oberen Teil drei typische Betriebszustände eines Arbeitssystems mit unterschiedlichem Bestand in Durchlaufdiagrammen, denen im unteren Teil von Abb. 3.6-7 die Werte für Leistung und Reichweite zugeordnet sind. Die Logistischen Kennlinien (Produktionskennlinien) bilden die verschiedenen stationären Betriebszustände ab und zeigen so funktionale Zusammenhänge zwischen dem Bestand und der Leistung bzw. der Reichweite auf.

Die Leistungskennlinie verdeutlicht, dass sich die Leistung eines Arbeitssystems oberhalb eines bestimmten Bestandswertes (Übergangsbereich) nur noch unwesentlich ändert. Am Arbeitssystem liegt dann kontinuierlich ausreichend Arbeit vor, so dass bestandsbedingte Materialflussabrisse ausbleiben (Überlastbereich). Unterhalb dieses Bestandswertes treten zunehmend Leistungsverluste aufgrund eines temporär fehlenden Arbeitsvorrates auf (Unterlastbereich).

a) typische Betriebszustände

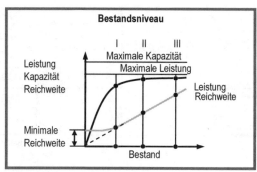

b) Darstellung der Betriebszustände in Produktionskennlinien
© IFA G0462

Abb. 3.6-7 Darstellung unterschiedlicher Betriebszustände in Produktionskennlinien

478 3 Gestaltung der Produktionsplanung und -steuerung

Die Reichweite des Arbeitsvorrats an einem Arbeitssystem ergibt sich für jeden Punkt der Leistungskennlinie unmittelbar gemäß der Trichterformel aus dem Bestands-Leistungsverhältnis. Ausgehend von der Leistungskennlinie kann diese Beziehung nun daher auch zur Ermittlung der Reichweitenkennlinie genutzt werden. Im Überlastbereich steigt die Reichweite weitgehend proportional mit dem Bestand an. Bei niedrigen Bestandsniveaus im Unterlastbereich kann sie jedoch ein bestimmtes Minimum nicht unterschreiten, das durch die mittlere Auftragszeit und deren Streuung bestimmt wird. Der Verlauf der Leistungskennlinie kann mit einer Formel beschrieben werden, deren Ableitung und Anwendung ausführlich in Nyhuis und Wiendahl (2003) beschrieben ist.

Zur Beschreibung des Verlaufs der Durchlaufzeit und der Übergangszeit in Abhängigkeit vom Bestand lassen sich ähnliche Überlegungen anstellen wie für die die Reichweitenkennlinie. Analog zur Reichweitenkennlinie können die Durchlaufzeit- und die Übergangszeitkennlinien eines Arbeitssystems unter der Voraussetzung einer auftragszeitunabhängigen Reihenfolgeregel, z. B. bei der Abfertigung nach dem First-In-First-Out-(FIFO-) Prinzip, über mathematische Beziehungen abgeleitet werden (vgl. Abb. 3.6-8). In diesem Fall verlaufen die Logistischen Kennlinien für die Reichweite, die Durchlaufzeit und die Übergangszeit parallel zueinander (Nyhuis u. Wiendahl 2003).

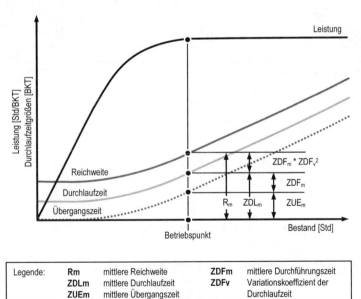

© IFA G3170

Abb. 3.6-8 Ableitung der Kennlinie für Reichweite, Durchlaufzeit und Übergangszeit aus der Leistungskennlinie

Die Durchlaufzeit steigt im Überlastbereich wie die Reichweite weitgehend proportional mit dem Bestand. Bei Bestandsreduzierungen sinkt die Durchlaufzeit bis auf einen Minimalwert ab. Dieser Wert ist definiert durch die mittlere Durchführungszeit, also die Auftragszeit gemessen in Arbeits- oder Betriebskalendertagen.

Ein Betriebspunkt auf den Produktionskennlinien entspricht immer nur einem diskreten Zustand in der Produktion. Die Kennlinien stellen dementsprechend dar, wie sich das betrachtete Arbeitssystem bei Bestandsveränderungen und ansonsten unveränderten Randbedingungen logistisch verhält.

Der Verlauf der Produktionskennlinien entspricht für beliebige Arbeitssysteme grundsätzlich der Darstellung in Abb. 3.6-8. Der exakte Verlauf der Logistischen Kennlinien hängt jedoch von systemspezifischen Rahmenbedingungen des Betrachtungsgegenstands wie der Kapazität, der zeitlichen Struktur der abzuarbeitenden Aufträge (Mittelwert und Streuung) und der Einbindung des betrachteten Systems in den Materialfluss ab.

3.6.4.4 Produktionscontrolling

Das Produktionscontrolling muss entsprechend dem in Abb. 3.6-1 erläuterten Zielsystem zwei Sichten auf eine Produktion ermöglichen. Aus Auftragssicht geht es um Durchlaufzeiten und Termintreue, aus Ressourcensicht um Durchsatz bzw. Auslastung und Bestände. Das Controlling selbst besteht entsprechend Abb. 3.6-2 zunächst aus dem Vergleich von Ist- und Planwerten anhand von Kennzahlen, beispielsweise nach einem System entsprechend Abb. 3.6-4. Ergeben sich gravierende Abweichungen, sind tiefergehende Analysen erforderlich.

Ein Methodenbaukasten der Auftragsdurchlauf- und Arbeitssystemanalysen ist zusammenfassend in Abb. 3.6-9 dargestellt. Er baut auf dem Trichtermodell, Durchlaufdiagramm und den Produktionskennlinien und den genannten zwei Sichten auf.

Häufig bietet es sich an, zunächst das Durchlaufverhalten der Aufträge zu analysieren. Ergibt sich hierbei eine nicht zu tolerierende Lieferfähigkeit bzw. -treue, so können die Ursachen über weiterführende Analysen auf der Arbeitssystemebene aufgedeckt werden.

Die einzelnen Analysetechniken werden nachfolgend exemplarisch anhand der Ergebnisse einer durchgeführten Betriebsuntersuchung erläutert.

480 3 Gestaltung der Produktionsplanung und -steuerung

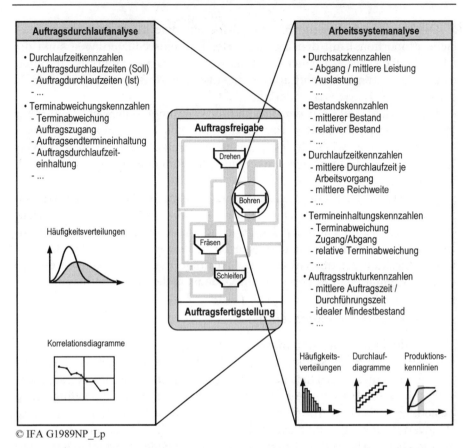

Abb. 3.6-9 Charakterisierung der Auftragsdurchlauf- und Arbeitssystemanalyse

Auftrags-Controlling

Die Liefertreue eines Produktionsbereiches wird maßgeblich durch die Terminabweichung im Auftragszugang und die Durchlaufzeitabweichung bestimmt. Wenn die Aufträge bereits mit einem Terminverzug in die Produktion eingelastet werden, sind Verspätungen im Auftragsabgang oftmals unvermeidlich. Zumindest aber sind Priorisierungen und Reihenfolgevertauschungen erforderlich, um eine drohende Terminabweichung zumindest teilweise kompensieren zu können. Eine vollständige Beurteilung der Terminsituation erfordert daher neben der Analyse der Terminabweichung im Abgang auch die Analyse der Terminabweichung im Auftragszugang sowie der relativen Terminabweichung (Durchlaufzeitabweichung). Die Zusammenhänge einer Terminabweichungsanalyse sind exemplarisch in Abb. 3.6-10 dargestellt.

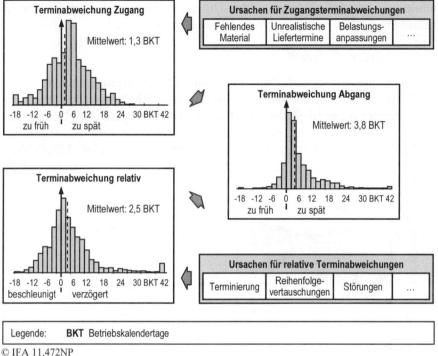

Abb. 3.6-10 Analyse der Auftragsterminabweichung

Es zeigte sich, dass bereits im Auftragszugang eine Terminabweichung von 1,3 Betriebskalendertagen vorlag. Weithin verzögerten sich die Aufträge im Mittel um 2,5 Betriebskalendertage gegenüber der Plandurchlaufzeit, verbunden mit einer starken Streuung (vgl. Abb. 3.6-10, links unten). Dies führt schließlich zu einer mittleren Verspätung im Abgang von 3,8 Betriebskalendertagen. Legt man eine zulässige Abweichung von ± 2 Tagen zugrunde, dann sind nur ca. 30 % der Aufträge termintreu.

Zur weiteren Ursachenanalyse bietet es sich zunächst an, die Verteilungen der Auftragsdurchlaufzeiten im Plan und im Ist miteinander zu vergleichen, um hierüber ggf. Hinweise auf einen generellen Terminierungsfehler zu bekommen.

So kann etwa die Ursache für eine unbefriedigende Abgangsterminabweichung auf eine Terminabweichung im Zugang (z. B. durch eine verspätete Freigabe der Aufträge) zurückzuführen sein. Bei termingerechtem Zugang kann nur eine Durchlaufzeitabweichung, also eine Differenz zwischen geplanter und realisierter Durchlaufzeit, der Verursacher sein. Sie selbst wiederum kann durch Bestandsabweichungen, durch eine Terminierung mit unrealistischen Plan-Durchlaufzeiten oder eine Reihenfolgebildung an den Arbeitssystemen hervorgerufen werden.

Ressourcen-Controlling

Die vorhandenen Bestands- und Durchlaufzeitreduzierungspotenziale sind in einem zweiten Analyseschritt zu untersuchen. Hierbei werden berechnete Produktionskennlinien zur 'logistischen Potenzialbeurteilung' in Kombination mit einer 'Durchlaufzeit- und Bestandsanalyse' und 'Materialflussanalyse' angewendet (vgl. Abb. 3.6-11). Dadurch ist eine Möglichkeit gegeben, logistische Engpässe im Materialfluss zu identifizieren und zu analysieren.

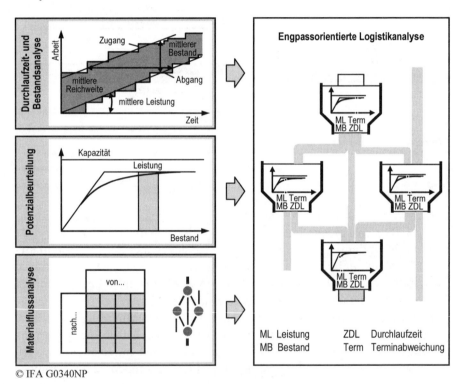

Abb. 3.6-11 Elemente des Ressourcen-Controllings

Sowohl kapazitive Engpässe (Begrenzung der Mengenausbringung) wie auch durchlaufzeit- bzw. lieferzeitbestimmende Arbeitssysteme lassen sich so lokalisieren und in ihrer Bedeutung für den Auftragsdurchlauf quantifizieren (Windt 2001). Mit der Kennlinientechnik kann weiterhin aufgezeigt werden, an welchen Arbeitssystemen welche Art von möglichen Maßnahmen zur Durchlaufzeit- und Bestandsreduzierung sinnvoll umgesetzt werden können. So kann beispielsweise untersucht werden, wo Durchlaufzeitreduzierungen durch eine gezielte Bestandsregelung möglich sind und an welchen Arbeitssystemen flankierende Maßnahmen in der Kapazitätsstruktur, in der Auftragsstruktur oder auch in der strukturellen Einbindung einzelner Arbeitssysteme in den analysierten Produktionsbereich erforderlich sind (Nyhuis u. Wiendahl 2003).

Das Materialflussdiagramm einer realen Produktion ist in Abb. 3.6-12 (links) schematisch dargestellt. Es zeigt sich, dass technologiebedingt ein relativ stark gerichteter Materialfluss vorliegt. Für das Arbeitssystem 'Beschichtung' sind die wichtigsten Kennzahlen in das Materialflussdiagramm eingeblendet. Es ist ein durchlaufzeitbestimmendes Arbeitssystem, da praktisch alle Aufträge dieses Arbeitssystem durchlaufen und die mittlere Durchlaufzeit mit 1,9 BKT hier mehr als 10 % der mittleren Auftragsdurchlaufzeit (18 BKT) beträgt.

Die wesentlichen Aussagen zum logistischen Verhalten eines Arbeitssystems lassen sich aus dem Durchlaufdiagramm und der Produktionskennlinie ableiten. Das Durchlaufdiagramm (vgl. Abb. 3.6-12, rechts oben) zeigt das logistische Systemverhalten des Arbeitssystems „Beschichtung" über den hier ausgewerteten Untersuchungszeitraum (3 Monate). Auffällig ist zunächst der Verlauf der Bestandskurve. Der Bestand verharrt zunächst auf einem konstanten Niveau, sinkt dann sehr stark ab, um am Ende des Untersuchungszeitraumes wieder auf das ursprüngliche Niveau anzusteigen. Diese Bestandsveränderungen sind dabei ausschließlich auf Veränderungen im Zugang zurückzuführen, denn die Leistung ist über den gesamten Untersuchungszeitraum als konstant anzusehen. Bemerkenswert ist, dass es auch bei dem sehr geringen Bestandsniveau in der Mitte des Untersuchungszeitraumes zu keinen nennenswerten bestandsbedingten Leistungsverlusten kam.

Die Produktionskennlinie (vgl. Abb. 3.6-12, rechts unten) bestätigt, dass das Bestandsniveau insgesamt deutlich überhöht ist, da der mittlere Bestand von ca. 26 Std. weit im Überlastbereich der Kennlinie liegt. Eine Bestandsreduzierung auf ca. 5 Std. ist demnach ohne nennenswerte Leistungsverluste realisierbar. Dieser Wert konnte anschließend auch im Ist-Zustand realisiert werden und hatte eine Durchlaufzeitreduzierung an diesem System von ca. 80 % zur Folge.

Maßnahmenableitung

Die vorgestellten Modelle und Werkzeuge haben sich in der Praxis vielfach bewährt, um logistische Rationalisierungspotenziale zu quantifizieren und Produktionsprozesse logistikorientiert zu gestalten und zu lenken. Um

484 3 Gestaltung der Produktionsplanung und -steuerung

eine hohe Effizienz der einzuleitenden Maßnahmen sicherzustellen, ist es von entscheidender Bedeutung, die einzelnen Maßnahmen aufeinander abzustimmen (vgl. Abb. 3.6-13). Die permanente Absenkung des Bestandes erweist sich dabei als zentrale Logistikstrategie.

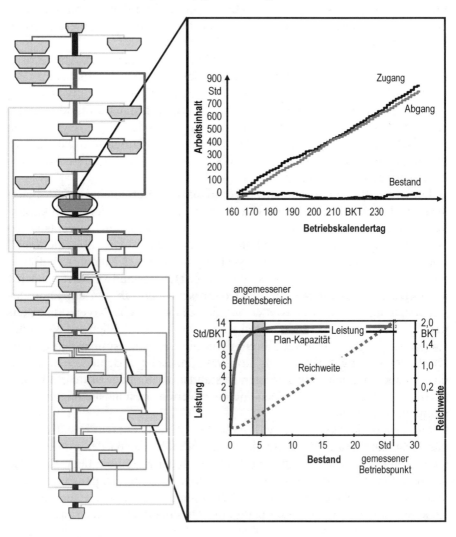

© IFA D4906ASW

Abb. 3.6-12 Controlling des Engpassarbeitssystems

3.6 Controlling in Lieferketten

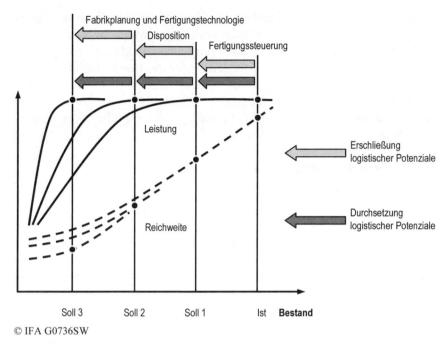

Abb. 3.6-13 Stufen zur Absenkung von Durchlaufzeit und Bestand in der Produktion

Die Aufgabe der Fertigungssteuerung ist es, in einem ersten Schritt das Bestandsniveau auf ein definiertes Maß abzusenken. Hierzu stehen je nach Art des Steuerungsprinzips unterschiedliche Ansätze zur Verfügung (Lödding 2004). Die Grenzen der erreichbaren Durchlaufzeiten und Bestände lassen sich anschließend durch dispositive Maßnahmen, insbesondere durch gleichmäßigere Arbeitsinhalte, weiter reduzieren. In einer nächsten Stufe sind weitere logistische Potenziale durch Verkürzung der Bearbeitungszeiten mit Hilfe von fertigungstechnischen Maßnahmen wie neue Bearbeitungsverfahren oder Umstrukturierungsmaßnahmen im Rahmen der Fabrikplanung zu heben. Das Nachführen der entsprechenden Steuerungsparameter – insbesondere der Plandurchlaufzeit – gewährleistet die Nutzung der dabei gewonnenen Spielräume zur Bestandssenkung.

3.6.5 Bestandscontrolling im Lager

Die strategisch angemessene Dimensionierung vorgehaltener Bestände in den unterschiedlichen Bereichen der Prozesskette ist für Unternehmen von großer Bedeutung. Mit dem Lagerbestand können Schwankungen im Abrufverhalten der Abnehmer (Kunden, Vertrieb oder die eigene Produktion) ebenso abgefedert werden wie Liefertermin- und Mengenabweichungen der Zulieferer (extern oder intern). Hier zeigt sich das klassische *Dilemma der Materialwirtschaft*: Die Herausforderung für die Bestandsdimensionierung ist, eine vom Abnehmer geforderte oder strategisch motivierte Lieferbereitschaft mit möglichst niedrigen Beständen zu realisieren. Als Hilfsmittel haben sich das Lagerdurchlaufdiagramm und die Lagerkennlinien bewährt.

Das Lagerdurchlaufdiagramm

Analog zu den Produktionsprozessen lassen sich Lagerprozesse mit dem Lagerdurchlaufdiagramm visualisieren und auswerten. Das Lagerdurchlaufdiagramm beschreibt den zeitlichen Verlauf der Größen Lagerzugang, Lagerabgang, Nachfrage und Lagerbestand für einen Artikel im Lager (vgl. Abb. 3.6-14). Die Lagerabgänge werden mit ihrer jeweiligen Abgangsmenge (in Stück) kumulativ über der Zeit aufgetragen. Ebenso werden die zugehenden Lose entsprechend ihrem Zugangszeitpunkt kumulativ mit der jeweiligen Stückzahl aufgetragen, beginnend mit dem Anfangsbestand zu Beginn des Betrachtungszeitraums. Der vertikale Abstand der Zu- und Abgangskurve definiert den aktuellen Lagerbestand eines Artikels. Analog zu den Zu- und Abgängen kann auch die Nachfrage nach dem Artikel als Kurve dargestellt werden. Liegt ein Lagerbestand vor, fällt die Abgangskurve in der Regel mit der Nachfragekurve zusammen.

Im Lagerdurchlaufdiagramm wird unmittelbar sichtbar, wie sich der Lagerbestand über der Zeit im Lager entwickelt. Weiterhin können grundsätzliche Trends, wie z. B. ein Bestandsaufbau oder eine Veränderung des Zu- oder Abgangsverhaltens abgelesen werden. Liegt z. B. die Nachfragekurve oberhalb des Abgangsverlaufs, kommt es zu einer verzögerten Auslieferung, es liegt ein Lieferverzug des Artikels vor.

Lagerkennlinien

Mit dem beschriebenen Lagerdurchlaufdiagramm lassen sich Prozesse in Beschaffungs- und Distributionslagern hinsichtlich des Lagerbestands, des Lieferverzugs, des Servicegrads und weiterer lagerlogistischer Kennzahlen artikelspezifisch visualisieren und auswerten. Ähnlich wie in der Produktion stellt sich die Frage nach den Wirkzusammenhängen zwischen den Zielgrößen. Von besonderer Bedeutung ist hier die Abhängigkeit des Servicegrads vom Lagerbestand. In Abbildung 3.6-15 sind im oberen Teil drei Betriebszustände eines Lagers in vereinfachten Lagerdurchlaufdiagrammen dargestellt, die sich durch ein unterschiedliches Bestandsniveau voneinander unterscheiden. Im Betriebszustand III liegt ein hohes Bestandsniveau vor. Alle Nachfragen an das Lager können sofort bedient werden. Es tritt kein Lieferverzug auf, der Servicegrad beträgt 100 %. Wird der Lagerbestand abgesenkt, ergibt sich zunächst der Betriebszustand II. Es kommt zu vereinzelten Lieferverzügen. Als Konsequenz fällt der Servicegrad unter 100 %. Wenn der Lagerbestand weiter abgesenkt wird, häufen sich die verspätet befriedigten Nachfragen. Es treten Fehlmengen bzw. Lieferverzüge auf und der Servicegrad sinkt weiter (Betriebszustand I).

Analog zur Vorgehensweise in der Produktion können auch für ein Lager Logistische Kennlinien abgeleitet werden, die die einzelnen Betriebszustände verdichten. Die Logistischen Kennlinien (Lagerkennlinien) im Teil b von Abb. 3.6-15 zeigen die prinzipiellen Zusammenhänge zwischen den lagerlogistischen Zielgrößen Lagerbestand, Lieferverzug und Servicegrad. Der exakte Verlauf der Lagerkennlinien hängt ähnlich wie bei den Produktionskennlinien von den spezifischen Rahmenbedingungen des Lagerprozesses des betrachteten Artikels ab. Maßgeblich hierfür sind der Zugangsverlauf (also das Verhalten der Lieferanten) der Abgangsverlauf (das Verhalten der Abnehmer) und die Bestelllosgrößen bzw. die Abnahmelosgrößen (Gläßner 1994).

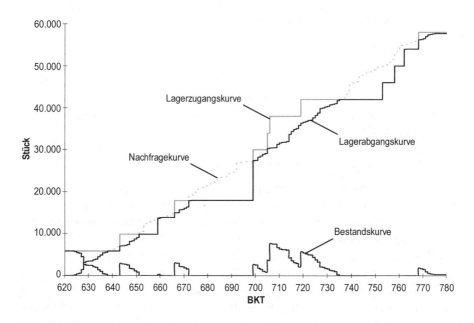

Abb. 3.6-14 Durchlaufdiagramm eines Beschaffungs- und Lagerhaltungsprozesses

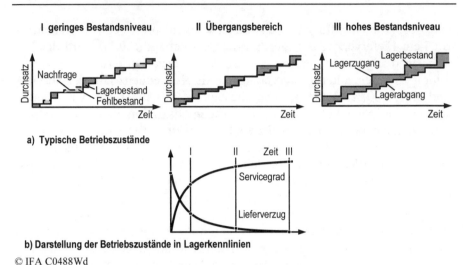

Abb. 3.6-15 Darstellung unterschiedlicher Betriebszustände in Lagerkennlinien

Der Zusammenhang zwischen Lagerbestand, Lieferverzug und Servicegrad wurde zunächst für einen idealisierten Lagerprozess hergeleitet, der durch folgende Eigenschaften charakterisiert ist:

- Es existiert ein kontinuierlicher Lagerabgang mit einer konstanten Lagerabgangsrate.
- Der Lagerzugang erfolgt in diskreten Zugangslosgrößen, da angenommen wird, dass die Bildung optimaler Bestellmengen ein wesentliches Merkmal des vorgelagerten Produktions- oder Beschaffungsprozesses ist.
- Prozessstörungen durch Planabweichungen treten nicht auf, es wird pünktlich und in der geplanten Menge geliefert.

Abbildung 3.6-16 zeigt im linken Teil die Darstellung des idealen Lagerprozesses im allgemeinen Lagermodell. Als Losbestand wird der mittlere Lagerbestand bezeichnet, bei dessen Vorliegen unter Annahme der idealen Prozessbedingungen gerade kein Lieferverzug auftritt und der Servicegrad folglich 100 % beträgt. Bei einem mittleren Lagerbestand von Null ist der Lieferverzug maximal (er entspricht der Wiederbeschaffungszeit) und der Servicegrad beträgt 0 %. Mit steigendem Bestand wird ein Wert BL_0 erreicht, bei dem unter idealen Bedingungen kein Lieferverzug erreicht wird. Im rechten Teil von Abb. 3.6-16 sind die idealen Lagerkennlinien mit ihren charakteristischen Punkten dargestellt.

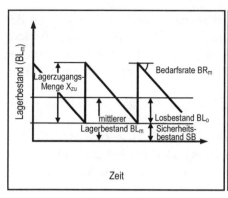 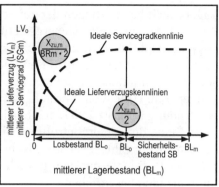

a) Lagermodell   **b) Ideale Lagerkennlinien**

© IFA G3302

Abb. 3.6-16 Idealprozess im Lager

Bei der Beschreibung des Zusammenhangs zwischen Lagerbestand und Lieferverzug bzw. Servicegrad wurde von idealen Prozessbedingungen ausgegangen. In der Realität treten jedoch eine Reihe von störungsbedingten Planabweichungen auf, die sowohl auf der Zugangs- als auch auf der Abgangsseite zu beobachten sind.

Bei Terminabweichungen im Lagerzugang muss der Lagerbestand soweit erhöht werden, dass der Bedarf während der Dauer der maximalen positiven Terminabweichung noch befriedigt werden kann. Entsprechendes gilt auch für den Fall, dass Mengenabweichungen im Zugang auftreten, weil weniger ins Lager eingelagert wird als geplant.

Auf der Abgangsseite wird die Nachfrage durch die nachfolgenden Prozesse beeinflusst. Da ein Lager nicht beliebig schnell auf eine gesteigerte Nachfrage reagieren kann, müssen entsprechend dimensionierte Sicherheitsbestände vorgehalten werden. Diese stellen die Lieferfähigkeit solange sicher, bis eine Anpassung an die veränderten Rahmenbedingungen erfolgt ist. Für die Abpufferung durch einen Sicherheitsbestand ist daher nur eine mögliche Änderung der Bedarfsrate während der Wiederbeschaffungszeit relevant, da eine Korrektur der Bestellmenge während dieser Zeitspanne in der Regel nicht mehr möglich ist. Folglich muss im ungünstigsten Fall das Auftreten der maximalen Nachfrage für den Zeitraum der Wiederbeschaffungszeit durch Sicherheitsbestände ausgeglichen werden.

Der durch beschaffungsoptimale Losgrößen bedingte Losbestand stellt denjenigen mittleren Bestandswert dar, bei dem unter Annahme der idealen Prozessbedingungen keine Lieferverzüge und dementsprechend keine Servicegradverluste auftreten. Daher muss der mittlere Lagerbestand ausgehend vom Losbestand soweit erhöht werden, dass die Lieferfähigkeit des

Lagers auch bei Vorliegen der zuvor erläuterten Planabweichungen auf der Zu- und Abgangsseite sichergestellt ist (vgl. Abb. 3.6-17). Der mittlere Lagerbestand, bei dem unter Berücksichtigung der Planabweichungen gerade kein Lieferverzug auftritt und der Servicegrad 100 % beträgt, wird als „praktisch minimaler Grenzbestand" bezeichnet. Die Lagerkennlinien können mit Hilfe von Formeln berechnet werden, deren Ableitung und Anwendung in (Lutz 2003) ausführlich beschrieben ist.

Im Sinne des Lagercontrollings bilden die kurz skizzierten Modelle Ansätze für Kennzahlensysteme (Weber 2004). Darüber hinaus sind sie aber auch zur Positionierung von Lagerbeständen geeignet. Das Vorgehen wird im Folgenden beschrieben.

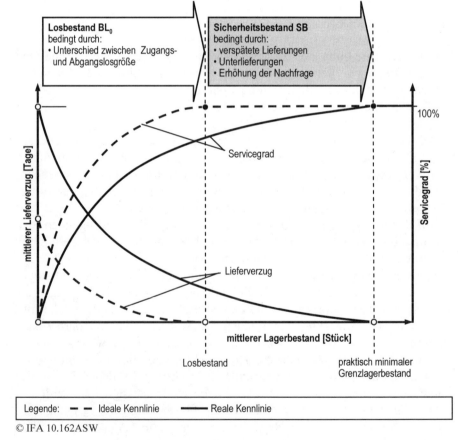

Abb. 3.6-17 Ableitung der realen Lagerkennlinien

3.6 Controlling in Lieferketten

Logistische Lageranalyse

Die logistische Lageranalyse verfolgt das Ziel, Lagerbestände problemspezifisch zu dimensionieren und Bestandspotenziale aufzuzeigen. Hierfür werden existierende Lagermodellierungsmethoden miteinander verknüpft und um weitere Elemente (vgl. Abb. 3.6-18).

Insbesondere kommen Lagerdurchlaufdiagramme und Lagerkennlinien zum Einsatz, um logistische Potenziale sowie geeignete Zielwerte für die logistischen Kenngrößen zu ermitteln. Ranglisten und Portfolioanalysen helfen, Problemartikel zu identifizieren. Durch eine systematische Variation der bestandsbestimmenden Kenngrößen können Szenarien mit unterschiedlichen Randbedingungen erstellt werden, die im Rahmen der Handlungsfeldableitung die Abschätzung der Auswirkungen von Maßnahmen erlauben.

Die oftmals vorliegende Vielfalt und Komplexität des Materialbedarfs erfordert unterschiedliche Klassifizierungen des Artikelspektrums, um einen der jeweiligen Teilebedeutung angemessenen Planungs- und Überwachungsaufwand zu bestimmen. Der bekannteste Ansatz ist die ABC-Analyse zur Segmentierung des Artikelspektrums entsprechend der Wert/Mengen-Relation (vgl. Abb. 3.6-19).

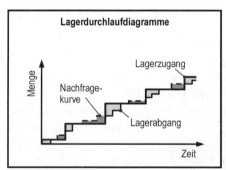
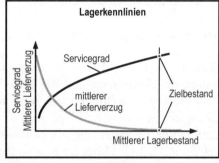
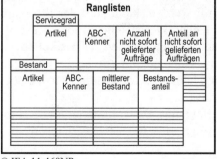
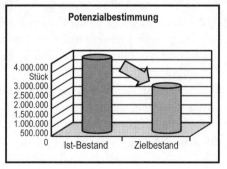

© IFA 11.469NP

Abb. 3.6-18 Methoden der Logistischen Lageranalyse (Beispiele)

3 Gestaltung der Produktionsplanung und -steuerung

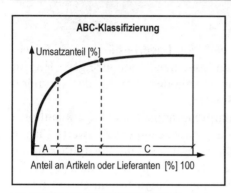
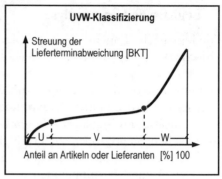
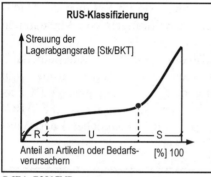
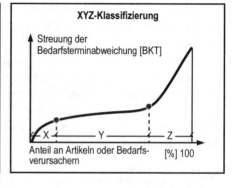

Abb. 3.6-19 Logistische Segmentierung von Artikelspektren

Darüber hinaus sind Klassifizierungsansätze bekannt, welche die Konzentration der Aktivitäten auf die jeweils wichtigsten bzw. kritischsten Artikelsegmente unterstützen. So wird für eine weitere Differenzierung eine Gruppierung des Artikelspektrums gemäß der Lieferzuverlässigkeit der Lieferanten möglich, die als UVW-Klassifizierung bezeichnet wird. Aufgetragen wird hier über dem relativen Anteil an Artikeln (oder wahlweise der Lieferanten) die Streuung der Lieferterminabweichung. Sofern vorzeitige Lieferungen als unkritisch eingestuft werden, kann statt der Streuung der Terminabweichung auch eine andere charakteristische Größe, wie z. B. die maximale Terminabweichung, herangezogen werden. U-Artikel (bzw. U-Lieferanten) zeichnen sich durch überwiegend pünktliche Lieferungen aus, während im W-Segment von einer latenten Gefährdung der Versorgungssicherheit ausgegangen werden muss.

Auf der Lagerabgangsseite ist ein relevantes Differenzierungskriterium die Konstanz der Bedarfsrate, die sich über eine RUS-Klassifizierung beschreiben lässt (RUS steht für: regelmäßig, unregelmäßig bzw. sporadisch). Als zweites Merkmal ist in Ergänzung hierzu die Planbarkeit der Bedarfe anzusehen, die über die Streuung der Bedarfsterminabweichung quantifiziert wird. Diese Einteilung gemäß der Vorhersagegenauigkeit des Bedarfs wird auch als XYZ-Klassifizierung bezeichnet. Die XYZ-Klassifizierung berücksichtigt auch die Länge der Wiederbeschaffungszeit: Je kürzer diese Zeiten werden, desto sicherer werden die Planungsgrundlagen. Daher wird die Einordnung eines Artikels in die einzelnen Segmente auch über die Lieferfähigkeit der Lieferanten bestimmt.

Jede der genannten Segmentierungstechniken kann einzeln angewandt werden, um die einzelnen Verfahren der Bestandsplanung zielgerichtet einsetzen zu können. Aber insbesondere durch eine geeignete Kombination der Techniken kann eine Konzentration der Dispositionsaktivitäten auf die Segmente erfolgen, die für die Erreichung der Ziele der Beschaffungs- und Bestandsplanung von besonderer Bedeutung sind.

Für das mit Hilfe der Segmentierung ermittelte kritische Artikelspektrum wird anschließend eine Bestandsdimensionierung vorgenommen. Die Vorgehensweise wird am Beispiel eines Artikels erläutert. Abbildung 3.6-20 zeigt die zugehörigen Servicegrad- und Lagerverzugskennlinien. Auf der Bestandsachse sind der Losbestand BL_0, der praktisch minimale Grenzbestand BL_1 und der tatsächlich vorgefundene mittlere Bestand B_m gekennzeichnet.

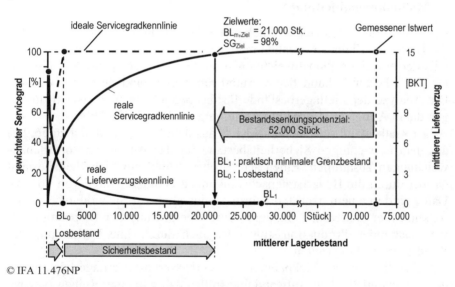

Abb. 3.6-20 Lagerkennlinien eines Artikels (Beispiel)

Der ausgewählte Artikel weist ein besonders hohes Bestandsniveau auf, das ca. 2 % des gesamten Lagerbestands ausmacht. Anhand der mittleren Zugangslosgröße, der aufgetretenen Planabweichungen im Zu- und Abgang und der Wiederbeschaffungszeit des Artikels kann ein Zielbestand bestimmt werden, der aus den dargestellten Lagerkennlinien abgelesen werden kann. Der für den Artikel definierte Zielservicegrad beträgt $SG_{Ziel} = 98\ \%$. Der zugehörige mittlere Zielbestand, der sich in den Los- und den Sicherheitsbestand gliedert, kann mathematisch bestimmt werden. Für den betrachteten Artikel ergibt sich ein Zielbestand ($BL_{m,Ziel}$) von 20.100 Stück. Von dem Zielbestand entfallen 9,7 % auf den Losbestand und 90,3 % auf den Sicherheitsbestand. Dieser im Vergleich zum Losbestand hohe Sicherheitsbestand ist notwendig, um die hier auftretenden Planabweichungen aufzufangen. Die Höhe des Sicherheitsbestands bestimmt sich für den Artikel aus der maximalen Terminabweichung im Zugang von 20 BKT, der maximalen Bedarfsrate während der Wiederbeschaffungszeit, die das Doppelte der mittleren Bedarfsrate beträgt und der Zugangsmengenabweichung, die in der Spitze ca. 10 % der mittleren Zugangslosgröße beträgt.

Die Bestandsdimensionierung mit Hilfe der Lagerkennlinien wird für sämtliche Artikel des betrachteten Artikelspektrums durchgeführt. Konsolidiert beträgt das Gesamtpotenzial zur Bestandsreduzierung 40 % des mittleren Lagerbestands im Ausgangszustand.

Maßnahmenableitung

Die Ableitung geeigneter Maßnahmen erfordert die Untersuchung der für die Höhe des Ziellagerbestands maßgeblichen Einflüsse. Anhand des Anteils der einzelnen Planabweichungen an der Höhe des praktisch minimalen Grenzbestands kann deren Anteil am Zielbestand bestimmt werden. Die Analyse der Ziellagerbestände für das betrachtete Artikelspektrum ergab die in Abb. 3.6-21 gezeigte Aufteilung der Bestandsanteile.

Der Zielbestand setzt sich zu 43,1 % aus dem Losbestand und zu 56,9 % aus dem notwendigen Sicherheitsbestand für das Auffangen von Planabweichungen zusammen. Einen sehr großen Anteil am Sicherheitsbestand hat der durch die Bedarfsratenschwankungen bedingte Anteil von 36,7 %. Daher sind in einem nächsten Schritt Maßnahmen zur Sicherheitsbestandssenkung hier ansetzen, z. B. durch eine Überprüfung der Disposition der verbrauchenden Produktionsstufe oder auch durch eine Verkürzung der Wiederbeschaffungszeiten.

Generell erfordern Maßnahmen zur Verbesserung der Lagerleistung jedoch unterschiedlichen Aufwand und sollten daher in einer Reihenfolge erfolgen, die dem Aufwand-Nutzen-Verhältnis folgt (vgl. Abb. 3.6-22).

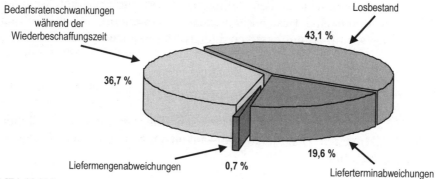

Abb. 3.6-21 Verursacher der Zielbestände

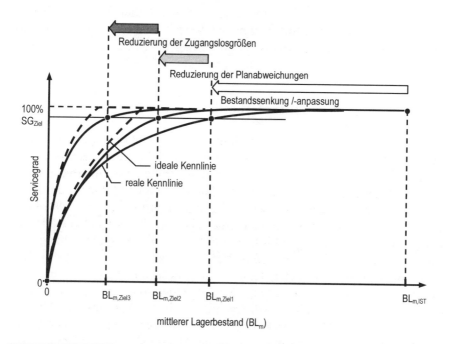

Abb. 3.6-22 Stufen zur Bestandsreduzierung im Lager

Der erste Schritt sollte immer, wie beschrieben, durch die Anpassung der Bestände an das Zielniveau erfolgen. In der Regel geht dies einher mit einer Veränderung der Sicherheitsbestände, da die Positionierung auf der

Servicegradkennlinie über den definierten Servicegrad erfolgt. Sind die Potenziale durch eine Bestandsanpassung ausgeschöpft, ist im nächsten Schritt die Beeinflussung des Kennlinienverlaufs anzustreben. Die Grenzen der Zielbestände, die notwendig sind, um eine geforderte Lieferbereitschaft zu erreichen, müssen in Richtung niedriger Bestandsniveaus verschoben werden. Dies wird durch eine Reduzierung der auftretenden Planabweichungen bzw. ihrer Extremwerte bewirkt. Ein weiterer Ansatzpunkt ist die Reduzierung der Wiederbeschaffungszeit, deren Verkürzung u. a. zu geringeren Bedarfsratenschwankungen während der Wiederbeschaffungszeit führt.

Sind die Potenziale zur Reduzierung der Sicherheitsbestände ausgeschöpft, sollten in einem letzten Schritt der Lageroptimierung die Losbestände reduziert werden. Ein geringerer Losbestand kann durch die Verringerung der mittleren Zugangslosgröße eines Artikels erreicht werden. Um zu prüfen, ob kleinere Zugangslosgrößen möglich sind, sollte eine wirtschaftliche Losgröße mit geeigneten Verfahren bestimmt werden. Im Falle einer vorgelagerten Produktionsstufe bietet sich hier z. B. die durchlauforientierte Losgrößenbestimmung an (Nyhuis 1991).

3.6.6 Controlling in der Lieferkette

Die logistischen Einflussgrößen auf Lager- und Produktionsprozesse unterliegen Wechselwirkungen. So sind die logistischen Ausgangsgrößen des Produktionsprozesses ihrerseits die Eingangsgrößen für die Betrachtung eines nachfolgenden Lagerprozesses. Gleichermaßen können die Ausgangsgrößen eines Lagerprozesses die Eingangsgrößen eines nachfolgenden Produktionsprozesses sein. Sie sind daher auch als Koppelgrößen zu deuten (Fastabend 1997). Abbildung 3.6-23 zeigt die Zusammenhänge der logistischen Parameter einer Lieferkette.

Die logistischen Parameter der Fertigung bestimmen die Eingangsgrößen zur Bestandsdimensionierung des folgenden Lagers. Die Wiederbeschaffungszeit eines Artikels korrespondiert mit der Auftragsdurchlaufzeit des betrachteten Artikels durch die vorgelagerte Fertigung. Die Terminabweichung im Lagerzugang wird durch die Abgangsterminabweichung der Produktion bestimmt. Untersuchungen ergaben, dass die Abgangsterminabweichung einer Produktion im Wesentlichen von der Durchlaufzeitstreuung beeinflusst wird (Yu 2001). Ein weiterer Einflussfaktor auf die Terminabweichung in der Produktion ist das verfügbare Kapazitätsangebot und die Flexibilität, mit der auf Belastungsveränderungen reagiert werden kann. Die Fertigungslosgröße bestimmt die Lagerzugangsmenge und hat damit direkten Einfluss auf den Losbestand im Lager. Über- und Unterlieferungen in eine Lagerstufe stellen Mengenabweichungen der vorgelagerten Produktion dar, die zur Bestandsdimensionierung des Lagers berücksichtigt werden müssen. Abbildung 3.6-24 zeigt exemplarisch eine Kausalkette der oben beschriebenen Wechselwirkungen.

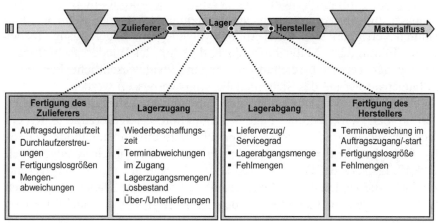

Abb. 3.6-23 Zusammenhang der logistischen Parameter einer Lieferkette

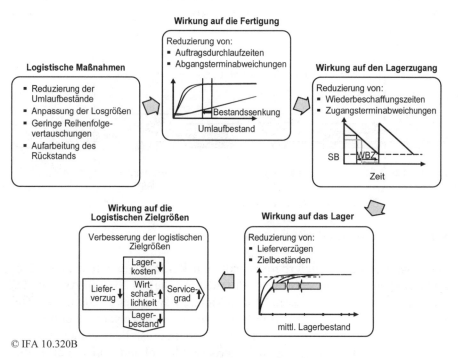

Abb. 3.6-24 Auswirkungen einer Bestandssenkung in der Produktion

Durch die Reduzierung der Umlaufbestände und die Anpassung der Losgrößen in der Produktion können die Durchlaufzeiten gesenkt werden. Aus Sicht des nachfolgenden Lagers verkürzt sich die Wiederbeschaffungszeit. Gleichzeitig kann die Termintreue der Produktion durch die Senkung des Umlaufbestands, die Vermeidung von Reihenfolgevertauschungen und die Aufarbeitung des Fertigungsrückstands erhöht werden. Dadurch verringert sich die Terminabweichung im Lagerzugang. In der Summe führen diese Maßnahmen dazu, dass mit der Wiederbeschaffungszeit und der Terminabweichung im Zugang zwei wesentliche Parameter zur Dimensionierung des Sicherheitsbestands verbessert werden.

Vergleichbare Verknüpfungen der Ein- und Ausgangsgrößen bestehen auch in der Wirkrichtung Lager – Produktion. Lieferverzüge bzw. ein niedriger Servicegrad in einem Lager führen zu einer mangelnden Materialverfügbarkeit in der nachfolgenden Produktion. Dadurch verzögert sich die Auftragsfreigabe. Des Weiteren wird die Lagerabgangsmenge wesentlich durch die geplanten Produktionsaufträge bestimmt. Daher entsprechen die Fehlmengen im Lagerabgang den Fehlmengen in der nachfolgenden Produktion.

Am Beispiel der Lieferkette eines Werkzeugherstellers (vgl. Abb. 3.6-25) wird dargestellt, wie sich Änderungen der logistischen Prozessparameter auf die Lieferfähigkeit bzw. den Servicegrad gegenüber dem Kunden und auf die Bestände in der Lieferkette auswirken.

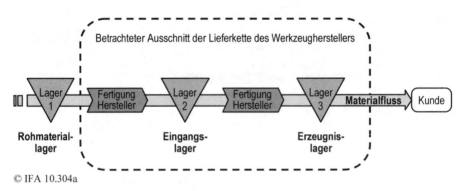

Abb. 3.6-25 Die Lieferkette des Werkzeugherstellers

Damit eine ständige Lieferbereitschaft und kurze Lieferzeiten gegenüber dem Kunden sichergestellt werden, müssen die ca. 3.200 Artikel des Werkzeugherstellers in ausreichender Menge bevorratet werden. Das Ziel besteht darin, möglichst niedrige Bestände im Erzeugnislager vorzuhalten und gleichzeitig einen hohen Servicegrad sicherzustellen. Daher erfolgte die Auslegung der notwendigen Lagerbestände anhand von Lagerkennlinien, mit denen Zielbestände für geforderte Servicegrade bestimmbar sind. Das Gesamtpotenzial des betrachteten Ausschnitts der Lieferkette wurde durch Teilanalysen der einzelnen Lager und Fertigungsbereiche ermittelt.

Abbildung 3.6-26 zeigt die Auswirkungen der Bestandssenkung in der Produktion im Hinblick auf die Wiederbeschaffungszeit und die Zugangsterminabweichung im Lager.

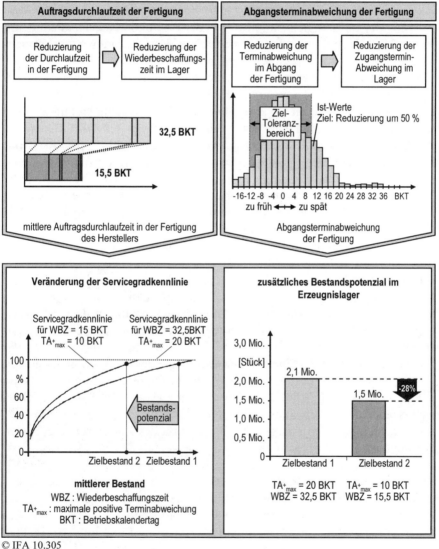

Abb. 3.6-26 Auswirkungen der logistischen Optimierung der Produktion des Herstellers auf das Erzeugnislager

Auf Basis der reduzierten Werte für die Wiederbeschaffungszeiten und die Zugangsterminabweichungen im Erzeugnislager konnten mit Hilfe der Servicegradkennlinien neue Sicherheits- bzw. Zielbestände bestimmt werden. Aufgrund der geringeren Planabweichungen wird sich ein günstigerer Verlauf der Servicegradkennlinien ergeben, wie im linken unteren Teil von Abb. 3.6-26 dargestellt ist. Dadurch ergibt sich eine weitere Reduzierung des Ziellagerbestands. Die Betrachtung des gesamten Artikelspektrums zeigt, dass die Lagerbestände im Erzeugnislager durch die Verbesserung der logistischen Zielgrößen in der Produktion des Herstellers um weitere 28 % gesenkt werden können, ohne dass es dadurch zu Servicegradeinbußen gegenüber den Kunden kommt.

Im nächsten Schritt wurde das Wareneingangslager des Werkzeugherstellers analysiert. Die Termintreue der Produktion ist in großem Maße von der Materialverfügbarkeit im Wareneingangslager abhängig. Die mittlere Zugangsterminabweichung in der Produktion beträgt 1,2 BKT. Dies entspricht dem mittleren Lieferverzug, mit dem die Artikel aus dem Eingangslager entnommen werden. Die mittlere Zugangsterminabweichung vom Zulieferer in das Eingangslager beträgt 6,4 BKT. Um die terminliche Unsicherheit des Zulieferers zumindest teilweise abzupuffern, hat der Werkzeughersteller hohe Sicherheitsbestände im Wareneingangslager vorgehalten. Dennoch kam es häufig zu Problemen mit der Materialversorgung, was sich im hohen Lieferverzug widerspiegelt.

Im Rahmen der logistischen Analyse des Wareneingangslagers des Werkzeugherstellers werden die Artikel zunächst entsprechend ihrer Nachfrage klassifiziert (ABC-Analyse). Für die A-Artikel werden aufgrund ihrer Wichtigkeit die Sicherheitsbestände so dimensioniert, dass ein Servicegrad von 100 % sichergestellt werden kann. Um die sofortige Materialverfügbarkeit zu gewährleisten, wird die Untergrenze des Sicherheitsbestands auf mindestens eine Entnahmelosgröße der Produktion festgelegt. Die Betrachtung der bestandsverursachenden Faktoren verdeutlicht, dass in diesem Anwendungsfall der überwiegende Anteil (51 %) des Sicherheitsbestands durch Terminabweichungen des Zulieferers verursacht wird.

Aus der logistischen Analyse der Produktion des Zulieferers ergibt sich ein Potenzial zur Durchlaufzeitreduzierung von ca. 20 %. Das Bestandssenkungspotenzial hat in etwa die gleiche Größenordnung. Durch planerische Maßnahmen, wie z. B. eine verbesserte Prognose der Bedarfe des Werkzeugherstellers, wird angestrebt, die maximale Abgangsterminabweichung der Produktion des Zulieferers, entsprechend der maximalen Zugangsterminabweichung im Wareneingangslager, auf maximal 10 BKT zu reduzieren. Mit diesen Eingangswerten kann der Zielbestand im Wareneingangslager des Werkzeugherstellers auf 0,7 Mio. Stück Gesamtbestand festgelegt werden.

3.6 Controlling in Lieferketten 501

Insgesamt kann durch die geschilderten Maßnahmen der Gesamtbestand im Erzeugnislager des Werkzeugherstellers um 60 % gesenkt werden, während gleichzeitig die Lieferbereitschaft durch die anforderungsgerechte Bestandsdimensionierung jedes Lagerartikels angehoben wird.

Die beschriebenen Maßnahmen zur logistischen Optimierung sind in Abb. 3.6-27 zusammengefasst. Zunächst sind die mittleren Lagerbestände im Erzeugnislager über die Festlegung der Sicherheitsbestände auf das notwendige Niveau anzupassen. Anschließend können diese Zielbestände durch eine logistische Positionierung der vorgelagerten Produktion weiter verringert werden. Damit möglichst weit reichende Verbesserungen in der Produktion des Werkzeugherstellers eintreten, ist im nächsten Schritt das Wareneingangslager adäquat zu dimensionieren. Hierauf hat auch die Produktion des Zulieferers einen entscheidenden Einfluss. Durch die Kombination der beschriebenen Maßnahmen ergeben sich für die betrachtete Lieferkette die in Abb. 3.6-28 dargestellten Bestandspotenziale.

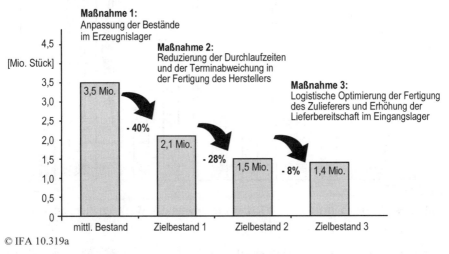

Abb. 3.6-27 Abfolge der Maßnahmen und Bestandspotenziale im Erzeugnislager des Werkzeugherstellers

Durch die Maßnahmen, die die logistische Leistungsfähigkeit der einzelnen Elemente der Lieferkette verbessern, ergibt sich ein Potenzial von ca. 55 % des gesamten Bestands in der betrachteten Lieferkette. Gleichzeitig wird der Servicegrad der Lieferkette gegenüber den Kunden auf das Zielniveau von 98 % für A-Artikel und 95 % für B- und C-Artikel angehoben.

Mit Hilfe der vorgestellten logistischen Modelle werden die Wirkzusammenhänge der logistischen Zielgrößen im Lager sowie in der Produktion beherrschbar. Durch die Verknüpfung dieser logistischen Modelle besteht ein effizienter Ansatz, die logistischen Wechselwirkungen innerhalb einer Lieferkette zu analysieren. Darüber hinaus erlaubt dieses Vorgehen die Offenlegung verborgener Potenziale im Hinblick auf die Lieferbereitschaft, die Durchlaufzeit und die Bestände über mehrere Wertschöpfungsstufen hinweg, sowie die Aggregation der Einzelpotenziale zu einem Gesamtpotenzial.

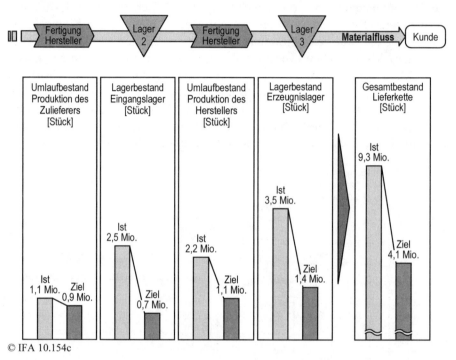

Abb. 3.6-28   Bestandspotenziale in der Lieferkette des Werkzeugherstellers

3.6.7 Einführung des Controllings

Die zuvor erläuterten Modelle bilden die Basis für die Einführung eines ganzheitlichen und durchgängigen Controllings. Sie ermöglichen die realitätsgerechte Abbildung des geplanten sowie des tatsächlichen Auftragsdurchlaufs und unterstützen die Verknüpfung mit der arbeitssystembezogenen Sichtweise. Damit wird die Forderung erfüllt, eine logische Verbindung des auftrags- und des systemorientierten Prozessmodells zu realisieren, um die Wechselwirkungen zwischen dem Abfertigungsverhalten einzelner Arbeitssysteme und dem Durchlaufverhalten der Aufträge abbilden zu können. Als Ergebnis können die beschriebenen logistischen Zielgrößen (vgl. Abb. 3.6-1) mit ihren gegenseitigen Beziehungen sowohl im Modell als auch in einem korrespondierenden Kennzahlensystem abgebildet werden. Damit ist es möglich, auf der Basis üblicher Betriebsdaten eine graphische Darstellung sowie eine numerische Berechnung der logistischen Prozesse durchzuführen.

Bei der Einführung eines logistischen Controllings ist neben der Differenzierung der Sichtweisen eine Aufbereitung und Darstellung der Informationen notwendig, die an die spezifischen Problemstellungen der strategischen, dispositiven und operativen Planungsebene angepasst sind. Abbildung 3.6-29 gliedert die auftrags- und die arbeitssystemorientierte Sichtweise mit ihren optionalen Darstellungsmöglichkeiten über die Betrachtungsebenen.

Zur strategischen Entscheidungsunterstützung reichen Analysen in größeren Abständen aus. Sie dienen zur Überprüfung der logistischen Prozessfähigkeit, also zur Untersuchung, inwieweit die vorhandenen Produkt- und Prozessstrukturen es gestatten, die vom Markt geforderten Lieferzeiten überhaupt zu erreichen. Auf der dispositiven und der operativen Planungsebene dient der Einsatz von Controllingsystemen zur kontinuierlichen Überwachung der logistischen Prozesssicherheit. Um die Möglichkeiten des ganzheitlichen Controllings permanent nutzen zu können, sollte es zu einem selbstverständlichen Werkzeug mit einer fortlaufenden Anwendung werden.

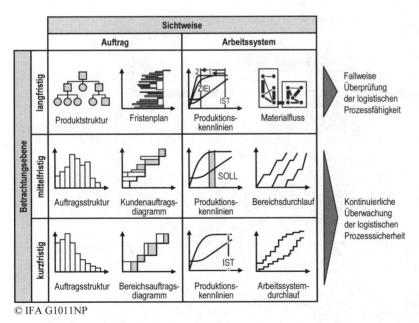

Abb. 3.6-29 Differenzierung der Controllingsichtweisen über den Planungshorizont

Allerdings ist dringend zu empfehlen, die Anwendung in aufeinander abgestimmten Schritten durchzuführen (vgl. Abb. 3.6-30). Zunächst ist für einen begrenzten Zeitraum eine Einmal-Analyse durchzuführen. Daraus ergeben sich erfahrungsgemäß bereits weit reichende Ansätze für Verbesserungen der Prozessabläufe. Zudem werden hierbei Probleme in der Rückmelde- und Plandatenqualität offenkundig. Deren Behebung ist eine wesentliche Voraussetzung für die Durchführung eines realitätsnahen permanenten Controllings. Aus dieser Anwendung heraus ergibt sich ein fortlaufender Verbesserungsprozess, der sich u. a. auch auf die Überprüfung und Verbesserung der Produktionsstrukturen und des PPS-Systems erstrecken sollte.

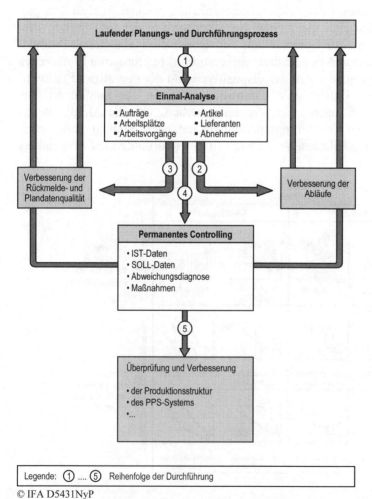

Abb. 3.6-30 Schritte zur Einführung eines ganzheitlichen Controllings

Die Einführung des Controllings erfordert ebenfalls eine systematische Einführung des logistischen Grundwissens anhand von Mitarbeiterschulungen, in denen konkrete Beispiele aus dem Unternehmen betrachtet werden. Die notwendigen Maßnahmen laufen häufig eingefahrenen Gewohnheiten und Erfahrungen zuwider und werden vielfach als unbequem empfunden. In der Praxis reagieren sowohl die Mitarbeiter, die unmittelbar am Produktionsprozess beteiligt sind, als auch die Mitarbeiter, die planende und dispositive Aufgaben im Zusammenhang mit der Produktion wahrnehmen, aufgrund mangelnder Kenntnis grundlegender Zusammenhänge häufig unreflektiert und im Sinne eines Bereichs- oder Teiloptimums auf das vordergründig dringendste Problem.

Ein typisches Verhaltensmuster, das auf ein unzureichendes Prozessverständnis und damit letztlich auf eine mangelhafte Qualifikation der Mitarbeiter zurückzuführen ist, wird durch den Fehlerkreis der Produktionssteuerung beschrieben (vgl. Abb. 3.6-31).

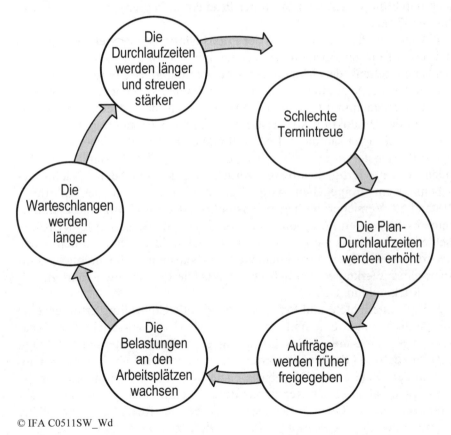

© IFA C0511SW_Wd

Abb. 3.6-31 Der Fehlerkreis der Produktionssteuerung (Mather u. Plossl 1977)

Bei einer schlechten Termintreue in der Produktion wird von den Mitarbeitern meist auf zu kurze Plan-Durchlaufzeiten geschlossen. Dementsprechend erscheint eine Verlängerung dieser Planzeiten in der Auftragsterminierung sinnvoll, um die Terminsituation zu verbessern. Folglich werden vorhandene Produktionsaufträge früher freigegeben und gelangen dadurch eher in die Produktionsbereiche. Dies führt allerdings zu einem Ansteigen der Bestände an den Arbeitssystemen. Wegen der daraus resultierenden längeren mittleren Liegezeiten erhöhen sich verbunden mit einer größeren Streuung die Durchlaufzeiten der Aufträge. Im Ergebnis verschlechtert sich dadurch wiederum die Termintreue in der Produktion. Lediglich Sonderaktionen (z. B. Eilaufträge) bringen die wichtigsten Aufträge pünktlich zum geplanten oder mit dem Kunden vereinbarten Termin durch die Produktion. Wenn von den Mitarbeitern als Reaktion auf die verschlechterte Termintreue wiederum eine Erhöhung der Plan-Durchlaufzeiten vorgenommen wird, entsteht aus dem Fehlerkreis eine Fehlerspirale, die nur noch durch die Lagerkapazität in der Produktion begrenzt wird (Mather u. Plossl 1977).

Ein anderes Phänomen, das in der Praxis häufig beobachtet werden kann und das auf ein unvollständiges Verständnis der logistischen Wirkzusammenhänge seitens der Mitarbeiter zurückzuführen ist, wird als werkerorientiertes Zurückmelden bezeichnet. Praxisuntersuchungen des Instituts für Fabrikanlagen und Logistik (IFA) haben mehrfach gezeigt, dass Mitarbeiter in der Produktion kurzfristig einen kleinen Bestand an fertig bearbeiteten Aufträgen sammeln. Erst am Ende einer Arbeitswoche, vor Feiertagen, Betriebsferien oder Urlaub wird dieser „Puffer"-Bestand aufgelöst, indem er als fertig bearbeitet zurückgemeldet und dem Nachfolge-Arbeitssystem freigegeben wird. Der Werker sammelt den „Puffer"-Bestand als Versicherung gegen Leistungsgradverluste aufgrund evtl. auftretender Störungen im Produktionsprozess an. Bei der Analyse der Rückmeldedaten wird das werkerorientierte Zurückmelden offensichtlich, wenn die vor freien Tagen zurückgemeldete Arbeitsmenge die mögliche Leistung eines Werktages deutlich übersteigt. Dieses Verhalten führt zu falschen Rückmeldungen.

Jedes zielgerichtete und Erfolg versprechende Controlling erfordert eine vollständige, konsistente und aktuelle Datenbasis für aussagekräftige Analysen. Die Wirksamkeit des Controllings in einem Unternehmen hängt grundsätzlich von der Qualität zweier Datenkategorien ab. Einerseits wird sie von der Qualität der Datenbasis beeinflusst, die als Grundlage für die Planungsaufgaben in den Regelkreis der PPS einfließen (Grunddaten), andererseits von der Qualität der Daten, die bei der Realisierung der Pläne innerhalb des Regelkreises der PPS generiert bzw. verändert werden (Bewegungsdaten). Im Vergleich zu den Bewegungsdaten (z. B. Bestände,

Termine) sind die Grunddaten (z. B. Arbeitspläne, Stücklisten) auftragsneutral und besitzen über einen längeren Zeitraum Gültigkeit.

Für ein erfolgreiches Controlling müssen im Rahmen der Datenverwaltung zunächst die auftragsneutralen Stamm- und Strukturdaten eines Unternehmens als Grunddaten vollständig erfasst und systematisiert werden. Darüber hinaus muss die Datenverwaltung die kontinuierliche Aktualisierung und bedarfsgerechte Bereitstellung dieser Daten gewährleisten. Die Grunddaten lassen sich hinsichtlich der in ihnen enthaltenen Informationen folgendermaßen klassifizieren (Gläßner 1994):

- Stammdaten
- Kundenstammdaten
- Lieferantenstammdaten
- Teilestammdaten
- Arbeitsplatz- bzw. Arbeitssystemstammdaten
- Strukturdaten
- Erzeugnisstrukturdaten
- Arbeitsgangstrukturdaten

Die zweite Datenkategorie neben den Grunddaten sind die bereits erwähnten Bewegungsdaten, die bei der Umsetzung der Produktionspläne entstehen. Die Bewegungsdaten bilden die Eingangsgrößen für das Controlling. Ein zentraler Bestandteil der Bewegungsdaten sind die Rückmeldedaten der Aufträge, da sie Informationen über die laufende Produktion vermitteln. Moderne Betriebsdatenerfassungssysteme (BDE-Systeme) stellen Rückmeldedaten in Echtzeit zur Verfügung und bieten durch die unmittelbare Kopplung mit dem eingesetzten PPS-Softwaresystem die Möglichkeit zur zeitnahen und gezielten Identifikation von Planabweichungen. Voraussetzung für diese Funktionalität ist die Beherrschung der datentechnischen Schnittstelle zwischen dem BDE-System und dem PPS-Softwaresystem. Gerade hierbei treten einer Studie des Fraunhofer-Instituts für Systemtechnik und Innovationsforschung zum Stand der produktionsnahen Datenverarbeitung aus dem Jahr 2001 zufolge in der Praxis häufig Schwächen auf: Mehr als 60 % der in dieser Studie befragten Unternehmen gaben an, die vorhandenen BDE-Systeme als Insellösungen ohne jegliche Anbindung an die restliche DV-Infrastruktur zu betreiben. Zielgerichtete Eingriffe in den Fertigungsablauf sind in den betroffenen Unternehmen vor dem Hintergrund der unzureichenden Implementierung von BDE-Systemen nicht realisierbar.

Neben der datentechnischen Schnittstellenproblematik wirken noch weitere Störgrößen auf die Qualität der Bewegungsdaten in einem Unternehmen. In zahlreichen Praxisuntersuchungen und Industrieprojekten hat sich gezeigt, dass die Qualität der Rückmeldedaten in Industrieunternehmen sowohl inhaltlich als auch strukturell vielfach so gering ist, dass die mittlere Ausschussquote der Rückmeldedaten bei 20 bis 50 % liegt. Die häufigste Ursache für Verluste in der Datenqualität ist die nicht vorhandene oder im Vergleich zum tatsächlichen Bearbeitungsort falsche Zuordnung von Rückmeldedaten zu Arbeitssystemen oder Produktionsbereichen.

Daneben beeinflusst das Fehlen von Vorgabezeiten sowie – in deutlich geringerem Ausmaß – die oftmals mangelhafte Rückmeldedisziplin des Personals im Produktionsbereich die Verwendbarkeit der Rückmeldedaten für Controllingzwecke. Besonders das erstgenannte Problem wirkt sich nachhaltig auf die Verwendbarkeit der Rückmeldedaten aus, da Informationen über die Vorgabezeiten von Aufträgen im Zusammenhang mit den zuvor erläuterten logistischen Kennlinien für die Berechnung des Bestands an Arbeitssystemen bzw. in Produktionsbereichen zwingend erforderlich sind.

Zusammenfassend lässt sich feststellen, dass die Qualifikation der am Controlling beteiligten Mitarbeiter und eine hohe Qualität der Rückmeldedaten wesentliche Erfolgsfaktoren bei der Einführung eines Controllings sind.

3.6.8 Literatur

Bauer J (2002) Produktionscontrolling mit SAP-Systemen – Effizientes Controlling, Logistik- und Kostenmanagement moderner Produktionssysteme. Wiesbaden

Breithaupt J-W, Lödding H, Schneider M, Wiendahl H-P (2000) Fit für den Wettbewerb – Gestaltung eines innovativen Logistikkonzepts für Flugzeugbauteile. wt Werkstatttechnik 90(2000)6:239-242

Breithaupt J-W (2001) Rückstandsorientierte Produktionsregelung von Fertigungsbereichen. Grundlagen und Anwendung. Dissertation, Universität Hannover. (Fortschritt-Berichte VDI, Reihe 2, Nr. 571, Düsseldorf)

Deloitte & Touche Consulting (1998) Vision in Manufacturing. Düsseldorf

Droege & Comp. GmbH (2003) Stellhebel für den Markterfolg – Branchenanalyse Maschinenbau (Internationale Produktionsstudie 2003 von Droege & Comp. und dem Fraunhofer Institut für Produktionstechnologie IPT Aachen, Düsseldorf)

Fastabend H (1997) Kennliniengestützte Synchronisation von Fertigungs- und Montageprozessen. Fortschritt-Berichte VDI, Reihe 2, Nr. 452. VDI, Düsseldorf

Gläßner J (1994) Modellgestütztes Controlling der beschaffungslogistischen Prozesskette. Fortschritt-Berichte VDI, Reihe 2, Nr. 337. VDI, Düsseldorf

Gronau N, Ibelings I (2003) Steuerungsstrategien in PPS-Systemen. PPS Management (2003)7

Hautz M (1993) PPS und Logistik, zukünftig ein Widerspruch? In: Wiendahl H-P (Hrsg) Neue Wege der PPS. gfmt-Verlag, München

Horváth P (2002) Controlling, 8. Aufl. Vahlen, München

Kugler P, Nyhuis P (1995) Controllingwerkzeuge als Fenster zum Prozeß in Produktion und Beschaffung. (Beitrag zum Seminar 'KVP in der Produktionslogistik' der Techno-Transfer GmbH, Hannover)

Lödding H (2004) Verfahren der Fertigungssteuerung. Springer, Berlin Heidelberg New York

Luczak H, Eversheim W, Schotten M (1998) Produktionsplanung und -steuerung: Grundlagen, Gestaltung und Konzepte. Springer, Berlin

Ludwig E, Nyhuis P (1992) Verbesserung der Termineinhaltung in komplexen Fertigungsbereichen durch einen neuen Ansatz zur Plandurchlaufzeitermittlung. In: Görke W, Rininsland H, Sybre M (Hrsg) Information als Produktionsfaktor. Springer, Berlin Heidelberg New York, S 473-483

Ludwig E (1995) Modellgestützte Diagnose logistischer Produktionsabläufe. Dissertation, Universität Hannover. (Fortschritt-Berichte VDI, Reihe 2, Nr. 362, Düsseldorf)

Mather H, Plossl G W (1977) Priority Fixation versus Throughput Planning. (APICS Intern. Conf., Cleveland/Ohio)

Lutz S (2002) Kennliniengestütztes Lagermanagement. Fortschritt-Berichte VDI, Reihe 13, Nr. 53. VDI, Düsseldorf

Nyhuis P (1991) Durchlauforientierte Losgrößenbestimmung. Fortschritt-Berichte VDI, Reihe 2, Nr. 225. VDI, Düsseldorf

Nyhuis P, Wiendahl H-P (2003) Logistische Kennlinien, 2. Aufl. Springer, Berlin Heidelberg New York

Schneider M, Lödding H, Wiendahl H-P (2002) Ermittlung logistischer Rationalisierungspotenziale am Beispiel eines Unternehmens des Werkzeugmaschinenbaus. PPS Management 7(2002)3:15-17

Schönsleben P (2004) Integrales Logistikmanagement. Planung und Steuerung von umfassenden Geschäftsprozessen, 4. Aufl. Springer, Berlin

Spath D (2001) Quo vadis, PPS? Log_X-Verlag, Stuttgart

Suri R (1998) Quick response manufacturing: a companywide approach to reducing lead times. Portland

Weber J (2004) Einführung in das Controlling, 10. Aufl. Schäffer-Poeschel, Stuttgart.

Westkämper E, Wiendahl H-H, Balve P (1998) Dezentralisierung und Autonomie in der Produktion. ZWF 93(1998)9

Wiendahl H-P (1997) Fertigungsregelung. Carl Hanser, München

Wiendahl H-P (Hrsg) (2002) Erfolgsfaktor Logistikqualität: Vorgehen, Methoden und Werkzeuge zur Verbesserung der Logistikleistung, 2. Aufl. Springer, Berlin

Wiendahl H-P, Begemann C, Nickel R (2003) Die klassischen Stolpersteine der PPS und der Lösungsansatz 3-Sigma-PPS. In: Springer Experten System Logistik-Management, Springer, Berlin

Wiendahl H-P, Schneider M, Begemann C (2003) Wie aus der Logistik eine Wissenschaft wurde. In: Die wandlungsfähige Fabrik - Integrierte Sicht von Fabrikstruktur, Logistik und Produktionssystemen (Tagungsband der IFA-Fachtagung 2003, Hannover)

Wiendahl H-P (2005) Betriebsorganisation für Ingenieure, 5. Aufl. Carl Hanser, München

Wildemann H (2004) Entwicklungstrends in der Automobil- und Zulieferindustrie. TCW Transfer-Centrum GmbH & Co. KG, München

Windt K (2001) Engpassorientierte Fremdvergabe in Produktionsnetzen. Dissertation, Universität Hannover (Fortschritt-Berichte VDI, Reihe 2, Nr., 579. VDI, Düsseldorf)

Wirth S, Petermann J (2001) Operative Steuerung von Produktionssystemen. VDI-Z 143(2001)5

Yu K-W (2001) Terminkennlinie. Eine Beschreibungsmethodik für die Terminabweichung im Produktionsbereich. Fortschritt-Berichte VDI, Reihe 2, Nr. 576. VDI, Düsseldorf

3.7 Produktionsplanung und -steuerung (PPS) in temporären Produktionsnetzwerken des Maschinen- und Anlagenbaus

von Martin Meyer, Benjamin Walber und Carsten Schmidt

Dieser Beitrag behandelt die speziellen Rahmenbedingungen der Produktionsplanung und -steuerung in temporären Produktionsnetzwerken, welche die dominante Organisationsform im Maschinen- und Anlagenbau darstellen. Hierzu werden zunächst Spezifika temporärer Produktionsnetzwerke zusammengefasst (vgl. Abschn. 3.7.1) und bestehende Herausforderungen bei ihrer Koordination erläutert (vgl. Abschn. 3.7.2). Als Bestandteile eines ganzheitlichen Lösungsansatzes für die PPS in temporären Produktionsnetzwerken werden nachfolgend ein einheitlicher Datenstandard für den Maschinen- und Anlagenbau (vgl. Abschn. 3.7.3) sowie ein Prozessstandard für verschiedene, branchentypische Geschäftsbeziehungen konzipiert (vgl. Abschn. 3.7.4). Der Beitrag schließt mit der Darstellung eines webbasierten Informationssystems, welches als Koordinationsinstrument die Umsetzung der zuvor entwickelten Konzepte ermöglicht (vgl. Abschn. 3.7.5).

3.7.1 Temporäre Produktionsnetzwerke des Maschinen- und Anlagenbaus

Der Maschinen- und Anlagenbau ist mit ca. 885.000 Beschäftigten der größte industrielle Arbeitgeber Deutschlands (VDMA 2005). Eine Schlüsselrolle kommt der Branche darüber hinaus durch ihre Stellung als wesentlicher Innovationstreiber für weitere Wirtschaftszweige zu, so z. B. für die Automobilindustrie, die chemische Industrie oder das Baugewerbe. Der Erfolg der überwiegend mittelständischen Unternehmen des Maschinen- und Anlagenbaus beruht u. a. auf der – oftmals auftragsspezifischen – Kooperation verschiedener Wertschöpfungspartner mit komplementären Kompetenzprofilen bei der Entwicklung und Herstellung hochkomplexer Produkte (Schmidt et al. 2004). Die effiziente Koordination der dabei entstehenden, temporären Produktionsnetzwerke gilt als wesentliche Voraussetzung für den Erhalt und Erfolg des Produktionsstandorts Deutschland (Schuh et al. 2005).

Der Betrachtungsschwerpunkt im Bereich der Produktionsplanung und -steuerung hat sich über die letzten Jahrzehnte vom singulären Produktionswerk hin zu unternehmensübergreifenden Wertschöpfungsketten verlagert (Schönsleben 2004). Während heute jedoch noch eine Fokussierung auf starre, oftmals lineare Lieferketten erfolgt, werden in Zukunft die spezifischen Rahmenbedingungen temporärer Produktionsnetzwerke weit mehr Berücksichtigung erfahren müssen (Schuh et al. 2004, vgl. Abb. 3.7-1). Aktuelle Konzepte und Instrumente des Supply Chain Managements adressieren meist die Gestaltung, den Betrieb und die Optimierung langfristig angelegter Wertschöpfungsstrukturen, wie sie beispielsweise im Bereich der Automobil- oder der Konsumgüterindustrie üblich sind. Wie nachfolgend gezeigt wird, stellt die projektbezogene Kooperation in temporären Produktionsnetzwerken des Maschinen- und Anlagenbaus jedoch Herausforderungen, denen durch den derzeitigen Stand der betriebswissenschaftlichen Forschung sowie der betrieblichen Informationssysteme nicht hinreichend entsprochen wird.

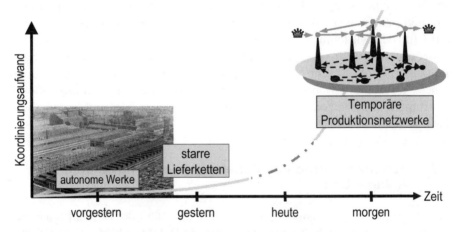

Abb. 3.7-1 Historischer Wandel des Fokus der Betriebsorganisation

Bevor die Herausforderungen der PPS in temporären Produktionsnetzwerken erörtert werden, sollen die wesentlichen Kennzeichen dieser Organisationsform zunächst an einem Beispiel aus der Praxis veranschaulicht werden. Das betrachtete Unternehmen mit Stammsitz in Deutschland entwickelt und produziert hochkomplexe Investitionsgüter. Dabei tritt es gegenüber dem Kunden als Generalunternehmer auf und koordiniert in den Phasen der Projektierung, Konstruktion sowie Beschaffung und Produktion auftragsbezogene Netzwerke von mehreren hundert Wertschöpfungspartnern (vgl. Abb. 3.7-2).

In die Projektierung einer Anlage wird neben dem Kunden in erster Linie die Tochtergesellschaft des betrachteten Unternehmens eingebunden.

3.7 PPS in temporären Produktionsnetzwerken

Bei der Konstruktion des Endprodukts und seiner Baugruppen wirken darüber hinaus bereits einer der Hauptlieferanten (Steuerungstechnik) und eine größere Anzahl lokal ansässiger Zulieferer mit. Im Anschluss entspannt sich zur Produktion und Montage der Anlage ein internationales Netzwerk von Unternehmen unterschiedlichster Größenordnungen, welche vom Generalunternehmer koordiniert werden, teilweise aber auch direkte, bilaterale Koordinationspunkte untereinander aufweisen. Häufig besteht eine Kundenanforderung zudem in der Einbindung verschiedener Wertschöpfungspartner des jeweiligen Kunden, welche im spezifischen Projekt eventuell bewährte Zulieferer des Generalunternehmers ersetzen. Oftmals sind für das betrachtete Unternehmen zudem nicht nur die Auftragssteuerung und -verfolgung beim direkten Lieferanten relevant, sondern auch die entsprechenden Prozesse bei dessen Sublieferanten zeitkritischer Teile und Baugruppen.

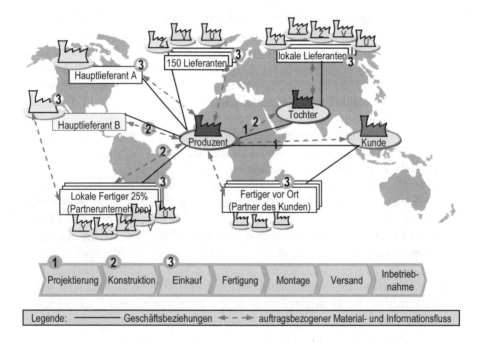

Abb. 3.7-2 Praxisbeispiel eines temporären Produktionsnetzwerks (Schmidt 2005)

Der Anlagenbauer als Mittelpunkt dieses temporären Produktionsnetzwerks bildet somit eine Vielzahl unterschiedlicher Kooperations- und Koordinationsformen. Bezüglich der Kooperationstiefe reichen diese vom klassischen Einkauf bei einem Lieferanten von Standardteilen über die

Entwicklungspartnerschaft mit einem Zulieferer produktspezifischer Baugruppen bis hin zur unternehmenseigenen Produktionsgesellschaft. Die Koordination der Produktionsplanung und -steuerung umfasst dementsprechend ebenfalls unterschiedlichste Ausprägungen vom klassischen Bestellprozess über die Bereitstellung von Bestands- und Kapazitätsinformationen bis hin zum vollen dispositiven Zugriff auf externe Ressourcen.

Aus dem zuvor beschriebenen Praxisbeispiel lassen sich verschiedene Charakteristika der Koordination temporärer Produktionsnetzwerke des Maschinen- und Anlagenbaus ableiten. Diese führen in ihrer Summe zu einer äußerst hohen Komplexität der Planungs- und Steuerungsaufgabe (Schmidt 2005).

Zunächst ist die hohe Anzahl von Schnittstellen zu nennen, die während der projektbezogenen Entwicklung und Herstellung von Maschinen und Anlagen entstehen und vom Generalunternehmer zu koordinieren sind. Jede einzelne Geschäftsbeziehung führt zu einer Vielzahl von Transaktionen (z. B. Anfragen, Bestellungen, Auskünfte über den aktuellen Auftragsfortschritt, ...), deren Komplexität durch die verschiedenen Reifegrade der Geschäftsbeziehungen zusätzlich gesteigert wird. So bestehen unterschiedlichste Stufen der Vertraulichkeit zu den verschiedenen Wertschöpfungspartnern, die eine differenzierte Gestaltung der entsprechenden Prozesse und Informationsflüsse erfordern. Beispielsweise werden sich die Form der Abstimmung und die Transparenz des Informationsaustauschs zwischen einem erstmals eingebundenen Wertschöpfungspartner des Kunden, einem langjährigen und lokal ansässigen Lieferanten sowie der eigenen Produktionsgesellschaft deutlich unterscheiden müssen.

Diese Vielschichtigkeit der Koordinationsprozesse und Transaktionen ist schließlich vor dem Hintergrund der temporären Konfiguration von Produktionsnetzwerken im Maschinen- und Anlagenbau ein erheblicher Komplexitätstreiber. Insbesondere die vielen Unikatfertiger im Anlagenbau, aber auch die Einzel- und Kleinserienhersteller variantenreicher Maschinen sind häufig gezwungen, zahlreiche Wertschöpfungspartner projekt- bzw. auftragsbezogen einzubinden. Somit entstehen im Laufe eines Projekts zahlreiche Geschäftsbeziehungen zu Unternehmen, mit welchen eine über den konkreten Auftrag hinausgehende Zusammenarbeit in der Zukunft nicht unbedingt abzusehen ist. Entsprechend gering ist häufig die Bereitschaft von Unternehmen, einen größeren Aufwand zur organisatorischen Gestaltung und informationstechnischen Unterstützung einzelner Geschäftsbeziehungen zu leisten. Diese Haltung wird letztendlich dadurch bestärkt, dass die meisten Vertreter der betrachteten Branche – darunter oftmals auch der Generalunternehmer – als kleine oder mittlere Unternehmen nur über eng limitierte personelle und finanzielle Ressourcen verfügen (Cox et al. 2001).

Die zuvor beschriebenen Rahmenbedingungen sind typisch für die unternehmensübergreifende Auftragsabwicklung im Maschinen- und Anlagenbau. Aufgrund ihrer mangelnden Berücksichtigung in heutigen Koordinationsmethoden und -instrumenten führen diese Rahmenbedingungen in der betrieblichen Praxis zu einer Vielzahl kritischer Probleme, welche die effiziente Kooperation in temporären Produktionsnetzwerken erheblich erschweren. Diese Herausforderungen werden im nächsten Abschnitt beschrieben.

3.7.2 Herausforderungen bei der Koordination temporärer Produktionsnetzwerke

Herausforderungen bei der Koordination temporärer Produktionsnetzwerke resultieren sowohl aus der mangelhaften Organisation der überbetrieblichen Auftragsabwicklung als auch aus den Schwächen der eingesetzten Softwaresysteme. In Anknüpfung an die zuvor beschriebenen, hochkomplexen Strukturen der Produktionsnetzwerke im Maschinen- und Anlagenbau seien nachfolgend zunächst die Schnittstellenprobleme zwischen den eingesetzten Softwarelösungen erläutert. Dies soll nicht von der regelmäßigen Erkenntnis der betrieblichen Praxis ablenken, dass eine effiziente Auftragsabwicklung zunächst eine adäquate Aufbau- und Ablauforganisation voraussetzt, während der Software lediglich die Rolle des Enablers zukommt.

Die Struktur der Softwarelandschaft zur Unterstützung der Prozesse in Produktionsnetzwerken des Maschinen- und Anlagenbaus ist in mehreren Beziehungen als äußerst heterogen zu bezeichnen. Dies betrifft zunächst die Vielzahl unterschiedlicher Arten von Softwarelösungen, die innerhalb eines einzelnen Unternehmens zum Einsatz kommen. Verfügte ein Großteil der Unternehmen des Maschinen- und Anlagenbaus noch vor einigen Jahren maximal über ein PPS-/ ERP-System und eine CAD-(Computer Aided Design)-Lösung, werden heute in zunehmendem Maße auch eigenständige CRM-(Customer Relationship Management)-Systeme, PDM-(Product Data Management)-Systeme sowie SCM-(Supply Chain Management)-Systeme eingesetzt. Darüber hinaus nutzen Unternehmen auf der Beschaffungsseite oftmals die Shop-Systeme der großen Zulieferer oder die herstellerneutralen Internet-Marktplätze und -Auktionsplattformen (vgl. Abb. 3.7-3).

Noch zu Beginn dieses Jahrzehnts wurde die Diversifikation der betrieblichen Softwarelandschaft zwar vorausgesehen, doch die rasche Integration der verschiedenen Systemwelten in einem übergeordneten Planungs- und Steuerungssystem erwartet (Eversheim u. Kampker 2000). Da diese Prognose jedoch nicht eingetreten ist, existieren heute bereits innerhalb eines einzelnen Unternehmens verschiedenste Schnittstellen und Medienbrüche. So zeigen praktische Erfahrungen, dass oftmals zur Abwicklung eines typischen Kundenauftrags in den Abteilungen eines einzelnen Unternehmens die Softwarelösungen unterschiedlicher Anbieter (z. B. für die Bereiche CRM, CAD, PDM, PPS, ...) sowie zahlreiche 'Eigenlösungen' (z. B. auf der Basis von Office-Anwendungen) zum Einsatz kommen. Im Produktionsnetzwerk der oben beschriebenen Form potenziert sich diese Schnittstellenproblematik, da die Unternehmen in verschiedenen Phasen der Auftragsabwicklung zusammenarbeiten und dabei auf ihre jeweiligen Softwaresysteme zurückgreifen.

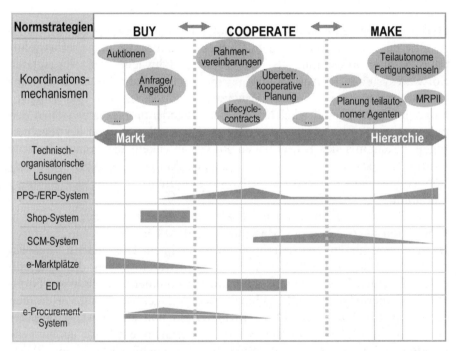

Abb. 3.7-3 Heterogenität der eingesetzten Softwaresysteme

Die Schnittstellenproblematik wird weiter dadurch verstärkt, dass im Markt für betriebliche Informationssysteme trotz gegenläufiger Erwartungen bisher keine Konsolidierung eingetreten ist. Beispielsweise bieten im Bereich von PPS-/ ERP-Systemen allein in Deutschland über 100 verschiedene Anbieter ihre Softwarelösungen an (Lassen et al. 2005). Hinzu zu zählen sind auch die Systeme der nur im Ausland agierenden Softwareanbieter, eine hohe Anzahl von Speziallösungen sowie die in großer Zahl immer noch im Einsatz befindlichen Systeme von Anbietern, die längst ihre Geschäftstätigkeit eingestellt haben. In Anbetracht ähnlicher Marktstrukturen im Bereich anderer Arten von Softwaresystemen ist somit leicht ersichtlich, dass in einem typischen Produktionsnetzwerk des Maschinen- und Anlagenbaus mehrere hundert bis tausend verschiedene Softwarelösungen eingesetzt werden.

Diese Situation wäre weniger bedenklich, hätte sich im Maschinen- und Anlagenbau ein Standard für die Datenübertragung zwischen verschiedenen Softwaresystemen (EDI = Electronic Data Interchange) herausgestellt. Dies ist in der deutschen Automobilindustrie mit dem VDA-Standard beispielsweise schon ab den späten 1970er Jahren erfolgt, in der Investitionsgüterindustrie jedoch noch nicht in vergleichbarer Form eingetreten. Stattdessen erfordert die Einrichtung von EDI-Verbindungen im Maschinen- und Anlagenbau immer noch einen extrem hohen Aufwand und führt letztlich nur zur Integration einer einzelnen Punkt-zu-Punkt-Verbindung (Schneider u. Schnetkamp 2000). Dementsprechend würde die Realisierung einer integrierten Auftragsabwicklung im unternehmensübergreifenden Kontext ein individuelles Mapping der Datenmodelle jeder existenten Schnittstelle von betrieblichen Informationssystemen voraussetzen (vgl. Abb. 3.7-4). Dies ist vor dem Hintergrund der zuvor beschriebenen Komplexität von Produktionsnetzwerken im Maschinen- und Anlagenbau schon für langfristige Geschäftsbeziehungen zwischen größeren Unternehmen nicht durchgängig realisierbar. In Anbetracht der Vielzahl temporärer Geschäftsbeziehungen der meist mittelständischen Hersteller (vgl. Abschn. 3.7.1) ist eine integrierte Auftragsabwicklung im gesamten Produktionsnetzwerk auf Basis des heutigen Stands der Technik also erst recht nicht wirtschaftlich lösbar (Akkermanns et al. 2003).

Zur Quantifizierung der entsprechenden Potenziale hat das Forschungsinstitut für Rationalisierung (FIR) detaillierte Prozessanalysen bei 21 Unternehmen des Maschinen- und Anlagenbaus durchgeführt, welche derzeit fast ausschließlich konventionelle Kommunikationsmittel nutzen. Hierdurch konnten die Prozesskosten ermittelt werden, welche sich durch eine integrierte Auftragsabwicklung bei einem typischen Branchenvertreter einsparen lassen.

Die oben beschriebenen Defizite spiegeln sich in der Verwendung von Kommunikationshilfsmitteln für die überbetriebliche Auftragsabwicklung bei den befragten Unternehmen aus dem Maschinen- und Anlagenbau wider (vgl. Abb. 3.7-5). Die Untersuchung des FIR hat ergeben, dass Unternehmen der Investitionsgüterindustrie im Bestellabwicklungsprozess beinahe ausschließlich auf konventionelle Hilfsmittel wie Briefpost, Telefon und das Faxgerät zurückgreifen (Meyer et al. 2006). Gemessen an der Gesamtzahl der Transaktionen in allen einzelnen Teilschritten der Bestellabwicklung hat das Faxgerät einen Anteil von knapp 50% und die Brief-

518 3 Gestaltung der Produktionsplanung und -steuerung

post von knapp 40%. Über EDI-Verbindungen, dem derzeit einzigen Hilfsmittel zur Integration des Informationsflusses zwischen verschiedenen PPS-/ ERP-Systemen, werden weit weniger als 1% der Transaktionen abgewickelt.

Die fehlende Integration des Datenaustauschs in temporären Produktionsnetzwerken lässt sich somit erklären und empirisch bestätigen. Fraglich bleibt, ob eine integrierte überbetriebliche Auftragsabwicklung bei einem typischen Unternehmen des Maschinen- und Anlagenbaus spürbare Zeit- und Kostenpotenziale erschließen würde. Diese Frage lässt sich anhand der Ergebnisse detaillierter Prozessanalysen beantworten.

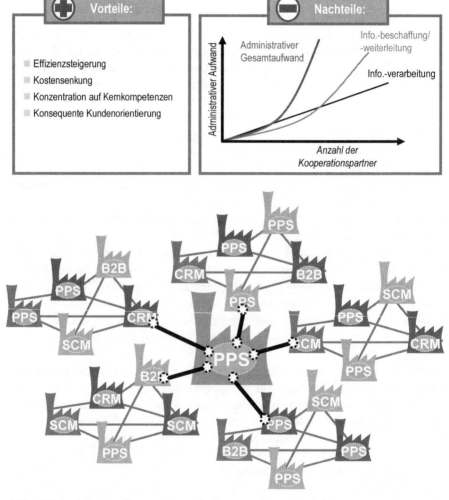

Abb. 3.7-4 Schnittstellenproblematik in temporären Produktionsnetzwerken

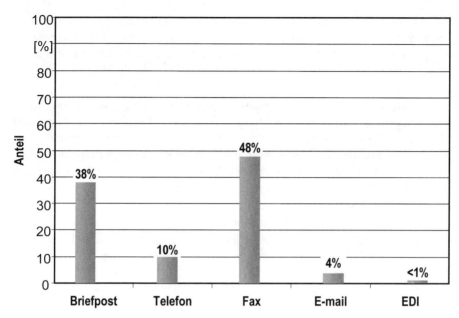

Abb. 3.7-5 Kommunikationsmittel in der Bestellabwicklung (Meyer et al. 2006)

Grundlage der Untersuchung ist die Identifikation des zeitlichen Rationalisierungspotenzials in den einzelnen Teilschritten der Bestellabwicklung durch eine Integration des überbetrieblichen Datenaustauschs (vgl. Abb. 3.7-6). Zeiteinsparungen resultieren zunächst aus der Eliminierung manueller Aktivitäten. Hierzu gehören unproduktive Tätigkeiten wie z. B. das Bedienen des Faxgeräts, telefonische Auskünfte und Rückfragen sowie das Eingeben per Fax empfangener Daten ins PPS-/ ERP-System. Die Ergebnisse zeigen, dass der Zeitaufwand im Bestellabwicklungsprozess durch eine integrierte Abwicklung um durchschnittlich ca. 45% reduziert werden könnte. Besonders hoch ist das Rationalisierungspotenzial bei der Erfassung von Auftragsbestätigungen und Rechnungen, welche derzeit meist per Fax oder Post übertragen und vom Empfänger manuell ins System eingegeben werden. Ferner besteht in der Auftragsverfolgung, d. h. dem Informationsaustausch über den aktuellen Status eines Bestellauftrags, ein hohes Potenzial, da dieser Prozess derzeit meist unstrukturiert über telefonische Rückfragen ausgeführt wird.

Das jeweilige Rationalisierungspotenzial über den gesamten Prozess unterliegt bei den einzelnen Unternehmen signifikanten Schwankungen von 10% bis zu 75%. Ursachen hierfür sind unterschiedliche organisatorische Rahmenbedingungen, verschiedene Voraussetzungen in der IT-Infrastruktur sowie die jeweilige Wertschöpfungstiefe des betrachteten Unternehmens. Tendenziell verfügt ein Unternehmen insbesondere dann über hohe

Einsparpotenziale durch eine integrierte Bestellabwicklung, wenn es die empfangenen Daten konsequent elektronisch archiviert, viele Medienbrüche aufweist und der Auftragsverfolgung im überbetrieblichen Kontext eine besonders hohe Bedeutung zukommt (z. B. durch die Beschaffung von Langläufern und Teilen/ Baugruppen auf dem kritischen Pfad).

Ein weiterer Faktor zur Erzielung von Einsparungspotenzialen durch eine integrierte Auftragsabwicklung – neben der Eliminierung manueller Tätigkeiten in der Bestellabwicklung – besteht im aufwandsarmen Austausch von Stammdaten und ihrer durchgängigen Verwendung. Eingabefehler erfordern heute einen spürbaren Zeitaufwand zur Korrektur der Stammdaten. Als weiteres Beispiel diene die Nachfolgerproblematik, d. h. Teile werden häufig mit einer alten Teilenummer bestellt, da die Einführung des Nachfolgers nicht kommuniziert wurde. Gemäß den durchgeführten Betriebsuntersuchungen beträgt das entsprechende zeitliche Einsparpotenzial bei den befragten Unternehmen knapp 5% (vgl. Abb. 3.7-6).

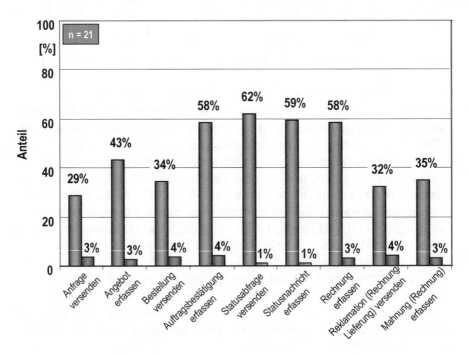

Abb. 3.7-6 Rationalisierungspotenziale in der Bestellabwicklung (Meyer et al. 2006)

Insgesamt summieren sich die durchschnittlichen Rationalisierungspotenziale in der Bestellabwicklung bei einem Unternehmen des Maschinen- und Anlagenbaus somit auf ca. 50% der Prozesskosten. Bei einem Umsatz des durchschnittlichen Branchenvertreters von ca. 22 Mio. € (VDMA 2005) und einem Verhältnis der Prozesskosten in der Bestellabwicklung zum Umsatz von 0,8% (Ergebnis der durchgeführten Betriebsuntersuchungen) ergeben sich somit hohe Einsparungspotenziale bei einer durchgängig integrierten Bestellabwicklung. Diese führen im Vergleich zum Gewinn des typischen Branchenvertreters bereits zu einer spürbaren Kostenentlastung. Darüber hinaus ist jedoch zu berücksichtigen, dass neben der Bestellabwicklung auch die kundenseitigen Prozesse der überbetrieblichen Auftragsabwicklung Potenziale bergen und – insbesondere – dass die Eliminierung unproduktiver Tätigkeiten personelle Ressourcen für wertschöpfende Tätigkeiten freisetzt. Somit liegen die monetär bewertbaren, absoluten Rationalisierungspotenziale noch weitaus höher.

Nach Aussage der befragten Unternehmen lassen sich jedoch die wesentlichen Nutzenpotenziale einer integrierten Bestellabwicklung kaum monetär bewerten. Sie liegen beispielsweise in der höheren Transparenz bezüglich des Auftragsstatus oder auch des Beschaffungsmarkts, der verbesserten Reaktionsfähigkeit und Auskunftsfähigkeit gegenüber dem Kunden sowie der verbesserten Datenqualität. In ihrer Summe werden sie die oben bewerteten Rationalisierungseffekte nach Meinung von Experten um ein Vielfaches übersteigen. Somit lässt sich zusammenfassend ein hoher Nutzen aus einer Integration der Auftragsabwicklung durch Aufhebung der bestehenden Schnittstellenproblematik erwarten.

Zu Beginn dieses Abschnitts wurde jedoch bereits bemerkt, dass die eingesetzte Informationstechnologie selten den entscheidenden Erfolgsfaktor einer effizienten Auftragsabwicklung darstellt. Entsprechende Mängel sind umso häufiger auf Defizite in der Aufbau- und Ablauforganisation zurückzuführen, deren Auswirkungen auch durch fortschrittlichste Informations- und Kommunikationssysteme nicht aufgehoben werden können.

Unterzieht man die Reorganisationsmaßnahmen der betrieblichen Praxis in den Bereichen Auftragsabwicklung und Produktion einem Vergleich, so wird die relative Vernachlässigung der Geschäftsprozesse offenbar (vgl. Abb. 3.7-7). Während Produktionsbereiche mittlerweile überwiegend eine feste Definition von Material- und Informationsflüssen verfolgen, eine konsequente Vermeidung von Lagerbeständen anstreben und hierzu die Belastung einzelner Arbeitssysteme nivellieren sowie strenge Zeitvorgaben für einzelne Prozesse setzen, ist die Auftragsabwicklung meist eher durch Improvisation denn durch Standardisierung gekennzeichnet. Der hohe Auftragsbestand führt zu langen Durchlaufzeiten, welche die Lieferterminermittlung und -erfüllung oft mehr beeinflussen als die Produktion.

522 3 Gestaltung der Produktionsplanung und -steuerung

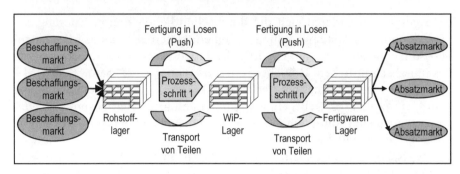

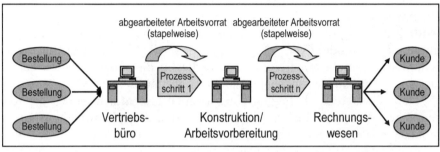

Abb. 3.7-7 Industrialisierung von Geschäftsprozessen (Wiegand 2004)

Die mangelnde Definition von Verantwortlichkeiten sowie die fehlende Festlegung von Standard-Prozessabläufen oder gar Vorgabezeiten führen letztendlich zu kapazitiven Engpässen und hohen Wartezeiten in der Auftragsabwicklung. Ziel müsste dagegen die "Industrialisierung" der Geschäftsprozesse in Analogie zu Methoden des Produktionsmanagements sein (Wiegand 2004).

Einen weiteren Schwachpunkt in der heutigen Organisation der überbetrieblichen Auftragsabwicklung stellt häufig die mangelhafte Auftragsverfolgung im Lieferantennetzwerk dar. Die Transparenz bezüglich des Auftragsfortschritts wird nicht allein durch die unzureichenden Kommunikationsmittel beeinträchtigt. Vielmehr mangelt es an einer geeigneten Festlegung der Rückmeldeparameter und -verantwortlichkeiten.

So hat eine Studie des FIR in Zusammenarbeit mit dem Fraunhofer Institut für Produktionstechnik und Automatisierung (IPA), Stuttgart, ergeben, dass mehr als zwei Drittel der befragten Unternehmen ihren Lieferanten und Fremdfertigern ein weniger anspruchsvolles Rückmelderaster vorgeben, als die eigenen Kunden verlangen (vgl. Abb. 3.7-8). Das verwendete Rückmeldraster ist in diesen Fällen kritisch, da die erforderliche Informationsbereitschaft gegenüber dem Kunden aufgrund der mangelnden Transparenz über den externen Auftragsfortschritt nicht gewährleistet werden kann. Ein anforderungsgerechtes, d. h. besseres Rückmelderaster

3.7 PPS in temporären Produktionsnetzwerken

als der Kunde, gab keines der 80 befragten Unternehmen seinen Lieferanten vor. Lediglich 10% der Unternehmen verwendeten dasselbe Rückmelderaster wie der Kunde, welches dann zumindest anforderungsnah ist. Ein Viertel der Befragten konnte zum lieferantenseitigen Rückmeldraster keine Auskunft erteilen.

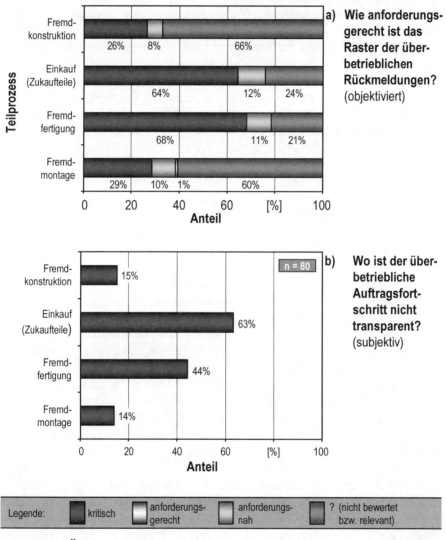

Abb 3.7-8 Überbetriebliche Auftragsverfolgung (Wiendahl u. Behringer 2006)

Die Ergebnisse spiegeln das subjektive Empfinden der befragten Unternehmen bezüglich der Transparenz des überbetrieblichen Auftragsfortschritts wider. Es besteht ein deutlicher Zusammenhang zwischen der subjektiv empfundenen Transparenz und der Genauigkeit des Rückmeldrasters. Bezeichnend ist, dass über 50% der Lieferanten und Fremdfertiger des Maschinen- und Anlagenbaus den Auftragsfortschritt nur auf Nachfrage angeben müssen. Lediglich 10% sind aufgefordert, ungefragt eine drohende Verfehlung des geplanten Liefertermins zu melden (Wiendahl u. Behringer 2006). Neben der Auftragsabwicklung birgt somit auch die Auftragsverfolgung im überbetrieblichen Kontext noch erhebliche Verbesserungspotenziale.

Zusammenfassend führen die Heterogenität der Softwarelandschaft und die Uneinheitlichkeit der Datenmodelle marktgängiger Informationssysteme zu einer hohen Schnittstellenproblematik in temporären Produktionsnetzwerken des Maschinen- und Anlagenbaus. Dementsprechend finden in der betrieblichen Praxis beinahe ausschließlich konventionelle Kommunikationsmittel Verwendung. Hieraus ergeben sich bedeutende Rationalisierungspotenziale, die durch eine integrierte Auftragsabwicklung gehoben werden könnten. Weitere Schwachpunkte der überbetrieblichen Auftragsabwicklung resultieren aus der ineffizienten Gestaltung und Ausführung der relevanten Geschäftsprozesse sowie der mangelhaften Auftragsverfolgung im überbetrieblichen Kontext.

Sämtliche der somit identifizierten Herausforderungen ließen sich durch die Vereinheitlichung von Datenmodellen sowie die Definition von Referenzprozessen der überbetrieblichen Auftragsabwicklung im Maschinen- und Anlagenbau bewältigen. Ein entsprechender Datenstandard würde die Integration der Auftragsabwicklung ermöglichen, ein Prozessstandard die Effizienz und Transparenz der Auftragsabwicklung erheblich steigern. Bevor ein entsprechendes Konzept dargelegt wird, sei jedoch zunächst auf eine weitere Herausforderung verwiesen. Diese ergibt sich aus den unterschiedlichen Vertraulichkeitsstufen der überbetrieblichen Auftragsabwicklung, welche die Geschäftsbeziehungen in temporären Produktionsnetzwerken zwangsläufig kennzeichnen (vgl. Abschn. 3.7.1).

Datenaustausch und Abläufe der überbetrieblichen Auftragsabwicklung sind je nach Vertraulichkeitsstufe einer Geschäftsbeziehung zu differenzieren. Dies sei an einem konkreten Beispiel anhand dreier unterschiedlicher Stufen der Vertraulichkeit veranschaulicht, die sich in beinahe jedem typischen Produktionsnetzwerk wieder finden (vgl. Abb. 3.7-9). Zu Lieferant A bestehe eine besonders enge Beziehung, z. B. als Tochtergesellschaft des Generalunternehmers. Dieser hat vollen dispositiven Zugriff auf die Ressourcen von A. Lieferant B sei ein langjähriger Geschäftspartner, welcher dem Generalunternehmer jederzeit Einsicht in die Kapazitätsbe-

3.7 PPS in temporären Produktionsnetzwerken

lastung gewährt. Lieferant C sei schließlich ein vom Kunden bevorzugtes Unternehmen, zu dem der Generalunternehmer bisher in keinerlei Geschäftsbeziehung stand.

Betrachtet man den Prozess der Geschäftsanbahnung zwischen dem Generalunternehmer und seinen Lieferanten, so stellen sich Abläufe und Datenaustausch vollkommen unterschiedlich dar. In Bezug auf Lieferant A wird der Generalunternehmer den klassischen Anfrageprozess durchlaufen, d. h. Angaben zu Artikel, Menge und Terminwunsch übermitteln und mit einem gewissen Zeitverzug ein entsprechendes Angebot des Lieferanten erhalten. Bezüglich Lieferant B vereinfacht sich der Anfrageprozess, da der Generalunternehmer die Möglichkeit zur selbständigen Ermittlung des Liefertermins hat. Im Anschluss wird die Auftragsbestätigung durch den Lieferanten erstellt. Bei Lieferant C entfällt schließlich der gesamte Anfrageprozess, da der Generalunternehmer als Muttergesellschaft den gewünschten Produktionsauftrag eigenständig einlastet. Jedoch sind auch hierbei vordefinierte Prozesse zu befolgen und die erforderlichen Daten zu übertragen.

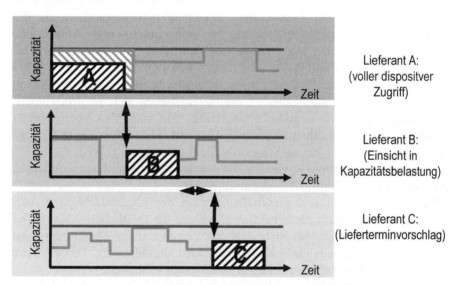

Abb. 3.7-9 Vertraulichkeitsstufen einer Geschäftsbeziehung

Das Beispiel zeigt, dass die Definition einheitlicher Datenstandards und Prozessabläufe für die überbetriebliche Auftragsabwicklung im Maschinen- und Anlagenbau verschiedene Vertraulichkeitsstufen der jeweiligen Geschäftsbeziehungen berücksichtigen muss. Wird diese Voraussetzung nicht beachtet, werden entsprechende Konzepte und Hilfsmittel nur einen

Teil der Transaktionen unterstützen können. Nachfolgend werden ein einheitlicher Datenstandard für den Maschinen- und Anlagenbau, ein Referenzprozess für die Auftragsabwicklung im temporären Produktionsnetzwerk sowie ein adäquates informationstechnisches Hilfsmittel zu deren Implementierung konzeptionell dargestellt. Die drei Komponenten sind Teilergebnisse der Initiative 'myOpenFactory', einer Kooperation von zwölf Industrieunternehmen, Softwareanbietern und Forschungsinstituten unter der Leitung des FIR (OpenFactory).

3.7.3 Einheitlicher Datenstandard für den Maschinen- und Anlagenbau

Ein Standard für den Datenaustausch in Produktionsnetzwerken umfasst unterschiedlichste Ebenen, welche sich zunächst in einen fachlichen und einen technischen Bereich einteilen lassen (Quantz u. Wichmann 2003). Zur erfolgreichen Etablierung eines branchenspezifischen Quasi-Standards ist es erforderlich, soweit wie möglich auf bestehende Ansätze zurückzugreifen. Zu Beginn der Entwicklung des OpenFactory-Standards für die überbetriebliche Auftragsabwicklung im Maschinen- und Anlagenbau wurden daher zunächst alle Ebenen des fachlichen und technischen Bereichs einer Analyse und Bewertung unterzogen (vgl. Abb. 3.7-10).

Die Ergebnisse der Analyse zeigen, dass sich bezüglich einiger Ebenen kein weiterer Entwicklungsbedarf ergibt. So haben sich im Maschinen- und Anlagenbau – wie in anderen Branchen – auf fachlicher Ebene bereits Standards zur Produktidentifikation (EAN) und -klassifizierung (e-Cl@ss) sowie auf technischer Ebene Standards für Basisformate (UTF), für Transaktionsprotokolle (https) sowie für die Nachrichtenverschlüsselung (SSL) und -übermittlung (html, JAVA) durchgesetzt.

Für Transaktionen und Geschäftsprozesse der überbetrieblichen Auftragsabwicklung sowie für Workflows, welche die möglichen Abläufe der Nachrichten enthalten, hat sich dagegen zumindest im Maschinen- und Anlagenbau noch kein einheitlicher Standard durchgesetzt. Diese Lücke soll die Entwicklung des OpenFactory-Standards schließen.

Dabei existieren bereits mehrere branchenspezifische, aber auch branchenneutrale Standards für Prozesse und Transaktionen. Diese sind zwar teilweise ähnlich aufgebaut, führen letztendlich aber dennoch zu einer unzweckmäßigen Vielfalt an Definitionen (vgl. Abb. 3.7-11).

Wie oben bereits angesprochen, war die Automobilindustrie ab den späten 1970er Jahren der Initiator entsprechender Ansätze. In der deutschen Automobilindustrie ist heute der VDA-Standard weit verbreitet, wobei allerdings die meisten Automobilhersteller unternehmensspezifische

3.7 PPS in temporären Produktionsnetzwerken

Variationen entwickelt haben, an welchen sich die Zulieferer orientieren müssen. Mittlerweile befindet sich der JADM-Standard in der Entwicklung, mit welchem einerseits die internationale Vereinheitlichung der Datenmodelle angestrebt und andererseits die Nutzung der modernen XML-Technologie verfolgt wird. Der umfangreiche Prozess- und Datenstandard RosettaNet ist speziell für die Elektronik- und IT-Industrie entwickelt worden und genießt in Amerika sowie Asien eine sehr hohe Verbreitung.

Neben den branchenspezifischen Standards existieren mit ebXML und EDIFACT zwei internationale und branchenübergreifende Ansätze. Während ebXML bereits auf der modernen XML-Technologie basiert, gilt EDIFACT technologisch als veraltet. Die Verbreitung von EDIFACT ist jedoch als weitaus höher einzuschätzen als die von ebXML.

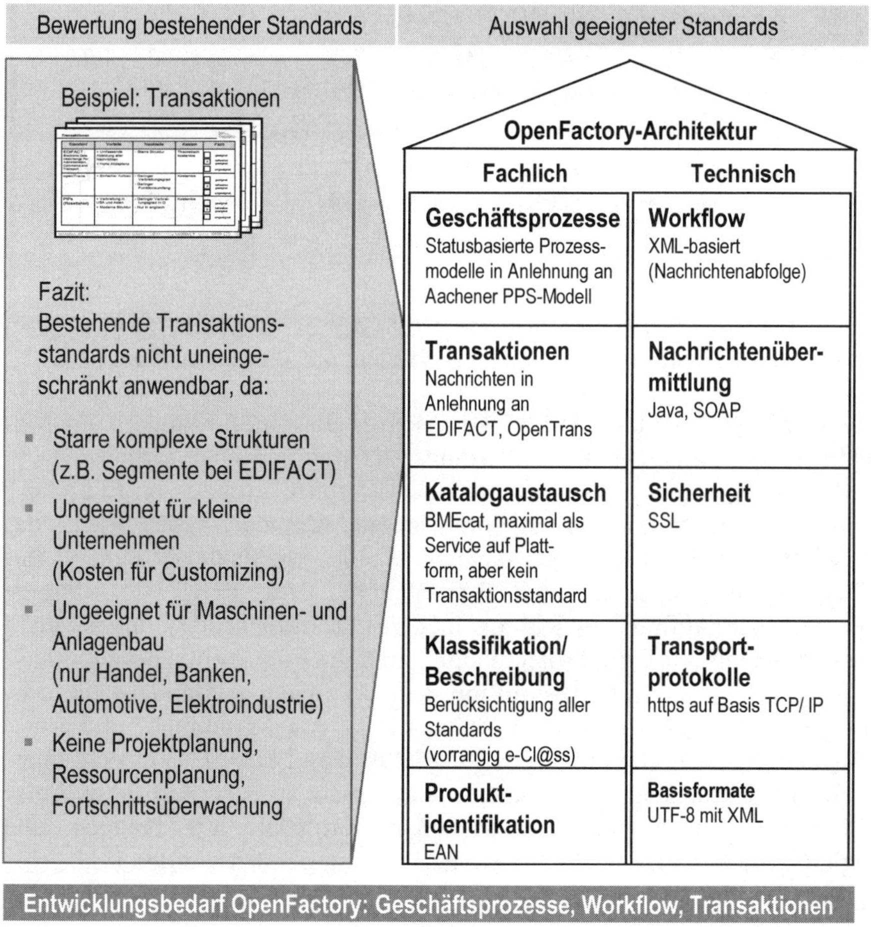

Bewertung bestehender Standards	Auswahl geeigneter Standards	
Beispiel: Transaktionen	**OpenFactory-Architektur**	
	Fachlich	**Technisch**
Fazit: Bestehende Transaktionsstandards nicht uneingeschränkt anwendbar, da:	**Geschäftsprozesse** Statusbasierte Prozessmodelle in Anlehnung an Aachener PPS-Modell	**Workflow** XML-basiert (Nachrichtenabfolge)
• Starre komplexe Strukturen (z.B. Segmente bei EDIFACT)	**Transaktionen** Nachrichten in Anlehnung an EDIFACT, OpenTrans	**Nachrichtenübermittlung** Java, SOAP
• Ungeeignet für kleine Unternehmen (Kosten für Customizing)	**Katalogaustausch** BMEcat, maximal als Service auf Plattform, aber kein Transaktionsstandard	**Sicherheit** SSL
• Ungeeignet für Maschinen- und Anlagenbau (nur Handel, Banken, Automotive, Elektroindustrie)	**Klassifikation/ Beschreibung** Berücksichtigung aller Standards (vorrangig e-Cl@ss)	**Transportprotokolle** https auf Basis TCP/ IP
• Keine Projektplanung, Ressourcenplanung, Fortschrittsüberwachung	**Produktidentifikation** EAN	**Basisformate** UTF-8 mit XML
Entwicklungsbedarf OpenFactory: Geschäftsprozesse, Workflow, Transaktionen		

Abb. 3.7-10 Analyse und Bewertung bestehender Standards

528   3 Gestaltung der Produktionsplanung und -steuerung

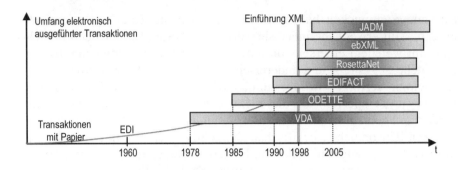

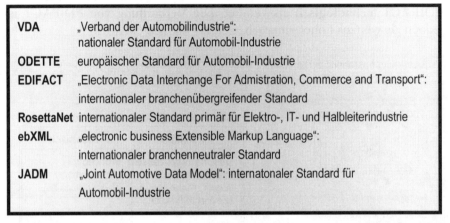

Abb. 3.7-11   Historische Entwicklung von Daten- und Prozessstandards

Die Durchsetzung des EDIFACT-Standards als Quasi-Standard im Maschinen- und Anlagenbau ist allerdings aus verschiedenen Gründen nicht weiter zu verfolgen. Zunächst verursacht der starre Aufbau von EDIFACT komplexe Strukturen und ist somit gerade für die vielen KMU des Maschinen- und Anlagenbaus ungeeignet, die erhebliche Kosten für das "Customizing" tragen müssten. Des Weiteren deckt EDIFACT wichtige Bereiche der Auftragsabwicklung in der Investitionsgüterindustrie nicht ab, so beispielsweise die Projektplanung und die Fortschrittsüberwachung.

Aufgrund dieser Defizite wird mit dem OpenFactory-Standard ein technologisch und strukturell neuer Standard für den Maschinen- und Anlagenbau entwickelt, der sich jedoch semantisch an EDIFACT als dem international bekanntesten, branchenneutralen Ansatz anlehnt. Auf diese Weise sollen die wesentlichen Schwachstellen von EDIFACT behoben und zugleich die Vorteile seiner hohen Verbreitung genutzt werden (vgl. Abb. 3.7-12).

3.7 PPS in temporären Produktionsnetzwerken

EDIFACT (allgemein)

- Sehr umfangreich und komplex (200 Nachrichten, 1600 Segmente)
- Viele Substandards (firmenspezifische Anpassungen)
- Beschränkte Datenfeldgrößen durch veraltete Technologie

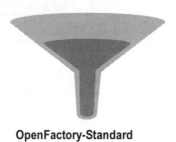
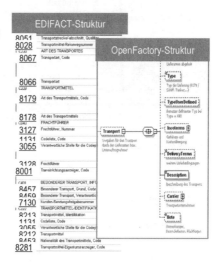

OpenFactory-Standard

- Fokus auf KMU-Tauglichkeit
- 20 Nachrichten in einem Prozessmodell
- Flexible XML-Baumstrukturen
- Integration von Status- und Kapazitätsinformationen

Abb. 3.7-12 Unterschiede zwischen EDIFACT und dem OpenFactory-Standard

Zentrales Anliegen bei der Entwicklung des OpenFactory-Standards ist zunächst die Vermeidung der hohen Komplexität, welche EDIFACT mittlerweile kennzeichnet und seine Anwendung entsprechend erschwert. Während EDIFACT ca. 200 Nachrichten mit mehr als 1.600 Segmenten umfasst und über zahlreiche firmenspezifische Anpassungen (Substandards) verfügt, soll der OpenFactory-Standard zunächst mit den zwanzig wichtigsten Nachrichten der überbetrieblichen Auftragsabwicklung auskommen. Der Fokus bei OpenFactory liegt somit auf der KMU-Tauglichkeit, die neben dem einfachen Aufbau der Datenmodelle durch den Einsatz moderner Technologien unterstützt wird.

Während EDIFACT durch die Verwendung veralteter Technologien als starr gilt und nur beschränkte Datenfeldgrößen bietet, greift OpenFactory auf flexible XML-Baumstrukturen zurück. Diese erlauben eine relativ aufwandsarme, auf Features basierende Anpassung des Standards. Somit müssen Nachrichten von geringerer Bedeutung („Exoten") nicht in den Standard aufgenommen, sondern können projekt- und beziehungsspezifisch bidirektional zwischen Partnern abgebildet werden. Die grundlegende Zielsetzung bei der Entwicklung des OpenFactory-Standards ist somit die Abdeckung von 80% der Transaktionen im Maschinen- und Anlagenbau mit nur 20% der denkbaren Nachrichteninhalte (vgl. Abb. 3.7-13).

530 3 Gestaltung der Produktionsplanung und -steuerung

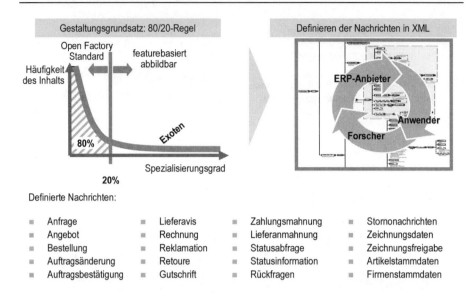

Abb. 3.7-13 Gestaltungsgrundsatz des OpenFactory-Datenstandards

Die Identifikation der relevanten Nachrichten sowie die Definition der zugehörigen Datenmodelle basieren auf einem iterativen Austausch zwischen den an der OpenFactory-Initiative beteiligten ERP-Systemanbietern, Anwendern aus dem Maschinen- und Anlagenbau sowie Forschungsinstituten. Theoretisches Fundament für die Auswahl der Nachrichten bilden Prozessreferenzmodelle der überbetrieblichen Auftragsabwicklung im Maschinen- und Anlagenbau, die aus dem Aachener PPS-Modell abgeleitet wurden.

Die Prozessreferenzmodelle sind zugleich Ausgangspunkt für die Entwicklung des OpenFactory-Prozessstandards, welcher die spezifischen Herausforderungen temporärer Produktionsnetzwerke im Maschinen- und Anlagenbau berücksichtigt (vgl. Abschn. 3.7.2). Der Prozessstandard wird im nachfolgenden Abschnitt beschrieben.

3.7.4 Prozessstandard für die Auftragsabwicklung in temporären Produktionsnetzwerken

Grundlage des Prozessstandards für die überbetriebliche Auftragsabwicklung in temporären Produktionsnetzwerken bildet das Aachener PPS-Modell für Auftragsfertiger (vgl. Abschn. 2.4). In den verschiedenen Prozessen eines Unternehmens lässt sich zunächst eine Vielzahl möglicher Koordinationspunkte mit Kunden oder Lieferanten identifizieren (Schmidt

2005, vgl. Abb. 3.7-14). Im Prozess der Fremdbezugsplanung und -steuerung gehören hierzu beispielsweise die Angebotseinholung und -bewertung, die Bestellfreigabe sowie die Bestellüberwachung.

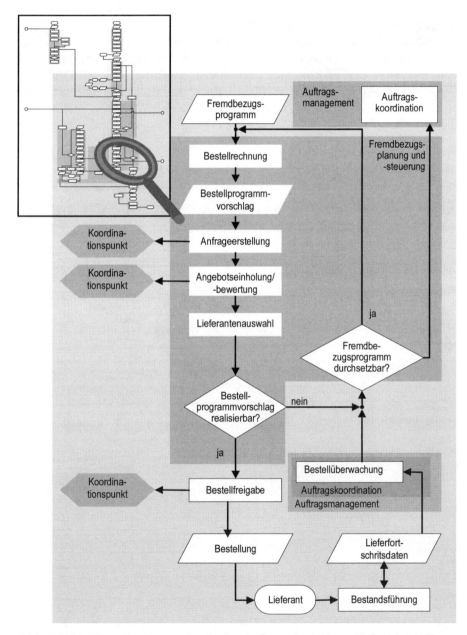

Abb. 3.7-14 Koordinationspunkte in der Auftragsabwicklung (Schmidt 2005)

532 3 Gestaltung der Produktionsplanung und -steuerung

Grundlegender Ansatz des Prozessstandards für temporäre Produktionsnetzwerke ist die Abbildung der jeweiligen Koordinationspunkte durch eine begrenzte Anzahl modularer Prozessbausteine. Durch die Modularisierung soll die Komplexität des Standards reduziert sowie seine einfache Implementierung ermöglicht werden. Basis hierfür ist die Identifikation ähnlicher Ablaufmuster in den Teilprozessen der inner- und überbetrieblichen Auftragsabwicklung des Maschinen- und Anlagenbaus. So lässt sich beispielsweise der Prozess der Fremdbezugsplanung und -steuerung in verschiedene Abläufe zerlegen, die zu Prozessmodulen der überbetrieblichen Auftragskoordination verallgemeinert werden können (vgl. Abb. 3.7-15).

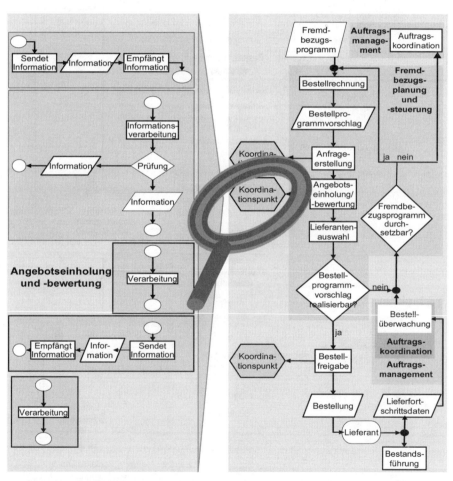

Abb. 3.7-15 Abbildung von Koordinationspunkten durch Prozessmodule (Schmidt 2005)

3.7 PPS in temporären Produktionsnetzwerken

Der Teilprozess der Anfrageerstellung und -erfassung lässt sich beispielsweise auf höherer Abstraktionsebene als Weitergabe einer Information zur Bearbeitung durch ein anderes Unternehmen bezeichnen. Die Anfragebearbeitung ist aus dieser Perspektive die Weiterverarbeitung einer Information mit einer Prüfungsschleife, in welcher eventuell über die Absage entschieden wird. Die Angebotserstellung und -bewertung gleichen in der Struktur nun wieder dem Teilprozess der Anfrageerstellung und -erfassung. In ähnlicher Form lassen sich häufig wiederkehrende Module wie die Weiterverarbeitung von Informationen ohne Prüfung, die Weitergabe von Informationen ohne Weiterverarbeitung etc. identifizieren.

Ziel der Modularisierung von Prozessen auf dieser Abstraktionsebene ist die Abbildung sämtlicher Koordinationspunkte durch eine zahlenmäßig begrenzte Gruppe von Prozessbausteinen (Schmidt 2005). Auf dieser Basis lässt sich die gesamte überbetriebliche Auftragsabwicklung in Workflows zerlegen, deren modulare Struktur die effiziente Implementierung in Informationssystemen zulässt. Da die Ablaufmodule in ihrer Grundstruktur nur wenige Variationen aufweisen, ist die Anzahl der erforderlichen Programmroutinen begrenzt und das überbetriebliche Workflowmanagement lässt sich bereits mit einem relativ geringen Programmieraufwand realisieren.

Die Differenzierung der Abläufe in den unterschiedlichen Teilprozessen der überbetrieblichen Auftragsabwicklung erfolgt demnach einzig durch die Ergänzung der Prozessmodule um die zugehörigen Datenstandards (vgl. Abschn. 3.7.3). Im Beispiel der Angebotseinholung und -bewertung im Prozess der Fremdbezugsplanung und -steuerung von Standardteilen werden die Datenmodelle für Anfrage, Absage der Anfrage und Angebot benötigt (vgl. Abb. 3.7-16). Das überbetriebliche Workflowmanagement ermöglicht die effiziente Abwicklung dieses Teilprozesses durch die Zusammenstellung der benötigten Koordinationsmodule und deren Verlinkung mit den erforderlichen Datenmodellen.

Zur Verdeutlichung der Vorteile aus der Modularisierung sei der Angebotseinholung ein völlig anderer Teilprozess der überbetrieblichen Auftragsabwicklung gegenübergestellt, die Lieferterminüberprüfung eines Produzenten kundenindividueller Baugruppen (vgl. Abb. 3.7-17). Zwar unterscheiden sich alle zugehörigen Teilaktivitäten grundlegend von denen der Angebotseinholung und -bewertung von Standardteilen, doch lassen sich beide Prozesse mit den gleichen Koordinationsmodulen darstellen. Es handelt sich bei den gewählten Beispielen im Kern um das Modul der Weitergabe von Informationen zur Weiterverarbeitung durch den Kooperationspartner. Im Prozess der Lieferterminüberprüfung wird die Anfrage des Liefertermins durch den Kunden übermittelt, um dessen Ermittlung anzustoßen. Der ermittelte Liefertermin wird wiederum vom Lieferanten an den Kunden übermittelt, um dessen weitere Planung zu ermöglichen.

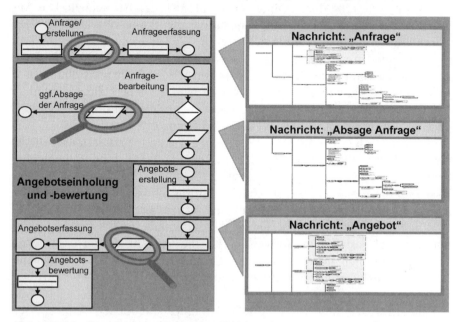

Abb. 3.7-16 Zuordnung von Datenmodellen zu den Prozessmodulen

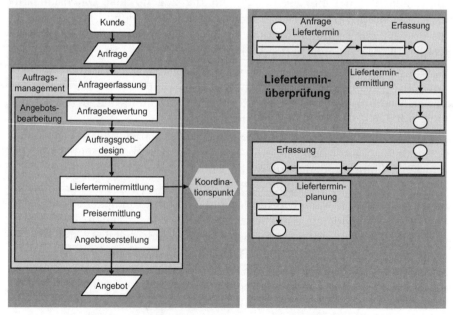

Abb. 3.7-17 Modularisierung des Teilprozesses der Lieferterminüberprüfung

3.7 PPS in temporären Produktionsnetzwerken

Im Prozess der Angebotseinholung und -bewertung wird analog zunächst die Anfrage des Kunden für ein bestimmtes Teil an den Lieferanten übermittelt, um dessen Anfragebewertung auszulösen. Im Anschluss wird das Angebot des Lieferanten an den Kunden übermittelt, auf dessen Basis die Angebotsbewertung erfolgt. Die genannten Teilprozesse der überbetrieblichen Auftragsabwicklung unterscheiden sich also lediglich durch das zusätzliche Modul der Prüfung und eventuellen Absage der Anfrage im Falle des Prozesses der Fremdbezugsplanung und -steuerung sowie durch die jeweils ausgetauschten Informationen.

Wie im vorangegangenen Beispiel demonstriert, führt die Verknüpfung der Datenmodelle mit den Prozessmodulen zur effizienten Konfiguration eines Prozessstandards der PPS in temporären Produktionsnetzwerken des Maschinen- und Anlagenbaus. Bevor dessen Implementierung in einem internetbasierten Informationssystem beschrieben wird, ist zunächst Bezug auf die Problematik unterschiedlicher Vertraulichkeitsstufen der Geschäftsbeziehungen in temporären Produktionsnetzwerken zu nehmen.

In Abschnitt 3.7.2 wurde am Beispiel des Geschäftsanbahnungsprozesses ausgeführt, inwiefern sich die Abläufe und die auszutauschenden Daten je nach Vertraulichkeitsstufe einer Geschäftsbeziehung unterscheiden können. Die hier erforderliche Differenzierung gilt als wesentlicher Faktor der hohen Komplexität der PPS in temporären Produktionsnetzwerken und somit als wesentliches Hindernis einer effizienten Auftragsabwicklung (Schmidt 2005).

Diese Herausforderung lässt sich auf Basis des zuvor beschriebenen Ansatzes der Prozessmodularisierung relativ aufwandsarm im Prozessstandard für die PPS in temporären Produktionsnetzwerken berücksichtigen. Durch die Differenzierung der Abläufe auf Basis der verfügbaren Koordinationsmodule sowie die Zuordnung der jeweils geeigneten Datenmodelle lassen sich für jede Vertraulichkeitsstufe eigene Prozessstandards konfigurieren. Der oben angeführte, klassische Prozess der Lieferterminüberprüfung im Maschinen- und Anlagenbau würde sich bei Bereitstellung von Kapazitätsinformationen durch den Lieferanten auf die einfache Abfrage der erforderlichen Auslastungsinformationen reduzieren. Die Modularisierung führt somit zur Beherrschung der Prozesskomplexität in temporären Produktionsnetzwerken.

Die effiziente Implementierung des Prozessstandards basiert auf einer geeigneten informationstechnischen Unterstützung. Ein zu diesem Zweck entwickeltes, internetbasiertes Informationssystem wird im folgenden Abschnitt beschrieben.

3.7.5 Internetbasiertes Koordinationsinstrument

Wie in Abschnitt 3.7.2 beschrieben, unterscheidet sich die informationstechnische Infrastruktur von Kooperationspartnern in temporären Produktionsnetzwerken des Maschinen- und Anlagenbaus meist in erheblichem Maße. Der exzellenten Ausstattung einiger großer Lieferanten stehen mittelständische Unternehmen mit einem ERP-System älteren Datums sowie schließlich zahlreiche Kleinunternehmen ohne professionelle Unternehmenssoftware gegenüber. Ein geeignetes Koordinationsinstrument muss diese Vielfalt berücksichtigen und sowohl die Verknüpfung von ERP-Systemen verschiedener Hersteller als auch die Anbindung von Unternehmen über einen herkömmlichen Internet-Browser ermöglichen. Grundlegendes Gestaltungsprinzip bei der Entwicklung eines adäquaten Informationssystems ist vor dem Hintergrund der Struktur des Maschinen- und Anlagenbaus die KMU-Tauglichkeit, d. h. das Koordinationsinstrument muss auch bei einer rudimentären IT-Infrastruktur einsatzfähig sein, darf nur ein niedriges Anfangsinvestment erfordern und muss geringe laufende Kosten aufweisen.

Die Systemarchitektur eines entsprechenden Ansatzes ist in Abb. 3.7-18 dargestellt. Die Grundstruktur des Systems orientiert sich an der Serviceorientierten Architektur (SOA) und nutzt somit Web-Services als informationstechnische Hauptkomponente. Hierdurch soll Anforderungen wie einer hohen Integrationsfähigkeit und einer Berücksichtigung der beschränkten informationstechnischen Ausstattung von Kleinunternehmen begegnet werden. Technische Basis des Anwendungssystems sind ausschließlich OpenSource-Komponenten, ein Webserver (Apache), ein Application Server (Tomcat) und eine Datenbank (MySQL).

Logische Basis des Systems ist die zuvor erläuterte Vereinheitlichung der relevanten Datenstrukturen und Prozessmodelle in der überbetrieblichen PPS des Maschinen- und Anlagenbaus. Hierdurch können verschiedene Koordinationsszenarien realisiert werden.

Als erster Fall sei die volle Integration eines ERP-Systems betrachtet. Voraussetzungen hierfür sind eine Schnittstelle zwischen den Datenmodellen des jeweiligen Anbieters und dem OpenFactory-Standard sowie die Abbildung des Prozessstandards im ERP-System. Anwender dieser Lösungsvariante werden durchgehend in der gewohnten Umgebung ihres ERP-Systems arbeiten, jedoch sämtliche Prozesse elektronisch integriert – d. h. frei von Medienbrüchen – und die Koordinationsprozesse effizient – d. h. auf Basis der vordefinierten Referenzprozesse – durchführen können.

3.7 PPS in temporären Produktionsnetzwerken

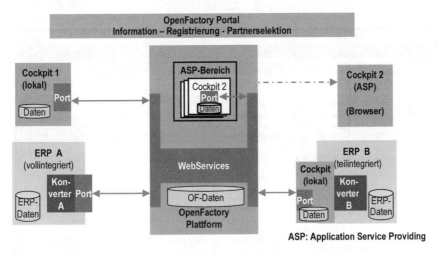

Abb. 3.7-18 Systemarchitektur des Koordinationsinstruments

Eine weitere Variante besteht in der Teilintegration eines ERP-Systems. Hier ist lediglich eine Schnittstelle zwischen dem ERP-System und dem einheitlichen Datenstandard vorhanden, während die Workflow-Funktionalität zur Koordination der PPS im temporären Produktionsnetzwerk nicht implementiert wird. Diese Lösungsvariante ermöglicht den elektronisch integrierten Datenaustausch im Produktionsnetzwerk, wobei der Anwender zur Umsetzung der Referenzprozesse auf ein Cockpit zurückgreift.

Dieses Cockpit ist zugleich Kernbestandteil der dritten Lösungsvariante, welche sich an den Bedürfnissen von Kleinunternehmen orientiert. Hierbei wird vorausgesetzt, dass der Anwender bisher kein ERP-System besitzt und die wesentlichen Dokumente der PPS auf Basis von Office-Applikationen erzeugt und verwaltet. Die besondere Bedeutung dieser Anwendergruppe erschließt sich aus der Tatsache, dass mehr als 40% der Unternehmen des Maschinen- und Anlagenbaus weniger als 50 Mitarbeiter beschäftigen (Statistisches Bundesamt 2005). Auf den Großteil dieser mehr als 2.400 Unternehmen treffen die genannten Voraussetzungen zu.

Das Cockpit bietet dem Anwender die rudimentären Funktionen eines ERP-Systems in der überbetrieblichen Auftragsabwicklung, d. h. die Erstellung und Übermittlung der in Abschn. 3.7.3 skizzierten Bestandteile des Datenstandards. Hierzu gehören u. a. Anfrage, Angebot, Bestellung, Auftragsbestätigung, Rechnung und Mahnung. Das Cockpit basiert zudem auf den zuvor beschriebenen Prozessstandards der überbetrieblichen Auftragsabwicklung im Maschinen- und Anlagenbau. Kern des Systems ist somit ein Workflowmanagementmodul, in welchem der Anwender eine Übersicht über alle relevanten Prozesse erhält (vgl. Abb. 3.7-19).

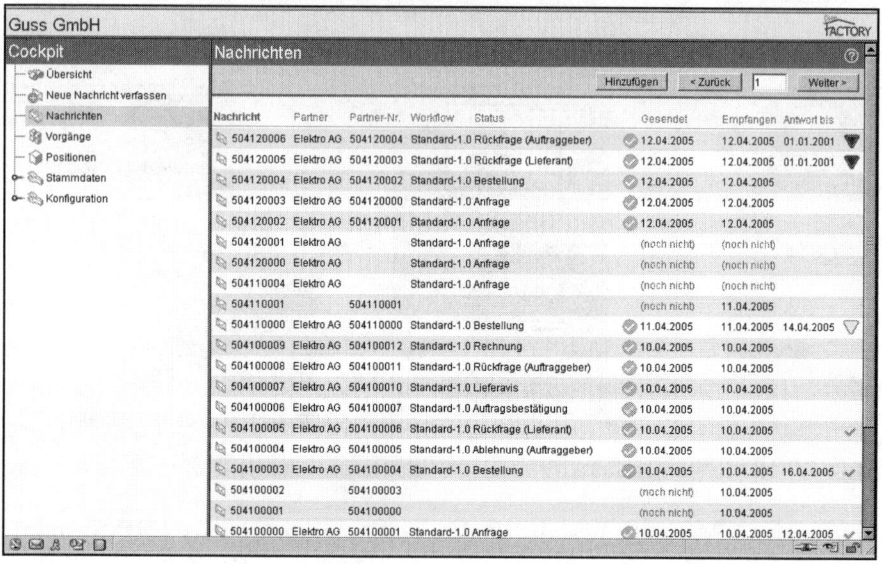

538   3 Gestaltung der Produktionsplanung und -steuerung

Abb. 3.7-19 Workflowmanagement des Koordinationsinstruments

Hierbei wird auf die speziellen Rahmenbedingungen kleiner Unternehmen ohne ERP-System Bezug genommen. Die Mitarbeiter solcher Unternehmen sind häufig ungeschult im Umgang mit ERP-Systemen. Zumeist wenden sie jedoch regelmäßig e-mail-Clients zu beruflichen und privaten Zwecken an. Dementsprechend ist die Hauptkomponente des Cockpits in Anlehnung an die Oberflächen von e-mail-Clients gestaltet und erlaubt eine benutzerfreundliche Bedienung. Der Anwender erhält eine einfache Übersicht über den Status aller laufenden Prozesse mit den jeweiligen Kunden bzw. Lieferanten und zugehörigen Terminen. Über Hyperlinks erfolgt der Einstieg in einen speziellen Prozess und somit die automatische Weiterleitung auf eine Maske, in der alle erforderlichen Daten eingegeben werden (vgl. Abb. 3.7-20).

Das Versenden des fertig erstellten Dokuments löst entsprechend dem zugehörigen Referenzprozess eine Nachricht beim Kunden bzw. Lieferanten aus, der nun seinerseits automatisch zur Einleitung des nächsten Prozessschrittes aufgefordert wird. Die Datenhaltung für Unternehmen ohne eigenes ERP-System erfolgt entweder lokal oder im ASP-(Application Service Providing)-Bereich des Koordinationsinstruments.

Das Cockpit stellt jedoch nicht nur eine Unterstützung für Unternehmen ohne eigenes ERP-System dar, sondern bietet neben der Implementierung des OpenFactory-Standards zahlreiche Vorteile gegenüber vielen marktgängigen ERP-Lösungen. Hierzu gehören beispielsweise die übersichtliche

3.7 PPS in temporären Produktionsnetzwerken

Darstellung des jeweiligen Status aller laufenden Prozesse, die Standardisierung der überbetrieblichen Fortschrittsüberwachung und nicht zuletzt der moderne technologische Stand des Systems.

Die bisher beschriebene Basisfunktionalität des Koordinationsinstruments erfüllt lediglich die minimalen Anforderungen eines Anwenders für die effiziente Kooperation im Produktionsnetzwerk des Maschinen- und Anlagenbaus. Darüber hinaus stellt der Ansatz jedoch eine Plattform für zahlreiche Zusatzfunktionalitäten dar, durch welche das Koordinationsinstrument modular erweitert wird.

Hierzu gehört zunächst eine Funktionalität zur Auswahl der geeigneten Vertraulichkeitsstufe einer Geschäftsbeziehung und somit des entsprechenden Referenzprozesses für die überbetriebliche Auftragsabwicklung. Ferner können klassische Internet-Geschäftsmodelle wie Auktionen oder Einkaufsgemeinschaften auf Basis des einheitlichen Standards besonders effizient unterstützt werden. Letztlich bietet das Koordinationsinstrument die Grundlage für eine kooperative Ausführung der Produktionsplanung und -steuerung im Netzwerk, so z. B. für die globale Optimierung der auftragsbezogenen Kapazitätsbelegung im Produktionsnetzwerk.

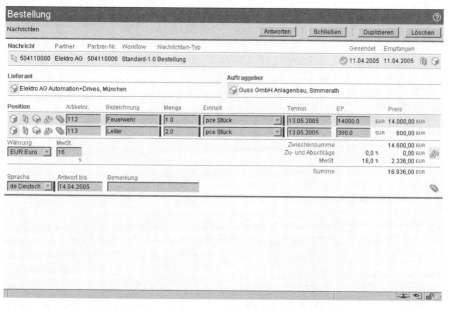

Abb. 3.7-20 Gestaltung des Cockpits am Beispiel der Bestellmaske

3.7.6 Zusammenfassung

In diesem Beitrag wurden die speziellen Herausforderungen der PPS in temporären Produktionsnetzwerken beschrieben, welche die dominante Organisationsform für die auftragsbezogene Entwicklung und Herstellung von Produkten des Maschinen- und Anlagenbaus darstellen. Die hohe Komplexität der entsprechenden Koordinationsaufgaben resultiert einerseits aus dem hohen Vernetzungsgrad der Strukturen bei meist nur geringer Dauer der projektbezogenen Geschäftsbeziehungen und andererseits aus der Unzulänglichkeit marktgängiger Softwaresysteme sowie der mangelhaften organisatorischen Gestaltung der überbetrieblichen Auftragsabwicklung.

Grundlegende Voraussetzung zur Behebung der bestehenden Probleme ist die Etablierung eines einheitlichen Datenstandards für den Maschinen- und Anlagenbau (Quasi-Standard). Auf dieser Basis können die unterschiedlichen Prozesse der überbetrieblichen Auftragsabwicklung standardisiert und mittels eines überbetrieblichen Workflowmanagements abgebildet werden. Auf der Grundlage einer Modularisierung von Koordinationsprozessen werden hierbei verschiedene Vertraulichkeitsstufen durch die effiziente Konfiguration unterschiedlicher Referenzprozesse berücksichtigt.

Die Implementierung des Standards in den Geschäftsprozessen der betrieblichen Praxis erfolgt durch ein internetbasiertes Informationssystem. Dieses ermöglicht die integrierte Auftragsabwicklung sowohl zwischen Anwendern verschiedener ERP-Systeme als auch zwischen Anwendern mit beschränkter informationstechnischer Infrastruktur. Letztlich kann somit die Effizienz und Transparenz der PPS im Maschinen- und Anlagenbau in hohem Maße gesteigert werden.

3.7.7 Literatur

Akkermanns H-A, Bogerd P, Yücesan E, Van Wassenhove L (2003) The Impact of ERP on Supply Chain Management: Exploratory Findings from a European Delphi Study. European Journal of Operational Research 146(2003)1:284-301

Cox A, Chicksand L, Ireland P (2001) E-Supply Applications: The Inappropriateness of Certain Internet Solutions for SME's. (10th International Annual IPSERA Conference, S 189-200)

Eversheim W, Kampker R (2000) Aachener PPS-Delphi. Expertenbefragung zur Entwicklung des PPS-Marktes nach dem Jahr 2000. Forschungsinstitut für Rationalisierung, Aachen.

Lassen S, Roesgen R, Meyer M, Schmidt C, Gautam D (2005) Marktspiegel Business Software - ERP/PPS 2005/2006. FIR/ Trovarit, Aachen

Meyer M, Walber B, Schmidt C (2006) Potenziale einer überbetrieblichen, integrierten Bestellabwicklung. (Liefertreue im Maschinen- und Anlagenbau, Studie des Fraunhofer IPA, FIR und WZL, Aachen, S 33-38)

OpenFactory. Das Forschungsprojekt OpenFactory wird gefördert durch den Projektträger „Produktion und Fertigungstechnologien" (PFT-PTKA), einem Projektträger des Bundesministeriums für Bildung und Forschung (BMBF).

Quantz J, Wichmann T (2003) E-Business-Standards in Deutschland: Bestandsaufnahme, Probleme, Perspektiven. (Abschlussbericht zum Forschungsauftrag des Bundesministeriums für Wirtschaft und Arbeit, Berlin)

Schmidt C (2005) „Plug & Do-Business" - Bewältigung der Prozesskomplexität im überbetrieblichen Auftragsmanagement. (Tagungsunterlagen 5. Aachener Tagung Komplexitätsmanagement. WZL, Aachen)

Schmidt C, Meyer M, Sticht W, Aechtner R (2004) "Plug and Do Business" – ERP der nächsten Generation für die effiziente Auftragsabwicklung in Produktionsnetzwerken. In: Luczak, H, Stich V (Hrsg) Betriebsorganisation im Unternehmen der Zukunft. Springer, Berlin, S 217-226

Schneider D, Schnetkamp G (2000) E-Markets. B2B-Strategien im Electronic Commerce – Marktplätze, Fachportale, Plattformen. Gabler

Schönsleben P (2004) Den Bullwhip-Effekt meistern. (Tagungsband 11. Aachener PPS-Tage. Forschungsinstitut für Rationalisierung, Aachen)

Schuh G, Wegehaupt P (2004) Kooperation im Wandel – Collaborative Swarms als Antwort auf Diskontinuität. In: Luczak H, Stich V (Hrsg) Betriebsorganisation im Unternehmen der Zukunft. Springer, Berlin, S 31-42

Schuh G, Schweicher B, Walber B (2005) Datensprache für globale Werkbank. Computerwoche (2005)31:28

Statistisches Bundesamt (2005) Statistisches Jahrbuch 2004 für die Bundesrepublik Deutschland. Statistisches Bundesamt, Wiesbaden

VDMA (2005) Maschinenbau in Zahl und Bild. VDMA Volkswirtschaft und Statistik, Frankfurt

Wiegand B, Franck P (2004) Lean Administration I – So werden Geschäftsprozesse transparent. Lean Management Institute, Aachen

Wiendahl H-H, Behringer S (2006) Stolpersteine der Lieferterminermittlung und -überwachung. (Liefertreue im Maschinen- und Anlagenbau, Studie des Fraunhofer IPA, FIR und WZL, Aachen, S 19-32)

3.8 Best Practices des SCM in Kunden-Lieferanten-Beziehungen

von Benedikt Schweicher und Martin Weidemann

3.8.1 Ausgangssituation und Problemstellung

Unternehmen handeln heute global. Sie sind integriert in Produktionsnetzwerke bzw. produktspezifisch in Supply Chains. Die globalen Märkte erfordern die Belieferung von Endkunden innerhalb extrem kurzer Lieferzeiten sowie die Verkürzung von Produktlebenszyklen, um Endkunden zufrieden zu stellen (Wysocki et al. 2004). Die dynamische Anpassung an diese Marktveränderungen ist nur noch mit Fertigungsressourcen möglich, die zu verschiedenen ökonomisch und organisatorisch unabhängigen, auf ihre Kernkompetenz spezialisierten Partnern gehören (Hieber 2002). Die daraus resultierenden Anforderungen an die unternehmensübergreifende Kooperation und Koordination steigen kontinuierlich und stellen Unternehmen vor die Aufgabe, die unternehmensübergreifenden Schnittstellen möglichst effizient und kundenorientiert zu gestalten (Wagner et al. 2004).

Die Koordination der langfristigen Zusammenarbeit von Ko-Herstellern im Logistiknetzwerk zur Herstellung von Produkten wird Supply Chain Management (SCM) genannt (in Anlehnung an Schönsleben 2004). Der Bedarf an ein effizientes SCM in Netzwerken ist angesichts steigender Anforderungen offensichtlich. Zwar stehen den Unternehmen verschiedenste Informations- und Kommunikationstechnologien zur Verfügung, um die Kooperation und Koordination der Produktionsnetzwerke zu unterstützen, jedoch bleibt ein wesentliches Problem in der organisatorischen Fähigkeit der Unternehmen, sich der jeweiligen Netzwerksituation anzupassen und so ein effektives Netzwerk zu bilden (Pfohl et al. 2002; Wysocki et al. 2004; Cristopher et al. 2001; Schuh 2002a).

Im Kunden-Lieferanten-Verhältnis besitzt der Kunde i. d. R. eine stärkere Position als der Lieferant. Der Kunde bestimmt, zu welchem Zeitpunkt er welche Ware, in welcher Menge, in welcher Qualität und an welchen Ort geliefert bekommt. Danach muss sich der Lieferant richten. Kann er diese Bedingungen nicht erfüllen, riskiert er den Verlust von Kunden (Stich 2002a). Die Kundenanforderungen zu erfüllen, stellt viele Zulieferer vor die Problematik, ein Reengineering der logistischen Geschäftsprozesse im Kunden-Lieferanten-Verhältnis durchzuführen. Hierbei ist jedoch zu

3.8 Best Practices des SCM in Kunden-Lieferanten-Beziehungen

beachten, dass die verschiedenen Best Practices des SCM, wie z. B. Vendor Managed Inventory (VMI) oder Kanban, nicht auf jede Kunden-Lieferanten-Beziehung anwendbar sind.

Eine Studie der META Group unter 916 Unternehmen hat schon im Jahr 2000 in Deutschland ergeben, dass eine Prozessoptimierung in der Kunden-Lieferanten-Schnittstelle erstrebenswert ist. Dies wurde als ein wesentlicher Grund für die Implementierung von SCM-Software genannt. Des Weiteren wurde festgestellt, dass insbesondere kleine und mittlere Unternehmen der Meinung sind, keine passende Software für ihre Bedürfnisse kaufen zu können (META Group 2000).

Noch im Jahr 2001 prophezeite eine Studie von Frost und Sullivan Wachstumsraten für den Markt der SCM-Software in Europa für die kommenden Jahre auf über 28% (Frost & Sullivan 2001). Inzwischen haben neueste Untersuchungen jedoch gezeigt, dass der SCM-Software Markt in Europa nach wie vor stagniert (Schönsleben et al. 2003). Die amerikanische Unternehmensberatung PRTM fand in einer Umfrage unter 80 überwiegend amerikanischen Top-Managern heraus, dass die Gründe hierfür in der mangelnden Prozessintegration von Geschäftsprozessen zwischen Kunden und Lieferanten liegen, welche eine wesentliche Voraussetzung für die Implementierung von SCM-Systemen ist.

Lediglich 20% der Befragten gaben an, dass ihre Firmen bereits eine externe Prozessintegration vollzogen haben. Als Hindernisse für die mangelnde Integrationsfähigkeit wurden fehlende unternehmensübergreifende Geschäftsprozesse (65%) und fehlendes Wissen über SCM-Gestaltungsmöglichkeiten (53%) genannt (Hoole 2003).

Die unternehmensübergreifende Prozessintegration ist jedoch eine notwendige Voraussetzung, um unternehmensübergreifende Prozesse EDV-technisch unterstützen zu können. Früher versuchte man, die Informationssysteme der verschiedenen Partner über Electronic Data Interchange (EDI) Anwendungen zu verbinden. EDI Anwendungen stellten sich jedoch als sehr komplex und teuer heraus, so dass insbesondere KMU nicht an der EDI-basierten Kommunikation teilnehmen konnten. Des Weiteren erwies sich EDI als nicht flexibel genug, um an sich ständig ändernde Geschäftsbeziehungen angepasst zu werden (Stefansson 2002).

Um eine unternehmensübergreifende Integration von Geschäftsprozessen zu erreichen, werden seit wenigen Jahren Standards entwickelt, die zu einem einheitlichen Verständnis führen sollen, welche Informationen zwischen den Geschäftspartnern ausgetauscht werden müssen. Auf dem Gebiet der unternehmensübergreifenden Geschäftsprozessintegration können zwei Arten von Standards identifiziert werden. Dokumentenstrukturstandards, die Applikationen von Extensible Markup Language (XML) Spezifikationen sind, und Prozessstandards, die definieren, welche überlappenden Geschäftsprozesse dem Austausch der Dokumenten-Standards zugrunde liegen müssen (Folmer et al. 2002). Die bekanntesten dieser Standards sind ebXML und RosettaNet (Stich et al. 2003a).

Durch die gute Verfügbarkeit des Internets und der zunehmenden Standardisierung der internetbasierten überbetrieblichen Kommunikation gewinnen die Konzepte des SCM zunehmend auch für KMU an Bedeutung. Die Vielfalt an Best Practices im SCM macht es aber gerade für KMU schwierig, die richtige Best Practice auszuwählen und zu gestalten (Stich et al. 2003b). Die Unternehmen müssen nicht nur die Anforderungen Ihrer Kunden erfüllen, sondern müssen auch für sich selbst Wettbewerbsvorteile gegenüber der Konkurrenz im globalen Wettbewerb gewinnen.

Eine kundenorientierte, unternehmensübergreifende Beziehung zeichnet sich dadurch aus, dass der Kunde bei der Ausgestaltung der Schnittstelle eingebunden wird und dass neben der Anforderungserfüllung des Kunden auch die Rahmenbedingungen und Ziele des Zulieferers berücksichtigt werden (Pfohl et al. 2002).

Vor diesem Hintergrund müsste der Begriff Supply Chain Management eigentlich in Frage gestellt werden, da die SCM-Software sich am so genannten Push-Prinzip orientiert. In Zeiten eines kundenzentrierten SCM wird daher auch vermehrt der Begriff Demand Chain Management (DCM) verwendet, da dieser Ausdruck den Kunden in den Mittelpunkt des Supply Networks stellt und von ihm aus die Supply Chain unter Berücksichtigung seines Bedarfs gestaltet wird. Dabei sollten die Geschäftsprozesse aller beteiligten Unternehmen den Kunden mit einbeziehen und durch verstärkte Nutzung moderner Internet- und Intranettechnologien die Reaktionszeit zur Leistungserbringung verkürzen (Jansen et al. 2001; Lee 2003).

Es ist also festzustellen, dass gerade KMU vor der Problematik stehen, geeignete Best Practices im SCM für die Ausgestaltung ihrer Kunden-Lieferanten-Schnittstelle auszuwählen, die einerseits die Kundenanforderungen erfüllen und andererseits ihnen selbst Wettbewerbsvorteile ermöglichen. Des Weiteren stellt sich nach der Auswahl einer Best Practice die Frage, wie deren Auftragsabwicklungsprozesse zu gestalten sind, zumal einheitliche, einen Kommunikationsstandard unterstützende Prozessmodelle fehlen (Stich et al. 2003). Das fehlende Wissen hierüber stellt für viele KMU ein wesentliches Hindernis zur Einführung von SCM-Konzepten dar, durch die sie ein erhebliches Verbesserungspotenzial in der Zusammenarbeit mit dem Kunden erschließen könnten. Bisher mangelt es an einer ausreichenden Entscheidungsunterstützung zur Auswahl von Gestaltungsmöglichkeiten der Kunden-Lieferanten-Schnittstelle (Stich et al. 2002b; Rüttgers et al. 2000). Ferner wird in der PRTM-Studie das mangelnde Wissen über Gestaltungsmöglichkeiten als wesentliches Hindernis für die externen Prozessintegrationen genannt (Hoole 2003). Deshalb würde eine solche Entscheidungsunterstützung wesentlich zum Abbau dieser Hindernisse und somit zu einer stärkeren Verbreitung von effizienten SCM-Lösungen beitragen.

3.8.2 Zielsetzung

Ziel des in diesem Kapitel vorgestellten Vorhabens ist die Entwicklung eines strukturierten Vorgehens zur unternehmensspezifischen Auswahl von Best Practices des Supply Chain Management aus Lieferantensicht. Kern der Methodik soll die Priorisierung sein, die den Anwender in der Auswahl der geeigneten Best Practices des SCM unterstützt. Zudem sollen einheitliche, einen Kommunikationsstandard unterstützende Prozessmodelle der unternehmensübergreifenden operativen Auftragsabwicklungsprozesse der Best Practices eine erste Orientierung für die Gestaltung der Best Practices geben. Die richtige Auswahl der Best Practice im SCM soll zur Verbesserung der Koordination und Kooperation von Netzwerkpartnern beitragen und dem Zulieferer Wettbewerbsvorteile verschaffen.

Zunächst sind die für dieses Vorhaben relevanten Best Practices des SCM zu erfassen und zu beschreiben. Ein Teil ist die Modellierung der operativen Auftragsabwicklungsprozesse. Zudem müssen die SCM-Ziele aus der Sicht des Zulieferers systematisch in einem Zielsystem beschrieben werden. Da nicht alle Best Practices auf alle Unternehmen anwendbar sind, müssen Unternehmenstypen im Produktionsnetzwerk hergeleitet werden. Diese Elemente des Zielsystems sollen bei den Best Practices des SCM in der Anwendung hinsichtlich ihrer Wirkbeziehungen untersucht werden. Die Ergebnisse sollen anschließend in die Gestaltung der Kunden-Lieferanten-Schnittstelle aus Lieferantensicht einfließen. So können sie eine fallspezifische Priorisierung der Best Practices hinsichtlich ihres Beitrags zur Zielerreichung der gewählten SCM-Ziele ermöglichen und die Auswahl unterstützen.

3.8.3 Modellierung eines Zielsystems für die Gestaltung der Kunden-Lieferanten-Schnittstelle aus Lieferantensicht

Die Diskussionen über die Probleme des unternehmerischen Zielsystems in der entscheidungsorientierten Betriebswirtschaftslehre sind weit reichend und vielfältig, so dass sie den Rahmen sprengen würden. Aus diesem Grund beschränkt sich dieses Kapitel auf die Aspekte, die für die Formulierung und Lösung zur Priorisierung und Auswahl von Best Practices des SCM für die Gestaltung der logistischen Kunden-Lieferanten-Schnittstelle aus Lieferantensicht erforderlich sind.

3.8.3.1 Anforderungen an das Zielsystem

Als Anforderungen an ein Zielsystem zur Entscheidungsfindung lassen sich folgende Punkte ableiten (Ehrmann 1999; Hillebrand 2002; Lindemann 1999):

- Beim Vorkommen mehrerer Ziele muss eine Rangordnung erkennbar sein. Insbesondere müssen bei Konflikten Prioritäten vorgegeben werden (Zielhierarchie).
- Das Zielsystem muss vollständig sein. Diese Forderung bezieht sich auf die festgelegten Zielinhalte (explizite Zielgrößen).
- Die Gewichtung der Ziele muss bei sich ändernden Bedingungen angepasst werden können, so dass eine eindeutige Wertreihenfolge erreicht werden kann.
- Die Ziele müssen konsistent und präzise formuliert sein, so dass eine Operationalisierung erfolgen kann.

Unter Operationalisierung versteht man die Ermittlung und Überprüfung des Grads der Zielerreichung (Hillebrand 2002). Die Messung der Zielerreichung kann hierbei auf Kardinal-, Ordinal- und Nominalskalen beruhen. Eine kardinale Messung liegt vor, wenn jeder Zielerreichungsgrad durch numerische Werte ausgedrückt werden kann (Seiwert 1979). Eine ordinale Messung der Zielerreichung beruht auf der Vorstellung einer bestimmten Rangordnung. Verschiedene Zielerreichungsgrade lassen sich in eine bewertende Reihenfolge bringen (z. B. schlecht, befriedigend, gut), so dass zwei Ziele miteinander verglichen und verbal umschrieben werden können. Bei der nominalen Messung werden alle Zielerfüllungen in Klassen aufgeteilt, wobei alle Elemente einer Klasse als gleichrangig betrachtet werden. Die nominale Messung ist die einfachste und vergleichsweise schwächste Form der Messung. Es kann lediglich die Aussage getroffen werden, ob ein Ziel erreicht worden ist oder nicht.

3.8.3.2 Zielsystem für die Gestaltung der Kunden-Lieferanten-Schnittstelle

Die Ziele eines Unternehmens sind vielfältig und in ein sehr komplexes System eingebettet, dessen einzelne Faktoren entscheidend miteinander verbunden sind. Nur wenn die Basis für dieses Zielsystem klar und präzise definiert ist, können Ziele und Maßnahmen auf der operativen und taktischen Ebene zielführend und effizient sein.

Jedes Unternehmen muss ein eigenes individuelles Zielsystem aufbauen und definieren, dessen Erreichung mittels wirtschaftlicher Betätigung angestrebt werden soll.

3.8 Best Practices des SCM in Kunden-Lieferanten-Beziehungen 547

Im Rahmen der Modellierung der Kunden-Lieferanten-Schnittstelle wird ein allgemeingültiges SCM-spezifisches Zielsystem entwickelt und dargestellt. Die Gewichtung der einzelnen Ziele lässt eine unternehmensspezifische Anpassung der Ziele zu. Da an dieser Stelle eine Entscheidungsunterstützung für Lieferanten in ihrer Zusammenarbeit mit den direkten Kunden entwickelt wird, beschränkt sich das hier aufgestellte Zielsystem auf die Ziele eines Lieferanten in der Lieferkette.

Ziele liegen nicht auf der Hand, sondern müssen erst erarbeitet werden. Dazu stehen Hilfstechniken zur Verfügung, die der Ermittlung des Zielsystems dienen. Nach Patzak (1982) kann die Ermittlung eines Zielsystems auf deduktivem oder induktivem Weg ermittelt werden.

Bei der deduktiven Zielermittlung, die hier Anwendung findet, wird ein nicht operational definiertes Gesamtziel in Teilziele und Einzelziele zerlegt. Dieser Gliederungsvorgang erfolgt nach unterschiedlichen logischen Gesichtspunkten der Aufbaugliederung. Es muss dabei festgehalten werden, dass diese Zerlegung zugleich eine Spezifizierung und Detaillierung bedeutet und daher auch induktive Elemente beinhaltet.

Bei der induktiven Zielsystemermittlung dagegen erfolgt zunächst eine Sammlung von Zielen auf heuristischem Wege (Hillebrand 2002). Diese Ziele werden dann entsprechend ihrer gegenseitigen Abhängigkeiten schrittweise zu einem Zielsystem zusammengesetzt. Existiert eine unstrukturierte Menge von Zielen, erfolgt eine Analyse der Zusammenhänge dieser Ziele um zu überprüfen, inwieweit ein Ziel in einem anderen bereits enthalten ist, so dass sich eine Mittel-Zweck-Beziehung ergibt.

Die Rangordnung von Zielen erfordert die Unterscheidung von Ober-, Zwischen- und Unterzielen. Das Oberziel bezeichnet die höchste Zielsetzung eines Unternehmens und weist eine hohe Komplexität auf. Dabei lässt sich das Oberziel nur über Zwischenstufen erreichen, d. h. aus dem Oberziel werden Unterziele abgebildet. Neben Unterzielen können auch Zwischenziele formuliert werden. Unterziele dienen zur Erreichung von Zwischenzielen. Diese stellen das Mittel zur Erfüllung des Oberziels dar. Diese Differenzierung führt zu einer Zielhierarchie. Die Abbildung 3.8-1 zeigt das SCM-spezifische Zielsystem, das aus der Sicht eines Lieferanten und unter Beachtung der Zielhierarchie aufgebaut ist und nachfolgend beschrieben wird.

Geht man bei der Formulierung des Zielsystems der Unternehmung vom Rationalprinzip aus und interpretiert man die Mittel-Zweck-Relation des erwerbs-wirtschaftlichen Prinzips dahingehend, dass der Unternehmer Kapital als Mittel zum Zweck des Einkommenserwerbs einsetzt, so ist daraus das Rentabilitätsstreben als Ziel der Unternehmung abzuleiten. Als (Kapital-) Rendite oder auch Rentabilität bezeichnet der Return on Investment

(RoI) das gesamte investierte Kapital und der Umsatz im Verhältnis zum Gewinn (Dichtl et al. 2002):

RoI ist eine Kennzahl zur Analyse der Rentabilität. Sie kann als Grundlage für die Unternehmenspolitik und Unternehmensstrategie dienen. RoI eignet sich als Oberziel besonders gut, da alle wichtigen Faktoren wie Umsatz, Kapital und Kosten, die den unternehmerischen Erfolg stark beeinflussen, mitberücksichtigt werden. Betrachtet man die Definition des RoI, so findet man alle diese Komponenten wieder. Die Gleichung 1 bildet auch die Grundlage für den weiteren Aufbau des Zielsystems. Gemäß der Mittel-Zweck-Relation führen nun die Unterziele Umsatzmaximierung, Effizienz des eingesetzten Kapitals und Kostenminimierung zur Erreichung des Oberziels RoI. Diese bilden die drei Säulen des Zielsystems und werden im Folgenden einer näheren Betrachtung unterzogen.

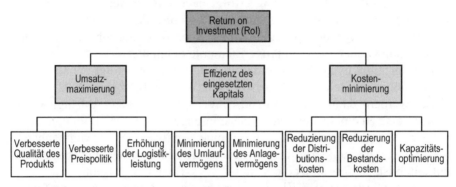

Abb. 3.8-1 SCM-spezifisches Zielsystem aus der Sicht des Lieferanten

$$RoI = \frac{G}{U} * \frac{U}{K} \text{ mit } G = (U - K_0) \tag{1}$$

mit   G   Gewinn
        U   Umsatz
        K   investiertes Kapital
        K0   Kosten

Umsatzmaximierung

Um den Umsatz zu steigern muss der Zulieferer die Kundenzufriedenheit sicherstellen und die Kundenanforderungen erfüllen. Kundenanforderungen lassen sich in kostenorientierte, qualitätsorientierte und logistikleistungsorientierte Forderungen zusammenfassen (Stich et al. 2002a). Aus Sicht des Zulieferers bedeutet dies, dass er eine Umsatzsteigerung durch „verbesserte Preispolitik", „verbesserte Produktqualität" und „verbesserte

3.8 Best Practices des SCM in Kunden-Lieferanten-Beziehungen

Logistikleistung" erzielen kann (vgl. Abb. 3.8-2). Dabei ist zu erwähnen, dass die Grundgedanken des SCM eine entscheidende Rolle bei der Herleitung dieses Zielsystems spielen. Der Produktpreis und die Produktqualität stellen jedoch keine SCM-spezifischen Ziele dar, sondern sind allgemeingültige Ziele jedes produzierenden Unternehmens.

Die gesamte Betrachtung und Optimierung der logistischen Kunden-Lieferanten-Schnittstelle setzt voraus, dass die Planungsebenen zwischen den Partnern der Logistikkette verbunden sind. Dies ist jedoch erst dann möglich, wenn die Unternehmen die Ziele und Anforderungen der anderen Partner in der Wertschöpfungskette in ihrem eigenen Zielsystem mitberücksichtigen. Da hier das Zielsystem eines Lieferanten im Mittelpunkt steht, das später eine Entscheidungsunterstützung bei der Auswahl von Best Practices im Verhältnis zu seinen Kunden ermöglichen soll, muss der Lieferant die Wünsche und Ziele seiner Kunden in sein eigenes Zielsystem integrieren. Aus diesem Grund verfolgt der Lieferant das Ziel, durch Verbesserung der vom Kunden wahrgenommenen Logistikleistung eine Umsatzmaximierung zu erreichen. Der Kunde wird sich nur dann zur Zusammenarbeit bereit erklären, wenn er sich auf seinen Zulieferer verlassen kann und mit seiner Leistung zufrieden ist. Andernfalls kommt es zu Störungen entlang der gesamten Logistikkette und die Nutzen potenziale des SCM wären nicht mehr realisierbar.

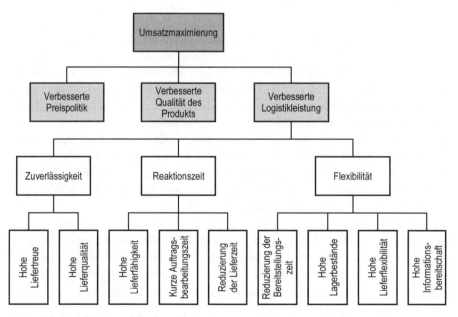

Abb. 3.8-2 SCM spezifisches Zielsystem zur „Umsatzmaximierung"

Die erste Möglichkeit zur Erhöhung der Logistikleistung liegt in einer „höheren Zuverlässigkeit" des Lieferanten. „Liefertreue" und „Lieferqualität" stellen die wichtigen Faktoren dar, die Zuverlässigkeit zu bestimmen.

Die „Liefertreue" bezeichnet die Übereinstimmung zwischen zugesagtem und tatsächlichen Auftragserfüllungstermin und dient als Maß für die Sicherheit der Terminzusage (Lawrenz et al. 2001).

Die „Lieferqualität" ist ein Bewertungsmaßstab für den Anteil der entsprechend der Kundenspezifikationen fehlerfrei ausgeführten Aufträge. Hierbei werden jedoch nicht die zeitbezogenen Aspekte der Kundenspezifikation berücksichtigt (Stich et al. 2002a). Sie beschreibt die Liefergenauigkeit nach Art und Menge sowie den Zustand der Lieferung. Beschädigungen der Güter sowie eine Über- oder Unterschreitung der bestellten Mengen haben Kundenreklamationen und zusätzliche Kosten auf Grund von Retouren bzw. Preisabschlägen zur Folge und verursachen zudem einen Vertrauensverlust.

Die zweite Möglichkeit zur Erhöhung des Servicegrads sind kurze „Reaktionszeiten". Sie werden primär über die „Lieferfähigkeit", der „Auftragsbearbeitungszeit" und der „Lieferzeit" bestimmt.

Wichtigster Faktor für die Verkürzung der Reaktionszeit ist die „Lieferfähigkeit". Sie beurteilt die Übereinstimmung zwischen dem Kundenwunschtermin und dem zugesagten Auftragserfüllungstermin des Lieferanten (Thaler 2001). Ist der Zulieferer lieferunfähig, verliert er Aufträge und muss mit Einbußen rechnen.

Durch den zweiten Einflussfaktor der Reaktionszeit, die „Auftragsbearbeitungszeit", wird die Zeitspanne vom Eingang des Auftrags bis zur Fertigstellung der Ware angesehen. Vor allem die Liege- und Wartezeiten bestimmen das Ausmaß der Auftragsbearbeitungszeit (Bloech et al. 1997). Ist die Auftragsbearbeitungszeit kurz, so kann der Lieferant seine Reaktionszeit erheblich reduzieren.

Letztlich führt auch die Verkürzung der Lieferzeit zur Erfüllung dieses Ziels, da sie die Zeitspanne zwischen Eingang des Kundenauftrags und der Verfügbarkeit der Ware beim Kunden umfasst. Sie ist kaufentscheidender Faktor für den Kunden, sofern es dem Zulieferer gelingt, die Lieferzeit der Wettbewerber zu unterbieten (Stich et al. 2002a).

Die dritte Möglichkeit zur Steigerung des Servicegrads ist die erhöhte „Flexibilität". Unter Flexibilität versteht man die Anpassung der Leistungserstellung von Unternehmen an veränderte Umweltsituationen (Tempelmeier et al. 1998). Eine hohe Flexibilität wird durch die „Reduzierung der Bereitstellungszeit", „hohe Lagerbestände", eine „hohe Lieferflexibilität" und eine „hohe Informationsbereitschaft" erreicht.

Die „Bereitstellungszeit" umfasst die Zeit vom Auftragseingang bis zur Bereitstellung der Ware für den Transport. Insbesondere bei einer dezentralen Lagerung von Fertigwaren kann sich die Bereitstellungszeit erhöhen, wenn Kunden Waren bestellen, die nicht in dem für sie bestimmten Lager vorrätig sind und aus einem anderen Lager bereitgestellt werden müssen. Je kürzer diese Zeit ist, desto schneller kann ein Unternehmen auf veränderte Bedingungen und damit auf Kundenwünsche reagieren.

„Hohe Lagerbestände" dienen dazu, Out-of-Stock-Situationen zu vermeiden. Out-of-Stock beschreibt eine Situation, in der das Unternehmen nicht über genügend Waren verfügt, um die Nachfrage zu erfüllen bzw. um die eigene Leistungserstellung sicherzustellen. Eine solche Situation kann unter Umständen dazu führen, dass der Zulieferer Marktanteile verliert, weil seine Kunden ihren Bedarf bei den Konkurrenten decken werden. Hohe Lagerbestände minimieren das Risiko, lieferunfähig zu werden. Durch ausreichend hohe Lagerbestände kann der Lieferant seine Flexibilität bewahren und eine bedarfsgerechte Lieferung seiner Kunden garantieren.

Die „Lieferflexibilität" bezeichnet die Fähigkeit eines Unternehmens, kurzfristigen Änderungen seitens der Kunden zu Produktspezifikationen, Menge und/oder Terminen möglichst kostengünstig zu entsprechen. Sie trägt ebenfalls zu einer Erhöhung der Gesamtflexibilität des Zulieferers bei (Stich et al. 2002a).

Eine weitere Möglichkeit zur Erhöhung der Flexibilität besteht in der „Erhöhung der Informationsbereitschaft." Die Informationsbereitschaft von Unternehmen liegt in der Fähigkeit, Kundenanforderungen schnell und genau beantworten zu können (Schulte 1999). Informationswünsche der Kunden können sich beispielsweise auf Liefermöglichkeiten, dem Stand eines Auftrages oder auf Reklamationen bei Fehllieferungen beziehen.

Die bisherigen Erläuterungen haben verdeutlicht, dass durch die Erhöhung des Servicegrads der Umsatz maximiert werden kann. Eine Umsatzmaximierung ist aber auch durch die „Erhöhung des Marktanteils" möglich. Marktanteile können durch eine „hohe Produktqualität" vergrößert werden.

Effizienz des eingesetzten Kapitals

Unternehmen, die Leistungen erstellen und verwerten, benötigen dafür Anlage- und Umlaufvermögen. Um dieses bereitstellen und bereithalten zu können, müssen sie finanzielle Mittel in Form von Kapital aufbringen (Hummel et al. 1993). Anlage- und Umlaufvermögen gehören somit zu den betriebsnotwendigen Vermögensgegenständen eines Unternehmens und beeinflussen die Effizienz des eingesetzten Kapitals. Die Wertedefinition des Anlage- und Umlaufvermögens erfolgt grundsätzlich nach dem Prinzip der Einzelbewertung (§252 I Nr. 3 HGB). Um eine Optimierung dieses Vermögens herbeizuführen, kommt es in erster Linie darauf an, die Kapitalbindungskosten zu reduzieren.

Unter Kapitalbindungskosten wird ein entgangener Nutzen verstanden (Opportunitätskosten), der aus der Bindung von Kapital für die Aufrechthaltung des betriebsnotwendigen Vermögens entsteht. Die Berechnung der Kapitalbindungskosten erfolgt dabei unter Einbeziehung der Komponenten Menge und Wert der Vermögensgegenstände, Zeit (Kapitalbindungsdauer) und Zinssatz (Stich et al. 2002a).

Im Bereich des Anlagevermögens führen geringe Investitionsausgaben zu einer Reduzierung der Kapitalbindungskosten. Je niedriger die Investitionsausgaben sind, desto kleiner werden die Kapitalbindungskosten. Gleiches gilt für die Kapitalbindungsdauer: je geringer die Kapitalbindungsdauer, desto geringer werden die Kapitalbindungskosten. Die Zinssätze werden hier vernachlässigt, weil diese oft vorgegeben und somit nicht über Best Practices des SCM beeinflussbar sind.

Für die Erschließung von Rationalisierungspotenzialen sind vor allem kurzfristig gebundene Kapitalanteile (Umlaufvermögen), wie z. B. Bestände, interessant. Durch Bestandoptimierung wird eine passende Strategie oder Maßnahme zur Bestandreduzierung ermittelt (Schulte 1999). Jedoch kommt es dabei zu einem Zielkonflikt im SCM. Auf der einen Seite wird die Versorgungssicherung einer Unternehmung durch hohe Lagerbestände verfolgt, um die Flexibilität und damit die Erhöhung des Servicegrads sicherzustellen. Auf der anderen Seite wird durch die Reduzierung von Vorräten nach Reduktion der Kapitalbindung gestrebt. Die isolierte Optimierung dieser beiden strategischen Grundhaltungen beinhaltet Konfliktpotenzial. So geht eine Bestandsreduzierung zu Lasten der Versorgungssicherheit und des Servicegrads. Sie führt im Extremfall zu Out-of-Stock-Situationen. Ein Ausweg aus diesem Zielkonflikt bietet bei der Auswahl und Priorisierung von Best Practices des SCM die Zielgewichtung. Der Lieferant muss sich entscheiden, welchem Ziel er eine höhere Gewichtung zuordnet. Misst er dem Servicegrad eine größere Bedeutung bei, so muss er u. U. mehr Kosten (Kapitalbindungskosten) in Kauf nehmen. Steht für ihn jedoch die Reduzierung von Kapitalbindungskosten im Vordergrund, so wird wahrscheinlich sein Servicegrad sinken.

Kostenminimierung

Die dritte Säule des hier aufgestellten SCM-spezifischen Zielsystems stellt die Kostenminimierung dar. Sie beinhaltet die „Bestandskostensenkung", die „Reduzierung der Distributionskosten" und die „Optimierung der Kapazitäten" (vgl. Abb. 3.8-3).

3.8 Best Practices des SCM in Kunden-Lieferanten-Beziehungen 553

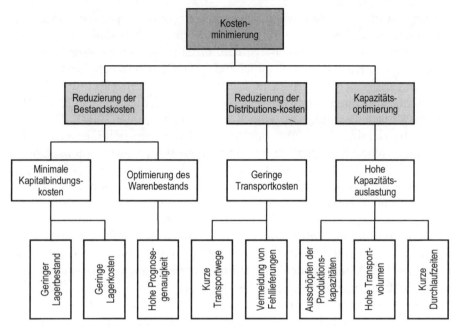

Abb. 3.8-3 Zielsystem „Kostenminimierung"

Die „Bestandskosten" umfassen die Kosten, die in direktem Zusammenhang mit den im Unternehmen gelagerten Halbfabrikaten und Fertigerzeugnissen anfallen (Bloech et al. 1997). Sie beinhalten zum einen die Kapitalbindungskosten zur Finanzierung der Bestände. Die Kapitalbindungskosten werden zuerst direkt von der Höhe der „Lagerbestände" beeinflusst. Das in den Lagerbeständen gebundene Vermögen eines Unternehmens kann keiner anderen Verwendung zugeführt werden und verursacht zudem laufende Kosten durch Zinszahlungen für Kredite (Michler 1992). Zum anderen fallen durch hohe Lagerbestände Kosten für die Lagerung an, die ebenfalls zu einer Steigerung der Kapitalbindungskosten führen. Die „Lagerhaltungskosten" sind abhängig von der Lagerbestandsmenge, dem Lagerbestandswert und der Dauer der Bevorratung. Sie setzen sich zusammen aus Raumkosten, Lagerbewirtschaftungskosten sowie sonstigen Kosten (Werner 2002).

Die zweite Möglichkeit zur Minimierung der Bestandskosten liegt in der „Optimierung des Warenbestands". Vor allem eine hohe Prognosegenauigkeit kann zur Erreichung dieses Ziels führen. Diese Prognosegenauigkeit kommt erst dann zustande, wenn die Zulieferer durch Informationsaustausch mit den Kunden und Partnern eine gemeinsame Planung vornehmen. In diesem Fall kann der zukünftige Bedarf besser vorhergesagt werden, da die Unternehmen auf gemeinsame Daten zugreifen und so vor unerwarteten Risiken und Marktentwicklungen gesichert sind.

Die „Distributionskosten" bergen auf Grund ihres hohen Anteils an den Gesamtkosten Kostensenkungspotenziale. Die Distribution befasst sich mit allen physischen, dispositiven und administrativen Prozessen der Warenverteilung von einem Industrie- oder Handelsunternehmen zur nachgelagerten Wirtschaftsstufe, bzw. zum Konsumenten (Gabler 2004). Ziel ist es dabei, die richtige Ware zum richtigen Zeitpunkt am richtigen Ort in der richtigen Menge und Qualität bereitzustellen. In der Distributionsplanung sollen die Absatzwege optimal gewählt werden, wobei gleichzeitig anfallende Kosten möglichst reduziert werden sollen. Die Möglichkeiten, die zu einer optimalen Belieferung der Kunden und somit zur Erhöhung der Lieferzuverlässigkeit beitragen, wurden bereits unter dem Gesichtspunkt der Umsatzmaximierung behandelt. Folglich gilt im Bereich der Kostenminimierung die Aufmerksamkeit ausschließlich den „Transportkosten", die einen großen Anteil an den Distributionskosten haben. „Transportwege" und „Fehllieferungen" stellen zwei Indikatoren dar, die die Höhe der Transportkosten im Wesentlichen bestimmen (Stich et al. 2002a).

Das dritte Mittel zur Kostenminimierung ist die „Kapazitätsoptimierung", die durch eine Verbesserung der „Kapazitätsauslastung" erreicht werden kann. Insbesondere die Kapazitäten im Bereich der Produktion und des Transports sind hier relevant. Jedes Unternehmen verfügt über Ressourcen zur Bearbeitung von Aufträgen. Die Kunden versuchen verstärkt, ihre eigenen Bestände zu senken, indem sie möglichst bedarfsgerecht in kurzen Abständen kleinere Mengen bestellen (Schulte 1999). Dies zwingt den Zulieferer, Lieferstrategien zu finden, die eine hohe Lieferbereitschaft gewährleisten und gleichzeitig eine Ausschöpfung der Kapazitäten ermöglichen. Da die Kunden immer kleinere Losgrößen verlangen, sind Strategien herauszuarbeiten, die „hohe Transportvolumina" garantieren und damit eine Nutzung der Kostensenkungspotenziale zulassen. Ebenso tragen „kürzere Durchlaufzeiten" der Produkte im Distributionssystem zu einer höheren Kapazitätsauslastung bei. Je kürzer die Durchlaufzeit ist, umso effizienter können Unternehmen auf Kundenwünsche eingehen. Der Zulieferer kann bei kurzen Durchlaufzeiten Aufträge sammeln und die Produktion mit kostenoptimalen Losgrößen anstoßen (Breyer et al. 2003). Daraus resultieren eine bessere Kapazitätsauslastung und Planungsflexibilität.

3.8.4 Best Practices des SCM

Im nachfolgenden werden verschiedene Best Practices des SCM über ihre allgemeinen Anforderungen und ihre operativen Prozessabläufe beschrieben.

3.8.4.1 Quick Response

Bei der Best Practice Quick Response (QR) werden durch den Einsatz modernster Computer- und Kommunikationstechnik die Liefer- und Durchlaufzeiten weiter verkürzt. Die tatsächliche Marktnachfrage soll beim Kunden in Echtzeit erfasst werden (Diruf 1994). Um die Gestaltung des Informationsflusses optimal auszulegen, wird eine artikelgenaue Erfassung der Verkäufe am Point of Sale (POS) sowie eine integrierte, schnelle und fehlerfreie Übertragung der Daten und Informationen in der Logistikkette benötigt (Pfohl 1992; Diruf 1994). Zur Übertragung der Abverkaufsdaten wird die Nutzung von EDI-Systemen empfohlen, die große Datenmengen übertragen können und eine automatische Identifikation, Überwachung und Steuerung der Prozesse erlauben (Pfohl 1997).

Beim QR werden die Abverkäufe am Point of Sale des Kunden, z. B. über Barcodes, erfasst und diese Daten an eine Zentrale übermittelt. Diese Zentrale aggregiert die Daten der verschiedenen Kunden und übermittelt sie dem Lieferanten. Der Lieferant ermittelt aus dem Abgleich der bisherigen Liefermengen mit den Abverkaufsmengen die Lagerbestände des Kunden und kann so Abweichungen von den prognostizierten Abverkaufsmengen erkennen. Diese berücksichtigt der Lieferant in der Bedarfsermittlung, die der Lieferant selbst durchführt (Krcmar 2003). Aus den ermittelten Bedarfsmengen werden die kurzfristigen Produktionsmengen abgeleitet und in die entsprechenden Produktionspläne eingearbeitet. Der Prozess endet mit der Lieferung der Ware über ein zentrales Distributionslager. Auf diese Weise können unerwartete Bedarfsspitzen abgefangen werden. QR verschafft dem Lieferanten die Möglichkeit, kurzfristig zu reagieren. Zudem gleicht das zentrale Distributionszentrum den unterschiedlichen Bedarf zwischen den Kunden aus.

3.8.4.2 Efficient Consumer Response

Die Anwendung von Efficient Consumer Response (ECR) erfordert eine umgehende Erfassung der Warenabgänge für die kontinuierliche Nachlieferung und für die Sammlung und Auswertung der Vertriebsdaten. Dies ist notwendig, um Werbemaßnahmen, Sortimentgestaltung und Produkteinführung gezielt durchführen zu können. Diese kontinuierliche Nachlieferung und Sammlung der Vertriebsdaten erfordert einen durchgängigen, sicheren und schnellen Informationsfluss vom Kunden zum Zulieferer. Um diesen Informationsfluss realisieren zu können, ist zum einen der Einsatz entsprechender Technologie, z. B. der Einsatz von EDI, und zum anderen die Verwendung operativer Standards nötig. Standards bedeutet in diesem Zusammenhang sowohl die durchgängige Identifikation der Produkte und deren Verpackungen, als auch die Verwendung einheitlicher EDI-Standards. Auch für die Auswertung der Vertriebsdaten wird ein adäquater EDV-Einsatz benötigt, um die Informationsflut beherrschen zu können. Es existieren beispielsweise Data-Warehouse-Konzepte zur integrierten Speicherung der Daten, Informationsfilter zur Selektion der Daten und entsprechende Analysewerkzeuge zur Auswertung (Hagen 1996; Wegner 2001; Dantzer 1997). Um ECR effizient anwenden zu können, ist die Konsistenz der benötigten Stammdaten Voraussetzung (Krieger 1995). Diese Konsistenz ist nur zu erreichen, wenn die Datenbanken aller beteiligten Partner kontinuierlich abgeglichen und gepflegt werden bzw. auf gemeinsame Datenbanken zugegriffen wird. Dafür müssen entsprechende technologische und organisatorische Maßnahmen getroffen werden (Pfohl 1997). Die Anwendung von ECR führt zu einer Veränderung der Bestellmengen und der Bestell- und Belieferungsrhythmen. Daraus folgt ein deutlicher Anstieg des Transaktionsaufwands (Krieger 1995). Den sich daraus ergebenden Anforderungen müssen sowohl die Informationssysteme als auch die Kommunikationsinfrastruktur gewachsen sein.

Zusammenfassend sollte ein ECR-Ansatz Folgendes integrieren (Hughes et al. 2000):

- Automatisierte Bestellungen über den Verkauf
- Gemeinsamer Online-Zugriff von Kunden und Lieferanten auf Verkaufsdaten
- Gemeinsame Entwicklung und Integration kompatibler Computersysteme
- Enge Zusammenarbeit von Lieferanten und Kunden bei Planung und Nachfrageprognosen
- Effiziente Planung und Durchführung von Produkteinführungen, Werbung und Sortimenten
- Gemeinsame Lagerverwaltung
- 100%ig rechtzeitige und vollständige Lieferung, die genau den Bestellungen entspricht
- Automatischer elektronischer Kapitaltransfer

Durch Anwendung von ECR gelangt man in der Versorgungskette vom Push- zum Pull-Prinzip und erhält so eine Consumer Driven Supply Chain. Eine nach ECR ausgerichtete Prozesskette arbeitet verbraucherbezogen

3.8 Best Practices des SCM in Kunden-Lieferanten-Beziehungen 557

und versucht nicht möglichst viel Ware zu verkaufen, sondern die Bedürfnisse und das Kaufverhalten der Kunden in den Mittelpunkt der Betrachtung zu stellen. Sie werden durch Marktforschung und Auswertung von Scannerdaten ermittelt. Bei den Kunden werden die Scannerdaten mittels eines Barcodes vom Point of Sale (POS) automatisch an den Lieferanten geleitet. Produktion und Distribution arbeiten nachfragesynchron auf der Basis dieser Informationen, wobei die Distribution als Bindeglied zwischen der Produktion des Lieferanten und der Kunden wirkt. Informationen werden auf allen Stufen der Wertschöpfungskette kontinuierlich ausgetauscht (Seifert 2002; Werner 2002).

3.8.4.3 Collaborative Planning, Forecasting and Replenishment

Die Best Practice Collaborative Planning, Forecasting and Replenishment (CPFR) nutzt sehr intensiv die modernste Informations- und Kommunikationstechnologie. Dazu gehört die Einbeziehung großer B2B-Marktplätze (WWRE, GNX, CPGmarket, Transora), die die Nutzung von „State-of-the-Art-Technologie" im Planungs- und Beschaffungsmanagement unterstützen. Durch Nutzung neuer Datenstandards und der Rechnersprache XML wird der Austausch komplexer Datenmengen unterstützt. Die beim ECR-Ansatz unzuverlässigen Absatzprognosen sind begründet in einer mangelhaften Datenkommunikation zwischen Kunden und Lieferanten. Dabei basierte die Warenversorgung durch die Hersteller auf Algorithmen und Verkaufsdaten aus der Vergangenheit. Da dies für eine zuverlässige Prognose nicht ausreichend ist, wird beim CPFR die Datenbasis des Kunden mit in die Prognose einbezogen, was zur entscheidenden Verbesserung der Prognoseergebnisse führt (Seifert 2002).

Bei einer gemeinsamen Planung über die Unternehmensgrenzen hinweg müssen alle Unternehmen in einer Lieferkette auf einen gemeinsamen Datenbestand zugreifen können. Neben EDI, das hohe Investitionen in einen gemeinsamen Datenbestand und gegebenenfalls auch Gebühren bei einem der Anbieter von EDI-Diensten nach sich zieht, ist das Internet die einzig wirklich funktionierende Plattform für eine derartige kooperative Zusammenarbeit. Moderne Verschlüsselungsverfahren bauen mittlerweile ausreichend sichere Verbindungen zu allen Beteiligten auf (Corsten et al. 2002).

Mit Hilfe von CPFR werden die Bedarfszahlen aus verschiedenen Absatzkanälen Internet-gestützt aggregiert. Diese Daten werden dann wiederum auf einer elektronischen Plattform allen Teilnehmern einer Lieferkette zur Verfügung gestellt. Die Materialien werden anhand eines Mengengerüsts den jeweiligen Fertigungskapazitäten zugewiesen. Mit CPFR kann jeder berechtigte Nutzer in der Lieferkette mögliche Änderungen in den Abrufen in Echtzeit ermitteln und in revidierten Produktionsplänen berücksichtigen. Durch die Anwendung von CPFR erarbeiten Lieferant und Kunde sozusagen einen gemeinsamen Geschäftsplan, der hilft, die Supply-Chain-Aktivitäten zu synchronisieren (Werner 2002).

Betrachtet man eine durch CPFR gesteuerte Lieferkette, so sind noch weitere Prozessebenen zu berücksichtigen. Auf der Seite des kurzfristigen, kontinuierlichen Nachschubes wird das Vendor Managed Inventory (VMI) eingesetzt, bei der die Verantwortung für die Verfügbarkeit der Ware an den Lieferanten übertragen wird (vgl. Abschn. 3.8.3.6). Die tagesgenaue Bereitstellung steuert der Lieferant gemeinsam mit dem Kunden im Just-in-Time-Prozess (vgl. Abschn. 3.8.3.7). Auf der Prognose- und Planungsebene werden die gemeinsamen, mittelfristigen Mengenplanungen bei Neueinführungen, Aktionen und Auslaufprodukten durchgeführt (Corsten et al. 2002).

3.8.4.4 Continuous Replenishment

Durch die Best Practice Continuous Replenishment (CR) wird dem Lieferanten ein Teil der Verantwortung für den Lagerbestand im Eingangslager des Kunden übertragen. Wie die Anwendung von ECR erfordert auch die Anwendung von Continuous Replenishment eine Erfassung der Warenabgänge für die kontinuierliche Nachlieferung und für die Sammlung und Auswertung der Vertriebsdaten. Um diese Vertriebsdaten kontinuierlich nachliefern und sammeln zu können, benötigt man einen sicheren und schnellen Informationsfluss vom Kunden zum Lieferanten. Realisierbar ist dieser Informationsfluss durch den Einsatz entsprechender Technologie, z. B. der Einsatz von EDI und die Verwendung operativer Standards. Standards bedeutet sowohl die durchgängige Identifikation der Produkte sowie deren Verpackungen als auch die Verwendung einheitlicher EDI-Standards. Auch die durch den gestiegenen Transaktionsaufwand entstehenden Datenmengen müssen durch entsprechende Informationssysteme aufgefangen werden. Informationssysteme und auch die Kommunikationsinfrastruktur müssen daher diesen Anforderungen gewachsen sein (Hagen 1996; Wegner 2001; Dantzer 1997).

Die Systeme des Zulieferers und des Kunden werden verknüpft, um Out-of-Stock-Situationen (Nullbestand) zu vermeiden. Die Abverkaufsdaten werden beim Kunden erfasst und an den Lieferanten weitergeleitet (Werner 2002). Für jeden Artikel werden beim CR ein Mindestbestand und/oder ein Höchstbestand festgelegt, wobei ein zusätzlicher Sicherheitsbestand festgeschrieben werden kann. Wird der Meldebestand eines Artikels erreicht, hat der Lieferant automatisch für den Waren-nachschub zu sorgen und ist somit für diesen Prozess alleine verantwortlich. Im Extremfall füllt der Lieferant die Lager des Kunden selber auf. Das Verfahren

3.8 Best Practices des SCM in Kunden-Lieferanten-Beziehungen

wird dann „Rack Jobbing" genannt. Es wird in der Industrie nur selten angewandt (höchstens für C-Teile wie Schrauben, Muttern, Nägel, usw.). Jedoch setzt es sich im Handel immer mehr durch (Werner 2002).

3.8.4.5 Consignment Inventory Management

Wird die Best Practice Consignment Inventory Management (COIM) angewendet, führt der Kunde in seinen Lagerbeständen in regelmäßigen Abständen eine Inventur durch. Der Kunde vergleicht die Menge der im Lager vorhandenen Waren mit den zuvor gelieferten Waren. Die mengenmäßige Differenz dieser Warenbestände stellt den Verbrauch bzw. Verkauf im vergangenen Zeitabschnitt dar. Diese Daten werden dem Lieferanten übermittelt, der zwei Vorgänge einleitet. Zum einen benutzt der Lieferant die Verkaufszahlen, um eine optimale Bestellmenge und einen optimalen Lieferzeitpunkt zu ermitteln. Der Lieferant plant mit diesen Daten seine Produktion und beliefert den Kunden, der die neu einlagerte Ware in seinem ERP-System speichert. Zum anderen erstellt er auf der Basis dieser Abverkaufsdaten des zurückliegenden Zeitabschnitts die Rechnung für den Kunden, der dem Lieferanten die Ware erst bezahlt, wenn er diese selber verkauft oder verbraucht hat. Diese Rechnung wird vom Kunden entweder akzeptiert und bezahlt oder zurückgewiesen. Dem Lieferanten wird die akzeptierte Rechnung durch ein Überweisungsprotokoll bestätigt. Über die zurückgewiesene Rechnung wird der Lieferant ebenfalls informiert. In diesem Fall wird die Rechnung vom Lieferanten noch einmal überprüft, eventuell geändert und ein weiteres Mal an den Kunden geschickt.

Die Anforderungen an das COIM entsprechen denen des CR. Eine wesentliche Anforderung für die Durchführung dieses Ansatzes ist das Vertrauen vom Kunden zum Lieferanten, da dieser sein Lager verwaltet und dafür verantwortlich ist, dass der Bedarf jederzeit gedeckt ist. Darüber hinaus muss eine gute Zusammenarbeit zwischen Kunde und Lieferant gewährleistet sein, da diese Best Practice nur in Kooperation funktionieren kann.

3.8.4.6 Vendor Managed Inventory

Die herkömmliche Vorgehensweise bei der Nachschubbearbeitung besteht darin, dass der Kunde bei jedem Schritt in der Logistikkette einen Auftrag für den Lieferanten anlegen muss. Normalerweise kündigt der Kunde nicht frühzeitig an, dass ein Bedarf besteht. Dadurch ist der Lieferant gezwungen, einen Sicherheitsbestand zu lagern, um über einen Puffer für alle Eventualitäten zu verfügen. Ebenso hat der Kunde einen Sicherheitsbestand derselben Positionen vorrätig, um sich vor einer eventuellen Nichtversorgung zu schützen. Diese herkömmliche Vorgehensweise führt zu größeren Beständen in der Logistikkette und paradoxerweise zu einem schlechteren Kundenservice und einer geringeren Reaktionsfähigkeit. Bei VMI handelt es sich um eine Dienstleistung des Lieferanten gegenüber dem Kunden, bei der der Lieferant die Disposition seiner Produkte im Unternehmen des Kunden übernimmt. Das bedeutet, der Lieferant sichtet die Verbrauchsdaten eines Materials in kurzen Intervallen mit Hilfe eines VMI-Systems. Mit dessen Hilfe kann der Lieferant die Datenbanken seiner Kunden einsehen und die Lagerbestände seiner Produkte abrufen. Bei Bedarf stellt der Lieferant automatisch die Auffüllung der Bestände beim Kunden sicher. Sobald ein bestimmter Dispositionsgrenzwert erreicht wird, wird automatisch oder manuell eine Bestellanforderung erzeugt, die manuell oder automatisch per Schnittstelle an das ERP-System des Lieferanten übertragen wird und dort einen entsprechenden Nachschubauftrag auslöst.

Als Voraussetzung für ein funktionsfähiges VMI, das stärker automatisiert ist als CR, müssen Lieferanten die Bestände, möglichst aktuelle Bedarfszahlen und die Absatzprognosen der Kunden kennen. Um auch kleine Bestellmengen rasch und kostengünstig liefern zu können, müssen geeignete IT-Systeme betrieben werden, die dem Lieferanten einen Einblick in die Bestands- und Prognosedaten erlauben (Tyndall et al. 1998). VMI setzt ein gewisses Maß an Vertrauen zwischen den Partnern in der Lieferkette voraus. Nicht jeder Abnehmer möchte seinem Lieferanten einen vollständigen Einblick in seine Bestandssituation gewähren. Oft scheut der Kunde die erforderliche enge Bindung an den Lieferanten, der beim VMI Dispositionsaufgaben übernimmt. Ein Wechsel des Lieferanten ist daher sehr schwierig. Da viele Kunden die Verantwortung für die Bestandsdisposition nicht an die Lieferanten delegieren möchten, gibt es neben dem VMI auch das Co-Managed-Inventory-Konzept, bei denen der Lieferant in die Disposition miteingebunden wird, der Kunde aber immer noch die Dispositionshoheit behält (Corsten et al. 2002). Dies generiert jedoch einen höheren Abstimmungsaufwand zwischen Kunde und Lieferant.

Zusammenfassend erfolgt der operative VMI-Prozess in folgenden Schritten:

1. Der Zulieferer überwacht das Lager des Kunden.
2. Der Zulieferer ermittelt das Bestandsniveau des Kunden.
3. Der Zulieferer erhält vom Kunden Prognosen über die zukünftigen Bedarfe.
4. Der Zulieferer errechnet die optimale Wiederauffüllmenge und den besten Auffüllzeitpunkt.

5. Der Zulieferer füllt die Bestände beim Kunden auf und übermittelt die Rechnung.

3.8.4.7 *Just in Time Anlieferung*

Bei der Anwendung der Best Practice Just in Time (JIT) Anlieferung wird die Ware unmittelbar vor ihrer Verwendung in der Produktion zum zentralen Wareneingang des Kunden oder sogar bis zur Produktionslinie des Kunden geliefert (Stich et al. 2002). Durch JIT werden die Sicherheitsbestände des Kunden gesenkt und sämtliche nicht-wertschöpfenden Tätigkeiten eliminiert. Das Material wird produktionssynchron beschafft, um Überbestände zu vermeiden. Nicht abgestimmte Kapazitäten, mangelnde Flexibilität, geringe Termintreue oder qualitative Defizite führen zum Versagen dieser Best Practice. So werden Probleme innerhalb der Versorgungskette sichtbar und müssen behoben werden. Die JIT-Anlieferung fördert somit die Transparenz aller an der Wertschöpfung beteiligten Prozesse (Werner 2002).

Um dem Ziel tagesgenauer Bereitstellung folgen zu können, werden die Lieferanten in die Fertigungsplanung des Kunden integriert. Diese Zusammenarbeit erfordert zunächst, dass gemeinsam mit den Lieferanten ein durchgängiger Planungs- und Steuerungsprozess entwickelt wird. Sind die Lieferanten in die Informationskette einbezogen, ist das weitere Bestreben, einen Großteil der Lagerung und Bestandskontrolle auf die Lieferanten zu übertragen. Dieser Aspekt des JIT ist dem VMI gemein (Corsten et al. 2002).

Wichtige Voraussetzungen, um die JIT-Anlieferung erfolgreich anwenden zu können, sind zum einen eine optimal ausgelegte Verkehrsinfrastruktur und zum anderen eine schnelle Bereitstellung von Informationen für jede Stufe der Wertschöpfung. So ist neben geeigneter Transportmöglichkeit der Waren eine integrierte Informationsverarbeitung ein wesentlicher Baustein zur Realisierung von JIT-Konzepten (Wildemann 2000). Zur Übermittlung der Daten kann EDI eingesetzt werden. Eine manuelle Übermittlung, z. B. über E-Mail oder Fax, ist jedoch ebenfalls möglich. Zur Verfolgung des Materialflusses dienen automatische Identifizierungssysteme und Sensorsysteme. Neben diesen Anforderungen an die Schnelligkeit und Sicherheit des Informationsflusses, bzw. der Informationsverarbeitung, sind auch Anforderungen an das Verarbeitungsvolumen bei der Realisierung von JIT-Konzepten zu berücksichtigen. Durch die Einführung von JIT-Konzepten ist mit einer Veränderung der Bestellmengen und Losgrößen sowie der Bestell- und Belieferungsrythmen zu rechnen. Das führt zu einem deutlichen Anstieg des Transaktionsaufkommens und somit auch der Datenmenge, die sowohl die Informationssysteme als auch die Kommunikationsinfrastruktur bewältigen müssen.

3.8.4.8 *Just in Sequence Anlieferung*

Bei der Best Practice Just in Sequence (JIS) Anlieferung versorgt der Lieferant aus dem möglichst nahe am Werk des Kunden gelegenen JIS-Center dessen Produktionsstätte. Die Disposition der Teile und somit der Zulauf und die Bevorratungshöhe liegt in der Regel in der Hand des Kunden. Durch dessen Abruf erhält der Lieferant zeitgleich ein Avis (Benachrichtigung) der eingehenden Ware. Die Steuerung sowie die Vereinnahmung der benötigten Teile erfolgt über ein EDV-System, das kompatibel zu dem System des Kunden ist oder von diesem gestellt wird. Alle Materialeingänge werden hinsichtlich Menge, äußerer Beschaffenheit und Übereinstimmung mit der Avisierung überprüft und eingelagert. Hierbei wird darauf geachtet, dass der Handling-Aufwand möglichst gering ist. Sofern es möglich ist, werden die vereinnahmten Waren direkt in die Sequenzierzone („Pickzone") in der Produktion des Kunden gestellt und nicht mehr zwischengelagert. Bei der Anwendung von JIS wird die Produktionsgeschwindigkeit ständig der Kundennachfrage dynamisch angepasst. Für den Fall, dass sich der Bedarf plötzlich ändert, sind Bestände zwar nicht erwünscht, aber temporär durchaus erlaubt (Hucht et. al. 2002; Werner 2002).

Ähnlich wie beim JIT-Prinzip wird für die Anwendung des JIS-Prinzips eine optimale Verkehrsinfrastruktur und eine integrierte Informationsverarbeitung zum schnellen Datenaustausch benötigt. Zwingend notwendig ist, dass sowohl das externe JIS-Center als auch die Produktionsstätte des Herstellers über eine ausreichende Anzahl an Verladekapazitäten verfügen, um unnötige Wartezeiten und ein daraus resultierendes mögliches Überschreiten der Zeitfenster zu vermeiden. Außerdem muss zwischen dem Kunden und dem Lieferanten ein vertrauensvolles Verhältnis bestehen, da der Lieferant die Ware in vollem Umfang zeitgenau der Produktion zur Verfügung stellen um teure Produktionsstillstände zu vermeiden (Hucht et al. 2002).

3.8.4.9 *Kanban*

Bei der Best Practice Kanban generiert die nachgelagerte Produktionsstufe immer dann eine standardisierte Anzahl neuer Fertigungsaufträge, wenn der ihr zugeordnete Lagerbestand an Fertigprodukten einen Mindestbestand unterschritten hat. Die Steuerung ist somit verbrauchsorientiert und man kann auf Grund des Holprinzips von klassischer Zugsteuerung spre-

3.8 Best Practices des SCM in Kunden-Lieferanten-Beziehungen

chen. Kanban dient als Informationsträger für die Auslösung von Fertigungsaktivitäten (Eversheim 2001).

Die Information, dass Produkte nachgefertigt werden müssen, erfolgt innerhalb einer Produktion mit Hilfe einer Karte, die Kanban genannt wird. Der Kanban enthält lediglich die Produktspezifikation. Die vorgelagerte Fertigungsstufe fertigt die vereinbarte Standardmenge dieses Produkts und füllt somit den Standardbestand der nachgelagerten Fertigungsstufe wieder auf (Werner 2002). Das gleiche Prinzip wird auch zwischen Kunden und Lieferanten angewendet. Anstatt der Kanban-Karte erhält der Lieferant die Produktspezifikation in elektronischer Form übermittelt, woraufhin er die gewünschten Produkte innerhalb der vereinbarten Lieferintervalle nachproduziert.

Wesentliche Voraussetzung für die Implementierung des Kanban-Prinzips zur Gestaltung der Kunden-Lieferanten-Schnittstelle ist, dass der Lieferant über ein reaktionsschnelles Produktionssystem verfügt, das in der Lage ist, innerhalb eines „Kanban-Loops" die gewünschte Ware nachzuproduzieren. Daher geht die Implementierung der Best Practice Kanban oft mit einer Reorganisation des Produktionssystems einher.

3.8.5 Entwicklung eines Morphologischen Merkmalsschemas zur Beschreibung von Unternehmenstypen im Produktionsnetzwerk

Zur Beschreibung von Unternehmen in Produktionsnetzwerken ist es nötig, die realen Erscheinungsformen hinsichtlich der wesentlichen Strukturen zu verdichten. Ohne diese Verdichtung wäre es nahezu unmöglich, Best Practices des SCM und deren Priorisierung und Auswahl für die Gestaltung der Kunden-Lieferanten-Schnittstelle abzuleiten. Ziel dieses Kapitels ist es daher mit Hilfe einer sinnvollen Auswahl von Merkmalen, die aus den Einflussgrößen auf die Logistik eines Unternehmens im Produktionsnetzwerk abgeleitet werden, eine Typologie für Unternehmen in Produktionsnetzwerken empirisch-analytisch zu ermitteln.

3.8.5.1 *Bestimmung der Einflussgrößen des Lieferanten und der Kunden-Lieferanten-Schnittstelle*

Eine einheitliche Beschreibung von Einflussgrößen, die zur Bestimmung von Typen herangezogen werden, existiert nicht. Die Auswahl der Einflussgrößen hängt vom Verwendungszusammenhang und vom Untersuchungsbereich ab. Im betrachteten Fall sollen die Einflussgrößen die logistischen Merkmale der Kunden-Lieferanten-Schnittstelle beschreiben, die über einen Zeitraum von mindestens sechs Monaten konstant bleiben.

Für die Auswahl der Einflussgrößen wird die Definition der Logistik herangezogen, welche die Planung, Umsetzung und Kontrolle des Material- und Informationsflusses von der Beschaffung der Rohmaterialien und Betriebsstoffe über die Produktion und Lagerung der Güter bis hin zur Distribution der fertigen Ware beim Endkunden beinhaltet (Stich et al. 2002a).

Im Betrachtungsbereich von besonderer Bedeutung ist das logistische Ziel, das richtige Produkt in der richtigen Menge am richtigen Ort zur richtigen Zeit beim richtigen Kunden zu den richtigen Kosten bereitstellen zu können (Hieber 2002). Darüber hinaus beinhaltet das Konzept der industriellen Logistik die fünf Elemente Beschaffungslogistik, Produktionslogistik, Distributionslogistik, Entsorgungslogistik und Informationslogistik. Die gegenseitigen Beziehungen zwischen diesen Elementen muss sowohl innerhalb eines Unternehmens als auch im überbetrieblichen Zusammenhang berücksichtigt werden.

In einer derart weit gefassten Betrachtung der Logistik beeinflusst eine Vielzahl von Einflussgrößen die Gestaltung der Kunden-Lieferanten-Schnittstelle eines Unternehmens. Eine systematische Vorgehensweise zur Bestimmung der relevanten Einflussgrößen ist daher sehr komplex und schwierig, da auf der einen Seite die Anzahl der Einflussgrößen beschränkt und auf der anderen Seite ein breites Spektrum an relevanten Faktoren abgedeckt werden muss.

Daher werden im ersten Schritt die in der Literatur genannten relevanten Faktoren gesammelt (Coyle et al. 1996; Gourdin 2001; Hieber 2002; Rushton et al. 2000; Stich et al. 2002a; Schönsleben 2004; Simchi-Levi et al. 2000). Die Strukturierung dieser Faktoren ergibt, dass die potentiellen Einflussquellen in drei Hauptkategorien eingeteilt werden können (vgl. Abb. 3.8-4). Diese sind:

1. das Unternehmen,
2. das Produktionsnetzwerk und
3. die Kunden-Lieferanten-Schnittstelle.

Aus den Einflussgrößen werden im Folgenden die Merkmale abgeleitet, die das Unternehmen im Unternehmensnetzwerk beschreiben. Auf Grund der hohen Anzahl an Merkmalen wird dann eine Auswahl der Merkmale vorgenommen, die besonders relevant sind.

Unternehmensbezogene Merkmale

Um im globalen Wettbewerb bestehen zu können, ist es für Unternehmen wichtig, dass sie eine Unternehmensstrategie entwickeln, die ihnen Wettbewerbsvorteile sichert. Dies geschieht über einen Abgleich der Kundenanforderungen des jeweiligen Kundensegments mit den eigenen Ge-

3.8 Best Practices des SCM in Kunden-Lieferanten-Beziehungen

schäftsprozessen. Heutzutage ist die Kundenzufriedenheit das wichtigste logistische Ziel. Die Ausrichtung aller Aktivitäten auf den Markt ist unumgänglich geworden. Diese Voraussetzung wird von der Annahme abgeleitet, dass alle Fähigkeiten, Ressourcen und Prozesse dem Ziel der Kundenzufriedenheit untergeordnet werden sollten. Langfristig werden nur solche Unternehmen in einer Marktwirtschaft überleben, die sich kontinuierlich den Kundenanforderungen anpassen. Daher sollte ein Unternehmen so geführt werden, dass es seine Konkurrenzfähigkeit im Markt behält (Steffenhagen 2004).

Ein kundenorientierter Markt wird über die drei Elemente Produkt, Kunde und Marktregion bestimmt. Daher muss eine marktorientierte Strategie folgende Fragen beantworten können:

1. Welches Produkt soll verkauft werden?
2. Welches Kundensegment soll das Produkt ansprechen?
3. In welcher Region soll das Produkt verkauft werden?

Die Anforderungen, die aus diesen drei Fragen resultieren, definieren das Hauptziel des Unternehmens. Auch wenn dieser Ansatz zunächst sehr an die Marketing-Lehre anknüpft, so muss doch klargestellt werden, dass Logistikentscheidungen „... cannot be made until management has decided upon an appropriate marketing strategy for the organization" (Coyle et al. 1996).

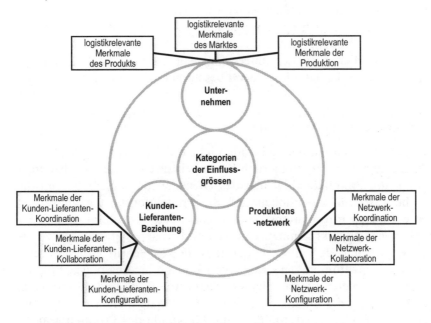

Abb. 3.8-4 Klassifikationsmodell für logistische Einflussgrössen

Als Konsequenz muss daher auch die Herleitung der logistischen Einflussgrößen mit der kundenorientierten Marktstrategie des Unternehmens einhergehen (Gourdin 2001; Rushton et al. 2000). Die Wertsteigerung der Logistik kommt hierbei sowohl dem Kunden als auch dem Unternehmensprofit zugute und trägt so zur langfristigen Wettbewerbsfähigkeit bei. Eines der Hauptziele der Logistikgestaltung ist daher die Befriedigung der Kundenbedürfnisse (Rushton et al. 2000). Die Übernahme von Best Practices macht nur dann einen Sinn, wenn diese zur Befriedigung der Kundenbedürfnisse beiträgt (Fong 1998). Daher können Best-Practice-Empfehlungen zur Ausgestaltung der Logistikprozesse nur für Unternehmen mit jeweils ähnlichen marktbezogenen Merkmalen gegeben werden.

Die klare Bestimmung logistischer Anforderungen für das gesamte Logistiksystem eines Unternehmens ist fast unmöglich, da verschiedene Produkte eines Unternehmens verschiedene Kundensegmente mit verschiedenen logistischen Anforderungen ansprechen. Daher müssen für die Typologisierung neben den kunden-spezifischen Merkmalen auch die produktspezifischen Merkmale in Betracht gezogen werden. Die alleinige Betrachtung dieser Merkmale schließt jedoch die Produktion des Unternehmens aus. Die Merkmale der Produktion beschreiben die interne Charakteristik der Produktion. Da die Produktion die Waren für die unternehmensübergreifende Logistik bereitstellt, müssen auch die Merkmale der Produktion bei der Auswahl der richtigen Best Practice berücksichtigt werden. Mit Hilfe der drei unternehmensbezogenen Merkmalsgruppen für das Produkt, dem Kundensegment und der Produktion kann die unternehmensspezifische Produktionsstruktur, die wesentlichen Einfluss auf die logistischen Anforderungen der unternehmensübergreifenden Logistik des Produktionsnetzwerks hat, hinreichend beschrieben werden (Rushton et al. 2000).

Netzwerkbezogene Merkmale

In den letzten Jahren hat der steigende globale Wettbewerb die Unternehmen dazu gezwungen, kontinuierlich Kosten einzusparen bei gleichzeitiger Steigerung der Produktqualität und des Dienstleistungsangebots. Um die logistische Effizienz zu erhöhen und die Produktionskosten zu senken werden die neuen Informations- und Kommunikationstechnologien (IuK-Technologien) verstärkt genutzt. Um weitere Effizienzsteigerungen zu erzielen, versuchen viele Unternehmen als nächsten Schritt ein Netzwerkmanagement einzuführen. Die Machtverhältnisse innerhalb des Produktionsnetzwerks spielen hierbei eine entscheidende Rolle und dürfen daher bei der Herleitung der charakterisierenden Merkmale nicht vernachlässigt werden. Nach Hieber (2002) können die Merkmale des Produktionsnetzwerks in drei Kategorien unterteilt werden. Diese Kategorien beziehen sich auf die „Koordination" und die „Zusammenarbeit" im Netzwerk sowie auf die „Konfiguration" des Netzwerks.

Die Kategorie „Koordination" charakterisiert den Grad der Autonomie der täglichen Operationen normaler unternehmensübergreifender Prozesse und Methoden (Hieber 2002). Die Merkmale der „Zusammenarbeit" beschreiben den Grad und die Art der Partnerschaft zwischen den Netzwerkpartnern auf hoher Ebene und die fundamentale Verpflichtung an der gemeinsamen Netzwerkstrategie mitzuwirken (Hieber 2002).

Die letzte Kategorie, die „Konfiguration", beinhaltet alle logistikrelevanten Aspekte des Produktionsnetzwerks. Diese Merkmale beschreiben die physische Struktur des Netzwerks, z. B. die geographische Verteilung der Netzwerkpartner oder die Anzahl der Distributionskanäle und bestimmen so die physischen Rahmenbedingungen des Netzwerks (Hieber 2002).

Kundenbezogene Merkmale

Im Gegensatz zu den netzwerkbezogenen Merkmalen, die das Netzwerk als Ganzes beschreiben, beziehen sich die kundenbezogenen Merkmale auf die Beschreibung der Kunden-Lieferanten-Schnittstelle zwischen zwei Partnern des Produktionsnetzwerks. Die „kundenbezogenen Merkmale" können daher wieder in die Kategorien „Koordination", „Zusammenarbeit" und „Konfiguration" eingeteilt werden, wobei sich die Merkmale dieser Kategorien nur auf die Kunden-Lieferanten-Schnittstelle beschränken. Die Merkmale der Kategorie "Koordination" charakterisieren den täglichen Austausch von Informationen, während die Merkmale der Kategorie „Zusammenarbeit" die fundamentale Qualität der Beziehung beschreibt, z. B. das Vertrauensverhältnis zwischen den beiden Partnern. Merkmale der Kategorie „Konfiguration" beziehen sich auf die legale und wirtschaftliche Beziehung sowie die geographische Distanz zwischen den beiden Partnern.

Zusammenstellung der Merkmale

Bei der Auswahl der relevanten Merkmale ist es wichtig, dass die Verlässlichkeit, die Validität und die Praktikabilität gewahrt bleiben (Cooper et al. 1998). Vor dem Hintergrund des Untersuchungsbereichs und der gewählten Vorgehensweise bei diesem Vorhaben können diese Kriterien wie folgt beschrieben werden: Die Zuverlässigkeit ist der Grad, bis zu dem die gesammelten Unternehmensdaten frei sind von zufälligen oder instabilen Fehlern (Cooper et al. 1998). Da die Daten durch geschlossene Fragebögen erhoben werden, gibt es keine Möglichkeit, die Richtigkeit der Daten zu überprüfen. Dies könnte nur in direkten Diskussionen oder Workshops geschehen. Um möglichst genaue Daten zu erheben, müssen daher die ausgewählten Merkmale eindeutig sein, so dass die Antworten genaue Daten liefern und nicht auf Vermutungen beruhen (Haman 1997). Des Weiteren sollte eine Standardterminologie verwendet werden, um potentielle Missverständnisse zu vermeiden.

Die Validität ist in diesem Zusammenhang das Ausmaß, in dem die Unterschiede der Merkmalsausprägungen die realen Unterschiede widerspiegeln (Cooper et al. 1998). Um eine hohe Validität sicherzustellen, wurden alle Merkmalsausprägungen über ein morphologisches Merkmalsschema bestimmt.

Um die Praktikabilität sicherzustellen, müssen alle Merkmale auf aktuellen empirischen Daten beruhen. Da die Ableitung der generischen Typologie über eine empirische Datenerhebung erfolgt, dürfen die Merkmale nicht branchenspezifisch sein. Die Merkmale müssen sich auf generelle Logistikmerkmale beschränken, die einfach von Logistikleitern zu erheben sind. Daher wurden die Merkmale durch die Logistikexperten des EU-Projekts PRODCHAIN in einem Maximalkatalog erfasst.

Auswahl der Merkmale für die Typologisierung

Der Maximalkatalog beinhaltet 45 logistische Merkmale, die das Logistikprofil für ein Produkt eines Unternehmens im Produktionsnetzwerk beschreiben. Diese hohe Anzahl an Merkmalen muss reduziert werden, um zu verhindern, dass weniger signifikante Merkmale überbewertet werden. Die Vorstudie ergab, dass lediglich wenige Unternehmen Advanced Planning and Scheduling (APS) Systeme (wie z. B. SCM-Systeme) verwenden (Nienhaus et al. 2003) und dass sich der IT-Einsatz bei den meisten Unternehmen auf den Gebrauch von Enterprise Resource Planning (ERP) Systeme beschränkt (Nienhaus et al. 2003). Da die Erarbeitung einer Entscheidungsunterstützung für Lieferanten das Ziel ist und somit die Typologie der Gestaltung der Kunden-Lieferanten-Schnittstelle Ausgangspunkt der Methodik ist, müssen diese Ergebnisse der Vorstudie berücksichtigt werden. So wurde entschieden, dass sich die Auswahl der Merkmale auf diejenigen beschränken soll, die die Logistik des Unternehmens im Netzwerk charakterisieren.

Unterstützt wird diese Entscheidung dadurch, dass für die Typologisierung nur einzelne Unternehmen befragt werden, so dass keine validen Angaben über das Produktionsnetzwerk erfragt werden können. Konsequenter Weise sind daher die 26 Merkmale der Kategorie „Unternehmen" von größter Relevanz. Diese unterteilen sich in produktbezogene, marktbezogene und produktionsbezogene Merkmale. Zu den produktbezogenen Merkmalen gehören: Produktverkaufswert, Größe des Produkts, Tiefe der

3.8 Best Practices des SCM in Kunden-Lieferanten-Beziehungen

Produktstruktur, Ausrichtung der Produktstruktur, Erzeugnisspektrum, Länge des Produktlebenszyklus, Anzahl verkaufter Produkte, Anzahl möglicher Produktvarianten und Materialkostenanteil der Gesamtproduktionskosten. Zu den Marktbezogenen Merkmalen gehören: Wichtigkeit schneller Lieferung, Wichtigkeit pünktlicher Lieferung, Wichtigkeit eines innovativen Produkts, Wichtigkeit hoher Produktqualität, Wichtigkeit eines niedrigen Produktpreises, Wichtigkeit von Variantenvielfalt, die Frequenz der Verbrauchernachfrage, Nachfrageschwankungen, Entfernung zum Kunden und spät ändernde Kundenspezifikationen. Zu den produktionsbezogenen Merkmalen gehören: Quantitative Flexibilität der Ressourcen, Quantitative Flexibilität der Kapazitäten, Beschaffungsart, Produktionstyp, Fabrikationslayout, Produktionslayout und Produktionskonzept (Bevorratungsebene).

Um in der späteren Clusteranalyse signifikante Ergebnisse erzielen zu können, muss die Anzahl der Merkmale weiter reduziert werden. Die weniger signifikanten Merkmale wurden über eine Korrelationsanalyse herausgefiltert. Die Datenbasis für die Korrelationsanalyse wurde über eine Unternehmensbefragung erhalten, in der die teilnehmenden Unternehmen zu allen Ausprägungen der 46 Merkmale befragt wurden (vgl. Abschn. 3.8.4.2).

Um die statistische signifikante Korrelation zwischen den Merkmalsausprägungen zweier Merkmale zu ermitteln, wurde zunächst für jede Kombinationsmöglichkeit von Merkmalen eine Korrelationsmatrix der Merkmalsausprägungen aufgestellt. Die Korrelationskoeffizienten der Matrizen werden wie folgt berechnet (Backhaus et al. 2005):

$$r_{x_1,x_2} = \frac{\sum_{k=1}^{K}(x_{k1} - \overline{x}_1) * (x_{k2} - \overline{x}_2)}{\sqrt{\sum_{k=1}^{K}(x_{k1} - \overline{x}_1)^2 * (x_{k2} - \overline{x}_2)^2}} \tag{2}$$

mit:
x_{k1} der Variablen 1 bei Objekt k

$\overline{x}_1$ Mittelwert der Ausprägung von Variable 1 über alle Objekte k

x_{k2} Ausprägung der Variablen 2 bei Objekt k

$\overline{x}_2$ Mittelwert der Ausprägung von Variable 2 über alle Objekte k

Anschließend wurde für jede Einzelmatrix der Bartlett-Test durchgeführt, um zu überprüfen, ob die Stichprobe aus einer Grundgesamtheit stammt, in der die Variablen unkorreliert sind. Der Bartlett-Test geht davon aus, dass die Variablen der Erhebungsgesamtheit einer Normalverteilung folgen und die entsprechende Prüfgröße annähernd Chi-Quadrat-verteilt ist (Backhaus et al. 2005). Schon bei einer kritischen Irrtumswahrscheinlichkeit von 0,025 ergab sich eine Reduktion der Anzahl der nicht miteinander korrelierenden Merkmale auf 15 Merkmale.

3.8.5.2 Ableitung von Unternehmenstypologien

Nachdem die Merkmale für die Typologisierung ausgewählt wurden, wurden deren Merkmalsausprägungen in einer Umfrage ermittelt. Die teilnehmenden Unternehmen sind in der beschreibenden Analyse dargestellt. Nach der Datenerhebung unter 41 teilnehmenden Unternehmen erfolgte die mathematisch statistische Clusteranalyse. Die Cluster werden in Abschn. 3.8.4.2.4 interpretiert und beschrieben.

Datenerhebung und beschreibende Analyse

Auch wenn im vorhergehenden Kapitel die Anzahl der relevanten Merkmale auf 15 reduziert wurde, so wurden in der Datenerhebung alle zuvor hergeleiteten Merkmale erfragt und untersucht. Unter den vielen Arten der Datenerhebung eignen sich zwei Methoden für die Clusteranalyse im beschriebenen Untersuchungsbereich. Die eine Methode ist die Observation, die jedoch sehr aufwendig ist und viele Experten erfordert, die vor Ort die Merkmalsausprägungen aufnehmen (Bortz et al. 2002). Die andere Methode ist die Befragung, die nach Cooper effizienter und ökonomischer ist als die Observation (Cooper et al. 1998). Die benötigten Informationen werden bei der Befragung einer Zielgruppe von Experten gewonnen. Die Befragung kann hierbei durch persönliche Interviews, Telefonbefragungen oder Fragebögen erfolgen (Winfried 1999; Cooper et al. 1998). Jede Befragung kann in „standardisierter", „halb-standardisierter" und „nicht-standardisierter"-Form mit offenen oder geschlossenen Fragen durchgeführt werden (Winfried 1999).

Welche Technik, Methode, Form und Art der Fragen verwendet werden, hängt von dem Forschungsproblem ab, das untersucht werden soll (Bortz et al. 2002). Für die Typologisierung über Merkmalsausprägungen eignet sich nur die standardisierte Form, in der die Fragen in einem festgelegten Ablauf gestellt werden. Die Fragen müssen geschlossen Fragen sein, die als Antwortmöglichkeiten die Merkmalsausprägungen vorgeben.

Korrelationsanalyse

Die Merkmalsausprägungen aller Merkmale wurden als ordinal-skalierte Variablen behandelt. Lediglich das Merkmal „Produktionskonzept" wurde

3.8 Best Practices des SCM in Kunden-Lieferanten-Beziehungen

nominal skaliert. Der Grund hierfür ist, dass bei nominaler Skalierung eine „wahr"- oder „falsch"-Aussage getroffen wird, während mit einer ordinalen Skalierung eine Rangfolge gebildet werden kann. Aussagen wie „gering", „mittel" oder „hoch" lassen sich abbilden.

In einer Clusteranalyse kann jede Art von Variablen verwendet werden. Jedoch benötigen die meisten Distanz- und Ähnlichkeitsmaße Variablen der gleichen Art. Backhaus empfiehlt die Umwandlung aller Variablen in eine einheitliche Skalierung (Backhaus et al. 2005). Des Weiteren können ordinal-skalierte Variablen nicht direkt in Distanz- und Ähnlichkeitsmaße umgewandelt werden. Wie es Eckes vorschlägt, wurden daher alle Variablen in binäre Hilfsvariablen umgewandelt (Eckes et al. 1980).

Da bei der Analyse der Daten ungewollte Gewichtungen auftreten können, wenn Variablen miteinander korrelieren, empfiehlt es sich, zuvor eine Korrelationsanalyse durchzuführen. In der Literatur gibt es keine einheitliche Meinung, wie mit dem Korrelationsproblem umgegangen werden soll. Nach Oerthel und Tuschel machen hohe Korrelationen Sinn, denn sie gewichten die Merkmale, die vom Anwender als besonders wichtig für die Gruppierung erachtet werden (Oerthel et al. 1995). Backhaus hingegen empfiehlt den Ausschluss von Variablen, die extrem miteinander korrelieren. Daher sollten die Variablen entfernt werden, die einen Korrelationskoeffizienten von >0,9 bei einem Intervall von −1 bis 1 haben (Backhaus et al. 2005).

Die Korrelation wurde mit Hilfe des Spearman-Korrelationskoeffizienten ρ ermittelt. Der Spearman-Korrelationskoeffizient wird für die Messung des Korrelationsgrads bei ordinalen Variabeln verwendet (Kendall 1975; Degen et al. 2001). Da ein hoher Korrelationskoeffizient noch keine Rückschlüsse über Zusammenhänge zulässt, muss in diesen Fällen überprüft werden, ob ein Zusammenhang erklärbar ist (Degen et al. 2001). Da kein Korrelationskoeffizient ρ einen höheren Wert als 0,9 aufwies, musste kein Merkmal auf Grund einer zu hohen Korrelation ausgeschlossen werden.

Ein anderer Grund für den Ausschluss von Merkmalen kann eine Konstanz in der Merkmalsausprägung sein. Merkmale, die von allen Befragten gleich beantwortet wurden, sollten ausgeschlossen werden, da sie das Ergebnis der Clusteranalyse verzerren (Backhaus et al. 2005). In dieser Analyse traf dies für die Merkmale „Wichtigkeit der On-Time Belieferung" und „Wichtigkeit einer hohen Produktqualität" zu, denn diese wurden von allen Befragten als besonders wichtig erachtet. Zudem wiesen fast alle befragten Unternehmen eine geringe „Anzahl an Produktvarianten" auf. Dieses Merkmal wurde ebenfalls für die Analyse ausgeschlossen.

Clusterbildung

Für die Ermittlung der Cluster mit Hilfe des Ward-Verfahrens wurde SPSS verwendet. Die Clusteranalyse wurde nach 36 Schritten abgebrochen. Es wurde eine Anzahl von fünf Cluster über das Ellenbogendiagramm ermittelt.

Im Ellenbogendiagramm wird die Fehlerquadratsumme gegen die Anzahl der Cluster in einem Koordinatensystem aufgetragen. In diesem Fall steigt die Fehlersumme der Quadrate beim Übergang von 6 Clustern zu 5 Clustern progressiv an; d. h., dass der „Ellenbogen" in diesem Bereich liegt und daher die optimale Anzahl an Clustern bei 5 bis 6 ermittelt wurde. So wurde die Clusteranalyse nach der Generierung von 5 Clustern nach 36 Schritten abgebrochen. Diese 5 Unternehmenscluster werden im folgenden Unterkapitel beschrieben.

Analyse und Interpretation der Unternehmenstypen

Im Folgenden werden die ermittelten Unternehmenstypen anhand ihrer Merkmalsausprägungen beschrieben. Die morphologischen Merkmalsschemen der Unternehmenstypen wurden aus den Unternehmensdaten ermittelt. Dies erfolgte in zwei Schritten.

Zunächst wird die Häufigkeit der Merkmalsausprägungen für jedes Cluster berechnet. Je nach Häufigkeit der Merkmalsausprägung wird diese im morphologischen Merkmalsschema markiert. Insignifikant sind die Merkmalsausprägungen, die in weniger als 30% der Fälle vorkommen. Wenig repräsentativ sind die Merkmalsausprägungen, die in 30-50% der Fälle vorkommen und repräsentativ sind die Merkmalsausprägungen, die auf über 50% der Fälle zutreffen.

Abbildung 3.8-5 zeigt die Struktur der Unternehmenstypologie. Die Abbildung verdeutlicht die Struktur, die hinter den ermittelten Clustern liegt. Es zeigt sich, dass die Einteilung der Typen primär durch das Produktionskonzept beschrieben werden kann. Bei der Berechnung der Cluster fiel auf, dass das Merkmal „Produktionskonzept" bei den jeweiligen Objekten in vier Clustern konstant blieb. Lediglich in einem Cluster sind sowohl Kundenauftragsfertiger als auch Lagerfertiger vertreten. Daher eignet sich das Merkmal „Produktionskonzept", einen ersten Überblick über die Cluster zu geben.

So kann das Ergebnis wie folgt interpretiert werden: Anlagenbauer, Auftragsfertiger und Lagerfertiger sind in ihren Merkmalsausprägungen grundlegend verschieden und bilden eigene Gruppen. Die Gruppe Auftragsfertiger lässt sich wiederum in drei weitere Gruppen untergliedern. Diese Einteilung der Lieferanten lässt sich auch sachlogisch erklären, denn die Produktionstypen sind eine Folge unterschiedlicher Kunden- und

3.8 Best Practices des SCM in Kunden-Lieferanten-Beziehungen

Marktansprüche. So wird z. B. bei einem Auftragsfertiger die Endmontage erst dann veranlasst, wenn der spezifische Kundenauftrag vorliegt. Kundenwünsche, wie z. B. bestimmte Varianten des Produktes können dann noch berücksichtigt werden. Bei Lagerfertigern hingegen wird die Produktion über Bedarfsprognosen auftragsanonym oder verbrauchsorientiert angestoßen. Die Produkte werden unmittelbar nach dem Auftragseingang ausgeliefert, so dass spezifische Kundenwünsche nicht mehr berücksichtigt werden können. Die Gruppen, die durch die Clusteranalyse ermittelt wurden, werden im Folgenden beschrieben.

Anlagenbauer

Das typische Merkmal eines Anlagenbauers ist, dass Produkte nach den Spezifikationen des Kunden gefertigt werden. Ein Teil des Kundenauftrags muss zunächst die Entwicklungsabteilung durchlaufen, bevor die Beschaffung und Produktion angestoßen werden kann (Schönsleben 2004). Normalerweise werden bei Anlagenbauern nur wenige Produkte pro Jahr produziert. Diese haben eine mittlere bis große Größe. Der Bedarf an diesen Produkten ist unregelmäßig. Konsequenterweise ist die „Einzelteilproduktion" der dominierende Produktionstyp. Abbildung 3.8-6 zeigt das morphologische Merkmalsschema des Anlagenbauers als ein Ergebnis der Clusteranalyse. Die repräsentativen Merkmalsausprägungen ergeben sich aus über 86% der Merkmalsausprägungen der Unternehmen dieser Gruppe.

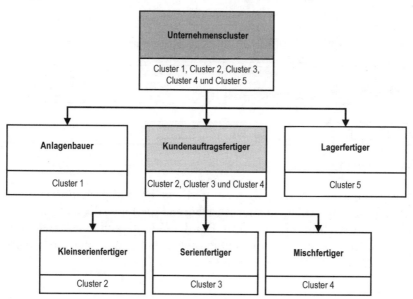

Abb. 3.8-5 Struktur der Unternehmenstypologie

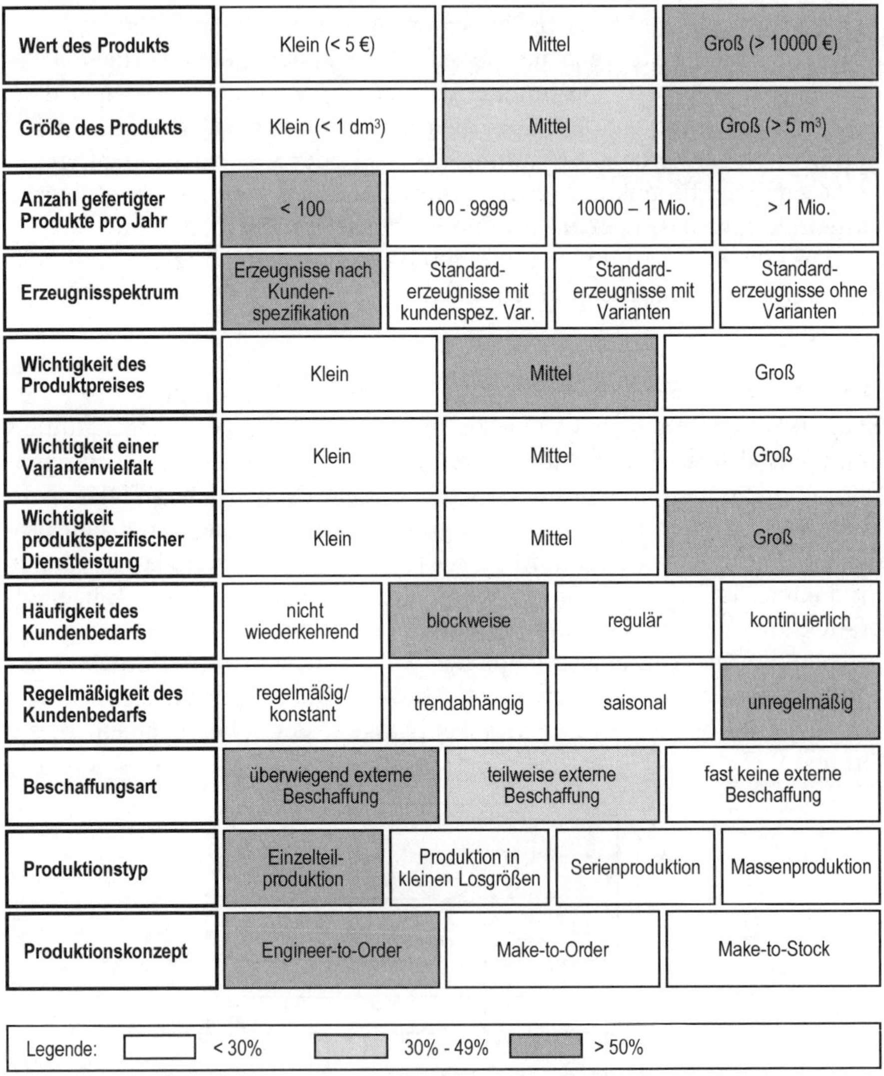

3 Gestaltung der Produktionsplanung und -steuerung

Merkmal				
Wert des Produkts	Klein (< 5 €)	Mittel	Groß (> 10000 €)	
Größe des Produkts	Klein (< 1 dm³)	Mittel	Groß (> 5 m³)	
Anzahl gefertigter Produkte pro Jahr	< 100	100 - 9999	10000 – 1 Mio.	> 1 Mio.
Erzeugnisspektrum	Erzeugnisse nach Kundenspezifikation	Standarderzeugnisse mit kundenspez. Var.	Standarderzeugnisse mit Varianten	Standarderzeugnisse ohne Varianten
Wichtigkeit des Produktpreises	Klein	Mittel	Groß	
Wichtigkeit einer Variantenvielfalt	Klein	Mittel	Groß	
Wichtigkeit produktspezifischer Dienstleistung	Klein	Mittel	Groß	
Häufigkeit des Kundenbedarfs	nicht wiederkehrend	blockweise	regulär	kontinuierlich
Regelmäßigkeit des Kundenbedarfs	regelmäßig/ konstant	trendabhängig	saisonal	unregelmäßig
Beschaffungsart	überwiegend externe Beschaffung	teilweise externe Beschaffung	fast keine externe Beschaffung	
Produktionstyp	Einzelteilproduktion	Produktion in kleinen Losgrößen	Serienproduktion	Massenproduktion
Produktionskonzept	Engineer-to-Order	Make-to-Order	Make-to-Stock	

Legende: ☐ < 30%   ▨ 30% - 49%   ▩ > 50%

Abb. 3.8-6 Morphologisches Merkmalsschema der „Anlagenbauer"

Marktseitig zeigt die Analyse, dass ein geringer Produktpreis nur von geringer Bedeutung für Anlagenbauer ist, während die Dienstleistung um das Produkt als sehr wichtig erachtet wird. Bei der Wichtigkeit der Anzahl von Produktvarianten ergab sich kein einheitliches Bild. Die meisten Unternehmen dieser Gruppe beschaffen Bauteile extern.

3.8 Best Practices des SCM in Kunden-Lieferanten-Beziehungen

Auftragsfertiger, Typ 1 (Kleinserienfertiger)

Die Merkmalsausprägungen dieses Unternehmenstyps sind in Abb. 3.8-7 dargestellt.

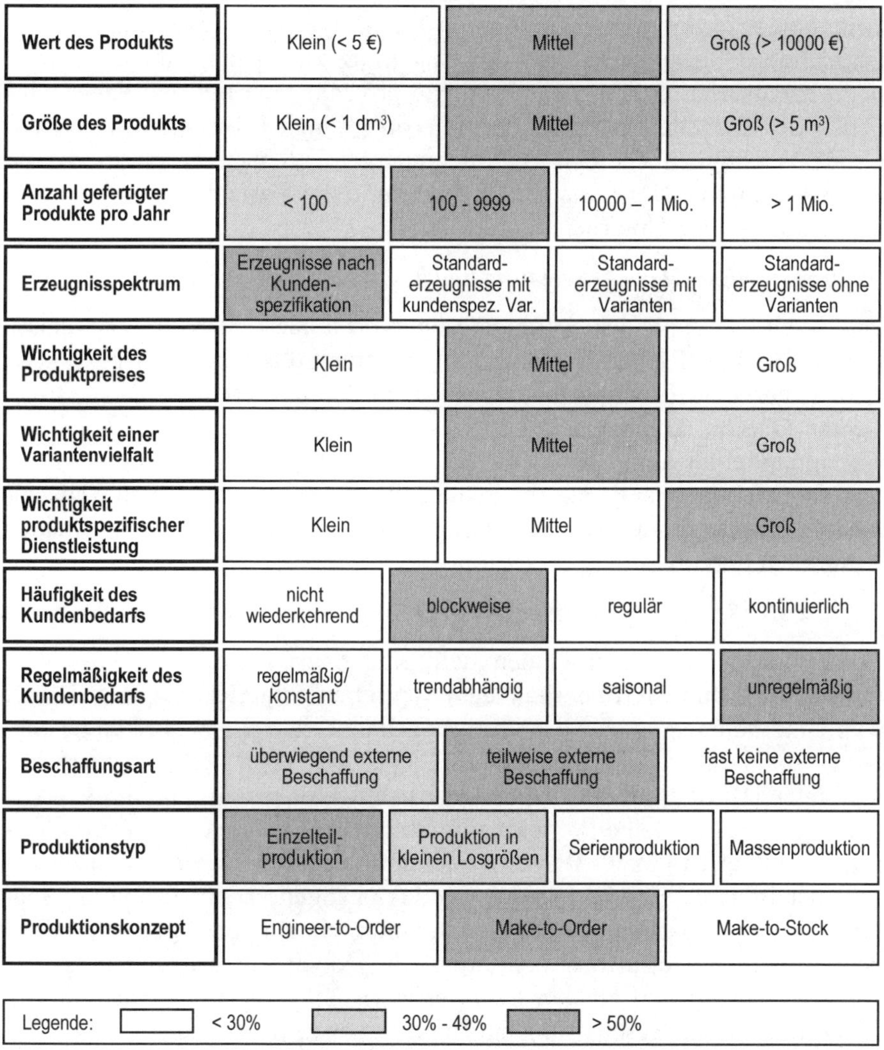

Merkmal				
Wert des Produkts	Klein (< 5 €)	Mittel		Groß (> 10000 €)
Größe des Produkts	Klein (< 1 dm³)	Mittel		Groß (> 5 m³)
Anzahl gefertigter Produkte pro Jahr	< 100	100 - 9999	10000 – 1 Mio.	> 1 Mio.
Erzeugnisspektrum	Erzeugnisse nach Kundenspezifikation	Standarderzeugnisse mit kundenspez. Var.	Standarderzeugnisse mit Varianten	Standarderzeugnisse ohne Varianten
Wichtigkeit des Produktpreises	Klein	Mittel		Groß
Wichtigkeit einer Variantenvielfalt	Klein	Mittel		Groß
Wichtigkeit produktspezifischer Dienstleistung	Klein	Mittel		Groß
Häufigkeit des Kundenbedarfs	nicht wiederkehrend	blockweise	regulär	kontinuierlich
Regelmäßigkeit des Kundenbedarfs	regelmäßig/ konstant	trendabhängig	saisonal	unregelmäßig
Beschaffungsart	überwiegend externe Beschaffung	teilweise externe Beschaffung		fast keine externe Beschaffung
Produktionstyp	Einzelteilproduktion	Produktion in kleinen Losgrößen	Serienproduktion	Massenproduktion
Produktionskonzept	Engineer-to-Order	Make-to-Order		Make-to-Stock

Legende: < 30% | 30% - 49% | > 50%

Abb. 3.8-7 Morphologisches Merkmalsschema des „Kleinserienfertigers"

Kleinserienfertiger lagern ihre Endprodukte i. d. R. nicht, sondern fertigen ihre Produkte auftragsspezifisch. Im Gegensatz zu Anlagenbauern wird beim Kleinserienfertiger keine Entwicklung und Prozessplanung mehr vorgenommen. Vergleicht man die Merkmalsausprägungen dieses Typs mit den Merkmalsausprägungen eines Anlagenbauers, so fällt auf, dass diese sich ähneln. In beiden Typen werden Produkte mit mittlerem bis hohem Wert gefertigt, die eine mittlere bis große Größe aufweisen. Ebenfalls werden nur wenige Produkte pro Jahr verkauft, die nach Kundenspezifikation gefertigt werden und deren Nachfrage blockweise und in unregelmäßigen Abständen auftritt. Im Gegensatz zum Anlagenbauer werden beim Kleinserienfertiger mehr Produkte pro Jahr gefertigt und daher wird neben der Einzelteilfertigung ebenfalls in kleinen Losgrößen produziert. Große Wichtigkeit für den Unternehmenserfolg haben produktbezogene Dienstleistungen. Der Preis der Produkte und die Variantenvielfalt spielen eine Rolle für den Unternehmenserfolg.

Auftragsfertiger, Typ 2 (Serienfertiger)

Die zweite Gruppe der Auftragsfertiger produziert Standarderzeugnisse mit kundenspezifischen Varianten in größerer Stückzahl als der Kleinserienfertiger. Die Produkte haben einen mittleren Wert und eine mittlere Größe. Obwohl kundenspezifische Varianten gefertigt werden, spielt die Variantenvielfalt keine Rolle für den Unternehmenserfolg. Die Kundennachfrage ist konstant und regelmäßig mit zum Teil saisonalen Schwankungen. Daher produziert diese Gruppe von Auftragsfertigern in kleinen Losgrößen oder in Serienproduktion.

Auftragsfertiger, Typ 3 (Mischfertiger)

Diese Gruppe von Unternehmen stellt eine Zwischenstufe zwischen dem typischen Auftragsfertiger und dem typischen Lagerfertiger dar. Dieser Typ Unternehmen, auch Mischfertiger genannt, fertigt sowohl kundenanonym Standarderzeugnisse mit Varianten als auch kundenspezifische Varianten (Brast et al. 2002). Die Unternehmen dieser Gruppe fertigen wie die Lagerfertiger kleine Produkte mit geringem Wert in sehr großen Stückzahlen in Serien- bzw. Massenproduktion. Für den Unternehmenserfolg sind der Preis der Produkte sowie produktbezogene Dienstleistungen sehr wichtig. Der Bedarf an den von diesen Unternehmen gefertigten Produkten ist wie beim Lagerfertiger kontinuierlich, jedoch saisonal abhängig. Ein weiterer Unterschied zu den Lagerfertigern ist, dass diese Unternehmen fast keine externe Beschaffung haben (vgl. Abb. 3.8-9).

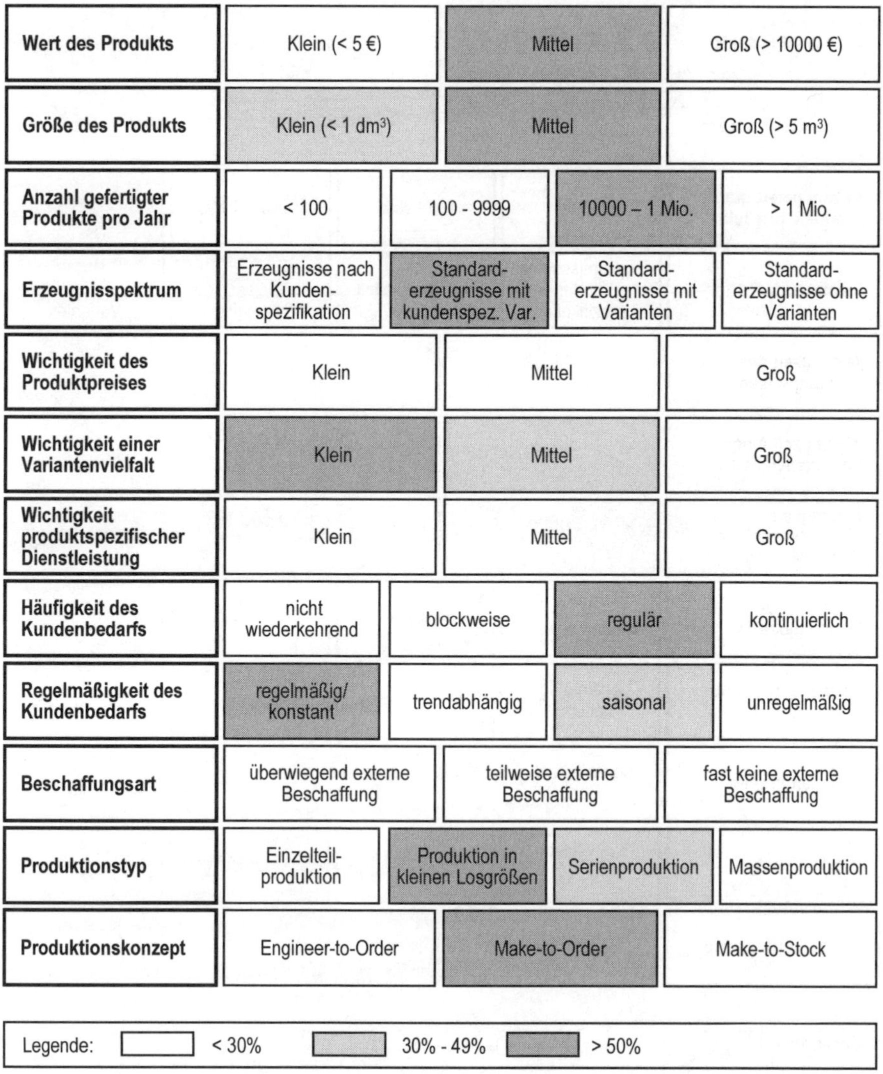

3.8 Best Practices des SCM in Kunden-Lieferanten-Beziehungen

Wert des Produkts	Klein (< 5 €)	Mittel		Groß (> 10000 €)
Größe des Produkts	Klein (< 1 dm³)	Mittel		Groß (> 5 m³)
Anzahl gefertigter Produkte pro Jahr	< 100	100 - 9999	10000 – 1 Mio.	> 1 Mio.
Erzeugnisspektrum	Erzeugnisse nach Kundenspezifikation	Standarderzeugnisse mit kundenspez. Var.	Standarderzeugnisse mit Varianten	Standarderzeugnisse ohne Varianten
Wichtigkeit des Produktpreises	Klein	Mittel		Groß
Wichtigkeit einer Variantenvielfalt	Klein	Mittel		Groß
Wichtigkeit produktspezifischer Dienstleistung	Klein	Mittel		Groß
Häufigkeit des Kundenbedarfs	nicht wiederkehrend	blockweise	regulär	kontinuierlich
Regelmäßigkeit des Kundenbedarfs	regelmäßig/ konstant	trendabhängig	saisonal	unregelmäßig
Beschaffungsart	überwiegend externe Beschaffung	teilweise externe Beschaffung		fast keine externe Beschaffung
Produktionstyp	Einzelteilproduktion	Produktion in kleinen Losgrößen	Serienproduktion	Massenproduktion
Produktionskonzept	Engineer-to-Order	Make-to-Order		Make-to-Stock

Legende: < 30%   30% - 49%   > 50%

Abb. 3.8-8 Morphologisches Merkmalsschema des „Serienfertigers"

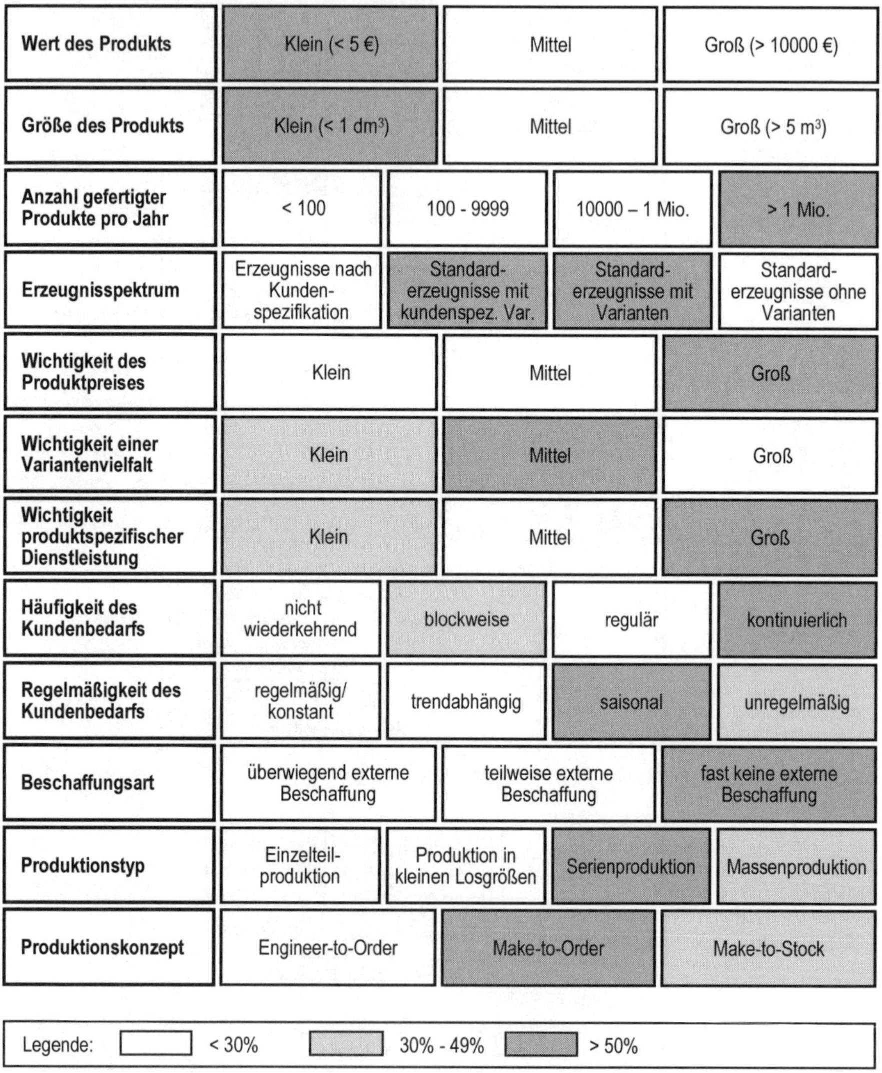

3 Gestaltung der Produktionsplanung und -steuerung

Wert des Produkts	Klein (< 5 €)	Mittel		Groß (> 10000 €)
Größe des Produkts	Klein (< 1 dm³)	Mittel		Groß (> 5 m³)
Anzahl gefertigter Produkte pro Jahr	< 100	100 - 9999	10000 – 1 Mio.	> 1 Mio.
Erzeugnisspektrum	Erzeugnisse nach Kundenspezifikation	Standarderzeugnisse mit kundenspez. Var.	Standarderzeugnisse mit Varianten	Standarderzeugnisse ohne Varianten
Wichtigkeit des Produktpreises	Klein	Mittel		Groß
Wichtigkeit einer Variantenvielfalt	Klein	Mittel		Groß
Wichtigkeit produktspezifischer Dienstleistung	Klein	Mittel		Groß
Häufigkeit des Kundenbedarfs	nicht wiederkehrend	blockweise	regulär	kontinuierlich
Regelmäßigkeit des Kundenbedarfs	regelmäßig/ konstant	trendabhängig	saisonal	unregelmäßig
Beschaffungsart	überwiegend externe Beschaffung	teilweise externe Beschaffung		fast keine externe Beschaffung
Produktionstyp	Einzelteilproduktion	Produktion in kleinen Losgrößen	Serienproduktion	Massenproduktion
Produktionskonzept	Engineer-to-Order	Make-to-Order		Make-to-Stock

Legende: ☐ < 30%   ▒ 30% - 49%   ■ > 50%

Abb. 3.8-9 Morphologisches Merkmalsschema des „Mischfertigers"

Lagerfertiger

In Bezug auf die Merkmalsausprägungen stellen die Lagerfertiger das Gegenteil der Anlagenbauer dar. Das morphologische Merkmalsschema der Lagerfertiger ist in Abb. 3.8-10 dargestellt. Lagerfertiger verkaufen hohe Stückzahlen pro Jahr. Daher ist die Massen- und Serienproduktion der bevorzugte Produktionstyp. Die Produktgröße ist klein und das Produkt hat einen mittleren bis geringen Wert. Die Produktion wird auf der Basis von

3.8 Best Practices des SCM in Kunden-Lieferanten-Beziehungen

Prognosedaten über den Bedarf angestoßen. Die Endprodukte werden bis zu ihrer Auslieferung eingelagert. Konsequenterweise kann eine Kosteneffizienz nur erreicht werden, wenn die Lagerkosten gering sind. Hierzu muss sowohl die Lagerzeit, als auch der Wert der Ware gering sein. Um die Lagerzeit gering zu halten, benötigen die Lagerfertiger verlässliche Bedarfsprognosen, die sie nur erhalten, wenn die Kundennachfrage konstant und stabil ist.

Merkmal				
Wert des Produkts	Klein (< 5 €)	Mittel		Groß (> 10000 €)
Größe des Produkts	Klein (< 1 dm³)	Mittel		Groß (> 5 m³)
Anzahl gefertigter Produkte pro Jahr	< 100	100 - 9999	10000 - 1 Mio.	> 1 Mio.
Erzeugnisspektrum	Erzeugnisse nach Kundenspezifikation	Standarderzeugnisse mit kundenspez. Var.	Standarderzeugnisse mit Varianten	Standarderzeugnisse ohne Varianten
Wichtigkeit des Produktpreises	Klein	Mittel		Groß
Wichtigkeit einer Variantenvielfalt	Klein	Mittel		Groß
Wichtigkeit produktspezifischer Dienstleistung	Klein	Mittel		Groß
Häufigkeit des Kundenbedarfs	nicht wiederkehrend	blockweise	regulär	kontinuierlich
Regelmäßigkeit des Kundenbedarfs	regelmäßig/ konstant	trendabhängig	saisonal	unregelmäßig
Beschaffungsart	überwiegend externe Beschaffung	teilweise externe Beschaffung		fast keine externe Beschaffung
Produktionstyp	Einzelteilproduktion	Produktion in kleinen Losgrößen	Serienproduktion	Massenproduktion
Produktionskonzept	Enginner-to-Order	Make-to-Order		Make-to-Stock

Legende: > 50%   30% - 49%   < 30%

Abb. 3.8-10 Morphologisches Merkmalsschema des „Lagerfertigers"

Ein weiterer, großer Unterschied zum Auftragsfertiger ist, dass beim Lagerfertiger keine kunden-spezifische Variantenbildung möglich ist, da die Produkte zum Zeitpunkt des Kundenauftrags bereits hergestellt wurden. Es ist daher auffällig, dass 58% der Unternehmen dieser Gruppe angeben, Standardprodukte mit kunden-spezifischen Varianten zu fertigen. Ein Grund hierfür ist, dass Lagerfertiger häufig Rahmenverträge mit ihren Kunden vereinbaren, in denen die kundenspezifischen Varianten festgelegt werden, die über einen längeren Zeitraum gefertigt werden sollen.

Die marktseitigen Merkmale des Lagerfertigers lassen sich wie folgt charakterisieren. Niedrige Produktpreise und eine hohe Anzahl von Produktvarianten spielen nur eine geringe Rolle. Die produktbezogenen Dienstleistungen hingegen werden von der Mehrheit der befragten Lagerfertiger als wichtig bis sehr wichtig erachtet. I. d. R. werden diese Dienstleistungen bereits in den Rahmenverträgen festgelegt (z. B. die Verwaltung und Bereitstellung von produktspezifischen Transportbehältern).

Zusammenfassende Beurteilung der Typenbildung

Die gewählte Methode der Cluster-Analyse erzeugte fünf Unternehmenstypen, die über ihre Merkmalsausprägungen charakterisiert werden können. Die weitere Analyse ergab, dass die morphologischen Merkmalsschemen der Unternehmenstypen sachlogisch interpretiert werden können. So stellt die Gruppierung der Unternehmenstypen vom Anlagenbauer über drei verschiedene Auftragsfertiger bis hin zum Lagerfertiger ein sinnvolles Ergebnis der Analyse dar. Die Eingrenzung der Merkmale über eine Korrelationsanalyse vorzunehmen, erwies sich als richtig. Hierbei wurden für die Analyse produktbezogene Merkmale als auch unternehmensbezogene und marktbezogene Merkmale verwendet, die eine sinnvolle Beschreibung der Unternehmensgruppen vor dem Hintergrund der Zielsetzung dieses Vorhabens zulässt.

In einem weiteren Schritt wurde anschließend eine weitere Clusteranalyse mit den Merkmalen der Kunden-Lieferanten-Schnittstelle durchgeführt, um zu ermitteln, ob sich auch hier signifikante Strukturen feststellen lassen. Diese ergab jedoch keine signifikanten Ergebnisse, mit der Ausnahme, dass sich die Schnittstelle grundlegend unterscheidet, wenn die Unternehmen rechtlich abhängig oder unabhängig von ihrem Kunden sind. Die empirisch ermittelten Unternehmenstypen lassen sich daher nach Auftragsabwicklungstypen gliedern. Dies Ergebnis zeigt, dass die Kundennachfrage (Volumen, Volatilität und Regelmäßigkeit) den Produktionstyp bestimmt und somit die Produktion kundenorientiert ausgelegt wird. Im Gegensatz zur Typologie des Aachener-PPS-Modells, fällt auf, dass zum einen keine Trennung mehr zwischen Rahmenauftragsfertigern und Variantenfertigern vollzogen werden kann, wie sie noch von Schomburg (1980) vorgenommen wurde. Vielmehr bestätigt die Typologie der bisherigen Erkenntnisse den Trend, dass zunehmend kundenspezifisch gefertigt wird, denn alle Auftrags- und Lagerfertiger fertigen mit unterschiedlichem Grad kundenspezifisch (entweder in Kleinserie oder in Serie). Zum anderen bestätigt diese Typologie den Trend vom Anlagenbauer zum Kleinserienfertiger, den Schotten et al. (1999) bereits vermutet haben.

3.8.6 Best Practices des SCM in der Anwendung

Um aufbauend auf dem entwickelten Zielsystem, den untersuchten Best Practices des SCM und der erstellten Unternehmens-Typologie zu einer Entscheidungsunterstützung zu gelangen, werden im Folgenden die Wirkbeziehungen untersucht. Zunächst werden die Beiträge der Best Practices zur Zielerreichung der SCM-Ziele untersucht. Daraufhin wird die Anwendbarkeit von Best Pratices bei den Unternehmenstypen analysiert. Schließlich werden aufwandsdeterminierende Faktoren bestimmt, anhand derer fallspezifisch der jeweilige Aufwand für die Implementierung der Best Practices abgeschätzt werden kann.

3.8.6.1 *Ermittlung der Wirkzusammenhänge zwischen Zielen und Best Practices des SCM*

Es gibt keine Best Practice, die zu allen Elementen des Zielsystems positiv beiträgt. Wenn eine Best Practice ein Unterziel in einem logistischen Zielsystem positiv beeinflusst, so werden andere Unterziele zwangsläufig verletzt. So führt in einem logistischen System, z. B. die Erhöhung der Lieferbereitschaft, i. d. R. auch zu einer Erhöhung der Lagerbestände. Eine Verringerung von Lagerbeständen würde zu einer Verschlechterung der Lieferbereitschaft führen.

Die folgenden Beispiele sollen die Zusammenhänge verdeutlichen. Die Best Practice VMI trägt deshalb besonders zu Zielen wie „Lieferzuverlässigkeit", „Lieferfähigkeit", „Reduzierung der Lieferzeit" und „Vermeidung von Fehllieferungen" bei, weil die Produkte beim Kunden lagern und das Lager in enger Abstimmung mit dem Kunden vom Lieferanten bewirtschaftet wird. Dies schränkt aber auch die „Lieferflexibilität" gegenüber anderen Kunden ein, denn die Ware ist dezentral auf verschiedene Lager bei Kunden verteilt und eine kurzfristige Verschiebung von Produkten zwischen Kunden ist kaum möglich. Durch die dezentrale Distributionsstruktur steigen die Lagerbestände, was positive Auswirkungen auf das SCM-Ziel „ausreichend hohe Lagerbestände", jedoch negative Auswirkungen auf das SCM-Ziel „Bestandsoptimierung" hat. Auf Grund der engen EDV-technischen Verknüpfung von Lieferant und Kunde steigt die „Informationsbereitschaft". Dies ist aber mit hohen Implementierungskosten in der „Infrastruktur" verbunden.

Im Gegensatz zum VMI ist beim COIM und CR die EDV-technische Anbindung zwischen Lieferanten und Kunden nicht so eng. Die Daten über Lagerbestände werden in größeren Intervallen und u. U. auch nicht zeitnah ausgetauscht. Daher ist ihr Beitrag zur Erreichung der SCM-Ziele ähnlich zu bewerten, jedoch ergeben sich Unterschiede in der „Lieferfähigkeit", der „Informationsbereitschaft", den „Investitionskosten", in der „Infrastruktur" und der „Prognosegenauigkeit". Ähnlich verhält es sich auch mit den Best Practices QR, ECR und CPFR, durch die frühzeitig Abweichungen in der Prognose erkannt, bzw. eine höhere Prognosegenauigkeit erreicht werden soll. Diese Best Practices bauen aufeinander auf, wobei CPFR den höchsten Integrationsgrad zwischen Kunden und Lieferanten aufweist. Des Weiteren ist VMI ebenfalls ein Bestandteil von CPFR. Lediglich bei der Best Practice QR erhöht sich die „Lieferflexibilität" besonders, weil die alleinige Anwendung von QR auf zentrale Distributionsstrukturen zurückgreift.

3.8.6.2 *Ermittlung der Restriktionen mittels Abgleichs von Unternehmenstypologien und Best Practices*

In diesem Unterkapitel soll die zweite Komponente für die Anwendung von Best Practices im SCM erläutert werden, in der die Wirkzusammenhänge zwischen den Unternehmenstypen und den Best Practices ermittelt werden. Es werden daher die Merkmalsausprägungen der Unternehmenstypen aus dem Abschn. 3.8.4.2 dahingehend untersucht, welche Anforderungen sich aus den Merkmalsausprägungen ableiten lassen und ob diese sich per se mit den jeweiligen Best Practices vereinbaren lassen.

Der Kleinserienfertiger (Auftragsfertiger Typ 1) fertigt mittlere bis große Produkte von mittlerem bis großem Wert kundenspezifisch in kleiner Anzahl. Da der Kundenbedarf unregelmäßig und blockweise auftritt, fertigt er seine Produkte in Einzelteilfertigung.

Auf Grund der unregelmäßig auftretenden Kundennachfrage eignen sich grundsätzlich die Best Practices, die eine höhere Prognosesicherheit ermöglichen. Zu diesen gehören QR, ECR und bedingt CPFR. Die Best Practices, bei denen der Zulieferer seine Ware beim Kunden lagert, sind für den Kleinserienfertiger nicht geeignet, da insbesondere die Lagerung von Waren bei mehreren Kunden den Aufbau eines erhöhten Lagerbestandes zur Folge hat. Dies würde angesichts des hohen Wertes der Produkte mit einer hohen Kapitalbindung einhergehen. Daher eignen sich die Best

3.8 Best Practices des SCM in Kunden-Lieferanten-Beziehungen

Practices CR, COIM und VMI nicht für den Kleinserienfertiger. Geeignet sind die Best Practices, die keine Lagerung der Ware vorsehen. JIT-Anlieferung eignet sich grundsätzlich, sofern die Kundenspezifikation nicht zu zeitnah erfolgt. JIS-Anlieferung ist mit der blockweisen und unregelmäßigen Kundennachfrage nicht zu vereinbaren, da diese Best Practice einen konstanten und regelmäßigen Lieferabruf benötigt. Kanban ist für den Kleinserienfertiger geeignet, sofern die Kundenspezifikation für die Varianten bei den Kunden kundentypisch ist und sich nur selten ändert. Insbesondere durch die geringen Stückzahlen des Kleinserienfertigers können die Best Practices JIT und Kanban für den Kleinserienfertiger interessant sein.

Der Serienfertiger (Auftragsfertiger Typ 2) fertigt Standardprodukte mit kundenspezifischen Varianten mittleren Werts und mittlerer Größe. Der Kundenbedarf ist gleichmäßig und konstant und liegt unter einer Million Stück pro Jahr.

Der gleichmäßige und regelmäßige Kundenbedarf begünstigt die Anwendung der meisten Best Practices des SCM. QR, eine Best Practice, die das Abfangen von Auftragsspitzen durch ein frühzeitiges Erkennen eines erhöhten Kundenbedarfs ermöglicht, ist nur bedingt geeignet, da keine größeren Schwankungen im Kundenbedarf auftreten. Gleiches gilt für ECR und CPFR, denn die Vorteile, die durch die Erfassung der Verkäufe am POS entstehen, sind bei diesem Unternehmenstyp nicht nutzbar. Der gleichmäßige und konstante Kundenbedarf ermöglicht jedoch die Anwendung der übrigen Best Practices. Insbesondere durch die kundenspezifischen Varianten würden in den Best Practices CR, COIM und VMI keine zusätzlichen Lagerbestände aufgebaut. Ebenso begünstigt die einfache Planbarkeit der Produktion die Implementierung der Best Practices JIT-Anlieferung, JIS-Anlieferung und Kanban.

Der Mischfertiger (Auftragsfertiger Typ 3) fertigt kleine Produkte von geringem Wert in hoher Stückzahl. Die Varianten sind nicht kundenspezifisch und der Kundenbedarf schwankt regelmäßig saisonbedingt.

Auf Grund der saisonalen Schwankungen des Bedarfs eignen sich die Best Practices QR und ECR für diesen Unternehmenstyp. Ebenso kommen die Best Practices CR, COIM und VMI in Frage, da der Wert der Produkte gering ist und durch die Lagerung der Produkte bei den Kunden nur eine geringe Kapitalbindung entstehen würde. Hingegen machen die Best Practices JIT und JIS bei der großen Stückzahl keinen Sinn. Der Distributionsaufwand lässt sich bei dem geringen Wert der Produkte nicht rechtfertigen. Eine Kanbansteuerung könnte bei vielen Varianten Vorteile haben, sie ist daher bedingt geeignet.

Der Lagerfertiger fertigt in hoher Stückzahl Varianten, die nicht kundenspezifisch sind. Sein Produkt hat einen mittleren Wert, wobei die Kundennachfrage konstant und regelmäßig ist.

Auf Grund der Regelmäßigkeit der Kundennachfrage sind die Best Practices ECR und CPFR nur bedingt geeignet. QR hingegen ist geeignet, da es durch die Datenerfassung am POS Schwankungen im Auftragsvolumen frühzeitig erkennt. JIT-Anlieferung und JIS-Anlieferung sind beim Lagerfertiger nicht geeignet, da die Massenproduktion eine direkte Einflussnahme der Varianten in den Kundenwünschen ausschließt. Die Best Practices Kanban, CR, COIM und VMI hingegen sind auf Grund der hohen Stückzahl geeignet, da gerade diese Best Practices die Zusammenfassung des Kundenbedarfs für die Massenfertigung begünstigen und dennoch dem Kunden eine hohe Lieferzuverlässigkeit garantieren.

Der Anlagenbauer fertigt in geringer Stückzahl kundenspezifische Produkte von großem Wert. Der Bedarf seiner Kunden ist unregelmäßig und tritt blockweise auf. Für diesen Unternehmenstyp ist distributionsseitig keine Best Practice des SCM geeignet. Rationalisierungspotenziale liegen für diesen Unternehmenstyp nicht in der distributionsseitigen Logistik, sondern im Konstruktions- und Beschaffungsprozess von Bauteilen. Deshalb wurde dieser Unternehmenstyp bei diesem Vorhaben explizit bei der Eingrenzung des Betrachtungsgegenstandes ausgegrenzt.

Abbildung 3.8-11 zeigt zusammenfassend die Eignung der Best Practices des SCM für die fünf behandelten Unternehmenstypen. Hierbei wird deutlich, dass sich die meisten Best Practices für Auftragsfertiger und Mischfertiger eignen.

	Best Practices								
	QR	ECR	CPFR	CR	COIM	VMI	JIT-A.	JIS-A.	Kanban
Anlagenbauer	X	X	X	X	X	X	X	X	X
Kleinserienfertiger	●	●	●	X	X	X	○	X	○
Serienfertiger	●	●	●	●	●	●	●	●	●
Mischfertiger	●	●	●	●	●	●	X	X	○
Lagerfertiger	●	○	○	●	●	●	X	X	●

Legende: ● geeignet ○ bedingt geeignet X nicht geeignet

Abb. 3.8-11 Eignung der Best Practices für die Unternehmenstypen

3.8.6.3 Aufwandsdeterminierende Faktoren für die Gestaltung der Kunden-Lieferanten-Schnittstelle

Die Implementierung von Best Practices des SCM erfordert je nach Best Practice unterschiedliche Aufwendungen. Die Anforderungen für die Implementierung der Best Practices wurden bereits im Abschn. 3.8.3 erläutert. Hillebrand (2002) hat in Anlehnung an Pfohl (1997) aufwandsdeterminierende Faktoren für die Integration von PPS und DPS entwickelt, die auch auf die Gestaltung der Kunden-Lieferanten-Schnittstelle anwendbar sind. Die aufwandsdeterminierenden Faktoren beziehen sich dabei auf Anforderungen an die vorhandene Informationstechnologie, die vorhandene Bereitschaft zum Informationsaustausch und die Fähigkeit zum Informationsaustausch zwischen Kunden und Lieferanten. Bei der Gestaltung der Kunden-Lieferanten-Schnittstelle entsteht dem Lieferanten jedoch nicht nur Aufwand durch Anforderungen an den Informationsfluss, sondern auch durch Anforderungen an den Materialfluss in der Distribution. So unterscheidet sich je nach angewandter Best Practice der Aufwand für die Bereitstellung der Ware (zentral beim Lieferanten oder dezentral beim Kunden) und für den Transport, der abhängig ist von der Transporthäufigkeit und der Losgröße (vgl. Abb. 3.8-12).

Der Aufwand des Lieferanten bei der Gestaltung der jeweiligen Best Practice des SCM hängt fallspezifisch von der Ausgangssituation ab, so dass nur ein paar allgemein gültige Aussagen über den Aufwand der jeweiligen Best Practices getroffen werden können.

So entsteht bei den kooperativen Best Practices ECR, CPFR, VMI und JIS ein hoher Aufwand durch die Integration der IT-Systeme. Um bei diesen Best Practices die Rationalisierungspotenziale nutzen zu können, müssen die Planungsprozesse gemeinsam durchgeführt werden. Hingegen spielt dieser Faktor bei den übrigen Best Practices eine untergeordnete Rolle, weil hier die Planung einseitig stattfindet. Entweder gibt der Kunde sie vor (JIT, Kanban) oder sie wird dem Lieferanten überlassen (QR, CR, COIM). Dementsprechend geht die Form des Informationsaustauschs einher. Trotzdem ist allen Best Practices gemein, dass eine Aufgeschlossenheit zum Informationsaustausch vorhanden sein muss. Denn ohne den gegenseitigen Informationsaustausch ist bei keiner Best Practice eine Planung möglich.

Bei den Aufwendungen für die Materialflussgestaltung zeigt sich, dass je nach angewandter Best Practice der Aufwand für den Lieferanten entweder bei der externen Lagerung (CR, COIM, VMI) oder beim Transport entsteht (ECR, CPFR, JIT, JIS, Kanban).

3 Gestaltung der Produktionsplanung und -steuerung

		informationsbezogene aufwandsdeterminierende Faktoren	
Intern/extern vorhandene Informationstechnologie	Wandel der Informationstechnologie	• Fluktuationsrate von IT-Einrichtungen • Adaptionsrate von IT-Einrichtungen • Entwicklungsstand der IT-Einrichtung	
	Integrationsgrad/ Integrationsfähigkeit	• Integrationsgrad von IT-Anwendungen • Flexibilität bei Integrationsprozessen	
	Planungsunterstützung	• Verhältnis manueller zu DV-gestützter Planungsprozesse • Unterstützungsgrad der Planungsprozesse durch IT-Anwendungen	
Intern/extern vorhandene Informations-austausch-bereitschaft	Engagement zum Informationsaustausch	• Wichtigkeit des Informationsaustauschs im Unternehmen • Engagement des Informationsaustauschs beim Partner	
	Form des Informationsaustauschs	• Einsatz von Mitarbeitern im Partnerunternehmen • Zugriff auf gemeinsame Datenbanken • Reiner Datenaustausch	
Intern/extern vorhandene Informations-austausch-fähigkeit	Technologie	• Modernität der IT-Landschaft • Einsatz von EDI-/WebEDI-Lösungen • Einsatz von Identifizierungssystemen	
	Einfachheit	• Möglichkeiten des schnellen Datenaustauschs • Strukturierung von Informationen, Klarheit, Verständlichkeit	
		nicht informationsbezogene aufwandsdeterminierende Faktoren	
Interne/externe Materiallogistik	Lager	• Zentralisierungsgrad des Distributionssystems • Lagergrößen • Automatisierungsgrad der Lager	
	Transport	• Räumliche Distanz zum Kunden • Häufigkeit der Lieferungen • Losgrößen	

Abb. 3.8-12 AufwandsdeterminierendeFaktoren (in Anlehnung an Hillebrand 2002 u. Pfohl 1997)

3.8.7 Priorisierung und Auswahl von Best Practices des SCM für die Gestaltung der Kunden-Lieferanten-Schnittstelle

Im Rahmen dieses Kapitels wird aufbauend auf den bisherigen Ergebnissen eine effiziente Entscheidungshilfe entwickelt, welche die logistische

3.8 Best Practices des SCM in Kunden-Lieferanten-Beziehungen

Gestaltung der distributionsseitigen Kunden-Lieferanten-Schnittstelle mittelständischer Stückgutfertiger der Zulieferindustrie unterstützt.

3.8.7.1 Systematisierung des Entscheidungswegs

Für die Systematisierung des Entscheidungswegs ist es sinnvoll sowohl die nutzenorientierten als auch die aufwandsorientierten Aspekte der Best Practices zu betrachten. Die nutzenorientierte Relevanz der Best Practices wird über die unternehmenstypspezifischen Anforderungen und über die Bewertung des Beitrags der Best Practices zur Zielerreichung bestimmt. Die aufwandsorientierte Relevanzermittlung ist unternehmensspezifisch und betrachtet die Folgeaktivitäten, die unter den fallspezifischen Voraussetzungen und Randbedingungen nötig sind, um die Best Practices zu implementieren. Die Abwägung beider Orientierungen soll schließlich zu einer Rangfolge der im spezifischen Fall geeigneten Best Practices führen.

Als erste Eingangsgrößen wird die Typologisierung über das in Abschn. 3.8.4 entwickelte morphologische Merkmalsschema vorgenommen. Wie in Abschn. 3.8.5.2 beschrieben, grenzt die Typologisierung die Anzahl der anwendbaren Best Practices auf Grund der typspezifischen Besonderheiten ein.

Im ersten Schritt werden die SCM-Ziele aus Abschn. 3.8.2 unternehmensspezifisch gewichtet (vgl. Abschn. „Unternehmensspezifische Gewichtung der SCM-Ziele"). Die Gewichtung der SCM-Ziele dient zur unternehmensspezifischen Ermittlung der nutzenorientierten Priorisierung der Best Practices. Diese erfolgt über die Beitragsermittlung der Best Practices zur jeweiligen Zielerreichung. Das Vorgehen wird in Abschn. „Nutzenorientierte Priorisierung der Best Practices" erläutert. Die Analyse des Aufwands zur Implementierung der Best Practices ist unternehmensspezifisch und erfolgt auf der Basis der unternehmensspezifischen Randbedingungen und Voraussetzungen für die Implementierung (vgl. Abschn. 3.8.6.3). Als Anhaltspunkt für die Ermittlung der Aufwände dienen die in Abschn. 3.8.5.3 angeführten aufwandsdeterminierenden Faktoren.

Über die unternehmensspezifische Abwägung der Nutzen und Aufwände der Best Practices erfolgt schließlich die fallspezifische Priorisierung des Best Practices (vgl. Abschn. 3.8.6.4).

3.8.7.2 Nutzenorientierte Relevanzermittlung von Best Practices

Unternehmensspezifische Gewichtung der SCM-Ziele

Nachdem die Unternehmen einem Typ der Typologie des Unternehmens im Netzwerk zugeordnet wurden, erfolgt die Gewichtung der SCM-Ziele. Hierbei werden die SCM-Ziele aus Abschn. 3.8.2 auf einer Skala von 0 bis

5 gegeneinander gewichtet. Die gegenseitige Gewichtung ist notwendig, da sich SCM-Ziele gegenseitig widersprechen können. Die Erfüllung eines SCM-Ziels kann zur Verletzung anderer SCM-Ziele führen. Diese quantitativen Gewichtungen, die von Unternehmensvertretern durchgeführt werden, haben folgende Bedeutung:

- „0": Das SCM-Ziel hat für das Unternehmen keine Bedeutung und wird nicht weiter berücksichtigt.
- „1": Das SCM-Ziel ist für das Unternehmen von sehr geringer Bedeutung, sollte jedoch nicht unbeachtet bleiben.
- „2": Das SCM-Ziel ist für das Unternehmen von geringer Bedeutung und sollte daher einen geringen Einfluss auf die Entscheidungsfindung haben.
- „3": Das SCM-Ziel ist für das Unternehmen von mittlerer Bedeutung und muss in der Entscheidungsfindung berücksichtigt werden.
- „4": Das SCM-Ziel hat für das Unternehmen eine hohe Bedeutung und muss in der Entscheidungsfindung unbedingt berücksichtigt werden.
- „5": Das SCM-Ziel wird von dem Unternehmen priorisiert und muss daher den größten Einfluss auf die Entscheidungsfindung haben.

Nutzenorientierte Priorisierung der Best Practices

Die Gewichtung der SCM-Ziele ist für die erste Priorisierung geeigneter Best Practices elementar wichtig. Um die Best Practices zu identifizieren, die am besten die gewichteten Ziele erfüllen, wird ein Vorgehen gewählt, wie es in Abb. 3.8-13 dargestellt ist. Zunächst werden die Gewichtungen g_i der Ziele mit einer Wirkmatrix (an dieser Stelle nicht näher betrachtet), in der die Auswirkungen der jeweiligen Best Practice auf die SCM-Ziele beschrieben werden, multipliziert. Die rechte Matrix stellt die Ergebnismatrix b_{ij} dar. Die Ergebnismatrix wird über die folgende Formel berechnet:

$$b_{ij} = g_i * a_{ij} \tag{3}$$

mit: b_{ij} Element der Ergebnis-Matrix in Zeile i und Spalte j

        g_i Gewichtungswert der Unterziele in Zeile i

        a_{ij} Element der Wirkmatrix in Zeile i und Spalte j

3.8 Best Practices des SCM in Kunden-Lieferanten-Beziehungen

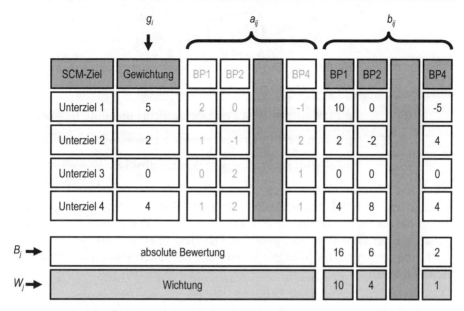

Abb. 3.8-13 Nutzenorientierte Priorisierung der Best Practices (BPi)

Die Ergebnismatrix b_{ij} stellt die unternehmensspezifische Bewertung der Best Practices (BPi) in Bezug auf ihren Beitrag zur Erreichung der Unterziele dar. Die geeigneten Best Practice werden über die Ergebnismatrix identifiziert. Jedoch werden nur solche Best Practices betrachtet, die nicht über die Typologisierung ausgeschlossen wurden (vgl. Abschn. 3.8.5.2).

Im unteren Abschnitt der Abb. 3.8-13 erfolgt die abschließende Bewertung der eingegebenen Daten in zwei Zeilen. In der ersten Bewertungszeile (absolute Bewertung) wird für jede Best Practice die Spaltensumme aller Einzelbewertungen der Ergebnis-Matrix gebildet:

$$B_j = \sum_{i=1}^{n} b_{ij} \qquad (4)$$

mit: B_j absolute Gewichtung der jeweiligen Best Practice (BPi)

        n Anzahl der Unterziele

Die für das weitere Vorgehen in der Methodik wichtigste Zeile der Bewertung ist die Wichtung. Die Normierung auf einen Zahlenwert zwischen 1 und 10 schafft einen Vergleich der Eignung der verschiedenen Best Practices. Sie macht dem Anwender die endgültige Auswahl einfacher als auf Basis einer absoluten oder relativen Bewertung. Bei der Wichtung, bei der auf einen ganzzahligen Wert gerundet wird, wird mit folgender Normierungsformel gerechnet:

$$W_j = Rd\left[9 * \frac{(B_j - B_{min})}{(B_{max} - B_{min})} + 1\right] \quad (5)$$

mit: W_j zum jeweiligen Best Practice gehörige Wichtung

        B_j zum jeweiligen Best Practice gehörige absolute Bewertung

        B_{min} von allen Best Practices minimale absolute Bewertung

        B_{max} von allen Best Practices maximale absolute Bewertung

Durch die Normierung werden abschließend Werte zwischen 1 und 10 ausgegeben, wobei 1 den schlechtesten und 10 den besten Wert darstellt. Durch absteigende Sortierung der Wichtungen wird die nutzenorientierte Rangfolge der Best Practices gebildet. Die Best Practices mit der höchsten Wichtung tragen am meisten zur Erreichung der unternehmensspezifischen SCM-Ziele bei.

3.8.7.3 *Aufwandsorientierte Relevanzermittlung der Best Practices*

Als nächster Schritt folgt die Überprüfung der Anforderungen für die Implementierung der Best Practices. Diese aufwandsorientierte Bewertung erfolgt zunächst über die in Abschn. 3.8.5.3 erstellte allgemeingültige Bewertungsmatrix, die je nach Ist-Situation fallspezifisch angepasst werden sollte. Zudem sollte der Anwender die allgemeinen Anforderungen an die Best Practices, die im Abschn. 3.8.4.2 beschrieben werden, bei der Anpassung berücksichtigen. Falls die Anforderungen in einem spezifischen Fall nicht erfüllbar sind, sollte dies im Schritt Auswahl und Priorisierung ebenfalls bewertet werden. So ist z. B. für die Best Practice JIS eine geographische Nähe zum Kunden erforderlich. Ist dies im Anwendungsfall nicht gegeben, ist die Best Practice nicht einsetzbar. Somit erfolgt die Bewertung durch den Anwender in vier Aufwandsstufen:

- „gering": Die Implementierung der Best Practice ist mit geringem Aufwand durchführbar.
- „mittel": Die Implementierung der Best Practice ist mit erheblichem Aufwand durchführbar.
- „hoch": Die Implementierung der Best Practice ist mit sehr großem Aufwand durchführbar.
- „unmöglich": Die Best Practice ist unter den gegebenen Voraussetzungen nicht umsetzbar.

3.8.7.4 Fallspezifische Auswahl von Best Practices

Der Anwender hat zu entscheiden, ob der Aufwand für die Implementierung der in der nutzenorientierten Betrachtung vorgeschlagenen Best Practices für das Unternehmen tragbar ist. Hierzu muss der Nutzen und der Aufwand gegeneinander qualitativ abgewogen werden. Hierbei muss berücksichtigt werden, dass die Priorisierung und Auswahl von Best Practices des SCM für die Gestaltung der Kunden-Lieferanten-Schnittstelle dem Anwender eine qualitative Entscheidungsunterstützung bieten soll, die unter möglichst umfassender Betrachtung der qualitativen Aspekte eine unternehmensspezifische Entscheidung vorbereiten soll. Die quantitative Abwägung von Nutzen und Aufwand, welche vor einer endgültigen Entscheidung noch durchzuführen ist, ist jedoch derart unternehmensspezifisch, dass diese an dieser Stelle nicht durchführbar ist.

Somit erfolgt die Auswahl der Best Practice für die Gestaltung der Kunden-Lieferanten-Schnittstelle über eine qualitative Abwägung von Nutzen und Aufwand. Die Priorisierung der Best Practices wird über Entscheidungstabellen nach DIN 66 241 vorgenommen (DIN 66 241 1994; Hillebrand 2002; Haberfellner et al. 1999; Esser 1995; Grünewald 1992). Die in diesem Fall angewandte Entscheidungstabelle ist in Abb. 3.8-14 dargestellt.

Im oberen Teil der Tabelle sind die Bedingungen B1 bis B7 aufgeführt, die sowohl die nutzenorientierte Bewertung (B1 bis B3) als auch die aufwandsorientierte Bewertung (B4 bis B7) erfassen. Im unteren Teil sind die Aktionen A1 bis A3 beschrieben, die aus den jeweils spaltenweise angeordneten Kombinationen von Bedingungen resultieren. Die Beziehungen zwischen Kombinationen von Bedingungen und Aktionen heißen Regeln.

Bei dieser Art der Priorisierung und Auswahl sind drei mögliche Aktionen definiert:

- „Auswahlpriorität 1": Die Best Practice hat eine hohe nutzenorientierte Relevanz und der Aufwand im Rahmen der fallspezifischen Bewertung ist gering bzw. mittel. Die Best Pratice wird vorgeschlagen.
- „Auswahlpriorität 2": Die Best Practice hat eine hohe nutzenorientierte Relevanz, aber fallspezifisch ist ein hoher Aufwand für die Implementierung nötig. Oder die Best Practice ist nur bedingt relevant, jedoch ist die fallspezifische Bewertung des Aufwands zur Implementierung gering bzw. mittel. Es wird vorgeschlagen, bei diesen Best Practices den Aufwand und Nutzen quantitativ zu überprüfen, falls keine Best Practice die Auswahlpriorität 1 erhalten hat.
- „Auswahlpriorität 3": In allen übrigen Fällen erhalten die Best Practices diese Auswahlpriorität. Dies ist in Abbildung 3.8-14 durch

die Else-Regel beschrieben. Best Practices mit der Auswahlpriorität 3 sollten nicht weiter betrachtet werden.

Falls sich auf Grund der zahlreichen unternehmensindividuellen Einflussfaktoren, die diese Entscheidung bestimmen, Änderungen entstehen, bzw. neue Erkenntnisse gewonnen werden, so sind Anpassungen in der Auswahlpriorisierung vorzunehmen. Dies kann jedoch nur durch die Experten im Unternehmen geschehen.

		Ermittlung der unternehmensspezifischen Eignung einer BP zur Erreichung der SCM-Ziele	Regeln					
			R1	R2	R3	R4	R5	Else
Bedingungen	B1	BP aus nutzenorientierter Sicht „relevant" (Wichtung zwischen 7 und 10)	●	●	●	○	○	
	B2	BP aus nutzenorientierter Sicht „bedingt relevant" (Wichtung zwischen 3 und 6)	○	○	○	●	●	
	B3	BP aus nutzenorientierter Sicht „weniger relevant" (Wichtung zwischen 1 und 2)	○	○	○	○	○	
	B4	Aufwand zur Implementierung der BP ist „gering"	●	○	○	●	○	
	B5	Aufwand zur Implementierung der BP ist „mittel"	○	●	○	○	●	
	B6	Aufwand zur Implementierung der BP ist „hoch"	○	○	●	○	○	
	B7	Die Implementierung der BP ist „unmöglich"	○	○	○	○	○	
Aktion	A1	BP hat Auswahlpriorität 1	X	X				
	A2	BP hat Auswahlpriorität 2			X	X	X	
	A3	BP hat Auswahlpriorität 3						X

Legende: ● Bedingung erfüllt   ○ Bedingung nicht erfüllt   X Aktion trifft zu   BP: Best Practice

Abb. 3.8-14 Entscheidungstabelle zur Priorisierung der Best Practices für die Gestaltung der Kunden-Lieferanten-Schnittstelle (nach DIN 66 241)

3.8.8 Zusammenfassung und Ausblick

Unternehmen agieren in Netzwerken, die sich dynamisch den globalen Marktveränderungen anpassen müssen. Insbesondere für Zulieferer ist es daher von großer Bedeutung, die Kunden-Lieferanten-Schnittstelle zum Kunden so zu gestalten, dass nicht nur der Kunde zufrieden gestellt wird, sondern dass auch die eigenen SCM-Ziele erfüllt werden können. Hierzu existieren verschiedene Best Practices im Bereich des SCM, die beiden Partnern Vorteile bieten, wenn sie unter den richtigen Rahmenbedingungen angewendet werden.

Ziel war es daher, eine Entscheidungsunterstützung zu entwickeln, die Unternehmen erlaubt, fallspezifisch die richtige Best Practice zu identifizieren und erste Anhaltspunkte für deren Gestaltung zu geben. Hierzu mussten zum einen die Best Practices identifiziert werden, die die logistische Ausgestaltung der Kunden-Lieferanten-Schnittstelle betreffen. Zum anderen mussten die Rahmenbedingungen geklärt werden, die Unternehmen in der Lieferkette charakterisieren. Während die Best Practices durch intensive Literaturrecherchen identifiziert wurden, wurden die Rahmenbedingungen der Unternehmen in der Lieferkette empirisch über multivariate Analysemethoden untersucht.

Die Ergebnisse dieser Untersuchungen wurden bei der Modellierung eines Zielsystems dokumentiert. So wurden neun relevante Best Practices und fünf Unternehmenstypen identifiziert, von denen vier Unternehmenstypen in den Untersuchungsbereich dieses Vorhabens fallen. Die ermittelten Unternehmenstypen zeigten im Vergleich mit dem Aachener-PPS-Modell den Wandel hin zu einer stärkeren Kundenorientierung, einem wesentlichem Merkmal für die Anwendung des SCM. Für die Lösung der Problemstellung wäre daher die Typologie des Aachener-PPS-Modells nicht sinnvoll gewesen, da diese zu falschen Ergebnissen geführt hätte. Letzter Bestandteil der Modellierung der Kunden-Lieferanten-Schnittstelle ist das SCM-Zielsystem, das die SCM-Ziele aus der Sicht der Zulieferer operationalisiert und systematisch durch Ober-, Mittel und Unterziele beschreibt.

Um aus diesen Elementen zu einer Entscheidungsunterstützung zu gelangen, mussten bei den Best-Practices des SCM die Wirkbeziehungen zwischen diesen Elementen untersucht werden. Dieser Prozess besteht aus drei Komponenten. In der ersten Komponente wurden die Beiträge der Best Practices zur Zielerreichung der SCM-Ziele untersucht. In der zweiten Komponente wurde die Anwendbarkeit von Best Practices in den Distributionstypen analysiert. Hierbei waren die Merkmalsausprägungen der Unternehmenstypologie aus den Abschn. 3.8.2 bis 3.8.4 ausschlaggebend für die Bewertung. Die dritte Komponente bestimmt aufwandsdeterminierende Faktoren, anhand derer die Aufwände für die Implementierung der Best Practices abgeschätzt werden können.

Die Priorisierung und Auswahl wird zudem durch eine Vorgehensweise unterstützt, die sowohl die nutzenorientierte Betrachtung als auch die aufwandorientierte Betrachtung beinhaltet. Ausgangspunkte für die nutzenorientierte Betrachtung sind die Unternehmenstypologie und die Gewichtung der operationalisierten SCM-Ziele. Durch diese Eingangsdaten wird über die Wirkzusammenhänge bei der Anwendung der Best Practices des SCM eine nutzenorientierte Auswahl getroffen. Anschließend erfolgt die aufwandsorientierte Bewertung dieser Best Practices, die zusammen mit der nutzenorientierten Bewertung eine Auswahl der geeigneten Best Practice zur Gestaltung der logistischen Kunden-Lieferanten-Schnittstelle gewährleistet. Durch die Formulierung und Operationalisierung von Entscheidungstabellen nach DIN 66 241 werden Subjektivitäten bei der Bewertung und Auswahl der Best Practices vermieden.

Die gewählte Vorgehensweise zur Entwicklung eines Schemata zur Priorisierung und Auswahl basiert auf der wissenschaftlichen Vorgehensweise nach Hill et al. (1994). Die Priorisierung und Auswahl von Best Practices des SCM für die Gestaltung der Kunden-Lieferanten-Schnittstelle wurde exemplarisch in vier Unternehmen angewendet. Dabei konnte zum einen die Anwendbarkeit nachgewiesen werden. Zum anderen wurde die Richtigkeit der Ergebnisse bestätigt und die erarbeiteten Wirkzusammenhänge der Best Practices validiert.

Als Ausblick sind auf der Basis der erarbeiteten Ergebnisse verschiedene Aktivitäten denkbar. So wird empfohlen, in regelmäßigen Zeitintervallen neue Best Practices dem Modell hinzuzufügen, um das Modell dem jeweils aktuellen Erkenntnisstand anzupassen. Zudem wäre eine sinnvolle Erweiterung zur Auswahl und Priorisierung die Entwicklung einer Vorgehensweise zur Bestimmung des Aufwands bei der Implementierung von Best Practices. Ebenso würde ein Vorgehensmodell zur Implementierung der Best Practices eine sinnvolle Erweiterung darstellen.

Des Weiteren ist eine ähnliche Betrachtung für Anlagenfertiger zu überprüfen. Da bei den Anlagenfertigern die Rationalisierungspotenziale in der Beschaffung liegen, könnte die Entwicklung einer ähnlichen Entscheidungsunterstützung für Best Practices der Beschaffung sinnvoll sein.

3.8.9 Literatur

Backhaus K, Erichson B, Plinke W, Weiber R (2005) Multivariate Analysemethoden – Eine anwendungsorientierte Einführung, 11. überarbeitete Aufl. Springer, Berlin Heidelberg New York

3.8 Best Practices des SCM in Kunden-Lieferanten-Beziehungen 595

Bloech J, Ihde G B (1997) Vahlens großes Logistiklexikon. Vahlen, München
Bortz J, Döring N (2002) Forschungsmethoden und Evaluation, 3. Aufl. Springer, Berlin Heidelberg New York
Brast K, Bruckner A (2002) Optimierung der Auftragsgrobplanung bei Mischfertigern. Industrie Management (2002)18:43-45
Brever E T, Fiedler C (2003) Der Peitscheneffekt in der Absatzkette. http://www.rz.fh-ulm.de\breyer\publish/Bullwhip.pdf
Christopher M, Lee H L (2003) Supply Chain Confidence. Whitepaper Cranfield University and Stanford University 2001.
http://www.stanford.edu/group/scforum/Welcome/Supply Chain Confidence 021402.pdf.
Cooper D R, Schindler P S (1998) Business research methods, 6. edn. McGraw-Hill/Irwin, Boston
Cooper M C, Ellram L M (1990) Supply Chain Management. Partnership and the Shipper – Third Party Relationship. The International Journal of Logistics Management 1(1990)2:1-10
Corsten D, Gabriel C (2002) Supply Chain Management erfolgreich umsetzen. Grundlagen, Realisierung und Fallstudien. Springer, Berlin Heidelberg New York
Coyle J J, Bardi E J, Langley Jr. C J (1996) The management of business logistics, 6. edn. West Publishing company, Minneapolis/St. Paul
Dantzer U (1997) ECR – Kooperation zwischen Industrie und Handel. Distribution (1997)28:10-12
Degen H, Lorscheid P (2001) Statistik-Lehrbuch: mit Wirtschafts- und Bevölkerungsstatistik. Oldenbourg, München
Dichtl E, Issing O (2002) Vahlens großes Wirtschaftslexikon, 3. überarbeitete und erweiterte Aufl. Vahlen, München
DIN 66241 (1994) Entscheidungstabelle. Informationsverarbeitung – Beschreibungsmittel. DIN, Deutsches Institut für Normung e.V. Beuth-Verlag, Berlin
Diruf G (1994) Computergestützte Informations- und Kommunikationssysteme der Unternehmenslogistik als Komponenten innovativer Logistikstrategien. In: Isermann H (Hrsg) Logistik: Beschaffung, Produktion, Distribution, Landsberg am Lech, S 71-86
Eckes T, Rossbach H (1980) Clusteranalysen. W. Kohlhammer Verlag, Stuttgart
Ehrmann H (1999) Unternehmensplanung - Kompendium der praktischen Betriebswirtschaft, 3. überarbeitete und erweiterte Aufl. Kiehl Verlag, Ludwigshafen
Esser M (1995) Modellierung und Gestaltung der Schnittstellen von Logistik- und Qualitätsmanagementaufgaben. Dissertation, RWTH Aachen. (Aachener Beiträge zu Humanisierung und Rationalisierung. Band 19. Verlag der Augustinus-Buchhandlung, Aachen)
Eversheim W (2001) Produktionsmanagement II. (Vorlesungsumdruck. Laboratorium für Werkzeugmaschinen und Betriebslehre. Rheinisch-Westfälisch Technische Hochschule Aachen, Aachen)
Folmer E, Otto B (2002) Smoothening inter-organisational processes with openXchange; a standardsbased demonstration and validation. In: Stanford-Smith B,

Chiozza E, Edin M (eds) Challenges and Achievements in E-business and E-work. IOS Press, Amsterdam Berlin Oxford

Fong S W, Cheng E W L, Ho D C K (1998) Benchmarking: a general reading for management practitioners. management decision (1998)36:407-418

Frost & Sullivan (2001) Europamarkt für Supply Chain Management Software. Frost & Sullivan Report 3848. Frost & Sullivan http://www.frost.com

Gabler (2004) Gabler-Lexikon Logistik: Klaus P, Krieger W (Hrsg) Mangement logistischer Netzwerke und Flüsse. 3. vollständig überarbeitete und aktualisierte Aufl. Gabler, Wiesbaden

Gourdin K N (2001) Global logistics management: A competitive advantage for the new millennium. Blackwell Publishers Ltd., Oxford

Grünewald C (1992) Optimale Koordination von Instandhaltung und Produktion. Dissertation, RWTH Aachen. (Aachener Beiträge zur Humanisierung und Rationalisierung. Band 2. Verlag der Augustinus Buchhandlung, Aachen)

Haberfellner, Nagel, Becker, Büchel, von Massow (1999) Systems Engineering: Methodik und Praxis, 10. Aufl. Verlag Industrielle Organisation, Zürich

Hagen K (1996) Efficient Consumer Response (ECR) – ein neuer Weg in die Kooperation zwischen Industrie und Handel. In: Pfohl Chr (Hrsg) Integrative Instrumente der Logistik; Informationsverknüpfung, Prozessgestaltung, Leistungsmessung. Synchronisation. Reihe Unternehmensführung und Logistik. Erich Schmidt Verlag, Berlin, S 85-96

Hanman S (1997) Benchmarking your firm's performance with best practice. The International Journal of Logistics Management (1997)8:1-18

Hieber R (2002) Supply Chain Management: a collaborative performance measurement approach. vdf, Hochschulverlag an der ETH Zürich, Zürich

Hill W, Fehlbaum R, Ulrich P (1994) Organisationslehre 1. Ziele, Instrumente und Bedingungen der Organisation sozialer Systeme. Paul Haupt Verlag, Bern Stuttgart

Hillebrand V (2002) Gestaltung und Auswahl von Koordinationsschwerpunkten zwischen Produzent und Logistikdienstleister. Dissertation, RWTH Aachen. Shaker Verlag, Aachen

Hoole R (2003) Supply Chain Trends 2003: What is on the agenda. Study Pittiglio Rabin Todd & McGrath (PRTM), Boston

Hucht A, Mühle M (2003) Just-in-sequence-Logistik für die Automobilindustrie. www.Panopa.de/ART_0602/April 2002

Hughes J, Ralf M, Michels B (Supply Chain Management – So steigern Sie die Effizienz ihres Unternehmens durch perfekte Organisation der Wertschöpfungskette. Verlag moderne industrie, Landsberg/Lech

Hummel S, Männel W (1993) Kostenrechnung 1. Grundlagen, Aufbau und Anwendung, 4. völlig neu überarbeitete und erweiterte Aufl. Gabler, Wiesbaden

Jansen R, Reisig A (2001) E-Demand Chain Management als kundenorientierte „real time" Prozesssteuerung. Controlling (2001)4/5:197-202

Kendall M (1975) Rank correlation methods, 4. überarbeitete Aufl. Charles Griffin & Company limited, London

Krcmar H (2003) Überbetriebliche Integration (Vorlesung Betriebliche Informationssysteme. Universität Hohenheim, Lehrstuhl für Wirtschaftsinformatik. http://domino.bwl.uni-hohenheim.de)

Krieger W (1995) Informationsmanagement in der Logistik. Gabler, Wiesbaden

Lawrenz O, Hildebrand K, Nenninger M, Hillek T (2001) Supply Chain Management. Konzepte, Erfahrungsberichte und Strategien auf dem Weg zu digitalen Wertschöpfungsnetzen, 2. Aufl. Friedr. Vieweg & Sohn Verlagsgesellschaft mbH, Braunschweig Wiesbaden

Lee C (2003) Demand Chain Optimization. Pitfalls and Key Principles. White Paper, http://www.stanford.edu/group/scforum/Welcome/Demand_Chain_Optimization_WP.pdf.

Lindemann T (2000) Konzept zum Aufbau prozessorientierter Qualitätsmanagementsysteme in der Textilindustrie. Dissertation, RWTH Aachen. (Schriftenreihe Rationalisierung und Humanisierung. Band 24. Shaker Verlag, Aachen)

Meta Group (2000) Suppyl Chain Management & Collaboration in Deutschland – Technologien und Trends für das erweiterte Unternehmen. http://metagroup.de/studien/scm2000/

Michler A F (1992) Lagerhaltung und Konjunkturentwicklung. Erich Schmidt Verlag, Berlin

Nienhaus J, Schnetzler M, Sennheiser A, Weidemann M, Glaubitt K, Pierpaoli F, Heinzel H (2003) Trends im Supply Chain Management. Ergebnisse einer Studie mit mehr als 200 Unternehmen. (Zentrum für Unternehmenswissenschaften (BWI) der ETH Zürich, Zürich)

Oerthel F, Tuschl S (1995) Statistische Datenanalyse mit dem Programmpaket SAS. Oldenbourg, München Wien

Patzak G (1982) Systemtechnik. Planung komplexer innovativer Systeme. Springer, Berlin Heidelberg New York

Pfohl H Chr (1992) Handelslogistik: Zwischen Hersteller und Handel. In: Bonny C (Hrsg) Jahrbuch der Logistik 1992. Verlagsgruppe Handelsblatt, Düsseldorf

Pfohl H Chr (1997) Informationsfluss in der Logistikkette. Erich Schmidt Verlag GmbH & Co., Berlin

Pfohl H Chr, Brecht L, Geerkens N (2002) What matters to Top Management? A survey on the influence of Supply Chain Management on Strategy and Finance. (Results of the ELA/BearingPoint Study. ELA European Logistics Association / BeringPoint, Inc. Brüssel, Zürich)

Rushton A, Oxley J, Croucher P (2000) The handbook of logistics and distribution management, 2. edn. Kogan Page Limited, London Dover (US)

Rüttgers M, Weidemann M (2000) Presentation of the IMS-project approach to analyze and improve logistics performances in production networks. In: Standford-Smith B, Kidd P T (eds) E-Business: Key Issues, Applications and Technologies. IOS Press Amsterdam, Berlin, Oxford, S 652-658

Schomburg E (1980) Entwicklung eines betriebstypologischen Instrumentariums zur systematischen Ermittlung der Anforderungen an EDV-gestützte Produktionsplanungs- und -steuerungssysteme im Maschinenbau. Dissertation, RWTH Aachen, Aachen

Schönsleben P (2004) Integrales Logistikmanagement. Planung und Steuerung von umfassenden Geschäftsprozessen, 4. überarbeitete und erweiterte Aufl. Springer, Berlin Heidelberg New York

Schönsleben P, Nienhaus J, Schnetzler M, Sennheiser A, Weidemann M (2003) SCM – Stand und Entwicklungstendenzen in Europa. Supply Chain Management (2003)1:19-27

Schotten M (1999) Aachener PPS-Modell. In: Luczak H, Eversheim W (Hrsg) Produktionsplanung und -steuerung. Grundlagen, Gestaltung und Konzepte, 2. Aufl. Springer, Berlin Heidelberg New York

Schuh G (2002) Referenzstrategien in einer vernetzten Welt. In: Schuh G (Hrsg) Erfolge im Netzwerk. Springer, Berlin Heidelberg New York

Schulte C (1999) Logistik- Wege zur Optimierung des Material- und Informationsflusses, 3. Aufl. Vahlen, München

Seifert D (2002) Collaborative Planning Forecasting and Replenishment: Supply Chain Management der nächsten Generation. Galileo Business

Seiwert L (1979) Mitbestimmung und Zielsystem der Unternehmung. Band 2. Vandenhoeck & Ruprecht, Göttingen

Simchi-Levi D, Kaminsky P, Simchi-Levi E (2000) Designing and managing the supply chain. Concepts, strategies, and case studies. McGraw-Hill/Irwin, Boston et al.

Stefansson G (2002) Business-to-business data sharing: A source for integration of supply chains. International Journal for Production Economics (2002)75:135-146

Steffenhagen H (2004) Marketing. Eine Einführung. 5. vollständig überarbeitete Aufl. edn. W. Kohlhammer Verlag, Stuttgart Berlin et al.

Stich V (2002a) Industrielle Logistik, 7. Aufl. Forschungsinstitut für Rationalisierung an der RWTH Aachen. Verlag der Augustinus Buchhandlung, Aachen

Stich V, Weidemann M (2002b) Decision Support for improvement of logistics performance in production networks. In: Stanford-Smith B, Chiozza E, Edin M (eds) Challenges and Achievements in E-business and E-work. IOS Press Amsterdam, Berlin, Oxford, S 638-645

Stich V, Weidemann M, Roesgen R (2003a) Supporting Enterprise Engineering in Production Networks. In: Weber F, Kulwant S P, Thoben K-D (eds) Enterprise Engineering in the Networked Economy. CRi Digital, Nottigham, S 475-478

Stich V, Weidemann M, Roesgen R (2003b) Supporting SME participating successfully in production networks. In: Cunningham P, Cunningham M, Fatelnig P (eds) Proceedings of the eChallenges 2003. IOS Press, Amsterdam Berlin Oxford

Tempelmeier H, Kuhn H (1998) Flexible Fertigungssysteme. Springer, Berlin Heidelberg New York

Thaler K (2001) Supply Chain Management: Prozessoptimierung in der logistischen Kette, 3. Aufl. Fortis Verlag, Köln

Tyndall G, Gopal C, Partsch W, Kamauff J (1998) Supercharging Supply Chains. New Ways To Increase Value Through Global Operational Excellence. Wiley, New York et al.

Wagner K, Warschat J, Miller A (2004) Cooperative Problem Solving in Knowledge Networks. In: Thoben K-D, Kulwant S P, Weber F (eds) Adaptive Engineering for Sustainable Value Creation. Cri Digital Nottingham 2004, S 275-282

Wegner U (2001) Einführung in das Logistik-Management. Gabler, Wiesbaden

Werner H (2002) Supply Chain Management. Grundlagen, Strategien, Instrumente und Controlling, 2. Aufl. Gabler, Wiesbaden

Wildemann H (2000) Das Just-in-Time-Konzept, 5. Aufl. TCW Transfer Verlag, München

Winfried S (1999) Empirische Forschungsmethoden, 2. Aufl. Springer, Berlin Heidelberg New York

Wysocki J, Weidemann M (2004) Wandel zum vernetzten unternehmerischen Handeln. In: Luczak H, Stich V (Hrsg) Betriebsorganisation im Unternehmen der Zukunft. Springer, Berlin Heidelberg New York, S 79-90

Konzeptentwicklung
in der Produktionsplanung und -steuerung

4.1 Materialkreislaufführung
4.2 Simulation in der Produktion
4.3 Handel mit Produktionsleistungen
4.4 Selbststeuerung logistischer Prozesse
4.5 Product Lifecycle Management
4.6 PPS bei flexiblen Arbeitszeiten
4.7 Bestandsmanagement

4 Konzeptentwicklung in der Produktionsplanung und -steuerung

4.1 Unternehmensübergreifende Materialkreislaufführung in Produktionskooperationen

von Ralf Pillep und Jana Spille

4.1.1 Überblick

Durch die wachsende Bedeutung einer kostensparenden und umweltschonenden Wirtschaftsweise gewinnt die Umsetzung einer ressourcenschonenden Kreislaufwirtschaft bei produzierenden Unternehmen in letzen Jahren an Aktualität. Im Alleingang können kleine und mittelständische Unternehmen die hierzu notwendigen Investitionen (z.B. in Aufbereitungsanlagen) oft nicht stemmen. Erfolgreiche Praxisbeispiele kreislaufwirtschaftlicher Kooperationen hingegen verdeutlichen, dass mit unternehmensübergreifenden Lösungen mittelfristig ökonomische und ökologische Potenziale erschlossen werden können.

Vorgestellt wird eine Gestaltungsmethode, die auf Basis eines Phasenschemas den Aufbau und den Betrieb von kreislauforientierten Kooperationen systematisch unterstützt. Sie wurde im Rahmen der Dissertationsschrift von Pillep (2000) entwickelt.

Die Anwendung ermöglicht die Konzeption und Implementierung von dispositiven Prozessen und Strukturen für das Produktionsabfallrecycling. Hierbei wird auch die funktionale Unterstützung durch marktübliche PPS- und SCM- Systeme berücksichtigt. Ziel ist es, die Realisierung einer effizienten Planung und Steuerung von unternehmensübergreifenden Materialkreisläufen zu ermöglichen.

Beschrieben wird zudem die praktische Anwendung des entwickelten Verfahrens in der Papierindustrie. Diese zeigt, dass insbesondere kleine und mittelständische Unternehmen mit geringem Initialaufwand bestehende Ansatzpunkte für eine unternehmensübergreifende Materialkreislaufführung nutzen können.

4.1.2 Kreislauforientiertes Wirtschaften

Die wachsende Bedeutung des umweltschonenden Wirtschaftens ist auf verschiedene Ursachen zurückzuführen. Im Wesentlichen zählen hierzu die steigende Rohstoffverknappung, die Wettbewerbswirkung eines umweltorientierten Marketings sowie die Ansprüche der gesellschaftlichen „Stakeholder" (Meffert u. Kirchgeorg 1998; Wildemann 1996).

Als Leitbild für eine umweltschonende Wirtschaft wurde bereits in den 1990er Jahren das Konzept der Nachhaltigen Entwicklung (Sustainable Development) formuliert (Kreikebaum 1998; Müller 2002). Sustainable Development zeichnet sich durch eine weitgehende Kreislaufwirtschaft aus. Unter Kreislaufwirtschaft wird eine Wirtschaftsform verstanden, die auf eine Verlängerung des Verbleibs von Material und Energie in der Sphäre der technischen Nutzung abzielt (Schmid 1997).

Schritte hin zu einer kreislauforientierten Wirtschaft werden auch in der deutschen Gesetzgebung deutlich. In diesem Zusammenhang ist sowohl das Kreislaufwirtschafts- und Abfallgesetzes (KrW-/AbfG) zu nennen, als auch die Verpackungsverordnung, die Altautoverordnung sowie die IT-Geräte-Verordnung (Storm 1998; Griese et al. 1997; Birn 2001).

Produzierende Unternehmen müssen sich auf diese neue Gesetzeslage einrichten und zur Nutzung von ökonomischen und ökologischen Potenzialen entsprechende Maßnahmen ergreifen (Cuhls et al. 1998; Dangelmaier 1997).

4.1.3 Situation in Produktionsbetrieben

Heute sind die Stoffströme in Unternehmen häufig noch linear. Das heißt, die natürlichen materiellen Ressourcen werden der Umwelt entnommen und nach der Dauer der Produktnutzung wieder an die Umwelt abgegeben (Steven 1994). Das Konzept der Kreislaufwirtschaft strebt hingegen einen möglichst langen Verbleib der aus der Umwelt entnommen Ressourcen in den industriellen Materialkreisläufen an (Schmid 1997).

Mögliche Ansatzpunkte für Materialkreisläufe in Produktionsbetrieben liegen zum einen in der Rückführung gebrauchter Produkte nach der Nutzungsphase (sog. *Produktrecycling*) und zum anderen in der Aufbereitung von Produktionsabfällen (sog. *Produktionsabfallrecycling*) (Hansen et al. 1995). Die über diese beiden Wege gewonnen Sekundärmaterialien können als Rohstoffe wieder der Produktion zugeführt werden.

Bei der Umsetzung des kreislauforientierten Wirtschaftens in der Praxis sind kreislauforientierte Unternehmenskooperationen besonders vorteilhaft, wie folgende Beispiele zeigen.

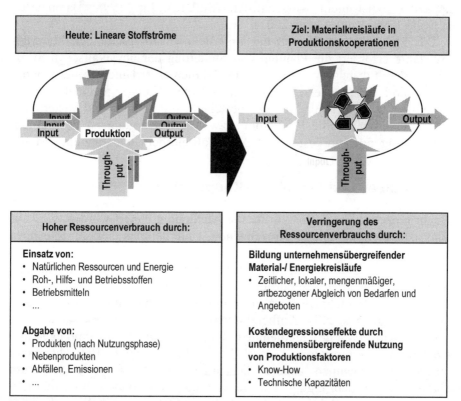

Abb. 4.1-1 Schonung der natürlichen Ressourcen durch Kreislaufwirtschaft

Produktionsabfälle bzw. Abwärmeströme des einen Kooperationspartners können in vielen Fällen bei dem anderen Partner als Input für die Produktion genutzt werden. Auf diese Art lassen sich die Beschaffungs- und die Entsorgungskosten reduzieren (Christensen 1998).

Eine weitere Kooperationsmöglichkeit stellt die gemeinsame Nutzung von Entsorgungsressourcen und Transportmitteln dar. Hierdurch lässt sich eine höhere und gleichmäßigere Auslastung der jeweiligen Ressource erreichen (Sterr 1997).

Neben der Nutzung solcher allgemeinen Vorteile unternehmensübergreifender Kooperationen im Rahmen der Kreislaufwirtschaft, besteht insbesondere bei kleinen und mittelständischen Unternehmen eine besondere

Notwendigkeit zur überbetrieblichen Zusammenarbeit in diesem Bereich (Inderfurth und Teunter 2003). Viele kleine und mittelgroße Unternehmen haben für eine eigene unternehmensinterne Kreislaufwirtschaft nicht das nötige technische Potenzial und/ oder ausreichend große Anfalls- und Bedarfsmengen. Gleichermaßen ist der Betrieb einer eigenen Aufbereitungskapazität meist nicht wirtschaftlich (Stölzle u. Jung 1996; Baumgarten u. Frille 1999; Kaluza et al. 2001).

Die zielgerichtete Umsetzung unternehmensübergreifender Materialkreisläufe erfordert die Planung und Steuerung der physikalischen Stoffströme durch dispositive Prozesse. Im Rahmen einer Unternehmenskooperation sind entsprechend auf der dispositiven Ebene geeignete Instrumentarien zu schaffen und mit den bestehenden Planungs- und Steuerungsinstrumentarien für die Produktion bzw. die Entsorgung zu verknüpfen. Die im Folgenden vorgestellte Methode soll hierbei Unterstützung leisten.

4.1.4 Aufbau und Betrieb der Kooperation

Bevor einzelne Vorgehensschritte der Methode erläutert werden, wird ihr Einsatzbereich dargelegt. Anwendende Unternehmen sollten folgendes Profil aufweisen:

Es sollte sich um ein kleines oder mittelständisches Produktionsunternehmen bzw. um den Standort eines größeren Unternehmens handeln. Das betrachtete Unternehmen führt in geringem Umfang Aufgaben der Kreislaufwirtschaft aus, z. B. Aufbereitungsvorgänge wie die Regranulierung von Kunststoffen. Für Unternehmen, die sich auf die reine Demontage und Entsorgung konzentrieren, kommt die Methode nicht in Betracht, da in solchen Unternehmen andere dispositive Strukturen zu finden sind (Jahn 1998). Zudem eignet sich die Methode insbesondere für Unternehmen mit Serienproduktion, da hier die hohe Stabilität und Wiederholhäufigkeit der Prozesse in der Auftragsabwicklung den Aufwand der Gestaltung einer kreislauforientierten Kooperation hinreichend rechtfertigt.

Die Methode zur Kooperationsbildung soll Unterstützung bei der Gestaltung im organisatorischen Bereich bieten. Das bedeutet, dass die planenden und steuernden Prozesse in der Produktion, Logistik und Entsorgung mit Hilfe der Methode zu gestalten sind.

4.1.4.1 Phasenschema

Der zeitliche Ablauf der Organisationsgestaltung wird im Rahmen dieser Methode in einem Phasenschema beschrieben. Im Laufe der Kooperationsbildung und -ausführung kann es durch unternehmensinterne und -externe

4.1 Unternehmensübergreifende Materialkreislaufführung

Einflüsse nötig werden, dieses Schema bzw. einzelne Phasen erneut zu durchlaufen.

Insgesamt ist die Methode auf die Rolle eines Kooperationsinitiators ausgerichtet. Das heißt, dass anwendende Unternehmen ist dasjenige, welches die Kooperation in die Wege leitet.

Vor dem Beginn der Kooperationsgestaltung steht die Vermutung, dass ein Potenzial für eine unternehmensübergreifende Nutzung von Produktionsabfällen oder Aufbereitungsressourcen vorhanden ist. Die vorgestellte Methode dient also nicht dazu, in einem Unternehmen einen Gegenstand zu finden, um den herum eine Kooperation entwickelt werden soll, denn hierzu besteht in der Literatur bereits eine Vielzahl von Methoden (Fischer 1997; Stahlmann 1994; Kaluza u. Dullnig 2003). Die Methode setzt dagegen voraus, dass im Anwendungsfall der Gegenstand bereits bestimmt wurde und hilft bei den darauf folgenden Schritten.

Die erste Phase umfasst die *Initiierung* einer Kooperation (vgl. Abb. 4.1-2). Hierzu wird zunächst bei dem so genannten Kooperationsinitiator die unternehmensspezifische Ausgangsituation untersucht. Dem schließt sich die Bestimmung der Zielsetzung der Kooperation sowie die entsprechende Strategieplanung an.

Die nächste Phase ist die *Partnersuche*. Hierbei wird zunächst das Anforderungsprofil für potentielle Kooperationspartner festgelegt. Daran schließt sich im nächsten Schritt die „Partnerauswahl und -gewinnung" an.

In der darauf folgenden *Konstituierungsphase* werden die in den voran gegangenen Phasen offen gebliebenen Ausprägungen der Kooperationsarchitektur fixiert und die logistischen Randbedingungen über die Kooperationsvereinbarung festgelegt.

Die sich anschließende *Managementphase* setzt sich zusammen aus den Schritten „Operative Planung" sowie „Durchführung" und „Kontrolle". Das Management der Kooperation umfasst die Abwicklung aller Aufträge, die bei der kreislauforientierten Materialführung entstehen.

Die Phase der *Rekonfiguration* ist ggf. zu durchlaufen, wenn Änderungen oder eine Beendigung der Kooperation angestrebt werden. Sie besteht aus den Schritten „Bestimmung der Beendigungsstrategie" und „Wiedereingliederung ausgegliederter Aufgaben".

Zwischen den Phasen des Kooperationslebenszyklus können jeweils Schritte zur Bewertung eingefügt werden. In diesen Schritten kann eine Abschätzung über Aufwand und Nutzen durchgeführt werden oder eine Bewertung der Alternativen erfolgen, sodass zum Abschluss dieser Analysen ggf. ein Abbruch der Kooperationsbildung notwendig wird.

Im Folgenden werden die einzelnen Vorgehensschritte des Phasenschemas erläutert und unterstützende Instrumente für einzelne Vorgehensschritte vorgestellt.

4 Konzeptentwicklung in der Produktionsplanung und -steuerung

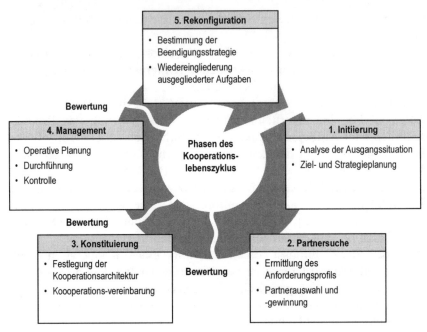

Abb. 4.1-2 Aufbau und Phasen den Kooperationslebenszyklus

4.1.4.2 Phase 1: Initiierung

Die Phase der Initiierung beginnt mit der Analyse der Ausgangssituation für eine mögliche Kooperation. Das Ergebnis dieser Analyse dient in späteren Phasen als Ausgangsbasis für weitere Schritte.

Analyse der Ausgangssituation

Für die Analyse und Erfassung der Merkmale in der Ausgangssituation wurde als methodische Unterstützung eine Morphologie entwickelt.

Innerhalb dieser Morphologie werden drei Arten von Merkmalen eingesetzt: unternehmensbezogene Merkmale, aufgabenbezogene Merkmale und prozessbezogene Merkmale.

Zunächst sind die folgenden *unternehmensbezogenen Merkmale* zu untersuchen:

- *Zielsetzung der Kooperation:* Die Zielsetzung der Kooperation entspricht der angestrebten umweltbezogenen Maßnahme. In Anlehnung an Aulinger (1996) werden Maßnahmen mit hoher Rentabilität, ökologische Maßnahmen zur effizienten Realisierung rechtlicher Anforderungen und Gewinn mindernde ökologische Maßnahmen unterschieden.

4.1 Unternehmensübergreifende Materialkreislaufführung

- *Angestrebte Kooperationspartner:* Hinsichtlich des technischen und Know-how-bezogenen Potenzials der Kooperationspartner werden zwei Möglichkeiten unterschieden. Entweder wird eine Kooperation mit gleichem RessourcenPotenzial der Partner, also mit kohärentem Profil angestrebt oder eine Kooperation mit komplementärem Profil, d. h. mit ergänzendem RessourcenPotenzial der Partner (Staudt 1992).
- *Machtverhältnis der Partner:* In Abhängigkeit davon, ob der Gegenstand der Kooperation die Kernkompetenz des Unternehmens betrifft, fällt die Verteilung der Aufgabenverantwortung unter den Kooperationspartnern unterschiedlich aus. Die Koordination der Kooperation kann entweder durch das initiierende (fokale) Unternehmen übernommen werden, oder sie von allen Partnern gleichberechtigt durchgeführt. Alternativ kann sie wird von einem externen Koordinator übernommen werden (Dangelmaier 1997).
- *Zeithorizont der Kooperation:* Dieses Merkmal ist von Relevanz für die Entscheidung darüber, wie viel Investitionsaufwand seitens des Kooperationsinitiators für Aufbau und Betrieb der Kooperation lohnend ist. Es wird zwischen kurz-, mittel- und langfristigem Zeithorizont unterschieden (Bullinger et al. 1997).

Im nächsten Schritt ist die *Kooperationsaufgabe* anhand folgender Merkmale zu untersuchen:

- *Kooperationsgegenstand*: Der Kooperationsgegenstand ist von besonderer Bedeutung zur Analyse und Erfassung der Ausgangssituation. Dieses Merkmal beschreibt die wesentliche zugrunde liegende Aufgabenstellung, z. B. Materialaustausch oder gemeinsame Ressourcennutzung (Hansen et al. 1995).
- *Standardisierung des Kooperationsgegenstands:* Unter der Standardisierung des Kooperationsgegenstands wird hier der Grad der Übereinstimmung mit standardmäßig am Markt erhältlichen Leistungen, wie z. B. Entsorgungsdienstleistungen, verstanden. Je höher die Standardisierung, desto geringer ist der zu erwartende spezifische Abwicklungsaufwand bei den beteiligten Unternehmen einzuschätzen (Aulinger 1996; Beuermann u. Halfmann 1998).
- *Betroffene Kompetenzen:* Bei den durch die Kooperation in Anspruch genommenen Kompetenzen eines Unternehmens kann zwischen Kern- und Stützungskompetenzen unterschieden werden. In der Regel werden nicht die Kernkompetenzen der Kooperationspartner von der Kooperation betroffen sein (Hansen et al. 1995). Dieses Merkmal hat Einfluss auf die Ausgestaltung der Planungs- und Steuerungsabläufe in der Kooperation.

- *Art des Materialaustauschs:* Aus der Prozesssicht können vier unterschiedliche Arten des Materialaustauschs unterschieden werden: Wiederverwendung, Wiederverwertung, Weiterverwendung und Weiterverwertung. Unter Weiterverwendung wird dabei der Einsatz eines Produkts in einem neuen Produktsystem verstanden, wenn es in der gleichen Form bleibt (z. B. alte Autoreifen als Rammschutz). Weiterverwertung meint den gleichen Vorgang, jedoch mit einer Änderung der äußeren Form (z. B. Altglas zu Glaswolle). Unter Wiederverwendung wird die erneute Verwendung eines Produkts in seinem alten Produktsystem ohne Änderung der äußeren Form verstanden (z. B. erneuter Einsatz einer Lichtmaschine). Unter Wiederverwertung ist der Einsatz eines Produkts im gleichen Produktsystem nach vorheriger Änderung der Form zu verstehen (z. B. Recyclingpapier).
- *Qualität des ausgetauschten Materials:* Die Qualität des Sekundärmaterials kann bei der überbetrieblichen Nutzung von Sekundärmaterial in weiten Bereichen schwanken (Steven 1994). Dieser Umstand hat einen Einfluss auf die Planungssicherheit und wird daher bei der Analyse ebenfalls betrachtet. Das Merkmal wird in die Kategorien nicht determinierbar, hohe Toleranz und geringe Toleranz unterteilt.
- *Wert des ausgetauschten Materials:* Der Wert des im Kreislauf geführten Materials hat einen Einfluss auf die Gestaltung der Kooperation. So kann ein Material von hohem Wert bei einer Zwischenlagerung hohe Kapitalbindungskosten verursachen und daher die Lagermenge beeinflussen. Es werden die folgenden Ausprägungen unterschieden: hoher und geringer Wert im positiven Sinne sowie die Möglichkeit eines KostenPotenzials im negativen Sinne z. B. wegen aufwendigen Beseitigungen bzw. Verunreinigungen (Baumgarten u. Frille 1999).
- *Art des Informationsaustauschs:* Die Gestaltung des Informationsflusses innerhalb der Kooperation hängt von der Art der ausgetauschten Informationen ab. Unterschieden werden zeitunkritische Informationen wie produkt- oder materialbezogene Informationen und zeitkritische Informationen wie planungsbezogene Daten (Krieger 1995).
- *Art der kooperativen Ressourcennutzung:* Die gemeinsame Nutzung von Ressourcen innerhalb der Kooperation kann in vier Ausprägungen unterschieden werden: Eigenfertigung, verlängerte Werkbank, Ressourcenverteilung und Ressourcenpool (Munz 1999; Bronder 1993). Ist der Einsatz von Sekundärmaterial im Kreislauf vorgesehen, so spricht man von Eigenfertigung Bei der gemeinsamen Nutzung technischer Ressourcen für die Entsorgung wird entweder von der verlängerten Werkbank (Betriebsmittel sind bei einem Kooperations-

4.1 Unternehmensübergreifende Materialkreislaufführung

partner angesiedelt) oder von einem Ressourcenpool bzw. Ressourcenteilung (Betriebsmittel werden gemeinsam betrieben) gesprochen.

Die bestehenden *dispositiven Prozesse* in den Kooperationsunternehmen müssen abschließend untersucht werden. Im Einzelnen sind zu analysieren:

- *Auftragsauslösungsart:* In Abhängigkeit davon, ob die Kooperation betreffende Aufträge deterministisch, sporadisch oder stochastisch ausgelöst werden, gestaltet sich Planbarkeit und hierdurch der Planungsaufwand für den Kooperationsgegenstand unterschiedlich hoch (Much 1997).
- *Mengenverlauf der Kooperationsaufgabe:* Für die Gestaltung der Kooperationsstruktur und -prozesse ist die quantitative Prognostizierbarkeit von Materialanfall bzw. Ressourcennutzung von wesentlicher Bedeutung (Rautenstrauch 1997).

Zur Analyse der Ausgangssituation werden die oben beschriebenen Merkmale in einem morphologischen Merkmalsschema zusammen geführt (vgl. Abb. 4.1-3).

Ziel- und Strategieplanung

Die Ziel- und Strategieplanung wird im Rahmen der Analyse der Ausgangssituation bei der Bestimmung der unternehmensbezogenen Merkmale erfasst. Wie bereits in Abschn. „Analyse der Ausgangssituation" beschrieben, können drei Arten von Zielsetzungen im Sinne von umzusetzenden Maßnahmen unterschieden werden: ökologische Maßnahmen mit hoher Rentabilität, ökologische Maßnahmen zur effizienten Realisierung rechtlicher Anforderungen und gewinnmindernde ökologische Maßnahmen.

4.1.4.3 Phase 2: Partnersuche

Nach der Analyse der Ausgangssituation muss ein Partner für die zuvor beschriebene Kooperationsaufgabe gesucht werden. Hierzu ist zunächst das Anforderungsprofil zu bestimmen bevor mit der Partnerauswahl und -gewinnung begonnen werden kann.

Ermittlung des Anforderungsprofils

Bei der Ermittlung des Anforderungsprofils sind zunächst aus der Kooperationsaufgabe Zielkriterien für die dispositiven Prozesse zur Planung und Steuerung der Kooperation abzuleiten. Zu diesen Zielkriterien ist die geeignete Kooperationsstruktur zu bestimmen, die die erforderlichen Zielkriterien bestmöglich erfüllt.

Unternehmensbezogene Merkmale

Zielsetzung der Kooperation	Ökologische Maßnahmen mit hoher Rentabilität	Ökologische Maßnahmen zur effizienten Realisierung rechtlicher Anforderungen	Gewinnmindernde ökologische Maßnahmen
Angestrebte Kooperationspartner	Kohärentes Partnerprofil		Komplementäres Partnerprofil
Machtverhältnis der Partner	Fokales Unternehmen	Gleichberechtigte Partner	Externer Koordinator
Zeithorizont der Kooperation	Einzelfall	Kurzfristig	Langfristig

Merkmale der Kooperationsaufgabe

Kooperationsgegenstand	Materialaustausch	Materialtransfer (Logistik)	Informationsaustausch	Ressourcennutzung
Standardisierung des Kooperationsgegenstandes	Einzelfall	Wiederholt auftretend		Marktüblich
Betroffene Kompetenzen	Kernkompetenz des Unternehmens		Stützungskompetenz des Unternehmens	
Art des Materialaustauschs	Wiederverwendung	Weiterverwendung	Wiederverwertung	Weiterverwertung
Qualität des ausgetauschten Materials	Nicht determinierbar	Hohe Toleranz		Geringe Toleranz
Wert des ausgetauschten Materials	Hoher Wert	Geringer Wert		Kostenpotential
Art des Informationsaustauschs	Austausch produkt-/ materialbezogener Information		Austausch planungsbezogener Information	
Art des kooperativen Ressourcennutzung	Eigenfertigung	Verlängerte Werkbank	Ressourcenteilung	Ressourcenpool

Prozeßbezogene Merkmale

Auftragslösungsart	Regelmäßig, deterministisch	Sporadisch	Stochastisch
Mengenverlauf der Kooperationsaufgabe	Determinierbare Quantität		Nicht determinierbare Quantität

Abb. 4.1-3 Merkmalsschema der Ausgangssituation

Im Folgenden werden zunächst die Instrumentarien vorgestellt, die zur Unterstützung einzelner Teilschritte bei der Ermittlung des Anforderungsprofils entwickelt wurden. Im Anschluss wird das Vorgehen zur Anwendung der Instrumentarien beschrieben.

Bei den *Zielkriterien* für die dispositiven Prozesse zur Planung und Steuerung der Kooperation werden Zielkriterien zur Erreichung von Kostenzielen und Qualitätszielen unterscheiden.

4.1 Unternehmensübergreifende Materialkreislaufführung

Als Zielkriterien für die Erreichung von Kostenzielen sind zu nennen:

- Geringer Koordinationsaufwand (Transaktionskosten) für die Abwicklung der Kooperationsaufgabe (Beuermann u. Halfmann 1996)
- Hohe Sekundärstoffverfügbarkeit (hoher Liefergrad) zur Vermeidung von Aufwand für die Beschaffung von Alternativmaterial (Kaiser 1998)
- Hohe Kapazitätsauslastung der Aufbereitungsressourcen zur Minimierung der Investitionskosten für die Kreislaufführung (Bullinger 1997)
- Geringe Sekundärstoffbestände zur Vermeidung von Lagerhaltungskosten
- Kurze Durchlaufzeit des Aufbereitungsprozesses zur Verringerung von Kapitalbindungskosten und zur Erhöhung der Flexibilität

Zielkriterien die aufgrund qualitätsbezogener Ziele betrachtet werden sind:

- Sicherstellung der Einhaltung rechtlicher Anforderungen an die Entsorgung durch den Aufbau eines Vertrauensverhältnisses zwischen den Partnern (Weidemann 1998)
- Konstanz der Sekundärstoffqualität, um eine störungsfreie Aufbereitung und Produktion sowie die Qualität des Endprodukts zu gewährleisten (Bullinger 1997)
- Hohe Planungssicherheit in Bezug auf Entstehungsmengen und -termine sowie Bedarfsmengen und -termine von Sekundärstoffen zur Verringerung des Koordinationsaufwands
- Hohe Auskunftsbereitschaft in Bezug auf Materialbestände, Aufbereitungsaufträge, Kapazitäten etc., um rechtlichen Anforderungen zu genügen

Um die fallspezifische Ableitung von relevanten Zielkriterien aus der bereits bestimmten Kooperationsaufgabe instrumentarisch zu unterstützen, wurden die Wechselwirkungen zwischen Merkmalen der Kooperationsaufgabe und den Zielkriterien durch eine Befragung von 16 Entsorgungs- und Produktionsexperten anhand von Ursache-Wirkungs- bzw. Ishikawa-Diagrammen (Pfeifer 1993) erhoben. Die jeweilige Stärke des Zusammenhangs stellt Abb. 4.1-4 dar.

Um das Anforderungsprofil an einen potentiellen Partner konkretisieren zu können, ist eine Aussage über die angestrebte Kooperationsform notwendig. Deshalb wurde der Zusammenhang zwischen den Merkmalen potenzieller Kooperationsformen und den Zielkriterien untersucht. Die Ergebnisse liefern ein Instrumentarium, mit dessen Hilfe sich eine Vorhersage darüber treffen lässt, welche Kooperationsform welchen Zielerfüllungsgrad liefern würde.

4 Konzeptentwicklung in der Produktionsplanung und -steuerung

Merkmale der Kooperationsaufgabe	Anforderungen an die Planung und Steuerung	Kostenziele						Qualitätsziele			
		Geringer Koordinationsaufwand	Hohe Sekundärstoffverfügbarkeit	Hohe Kapazitätsauslastung	Reduzierung des Investitionsaufwands	Kurze Durchlaufzeit der Aufbereitung	Geringe Sekundärstoffbestände	Einhaltung rechtlicher Anforderungen	Sicherstellung der Sekundärstoffqualität	Hohe Planungssicherheit	Hohe Auskunftsbereitschaft
Zielsetzung der Kooperation	Hohe Rentabilität	10	10	10	10	5	10	10	5	10	10
	Erf. Rechtl. Anforder.	10	5	10	5	5	5	10	5	5	5
	Ökologieorientiert	5	5	1	1	1	5	5	1	1	5
Partnerprofil	Kohärentes Profil	1	1	1	1	1	1	1	1	1	1
	Komplementäres Profil	1	1	1	1	1	1	1	1	1	1
Machtverhältnis	Fokal	5	1	1	1	5	1	1	5	5	1
	Gleichberechtigt	10	1	1	1	5	1	1	10	1	1
	Externer Partner	1	1	1	1	10	1	1	1	1	1
Zeithorizont	Kurzfristig	10	5	1	10	1	10	1	1	1	10
	Langfristig	5	5	5	5	5	1	5	5	5	5
Kooperationsgegenstand	Materialaustausch	5	10	1	1	5	10	5	10	5	5
	Ressourcennutzung	10	1	10	10	10	10	10	10	1	1
Standardisierungsgrad	Einzelfall	10	1	1	1	1	1	1	1	1	10
	Wiederholt/marktüblich	1	1	1	1	1	1	1	1	1	1
Betroffene Kompetenz	Kernkompetenz	5	10	10	10	5	5	10	5	10	5
	Stützungskompetenz	1	1	1	1	1	1	1	1	1	1
Art des Materialaustauschs	Wiederverwendung	1	10	1	1	1	10	10	10	1	5
	Weiterverwendung, -verwertungl	1	5	1	1	1	10	1	5	1	10
Materialqualität	Nicht determinierbar	1	1	1	1	1	1	1	1	1	1
	Hohe Toleranz	1	1	1	1	1	1	1	1	1	5
	Geringe Toleranz	1	1	1	1	1	1	1	10	1	10
Materialwert	Hoher Wert	1	10	1	1	1	10	5	5	10	1
	Gering/ Kostenpotential	1	1	1	1	1	1	1	1	10	1
Informationsaustausch	Produkt-/materialbezogen	5	1	1	1	5	5	1	5	5	5
	Planungsbezogen	10	1	1	1	5	5	1	10	5	5
Art der Ressourcennutzung	Verläng. Werkbank	10	1	1	1	10	1	10	10	1	1
	Ressourcenteilung/-poolung	10	1	10	10	10	1	10	10	1	1
Auftragsauslösungsart	Regelmäßig	5	1	1	1	5	1	5	5	1	5
	Sporadisch/ Stoch.	10	1	1	1	1	1	1	1	1	1
Mengenverlauf	Determinierbar	1	5	1	1	5	1	1	1	1	1
	Nicht determinierbar	10	1	1	10	1	5	5	1	1	10

Legende: 10: hohe Wechselwirkung, 5: mittlere Wechselwirkung, 1: geringe Wechselwirkung

Abb. 4.1-4 Zielgewichtung in Abhängigkeit der Merkmale der Ausgangssituation

4.1 Unternehmensübergreifende Materialkreislaufführung

Zunächst wurden charakteristische *Strukturmerkmale* von Kooperationsformen erarbeitet. Die Beschreibung der Kooperationsform erfolgt in drei Bereichen.

Zunächst wird die *Kooperationsarchitektur* betrachtet, welche die zeitlich statischen Merkmale der Zusammenarbeit beschreibt. In Bezug auf die Kooperationsarchitektur sind die folgenden Merkmale zu untersuchen: Anzahl der Partner, Grenze der Kooperation, Bindungsintensität, räumliche Ausdehnung sowie die Art der Nutzung von Ressourcen. Nach der Kooperationsarchitektur werden die Bereiche Koordination der Kooperation und Marktbezug der Kooperation untersucht.

Unter dem Aspekt der *Koordination* sind die Merkmale Koordination des Netzwerks, Organisationsstruktur/ Dominanz und die Art der Koordinationsinstrumente zusammengefasst. Der *Marktbezug der Kooperation* wird durch die Merkmale Stabilität, Variabilität der Wertschöpfungsstruktur und Grad der Standardisierung des Kooperationsgegenstands abgebildet.

Die erforderlichen Strukturmerkmale sowie die zugehörigen Merkmalsausprägungen zur Beschreibung der Kooperationsform sind zusammenfassend in Abb. 4.1-5 dargestellt.

Anhand der Strukturmerkmale wurde untersucht, welchen Beitrag einzelne Strukturmerkmale zur Erfüllung der Zielkriterien im Allgemeinen leisten können. Die folgende Matrix (vgl. Abb. 4.1-6) gibt einen Überblick über die Zielbeiträge einzelner strukturbeschreibender Merkmale. Die getroffenen Aussagen sind relativ. Sie sind nicht als absolute Angaben zu verstehen.

Da die Menge möglicher Kombinationen von Strukturmerkmalen eine Vielzahl möglicher Kooperationsformen zulässt, wurden die Strukturmerkmale in repräsentativen Kombinationen zu Typen von Kooperationsformen zusammengefasst.

Es handelt es sich bei den Kooperationstypen um die *Organisatorische Integration*, die *bilaterale Kooperation*, das *Strategische Netzwerk* und das *Virtuelle Unternehmen* (vgl. Abb. 4.1-7). Die Typen werden im Folgenden näher beschrieben. Dabei wird die Anzahl der eingebundenen Partner von Typ zu Typ größer, während der Anteil der im Rahmen der Kooperation abgewickelten Aufgaben (Bindungsintensität), kleiner wird.

Organisatorische Integration: Diese Form der Kooperation beschreibt die innerbetriebliche Abwicklung kreislauforientierter Aufgaben zwischen zwei Abteilungen. Sie ist in der Literatur bereits ausführlich behandelt worden und steht nicht im Fokus dieses Modells. Es sei hier deshalb auf die bestehende Literatur zu diesem Sachverhalt verwiesen (z. B. Kaiser 1999; Rautenstrauch 1997).

4 Konzeptentwicklung in der Produktionsplanung und -steuerung

Kooperationsarchitektur	
Anzahl der Partner	• Kleingruppe (n<=3) • Netzstruktur (n>3)
Grenze der Kooperation	• Geschlossen • Offen gegenüber der Aufnahme weiterer Kooperationspartner
Bindungsintensität	• Ausschließliche Einbindung • Partielle Einbindung
Räumliche Ausdehnung	• Lokal • Regional • Global verteilt
Nutzung von Ressourcen	• Netzspezifische Investitionen • Nutzung bestehender Ressourcen

Koordination der Kooperation	
Koordination des Netzwerks	• Fokale Koordination • Verteilte Koordination • Externe Koordination
Organisationsstruktur / Dominanz	• Hierarchisch • Heterarisch
Koordinationsinstrumente	• Strukturelle Instrumente • Nichtstrukturelle Instrumente

Marktbezug der Kooperation	
Stabilität	• Langfristig • Projektbezogen
Variabilität der Wertschöpfungsstruktur	• Fix • Flexibel
Standardisierung des Kooperationsgegenstands	• Spezifisch • Marktüblich

Abb. 4.1-5 Strukturmerkmale kreislauforientierter Kooperationen

4.1 Unternehmensübergreifende Materialkreislaufführung

Strukturmerkmale der kreislauforientierten Kooperation	Anforderungen an die Planung und Steuerung	Geringer Koordinationsaufwand	Hohe Sekundärstoffverfügbarkeit	Hohe Kapazitätsauslastung	Reduzierung des Investitionsaufwands	Kurze Durchlaufzeit der Aufbereitung	Geringe Sekundärstoffbestände	Einhaltung rechtlicher Anforderungen	Sicherstellung der Sekundärstoffqualität	Hohe Planungssicherheit	Hohe Auskunftsbereitschaft
Anzahl der Partner	Kleingruppe (n<3)	10	5	5	1	5	5	10	5	10	10
	Netzstruktur (n>3)	1	5	10	10	5	5	5	5	5	5
Grenze der Kooperation	Geschlossen	10	5	1	1	5	5	10	10	10	5
	Offen für weitere Partner	5	5	5	10	5	10	1	5	1	1
Bindungsintensität	Ausschl. Einbindung	5	5	5	5	1	5	5	5	5	5
	Partielle Einbindung	1	5	5	10	5	5	1	5	1	5
Räumliche Ausdehnung	Lokal	5	5	5	5	5	5	5	5	5	5
	Regional	5	5	1	5	5	10	5	1	1	1
	Beliebig verteilt	1	1	1	5	1	5	5	5	1	5
Nutzung von Ressourcen	Netzspezifische Investitionen	5	5	5	10	5	5	5	5	5	5
	Nutzung bestimmter Ressourcen	5	10	10	5	5	5	5	5	5	5
Koordination des Netzwerks	Fokale Koordination	10	5	1	5	1	5	10	5	10	10
	Verteilte Koordination	5	5	1	5	5	5	5	5	5	5
	Externe Koordination	10	5	5	10	5	5	5	5	10	10
Org.-struktur bzw. Dominanz	Hierarchisch	10	5	5	5	5	5	5	5	10	10
	Heterarchisch	5	5	1	1	1	1	1	1	5	5
Koordinationsinstrumente	Strukturelle Instrumente	1	1	1	1	1	1	10	1	10	10
	Nicht strukturelle Instrumente	10	5	1	1	5	5	1	5	1	5
Stabilität	Langfristig	10	5	5	5	1	5	10	10	10	10
	Projektbezogen	5	5	1	10	5	1	1	1	1	1
Variabilität Wertsch.-struktur	Fix	10	5	5	5	5	5	5	5	5	5
	Flexibel	1	1	1	5	5	1	1	1	1	5
Standardisierung Kooperationsgeg	Spezifisch	1	1	1	1	5	5	1	1	1	5
	Marktüblich	10	10	10	5	1	5	5	5	5	5

Legende: 10: hoher Zielbeitrag, 5: mittlerer Zielbeitrag, 1: geringer Zielbeitrag

Abb. 4.1-6 Zielerfüllung in Abhängigkeit der Ausprägungen der Strukturmerkmale

618 4 Konzeptentwicklung in der Produktionsplanung und -steuerung

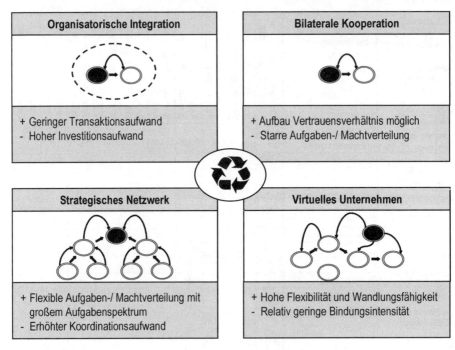

Abb. 4.1-7 Typen von kreislauforientierten Kooperationen

Bilaterale Kooperation: An dieser Form der kreislauforientierten Kooperation sind in der Regel zwei Unternehmen beteiligt. Bei der bilateralen Kooperation können langfristige Beziehungen ebenso vorkommen (z. B. gemeinsamer Betrieb einer Entsorgungsanlage) wie einmalige Kontakte zwischen den betrachteten Partnern (z. B. über eine Reststoffbörse). Unter Umständen werden bilaterale Kooperationen angestrebt, welche auf die langfristige Zusammenarbeit in Bezug auf eine feste Kooperationsaufgabe ausgerichtet sind.

Strategisches Netzwerk: Unter einem strategischen Netzwerk wird hier eine Kooperation verstanden, die aus mehr als drei Partnern besteht und auf ein fokales Unternehmen ausgerichtet ist. Der Materialfluss innerhalb der Kooperation ist von diesem Partner aus sternförmig. Beim fokalen Partner liegt die Verantwortung für die Planung und Steuerung der Materialflüsse. Dies macht beim fokalen Partner die Etablierung geeigneter Instrumente erforderlich. Auch aus diesem Grund ist es sinnvoll, die Zusammenarbeit langfristig anzulegen. Dies schließt aber nicht den Wechsel der Kooperationspartner aus.

Virtuelles Unternehmen: Im Gegensatz zum strategischen Netzwerk wird bei diesem Kooperationstyp die Koordination des Netzwerks nicht von einem fokalen Partner innerhalb der Kooperation übernommen. Die

4.1 Unternehmensübergreifende Materialkreislaufführung

Planung und Steuerung geschieht hier entweder dezentral bei den beteiligten Partnern ohne den Aufbau von zusätzlichen Ressourcen oder es wird ein externer Partner ein so genannter „Broker" hinzu gezogen (Wiendahl 1996). Dies liegt in der vergleichsweise kurzen Dauer der Kooperation begründet, auch wenn die Partner während der Dauer der Kooperation gegenüber dritten als ein Unternehmen auftreten (Eversheim et al. 1999; Scheer et al. 1997).

Abbildung 4.1-8 gibt einen Überblick über die Ausprägung der wesentlichen Strukturmerkmale bei den vier Kooperationstypen.

		Organisierte Integration	Bilaterale Kooperation	Strategische Netzwerke	Virtuelle Kooperation
Kooperationsarchitektur					
Anzahl der Partner	Kleingruppe (n=<3)	⊙	⊙		
	Netzstruktur (n>3)			⊙	⊙
Grenze der Kooperation	Geschlossen	⊙	⊙		
	Offen für weitere Partner			⊙	⊙
Bindungsintensität	Ausschließliche Einbindung	⊙	⊙		
	Partielle Einbindung		(⊙)	⊙	⊙
Räumliche Ausdehnung	Lokal	⊙	⊙	(⊙)	
	Regional		(⊙)	⊙	⊙
	Beliebig verteilt				(⊙)
Nutzung von Ressourcen	Netzspezifische Investitionen	⊙	(⊙)		
	Nutzung bestehender Ressourcen der Partner			⊙	⊙
Koordination der Kooperation					
Koordination des Netzwerks	Fokale Koordination	⊙	⊙	⊙	
	Verteilte Koordination			(⊙)	(⊙)
	Externe Koordination				⊙
Organisationsstruktur bzw. Dominanz	Hierarchisch	⊙	⊙	⊙	(⊙)
	Heterarchisch				⊙
Koordinationsinstrumente	Strukturelle Instrumente	⊙	⊙	⊙	
	nicht strukt. Instrumente				(⊙)
Marktbezug der Kooperation					
Stabilität	Langfristig	⊙	⊙	⊙	
	Projektbezogen	(⊙)			⊙
Variab. der Wertschöpfungsstruktur	Fix	⊙	⊙		
	Flexibel			⊙	⊙
Standard. des Koop.-gegenstandes	Spezifisch	⊙	⊙	(⊙)	⊙
	Marktüblich			⊙	(⊙)

Legende: ⊙: Merkmalsausprägung relevant (⊙): mögliche Merkmalsausprägung

Abb. 4.1-8 Kooperationstypen und Ausprägungen der Strukturmerkmale

Im Folgenden wird das Vorgehen zur Anwendung der vorgestellten Instrumentarien beschrieben.

Mit Hilfe der Merkmale der Kooperationsaufgabe wird die Gewichtung der Zielkriterien für die Planung und Steuerung der Kooperation ermittelt. Dies geschieht indem die Merkmalsausprägungen aus dem Merkmalsschema zur Beschreibung der Ausgangsituation (vgl. Abb. 4.1-3) in das Schema zur Bestimmung der Zielgewichtung (vgl. Abb. 4.1-4) übertragen werden. Nun lässt sich pro Zielkriterium eine Gewichtung errechnen. Die Werte werden hierzu spaltenweise addiert und anschließend normiert, indem man die Werte aller Zielkriterien addiert und jeden einzelnen Wert durch die Summe teilt. Das Ergebnis ist eine relative Gewichtung pro Zielkriterium, die angibt, wie wichtig diese für die Erfüllung der Kooperationsaufgabe ist.

Nutzt man die Tabelle, welche die Zielerfüllung in Abhängigkeit der Ausprägungen der Strukturmerkmale beschreibt (vgl. Abb. 4.1-6) im Zusammenhang mit der Übersicht zu Kooperationstypen und Ausprägungen der Strukturmerkmale (vgl. Abb. 4.1-8), so kann untersucht werden, wie gut jeder der vier Typen von Kooperationsformen die jeweiligen Zielkriterien erfüllt. Dazu werden schrittweise für einen Typ nach dem anderen die relevanten Ausprägungen der Strukturmerkmale in der Matrix (vgl. Abb. 4.1-6) markiert und spaltenweise die Zielbeitragswerte pro Anforderung addiert.

Auf diese Weise wird ein absoluter Wert für den Zielbeitrag eines Kooperationstyps zur Erfüllung der jeweiligen Anforderung ermittelt. Anschließend wird auch dieser Wert wie oben beschrieben normiert.

Die oben berechnete Gewichtung der entsprechenden Zielkriterien, die sich aus der Merkmalsausprägung der Kooperationsaufgabe ergeben hat, wird nun mit den vier zugehörigen Werten der jeweiligen Kooperationstypen multipliziert. Das Ergebnis ist eine gewichtete Kennzahl pro Zielkriterium.

Die Summe dieser Kennzahlen bildet eine Gesamtkennzahl, die Auskunft darüber gibt, welcher der vier Typen von Kooperationsformen für die vorliegende Kooperationsaufgabe am besten geeignet ist.

Nach der Auswahl des Kooperationstyps bestehen für bestimmte Strukturmerkmale noch Freiheitsgrade. Einige Merkmale sind für bestimmte Kooperationstypen nicht eindeutig festgelegt. Beispielsweise kann die Bindungsintensität bei einer bilateralen Kooperation sowohl die Ausprägung „Ausschließliche Einbindung" als auch die Ausprägung „Partielle Einbindung" haben. In einem solchen Fall wird die tatsächliche Ausprägung für die spätere Kooperation erst festgelegt, nachdem die Auswahl des Kooperationstyps und die Wahl der Kooperationspartner erfolgt sind. Sie wird dann in Abstimmung mit den Kooperationspartnern durchgeführt.

4.1 Unternehmensübergreifende Materialkreislaufführung

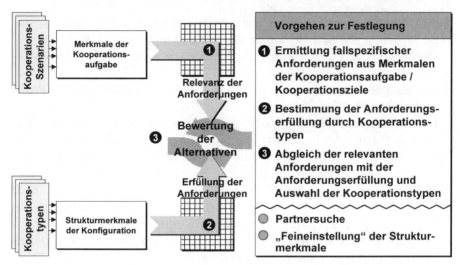

Abb. 4.1-9 Festlegung der Strukturmerkmale (Schematische Darstellung)

Sind die weiteren Beteiligten an der geplanten überbetrieblichen Zusammenarbeit sowie deren Partnerprofile bekannt, so kann in Abstimmung mit den Partnern die Auslegung der bisher noch nicht eindeutig festgelegten Strukturmerkmale für die Kooperation erfolgen (vgl. Abb. 4.1-9).

Partnerauswahl und -gewinnung

Aus der Ermittlung des Anforderungsprofils geht der Kooperationstyp hervor, der zur Erfüllung der vorliegenden Kooperationsaufgabe am besten geeignet ist. Der darauf folgende notwendige Schritt besteht darin, einen oder mehrere Partner zu finden, mit denen ein solcher Kooperationstyp realisiert werden kann.

An dieser Stelle wird nicht auf allgemeine Grundlagen der Partnersuche bei Unternehmenskooperationen eingegangen. Hierzu wird auf bestehende Literatur verwiesen (z. B. Staudt 1992). Der Fokus liegt hier stattdessen auf Besonderheiten, die im Zusammenhang mit der Partnersuche bei kreislauforientierten Kooperationen bestehen.

Der Erfolg einer Kooperation kann durch Erfüllung von notwendigen Voraussetzungen in den folgenden drei Dimensionen beschrieben werden:

- strategischer Fit
- technischer Fit
- kultureller Fit (Kronen 1994; Much 1997)

Der strategische Fit bezieht sich auf die Deckung der strategischen Ziele der beteiligten Unternehmen. Dies betrifft im Zusammenhang mit kreislauforientierten Kooperationen insbesondere eine übereinstimmende Balance zwischen wirtschaftlichen und umweltorientierten Zielsetzungen.

Der technische Fit bezeichnet die Übereinstimmung der Kooperationspartner hinsichtlich ihres technischen Profils. Hier sind zwei sinnvolle Ausprägungen möglich, ein kohärentes und ein komplementäres Profil (vgl. Abschn. 4.1.4.2).

Das Merkmalsschema (vgl. Abb. 4.1-3) kann bei der Beschreibung des gesuchten Partnerprofils genutzt werden. Dabei ist hinsichtlich der unternehmensbezogenen Merkmale (strategischer Fit) auf eine möglichst große Übereinstimmung zu achten, während in Bezug auf die Merkmale der Kooperationsaufgabe je nach Aufgabenstellung eine übereinstimmende oder eine gegensätzliche Ausprägung sinnvoll sein kann (technischer Fit). In Bezug auf die prozessbezogenen Merkmale ist grundsätzlich auf eine möglichst große Übereinstimmung zu achten (technischer Fit). Dem kulturellen Fit kommt im Rahmen dieser betriebsorganisatorischen Betrachtung keine Relevanz zu.

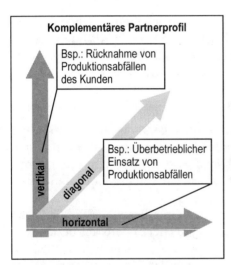
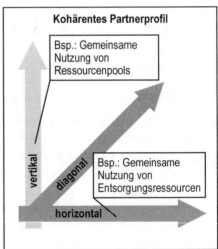

Abb. 4.1-10   Partnerprofile und Suchrichtungen für die Kooperationsbildung

In Anhängigkeit von dem erforderlichen Partnerprofil gestaltet sich die Suche nach einem geeigneten Kooperationspartner (vgl. Abb. 4.1-10). Diese lässt sich in zwei unterschiedlichen Dimensionen durchführen (Staudt 1992; Wöhe 1996). Die so genannte horizontale Richtung bezeichnet die Suche nach Kooperationspartner in einer vergleichbaren Branche. Eine mögliche Form der Kooperation in dieser Richtung wäre zum Bei-

4.1 Unternehmensübergreifende Materialkreislaufführung

spiel der überbetriebliche Einsatz von Verschnitten als Sekundärmaterialien in der Papierindustrie. Die vertikale Partnersuche bezeichnet die Suche nach Kooperationspartnern in vor- und nachgelagerten Wertschöpfungsstufen, also bei Lieferanten und Kunden. Ein Beispiel für eine solche Kooperation ist die Rücknahme von Produktionsabfällen des Kunden, mit dem Ziel diese Abfälle als Rohstoff in der eigenen Produktion wieder einzusetzen (Schott 1998). Die diagonale Richtung bezeichnet schließlich die Suche nach einem Partner in einer anderen Branche. Die gemeinsame Nutzung von Entsorgungsressourcen wie Verbrennungsanlagen für verschiedenste Materialarten ist als Beispiel für eine Kooperation in dieser Richtung zu nennen.

4.1.4.4 Phase 3: Konstituieren

Festlegen der Kooperationsarchitektur

Als Ergebnis der vorangegangenen Phase steht der Kooperationstyp und der Kooperationspartner, der die gegebene Kooperationsaufgabe bestmöglich erfüllt und der bzw. die Kooperationspartner fest. Die Kooperationstypen besitzen wie zuvor erläutert noch Freiheitsgrade in den Ausprägungen einzelner Merkmale. Zum Beispiel sind beim Kooperationstyp „strategisches Netzwerk" für das Merkmal Koordination sowohl die Ausprägung „verteilte Koordination" als auch „fokale Koordination" möglich.

Im Zuge der Festlegung der Kooperationsarchitektur wird in Zusammenarbeit mit dem Kooperationspartner die am besten geeignete Ausprägung für diese noch nicht fixierten Merkmale definiert. Nach der Festlegung der Kooperationsarchitektur steht die Struktur der Kooperation fest. Es folgt der Schritt Kooperationsvereinbarung.

Kooperationsvereinbarung

Das Festlegen der Kooperationsvereinbarung bereitet die der Konstituierung folgende Phase des Kooperationsmanagements vor. Die Kooperationsvereinbarung beinhaltet die Definition der logistischen Randbedingungen in Bezug auf Arten, Mengen und Termine der innerhalb der Kooperation geführten Materialflüsse (z. B. in Form eines Kooperationsvertrags).

Zunächst wird der Ausgangszustand beim Kooperationsinitiator und den Partnern aufgenommen. Dies bildet die Grundlage der Vereinbarung. Alle wesentlichen Kenngrößen in Bezug auf den Materialfluss und die Entsorgungsressourcennutzung müssen in diesem Zusammenhang untersucht und beschrieben werden. Als Teil der kreislauforientierten Lieferkette sind die Produktions-, Lager- und Aufbereitungsstationen des Kooperationsinitiators und der restlichen Partner hinsichtlich ihrer logistischen Verknüpfung zu analysieren.

Folgende Kriterien sind dabei im Einzelnen zu untersuchen:

- Arten und Mengen von entstehenden Produktionsabfällen bei den Partnern,
- Arten und Mengen von wieder einzusetzenden Sekundärmaterialien bei den Partnern,
- Quantitative Kapazitäten und materialbezogene Eignung von Aufbereitungsressourcen der Kooperationspartner,
- Räumliche Verteilung und Entfernung der einzelnen Elemente sowie
- Verfügbare Transportwege und -kapazitäten.

Bei einer notwendigen Rekonfiguration der Kooperation, z. B. bei einer Änderung der Kooperationspartner oder des Kooperationsgegenstandes, ist eine erneute Aufnahme dieser Angaben notwendig, bevor die Gestaltung der Kooperation fortgesetzt werden kann.

Nach der Erfassung dieser Informationen kann die organisatorische Gestaltung der kreislauforientierten Auftragsabwicklung in der Managementphase erfolgen.

4.1.4.5 Phase 4: Management

Mit Beendigung der Konstituierungsphase stehen alle Strukturmerkmale des Kooperationstyps, der Kooperationspartner sowie die logistischen Randbedingungen fest. Zur organisatorischen Gestaltung der dispositiven Planungs- und Steuerungsprozesse folgen in der Managementphase der kreislauforientierten Unternehmenskooperation die Vorgehensschritte der *operativen Planung*, *Durchführung* und *Kontrolle*.

Das Management der Unternehmenskooperation umfasst die Abwicklung aller Aufträge, die bei der kreislauforientierten Materialführung entstehen. Unter dem Begriff der kreislauforientierten Auftragsabwicklung werden alle erforderlichen inner- und überbetrieblichen Planungs- und Steuerungsabläufe, die im Zusammenhang mit der Kooperationsaufgabe stehen, zusammengefasst.

Operative Planung

Im Zuge der operativen Planung der Unternehmenskooperation erfolgt die systematische Gestaltung der kooperationsrelevanten dispositiven Prozesse.

Hierzu wurde ein zweistufiges Referenzmodell für kreislauforientierte über- und innerbetriebliche Planungsaufgaben entwickelt. In der überge-

4.1 Unternehmensübergreifende Materialkreislaufführung

ordneten Stufe werden die Aufgabenkomplexe der Auftragsabwicklung beschrieben, die von einer kreislauforientierten Materialführung betroffen sind. Zu jedem Aufgabenkomplex erfolgt in der untergeordneten Stufe eine detaillierte Betrachtung der jeweiligen Teilprozesse. Anstelle eines starren Referenzmodells, handelt es sich beim vorliegenden Referenzmodell um eine flexible „Bibliothek", aus der unternehmensspezifisch relevante Module auswählbar sind (Kaiser 1998; Much 1997).

Die einzelnen Aufgabenkomplexe mit ihren jeweiligen Teilprozessen werden im Folgenden vorgestellt.

Bei der *Netzwerkkonfiguration* werden die organisatorischen und logistischen Strukturen der Kooperation abgebildet. Im Wesentlichen wird dieser Aufgabenkomplex in der Phase der Partnersuche und der Phase Konstituierung (vgl. Abschn. 4.1.4.3 und 4.1.4.4) bearbeitet. Aufgrund des iterativen Vorgehens im Rahmen des Phasenschemas wird dieser Schritt aber auch in der Managementphase durchlaufen. Die untergeordneten Teilprozesse bei der Netzwerkkonfiguration sind:

- die *Festlegung der organisatorischen Strukturmerkmale* der unternehmensübergreifenden Zusammenarbeit, sowie
- die *Lieferkettenkonfiguration*, d. h. die Abbildung der Materialflüsse und der Ressourcennutzung nach Art, Richtung, Menge und Zeit.

Gegenstand des Aufgabenkomplexes *Absatzplanung* ist die langfristige, auftragsanonyme Planung von Bedarfen und Angeboten der Sekundärmaterialien bzw. Entsorgungsressourcen für die Kooperationspartner. Dabei werden sowohl innerbetriebliche Planungsschritte als auch die Koordination innerhalb der Kooperation betrachtet. Als Grundlage dienen dabei die langfristigen Absatzprognosen der einzelnen Kooperationsteilnehmer. Die Teilprozesse der Absatzplanung lauten:

- *kreislauforientierte Produktionsprogrammplanung*, d. h. die auf dem produktbezogenen Absatzprogramm basierende Festlegung entstehender bzw. zu beschaffenden Mengen an Produktionsabfällen bzw. Sekundärmaterialien sowie benötigter Ressourcenkapazität (Kaiser 1998),
- *Entsorgungsressourcengrobplanung*. d. h. der übergreifende Abgleich von Angeboten und Bedarfen an Aufbereitungsressourcen (überbetriebliches Kapazitätsmanagement) sowie
- die *Lager(bestands-)planung*, d. h. die Planung von Lagerorten und -kapazitäten innerhalb der Kooperation sowie der optimalen Bestandsmengen für die erzeugten und benötigten Produktionsabfälle bzw. Sekundärmaterialien.

Die Aufgabenkomplexe Netzwerkkonfiguration und Absatzplanung werden beim Aufbau und Betrieb einer kreislauforientierten Kooperation teilweise iterativ durchlaufen, um die Planungen der Partner untereinander und innerhalb der Kooperation abzustimmen.

Die *(Produktions-)bedarfsplanung* für kreislaufgeführtes Material konkretisiert die Produktionsprogrammplanung unter Berücksichtigung der aktuellen Auftragssituation (Nicolai et al. 1999). Der Aufgabenkomplex besteht aus der Planung der erforderlichen Ressourcen und Materialien sowohl für die Produktion mit Sekundärmaterialien als auch für die Aufbereitung und Entsorgung. Ausgangspunkt hierfür sind die Produktionsprogramme der Kooperationspartner. Innerhalb dieses Aufgabenkomplexes sind folgende Teilprozesse durchzuführen:

- Die *Sekundärbedarfsplanung*, d. h. die Planung der Bedarfe an kreislaufgeführten Materialien für die Produktion in den Unternehmen auf Basis der vorliegenden Kundenaufträge. Mit der Beschaffungsartzuordnung wird hier festgelegt, inwieweit konkrete Materialbedarfe durch kreislaufgeführte oder neue Materialien gedeckt werden. Hierbei ist die Bestands- und Auftragssituation innerhalb der Kooperation zu berücksichtigen.
- Die *Durchlaufterminierung*, in der Ecktermine für die Aufbereitungsaufträge zur Deckung der vorliegenden Aufträge (unter der Voraussetzung unbegrenzter Kapazitäten) ermittelt werden.
- Die *Kapazitätsbedarfsermittlung/-abstimmung*, die eine unternehmensübergreifende Synchronisation von Angeboten und Bedarfen kooperativ genutzter Entsorgungs- und Aufbereitungsressourcen beinhaltet.

Bei der *Produktions- bzw. Entsorgungsplanung und -steuerung* wird das Produktionsprogramm auf den bestehenden Produktions- oder Entsorgungsressourcen eingeplant. Der Begriff „Entsorgung" umfasst hier Trenn-, Sortier- und Aufbereitungsvorgänge. Teilprozesse der Produktions- bzw. Entsorgungsplanung und -steuerung sind:

- die innerbetriebliche *Feinterminierung* der Aufträge für die Entsorgung unter Berücksichtigung der vorliegenden Produktionsaufträge und die Reihenfolgeplanung der Aufträge an den Produktions-/Entsorgungsressourcen sowie
- die *Entsorgungsressourcenüberwachung*, d. h. die kontinuierliche Überwachung des Auftragsfortschritts an den jeweiligen Ressourcen und ggf. die Informationsweiterleitung an die Kooperationspartner.

Die Planung und Steuerung der Materialtransporte zwischen den Kooperationspartnern wird unter dem Aufgabenkomplex der *Distributionsplanung*

4.1 Unternehmensübergreifende Materialkreislaufführung

zusammengefasst. Die Transporte ergeben sich aus der physikalischen Kreislaufführung der Materialien innerhalb der Kooperation (Stölze u. Jung 1996; Pfohl u. Häusler 1999). Im Zuge der Distributionsplanung sind folgende Teilprozesse zu beachten:

- *Transportplanung*, d. h. die Planung der Transportvorgänge zwischen den Kooperationspartnern und die Kapazitätsplanung für die Transportmittel,
- *Lagerbestandsplanung*, d. h. der Überwachung und ggf. Anpassung der Bestandshöhen von Produktionsabfällen und Sekundärmaterialien in gemeinsam genutzten Lagern bzw. den Lagern der Einzelunternehmen.

Der Fremdbezug von Materialen wird hier nicht betrachtet, da dieser bei Unternehmenskooperationen von nachrangiger Bedeutung ist.

Die *Auftragskoordination* dient der Erfassung und Verfolgung entsorgungsbezogener Aufträge in kreislauforientierten Kooperationen und kann unter Umständen durch einen externen Partner („Broker") durchgeführt werden. Es handelt sich um eine Querschnittsaufgabe über die bisher aufgeführten Prozesse. Die *Auftragskoordination* erfolgt kontinuierlich und überwacht deren sach- und termingerechte Durchführung. Im Rahmen dieser Betrachtungen liegt der Fokus auf Vertriebsaktivitäten, die innerhalb der Kooperation stattfinden. Entsprechende Teilprozesse der Auftragskoordination sind:

- *Auftragsgrobterminierung*, d. h. die Festlegung von Eckterminen für durch kooperationsexterne Unternehmen angenommenen Aufträge zur Auslastung von Entsorgungsressourcen der Kooperation und
- *Auftragsführung*, d. h. die Überwachung des Auftragsfortschritts der vereinbarten kreislauforientierten Aufträge sowie die ereignisorientierte Informationsversorgung der Kooperationspartner bei auftretenden Störungen im Auftragsdurchlauf.

Im Rahmen der kreislauforientierten Unternehmenskooperation fallen umfangreiche umweltrelevante Daten und gesetzlich vorgeschriebene Dokumentationen an (Hilty u. Rautenstrauch 1997). Im Einzelnen sind qualitative Material- und Ressourceneigenschaften, sicherheitsbezogene Informationen und entsorgungsbezogene Dokumentationen (z. B. die gesetzlich geforderte Nachweisführung für die Entsorgung) im Rahmen der *Datenverwaltung* zu betreuen. Bei einer kreislauforientierten Materialführung ergeben sich für die Datenverwaltung die Teilprozesse:

- *Material-/Ressourcendatenverwaltung*, d. h. der Verwaltung und Bereitstellung von relevanten Material- und Ressourceneigenschaften

für die Kooperationsteilnehmer, z. B. von Handhabungs- und Transportvorschriften für Materialien sowie
- *Dokumentationsmanagement*, d. h. die Erstellung und Archivierung von gesetzlich geforderten Unterlagen bezüglich der Entsorgungsaktivitäten der Kooperationspartner.

Um die Auftragsabwicklung auf die Anforderungen einer kreislauforientierten Materialführung einzustellen, stehen nun die oben kurz beschriebenen Aufgabenkomplexe mit ihren Teilprozessen als Gestaltungsansätze in Form einer modularen Bibliothek zur Verfügung. Eine ausführliche Beschreibung findet sich bei Pillep (2000). Bei der Methodenanwendung müssen aus dieser Bibliothek diejenigen Module ausgewählt werden, die für die unternehmensspezifische Kooperationsaufgabe relevant sind. In diesem Zusammenhang ist zunächst zu klären, ob der jeweilige Aufgabenkomplex bzw. seine Teilprozesse einen Beitrag zu den Unternehmenszielen leisten, die mit der Kooperation verfolgt werden.

Für die Identifikation der fallspezifisch relevanten Teilprozesse wurden die Kriterien

- Planungsobjekt,
- Planungsrichtung und
- Planungshorizont

definiert. Das Kriterium Planungsobjekt hat die möglichen Ausprägungen *S*ekundärmaterial, *P*roduktionsabfall und *E*ntsorgungsressource. Die Planungsrichtung wird aus Sicht des Kooperationsteilnehmers betrachtet. Sie wird unterschieden in *D*rucksteuerung (Angebot an Sekundärmaterial, Produktionsabfall oder Entsorgungsressource) und *Z*ugsteuerung (Bedarf). Der Planungshorizont wird unterteilt in *l*ang-, *m*ittel- und *k*urzfristig bzw. *k*ontinuierliche Planung.

Wie in Abbildung 4.1-10 zu erkennen ist, erfüllen die Teilprozesse bzw. Aufgabenkomplexe jeweils bestimmte Kriterien. Beispielsweise ist der Gestaltungsansatz Produktionsprogrammplanung zu berücksichtigen, wenn es sich bei dem Gegenstand der Planung um Sekundärmaterial oder Produktionsabfall handelt. Wenn es bei der Kooperation aber um die Nutzung einer Entsorgungsressource geht, hat dieser Gestaltungsansatz keine Relevanz.

Zur Identifikation der relevanten Gestaltungsansätze wird die Auswahl möglicher Teilprozesse schrittweise eingegrenzt. Zunächst wird das Kriterium Gegenstand der Planung für die spezifische Kooperationsaufgabe betrachtet und alle Gestaltungsansätze ausgewählt, die eine übereinstimmende Ausprägung haben. Im nächsten Schritt werden von diesen Gestaltungsansätzen diejenigen ausgewählt deren Ausprägung beim Kriterium

Planungsrichtung mit den ermittelten Merkmalen der Ausgangssituation übereinstimmen (vgl. Abb. 4.1-11). Als relevant gelten schließlich diejenigen Gestaltungsansätze unter ihnen, die auch beim Kriterium Planungshorizont mit dem ermittelten Merkmal der Ausgangssituation aus Abb. 4.1-3 übereinstimmen.

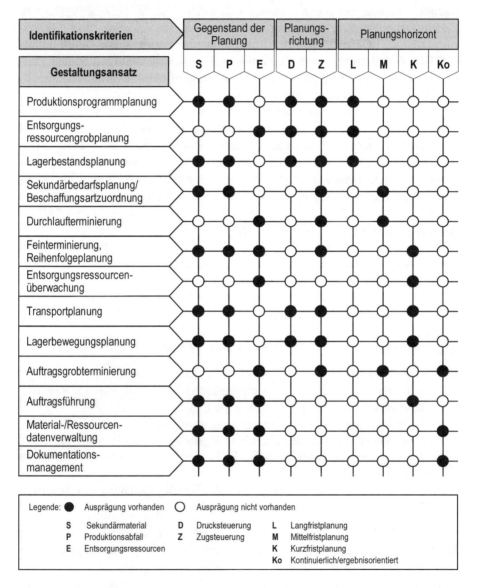

Abb. 4.1-11 Ausprägung der Identifikationskriterien für die Gestaltungsansätze

4 Konzeptentwicklung in der Produktionsplanung und -steuerung

Der Identifikation relevanter Gestaltungsansätze folgt vor deren Implementierung die Abschätzung des mit der Implementierung verbundenen wirtschaftlichen Aufwands.

Basis der Kostenabschätzung für die dispositiven Prozesse ist die Ermittlung der jeweils verursachten Transaktionskosten. Die zu berücksichtigenden Transaktionskosten lassen sich unterteilen in *Anbahnungskosten, Vereinbarungskosten, Abwicklungskosten, Kontrollkosten* und *Anpassungskosten*. In den Phasen der Initiierung und Partnersuche fallen hauptsächlich Anbahnungs- und Vereinbarungskosten an, während in den Phasen Konstituierung und Management vorwiegend Abwicklungs-, Kontroll- und Anpassungskosten anfallen (Munz 1999).

Die Aufwandsabschätzung für die Implementierung der Gestaltungsansätze bezieht sich auf die laufenden Kosten der Kooperation und somit auf die Phase des Kooperationsmanagements. Kosten, die z. B. bei der Informationssuche oder -beschaffung über potenzielle Partner entstehen, werden daher nicht berücksichtigt. Um die Kosten für Abwicklung, die Kontrolle und die Anpassung in den indirekten Bereichen abschätzen zu können, wird auf die Methode der ressourcenorientierten Prozesskostenrechnung zurückgegriffen (Eversheim 1995). Die Kosten werden maßgeblich von der Inanspruchnahme dispositiver Ressourcen bestimmt. Es wird daher eine Abschätzung der Personal- und Informationskosten durchgeführt (Frese 1992).

Die Formel für die Abschätzung der jeweils von einem Gestaltungsansatz verursachten Kosten lautet:

$$\sum K_{Planungsschritt} = n \cdot h \cdot t \, (K_{Personal} + K_{Information})$$

Dabei repräsentiert:
- n die Anzahl der zu berücksichtigenden Planungsobjekte (z. B. Produktionsabfälle, Sekundärmaterialien, Betriebsmittel etc.),
- h die Häufigkeit der Planungsdurchführungen je Jahr,
- t die zeitliche Dauer des einzelnen Planungsschritts in Stunden,
- $K_{Personal}$ den Personalkostensatz je Stunde im ausführenden indirekten Bereich sowie
- $K_{Information}$ den Kostensatz je Stunde für die Nutzung der Informationssysteme.

Die Entscheidung darüber, ob sich der Implementierungsaufwand für den jeweiligen Gestaltungsansatz lohnt, ist vor dem Hintergrund der im Verlauf der Methodenanwendung identifizierten Kooperationsziele zu treffen. Dabei ist zudem zu berücksichtigen, dass neben monetären Nutzengrößen auch nicht direkt monetär berechenbare Nutzengrößen für die Betrachtung von Relevanz sein können.

Nachdem die Gestaltungsansätze hinsichtlich Relevanz und Vertretbarkeit des Aufwands ausgewählt wurden, werden sie an die Anforderungen des betreffenden Unternehmens für dessen spezifische Kooperationsaufgabe angepasst und in die bestehenden Prozesse implementiert.

Durchführung

Nachdem nun die endgültige Entscheidung über die Implementierung der Gestaltungsansätze getroffen ist, folgt eine fallspezifische Ausgestaltung der Implementierung. Für die Umsetzung der Gestaltungsansätze bestehen folgende prinzipielle Optionen:

- Substitution: vollständiger Austausch bestehender durch kreislauforientiert gestaltete Prozesse
- Modifikation: Veränderung bestehender Prozesse zur integrierten Abwicklung konventioneller und kreislauforientierter Planungen
- Erweiterung: Ausweitung bestehender Prozesse bzw. bestehender Algorithmen auf kreislauforientierte Planungsobjekte

In der Praxis wird die Modifikation der bestehenden dispositiven Prozesse in aller Regel die beste Lösung zur Implementierung darstellen, da bei dieser Option zumeist der geringste Aufwand zu erwarten ist. Eine Erweiterung der bestehenden Prozesse wird aufgrund der Besonderheiten der kreislauforientierten Materialführung in den meisten Fällen nicht möglich sein. Nur in Fällen, in denen es keine andere Möglichkeit gibt, wird man die Prozesse vollständig austauschen, also von der Möglichkeit der Substitution Gebrauch machen.

Als erster Schritt zur Implementierung müssen die erforderlichen *Planungsgrundlagen für die informationstechnische Unterstützung* und die organisatorischen Abläufe bereitgestellt werden. Für die Planung des Anfalls von Produktionsabfällen eignen sich beispielsweise stochastische oder deterministische Verfahren. Diese benötigen als Basis allerdings Daten aus der Vergangenheit, welche beispielsweise in Form von erweiterten Arbeitsplänen oder Stücklisten bereitgestellt werden können.

Der nächste Schritt besteht in der *Modifikation bzw. Erweiterung der Planungsprozesse für die Kooperationsprozesse*. Je nach geplanter Dauer und Bindungsintensität der Kooperation werden die ablauf- und aufbauorganisatorischen Regelungen im Vorhinein unterschiedlich stark formalisiert, sprich festgelegt. Die neu definierten ablauf- und aufbauorganisatorischen Strukturen können z. B. jeweils im Umweltmanagement-Handbuch der Unternehmer festgeschrieben werden. (N.N. 1995).

Anschließend folgt die *Allokation der Planungsprozesse auf die Kooperationspartner*. Hierbei haben die Planungsrichtung und die Machtverteilung einen entscheidenden Einfluss. Für die Planung und Steuerung kreislauforientierter Aufgaben werden nur in Fällen mit sehr hohem Koordinationsaufwand eigene aufbauorganisatorische Einheiten eingerichtet, im Regelfall wird diese Aufgabe innerhalb der jeweils schon bestehenden Strukturen bei den Kooperationspartnern erledigt.

Zur *informationstechnischen Unterstützung der Planungsprozesse* empfiehlt es sich, die bestehenden PPS-Systeme und Systeme zur Planung von überbetrieblichen Lieferketten, sog. SCM-Systeme, zu modifizieren bzw. zu erweitern und die entsprechenden Planungsfunktionen zu implementieren. Forschungsergebnisse zeigen, dass die Planungslogik konventioneller PPS-Systeme auch zur Disposition umweltrelevanter Planungsobjekte, z. B. Produktionsabfälle oder Aufbereitungsressourcen, geeignet ist (Kaiser 1998; Pillep u. Schieferdecker 1999). Der Einsatz solcher bereits heute auf dem Softwaremarkt erhältlichen erweiterten Standard-PPS-Systeme ermöglicht die Artikelverwaltung sowie die Planung und Steuerung von Entstehung und Entsorgung bzw. Wiedereinsatz von Produktionsabfällen und Sekundärmaterialien in der Produktion (Infor 2000).

Die auszuführenden Planungsprozesse innerhalb der kreislauforientierten Kooperation beinhalten eine alternierende Abfolge von innerbetrieblichen Planungsschritten und unternehmensübergreifenden Synchronisationsschritten. Voraussetzung für die Gestaltung der IT-Unterstützung der kreislauforientierten Zusammenarbeit ist, dass die bei den Partnern eingesetzten Systeme zur Produktionsplanung und -steuerung auch kreislauforientierte Objekte berücksichtigen.

Im Folgenden werden daher insbesondere *Ansätze zur IT-Unterstützung einer überbetrieblichen Synchronisation* der Planungsgrundlagen, Planungsergebnisse und Betriebsdaten dargestellt. Hierzu werden Prozesse und Funktionen beschrieben, die durch die auch in kleinen und mittleren Unternehmen zunehmend verbreiteten SCM-Systeme, unterstützt werden können (Schönsleben u. Hieber 2000).

Überbetriebliche Planung von kreislaufgeführtem Material

Sämtliche materialbezogenen Planungsschritte in der kreislauforientierten Kooperation beruhen auf einer *Prognoserechnung* für die Entstehung bzw. den Bedarf an Sekundärrohstoffen. Eine stochastische bzw. deterministische Bestimmung von Abfall- und Bedarfsmengen kann innerhalb des PPS-Systems durchgeführt werden, das auf der Ebene einer Grobplanung auf Basis des Produktprogramms eine Entstehungs- und Bedarfsrechnung durchführt. Gegenüber einer unternehmensintern fokussierten Planung mit PPS-Systemen bieten zusätzliche Funktionen in SCM-Systemen jedoch die Möglichkeit einer unverzüglichen Information und Abstimmung der Prognoserechnung mit abnehmenden bzw. zuliefernden Partnern (sog. Con-

4.1 Unternehmensübergreifende Materialkreislaufführung

sensus Based Forecast, Baan 2000). Die Kooperationspartner können dadurch wesentlich früher auf Schwankungen des Materialangebots bzw. des -bedarfs, z. B. durch die Bestimmung von Ersatzlieferanten bzw. -entsorgern, reagieren (SAP 2000).

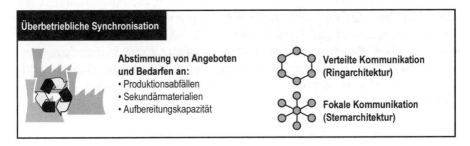

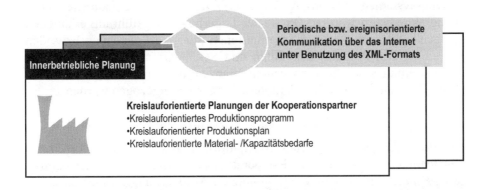

Abb. 4.1-12 Kommunikationsarchitektur der kreislauforientierten Kooperation

Die Dimensionierung der Bestandshöhen für Produktionsabfälle und Sekundärrohstoffe bei den Kooperationspartnern im Rahmen der *Lager(bestands-)planung* kann durch die Ermittlung durchschnittlicher erforderlicher Bestandsniveaus in PPS-Systemen unterstützt werden. Darüber hinaus ermöglichen SCM-Systeme die Optimierung von *Lagerstrukturen* und Materialströmen innerhalb der Kooperation in Bezug auf multidimensionale Ziele, z. B. Lager- und Transportkosten, Liefergrad, Lieferzeit etc. (SAP 2000).

Der Planungsschritt der *Durchlaufterminierung* erfolgt in PPS-Systemen auf Basis von Stücklistenauflösungen und Arbeitsplänen. Die eingesetzten IT-Unterstützungssysteme (i. d. R. PPS-Systeme) sind für die Planung von kreislaufgeführtem Material um die notwendigen kreislauforientierten Datengrundlagen zu erweitern. Der Einsatz von sog. Collaborative Planning-Algorithmen in SCM-Systemen ermöglicht vor der Fertigungsauftragsfreigabe innerhalb eines Unternehmens den simulationsgestützten Vergleich alternativer Pläne. Darüber hinaus können die abnehmenden bzw. zuliefernden Kooperationspartner ohne Zeitverzug über die Auswirkungen der aktuellen Produktions- bzw. Aufbereitungspläne auf ihre Planungen informiert werden und ggf. Einfluss auf die Freigabe der Fertigungsaufträge nehmen. Diese überbetriebliche Abstimmung der *Produktions- bzw. Entsorgungsressourcenplanung* kann durch eine automatische Benachrichtigung der Kooperationspartner bei Überschreiten von vorher gewählten Termin- oder Mengengrenzen erleichtert werden (sog. Alert Monitor, SAP 2000).

Die *Lagerbewegungsführung* basiert auf Bestandsinformationen in den PPS-Systemen der Kooperationspartner, die entweder aus Betriebsdatenerfassungssystemen oder aus Aufwandsgründen durch eine manuelle Zubuchung aktualisiert werden. Die in der Lagerbewegungsführung erhaltenen mengen- und zeitbezogenen Informationen über die Entstehung bzw. den Verbrauch von Produktionsabfällen und Sekundärmaterialien können für die Erstellung von jahresbezogenen Bilanzen auf der Ebene von Produktionsprozessen oder des Gesamtunternehmens herangezogen werden.

Überbetriebliche Planung von kreislauforientierten Ressourcen

Auf Basis der prognostizierten kreislauforientierten Materialbedarfe bzw. -entstehungsmengen bei den Kooperationspartnern kann die *Kapazitätsgrobplanung* für die gemeinsam genutzten Aufbereitungsressourcen erfolgen. Die Partner müssen dann ggf. in Verhandlungen über die Kapazitätsbelegung eintreten. Einige SCM-Softwaresysteme beinhalten definierte Prozeduren zur kooperativen Vereinbarung und Konkretisierung von Ressourcenbelegungen (sog. Collaborative Planning, SAP 2000), die für die kapazitive Grobplanung von Entsorgungsressourcen genutzt werden können. Eine EDV-gestützte Planung muss zunächst langfristig Zeitkontingente, sog. „Buckets", der Partner bei der Ressourcenbelegung reservieren und eine simulative Einlastung von Aufträgen auf den Entsorgungsressourcen ermöglichen (Knolmayer et al. 1999). Die Partner gewichten anschließend die jeweils gestellten Kapazitätsanforderungen und treten auf Basis des bewerteten Vergleichs unterschiedlicher Szenarien in einen Bietprozess ein, der einen Nutzenausgleich bezüglich der Ressourcennutzung zum Ziel hat. Eine IT-Unterstützung der kooperativen *Ressourcenbelegungsplanung* ist bis hin zu einer automatischen Abwicklung über sog. „Agenten", d. h. autonom planende Programme, für die Kooperationspartner mit vordefinierten Zielsetzungen möglich (Knolmayer et al. 1999; SAP 2000).

4.1 Unternehmensübergreifende Materialkreislaufführung

Die Planung der zwischenbetrieblichen Transporte der kreislaufgeführten Materialien kann durch den Einsatz eines in das PPS- oder SCM-System integrierten oder eigenständigen Transport- und Routenplanungssystems (DRP, Distribution Resource Planning, Knolmayer et al. 1999) unterstützt werden. Auf Basis der aktuellen Bestands- und Bedarfssituation sowie der Kapazitätsauslastung der Transportressourcen werden Transport- und Umlagerungsaufträge erstellt. Die *Transportplanung* wird durch den fokalen Kooperationspartner oder ggf. durch den externen Koordinator der Kooperation vorgenommen. Die Abgangs- bzw. Zugangsbuchung der Materialbestände erfolgt in den PPS-Systemen der Kooperationspartner.

Als Basis einer aktuellen Kapazitätsplanung ist eine kontinuierliche *Ressourcenüberwachung* erforderlich, die durch die unternehmensintern eingesetzten IT-Systeme zur Fertigungsfortschrittsrückmeldung (Betriebsdatenerfassungs-, PPS-Systeme) automatisch oder auch manuell erfolgen kann. Die so erhaltenen Informationen können verdichtet und in die Planungssysteme der kreislauforientierten Lieferketten sowie in IT-Systeme zur umweltökonomischen Sachbilanzierung übergeben werden.

Kontinuierliche Kommunikationsprozesse in der Kooperation

Neben den auf unterschiedlichen Planungsebenen durchgeführten periodischen Prozessen existieren im Rahmen der kreislauforientierten Kooperation auch einige kontinuierlich durchzuführende Planungsaktivitäten. Der Planungsschritt der *Grobterminierung zusätzlicher, kooperationsexterner kreislauforientierter Aufträge* kann mit Hilfe von SCM-Systemen durch eine simulative Einplanung in die bestehende Kapazitätssituation erfolgen (sog. Avalaible to Promise- (ATP-) Funktionalität, Philippson et al. 1999). Voraussetzung hierfür sind die Abstimmung der unternehmensübergreifenden mit internen Planungen der Kooperationspartner sowie das Vorliegen aktueller Rückmeldungen aus den PPS-Systemen der Kooperationspartner. Ergebnis der ATP-Abfrage ist die Information über die Realisierbarkeit bzw. mögliche Termine für zusätzliche kreislauforientierte Aufträge, z. B. die Übernahme von Aufbereitungsaufträgen auf den Ressourcen der Kooperationspartner.

Die *ereignisorientierte Kommunikation im Rahmen der Auftragsführung* der Kooperationspartner ist dadurch gekennzeichnet, dass für die Informationsweitergabe statt des sonst üblichen „Zug"-prinzips das „Druck"-prinzip angewandt wird (Baan 2000). Eine Überwachungsfunktion, ein so genannter Alert Monitor in SCM-Softwaresystemen, kann eine sofortige Information von definierten Adressatenkreisen bei Überschreiten von voreingestellten Terminen und Mengen vornehmen.

Die *unternehmensübergreifende Verwaltung und Pflege der beschriebenen Artikel- und Ressourcendaten* der kreislauforientierten Kooperation wird in der Praxis häufig dadurch erschwert, dass die Stammdaten der Kooperationsteilnehmer in verschiedenen, unter Umständen nicht kompatiblen, Systemen und Datenformaten vorliegen. Ein möglicher Ansatz liegt in der Verwaltung der Informationen in einem gemeinsam genutzten, spezialisierten IT-System, z. B. einem betrieblichen Unweltinformationssystem (BUIS, Hilty u. Rautenstrauch 1997).

Eine IT-Unterstützung der *kreislaufbezogenen Dokumentationsaufgaben*, z. B. eine Archivierung von Nachweisdokumenten, muss auf die rechtlichen Bestimmungen (z. B. Unveränderbarkeit der abgelegten Informationen) Rücksicht nehmen. Eine administrative Unterstützung der Dokumentationsaufgaben (z. B. die Überwachung von Fristeinhaltungen) kann jedoch den erforderlichen Aufwand bei den Kooperationspartnern verringern. Beispielsweise eignet sich die Erstellung von entsorgungsbezogenen Auswertungen (betriebs- und jahresbezogene Abfallbilanzen) gut zur algorithmierten Durchführung durch IT-Systeme. Ggf. ist auch eine datentechnische Kopplung der von den Kooperationspartnern eingesetzten PPS-Systeme mit spezialisierten BUIS für die Nachweisführung sinnvoll (Rey et al. 1998).

Mit der Einrichtung einer geeigneten IT-Unterstützung schließt der Durchführungsschritt der Managementphase. Im Phasenmodell folgt der Durchführung der Vorgehensschritt „Kontrolle".

Kontrolle

Die Kontrolle schließt sich als laufender Prozess der Durchführung an. Aufgabe der Kontrolle ist die rechtzeitige Identifikation von relevanten Veränderungen innerhalb und außerhalb des Unternehmens, die eine Anpassung des Status Quo der kreislauforientierten Kooperation erforderlich machen. Die Ergebnisse der Kontrolle begründen entsprechend eine gegebenenfalls notwendige Rekonfiguration der Kooperation.

4.1.4.6 Phase 5: Rekonfiguration

Durch interne oder externe Veränderungen können sowohl eine Änderung der Kooperationsgestaltung als auch eine Auflösung der Zusammenarbeit erforderlich werden. Das Vorgehen entspricht in diesem Fall dem Vorgehen zum Kooperationsaufbau. Auch hier werden zunächst die Analyseschritte durchlaufen, bevor eine Gestaltung anhand der gewonnenen Informationen erfolgt.

4.1.5 Fallbeispiel aus der Papierindustrie

Im folgenden Abschnitt wird die praktische Anwendung der Methode bei einem Unternehmen der Papierindustrie beschrieben. Hierzu werden einzelne Phasen der Kooperationsgestaltung durchlaufen und abschließend die Ergebnisse der Methodenanwendung bewertet.

4.1.5.1 Initiierungsphase

Die im Folgenden betrachtete Kooperation wird durch ein mittelständisches Unternehmen aus der Papierindustrie mit etwa 100 Beschäftigten initiiert. Die Produktion konzentriert sich hauptsächlich auf einseitig glatte Spezialpapiere für den Lebensmittelbereich.

Fragen der Kostenreduktion und des Umweltschutzes besitzen eine große Bedeutung in der industriellen Papierproduktion. Die Branche ist durch eine entsprechend hohe Recyclingquote im Bereich des Sekundärmaterials gekennzeichnet. Das betrachtete Unternehmen strebt eine deutliche Kostenreduzierung durch eine Umstellung bei der Beschaffung des Rohmaterials an. Es wurde daher nach einer Möglichkeit gesucht, Rohstoffe kostengünstiger über eine Kooperation zu beschaffen.

4.1.5.2 Partnersuche und Konstituierungsphase

Der in der Papierindustrie häufig beschrittene Weg des Einsatzes von kreislaufgeführtem Material als Rohmaterial schied im vorliegenden Fall aufgrund der hohen lebensmittelrechtlichen Anforderungen aus. Es kamen nur neuwertige Rohstoffe mit einem konstant geringen Verschmutzungsgrad in Frage.

Eine hohe Versorgungssicherheit mit Sekundärmaterial war außerdem Bedingung für eine erfolgreiche Kooperation. Diese Anforderung ergab sich aus den physikalischen Prozessen in der Papierindustrie, die einen kontinuierlichen Massenstrom erfordern.

Als Kooperationspartner kamen daher nur Unternehmen in Frage, die Reststoffe in der erforderlichen Qualität und in gleich bleibend großer Menge produzieren. Eine weitere Anforderung war, dass die Kosten für das Sekundärmaterial möglichst klein sein sollten. Es bot sich also an, einen Kooperationspartner zu suchen, der das zu beschaffende Material entsorgen muss, also ein komplementäres Profil aufweist.

Aufgrund der oben beschriebenen Analyse der Ausgangssituation wurde der Aufbau einer langfristigen Kooperation als sinnvollste Alternative identifiziert. Als Kooperationspartner wurden über den Branchenverband zwei potenzielle Partner gefunden, die Material zu den erforderlichen Bedingungen abzugeben hatten.

Es handelte sich dabei zum einen um einen Hersteller von Verbundverpackungen, d. h. bedrucktem und beschichtetem Papier, sowie zum anderen um einen Hersteller von graphischen Papieren. Beide Unternehmen wollten den Verschnitt bzw. den Ausschuss ihrer Produktion in die Kooperation einbringen.

Bei der Bestimmung der Ziele der Kooperationsaufgabe wurde die Sicherstellung der Sekundärstoffe, sowohl im Hinblick auf die Qualität als auch auf die Menge besonders hoch gewichtet. Ebenfalls als sehr wichtig für die Kooperationsaufgabe wurde die Planungssicherheit eingeschätzt.

Als am besten geeignete Kooperationsform für die zu erfüllenden Aufgaben wurde ein auf den Abnehmer fokussiertes Netzwerk mit zwei möglichen Lieferanten sowie dem Abnehmer als Kooperationsinitiator identifiziert.

4.1.5.3 Management der Kooperation

Ziele und Umfang des Kooperationsmanagements wurden im Zuge der operativen Planung der Kooperation wie folgt festgelegt. Als Sekundärmaterialien kamen ausschließlich unverschmutzte Produktionsabfälle aus der Herstellung von Verbundverpackungen sowie von graphischen Papieren zum Einsatz. Die Zellstoffffraktion konnte nach einer ggf. erforderlichen chemischen Trennung von Papier-, Kunststoff- und Metallkomponenten weiterverarbeitet werden. In einer unternehmenseigenen Anlage wurden im Folgenden die abgetrennten Kunststoffe wie Polyethylen-Folien zur Erzeugung von Prozessdampf verbrannt. Durch das oben beschriebene Vorgehen konnten 85 Prozent des gesamten Rohstoffbedarfs abgedeckt werden. Dies entsprach einer Menge von 3000 Tonnen.

Die Identifikation der relevanten Gestaltungsansätze für die zwischenbetriebliche Auftragsabwicklung in der Materialbeschaffung kam zu dem Ergebnis, dass die Produktionsprogrammplanung, die Sekundärbedarfsplanung und die Material-/Ressourcendatenverwaltung im vorliegenden Fall von Bedeutung sind. Aus diesem Grund wurden die zugehörigen Gestaltungsansätze in die dispositiven Abläufe beim Kooperationsinitiator implementiert (vgl. Abb. 4.1-13).

Aus dem Absatzplan wurden jährlich im Rahmen der Produktionsprogrammplanung die Bedarfsmengen an Sekundärrohstoffen vom Kooperationsinitiator an die beiden Kooperationspartner übermittelt. Auf Seiten der liefernden Kooperationspartner waren aufgrund der geringen Kosten des Kreislaufmaterials und der Kontinuität des Produktionsprozesses keine Änderungen im Produktionsprogramm vorzunehmen.

4.1 Unternehmensübergreifende Materialkreislaufführung

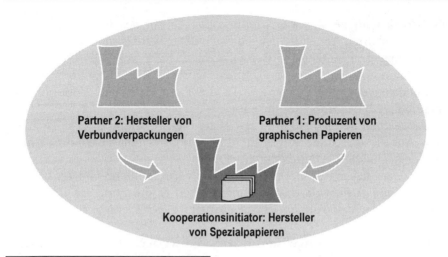

Abb. 4.1-13   Kreislauforientierte Kooperation eines Papierherstellers

Die jährliche Planung stellt eine grobe Vorplanung der Bedarfsmengen dar, welche auf Basis der aktuellen Auftragssituation beim Kooperationsinitiator monatlich mit einem Planungshorizont von vier Wochen aktualisiert wird.

Die Sekundärrohstoffe der beiden liefernden Kooperationspartner lassen sich in gewissem Maße substituieren. Dies ermöglicht ein Ausweichen auf den jeweils anderen Partner bei Engpässen. Dieser Umstand gewährleistet, dass beim Kooperationsinitiator nahezu keine Versorgungsprobleme bezüglich des Sekundärmaterials auftreten. Darüber hinaus wurde beim Kooperationsinitiator ein Eingangspufferlager mit einer Reichweite von vier Wochen eingerichtet.

Um die Flexibilität in der Beschaffung zusätzlich zu erhöhen, wurde die Aufgabe der Transportplanung auf den Kooperationsinitiator übertragen.

640 4 Konzeptentwicklung in der Produktionsplanung und -steuerung

Zu berücksichtigen war gleichzeitig, dass die mit den Kooperationspartnern vereinbarten Abnahmemengen eingehalten werden mussten.

Um eine deterministische Berücksichtigung der Sekundärrohstoffe bei der Materialplanung zu ermöglichen wurden, die Materialien in die Stammdaten des PPS-Systems (z. B. die Rezepturen und Verfahrensbeschreibungen) des Kooperationsinitiators eingepflegt.

Der Aufbau der Kooperation erforderte die Investition in eine Trennanlage. Aus diesem Grund wurde eine Investitionsrechnung nach dem Amortisationsrechnungsverfahren durchgeführt.

Im Zuge dieser Rechnung wurden der wirtschaftliche Nutzen und die verursachten Kosten der kreislauforientierten Kooperation auf der physischen und der dispositiven Ebene einander gegenübergestellt (vgl. Abb. 4.1-14).

Es wurde davon ausgegangen, dass die Kosten sich wie in Abschn. 4.1.4.5 beschrieben aus den Kosten für Sachbearbeiter/innen und den Kosten für die Nutzung des PPS-Systems zusammensetzen.

	Nutzen	Kosten
Physische Ebene	Reduzierung der Materialbeschaffungskosten um 60%	Aufbau Trennanlage für Verbundverpackungen K_{Inv} = 23 T €
Dispositive Ebene	- / -	

Jährliche Kosten für kreislauforientierte Planungsschritte
= Anzahl$_{Planungsobjekte}$ x Häufigkeit x Dauer x (Kosten$_{Personal}$ + Kosten$_{Information}$)

Produktionsprogrammplanung:	2 x 1 x 3h x (55 € + 2,9 €)
Sekundärbedarfsplanung:	2 x 50 x 1h x (55 € + 2,9 €)
Transportplanung:	2 x 12 x 1h x (55 € + 2,9 €)
Produktionsprogrammplanung:	2 x 1 x 5h x (55 € + 2,9 €)
Summe jährliche Kosten:	8.099 €

Abb. 4.1-14 Abschätzung der kreislauforientierten Planungskosten für das Fallbeispiel

Als nötige Planungsschritte wurden beim Kooperationsinitiator für zwei Planungsobjekte (Sekundärrohstoffe) eine jährliche Produktionsprogrammplanung, eine wöchentlich aktualisierte Bedarfsplanung, sowie eine monatliche Transportplanung und eine jährliche Aktualisierung der Materialstammdaten identifiziert.

Mit Hilfe des Zeitbedarfs für die jeweiligen Planungsschritte sowie den Kostensätzen für den Sachbearbeiter und das PPS-System ließen sich die Gesamtkosten für die Planungen abschätzen. Des Weiteren war die Anschaffung einer Aufbereitungsanlage zu berücksichtigen, welche mit 23 T€ in die Berechnung einfloss.

Der Nutzen der kreislauforientierten Kooperation bestand in einer Reduktion der Materialbeschaffungskosten in Höhe von 60 Prozent. Das Ergebnis der Amortisationsrechnung war eine Amortisationsdauer von 1,8 Jahren für das gesamte Projekt.

4.1.5.4 Zusammenfassung der Ergebnisse

Die praktische Anwendung der Methode konnte positive Effekte des Einsatzes bei allen beteiligten Kooperationspartnern aufzeigen. Beim Kooperationsinitiator konnte eine Erhöhung der Wettbewerbsfähigkeit durch eine erhebliche Kostenreduktion bei der Materialbeschaffung erreicht werden. Darüber hinaus konnte die Gefahr von Verunreinigungen in den Rohstoffen deutlich reduziert werden. Eine Abhängigkeit den Lieferanten gegenüber ist aufgrund steigender Mengen an produziertem Material bei den beiden Kooperationspartnern nicht zu befürchten. Auch auf Seiten der liefernden Partner in der Kooperation ist ein Nutzen der Zusammenarbeit zu erkennen, da sie die Entsorgungskosten deutlich senkt und sich positiv auf das Image der Unternehmen bei den Verbrauchern auswirkt.

4.1.6 Zusammenfassung

Die Schonung der natürlichen Ressourcen gewinnt bei Produktionsunternehmen aufgrund der Anforderungen des Gesetzgebers und der Märkte an Bedeutung. Erfolgreiche Praxisbeispiele zeigen, dass kleine und mittelständische Unternehmen besonders gut durch unternehmensübergreifende Kooperationen ressourcenschonende Lösungen in der Kreislaufwirtschaft realisieren können. Während das erforderliche prozesstechnische Knowhow hierzu meist vorhanden ist, fehlt eine Vorgehensweise zur durchgängigen Unterstützung der systematischen Organisationsgestaltung bei der Kreislaufführung von Materialien.

Daher wurde eine Gestaltungsmethode entwickelt, die auf Basis eines Phasenkonzepts die Konfiguration und das Management kreislauforientierter Kooperationen systematisch unterstützt. Für das Produktionsabfallrecycling ermöglicht die Anwendung der Methode die Konzeption und Implementierung von geeigneten dispositiven Prozessen und Strukturen, die eine aufwandsarme Planung und Steuerung von unternehmensübergreifenden Materialkreisläufen in Produktionsunternehmen ermöglichen.

Für die Analyse der Ausgangssituation der Kooperationsbildung wurde ein Instrumentarium entwickelt, anhand dessen die relevanten Merkmale von Kooperationsaufgabe und -initiator klassifizierend erfasst werden können. Zur Erstellung des Anforderungsprofils im Rahmen der Partnersuche wurde eine Beschreibungs- und Bewertungssystematik für die festzulegenden organisatorischen Strukturmerkmale der geplanten Zusammenarbeit entworfen. Auf der Basis der strukturellen Merkmale der kreislauforientierten Zusammenarbeit kann der Abschluss einer Kooperationsvereinbarung zwischen den Partnern im Rahmen der Konstituierung erfolgen. Für die Gestaltung der kreislauforientierten dispositiven Prozesse wurden ein Referenzmodell relevanter Aufgabenkomplexe und Teilprozesse in Form einer „Bibliothek" zusammengestellt. Für die Abschätzung der entstehenden Organisations- und Informationskosten für die kreislauforientierten Planungsschritte wurden relevante Einflussfaktoren und Kostentreiber dargestellt. Hinsichtlich der Durchführung der beschriebenen Planungsaufgaben wurden Realisierungsansätze unter Einsatz marktüblicher Planungssysteme für die Auftragsabwicklung, d. h. Produktionsplanungs- und -steuerungs- (PPS-) bzw. Supply Chain Management- (SCM-) Systeme, diskutiert. Abschließend wurde die praktische Anwendung der Methode exemplarisch am Beispiel eines Papierherstellers veranschaulicht.

4.1.7 Literatur

Aulinger A (1996) (Ko-)Operation Ökologie – Kooperationen im Rahmen ökologischer Produktpolitik. Metropolis, Marburg

Baan (2000) Collaborative Application Framework. White Paper, www.baan.com/cgi-bin/bvisapi.dll, Download am 6.1.2000

Baumgarten H, Frille O (1999) Netzwerke als Strategie zur Senkung der Transaktionskosten im Recycling. Umweltwirtschaftsforum (1999)3:78-81

Beuermann G, Halfmann M (1998) Zwischenbetriebliche Entsorgungskooperationen aus transaktionskostentheoretischer Sicht. Umweltwirtschaftsforum (1999)3:78-81

Bronder C (1993) Kooperationsmanagement: Unternehmensdynamik durch strategische Allianzen. Campus, Frankfurt am Main

Bullinger H-J (Hrsg) (1997) Anforderungen an Methoden und Systeme für eine umweltorientierte Auftragsabwicklung. Fraunhofer IRB, Stuttgart

Bullinger H-J, Ohlhausen P, Hoffmann M (1997) Studie: Kooperationen von mittelständischen Unternehmen. Fraunhofer IRB, Stuttgart

Christensen J (1998) Die industrielle Symbiose in Kaloundborg: ein frühes Beispiel eines Recycling-Netzwerks. In: Strebel H, Schwarz E (Hrsg) Kreislauforientierte Unternehmenskooperationen – Stoffstrommanagement durch innovative Verwertungsnetze. Oldenbourg, Wien

Cuhls K, Blind K, Grupp H (1998) Studie zur globalen Entwicklung von Wissenschaft und Technik. Fraunhofer-Institut für Systemtechnik und Innovationsforschung (ISI), Karlsruhe

Dangelmaier W (Hrsg) (1997) Vision Logistik – Logistik wandelbarer Produktionsnetze. HNI-Verlagsschriftenreihe, Paderborn

Eversheim W (Hrsg) (1995) Prozeßorientierte Unternehmensorganisation – Konzept und Methoden zur Gestaltung einer schlanken Unternehmensorganisation. Springer, Berlin

Eversheim W, Bauernhansel T, Schuth S (1999) Kompentenzbasierte Konfiguration Globaler Virtueller Unternehmen. ZWF (1999)1:25-28

Fischer H (1997) Environmental Cost Management. In: Bornemann S, Pfriem R, Stahlmann V, Wagner B (Hrsg) Umweltkostenmanagement. Hanser, München

Frese E (1992) Organisationstheorie. In: Frese E (Hrsg) Enzyklopädie der Betriebswirtschaft, Handwörterbuch der Organisation, Bd.2, 3.Aufl. Schaeffer-Poeschel, Stuttgart

Griese H, Müller J, Sietmann R (1997) Kreislaufwirtschaft in der Elektronikindustrie – Konzepte, Strategien, Umweltökonomie. VDE, Berlin

Hansen U, Raabe T, Dombrowsky B (1995) Die Gestaltung des Konsumgüter-Recycling als strategische Netzwerke. Umweltwirtschaftsforum (1995)1:62-69

Hilty L, Rautenstrauch C (1997) Konzepte betrieblicher Umweltinformationssysteme für Produktion und Recycling. Wirtschaftsinformatik (1997)4:385-393

Infor (Hrsg) (2000) EMS (Environmental Management System)-Produktunterlagen. Eul D, Genz M, Infor AG, Karlsruhe

Jahn C (1998) Grundlagen zur Logistik und Organisation recyclingintegrierter Produktionssysteme. Dissertation, Universität Magdeburg. Fraunhofer IRB, Stuttgart

Kaiser H (1998) Entwicklung eines Konzeptes zur systematischen Koordination der in der Produktion anfallenden Reststoffe mit Standard-PPS-Systemen. Dissertation, RWTH Aachen. Shaker, Aachen

Kaiser H (1999) Integration umweltschutzbezogener Funktionen und Daten in PPS-Systeme. In: Luczak H, Eversheim W (Hrsg) Produktionsplanung und -steuerung, 2. Aufl. Springer, Berlin

Knolmayer G, Mertens P, Zeier A (1999) Supply Chain Management auf der Basis von SAP-Systemen: Perspektiven der Auftragsabwicklung für Industriebetriebe. Springer, Berlin

Kreikebaum H (1998) Industrial Ecology – Organisatorische Voraussetzungen der Kontinuität eines Netzwerkes. In: Strebel H, Schwarz E (Hrsg) Kreislauforientierte Unternehmenskooperationen – Stoffstrommanagement durch innovative Verwertungsnetze. Oldenbourg, Wien

Krieger W (1995) Informationsmanagement in der Logistik. Gabler, Wiesbaden

Kronen J (1994) Computergestützte Unternehmenskooperation – Potenziale, Strategien, Planungsmodelle. Gabler, Wiesbaden

Meffert H, Kirchgeorg M (1998) Marktorientiertes Umweltmanagement: Konzeption-Strategie-Implementierung, 3. Aufl. Schäffer-Poeschel, Stuttgart

Much D (1997) Harmonisierung von technischer Auftragsabwicklung und Produktionsplanung und -steuerung bei Unternehmenszusammenschlüssen. Dissertation, RWTH Aachen. Shaker, Aachen

Müller M (2002) Nachhaltigkeit. Suhrkamp Verlag GmbH, Frankfurt am Main

Munz M (1999) Ressourcenorientierte Gestaltung von Standortkooperationen. Dissertation, RWTH Aachen. Shaker, Aachen

N.N. (1995) Handbuch Umweltcontrolling. Bundesministerium für Umwelt, Naturschutz und Reaktorsicherheit (Hrsg). Vahlen, München

Nicolai H, Schotten M, Much D (1999) Aufgaben. In: Luczak H, Eversheim W (Hrsg) Produktionsplanung und -steuerung, 2. Aufl. Springer, Berlin

Pfohl H-C, Häusler P (1999) Organisation der Logistik in regionalen Produktionsnetzwerken. In: Hossner R (Hrsg) Jahrbuch der Logistik. Verlagsgruppe Handelsblatt, Düsseldorf

Philippson C, Pillep R, Röder A, Wrede P v (1999) Funktionsbeschreibung von SCM-Software. In: Luczak H, Eversheim W (Hrsg) Marktspiegel Supply Chain Management. FIR Aachen

Pillep R (2000) Konfiguration und Management einer unternehmensübergreifenden Materialkreislaufführung in Produktionskooperationen. Dissertation, RWTH Aachen. Shaker, Aachen

Pillep R, Schieferdecker R (1999) OPUS-Betriebsvorhaben – Gestaltung einer umweltorientierten Auftragsabwicklung und Produktionsplanung und -steuerung. (Vortrag im Rahmen des OPUS-Workshops, Meinerzhagen, 15.12.1999)

Rautenstrauch C (1997) Fachkonzept für ein integriertes Produktions-, Recyclingplanungs- und Steuerungssystem (PRPS-System). Walter de Gruyter, Berlin

Rey U, Jürgens G, Weller A (1998) Betriebliche Umweltinformationssysteme -Anforderungen und Einsatz. Fraunhofer IRB, Stuttgart

SAP (2000) Advanced Planner and Optimizer – White Paper on Collaborative Planning. www.sap.com/apo, Download am 6.1.2000

Scheer A-W, Kocian C, Correa G (1997) Das Virtuelle Zentrum: Rahmenkonzept für die Entstehung und Management von Virtuellen Unternehmen. Information Management (1997)3:59-64

Schmid U (1997) Produzieren im Zeichen ökologischer Nachhaltigkeit. Umweltwirtschaftsforum (1997)2:21-28

Schönsleben P, Hieber R (2000) Supply Chain Management Software – Welche Erwartungshaltung ist gegenüber der neuen Generation von Planungssoftware angebracht? IO Management (2000)1:18-24

Stahlmann V (1994) Umweltverantwortliche Unternehmensführung, Aufbau und Nutzen eines Öko-Controlling. Beck, München

Staudt E (1992) Kooperationshandbuch – Ein Leitfaden für die Unternehmenspraxis. VDI, Düsseldorf

Sterr T (1997) Potenziale zwischenbetrieblicher Stoffkreislaufwirtschaft bei kleinen und mittelständischen Unternehmen. Umweltwirtschaftsforum (1997)4:68-72

Steven M (1994) Produktion und Umweltschutz: Ansatzpunkte für die Integration von Umweltschutzmaßnahmen in die Produktionstheorie. Gabler, Wiesbaden

Stölzle W, Jung P (1996) Strategische Optionen der Entsorgungslogistik zur Realisierung von Kreislaufwirtschaftskonzepten. Umweltwirtschaftsforum (1996)1:31-36

Storm P (1998) Umweltrecht – Wichtige Gesetze und Verordnungen zum Schutz der Umwelt. Beck-Texte im dtv, München

Weidemann C (1998) Rechtliche Möglichkeiten und Grenzen von zwischenbetrieblichem Stoffstrommanagement. Umweltwirtschaftsforum (1998)2:26-28

Wildemann H (1996) Tendenzen in der Entsorgungslogistik. Umweltwirtschaftsforum (1996)4:58-64

Wöhe G (1996) Einführung in die allgemeine Betriebswirtschaft, 19. Aufl. Vahlen, München

4.2 Zeitdynamische Simulation in der Produktion

von Andreas Gierth und Carsten Schmidt

4.2.1 Überblick

Das derzeit in Deutschland und den meisten industrialisierten Ländern herrschende Wirtschaftsumfeld ist von einer verstärkten Marktvolatilität und -dynamik aufgrund kurzzyklischer Absatzschwankungen und Technologieverschiebungen geprägt. Unternehmen müssen auf individuelle Konsumwünsche immer schneller reagieren. Dies resultiert in einer Zunahme von Produktmodellen und -varianten bei gleichzeitig verkürzten Produktlebenszyklen und Durchlaufzeiten. Diese Rahmenbedingungen stellen mittelständische Produktionsunternehmen vor zunehmend komplexere Planungsprobleme. So verringert sich beispielsweise der Planungshorizont in der Arbeitsvorbereitung und Fertigungssteuerung proportional mit der Zunahme der beschriebenen Marktdynamik. Hieraus ergeben sich vor allem stetig wachsende Anforderungen an die Flexibilität und Qualität der Produktionsplanung und -steuerung (PPS).

Konventionelle PPS-Systeme basieren jedoch nach wie vor überwiegend auf Planungsverfahren wie dem klassischen Material Requirements Planning (MRP) und der Annahme statischer Randbedingungen (Loeffelholz 2003; Spath et al. 2002). Während das aus den 60er Jahren (vgl. Abschn. 2.5) stammende MRP-Konzept die Planungsaufgaben einer Produktion im eingeschwungenen Zustand mit relativ stabilem Produktionsprogramm noch ausreichend unterstützen konnte und systemimmanente Planungsmängel durch das Erfahrungswissen der Planer ausgeglichen wurden, führen die dynamischen Rahmenbedingungen der heutigen Marktsituation zu einem meist suboptimalen Betrieb der Produktion.

Ein statischer Betriebspunkt kann demnach nicht länger als Randbedingung für die verwendeten Planungsverfahren angesehen werden; vielmehr müssen Ausmaß und Geschwindigkeit von Veränderungen bei der Auslegung von Produktionseinrichtungen beachtet werden (Eversheim 2002). Der Markt verlangt dabei nach immer kürzeren Durchlaufzeiten, was die Auftragssituation und den Kapazitätsbedarf der Firmen in den letzten Jahren maßgeblich verändert hat. Die mangelnde Rückkopplung marktüblicher PPS-Systeme zur aktuellen Betriebssituation (Störungen, Engpässe, Plandatenabweichungen etc.) sowie die Vernachlässigung der dynamischen Materialflussbeziehungen zwischen Elementen des Produktionssystems (Lager, Transportmittel, Stationen etc.) und der Umwelt (Zulieferer, Zwischenhändler, Endkunden) sind wesentliche Ursachen für Fehlplanungen und nicht ausgeschöpfte Potenziale zur Produktivitätssteigerung in der Produktion. Gerade im Bereich der mittel- bis kurzfristigen Produktionsplanung schafft der Einsatz herkömmlicher Planungshilfsmittel daher nur bedingt eine geeignete Basis für eine dynamische Produktionsplanung und -steuerung.

Dem Planer müssen daher Entscheidungshilfsmittel zur Verfügung gestellt werden, mit deren Hilfe die Komplexität und Dynamik der aktuellen Planungssituation dargestellt und analysiert werden kann. Ein Lösungsansatz zur Unterstützung der Produktionsplanung und -steuerung im Produktionsbetrieb ist der Einsatz der Simulation. Marktstudien haben gezeigt, dass die Simulation schon heute in vielen Anwendungsbereichen und für vielfältige Zielsetzungen ein sehr nutzbringendes Werkzeug ist. So können mit Hilfe der Ablaufsimulation kapazitive und zeitliche Zusammenhänge und deren stochastische Störgrößen in verschiedenen Planungsalternativen realitätsgetreu und ereignisdiskret dargestellt werden. Dies ermöglicht eine exakte Beurteilung bestehender Abläufe ohne Störung des laufenden Betriebes (Rauh 1998; Zülch et al. 1998; Mertins und Rabe 2000). Der Einsatz der Simulationstechnik reduziert damit Planungszeiten und schafft Transparenz für die Lösung komplexer Fragestellungen. Damit erhöht eine simulationsunterstützte Produktionsplanung und -steuerung die Planungssicherheit und -qualität bei anstehenden Investitionsentscheidungen, Restrukturierungsmaßnahmen oder der täglichen operativen Produktionsplanung erheblich.

Eine derart integrierte Planungsunterstützung bietet zusätzlich die Möglichkeit, die erforderlichen Planungsprozesse über den gesamten Lebenszyklus eines Produktionsbetriebs, d. h. von der Planung und Gestaltung der Werkshalle (langfristiger Planungshorizont) über die Optimierung der Auftragseinplanung und Liefertermineremittlung (mittelfristiger Planungshorizont) bis hin zum operativen Fertigungsbetrieb und dem Störungsmanagement (kurzfristiger Planungshorizont) ganzheitlich abzubilden.

4.2.2 Zielsetzung einer simulationsunterstützten PPS

Das Ziel des hier vorgestellten Konzeptes ist die Verbesserung der konventionellen PPS durch die Integration der Ablaufsimulation in den Planungslauf marktgängiger PPS-Systeme. Hierzu wird im Folgenden eine integrierte Methodik zur Produktionsplanung und -steuerung vorgestellt, die auf einer organisatorischen und systemtechnischen Kopplung gängiger Standard-PPS-Systeme mit existierenden Ablaufsimulatoren basiert.

Erfahrungen aus der Praxis zeigen, dass die erfolgreiche Anwendung heutiger Simulationswerkzeuge noch des Einsatzes spezialisierter, erfahrener Abteilungen und Simulationsexperten bedarf. Die Erfolgsaussichten für Simulationsanwendungen nicht spezialisierter Abteilungen sind aufgrund der bereits dargestellten Komplexität heutiger Produktionssysteme meist mangelhaft. Wenn Projekte zur Verbesserung des Produktionsbetriebs jedoch durch Methoden zur Erstellung von Simulationsmodellen und durch einfacher zu bedienende Software unterstützt würden, wäre eine erhebliche Steigerung der Erfolgsaussichten dieser Projekte zu erwarten (Korves 2001; Cisek 2001; Reinhard 1997). Hierfür müssen Möglichkeiten geschaffen werden, die Abbildung von Produktionssystemen in Simulationsmodellen und die anschließende szenariobasierte Simulationsdurchführung mit Hilfe einer aufgabenspezifischen Modulentwicklung sowie benutzerdefinierten Umfängen wesentlich zu vereinfachen.

Eine zweite wesentliche Barriere für die Anwendung der Simulationstechnik innerhalb der PPS liegt in der zeitraubenden Erhebung, Bereitstellung und Konvertierung der für den Ablaufsimulator erforderlichen Daten einerseits sowie das Rückspielen der optimierten Produktionsparameter in das PPS-System andererseits. Um eine effiziente Kopplung von Standard-PPS-Systemen mit marktüblichen Ablaufsimulatoren zu ermöglichen und die Projektaufwände für die Datenaufnahme zu minimieren, ist eine generische Datenschnittstelle notwendig. Dieser „Adapter" ermöglicht das automatische Einlesen von vordefinierten PPS-Daten in die Simulationsumgebung und das anschließende Rückspielen der optimierten Parameter aus dem Simulator in das PPS-System (vgl. Abb. 4.2-1).

Entlang der datentechnischen und methodischen Kopplung müssen die erforderlichen Planungsprozesse über den gesamten Lebenszyklus eines Produktionsbetriebs, d. h. von der Planung und Gestaltung der Produktionsstätte über die Optimierung der Prozessabläufe bis hin zum operativen Betrieb und dem Störungsmanagement, mit Hilfe eines integrierten Instrumentariums unterstützt werden.

Die Kernziele einer simulationsunterstützten PPS können dabei über den zeitlichen Horizont der Planungsaufgaben in drei verschiedene Aufgabenkomplexe eingeteilt werden:

- *Strategische Fabrikplanung:* langfristige Optimierung des Produktionsbetriebs, gemessen anhand aggregierter Kennzahlen wie Auslastung, Bestand, Durchlaufzeit, Termintreue und Kosten;

4.2 Zeitdynamische Simulation in der Produktion

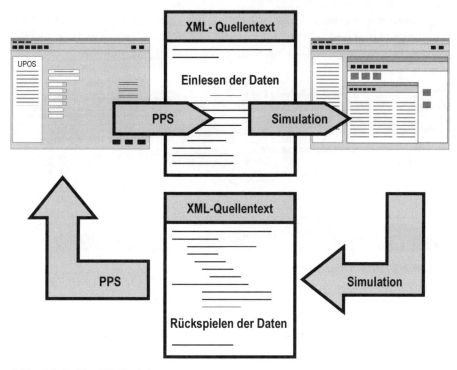

Abb. 4.2-1 Der XML-Adapter

- *Taktische Logistikplanung:* mittelfristige Auftragseinplanung; theoretisches Ergebnis ist ein terminlich und kapazitätsmäßig abgestimmter Wochen-, Tages- oder Schichtplan pro Kapazitätsstelle;
- *Operatives Störungsmanagement:* kurzfristig auftretende Störungen sollen in ihrer Wirkung auf den Produktionsbetrieb minimiert werden.

Das Konzept einer simulationsunterstützten PPS kann daher für die methodisch zu unterscheidenden Planungsanlässe, die jedes produzierende Unternehmen in gewissen Abständen durchführen muss, eine ganzheitliche Entscheidungsunterstützung bieten.

4.2.3 Organisatorischer Gestaltungsrahmen einer simulationsunterstützten PPS

Ausgehend von der Aufgabenreferenzsicht des Aachener PPS-Modells sowie den grundlegenden Anwendungsszenarien und Einsatzpotenzialen der Simulation soll zunächst der organisatorische Handlungsrahmen aufgespannt werden. Dazu werden die Überschneidungsbereiche der Ablaufsimulation innerhalb der PPS identifiziert und die resultierenden Aufgaben-

650 4 Konzeptentwicklung in der Produktionsplanung und -steuerung

erweiterungen in einem Aufgabenmodell der simulationsunterstützten Produktionsplanung und -steuerung zusammengeführt. Der Fokus liegt hierbei auf den PPS-Aufgaben der Unternehmens- bzw. Standortebene.

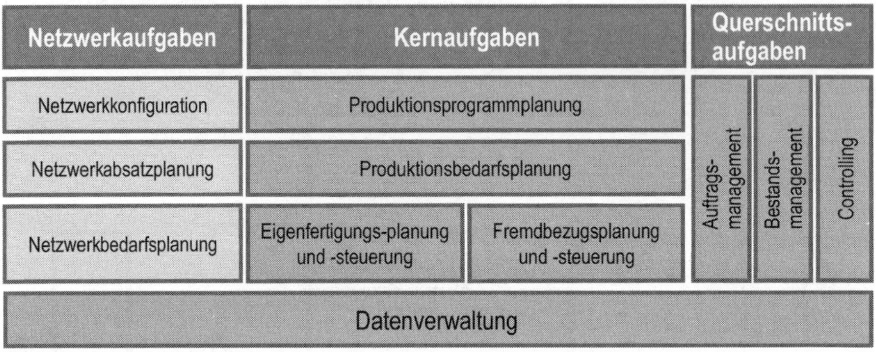

Netzwerkaufgaben	Kernaufgaben		Querschnittsaufgaben		
Netzwerkkonfiguration	Produktionsprogrammplanung		Auftragsmanagement	Bestandsmanagement	Controlling
Netzwerkabsatzplanung	Produktionsbedarfsplanung				
Netzwerkbedarfsplanung	Eigenfertigungs-planung und -steuerung	Fremdbezugsplanung und -steuerung			
Datenverwaltung					

Abb. 4.2-2 PPS-Aufgabenmodell

Da sich Produktionsunternehmen in ihrer Ablauforganisation unterscheiden und die Aufgabeninhalte im Prozesszusammenhang differieren (vgl. Abschn. 2.4), wurde das Einsatzpotenzial der simulationsunterstützten PPS anhand geeigneter Einflussgrößen für unterschiedliche Auftragsabwicklungstypen qualitativ bewertet. Aus dieser Bewertung wurde ein Referenztyp der Auftragsabwicklung abgeleitet, dessen Organisationsstruktur die größten Überschneidungsbereiche mit den Ansatzpunkten bzw. Einsatzpotenzialen der Ablaufsimulation innerhalb der PPS aufweist. Ergebnis ist ein Prozessreferenzmodell, welches die typenbezogene Ablauforganisation der simulationsunterstützten Produktionsplanung und -steuerung abbildet und damit den organisatorischen Handlungsrahmen für dieses Konzept definiert.

4.2.3.1 Aufgabenmodell einer simulationsunterstützten PPS

Die Anknüpfungspunkte einer geeigneten Simulationsunterstützung im Rahmen der Produktionsplanung und -steuerung resultieren aus den Möglichkeiten und Anwendungsfeldern der Ablaufsimulation. Die Ablauf- bzw. Materialflusssimulation bezieht sich grundsätzlich auf die Nachbildung kapazitiver und zeitlicher Zusammenhänge (Amann 1994) und berücksichtigt darüber hinaus externe Einflussfaktoren wie beispielsweise Kapazitätsausfall oder Absatzschwankungen als stochastische Größen. Vor diesem Hintergrund lassen sich relevante Aufgaben der Produktionsplanung und -steuerung auf der Ebene des Referenzmodells dadurch identifizieren, dass sie die entsprechenden Planungsobjekte einer Mengen-, Termin- bzw. Kapazitätsplanung berühren. Zudem sind auf der langfristigen Planungsebene die Planungsobjekte der simulativen Fabrikplanung (z. B. Ressourcenstruktur oder Steuerungsregeln) von besonderer Bedeutung. Hinsichtlich dieser Planungsobjekte können mit Hilfe der dynamischen Ablaufsimulation innerhalb der PPS-Aufgaben insbesondere eine Dynamisierung von Planungsparametern und die daraus resultierende Erhöhung der Planungsgenauigkeit als Einsatzpotenziale erschlossen werden. Die Erhöhung der Planungsgenauigkeit ergibt sich dabei aus einer gleichzeitigen, gleichberechtigten und dynamischen Einplanung mehrerer beschränkt verfügbarer Ressourcen im Sinne einer Simultanplanung. Während bei klassischen MRP-Systemen im Rahmen der Mengen-, Termin- und Kapazitätsplanung mit fixen Vorlauf- und Übergangszeiten gerechnet wird, sind diese Zeiten ein dynamisch ermitteltes und beeinflussbares Ergebnis der Simultanplanung (VDI 2000).

Ein weiterer Ansatzpunkt zur Verbesserung der klassischen Planungsmöglichkeiten liegt in der szenariobasierten Validierung und Visualisierung der kapazitiven und materialflussseitigen Auswirkungen von Planungsentscheidungen. Indem diese Auswirkungen vor dem Hintergrund des unternehmensspezifischen Zielssystems prospektiv bewertet werden können (VDI 2000), zielen diese Einsatzpotenziale insbesondere auf eine Erhöhung der Planungssicherheit.

Die Aufgaben zur Durchführung einer Simulationsstudie (Datenaufbereitung, Modellierung, etc.) zeigen enge inhaltliche und kausale Überschneidungen mit den Aufgaben des Controllings und der Datenverwaltung. So stehen bereits häufig in der PPS-Datenbank die erforderlichen Informationen (z. B. Stücklisten, Arbeitspläne, Ressourcenstamm, etc.) zum Aufbau eines Simulationsmodells zur Verfügung (Feldmann et al. 1997). Ebenso ist die Informationsaufbereitung bzw. -bewertung im Rahmen des Controllings eine elementare Voraussetzung für die Modellierung bzw. Ergebnisvisualisierung bei der Durchführung einer Simulationsstudie.

Die aus dieser Betrachtungsweise resultierenden Ansatzpunkte und Zusammenhänge zwischen den Aufgabenfeldern der PPS sowie den Anwendungsszenarien und Einsatzpotenzialen der Simulation werden mittels Erweiterung der lokalen bzw. standortbezogenen Aufgabenreferenzsicht des Aachener PPS-Modells in einem Aufgabenmodell der simulationsunterstützten Produktionsplanung und -steuerung zusammengefasst (vgl. Abb. 4.2-3). Dieses Aufgabenmodell unterscheidet in Analogie zum Aachener PPS-Modell Kern- und Querschnittsaufgaben. Kernaufgaben bewirken einen Fortgang im Auftragsabwicklungsprozess auf Unternehmensebene, während Querschnittsaufgaben das Ziel der prozessübergreifenden Integration der Kernaufgaben verfolgen.

4 Konzeptentwicklung in der Produktionsplanung und -steuerung

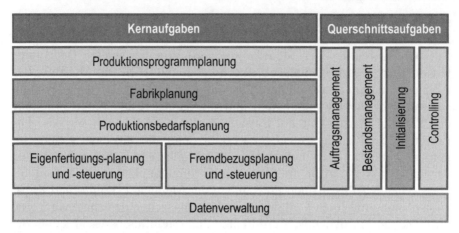

Abb. 4.2-3 Aufgabenmodell der simulationsunterstützten PPS

Um zielkonform den gesamten Lebenszyklus eines Produktionsbetriebs abzubilden, wurde das Aachener Referenzmodell um den Kernaufgabenbereich der *Fabrikplanung* erweitert. Die Fabrikplanung subsumiert die Aufgaben zur Planung und Gestaltung der Werkshalle (z. B. Neugestaltung der Fabrikstruktur oder Wechsel von der Fließ- zur Werkstattfertigung) für einen langfristigen Planungshorizont. Als Teilaufgaben der Fabrikplanung wurden die Struktur- und die Systemplanung definiert (Kundlich 2000).

Die *Strukturplanung* verfolgt das Ziel der optimalen räumlichen Anordnung der Betriebsmittel und berücksichtigt dabei die grundsätzlichen Arbeitsabläufe und Transportbeziehungen. Die *Systemplanung* nutzt die Ergebnisse der Strukturplanung als Eingangsinformation und konkretisiert die Materialflussbeziehung zwischen den Strukturelementen (= Betriebsmittel) durch geeignete Systemelemente wie beispielsweise konkrete Förder- oder Transportsysteme, Lager- bzw. Pufferdimensionen (Arnold 1995).

Die Aufgaben der Fabrikplanung sind eng mit denen der *Produktionsprogrammplanung* verknüpft. So wird im Rahmen der Struktur- und Systemplanung die Realisierbarkeit eines Produktionsprogrammvorschlags hinsichtlich der resultierenden kapazitiven und materialflussseitigen Wirkungen überprüft (VDI 2000). Als Stellhebel können dabei neben den zuvor in der Bestandsplanung festgelegten Sicherheits- und Pufferbeständen, die Maschinen- und Personalausstattung aus der Ressourcengrobplanung sowie Steuerungskonzepte (z. B. Push- vs. Pull-Steuerung) dienen. Damit werden die Auswirkungen ggf. anstehender Investitionsentscheidungen bzw. umfänglicher Restrukturierungsmaßnahmen vor dem Hintergrund des im Rahmen der Absatzplanung definierten Zielsystems realitätsnah prognostizier- und bewertbar.

Darüber hinaus wurde das Aufgabenreferenzmodell um den Aufgabenbereich der *Initialisierung* als integrierende Querschnittsaufgabe erweitert. Die Initialisierung bildet mit ihren Teilaufgaben Modellierung und Instanziierung das Bindeglied zwischen den Datenaufbereitungs- bzw. Bewertungsfunktionen des Controllings und der Modellbildung für die eigentliche Simulationsuntersuchung. Ausgangspunkt jeder simulativen Betrachtung ist die *Modellierung* des realen Produktionssystems. Dabei wird die Realität in einem mathematischen Modell abgebildet, welches unter Rückgriff auf vordefinierte und hierarchisierte Simulationselemente (z. B. Lager-, Transport- oder Bearbeitungselemente) die realen Produktionsressourcen, -abläufe und Steuerungsregeln repräsentiert. Während der *Instanziierung* erfolgt die Belegung des Modells mit den aktuellen Leistungsdaten des Systems. Dabei wird den Simulationselementen die geplante Auftragslast (Plan- und Kundenaufträge) zusammen mit den Ausgangswerten der jeweils relevanten Planungsparameter aufgeprägt.

Die Optimierung der Produktion mit Hilfe der Simulation erfolgt szenariobasiert, um unterschiedliche Szenarien hinsichtlich ihrer Wirkung auf ein bestehendes Zielsystem vergleichend bewerten zu können. Daher wurde der Aufgabenbereich des *Controllings* um die Aufgabe der Protokollierung erweitert. Im Rahmen der *Protokollierung* werden die entsprechenden Simulationsergebnisse zusammen mit den jeweils verwendeten Planungsparametern strukturiert aufgezeichnet, um sie für eine Weiterverwendung zu erhalten und die Ergebnisparameter der Optimierung nach zufriedenstellender Bewertung der Simulationsergebnisse in die Planungsumgebung zurückspielen zu können.

4.2.3.2 Referenztypen der Auftragsabwicklung

Aufbauend auf dem derart erweiterten Aufgabenreferenzmodell der simulationsunterstützten PPS muss die Frage beantwortet werden, inwieweit die beschriebenen Einsatzpotenziale der Ablaufsimulation durch die Ausprägungen einer konkreten Form der Ablauforganisation beeinflusst werden. Unterschiedliche Ausprägungen der Ablauforganisation lassen sich sehr effizient mit Hilfe von Referenztypen der Auftragsabwicklung beschreiben (vgl. Abschn. 2.4).

Die Prozesssicht des Aachener Referenzmodells unterscheidet hinsichtlich der unternehmensspezifischen Ablauforganisation vier Referenztypen der Auftragsabwicklung und stellt zu deren Abgrenzung ein morphologisches Merkmalsschema mit Prozess- und Strukturmerkmalen bereit (vgl. Abschn. 2.4).

Mit Hilfe dieser Morphologie unterscheidet das Aachener PPS-Modell die vier folgenden Idealtypen der Auftragsabwicklung und definiert dafür entsprechende Referenz-Prozessmodelle. Charakterisierendes Unterscheidungsmerkmal ist jeweils die Art der Auftragsauslösung auf Standortebene. Der Auftragsabwicklungsprozess des *Auftragsfertigers* wird durch einen einzelnen Kundenauftrag ausgelöst. Er produziert Erzeugnisse entweder einmalig nach reiner Kundenspezifikation oder in Kleinserien mit kundenspezifischen Varianten. Dem *Rahmenauftragsfertiger* steht aufgrund von langfristigen Rahmen- bzw. Liefervereinbarungen mit seinen Kunden eine solide Basis für die Produktionsplanung und -steuerung zur Verfügung. Über eine Lieferabrufsystematik werden die vom Kunden benötigten Erzeugnisse hinsichtlich Liefertermin und Menge konkretisiert. Der *Variantenfertiger* kann seine Erzeugnisse bis zu einer bestimmten Erzeugnisebene (z. B. Baugruppenebene) kundenanonym vorproduzieren. Der konkrete Kundenauftrag löst die kundenspezifische Endmontage mit entsprechenden Varianten aus. Der *Lagerfertiger* produziert seine Erzeugnisse ausgehend von Absatzprognosen ausschließlich kundenanonym. Der Kundenauftrag wird aus einem Fertigwarenlager bedient.

Aufbauend auf den Kriterien Erzeugnisspektrum, Erzeugnisstruktur, Fertigungsart, Beschaffungsart und Ablaufart in der Teilefertigung und Montage konnten nun die vier Referenztypen der Auftragsabwicklung hinsichtlich ihrer ablauforganisatorischen Eignung zur Nutzung der dynamischen Ablaufsimulation innerhalb der Produktionsplanung und -steuerung qualitativ bewertet werden.

Ablaufsimulatoren können die Planung und Steuerung komplexer Produktionssysteme mittels der prospektiven Bewertbarkeit von Planungsentscheidungen (Planungssicherheit) und der Dynamisierung von Planungsparametern (Planungsgenauigkeit) unterstützen. Nach REFA ist ein Produktionssystem „ein Arbeitssystem, dessen Funktion sich aus mehreren sich ergänzenden Teilfunktionen für die Bearbeitung und Montage sowie für den Material- und Informationsfluss zusammensetzt". In Übereinstimmung mit dieser Definition des Produktionssystems konzentriert sich demnach der Einsatzbereich der Ablaufsimulation auf die betrieblichen Funktionsbereiche der Teilefertigung und Montage. Demgegenüber umfasst die Produktionsplanung und -steuerung den gesamten Bereich der technischen Auftragsabwicklung von der Angebotsbearbeitung im Vertrieb bis zum Versand des fertigen Erzeugnisses (vgl. Kapitel 2). Es zeigt sich, dass somit der Anteil der Produktion (Teilefertigung und Montage) am gesamten Auftragsabwicklungsprozess als ein wesentlicher Einflussbereich definiert werden kann.

Um ein korrektes und experimentierfähiges Abbild der Realität erstellen zu können, ist das technische System durch Daten zu beschreiben, die in sich konsistent und vollständig sind. Damit ist die Güte des verwendeten Datenmaterials als elementare Voraussetzung für die Verwertbarkeit der

4.2 Zeitdynamische Simulation in der Produktion

Aussagen aus Simulationsuntersuchungen zu sehen. Dabei bezieht sich die Güte des Datenmaterials insbesondere auf eine hinreichende Aktualität sowie auf einen angemessenen Detaillierungsgrad der Daten und ist vor dem Hintergrund der konkreten Aufgabenstellung differenziert zu bewerten (VDI 2000). So sind beispielsweise im Rahmen einer Grobplanung (z. B. Fabrikplanung) in erster Linie Daten von Bedeutung, die das grundsätzliche Systemverhalten beschreiben. All diese Informationen sind auf einem eher groben Detaillierungsniveau beschrieben, haben einen längerfristigen Gültigkeitszeitraum oder beziehen sich auf Vergangenheitsdaten. Demgegenüber werden auf der Feinplanungsebene Daten mit einem wesentlich feineren Detaillierungsgrad und zusätzlich hoher Aktualität benötigt. Hierfür ist eine detaillierte Beschreibung des konkreten Fertigungsprozesses vorzunehmen und die aktuelle Systemlast (Ressourcenbelastung, Materialverfügbarkeit, etc.) abzubilden.

Als grundsätzliche Einflussbereiche auf das Einsatzpotenzial der Ablaufsimulation zur Unterstützung der PPS ergaben sich somit:

- der relative Durchlaufzeitanteil der Produktion am gesamten Auftragsabwicklungsprozess und
- die grundsätzliche Verfügbarkeit simulationsrelevanter Daten im Produktionssystem mit hinreichender Aktualität und angemessenem Detaillierungsgrad.

Vor dem Hintergrund dieser Potenzialparameter ergibt eine qualitative Bewertung des Einflusses konkreter Prozess- und Strukturmerkmale der genannten Auftragsabwicklungstypen auf das Einsatzpotenzial der Ablaufsimulation innerhalb der PPS den in Abb. 4.2-4 dargestellten Zusammenhang.

Als Ergebnis der Bewertung zeigte sich, dass die Idealtypen der Lager-, Rahmenauftrags- und Variantenfertigung die besten Voraussetzungen für eine simulative Unterstützung der PPS mitbringen.

Berücksichtigt man darüber hinaus aktuelle Entwicklungen im Rahmen der Betriebsorganisation, so ist festzustellen, dass einerseits Standardisierungsbemühungen bei Auftragsfertigern zu vermehrter kundenanonymer Vorproduktion führen und andererseits aus einer größeren Kundenorientierung bei Lagerfertigern eine zunehmende Individualisierung der Erzeugnisse in Richtung einer kundenspezifischen Endmontage resultiert (vgl. Abschn. 2.4). Damit entwickeln sich Auftrags- und Lagerfertiger in Richtung des Variantenfertigers.

4 Konzeptentwicklung in der Produktionsplanung und -steuerung

	Merkmale	Ausprägungen			
2	Erzeugnisspektrum	Erzeugnisse nach Kundenspezifikationen	typisierte Erzeugnisse mit kundenspezifischen Varianten	Standarderzeugnisse mit Varianten	Standarderzeugnisse ohne Varianten
3	Erzeugnisstruktur	mehrteilige Erzeugnisse mit komplexer Struktur	mehrteilige Erzeugnisse mit einfacher Struktur	geringteilige Erzeugnisse	
6	Beschaffungsart	weitgehender Fremdbezug	Fremdbezug in größerem Umfang	Fremdbezug unbedeutend	
8	Fertigungsart	Einmalfertigung	Einzel- und Kleinserienfertigung	Serienfertigung	Massenfertigung
9	Ablaufart in der Teilefertigung	Werkstattfertigung	Inselfertigung	Reihenfertigung	Fließfertigung
10	Ablaufart in der Montage	Baustellenmontage	Gruppenmontage	Reihenmontage	Fließmontage

> Zunehmendes Einsatzpotenzial der dynamischen Ablaufsimulation zur Unterstützung der Produktionsplanung und -steuerung

Abb. 4.2-4 Merkmale der Ablauforganisation und Einsatzpotenzial der Ablaufsimulation

Im Ergebnis wird daher für die weitere Betrachtung ein Mischtyp der Auftragsabwicklung definiert, der den o. g. Kriterien gerecht wird. Dieser Mischtyp der Auftragsabwicklung bedient seine Kundenaufträge primär im Sinne einer variantenreichen Serienfertigung unter Verwendung von Rahmenaufträgen.

4.2.3.3 Prozessmodell der simulationsunterstützten PPS

Mit den in Abschn. 2.4 beschriebenen Ausprägungen der Auftragsabwicklungsmerkmale wird die organisatorische Bedeutung der in Abschn. 4.2.3.1 definierten Aufgaben einer simulationsunterstützten PPS konkretisiert. Analog zur Prozessreferenzsicht des Aachener PPS-Modells erfolgt nun die zeitlogische Strukturierung der prozessneutralen Aufgaben hinsichtlich des prozessorientierten Ordnungszusammenhangs der variantenreichen Serienfertigung. Ergebnis dieser Strukturierung ist ein Prozessreferenzmodell der simulationsunterstützten PPS für die variantenreiche Serienfertigung.

Grundsätzliches Ziel der Bereitstellung und Verwendung typenbezogener Prozessreferenzmodelle ist es, mit Hilfe der Typenzuordnung auf effiziente Art und Weise ein aussagefähiges und in sich stimmiges Ablaufmodell der Auftragsabwicklung für ein Produktionsunternehmen zu erhalten (vgl. Abschn. 2.4). Dieses muss im Anwendungsfall den tatsächlich vorliegenden Gegebenheiten (Ist-Zustand) angepasst und entsprechend der vorliegenden Anforderungen zur Prozessverbesserung im Sinne einer Soll-Konzeption konkretisiert und ergänzt werden. Weiterhin können zusätzliche Subprozesse, wie beispielsweise zur Durchführung von Simulationsexperimenten gemäß den Anforderungen und Erfordernissen eines bestimmten Ablaufsimulators modelliert werden. Damit wird das Referenzprozessmodell insbesondere zu einer methodischen Grundlage der Prozessmodellierung im konkreten, unternehmensspezifischen Anwendungskontext.

Die Darstellung der Prozesse erfolgt in Anlehnung an die im Aachener PPS-Modell verwendete Modellierungsmethode nach DIN 66001. Zur Steigerung der Übersichtlichkeit wird auf die Darstellung und Beschreibung der Prozesse im Detail verzichtet, da diese die zeitlogische Verknüpfung der bereits im Abschn. 4.2.3.1 erläuterten Aufgaben darstellt. An dieser Stelle soll der Verweis auf den Beispielprozess der langfristigen Produktionsprogramm- und Fabrikplanung (vgl. Abb.4.2-5) genügen.

Dieses Prozessreferenzmodell der simulationsunterstützten Produktionsplanung und -steuerung definiert den organisatorischen Handlungsrahmen des Konzeptes und bildet damit die Grundlage für die integrierte Planungsunterstützung.

4.2.4 Konzeption einer integrierten Planungsunterstützung

Nach der Festlegung des organisatorischen Gestaltungsrahmens einer simulationsunterstützten Produktionsplanung und -steuerung erfolgt nun die Definition und Konkretisierung des Gestaltungsfeldes.

4.2.4.1 Strukturierung des Gestaltungsfeldes

Um eine Herabsetzung der Einsatzbarrieren für die Simulationstechnik innerhalb der betrieblichen Planungsaufgaben zu erreichen, sind die folgenden Gestaltungsziele von besonderer Relevanz:

658 4 Konzeptentwicklung in der Produktionsplanung und -steuerung

- Vereinfachung der Modellbildung und Basisdatenerhebung
- Breite Anwendbarkeit für unterschiedliche Planungsanlässe und Planungshorizonte.

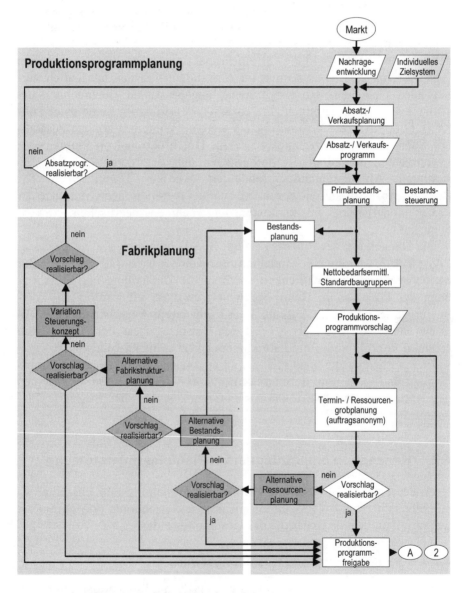

Abb. 4.2-5 Beispielprozess der langfristigen Produktionsprogramm- und Fabrikplanung

4.2 Zeitdynamische Simulation in der Produktion

Aus diesen Gestaltungszielen einer integrierten Planungsunterstützung lassen sich die in Abb. 4.2-6 genannten Gestaltungsaspekte ableiten. Dazu werden zunächst die relevanten Simulationselemente anforderungsgerecht hierarchisiert und anschließend die erforderlichen Systemelemente (PPS-System, Ablaufsimulator, Anwender) zur datentechnischen Integration der Planungsaufgaben systematisiert.

Aufbauend auf dieser Systematik erfolgt die methodenbezogene Definition der adressierten Planungsmodule zur Sicherstellung der breiten Anwendbarkeit des Konzeptes hinsichtlich unterschiedlicher Planungshorizonte. Um zielkonform den gesamten Lebenszyklus eines Produktionsbetriebs unterstützen zu können, bedarf es neben der datentechnischen Kopplung ebenso einer methodischen Integration der Planungsprozesse.

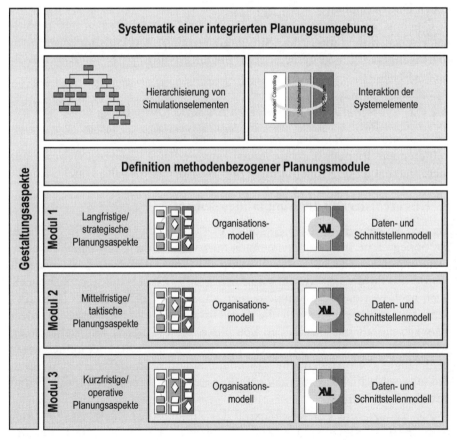

Abb. 4.2-6 Gestaltungsziele und -elemente einer integrierten Planungsunterstützung

Für die in Abbildung 4.2-6 genannten, methodisch zu unterscheidenden Planungsanlässe wird die Systematik der integrierten Planungsumgebung jeweils in einem Organisations-, Daten- und Schnittstellenmodell konkretisiert. Die Organisationsmodelle verknüpfen die Aufgaben der simulationsunterstützten PPS in ihrer zeitlogischen Abfolge in einem Prozessmodell und ordnen den einzelnen Prozessschritten die entsprechenden Systemelemente PPS-System, Ablaufsimulator und Anwender zu. Die Datenmodelle enthalten die zur Modellierung eines Produktionssystems notwendigen Informationen und Daten. Diese ergeben sich aus der Zusammenführung der Organisationsmodelle (modulspezifischer Ablauf innerhalb der Systemelemente) und den entsprechend hierarchisierten Simulationselementen. Die Schnittstellenmodelle bauen auf den jeweiligen Organisations- bzw. Datenmodellen auf und spezifizieren die technische Gestaltung der generischen Datenkopplung.

Ergebnis ist ein generisches Konzept zur datentechnischen und organisatorischen Integration der Simulationstechnik (Ablaufsimulatoren) in marktgängige PPS-Systeme, deren Planungsphilosophie auf dem MRP-Konzept basiert.

4.2.4.2 Systematik der integrierten Planungsumgebung

Im Folgenden werden die Simulations- und Systemelemente sowie die resultierenden Planungsmodule einer integrierten Planungsumgebung zur Vereinfachung von Modellbildung und Basisdatenerhebung systematisiert.

Hierarchisierung der Simulationselemente

Da der Anwender im Rahmen seiner Planungsaufgaben nicht in der Lage ist, unbegrenzte Informationsmengen aufzunehmen und mit zunehmendem Detaillierungsgrad und Systemumfang die Simulationszeit stark ansteigt, wurde die Forderung sowohl nach hierarchischen Abstraktionsebenen als auch nach partiellen Systemelementen abgeleitet. Problematisch ist in diesem Zusammenhang jedoch die Gewährleistung einer erhöhten Wiederverwendung, da unterschiedlich komplexe, reale Systeme unterschiedliche Abstraktionsniveaus voraussetzen. Es ist daher sinnvoll, Hierarchieebenen unabhängig vom Anwendungsfall allgemeingültig zu definieren. So kann für unterschiedliche Anwendungsfälle ein hoher Wiederverwendungsgrad gewährleistet werden.

Zur Reduzierung der Komplexität des Simulationsmodells ist die systematische Unterstützung des Modellaufbaus in der Simulationsumgebung besonders wichtig. Im Sinne der jeweiligen Aufgabenstellung der Module wurden unterschiedliche Detaillierungstiefen realisiert, die jederzeit partiell veränderbar und hierarchisierbar sind.

Das Modell ist aus unabhängigen und frei konfigurierbaren Elementen aufgebaut, so dass wahlweise bestimmte Bereiche aus der Betrachtung ausgeschlossen oder integriert werden können. Das heißt, das Modell ist aus Teilelementen beliebig konfigurierbar und nach erstmaliger Modellierung erweiterbar, um veränderte Problemstellungen flexibel beantworten zu können. Dieses Konzept ermöglicht die Vereinfachung einzelner Teilbereiche des Gesamtsystems (z. B. Fabrik), während andere Teilsysteme detaillierter analysiert werden können (z. B. Abteilungen). Auf diese Weise wird sichergestellt, dass wichtige Wechselwirkungen im Gesamtsystem nicht vernachlässigt werden.

Des Weiteren unterstützt die Standardisierung der Elemente die Datenerhebung für die Modellerstellung. Durch einmal festgelegte, neutral vordefinierte und zweckmäßig strukturierte Datenbedarfe und -qualitäten können die Elemente mit geringem Aufwand parametriert werden. Für diese Ebenen können Standardelemente (Baukästen) und Referenzmodelle (z. B. Informationsbedarf) definiert werden. So kann ein erhöhter Wiederverwendungsgrad erreicht und ein systematischer Modellaufbau gezielt unterstützt werden.

Interaktion der Systembestandteile

Während der Durchführung von Planungsaufgaben im Sinne einer simulationsunterstützten PPS werden ausgehend von der Kundenauftragserfassung und Bedarfsermittlung im PPS-System die Auswirkungen einer Einplanungsalternative innerhalb der Simulationsumgebung visualisiert. Anhand dieser Ergebnisse erfolgt die gezielte Variation von Planungsparametern (z. B. Auftragsreihenfolge oder Bestandswerte) durch den Anwender. Eine integrierte Planungsumgebung berührt damit unterschiedliche Interaktionsebenen zwischen dem betrieblichen Planungssystem, der Simulationsumgebung und dem Anwender.

Somit können die Planungs- und Optimierungsaufgaben aus Sicht des Anwenders den o. g. Interaktionsebenen zugeordnet werden (vgl. Abb. 4.2-7).

Ausgangspunkt für eine Um- bzw. Neuplanung ist das unternehmensspezifische Zielsystem (wie z. B. hohe Termintreue bei gleichzeitig niedrigen Durchlaufzeiten und einer hohen Auslastung), welches durch den Anwender mit Hilfe der im Controlling aufbereiteten Unternehmenskennzahlen definiert wird.

4 Konzeptentwicklung in der Produktionsplanung und -steuerung

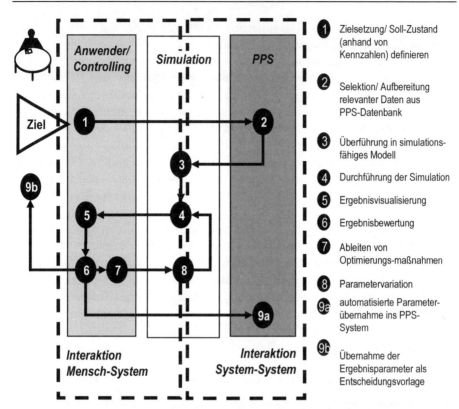

Abb. 4.2-7 Interaktion zwischen den Systemebenen

Dadurch wird die problembezogene Selektion und Aufbereitung der erforderlichen Daten (z. B. Strukturinformationen und Systemlastdaten je nach Planungsanlass) aus der PPS-Datenbank angestoßen. Diese Daten bilden die Grundlage zur Erstellung des Simulationsmodells im Rahmen der Modellierung und Instanziierung. Anschließend erfolgt innerhalb der Simulationsumgebung der eigentliche Simulationslauf, dessen Ergebnisse mit Hilfe von Visualisierungsfunktionen aus der Controllingebene für den Anwender aufbereitet werden. Diese Ergebnisdarstellung (z. B. aktuelle Termintreue, Durchlaufzeit und Auslastung) muss nun der Anwender vor dem Hintergrund des eingangs definierten Zielsystems bewerten und bei Abweichung geeignete Optimierungsmaßnahmen ableiten. Die Optimierungsmaßnahmen bedingen eine gezielte Variation von System- bzw. Planungsparametern innerhalb der Simulationsumgebung.

In einem iterativen Prozess wird das Verhalten des Produktionssystems solange simulationsunterstützt bewertet, bis eine Planungsalternative den Erwartungen des Anwenders entspricht. Abschließend werden je nach Planungssituation die optimierten Planungsparameter entweder automatisch in das PPS-System zurückgespielt, oder sie dienen als Entscheidungsvorlage und werden manuell zurückgeschrieben. Beeinflusst beispielsweise eine Parametervariation während der Optimierung die physische Struktur des Produktionssystems (Ausbau des Maschinenparks etc.), so wird diese zunächst im Simulationsmodell („Abbild der Realität") hinterlegt. Aus Gründen der Konsistenz darf diese Änderung erst nach Freigabe der Investition, Anschaffung und Inbetriebnahme der Maschine in das operative Planungssystem übernommen werden (Anpassung Ressourcenstamm, Berücksichtigung in Arbeitsplänen, etc).

Aufgrund dieses Zusammenspiels der in Abb. 4.2-7 definierten Systemebenen „PPS-System", „Simulationsumgebung" und „Anwender/Controlling" sind in diesem Konzept der integrierten Planungsunterstützung die zwei Interaktionsebenen „Mensch-System" und „System-System" von besonderer Bedeutung. Neben den Anforderungen an eine geeignete Schnittstellenarchitektur zwischen dem PPS-System und der Simulationsumgebung (System-System-Interaktion) resultieren daraus auch spezielle Anforderungen an eine aufgaben- und systemorientierte Gestaltung der Benutzerschnittstelle für die Mensch-System-Interaktion.

4.2.4.3 Definition methodenbezogener Planungsmodule

Ein weiterer wesentlicher Gestaltungsaspekt der integrierten Planungsunterstützung ist die Definition methodenbezogener Planungsmodule zur Sicherstellung einer breiten Anwendbarkeit hinsichtlich unterschiedlicher Planungshorizonte (vgl. Abschn. 4.2.4.1).

Mit Hilfe der Modularisierung kann ein umfassendes Gesamtsystem in abgrenzbare Systembausteine zerlegt und gleichzeitig auf bestimmte Aufgabenaspekte fokussiert werden (Much u. Nicolai 1995). Die Entwicklung von Planungsmodulen ist damit ein adäquates Hilfsmittel zur Reduktion der Planungskomplexität. In diesem Zusammenhang korrespondiert eine aufgaben- und methodenbezogene Abgrenzung der Systembausteine bzw. Module mit den verschiedenen Planungsanlässen (z. B. strategische Fabrikplanung, taktische Logistikplanung und Lieferterminermittlung, operatives Tagesgeschäft und Störungsmanagement), denen sich jedes produzierende Unternehmen in gewissen Abständen widmen muss.

Im Kontext der simulationsunterstützten PPS adressiert die Simulation eine Optimierung des Produktionsbetriebs anhand der klassischen Kosten-, Zeit- und Qualitätsziele der Produktion vor dem Hintergrund kurz-, mittel- und langfristiger Planungshorizonte. Das Zielsystem der PPS wird dabei durch unterschiedliche Planungsparameter bzw. Einflussgrößen determiniert. Abbildung 4.2-8 zeigt die hinsichtlich ihrer Wirkung auf die PPS-Ziele qualitativ bewerteten Planungsparameter (vgl. Abschn. 2.2; Much u.

Nicolai 1995). Vor dem Hintergrund der adressierten Zielsetzung lassen sich die unterschiedlichen Planungsparameter den kurz-, mittel und langfristigen Planungshorizonten und der daraus resultierenden Änderungsdynamik zuordnen (vgl. Abb. 4.2-9).

Aus dieser Zuordnung können die relevanten Handlungsfelder abgeleitet werden, deren Planungsaufgaben eine jeweils unterschiedliche methodische Unterstützung hinsichtlich der vorzusehenden Systemfunktionen sowie der relevanten Planungsparameter bedingen und zu deren Durchführung Daten unterschiedlicher Qualität bzgl. Detaillierungsgrad und Aktualität erforderlich sind.

Gemäß der Relevanz dieser Planungsobjekte für die Aufgaben und Funktionen einer simulationsunterstützten Produktionsplanung ergibt sich die Modulstruktur der integrierten Planungsunterstützung wie folgt:

- *Strukturmodul:* Methodische Unterstützung für die strategische Planungsebene
- *Auftragsmodul:* Methodische Unterstützung zur Lieferterminermittlung im Rahmen der Angebots- bzw. Auftragsbearbeitung
- *Betriebsmodul:* Methodische Unterstützung für die operative Feinplanung und das Störungsmanagement

Ziele \ Parameter	Auftragsreihenfolge	Losgröße	Schichtzahl/-dauer	Puffer-/Sicherheitsbestände	Personalqualifikation	Anzahl Personal	Anzahl Maschinen	Fabrikstruktur	Steuerungskonzepte	Auftragseinplanung	Freigaberegeln	Leistungsgrad
hohe Kapazitätsauslastung		●		●		●	●					●
niedriger Bestand		●		●							●	
Termintreue	●		●	●		●	●			●		●
kurze Durchlaufzeiten	●		●	●		●	●	●			●	●
hohe Planungssicherheit					●				●	●	●	

● Parameter hat Einfluss auf Ziel

Abb. 4.2-8 Ziele der PPS und Planungsparameter

4.2 Zeitdynamische Simulation in der Produktion

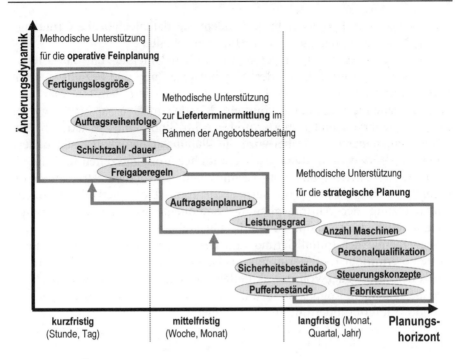

Abb. 4.2-9 Änderungsdynamik der Planungsparameter über den Planungshorizont

Diese drei Module bilden eine hierarchische Struktur und bauen datentechnisch aufeinander auf (vgl. Abb. 4.2-9).

Das *Strukturmodul* dient der methodischen Unterstützung strategischer Planungsaufgaben mit einem langfristigen Planungshorizont. Es berührt damit langfristig beeinflussbare Planungsparameter wie Bestandswerte, die Maschinen- bzw. Personalausstattung oder die Fabrikstruktur. Langfristige Planungen im Umfeld der Produktion dienen meist der Beantwortung struktureller und strategischer Fragestellungen zur Vorbereitung von Investitionsentscheidungen über neue Maschinen oder die Festlegung von Produktionsprogrammen. So sind beispielsweise langfristige Make-or-Buy-Entscheidungen oder die Entscheidung zur Segmentierung der Produktion nutzeradäquat zu unterstützen. Für solche Aufgaben ist die Simulation ein erprobtes und effektives Hilfsmittel. Zur methodischen Unterstützung strategischer Fragestellungen wurden daher der Strukturplanungskomponente die Kernaufgaben der Produktionsprogramm- und Fabrikplanung sowie die Querschnittsaufgaben Initialisierung und Controlling zugeordnet. Die in diesen Anwendungsbereichen benötigten Daten sind überwiegend Stamm- und Prognosedaten auf einem groben Detaillierungsniveau. Die o. g. Parameter bilden zudem die datentechnische Grundlage für die Module der nachgelagerten Hierarchieebenen.

Das *Auftragsmodul* dient der methodischen Unterstützung zur Lieferterminermittlung im Rahmen der Angebotserstellung und bezieht sich auf einen mittelfristigen Planungshorizont. Es adressiert damit primär eine vorausschauende Einplanung konkreter Kundenaufträge zur Erhöhung der Planungssicherheit und Liefertermintreue im Sinne eines proaktiven Lieferterminmanagements. Dabei wird die Planungsgenauigkeit insbesondere durch die Verwendung dynamisch ermittelter Vorgangszeiten und die simultane Berücksichtigung von Termin- und Ressourcenrestriktionen innerhalb der Simulation verbessert. Dazu umfasst die methodenbezogene Unterstützung der Auftragsplanungskomponente die Kernaufgaben der Produktionsbedarfsplanung sowie die Querschnittsaufgaben des Auftragsmanagements, der Initialisierung und des Controllings. Klassische PPS-Systeme ermitteln Liefertermine zumeist mit Hilfe von statischen Durchlaufzeiten, die weder von der aktuellen Auftragslast der Produktion noch von bestehenden Engpässen beeinflusst werden. Diese Praxis kann als „blinde" Lieferterminermittlung bezeichnet werden. Die im Auftragsmodul benötigten Daten haben im Gegensatz zum langfristig planenden Strukturmodul überwiegend Bewegungsdatencharakter und werden auf einem auftragsindividuellen Aggregationsniveau benötigt.

Das *Betriebsmodul* dient der methodischen Unterstützung operativer Feinplanungsaufgaben und dem Störungsmanagement mit einem kurzfristigen Planungshorizont. Es bezieht sich damit auf kurzfristig beeinflussbare Planungsparameter wie die Auftragsreihenfolge, Losgrößen oder die Schichtzahl bzw. -dauer. Im Mittelpunkt der kurzfristigen, d. h. operativen Planung steht die Reaktion auf kurzfristige Änderungen der Planungsgrundlage. Beispiele sind Störungen verschiedenster Art wie Maschinenausfälle oder Eilaufträge. Aufgrund des kurzfristigen Planungshorizontes kann hier auch von Steuerungsaufgaben für die Produktion gesprochen werden. Voraussetzungen zur Bewältigung derartiger Aufgaben ist neben der Simulationsunterstützung die Integration der Betriebs- und Maschinendatenerfassung. Nur auf diese Weise kann eine zeitnahe Datenerhebung gewährleistet werden. Dies ist insbesondere im Hinblick auf die Gestaltung einer „lean production" notwendig, da hier zur Erfüllung der hohen Flexibilitätsanforderungen mit kleinen und variablen Losgrößen gearbeitet wird. Häufig gibt es aber gerade im laufenden, operativen Betrieb Fragestellungen, die mittels Simulation beantwortet werden können. So können sich beispielsweise im Bereich der Vormontage Schwierigkeiten mit der Auftragsreihenfolgeplanung ergeben, wenn die Vormontage die anstehenden Aufträge zwar lokal rüstoptimal abarbeitet, aber dadurch die Gesamtdurchlaufzeit des Enderzeugnisses erhöht wird.

4.2 Zeitdynamische Simulation in der Produktion

Entsprechend einer methodischen Unterstützung der operativen Feinplanung und des Störungsmanagements wurden dieser Feinplanungskomponente die Kernaufgaben der Eigenfertigungsplanung und -steuerung sowie die Querschnittsaufgaben der Initialisierung und des Controllings zugeordnet. Das Betriebsmodul arbeitet im Wesentlichen mit freigegebenen Fertigungsaufträgen, die im Gegensatz zum Struktur- und Auftragsmodul schon zum Teil den Status angearbeitet haben. Jede Form der Umplanung stellt damit erhebliche Anforderungen an die Aktualität und das Detaillierungsniveau des verwendeten Datenmaterials. Zusätzlich müssen hier die besonderen Eigenschaften von Ereignissen datentechnisch verarbeitet werden.

Die methodische Unterstützung der o. g. Planungsanlässe korrespondiert mit den in Abschn. 4.2.3.1 definierten Aufgaben einer simulationsunterstützten Produktionsplanung und -steuerung. In Abbildung 4.2-10 ist daher die abgeleitete Modulstruktur mit der jeweiligen Planungsebene und den zu unterstützenden Aufgabenbereichen zusammenfassend dargestellt. Ebenso ist in allen drei Modulen die Datenverwaltung als flankierender Aufgabenbereich relevant. Mit dieser Zuordnung sind in Analogie zum Aachener PPS-Modell die Kern- und Querschnittsaufgaben der simulationsunterstützten Strukturplanung, Lieferterminplanung und Feinplanung inhaltlich fixiert.

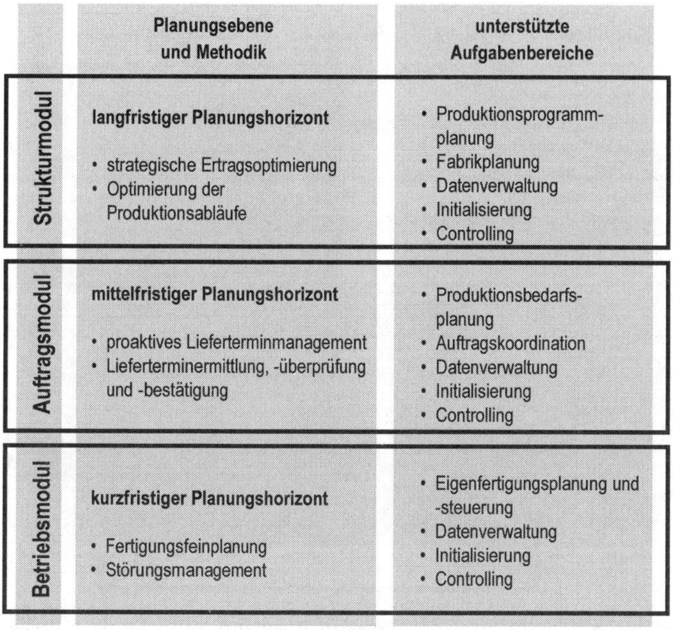

	Planungsebene und Methodik	unterstützte Aufgabenbereiche
Strukturmodul	**langfristiger Planungshorizont** • strategische Ertragsoptimierung • Optimierung der Produktionsabläufe	• Produktionsprogramm- planung • Fabrikplanung • Datenverwaltung • Initialisierung • Controlling
Auftragsmodul	**mittelfristiger Planungshorizont** • proaktives Lieferterminmanagement • Lieferterminermittlung, -überprüfung und -bestätigung	• Produktionsbedarfs- planung • Auftragskoordination • Datenverwaltung • Initialisierung • Controlling
Betriebsmodul	**kurzfristiger Planungshorizont** • Fertigungsfeinplanung • Störungsmanagement	• Eigenfertigungsplanung und -steuerung • Datenverwaltung • Initialisierung • Controlling

Abb. 4.2-10   Modulstruktur der integrierten Planungsunterstützung

Organisationsmodelle

Ziel der Organisationsmodelle ist es, die in logischer Folge verknüpften Kernaufgaben in den einzelnen Prozessschritten abzubilden und diese entsprechend den Systemumgebungen zuzuordnen. Des Weiteren kann mit Hilfe der Organisationsmodelle dargestellt werden, wie durch die Querschnittsaufgaben die prozessübergreifende Integration der Kernaufgaben gewährleistet wird. Dabei liegt der Fokus im Wesentlichen auf der Beschreibung der Interaktionsebenen „System-System" und „Mensch-System" innerhalb der entsprechenden Komponente (vgl. Abb. 4.2-7).

Aus den beiden Interaktionsebenen ergibt sich für jedes Organisationsmodell eine dreiteilige Grundstruktur (vgl. Abb. 4.2-11). Diese Grundstruktur resultiert zum einen aus der Verteilung der Kern- bzw. Querschnittsaufgaben auf zwei Systemumgebungen und zum anderen aus dem skizzierten Ablauf einer Simulationsuntersuchung. Grundlage für den Aufbau der Organisationsmodelle ist das für die Modulstruktur definierte Aufgabenmodell.

Das modulbezogene Organisationsmodell bildet die Grundlage zur Ableitung des entsprechenden Datenmodells und zur Bestimmung der Schnittstellen zwischen den Interaktionsebenen, deren Aufbau in den folgenden Abschnitten beschrieben wird.

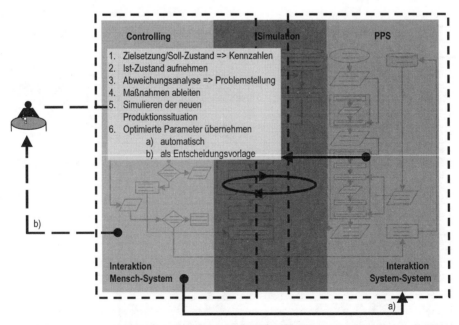

Abb. 4.2-11 Schematische Darstellung des Organisationsmodells für das Strukturmodul

Daten- und Schnittstellenmodelle

Die Zielsetzung der Strukturplanungskomponente innerhalb der simulationsunterstützten Produktionsplanung und -steuerung ist die langfristige Optimierung eines Produktionssystems. Daher bilden die Datenbedarfe zum Modellieren der betrachteten Produktionssysteme innerhalb der Simulationsumgebung den Schwerpunkt für das Datenmodell der Strukturplanungskomponente. Als Produktionssystem kann dabei je nach Betrachtungswinkel (Art und Umfang der Hierarchisierung und der vom Anwender gezogenen Systemgrenze) eine Fertigungslinie, ein Fertigungs- und Montagebereich oder aber ein gesamter Standort verstanden werden. Die zur Modellierung eines Produktionssystems notwendigen Informationen und Daten ergeben sich aus einem Abgleich des Organisationsmodells der Strukturplanungskomponente und den definierten Simulationselementen.

Der zentrale Betrachtungsgegenstand der Ablaufsimulation von Produktionssystemen sind Aufträge und die notwendigen Einzelteile. Sie werden in einer Quelle erzeugt und verlassen das Modell durch eine Senke. Quelle und Senke stellen damit die Schnittstellenelemente des Modells zur nicht berücksichtigten Umwelt dar. Zwischen Quelle und Senke durchlaufen die Einzelteile alle nötigen Prozesse der Produktion. Bei den Produktionselementen handelt es sich um komplementäre Bestandteile von Produktionssystemen, die unabhängig voneinander abgebildet bzw. modelliert werden. Lager, Bearbeitungsplätze und Transportmittel weisen in der Realität völlig unterschiedliche Funktionen auf. Es ist daher sinnvoll, sie unterschiedlichen Elementen im Simulationssystem zuzuordnen. Bearbeitungselemente können dabei in Fertigungs-, Montage-, Demontage- und Prüfelemente unterschieden werden. Um eine intuitive Modellierung zu unterstützen, ist eine Ausgestaltung der Fertigungselemente entsprechend typischer realer Ausprägungen sinnvoll.

Neben den Produktionselementen werden die so genannten Ressourcenelemente definiert. Ressourcenelemente sind einzelnen Produktionselementen zugeordnet, die einen bestimmten Bedarf für ihre ordnungsgemäße Funktion haben. So müssen zum Beispiel für die Bearbeitung eines Produktes auf einer Maschine Personal zur Bedienung sowie Werkzeuge und ggf. Hilfsstoffe zur Verfügung stehen. Die genannten Produktions- und Ressourcenelemente werden aus den im PPS-System verwalteten Stammdaten und ggf. entsprechend notwendigen Zusatzdaten generiert.

Zur Verknüpfung von Produkt- und Produktionselementen sowie zur Zuordnung der Ressourcen ist zusätzlich ein Steuerungselement notwendig. Das Steuerungselement enthält neben den Arbeitsplänen für die herzustellenden Produkte auch das Produktionsprogramm und verwaltet unter anderem Aufträge, zugehörige Arbeitspläne, Losgrößen sowie Endtermine. Dieses Steuerungselement ist im Rahmen der Simulation für die Ein- und Weitersteuerung der Aufträge verantwortlich und somit für die Durchführung von Simulationsläufen unverzichtbar.

Die interne Steuerung in der Produktion (z. B. Zug-, Drucksteuerung, Prioritätsregeln) wird nicht im Steuerungselement definiert, sondern ist im Produktionssystem festgelegt, da derartige Informationen typischerweise nicht in PPS-Systemen verfügbar sind. An dieser Stelle wird deutlich, dass das Simulationsmodell nur teilautomatisiert erstellt werden kann. Diese Eigenschaft ist bei Entscheidungen bezüglich optimaler Losgrößen, Produktbewertungen und -auswahl sowie zur Analyse von Auftragsreihenfolgen sehr vorteilhaft.

Die Instanziierung des Modells erfolgt über die relevanten Bewegungsdaten, die aus dem PPS-System eingelesen werden. Im Fall der Strukturplanungskomponente sind diese Daten im Wesentlichen:

- die Produktionsprogramme der letzten Perioden,
- Rohstoffe und Werkstücke, die in das System zur Weiterverarbeitung eingebracht werden (Kaufteile, vorproduzierte Werkstücke aus nicht betrachteten Werksteilen) und
- die Arbeitsplan- und Stücklistendaten, um aus den aggregierten Produktionsprogrammdaten Einzelbedarfe an den modellierten Betriebsmitteln (Maschinen, Lager, etc.) zu generieren.

Die beschriebenen Bewegungsdaten werden im Steuerungselement gebündelt, um den Material- und Informationsfluss durch den betrachteten Produktionsbereich für Aufträge und Produkte zu beschreiben.

Das Datenmodell für das Strukturmodul wurde für die Umsetzung der im Organisationsmodell für die Auftragsplanungskomponente beschriebenen Funktionen gezielt erweitert. Im Bereich der Bewegungsdaten werden zur Abbildung der zu erwartenden zukünftigen Auftragslast in der betrachteten Produktion die aktuellen Auftragsdaten benötigt. Während im Strukturmodul aggregierte Produktionsprogramme der Vergangenheit oder aber Absatzprognosen für geplante Produktionsprogramme validiert werden, zielt das Auftragsmodul auf die terminliche und damit auch kapazitive Machbarkeit einzelner Kundenanfragen. Ergebnis dieser Auftragsdisposition ist die Bewertung eines Wunschtermins als machbar, kritisch oder aber nicht realisierbar. Diese drei Zustände wurden beispielhaft in Form einer Ampelfunktion abgebildet.

Das Datenmodell der Strukturplanungskomponente wird daher für das Auftragsmodul um folgende Kategorien erweitert:

- Auftragsdaten
- Stückliste und
- Ladungsträger.

Auch für das Betriebsmodul machen die angestrebten Planungsfunktionen eine Erweiterung der vorgestellten Datenmodelle erforderlich. Besonderer Fokus liegt hierbei auf der notwendigen Vorbesetzung von Bearbeitungsmaschinen und Lagern. Eine Vorbesetzung wird immer dann notwendig, wenn Simulationszeit und Auftragsbeginn nicht übereinstimmen und somit Aufträge zu Beginn des gewählten Zeitausschnitts bereits angearbeitet sind. Diese müssen in der Modellinstanziierung zusätzlich mit ihrem aktuellen Bearbeitungsstatus übergeben werden, um ein realistisches Abbild der aktuellen Auftragssituation zu gewährleisten. Das gleiche gilt für Lagerzu- und -abgänge. Darüber hinaus wurden Schichtmodelle für einen schnellen Kapazitätsabgleich in das Datenmodell integriert.

Eine effiziente Datenübertragung zwischen dem PPS-System und der Simulationsumgebung ist die Grundlage für eine effiziente Nutzung der vorgestellten Lösung. Diese setzt eine automatische Datentransformation zwischen den beiden Systemen voraus. Die zu diesem Zwecke entworfene Schnittstelle, der sogenannte Adapter, selektiert und konvertiert die für die Planungskomponenten notwendigen einzulesenden und rückzuspielenden Daten in die offene, internetfähige Metasprache XML und ermöglicht damit einen schnellen Datenaustausch (vgl. Abb. 4.2-12). In der Literatur wird XML treffend als „Schlüssel zwischen Realität und virtueller Welt" bezeichnet (Jensen 2003).

Zur Selektion und Transformation der aus dem PPS-System angeforderten Daten ist für jedes Anwendermodul eine spezielle Anwendungsumgebung entwickelt worden. Je nach Konfiguration liest diese Anwendung die im Schnittstellenmodell definierten Datenkategorien für das Struktur-, Auftrags- und Betriebsmodul aus dem PPS-System aus und spielt die freigegebenen Simulationsergebnisse wieder zurück. Dabei ist zusätzlich der Betrachtungshorizont des jeweiligen Moduls definiert, d. h. ob Daten aus der Vergangenheit (Struktur), der Gegenwart (Betrieb) oder der Zukunft (Auftrag) eingelesen werden sollen.

Nachdem die Daten selektiert worden sind, werden sie in einem zweiten Schritt in eine entsprechende XML-Datei transformiert. Somit konvertiert der zweite Teil des Adapters sowohl die Eingangsdaten für den Simulator, als auch die optimierten Daten für die Planungskomponente des PPS-Systems in einen XML-Quelltext. Im letzten Schritt werden die XML-Daten dann systemspezifisch weitertransformiert. Dies geschieht über eine Zuordnungsdefinition, die jedem in der Simulation verwendeten Datenattribut genau ein XML-Attribut zuordnet.

672 4 Konzeptentwicklung in der Produktionsplanung und -steuerung

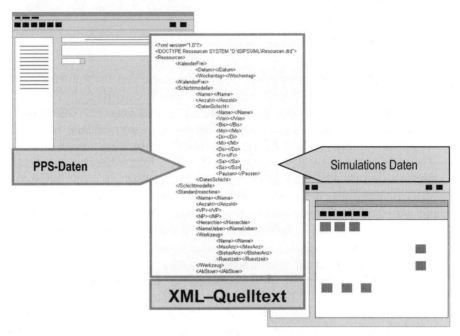

Abb. 4.2-12 Schnittstellenmodell als Basis für generischen Software-Adapter

4.2.5 Adaption des Konzepts an konkrete Systemumgebungen

Die Realisierung einer integrierten Materialflusssimulation zur dynamischen Produktionsplanung und -steuerung setzt die Kopplung zweier relativ unterschiedlicher Softwaresysteme voraus. Aufgabe in der Umsetzung ist es deshalb, eine Integration auf zwei logisch voneinander getrennten Interaktionsebenen zu realisieren:

- Austausch der planungsrelevanten Daten zwischen den Softwaresystemen und
- Interaktionsprozesse zwischen den Systemen und den Bedienern des Gesamtsystems.

Aufbauend auf den zuvor beschriebenen Modellen einer simulationsunterstützten Produktionsplanung und -steuerung werden nun im Folgenden die konkreten Anforderungen an ein betriebliches PPS-System und ein Simulationssystem formuliert. Auf dieser Basis werden anschließend die Vorgehensweise sowie grundsätzliche Anpassungen in beiden Systemumgebungen vorgestellt.

4.2.5.1 Simulationsumgebung

Die wesentlichen Anforderungen an die Simulationsumgebung bestehen in der Fähigkeit zur ereignisorientierten, stochastischen und deterministischen Abbildung von Produktions- und Logistikprozessen. Gleichzeitig erfordert das Konzept eine Offenheit der Systemarchitektur für den Austausch von Daten zu anderen EDV-Systemen.

Das hier eingesetzte Simulationssystem folgt einer ereignisorientierten Grundphilosophie und kann sowohl stochastische als auch deterministische Prozesse abbilden. Die Simulationsumgebung bietet dem Benutzer eine objektorientierte, grafische und integrierte Arbeitsumgebung zur Modellierung, Simulation und Animation. Sie ist somit vollständig objektorientiert und kann mit Hilfe der entwickelten Elementhierarchie beispielsweise eine ganze Fabrik gemäß den realen Strukturen abbilden.

Durch Vererbung können Änderungen am Simulationsmodell und bei Modellvarianten besonders schnell und fehlerfrei realisiert werden. Im Gegensatz zu einer Kopie steht ein abgeleitetes „Kindobjekt" in einem steuerbaren Bezug zum „Elternobjekt". Umgesetzt werden kann dies mit Hilfe des Bausteinkonzepts der Simulationsumgebung, so dass beliebige Anwenderbausteine aus systematisch hergeleiteten Grundelementen vom Anwender selbst grafisch und interaktiv erstellt und wieder verwendet werden können.

Die Grundelemente des Systems lassen sich in Materialfluss- und Informationsflussbausteine sowie übergeordnete Elemente gliedern. Alle Grundelemente sind sowohl über fest als auch frei definierbare Attribute parametrierbar. Die unbeweglichen, aktiven Materialflusselemente (z. B. Bearbeitungsstation, Sortiereinheit) dienen dem Transport oder der Bearbeitung von beweglichen Elementen und erbringen aktive Arbeitsleistungen. Die unbeweglichen, passiven Materialflusselemente (z. B. Lager, Puffer, Flusskontrolle) können dagegen keine eigene Aktivität erbringen. Der Informationsaustausch zwischen allen Elementen wird durch die Informationsflusselemente sichergestellt.

Zusätzlich können spezifische Modellbausteine vom Anwender grafisch und interaktiv aus Grundbausteinen erstellt und in der Bausteinbibliothek zur Wiederverwendung abgelegt werden. Dadurch entstehen anwendungsspezifische Bibliotheken zur effizienten Modellierung eines vollständigen Modells, Teilmodells oder einer beliebigen Kombination aus Grundbausteinen und Modellen.

4.2.5.2 PPS-System

Die wesentlichen Anforderungen an das Standard-PPS-System bestehen in der funktionalen Unterstützung der betrieblichen Kernabläufe mittelständischer Fertigungsunternehmen. Dabei zählen im exemplarisch gewählten PPS-System die betrieblichen Anwendungsbereiche Vertrieb, Produktion, Einkauf, Lagerwirtschaft und Kalkulation sowie die Querschnittsbereiche Nachrichtensystem, Stammdaten- und Benutzerverwaltung zu den Standardmodulen. Kernstück dieses Anwendungssystems ist ein integrierter Produkt- und Variantengenerator. Der Generator ermöglicht die automatisierte Umsetzung des Kundenwunsches in eine kundenspezifische Artikelvariante bei gleichzeitiger Minimierung des Anlage- und Verwaltungsaufwandes für Stücklisten, Arbeitspläne und Produktdaten.

Die Planungsphilosophie des eingesetzten PPS-Systems basiert auf dem MRP-Konzept, welches eine Sukzessivplanung auf zwei hierarchischen Planungsstufen vorsieht. Von der übergeordneten Planungsstufe zu untergeordneten Planungsstufen werden die Ressourcen mit zunehmendem Detaillierungsgrad und abnehmendem Planungshorizont beplant. Die Planungsergebnisse einer Stufe gelten dabei als Vorgabe für die nachfolgende Stufe.

In der klassischen PPS-Umgebung ist allerdings die Unterstützung der Feinplanungsebene unterrepräsentiert. Hier fehlt es an geeigneten Werkzeugen für die Fertigungsfeinplanung und -simulation, die es ermöglichen, mit dem Ergebnis eines Dispositionslaufs eine komfortable Einplanung von Fertigungsaufträgen bzw. Arbeitsgängen durchzuführen. Ebenso besteht in gängigen Standard-PPS-Systemen keine Möglichkeit, Fabrik- und Prozessstrukturen grafisch und datentechnisch in einer für Simulations- bzw. Optimierungsaufgaben hinreichenden Weise abzubilden.

Das als Referenz in Abschn. 4.2.3.1 formulierte Aufgabenmodell repräsentiert einen Sukzessivplanungsansatz auf drei hierarchischen Planungsebenen (Programm-/Fabrikplanung, Produktionsbedarfsplanung und Fertigungsplanung). Im Gegensatz dazu können im eingesetzten PPS-System lediglich zwei Planungsebenen (Absatzplanung und Sekundärbedarfsplanung) realisiert werden. Deshalb entspricht die Absatz- bzw. Planbedarfsplanung innerhalb des PPS-Systems den PPS-bezogenen Aufgaben der Programm- und Fabrikplanung im Referenzmodell. Zusätzlich werden die Referenzebenen Produktionsbedarfsplanung und Fertigungsplanung in einem Schritt beplant, so dass Kunden- oder Planprimärbedarfe direkt bis auf Fertigungsauftragsebene aufgelöst werden.

Das Aufgabenreferenzmodell der simulationsunterstützten PPS muss daher zunächst vor dem Hintergrund des Systemkontexts modifiziert werden. Anschließend werden die definierten Planungsaufgaben gemäß der methodenspezifischen Zielsetzung grundsätzlicher Planungsanlässe dem umzusetzenden Struktur-, Auftrags- und Betriebsmodul zugeordnet.

Ziel der Absatzplanung innerhalb der PPS-Umgebung ist es, Planprimärbedarfe ohne konkreten Kundenbezug über einen langfristigen Planungshorizont zu generieren. Dafür können im Rahmen der Prognoserechnung neben Statistiken für Artikelvarianten oder Erzeugnisgruppen auch existierende Rahmenkontrakte sowie allgemeine Nachfrageentwicklungen berücksichtigt werden. Die in das PPS-System eingestellten Planaufträge werden anschließend direkt an die Bedarfsplanung übergeben.

Im Rahmen der Kundenauftragsverwaltung erfolgt zunächst die Anfrage- bzw. Auftragserfassung, die je nach Kundenanforderungen durch eine geeignete Variantenlogik unterstützt werden kann. Nach diesem Arbeitsschritt ist das angefragte Erzeugnis hinreichend konkretisiert, so dass anhand dieser Informationen der Verkaufspreis und ein möglicher Liefertermin vorgeschlagen werden kann. Der Liefertermin wird auf Basis einer statischen Vorlaufzeit auf Erzeugnisgruppenebene ermittelt, wobei die tatsächliche Kapazitätssituation weitgehend unberücksichtigt bleibt. Nach der Auftragseinlastung steht der entsprechende Kundenprimärbedarf ebenfalls der Bedarfsplanung zur Verfügung und wird dort ggf. mit einem bereits bestehenden Planprimärbedarf verrechnet.

Ausgehend von dem zuvor generierten Plan- und Kundenprimärbedarf wird durch Abgleich des Bruttoprimärbedarfs mit verfügbaren Lagerbeständen für verkaufsfähige Erzeugnisse und Baugruppen der Nettoprimärbedarf errechnet. Dieser wird durch Stücklistenauflösung in einen Bruttosekundärbedarf überführt und anschließend über statische Vorgangszeiten rückwärts terminiert, ohne die aktuelle Kapazitätssituation zu berücksichtigen. Aus dem terminierten Bruttosekundärbedarf wird dann über einen Abgleich mit verfügbaren oder umreservierbaren Teilebeständen bzw. offenen oder umreservierbaren Fertigungsauftragsmengen der terminierte Nettosekundärbedarf ermittelt. Damit entspricht der Nettosekundärbedarf terminierten Fertigungsaufträgen, anhand derer im Rahmen der Kapazitätsplanung der Kapazitätsbedarf je Kapazitätseinheit und Planungsperiode zugeordnet und im Rahmen der Auftragsfreigabe in Form gedruckter Fertigungspapiere ausgegeben wird. Eine Kapazitätsabstimmung erfolgt anschließend manuell im Bereich der Fertigungsteuerung.

Auf der Basis des konkretisierten Aufgabenmodells werden die allgemeingültig konzipierten Organisationsmodelle für das Struktur-, Auftrags- und Betriebsmodul (vgl. Abschn. 4.2.4.3) angepasst. Dabei bezieht sich die Konkretisierung des jeweiligen Organisationsmodells insbesondere auf den ablauforganisatorischen Zusammenhang innerhalb der Systemebene „PPS-System".

Im Wesentlichen wurden die folgenden Anpassungen vorgenommen:

- *Strukturmodul:* Berücksichtigung der zweistufigen Planungsphilosophie und der einschrittigen Bedarfsauflösung bis auf Fertigungsauftragsebene.
- *Auftragsmodul*: Integration der Anfrage- und Auftragserfassung mittels Variantenkonfiguration, Validierung der mittels Rückwärtsterminierung ermittelten Liefertermine, Berücksichtigung der einschrittigen Bedarfsauflösung bis auf Fertigungsauftragsebene, Integration einer Sofortdisposition für Kundenaufträge.
- *Betriebsmodul*: Störungen bzw. Ereignisse im Fertigungsablauf werden mittels Betriebsdatenerfassung (BDE) erfasst und mittels Simulation bzgl. der Auswirkungen überprüft; Erweiterung der Feinplanungsfunktionalität um die Möglichkeiten einer simulativen Ressourcenabstimmung, Integration einer Sofortdisposition für Fertigungsaufträge.

4.2.6 Anwendungserfahrung

Validierung der Ergebnisse erfolgte im Rahmen einer Pilotanwendung bei einem mittelständischen Unternehmen der holzverarbeitenden Branche. Im Folgenden werden nach einer kurzen Charakterisierung des Anwenderunternehmens die wesentlichen Erfahrungen aus der Pilotanwendung dargestellt.

4.2.6.1 Charakterisierung des Anwenderunternehmens

Um den Einsatzbereich des prototypisch realisierten Adapters für die Validierung im Umfang zu begrenzen, wurde ein geeigneter Produkt- bzw. Fertigungsbereich der Firma identifiziert, für dessen Planung und Steuerung ein großes Nutzenpotenzial hinsichtlich des Einsatzes der simulationsunterstützten PPS zu erwarten war. Im ausgewählten Fertigungsbereich produziert das Unternehmen auf Basis von Absatzprognosen hochwertige Holzprodukte. Damit entspricht der ausgewählte Fertigungsbereich mit seinen Merkmalsausprägungen dem Auftragsabwicklungstyp der variantenreichen Serienfertigung (vgl. Abschn. 4.2.3.2).

Die besagten Holzprodukte werden auf Basis von Absatzprognosen auf Lager gefertigt. Die Absatzprognosen beruhen dabei einerseits auf Vergangenheitsdaten und andererseits auf den aktuellen Nachfragedaten. Besondere Planungsprobleme bereiten dabei die jährlichen Neuerscheinungen, die ca. 20% des Produktsortiments ausmachen und für deren Markterfolg keine verlässlichen Vergangenheitsdaten vorliegen. Besonderes Interesse von Seiten des Unternehmens bestand somit an einer szenariobasierten Analyse verschiedener Mengenszenarien mit einem Planungshorizont von etwa einem Monat.

4.2.6.2 Ausgangssituation im Planungsprozess

Die Anwendung der simulationsunterstützten PPS erfolgte in einem Zwei-Schritt-Verfahren. Zunächst wurde die vorhandene Daten- bzw- Planungsbasis durch Modellierung der Ressourcenstrukturen hinsichtlich der Datenqualität analysiert. Im zweiten Teil der Anwendungsphase wurden herkömmliche und simulationsunterstützte Planungen parallel durchgeführt und die Ergebnisse gegeneinander gespiegelt. Zielsetzung bei der Durchführung der parallelen Planungsläufe war die systematische Überprüfung der Anwendbarkeit der methodenbezogenen Planungsmodule.

Als Ausgangssituation wurde in der Simulationsumgebung der betrachtete Fertigungsbereich mit den entsprechenden Charakteristika abgebildet. Für die Durchführung der Simulation wurden 140 einzelne Arbeitsstationen und 30 Lager modelliert. Pro Simulationslauf sind etwa 3600 Aufträge und ca. 3000 verschiedene Artikel in die Berechnungen einbezogen worden. Des Weiteren wurden für die Planungsläufe verschiedene Produktionsmengendaten als Eingangsgrößen berücksichtigt.

Nach einer Analyse der ersten Simulationsläufe wurden Inkonsistenzen hinsichtlich der verfügbaren Datenbasis identifiziert, die insbesondere die realitätsnahe Abbildung des Produktionssystems berührten. Nur etwa die Hälfte der modellierten Arbeitsstationen wurde im PPS-System auch tatsächlich belegt. Etwa ein Drittel der im PPS-System geführten und noch aktiven Arbeitsstationen blieben in der aktuellen Planungsumgebung unberücksichtigt. Dadurch ergaben sich in der herkömmlichen Planung deutlich überhöhte Belegungen einzelner Maschinen. Darüber hinaus existierten ca. 10% der anfangs modellierten Arbeitsstationen zu diesem Zeitpunkt zwar im Ressourcenstamm der PPS-Datenbank, waren physisch jedoch nicht mehr vorhanden.

Anhand der im zweiten Schritt parallel durchgeführten Berechnungen mittels herkömmlicher und simulationsbasierter Planung konnten langjährig bestehende Probleme des Anwenderunternehmens im Planungsprozess aufgezeigt werden. Im Hinblick auf die zu simulierende Auftragslast wurden folgende Schwachpunkte bzw. Verbesserungspotenziale identifiziert:

- statische Belegung von über 500% an einzelnen Arbeitstationen
- fehlerhafte Rückmeldung durch das verwendete Entlohnungssystem
- Freigabe von Aufträgen, deren Materialverfügbarkeit nicht gesichert waren
- Rückstandszeit von mehreren Monaten

Ein Großteil der genutzten Bearbeitungsmaschinen waren baugleich oder aber funktional hinsichtlich des Leistungs- und Funktionsumfangs vergleichbar. In der Arbeitsvorbereitung wurden daher alle vergleichbaren Maschinen gedanklich zu einer Maschinengruppe zusammengefasst. Dementsprechend wurden alle Vorgänge auf eine einzige Arbeitsplatznummer, die stellvertretend für die gesamte Gruppe steht, eingeplant. Mit dieser groben Auftragszuordnung überlässt die Arbeitsvorbereitung die detaillierte Feinplanung dem Meister in der Produktion, d. h. es werden statische Durchlaufzeiten pro Meisterbereich vorgegeben. Diese Zeiten führen teilweise zu monatelangen Durchlaufzeiten für einzelne Produkte. Die identifizierten Durchlaufzeiten von 5 bis 20 Tagen pro Bereich machten eine flexible Reaktion auf aktuelle Markttrends unmöglich. Dies führte einerseits zu einem ständigen Umplanen in der Fertigung und andererseits zu entgangenen Verkäufen oder fehlproduzierten Lagerbeständen.

4.2.6.3 Erfahrungen aus der Pilotanwendung

Die prototypische Anwendung des *Strukturmoduls* unterstützte die langfristige Optimierung des Produktionsbetriebes durch die Analyse der Kapazitätsauslastungen erheblich. Dabei wurden je nach eingelastetem Auftragsvolumen wechselnde Kapazitätsengpässe in der Fertigung ermittelt. Mit Hilfe des Konzepts wurden deren limitierende Folgen für alle nachgelagerten Bereiche dargestellt und durch Veränderungen der Auftrags- und Mengenszenarien die Gesamtauslastung optimiert.

Innerhalb des *Auftragsmoduls* konnte die Genauigkeit der mittelfristigen Auftragseinplanung durch Verwendung dynamischer Planungszeiten erhöht werden. Die simulativ berechneten Auftragsdurchlaufzeiten ergaben Verringerungen von über 50% gegenüber den aktuell statisch vorgegebenen Zeiten.

Bei der Anwendung des *Betriebsmoduls* lag der Fokus auf der Betrachtung einzelner Arbeitsstationen und deren Kapazitätsauslastung. Insbesondere die Möglichkeit, verschiedene Planungsalternativen durch Veränderung der Auftragslast und das Aufheben der statischen Durchlaufzeiten zu simulieren, wurde als wichtige Planungshilfe in der Arbeitsvorbereitung empfunden. So konnten die dynamischen Fertigungsauftragsdaten innerhalb des Betriebsmoduls in alternativen Szenarien im Vorhinein abgebildet und deren Auswirkungen auf die betrieblichen Kennzahlen überprüft werden.

Die Anwendung des Prototypen hat gezeigt, dass die simulationsunterstützte PPS die angestrebte Zielsetzung einer umfassenden Planungsunterstützung vor dem Hintergrund strategischer, taktischer und operativer Planungsaspekte erfüllt. Gleichzeitig konnten die Disponenten vor Ort für die zuvor beschriebenen Planungsprobleme und Dateninkonsistenzen sensibilisiert und darauf aufbauend Lösungsstrategien erarbeitet werden.

Der nachvollziehbare Wiedererkennungswert der eigenen Produktion und die realitätsnahen Ergebnisse trugen erheblich zur Akzeptanz der Planungsergebnisse in den betroffenen Bereichen bei.

4.2.7 Fazit

Der Einsatz der Simulationstechnik zur Unterstützung der PPS bedeutet für kleine und mittlere Unternehmen nicht nur eine fachlich-technische Herausforderung, sondern erfordert auch die organisatorische Eingliederung der Technologie in die Struktur und die Prozesse der Produktionsplanung und -steuerung. Die Anwendung der simulationsunterstützten PPS im Anwenderunternehmen hat gezeigt, dass die Ablaufsimulation den klassischen MRP-Planungsverfahren innerhalb des PPS-Systems insbesondere hinsichtlich der statischen bzw. dynamischen Planungszeiten (Rüst-, Transport- und Bearbeitungszeiten) deutlich überlegen ist.

Darüber hinaus konnten mit Hilfe der Simulation verschiedene Planungsprobleme innerhalb des PPS-Systems aufgedeckt werden, die sich im Wesentlichen in einer schlechten Datenbasis begründeten (vgl. Abb 4.2-13). Ebenso wurden verschiedene Kapazitätsengpässe visualisiert und durch die Bewertung verschiedener Planungsalternativen geeignete Lösungsstrategien ermittelt. Insbesondere die Möglichkeit, verschiedene Szenarien simulativ zu testen, kristallisierte sich als wesentlicher Vorteil dieser Lösung heraus.

Qualitative Ergebnisse	Quantitative Ergebnisse		
• Identifikation einer inkonsistenten Datenbasis • Visualisierung unterschiedlicher Kapazitätsengpässe • Sensibilisierung der Anwender für die komplexen Zusammenhänge im Produktionssystem • Bewertung von Lösungsalternativen ohne Eingriff in den laufenden Ablauf	• Verringerung der Plandurchlaufzeiten um durchschnittlich 50%		
	Teilprozess	stat. DLZ	dyn. DLZ
	Dreherei	20 BKT	1 Stunde
	Fräserei	5 BKT	20 Stunden
	Polieren	7 BKT	10 Stunden
	Montage	15 BKT	20 Stunden
	Verpackung	5 BKT	1,5 Stunden

Abb. 4.2-13 Potenziale der Simulation im Bereich der Durchlaufzeiten

Die Realisierungserfahrungen haben bezüglich der Anwendbarkeit der Ergebnisse deutlich gemacht, dass die ermittelten Einsatzpotenziale einer integrierten Planungsunterstützung in der Praxis vorhanden sind und durch dieses Konzept adressiert werden. Es hat sich aber auch gezeigt, dass für die Anwendung eine geeignete Datenbasis innerhalb der PPS-Umgebung vorhanden sein muss, um eine einfache Modellierbarkeit komplexer Produktionssysteme zu erreichen.

4.2.8 Literatur

Amann W (1994) Eine Simulationsumgebung für Planung und Betrieb von Produktionsunternehmen. Springer, München
Arnold D (1995) Materialflusslehre. Braunschweig
Cisek R (2001) Ablaufsimulation als planungsbegleitendes Werkzeug. Virtuelle Produktion. Herbert Utz Verlag, München
Eversheim W (2002) Die Fabrik von morgen: vernetzt und wandlungsfähig. (Vortrag auf dem AWK Aachener Werkzeugmaschinen Kolloquium, Shaker Verlag, Aachen)
Feldmann F, Rauh E, Steinwasser P, Wunderlich J (1997) Simulation unterstützt die Produktionsplanung und -steuerung – Integration und modularer Aufbau ergeben neue Anwendungsfelder. wt-Produktion und Management 87(1997):233-236
Jensen S (2003) Daimler Chrysler Powersystems – Formale Beschreibung von Simulationsmodellen in XML. (Vortrag. ASIM: 17. Symposium Simulationstechnik. Verlag SCS, Magdeburg, September 2003)
Korves B (2001) 10 Gründe nicht zu simulieren – Chancen und Risiken bei Simulationsprojekten. Virtuelle Produktion. Herbert Utz Verlag, München
Kudlich T (2000) Optimierung von Materialflusssystemen mit Hilfe der Ablaufsimulation. München
Loeffelholz Frhr v F (2003) 25 Jahre alte Systemarchitektur – Ursache für den Innovationsstau bei PPS-Systemen. PPS Managament 8(2003)1:55-57
Mertins K, Rabe M (2000) The New Simulation in Production and Logistics. (9. ASIM Fachtagung „Simulation in Produktion und Logistik". Berlin, IPK Berlin, Eigenverlag)
Much D, Nicolai H (1995) PPS-Lexikon. Berlin
Rauh E (1998) Methodische Einbindung der Simulation in die betrieblichen Planungs- und Entscheidungsabläufe. Dissertation, FAPS TU Erlangen-Nürnberg. Meisenbachverlag, Bamberg
Reinhard G (1997) Stand der Simulationstechnik – Ergebnisse einer Studie. TU Berlin, S 52-54
Spath D, Klinkel S, Barrho T (2002) Auftragsabwicklung in dezentralen Strukturen. Erfolgsfaktoren und Probleme – Ergebnisse einer Studie. ZWF Zeitschrift für wirtschaftlichen Fabrikbetrieb 97(2002)3:130-132

VDI (2000) Simulation von Logistik-, Materialfluss- und Produktionssystemen –
Blatt 5: Integration der Simulation in die betrieblichen Abläufe. In: VDI-
Handbuch Materialfluss und Fördertechnik, Band 8. VDI-Gesellschaft Förder-
technik Materialfluss Logistik (Hrsg)

VDI (2000) VDI Richtlinie 3633: Simulation von Logistik-, Materialfluß- und
Produktionssystemen – Grundlagen, Blatt 1, Entwurf. In: VDI-Handbuch Materialfluss und Fördertechnik, Band 8. VDI-Gesellschaft Fördertechnik Materialfluss Logistik (Hrsg)

Zülch G, Bongwald O, Krüger J (1998) Personalorientierte Simulation als Binde-
glied zwischen Zeitwirtschaft und Fertigungssteuerung – Identifizierung von
Nutzungsverlusten in hybriden Montagesystemen. FB/IE, Heft 2/April 1998,
Darmstadt

4.3 Gestaltung der PPS bei elektronischem Handel mit Produktionsleistungen

von Ingo Aghte und Benjamin Walber

4.3.1 Einleitung

Immer mehr Produktionsunternehmen benötigen ein Instrument zur Deckung des innerhalb von Produktionsnetzwerken entstehenden überbetrieblichen Koordinationsbedarfs (Picot et al. 2003; Frese 2005; Wildemann 2000), der in vielen Bereichen des produzierenden Gewerbes stetig zunimmt (Wiendahl u. Vollmer 1999). Gründe für diese Steigerung sind z. B. in der Zunahme von überbetrieblichen Produktionskooperationen zu finden. Gleichzeitig wird der Grad der computerunterstützten organisatorischen Vernetzung von Unternehmen weiter zunehmen (Luczak et al. 2001).

Mit elektronischen Intermediären bietet sich Produktionsunternehmen in diesem Zusammenhang ein neuartiges informationstechnisches Instrument zur Deckung des bei Beschaffung und Absatz von Produkten und Dienstleistungen entstehenden Koordinationsbedarfs an. Intermediäre dienen als Koordinationsmedium und können eine marktliche Ressourcenallokation zwischen den Lieferkettenteilnehmern unterstützen (Brettreich-Teichmann u. Wiedemann 2000; Eversheim u. Aghte 2000; Frese 2005; Schuh 1997). Unternehmen können die Vorteile elektronischer Intermediäre sowohl zur Kostensenkung (Reduzierung von Transaktionskosten) als auch zur Steigerung der Koordinationstiefe im Rahmen ihrer Zusammenarbeit mit Lieferkettenpartnern nutzen (Frese 2005). Plattformen stellen für den marktartigen Handel und die anschließende Abwicklung von Produktionsleistungen eine besonders relevante Intermediärart dar (Asche 2001). Sie unterstützen die teilnehmenden Unternehmen sowohl bei der Anbahnung, der Preisbildung, der Vertragsschließung als auch bei den Auftragsabwicklungsprozessen (Klein et al. 2002; Kühling u. Housein 2000). So wird beispielsweise eine Verkürzung der Bearbeitungsdauer in der Auftragsabwicklung (Meyer 1992) oder eine vereinfachte und beschleunigte Partnersuche (Breitenlechner u. Buchta 2000; Kurbel 2005) erreicht.

In der Praxis ist trotz des hohen Nutzenversprechens eines elektronisch intermediierten Handels mit Produktionsleistungen (im Folgenden abgekürzt als *Produktionsleistung*) bislang lediglich eine geringe Anzahl er-

4.3 PPS bei elektronischem Handel mit Produktionsleistungen   683

folgreicher Realisierungen festzustellen (Neubauer 2001; Nenninger u. Lawrenz 2000). Zur systematischen Erschließung des Nutzens der Intermediäranbindung werden somit in den teilnehmenden Produktionsunternehmen Erweiterungen und Modifikationen der Produktionsplanung und -steuerung (PPS) erforderlich, die sich sowohl auf die organisatorischen als auch auf die informationstechnischen Aspekte der PPS erstrecken. Konzepte oder Realisierungen derartiger Anpassungen sind bislang lediglich rudimentär vorhanden (Gronau 2001; Kurbel 2005).

Gleichzeitig berücksichtigen die am Markt vorhandenen ERP-/PPS-Systeme die Anforderungen einer Intermediärnutzung bislang nur unzureichend. Sowohl die Prozessunterstützung als auch die Funktionalität der ERP-/PPS-Systeme sind in Bezug auf die Teilnahme am elektronisch intermediierten Handel erheblich verbesserungsbedürftig (Kurbel 2005). Ein Rückgriff der Unternehmen auf Standard-Softwareprodukte ist daher nicht möglich.

Die beschriebenen Defizite behindern die breite Realisierung der Intermediäranbindung von ERP-/PPS-Systemen (Schmitz 2001; Berg 2000; McCullough 2000). Um diesen Innovationsstau der am Markt verfügbaren Systeme auflösen zu können, sind grundlegende Beiträge zur Gestaltung der PPS bei der Anbindung an Intermediäre für Produktionsleistungen erforderlich. Daher wird die Erweiterung der PPS zu einem Gesamtmodell der intermediärangebundenen Produktionsplanung und -steuerung (IPPS) (vgl. Abschn. 4.3.4) im Folgenden beschrieben. Dazu wird in Abschn. 4.3.2 eine begriffliche Einordnung des „Intermediärs" vorgenommen, um anschließend die organisatorischen Rahmenbedingungen im Abschn. 4.3.3 abzuleiten. Ein Implementierungsvorgehen und eine Zusammenfassung in Abschn. 4.3.4 runden den Beitrag ab.

4.3.2 Intermediäre für den Handel mit Produktionsleistungen

Ein Intermediär ist eine ökonomisch unabhängige Instanz, die in Bezug auf eine wirtschaftliche Transaktion zwischen zwei oder mehreren Parteien für das Zustandekommen und die sichere Abwicklung der Transaktion sorgt. Da manuelle Intermediäre heutzutage in den wenigsten Fällen wirtschaftlich betrieben werden können, wird der Begriff des Intermediärs mit einem elektronischen Intermediär gleichgesetzt.

Im überbetrieblichen Umfeld besitzt ein großer Teil der elektronischen Intermediäre die Funktion des elektronischen Markts. Bei einem elektronischen Markt handelt es sich um einen mit Hilfe von Informations- und Kommunikationstechnik realisierten Marktplatz, der eine oder mehrere Phasen der Transaktion unterstützt (Schmid 1993).

4 Konzeptentwicklung in der Produktionsplanung und -steuerung

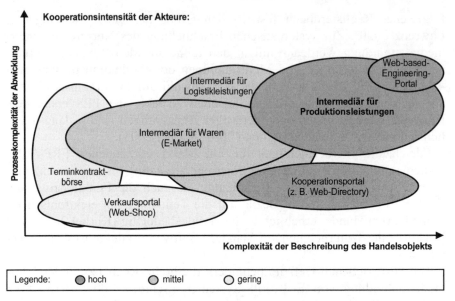

Abb. 4.3-1 Qualitative Differenzierung ausgewählter B2B-Intermediäre

Allen Intermediären ist gemeinsam, dass sie zur Reduzierung der Transaktionskosten in der überbetrieblichen Zusammenarbeit genutzt werden können (Baumgarten et al. 2000; Brettreich-Teichmann u. Wiedemann 2000). Intermediäre können folgende weitere ökonomische Effekte hervorrufen:

- Vermarktlichung des Leistungsaustauschs und
- Disintermediation (Verkürzung der Wertschöpfungskette durch Beseitigung einer oder mehrerer Wertschöpfungsstufen).

Aus Sicht der Marktteilnehmer ist die Senkung der Transaktionskosten als zwingende Voraussetzung für den wirtschaftlich erfolgreichen Betrieb des Intermediärs anzusehen, da ansonsten dauerhafte Markteintrittsbarrieren Teilnehmer vom Intermediär fernhalten (Müller 2000). Koordinationstheoretisch betrachtet führt der Intermediär mit steigender Koordinationsintensität zu einem Kostenvorteil gegenüber einer mit klassischen Medien (Telefon, Fax, Papier etc.) durchgeführten Auftragsabwicklung. Dieser Kostenvorteil kann vom teilnehmenden Unternehmen vereinnahmt oder in eine Erhöhung der Koordinationsintensität investiert werden (Picot et al. 2003).

Der Intermediär für Produktionsleistungen ist eine elektronische Plattform für den marktartigen Handel mit und die anschließende Abwicklung von Produktionsaufträgen und Kapazitätsreservierungen. Dabei zeichnet er sich durch eine mittlere bis hohe Komplexität der Beschreibung der gehandelten Objekte (Schulze 2001; Asche 2001), eine mittlere bis hohe

4.3 PPS bei elektronischem Handel mit Produktionsleistungen

Komplexität der Abwicklungsprozesse (Berg 2000; Nenninger u. Lawrenz 2000) sowie eine hohe Kooperationsintensität der Handelspartner (Asche 2001; Kurbel 2005) aus. Eine qualitative Gegenüberstellung dieses Intermediärtyps mit weiteren gängigen Arten von Intermediären ist in Abb. 4.3-1 dargestellt.

Eine genaue Begriffsbestimmung des Intermediärs für Produktionsleistungen ist in Form einer morphologischen Darstellung Abb. 4.3-2 konkretisiert (in Anlehnung an die Systematik von Klein et al. 2002). Dabei wird eine Grobklassifizierung der Merkmale hinsichtlich des Handelsobjekts, der Marktstruktur und der Transaktionen vorgenommen.

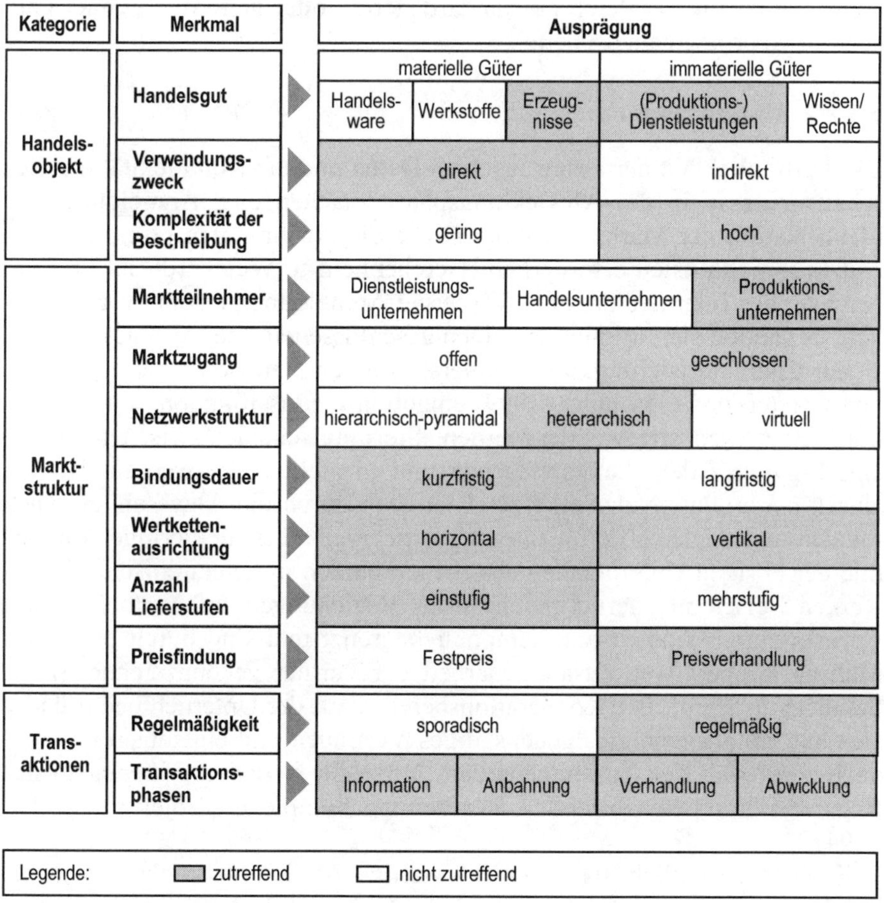

Kategorie	Merkmal	Ausprägung					
		materielle Güter			immaterielle Güter		
Handels-objekt	Handelsgut	Handels-ware	Werkstoffe	Erzeugnisse	(Produktions-) Dienstleistungen		Wissen/ Rechte
	Verwendungs-zweck	direkt			indirekt		
	Komplexität der Beschreibung	gering			hoch		
Markt-struktur	Marktteilnehmer	Dienstleistungs-unternehmen		Handelsunternehmen		Produktions-unternehmen	
	Marktzugang	offen			geschlossen		
	Netzwerkstruktur	hierarchisch-pyramidal		heterarchisch		virtuell	
	Bindungsdauer	kurzfristig			langfristig		
	Wertketten-ausrichtung	horizontal			vertikal		
	Anzahl Lieferstufen	einstufig			mehrstufig		
	Preisfindung	Festpreis			Preisverhandlung		
Trans-aktionen	Regelmäßigkeit	sporadisch			regelmäßig		
	Transaktions-phasen	Information		Anbahnung	Verhandlung		Abwicklung

Legende: ▓ zutreffend ☐ nicht zutreffend

Abb. 4.3-2 Merkmale des Intermediärs für den Handel mit Produktionsleistungen

4.3.2.1 Handelsobjekt

Der bei Vertragsabschluss entstehende Auftrag des Auftraggebers an den Auftragnehmer stellt nicht das Handelsobjekt im eigentlichen Sinne dar, er ist lediglich der Träger einer Vereinbarung über den stattfindenden Leistungsaustausch. Beim Handelsobjekt handelt es sich vielmehr um die am Erfüllungsort des Vertrags fälligen Güter (Gabler 2005). Dies sind ausschließlich Produktionsleistungen, also Bezugsteile oder Produktionsdienstleistungen. Bei ihnen handelt es sich um direkte Güter, die unmittelbar in den Produktionsprozess eingehen (Kaplan u. Sawhney 2000). Ein wesentliches Merkmal dieser Güter ist die Komplexität ihrer Beschreibung. Sie ist im Vergleich zu standardisierten oder genormten Gütern als hoch bis sehr hoch anzusehen.

4.3.2.2 Marktstruktur

Die Vertraulichkeit der ausgetauschten Daten und die Komplexität der Geschäftsprozesse in der Abwicklungsphase machen eine Anmeldung und Identifikation der Marktteilnehmer sowie die Abstimmung grundlegender Nutzungsmodalitäten erforderlich (Herchenhein u. Weinhardt 2001). Eine Nutzung des Intermediärs ohne vorherige Anmeldung ist somit nicht möglich, es handelt sich folglich um einen geschlossenen Intermediär.

Zur Charakterisierung der zu unterstützenden Netzwerkstruktur soll die von Corsten und Gössinger (1999) eingeführte Klassifikation von Produktionsnetzwerken angewendet werden. Sie unterscheidet zwischen hierarchisch-pyramidalen, heterarchischen und virtuellen Netzwerken. Hierarchisch-pyramidale Netzwerke zeichnen sich durch die Anwesenheit eines fokalen und zugleich dominanten Unternehmens und die geringe Autonomie der übrigen Unternehmen aus. Unternehmen in heterarchischen Netzwerken weisen annähernd gleichwertige Beziehungen auf. Virtuelle Netzwerkstrukturen sind ex-ante temporär begrenzt und sind durch ein hohes Maß an kooperativer Zusammenarbeit der Partner gekennzeichnet (z. B. Schuh et al. 2000). Die Kooperationsbereitschaft der Unternehmen gründet sich auf ein ausgeprägtes gegenseitiges Vertrauen und eine ausgesprochene Reziprozität der Zusammenarbeit. Virtuelle Netzwerke dienen in der Regel der kompetenzbasierten Bearbeitung komplexer Projekte (Olbrich 1994).

Es wird ersichtlich, dass sich marktartige Allokationsmechanismen für den Einsatz in hierarchisch-pyramidalen Netzwerkstrukturen nicht eignen, da in derartigen Strukturen die Koordination in Form von Weisungen und Entscheidungen erfolgt. In virtuellen Strukturen behindern die Mindestanforderungen an die Kooperationsfähigkeit und die Reziprozität der Teilnehmer eine rein marktliche Allokation (Corsten u. Gössinger 1999). Eine Beschränkung des Einsatzbereichs des Intermediärs auf heterarchische Netzwerke erscheint somit erforderlich. Auf Grund dieser Beschränkung wird ein kurzfristiger Zeithorizont für die vertragliche Bindung der Handelspartner vorgesehen.

Hinsichtlich der Handelsrichtung innerhalb überbetrieblicher Wertschöpfungsketten bestehen keine Einschränkungen. Neben dem horizontalen Güteraustausch zwischen Unternehmen auf der gleichen Wertschöpfungsstufe sind ebenso vertikale Kunden-/Lieferanten-Beziehungen denkbar. Es werden ausschließlich einstufige Lieferbeziehungen untersucht.

Auf Grund der marktlichen Auftragsallokation wird ein Preisfindungsmechanismus erforderlich. Da komplexe, beschreibungsbedürftige Güter gehandelt werden, kann ein Festpreissystem (z. B. eine Preisliste) nicht zum Einsatz kommen. Es kommen somit grundsätzlich Auktions- und Ausschreibungsmechanismen sowie Börsenmechanismen für die Preisfindung in Frage (Fink 2002).

4.3.2.3 Transaktion

Die Regelmäßigkeit der Transaktionen besitzt einen erheblichen Einfluss auf die Gestaltung des Intermediärs (Klein et al. 2002). Grundsätzlich wird zwischen unregelmäßigen Einmaltransaktionen (wie z. B. auf Spot-Märkten) und regelmäßig wiederkehrenden Transaktionen unterschieden (Kaplan u. Sawhney 2000). Um das Nutzenpotenzial des Intermediärs ausschöpfen und die erforderlichen Investitionskosten rechtfertigen zu können, ist eine regelmäßige Teilnahme am intermediärgestützten Handel mit Produktionsleistungen erforderlich (Berg 2000). Eine Teilnahme im Sinne sporadischer Einmaltransaktionen wird daher im Weiteren nicht berücksichtigt.

Zusammenfassend macht das in Abb. 4.3-2 dargestellte Eigenschaftsprofil des Intermediärs deutlich, dass der elektronisch intermediierte Handel mit Produktionsleistungen dem Bereich des so genannten E-Procurement (elektronische Beschaffung) zuzuschreiben ist. Der Intermediär grenzt sich dadurch eindeutig von überwiegend kooperationsorientierten Plattformen ab, die im Rahmen virtueller Unternehmen oder ähnlicher Unternehmensnetzwerke der Koordination überbetrieblich verteilter Unternehmensfunktionen zur Erstellung einer gemeinschaftlich erstellten Leistung dienen (Schuh 2001).

4.3.3 Organisatorische Rahmenbedingungen

Nachdem ein einheitliches Begriffsverständnis für den intermediierten Handel mit Produktionsleistungen vermittelt wurde, werden im Folgenden die organisatorischen Rahmenbedingungen für eine integrierte, intermediärangebundene Produktionsplanung und -steuerung (IPPS) entwickelt.

4.3.3.1 Ziele der Planung und Steuerung

Die mit der Durchführung der PPS angestrebten und z. T. miteinander konkurrierenden Ziele sind (vgl. Abschn. 3.3; Ulich 1997; Hackstein 1989):

- Steigerung der Termintreue,
- Verringerung der Durchlaufzeiten,
- Reduzierung der Lagerbestände,
- Erhöhung der Produktqualität,
- Erhöhung der Kapazitätsauslastung und
- Erhöhung der Flexibilität.

Dies sind zunächst keine neuen Ziele der PPS, wobei sich jedoch der Schwerpunkt der Unternehmensbemühungen zu einer Erhöhung der Flexibilität, einer verbesserten Ressourcenallocation sowie einer verstärkten Transparenz der Auftragsabwicklung verschiebt (Asche 2001; Glogler 2001; Alt u. Schmid 2000; Zarnekow 1999).

4.3.3.2 Beschreibung des Handels mit Produktionsleistungen

Die Beschreibung des Handels mit Produktionsleistungen erfolgt zunächst in Form eines theoretischen Modells. Im Einzelnen soll das Modell sowohl die für die Gestaltung unternehmensinternen als auch die im Austausch zwischen den Intermediärteilnehmern auftretenden, überbetrieblichen Aspekte der Intermediation erfassen. Gleichzeitig muss das Modell Transaktionsphasen und ihre jeweiligen Markt- bzw. Verhandlungskonfigurationen beschreiben.

Als Struktur gebende Rahmenkomponente wird ein Transaktionsphasenmodell zugrunde gelegt, welches den Ablauf der überbetrieblichen Interaktion der Intermedärteilnehmer zeitlich strukturiert und die dabei jeweils vorliegende Marktkonfiguration beschreibt. Diese Modellbestandteile bilden die Marktkomponente des Beschreibungsmodells. Zur Beschreibung des Nachrichtenaustauschs zwischen lose gekoppelten Kommunikationspartnern empfiehlt sich die Erweiterung der Marktkomponente um Transaktionsmodelle (Rosemann 1996) für jede Transaktions-

4.3 PPS bei elektronischem Handel mit Produktionsleistungen

phase. Rosemann empfiehlt zudem die Ergänzung von Phasen- und Transaktionsmodellen um die Ressourcenkomponente. Dabei werden die Struktur und die Nutzung der erforderlichen Ressourcen beschrieben, insbesondere der Materialfluss zwischen Lägern und Fertigungskapazitäten. Sie besitzt ausschließlich für die eigentliche Abwicklungsphase Gültigkeit.

Marktkomponente

Kommunikation bildet die Voraussetzung für das Funktionieren der Koordinationsmechanismen innerhalb von Unternehmen, in Netzwerken und in Märkten (Picot et al. 2003). Intermediärgestützte, überbetriebliche Geschäftsprozesse werden mit Hilfe in sich geschlossener Phasen des überbetrieblichen Informationsaustauschs strukturiert. Die vier Transaktionsphasen eines Intermediär für Produktionsleistungen (vgl. Abb. 4.3-3) stellen eine zeitliche Strukturierung der Geschäftsprozesse dar.

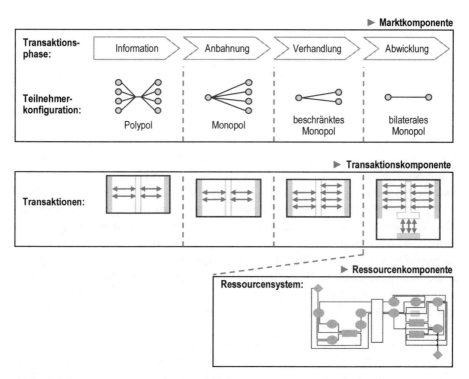

Abb. 4.3-3 Komponenten des Modells

In der Informationsphase steht sich eine Vielzahl von Interessenten gegenüber (polypolistische Teilnehmerkonfiguration (Wöhe u. Döring 2005)), die sich Marktwissen aneignen. In der Anbahnungsphase konkretisieren sich die Anliegen der Teilnehmer, und es bilden sich Vertragsabsichten aus (Schmid 2002). In dieser Phase stehen sich Leistungsanbieter und Leistungsnachfrager gegenüber. Die Marktsituation ist von einem Monopol geprägt. Die Durchführung der Verhandlungen zwischen dem potenziellen Auftraggeber und seinen potenziellen Auftragnehmern ist Bestandteil der Verhandlungsphase. Der potenzielle Auftraggeber steht einer durch Präferenzbildung, gegenüber der Anbahnungsphase, reduzierten Anzahl potenzieller Auftragnehmer gegenüber. Eine derartige Marktkonfiguration wird als beschränktes Angebotsmonopol bezeichnet. In der Abwicklungsphase wird der Vertrag erfüllt und die vereinbarten Leistungen werden erbracht (Picot et al. 2003). Neben einem Informationsaustausch findet auch ein Materialaustausch zwischen den Akteuren statt, auf Grund dessen ein ggf. eingebundener Frachtführer zu berücksichtigen ist. Da sich in der Abwicklungsphase ein Auftraggeber und ein Auftragnehmer gegenüberstehen, unterliegt die Leistungsabwicklung einem bilateralen Monopol.

Transaktionskomponente

Als Transaktion wird ein erfolgreich abgeschlossener, in sich konsistenter Informationsaustausch über den Intermediär zwischen anbietendem und nachfragendem Teilnehmer definiert (Schmid et al. 1999). Der Intermediär verarbeitet über alle Phasen hinweg die eingehenden Informationen und leitet diese anschließend an die Empfänger weiter. Art und Inhalt der Kommunikation in den einzelnen Phasen sind vom Phaseninhalt geprägt und fallen von Phase zu Phase stark unterschiedlich aus. Folglich ist es sinnvoll, für jede Phase ein Kommunikationsmodell aufzustellen, um eine systematische Beschreibung der Kommunikation zu ermöglichen.

In der Informationsphase geht es um den Austausch von Marktinformationen (Teilnehmerprofile und -daten, Produkt- und Kapazitätsspezifikationen, Teilnehmerkonditionen sowie allgemeine Informationen zum Handelsgeschehen (Schmid 2002)). Auch Teilnehmer ohne konkrete Absichten haben die Möglichkeit, Informationen zu erwerben, anhand derer sie letztendlich über den Nutzen einer Intermediärteilnahme entscheiden. Somit gehört zur Informationsphase ebenfalls die Möglichkeit der Teilnehmeranmeldung für den Intermediärbetrieb.

In der Anbahnungsphase nehmen Auftraggeber und Auftragnehmer den initialen Kontakt auf. Durch Leistungs- oder Angebotsausschreibungen bekunden die Teilnehmer ihre Absicht, mit anderen Teilnehmern in Verhandlungen einzutreten. Des Weiteren sind Information potenzieller Verhandlungspartner über die zu verhandelnden Leistungen erforderlich. In der Anbahnungsphase werden daher die Angebots- bzw. die Anfrageausschreibung und die entsprechende Benachrichtigung als Transaktionen erforderlich.

In der Verhandlungsphase werden Gebote abgegeben, Absagen oder Zuschläge verteilt sowie Vertragsbedingungen überbracht. Während der Verhandlung wird sowohl dem Auftraggeber als auch den potenziellen Auftragnehmern laufend der aktuelle Handelsstatus durch den Intermediär mitgeteilt. Lehnt der potenzielle Auftragnehmer den erhaltenen Zuschlag nicht ab, so wird den restlichen Bietern eine Absagebenachrichtigung übermittelt.

Abschließend werden Auftragsdaten und Fortschrittsmeldungen in der Abwicklungsphase überbracht. Bei einer eventuellen Einbeziehung eines externen Frachtführers ist eine Frachtanmeldung für Lieferungen erforderlich. Zudem folgt nach Vertragserfüllung eine Rechnungsstellung sowie eine gegenseitige Vertragspartnerbewertung, welche in eine Gesamtbewertung des Vertragspartners eingeht, die den übrigen Intermediärteilnehmern als Maß für die Zuverlässigkeit des Teilnehmers dient.

Ressourcenkomponente

Innerhalb von Produktionssystemen bilden Material und Fertigungskapazitäten neben dem Personal die bedeutendsten Ressourcen. Die Materialwirtschaft ist wiederum eng mit den zur Verfügung stehenden Lagerkapazitäten verknüpft. Die Lagerwirtschaft kennt die grundsätzlichen Lagertypen Beschaffungs-, Fertigungs- und Absatzlager. Die Produktion setzt sich aus der Fertigung und der Montage zusammen (Much u. Nicolai 1995).

Das Produktionssystem wird somit aus folgenden grundsätzlichen Elementen aufgebaut:

- Wareneingang,
- Warenausgang,
- Rohstofflager,
- Zwischenlager zur Aufnahme von Halbzeugen und Fremdbeschaffungsteilen für die Montage
- Fertigwarenlager und
- Produktionskapazität, also die erforderlichen Ressourcen für Fertigungs- und Montagearbeitsgänge.

Auf Basis umfangreicher Betriebsuntersuchungen wurden mit Hilfe dieser Elemente inner- und überbetriebliche Materialflüsse modelliert (Aghte 2003).

4.3.3.3 Gestaltungsgegenstände des Handel mit Produktionsleistungen

Aus Sicht der teilnehmenden Produktionsunternehmen dient der Intermediär der Beschaffung oder dem Absatz von Produkten, Teilen, Materialien oder Produktionsdienstleistungen. Handelsobjekte elektronischer Intermediäre für Produktionsdienstleistungen können grundsätzlich in materielle Güter (Teile und Produkte) und Produktionsdienstleistungen (in Form einer Arbeitsverrichtung an Material) unterschieden werden (Kühling u. Housein 2000; Zarnekow 1999).

Bei Aufträgen für vollständig bearbeitete Teile kann einerseits das Material seitens des Auftraggebers beigestellt werden oder andererseits durch den Auftragnehmer beschafft werden. Die Vergabe von Aufträgen für einzelne Arbeitsgänge (z. B. Oberflächenveredelung) geht mit einer Materialbeistellung durch den Auftraggeber einher, da die zu verarbeitenden Teile bereits wertschöpfende Prozesse durchlaufen haben.

Die Beschaffung von Material oder Teilen bei externen Lieferanten wird als Fremdbezug bezeichnet. Der Fremdbezug ist durch einen einseitigen Materialfluss gekennzeichnet, vom Lieferanten hin zum bestellenden Unternehmen (Hinschläger 1993). Eine Materialbeistellung findet nicht statt.

Die Auslagerung von Arbeitsgängen wird hingegen als Fremdvergabe bezeichnet. Bei der Fremdvergabe befinden sich die zu bearbeitenden Materialien zunächst im Unternehmen, werden dann physisch zu Fremdfertigern ausgelagert, von denen sie nach entsprechender Bearbeitung zum fremdvergebenden Unternehmen zurückgeliefert werden. Im Gegensatz zum Fremdbezug findet bei der Fremdvergabe ein wechselseitiger Materialfluss statt (Windt 2001; Hinschläger 1993).

Kapazitätsreservierungen werden ausgesprochen, wenn Material des Auftraggebers unter kurzfristigem Abruf innerhalb eines festgelegten Zeitraums auf der reservierten Kapazität des Auftragnehmers zu bearbeiten ist. Auftragnehmer nehmen Kapazitätsreservierungen typischerweise vor, wenn der genaue Termin oder der Umfang des Fremdbearbeitungsbedarfs nicht ausreichend früh vorhergesehen werden kann; Bearbeitungskapazitäten grundsätzlich beschränkt sind (z. B. durch saisonale Effekte) oder der Auftraggeber bestrebt ist, sich eine höchstmögliche Flexibilität in der Auftragsausführung vorzubehalten (Wiendahl u. Vollmer 1999).

Als Gestaltungsgegenstände werden der Fremdbezug, die Fremdvergabe und die Kapazitätsreservierung konkretisiert. Für diese Gestaltungsgegenstände wurden mit Hilfe der oben aufgeführten Basiselemente des Produktionssystems inner- und überbetriebliche Materialflüsse ermittelt.

Gestaltungsalternativen

Die ermittelten Gestaltungsgegenstände können sowohl aus Sicht des Auftraggebers als auch aus Sicht des Auftragnehmers untersucht werden. Unter einer Gestaltungsalternative wird nachfolgend eine auf eine Vertragsstellung bezogene Variante der Gestaltungsgegenstände verstanden, die einen konsistenten Materialfluss aufweist. Daraus ergeben sich demzufolge folgende Gestaltungsalternativen:

- auftrag<u>geber</u>seitiger sowie auftrag<u>nehmer</u>seitiger Fremdbezug;
- auftrag<u>geber</u>seitige sowie auftrag<u>nehmer</u>seitige Fremdvergabe und
- auftrag<u>geber</u>seitige sowie auftrag<u>nehmer</u>seitige Kapazitätsreservierung.

Neben diesen Unterscheidungsmerkmalen werden der Alternativenbildung zusätzlich die Option der Weiterbearbeitung des Materials nach einer externen Bearbeitung sowie die Materialart des ausgetauschten Materials zugrunde gelegt. Bei der Materialart wird zwischen Rohteil, Halbzeug oder Handelsware unterschieden (Much u. Nicolai 1995). Es ergeben sich insgesamt sechzehn Gestaltungsalternativen (vgl. Abb. 4.3-4), die für die Ausgestaltung der Ressourcenkomponente von Bedeutung sind.

Gestaltungsgegenstand	Rohteil		Halbzeug		Handelsware	
	AN	AG	AN	AG	AN	AG
Fremdvergabe	12	3*, 4	13	1*, 2		
Kapazitätsreservierung	14	7*, 8	14	5*, 6		
Fremdbezug	15	10	16	9		11

| Legende: | **AN** Auftragnehmer | **AG** Auftraggeber | * Weiterbearbeitung durch Auftraggeber |

Abb. 4.3-4 Gestaltungsalternativen

Auftraggeberseitige Fremdvergabe

Die Fremdvergabe ist dadurch gekennzeichnet, dass bei der Fremdfertigung das Material vom Auftraggeber beigestellt wird. Das hat zur Folge, dass der Materialfluss grundsätzlich im Wareneingang des Auftraggebers beginnt. Von dort aus gelangt das Rohteil in ein Rohstofflager. Bei den Alternativen 1 und 2 wird das Rohteil in einem Fertigungsschritt bearbeitet und anschließend im Zwischenlager gelagert.

Aus dem Zwischenlager wird das Material zur Fremdfertigung dem Auftragnehmer geliefert. Nach der Fremdbearbeitung gelangt das Material über den Wareneingang entweder in das Zwischenlager (Alternative 1) oder in das Fertigwarenlager (Alternative 2) des Auftraggebers. Aus dem Zwischenlager heraus erfolgen weitere, nachfolgende Produktionsschritte. Letztendlich gelangt das fertig gestellte Produkt in das Fertigwarenlager. Bei Alternative 2 entfallen die nachfolgenden Produktionsschritte und das Material wird direkt in das Fertigwarenlager verbracht.

Bei den Alternativen 3 und 4 wird Rohmaterial dem Auftragnehmer beigestellt. Im weiteren Verlauf sind die Materialflüsse analog zu Alternativen 1 und 2, so dass auch hier zwischen einer nachfolgenden Weiterbearbeitung (Alternative 3) und einer Einlagerung ins Fertigwarenlager (Alternative 4) unterschieden wird.

Auftraggeberseitige Kapazitätsreservierung

Die Gestaltungsalternativen der Kapazitätsreservierung (Alternativen 5 bis 8) verhalten sich analog zur Fremdvergabe. Der wesentliche Unterschied der Kapazitätsreservierung zur Fremdvergabe besteht darin, dass bei ihr kein Einzelauftragsbezug vorgesehen ist und somit keine detaillierten Auftragsinformationen zur Art der auszuführenden Arbeiten und des zu verarbeitenden Materials ausgetauscht werden. Die Fremdvergabe kann somit auch als Abruf innerhalb der Kapazitätsreservierung genutzt werden. Es ist zu berücksichtigen, dass in diesem Fall beim Auftragnehmer auf Grund der reservierten Produktionskapazität in der Regel keine abwartende Lagerung des Materials vor der Bearbeitung erfolgt. Die Gestaltungsalternativen auf Seiten des Auftraggebers sind daher mit denen der Fremdvergabe identisch. Unterschiede im Materialfluss ergeben sich lediglich für die Gestaltungsalternativen des Auftragnehmers (s. u.).

Auftraggeberseitiger Fremdbezug

Nach der Lieferung der fremdbeschafften Güter durch den Auftragnehmer gelangt das Material in den Wareneingang des Auftraggebers. Der weitere Materialfluss ist von der Materialart abhängig. Handelt es sich um Fertigteile oder Halbfabrikate, gelangt das Material zunächst ins Zwischenlager, um anschließend in einem oder mehreren Fertigungsschritten weiterbearbeitet zu werden, bevor es in das Fertigwarenlager gelangt (Alternative 9). Handelt es sich aus Sicht des Auftraggebers um Rohstoffe, so gelangt es in ein Rohstofflager, um von dort aus den weiteren Weg über die Fertigung zu nehmen (Alternative 10). Werden fertige Handelswaren über den Intermediär fremdbezogen (Alternative 11), wird die Ware direkt in das Fertigwarenlager des Auftraggebers gebracht.

Auftragnehmerseitige Fremdvergabe

Bei der Fremdvergabe beginnt der Materialfluss für die Planung und Steuerung des Auftragnehmers wiederum im Wareneingang. Handelt es sich für den Auftragnehmer um Rohteile, so werden sie im Rohwarenlager eingelagert und von dort aus über die Fertigung in das Fertigwarenlager verbracht (Alternative 12). Alternative 13 beschreibt den Fluss der Teile oder Zwischenprodukte über das Zwischenlager zur Fertigung und anschließend in das Fertigwarenlager.

Auftragnehmerseitige Kapazitätsreservierung

Die Kapazitätsreservierung bietet dem Auftragnehmer lediglich eine Materialflussalternative (Alternative 14). Hier gelangen die Materialien über den Wareneingang direkt in die Fertigung. Eine Vereinnahmung der Teile in Form von Lagerbeständen findet nicht statt. Die Lagerung der Teile erfolgt ausschließlich in Pufferlagern, die in der PPS nicht dispositiv erfasst werden (Hackstein 1989). Nach Abschluss der Bearbeitung werden die Teile an den Auftraggeber zurückgeliefert.

Auftragnehmerseitiger Fremdbezug

Die wesentlichen Unterschiede zwischen den Gestaltungsalternativen der Fremdvergabe und des Fremdbezugs liegen für den Auftragnehmer darin, dass im Fall des Fremdbezugs das von ihm benötigte Material nicht vom Auftraggeber, sondern von einem Lieferanten bereitgestellt wird. Darüber hinaus sind die Materialflüsse und somit auch die Gestaltungsalternativen des Fremdbezugs mit der Fremdvergabe weitgehend identisch (Alternativen 15 und 16).

Nicht alle Kombinationen ergeben einen konsistenten und koordinierbaren Auftragsdurchlauf. Die Ermittlung sinnvoller Kombinationen ist daher notwendig.

Bei der Fremdvergabe sind nahezu alle auftraggeber- und auftragnehmerseitigen Gestaltungsalternativen kompatibel. Eine Ausnahme bilden die Alternativen 2 und 12. Das Halbzeug hat in der Produktion des Auftraggebers bereits eine Wertschöpfung erfahren und wird daher in der Produktion des Auftragnehmers nicht als Rohteil geführt. Die Einlagerung in ein Rohteillager ist daher nicht sinnvoll. Die Gestaltungsalternativen der Kapazitätsreservierung lassen sich ausnahmslos kombinieren.

Da die Ware beim Fremdbezug vor der Anlieferung durch den Auftragnehmer keinen Produktionsschritt beim Auftraggeber durchlaufen hat, wird der Auftraggeber die fremdbezogenen Teile in Abhängigkeit von seiner internen Wertschöpfungsstruktur als Rohteil, als Halbzeug oder als Fertigware klassifizieren. Dieser Unterschied zum Fremdbezug ermöglicht

4 Konzeptentwicklung in der Produktionsplanung und -steuerung

eine freie Kombination aller Gestaltungsalternativen des Auftraggebers (Alternativen 9-11) mit den Alternativen des Auftragnehmers (Alternativen 14-16).

Planungsgegenstände

Planungsgegenstände der PPS sind Termine, Mengen und Kapazitäten (Kaiser 1998; Much 1997) und können daher auch auf die intermediär bezogene Planung und Steuerung übertragen werden. Zur Bestimmung und Konkretisierung der Planungsgegenstände ist eine Zuordnung der Gestaltungsgegenstände erforderlich. Die Ergebnisse der Zuordnung sind in Abb. 4.3-5 graphisch dargestellt.

Bei der *Fremdvergabe* ist der Auftraggeber gezwungen, neben dem Bereitstellungstermin und der Bereitstellungsmenge ebenfalls den Bedarfstermin und die Bedarfsmenge für die rückgelieferten Teile zu ermitteln. Findet eine Weiterbearbeitung der Teile nach der Fremdvergabe statt, sind der Fertigungstermin und der entsprechende Kapazitätsbedarf zu planen. Dem Auftragnehmer obliegt es, seinen internen Kapazitätsbedarf, Produktionstermin und -menge sowie den Termin und die Bereitstellungsmenge für die Rücklieferung zum Auftraggeber planerisch zu ermitteln.

	Gestaltungs-gegenstand \ Planungs-gegenstand	Bedarfstermin	Bedarfsmenge	Produktionstermin	Produktionsmenge	Kapazitätsbedarf	Bereitstellungstermin	Bereitstellungsmenge	Bestandsmenge
Auftraggeber	Fremdvergabe	◉	◉	•	•	•	◉	◉	◉
Auftraggeber	Fremdbeschaffung	◉	◉						◉
Auftraggeber	Kapazitätsreservierung	•	•	◉		◉	◉	◉	◉
Auftragnehmer	Fremdvergabe			◉	◉	◉	◉	◉	◉
Auftragnehmer	Fremdbeschaffung	•	•	•	•	•	◉	◉	◉
Auftragnehmer	Kapazitätsreservierung			◉		◉	•	•	◉

Planungsgegenstände: ◉ erforderlich   • fallweise erforderlich

Abb. 4.3-5 Planungsgegenstände

Im Rahmen des *Fremdbezugs* ermittelt der Auftraggeber seinen Bedarfstermin und die entsprechende Bedarfsmenge. Die Weiterverarbeitung des Materials wird von der Standard-PPS abgedeckt. Der Auftragnehmer plant in jedem Fall die Bereitstellungsmenge und den Bereitstellungstermin. Sollte seinerseits ein Fremdbezug der Vormaterialien und eine interne Bearbeitung erforderlich werden, erweitern sich die Planungsgegenstände des Auftragnehmers um die Bedarfsmenge und den Bedarfstermin sowie den Fertigungstermin, die Fertigungsmenge und den Kapazitätsbedarf.

Die Planungsgegenstände des Auftraggebers im Zuge einer *Kapazitätsreservierung* sind umfangreich. Der externe Kapazitätsbedarf und seine Terminierung sind festzulegen. Weiterhin muss die Materialbereitstellung terminlich und mengenmäßig geplant werden. Für die Rückanlieferung kann ein interner Bedarfstermin vorgesehen werden. Sofern eine Weiterbearbeitung stattfindet, ist diese terminlich, mengenmäßig und kapazitiv in der Planung zu berücksichtigen. Der Auftragnehmer ist lediglich auf die terminliche und kapazitive Reservierung seiner Produktionskapazitäten angewiesen. Falls der Auftraggeber eine produktionsasynchrone Rücklieferung wünscht, sind Bereitstellungstermine und -mengen zu berücksichtigen.

4.3.4 Gesamtmodell der intermediärangebundenen Produktionsplanung und -steuerung

Das Gesamtmodell der intermediärangebundenen Produktionsplanung und -steuerung (IPPS-Modell), bestehend aus den vier IPPS-Partialmodellen (Aufgaben-, Prozess-, Funktions- und Datenmodell) wird in den folgenden Abschnitten erläutert. Gegenüber dem PPS-Ausgangsmodell (vgl. Kapitel 2) lassen sich am IPPS-Modell zwei wesentliche Formen der Anpassung ablesen. Zum einen hat das Modell eine Reihe inhaltlicher Ergänzungen erfahren, die auf die Anpassung oder Erweiterung der PPS-Inhalte ausgerichtet sind.

Die zweite Form der Anpassung findet sich in einer grundlegenden Erweiterung der Planungsflexibilität und einer daraus entstehenden Neuordnung des Zusammenwirkens der PPS-Planungshierarchie. Während die inhaltlichen Ergänzungen ausführlich im Rahmen der Partialsichten des IPPS-Modells (vgl. Abschn. 4.3.4.3 bis Abschn. 4.3.4.6) vorgestellt werden können, wird die makroskopische Anpassung der Planungshierarchie vorweg erläutert (vgl. Abschn. 4.3.4.1 und Abschn. 4.3.4.2).

4.3.4.1 Flexibilisierungseffekte im Zuge des Handels mit Produktionsleistungen

Die Anbindung der PPS an einen Intermediär führt durch Beschleunigung der Auftragsallokation und durch Senkung der Transaktionskosten zu einer Vergrößerung der Anzahl potenzieller Vertragspartner, ohne die Fortführung bestehender Lieferbeziehungen auszuschließen (vgl. Abb. 4.3-6).

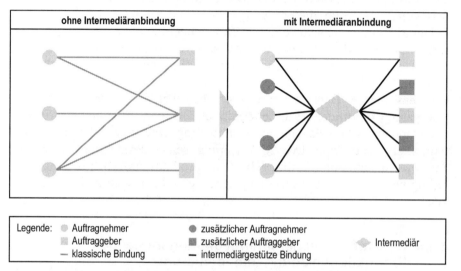

Abb. 4.3-6 Vermarktlichung der Lieferbeziehungen durch eine Intermediärnutzung

Die IPPS kann bis zum Zeitpunkt der Auftragsanbahnung den Vertragspartner als einen virtuellen Partner mit virtuellem Leistungsangebot oder -bedarf berücksichtigen. Die erhöhte Anzahl der Vertragspartneroptionen und die Virtualität der Vertragspartner eröffnen Auftraggeber und Auftragnehmer zusätzliche dispositive Flexibilität in der Planung und Steuerung. Diese Flexibilitätszunahme erstreckt sich auf die folgenden Teilaspekte:

- Flexibilität in der Wahl der Beschaffungsart,
- Flexibilität in der Terminierung,
- Flexibilität bei der Mengenzuordnung,
- Flexibilität bei der Kapazitätsinanspruchnahme sowie die
- Flexibilität in der Kostengestaltung.

Die Flexibilisierung in der Wahl der Beschaffungsart ermöglicht es, bislang in Eigenfertigung beschaffte Teile, Baugruppen oder Arbeitsgänge parallel zur geplanten Eigenfertigung über den Intermediär auszuschrei-

4.3 PPS bei elektronischem Handel mit Produktionsleistungen

ben. Ergibt sich eine betriebswirtschaftlich sinnvolle Option zur externen Beschaffung, kann die Beschaffungsart im Vorfeld der Produktion kurzfristig geändert werden. Des Weiteren können komplexe fremdbeschaffte Produktionsleistungen, auf unterschiedlichen Dispositionsstufen aufgelöst und zeitgleich als Gesamt- oder Einzelleistungen ausgeschrieben werden. Zusätzliche Terminierungsoptionen sind auf die größere Anzahl von Realisierungsalternativen bei der terminlichen Abstimmung der Bestandteile eines Gesamtauftrags zurückzuführen.

Die verbesserte Flexibilität in der Mengenzuordnung ergibt sich durch die Zerlegung von Gesamtaufträgen in mehrere Aufträge über Teilmengen mit unterschiedlichen Leistungserbringern. Dies ermöglicht dem Auftragnehmer eine Verbesserung der Auslastung seiner Produktionsressourcen und dem Auftraggeber eine bestmögliche Erreichung seiner Planmengen bei Lieferengpässen.

Kommt es zu Kapazitätsengpässen oder freien Kapazitäten, können diese über den Intermediär publiziert werden. Die Flexibilitätsgestaltung in der Kostengestaltung geht auf den Handlungsspielraum des Auftraggebers zurück, seine Entscheidung zur Auftragsvergabe auf Grundlage der vom Intermediär ermittelten Angebotspreise durchzuführen.

4.3.4.2 Planungshierarchische Implikationen der Flexibilisierungseffekte

Durch den Flexibilitätsgewinn wird ein modifiziertes Zusammenwirken der Planungshierarchien erforderlich. Die PPS kennt im Wesentlichen drei stufenweise aufeinander aufbauende Planungsebenen (Kurbel 2005). Dies sind:

- die strategische (langfristige) Planung,
- die taktische (mittelfristige) Planung und
- die operative (kurzfristige) Planung und Steuerung.

Die Kern- und Querschnittsaufgaben des PPS-Modells können den Planungsebenen zugeordnet werden. Die strategische Planung ist im PPS-Modell in der Produktionsprogrammplanung angesiedelt, während die taktische Planung von der Produktionsbedarfsplanung übernommen wird. Die kurzfristige operative Planung und Steuerung ist in Abhängigkeit von Eigen- oder Fremdbeschaffung in der Eigenfertigungsplanung und -steuerung und der Fremdbezugsplanung und -steuerung angesiedelt. Eine besondere Stellung nimmt das Auftragsmanagement ein, welches auf Grund ihres Auftragsbezugs sowohl langfristige als auch kurzfristige Aufgabeninhalte in sich vereint.

4 Konzeptentwicklung in der Produktionsplanung und -steuerung

Die Gestaltungsgegenstände der IPPS können gemäß Abb. 4.3-7 den Planungshorizonten zugeordnet werden. Während Fremdvergabe und Fremdbezug sowohl in kurzfristig als auch langfristig angelegte Planungen einbezogen werden können, ist die Veranlassung einer Kapazitätsreservierung in erster Linie auf der strategischen oder taktischen Planungsebene sinnvoll.

Sofern es zu einer erfolgreichen Auftragsallokation kommt, werden IPPS-Strukturen benötigt, die eine Berücksichtigung der Auswirkungen auf das Eigenfertigungs- und das Fremdbeschaffungsprogramm ermöglichen. Für den Fall einer erfolglosen Ausschreibung ist es Aufgabe der IPPS, alternative Handlungsoptionen für die konventionelle Fremdbeschaffung oder die Eigenfertigung zu bewerten und auszuwählen.

4.3.4.3 Aufgabenpartialmodell der IPPS

Die IPPS-Aufgaben (vgl. Abb. 4.3-8) sind durch Modifikation, Substitution oder Partition bestehender PPS-Aufgaben sowie durch die Addition weiterer Aufgaben entstanden. In der nachfolgenden Darstellung finden ausschließlich IPPS-Inhalte Berücksichtigung, die sich vom PPS-Modell unterscheiden (vgl. Abschn. 2.2).

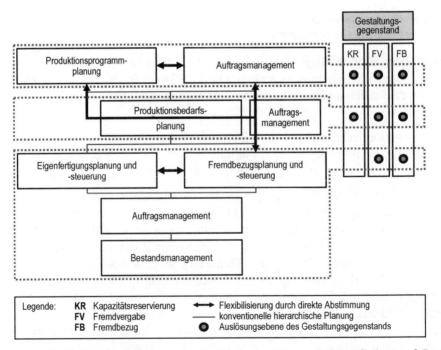

Abb. 4.3-7 Direkte Abstimmung der Kern- und Querschnittsaufgaben auf Grund von Flexibilisierungseffekten

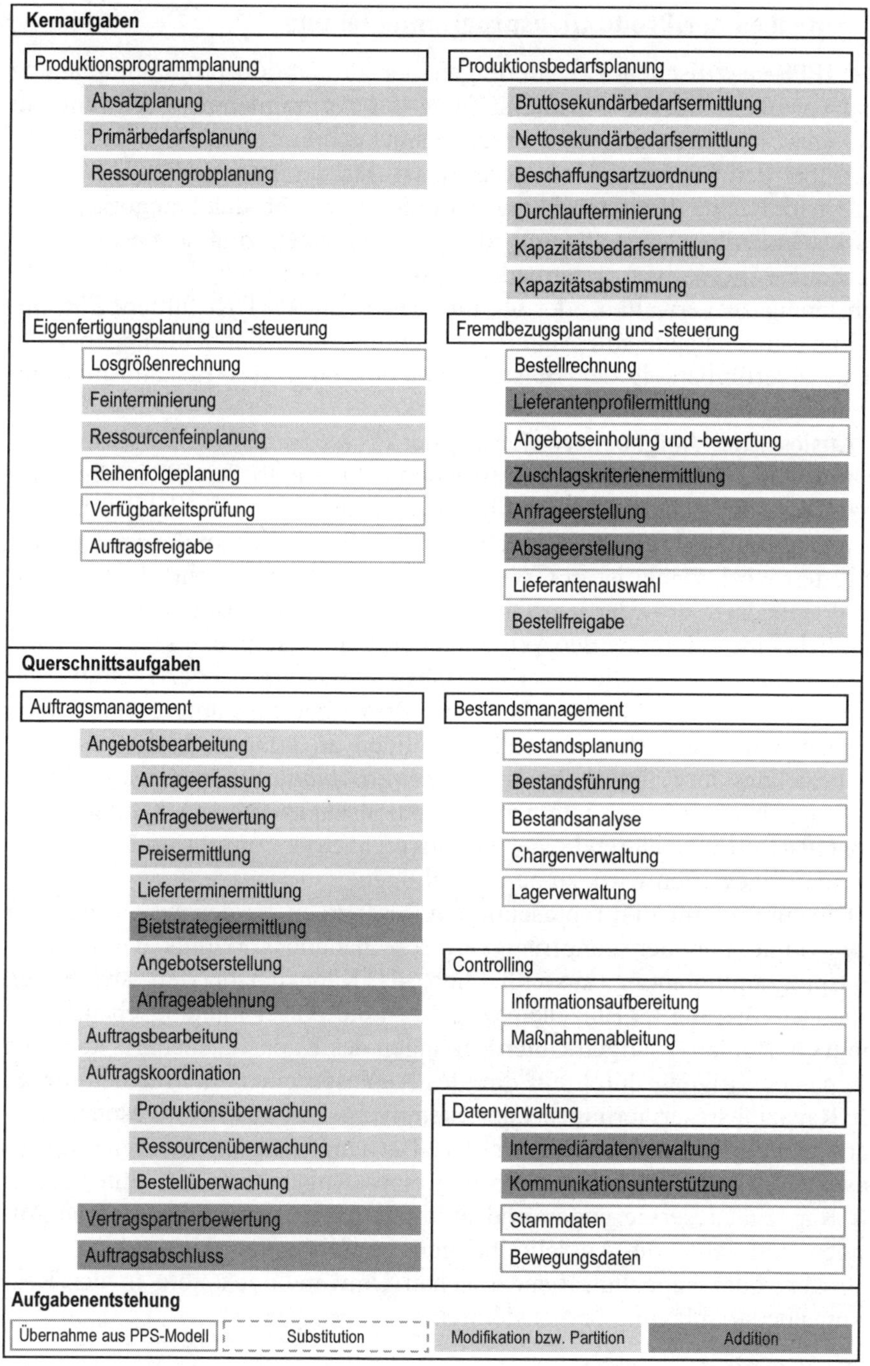

4.3 PPS bei elektronischem Handel mit Produktionsleistungen

Kernaufgaben

Produktionsprogrammplanung
- Absatzplanung
- Primärbedarfsplanung
- Ressourcengrobplanung

Produktionsbedarfsplanung
- Bruttosekundärbedarfsermittlung
- Nettosekundärbedarfsermittlung
- Beschaffungsartzuordnung
- Durchlaufterminierung
- Kapazitätsbedarfsermittlung
- Kapazitätsabstimmung

Eigenfertigungsplanung und -steuerung
- Losgrößenrechnung
- Feinterminierung
- Ressourcenfeinplanung
- Reihenfolgeplanung
- Verfügbarkeitsprüfung
- Auftragsfreigabe

Fremdbezugsplanung und -steuerung
- Bestellrechnung
- Lieferantenprofilermittlung
- Angebotseinholung und -bewertung
- Zuschlagskriterienermittlung
- Anfrageerstellung
- Absageerstellung
- Lieferantenauswahl
- Bestellfreigabe

Querschnittsaufgaben

Auftragsmanagement
- Angebotsbearbeitung
  - Anfrageerfassung
  - Anfragebewertung
  - Preisermittlung
  - Lieferterminermittlung
  - Bietstrategieermittlung
  - Angebotserstellung
  - Anfrageablehnung
- Auftragsbearbeitung
- Auftragskoordination
  - Produktionsüberwachung
  - Ressourcenüberwachung
  - Bestellüberwachung
- Vertragspartnerbewertung
- Auftragsabschluss

Bestandsmanagement
- Bestandsplanung
- Bestandsführung
- Bestandsanalyse
- Chargenverwaltung
- Lagerverwaltung

Controlling
- Informationsaufbereitung
- Maßnahmenableitung

Datenverwaltung
- Intermediärdatenverwaltung
- Kommunikationsunterstützung
- Stammdaten
- Bewegungsdaten

Aufgabenentstehung

Übernahme aus PPS-Modell | Substitution | Modifikation bzw. Partition | Addition

Abb. 4.3-8 Aufgabenmodell der IPPS

Aufgaben der Produktionsprogrammplanung

Die IPPS-spezifischen Erweiterungen der Produktionsprogrammplanung sind vor allem für die Vertragsstellung des Auftragnehmers relevant. Im Zuge der *Absatzplanung* sind Erzeugnismengen einzubeziehen, deren Absatz über den Intermediär vorgesehen ist. Da der Intermediär auf Grund der marktlichen Bedarfsbildung lediglich eine produktkategorie- oder marktsegmentbezogene Planung der Absatzmengen zulässt, bestehen die Verfahrensalternativen, intermediärbezogene Absatzmengen als solche eigenständig zu verwalten oder als internen Planbedarf zu führen. Für Gestaltungsgegenstände mit Materialbeistellung muss der Auftraggeber die Materialverfügbarkeit der Beistellungen im Zuge des Bestandsmanagements sicherstellen.

Auslöser der Aufgabenerweiterung der *Primärbedarfsplanung* ist die Integration der Beschaffungsbedarfsplanung. Innerhalb der IPPS führt dies dazu, dass die Bedarfsplanung für Einzelerzeugnisse oder Erzeugnisgruppenpläne um eine zeitnahe Einbeziehung realisierter Fremdbezugsaufträge erweitert wird. Dabei ist ggf. eine Entlastung oder Substitution gleichartiger Planbedarfe erforderlich. Diese Modifikation der Aufgabeninhalte ermöglicht eine Erhöhung der Aktualität der Planungsergebnisse.

Kapazitätsbedarfe, die aus Kapazitätsreservierungen oder Fremdvergaben hervorgehen, können nicht in die Primärbedarfsplanung einbezogen werden. Um diese Bedarfe berücksichtigen zu können, bedarf es einer Einbeziehung im Rahmen der *Ressourcengrobplanung*. Zunächst sind vom Auftraggeber neben den internen Produktionskapazitäten auch externe Kapazitäten, auf die während einer Fremdvergabe oder einer Kapazitätsreservierung zugegriffen wird, zu berücksichtigen.

Die vom Intermediär repräsentierten Ressourcen werden auf Grund ihrer Anonymität und der Langfristigkeit des Planungshorizonts der Produktionsprogrammplanung ausschließlich als Kapazitätsklassen abgebildet. Eine Detaillierung zu Einzelkapazitäten ist auf dieser Planungsebene nicht möglich. Bei langfristigen Unterdeckungen des Kapazitätsbedarfs kann die Engpassbeseitigung durch ein direktes Auslösen einer Intermediäranfrage für Kapazitätsreservierungen oder Fremdvergaben aus der Ressourcenbedarfsplanung heraus beseitigt werden. Bei langfristig absehbaren Kapazitätsunterdeckungen ist die Auslösung eines Angebots an den Intermediär für Kapazitätsreservierungen und Fremdvergaben notwendig. Offene Anfragen und laufende Ausschreibungen werden unter Anwendung einer anfrager- oder kapazitätsartspezifischen Umwandlungsquote in der Ressourcenbedarfsplanung berücksichtigt.

Aufgaben der Produktionsbedarfsplanung

Zur Ausschöpfung von zusätzlichen Flexibilitätspotenzialen, die auf der Wahl der Beschaffungsart und der Mengenallokation zwischen verschiedenen Beschaffungsquellen basieren, ist die Modifikation der in der Produktionsbedarfsplanung zusammengefassten Aufgaben erforderlich.

Die *Bruttosekundärbedarfsplanung* löst von vornherein alle Stücklistenstufen eines Primärerzeugnisses bis zur untersten Stufe mit einer Option zur Fremdbeschaffung auf. Dabei sind alternative Stücklistenauflösungen für Stücklistenstrukturen mit mehrfachen Beschaffungsartoptionen vorzunehmen und parallel zu verwalten. Die Modifikation der *Nettosekundärbedarfsplanung* führt dazu, dass alle geplanten Zu- und Abgänge, die auf Intermediäraufträge zurückgehen, in der Ermittlung des Nettobedarfs an Rohmaterial, Teilen und Baugruppen berücksichtigt werden.

Die *Beschaffungsartzuordnung* steht innerhalb der Produktionsbedarfsplanung im Mittelpunkt der Erweiterung der Aufgabeninhalte. Eine wesentliche Änderung stellt dabei die Berücksichtigung alternativer Stücklistenauflösungen eines Nettobedarfs dar. Diese Modifikation ist insbesondere für die Gestaltungsgegenstände Fremdvergabe und Fremdbezug relevant, da Kapazitätsreservierungen bereits im Zuge der Produktionsprogrammplanung ausgelöst werden. Um Fremdvergabeprozesse in die Beschaffungsartzuordnung einbeziehen zu können, ist entweder die Führung externer Arbeitsgänge in Form von Pseudo-Stücklistenpositionen oder die Einbeziehung externer Arbeitsgänge in die Bedarfsermittlung notwendig.

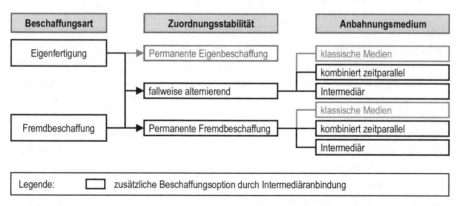

Abb. 4.3-9 Zuordnungsoptionen innerhalb der Beschaffungsartzuordnung

Zur Berücksichtigung alternativer Zuordnungsoptionen für die Entscheidungsfindung in der Beschaffungsartzuordnung ist eine erweiterte Differenzierung der verwendeten Klassifizierung der Beschaffungsart erforderlich (vgl. Abb. 4.3-9). Für alle Gestaltungsgegenstände gleichermaßen ist bei der Zuordnung der Beschaffungsart, neben den zeitlich stabilen Extremformen einer permanenten Eigenfertigung und einer permanenten Fremdbeschaffung, die Möglichkeit einer alternierenden Beschaffungsart zu berücksichtigen. In diesem Zusammenhang soll von alternierender Beschaffung gesprochen werden, wenn sowohl eine Eigenfertigung als auch eine Fremdbeschaffung grundsätzlich zulässig ist und keiner Beschaffungsart permanent der Vorzug gegeben wird.

Sekundärbedarfe, die auf Grund vertraglicher Bindungen oder zum Schutz von geistigem Eigentum ausschließlich an einen Lieferanten vergeben werden, können weiterhin exklusiv über klassische Medien zur Auftragsanbahnung und -abwicklung (Telefon, Fax, Postweg etc.) beschafft werden, da der Intermediär in diesem Fall keine Vermarktlichung der Auftragsallokation erzeugt. Für die übrigen Bedarfe ist die zusätzliche Entscheidung zu treffen, ob eine zeitparallele Beschaffungsanbahnung über alle verfügbaren Medien (Intermediär und klassische Medien) angestoßen oder ausschließlich ein Anbahnungsmedium genutzt wird. Im Fall einer zeitparallelen Anbahnung können in Verbindung mit alternativen Stücklistenauflösungen zu einem Sekundärbedarf mehrfache Bedarfsanforderungen entstehen.

Multiple Bedarfsanforderungen zu einer Bedarfsposition können somit drei Auslöser besitzen. Zum einen kann der Auslöser in der alternierenden Fremd- oder Eigenbeschaffung liegen. Zum anderen kann die zeitparallele Beschaffungsanbahnung über die beiden Abwicklungsmedien weitere Bedarfsanforderungen auslösen. Als dritter Auslöser werden diese beiden Optionen zusätzlich durch unterschiedliche Bedarfsauflösungen eines Sekundärbedarfs auf untergeordneten Dispositionsstufen überlagert. Eine Bedarfsanforderung kann daher als logische Entität einer 1:n-Verknüpfung eines Sekundärbedarfs mit den dazugehörigen Bestellanfragen bzw. Bedarfsausschreibungen angesehen werden. Die Verknüpfung bildet die aktiven Beschaffungsartoptionen zu einem Sekundärbedarf ab.

Im Rahmen der *Beschaffungsartzuordnung* ist die Überwachung des Anbahnungsfortschritts für jede vorhandene Bedarfsanforderung unablässig. Bis zur endgültigen Bestellfreigabe sind die Bedarfsanforderungen zu einem Sekundärbedarf getrennt zu verwalten. Die Beschaffungsartzuordnung erfolgt daher in Abstimmung mit der Bestellfreigabe der Fremdbezugsplanung und -steuerung.

Die fallweise Entscheidung über Eigenfertigung oder Fremdbeschaffung eines Sekundärbedarfs wird von der Beschaffungsartzuordnung unter Einbeziehung der Beschaffungswegoptionen, die sich sowohl über den Intermediär als auch über klassische Anbahnungsmedien bieten, durchgeführt. Zusätzliche Entscheidungskalküle liefert die mittelfristige Verfügbarkeit von Material und internen Produktionskapaziäten. Bei der Zuordnung der

4.3 PPS bei elektronischem Handel mit Produktionsleistungen

Beschaffungsart ist weiterhin die Zuteilung von Teilbedarfen zu einzelnen Angeboten zur Ausschöpfung von mengenbedingten Flexibilitätsoptionen zulässig.

Dies kann ex ante auf Basis von Vorgabequoten oder ex post auf Basis der von der Fremdbezugsplanung und -steuerung tatsächlich realisierten Bestellaufträge vorgenommen werden. Nicht realisierte Bedarfsanforderungen sind mit Abschluss der Beschaffungsartzuordnung in jedem Fall zu löschen. Die beschriebene Systematik zur Beschaffungsartzuordnung ist in Abb. 4.3-10 mit Hilfe der Entity-Relationship-Modellierung semantisch dargestellt.

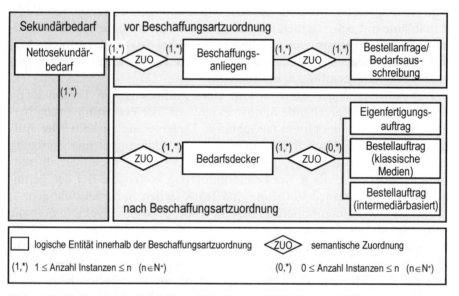

Abb. 4.3-10 Semantische Systematisierung der IPPS-Beschaffungsartzuordnung

Die erfolgreich realisierten Bedarfsdecker in Form von Eigenfertigungs- und Bestellaufträgen gehen im weiteren Verlauf der Planung in das Beschaffungsprogramm ein, so dass mit Abschluss der Beschaffungsartzuordnung das Beschaffungsprogramm vorliegt. Die darauf folgenden Aufgaben *Durchlaufterminierung*, *Kapazitätsbedarfsermittlung* und *Kapazitätsabstimmung* beziehen sich überwiegend auf den Eigenfertigungsanteil des Beschaffungsprogramms.

Eine Ermittlung bzw. Berücksichtigung von Eckterminen für die Warenbereitstellung und -wiederanlieferung für Beistellmaterial von Kapazitätsreservierungen und Fremdvergaben ist im Rahmen der *Durchlaufterminierung* zu vollziehen. Die *Kapazitätsbedarfsermittlung* erfolgt unter Einbeziehung der Meldungen des Auftragsmanagements und der Fremdbezugsplanung und -steuerung über erfolgreich eingeworbene bzw. vergebene Kapazitätsreservierungen und Fremdvergaben. Die *Kapazitätsabstimmung* berücksichtigt die Vergabe intern verfügbarer Kapazitätsangebote durch externe Belegung.

Aufgaben der Eigenfertigungsplanung und -steuerung

Im Rahmen der *Feinterminierung* ist die Einbeziehung der Bereitstellungsprozesse im Warenausgang sowie der Anlieferung fremdbezogener und fremdvergebener Teile oder Baugruppen erforderlich. Dabei werden die vom Intermediär bereitgestellten und ausgewerteten Statusmeldungen zum Auftragsfortschritt dazu genutzt, eine Feinsynchronisation der Werkstattabläufe mit den externen Logistikprozessen zu ermöglichen. Die Erfüllung dieser Aufgabenstellung ist insbesondere bei den durch reziproke Materialflussinterdependenzen gekennzeichneten Fremdvergabe- und Kapazitätsreservierungsaufträgen erforderlich.

Der Auftragnehmer kann im Fall eines Auftretens von Terminabweichungen eine entsprechende Statusmeldung aus der Feinterminierung heraus absetzen, bevor sich ein tatsächlicher Lieferverzug einstellt. Der Auftraggeber kann dadurch frühzeitig eine Neuterminierung seiner Fertigung anstoßen. Die Abstimmung eines neuen Ecktermins für die Materialbereitstellung wird ebenfalls in der Feinterminierung vollzogen. Bei der Terminierung dieser externen Vorgänge sind Transitzeiten zu berücksichtigen.

Analog zur Feinterminierung besteht in der *Ressourcenfeinplanung* die Möglichkeit, kurzfristige Ausschreibungen zur Deckung von fremdvergabe- oder fremdbezugsinduzierten Kapazitätsengpässen bedarfsweise auszulösen. Sollten geeignete Kapazitätsreservierungen bestehen, kann zusätzlich ein kurzfristiger Abruf der bisher nicht ausgeschöpften Kapazitätskontingente erfolgen. Die Inanspruchnahme der Kapazitäten ist auch auf seiten des Auftragnehmers zu berücksichtigen.

Aufgaben der Fremdbezugsplanung und -steuerung

Innerhalb der Fremdbezugsplanung und -steuerung finden sich eine Reihe zusätzlicher Aufgaben mit neuartigem Verrichtungsinhalt. Diese Häufung von Aufgabenadditionen ist auf die Neuartigkeit der Verrichtungen, die sich aus einer intermediärgestützten Beschaffung ergeben, zurückzuführen. Während die Aufgabenmodifikationen innerhalb der übrigen Kernaufgaben im Wesentlichen die Resonanz der IPPS auf die erweiterte Flexibilität in der Planung widerspiegeln, können die zusätzlichen Aufgaben der Fremdbezugsplanung und -steuerung als grundsätzlich neuartige Verrichtungsinhalte angesehen werden.

4.3 PPS bei elektronischem Handel mit Produktionsleistungen 707

Die Ausweitungen manifestieren sich in der *Lieferantenprofilermittlung*, der *Zuschlagskriterienermittlung*, der *Anfrage-* und der *Absageerstellung*. Diese Aufgaben stellen die konventionelle Beschaffung über klassische Kunden-/Lieferantenbeziehungen nicht in Frage. Sie sind vielmehr als zusätzlicher paralleler Anbahnungsweg anzusehen. Im Rahmen der IPPS ist es daher notwendig, dass ein im Fremdbezugsprogramm enthaltener Bedarf gleichzeitig über den Intermediär ausgeschrieben und bei einem Stammlieferanten auf klassischem Weg angefragt werden kann.

Der potenzielle Auftraggeber besitzt zu Beginn der Auftragsklärung und -allokation Anforderungen an das Qualitätsniveau und die Fähigkeiten des potenziellen Auftragnehmers, die er aus der zu beschaffenden Produktionsleistung ableitet. Um Informationsasymmetrien zwischen Auftraggeber und Auftragnehmer bzgl. der Ausprägungen dieser Eigenschaften zu reduzieren, erstellt der Auftraggeber ein Lieferantenprofil, dass unter Verwendung geographischer, ausstattungsbezogener und qualitativer Auswahlkriterien die Menge potenzieller Anbieter eingrenzt. Die Erstellung dieses Profils erfolgt in der *Lieferantenprofilermittlung*. Das Profil ist ein Bestandteil der Anfrage an den Intermediär.

Bevor die Anfrage vervollständigt werden kann, ist eine Festlegung des Bietstatus erforderlich, bei dem es zum Zuschlag oder ggf. zur Stornierung des Ausschreibungsprozesses (Absage) kommt. Die Definition dieser Kriterien geschieht mit Hilfe von Ausprägungsintervallen der wesentlichen Verhandlungsattribute. Diese Funktion übernimmt die *Zuschlagskriterienermittlung*. Wichtige Kriterien sind dabei neben dem Preis der Auktionszeitraum, die Anzahl der Ausschreibungsrunden und die Mindestanzahl der Bieter.

Mit der Ermittlung des Lieferantenprofils und der Bestimmung der Zuschlagskriterien sind die Voraussetzungen zur Erstellung der Anfrage erfüllt. Die Anfrage stellt formal einen Auftrag des Anfrageerstellers an den Intermediär dar, unter Verwendung marktlicher Allokationsmechanismen einen Vertragspartner für die im Angebot spezifizierte Leistung zu finden. Die Durchführung der Ausschreibung oder Auktion obliegt dem Intermediär. Die Inhalte der Anfrage besitzen einen wesentlichen Einfluss auf die Qualität des erzielbaren Vermittlungsergebnisses. Daher ist die *Anfrageerstellung* eine zentrale Aufgabe innerhalb der Fremdbezugsplanung und -steuerung. Neben der Spezifikation der Produktionsleistung umfasst die Anfrage Informationen zu Liefer- und Zahlungsbedingungen sowie zur Einbindung etwaiger Frachtführer. Sollte der Auftraggeber die Erstellung von Alternativangeboten durch die Bieter zulassen, so fällt die Erfassung und Bewertung dieser Angebote ebenfalls der Anfrageerstellung zu.

Sofern das Angebot mindestens eines Bieters alle Zuschlagskriterien erfüllt und gleichzeitig der entsprechende Bieter dem Lieferantenprofil gerecht wird, kommt es zur Auftragsallokation. Dazu wird die Auftragsvergabe über den Intermediär in die modifizierte Bestellfreigabe integriert. Im Rahmen der *Bestellfreigabe* sind nicht realisierte Alternativangebote zu verwerfen und die Daten des erfolgreichen Angebots in einen Bestellauftrag zu überführen. Dabei ist der Lieferantenbezug endgültig herzustellen. Gelingt es dem Intermediär nicht, eine erfolgreiche Auftragsallokation zu bewerkstelligen oder verliert der Auftraggeber das Interesse an seiner Anfrage (z. B. auf Grund einer zwischenzeitlich erfolgreichen konventionellen Fremdbeschaffung) vollzieht die *Absageerstellung* die Stornierung der Anfrage gegenüber dem Intermediär und innerhalb der IPPS.

Aufgaben des Auftragsmanagements

Die Anfragen des Markts potenzieller Auftraggeber erreichen den Auftragnehmer parallel zu den klassischen Medien der Auftragsanbahnung über den Intermediär. Die *Anfragebewertung* ist daher um inhaltliche Plausibilitätschecks zu erweitern, die fehlerhafte oder fehlgeleitete Intermediäranfragen identifizieren und zurückweisen. Dabei kann es sich z. B. um Anfragen mit nicht plausiblen Mengen- oder Terminangaben oder um Anfragen zu Leistungen, die nicht zum Leistungsspektrum des Teilnehmers gehören, handeln. Weiterhin ist die in der Anfrage spezifizierte Leistung in planungsrelevante Auftragsteile (Baugruppen, Arbeitsgangfolgen etc.) zu zerlegen. Für diesen Zweck können leistungsfamilienspezifische Auftragsmodelle, die mit dem Intermediär im Vorfeld abgestimmt wurden, Anwendung finden.

Die Einzelleistungen der Anfrage können bei Bedarf im Rahmen einer erweiterten *Lieferterminermittlung* zur Vorabterminierung bzw. zur überschlägigen Wirtschaftlichkeitsprüfung der Auftragsgrobterminierung und der Preisfindung übergeben werden. Dabei ist die Machbarkeit des gewünschten Liefertermins zu prüfen und die weitere Bearbeitung von wirtschaftlich unattraktiven oder produktionslogistisch nicht realisierbaren Anfragen auszuschließen. Sollten Teile von Anfragen nicht klassifiziert werden können, muss eine ähnlichkeitsbasierte Suche in den vorhandenen IPPS-Stücklisten und -Arbeitsplänen die Terminierung bzw. Preisermittlung unterstützen.

Nach Durchführung der Grobterminierung und Preisermittlung besteht die Möglichkeit, Alternativangebote zur Anfrage vorzubereiten. Die Alternativangebote können dem Auftraggeber als Gegenangebot oder als ergänzendes Angebot unterbreitet werden. Das Gegenangebot bietet sich für den Fall an, dass die Grobterminierung eine eingeschränkte Machbarkeit der Originalanfrage ergeben hat. Alternativangebote kann der Anbieter dazu nutzen, um seine Kompetenz und Innovationskraft unter Beweis zu stellen.

4.3 PPS bei elektronischem Handel mit Produktionsleistungen

Einen weiteren Aufgabenaspekt innerhalb der Angebotsbearbeitung stellt die inhaltliche Abstimmung von Auftragsbestandteilen dar, die in der Anfrage nicht enthalten sind und dennoch erheblichen Einfluss auf die Auftragserbringung und das spätere Bietverhalten des Auftragnehmers besitzen. Dazu gehören Auftragsmeilensteine, die eine überbetriebliche Auftragsstatusüberwachung oder eine Kundenmitwirkung (Abnahme) erforderlich machen. Abschließend ist auch die Bearbeitung und Dokumentation von Anfrageänderungen oder -ergänzungen durch den Anfrager ein Bestandteil der Angebotsbearbeitung.

Die Berechnung eines angemessenen Angebotspreises wird im Fall der *Preisermittlung* um die Ermittlung des Reservationspreises für die intermediärbasierte Auktion oder Ausschreibung ergänzt. Der Reservationspreis entspricht dem Preis, bei dem der Bieter im Falle eines Zuschlags ausschließlich die ihm entstehenden Kosten deckt. Er spielt bei der Ermittlung einer geeigneten Bietstrategie eine zentrale Rolle.

Neben materialwirtschaftlichen Kalkülen sind bei der Reservationspreisermittlung vor allem auch Informationen zur Kapazitätsauslastung zu berücksichtigen. In diesem Zusammenhang ist der Zeithorizont der Anfrage von großer Bedeutung. Während der Reservationspreis bei kurzfristigen Zusatzaufträgen auf Grundlage der auftragsspezifischen Grenzkosten ermittelt werden kann, ist er bei langfristig ausgerichteten Anfragen mit Hilfe der Vollkosten zu ermitteln (Junge 1992). Bei Auktionen oder Ausschreibungen über größere Zeiträume oder in einer hochdynamischen Kostensituation kann ein Anstoßen der Preisermittlung vor jeder Bietrunde sinnvoll werden.

Bei der *Bietstrategieermittlung* handelt es sich um eine neue Aufgabe innerhalb des Auftragsmanagements. Sie verfolgt die Zielsetzung, wirtschaftlich und produktionslogistisch akzeptable Ausprägungsintervalle für die Verhandlungsattribute einer Anfrage zu ermitteln und daraus Handlungsoptionen für den Bieter im Auktions- bzw. Ausschreibungsverfahren abzuleiten. Typische Verhandlungsattribute sind dabei – neben dem Preis, dem Liefertermin, der Liefermenge oder dem Kapazitätsbedarf – Qualitätseigenschaften sowie Liefer- und Zahlungsbedingungen. Bei der Ermittlung der Bietstrategie kann unterstützend auf Archivdaten vergangener Bietprozesse mit ähnlichen Anfrageinhalten zurückgegriffen werden. Zur Optimierung des Bietverhaltens sind Werte der einzelnen Attribute zur Bestimmung des Einstiegs- und Ausstiegszeitpunkts festzulegen.

Die bereits in der PPS vorhandene *Angebotserstellung* erfährt in der IPPS eine erhebliche Modifikation und Erweiterung ihrer Aufgabeninhalte. Neben der Erstellung von Angeboten, die über konventionelle Medien dem Anfrager übermittelt werden, obliegt ihr nunmehr die Erstellung der Gebote zur Teilnahme an den vom Intermediär durchgeführten Auktionen oder

Ausschreibungen. Dabei werden die Ergebnisse der Anfragebewertung unter Berücksichtigung der Bietstrategie in Gebote überführt.

Da das Publizieren von freien Kapazitäten ebenfalls in Form eines Angebots vollzogen wird, obliegt auch diese Funktion der Angebotserstellung. Der wesentliche Unterschied zu Angeboten, die auf Anfragen hin erstellt werden, liegt in der Anonymität des Angebotsempfängers und der internen Auslösung der Angebotserstellung. Die Verfolgung des Angebots schließt die Überwachung des Bietgeschehens hinsichtlich der Erteilung eines Zuschlags für das Angebot ein. Die Zuschlagserteilung führt dazu, dass im Rahmen der anschließenden Auftragsklärung der Auftrag vervollständigt und angelegt wird.

Sofern im Verlauf des Bietprozesses die Werte der Verhandlungsattribute dauerhaft außerhalb der Grenzen der vorab bestimmten Wertintervalle für eine wirtschaftliche Auftragserbringung liegen, ist die Bieter-IPPS gezwungen, die weitere Teilnahme am Bietprozess abzusagen. Die Anfrage wird folglich abgelehnt. Die *Anfrageablehnung* dient des Weiteren der Protokollierung des Bietverlaufs und der Archivierung elementarer Anfrageinhalte. Die gewonnenen Daten eignen sich zur Bestimmung der Bietstrategie ähnlicher Anfragen in der Zukunft.

Die *Auftragskoordination* nimmt innerhalb des Auftragsmanagement der IPPS eine zentrale Rolle ein und wird während der gesamten Auftragserbringung wiederkehrend aufgerufen. Die *Produktionsüberwachung* kontrolliert den internen Auftragsfortschritt und überwacht alle Werkstattaktivitäten, aus denen sich produktionslogistische Verknüpfungen zu anderen Intermediärteilnehmern ergeben. Somit dient sie dem Abbau gegenseitiger Informationsasymmetrien. Diese Aufgabe wird in erster Linie durch die Verarbeitung von Auftragsstatusmeldungen des Vertragspartners und die gleichzeitige innerbetriebliche Fortschrittsüberwachung erfüllt. Sollten innerbetriebliche Planabweichungen am Auftragsnetz auftreten, wird eine entsprechende Meldung an den Vertragspartner ausgelöst. Diese Maßnahme ist vor allem bei großen Auftragsdurchlaufzeiten und bei einer Kundenmitwirkung im Zuge der Auftragserbringung (z. B. Kundenabnahme) sinnvoll. Gleichzeitig ist es Aufgabe der Auftragsüberwachung, in Abhängigkeit vom Auftragsfortschritt Bereitstellungen auszulösen und dem Intermediär entsprechende Lieferdaten zu übergeben oder Warenentgegennahmen intern zu avisieren.

Die intermediärinduzierten Aufgabeninhalte der *Ressourcenüberwachung* beschränken sich auf die Miteinbeziehung der sich durch kurzfristige Fremdvergabeaufträge oder Kapazitätsreservierungsabrufe einstellenden Veränderungen der Kapazitätsbelegung. Bei Existenz eines Auftragsbezugs werden Kapazitätsengpässe an die Auftragsüberwachung weitergeleitet.

4.3 PPS bei elektronischem Handel mit Produktionsleistungen 711

Die bereits in der PPS vorhandene Bestellüberwachung wird um Aufgabeninhalte erweitert, die eine Auswertung der Auftragsstatusmeldungen und der Lieferavisen umfassen. Weiterhin obliegt ihr die Überwachung des Ausschöpfungsgrads bzw. der offenen Restkapazität und des Ablauftermins von Kapazitätsreservierungen.

Aufgaben des Bestandsmanagements

Das Bestandsmanagement erfährt ausschließlich in der *Bestandsführung* eine Modifikation der Aufgabeninhalte. Für Beistellvorgänge des Auftraggebers, bei denen Rohmaterialien, Teile oder Baugruppen beim Auftragnehmer zwischengelagert werden, gilt es, diese in die Bestandssteuerung einzubeziehen. Analog dazu ist auf Seiten des Auftragnehmers der Auftragsbezug der Beistellungen zu führen. Bei einer Koordination des Frachtführers durch den Intermediär sind unabhängig vom Gestaltungsgegenstand die Auftragsstatusmeldungen des Intermediärs dahingehend auszuwerten, dass eine Führung des In-Transit-Bestands möglich wird.

Aufgaben der Datenverwaltung

Während der mehrheitliche Teil der Aufgabenmodifikationen die bereits in der PPS vorhandenen Daten nutzt, führen insbesondere die zusätzlichen IPPS-Aufgaben zu neuen Inhalten in der Datenverwaltung.

In der *Intermediärdatenverwaltung* werden alle Daten mit ausschließlichem Intermediärbezug geführt und gepflegt. Zu diesen Daten gehören u. a. Konfigurations- und Klassifikationsinformationen sowie teilnehmerbezogene Informationen zur Identifikation und zur Beschreibung der Ressourcenausstattung oder des Leistungsangebots eines Unternehmens. Die Konfigurationsdaten besitzen einen erheblichen Einfluss auf die Effizienz der überbetrieblichen Koordination, da sie z. B. Auftragsmodelle und Workflow-Templates sowie Liefer- und Zahlungsbedingungen spezifizieren. Die Intermediärdatenverwaltung muss in der Lage sein, Datensätze zu mehreren Intermediären gleichzeitig zu führen.

Die *Kommunikationsunterstützung* übernimmt die Funktion, einen sicheren, fehler- und störungsfreien Datenaustausch zwischen Intermediär und IPPS zu gewährleisten. Zum Umfang dieser Aufgabenstellung zählen die datentechnische Plausibilitätsprüfung eingehender Nachrichten und die Überwachung eines logisch konsistenten Nachrichtenaustauschs. Des Weiteren übernimmt die Kommunikationsunterstützung die Protokollierung des Transaktionsgeschehens.

4.3.4.4 Prozesspartialmodell der IPPS

Das Aufgabenmodell der IPPS beschreibt die verrichtungsbezogenen Inhalte der Auftragsabwicklung. Randbedingungen und Handlungsspielräume, die sich auf Grund der interdependenten Erfüllung der einzelnen Aufgaben ergeben, werden jedoch nicht ausreichend abgebildet. Diesem Zweck dient in erster Linie das Prozesspartialmodell der IPPS. Um die Übersichtlichkeit dieses Abschnitts zu gewährleisten, wird im Folgenden nicht das vollständige IPPS-Prozesspartialmodell beschrieben. Um die Implikationen des Handels mit Produktionsleistungen für die Prozessausführung im Einzelnen ersichtlich zu machen, werden daher zunächst die gegenüber der PPS veränderten oder erweiterten Entscheidungsspielräume erläutert. Im Anschluss daran werden die IPPS-Prozesse beschrieben.

Intermediärinduzierte Entscheidungsspielräume

Die intermediärbezogenen Entscheidungsspielräume sind überwiegend dispositiver Art, da sie auf die erweiterte Planungsflexibilität (vgl. Abschn. 4.3.5.1) zurückgehen. Über die dispositiven Entscheidungsspielräume hinaus existieren des Weiteren Spielräume, die mit der Kostenentstehung bzw. der Preisgestaltung in Zusammenhang stehen. Zur systematischen Klassifikation der Entscheidungsspielräume wird eine Unterscheidung hinsichtlich ihres Bezugs zu den verschiedenen Arten der Planungsflexibilität und den Gestaltungsgegenständen der IPPS vorgenommen. Um die Erläuterung der Entscheidungsspielräume strukturiert vornehmen zu können, werden sie im Folgenden exemplarisch für die Kernaufgabe der *Produktionsprogrammplanung* der IPPS differenziert beschrieben. Die weiteren Kernaufgaben sind in Aghte (2003) aufgeführt.

In der Produktionsprogrammplanung werden langfristige Primär- und Ressourcenbedarfe ermittelt. Dabei eröffnen sich zusätzliche Entscheidungsfreiräume zur Auslösung von Fremdbezugsaufträgen für langfristig absehbaren Primärbedarf, der nicht in Eigenfertigung beschafft werden kann. Auftragsanonyme externe Kapazitätsbedarfe können als Anlass zur direkten Auslösung von Aufträgen zur Fremdvergabe oder Kapazitätsreservierung dienen. Sofern die Ressourcengrobplanung langfristige Kapazitätsfreistände ermittelt, besteht die Möglichkeit, aus der Produktionsprogrammplanung heraus Angebote an den Intermediär für die Vermittlung der entsprechenden Kapazitäten zu veranlassen. Bei einem großen Zeithorizont des Kapazitätsbedarfs ist eine Abstimmung zwischen interner Beschaffung (durch Kapazitätsangebotserweiterung) und externer Beschaffung möglich.

4.3 PPS bei elektronischem Handel mit Produktionsleistungen

VS	Planungs-zustand/ Ereignis	IPPS-Entscheidungsspielräume in der Produktionsprogrammplanung					GG	SP
		Wahl der Beschaffungs-art	Mengen-zuordnung	Terminierung	Kapazitätsinan-spruchnahme	Kosten-/ Preisgestaltung		
AG	langfristiger Fremdbezugs-bedarf			Bedarfs-ecktermine festlegen			FB	1
AG	Langfristiger Bedarf an Zusatzkapa-zitäten	Auswahl interne oder externe Beschaffung	Umfang externer Beschaffung festlegen	Bedarfs-ecktermine festlegen			KR FV	1
AN	langfristige Kapazitäts-freistände			Angebots-ecktermine festlegen			KR FV	1

Legende:
VS Vertragsstellung SP Subprozessrelevanz AG Auftraggeber
FV Fremdvergabe FB Fremdbezug AN Auftragnehmer
KR Kapazitätsreservierung GG Gestaltungsgegenstandsrelevanz

Abb. 4.3-11 Entscheidungsspielräume der Produktionsprogrammplanung

Im Rahmen der Produktionsprogrammplanung ergibt sich somit die Möglichkeit, bereits im Vorfeld der Beschaffungsartzuordnung die Beschaffungsart für einen Teil des Primär- und Ressourcenbedarfs festzulegen. Dadurch werden Entscheidungen der Produktionsbedarfsplanung zur Beschaffungsart vorweggenommen. Die zusätzlichen Entscheidungsspielräume, die in Abb. 4.3-11 detailliert dargestellt sind, führen somit für die beschriebenen Planungszustände zu einer Verlagerung der Entscheidungsbefugnis innerhalb des IPPS-Gesamtprozesses.

Im Zuge der Beschaffungsartzuordnung für Nettosekundärbedarfe, denen bislang kein Bedarfsdecker zugeordnet wurde, erhält die Produktionsbedarfsplanung den zusätzlichen dispositiven Spielraum, Bedarfe vollständig oder teilweise zur Fremdbeschaffung über den Intermediär auszuschreiben. Dieser Spielraum existiert auch dann, wenn es sich bei dem Bedarf um keinen permanenten Fremdbeschaffungsbedarf handelt. Über einen Mengenspielraum wird der nachfolgenden Fremdbezugsplanung und -steuerung signalisiert, innerhalb welcher Mengengrenzen eine Bestellfreigabe zulässig ist.

Analog zur Produktionsprogrammplanung bietet sich im Verlauf der Kapazitätsabstimmung die Option, mittelfristig absehbare Kapazitätsfreistände über den Intermediär zu veröffentlichen, um dadurch geeignete Kapazitätsreservierungen und Fremdvergaben einzuwerben. Die dispositiven Spielräume sind dabei auf Ecktermine und den Umfang des Kapazitätsangebots beschränkt, da die auftragsspezifischen Daten einer Fremdvergabe

4 Konzeptentwicklung in der Produktionsplanung und -steuerung

oder Kapazitätsreservierung erst bei der Anfragebearbeitung innerhalb des Auftragsmanagement zustande kommen.

Ereignisorientierte Subprozesse

Die zuvor beschriebenen Entscheidungsspielräume werden zur Identifikation von Subprozessen innerhalb des Gesamtprozessmodells genutzt. Die Subprozesse ergeben sich aus der ablaufbezogenen Verknüpfung der entscheidungsrelevanten Planungsereignisse und sind daher integraler Bestandteil der IPPS-Prozessmodelle. Sie wurden parallel zum Gesamtprozessmodell der IPPS ausmodelliert und sind daher als detaillierter Auszug des Gesamtmodells mit der Intention, ausschließlich die aus dem Handel mit Produktionsleistungen resultierenden Prozessimplikationen darzustellen, zu verstehen.

Insgesamt konnten vier Subprozesse identifiziert werden, mit denen alle vorangehend beschriebenen Ereignisse und Entscheidungsspielräume erfasst werden können (vgl. Abb. 4.3-12).

IPPS-Subprozess zur langfristigen auftragsanonymen Abstimmung

Der erste Subprozess wird in der Produktionsprogrammplanung ausgelöst und dient der Befriedigung langfristiger auftragsanonymer Kapazitäts- und Materialbedarfe durch Fremdbeschaffung sowie der Veröffentlichung langfristig absehbarer Kapazitätsfreistände auf der Ebene von Kapazitätsklassen.

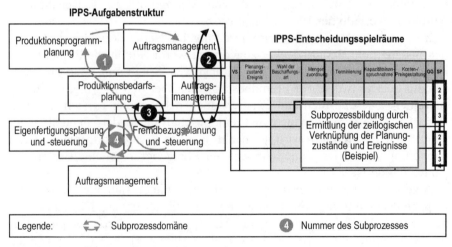

Abb. 4.3-12 Übersicht der IPPS-Subprozesse

Zunächst wird in der Primärbedarfsplanung der langfristige Fremdbezugsbedarf ermittelt und der Fremdbezugsplanung und -steuerung übergeben. Die anschließende Ressourcengrobplanung ermittelt den auftragsanonymen Bedarf an externen Kapazitäten und die langfristig absehbaren Kapazitätsfreistände. Während der Kapazitätsbedarf der Fremdbezugsplanung und -steuerung zur Anbahnung von Kapazitätsreservierungen oder Fremdvergaben übergeben wird, erhält das Auftragsmanagement den Auftrag, die freien Kapazitäten in Form eines Angebots an den Intermediär auszuschreiben.

Ergebnis der Fremdbezugsplanung und -steuerung kann eine Reihe von Planungszuständen sein. Erfolgreiche Kapazitätsreservierungen oder Fremdvergaben werden an die Produktionsbedarfsplanung übergeben, die diese im Rahmen der Kapazitätsabstimmung berücksichtigt. Sollte durch die Fremdbezugsplanung und -steuerung keine vollständig plankonforme Auftragsvergabe möglich sein, wird die auftragsanonyme Ressourcengrobplanung erneut angestoßen. Die Bestellfreigabe für Fremdbezugsbedarfe bewirkt eine Aufnahme der freigegebenen Aufträge in das Bestellprogramm der Produktionsbedarfsplanung. Bei Abweichungen der vergebenen Aufträge vom Plan wird die Primärbedarfsplanung erneut aufgerufen. Für den Fall einer erfolglosen Auftragsanbahnung wird der unbefriedigte Bedarf aus der Fremdbezugsplanung und -steuerung erneut an die Produktionsprogrammplanung übergeben.

Sobald das Auftragsmanagement die vollständige oder teilweise Vergabe freistehender Kapazitäten meldet, erfolgt in der Produktionsbedarfsplanung ein Neuaufrufen der Kapazitätsabstimmung. Sollte sich kein Auftraggeber für die freistehenden Kapazitäten finden, führt dies zu keinen weiteren Aktivitäten im Rahmen des ersten Subprozesses.

IPPS-Subprozess zur auftragsorientierten Abstimmung

Ausgangspunkt des zweiten Subprozesses ist das Auftragsmanagement. Im Einzelnen sind dabei zwei Planungszustände zu nennen: das Vorliegen intern freistehender Kapazitäten und der Zuschlag eines Auftraggebers für einen Fremdbezugs-, Kapazitätsreservierungs- oder Fremdvergabeauftrag.

Im Fall der Meldung freier Kapazitäten erstellt das Auftragsmanagement unter Berücksichtigung der beschriebenen Entscheidungsspielräume ein Angebot, welches der Veröffentlichung des Kapazitätsfreistands dient. Für den Fall eines Auftrags zu diesem Angebot tritt der erfolgreiche Abschluss eines Kundenauftrags ein.

Der Zuschlag für einen über den Intermediär angebahnten Auftrag geht selbstverständlich nur in Ausnahmefällen auf ein Kapazitätsangebot des Auftragnehmers zurück. Unabhängig vom Auslöser des Auftragszuschlags führt das Eintreten dieses Ereignisses zur Fortsetzung der Prozessbearbeitung innerhalb des Subprozesses. Dabei kommt es zunächst zur auftragsbezogenen Ressourcengrobplanung, die den aus dem Auftrag hervorgehenden Bedarf an langfristig zu disponierenden externen Kapazitäten ermittelt und als Fremdvergabe- oder Kapazitätsreservierungsbedarf an die Fremdbezugsplanung und -steuerung übergibt. Im Anschluss daran erfolgen die Identifikation und Disposition von Langläuferteilen. Langläufer, die extern beschafft werden können, werden als Fremdbezugsbedarf der Fremdbezugsplanung und -steuerung gemeldet.

Die Fremdbezugsplanung und -steuerung kann sowohl für die Kapazitätsbedarfe als auch für die Fremdbezugsbedarfe zu einer plankonformen, zu einer plankonträren (d. h. planabweichende Auftragsparameter) oder aber zu keiner Bestellfreigabe führen. Für die beiden erstgenannten Fälle wird das Auftragsmanagement mit der Prüfung der Realisierbarkeit des Auftrags fortgesetzt, nachdem die Bestellaufträge in das Beschaffungsprogramm übernommen wurden. Bei erfolgloser Anbahnung werden die nicht vergebenen Bedarfe in das Produktionsprogramm übernommen. Danach schließt sich unabhängig vom Anbahnungserfolg der Fremdbezugsplanung und -steuerung eine Bearbeitung im Sinne des IPPS-Gesamtprozesses an.

IPPS-Subprozess zur mittelfristigen Abstimmung der Sekundärbedarfe

Die wesentliche Funktion dieses Subprozesses liegt in der Sicherstellung der mittelfristigen Realisierbarkeit des Produktionsprogramms unter Nutzung des Intermediärs als Beschaffungs- und Absatzmedium. Prozessauslöser sind daher Nettosekundärbedarfe, denen im Rahmen der Produktionsbedarfsplanung kein Bedarfsdecker zugeordnet werden kann, sowie ungeplante Änderungen am mittelfristigen Kapazitätsangebot bzw. Kapazitätsbedarf.

Nettosekundärbedarfe ohne eindeutige Beschaffungsartzuordnung oder ohne einen festgelegten Bedarfsdecker werden der Fremdbezugsplanung und -steuerung übermittelt. Die Fremdbezugsplanung und -steuerung erhält damit den Auftrag, über den Intermediär Fremdbezugsaufträge für die entsprechenden Bedarfe anzubahnen. Erfolgreiche Bestellfreigaben ergänzen das Beschaffungsprogramm.

Kapazitätsreservierungen oder Fremdvergaben, die im Zuge des Auftragsmanagements von externen Auftraggebern eingeworben werden, gehen ohne Durchlaufen weiterer Prozessschritte in die Kapazitätsabstimmung ein. Sofern die Kapazitätsabstimmung langfristige Kapazitätsfreistände aufdeckt, können diese dem Auftragsmanagement zur Angebotsausschreibung übergeben werden. Sollte die Kapazitätsabstimmung zur Aufdeckung von kapazitiven Engpässen führen, wird eine Fremdbeschaffung der benötigten Kapazitätskontingente in Form von Fremdvergaben oder Kapazitätsreservierungen über die Fremdbezugsplanung und

-steuerung veranlasst. Erfolgreiche Bestellfreigaben lösen eine erneute Kapazitätsabstimmung aus, während die erfolglose Anbahnung zu einer Überprüfung der Machbarkeit des Produktionsprogramms führt. Anschließend geht der Subprozess in den Gesamtprozess der IPPS über.

IPPS-Subprozess zur operativen Abstimmung und Engpassabwendung

Der vierte Subprozess vereint die Abläufe zur operativen Abstimmung und zur Engpassabwendung zwischen der Eigenfertigungsplanung und -steuerung sowie der Fremdbezugsplanung und -steuerung.

Ein wichtiger Bestandteil der operativen Abstimmung ist die Bearbeitung von Abrufen externer Auftraggeber und das Auslösen von Abrufen für eigene Kapazitätsreservierungen. Das Auslösen der Abrufe wird im Rahmen der Feinterminierung veranlasst. Sollte die Abrufbestätigung des Auftragnehmers ergeben, dass er den Abruf nicht wie gewünscht erfüllen kann, ist die Feinterminierung erneut durchzuführen. Bestätigt der Lieferant den Abruf wie gewünscht, wird die Versandabwicklung zur Bereitstellung der Beistellmaterialien angestoßen. Eingehende Abrufe werden im Rahmen der Verfügbarkeitsprüfung berücksichtigt und hinsichtlich ihrer Realisierbarkeit überprüft. Die Resultate der Verfügbarkeitsprüfung dienen der Kommunikationsunterstützung zur Erstellung der Abrufbestätigung.

Bei der kurzfristig ausgerichteten Engpassabwendung, die sich im Subprozess an die Ressourcenüberwachung anschließt, kann zwischen der Behandlung von Materialengpässen und der Behandlung von Kapazitätsengpässen unterschieden werden. Materialengpässe können durch die Ausschreibung von Fremdbezugsaufträgen abgewendet werden. Bei erfolgreicher Auftragsallokation werden die Bestellaufträge in das Beschaffungsprogramm aufgenommen. Kapazitätsengpässe können auf der operativen Planungsebene ausschließlich mit Hilfe von kurzfristigen Fremdvergaben abgewendet werden. Da die Engpassabwendung lediglich der Beschaffung von Ersatzressourcen dient, führt eine erfolgreiche Vergabe zu keinen weiteren dispositiven Aktivitäten. Sollte der Versuch einer Engpassabwendung scheitern, geht der Subprozess in den Gesamtprozess über, wobei als nächster Prozessschritt die Überprüfung der Machbarkeit des Eigenfertigungsprogramms angestoßen wird.

Die Darstellung der IPPS-Prozesse ist damit abgeschlossen. Die organisatorischen Partialmodelle (Aufgaben und Prozesse) der IPPS wurden vollständig beschrieben. Im weiteren Verlauf erfolgt die Darstellung der Inhalte der informationstechnisch ausgerichteten Partialmodelle.

4.3.4.5 Funktionspartialmodelle der IPPS

Das Funktionspartialmodell stellt die informationstechnischen Anforderungen dar, die sich aus den Aufgaben und Prozessen der IPPS ergeben. Moderne ERP-/PPS-Systeme greifen trotz ähnlicher Funktionsumfänge und Einsatzbereiche auf eine Vielzahl unterschiedlicher Systemphilosophien, Systemtechnologien und Funktionsprinzipien zurück. Die Funktionen werden ausschließlich unter Gesichtspunkten der Funktionsverrichtungen und -resultate beschrieben.

Jeder IPPS-Aufgabe wird mindestens eine, in der Regel jedoch eine Mehrzahl von Funktionen zugeordnet, von denen jede über mehrfache Funktionsmerkmale verfügen kann. Zur Beherrschung der Komplexität des Modells werden ausschließlich jene Funktionen beschrieben, die auf Funktions- oder Merkmalsebene eine Erweiterung des Funktionsmodells der PPS darstellen.

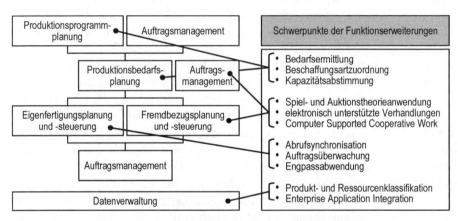

Abb. 4.3-13 Inhaltliche Schwerpunkte der Funktionsbeschreibung

In der Gesamtheit der intermediärinduzierten Funktionserweiterungen lassen sich eine Reihe von inhaltlichen Schwerpunkten ausmachen (vgl. Abb. 4.3-13). Innerhalb des Auftragsmanagements sowie in der Fremdbezugsplanung und -steuerung überwiegen Funktionserweiterungen, die spiel- und auktionstheoretischen Anforderungen an die Marktteilnahme sowie Anforderungen an die elektronische Unterstützung von Verhandlungen und Kooperationssituationen (CSCW) gerecht werden. Über diese Erweiterungen hinaus wird das Auftragsmanagement um Funktionen zur überbetrieblichen Logistikkoordination und zum Vertragsabschluss ergänzt.

Die Produktionsprogrammplanung wird vorwiegend um Funktionalitäten zur Bedarfsermittlung erweitert, während in der Produktionsbedarfsplanung die Funktionsunterstützung der Beschaffungsartzuordnung und

4.3 PPS bei elektronischem Handel mit Produktionsleistungen

der Kapazitätsabstimmung ausgeweitet wird. Zusätzliche Funktionalitäten in der Eigenfertigungsplanung und -steuerung erstrecken sich überwiegend auf die Auftragsüberwachung und Engpassabwendung sowie auf die Synchronisation von Materialabrufen mit dem Werkstattgeschehen. Die Datenverwaltung erhält schließlich Funktionserweiterungen zur Produkt- und Ressourcenklassifikation sowie zur Kopplung betrieblicher Anwendungssysteme (Enterprise Application Integration). Die vollständige Darstellung der erweiterten Funktionen ist in Aghte (2003) beschrieben.

Zur Systematisierung der Funktionsbeschreibung wurde eine tabellarische Form der Dokumentation gewählt (vgl. Abb. 4.3-14). Im Tabellenkopf werden die Bezeichnung der Funktion und ihre Aufgabenzugehörigkeit angegeben. Die Funktionsbeschreibung wird durch eine Erläuterung der Funktionsverrichtung eingeleitet, der sich die Nennung der erforderlichen Funktionsmerkmale anschließt. Sofern die Gültigkeit eines Funktionsmerkmals Einschränkungen bzgl. des Gestaltungsgegenstands oder der Vertragsstellung unterliegt, wird dies kenntlich gemacht. Eine optionale, weiterführende oder vertiefende Erläuterung der Funktionsmerkmale schließt die Funktionsbeschreibung ab.

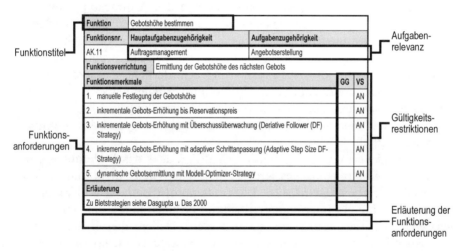

Abb. 4.3-14 Beispiel einer Funktionsbeschreibung

4.3.4.6 Datenpartialmodelle der IPPS

Analog zu den übrigen IPPS-Sichten existieren auch im Datenmodell der IPPS umfangreiche Strukturen, die inhaltlich mit dem PPS-Datenmodell übereinstimmen. Diese Strukturen werden im Zuge der nachfolgenden Erläuterung ausschließlich im Zusammenhang mit intermediärspezifischen Modellinhalten berücksichtigt. Das PPS-Datenmodell verwendet eine Modellierungsmethode, die eng an die Entity-Relationship (ER)-Methode angelehnt ist. Sie wurde bei der Darstellung des IPPS-Datenmodells weitgehend übernommen (vgl. Abb. 4.3-15 und Abb. 4.3-16). Zur Konkretisierung der Modellaussage wurden die Beziehungen zwischen den Entitätstypen mit Kardinalitäten versehen.

Innerhalb des Teils des IPPS-Datenmodells, der sich auf den Handel mit Produktionsleistungen bezieht, nimmt der Intermediärauftrag eine zentrale Stellung ein. Er vereinigt alle Entitätstypen, die der Abbildung der vertraglichen Beziehungen zwischen Intermediär und IPPS dienen. Bei Intermediäraufträgen ist eine Differenzierung zwischen Vermittlungsgesuchen und Auftragsanfragen vorzunehmen. Das Vermittlungsgesuch wird vom Nachfrager einer Leistung oder dem Anbieter von freistehenden Kapazitäten an den Intermediär übermittelt und stellt zunächst den Auftrag an den Intermediär dar, einen Vertrag mit anderen Produktionsunternehmen anzubahnen. Auftragsanfragen stellen das vom potenziellen Vertragspartner empfangene Vermittlungsgesuch dar.

Auf Grund dieser Reziprozität sind die Datenstrukturen des Vermittlungsgesuchs und der Auftragsanfrage nahezu identisch. Neben Daten zur Identifikation der beteiligten Teilnehmer und des Auftragstyps (der sich z. B. an den IPPS-Gestaltungsgegenständen orientieren kann) enthalten beide Arten des Intermediärauftrags die Beschreibung der gehandelten Produktionsleistung, die Vertragsbedingungen, den anzuwendenden Auktionsmodus und für die Auftragsklärung erforderliche Zusatzdokumente (z. B. Konstruktionszeichnungen). Weiterhin verfügen beide Auftragsarten über Datenstrukturen zur Speicherung der Verhandlungshistorie, die sämtliche Informationen zum Verlauf der Auftragsklärung und des Auktionsprozesses enthält.

Ergänzend verfügt die Vermittlungsanfrage über das Lieferantenprofil, welches der Eingrenzung des Kreises möglicher Bieter dient und vom Intermediär verarbeitet wird. Das Lieferantenprofil umfasst diejenigen Eigenschaften, die ein Intermediärteilnehmer besitzen muss, um sich als potenzieller Vertragspartner zu qualifizieren. Neben diesen teilnehmeranonymen Kriterien können des Weiteren konkrete Teilnehmerausschlüsse oder besondere Präferenzen hinsichtlich des Vertragspartners ausgesprochen werden.

Wesentliche Unterschiede zwischen dem Vermittlungsgesuch und der Auftragsanfrage bestehen in ihren Beziehungen zu den Bewegungsdaten der IPPS. Das Vermittlungsgesuch entsteht aus einer Bedarfsanforderung und wird im Fall eines Auftragsabschlusses zwischen Auftraggeber und Auftragnehmer in einen Bestellauftrag überführt. Die Auftragsanfrage löst die Anlage eines Angebots aus, das bei Vertragsabschluss in einen Auftrag

4.3 PPS bei elektronischem Handel mit Produktionsleistungen

umgewandelt wird. Jedem Angebot wird eine Bietstrategie zugeordnet, die während des Bietprozesses der Erzeugung von Geboten dient.

Um die in der Leistungsspezifikation enthaltenen Arbeitspläne, Stücklisten oder Kapazitäten ohne manuelle Nachbearbeitung unternehmensübergreifend kommunizierbar zu machen, bedarf es einer Klassifikation, die zwischen den Stammdatenstrukturen der einzelnen Intermediärteilnehmer referenziert. Die Klassifikation der intermediärrelevanten Kapazitäten, Arbeitsgänge und Teile eines Teilnehmers ist daher eine grundlegende Voraussetzung für einen erfolgreichen Handel mit Produktionsleistungen. Die Ergänzung eines Attributs zur Intermediärrelevanz an den Entitätstypen Maschine, Maschinengruppe, Arbeitsgang, Arbeitsplan sowie Material und Materialgruppe stellt in diesem Zusammenhang eine wesentliche Erweiterung an Datenstrukturen dar, die bereits im PPS-Modell existieren.

Für die Unterstützung der Abwicklungsphase des intermediärgestützten Handels (Auftragserbringung) werden weitere Datenstrukturen erforderlich. In Abhängigkeit vom Auftragstyp werden Workflow-Templates und die dazugehörigen Transaktions-Templates identifiziert. Während Workflow-Templates der Steuerung des Bearbeitungsprozesses dienen, übernehmen die Transaktions-Templates diese Funktion für den Nachrichtenaustausch mit dem Intermediär. Jedem Transaktions-Template werden dazu die erforderlichen Nachrichtentypen zugeordnet. Die einzelnen Nachrichtentypen erhalten einen Verweis auf die Intermediäre, für die sie Gültigkeit besitzen. Jedem Nachrichtentyp liegen zulässige Nachrichtenformate zugrunde. Die datenlogische Verknüpfung zwischen den IPPS-Datenformaten und dem Nachrichtenformat beschreibt ein Nachrichten-Mapping.

Zur Unterstützung von Softwaremechanismen, die der Sicherstellung einer geregelten Kommunikation dienen, werden mit dem Nachrichtenprotokoll für Anfragen, Angebote und Aufträge sämtliche ausgetauschten Nachrichten mit einem Übermittlungsstatus abgespeichert.

Als abschließende Erweiterung des Datenmodells ist die Verwaltung der intermediärspezifischen Rechte der Systembenutzer zu nennen. Die Rechteverwaltung wird durch die Führung von Benutzergruppen mit charakteristischen Rechteprofilen vereinfacht. Die Verwaltung der Daten zur Benutzeridentifikation (Passwort, Signatur, Biometrik etc.) erfolgt benutzerindividuell. Eine vollständige Darstellung der Erweiterungen der Datenstruktur befindet sich in Abb. 4.3-15 und Abb. 4.3-16.

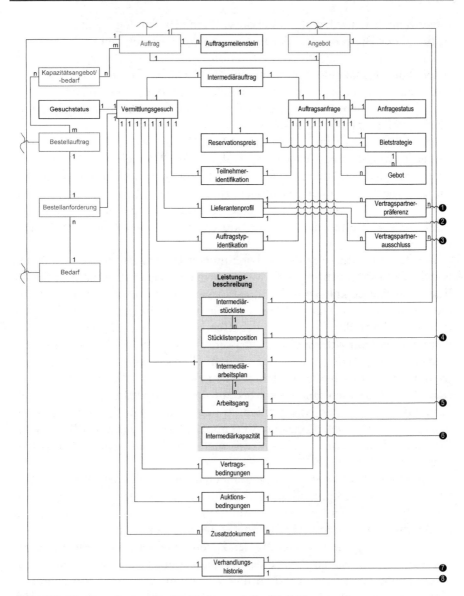

Abb. 4.3-15 Erweiterungen des Datenmodells (Teil 1)

4.3 PPS bei elektronischem Handel mit Produktionsleistungen

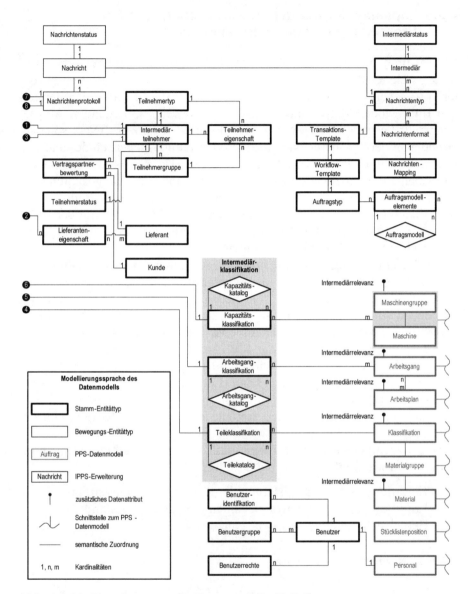

Abb. 4.3-16 Erweiterungen des Datenmodells (Teil 2)

4.3.5 Implementierung der intermediärangebunden Produktionsplanung und -steuerung

Bei der Implementierungsmethode handelt es sich um ein Unterstützungsmittel, welches für die Anwendung durch betriebliche Organisationsgestalter vorgesehen ist. Eine wesentliche Aufgabe ist die Identifikation derjenigen IPPS-Modellkomponenten, die für den jeweils vorliegenden Anwendungsfall besondere Relevanz oder Priorität besitzen. Dies soll auf Grundlage der zu berücksichtigenden Gestaltungsgegenstände und der Vertragsstellung des Unternehmens erfolgen. Da die Modellinhalte der Aufgaben-, der Prozess- und der Datensicht überwiegend gestaltungsgegenstands- und vertragsstellungsunabhängig sind, ist die Methode auf die Identifikation der zulässigen Entscheidungsspielräume im Zuge der IPPS-Prozesse sowie auf die Ermittlung der erforderlichen informationstechnischen Unterstützung auszurichten.

Zur Vereinfachung wird eine beliebige Kombination aus Gestaltungsgegenstand und Vertragsstellung im Weiteren mit dem Begriff des Realisierungsschwerpunkts bezeichnet. Für jeden Realisierungsschwerpunkt ist, ausgehend von der Gesamtmenge der vorhandenen Teilefamilien, Arbeitsgänge und Produktionskapazitäten, eine Vielzahl von Handelsobjekten denkbar. Die Erstorganisation der IPPS sollte sich jedoch auf Handelsobjekte beschränken, für die ein wirtschaftlich günstiges Aufwand-/Nutzen-Verhältnis prognostiziert werden kann (Luczak et al. 2001). Um eine sinnvolle Auswahl der über den Intermediär zu handelnden Objekte treffen zu können, bedarf es daher einer Berücksichtigung von Kosten-/Nutzenaspekten.

Die wesentlichen Anforderungen an die Implementierungsmethode können nun wie folgt zusammengefasst werden:

- Ermittlung und Konkretisierung der Realisierungsschwerpunkte
- Ermittlung der umsetzungsrelevanten IPPS-Modellbestandteile
- Berücksichtigung von Kosten-/Nutzenaspekten

4.3.5.1 Methodischer Ansatz

Die Umsetzung der IPPS in einem Produktionsunternehmen stellt ein komplexes organisatorisches und informationstechnisches Projekt dar. Bei PPS-Erweiterungsprojekten hat sich in der Vergangenheit der Ansatz auf Grundlage des Systems Engineering bewährt (Kaiser 1998; Paegert 1997). Unabhängig von den konkreten Detailmethoden und ihrer Hilfsmittel findet im Rahmen des Systems Engineering stets ein Vorgehensmodell Anwendung, das den organisatorischen Gestaltungsprozess in Phasen zerlegt. Eine typische Phasengliederung ist dabei die Differenzierung hinsichtlich

4.3 PPS bei elektronischem Handel mit Produktionsleistungen 725

der Vorstudie, des Systementwurfs, der Systemrealisierung und der Systemeinführung (Stahlknecht u. Hasenkamp 2004; Haberfellner et al. 2002).

Die Vorstudie dient dem Zweck, sich mit vertretbarem Aufwand abzusichern, wie weit der Untersuchungsbereich gefasst wird und in welcher Art und in welchem Umfang ein Bedürfnis nach einer neuen Lösung erforderlich wird (Haberfellner et al. 2002). Der Systementwurf verfolgt den Zweck, die Struktur der Gesamtlösung zu verfeinern und Informationen für Investitionsentscheidungen zu generieren.

Die Entwicklung der Implementierungsmethode kann als abgeschlossen betrachtet werden, sobald ein wirtschaftlich machbarer Systementwurf vorliegt (Grochla 1995). Die Systemrealisierung und -einführung liegen somit außerhalb des Geltungsbereichs der Implementierungsmethode. Weitere Gründe für die Nichtberücksichtigung der Phasen zur Systemrealisierung und Systemeinführung bei der Gestaltung der Implementierungsmethode liegen in der besonders hohen Unternehmensspezifität ihrer Phaseninhalte und der ausgeprägten politischen Dimension des organisatorischen Gestaltungsprozesses.

4.3.5.2 Ausgestaltung der Implementierungsmethode

Aus ökonomischer Sicht ist der elektronisch intermediierte Handel mit Produktionsleistungen für ein Unternehmen dann sinnvoll, wenn der durch sie verursachte monetäre Aufwand von dem daraus resultierenden monetären Nutzen in ausreichendem Maß übertroffen wird. Im Fall der IPPS-Realisierung wird eine konservative Nutzenabschätzung gewählt, bei der ausschließlich die Reduktion der Transaktionskosten untersucht wird. Umsatzsteigerungen oder Einstandspreissenkungen werden dabei nicht berücksichtigt, da ihre Prognose rein spekulativ erfolgen kann. Sollten sich derartige Effekte einstellen, bewirken sie eine weitere Verbesserung des wirtschaftlichen Nutzens des Handels mit Produktionsleistungen. Sofern sie ausbleiben, ist auf Grund der konservativen Nutzenermittlung die Wirtschaftlichkeit der Intermediäranbindung dennoch sichergestellt. Folglich ist die Transaktionskostensenkung ein ausreichend genaues Maß zur Prognose der Wirtschaftlichkeit der IPPS-Gestaltung.

Bei Kosten, die bei der Durchführung eines Leistungsaustauschs zwischen zwei Marktteilnehmern entstehen, handelt es sich um Transaktionskosten (Picot et al. 2005). Bei einer qualitativen Verbesserung oder einer Ausweitung der Unterstützung des Leistungsaustauschs durch moderne Informations- und Kommunikationstechnologie (IuK) ergeben sich im Rahmen einer ceteris paribus-Betrachtung (ansonsten identische Transaktionsparameter) verringerte Transaktionskosten (Picot et al. 2003; Frese 2005). Der Handel mit Produktionsleistungen stellt einen solchen Fall dar. Den geringeren Transaktionskosten stehen einmalige Investitions- und laufende Betriebskosten gegenüber. Zur Prüfung der Wirtschaftlichkeit eines unternehmensspezifischen Systementwurfs müssen somit die Transaktionskostensenkungen den zusätzlichen Investitions- und Betriebskosten vergleichend gegenübergestellt werden (Luczak et al. 2001).

Aus den Anforderungen an die Implementierungsmethode und den voranstehenden Überlegungen zur Wirtschaftlichkeit der Intermediärnutzung lassen sich inhaltliche Konsequenzen für die Ausgestaltung des Methodenansatzes und seiner Hilfsmittel ableiten. Um die Entwicklung der Implementierungsmethode innerhalb des Systementwurfs zu ermöglichen, ist es Aufgabe der zuvor durchzuführenden Vorstudie, einen sinnvollen Realisierungsumfang für den jeweiligen Einzelfall zu bestimmen. Die Inhalte müssen sich dazu eignen, eine qualifizierte Prognose der zu erwartenden Transaktionskostensenkungen und der entstehenden Realisierungskosten vornehmen zu können. Es ergeben sich somit die drei Methodenschritte Vorstudie, Systementwurf und Wirtschaftlichkeitsprüfung, welche im Weiteren sukzessive vorgestellt werden.

Vorstudie

Die Vorstudie setzt sich aus drei Teilschritten zusammen (vgl. Abb. 4.3-17). In der Transaktionsvolumenanalyse werden für jeden Realisierungsschwerpunkt die potenziellen Handelsobjekte hinsichtlich ihres Transaktionsvolumens und seiner voraussichtlichen Entwicklung in der Zukunft untersucht. Die Transaktionskostenanalyse dient der Bestimmung der von der Intermediäranbindung ausgehenden Kostensenkungspotenziale in der Auftragsabwicklung.

Die abschließende Intermediärrelevanzermittlung vollzieht unter Abwägung des Transaktionsvolumens und der potenziellen Transaktionskostensenkung eine Entscheidungsfindung zur Intermediärrelevanz der untersuchten Handelsobjekte. Um den Durchführungsaufwand und die Ergebniskomplexität zu reduzieren, wird eine Aggregation der einzelnen Handelsobjekte zu kohärenten Objektfamilien im Vorfeld der Methodenanwendung empfohlen.

Transaktionsvolumenanalyse

Die *Transaktionsvolumenanalyse* nimmt zur Bewertung der Handelsobjekte sowohl eine Evaluation des Transaktionsvolumens als auch seiner voraussichtlichen Entwicklung vor. Das Transaktionsvolumen wird zunächst hinsichtlich seiner Höhe und der Regelmäßigkeit der Transaktionen klassifiziert. Dies geschieht mit dem Hilfsmittel der ABC-/XYZ-Analyse, die

4.3 PPS bei elektronischem Handel mit Produktionsleistungen

sich zur Ermittlung der Kenngrößen von Massenphänomenen im Umfeld von Produktion und Logistik besonders eignet (Friemuth et al. 1996).

Im Zuge der Analyse werden den neun möglichen Klassifikationen drei unterschiedliche Grade der Eignung für die Erstorganisation der IPPS zugewiesen (vgl. Abb. 4.3-18). Handelsobjekte, die eine bedingte bis hohe Intermediäreignung aufweisen, erhalten den Status eines ausreichend hohen und regelmäßigen Transaktionsvolumens. Die vorgenommene Überbewertung unregelmäßiger oder seltener Transaktionen ergibt sich aus der Kostenneutralität einer elektronischen Abwicklung gegenüber diesem Phänomen.

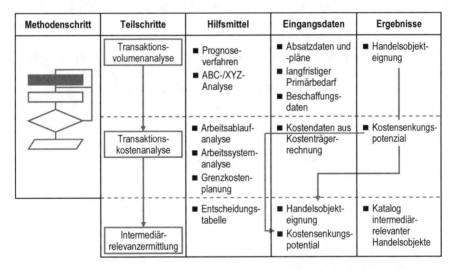

Abb. 4.3-17 Vorgehen im Rahmen der Vorstudie

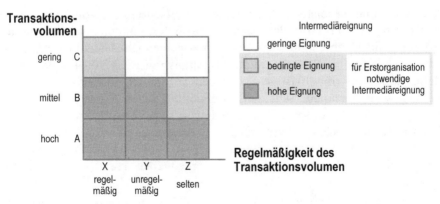

Abb. 4.3-18 Bestimmung der transaktionsvolumenbezogenen Intermediäreignung

Das Produktionsprogramm eines Industriebetriebs unterliegt Veränderungen, die in erster Linie aus Marktentwicklungen und unternehmensstrategischen Entscheidungen resultieren. Eine ausschließlich auf den Zeitpunkt des Projektstarts bezogene Untersuchung des Transaktionsvolumens liefert mitunter keine hinreichend aussagekräftigen Ergebnisse. Im Hinblick auf den Nutzungszeitraum der IPPS-Lösung wird die Einbeziehung von Prognosen zur Entwicklung des Transaktionsvolumens notwendig. Zur Vereinfachung der Methodenanwendung wird dabei lediglich zwischen einer günstigen und einer ungünstigen Prognose unterschieden. Ein günstiger Prognosefall zeichnet sich durch ein unverändertes oder steigendes Transaktionsvolumen aus, während eine ungünstige Prognose bei Rückgängen oder dem vollständigen Wegfall des Transaktionsvolumens des untersuchten Handelsobjekts vorliegt.

Die Entwicklung des Transaktionsvolumens von Teilefamilien, Bearbeitungen und Kapazitätsreservierungen kann mit Hilfe quantitativer oder qualitativer Prognoseverfahren bestimmt werden. Quantitative Verfahren ermitteln auf der Basis von Vergangenheitswerten mit mathematisch-statistischen Methoden zukünftige Entwicklungen (Wöhe u. Döring 2005). Qualitative Verfahren führen zu Tendenzaussagen. Die Qualität der Aussagen ist von den Kenntnissen und der Erfahrung der beteiligten Personen maßgeblich abhängig.

Für die Durchführung der Prognose bietet sich eine Reihe quantitativer und qualitativer Hilfsmittel an. Zu nennen sind vor allem

- die Prognose durch Hochrechnungen (quantitativ),
- die Prognose durch Extrapolation (quantitativ),
- die intuitive Prognose (qualitativ) und
- die Prognose mit Hilfe von Szenariotechniken (qualitativ).

Die Extrapolation leistet eine analytische Fortschreibung von Vergangenheitsdaten auf der Grundlage einer intuitiv ermittelten Trendannahme, während die Hochrechnungsprognose Vergangenheitsdaten mit aktuellen statistischen Stichproben vereinigt, um daraus mit Hilfe von Prognosemodellen kurz- bis mittelfristige Prognosen abzuleiten. Intuitive Prognosen beruhen weitgehend auf Schätzungen und qualitativen Aussagen, was dazu führt, dass die Genauigkeit ihrer Ergebnisse schwer zu beurteilen ist. Die Szenariotechnik ist ein qualitatives Prognoseverfahren zur Ermittlung alternativer Zukunftsentwicklungen (Brauers u. Weber 1986). Im Gegensatz zu quantitativen Verfahren, die einen vergangenen Trend in die Zukunft fortschreiben, werden bei dieser Methode alternative Zukunftsprojektionen (Szenarien) entwickelt und ihre Eintrittswahrscheinlichkeit mit Hilfe von Trendprojektionen vergleichend bewertet. Ein Szenario stellt somit die komplexe Beschreibung einer möglichen Situation in der Zukunft sowie die Darstellung eines Entwicklungsprozesses, der aus der Gegenwart in die Zukunft führt, dar (Engelbrecht 2001). Der gegenüber anderen Hilfsmitteln erhöhte Aufwand zur Durchführung einer Szenarioanalyse kann dadurch gerechtfertigt sein, dass eine verbesserte Antizipation der zukünftigen Entwicklung eine erfolgreichere Entscheidungsfindung ermöglicht (Minx u. Röhl 1998).

Als wichtigste Datenquellen für alle genannten Hilfsmittel dienen die Absatz- und die Bedarfsplanung sowie Informationen des Vertriebs und des Einkaufs. Die Auswahl eines geeigneten Prognosehilfsmittels sollte das anwendende Unternehmen vor dem Hintergrund seiner spezifischen Situation eigenständig vornehmen.

Transaktionskostenanalyse

Der angewendete Transaktionskostenbegriff deckt sich mit der von Picot aufgestellten Definition (1982): „Transaktionskosten sind [...] eine Form von Informationskosten, nämlich solche, die zur Koordination wirtschaftlicher Leistungsbeziehungen notwendig sind".

Die Transaktionskostenanalyse ermittelt für jedes Handelsobjekt die Größenordnung der intermediärbedingten Senkung der Kosten einer einzelnen Transaktion. Transaktionskosten entstehen bei der Durchführung eines Leistungsaustauschs zwischen den beteiligten Akteuren (Picot 1999). Die Transaktionskosten lassen sich je Handelsobjekt wie folgt berechnen (Picot 1982).

$$K_i^{Trans} = K_i^{Anbahnung} + K_i^{Vereinbarung} + K_i^{Kontrolle} + K_i^{Anpassung}$$

mit K^{Trans} Transaktionskosten,
$K^{Anbahnung}$ Anbahnungskosten,
$K^{Vereinbarung}$ Vereinbarungskosten,
$K^{Kontrolle}$ Kontrollkosten,
$K^{Anpassung}$ Anpassungskosten
i Index des Handelsobjekts.

Die Transaktionskosten sind somit die Summe der Kosten, die durch die Anbahnung, die Vereinbarung, die Kontrolle, und die Anpassung eines Leistungsaustauschs entstehen. Die Senkung der Transaktionskosten durch die intermediärgestützte Abwicklung wird mit der Größe

$$\Delta K_i = K_i^{Trans,K} - K_i^{Trans,I}$$

mit $K^{Trans,K}$ Transaktionskosten bei konventioneller Auftragsabwicklung,
$K^{Trans,I}$ Transaktionskosten bei intermediärgestützter Abwicklung

beschrieben. Die bei der Intermediäranbindung entstehenden Transaktionskosten können mit Hilfe einer Grenzkostenplanung ermittelt werden (Wöhe u. Döring 2005). Sollte eine zufrieden stellende ex-ante Bestimmung der absoluten Transaktionskosten im Zuge des Handels mit Produktionsleistungen nicht möglich sein, kann ihre Berechnung auf Grundlage der bestehenden Transaktionskosten erfolgen. Die Daten zur Ermittlung der bestehenden Kosten werden aus der betrieblichen Kostenträgerrechnung gewonnen. Mit Hilfe von Arbeitsablauf- und Arbeitssystemanalysen kann das Potenzial zur Kostensenkung ermittelt werden (Landau 1996). Dabei sollte besonderes Augenmerk auf verringerte Bearbeitungsaufwände durch die Beschleunigung und den Wegfall von Tätigkeiten sowie durch die Vermeidung von Fehlerkorrekturen gerichtet werden (Hattwig 2001; Frese 2005). Die Analyse des Ist-Zustands kann durch Selbstaufschreibung der Mitarbeiter oder durch eine teilnehmende Beobachtung unterstützt werden.

Die Maßstäbe zur Bewertung des Umfangs der Transaktionskostensenkung sind vom Unternehmen unter Berücksichtigung seiner spezifischen Randbedingungen und Kostenziele eigenständig festzulegen. Die Bewertungsergebnisse müssen eine Differenzierung der Handelsobjekte hinsichtlich der Objekte mit einer ausreichenden Senkung der Einzeltransaktionskosten und der Objekte ohne eine ausreichende Senkung zulassen.

Intermediärrelevanzermittlung

Die Intermediärrelevanzermittlung schließt die Vorstudie ab. Die Bestimmung der Intermediärrelevanz eines Handelsobjekts basiert auf drei Kriterien. Neben der Bewertung des Transaktionsvolumens und des Potenzials zur Transaktionskostensenkung wird zusätzlich die Möglichkeit zur Aggregation der Handelsobjekte unterstützt. Die Aggregation ermöglicht die Reduzierung der Anzahl der im Systementwurf zu berücksichtigenden Handelsobjekte und dient folglich der Sicherstellung einer wirtschaftlichen Methodenanwendung.

Für das Erreichen der Intermediärrelevanz ist eine ausreichend hohe Transaktionskostensenkung im Rahmen einer intermediärgestützten Abwicklung zwingend erforderlich. Darüber hinaus sollte ein ausreichend hohes Transaktionsvolumen oder zumindest eine günstige Prognose zur zukünftigen Entwicklung des Volumens vorliegen. Sollte das Einzelvolumen

4.3 PPS bei elektronischem Handel mit Produktionsleistungen

eines Handelsobjekts mit ansonsten günstigen Eigenschaften nicht ausreichen, empfiehlt sich eine Aggregation mit analogen Objekten (gleicher Realisierungsschwerpunkt, produktionswirtschaftlich ähnlich). Die Aggregation führt zu einer erneuten Intermediärrelevanzprüfung für die aggregierten Handelsobjekte. Die gleichzeitige Anwendung dieser Vorschriften führt zu einem komplexen, verbal schwer darzustellenden Entscheidungsprozess. Aus diesem Grund wird auf ein Hilfsmittel zur graphischen Systematisierung der Entscheidungssituation zurückgegriffen.

Die Entscheidungstabelle nach DIN 66241 (1994) ermöglicht die Spezifikation von Aktionen, deren Ausführung von der Erfüllungssituation vorgegebener Bedingungen abhängt. Dazu werden die Entscheidungsbedingungen im oberen Bereich der Entscheidungstabelle aufgeführt. Im unteren Teil finden sich die Aktionen. Spaltenweise angeordnete Erfüllungskombinationen der Bedingungen werden als Regeln bezeichnet. Jeder Regel wird eine Aktion zugeordnet. Zur Reduzierung der Anzahl der Regeln kann die SONST-Spalte verwendet werden, welche diejenige Aktion kennzeichnet, die für alle Erfüllungskombinationen zutrifft, die in der Entscheidungstabelle nicht explizit in Form von Regeln formuliert sind.

Der oben beschriebene Entscheidungsprozess wurde in der Entscheidungstabelle zur Ermittlung der Intermediärrelevanz zusammengefasst (vgl. Abb. 4.3-19). Mit der Ermittlung der Intermediärrelevanz der Handelsobjekte ist die Vorstudie abgeschlossen. Als nächster Methodenteil folgt der Systementwurf, in dem die unternehmensspezifischen Inhalte des IPPS-Modells und die mit ihrer Umsetzung verbundenen Realisierungs- und Betriebskosten ermittelt werden.

Systementwurf

Während im Zuge der Vorstudie nutzenorientierte Betrachtungen überwiegen, dient der Systementwurf der Prognose des vermutlichen Aufwands. Der Systementwurf setzt sich aus zwei Teilschritten, der Systemvorschlagsbildung und der Aufwandsprognose, zusammen (vgl. Abb. 4.3-20). Die Systemvorschlagsbildung greift auf die Liste der Handelsobjekte mit Intermediärrelevanz zu. Jedem Handelsobjekt können unter Kenntnis der ihm zugrunde liegenden Geschäftsprozesse der anzuwendende Gestaltungsgegenstand und die vertragliche Stellung des Unternehmens zugeordnet werden. Mit ihrer Hilfe kann der Organisationsgestalter die notwendigen IPPS-Funktionen zur Erweiterung und Anpassung der PPS ermitteln. Weiterhin wird die Definition der Entscheidungsspielräume im Zuge der IPPS-Prozessausführung möglich. Diese Informationen können anschließend gemeinsam mit den übrigen IPPS-Partialmodellen dazu genutzt werden, im Rahmen eines Soll-/Ist-Vergleichs die erforderlichen organisatorischen und informationstechnischen Anpassungen in Form eines Pflichtenhefts zu ermitteln. Dabei kann es sinnvoll werden, den Anbieter oder Entwickler des verwendeten ERP-/PPS-Systems in die Erstellung des Pflichtenhefts einzubeziehen.

			R1	R2	R3	R4	R5	R6	R7	SONST
Bedingungen	B1	ausreichendes Transaktionsvolumen	●		●					
	B2	günstige Transaktionsvolumenprognose	●	●		●		●		
	B3	ungünstige Transaktionsvolumenprognose			●			●		
	B4	Senkung der Einzeltransaktionskosten ausreichend	●	●	●	●	●	●	●	
	B5	Aggregation mit anderen Handelsobjekten sinnvoll			●	●	●	●	●	
Aktionen	A1	Berücksichtigung im Systementwurf	X	X						
	A2	Handelsobjekte aggregieren und Intermediärrelevanz erneut prüfen			X	X	X	X	X	
	A3	keine Berücksichtigung im Systementwurf								X

Legende: **B** Bedingung   **A** Aktion   **R** Regel   X Aktion trifft zu   ● Bedingung erfüllt

Abb. 4.3-19 Entscheidungstabelle zur Ermittlung der Intermediärrelevanz

Methodenschritt	Teilschritte	Hilfsmittel	Eingangsdaten	Ergebnisse
	Systemvorschlagsbildung	■ Pflichtenhefterstellung	■ Intermediärrelevante Handelsobjekte ■ IPPS-Modell	■ IPPS-Pflichtenheft
	Aufwandsprognose	■ Plankostenrechnung ■ Angebotseinholung ■ Kostenartenmodell	■ IPPS-Pflichtenheft	■ Realisierungskosten (fixe und variable)

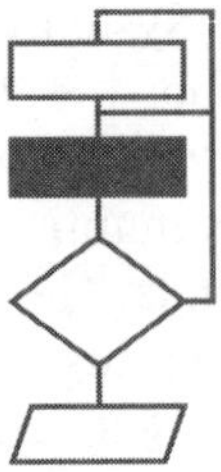

Abb. 4.3-20 Vorgehen im Rahmen des Systementwurfs

4.3 PPS bei elektronischem Handel mit Produktionsleistungen

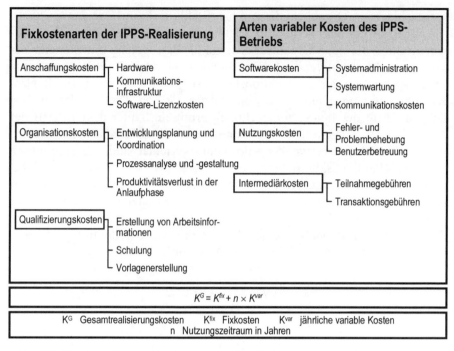

Abb. 4.3-21 Modell zur Ermittlung der Realisierungskosten (in Anlehnung an Luczak et al. 2001)

Das Pflichtenheft dient als Vorlage zur Ermittlung der voraussichtlichen Realisierungs- und Betriebskosten. Zur Systematisierung der Kostenermittlung wird auf das von Luczak et al. (2001) vorgestellte Kostenartenmodell für die Einführung kooperationsunterstützender Systeme zurückgegriffen (vgl. Abb. 4.3-21). Bei der Ermittlung der Kosten ist zwischen interner und externer Kostenentstehung zu unterscheiden. Externe Kosten durch Dritte (Softwareanbieter, Hardwarelieferant etc.) können über Angebote, die auf den Inhalten des Pflichtenhefts basieren, ermittelt werden. Bei den internen Kosten sind vor allem Aufwendungen für Personalkosten zu berücksichtigen (Luczak et al. 2001).

Die Anwendung des Kostenmodells ermöglicht eine Prognose der fixen Kosten K^{fix} und der variablen Kosten K^{var}, wobei die fixen Kosten Einmalkosten und die variablen Kosten durchschnittliche jährliche Betriebskosten darstellen.

Wirtschaftlichkeitsprüfung

Aufgabe der Wirtschaftlichkeitsprüfung (vgl. Abb. 4.3-22) ist der Vergleich der Wirtschaftlichkeit der vorhandenen mit der im Systementwurf vorgeschlagenen Organisationsstruktur (Stahlknecht u. Hasenkamp 2004). Die auf Basis der bestehenden PPS zu implementierende IPPS stellt in diesem Kontext die neue Organisationsstruktur dar, welche mit monetär bewertbaren Zusatzaufwendungen verbunden ist. Der Zusatznutzen ist in Form der Summe der Transaktionskostensenkungen gegeben. Beide Größen müssen in einer angemessenen Relation stehen. Diese Relation lässt sich mit Hilfe der Investitionsrechnung ermitteln. Unter dem Begriff der Investitionsrechnung werden Verfahren zusammengefasst, die als Zielkriterium den Gewinn verwenden und darauf gerichtet sind, mehrperiodisch wirksame Handlungsalternativen zu evaluieren (Weber 2004).

Die Zusatzaufwendungen zur IPPS-Realisierung liegen in Form der fixen und variablen Kosten vor. Der monetäre Zusatznutzen, betriebswirtschaftlich mit dem Einzahlungsüberschuss (EÜ) gleichzusetzen (Wöhe u. Döring 2005), lässt sich aus der Transaktionskostenreduktion je Einzeltransaktion und Handelsobjekt mit der Vorschrift

$$EÜ = \sum_{i=1}^{m} \Delta K_i \times n_i$$

mit $EÜ$ Einzahlungsüberschuss,
  K_i Transaktionskostensenkung für Handelsobjekt i,
  n_i jährliche Transaktionshäufigkeit des Handelsobjekts i,
  m Anzahl der intermediärrelevanten Handelsobjekte

berechnen.

Methodenschritt	Teilschritte	Hilfsmittel	Eingangsdaten	Ergebnisse
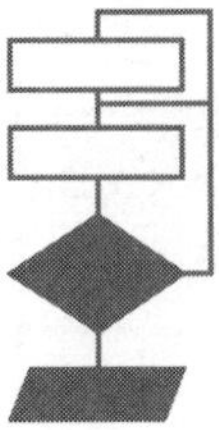	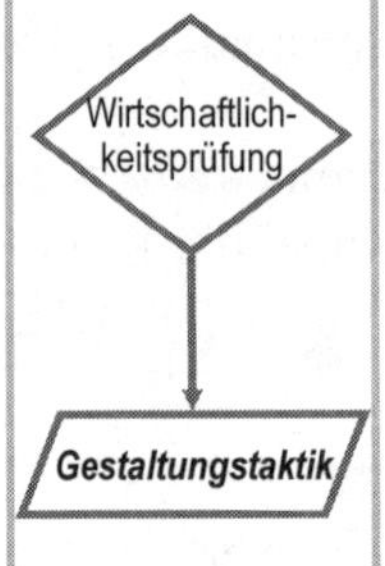 Wirtschaftlichkeitsprüfung / Gestaltungstaktik	■ Amortisationsrechnung	■ Kostensenkungspotentiale ■ fixe Plankosten ■ variable Plankosten ■ Soll-Amortisationsdauer	■ IPPS-Gestaltungstaktik oder Methodenneuaufwurf

Abb. 4.3-22 Vorgehen im Rahmen der Wirtschaftlichkeitsprüfung

4.3 PPS bei elektronischem Handel mit Produktionsleistungen

Ein praxisnahes Verfahren zur Beurteilung der Wirtschaftlichkeit des IPPS-Systementwurfs ist die Berechnung seiner Amortisationsdauer und der anschließende Vergleich mit einer intern festgesetzten Soll-Amortisationsdauer (Stahlknecht u. Hasenkamp 2004). Dieses Verfahren wird als Amortisationsrechnung bezeichnet. Die Berechnungsvorschrift dafür lautet

$$Amortisationsdauer = \frac{K^{fix}}{E\ddot{U} - K^{var}} \leq X,$$

mit K^{fix} Fixkosten des Systementwurfs,
K^{var} variable Kosten des Systementwurfs
X Soll-Armortisationsdauer (s. Preissler 1995).

Die Amortisationsrechnung dient somit nicht der Berechnung der genauen Höhe des zu erwartenden wirtschaftlichen Vorteils einer IPPS-Realisierung. Vielmehr ist sie als statisches Hilfsmittel zur Begrenzung ökonomischer Risiken anzusehen (Wöhe u. Döring 2005). Sie wird daher den Anforderungen an die Wirtschaftlichkeitsprüfung in ausreichendem Maße gerecht.

Sollte die berechnete Amortisationsdauer die Soll-Dauer übersteigen, ist der Systementwurf dahingehend zu überarbeiten, dass geringere Kosten oder ein erhöhter Einzahlungsüberschuss die Wirtschaftlichkeit der Intermediäranbindung verbessern. Eine weitere Alternative ist eine Überprüfung der Soll-Amortisationsdauer. Ergibt sich trotz dieser Maßnahmen keine ausreichend kurze Amortisationsdauer, ist der Systementwurf ökonomisch nicht sinnvoll. In diesem Fall empfiehlt sich ein Neuaufwurf der Implementierungsmethode mit veränderten Realisierungsschwerpunkten.

4.3.5.3 Implementierung der intermediärangebunden Produktionsplanung und -steuerung bei einem mittelständischen Unternehmen des Anlagenbaus

Bei dem Unternehmen handelt es sich um einen mittelständischen Anlagenbauer, der mit ca. 250 Mitarbeitern komplexe Anlagen zur Herstellung und Bearbeitung von Elektronikleiterplatten, Solarelementen und LCD-Flat-Panels herstellt. Das Unternehmen besitzt eine hohe Fertigungstiefe. Die Anlagen bestehen bis in untere Stücklistenstufen hinein aus kundenindividuellen Erzeugnissen oder kundenspezifischen Varianten.

Um die mit der Eigenfertigung verbundenen hohen Fertigungskosten zu senken, wird die Fertigung von Baugruppen und Einzelteilen zunehmend an spezialisierte Zulieferbetriebe vergeben. Zur Begrenzung des zusätzlichen Bearbeitungsaufwands in der Auftragsabwicklung und zur Erweiterung des Lieferantenkreises, hat sich das Unternehmen für einen elektronisch intermediierten Handel dieser Teile entschieden (Realisierungsschwerpunkt: auftraggeberseitiger Fremdbezug). Bei dem genutzten Intermediär handelt es sich um den im Rahmen eines Forschungsprojekts am FIR entwickelten Auftrags- und Kapazitätsintermediär FlexNet. Das Unternehmen setzt als ERP-/PPS-System eine umfassende Installation der Software R/3 des Anbieters SAP AG (im Weiteren kurz: SAP) ein.

Vorstudie

Für den intermediierten Handel wurden die Teilefamilien der Behälter- und Wannenkonstruktionen sowie der Gestellkonstruktionen als geeignet eingestuft. Die anschließende Untersuchung des Transaktionsvolumens dieser Teilefamilien ergab ein ausreichend hohes Transaktionsvolumen (Behälter und Wannen: ca. 4.000 Transaktionen pro Jahr, Gestellteile: ca. 1.000 Transaktionen pro Jahr). Ferner konnte für beide Teilefamilien eine günstige Prognose zur Entwicklung des Transaktionsvolumens vorgenommen werden. Auf Grund einer mittelfristig günstigen Absatzprognose und den Bestrebungen des Unternehmens, den Eigenfertigungsanteil in beiden Teilefamilien mittel- bis langfristig zu reduzieren, wurde für die nächsten Jahre von einem zunehmenden bis erheblich zunehmenden Transaktionsvolumen ausgegangen.

Im Rahmen der Evaluation des Potenzials zur Senkung der Einzeltransaktionskosten wurde für beide Familien eine Gesamtreduktion des Bearbeitungsaufwands in der gesamten Auftragsabwicklung um ca. 20 % erwartet. Absolut betrachtet führten diese konservativ ermittelten Werte zu einer Aufwandsminderung von 15 bis 25 Minuten je Transaktion und 10 bis 20 Minuten einmalig je Neuteil. Ein wesentlicher Anteil dieser Reduktion wurde auf das Ausbleiben von Tätigkeiten zur Kontaktanbahnung, zur Auftragsklärung sowie zur Plausibilitätsprüfung und zur Fehlerbeseitigung zurückgeführt. Bei jährlich ca. 1.500 Neuteilen und ca. 5.000 Transaktionen ergab sich eine absolute Verringerung des Zeitbedarfs in der Auftragsabwicklung von 1.500 bis 2.580 Stunden p. A. Zur Vereinfachung wurde ein Mittelwert von 2.050 Stunden pro Jahr für weitere Berechnungen angenommen. Bei einem durchschnittlichen Kostensatz von € 35 je Stunde ergab sich eine rechnerische Jahreseinsparung von € 71.750.

Da eine weitere Aggregation der beiden Teilefamilien nicht sinnvoll erschien, wurden die Wannen- und Behälterteile sowie die Gestellteile auf Grund ihres günstigen Transaktionsvolumens und der zu erwartenden Senkung der Transaktionskosten als potenzielle Handelsobjekte in den Systementwurf aufgenommen.

Systementwurf

Im Rahmen des Systementwurfs wurden die Inhalte des IPPS-Referenzmodells hinsichtlich ihrer Relevanz untersucht und in ein Realisierungspflichtenheft überführt. Dabei erfolgte die Grobidentifikation der Modellschwerpunkte auf Basis des Aufgabenmodells. Die Inhalte wurden durch die Bestimmung der prozessbezogenen Entscheidungsspielräume bei Fremdbezug und der relevanten Subprozesse konkretisiert. Obwohl das Unternehmen sich auf einen einzigen Realisierungsschwerpunkt beschränkte, wurde die Berücksichtigung sämtlicher IPPS-Subprozesse erforderlich. Dies war insbesondere auf die Ersatz- und Verschleißteilfunktion einiger Teile (verkaufsfähiger Primärbedarf) und die Langläufereigenschaften komplexer Wannen- und Gestellteile zurückzuführen (auftragsbezogene Abstimmung). Die erforderlichen organisatorischen Anpassungen der PPS wurden in einem Organisations-Pflichtenheft zusammengetragen.

Auf der Grundlage des organisatorischen Pflichtenhefts erstellte der Softwareanbieter mit Hilfe des Funktionsmodells ein informationstechnisches Pflichtenheft, in dem die notwendigen Systemkomponenten, die erforderlichen Workflow-Protokolle sowie die Softwareanpassungen und die Konfigurationseinstellungen dokumentiert wurden.

Zur Realisierung des IPPS-basierten Systems wurden die Basis-Komponenten des Systems R/3, das *Customer Relationship Management* und das *Business-to-Business Procurement* des Anbieters SAP verwendet. Die erforderliche Ablauf- und Funktionssteuerung wurde durch eine Worflow-basierte Verknüpfung der Komponenten ermöglicht. Die Gewährleistung eines ausreichenden Schutzes der Systemlandschaft vor unberechtigtem Zugriff oder Manipulationen erfolgte über eine Absicherung mit mehrfachen Firewall-Servern sowie mit Hilfe der Virtual Private Tunneling (VPN)-Technologie. Die Kommunikation mit dem Intermediär wurde über einen Internet-Transaktionsserver abgewickelt. Auf Grund des Status der SAP-Produkte als Quasi-Branchenstandard und der Unterstützung durch den FlexNet-Intermediär, sah das Pflichtenheft das anbietereigene Format IDoc (Intermediate Document) für Transaktionen vor.

Auf der Grundlage des Pflichtenhefts wurde vom Anbieter ein Angebot über Software und Anpassung in Höhe von ca. € 200.000 vorgelegt. Die zusätzlichen jährlichen Betriebskosten beliefen sich auf ca. € 15.000. Auf Grund des Pilotcharakters des Projekts entschloss sich das Unternehmen dazu, interne Aufwendungen nicht zu betrachten.

738 4 Konzeptentwicklung in der Produktionsplanung und -steuerung

Wirtschaftlichkeitsprüfung

Ausgehend von der strategischen Bedeutung des Handels mit Produktionsleistungen und unter Berücksichtigung einer geschätzten Restlebensdauer des vorhandenen ERP-/PPS-Systems von mindestens sechs Jahren, der Übertragbarkeit der Lösung auf weitere Handelsobjekte und Realisierungsschwerpunkte wurde die Soll-Amortisationsdauer der Investition auf vier Jahre festgelegt. Die Amortisationsrechnung ergab eine Amortisationsdauer von 3,52 Jahren. Die Wirtschaftlichkeit des Vorhabens war somit gegeben.

Realisierungserfahrungen

Die praktische Realisierung des Systems (vgl. Abb. 4.3-23) nahm fünf Monate in Anspruch. Auf Grund der ausgeprägten Anpassbarkeit des vorgefundenen ERP-/PPS-Systems, seiner umfangreichen Modulbibliothek und einer internen *Workflow-Management-Engine* konnte die überwiegende Zahl der Modifikationen und Erweiterungen der Prozesse und Funktionalitäten mit Eingriffen in die Systemkonfiguration und Parametrisierung bewerkstelligt werden. Aufwändige Zusatz- und Änderungsprogrammierungen konnten weitgehend vermieden werden. Dagegen entstanden in der Aufbereitung und Anpassung der Stammdaten größere Arbeitsaufwände. Besonders hervorzuheben ist dabei die Sicherstellung einer intermediärgeeigneten Datenqualität bei Arbeitsplänen und Stücklisten sowie die Formatanpassung bestehender Daten des Produktdatenmanagements (z. B. Konstruktionszeichnungen). Nach einem erfolgreichen Testbetrieb befindet sich das System im Echtbetrieb.

Zusammenfassend kann bezüglich der Realisierung festgestellt werden, dass die Funktionalität den gestellten Anforderungen vollständig gerecht wurde und die übergeordneten Zielsetzungen der IPPS-Implementierung uneingeschränkt erreicht wurden.

Die Konzeptinhalte, -methoden und -hilfsmittel erwiesen sich bei der Implementierung als durchweg relevant. Im Zuge der Anwendung konnten weder fehlende noch überflüssige oder kontraproduktive Aspekte ausgemacht werden.

4.3 PPS bei elektronischem Handel mit Produktionsleistungen

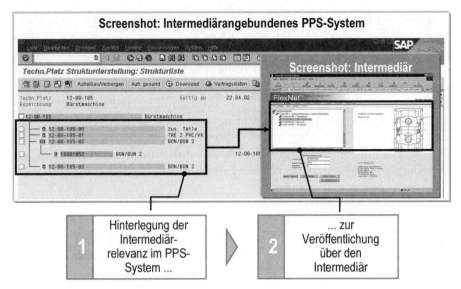

Abb. 4.3-23 Realisierung der Intermediäranbindung bei einem Anlagenbauer

4.3.6 Zusammenfassung und Ausblick

Der Grad der überbetrieblichen Vernetzung von ERP-/PPS-Systemen mit Hilfe elektronischer Intermediäre wird in den nächsten Jahren stetig zunehmen. Für die Umsetzung eines elektronisch intermediierten Handels mit Produktionsleistungen benötigen die Organisationsgestalter in den Unternehmen eine systematische und komplexitätsreduzierende Unterstützung. Das dafür entwickelte Konzept besteht im Wesentlichen aus einem detaillierten organisatorischen Rahmen zur Beschreibung der Spielräume und Restriktionen der PPS-Gestaltung, einem Referenzmodell der intermediärangebundenen PPS und einer Methode zur fallspezifischen Anwendung des Modells.

Die Teilnahme an Intermediären erfordert erweiterte und veränderte Aufgabeninhalte. Dadurch ergibt sich eine teilweise Auflösung des klassischen, MRP II-basierten Planungs- und Steuerungskonzepts der Standard-PPS. Obwohl der Intermediär in erster Linie ein neuartiges informationstechnisches Medium zur Unterstützung der Auftragsabwicklung darstellt, ergeben sich innerhalb der IPPS umfangreiche Modifikationen der PPS-Prozesse. Die Funktions- und Datensicht der IPPS machen deutlich, dass diese organisatorischen Erweiterungen für eine Realisierung in der Praxis auf entsprechend erweiterte Informationssysteme angewiesen sind.

Für die Einführung einer IPPS in Unternehmen wurde eine praktikable und nachvollziehbare Implementierungsmethode entwickelt, die im Rahmen einer Vorstudie zunächst intermediärgeeignete Handelsobjekte identifiziert und aus ihnen Realisierungsschwerpunkte ableitet. Der eigentlichen Umsetzung wurde eine Wirtschaftlichkeitsprüfung vorangestellt. Insgesamt wird durch das Konzept ein Beitrag geleistet, der es Produktionsunternehmen ermöglicht, die überbetriebliche Koordination im Zuge des Handels mit Produktionsleistungen anforderungsgerechter und agiler durchführen zu können. Die organisatorische und systemtechnische Implementierung der IPPS bei einem mittelständischen Anlagenbauer zeigt, dass Produktionsunternehmen den Handel mit Produktionsleistungen anforderungsgerecht mit Hilfe des vorgestellten Konzepts durchführen können.

Weiterer Handlungsbedarf besteht aber auch auf Seiten der ERP-/PPS-Anbieter. Die Weiterentwicklung der verfügbaren ERP-/PPS-Systeme, auf Basis des entwickelten IPPS-Konzeptes, zu intermediärfähigen Softwaresystemen bietet den Softwareherstellern ein erhebliches Marktpotenzial.

4.3.7 Literatur

Aghte I (2003) Gestaltung der Produktionsplanung und -steuerung zur Teilnahme am elektronisch intermediierten Handel mit Produktionsleistungen. In: Luczak H, Eversheim W (Hrsg) Schriftenreihe Rationalisierung und Humanisierung, Bd. 56. Dissertation RWTH-Aachen. Shaker Verlag, Aachen

Alt R, Schmid B (2000) Logistik und Electronic Commerce – Perspektiven durch zwei sich wechselseitig ergänzende Konzepte. ZfB (2000)1:75-99

Asche S (2001) Neue Generation in der Beschaffung. VDI-Nachrichten (2001)2:21

Baumgarten H, Darkow I L, Walter S (2000) Die Zukunft der Logistik – Kundenintegration, globale Netzwerke und e-Business. In: Jahrbuch der Logistik 2000. Verlagsgruppe Handelsblatt, Düsseldorf, S 12-23

Berg H J (2000) Noch in den Kinderschuhen. So mancher B2B-Marktplatz kommt nicht über die Testphase hinaus – doch die Zukunft läßt hoffen. it (2000)12:16-19

Brauers J, Weber M (1986) Szenarioanalyse als Hilfsmittel der strategischen Planung: Methodenvergleich und Darstellung einer neuen Methode. ZfB (1986)7:631-652

Breitenlechner J, Buchta D (2000) Strategie und Umsetzung: Ein Überblick. In: Scheer A W, Köppen A (Hrsg) Consulting. Wissen für die Strategie-, Prozeß- und IT-Beratung. Springer, Berlin, S 111-130

Brettreich-Teichmann W, Wiedmann G (2000) Global Networking: Kommunikationsstrategien für kleine und mittlere Unternehmen im globalen Wettbewerb. In: Bullinger H J, Berres A (Hrsg) E-Business – Handbuch für den Mittelstand. Grundlagen, Rezepte, Praxisberichte. Springer, Berlin, S 881-890

4.3 PPS bei elektronischem Handel mit Produktionsleistungen 741

Corsten H, Gössinger R (1999) Ansatzpunkte zur Gestaltung der Produktionsplanung und -steuerung in virtuellen Produktionsnetzwerken unter Voraussetzung dauerhafter Netzwerkstrukturen als Plattform. In: Corsten H (Hrsg) Schriften zum Produktionsmanagement, Nr. 31. Lehrstuhl für Produktionswirtschaft der Universität Kaiserslautern, Kaiserslautern

DIN 66241 (1994) DIN 66241. Entscheidungstabelle. Informationsverarbeitung, Entscheidungstabelle, Beschreibungsmittel. Beuth Verlag, Berlin

Engelbrecht A (2001) Biokybernetische Modellierung adaptiver Unternehmensnetzwerke. Fortschrittsbericht VDI, Reihe 16, Nr. 137. VDI, Düsseldorf

Eversheim W, Aghte I (2000) Was bedeutet E-Business für Ihr Produktionsunternehmen? (Einführungsvortrag der 7. Aachener PPS-Tage, 10./11.05.2000. Forschungsinstitut für Rationalisierung an der RWTH Aachen (Hrsg) Aachen)

Fink A (2002) Grenzen des Einsatzes einer agentenbasierten Produktionsplanung mit marktorientierten Koordinationsmechanismen. PPS Management (2002)2:47-50

Frese E (2005) Grundlagen der Organisation, 9. vollst. überarb. Aufl. Gabler, Wiesbaden

Friemuth U, Hornung V, Sander U (1996) Industrielle Logistik. Skriptum zur Vorlesung Industrielle Logistik an der RWTH Aachen, 3. Aufl. Verlag der Augustinus Buchhandlung, Aachen

Gabler (2005) Gabler Wirtschaftslexikon, 16. vollst. überarb. u. aktualis. Aufl. Betriebswirtschaftlicher Verlag Dr. Th. Gabler, Wiesbaden

Glogler U (2001) Die gläserne Fabrik. MM.biz. Beilage in: Maschinenmarkt 107(2001)1:6-8

Grochla E (1995) Grundlagen der organisatorischen Gestaltung. Poeschel, Stuttgart

Gronau N (2001) Wie sehen die PPS-Systeme der Zukunft aus? PPS Management (2001)1:3

Haberfellner R, Nagel P, Becker M, Büchel A, von Massow H (2002) Systems Engineering – Methodik und Praxis. In: Daenzer W F, Huber F (Hrsg) 11. durchges. Aufl. Verlag Industrielle Organisation, Zürich

Hackstein R (1989) Produktionsplanung und -steuerung (PPS) – Ein Handbuch für die Betriebspraxis, 2. überarb. Aufl. VDI, Düsseldorf

Hattwig J (2001) B2B-Marktplätze: Kaufmännische Prozesse müssen neu definiert werden. Is report 5(2001)2:10-16

Herchenhein N, Weinhardt C (2001) Integration von elektronischen Logistikdienstleistungen in interne und externe Märkte.
http://www.iw.uni-karlsruhe.de/Forschung/Papers/2001_06_Herchenhein Weinhardt_IntegratELogistik.pdf, Download am 10. 09. 2001

Hinschläger M (1993) Fremdvergaben in der PPS. In: Eversheim W, Luczak H (Hrsg) Aachener Beiträge zu Humanisierung und Rationalisierung, Bd. 9. Dissertation RWTH-Aachen 1993. Verlag der Augustinus Buchhandlung, Aachen

Junge W (1992) Vorschlag für ein Verfahren zur Koordination des Austauschs zentraler Leistungen in Unternehmen mit Geschäftsbereichsorganisation. Dissertation Universität Bonn, Bonn

Kaiser H P (1998) Planung und Steuerung der in der Produktion anfallenden Rohstoffe mit Standard-PPS-Systemen. In: Luczak H, Eversheim W (Hrsg) Schriftenreihe Rationalisierung und Humanisierung, Bd. 18. Dissertation RWTH-Aachen. Shaker Verlag, Aachen

Kaplan S, Sawhney M (2000) E-Hubs: The New B2B-Marketplaces. Harvard Business Review (2000)May-June:97-102

Klein S, Gogolin M, Dziuk M (2002) Elektronische Märkte im Überblick. HMD Praxis der Wirtschaftsinformatik (2002)223:7-19

Kühling M, Housein G (2000) Die Kapazitätsbörse – ein Software-Tool zur Feinplanung und -steuerung in dezentralen Produktionsstrukturen. PPS-Management (2000)2:29-34

Kurbel K (2005) Produktionsplanung und -steuerung im Enterprise Resource Planning und Supply Chain Management, 6. vollst. überarb. Aufl. Oldenbourg, München Wien

Landau K (1996) Verfahren der Arbeitssystemanalyse. In: Luczak H, Volpert W (Hrsg) Handbuch Arbeitswissenschaft. Schäffer-Poeschel, Stuttgart, S 613-618

Luczak H, Bullinger H J, Schlick C, Ziegler J (2001) Unterstützung flexibler Kooperation durch Software. Methoden – Systeme – Beispiele. Springer, Berlin

McCullough S (2000) Emarketplace Hype, Apps Realities. In: Forrester Research (Hrsg) The Forrester Report, April 2000. Amsterdam

Meyer A (1992) Automatisierte Dienstleistungen durch Informationstechnik. In: Hermanns A, Flegel V (Hrsg) Handbuch des Electronic Marketing. Beck, München, S 825-835

Minx E, Roehl H (1998) Von Inseln und Brücken – Wissensentwicklung durch Szenarien bei der Daimler-Benz AG. Zeitschrift Führung und Organisation 67(1998)3:167-170

Much D (1997) Harmonisierung von technischer Auftragsabwicklung und Produktionsplanung und -steuerung bei Unternehmenszusammenschlüssen. In: Luczak H, Eversheim W (Hrsg) Schriftenreihe Rationalisierung und Humanisierung, Bd. 9. Dissertation RWTH-Aachen. Shaker Verlag, Aachen

Much D, Nicolai H (1995) PPS-Lexikon. Cornelsen Giradet, Berlin

Müller G (2000) Telematik III – Grundlagen des digitalen Wirtschaftens. Institut für Informatik und Gesellschaft. Universität Freiburg, Freiburg http://www.iig.uni-freiburg.de/telematik/lehre/vorlesungen/material/tel3neu/Tele3%20Kap%20I%20%20Foliensatz%20III%20.pdf Download am 02.03.2002

Nenninger M, Lawrenz O (2000) In: EBS Holding AG (Hrsg) Praxisreport eMarkets Q4/2000, Köln

Neubauer K (2001) Mehr bieten als nur Transaktionen. InformationWeek (2001)4:22-25

Olbrich T (1994) Das Modell der „Virtuellen Unternehmungen" als unternehmensinterne Organisations- und unternehmensexterne Koordinationsform. Information Management (1994)4:28-36

Paegert C (1997) Entwicklung eines Entscheidungsunterstützungssystems zur Zeitparametrisierung. In: Luczak H, Eversheim W (Hrsg) Schriftenreihe

Rationalisierung und Humanisierung, Bd. 4. Dissertation RWTH-Aachen, Shaker Verlag, Aachen

Picot A (1982) Transaktionskostenansatz in der Organisationstheorie: Stand der Diskussion und Aussagewert. Die Betriebswirtschaft 42(1982)2:267-284

Picot A, Dietl H, Franck E (2005) Organisation. Eine ökonomische Perspektive, 4. aktualis. u. erw. Aufl. Schäffer-Poeschel, Stuttgart

Picot A, Reichwald R, Wigand RT (2003) Die grenzenlose Unternehmung. Information, Organisation und Management, 5. aktualis. Aufl. Gabler, Wiesbaden

Rosemann M (1996) Komplexitätsmanagement in Prozeßmodellen: Methodenspezifische Gestaltungsempfehlungen für die Informationsmodellierung. In: Scheer A W (Hrsg) Schriften zur EDV-orientierten Betriebswirtschaft. Betriebswirtschaftlicher Verlag Dr. Th. Gabler GmbH, Wiesbaden

Schmid B F (1993) Elektronische Märkte. Wirtschaftsinformatik (1993)5:465-480

Schmid B F (2002) Elektronische Märkte – Merkmale, Organisation und Potenziale. http://www.businessmedia.org/netacademy/publications.nsf/all_pk/1168 Download am 01.03.2002

Schmitz U (2001) Umfassender Workflow ist mit XML nicht möglich. Computer Zeitung (2001)31:9

Schuh G (1997) Virtuelle Fabrik – Beschleuniger des Strukturwandels. In: Schuh G, Wiendahl H P (Hrsg). Komplexität und Agilität: Festschrift zum 60. Geburtstag von Professor Walter Eversheim. Springer, Berlin, S 293-307

Schuh G (2001) C-Commerce. Collaborative Business. Tagungsband der 8. Aachener PPS-Tagen, 9./10. Mai 2001. Forschungsinstitut für Rationalisierung (FIR) an der RWTH Aachen (Hrsg), Aachen

Schuh G, Lorscheider B, Franke U J (2000) Aufbau der Virtuellen Fabrik Rhein-Ruhr. Industrie Management (2000)6:53-58

Schulze R (2001) Einkaufsexperten erzielen online die günstigsten Preis auf B2B-Märkten. VDI-Nachrichten (2001)32:19

Stahlknecht P, Hasenkamp U (2004) Einführung in die Wirtschaftsinformatik, 11. vollst. überarb. Aufl. Springer, Berlin

Ulich E (1997) Mensch-Technik-Organisation: Ein europäisches Produktionskonzept. In: Frieling E, Martin H, Tikal F (Hrsg) Neue Ansätze für innovative Produktionsprozesse. Universität Karlsruhe, Karlsruhe

Weber J (2004) Einführung in das Controlling, 10. überarb. u. aktualis. Aufl. Schäffer-Poeschel, Stuttgart

Wiendahl H P, Vollmer L (1999) Produktionsorganisation nach Gesetzen des Marktes – eine selbstorganisierte Auftragssteuerung mit Hilfe von Produktionsagenten. FB/IE Zeitschrift für Unternehmensentwicklung und Industrial Engineering 48(1999)4:157-162

Wildemann H (2000) Von Just-In-Time zu Supply Chain Management. In: Wildemann H (Hrsg) Supply Chain Management. TCW Transfer-Centrum-Verlag, München, S 49-85

Windt K (2001) Engpaßorientierte Fremdvergabe in Produktionsnetzen. Fortschritt Berichte VDI: Reihe 2, Fertigungstechnik; 579. VDI, Düsseldorf

Wöhe G, Döring U (2005) Einführung in die allgemeine Betriebswirtschaftslehre, 22. neu bearb. Aufl. Vahlen, München

Zarnekow R (1999) Softwareagenten und elektronische Kaufprozesse – Referenzmodelle zur Integration. Deutscher Universitätsverlag, Wiesbaden

4.4 Selbststeuerung logistischer Prozesse mit Agentensystemen

von Bernd Scholz-Reiter und Hartmut Höhns

4.4.1 Überblick

Unternehmen sind heutzutage einem immer dynamischer werdenden Umfeld ausgesetzt. Die sich ständig verändernden Rahmenbedingungen haben dabei erhebliche Auswirkungen auf die logistischen Prozesse innerhalb des Unternehmens und unternehmensübergreifend.

Nicht zuletzt auf Grund des durch die Globalisierung immer stärker werdenden Wettbewerbdrucks wird es für die Unternehmen hierbei immer wichtiger, sich weitestgehend alle potenziellen Wettbewerbsvorteile durch eine bessere Beherrschung ihrer Prozesse zu erschließen. Die sprunghafte Entwicklung neuer Informations- und Kommunikationssysteme eröffnet dabei weiterreichende Möglichkeiten für Prozessinnovationen. Einige relevante Veränderungstreiber sind beispielsweise der Aufbau und Betrieb virtueller Unternehmen zur Verbesserung der Prozessabläufe entlang der Wertschöpfungskette, die verstärkte Kooperation in globalen logistischen Verbünden und Allianzen und eine damit einhergehende Zunahme von komplexen internen und unternehmensübergreifenden logistischen Prozessen. Weiterhin ist auch ein fortschreitender und sich verstärkender Wandel hin zu einem Käufermarkt mit der daraus zwingend resultierenden Wichtigkeit der Kundenorientierung als einem entscheidenden Wettbewerbsfaktor zu beobachten, welches unter anderem auch zu Veränderungen im Zielsystem der logistischen Prozesse führen wird. Zusätzlich sind als wichtige Rahmenbedingungen zu verzeichnen, dass die Transportvolumina drastisch ansteigen, wobei gleichzeitig ein Trend zur Atomisierung von Ladungseinheiten und ein Anstieg von Transportfrequenzen im Bereich der Transportlogistik erkennbar wird. In diesem Sinne ist dann letztlich auch eine relative Knappheit von logistischen Infrastrukturen eine sich abzeichnende Konsequenz.

Durch dieses breite Spektrum an Veränderungstreibern und Randbedingungen ergeben sich eine Vielzahl von höchst anspruchsvollen und sogar teilweise widersprüchlichen Anforderungen an die Identifikation, Gestaltung und Implementierung selbststeuernder Prozesse in der Logistik als einer neuen Möglichkeit der Dynamik zu begegnen. Diesbezüglich ermög-

4 Konzeptentwicklung in der Produktionsplanung und -steuerung

licht und erfordert der Einsatz neuer Informations- und Kommunikationstechnologien, wie beispielsweise RFID-Technologien, neue Steuerungsstrategien, die hier unter dem Oberbegriff Selbststeuerung subsumiert werden. Dabei geht die Idee der Selbststeuerung logistischer Prozesse davon aus, dass die neuen Technologien wie Tags und Label im Bereich der RFID-Technologie und der heutigen BDE (Betriebsdatenerfassung), zukünftig über eine Rechenleistung und -kapazität von heute verfügbaren mobilen Rechnern (Laptops) oder PCs verfügen. In sofern stellt diese Idee eine Projektion in die Zukunft von etwa 10 bis 15 Jahren dar, die derzeit nicht mit konventionellen Technologien, Konzepten und Methoden „von der Stange" realisierbar sind.

Ziel dieses Kapitels ist es, die Selbststeuerung logistischer Prozesse auf Basis der Verwendung von Agententechnologie beziehungsweise Softwareagenten zu skizzieren. Hierzu wird zunächst der Begriff der Selbststeuerung im Rahmen der Logistik und dessen Ursprünge aus anderen Wissenschaftsdisziplinen näher beleuchtet. Anschließend wird ein Überblick über die Softwareagenten gegeben, der sich von deren Herkunft, über deren Merkmale bis hin zur Technologie erstrecken wird. In einem nächsten Schritt wird in den Entwurf und die Konzeption der selbststeuernder logistischer Prozesse eingeführt, bevor abschließend Ansatzpunkte und Potenziale der Selbststeuerung logistischer Prozess in den Bereichen Produktions- und Transportlogistik, sowie dem Supply Chain Management skizziert werden.

4.4.2 Selbststeuerung im Zusammenhang mit Produktionsplanung und -steuerung

Ziel dieses Abschnitts ist es, die Grundidee und einige Grundkonzepte der Selbststeuerung logistischer Prozesse sowie deren Ursprünge aus anderen Wissenschaftsbereichen zu erläutern. Hierbei ist die Grundannahme, dass die Selbststeuerung logistischer Prozesse eine neue Möglichkeit darstellt, der weiter oben skizzierten erhöhten Dynamik zu begegnen. Diesbezüglich soll die Selbststeuerung logistischer Prozesse trotz hoher Komplexität der Umwelt die Entwicklung und Implementierung neuer, robusterer Prozesse ermöglichen.

4.4.2.1 Ursprünge von Selbststeuerungskonzepten

Die Grundidee der Selbststeuerung logistischer Prozesse, diese wird im nächsten Abschnitt (4.5.2.2) näher beschrieben und definiert, hat verschiedene Wurzeln, überwiegend in den Naturwissenschaften, die beispielswei-

4.4 Selbststeuerung logistischer Prozesse mit Agentensystemen 747

se mit dem Oberbegriff Selbstorganisation in Verbindung gebracht werden können. „Quellwissenschaften" sind in diesem Zusammenhang unter anderem die Physik und die Biologie. Diese Konzepte sind für die jüngeren Wissenschaftsbereiche wie die Informatik (z. B. Künstliche Intelligenz, Rechnernetze) und die Ingenieurwissenschaften (z. B. Regelungstechnik beziehungsweise -theorie) durch die sprunghafte Entwicklung der verfügbaren Technologien oder tieferen Durchdringung technologischer Probleme nun besonders interessant geworden. Dieses Phänomen ist jedoch nicht ganz neu und konnte beispielsweise auch schon in den Ideen und Konzepten zum Fraktalen Unternehmen (Warnecke 1993) identifiziert werden. Unter anderem können etwa folgende Stichworte als „Ideengeber" für die Entwicklungen auf dem neuen Gebiet Selbststeuerung logistischer Prozesse identifiziert werden:

- Die Kybernetik und Systemtheorie,
- die Synergetik,
- das Konzept der Autopoiese,
- Komplexe Systeme in der Physik
- und die Chaostheorie.

An dieser Stelle kann nicht auf alle Bereiche erschöpfend eingegangen werden und doch sollen einige, im Kontext der Selbststeuerung logistischer Prozesse potenziell interessante, „Ideengeber" kurz erläutert werden.

Unter den Stichworten Kybernetik und Systemtheorie sei hier gemäß der Definition der Deutschen Gesellschaft für Kybernetik von 1999 folgendes verstanden (Gfk 2002):

Der Begriff Kybernetik wird nicht auf die Theorie und Technik der Regelung beschränkt verstanden, sondern als Beschäftigung mit der Übertragung und Verarbeitung von Information unter Verwendung analytischer, modellierender, messender und kalkülisierender Methoden zum Zwecke von Prognosen und Objektivationen.

Dabei kann Verarbeitung und raumzeitliche Übertragung von Information (A) in und zwischen Subjekten (Anthropokybernetik) oder auf der (B) biologischen Ebene (Biokybernetik) oder auch (C) in Maschinen (Konstruktkybernetik) erfolgen, aber auch (D) als vom Seinsbereich unabhängige Struktur betrachtet werden (allgemeine Kybernetik). In allen diesen vier Bereichen führt die Analyse auf vier aufeinander aufbauende Gegenstandsstrukturen:

- Messung, Codierung und Übertragung von Information,
- Algorithmen und Systeme der Informationsverarbeitung,
- zielgerichtete Umweltlenkung (speziell: Regelung),

4 Konzeptentwicklung in der Produktionsplanung und -steuerung

- Zielverfolgung im Einflussbereich anderer Subjekte (speziell: mathematische Spieltheorie).

Der umfassende Kybernetikbegriff schließt unter anderem die folgenden Disziplinen ein (Gfk 2002):

- Mathematische Informationstheorie,
- Informatik,
- Regelungstheorie,
- allgemeine Systemtheorie,
- Wirtschaftskybernetik (mathematische Wirtschaftsforschung),
- Spieltheorie,
- Organisationskybernetik,
- Theorie künstlicher Intelligenz,
- Bildungstechnologie.

Im Hinblick auf die Selbststeuerung logistischer Prozesse sind es insbesondere Bereich (A) (zwischen Subjekten) und (C) (in und zwischen Maschinen) sowie alle Gegenstandsstrukturen, die die Kybernetik für diese neuen Konzepte und Verfahren interessant machen.

Die Synergetik ist nach Haken (Haken 1990; Göbel 1998) die Lehre vom Zusammenwirken, nicht nur in der belebten sondern auch in der unbelebten Materie. Dabei geht es im Wesentlichen um die Bildung wohlgeordneter Muster (Ordnung), die die Einzelteile eines Systems selbst hervorbringen und durch sinnvolles zusammenwirken, durch Zufuhr oder Abgabe von „Energie", selbstständig aufrecht erhalten können. Dabei ist durchaus Konkurrenz zwischen den Einzelelementen möglich. Haken bezog diese Theorie aus der Untersuchung und Beobachtung von Laserlicht.

Auch hier existieren einige Aspekte, die die Synergetik als „Ideengeber" für die Selbststeuerung logistischer Prozesse interessant erscheinen lassen, und zwar insbesondere die Entstehung von Ordnung im System durch das Zusammenspiel der einzelnen Prozesse und Objekte.

Die Theorie der Autopiese wurzelt in der Biologie. Im Kern der Untersuchungen von Maturana und Varela (Göbel 1998) stand dabei die Frage nach dem ursächlichen Mechanismus der andauernden Selbsterzeugung bei Lebewesen. Eine wichtige Beobachtung war für sie die kontinuierliche „Randbildung" (Membran) bei Zellen, die einen Zellstoffwechsel überhaupt erst ermöglicht. Daraus leiteten Maturana und Varela ab, dass durch die Autopoiese die Lebewesen als autonom gekennzeichnet sind, das heißt sie sind fähig, das ihnen Eigene zu spezifizieren. Welche Strukturen sich etablieren können, hängt von der Interaktion zwischen den Lebewesen und der Umgebung ab (Göbel 1998). Erscheinen die ausgelösten Strukturänderungen nach außen hin destruktiv oder konstruktiv, so wird dieses als eine

4.4 Selbststeuerung logistischer Prozesse mit Agentensystemen

Art Selektion durch die Umwelt beziehungsweise durch das Lebewesen interpretiert.

Bezüglich der Theorie der Autopiese erscheinen insbesondere Aspekte der Interaktion, Selektion und Strukturbildung (Rand beziehungsweise Membran) als „Ideengeber" für die Selbststeuerung logistischer Prozesse sehr interessant.

4.4.2.2 Selbststeuerung logistischer Prozesse – Eine Definition

Ansätze, Methoden und Konzepte der Selbststeuerung logistischer Prozesse werden im Sonderforschungsbereich (vgl. Literaturverzeichnis SFB 637) untersucht und entwickelt. In diesem Rahmen wurde folgende, zunächst von der Logistik losgelöste Definition für den Begriff Selbststeuerung erarbeitet:

Definition Selbststeuerung:

Die Selbststeuerung wird als ein Bündel von Prozessen dezentraler Entscheidungsfindung in heterarchischen Strukturen verstanden. Sie setzt die Fähigkeit und Möglichkeit interagierender Systemelemente zum autonomen Treffen von zielgerichteten Entscheidungen voraus.

Ziel des Einsatzes von Selbststeuerung ist das Erreichen einer höheren Systemrobustheit sowie eine Vereinfachung der Prozesse durch die verteilte Bewältigung von Dynamik und Komplexität in Form von höherer Flexibilität und Autonomie der Entscheidungsfindung.

Dies bedeutet, dass beispielsweise in den Bereichen der Produktions- und Transportlogistik zukünftig die logistischen Objekte, als wesentliche Systemelemente, autonom Entscheidungen treffen sollen.

Hinsichtlich der Ausprägungen von Selbststeuerung sind verschiedene Szenarien möglich, danach gestaffelt, welche logistischen Objekte Entscheidungen treffen. Hinsichtlich der Art der entscheidungstreffenden, mithin potentiell „intelligenten" logistischen Objekte, erscheint eine Übertragung der Steuerungsentscheidungen auf Güter, Maschinen, Lager und Fördermittel sinnvoll. Neben Szenarien in denen nur eine der Gruppen logistischer Objekte selbststeuernd Entscheidungen treffen, sind auch beliebige Kombinationen denkbar, je nachdem, ob die Objekte der entsprechenden Gruppe tendenziell eher fremd- (durch den Menschen) oder selbstgesteuert agieren.

Den einzelnen Objektgruppen lassen sich logistische Zielgrößen zuordnen. So lässt sich das Ziel einer hohen Auslastung am ehesten einer Maschine zuordnen, während das Ziel der Termineinhaltung am sinnvollsten mit dem Gut verknüpft ist. Konkrete Zielerreichungen ergeben sich jedoch erst durch die Interaktion vieler logistischer Objekte. Durch Verhandlungen der Objekte in einer Entscheidungssituation muss hier ein Ausgleich zwischen den oft konfliktären Zielen herbeigeführt werden. Hierbei ist von einem erhöhten Koordinations- und Kommunikationsbedarf gegenüber hierarchischen Formen der Entscheidungsfindung auszugehen. Je mehr Objekte und Objekttypen an einer derartigen Kommunikation beteiligt sind und autonom Entscheidungen treffen können, umso stärker wiegt dieser Punkt.

Während im intraorganisationalen Fall (hier Produktionslogistik) potenziell noch von kooperativer Entscheidungsfindung ausgegangen werden kann ist, erscheint diese Annahme spätestens beim Übergang zu interorganisationalen (hier Supply Chain Management und Transportlogistik) Verhandlungen eher unrealistisch. Verhandlungen in unternehmensübergreifenden Prozessen werden daher derzeit in der Regel unter der Prämisse der Nicht-Kooperativität betrachtet. Erschwerend kommt hinzu, dass bedingt durch die heterarchische Organisation keine übergeordnete Instanz vorhanden ist, die im Fall von Konflikten diese auflösen kann. Alle diese Punkte müssen beim Entwurf einer Selbststeuerungsstrategie sowie bei der Modellierung selbststeuernder logistischer Prozesse berücksichtigt werden.

4.4.3 Grundlagen der Softwareagenten

Ziel dieses Abschnitts ist es, einen Überblick über den Stand der Technik bezüglich der Agententechnologie beziehungsweise bei den Softwareagenten zu geben. Diesbezüglich wird ein Bogen von der Herkunft der Agententechnologie zu den Merkmalen und Anforderungen an die Gestaltung eines Softwareagenten hin zu aktuellen Anwendungen der Agententechnologie gespannt.

4.4.3.1 Herkunft der Agententechnologie

Die Agententechnologie hat verschiedenste Wurzeln. Besonders auf dem Gebiet der Informatik ist die Agententechnologie in den zirka letzten 10 Jahren ein sehr beliebtes Forschungsfeld geworden. Dabei sollte man auf diesem Gebiet unterscheiden zwischen der Verwendung der Begriffe im Bereich Software, Robotik und Automatisierungstechnik. Auch die Robotik und Automatisierungstechnik verwendet den Begriff Agenten und spielt dabei häufig auf eine oder mehrere physische Entitäten (technische Multiagentensysteme beziehungsweise Hardwareagenten) an. Beide Bereiche verwenden den Agentenbegriff aber auch unter dem Verständnis „in-

4.4 Selbststeuerung logistischer Prozesse mit Agentensystemen

telligenter Programme". Da es auf diesem Gebiet sehr vielschichtige Einflüsse aus verschieden Wissenschaften und Nachbargebieten der Informatik gibt, ist derzeit auch immer noch keine allgemein gültige Definition verfügbar. Besonderen Einfluss auf die Entwicklungen auf dem Gebiet der Agententechnologie und Softwareagenten haben, wie die Abb. 4.4-1 zeigt, die Künstliche Intelligenz, die Psychologie sowie die Kognitionswissenschaft, die verteilte Künstliche Intelligenz, Netzwerke und Kommunikation und schließlich die Entscheidungstheorie.

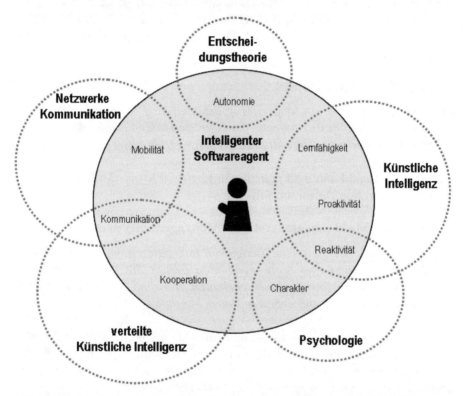

Abb. 4.4-1 Einflussgebiete auf die Softwareagenten (Brenner et. al. 1997)

Aus all diesen Blickwinkeln heraus werden Agentensysteme diskutiert, konzipiert und entwickelt, mit den unterschiedlichsten semi-formalen (z. B. textuell) bis hin zu formalen Methoden (z. B. mehrwertige Logiken), die unter Umständen maschinen- beziehungsweise rechnerverarbeitbar sind (z. B. Prolog-Programmierung, formale Ontologiesprachen). Die Motivation der Erforschung und Entwicklungen auf diesem Gebiet ergeben sich aus neuen Erwartungen an Softwareprogramme, die über kooperierende Programme, asynchrone und dezentrale Steuerung bis hin zu

Assistenzsystemen oder komfortableren Mensch-Maschine-Schnittstellen reichen. Wenn im weiteren Verlauf der Begriff Agent oder auch intelligenter Agent verwendet wird, so wird darunter immer ein Softwareprogramm verstanden.

4.4.3.2 Definition und Merkmale von Softwareagenten

Obwohl, wie bereits erwähnt, noch keine allgemein akzeptierte Definition darüber existiert, was ein Agent (Softwareagent) ist, so kann doch quasi eine Art Minimaldefinition aufgestellt werden, die einen Eindruck darüber vermittelt, womit man es zu tun hat. Diese könnte gemäß (Burkhard 2000) etwa wie folgt lauten:

Definition Softwareagent:

Ein Softwareagent ist ein längerfristig arbeitendes Programm, dessen Arbeit als eigenständiges Erledigen von Aufträgen oder Verfolgen von Zielen in Interaktion mit einer Umwelt beschrieben werden kann.

Dementsprechend kann man gemäß (Burkhard 2000) für Multiagentensysteme etwa folgende Definition folgern:

Definition Multi-Agentensysteme (Mehragentensysteme):

Allgemein bezeichnet man eine Menge von interagierenden Agenten als ein Multi-Agentensystem. Bei Softwareagenten beruht die Interaktion insbesondere auf dem Austausch von Nachrichten, während in der Robotik auch die gemeinsame physische Arbeit in Betracht kommt.

Im zweiten Teil dieser Definition von Multi-Agentensystemen, im Rahmen der Robotik oder auch der Automatisierungstechnik, wird nochmals der bereits weiter oben beschriebene Unterschied zwischen Softwareagenten und technischen beziehungsweise Hardwareagenten deutlich.

Zu den wesentlichen Merkmalen oder auch „Dimensionen" bei der Betrachtung von Softwareagenten zählen in Anlehnung (Burkhard 2000) die folgenden, die nicht gänzlich frei von inhaltlichen Überschneidungen sind. Hierfür wird bereits eine für die Selbststeuerung logistischer Prozesse relevante Auswahl getroffen und durch Anmerkungen an verschiedenen Stellen ergänzt:

Rahmenbedingungen & Umwelt:

- *Andauernde Verfügbarkeit / Aktivität:* Agenten sind über einen längeren Zeitraum hinweg ansprechbar (z. B. Planungsagenten) und neh-

men „Aufträge" von Nutzern oder anderen Agenten entgegen. Sie können eigenständig aktiv werden (z. B. Aktualisierung beim Planungsagenten).
- *Interaktion mit einer Umwelt:* Agenten nehmen Informationen aus ihrer Umwelt auf (z. B. Aufträge, Erfassen von Situationen, Kontrolle ihrer Aktionen). Sie agieren in ihrer Umwelt, um sie (auftragsgemäß) zu beeinflussen.
- *Situiertheit:* Auch hier geht es um die Einbettung von Agenten in eine Umwelt. Es wird der Aspekt betont, dass komplexes Agentenverhalten auch als Resultat von direkten Reaktionen auf Umwelteinflüsse erzeugbar ist („emergentes" Verhalten), was zu einfacheren Architekturen führen kann. Auch gerade dieser Punkt ist im Hinblick auf die Selbststeuerung logistischer Prozesse besonders interessant, aber „emergentes" Verhalten ist nicht zwingend.

Agenteneigenschaften & -verhalten:

- *Eigenständigkeit (Autonomie) im Handeln:* Agenten unterliegen keiner (unmittelbaren) Steuerung und Kontrolle durch den Nutzer. Sie handeln eigenständig, aber „im Sinne ihrer Auftraggeber". Die Auswahl beziehungsweise Planung ihrer Handlungen kann (aber muss nicht) nach sehr komplexen Methoden erfolgen. Dieser Aspekt findet sich bereits in ähnlicher Form in der Definition zur Selbststeuerung wieder.
- *Reaktivität:* Im engeren Sinne wird darunter das unmittelbare Reagieren auf Umweltereignisse (z. B. Stimulus-Response-Modell) verstanden. Im Allgemeinen betrifft es die Interaktion mit der Umwelt insgesamt. Besonders die allgemeine Interpretation ist im Hinblick auf die Selbststeuerung logistischer Prozesse besonders interessant.
- *Zielgerichtetheit:* Agenten verfolgen Ziele (hier logistische Ziele, z. B. Termintreue) beziehungsweise Aufträge, die angepasstes Handeln über lange Zeiträume hinweg erfordern. Gerade diese Aspekte werden im Rahmen der Definition der Selbststeuerung explizit adressiert.
- *Pro-Aktivität:* Der Begriff ist verwandt mit Zielgerichtetheit (und wird teilweise synonym benutzt). Eine spezielle Betonung liegt dabei auf der „Eigeninitiative" des Agenten.
- *Deliberatives Verhalten:* „Deliberation" bezeichnet die explizit modellierte Auswahl von Zielen beziehungsweise Absichten. Auch gerade dieser Punkt ist im Hinblick auf die Selbststeuerung logistischer Prozesse besonders interessant.

754 4 Konzeptentwicklung in der Produktionsplanung und -steuerung

- *Rationalität:* Agenten treffen sinnvoll erscheinende Entscheidungen in angemessener Zeit auch unter dem Aspekt beschränkt verfügbarer Ressourcen.
- *Lernfähigkeit:* Agenten können ihr Verhalten an die Umwelt anpassen, indem sie zum Beispiel Fähigkeiten oder Entscheidungsprozesse geeignet variieren. Dieser Punkt ist im Hinblick auf die Selbststeuerung logistischer Prozesse sehr interessant, aber nicht zwingend.
- *Kooperation:* Agenten arbeiten zusammen mit Menschen und anderen Agenten. Dieser Punkt ist im Hinblick auf die Selbststeuerung logistischer Prozesse besonders wichtig.

Aspekte der technischen Implementierung:

- *Mobilität:* Agenten können eigenständig auf andere Plattformen (Rechner) migrieren. Dabei wird das Agenten-Programm mit seinen aktuellen Daten übertragen und setzt seine Arbeit dort fort mit der Möglichkeit des Zugriffs auf lokale Ressourcen. Dieser Punkt ist im Hinblick auf eine technische Realisierung der Selbststeuerung logistischer Prozesse besonders mit Softwareagenten sehr interessant.

Im Rahmen der Entwicklung von Softwareagenten von wird häufig auch von Agentenorientierten Techniken (Krallmann u. Albayrak 2002; Burkhard 2000) oder der Agentenorientierten Softwareentwicklung (Weiß u. Jakob 2005) gesprochen, die mit speziellen Methoden, Programmiertechniken und Werkzeugen, den besonderen Merkmalen und Anforderungen der Softwareagenten Rechnung tragen soll. Unter den bekannteren Methoden sind hier sicherlich die Gaia von Wooldridge, Jennings und Kinny (Wooldrigde et al. 2000) sowie die MASSIVE nach Lind (Lind 2001) zu nennen, die teilweise die Identifikation der Softwareagenten im System, sowie deren Konzeption und Modellierung unterstützen sollen. Zu den bekannten Tools und Werkzeugen gehören beispielsweise das nichtkommerzielle FIPA-OS Toolkit (FIPA 2003), welches mit seiner Systemarchitektur („informeller" Technologie-Standard) maßgeblich ist, sowie die ebenfalls nicht kommerzielle JADE Plattform (Bellifemine et al. 2003), die sehr verbreitet ist. Zu den kommerziellen Werkzeugen zählt beispielsweise das AGENTBUILDER Toolkit (Acronymics 2004).

Ein weiterer interessanter Bereich zur Abbildung und Untersuchung von Selbststeuerungsstrategien ist die Multiagentensimulation. Mit der Multiagentensimulation wird versucht, die Defizite der herkömmlichen Simulationstechniken zu heilen, indem sie Agenten als aktive Bestandteile eines Modells einsetzen, die sich nicht nur selbst verändern, sondern auch auf die Umwelt einwirken (Klügl 2001). Dabei geschehen Antworten nicht nur als passive Antwort auf Umwelteinflüsse, sondern in Relation zur Umwelt,

4.4 Selbststeuerung logistischer Prozesse mit Agentensystemen 755

die durch einen beschränkten Wahrnehmungs- und Aktionsradius (lokales Verhalten) hervorgebracht werden. Hierzu verfügt jeder Agent über ein nicht-triviales Verhaltensrepertoire, welches formal beschreibbar ist (Klügl 2001). Zur Gestaltung des Verhaltensrepertoires werden verschiedene Kategorien von Wissen benötig, welches beispielsweise in Regeln formalisiert und durch Lernen manipuliert (Klügl 2001) werden kann. Zu den bisherigen Anwendungen von Multiagentensimulationen (Klügl 2001) zählen unter anderem Computerspiele, Zelluläre Automaten, mikroskopische Verkehrssimulationen, Insektenmodelle, Krankenhausszenarien oder auch ein Hochregalszenario aus dem Bereich der Lagerlogistik, welches mit dem Multiagentensimulationswerkzeug SeSAm (Shell für simulierte Agentensysteme) ab der Version 1.8 (SeSAm 2004) erstellt wurde. In SeSAm werden die einzelnen Agenten überwiegend mit einer grafischen Notation modelliert, die dann sofort in der Shell ausführbar sind. Darüber hinaus stehen Plug-Ins zur Verfügung, die beispielsweise den Import von Ontologien (formalisierte Wissensbasis) oder die Ausführung von Kommunikation mit Protokollen (konform zum FIPA-Standard) zwischen den modellierten Agenten erlaubt (SeSAm 2004). Es steht auch ein Vorgehensmodell (Oechslein 2004) inklusive einer Spezifikations- und Implementierungssprache für Multiagentensysteme zur Verfügung, die an SeSAm anknüpft. Für überschaubar große Szenarien aus den Bereichen Produktions- und Transportlogistik sowie dem Supply Chain Management ist das Konzept der Multiagentensimulation zur Entwicklung und zum Testen von Selbststeuerungsstrategien durchaus interessant. Auf dem Gebiet der Multiagentensimulation gehören Swarm (benutzt Swarm Intelligence), PECS oder AgentSheets (Klügl 2001) zu den bekanntesten Werkzeugen, mit jedoch jeweils sehr unterschiedlichem Focus und Hintergrund (Anwendungsgebieten).

Grundsätzlich durchläuft ein einzelner Agenten etwa einen **3-Phasen-Zyklus** (Burkhard 2000) der in die Informationsaufnahme, die Wissensverarbeitung und Entscheidung sowie die Aktionsausführung untergliedert ist. Dabei können die einzelnen Phasen in Anlehnung an (Burkhard 2000) wie folgt charakterisiert werden:

- *Informationsaufnahme:* Der Agent nimmt Informationen aus der Umwelt auf. Er nimmt Nachrichten und Aufträge entgegen. Er beobachtet die Wirkungen seiner Handlungen.
- *Wissensverarbeitung und Entscheidung:* Der Agent aktualisiert sein Wissen unter Zuhilfenahme der eingegangen Informationen. Er analysiert und bewertet die aktuelle Situation, die neuen Aufträge und den Fortschritt bereits begonnener Handlungen. Er trifft Entscheidungen über seine unmittelbaren und zukünftigen Aktionen.

- *Aktionsausführung:* Die anstehenden Aktionen (z. B. Versenden von Nachrichten, Berechnungen, Planungsschritte) werden ausgeführt.

Auf der **Einzel-Agenten-Ebene** können etwa folgende Agententypen unterschieden werden, die in der Regel auch verschiedene softwaretechnische Architekturen aufweisen (Burkhard 2000):

- Reaktive Agenten (Stimulus-Response-Architektur),
- zielorientierte beziehungsweise deliberative Agenten,
- BDI-Agenten (**B**elief-**D**esire-**I**ntention Architektur),
- verschiedene Schichtenarchitekturen,
- situierte Agenten (Subsumtions-Architektur),
- und hybride Agenten beziehungsweise Architekturen als Mixtur aus den oben genannten (z. B. InteRRaP nach Müller 1996).

Auf der **Mehr-** beziehungsweise **Multi-Agenten-Ebene** können auch verschiedene Ansätze und Konzepte unterschieden werden. Diese, im weiteren Verlauf vorgestellten Verfahren und Konzepte, sind momentan die gängigsten Standardverfahren.

Zum einen gibt es das verteilte Problemlösen, bei dem in der Regel mindesten die folgenden Schritte durchlaufen werden (Burkhard 2000):

- Zerlegung des Problems in separat lösbare Teilprobleme,
- Zuordnung der Teilprobleme zu einzelnen Agenten,
- Lösung der Teilproblem durch die Agenten,
- Zusammenführen der Resultate.

Die beiden ersten Schritte werden alternativ im kooperativen Problemlösen, einem neueren Ansatz auf der Basis des verteilten Problemlösens, zusammengefasst. Hierbei werden zuerst die Teilaufgaben erstellt und verteilt, unter Berücksichtigung der jeweiligen Fähigkeiten der Agenten. Anschließend werden die Teilaufgaben bearbeitet, um die Teilergebnisse in einem letzten Schritt einer Synthese zuzuführen. Sollte das Gesamtproblem dann aufgrund von nicht kompatiblen Teillösungen insgesamt nicht gelöst worden sein, wird dieser Ablauf erneut gestartet (Burkhard 2000).

Weiterhin sind das Kontrakt-Netz-Protokoll (Contract Net Protocol nach Smith 1980) sowie die Black-Board-Systeme als Konzepte und Verfahren auf der Multi-Agenten-Ebene zu nennen. Bei dem **Kontrakt-Netz-Protokoll** werden in der Regel vier Schritte durchlaufen (Burkhard 2000):

- Ausschreibung (task annoucement) durch einen *Manager*-Agenten,
- Bewerbung (bids) durch die *Arbeiter*-Agenten,
- Verhandlung (negotiation) zwischen *Manager* und *Arbeiter*,
- Zuweisung (contract) an die *Arbeiter*.

4.4 Selbststeuerung logistischer Prozesse mit Agentensystemen

Besondere Eigenschaften bei dem Kontrakt-Netz-Protokoll sind darin zu sehen, dass der Verbund aus Agenten keine zentralen Module besitzt. Kein Agent hat Kenntnisse über das Wissen und die Fähigkeiten, die im Verbund vorhanden sind, auch nicht über das möglicherweise zu erwartende Verhalten im Verbund. Jeder Agent im Verbund eines Kontrakt-Netzes bearbeitet die durch ihn übernommenen Aufträge völlig autonom und ohne Eingriff von außen (Stickel et al. 1997).

Im Hinblick auf die **Black-Board-Systeme** ist etwa folgender Bearbeitungsablauf zu erkennen:

- Die Aufgaben beziehungsweise Aufträge werden auf ein Black-Board, quasi wie auf eine *Tafel* (aus-)geschrieben.
- Diese werden von den betroffenen Agenten, das heißt diejenigen mit den relevanten Fähigkeiten, gelesen und bearbeitet.
- Die erarbeiteten Lösungen für die Aufträge werden auf das Black-Board zurückgeschrieben
- und von anderen interessierten Agenten (mit relevanten Fähigkeiten) gelesen und weiterbearbeitet.

Bei einem Black-Board-System nutzen die Agenten einen gemeinsamen Datenbereich als zentrale Struktur, der in der Regel in gemeinsame Regionen beziehungsweise Niveaus mit definierten Rechten (Lese- / Schreibzugriffe) unterteil wird (Burkhard 2000). Insgesamt kommt dem Black-Board neben dem reinen Austausch von Daten die Synchronisation der Agenten als zentrale Aufgabe zu (Burkhard 2000).

4.4.3.3 Anwendungen von Softwareagenten

Die Anwendungen und Anwendungsmöglichkeiten von Softwareagenten sind bereits sehr vielfältig. Wie bereits unter den Stichpunkten Agentenorientierte Techniken oder Agentenorientierte Softwareentwicklung skizziert wurde, werden Softwareagenten auf den zwei Ebenen Einzelagent und Multi-Agentensystem von den Entwicklern gerne als eine Art „natürliche Metapher" (Jennings u. Wooldridge 1998; Wooldridge u. Jennings 1999) für die Programmentwicklung (Konzeptentwicklung, Entwurf und Implementierung) von komplexen, verteilten Applikationen gesehen.

Die Anwendungen im industriellen Bereich reichen von der Prozesssteuerung in der Stromversorgung (z. B. ARCHON) (Jennings u. Wooldridge 1998), verschiedensten Nutzungen im Bereich der industriellen Fertigung (z. B. YAMS, Yet Another Manufacturing System) hin zu DASCh (Dynamical Analysis of Supply Chains) von Parunak (Parunak 2000; Jennings u. Wooldridge 98). Eine andere Supply Chain Management Anwendung ist das Integrated Supply Chain Management System (ISCM)

758 4 Konzeptentwicklung in der Produktionsplanung und -steuerung

von Fox (Fox et al. 2000), welches verschiedene Agententypen definiert, unter anderem den TOVE Dispatcher Agenten und den Logistics Agenten. Weitere Anwendungen auf dem Gebiet der Industriellen Fertigung sind das bekannte Holonic Manufacturing System, wo Agenten für verschiedenste Aufgaben vom Scheduling (Disposition / Planung) (Gou et al. 1998; Marik et al. 2002) bis hin zur Steuerung und Koordination mit naturanalogen Methoden wie dem Konzept der „Stigmergy" (Biologie; Auswirkungen auf das Verhalten durch anhaltende Umwelteffekte als Ergebnis vorherigen Verhaltens) (Valckenaers et al. 2001) oder sogar zur Real-Time Steuerung (Brennan et al. 2001) eingesetzt werden. Dabei wird der Aspekt der Real-Time oder Online-Steuerung im Holonic Manufacturing bis auf die Maschinensteuerungsebene, im Sinne der Automatisierungstechnik, vorangetrieben, beispielsweise unter Einbeziehung von mobilen Endgeräten (z. B. Laptops) (Marik et al. 2002). Weiterhin wird versucht unabhängig von Konzepten wie dem Holonic Manufacturing einen Ordnungsrahmen für Multi-Agentensysteme (z. B. Ressourcen und Service Agenten) in der industriellen Automatisierung zu schaffen, auch mit Bezug auf die Automatisierungspyramide (Wagner 2003). In diesem Zusammenhang ist eine wichtige Unterscheidung zwischen einer Steuerung auf der PPS-Ebene (Logistik- und Materialflussleitebene), dieses ist überwiegend Geschäftsprozesssteuerung auf Basis von Workflows, und der Steuerung auf der Fertigungsebene beziehungsweise der maschinennahen Steuerung (z. B. SPS, Lagerbediengeräte), zu treffen. Weiterhin wurden bereits auch erste Ergebnisse zu Untersuchungen publiziert, die den Einsatz von Agentensystemen im Bereich von Flexiblen Fertigungssystemen (FFS), insbesondere direkt auf der Ebene des Fertigungsprozesses betreffen (Cetnarowicz et al. 2002). Bei der Konzeption und Entwicklung von agentenbasierter Steuerungssoftware ergeben sich besondere Probleme bezüglich deren Anwendung bei der Montage. Hier müssten bei einer Produkt- beziehungsweise Logistikobjekt-orientierten Implementierung von Agenten (z. B. Wellen, Bleche, Bauteile, Komponenten), die Agenten quasi zu einem Zusammenbau verschmelzen (Vrba 2001). Erste Ansätze zu dieser Problematik wurden bereits untersucht, die auch die Demontage mit berücksichtigen (Pavliska 2002).

4.4.4 Konzeption und Entwicklung selbststeuernder logistischer Prozesse mit Agentensystemen

Zielsetzung dieses Abschnitts ist es den Leser, nachdem er auf die Vielzahl von Merkmalen und Anforderungen von Softwareagenten hingewiesen wurde, für die besonderen Anforderungen beim Entwurf und der Konzep-

4.4 Selbststeuerung logistischer Prozesse mit Agentensystemen

tion von Softwareagenten für selbststeuernde logistische Prozesse zu sensibilisieren. Wie bereits unter Abschn. 4.4.3.2 erwähnt, werden auf dem Gebiet der Agentenorientierten Techniken und der Agentenorientierten Softwareentwicklung Agenten gerne als „natürliche Metapher" bei der Gestaltung komplexer, verteilter Softwareapplikationen verwendet. Diesbezüglich muss dabei immer der einzelne Softwareagent (Mikroebene) sowie das Mehr- beziehungsweise Multiagentensystem (Makroebene) gestaltet werden. Die Unterscheidung in Mikro- und Makroebene wird beispielsweise von Weiß (Weiß u. Jakob 2005) aber auch anderen getroffen.

4.4.4.1 Identifikation und Entwurf auf der Mikroebene

Auf der Mikroebene des Entwurfs eines Softwareagenten werden insbesondere seine Fähigkeiten (Scholz-Reiter et al. 2005) festgelegt. Hier wird entschieden welchem Objekt (z. B. Bauteil, Maschine, Ladungsträger) der Softwareagent zugeordnet wird, wie dieses Objekt zu charakterisieren ist (z. B. Bauteilontologie) und welche Ziele es hat. Diese Informationen benötigt der Softwareagent, um quasi zu wissen *wer oder was er ist* (z. B. Name, Kennummer, Endzustand). Die Ziele (z. B. Kennzahl für Durchlaufzeit oder Wartezeiten) benötigt der Softwareagent, um zu einem späteren Zeitpunkt entscheiden zu können, wie er (z. B. Bauteil) bearbeitet oder transportiert werden muss. Weiterhin benötigt der Softwareagent eine Bewertungsfunktion, mit der er unter Umständen verschiedene Alternativen im Abgleich mit seinen Zielen berechnen und auswerten (z. B. Suchalgorithmen) kann, bevor er eine Entscheidung (z. B. entscheidungstheoretische Modelle) trifft. Die Abbildung 4.4-2 zeigt ein Sichtenkonzept, welches zur Modellierung der Selbststeuerung in der Produktionslogistik entwickelt wird (Scholz-Reiter et al. 2005). In diesem Sichtenkonzept sind das Wissen, Ziele (Bestandteil des Wissens) und die Fähigkeiten des Softwareagenten als Umsetzungskonzept der Selbststeuerung explizite Bestandteile.

Über eine entsprechende Sensorik und Aktuatorik muss der Softwareagent schließlich noch in die Lage versetzt werden, wichtige Informationen aus der Werkstatt aufzunehmen und auch wieder ab- beziehungsweise weiterzugeben. Die konkrete Implementierung des Softwareagenten hängt jedoch wiederum sehr stark von der gewählten oder durch die Agentenplattform zur Verfügung gestellten Architektur des Softwareagenten ab (z. B. BDI-Agenten, Schichtenarchitektur) (vgl. Abschn. 4.4.3.2).

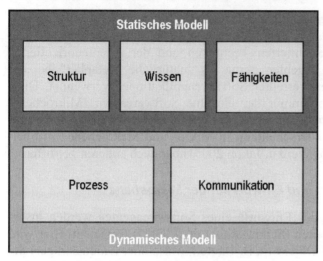

Abb. 4.4-2 Sichtenkonzept zur Modellierung der Selbststeuerung in der Produktionslogistik (Scholz-Reiter et al. 2005)

4.4.4.2 Entwurf und Konzeption auf der Makroebene

Auf der Makroebene wird entschieden, wie die Softwareagenten zusammenarbeiten. Hat zu Beispiel jeder einzelne Softwareagent zu allen anderen Kontakt (z. B. Peer to Peer) und kommuniziert er mit ihnen über den Austausch von Nachrichten. Der Aspekt der Kommunikation wird im Rahmen des dynamischen Modells des Sichtenkonzepts (vgl. Abb. 4.4-2) adressiert. Dieses setzt wiederum voraus, dass eine allen gemeinsame Ontologie (Definition Ontologie vgl. Abschn. 4.4.5.3) konzipiert und implementiert wurde, die über alle kontextuellen Beziehungen zueinander Auskunft gibt. Diese Fragestellung kann auch durch die Verwendung von Verfahren wie dem Kontrakt-Netz oder einem Black-Board-Ansatz gelöst werden. Andere Ansätze, wie zum Beispiel im Holonic Manufacturing, versuchen qua Definition bestimmte Hierarchieebenen (Holone) mit bestimmen Agenten-Konstellationen (z. B. Maschinenagenten) zu schaffen. Multiagenten-Architekturen, wie beispielsweise von Huhns und Singh (Huhns und Singh 1998), orientieren sich mit der Definition verschiedener Agententypen an dem Entwurf verteilter Softwaresysteme (vgl. Abschn. 4.4.5.3). Ziel dieser Ansätze ist es, die erste Identifikation von Softwareagenten in dem zu entwerfenden System zu unterstützen und zu erleichtern. Eine weitere Fragestellung ist die der Synchronisation der verteilten Auftragsbearbeitung durch die verschiedenen Agenten. Die Bearbeitung und eine spätere Synthese von Teilaufträgen muss mit dem Austausch von Nachrichteninhalten und „logischen Sprechakten" abgestimmt sein. Dabei können beispielsweise zeitlich aufeinander folgende Teilaufträge durch die Softwareagenten auch nur bearbeitet werden, wenn der vorherige Schritt abgeschlossen und die relevanten Informationen per Nachricht übermittelt wurden. Abschließend muss auch noch geklärt werden, ob die Abstimmungsverfahren zwischen den einzelnen Softwareagenten prinzipiell kooperativ erfolgen sollen, oder ob hier jeder Agent für sich optimiert (opportunistische Koordination) und so unter Umständen eine gute Lösung der Gesamtaufgabe „aus den Augen verliert". An dieser Stelle haben die Mikro- und die Makroebene den größten Berührungspunkt, da das jeweils im Softwareagent implementierte Entscheidungs- und Auswahlverfahren eben über „globale" Kooperation oder lokale Optimierung entscheidet.

4.4.5 Selbststeuerung logistischer Prozesse mit Agentensystemen

Zielsetzung dieses Abschnitts ist es die Selbststeuerung logistischer Prozesse mit Agentensystemen auf verschieden Anwendungsgebieten in der Logistik zu skizzieren. Die Anwendungsgebiete sind zum einen die Produktionslogistik und die Transportlogistik sowie zum anderen das Supply Chain Management. Diesbezüglich wird auch auf besondere Anforderungen aus dem Bereich der Softwareagenten sowie potenzielle Ansatzpunkte bei bestehenden Modellen in der Produktionsplanung und -steuerung, dem Supply Chain Management und auf Automatisierungsaspekte näher eingegangen.

4.4.5.1 *Selbststeuerung in der Produktionslogistik*

Die logistischen Prozesse in der Produktion sind sehr komplex und hängen zudem stark von der betrachteten Fertigungsart (Einzel-, Serien-, Massenfertigung) sowie dem Fertigungsprinzip (Werkstätten-, Gruppen-, Fließprinzip) ab (Much u. Nicolai 1995). Die Produktionslogistik umfasst allgemein die Aufgaben der Planung und Steuerung der Fertigungs-, innerbetrieblichen Transport-, Umschlags- und Zwischenlagerungsprozesse. Dieses schließt alle relevanten Informationsprozesse (Sommerer 1998) mit ein, welche für die Versorgung der Produktionsprozesse mit Einsatzgütern (z. B. Roh-, Hilfs-, Betriebsstoffe) notwendig sind, sowie die Koordination der Abgabe von Halbfertig- und Fertigerzeugnissen an das Absatzlager (Jünemann u. Bayer 1998). Ziel ist insgesamt die Beschleunigung aller Flüsse, insbesondere des Materialflusses (Sommerer 1998), und die Minimierung der Aufwendungen beziehungsweise aller nicht wertschöpfenden Leistungen wie Blind- (z. B. Zwischenlager, Sicherheitspuffer) oder Fehlleistungen (z. B. Ausschuss, Nacharbeit, Störungen) (Tomys 1995; Hummel u. Malorny 1997). Der Wirkungsbereich der Produktionslogistik wird dabei in der Regel auf die Phase vom Eintritt der Güter in den Fertigungsprozess bis zu deren Erreichen des Endlagers begrenzt (Becker u. Rosemann 1993).

Auch die Selbststeuerung, die den Steuerungsaspekt dieser Definition von Produktionslogistik aufnimmt, muss bezüglich der skizzierten Phasen, der Zielsetzung der Minimierung der Aufwendungen folgen und einen entsprechenden Beitrag zur Verbesserung der Prozesse leisten. Dabei werden unter Selbststeuerung hauptsächlich Informationsprozesse dezentraler Entscheidungsfindung in den heterarchischen Strukturen der Produktionslogistik verstanden. Diese ergeben sich aus den Fähigkeiten (Scholz-Reiter et al. 2005) und Möglichkeiten der informationellen Repräsentationen (z. B. Softwareagenten) interagierender Systemelemente (z. B. Güter, Maschinen, Fördermittel) mit dem Ziel, autonom und zielgerichtet Entscheidungen zu treffen. Diesbezüglich wird gemäß Jünemann (Jünemann u. Bayer 1998) eine starke Kopplung der Informationsflüsse an die jeweiligen Güter verfolgt, um so eine weitreichende Synchronisation der Informationsflüsse mit den Materialflüssen realisieren zu können.

In Anlehnung an Jünemann (Jünemann u. Bayer 1998) werden unter Informationsfluss die folgenden Funktionen beziehungsweise Arbeitsoperationen subsumiert, die im Rahmen der Selbststeuerung direkt an das jeweilige Objekt, insbesondere an das Gut, aber auch an die Maschine und das Fördermittel gekoppelt werden:

- Daten ein- und ausgeben beziehungsweise -lesen,
- Daten transportieren, insbesondere unter Nutzung direkter Kommunikation,
- lokale Datenverarbeitung (ordnen, aufbereiten, steuern, disponieren) und
- lokale Datenspeicherung (verwalten).

Durch die so direkt an den Objekten verankerte Möglichkeit zur zielgerichteten, dezentralen Informationsverarbeitung wird insgesamt das übergeordnete Ziel, die Realisierung einer höheren Systemrobustheit, also die Beibehaltung beziehungsweise Rückkehr in einen stabilen Systemzustand nach Einwirkung einer Klasse von Störungen. angestrebt. Die verteilte Bewältigung der inhärenten Dynamik, die den heterarchischen System- und Prozessstrukturen der Produktionslogistik innewohnt, sowie die grundlegenden Fragen nach der makroskopischen Komplexität (Gesamtverhalten) eines solchen Systems im Verhältnis zu dessen Kompliziertheit (Anzahl der Elemente) sind die Hauptfragestellungen bei der Konzeption

4.4 Selbststeuerung logistischer Prozesse mit Agentensystemen 763

und Entwicklung von Selbststeuerungstrategien für die Produktionslogistik.

Bei einer weitergehenden, detaillierteren Untersuchung der Produktionslogistik stößt man häufig auf eine funktionale und hierarchisch gegliederte Ebenenbeschreibung (Ebenen der Produktionssteuerung) (Pritschow et al. 1996) der Informations- und Materialflussebenen (Jünemann u. Bayer 1998), die bottom-up quasi von kleinen nach größeren Systemeinheiten unterschieden werden. In diesem Zusammenhang wird auch der Begriff der Automatisierungspyramide verwendet. Die Materialflussebene an sich, die derzeit meist in Antriebe und Geber (Ebene 1, z. B. an Lagerbedien- oder Bestückungsgerät), Elementsteuerung (Ebene 2, Klein-SPS oder Mikrocontroller) und Bereichssteuerung (Ebene 3, SPS oder Industrie-PC) unterteilt ist und Sensor/Aktor- oder Feldbussysteme verwendet (Jünemann u. Bayer 1998), wird nicht direkt mit der Selbststeuerung adressiert. Hier sind jedoch tiefgreifende Änderungen erkennbar und möglich, zum Beispiel durch die Miniaturisierung und Verbesserung (z. B. Funkreichweiten, Rechengeschwindigkeit) von Telematik-, Rechner- und Kommunikationstechnologien, sodass diese Gliederung zukünftig wohl nicht mehr in dieser Form bestehen wird. Hierfür werden bereits seit längerer Zeit Konzepte, wie technische Multiagentensysteme (Lüth 1998) diskutiert, die sich auf diesen Ebenen (1-3, insbesondere 3) bewegen.

Das Konzept der Selbststeuerung logistischer Objekte zielt vielmehr auf die darüber liegenden Funktionsebenen ab, die wohl zukünftig nicht mehr in dieser Form getrennt werden können, sondern immer mehr verschmelzen werden. Diese adressierten Ebenen werden derzeit wie folgt unterteilt (Jünemann u. Bayer 1998; Pritschow et al. 1996):

- Materialfluss-Steuerungsebene oder Subsystemsteuerung (Ebene 4), die dezentral sämtliche Operationen eines Teilsystems zielgerichtet steuert,
- Materialfluss-Leitebene oder Systemsteuerung (Ebene 5), in der zum Beispiel Fördermittel koordiniert werden sowie der Materialfluss verfolgt und optimiert wird,
- Logistik-Leitebene oder Darstellung und Kommunikation (Ebene 6), in der beispielsweise die Produktionsplanung, die Auftragsbearbeitung oder die Lagerverwaltung durchgeführt wird.

Diesbezüglich wird deutlich, dass durch die Konzeption und Einführung der selbststeuernden logistischen Objekte, die drei eben aufgeführten Ebenen weitestgehend durch die in einem Objekt vereinten Kompetenzen (z. B. Fördermittel, Maschine oder Gut), quasi objektorientiert gebündelt werden (The PABADIS consortium 2002). Ergibt sich auf den Ebenen 1 bis 3 ein vergleichbarer Entwicklungstrend, so würde sich zukünftig wohl nur noch ein Gesamtsystem aus zwei bis drei Ebenen ergeben und nicht mehr wie bisher eine klassische Automatisierungspyramide aus mindestens 6 Ebenen.

Für die Selbststeuerung logistischer Prozesse ist das Fertigungsprinzip der Werkstattfertigung, deren Arbeitssysteme in der Regel nach dem Verrichtungsprinzip (räumlich, organisatorische Einheiten) (Pfohl 2000) angeordnet sind, mit einer Fertigungsart von Einzel- bis Kleinserien besonders interessant. Das eher auf Großserien orientierte Fertigungsprinzip der Fließfertigung, mit ihrer zumeist starren Verkettung von Fertigungs- und Transportanlagen, lässt hingegen kaum Spielraum für die Idee der Selbststeuerung produktionslogistischer Prozesse.

Die Selbststeuerung bezieht sich im Rahmen der Werkstattfertigung insbesondere auf die an der Produktion beteiligten Güter, die sich quasi selbständig ihren Weg durch die Werkstatt bis hin zur Fertigstellung des Endprodukts suchen sollen. Dabei soll das jeweilige Gut beziehungsweise Werkstück (z. B. Rohmaterial, Halbfertig-, Zwischenerzeugnis) über die an ihm zu vollziehenden Bearbeitungsvorgänge bis hin zu einer besonders exponierten Zwischenstufe, oder gar bis hin zum Endproduktstadium, informiert sein und selbständig agieren. Dieses bedeutet, dass es zumindest einen weitgehenden Teil seiner Arbeitspläne mit sich führt und darüber urteilen kann, wie, wo und nach welchen Kriterien der jeweils folgende Arbeitsvorgang durchgeführt werden soll. Sind die jeweiligen Arbeitsvorgänge auf der mitgeführten Arbeitsplan-Wissensbasis dabei sehr unterschiedlich, so bedingt das Fertigungsprinzip der Werkstattfertigung in der Regel recht weite und unter Umständen sehr häufige, diskontinuierliche innerbetriebliche Transportvorgänge (Pfohl 2000). Sind es hingegen ähnliche Bearbeitungsvorgänge, so führt das Fertigungsprinzip der Werkstattfertigung dazu, dass ein Gut in verschiedenen Bearbeitungszuständen ein und dieselbe Werkstatt mehrfach durchlaufen kann (Pfohl 2000), welches dann zu Transporten mit eher kurzen, hoch frequentierten Wegstrecken führt.

Aus der Sicht des Gesamtsystems Werkstattfertigung, mit seinen räumlich, organisatorischen Subsystemen Werkstatt und dessen Elementen Arbeitssystem, Transportsystem und Lager (inkl. Zwischenlager, Puffer), entsteht der selbststeuernde produktionslogistische Prozess im Zusammenhang mit den jeweiligen Gütern (inkl. Bearbeitungszustände) im Rahmen der Auftragsabwicklung. Dabei dient der Auftragseingang quasi als Trigger. Aus der Auftragsabwicklung ergeben sich neben einer kundenorientierten Produktkonfiguration (Zusammensetzung beziehungsweise Stückliste des Endprodukts) über verschiedene Schritte, beispielsweise der derzeitigen Arbeitsplanung und der weitergehenden Programmplanung, terminierte Bearbeitungsreihenfolgen, die mit der jeweils anzutreffenden

4.4 Selbststeuerung logistischer Prozesse mit Agentensystemen

Situation in der Werkstatt in der Regel nichts mehr zu tun haben. Daher ist es eine übergeordnete Zielsetzung bei der Selbststeuerung produktionslogistischer Prozesse, dass die jeweiligen Güter (inkl. Bearbeitungszustände) autonom und auftragsbezogen (z. B. Berücksichtigung von Start- und Fertigstellungsterminen, Bearbeitungsqualitäten (z. B. Oberflächengüte)), sowie unter Einbeziehung von aktuellen Zustandsinformationen über die Arbeits- und Transportsysteme, ihre Arbeitspläne adaptiv terminieren. Sie können dann als Reaktion unter Umständen Bearbeitungsreihenfolgen, sofern technologisch veränderbar, selbst wählen und abändern. Dieser Wahlbeziehungsweise Abstimmungsprozess wird durch die Fähigkeiten (Scholz-Reiter et al. 2005) der Güter sowie der Arbeits- und Transportsysteme zur direkten Kommunikation unterstützt. Dieses eröffnet ihnen die Möglichkeit sich über die Anzahl der wartenden Güter vor einem Arbeitssystem oder über einen Transport zu einer bestimmten Bearbeitungsstation auszutauschen. In diesem Zusammenhang sollen sowohl das Gut als auch das Arbeitssystem die Option zur Annahme oder Ablehnung der Bearbeitung haben. Dieses kann beispielsweise unter der Abwägung von maximaler Auslastung und minimalen Rüstzeiten und -kosten (nicht wertschöpfende Stützleistung) beim Arbeitssystem (Tomys 1995) erfolgen. Weiterhin kann eine Realisierung minimaler Durchlaufzeiten durch Umgehung von Sicherheitspuffern, inklusive An- und Abtransport (nicht wertschöpfende Blindleistung) (Tomys 1995), sowie ein Ausschließen von Ausschuss und Nacharbeit (wertmindernde Fehlleistung) (Tomys 1995) auf Seiten des Gutes angestrebt werden. Für jeden Bearbeitungsvorgang soll das Gut deshalb in der Lage sein, entsprechend des nächsten anzusteuernden Arbeitssystems, sei es innerhalb derselben Werkstatt (i. S. von Subsystem) oder in einer anderen, ein relevantes Transportmittel (z. B. Gabelstapler) gezielt via direkter Kommunikation zu allokieren. Weitere relevante produktionslogistische Prozesse im Rahmen der Selbststeuerung können das Kommissionieren, die Materialbereitstellung inklusive Behälterallokation, das Testen und gegebenenfalls die Selbstausschleusung im Rahmen einer Qualitätsprüfung oder das Lackieren sein. Die folgende Abbildung 4.4-3 soll einen ersten Eindruck der Selbststeuerung in der Produktionslogistik auf der Basis eines einfachen Modells einer zweistufigen Werkstattfertigung vermitteln.

Wesentlich jedoch ist, dass unabhängig davon, welche Objekte in einem produktionslogistischen Szenario konkret per Selbststeuerung „intelligent" gemacht werden, sie müssen neben der reinen Fähigkeit zur direkten Kommunikation auch mit dem notwendigen Wissen sowie der grundlegenden Fähigkeit zur Abwägung von Alternativen und einer zielgerichteten Auswahl von Handlungsalternativen ausgestattet werden. Diesbezüglich kann die gegenseitige Abwägung und Auswahl von Handlungsalternativen zum Beispiel durch den Einsatz von Methoden der Entscheidungs- und Spieltheorie (Fischer et al. 1998) realisiert werden. Dabei hängen je nach dem späteren Umsetzungskonzept (hier Softwareagenten) Kommunikation, Abwägung und zielgerichtete Auswahl (inkl. Handlung) fast immer untrennbar zusammen.

4.4.5.2 Selbststeuerung in der Transportlogistik

Bei der Konzept- und Methodenentwicklung im Rahmen der Selbststeuerung logistischer Prozesse in der Transportlogistik wird untersucht, wie der multimodale Gütertransport – Nutzung unterschiedlicher Transportmodi im Verbund – durch neuartige Verfahren unterstützt werden kann. Diese Verfahren sollen das selbststeuernde Routing von Stückgütern bei einem sich dynamisch verändernden Transportangebot unter unsicherem Wissen ermöglichen.

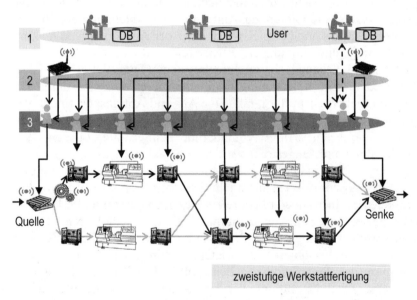

Abb. 4.4-3 Grundidee der Selbststeuerung in der Produktionslogistik (Scholz-Reiter et al. 2004)

4.4 Selbststeuerung logistischer Prozesse mit Agentensystemen 767

Diesbezüglich ist auch das Konzept der reaktiven Planung interessant (Scholz-Reiter 1998; Scholz-Reiter u. Scharke 2000; Scholz-Reiter u. Höhns 2001). Die reaktive Planung und in der Folge die damit verbundene reaktive Steuerung ist eine wichtige Ergänzung der kurzfristigen Planung, wenn durch unvorgesehene Störungen, wie beispielsweise LKW-Ausfall, Staus oder fehlende Ladung, die vorhandene Planung obsolet geworden ist. Die Methode der reaktiven Planung und Steuerung ist dadurch gekennzeichnet, dass parallel zu den laufenden Prozessen Informationen über die Umwelt aufgenommen werden, die in einer geeigneten Art und Weise verarbeitet werden müssen, um die Schlussfolgerungen zur Initiierung der notwendigen Änderungen sofort wieder in den laufenden Prozess einfließen zu lassen (Scholz-Reiter u. Scharke 2000; Scholz-Reiter u. Höhns 2001). Da a priori in der Regel kein Wissen darüber vorhanden ist welche Störungen an welcher Stelle auftreten und auch dann nur unvollständige Informationen vorliegen, versagt eine konventionelle, kurzfristige Umplanung und Umsteuerung am laufenden Prozess, da sich die Umweltinformationen im Laufe der Planung wieder verändern und nicht berücksichtigt werden können (Scholz-Reiter u. Scharke 2000; Scholz-Reiter u. Höhns 2001). Die Aufnahme und Verarbeitung der Informationen sowie die Ausgabe der Schlussfolgerungen setzt also eine ständige Interaktionen mit der Umwelt voraus, die beispielsweise den Einsatz von Muli-Agentensystemen mit den weiter oben skizzierten Merkmalen (vgl. Abschn. 4.4.3.2) nahe legt.

Im Zusammenhang mit der Selbststeuerung logistischer Prozesse in der Transportlogistik und hier insbesondere in den multimodalen Transportnetzwerken, ist die Analogie zu dem Transport von Datenpaketen in Kommunikationsnetzen sehr interessant. Diesbezüglich sind Verfahren aus der Datenkommunikation unter Umständen dazu geeignet, um auch auf den physischen Transport angewendet werden zu können (Peters et al. 2005). Bei Analogieschlüssen ist dabei jedoch immer zu berücksichtigen, dass sicherlich auch noch grundlegende Anpassungen und Veränderungen vorgenommen werden müssen. Festzustellen bleibt jedoch, dass Selbststeuernde logistische Prozesse in der Transportlogistik den Prozessen, die in Kommunikationsnetzen zum Einsatz kommen, ähneln. Für die Transportlogistik interessante Verfahren sind diejenigen, die beim Routing und bei der Störungsbehandlung im Bereich des Internets zum Einsatz kommen. Dieses betrifft eine Vielzahl von Algorithmen für die Wegewahl (z. B. Active Networks), sowie die Dienstgüteunterstützung, dass heißt die Einhaltung von vorgegebenen Dienstgütekriterien (Quality of Service), wie beispielsweise Verlustraten oder Verzögerungszeiten (Peters et al. 2005).

Auf der Basis von Softwareagenten könnten Systeme für das reaktive Routing von Stückgütern mit direkter Orientierung auf das Transportgut, sowie unter Nutzung unterschiedlicher Transportmittel und der Einbindung verschiedener Transportunternehmen realisiert werden. Kunden und Umschlagspunkte (Hubs) sind im Rahmen des Transportsnetzwerks sowohl Senken als auch Quellen für die Transportgüter (z. B. Pakete). Diese Knoten können nun variabel mit den verschiedensten Transportmodi (z. B. Zug, LKW, Flugzeug) bedient werden. Die Transportmodi bilden im Hinblick auf die Netzwerkbetrachtung die Kanten zwischen den Knoten. In einem transportlogistischen Szenario werden dann sowohl die Knoten als auch die Güter (z. B. ein Paket als atomisierte Ladung) und schließlich die jeweiligen Transportmodi (z. B. jeder LKW), durch einen Softwareagenten repräsentiert beziehungsweise vertreten. Jeder Softwareagent muss mit der Fähigkeit zur *Kommunikation* und der Aufnahme von Informationen aus der Umwelt ausgestattet sein (z. B. *Situiertheit*). Darüber hinaus muss er eigenes Zielsystem (*Zielgerichtetheit*) besitzen, welches er zum ständigen Abgleich mit den Umweltinformationen benutzt. Dabei könnte es beispielsweise für ein Transportgut interessant sein, bei Transportverzögerungen mit dem LKW an einem der nächsten Hubs die Entladung zu verlangen, um gegebenenfalls auf einen anderen LKW oder Transportmodus zu wechseln, der ihm zu diesem Zeitpunkt eine pünktliche Ablieferung beim Kunden (Senke) verspricht. Die bislang bekannten, agentenbasierten Konzepte und Verfahren im Bereich der Transportlogistik beziehen sich in der Regel nur auf einen Transportmodus (z. B. LKW) und berücksichtigen dann auch nur spezielle Funktionalitäten (z. B. Versendung, Disposition) (Bürcker et al. 1999; Funk et al. 1998; Lind u. Fischer 1998).

4.4.5.3 Selbststeuerung im Supply Chain Management

Im Rahmen eines Forschungsprojekts (vgl. Literaturverzeichnis SCHO 540/8-1), wurde die wissensbasierte, unternehmensübergreifende, reaktive Auftragskoordination in der Supply Chain mit Agentensystemen untersucht. Die reaktive Planung und Steuerung ist dabei quasi der *einfachste Fall* einer Selbststeuerungsstrategie, die im Prinzip nach einem Stimulus-Response-Ansatz mit *einfachen, reaktiven Agenten* ausgeführt werden kann (Scholz-Reiter u. Höhns 2001). Die folgende Abbildung 4.4-4 ordnet die Reaktive Planung und Steuerung in den Kontext der langfristigen bis kurzfristigen Planung ein (Scholz-Reiter u. Höhns 2001).

4.4 Selbststeuerung logistischer Prozesse mit Agentensystemen

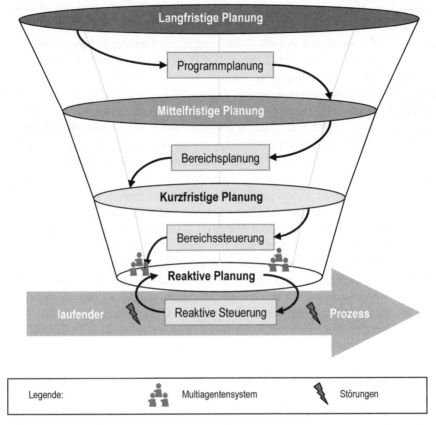

Abb. 4.4-4 Reaktive Planung und Steuerung (Scholz-Reiter u. Höhns 2001)

Weiterhin stellt sich insbesondere aus der Sicht der Anwendungsdomäne im Hinblick auf die Formalisierung des benötigten Domänenwissens die Frage, auf welche verbreiteten und akzeptierten theoretischen Modelle (z. B. PPS-Modelle) sowie Industriestandards zurückgegriffen werden kann. Bezüglich der Rahmenbedingungen für das Supply Chain Management, erscheint es hierbei zweckmäßig, den Quasistandard des SCOR-Modells 7.0 (Supply Chain Operations Reference Model) (Supply Chain Council 2005), als eine Ausgangsbasis für die Domänen- und Aufgaben-Ontologie zu wählen. Es dient im Bereich Planung und Steuerung unternehmensübergreifender Netzwerke zur Beschreibung, Bewertung und Evaluation verschiedener Konfigurationen von Lieferketten. Dabei wird in einem hierarchischen Top-Down-Modellierungsansatz ausgehend von fünf zentralen Prozessen (Beschaffen, Produzieren etc.) mit steigendem Detaillierungsgrad der Versuch unternommen, über standardisierte Prozesselemente (Planen, Ausführen, Unterstützen) bis auf die Task- und Aktivitätenebene zu gelangen, um explizit ein einheitliches Verständnis für das Supply Chain Management zu entwickeln. Gerade dieser Aspekt lässt das SCOR-Modell im Sinne der Modellierung einer Ontologie besonders interessant erscheinen. Das SCOR-Modell 7.0 weist jedoch auf der Task- beziehungsweise Aktivitätenebene immer noch erhebliche Lücken im Hinblick auf eine softwaretechnische Implementierung, beispielsweise mit Softwareagenten, auf (Supply Chain Council 2005). Diese wird zwar in gewisser Weise im SCOR-Modell angenommen, aber nicht direkt adressiert (Supply Chain Council 2005). An dieser Stelle ist also eine sinnvolle Ergänzung durch ein anderes Modell notwendig. Diesbezüglich erscheint beispielsweise eine Verknüpfung mit der im Aachener PPS-Modell – Referenzmodell einer integrierten PPS – beschriebenen Querschnittsaufgabe der Auftragskoordination (Luczak et al. 1998) interessant. Diese wird hier im Zusammenhang mit dem Supply Chain Management als unternehmensübergreifend interpretiert, welches zum Zeitpunkt der Durchführung des Forschungsprojekts im Originalmodell noch nicht der Fall war. Die wesentlichen Aufgaben der Auftragskoordination würden sich hierbei durch die Abstimmung (hier: dezentral durch Agenten) der Aktivitäten aller an der Auftragsabwicklung beteiligten Unternehmen und die Synchronisation der Aufgabenerfüllung innerhalb der relevanten Planungsebenen ergeben. Als besonders hilfreich können sich hierbei die einzelnen Teilmodelle beziehungsweise Komponenten des Aachener PPS-Modells erweisen, wie das Aufgaben-, Prozess-, Funktions- und schließlich das Datenmodell, die das SCOR-Modell auf den relevanten Ebenen ergänzen sollen. Im Hinblick auf die Formalisierung einer Ontologie stehen zum Beispiel Modellierungswerkzeuge wie Protégé 3.0 (Protégé Team 2005) zur Verfügung. Ontologien stellen dabei ein gemeinsames Verständnis einer Domäne zur Verfügung und ermöglichen so die zwischenmenschliche Kommunikation, aber auch die zwischen Anwendungssystemen und ihren Benutzern (Puppe et al. 2000). Sie beschreiben somit, welche Konzepte der realen Welt in einem Softwaresystem modelliert werden sollen (Puppe et al. 2000). Grundsätzlich lassen sich unter anderem folgende Arten von Ontologien unterscheiden (Puppe et al. 2000):

- Domänenontologien,
- Methodenontologien,
- Aufgabenontologien.

Für den Anwendungsbezug, hier Auftragskoordination im Rahmen des Supply Chain Managements, sind nun insbesondere die Domänen- und die Aufgabenontologie von besonderem Interesse (vgl. Abb. 4.4-5).

4.4 Selbststeuerung logistischer Prozesse mit Agentensystemen

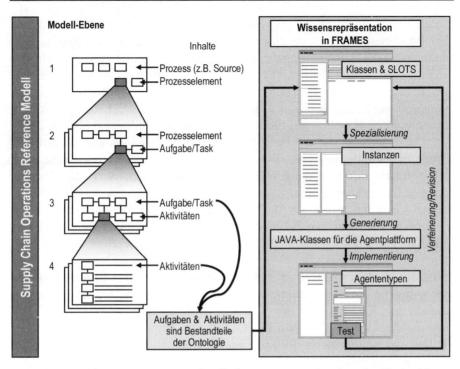

Abb. 4.4-5 Wissensmanagement für Softwareagenten im Supply Chain Management (Scholz-Reiter u. Höhns 2003)

Die Domänenontologie definiert die Begriffe (z. B. Prozesse und Prozesselemente) und Bezeichnungen, die für einen bestimmten Anwendungsbereich von Bedeutung sind (Puppe et al. 2000). Die Aufgabenontologie hingegen definiert die Begrifflichkeiten verschiedener Typen von Aufgaben (z. B. Tasks und Aktivitäten) und setzt sie zueinander in Beziehung (z. B. Ereignis A erzeugt Reaktion B) (Puppe et al. 2000).

Protégé 3.0 stellt eine abstrakte, agentensystemspezifische Ontologie zur Verfügung, mit den Konzepten Agent-ID, Agent-Activity und Prädikaten, die durch eine teilweise Automatisierung (z. B. Bean-Generator) für das freiverfügbare Agentenentwicklungstool JADE fallspezifisch angepasst werden kann. Insgesamt war es im Rahmen des Forschungsprojekts unter anderem das Ziel, zu einer ersten, groben Zuordnung der SCOR-Modell- und Aachener PPS-Modell-Bestandteile zu dieser abstrakten Ontologie zu gelangen. Hierbei ist insbesondere das Konzept der Agentenaktivität von großer Bedeutung, da unter anderem hiermit festgelegt wird, über welche Fähigkeiten der Agent im Hinblick auf die spätere verteilte Problemlösung (Teilaspekte der Auftragskoordination) verfügen soll. Über den soeben skizzierten Ansatz hinaus existieren im operativen Supply

Chain Management eine Fülle von komplexen, unternehmensübergreifenden Prozessen, die jeweils einen spezifischen, hohen Koordinations- beziehungsweise Abstimmungsbedarf aufweisen und die deshalb für die Selbststeuerung mit Softwareagenten potenziell interessant sind. Speziell im operativen Supply Chain Management ist es das vorrangige Ziel, die Kundenaufträge mit höchster Kundenorientierung zeit-, mengen- und termingerecht im Hinblick auf die Fertigstellung des Endproduktes auszuführen. Dabei müssen aus der Perspektive des Endherstellers je nach Art und Größe des Kundenauftrags, diverse Ebenen von Zulieferern erreicht werden. Oftmals sind ihm diese jedoch nicht einmal bekannt. Zudem verfolgen alle Unternehmen einer Supply Chain gleichzeitig eine möglichst effiziente Auslastung ihrer verfügbaren Kapazitäten, sowie die Bevorratung von möglichst niedrigen Beständen. Hier deuten sich klassische Zielkonflikte an, die jedoch prinzipiell durch neue Ansätze aufgelöst werden können.

In der aktuellen Literatur werden hierzu derzeit vier Prozesse aufgezeigt, die für die Anwendung von Selbststeuerung in Betracht kommen und die zur Koordination des Kundenauftrags dienen sollen. Dieses sind zum einen Available to Promise (ATP) und Capable to Promise (CTP) (Kilger u. Schneeweiss 2000; Fleischmann u. Meyr 2001; Kuhn u. Hellingrath 2002; Alicke 2003), sowie zum anderen Plan-by-Exception und Bi-directional Change Propagation (Alicke 2003), die auf ATP und CTP aufbauen und diese ergänzen. Available to Promise (ATP) dient in erster Linie der zuverlässigen Bestimmung von Lieferterminen zu Kundenaufträgen entlang der Lieferkette (Alicke 2003; Kuhn u. Hellingrath 2002). Dabei werden in der Regel auch die disponiblen Bestände entlang der Supply Chain mit berücksichtigt und einkalkuliert (Fleischmann u. Meyr 2001), die in der Vergangenheit basierend auf den Prognosen über erwartete Aufträge beschafft oder produziert wurden. Capable to Promise (CTP) schließt sich an das ATP an und bezieht in die Bestimmung der Liefertermine zusätzlich auch noch die verfügbaren Kapazitäten auf den Produktionsressourcen der einzelnen Unternehmen im Supply Network mit ein, die an der Erbringung des Kundenauftrags beteiligt sind (Fleischmann u. Meyr 2001; Alicke 2003; Kuhn u. Hellingrath 2002). Im Hinblick auf die Koordination der Auftragsverteilung und -abwicklung der Teilkomponenten eines Kundenauftrags zwischen den Unternehmen der Supply Chain sind weiterhin die Konzepte des Plan-by-Exception sowie der Bi-directional Change Propagation (Alicke 2003) im Hinblick auf deren Umsetzung unter Verwendung von Aspekten der Selbststeuerung sehr interessant. So ist Plan-by-Exception zwar prinzipiell eher auf einen menschlichen Planer in der Logistik abgestellt, der von Routineaufgaben zugunsten von planerischen Ausnahmesituationen entlastet werden soll, welches je-

4.4 Selbststeuerung logistischer Prozesse mit Agentensystemen

doch durch einen stark gesteigerten Einsatz von „Intelligenz" bereits auf der Ebene der logistischen Objekte (z. B. Bauteile, Komponenten, Transportmittel) potenziell für Selbststeuerung geeignet ist. Im Plan-by-Exception Prozess (Alicke 2003) wird ein mehrstufiges ATP und CTP zur Bestimmung des Liefertermins mit folgenden Schritten

- Aufzeigen des Problems,
- Aufzeigen der Ursache,
- Durchspielen von Szenarien,

solange durchgeführt, bis die notwendigen disponiblen Bestände oder benötigten Fertigungskapazitäten, die zur Erfüllung des Kundenauftrags benötigt werden, allokiert sind. Dieser Prozess soll prinzipiell auch unternehmensübergreifend in der Supply Chain durchgeführt werden, welches neben geeigneten Koordinationsmechanismen, beispielsweise im Rahmen einer Selbststeuerung, auch höchste Anforderungen an die Integrationsfähigkeit der betroffenen Informations- und Kommunikationssysteme stellt, beispielsweise mit Softwareagenten. Im Zusammenhang mit dem Plan-by-Exception ist die Bi-directional Change Propagation (Alicke 2003) ein weiterer planerisch orientierter Logistikprozess, der für die Umsetzung mit Selbststeuerung sehr interessant ist. Hierbei wird beispielsweise der lokale Ausfall einer Produktionsressource untersucht, die zuvor bereits im CTP als disponible Kapazität zur Erbringung des Kundenauftrags eingeplant wurde. Im Rahmen der Bi-directional Change Propagation (Alicke 2003) wird nun eine lokale Neuberechnung und Aktualisierung des betroffenen Planabschnitts, beispielsweise durch Softwareagenten, durchgeführt, indem sie diese Ergebnisse in Richtung aller betroffenen Knoten beziehungsweise Unternehmen in der Supply Chain propagieren beziehungsweise kommunizieren. Für diesen Abschnitt passen sie die Produktions- oder Bestellmengen dahingehend an, dass beispielsweise andere Komponenten als Substitut verwendet werden können oder Liefertermine bis hin zu Auftragsreihenfolgen getauscht werden.

Anhand eines Supply Chain Szenarios aus der Maschinenbaubranche (Windt et al. 2002), welches auf der Basis eines Industrieprojekts gewonnen und modelliert wurde, sind die oben skizzierten, für die Selbststeuerung relevanten Prozesse des unternehmensübergreifenden Supply Chain Managements, wie ATP oder CTP, für das make-to-order (d. h. beim Vorliegen eines konkreten Kundenauftrags) untersucht worden (Scholz-Reiter et al. 2004; Scholz-Reiter et al. 2005). Darüber hinaus wurden wichtige Aspekte der Abbildung von Produktstrukturen auf die Supply Chain erforscht, die die Struktur und geografische Verteilung der Supply Chain maßgeblich beeinflussen (Scholz-Reiter et al. 2005). Das zugrunde liegende Supply Chain Modell verfügte über insgesamt drei Ebenen, OEM bis

2nd-Tier, mit verschiedenen Substitutionsmöglichkeiten für bestimmte Bauteile und Komponenten, welches eine potenzielle Selbststeuerung überhaupt erst ermöglichen kann.

Die dabei gewonnene Flexibilität,wird weitestgehend durch das Multiple-Sourcing auf den verschiedenen Supply Chain Ebenen erreicht. Dieses erlaubt dann eine gute Anwendung und Beobachtung des Plan-by-Exception Ansatzes. Dieses Konzept (Scholz-Reiter et al. 2004) wurde in einem ersten Ansatz, der auch einigen der oben skizzierten Aspekte der Selbststeuerung genügt, agentenbasiert umgesetzt. So wurde auf der Basis einer von Huhns und Singh entworfenen Multiagentensystemarchitektur (Huhns u. Singh 1998) für verteilte, intelligente Informationssysteme ein Multiagentensystem konzipiert und entwickelt, welches vier Agententypen verwendet (User-, Broker-, Execution-, Mediator-Agenten), die unter anderem Maschinen, Lager und Kunden repräsentieren (Scholz-Reiter u. Höhns 2003) (vgl. Abb. 4.4-6). Die Agententypen werden nach (Huhns u. Singh 1998) etwa wie folgt definiert:

- **Broker-Agenten:** Fungieren als Gelbe Seiten zur Lokalisierung der Agenten mit den benötigten Fähigkeiten. (Diese Funktionalität wird bereits teilweise durch einen so genannten Directory Facilitator Agenten (DF), der beispielsweise in der JADE-Agentenplattform standardmäßig implementiert ist, übernommen.)
- **Ressourcenagenten:** Fungieren als Wrapper für verschiedene Ressourcentypen (z. B. Datenbanken- oder Maschinenagenten).
- **Execution-Agenten:** Ausführen, lokale Planung und Steuerung (in Form von Koordination)): Sind meist als regelbasiertes System zur Überwachung oder Steuerung (z. B. Workflowsteuerung) implementiert.
- **Mediator-Agenten:** Sind in der Regel als spezialisierte Execution-Agenten für die Suche von Ressourcen und das Handling von Kommunikation (z. B. Verhandlungen) ausgelegt.

Ein Ablauf wird durch die Produktkonfiguration eines Kunden (Configure to Promise (CoTP)) gestartet ((1) Abb. 4.4-6), wobei quasi die Produktkonfiguration als Stückliste auf die Supply Chain abgebildet wird. Für die Entscheidung über spätere Alternativen für das Plan-by-Exception und der Bi-directional Change Propagation wird derzeit eine Art Priorisierung (Alicke 2003) auf der Basis von Kundenpräferenzen verwendet. Ist ein machbarer Kundenauftrag angenommen und veranlasst ((2+3) → *confirmation oder cancellation*, Abb. 4.4-5), so wird dieser solange ausgeführt, bis ein Ausfall auf der 1st-Tier- oder 2nd-Tier-Ebene eintritt ((2 bis 5) → *Störung*, Abb. 4.4-5), um dann auf der Basis der Kundenpräferenzen ein Plan-by-Exception (mehrstufiges ATP/CTP) durchzuführen und für die verbleibende Liefer- beziehungsweise Produktionszeit einen alternativen Produzenten zu ermitteln. Sind keine Präferenzen beziehungsweise Prioritäten verfügbar, so kann der OEM ein Substitut beziehungsweise passenden Produzenten auswählen, der unter logistischen Zielsetzungen, wie (Produkt-)Qualität, Zeit (Einhaltung der restlichen Lieferzeit) und Lieferservice, für ihn am geeignetsten erscheint (Scholz-Reiter et al. 2004; Scholz-Reiter et al. 2005).

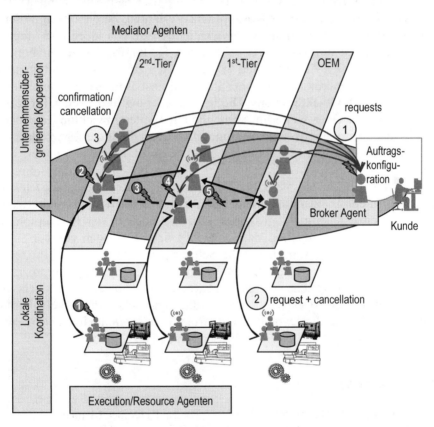

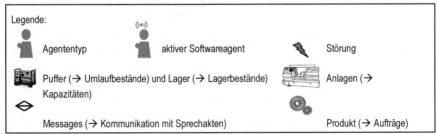

Abb. 4.4-6 Überblick über den Ablauf der Auftragskoordination

4.4.6 Zusammenfassung

Zielsetzung dieses Kapitels war es, eine Einführung und einen Überblick über die verschiedenen Einsatzmöglichkeiten von Softwareagenten im Hinblick auf die Planung und Steuerung logistischer Prozesse zu geben. Diesbezüglich wurden die Schwerpunkte der Betrachtungen auf den intraorganisationalen Bereich (Produktionslogistik), sowie auf den interorganisationalen Bereich (Transportlogistik und Supply Chain Management) gelegt. Die Selbststeuerung als Konzept und Verfahren, beschrieben in diesem Zusammenhang jedoch nicht nur eine kleine Klasse von Ideen und Methoden, sondern ist aufgrund ihrer skizzierten Herkunftsquellen ein breites Spektrum an neuen Ansätzen und Möglichkeiten zur lokalen, intelligenten Planung und Steuerung logistischer Prozesse, insbesondere aus der Ebene der logistischen Objekte heraus. Die Selbststeuerung logistischer Prozesse geht dabei von einer weiterhin sprunghaften Weiterentwicklung auf dem Gebiet der Informations- und Kommunikationstechnologie aus, sodass in zirka 10 bis 15 Jahren die logistischen Objekte (z. B. Pakete, Güter, Ladungsträger, Maschinen, Transportmittel) dazu befähigt werden können, auf der Basis kleinster, verteilter Rechnergrößen (Rechenleistung) lokal, autonom zu entscheiden und abzuwägen. Vor diesem Hintergrund befindet sich die Selbststeuerung logistischer Prozesse noch in der Konzeptphase und es ist davon auszugehen, dass es wohl keine „Lösungen von der Stange" geben wird. Insgesamt bietet die Selbststeuerung logistischer Prozesse jedoch die Möglichkeit, ein neues Verständnis für die Logistikprozesse sowie für das logistische System und dessen Systemelemente zu entwickeln. Zielstellung ist es diesbezüglich die logistischen Prozesse robuster zu gestalten sowie die Dynamik und strukturelle Komplexität von Logistikprozess und -system insgesamt besser verstehen zu können.

4.4.7 Literatur

Acronymics (2004) The AGENTBUILDER Toolkit Reference Manual, http://www.agentbuilder.com/Documentation/usermanual.html Download: 02.05.2005

Alicke K (2003) Planung und Betrieb von Logistiknetzwerken, Unternehmensübergreifendes Supply Chain Management. Springer, Berlin Heidelberg New York

Becker J, Rosemann M (1993) Logistik und CIM – Die effiziente Material- und Informationsflussgestaltung im Industrieunternehmen. Springer, Berlin Heidelberg New York

Bellifemine F, Caire G, Poggi A, Rimassa G (2003) JADE, A White Paper. http://jade.tilab.com/papers/WhitePaperJADEEXP.pdf Download: 02.05.2005

4.4 Selbststeuerung logistischer Prozesse mit Agentensystemen

Brennan R W, Fletcher M, Norrie D H (2002) A Holonic Approach to Reconfiguring Real-Time Distributed Control Systems. In: Marik V, Stepankova O, Krautwurmova H, Luck M (eds) Multi-Agent Systems and Applications II. Springer, Berlin Heidelberg New York, pp 323-335

Brenner W, Zarnekow R, Wittig H (1998) Intelligente Softwareagenten, Grundlagen und Anwendungen. Springer, Berlin Heidelberg New York

Bürckert H-J, Funk P, Vierke G (1999) An Intercompany Dispatch Support System for Intermodal Transportation Chains. DFKI, Saarbrücken

Burkhard H-D (2000) Software-Agenten. In: Görz G, Rollinger C-R, Schneeberger J (Hrsg) Handbuch der Künstlichen Intelligenz, 3. Aufl. Oldenbourg, München Wien, S 941-1018

Cetnarowicz K, Kozlak J (2002) Multi-agent System for Flexible Manufacturing Systems Managemt. In: Dunin-Keplicz B, Nawarecki E (eds) From Theory to Practice in Multi-Agent Systems. Springer, Berlin Heidelberg New York, pp 73-82

FIPA (2003) FIPA-OS http://www.fipa.org/resources/livesystems.html#os Download am 06.05.2005

Fischer K, Ruß Ch, Vierke G (1998) Decision Theory and Coordination in Multi-agent Systems. DFKI, Saarbrücken

Fleischmann B, Meyr H (2001) Supply Chain Planning. In: Sebastian H-J, Grünert T (Hrsg) Logistik Management, Supply Chain Management und e-Business. Teubner, Stuttgart, S 13-29

Fox M S, Barbuceanu M, Teigen R (2000) Agent-oriented Supply Chain Management. The International Journal of Flexible Manufacturing Systems (2000)12:165-188

Funk P, Vierke G, Bürckert H-J (1998) A Multi-Agent Perspective on Intermodal Transpotation Chains. DFKI, Saarbrücken

Gfk (Deutsche Gesellschaft für Kybernetik) (2002) Was versteht die GfK unter Kybernetik? http://www.gesellschaft-fuer-kybernetik.org/ Download am 06.05.2005

Göbel E (1998) Theorie und Gestaltung der Selbstorganisation. Duncker & Humblodt, Berlin

Gou L, Luh P B, Kyoya Y (1998) Holonic manufacturing scheduling, architecture, coopration mechanism, and implementation. Computers in Industry 37(1998)3:213-231

Haken H (1990) Über das Verhältnis der Synergetik zur Thermodynamik, Kybernetik und Informationstheorie. In: Niedersen U, Pohlmann L (Hrsg) Selbstorganisation und Determination. Duncker & Humblodt, Berlin, S 19-24

Huhns M N, Singh M P (1998) Multi-agent Systems in Information-Rich Environments. In: Klusch M, Weiß G (eds) Cooperative Information Agents II. Springer, Berlin Heidelberg New York, pp 79-93

Hummel Th, Malorny Ch (1997) Total Quality Management – Tipps für die Einführung. Carl Hanser, München Wien

Jennings N R, Wooldridge M J (eds) (1998) Agent Technology, Foundations, Applications, and Markets. Springer, Berlin Heidelberg New York

Jünemann R, Beyer A (1998) Steuerung von Materialfluss- und Logistiksystemen – Informations- und Steuerungssysteme, Automatisierungstechnik. Springer, Berlin Heidelberg New York

Kilger C, Schneeweiss L (2000) Demand Fulfilment and ATP. In: Stadler H, Kilger C (eds) Supply Chain Management and Advanced Planning, Concept, Models, Software and Case Studies. Springer, Berlin Heidelberg New York, pp 135-148

Klügl F (2001) Multiagentensimulation, Konzepte, Werkzeuge, Anwendungen. Addison-Wesley, München

Krallmann H, Albayrak S (2002) Holonic Manufacturing, Agentenorientierte Techniken zur Umsetzung von holonischen Strukturen. TCW, München

Kuhn A, Hellingrath H (2002) Supply Chain Management, Optimierte Zusammenarbeit in der Wertschöpfungskette. Springer, Berlin Heidelberg New York

Lind J, Fischer K (1998) Transportation Scheduling and Simulation in a Railroad Scenario, A Multi-Agent Approach. DFKI, Saarbrücken

Lind J (2001) Iterative Software Engineering for Multiagent Systems, The MASSIVE Method. Springer, Berlin Heidelberg New York

Lüth T (1998) Technische Multiagentensysteme – Verteilte autonome Roboter- und Fertigungssysteme. Carl Hanser, München Wien

Luczak H, Eversheim W, Schotten M (Hrsg) (1998) Produktionsplanung und -steuerung, Grundlagen, Gestaltung und Konzepte. Springer, Berlin Heidelberg New York

Marik V, Fletcher M, Pechoucek M (2002) Holons & Agents, Recent Developments and Mutual Impacts. In: Marik V, Stepankova O, Krautwurmova H, Luck M (eds) Multi-Agent Systems and Applications II. Springer, Berlin Heidelberg New York, pp 233-267

Müller J P (1996) The Design of Autonomous Agents, A Layered Approach. Springer, Berlin Heidelberg New York

Much D, Nicolai H (1995) PPS-Lexikon. Cornelsen, Berlin

Oechslein C (2004) Vorgehensmodell mit integrierter Spezifikations- und Implementierungssprache für Multiagentensimulationen. Shaker, Aachen

Parunak H v D (2000) A Practitioners' Review of Industrial Agent Applications. Autonomous Agents and Multi-Agent Systems (2000)3:389-407

Pavliska A, Srovnal V (2002) Robot Dissambly Process Using Multi-agent System. In: Dunin-Keplicz B, Nawarecki E (eds) From Theory to Practice in Multi-Agent Systems. Springer, Berlin Heidelberg New York, pp 227-233

Peters K, Becker M, Wenning B-L, Timm-Giel A, Görg C (2005) Autonomous Logistics Systems Integrating Communication, Computation and Transportation Networks. (Submitted to the First International IEEE WoWMoM Workshop on Autonomic Communications and Computing (ACC 2005))

Pfohl H-Chr (2000) Logistiksysteme – Betriebswirtschaftliche Grundlagen. Springer, Berlin Heidelberg New York

Pritschow G, Duelen G, Bender K (1996) Steuerung von Produktionssystemen, In: Eversheim W, Schuh G (1996) Betriebshütte – Produktion und Management. Springer, Berlin Heidelberg New York, S 10-73

Protégé Team (2005) Protégé 3.0. http://protege.stanford.edu/index.html Download am 06.05.2005

Puppe F, Stoyan H, Studer R (2000) Knowledge-Engeering. In: Görz G, Rollinger C-R, Schneeberger J (Hrsg) Handbuch der Künstlichen Intelligenz, 3. Aufl. Oldenbourg, München Wien, S 599-641

SCHO 540/8-1 Das Forschungsprojekt „Reaktive Steuerung von Lieferketten mit Agentensystemen" wurde unter dem Kennzeichen SCHO 540/8-1 von der Deutschen Forschungsgemeinschaft (DFG) im Rahmen des Schwerpunktprogramms (SPP) 1083 „Intelligente Agenten in betriebswirtschaftlichen Anwendungen" im Zeitraum von Mai 2001 bis Mai 2003 gefördert. http://www.ips.biba.uni-bremen.de/projekt.html?&no_cache=1&proj=8 (Stand: Mai2005)

Scholz-Reiter B (1998) Chancen und Möglichkeiten der reaktiven Planung und Steuerung von intermodalen Stückguttransporten. In: Fluhr M (Hrsg) Innovative Lösungen für den Verkehr von morgen. in Time, Berlin, S 32-48

Scholz-Reiter B, Scharke H (2000) Reaktive Planung. Industrie Management (2000)2:21-26

Scholz-Reiter B, Höhns H (2001) Reaktive Planung und Steuerung logistischer Prozesse mit Multiagentensystemen (MAS). Industrie Management (2001)6:33-36

Scholz-Reiter B, Höhns H (2003) Wissensbasierte Auftragskoordination im Supply Chain Management. Industrie Management (2003)3:26-29

Scholz-Reiter B, Höhns H, Hamann T (2004) Adaptive Control of Supply Chains, Building Blocks and Tools of an Agent-based Simulation Framework. Annals of the CIRP, S 353-356

Scholz-Reiter B, Windt K, Kolditz J, Böse F, Hildebrandt T, Philipp T, Höhns H (2004) New Concepts of Modelling and Evaluating Autonomous Logistic Processes. In: Chryssolouris G (ed) Proceedings of the IFAC-MIM'04 Conference on Manufacturing, Modelling, Management and Control (Pre-Prints). (To appear in formal Proceedings)

Scholz-Reiter B, Höhns H, Kolditz J, Hildebrandt T (2005) Autonomous Supply Net Coordination. In: Proceedings of the 38th CIRP Seminar Manufacturing on Systems, Florianopolis Brazil (electronic Proceedings on CD-ROM)

Scholz-Reiter B, Hildebrandt T, Kolditz J, Höhns H (2005) Selbststeuerung in der Produktion, Ein Modellierungskonzept. Industrie Management (2005)4:33-36

SeSAm (2004) SeSAM, Shell for Simulated Agent Systems. http://www.simsesam.de, Download am 06.05.2005

SFB 637 „Selbststeuerung logistischer Prozesse – Ein Paradigmenwechsel und seine Grenzen" an Universität Bremen, wird von der Deutschen Forschungsgemeinschaft (DFG) seit Januar 2004 gefördert. http://www.sfb637.uni-bremen.de/home.html (Stand: Mai 2005)

Smith R G (1980) The Contract-Net Protocol, High-Level Communication and Control in a Distributed Problem Solver. IEEE Transactions on Computation (1980)29:1104-1113

Sommerer G (1998) Unternehmenslogistik – Ausgewählte Instrumentarien zur Planung und Organisation logistischer Prozesse. Carl Hanser, München Wien

Stickel E, Groffmann H-D, Rau K-H (Hrsg) (1997), Gabler-Wirtschaftsinformatik-Lexikon. Gabler, Wiesbaden

Supply Chain Council (2005) The Supply Chain Operations Reference Model 7.0. http://www.supplychain.org/galleries/defaultfile/SCOR%207.0%20Overview.pdf, Dowload am 06.05.2005

The PABADIS consortium (2002) Development of a machine representation – Task 2.3. of Work Package 2.
http://www.pabadis.org/htdocs/info.html, Download am 22.03.2005

Tomys A-K (1995) Kostenorientiertes Qualitätsmanagement – Qualitätscontrolling zur ständigen Verbesserung der Unternehmensprozesse. Carl Hanser, München Wien

Valckenaers P, Brussel H v, Kollingbaum M, Bochmann O (2001) Multi-agent Coordination and Control Using Stigmergy Applied to Manufacturing Control. In: Luck M, Marik V, Stepankova O, Trappl R (eds) Multi-Agent Systems and Applications. Springer, Berlin Heidelberg New York, pp 317-334

Vrba P, Hrdonka V (2002) Material Handling Problem, FIPA Compliant Implementation. In: Marik V, Stepankova O, Krautwurmova H, Luck M (eds) Multi-Agent Systems and Applications II. Springer, Berlin Heidelberg New York, pp 268-279

Wagner T (2003) An Agent-Oriented Approach to Industrial Automation Systems. In: Kowalczyk R, Müller J P, Tianfield H, Unland R (eds) Agent Technologies, Infrastructures, Tools, and Applications for E-Services. Springer, Berlin Heidelberg New York, pp 314-328

Warnecke G (1993) Revolution der Unternehmenskultur, Das Fraktale Unternehmen. Springer, Berlin Heidelberg New York

Weiß G, Jakob R (2005) Agentenorientierte Softwareentwicklung, Methoden und Tools. Springer, Berlin Heidelberg New York

Windt K, Höhns H, Scholz-Reiter B (2002) Szenarien für die Reorganisation, Optimierung von Lager- und Distributionsstrukturen durch IT in Logistiknetzwerken. DVZ Deutsche Logistik-Zeitung (2002)56:10

Wooldridge M J, Jennings N R (1999) Software engineering with agents, pitfalls and pratfalls. IEEE Internet Computing (1999)3:20-27

Wooldrige M J, Jennings N R, Kinny D (2000) The Gaia Methodology for Agent-Oriented Analysis and Design. Autonomous Agents and Multi-Agent Systems (2000)3:285-312

4.5 PPS-Systeme als Bestandteil des Product Lifecycle Management

von Wolfgang Boos und Eduardo Zancul

4.5.1 Überblick

In letzter Zeit sind kürzer werdende Entwicklungszeiten und steigende Variantenzahlen bei gleichzeitig globalem Wettbewerb als wesentliche Faktoren für die Wettbewerbfähigkeit von produzierenden Unternehmen identifiziert worden. Zusätzlich ist der Betrachtungsfokus der Produkte von einzelnen isolierten Wertschöpfungsphasen auf den gesamten Produktlebenszyklus (engl. product lifecycle) ausgedehnt worden. Der Produktlebenszyklus betrachtet die einzelnen Phasen des Produktes, beginnend mit der Produktentwicklung und der dann folgenden Produktherstellung bis schließlich die Produkte nach dem Kundengebrauch von den Unternehmen entsorgt werden müssen. Durch diesen längeren Betrachtungsfokus der Produkte ist die Informationsmenge über die Produkte für die Produktionsbetriebe stark angestiegen. Die abteilungs- und standortübergreifende Verwaltung der erzeugten Produktdaten, die während des Produktlebenszykluses erzeugt werden, ist als Kernaufgabe des „Product Lifecycle Management" (PLM) zusammengefasst worden. Als zweite Kernaufgabe des PLM wird die Integration von Anwendungen, Organisationseinheiten und Prozessen verstanden (Arnold et al. 2005; Abramovici u. Schulte 2004; Eigner u. Stelzer 2001).

Die Verwaltung, Speicherung und Bereitstellung von Produktinformationen während des Produktlebenszykluses wird als Kernaufgabe des PLM von dem Produktdatenmanagement (PDM) erfüllt. Das Produktdatenmanagement teilt den Produktlebenszyklus in die zwei Hauptphasen Produktentstehung und Produktion auf. In der ersten Phase werden Informationen erzeugt, die das Produkt spezifizieren. Beispiele hierfür sind Produktstruktur, Konstruktionszeichnungen oder Arbeitspläne. Diese Phase kann als „virtuelle" Produktentstehung bezeichnet werden. In der zweiten Hauptphase – Produktion – werden die während der Produktentwicklung entstandenen Informationen zur Unterstützung der Vorgänge der erweiterten Logistikkette verwendet. Somit kann diese Phase als „reale" Produktentstehung bezeichnet werden.

782 4 Konzeptentwicklung in der Produktionsplanung und -steuerung

Die Unternehmen setzen in den beiden Hauptphasen des Produktlebenszykluses üblicherweise verschiedene Computersysteme zur Datenerzeugung und -verwaltung ein. In der Produktentwicklung kommen z. B. CAD-Systeme (Computer Aided Design) zum Einsatz, um geometrische Produktmodelle zu erzeugen, zu analysieren und zu verändern und damit dem Konstrukteur die eigentliche Zeichen- bzw. Konstruktionsarbeit zu erleichtern. In der Produktionsphase werden PPS-Systeme zur Planung und Kontrolle der einzelnen Prozessschritte eingesetzt. Die Integration dieser verschiedenen IT-Systeme ist die zweite Kernaufgabe des PLM.

Im Weiteren werden zunächst die Grundlagen und die IT-Unterstützung für das Product Lifecycle Management beschrieben. Danach wird der Einsatz von PPS-Systemen als Unterstützung eines ganzheitlichen PLM vorgestellt, bevor abschließend die Nutzenpotenziale von PLM aufgezeigt werden.

4.5.2 Grundlagen des Product Lifecycle Management

Im folgenden Abschnitt wird die aktuelle Situation der betrieblichen Praxis dargestellt. Danach wird der Grundgedanke des Product Lifecycle Managements erläutert.

4.5.2.1 Ausgangssituation der betrieblichen Praxis

Durch die zunehmende IT-Unterstützung von einzelnen und kollaborativen Tätigkeiten entstehen immer größere Datenvolumina. Aufgrund der gewachsenen Struktur und der Vielfalt der IT-Systeme in der betrieblichen Praxis (CAx, PPS,..) ist die Daten- und Systemheterogenität eine wesentliche Herausforderung für produzierende Unternehmen. Neben der Systemheterogenität gibt es noch weitere Einflüsse, wie z. B. Globalisierung, neue Märkte oder neue Technologien, die einen permanenten Wandel der Ingenieurtätigkeiten bedeuteten. Der Betrachtungsfokus in diesem Abschnitt liegt auf der Daten- und Systemheterogenität, die mittels des Produktdatenmanagement beherrscht wird.

Die Produktdaten in der Hauptphase Produktentwicklung werden in der Regel unter Verwendung von PDM-Systemen, die den Zugriff auf alle Produktinformationen regeln, verwaltet (vgl. Abb. 4.5-1). In der folgenden Hauptphase Produktion wird der größte Teil der Produktdaten von PPS-Systemen gespeichert und zur Verfügung gestellt, die für die Planung und Kontrolle der Fertigungsprozesse in der erweiterten Logistikkette und für das administrative und finanzielle Management der Unternehmen verantwortlich sind. In der zweiten Hauptphase werden durch die Produktion und

4.5 PPS-Systeme als Bestandteil des Product Lifecycle Management

den Verkauf der Produkte viele neue Daten erzeugt. Dabei werden z. B. Produktionspläne und „As-built"-Produktstrukturen überarbeitet und nach den unterschiedlichen Versionsständen gespeichert. Zusätzlich entstehen Informationen über Qualität und Verkaufsvolumina.

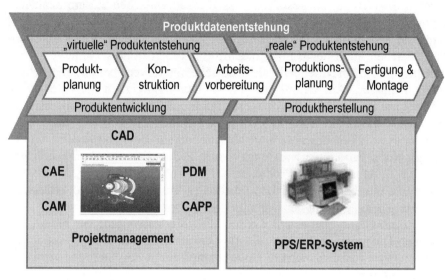

Abb. 4.5-1 Hauptphasen der Produktdatenentstehung

Die beschriebene Situation verdeutlicht zwei Tatsachen. Zum einen, dass die Datenentstehung und -verwaltung in den Hauptphasen des Produktlebenszykluses durch eine heterogene IT-Systemlandschaft realisiert wird. Zum anderen ergibt sich eine Trennung zwischen der „virtuellen" und „realen" Produktenstehung in der Verwaltung von Produktdaten entlang des kompletten Produktlebenszyklus. Dies verdeutlicht, dass nur eine ganzheitliche IT-Lösung für das integrierte Management von Produktdaten diese Trennung schließen und einen durchgängigen Informationsfluss entlang des Produktlebenszykluses gewährleisten kann.

Die Verarbeitung und Verwaltung von Informationen stellt die Unternehmen in den letzten Jahren vor wachsende Herausforderungen. Unter dem Druck der schnellen Markteinführung innovativer Produkte, die möglichst alle aktuellen Kundenanforderungen erfüllen müssen, haben Unternehmen durch die Parallelisierung von Entwicklungs- und Fertigungsprozessen (Simultaneous Engineering) neue Wege beschritten. Vor diesem Hintergrund sind die internen und externen Koordinationsaufwände der Unternehmen stark angestiegen. Diese Koordination ist nur durch sichere und optimierte Informationsflüsse in allen beteiligten Abteilungen zu gewährleisten.

Die erforderlichen Daten während des Produktlebenszykluses werden häufig aber nur dezentral gespeichert und verwaltet. Damit kann nur ein eingeschränkter Personenkreis auf diese Informationen zugreifen. Die Schnittstellen zwischen den Systemen in den verschiedenen Abteilungen sind in aller Regel so gestaltet, dass die semantischen Zusammenhänge nicht abgebildet werden. Daten haben nicht den gleichen Versionsstand und sind nur zum Teil in elektronischer Form vorhanden. Viele Abteilungen tauschen auch heute noch die Informationen mittels Papierversionen aus, die für die anschließende elektronische Weiterverarbeitung neu erfasst werden müssen. Auf Grund mangelnder Durchgängigkeit der IT-Systeme gibt es im Datenmanagement viele Datenredundanzen und -inkonsistenzen. Diese Situation verstärkt sich mit zunehmendem Umfang und zunehmender Häufigkeit des abteilungsübergreifenden Datenaustauschs, wie es bei globalen Produktentwicklungen oder Produktionsstandorten entsteht. Häufige Änderungen des Produktes bei Serienfertigern oder Kundenänderungswünsche bei Einzelfertigern erfordern ein effektives und effizientes Änderungsmanagement der Daten in den Systemen.

Insgesamt kann festgestellt werden, dass die Verwaltung der produktbezogenen Daten sowie die Koordination der heterogenen IT-Systeme unternehmensweit bei den meisten Unternehmen nicht den heutigen Anforderungen genügen.

4.5.2.2 Grundgedanke des Product Lifecycle Management

Der Produktlebenszyklus beschreibt den Kreislauf aufeinander folgender Produktlebensphasen beginnend bei der Produktentwicklung bis zur Produktentsorgung. Die Phasen sind in einzelne Prozesse unterteilt, von denen insbesondere die frühen Engineering Prozesse, wie z. B. die Konstruktion und Arbeitsvorbereitung eine hohe Bedeutung für die Eigenschaften des späteren Produktes haben. Dabei wird die Produktgestaltung durch vielfältige Anforderungen aus den einzelnen Produktlebensphasen beeinflusst, wie z. B. Fertigungs-, Montage-, Kosten- oder Recyclinggerechtheit (Eversheim u. Schuh 1996).

Während des gesamten Produktlebenszyklus, beginnend von der Produktidee über die Entwicklung und Konstruktion, Produktion bis hin zur Außerbetriebnahme des Produktes entstehen große Mengen an Daten, Dokumenten und Informationen, die dem Unternehmen zu unterschiedlichen Zeitpunkten zur Verfügung stehen müssen. In produzierenden Unternehmen sind dies unter anderem Materialien, Stücklisten, Arbeitspläne, Zeichnungen, CAD-Modelldaten, NC-Programme sowie Instandhaltungs-, Demontage- und Entsorgungsdaten (vgl. Abb. 4.5-2). Damit wird die Notwendigkeit einer effizienten und effektiven Datenlogistik für produzieren-

4.5 PPS-Systeme als Bestandteil des Product Lifecycle Management

de Unternehmen ersichtlich, um die Bereitstellung der richtigen Daten zur richtigen Zeit am richtigen Ort für die zugriffsberechtigten Personen zu gewährleisten (Fischer et al. 1993; Dobberkau u. Rauch-Geelhaar 1999).

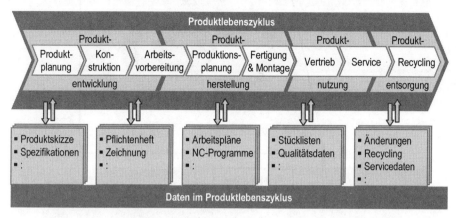

Abb. 4.5-2 Daten im Produktlebenszyklus

Die integrierte Verwaltung und Organisation von Informationen über Produkte und deren Entstehungsprozesse entlang des gesamten Produktlebenszyklus wird zu dem integrierenden Konzept des Product Lifecycle Management zusammengefasst.

Definition Product Lifecycle Management (PLM):

Das Product Lifecycle Management ist ein integrierendes Konzept zur IT-gestützten Organisation aller Informationen über Produkte und deren Entstehungsprozesse über den gesamten Produktlebenszyklus hinweg, so dass die Information immer aktuell an den relevanten Stellen im Unternehmen zur Verfügung stehen (Arnold et al. 2005).

PLM ist dabei nicht nur ein IT-System, sondern es stellt vor allem einen ganzheitlichen Management- und Integrationsansatz für Prozesse, IT- Umgebungen (Anwendung von Daten) sowie für Organisationsstrukturen im Engineering dar (Abraomvici et al. 2005).

Der PLM-Gedanke bzw. die PLM-Vision steht demnach im Zentrum eines Schalenmodells (vgl. Abb. 4.5-3). Die Brücke zwischen Management-Ansatz und IT-Lösung wird über Produktstruktur, Referenzen, Standards und Randbedingungen des Unternehmens geschlagen.

786 4 Konzeptentwicklung in der Produktionsplanung und -steuerung

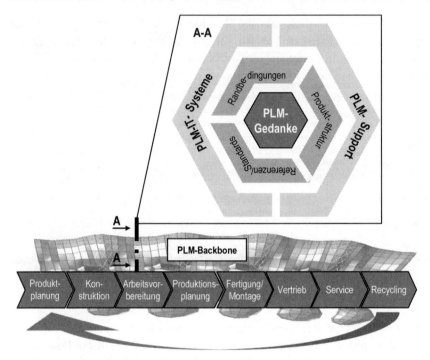

Abb. 4.5-3 Elemente des Product Lifecycle Management

4.5.3 IT-Unterstützung für das Product Lifecycle Management

Die effiziente Datenlogistik nimmt beim PLM-Grundgedanken eine wichtige Rolle ein. Die Verwaltung aller Produktdaten entlang des kompletten Produktlebenszykluses stellt enorme Herausforderungen an die IT-Systeme, da die Produktdaten für alle beteiligten zugriffsberechtigten Personen an verschiedenen Standorten in der erweiterten Logistikkette jederzeit zur Verfügung stehen müssen. Nur eine ganzheitliche integrierte IT-Lösung kann diese Anforderung erfüllen und die Prozesse, die hinter dem PLM-Gedanken stecken, verkörpern. Aufgrund der hohen Bedeutung der IT-Unterstützung für die Einführung des PLM-Grundgedankens wird in diesem Abschnitt der aktuelle Stand der IT-Systemlösungen für das PLM dargestellt.

4.5.3.1 Evolution der Systeme für das Product Lifecycle Management

Um die Struktur, die Funktionen und die Fähigkeiten der aktuellen Systeme für das Product Lifecycle Management verstehen zu können, ist es notwendig, den Verlauf ihrer Entwicklung zu kennen. Daher soll an dieser

4.5 PPS-Systeme als Bestandteil des Product Lifecycle Management

Stelle ein kurzer Überblick über die Evolution der verschiedenen PLM-Lösungen gegeben werden, bei der sich die Zielsetzungen, die die CAD-Anbieter, PPS-Anbieter bzw. unabhängigen Anbieter verfolgen, um PLM-Lösungen zu realisieren, stark voneinander unterscheiden (vgl. Abb. 4.5-4).

Der erste verbreitete Rechnereinsatz in der Konstruktion erfolgte durch die Entwicklung von 2D-CAD-Programmen, die nach und nach die eigentliche Konstruktionsarbeit am Zeichenbrett ersetzt haben. Der Rechner und das CAD-Programm hatten dabei jedoch wenig Einfluss auf die Konstruktionsmethode, da sich lediglich das Medium auf dem konstruierte wurde geändert haben. Erst mit kostengünstigeren und leistungsfähigeren Rechnern konnte die Software zu 3D-CAD-Systemen weiterentwickelt werden. Mit den neuen Programmen waren die Konstrukteure in der Lage, 3D-Modelle abzubilden, die später auch für weitere Prozessschritte nutzbar waren. Somit konnten Daten aus der Konstruktion z. B. auch für die Nutzung der Simulation oder der NC-Programmierung genutzt werden (Höfener 1999, Arnold et al. 2005).

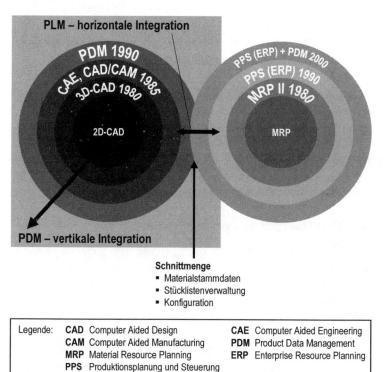

Abb. 4.5-4 Evolution der PLM-Lösungen auf Basis von CAD- und MRP-Systemen

Parallel mit dem Einzug verschiedener CAD-Systeme entstand Mitte der 80er Jahre der Gedanke des Computer Integrated Manufacturing (CIM), um Produktentstehungsprozesse und betriebswirtschaftliche Logistikprozesse ganzheitlich zu betrachten und durch integrierte Informationssysteme zu unterstützen. Dieser Integrationsgedanke ist damals auf Grund der zu hohen Komplexität der Thematik gescheitert. So mangelte es z. B. an Standards für die Integration der IT-Systeme. Trotz des ursprünglichen Scheiterns hat jedoch die Grundidee von CIM ihre Berechtigung und der Integrationsgedanke wurde in den kommenden Software-Generationen wieder aufgenommen (Scheer 1990; Abramovici u. Schulte 2004).

Die kontinuierlich steigende Verwendung von IT-Systemen in den Konstruktionsabteilungen erzeugt große Datenmengen, die neue Anforderungen an die Datenverwaltung während der Produktenwicklung stellen. Um diesen Anforderungen gerecht zu werden, haben verschiedene CAD-Anbieter neue Funktionen entwickelt, die damit eine nächste Evolutionsstufe einläuteten. Somit wurden IT-getriebene Engineering-Ansätze zur Erweiterung von CAD-Systemen zu Product Data Management Systemen vollzogen. Die Anfang der 90Jahre entwickelten PDM-Systeme stellen die Produktstruktur als Hauptträger aller Produktinformationen in den Mittelpunkt, unterstützen die Automatisierung von Prozessen mittels Workflowmanagement und dienen als Integrationsplattform, die alle über den Produktentwicklungsprozess benötigten Applikationssysteme (z. B. CAx-Systeme, Office-Programme, NC-Tools) über Schnittstellen zu einem Gesamtsystem verbindet. Kernfunktionen eines solchen PDM-Systems sind die Materialstammverwaltung, das Management von Stücklisten und Konfigurationen, das Dokumentenmanagement, das Projektmanagement sowie das Änderungs- bzw. Freigabewesen. Der Anwendungsschwerpunkt lag nach wie vor in der Produktentwicklung (Abramovici u. Schulte 2004; Urban u. Rangan 2004).

Definition Product Data Management System:

Technische Datenbank- und Kommunikationssysteme, die dazu dienen, Informationen über Produkte und deren Entstehungsprozesse bzw. Lebenszyklen konsistent zu speichern, zu verwalten und allen relevanten Bereichen eines Unternehmens bereitzustellen (VDI-Richtlinie 2219).

Die CAD-Anbieter konzentrierten sich bei der Einführung ihrer PDM-Systeme auf eine Integration der CAx-Welt. Heutige PDM-Systeme von CAD-Systemanbietern sind deshalb durch eine vertikale Integration der Engineering-Funktionen gekennzeichnet. Im Sinne des PLM-Gedankens ist eine Anbindung an die PPS-Systeme zu schaffen, so dass in diesem Falle von einer horizontalen Integration gesprochen werden kann, um die Durchgängigkeit der Produktdaten zwischen Entwicklung und Auftragsabwicklung zu gewährleisten.

Einen anderen Ursprung haben PDM-Lösungen von PPS-Anbietern. Hier erfolgte die Verbindung der Systeme in gegenläufiger Richtung zu der oben dargestellten CAD-Sicht. PPS-Systeme sind im Wesentlichen modular gestaltete Anwendungssysteme für Personalwirtschaft, Finanz- und Rechnungswesen, Controlling, Materialwirtschaft, Produktionsplanung und Absatzwirtschaft, die sich aus MRP- (Material Resource Planning-) Systemen entwickelten haben. Daraus resultierte ein dominantes PPS-System, das später mit typischen PDM-Funktionen erweitert wurde. Daten aus der Entwicklung können so direkt vom PPS-System weiterverarbeitet werden. Die Verbindung zu CAD-Systemen wird über Schnittstellen realisiert.

Zuletzt haben unabhängige PDM-Anbieter eigenständige Systeme entwickelt, die durch standardisierte Schnittstellen den verschiedenen CAx-Applikationen sowie teilweise den betriebswirtschaftlichen Systemen angegliedert wurden (Höfener 1999).

Nach der Gegenüberstellung der Entwicklungsprozesse der Systeme wird die Schnittmenge zwischen PDM- und PPS-Systemen ersichtlich, die in der Verwaltung von den Materialstamm-, den Stücklisten- und Konfigurationsdaten liegt (vgl. Abb. 4.5-4). Darüber hinaus werden in beiden Systemumgebungen lebenszyklusrelevante Produktdaten verwaltet. Dies verdeutlicht, dass eine komplette PLM-Lösung nur mittels einer horizontalen Integration beider Umfelder realisiert werden kann.

4.5.3.2 Gestaltung einer integrierten PLM-Lösung

Die PLM-Vision fordert ein integriertes Management von Produktdaten und Prozessen über den gesamten Produktlebenszyklus, jedoch muss dabei eine große Anzahl an verschiedenen Software-Komponenten berücksichtigt werden. Beispielsweise verwendet die Konstruktion CAD- und CAE-Systeme während der Vertrieb auf CRM-Systeme zurückgreift. Darüber hinaus ist es notwendig, Daten aus verschiedenen Unternehmensbereichen einzubinden. Die Produktplanung innerhalb der Arbeitsvorbereitung benötigt beispielsweise Informationen wie Stückzahlen aus dem PPS-System (Vertrieb), während ein effizienter Service Zugriff auf aktuelle Konfigurationsdaten aus dem PDM-System fordert. Idealerweise sollten die im Service gesammelten Daten für die Konstruktion als Input für neue Entwicklungen zur Verfügung stehen. Der PLM-Gedanke ist also ein Konzept, das nur durch Integration von verschiedenen Systemen zu einer ganzheitlichen IT-Lösung realisiert werden kann.

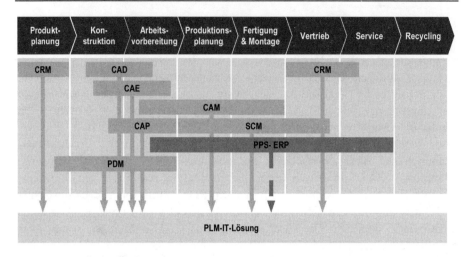

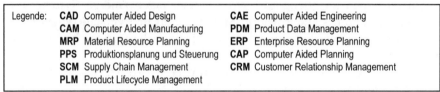

Abb. 4.5-5 IT-Systemunterstützung für das Product Lifecycle Management (i. A. an VDI-Richtlinie 2219)

Die Umsetzung des PLM-Gedankens erfordert durch allein stehende „Insellösungen" demnach eine Vielzahl von Schnittstellen zwischen Systemen, die Produktdaten erstellen und verwalten. Die enorm hohe Komplexität, die durch die Realisierung und Wartung dieser Schnittstellen entsteht, führt oft dazu, dass nur ein Teil der Schnittstellen implementiert wird. Eine vollständige Integration von Unternehmensprozessen wird auf diese Weise stark behindert. Folglich wird die PLM-Vision in den meisten Unternehmen nur teilweise realisiert.

In der Industrie wuchs daher der Bedarf an IT-Ansätzen, was zu integrativ gestalteten Systemen führte, die zwar nicht die gesamte Bandbreite an Funktionen des Unternehmens abdeckten, aber dennoch viele integrierte Funktionen realisierten. Um diesem Bedarf gerecht zu werden, vermarkten mittlerweile zahlreiche IT-Anbieter neue Systeme, die einen pragmatischen Ansatz für die Erreichung der PLM-Vision verfolgen (Ciupek 2003).

Die aktuellen IT-Systeme für das PLM bieten neben den bekannten PDM-Funktionen für Stücklisten-, Dokumenten- und Änderungsmanagement auch erweiterte Funktionen für die frühen und späten Phasen des Produktlebenszyklus, wie z. B. das Anforderungsmanagement und die Wartungsabwicklung. Zusätzlich bietet diese Art von Systemen Module zur Unterstützung der Arbeits- und Fabrikplanung sowie zahlreicher Kollaborationsressourcen (Eigner u. Stelzer 2001; Hartmann u. Schmidt 2004).

Einige Anbieter sehen diese neue Software-Generation als eine Erweiterung von PDM und benennen sie die daher als „PLM-Systeme", obwohl nach Meinung vieler Autoren PLM kein System sondern ein Konzept darstellt (Arnold et al. 2005; Abramovici u. Schulte 2004; Heidecker 2004). Darüber hinaus erfordert die ganzheitliche Verwaltung aller Produktdaten noch weitere Komponenten, vor allem Module der PPS-Systeme. Deswegen wird im Folgenden dieses Beitrags der Begriff PDM-System als Voraussetzung und Teil einer PLM-Lösung verwendet. Weiterhin wird der Begriff PLM-Lösung für die komplette Systemintegration, die für die ganzheitliche Einführung des PLM-Grundgedankens und die tatsächliche Verwaltung aller Produktdaten erforderlich ist, verwendet.

Eine komplette PLM-Lösung besteht also aus verschiedenen Systemen, bei denen die PDM- bzw. PPS-Systeme eine wesentliche Bedeutung für die Integration einnehmen. Das PDM-System vereint die verschiedenen datenerzeugenden IT-Systeme (z. B. CAD- und CAE-Systeme) und ist für die so genannte „virtuelle" Produktentstehung, von der Ideenauswahl über die gesamte technische Produktentwicklung bis hin zum Start der Produktion, verantwortlich. Ab diesem Zeitpunkt übernimmt das PPS-System die Zuständigkeit für die Auftragsabwicklung, welche die Entstehung des „realen" Produktes unterstützt. Eine ganzheitliche PLM-Lösung soll daher mittels der Integration der PDM- und PPS-Systeme die Trennung der „virtuellen" und „realen" Produktentstehung schließen und damit einen durchgängigen Informationsfluss über den gesamten Produktlebenszyklus gewährleisten (Abramovici u. Schulte 2004).

Die Bedeutung des jeweiligen PDM- und PPS-Systems in einer PLM-Lösung hängt für jedes Unternehmen individuell von den Produkten und der Branche ab. Unternehmen, deren Engineering-Prozesse eine hohe Priorität innehaben (z. B. Einzelfertiger komplexer Engineering-Produkte), setzen eher auf PDM-orientierte Lösungen, während Unternehmen, die ihre Kompetenz in der Auftragsabwicklung sehen (wie z. B. bei Verbrauchsgütern), auf PPS-basierte PLM-Lösungen zurückgreifen.

Obwohl das PLM-Konzept in erster Linie für Großunternehmen zum Einsatz im Engineering Bereich (Automobil- und Luftfahrtindustrie, Maschinen- und Anlagenbau) entwickelt wurde, kann dieser PLM-Ansatz grundsätzlich auch für den Mittelstand und andersartige Branchen (z. B. der Pharmaindustrie) ein hohes NutzenPotenzial bieten (Burkett et al. 2002; Scherpe 2004).

4.5.3.3 IT-Funktionen des Product Lifecycle Management

Eine komplette IT-Lösung für das Product Lifecycle Management umfasst ein breites Spektrum an Funktionen, die auf die Produkte und ihre entsprechenden Informationen ausgerichtet ist. Diese Funktionen umfassen die Verwaltung und Steuerung aller Produktdaten des kompletten Lebenszyklus, von der Produktplanung und Konstruktion über die Fertigung und Montage bis hin zur Wartung und Entsorgung. Diese unterschiedlichen Funktionen werden teilweise von PDM-Systemen und teilweise von anderen ergänzenden IT-Systemen realisiert.

Die am Markt bestehenden PDM-Systemlösungen können sehr unterschiedlicher Natur in Bezug auf ihre Funktionalität sein. Die Ursache hierfür ist der unterschiedliche Ursprung der Systeme und ihre dynamische Entwicklung in den letzten Jahren. Die Unterschiede zwischen den einzelnen Systemen erschweren das Marktverständnis und den Vergleich verschiedener Systeme der diversen Anbieter.

Um den Systemvergleich zu ermöglichen und die Markttransparenz zu erhöhen, hat das Werkzeugmaschinenlabor (WZL) der RWTH Aachen ein übergreifendes, anbieterunabhängiges PLM-Modell entwickelt. Dieses Modell ist auf den Bereich des Produktdatenmanagement fokussiert und berücksichtigt alle PLM-Funktionen, die für die Unterstützung eines umfangreichen PLM-Grundgedankens erforderlich sind.

Das PLM-Modell besteht aus vier Bereichen (*Kerndatenmanagement; Produktdatenentstehung; Prozessmanagement; Systemintegration*), denen wiederum 13 Funktionsgruppen zugeordnet sind (vgl. Abb. 4.5-6).

Der Bereich des *Kerndatenmanagement* umfasst die Verwaltung der zentralen Daten, die ein Produkt definieren. Dazu gehören hauptsächlich die Materialstammdaten, die Produktstruktur und die Produktkonfiguration. Darüber hinaus bietet dieser Bereich Funktionen für die Nachvollziehbarkeit der Produktkonfiguration entlang des Lebenszyklus. Folglich liegt das Kerndatenmanagement im Mittelpunkt des Modells als zentrales Informationslager der Stammdaten für die Funktionen der anderen Modellbereiche. Die Funktionen des Kerndatenmanagement sind in drei Funktionsgruppen organisiert:

- *Produktplanung*: Die Produktplanung umfasst die Funktionen für ein ganzheitliches Produktportfoliomanagement, sowie die Erfassung, Bewertung und Auswahl von Ideen für neue Produkte und das Management von Kundenanforderungen.
- *Produktstrukturierung*: In der Produktstrukturierung werden Materialstammdaten eingegeben und verwaltet. Alle Materialien sowie verschiedene andere Objekte die im System vorhanden sind, können klassifiziert werden. Die Klassifizierung der Materialien in Gruppen

4.5 PPS-Systeme als Bestandteil des Product Lifecycle Management

ähnlicher Teile verringert den Suchaufwand nach bestehenden Komponenten und unterstützt damit die Erhöhung der Wiederverwendbarkeit. Die Stücklisten werden nach ihren unterschiedlichen Sichten verwaltet (Konstruktionssicht, Fertigungssicht, Montagesicht etc.). Zu dieser zentralen Funktionsgruppe gehört auch die Generierung von Produktvarianten auf Basis von Regeln sowie ein Produktkonfigurator für den Vertrieb.

- *Änderungs- und Konfigurationsmanagement*: Das Änderungs- und Konfigurationsmanagement umfasst den Freigabe- und Änderungsdienst, der auf einem konfigurierbaren Statusnetz und einer Versionskontrolle basiert. Darüber hinaus werden alle für das Konfigurationsmanagement relevanten Objekte entlang des kompletten Lebenszyklus verwaltet.

Der Bereich *Produktdatenentstehung* ordnet alle Funktionen, die neue Produktdaten erzeugen. Die am häufigsten erzeugten Produktdaten werden den Daten des Kerndatenmanagements, wie z. B. Materialien und Stücklisten, zugeordnet. Die Funktionen der Produktdatenentstehung sind in fünf Funktionsgruppen organisiert:

- *Fertigungsplanung*: Die Fertigungsplanung umfasst den Zugriff auf Ressourcendaten, die Erfassung der Arbeitspläne und die Planung des Fabriklayouts.
- *Beschaffung*: Die Beschaffung beinhaltet eine Lieferantendatenbank und einen Komponentenkatalog. Ausschreibungen können erfasst und mittels eSourcing-Verfahren (z. B. Online-Auktionen) durchgeführt werden.
- *Qualitätsmanagement*: Das Qualitätsmanagement unterstützt die Einführung von Qualitätsverfahren, die Erfassung von Qualitätskontrollplänen, die Verwaltung von Prüfmitteln und die Rückmeldung der Ergebnisse der Qualitätsprüfung.
- *Dienstleistung, Wartung und Instandsetzung:* Die Dienstleistung, Wartung und Instandsetzung umfasst die Planung und die Abwicklung der Wartungs- und Servicetermine der Betriebsmittel.
- *Umweltschutz / Arbeitssicherheit*: Im Bereich des Umweltschutz und der Arbeitssicherheit werden Stoffstammdaten in einem Stoffkatalog gesammelt. Die Handhabung der Gefahrgüter und des Abfalls wird gesetzlich geregelt. Darüber hinaus werden Arbeitsschutzregelungen unterstützt.

4 Konzeptentwicklung in der Produktionsplanung und -steuerung

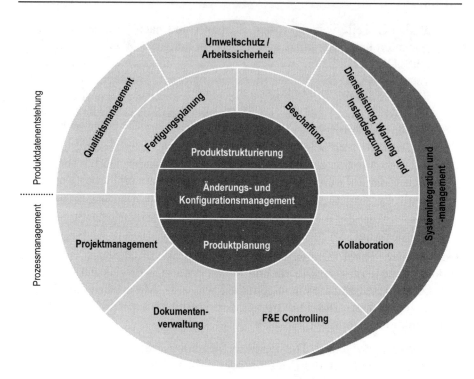

Abb. 4.5-6 PLM-Modell des Werkzeugmaschinenlabors (WZL) der RWTH Aachen

Der Bereich *Prozessmanagement* fokussiert auf die unterschiedlichen Unternehmensprozesse. Damit ist das Prozessmanagement die Basis für wichtige Funktionen des Projekt- und Dokumentenmanagement. Eine wesentliche Rolle für die Produktenwicklung in der erweiterten Logistikkette nehmen die Kollaborationsfunktionen ein. Grundsätzlich lassen sich die Funktionen des Prozessmanagement in vier Gruppen unterteilen:

- *Projektmanagement:* Neben der Einzelprojektplanung und -steuerung wird die ganzheitliche Planung des Projektportfolios durch das Projektmanagement unterstützt. Dazu wird der gesamte Ressourcenbedarf aller Projekte eines Unternehmens erfasst und in einem gemeinsamen Zeitplan dargestellt.
- *Dokumentenverwaltung:* Die Dokumente werden in einem Datentresor (engl.: vault) gespeichert. Jedes Dokument wird mit Metadaten beschrieben und mit einem oder mehreren Objekten (z. B. Material) verknüpft. Darüber hinaus wird die Erstellung von technischen Dokumenten (engl.: publishing), langfristige Datenarchivierung und Dokumentenvisualisierung in der Dokumentenverwaltung realisiert.

4.5 PPS-Systeme als Bestandteil des Product Lifecycle Management

- *F&E-Controlling:* Das F&E-Controlling umfasst das Projektcontrolling und die Produktkostenrechnung während des kompletten Lebenszyklus. Finanz sowie technische Kennzahlen werden kontinuierlich ermittelt.
- *Kollaboration:* Die Kollaboration ermöglicht die Kommunikation und Zusammenarbeit mittels z. B. Videokonferenz und Applikationsmitbenutzung für CAD-Anwendungen. Darüber hinaus werden automatisierte Arbeitsabläufe und eine Wissensbasis unterstützt.

Schließlich umfasst der Bereich der *Systemintegration* alle Standards für den Datenaustausch zwischen den Systemen und alle Arten von verfügbaren Schnittstellen zwischen dem PDM- und den anderen Erzeugersystemen der ganzheitlichen PLM-Lösung.

Das vorgestellte PLM-Modell beinhaltet damit die wichtigsten PDM-Funktionen und kann zur Verbesserung des Marktverständnisses sowie zur Bewertung des PLM-Umfeldes eines Unternehmens eingesetzt werden.

4.5.3.4 Übersicht integrierter Product Data Management Systeme

Mittlerweile existiert am Markt schon ein breites Angebot an PDM-Systemen von CAD-, PPS- bzw. unabhängigen Anbietern. Eine Recherche im Rahmen einer aktuellen PLM-Studie des Werkzeugmaschinenlabors (WZL) der RWTH Aachen hat im Jahr 2005 im deutschen Sprachraum 56 PDM-Anbieter identifiziert. Dieser Abschnitt gibt einen kurzen Überblick über die wesentlichen, am Markt befindlichen PDM-Systeme. In der untenstehenden Tabelle sind die Haupteigenschaften sieben bekanntesten PDM-Systeme dargestellt. Obwohl die dargestellten PDM-Systeme über zahlreiche wichtige Module bzw. Funktionen verfügen, erfordert die Verwaltung aller Produktdaten entlang des Lebenszyklus darüber hinaus noch die Integration von PPS-Systemen, um zu einer ganzheitlichen PLM-Lösung zu werden.

Tabelle 4.5-1 Übersicht der relevanten PDM-Anbieter in Deutschland

System	Anbieter	Stärken
Agile 9	Agile Software	Änderungsmanagement, Beschaffung (eSourcing)
Enovia	Dassault Systems und IBM	Erfahrung bei großen PLM-Projekte und komplexe Produkte, Kollaboration, CAD
MatrixOne	MatrixOne	breiter Funktionsumfang, Anforderungsmanagement

mySAP PLM	SAP Deutschland	Portfoliomanagement
Pro.File	PROCAD	besonderes geeignet für Unternehmen aus dem Maschinen- und Anlagenbau
Teamcenter	Unigraphics Solutions	Erfahrung bei großen PLM-Projekte, Kollaboration, CAD, Fertigungs- und Fabrikplanung
Windchill	PTC Parametric Technology	breiter Funktionsumfang, Änderungs- und Konfigurationsmanagement, Workflow, CAD

Nachdem die wesentlichen PDM-Systeme kurz an Hand ihrer Merkmale vorgestellt sind, soll im folgenden Abschnitt der Betrachtungsfokus auf den PPS-Systemen liegen, deren Einsatz zur Unterstützung einer integrierten PLM-Lösung notwendig ist.

4.5.4 Einsatz von PPS-Systemen zur Unterstützung eines ganzheitlichen Product Lifecycle Management

Aktuelle PPS-Systeme spielen eine große Rolle in der Gestaltung einer ganzheitlichen PLM-Lösung. Zum einen, weil viele Produktdaten zur Nutzung innerhalb der Auftragsabwicklung in den PPS-Systeme bereits vorhanden sind, und zum anderen, weil in diesen Systemen in den letzten Jahren schon viele Funktionen für die Unterstützung des Produktdatenmanagement sowie Schnittstellen für mehrere CAD-Systeme integriert worden sind. Folglich können einige bestehende PPS-Systeme einen Teil der PLM-Anforderungen an die IT-Unterstützung bereits erfüllen. Da die Produktionsplanung und -steuerung wesentlicher Bestandteil einer PLM-Lösung ist, wird in diesem Abschnitt ein Gestaltungsansatz einer IT-Lösung für das PLM unter Berücksichtigung von PPS-Systemen dargestellt.

4.5.4.1 *PDM-Funktionen aus dem PPS-System*

PPS-Systeme bieten ein breites Spektrum an Funktionen zur Unterstützung unterschiedlichster Geschäftsprozesse eines Unternehmens. Der Hauptbeitrag der PPS-Systeme ist das Management der Auftragsabwicklung, bei dem die Produktdaten zu den einzelnen Produktionsphasen benötigt werden. Um die Produktion zu planen und Materialien zu beschaffen, sind Materialstammdaten, Stücklisten und Arbeitspläne erforderlich, die entwe-

4.5 PPS-Systeme als Bestandteil des Product Lifecycle Management

der vom PPS-System verwaltet werden oder für das System über Schnittstellen zur Verfügung stehen müssen.

Eine Untersuchung des FIR (Forschungsinstitut für Rationalisierung der RWTH Aachen) bei bestehenden PPS-Systemen zeigt, dass die PPS-Systeme zum Teil schon über eine große Anzahl von PDM-Funktionen verfügen. Zum Beispiel haben 80% der PPS-Systeme Klassifizierungsfunktionen mit mindestens einer Stufe und einer Suchfunktionen. Rund 70% aller PPS-Systeme bieten eine Aktiv/Passiv-Statuskontrolle für das Material an, und ca. 50% der Systeme verfügen über eine beliebige Versionskennzeichnung. Die Funktionen zur Verwaltung verschiedener Stücklistentypen wird von der Mehrheit der Systeme in verschiedener Qualität und Ausprägung angeboten (92% bieten Fertigungsstückliste, 67% Konstruktionsstückliste und 49% Montagestückliste). Auf der anderen Seite wird nur von ca. 25% der PPS-Systeme das Projektmanagement berücksichtigt. Gerade nur ca. 20% der Systeme verfügen über integrierte Workflowfunktionen (Philippson 1999).

Die folgende Tabelle zeigt einen so genannten „PDM-Erfüllungsgrad" durch ein typisches PPS-System. In der ersten Spalte sind die wesentlichen PDM-Funktionen aus dem o. a. PLM-Modell dargestellt. Die zweite Spalte der Tabelle zeigt den Erfüllungsgrad je Funktion durch ein typisches PPS-System (Philippson 1999; Zancul u. Rozenfeld 2005).

Tabelle 4.5-2 „PDM-Erfüllungsgrad" eines typischen PPS-Systems

Funktionsgruppe	Erfüllungsgrad eines typisches PPS-Systems	Funktionsgruppe	Erfüllungsgrad eines typisches PPS-Systems
Produktplanung	◔	Dienstleistung, Wartung und Instandsetzung	◐
Produktstrukturierung	◕	Umweltschutz / Arbeitssicherheit	◐
Änderungs- und Konfigurationsmanagement	◐	Projektmanagement	◐
Fertigungsplanung	●	Dokumentverwaltung	◐
Beschaffung	●	F&E-Controlling	◑
Qualitätsmanagement	◐	Kollaboration	○

Legende: ● Funktion voll unterstützt
○ Funktion nicht unterstützt

Mit den Funktionen aus der obigen Tabelle sind PPS-Systeme in der Lage, bis zu 50% der Aktivitäten des Produktentwicklungsprozesses zu unterstützen. Diese Ergebnisse zeigen, dass heutige PPS-Systeme zwar bereits mehrere Anforderungen des Produktdatenmanagements erfüllen, jedoch in der Regel in den meisten Unternehmen weitere Systeme erforderlich sind, um eine komplette PLM-Lösung zu gestalten (Zancul u. Rozenfeld 2005).

4.5.4.2 Produktdatenverwaltung mit PLM-Systemen

Neben der Bereitstellung von PDM-Funktionen sind die PPS-Systeme vor allem für die Verwaltung von Daten, die in der Auftragsabwicklung entstehen, verantwortlich. Zu den Daten, die während der „realen" Produktentstehung anfallen und von PPS-Systemen verwaltet werden, gehören:

- Merkmalausprägungen der Produkte, die ihren genauen Fertigungszustand beschreiben. Diese Daten werden in „As-built" Stücklisten gespeichert und danach für das Konfigurationsmanagement oder bei der Wartung benötigt.
- Material- und Arbeitsaufwände, die tatsächlich in der Produktion angefallen sind und als Basis für die Produktkostenrechnung dienen. Diese Daten werden gemäß grundlegenden Standards des Rechnungswesens vom PPS-System verarbeitet.
- Investitionsaufwand, Kosten und Umsatz, die auf den kompletten Lebenszyklus entfallen, ermöglichen die Analyse der Produktergebnisse.
- Vertriebsvolumen, -umsatz und -bruttogewinn je Produkt unterstützen die Planung des zukünftigen Produktangebots und die Entscheidung über die Entwicklung neuer Produkte und entsprechender Derivate.
- Qualitätsfehler in der Produktion können bei der Entwicklung neuer Produktgenerationen berücksichtigt werden.

Da diese PPS-Daten einen wichtigen Bestandteil der Produktdefinition darstellen, müssen sie auch in einer integrierten PLM-Lösung berücksichtigt werden.

4.5.4.3 Potenziale zur Integration der Systeme

Die Überwindung der Trennung von virtueller und realer Produktentstehung steht im Mittelpunkt der Einführung des PLM-Grundgedankens. Ziel ist vor allem die Integration der PDM- und der PPS-Funktionalitäten sowohl auf organisatorischer als auch auf IT-System- und Prozessebene. Der Bedarf einer durchgehenden PLM-Integrationslösung resultiert dabei

4.5 PPS-Systeme als Bestandteil des Product Lifecycle Management

vornehmlich aus dem Bruch im Informationsfluss, insbesondere zwischen den Phasen Produktentwicklung, Produktion und Vertrieb/Logistik. Die Abbildung 4.5-7 verdeutlicht, dass beim Management von Produktdaten entlang des gesamten Lebenszyklus sowohl das PDM-System als auch das PPS-System mitwirken (Abramovici u. Schulte 2004).

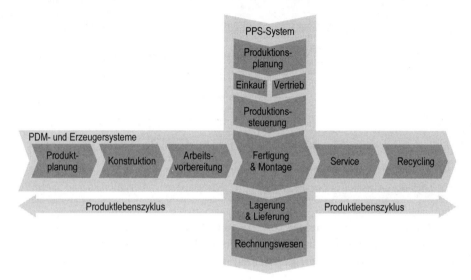

Abb. 4.5-7 Integration der PPS und PDM in einer ganzheitlichen PLM-Lösung (Arnold et al. 2005)

Eine solche Integration ist nicht nur eine Frage der Schnittstellen zwischen den Systemen und des Datenformats, sondern auch der Integration der entsprechenden Prozesse. Somit können drei Integrationsebenen definiert werden: System-, Modell- und Prozessintegration. Die ersten beiden Ebenen befassen sich mit der technischen Kopplung der IT-Werkzeuge sowie der Nutzung eines gemeinsamen Produktdatenmodells, während die Prozessebene die Verknüpfung der Aufgaben sowie das Management der Ereignisse und der Informationsflüsse beschreibt (Grasmann 2004).

Anwender nennen als größtes Hindernis dieser Integration nicht die fehlende IT-Infrastruktur, sondern sehen organisatorische Barrieren auf Prozessebene als größeres Problem. Insbesondere die Prozessintegration gestaltet sich schwierig, da Engineering-Prozesse meistens kreative und iterative Vorgänge sind, während sich die betriebswirtschaftlichen Prozesse eher durch festgelegte, klar definierte Vorgänge auszeichnen (Abramovici u. Schulte 2004).

4 Konzeptentwicklung in der Produktionsplanung und -steuerung

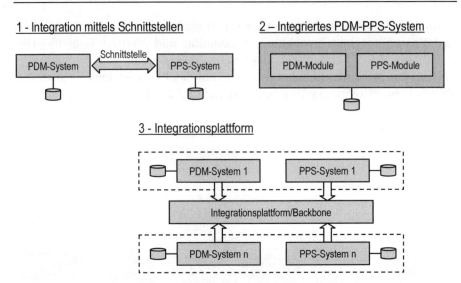

Abb. 4.5-8 Grundlegende PLM-Systemarchitekturen (Abramovici u. Schulte 2004)

Ein durchdachtes Architekturkonzept liefert die Grundvoraussetzungen für eine Implementierung und eine erfolgreiche Inbetriebnahme von integrierten und verbesserten PLM-Lösungen (Malter u. Samarajiwa 2005). Abbildung 4.5-8 stellt drei Integrationsansätze, die unterschiedliche Zielsetzungen verfolgen, dar.

Der Integrationsansatz 1 stellt eine klare Trennung zwischen PPS- und PDM-Umgebung dar. Dieser Ansatz findet meist bei Unternehmen Anwendung, die in ihren Prozessen einen hohen Engineering-Anteil aufweisen und auf kurze Innovationszyklen setzen, da diese Unternehmen große Anforderung an das Produktdatenmanagement stellen. Nachteil dieser Architektur ist jedoch meist die ungenügende Leistungsfähigkeit der Schnittstellen, die zu Lücken in der Daten- und Prozessdurchgängigkeit führt. Dem Ansatz 2 liegt eine kombinierte PDM-PPS-Lösung zugrunde, diese erreicht durch die Verwendung eines gemeinsamen Datenmodells eine hohe Durchgängigkeit von Informationen und Prozessen, insbesondere bei Unternehmen mit verteilten Standorten. Die Möglichkeiten dieses Ansatzes insbesondere für Unternehmen mit hoch komplexen Engineering-Anforderungen sind jedoch sehr beschränkt. Um allen operativen Systemen entlang des Produktlebenszyklus Zugriff auf verschiedene Standorte verteilte Produktdaten zu ermöglichen, enthält die Architekturvariante 3 eine unternehmensweit durchgängige Integrationsplattform mit einer zentralen Datenbasis. Hier sind alle Daten, die für weitere Anwendungen benötigt werden, hinterlegt (Abramovici u. Schulte 2004).

4.5 PPS-Systeme als Bestandteil des Product Lifecycle Management 801

Der Integrationsansatz 3 basiert sich auf den EAI (Enterprise Application Integration) Technologien und -Prozesse, die den fließenden Datenaustausch zwischen mehreren Systemen ermöglicht. Daten aus dem Format einer Anwendung werden in einem neutralen Format konvertiert und im Unternehmensnetzwerk verteilt. Damit werden einzelne Systeme in einer ganzheitlichen Lösung integriert.

Diese drei Integrationsansätze führen zu zwei unterschiedlichen Möglichkeiten des Datenaustausches zwischen den Systemen. Der Austausch kann entweder durch Kopplungsprozeduren erfolgen, oder durch den Zugriff auf eine gemeinsame Datenbank der zu integrierenden Anwendungen. Die Kopplung zwischen den Informationssystemen kann wiederum über Direkt- oder Standardschnittstellen erfolgen. In einer Direktverbindung wird eine Schnittstelle für jedes Paar von angekoppelten Systemen implementiert. Damit alle Systeme miteinander kommunizieren können, müssen daher Schnittstellen zwischen allen Systemen realisiert werden. Beim Datenaustausch über eine Standardschnittstelle wird nur eine Verbindung pro IT-System implementiert, die die Konvertierung der Daten von und zu einem Standardformat gewährleistet. Die Standardschnittstellen erfordern einen geringeren Aufwand und sind daher zu bevorzugen (Arnold et al. 2005).

Ein weiteres Gestaltungsmerkmal der Schnittstellen ist der zeitliche Verlauf des Datenaustauschs. Hierbei unterscheidet man zwischen synchronem und asynchronem Datenaustausch. Bei einem asynchronen Datenaustausch wird der Datenabgleich in bestimmten Zeitintervallen z. B. täglich in der Nacht durchgeführt. Der asynchrone Austausch ist für Daten ausreichend, die nicht sofort für Folgeprozesse bzw. -systeme zur Verfügung stehen müssen. Dies ist z. B. der Fall bei „As-built"-Stücklisten von Produkten die erst einige Tage nach ihrer Produktion auf den Markt kommen, während hochgradig interaktive Daten in dynamischen Prozessen und solchen, die in Wechselwirkung zu anderen Prozessen stehen, einen synchronen Datenaustausch erforderlich machen (Arnold et al. 2005).

4.5.4.4 Gestaltungsansatz für eine ganzheitliche PLM-Lösung

Dieser Abschnitt stellt einen Ansatz für die Integration der Managementsysteme in einer kompletten PLM-Lösung dar. Der Ansatz ist besonderes geeignet für Unternehmen, die schon PDM- und PPS-Systeme eingerichtet haben und die Trennung zwischen der „virtuellen" und „realen" Produktenstehung mittels eine PLM-Lösung schließen möchten. Unternehmen die noch das Produktdatenmanagement implementieren möchten, finden auch wichtige Hinweise, um ihre Implementierung des PDM-Systems schon an dem PLM-Gedanken und der damit verbundenen PPS-Integration zu orientieren.

Der Ansatz fokussiert die Integration in der Prozessebene und orientiert sich von daher an der Definition des erforderlichen Informationsflusses. Die Abbildung 4.6.9 stellt die sieben Schritte des Ansatzes zur Gestaltung einer ganzheitlichen PLM-Lösung dar.

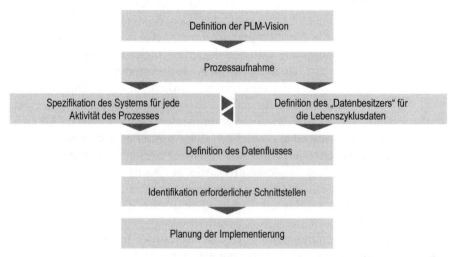

Abb. 4.5-9 Vorgehensweise zur Implementierung einer ganzheitlichen PLM-Lösung

Der erste Schritt des Ansatzes ist die Entwicklung einer PLM-Vision für das Unternehmen. Hier werden die strategischen Ziele definiert, die mittels der ganzheitlichen PLM-Lösung erreicht werden sollen. Außerdem müssen die Hauptinformationen für die integrierte Verwaltung des Produktlebenszykluses identifiziert und auf Basis von der Branche und von dem Produkttyp priorisiert werden. Diese Priorisierung definiert den Fokus für die folgenden Schritte des Integrationsansatzes. Es muss überprüft werden, ob die eingerichteten PDM- und PPS-Systeme für die Unterstützung der PLM-Vision geeignet sind.

Danach werden in dem zweiten Schritt die PLM-Prozesse aufgenommen. Der Aufwand ist niedriger, wenn eine Prozessbeschreibung schon existiert und verwendet werden kann, wie z. B. die ISO-9000-Dokumentation oder die Dokumentation von aktuellen Projekten zur Prozessreorganisation oder zur IT-Systemeinführung. Wenn dies nicht der Fall ist, müssen die relevanten PLM-Prozesse aufgenommen werden. Hier können verschiedene Prozessbeschreibungsmethoden verwendet werden. Wichtig ist die graphische Darstellung der Prozessaktivitäten und für jede Aktivität

4.5 PPS-Systeme als Bestandteil des Product Lifecycle Management

die Angabe des Bereichs, der für diesen Prozess verantwortlich ist. Zusätzlich sind die notwendigen IT-Ressourcen erforderlich. Das daraus resultierende Prozessmodell ist notwendig für die nächsten Schritte.

Das Ziel des dritten Schritts ist die Definition eines einzelnen Standardsystems für die Unterstützung jeder Prozessaktivität des Prozessmodells. Häufig werden in den Unternehmen unterschiedliche Systeme zur Unterstützung ähnlicher Aktivitäten angewendet. So kann z. B. die Stückliste bei der Produktentwicklung an einem Standort im CAD-System verwaltet werden, während an einem anderen Standort sie in dem PDM-System verwaltet wird. Dabei arbeiten die unterschiedlichen Abteilungen häufig in verschiedenen Versionen der Daten so wie im Beispiel in der Stückliste. Häufig wird die Arbeitsvorbereitung auf Basis von vorläufigen Stücklisten und Zeichnungen durchgeführt, die nicht automatisch nach einer Änderung in der Konstruktion für die Produktion aktualisiert werden. Unternehmensweite IT-Lösungen sind in der Regel in den Abteilungen kaum konsolidiert und daher werden viele Daten über individuell entwickelte IT-Lösungen, wie z. B. selbstprogrammierte Excel-Programme ausgetauscht. Für jede Aktivität muss aus diesem Grunde definiert werden, welches System im Bezug zu der PLM-Vision optimal geeignet ist. Nur dann können die Daten zwischen den Abteilungen und den Standorten permanent ausgetauscht werden. Die Spezifikation der Systeme ist in dem Prozessmodell zu dokumentieren.

Gleichzeitig wird definiert, welches System der Besitzer bzw. Urheber der Daten während des Produktlebenszykluses ist. Beispielsweise muss definiert werden, welches System die Daten der Produktstruktur, des Konfigurationsmanagement oder des Änderungsmanagement verantwortlich speichert. Diese Entscheidung kann vor dem Hintergrund der benutzen Phase des Lebenszyklus getroffen werden, wobei zur Unterscheidung eine klare Definition der Phasenänderung erforderlich ist. In vielen Unternehmen wird die Stückliste bei der Produktentwicklung zunächst im PDM-System verwaltet, während sie nach der Freigabe durch die Arbeitsvorbereitung im PPS-System fortgeführt wird. Dieses erfolgt in der Regel ohne den Integrationsgedanken eines einheitlichen Konfigurations- und Änderungsmanagement. Daraus resultiert bei einer Änderung der Stückliste nach der Markteinführung, dass diese nachträgliche Änderung meistens nur in einem System durchgeführt wird und Dateninkonsistenzen entstehen. Der führende „Datenbesitzer" muss ein System sein, in dem die aktuellen Informationen zentral gelagert werden und auf den die anderen Systeme zugreifen können, wenn sie Informationen benötigen.

Nach der Identifikation der relevanten Systeme zur Unterstützung der Prozessaktivitäten und der Festlegung des „Datenbesitzers" der Produktinformation entlang des Lebenszykluses, können die erforderlichen Informationsflüsse und die entsprechenden Trigger (Ereignisse) identifiziert werden. Neue Materialien können beispielsweise im CAD-System eingegeben worden sein, während die Materialnummern von dem PPS-System eindeutig verwaltet und kontrolliert werden. Das CAD-System muss auf das PPS-System zugreifen, um die Materialnummer herauszufinden, so dass das neue Material im CAD-System angelegt werden kann. Das heißt, dass Ereignis der Materialanlage startet einen Informationsfluss zwischen den Systemen.

Der Austausch von Daten zwischen zwei Systemen definiert eine Schnittstelle in dem Informationsfluss. An dieser Schnittstelle muss eine Integrationslösung implementiert werden, damit die Daten ausgetauscht werden können.

Im letzten Schritt wird schließlich einen Implementierungsplan verfasst. Dieser Plan berücksichtigt alle Änderungen für einen integrierten IT-Einsatz der verschiedenen Systeme. Systeme, die eine wesentliche Rolle als „Datenbesitzer" einnehmen, müssen so angepasst werden, dass die Zugriffsrechte für alle Teilnehmer entlang des Lebenszyklus gewährleistet werden. Außerdem muss ein neue Statusnetz auf Basis des Informationsflusses definiert werden. Alle Schnittstellen zwischen den Systemen müssen so realisiert werden, dass die tatsächliche Integration zwischen den Systemen gewährleistet ist. Nicht zuletzt müssen Kommunikationsverbindungen zwischen den Standorten der Systeme eingerichtet werden.

4.5.5 Nutzenpotenziale der ganzheitlichen PLM-Lösung

Die Unternehmen sind heute mehr den je gezwungen, innovative Produkte auf den Markt zu bringen und sich im weltweiten Unternehmensverbund an den Entwicklungen, Produkten und am Warenumschlag zu beteiligen. Das globale Agieren und die Ausnutzung der jeweiligen Standortvorteile sind erst durch die rasante Entwicklung in der Informationstechnik denkbar geworden. Mit Hilfe der in den vorangegangenen Abschnitten beschriebenen Integration verschiedener unternehmensspezifischer Systeme an allen Standorten im Rahmen einer gesamten PLM-Lösung ist ein Unternehmen in der Lage weltweit auf dem Markt effizient und effektiv tätig zu sein.

4.5.5.1 Integrierte Produkt- und Prozessentwicklung

Das Fundament der integrierten Produkt- und Prozessentwicklung bildet der Bereich Organisation und Informationsmanagement. Durch die Datenverfügbarkeit zu jedem Zeitpunkt und an jedem Standort während des ge-

4.5 PPS-Systeme als Bestandteil des Product Lifecycle Management

samten Lebenszykluses ist es möglich, die Entwicklung und Produktion im Verbund kooperierender Unternehmen bzw. Unternehmensabteilungen durchzuführen. Damit lassen sich die Vorteile und die Kompetenzen der verschiedenen Standorte hinsichtlich einer integrierten Produkt- und Prozessentwicklung erst richtig realisieren und einen langfristigen Unternehmenserfolg sicherstellen. Durch die steigende Anzahl der verschiedenen Technologien bei gleichzeitig steigender Komplexität in jeder Disziplin ist es heute für kleinere oder mittlere Unternehmen kaum noch machbar, in allen Disziplinen Kompetenzen aufzubauen, zu besitzen bzw. zu behalten. Daher ist eine Entwicklungskooperation mit anderen Unternehmen, die die fehlenden Kompetenzen im Produktentwicklungsprozess ergänzen, vielfach die einzige Chance, technologie- und preisgerechte Produkte zu entwickeln. Diese Form der Kooperation stellt dann eine Bündelung verschiedener Kompetenzen zur Maximierung der Entwicklungsleistung bei gleichzeitiger Minimierung der verwendeten Ressourcen dar. Ähnliche Vorteile lassen sich durch das einheitliche Informationswesen auch für das PPS-System eines Unternehmens verzeichnen. Werden die Produkte und Prozesse einheitlich entwickelt, so lassen sich auch die Informationen, wie z. B. einheitliche Arbeitspläne und Stücklisten, im PPS-System abbilden und Synergieeffekte nutzen. Parallel können auch z. B. Materialverfügbarkeitsprüfungen in den verschiedenen Lagern des Unternehmens durchgeführt werden, um die Lagerverweildauer der Materialien zu minimieren (Eversheim u. Schuh 2005).

4.5.5.2 Unternehmensweite Wiederverwendung von Komponenten bzw. Informationen

Betrachtet man ein global agierendes Unternehmen mit verschiedenen Produkten und Entwicklungsabteilungen an unterschiedlichen Standorten der Welt, so ist durch eine integrierte PLM-Lösung die Möglichkeit gegeben, die verschiedenen Aktivitäten so zu steuern, dass eine unternehmensweite „Informationsgleichheit" möglich ist. So können z. B. die Konstrukteure in Amerika genauso wie die Entwickler aus Asien auf die gleichen Bauteile in der gemeinsamen Unternehmensdatenbank zurückgreifen, um die Entwicklungsaufwände zu minimieren. Gleichzeitiger Nebeneffekt ist bei hinterlegtem Regelwerk für Standardteile eine Begrenzung der Variantenanzahl, da sonst möglicherweise für die gleiche Problemstellung an jedem Standort unterschiedliche Lösungen entwickelt werden. Somit ist eine systemtechnische Basis für die Eingrenzung des so genannten „Variantenwildwuchs" gegeben.

Diese Effekte der Mengenbegrenzung lassen sich auch für die Stücklisten- und Arbeitsplanerzeugung im PPS-System erzeugen, da durch den gemeinsamen Zugriff auf alle Unternehmensdaten Arbeitsaufwände und Stückzahlen minimiert werden können. Für die Einkaufsabteilungen der Unternehmen ergeben sich durch diesen globalen Überblick der Informationen aus den verschiedenen Standorten bzw. der Lager auch die Möglichkeit, Skaleneffekte beim Einkauf zu erzielen und dadurch günstigere Roh-, Hilfsstoffe und Materialien zu beziehen.

4.5.5.3 Änderungsmanagement im kompletten Lebenszyklus und in der erweiterten Logistikkette

Das Änderungsmanagement im kompletten Lebenszyklus und in der erweiterten Logistikkette systematisiert den Änderungsprozess, damit keine Inkonsistenzen in den Daten auftreten. Ein Änderungsantrag wird durch eine geplante Produktneuerung bzw. Release aufgesetzt oder kann durch Fehler bzw. Verbesserungen im Produkt erforderlich werden. Dieser Antrag wird von allen beteiligten Abteilungen geprüft und genehmigt bzw. begründet abgelehnt. Wenn alle Abteilungen zugestimmt haben, wird durch den Änderungsauftrag als erstes die alte Version im PDM-System gesperrt. Die neue Version des Produktes wird erarbeitet und für die alte eingesetzt und freigegeben. Mit der Änderung im PDM-System haben nun alle Abteilungen wieder die aktuelle Version. Mit dieser Vorgehensweise lässt sich nun der aktuelle Stand der Produktdokumente wesentlicher besser kontrollieren und verwalten. Ohne diese Vorgehensweise gab es in vielen Unternehmen zu dem gleichen Zeitpunkt häufig verschiedene Stände der Dokumentenversionen, da die Änderungen nicht an allen Stellen vorgenommen worden ist. Diese konnten z. B. durch eine nicht registrierte zusätzliche Kopie der Produktzeichnung für den Mitarbeiter im Betrieb geschehen sein, oder auch durch fehlende Kommunikation zwischen den involvierten Abteilungen.

4.5.6 Fazit

Ganzheitlich integrierte Prozesse und optimierte Informationsflüsse während des kompletten Produktlebenszyklus sind wesentliche Wettbewerbsfaktoren von produzierenden Unternehmen. Die steigende Produktkomplexität bei kürzer werdenden Entwicklungszeiten erfordern eine abteilungs- und standortübergreifende Verwaltung der Produktdaten, die eine Bereitstellung der richtigen Daten zur richtigen Zeit am richtigen Ort für die zugriffsberechtigten Personen gewährleistet.

Es kann festgestellt werden, dass die Verwaltung der produktbezogenen Daten sowie deren Koordination unternehmensweit bei den meisten Unternehmen nicht den heutigen Anforderungen genügt. Derzeit gibt es noch eine Trennung bei der Verwaltung der Produktdaten entlang des Produktlebenszyklus zwischen der Produktentwicklung („virtuellen" Produktenstehung) und der Produktion („realen" Produktenstehung). In der Produktentwicklung werden die Produktdaten von der Entwicklungsabteilung unter Verwendung von PDM-Systemen verwaltet während in der Produktion der größte Teil der Produktdaten von PPS-Systemen verwaltet wird.

Die Überwindung der Trennung von „virtueller" und „realer" Produktentstehung steht im Mittelpunkt der Einführung des PLM-Grundgedankens. Eine ganzheitliche PLM-Lösung soll mit der Integration der PDM- und PPS-Systeme diese Trennung aufheben. Nur mit der Integration kann ein durchgängiger Informationsfluss über den gesamten Produktlebenszyklus gewährleistet werden (Abramovici u. Schulte 2004).

In diesem Sinne stellt dieser Beitrag einen Gestaltungsansatz für eine ganzheitliche PLM-Lösung auf Basis von PDM- und PPS-Systeme dar. Der Ansatz besteht aus sieben Schritten, beginnend mit der Definition der PLM-Vision des Unternehmens und der Prozessaufnahme über der Definition des Datenflusses bis hin zur der Identifikation der erforderlichen Schnittstellen und der Implementierungsplanung. Der dargestellte Ansatz sowie die Auswahl einer geeigneten Systemarchitektur reduzieren den Integrationsaufwand und ermöglichen einen optimalen Datenfluss über den gesamten Produktlebenszyklus.

Die Integration der PDM- und PPS-Systeme zu einer ganzheitlichen PLM-Lösung bringt für die Unternehmen die aufgezeigten Vorteile. So können Synergieeffekte in den verschiedenen Abteilungen erschlossen werden, da ein gemeinsamer Zugriff auf eine einheitliche Datenbasis möglich ist. Zusätzlich lassen sich Änderungen wesentlicher leichter durchführen und Datenredundanzen und -inkonsitenzen verhindern.

4.5.7 Literatur

Abramovici M, Schulte S T (2004) Product Lifecycle Management – Logische Fortsetzung der PDM-Ansätze oder Neuauflage des CIM-Debakels? VDI-Berichte 1819: I^{2}P-Integrierte Informationsverarbeitung in der Produktentstehung – (k)ein Gegensatz zwischen Innovation und Kostensenkung, S 275-296

Abramovici M, Schulte S, Leszinski S (2005) Best Practice Strategien für die Einführung von Product Lifecycle Management. Industrie Management (2005)2:47-50

Arnold V, Dettmering H, Engel T, Karcher A (2005) Product Lifecycle Management beherrschen – Ein Anwenderhandbuch für den Mittelstand. Springer, Berlin Heidelberg

Burkett M, Kemmeter J, O'Marah K (2002) Product Lifecycle Management: What's Real Now. AMR Research

Ciupek M (2003) Kommunikation schließt den Kreis zu höherer Produktivität – Produkt-Lebenszyklus-Management stellt klassische Abteilungsgrenzen in Frage. VDI-Nachrichten, 7.11.2003

Dobberkau K, Rauch-Geelhaar C (1999) Qualität im Produktlebenszyklus ganzheitlich gestalten – Ein handlungsorientierter Leitfaden für Führungskräfte mit zehn Fallbeispielen. Warnecke G (Hrsg) VWF Verlag für Wissenschaft und Forschung GmbH, Berlin

Eigner M, Stelzer R (2001) Produktdatenmanagement-Systeme – Ein Leitfaden für Product Development und Life Cycle Management. Springer, Berlin Heidelberg New York

Eversheim W, Schuh G (1996) Betriebshütte – Produktion und Management, 7. völlig neu bearbeitete Aufl. Springer, Berlin Heidelberg New York

Eversheim W, Schuh G (2005) Integrierte Produkt- und Prozessgestaltung – Ergebnisse des Sonderforschungsbereiches (SFB) 361 der Deutschen Forschungsgemeinschaft (DFG) an der RWTH Aachen. Springer, Berlin Heidelberg

Fischer A et al. (1993) Engineering Database als strategische Integrationskomponente. CIM Management (1993)5:4-8

Grasmann M (2004) Integrationspartner brauchen Prozess-Know-how und Projekterfahrung. Konstruktion (2004)März:14-16

Hartmann G, Schmidt U (2004) mySAP Product Lifecycle Management, 2. Aufl. Galileo Press GmbH, Bonn

Heidecker D (2004) PLM – eine Gesamtstrategie. VDI-Z 146(2004):3

Höfener C (1999) Methode zur Bewertung des strategischen Nutzens von integriertem Produktdaten-Management (PDM) (Als Ms. gedr Aufl.) Aachen, Shaker

Malter R, Samarajiwa M (2005) PLM-Konzepte für die Gesamtfahrzeugentwicklung. CAD-CAM Report 3(2005)

Philippson C (1999) Produktdatenmanagement mit PPS-Systemen. In: Luczak H, Eversheim W (Hrsg) Produktionsplanung und -steuerung – Grundlagen, Gestaltung und Konzepte. Springer, S 629-652

Scheer A W (1990) CIM-Strategie als Teil der Unternehmensstrategie. Springer, Berlin Heidelberg New York

Scherpe R (2994) PLM-Strategien für den Mittelstand. VDI-Z 146(2004):70-71

Urban S D, Rangan R (2004) From Engineering Information Management (EIM) to Product Lifecycle Management (PLM). Journal of Computing and Information Science in Engineering, 4(2004):279-280

VDI (2002) VDI-Richtlinie 2219: Informationsverarbeitung in der Produktentwicklung – Einführung und Wirtschaftlichkeit von EDM/PDM-Systemen. Beuth Verlag, Deutsches Institut für Normung e.V. Berlin

Zancul E S, Rozenfeld H (2005) Application of ERP Systems in the Product Development Process. In: The 38th CIRP International Seminar on Manufacturing Systems

4.6 Produktionsplanung und -steuerung bei flexiblen Arbeitszeiten

von Richard Schieferdecker

"Unternehmen fusionieren, erschließen neue Märkte, diversifizieren und investieren in Wachstumsbranchen. Um ihre Manövrierfähigkeit möglichst hoch zu halten, entspricht der Personalstand dem gängigen Schönheitsideal – möglichst schlank" (Lanthaler u. Zugmann 2001). Betrachtet man die Diskussionen genauer, die in den vergangenen Jahren um die Flexibilität der Produktion, Arbeitszeiten und den Personaleinsatz geführt wurden, so fallen folgende Aspekte auf:

- Die Mitarbeiter haben ihren Souveränitätsgewinn durch die Arbeitszeitflexibilisierung seit dem "Leber-Kompromiß" in der Metallindustrie 1984 schätzen gelernt (Linnenkohl u. Rauschenberg 1996; Marr 1993). Materielle Anreize sind für Arbeitnehmer immer seltener als Motivation ausreichend. Sie fordern zunehmend die eigenverantwortliche Planung ihrer Aufgabe und die Möglichkeit, Arbeit und Freizeit flexibel aufeinander abzustimmen.
- Die wöchentliche Arbeitszeit wurde u. a. aus beschäftigungspolitischen Gründen bis auf 35 Stunden verkürzt. Im internationalen Vergleich hat Deutschland in den vergangenen Jahren die niedrigsten Jahresarbeitszeiten (Luczak et al. 1996). Durch den Einsatz hoch flexibler Produktionsanlagen hat sich im Gegenzug die Kapitalintensität pro Arbeitsplatz stark erhöht (N. N. 1995).
- Durch den gestiegenen Wettbewerbsdruck haben viele Produktionsunternehmen bei der Ressource Personal in der Vergangenheit ein großes KostensenkungsPotenzial identifiziert (Sangermann 1996). Das hat teilweise zu massivem Stellenabbau in den Unternehmen geführt.
- Die Flexibilisierung der Beschäftigungszeiten wird weiter zunehmen (Cuhls et al. 1998): Durch den Mangel an hochqualifizierten Arbeitskräften werden produktive Unternehmen qualifiziertem Personal familienfreundliche Arbeitszeiten gewähren (das wird in den Jahren 2003 bis 2010 erwartet). Effiziente Unternehmen werden zu einem großen Teil Mitarbeiter mit befristeten Arbeitsverträgen beschäftigen (2005 bis 2013). Die Entlohnung wird zu gleichen Teilen aus Arbeitszeit und Arbeitsergebnis resultieren (2003 bis 2010), dabei wird

der Lohnanteil aus dem Arbeitsergebnis nach qualitativen Faktoren (Termintreue, Fehler, etc.) bestimmt (2003 bis 2010).

Die Personalkapazität rückt damit – neben der Betriebsmittelkapazität – zunehmend in den Fokus der Kapazitätsbetrachtung der technischen Auftragsabwicklung. Nicht selten führt die zur Verfügung stehende Personalkapazität zu einem Bearbeitungsengpass (Bakke u. Nyhuis 1993) und damit zu mangelnder Flexibilität in der Produktion. Kurze Produktlebenszyklen und steigende Diversifikation erfordern aber in hohem Maße flexible Produktionsstrukturen in den Unternehmen (Rinschede u. Schneider 1996).

Eine Möglichkeit, die Produktion flexibler zu gestalten, wurde früh im Einsatz flexibler Arbeitszeitmodelle erkannt (Hoff 1984; Fiedler-Winter 1985; Luczak 1986; Bellgardt 1989; Schopp 1989). Werden Personalressourcen – beim gleichzeitigen Einsatz flexibler Arbeitszeitmodelle – bei der Auftragseinplanung zusätzlich berücksichtigt, erhöht das jedoch massiv die Komplexität der Ressourcenplanung. Bezogen auf die Mitarbeiter müssen eine Vielzahl von Daten und Arbeitszeitregelungen zusätzlich zu den material- bzw. betriebsmittelbezogenen Restriktionen berücksichtigt werden. Diese zusätzliche Planungskomplexität kann durch die Planer ohne eine geeignete IT-Unterstützung nicht mehr in der erforderlichen Qualität bewältigt werden.

Betriebliche Aufgaben werden heute in Produktionsunternehmen durch integrierte betriebliche Informationssysteme, sogenannte Enterprise-Ressource-Planning- (ERP-) bzw. Produktionsplanungs- und -steuerungs- (PPS-) Systeme, unterstützt (Kaiser et al. 1999; Treutlein et al. 2000). Daneben existiert noch eine Vielzahl weiterer kleiner Systeme, die für spezielle Aufgabenstellungen eingesetzt werden. Dazu gehören auch Systeme für die Personalverwaltung, die Personaleinsatzplanung und -steuerung sowie Arbeitszeitplanungssysteme.

4.6.1 Wenig Unterstützung für eine integrierte Personalressourcenplanung

Die Einführung und Anwendung flexibler Arbeitszeitmodelle in den Unternehmen ist einerseits mit hohem administrativem Aufwand verbunden (Günther 1996; Dörsam 1997), andererseits zwingen Kundenanforderungen die Unternehmen zu immer kurzfristigeren Reaktionen, die den Einsatz flexibler Arbeitszeitmodelle schwierig machen (Kutscher u. Weidinger 2000).

Eine Ursache liegt z. B. in der unzureichenden Unterstützung durch betriebliche IT-Systeme. Wie im betrieblichen Umweltschutz auch (Pillep u.

4.6 Produktionsplanung und -steuerung bei flexiblen Arbeitszeiten

Schieferdecker 1999) muss zunächst mit einer Integration in die Produktionsplanung und -steuerung einschließlich der entsprechenden IT-Unterstützung die Voraussetzung für die effiziente Anwendung flexibler Arbeitszeitmodelle geschaffen werden. Da eine Vielzahl an Arbeitszeitmodellen existiert (1993 über 40.000 individuelle Arbeitszeitvereinbarungen mit bis zu 150 unterschiedlichen Arbeitszeitmodellen parallel in einem Unternehmen, Günther 1996), ist es schwierig, die jeweiligen unternehmensindividuellen Arbeitszeitmodelle in den betrieblichen IT-Systemen abzubilden.

Eine integrierte Ressourcenplanung bei flexiblen Arbeitszeiten betrifft in erster Linie den Prozess der Kapazitätsabstimmung der Produktionsplanung und -steuerung. Dazu müssen ERP-/PPS-Systeme jedoch zunächst grundsätzlich in der Lage sein, Personal als Ressource zu berücksichtigen.

In den vergangenen Jahren sind die Systeme in den dafür notwendigen grundsätzlichen Funktionalitäten besser geworden. Die überwiegende Anzahl ist heute in der Lage, Kapazitätsbedarfe für Personal zu ermitteln. Da die Schichtarbeit eine weit verbreitete Form der Arbeitszeitgestaltung in Produktionsunternehmen ist, wird auch die Kapazitätsanpassung durch die Variation der Schichtzeiten- bzw. -zahlen von den meisten Systemen unterstützt. Schichtarbeit ist das Arbeitszeitmodell, das die überwiegende Anzahl der Systeme abbilden kann. Weniger gut sind die Systeme in der Lage, eine gemeinsame Kapazitätsplanung durch eine Verknüpfung von Fertigungsmittel und Personal durchzuführen, bei der wechselseitig kapazitive und terminliche Abhängigkeiten berücksichtigt werden können.

Betrachtet man die Anforderungen, die sich aus einer integrierten Planung der Ressource Personal ergeben, zeigt sich ein anderes Bild. Die simultane Planung von Personal, insbesondere unter dem Aspekt der Qualifikation bzw. Zuständigkeit, wird von den Systemen kaum unterstützt. Müssen darüber hinaus Arbeitszeitregelungen in beliebiger Form bei der Planung berücksichtigt werden, ist nur noch ein kleiner Teil der Anbieter in der Lage, in seinem System die technologischen Voraussetzungen bereitzustellen.

Heutige ERP-/PPS-Systeme sind damit nur eingeschränkt in der Lage, Aufgaben der integrierten simultanen Ressourcenplanung zu erfüllen und dabei auch noch die Gestaltungsaspekte zu berücksichtigen, die aus flexiblen Arbeitszeitmodellen resultieren. Solange jedoch die ERP-/PPS-Anbieter nicht die Voraussetzungen schaffen, werden Produktionsunternehmen Schwierigkeiten haben, flexible Arbeitszeitmodelle einzuführen und anzuwenden.

Damit eine integrierte Ressourcenplanung bei flexiblen Arbeitszeitmodellen in ERP-/PPS-Systemen durchgeführt werden kann, müssen

812   4 Konzeptentwicklung in der Produktionsplanung und -steuerung

- die Anforderungen, die aus flexiblen Arbeitszeitmodellen resultieren, bekannt sein,
- ein Fachkonzept für die integrierte Ressourcenplanung bei flexiblen Arbeitszeitmodellen vorliegen, das die notwendigen Aufgaben, Funktionen und Daten beschreibt und
- ein Verfahren für die Ermittlung der notwendigen unternehmens- und arbeitszeitmodell-spezifischen Planungsmodelle (und damit auch der notwendigen IT-Unterstützung) existieren.

Mit Mitteln des Bundeswirtschaftsministeriums wurde über die Arbeitsgemeinschaft industrieller Forschungsvereinigungen "Otto von Guericke e. V. (AiF) ein Forschungsprojekt gefördert, mit dem Produktionsunternehmen in die Lage versetzen werden sollen, sowohl die eigenen wirtschaftlichen und/oder organisatorischen Anforderungen als auch die Wünsche der Mitarbeiter zu berücksichtigen.

- Das in diesem Projekt entwickelte Konzept verfolgt folgende Ziele:
- Produktionsunternehmen sollen durch eine geeignete integrierte IT-Unterstützung in die Lage versetzt werden, flexible Arbeitszeitmodelle ohne zusätzlichen manuellen Planungsaufwand zu berücksichtigen.
- Das Konzept soll dabei die Vielzahl möglicher flexibler Arbeitszeitmodelle abbilden.

In dem hier beschriebenen Projekt wird daher eine Vorgehensweise entwickelt, mit der Produktionsunternehmen abhängig von beliebigen flexiblen Arbeitszeitmodellen das geeignete Planungsmodell und damit auch die geeignete IT-Unterstützung ermitteln können. Die Vorgehensweise basiert auf einem Fachkonzept, das unabhängig von speziellen Unternehmensgegebenheiten ist. Das Fachkonzept beschreibt als Referenzmodell alle notwendigen Aufgaben, Funktionen und Daten, die einem ERP-/PPS-System die integrierte Ressourcenplanung bei gleichzeitigem Einsatz flexibler Arbeitszeitmodelle ermöglichen. Die notwendige IT-Unterstützung soll vom Unternehmen abhängig von den gewünschten Arbeitszeitmodellen individuell ermittelt werden können. Die eingesetzten IT-Systeme sollen damit in die Lage versetzt werden, alle arbeitszeitmodellrelevanten Informationen bei der Produktionsplanung und -steuerung zu berücksichtigen.

4.6.1.1 Konzeptentwicklung

Ausgangspunkt für die Umsetzung flexibler Arbeitszeitmodelle und damit auch für die Konzeptgestaltung ist die Kapazitätswirtschaft, die auch als Zeitwirtschaft oder Kapazitätsplanung bezeichnet wird. Sie ergänzt die

4.6 Produktionsplanung und -steuerung bei flexiblen Arbeitszeiten

Materialwirtschaft und hat ihre besondere Bedeutung in der lang- und kurzfristigen Planung (Kernler 1995):

- Die langfristige Planung überprüft, ob die Kapazitätsbedarfe des Produktionsprogramms mit den vorhandenen Kapazitäten erfüllt werden können. Eigene Kapazitäten können i. d. R. nur langfristig entscheidend vergrößert oder verringert werden.
- In der kurzfristigen Planung werden die Aufträge detailliert den vorhandenen Kapazitäten zugeordnet. Diese Zuordnung wird in erster Linie durch das Kapazitätsangebot bestimmt.

In der Kapazitätsabstimmung wird der Kapazitätsbedarf dem Kapazitätsangebot gegenübergestellt (Kurbel 1993; Kernler 1995). Der Kapazitätsbedarf ergibt sich aus den terminierten Arbeitsgängen der Aufträge. Das Kapazitätsangebot ergibt sich aus den Ressourcen und wird immer einzelnen oder zusammengefassten Ressourcen zugeordnet (Kernler 1995). Zu diesen Ressourcen gehören z. B. Einzelmaschinen, Maschinengruppen oder Fertigungszellen, Personen, Werkzeuge, Vorrichtungen und Transportmittel. Es existieren grundsätzlich zwei Möglichkeiten, Unterschiede zwischen Bedarf und Angebot auszugleichen (Nicolai et al. 1999):

- Die Kapazität wird angepasst, indem das zur Verfügung stehende Kapazitätsangebot dem benötigten Bedarf angepasst wird. Das Kapazitätsangebot wird erhöht oder reduziert.
- Der Bedarf wird angepasst, indem Aufträge zeitlich in andere Bereiche verschoben werden. Dazu gehört sowohl die Verschiebung in andere Planungsperioden als auch die Auslagerung durch Fremdvergabe.

Die Personalkapazitätsabstimmung hat als Teil der Kapazitätsabstimmung (Kernler 1995; Treutlein et al. 2000) die Aufgabe, Personalkapazitätsbedarf und Personalkapazitätsangebot abzustimmen und Unter- bzw. Überdeckungen auszugleichen, indem Personalkapazität erhöht oder reduziert werden (vgl. Abb. 4.6-1).

Vor dem Hintergrund der in der Problemstellung beschriebenen Personalengpässe wird im Folgenden ausschließlich die Ressource Personal betrachtet. Darüber hinaus konzentriert sich das entwickelte Konzept auf die Variation der verfügbaren Personalkapazität durch flexible Arbeitszeiten konzentrieren. Die Bedarfe werden daher als zeitlich fixiert betrachtet. Als Planungsobjekt wird der Personalkapazitätsbestand betrachtet.

814 4 Konzeptentwicklung in der Produktionsplanung und -steuerung

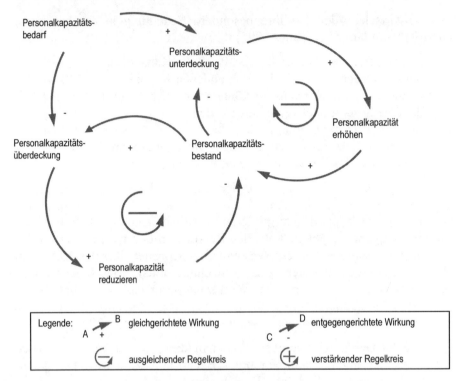

Abb. 4.6-1 Personalkapazitätsabstimmung

4.6.2 Modell arbeitszeitspezifischer Personalressourcenplanung

Ein wesentliches Ziel des Einsatzes flexibler Arbeitszeitmodelle ist die Anpassung der Personalkapazität an unterschiedliche Personalkapazitätsbedarfe. Erste Modellkomponente ist daher ein Merkmalsschema flexibler Arbeitszeitmodelle. Es basiert auf einem Modell der Wirkungszusammenhänge der Personalkapazitätsabstimmung. Damit werden die Einflussfaktoren der Personalkapazitätsabstimmung vor dem Hintergrund flexibler Arbeitszeitmodelle beschrieben.

4.6.2.1 Modell der Wirkungszusammenhänge

Ausgangspunkt für die Personalressourcenplanung ist die Kapazitätsabstimmung. Aus der Differenz zwischen Personalkapazitätsbedarf und Personalkapazitätsangebot resultiert entweder eine Personalkapazitätsüber- oder -unterdeckung (Vatteroth 1993; Oechsler u. Strohmeier 1994). Einflussfaktoren und beeinflussende Faktoren des Personalbestandes sowie

4.6 Produktionsplanung und -steuerung bei flexiblen Arbeitszeiten

der Personalkapazitätsunter- bzw. -überdeckung ergeben sich aus den Möglichkeiten zum Auf- bzw. Abbau von Personalkapazität (vgl. Abb. 4.6-2):

- Bei voraussichtlich langfristiger Personalkapazitätsunterdeckung kann die Personalkapazität durch die Einstellung neuer Mitarbeiter erhöht werden.
- Bei unterschiedlicher Beanspruchung der Personalkapazität innerhalb des Unternehmens kann die Personalkapazität durch interne Versetzung erhöht bzw. erniedrigt werden. Ein minimaler Personalbestand der anderen Abteilungen begrenzt diese Kapazitätserhöhung.

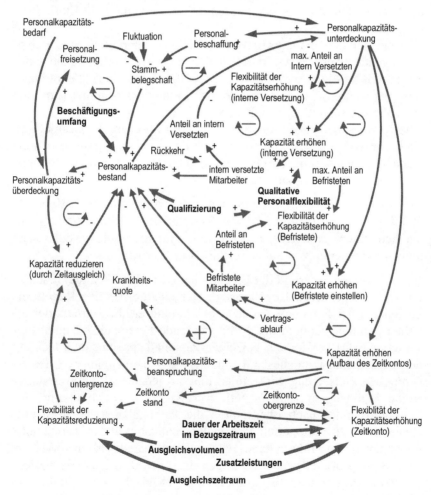

Abb. 4.6-2 Ursache-Wirkungs-Gefüge der Personalkapazitätsabstimmung (Lenkungsmöglichkeiten sind durch fett markierte Pfeile gekennzeichnet)

- Sofern die Qualifikationsanforderungen und die Verfügbarkeit von externem Personal es zulassen, können Personalkapazitätsunterdeckungen auch durch Mitarbeiter mit befristeten Verträgen ausgeglichen werden, was aber durch den zusätzlichen Koordinationsaufwand begrenzt wird.
- Über den Aufbau von Zeitguthaben kann die Arbeitszeit – vorausgesetzt das Arbeitszeitmodell lässt das zu – bis zu gewissen Grenzen (vgl. Arbeitszeitgesetz) erhöht werden. Diese Kapazitätserhöhung wird z. B. durch eine erhöhte Krankheitsquote aufgrund der erhöhten Personalbeanspruchung begrenzt.
- Bei voraussichtlich langfristiger Personalkapazitätsüberdeckung kann der Personalkapazitätsbestand durch die Freisetzung von Mitarbeitern reduziert werden.
- Wie bei der Personalkapazitätsunterdeckung, kann auch eine Personalkapazitätsüberdeckung durch den Abbau von Zeitguthaben eines Zeitkontos erfolgen. (Zimmermann 2000). Diese Kapazitätsreduzierung wird durch eine Untergrenze des Zeitkontos begrenzt (um eine zu große Zeitschuld der Mitarbeiter zu verhindern).
- Analog zur Kapazitätserhöhung durch interne Versetzung besteht ggf. auch die Möglichkeit, Personalkapazitätsüberdeckungen über eine Kapazitätsreduzierung durch interne Versetzung in andere Bereiche des Unternehmens auszugleichen.

Bei der Analyse der Lenkungsmöglichkeiten sind einerseits Veränderungen aufgrund der Eigendynamik des Systems (ohne Eingreifen von außen) zu betrachten. Andererseits kann das System durch gestalterische Lenkungsmöglichkeiten von außen beeinflussen werden:

- Veränderungen aufgrund der Eigendynamik in einem System resultieren nur aus positiven Regelkreisen. Der einzige positive Regelkreis im System der Personalkapazitätsabstimmung ergibt sich aus der erhöhten Krankheitsquote durch die steigende Personalkapazitätsbeanspruchung. Da der jedoch bei einer Personalkapazitätsunterdeckung den Personalkapazitätsbestand reduziert und damit entgegen der eigentlichen Zielsetzung wirkt, muss hier auf jeden Fall durch gestalterische Maßnahmen sichergestellt werden (z. B. Beschränkung des Zeitkontostandes nach oben), dass die Personalkapazitätsbeanspruchung nicht zu reduzierten Personalkapazitätsbeständen durch hohe Krankheitsquoten führen kann. Alle anderen Regelkreise des Systems sind negative Regelkreise. Sie tragen dazu bei, dass sich das System der Personalkapazitätsabstimmung zum gewünschten Zielpunkt hinbewegt.

4.6 Produktionsplanung und -steuerung bei flexiblen Arbeitszeiten 817

- Gestalterische Flexibilisierungsinstrumente sind die Flexibilität der Beschäftigungsverhältnisse, die Einsatzflexibilität der Mitarbeiter sowie die Arbeitszeitflexibilität (Kutscher et al. 1996). Die gestalterischen Lenkungsmöglichkeiten beziehen sich damit auf den Personalkapazitätsbestand, die Kapazitätserhöhung durch interne Versetzung sowie die Flexibilität der Kapazitätserhöhung und -reduzierung durch Zeitkonten. Der Personalkapazitätsbestand ergibt sich aus der Anzahl der Mitarbeiter der Stammbelegschaft und deren Beschäftigungsumfang. Normalerweise handelt es sich dabei um Vollzeitbeschäftigte. Mit dem Einsatz von Teilzeitkräften entsteht über die Variation des Beschäftigungsumfangs ein zusätzliches FlexibilisierungsPotenzial. Voraussetzung für eine Personalkapazitätserhöhung bzw. einen Personalkapazitätsausgleich durch die interne Versetzung von Mitarbeitern ist eine qualitative Personalflexibilität Mitarbeiter müssen durch ihre Qualifikation in der Lage sein, unterschiedliche Aufgaben im Unternehmen wahrzunehmen (Mehrplatzfähigkeit der Mitarbeiter). Ist diese Qualifikation heute nicht vorhanden, reduziert die Qualifizierung den Personalkapazitätsbestand. Bei vorliegender Personalkapazitätsüberdeckung kann das sogar im Sinne eines Personalkapazitätsausgleichs ausgenutzt werden. Die Flexibilität der Kapazitätserhöhung durch das Zeitkonto wird durch mehrere Faktoren beeinflusst. Zunächst muss durch eine gegenüber der festen Arbeitszeit verlängerte oder variable Arbeitszeit sichergestellt sein, dass Zeitguthaben angespart und auf diesem Weg zusätzliche Kapazität zur Verfügung gestellt werden kann. Die Flexibilität wird durch ausreichende Ausgleichzeiträume in Verbindung mit der Obergrenze des Zeitkontos erhöht. Ist die Obergrenze des Zeitkontos erreicht, kann die Kapazität durch Zusatzleistungen ggf. weiter erhöht werden. Die Flexibilität der Kapazitätsreduzierung wird gleichfalls durch ausreichende Ausgleichszeiträume in Verbindung mit der Untergrenze des Zeitkontos erhöht. Ein weiterer Einflussfaktor ist das Volumen des Zeitausgleichs.

4.6.2.2 Planung auf der Basis von Merkmalen flexibler Arbeitszeitmodelle

Die Unternehmen setzen viele verschiedene Arbeitszeitmodelle mit einer großen Anzahl von Varianten ein. Mit vertretbarem Aufwand ist es ist nicht möglich, für jedes denkbare Arbeitszeitmodell die genauen Anforderungen an eine integrierte Ressourcenplanung zu ermitteln.

Untersucht man existierende Arbeitszeitmodelle hinsichtlich ihrer Ressourcenplanungsrelevanz, so lassen sich Merkmale und Merkmalsauspr ä-

818 4 Konzeptentwicklung in der Produktionsplanung und -steuerung

gungen ableiten, die eine Grundlage für die integrierte Ressourcenplanung mit flexiblen Arbeitszeitmodellen bilden. Aus den einzelnen Merkmalen lässt sich ein Merkmalsschema erarbeiten, in das jedes Arbeitszeitmodell eingeordnet werden kann.

Die einzelnen Merkmalsstrukturen werden in einem morphologischen Merkmalsschema zusammengefasst (vgl. Abb. 4.6-3). Einzelne Merkmalskombinationen sind dabei nicht unabhängig voneinander. Daher wird das Merkmalsschema derart strukturiert, dass sowohl die mehrfache Zuordnung eines Merkmals zu bestimmten anderen Merkmalsausprägungen möglich ist, als auch unmögliche Kombinationen von Merkmalsausprägungen ausgeschlossen werden.

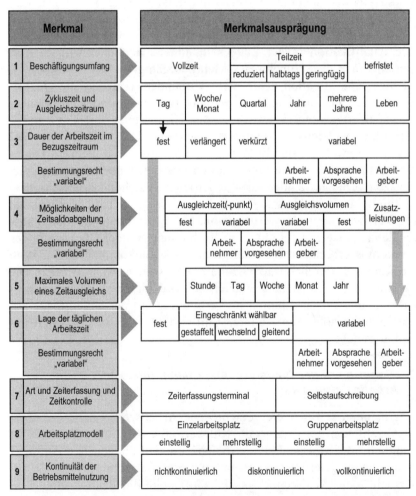

Abb. 4.6-3 Morphologisches Merkmalsschema flexibler Arbeitszeitmodelle

4.6 Produktionsplanung und -steuerung bei flexiblen Arbeitszeiten

Folgende Regeln sind zu beachten, wenn das morphologische Merkmalsschema verwendet wird:

- Der Ausgleichszeitraum ist immer gleich oder größer als die Zykluszeit.
- Wird der Tag als Ausgleichszeitraum festgelegt, ist zwingend die feste tägliche Arbeitszeitdauer vorgeschrieben (mit einem durchgezogenen Pfeil dargestellt).
- Das Volumen des maximal möglichen Zeitausgleichs muss mindestens eine Größenordnung kleiner sein, als der gewählte Ausgleichszeitraum.
- Bei einer festen täglichen Arbeitszeit ist kein Zeitkonto nötig, da kein Zeitsaldo entstehen kann. Daher entfallen Zeitsaldoausgleich und maximales Ausgleichsvolumen als Gestaltungsmöglichkeiten (ein durchgezogener Blockpfeil kennzeichnet das nächste zu berücksichtigende Merkmal).
- Zusatzleistungen werden nicht zeitlich ausgeglichen. Daher hat das maximale Zeitausgleichsvolumen keine Bedeutung wenn das Zeitguthaben ausschließlich über Zusatzleistungen ausgeglichen wird (ein durchgezogener Blockpfeil kennzeichnet das nächste zu berücksichtigende Merkmal).

4.6.2.3 Referenzmodell der integrierten Personalressourcenplanung

Das diesem Projekt zugrunde liegende Verständnis der Produktionsplanung und -steuerung ist das Aachener PPS-Modell mit seinen Teilmodellen Aufgaben-, Prozess-, Funktions- und Datenmodell. Es bildet die Basis für die Integration der Personalplanungsaufgaben in das Aufgabenmodell des Aachener PPS-Modells. Ergebnis ist ein Aufgabenmodell der integrierten Personalressourcenplanung (vgl. Abb. 4.6-4).

Anknüpfungspunkt für die Integration der Personalplanung sind die PPS-Aufgaben mit Kapazitätsbezug. Damit sind in erster Linie die Kernaufgaben Produktionsprogrammplanung, Produktionsbedarfsplanung sowie Eigenfertigungsplanung und -steuerung relevant. Dazu kommt noch die Querschnittsaufgabe Auftragskoordination sowie die Datenverwaltung. Die Querschnittsaufgaben Lagerwesen und PPS-Controlling kommen unter Kapazitätsgesichtspunkten nicht in Betracht. Die Kernaufgabe Fremdbezugsplanung und -steuerung erscheint zunächst nicht relevant, unter dem Aspekt der Erweiterung der Planungsobjekte sollte sie dennoch berücksichtigt werden.

Für die Gestaltung des integrierten Aufgabenmodells stehen zwei Quellen zur Verfügung:

- Aufgaben des Aachener PPS-Modells mit Ressourcenbezug unter dem speziellen Aspekt der Ressource Personal bilden die Basis für das Aufgabenmodell der integrierten Produktions- und Personalplanung (Nicolai et al. 1999) sowie
- Aufgaben aus dem Aufgabenmodell der Personalplanung (Oechsler u. Strohmeier 1994)

Die Zusammenhänge zwischen den Aufgaben der Produktions- und der Personalplanung ergeben sich wie folgt:

- Die Produktionsprogrammplanung ermittelt langfristige, ggf. kumulierte Personalbedarfe auf Basis der Primärbedarfe an Erzeugnissen. Die Personalbestandsermittlung korreliert mit der Bestandsplanung.
- Die Produktionsbedarfsplanung ermittelt deterministisch Personalkapazitätsbedarfe. Sind diese nach Urlaubs- und Vertretungsplanung nicht innerbetrieblich oder über flexible Arbeitszeiten auszugleichen, generiert eine erweiterte Beschaffungsartzuordnung interne bzw. externe Personalbeschaffungs-, -freisetzungs- und -entwicklungsvorschläge.
- Die Eigenfertigungsplanung und -steuerung übernimmt in der Ressourcenfeinplanung die personenbezogene Personalzuordnung, stimmt Personalbedarfe und -bestände ab, plant die Schichteinteilung sowie die kurzfristige Personalkapazitätsabstimmung. Daneben werden Personalressourcen überwacht. Die interne Personalbeschaffungs- und -freisetzungsplanung (in Form eines innerbetrieblichen Austauschs von Personalkapazitäten) sowie die Fort- und Weiterbildungsplanung korrelieren ebenfalls mit der Eigenfertigungsplanung.
- Die Personalbeschaffungs-, -freisetzungs- und -entwicklungsplanung und -steuerung kann als Erweiterung der Planungsobjekte der Fremdbezugsplanung und -steuerung betrachtet werden. Da die organisatorische Einordnung in die Fremdbezugsplanung jedoch wenig sinnvoll erscheint, werden diese Aufgaben in der Personalbestandsveränderungsplanung und -steuerung zusammengefasst.
- In der Auftragskoordination ermittelt die auftragsbezogene Ressourcengrobplanung die Personalbedarfe auf der Basis existierender Kundenaufträge. Die Aufgaben werden analog zur auftragsanonymen Ressourcengrobplanung in der Produktionsprogrammplanung ausgeführt.
- Die Datenverwaltung stellt alle personal- und arbeitszeitrelevanten Stamm-, Plan- und Ist-Daten zur Verfügung.

Diese Aufgaben werden in einem Aufgabenmodell der integrierten Produktions- und Personalplanung bei flexiblen Arbeitszeiten zusammenge-

4.6 Produktionsplanung und -steuerung bei flexiblen Arbeitszeiten

führt (vgl. Abb. 4.6-4). Das Aufgabenmodell beschränkt sich dabei auf die aus Sicht der integrierten Personalressourcenplanung relevanten Aufgaben.

Abb. 4.6-4 Aufgabenmodell der integrierten Produktions- und Personalplanung

Das Aufgabenmodell wird durch ein Funktions- und Datenmodell detailliert. Für die ausführliche Beschreibung dieser weiteren Modellkomponenten sei auf Schieferdecker (2003) verwiesen.

4.6.3 Gestaltung unternehmens- und arbeitszeitmodellspezifischer Planungsmodelle

Dem Verfahren zur Gestaltung unternehmens- und arbeitszeitmodellspezifischer Planungsmodelle liegt die Annahme zugrunde, dass abhängig von den im Unternehmen eingesetzten Arbeitszeitmodellen unterschiedliche Planungsmodelle, d. h. andere Aufgaben, Funktionen und Daten der integrierten Personalressourcenplanung, notwenig sind.

Ausgehend vom Merkmalsschema flexibler Arbeitszeitmodelle und dem Aufgabenmodell der integrierten Personalressourcenplanung wurden in Betriebsuntersuchungen die Anforderungen für eine integrierte Planung bei flexiblen Arbeitszeiten ermittelt. Die Arbeitszeitmodelle der Unternehmen wurden im Merkmalsschema flexibler Arbeitszeiten abgebildet und für die relevanten Merkmalsausprägungen die notwendigen Planungsfunktionen und -daten ermittelt. Das Aufgabenmodell der integrierten Personalressourcenplanung bildete dabei den Orientierungsrahmen (vgl. Abb. 4.6-5).

Aus den ermittelten Zusammenhängen zwischen dem Merkmalsschema flexibler Arbeitszeitmodelle sowie den Aufgaben, Funktionen und Daten der integrierten Personalressourcenplanung lassen sich damit in drei Szenarien arbeitszeitmodellspezifischer Planungsmodelle darstellen (für die Detaillierung der notwendigen Aufgaben, Funktionen und Daten sei auf Schieferdecker 2003 verwiesen):

1. Die grundsätzlichen Aufgaben, Funktionen und Daten ergeben sich aus den grundlegenden Ausprägungen der Merkmale (vgl. Abb. 4.6-6). Diese Merkmalsausprägungen ergaben sich bei der überwiegenden Anzahl aller Arbeitszeitmodelle in den Betriebsuntersuchungen. Aus diesen Merkmalsausprägungen resultieren etwas über 50% aller Funktionen und Daten des Referenzmodells.
2. Soll bei der integrierten Personalplanung die Qualifikation der Mitarbeiter berücksichtigt werden, ergeben sich allein aus dem Merkmal Arbeitsplatzmodell und seinen Ausprägungen mehrstelliger Einzel- bzw. Gruppenarbeitsplatz ein weiteres Drittel der Funktionen und Daten des Referenzmodells.
3. Einige Merkmalsausprägungen haben neben den aus dem Grundmodell bzw. dem Modell der Planung der Mitarbeiterqualifikation resul-

4.6 Produktionsplanung und -steuerung bei flexiblen Arbeitszeiten

tierenden Funktionen und Daten auch noch spezielle Funktionen und Daten zur Folge (vgl. Abb. 4.6-7).

Die langfristigen Ausgleichszeiträume Jahr/mehrere Jahre und Leben haben insbesondere Auswirkungen auf die Produktionsprogrammplanung. So müssen ggf. zwischen mehreren Zeitkonten (kurzfristig und langfristig) eines Mitarbeiters Zeitguthaben umgebucht werden können. Daneben sind geplante Langzeiturlaube oder vorzeitiger Ruhestand aufgrund des Zeitkontostandes zu beachten.

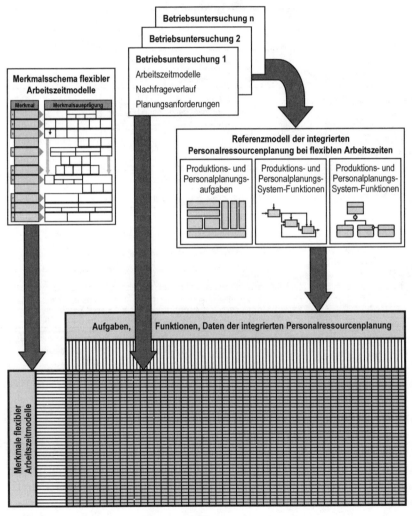

Abb. 4.6-5 Zusammenhang zwischen flexiblen Arbeitszeitmodellen und integrierter Personalressourcenplanung

4 Konzeptentwicklung in der Produktionsplanung und -steuerung

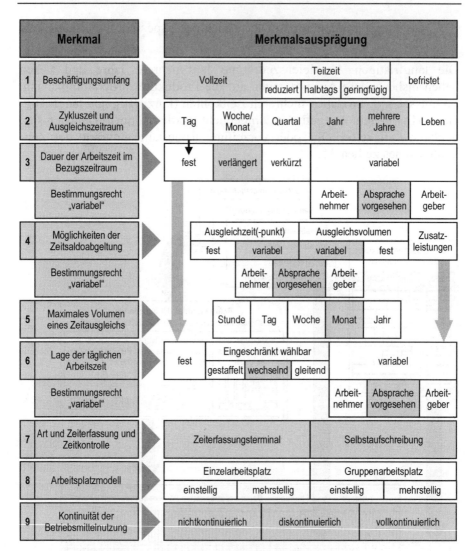

Abb. 4.6-6 Merkmalsschema des grundlegenden Planungsmodells

Im Rahmen der Ressourcenüberwachung sind bei variabler Lage der Arbeitszeit zuschlagspflichtige Arbeitszeiten zu überwachen.

Die Zuordnung der Merkmale flexibler Arbeitszeiten zu den Aufgaben-, Funktionen und Daten der integrierten Personalressourcenplanung sowie die daraus resultierenden drei grundsätzlichen Szenarien arbeitszeitspezifischer Planungsmodelle zeigen, dass

- unabhängig von den Ausprägungen der in den Unternehmen eingesetzten Arbeitszeitmodelle das daraus resultierende grundlegende

4.6 Produktionsplanung und -steuerung bei flexiblen Arbeitszeiten

Planungsmodell für alle Unternehmen gleich ist (d. h. es werden für alle Ausprägungen flexibler Arbeitszeitmodelle die gleichen Planungsaufgaben, -funktionen und -daten benötigt),
- bei Planung der Mitarbeiterqualifikation aus einem Merkmal des Merkmalsschemas flexibler Arbeitszeitmodelle ein weiteres Drittel an Planungsaufgaben, -funktionen und -daten des Planungsmodells folgt sowie
- lediglich ein kleiner Teil der Merkmalsausprägungen des Merkmalsschemas flexibler Arbeitszeitmodelle arbeitszeitmodellspezifische Planungsmodelle zur Folge hat.

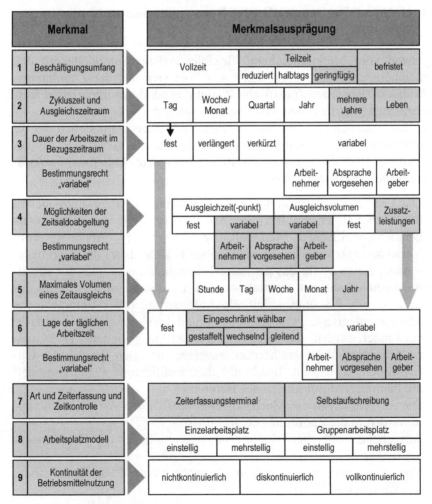

Abb. 4.6-7 Merkmalsschema der speziellen Ausprägungen flexibler Arbeitszeiten

Insbesondere für die Anbieter von ERP/PPS-Systemen resultiert daraus die Erkenntnis, dass sie durch die Implementierung der im ersten Szenario identifizierten grundsätzlichen Aufgaben, Funktionen und Daten die Anforderungen an eine integrierte Personalressourcenplanung bei der überwiegenden Anzahl der flexiblen Arbeitszeitmodelle abbilden können. Ein weiterer Aufgaben-, Funktions- und Datenkomplex ermöglicht die Unterstützung der Planung bei Berücksichtigung von Personalqualifikationen. Lediglich ein kleiner Teil der Aufgaben, Funktionen und Daten muss bei speziellen Unternehmensgebenheiten implementiert werden.

4.6.4 Unternehmensspezifische Personalressourcenplanung ableiten

Ausgehend vom Merkmalsschema flexibler Arbeitszeitmodelle mit den unternehmensspezifischen Ausprägungen lässt sich aus der Zuordnungsmatrix das unternehmensspezifische Planungsmodell der integrierten Ressourcenplanung bei flexiblen Arbeitszeiten ableiten.

Hat das Unternehmen aus den eingesetzten Arbeitszeitmodellen die für sich relevanten Merkmalsausprägungen identifiziert, ergeben sich aus der Zuordnungsmatrix die dafür grundsätzlich geeignete Aufgaben, Funktionen und Daten (vgl. Abb. 4.6-8):

- Das Unternehmen ermittelt aus den eingesetzten Arbeitszeitmodellen das Merkmalsschema flexibler Arbeitszeitmodelle mit allen unternehmensspezifischen Merkmalsausprägungen (1). Abhängig vom Verwendungszweck des Planungsmodells kann dabei das Merkmalsschema entweder für das gesamte Unternehmen oder auch für einzelne Bereiche getrennt ermittelt werden. Im ersten Fall beschreibt das resultierende Planungsmodell alle Anforderungen des Unternehmens an eine integrierte Personalplanung und kann beispielsweise dafür verwendet werden, die Anforderungen an ein geeignetes IT-System zu definieren. Wird das Merkmalsschema für einen Bereich des Unternehmens ausgefüllt, beschreibt das resultierende Planungsmodell die Planungsanforderungen des Bereichs.
- Die Ausprägungen des Merkmalsschemas flexibler Arbeitszeitmodelle werden in die Zuordnungsmatrix übertragen (2).
- Ausgehend von jeder Merkmalsausprägung zeigt die Zuordnungsmatrix (3)
- alle zur Merkmalsausprägung gehörenden Planungsaufgaben, -funktionen und -daten (4).

4.6 Produktionsplanung und -steuerung bei flexiblen Arbeitszeiten

- Aus einzelnen Aufgaben, Funktionen oder Daten resultieren ggf. weitere Aufgaben, Funktionen und Daten, die unabhängig von den Merkmalsausprägungen flexibler Arbeitszeiten sind (5).
- Die Summe aller relevanten Planungsaufgaben, -funktionen und -daten ergibt das unternehmensspezifische Planungsmodell der integrierten Personalressourcenplanung bei flexiblen Arbeitszeiten (6).

Das ermittelte unternehmensspezifische Planungsmodell der integrierten Personalressourcenplanung bei flexiblen Arbeitszeiten definiert damit gleichzeitig die Anforderungen an eine geeignete notwendige Unterstützung durch die betrieblichen IT-Systeme.

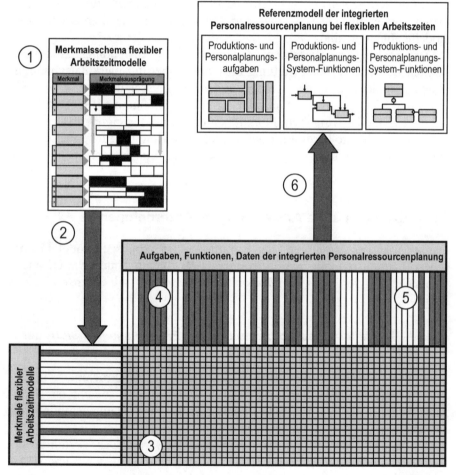

Abb. 4.6-8 Ableitung des unternehmensspezifischen Planungsmodells (Erklärung siehe Text)

Vor dem Hintergrund insbesondere der ersten beiden Szenarien arbeitszeitmodellspezifischer integrierter Personalressourcenplanung wird der Sinn des beschriebenen Verfahrens zur Ermittlung der unternehmens- und arbeitszeitmodellspezifischen Planungsmodelle etwas in Frage gestellt.

Für die unternehmensspezifische Gestaltung der integrierten Personalressourcenplanung ergibt sich in jedem Fall die in Szenario 1 beschriebene Grundmenge an Aufgaben, Funktionen und Daten, wenn mit flexiblen Arbeitszeiten geplant werden soll. Wird die Personalqualifikation zusätzlich berücksichtigt, folgt ein weiterer fester Bereich an Aufgaben, Funktionen und Daten.

Für die gegebene Problemstellung ist das Verfahren damit lediglich für die im dritten Szenario beschriebenen Planungsaufgaben, -funktionen und -daten notwendig, die von einzelnen Ausprägungen flexibler Arbeitszeitmodelle abhängig sind.

Das beschriebene Verfahren ist neben diesem Anwendungsfall grundsätzlich bei jeder Problemstellung anwendbar, bei der merkmalsabhängig Planungsmodelle ermittelt werden sollen. Voraussetzung ist, dass zwischen den Merkmalen und Merkmalsausprägungen und den Elementen des Planungsmodells (Aufgaben, Funktionen und Daten) geeignet differenzierte Zusammenhänge hergestellt werden können. Eine mögliche weitere geeignete Problemstellung ist z. B. die Ermittlung branchenspezifischer Planungsmodelle.

4.6.5 Exemplarische Anwendung im Unternehmen

Das entwickelte Verfahren zur Ermittlung der arbeitszeitmodellspezifischen Planungsmodelle wurde exemplarisch für ein Unternehmen angewendet und andererseits von Experten in Bezug auf seine Umsetzbarkeit beurteilt.

4.6.5.1 Beurteilung des Konzepts und der Ergebnisse aus Sicht der Praxis

Nach der Einordnung der Arbeitszeitmodelle des Unternehmens in das Merkmalsschema flexibler Arbeitszeitmodelle wurden sowohl das Konzept als auch das als Ergebnis daraus resultierende Planungsmodell mit Mitarbeitern des Unternehmens diskutiert.

Das Konzept wird dabei als verständlich bewertet. Das Verfahren erscheint geeignet, die grundsätzlichen arbeitszeitmodellspezifischen Planungsanforderungen zu ermitteln.

4.6 Produktionsplanung und -steuerung bei flexiblen Arbeitszeiten 829

Vor dem Hintergrund der anstehenden Erweiterung des eingesetzten ERP/PPS-Systems um die Möglichkeiten der integrierten Personalressourcenplanung werden die Aufwände zur Ermittlung der grundsätzlichen Aufgaben, Funktionen und Daten für die integrierte Personalressourcenplanung mit dem Verfahren geringer eingeschätzt als ohne. Um welchen Betrag der Aufwand geringer ausfällt, konnte nicht abgeschätzt werden. Das identifizierte Planungsmodell wird jedoch als geeigneter Ausgangspunkt für die Systemanpassungen betrachtet.

Insbesondere vor dem Hintergrund der in den nächsten Jahren notwendig werdenden Verwaltung und Planung der Mitarbeiterqualifikationen wird kritisch angemerkt, dass hier in erheblichem Maße unternehmensspezifische Aspekte bei den Planungsaufgaben berücksichtigt werden müssen, die nicht im Planungsmodell berücksichtigt sind. Darüber hinaus wird der Aufwand für die Pflege der notwendigen Daten sehr hoch eingeschätzt, was die Anwendbarkeit der Planung der Qualifikationen in Frage stellt. Hier müssen durch die Systemanbieter intelligente Lösungen geschaffen werden, die den Pflegeaufwand reduzieren.

4.6.5.2 Expertenbefragung

Mit der Expertenbefragung wurde abgeschätzt, inwieweit das Verfahren geeignet ist, die Aufwände bei der Identifikation der Aufgaben, Funktionen und Daten für eine Planung bei flexiblen Arbeitszeitmodellen zu reduzieren. Dazu wurden die Ergebnisse einem Kreis von zwölf ERP/PPS-Experten vorgestellt. Dabei handelt es sich um Mitarbeiter von ERP/PPS-Systemanbietern sowie Berater, die mit der Analyse der Auftragsabwicklung und der Einführung von ERP/PPS-Systemen betraut sind und von diesen als gut geeignet bewertet.

Neben der Bewertung der genannten Fragen wurden bei der Diskussion der Ergebnisse weitergehende Anmerkungen gemacht:

- Würde man die Merkmale und Ausprägungen des Merkmalsschemas noch mit den jeweils relevanten Planungsparametern (z. B. Beschäftigungsumfänge, Zyklus- und Ausgleichszeiten, etc.) hinterlegen, ließe sich damit ggf. die Konfiguration eines ERP/PPS-Systems unterstützen.
- Als Erweiterung zu den genannten Funktionen wurde vorgeschlagen, aus den Personalkapazitätsprofilen im Rahmen der Personaleinsatzplanung Vorschlagslisten zu generieren, nach denen die Mitarbeiter abhängig von ihrem Zeitkontostand eingesetzt werden sollten. Die Reihenfolge der Vorschlagsliste sollte so optimiert werden, dass die Flexibilität des Kapazitätsausgleichs durch das Zeitkonto in Abhän-

gigkeit vom prognostizierten Kapazitätsbedarfsverlauf möglichst hoch ist.
- Bei der Anwendung des Verfahrens sollte in jedem Fall darauf geachtet werden, dass die Anforderungen an die Unterstützung der Planung nicht maximiert und damit kein Rationalisierungseffekt erzielt werden kann.
- Darüber hinaus wurde die Frage gestellt, ob und wie sich umgekehrt aus planungsrelevanten Anforderungen die Merkmalsausprägungen eines geeigneten Arbeitszeitmodells ableiten lassen. Da diese Frage nicht Thema der Untersuchungen war, kann hier heute keine Antwort gegeben werden.

4.6.6 Bewertung des Konzeptes

Vor dem Hintergrund des Fallbeispiels und der Expertenbefragung kann das Konzept folgendermaßen bewertet werden:

- Das Merkmalsschema flexibler Arbeitszeitmodelle ist mit seinen Merkmalen und Merkmalsausprägungen gut geeignet, die Planungsanforderungen der Unternehmen zu ermitteln. In den Betriebsuntersuchungen konnten die Arbeitszeitmodelle der Unternehmen abgebildet sowie arbeitszeitrelevante Planungsanforderungen identifiziert werden.
- Das entwickelte Referenzmodell beschreibt die grundsätzlich notwendigen Aufgaben, Funktionen und Daten, die bei der integrierten Personalressourcenplanung bei flexiblen Arbeitszeiten notwendig sind. ERP/PPS-Systeme können um die identifizierten Funktionen und Daten erweitert werden.
- Aus der Zuordnung der Merkmale flexibler Arbeitszeiten zu den Aufgaben, Funktionen und Daten der integrierten Personalressourcenplanung ergibt sich eine Standard- bzw. Grundfunktionalität, die für die Planung beim Einsatz flexibler Arbeitszeitmodelle notwendig ist. Die begrenzten Unterschiede in den arbeitszeitmodellspezifischen Planungsmodellen bei bestimmten Merkmalen schränkt daher den Nutzen des Verfahrens etwas ein. Allerdings resultiert gerade aus dieser Tatsache ein erheblicher Vorteil für die Anbieter von ERP/PPS-Systemen. Wenn diese die identifizierten grundlegenden Aufgaben, Funktionen und Daten der integrierten Personalressourcenplanung in ihren Systemen implementieren, können sie damit den überwiegenden Teil der Planungsanforderungen abdecken, die aus flexiblen Arbeitszeitmodellen resultieren.

- Die dennoch bestehenden individuellen Zuordnungen zwischen einzelnen Merkmalsausprägungen und Aufgaben, Funktionen und Daten der integrierten Personalressourcenplanung führen aber trotzdem zu arbeitszeitmodellspezifischen Planungsmodellen und bestätigen damit grundsätzlich den Nutzen des Verfahrens zur Identifikation arbeitszeitmodellspezifischer Planungsmodelle.
- Das Fallbeispiel zeigt, dass das Verfahren zur Identifikation arbeitszeitmodellspezifischer Planungsmodelle für die integrierte Personalressourcenplanung praktikabel ist und die entwickelten Modelle die grundsätzlichen Anforderungen gut beschreiben. Die Bewertung durch die ERP/PPS-Experten unterstützt diese Aussage.

4.6.7 Literatur

Bakke N, Nyhuis F (1993) Kurzarbeit = Zeit für Überstunden. VDI-Z 135(1993)6:65-72

Bellgardt P (1989) Instrumente und Methoden des Arbeitszeitmanagement. Betriebs-Berater 44(1989)13:853-856

Cuhls K, Blind K, Grupp H (1998) DELPHI '98 Umfrage. Fraunhofer-Institut für Systemtechnik und Innovationsforschung, Karlsruhe (Studie zur globalen Entwicklung von Wissenschaft und Technik. Zusammenfassung der Ergebnisse)

Dörsam P (1997) Flexible Arbeitszeitgestaltung in mittelständischen Unternehmen. Stuttgart

Fiedler-Winter R (1985) Wie Arbeit Spaß macht. Flexible Arbeitszeit – der dritte Schritt nach Teilzeit und Gleitzeit. Assistenz 34(1985)2:8-9

Günther U (1996) Die Entwicklung der Zeit-Wirtschaft. Von der Stempeluhr zum elektronischen Zeitwirtschaftssystem. Zeitschrift für Führung und Organisation (1996)2:97-104

Hoff A (1984) Arbeitszeitgestaltung. Schwieriger Umstellungsprozeß. Personalführung 17(1984)9:231

Kaiser H, Paegert C, Schotten M (1999) Auswahl von PPS-Systemen. In: Luczak H, Eversheim W (Hrsg) Produktionsplanung und -steuerung. Grundlagen, Gestaltung und Konzepte, 2. Aufl. Berlin Heidelberg, S 292-326

Kernler H (1995) PPS der 3. Generation. Grundlagen, Methoden, Anregungen, 3. Aufl. Heidelberg

Kurbel K (1993) PPS. Methodische Grundlagen von PPS-Systemen und Erweiterungen. München Wien

Kutscher J, Weidinger M (2000) Nur der Kunde bestimmt den Personaleinsatz. In: Kutscher J (Hrsg) Praxishandbuch Flexible Arbeitszeit. Personaleinsatz, Produktivität, Kundenorientierung. Düsseldorf, S 33-36

Kutscher J, Weidinger M, Hoff A (1996) Flexible Arbeitszeitgestaltung. Praxis-Handbuch zur Einführung innovativer Arbeitszeitmodelle. Wiesbaden

Lanthaler W, Zugmann J (2000) Die ICH-Aktie. Mit neuem Karrieredenken auf Erfolgskur. Frankfurt a. M.

Linnenkohl K Rauschenberg H-J (1996) Arbeitszeitflexibilisierung. 140 Unternehmen und ihre Modelle, 3. Aufl. Heidelberg

Luczak H (1986) Modelle flexibler Arbeitsformen und Arbeitszeiten. CIM-Management (1986)11:227-245

Luczak H, Ruhnau J, Heidling A (1996) Modelle flexibler Arbeitszeiten und -formen. In: RKW (Rationalisierungskuratorium der deutschen Wirtschaft, Hrsg) Handbuch Führung und Organisation. Berlin

Marr R (1993) Arbeitszeitmanagement: Die Nutzung der Ressource Zeit. In: Marr R (Hrsg) Arbeitszeitmanagement. Grundlagen und Perspektiven der Gestaltung flexibler Arbeitszeitsysteme, 2. Aufl. Berlin

Nicolai H, Schotten M, Much D (1999) Aufgaben. In: Luczak H, Eversheim W (Hrsg) Produktionsplanung und -steuerung. Grundlagen, Gestaltung und Konzepte, 2. Aufl. Berlin Heidelberg

N. N. (1995): Internationaler Arbeitszeitvergleich. (Mitteilungen des Deutschen Arbeitgeberverbandes vom 25.01.1995)

Oechsler W, Strohmeier S (1994) Grundlagen der Personalplanung. In: Mülder W, Seibt D (Hrsg) Methoden- und computergestützte Personalplanung, 2. Aufl. Köln

Pillep R, Schieferdecker R (1999) Integration of Environmental Management into Production Organization and Information System. In: Denzer R, Swayne D A, Purvis M, Schimak G (eds) Environmental Software SystemEnvironmental Information and Decision Support. (IFIP TC5 WG5.11, International Symposium on Environmental Software Systems (3rd, 1999, Dunedin, N.Z.), Boston, 2000, 221-231)

Rinschede M, Schneider B (1996) Wettbewerbsfaktor „Flexibilität" in der Produktion. VDI-Z 138(1996)3:60-64

Sangermann E (1996) Das kostenoptimale Arbeitszeitmodell. Kostenrechnungspraxis 40(1996)1:35-39

Schieferdecker R (2003) Produktionsplanung und -steuerung bei flexiblen Arbeitszeiten. Aachen

Schopp G B (1989) Zeitmanagement für Betrieb und Mitarbeiter. REFA-Nachrichten 42(1989)5:17-29

Treutlein P, Kampker R, Wienecke K, Philippson C (2000) Aachener Marktspiegel PPS/ERP-Systeme für den Mittelstand. Aachen

Vatteroth H-C (1993) PPS und computergestützte Personalarbeit. Die Integrationsmöglichkeit von Produktionsplanungs- und -steuerungssystemen, Arbeitszeiterfassung und Personalinformationssystemen. Köln

Zimmermann A (2000) Erstellung eines Simulationsmodells zur Darstellung von Flexibilität bei der beschäftigungsabhängigen Steuerung der Personalkapazität (Betriebswirtschaftliches Institut der Universität Stuttgart, Abteilung IV, Lehrstuhl für Allgemeine Betriebswirtschaftslehre und Betriebswirtschaftliche Planung, unveröffentlichtes Manuskipt, Stuttgart)

4.7 Unternehmensübergreifendes Bestandsmanagement

von Georgios Loukmidis

4.7.1 Überblick

Das unternehmerische Umfeld ist heute gekennzeichnet durch einen globalen Wettbewerb mit stark schwankender kundenspezifischer Nachfrage. Unternehmen sind gezwungen, auf Kundenwünsche, die durch die Forderung nach individuellen Produkten mit kürzeren Lieferzeiten und günstigeren Preisen ausgedrückt werden, schnell zu reagieren. Durch die Anpassung der Märkte an die gewachsenen Kundenwünsche haben sich die Produktlebenszyklen äußerst verkürzt, und die Variantenvielfalt ist stark gestiegen, so dass Produktions- und Materialversorgungsprozesse an Komplexität gewonnen haben (Lee 2003; Perona u. Miragliotta 2004).

Zur Erhaltung der eigenen logistischen Flexibilität werden weiterhin Lagerbestände gebildet, um externe unplanbare Einflüsse zu bewältigen und die gewünschte Lieferzeiten zu realisieren. Allerdings verursachen Lagerbestände Kosten, verringern durch die Bindung von Kapital die Liquidität und verbrauchen Flächen. Daher wird von den Unternehmen angestrebt, mit möglichst geringen Lagerbeständen schnell und flexibel auf Kundenwünsche reagieren zu können (Weber 2000; Lutz 2002; Davis et al. 2004).

Dieses Gesamtziel ist aufgrund seiner Mehrdimensionalität nur anhand von Kompromissen realisierbar, weil Lagerbestände sowie Reaktions- und Durchlaufzeiten nicht ohne eine gleichzeitige Verschlechterung des Servicegrades reduziert werden können. Hierbei bildet die optimale zeit- und mengenmäßige Planung der zu beschaffenden Artikel im Sinne der klassischen Disposition die Basis für die Lösung des oben genannten Zielkonflikts.

Die bis heute isolierte unternehmensinterne Betrachtung des Material- und Informationsflusses zur Erreichung des Gesamtziels ist nicht mehr ausreichend. Kleine und mittlere Unternehmen sind mittlerweile fester Bestandteil von Wertschöpfungsketten und Unternehmensnetzwerken. Aufgrund dieser Tatsache ist das Betrachtungsfeld der Disposition auf die unternehmensübergreifenden Strukturen einer Logistikkette zu erweitern. Diese können beim Rohstofflieferanten beginnen und beim Endverbraucher enden (Sucky 2004; Risse u. Zadek 2005).

Bereits Ende der fünfziger Jahre entdeckte Forrester, wie sich Nachfrageschwankungen über die Logistikkette hinweg verstärken. Dieses Phänomen ist bekannt als Bullwhip-Effekt. Nennenswerte Auswirkungen sind Schwankungen in der Auslastung der Kapazitäten, wodurch die Frage der Dimensionierung entsteht, sowie Bestandsschwankungen, wodurch hohe Kapitalbindungskosten verursacht werden können. Die Ursachen dieses Phänomens können folgendermaßen zusammengefasst werden (Disney u. Towill 2003; Schönsleben et al. 2003):

- lange Durchlaufzeiten, wobei die Länge auch die Stärke des Ausmaßes ausmacht,
- isolierte statische Dispositionsplanung, d. h. statische Bedarfs-, Bestands- und Beschaffungsplanung auf Basis der nachfolgenden Lieferstufe,
- Preisschwankungen durch unkoordinierte Sonderaktionen sowie
- hohe Informationsdurchlaufzeiten.

Die Erreichung einer Bestandsoptimierung unter dem Fokus einer logistikkettenorientierten Betrachtung erfordert den anforderungsgerechten Einsatz von Dispositionsstrategien. Dies bedeutet, dass entsprechende Einlagerungs- bzw. Auslagerungsmengen und -zeitpunkte sowie Mindest- bzw. Sicherheitsbestände unter Berücksichtigung einerseits des strukturellen Aufbaus der Logistikkette und andererseits der artikelspezifischen Anforderungen zu harmonisieren sind.

Angesichts dieser Problematik bietet das Bestandsmanagement-Konzept „House of Stock" die Möglichkeit, logistikgerechte Bestandssenkungspotenziale durch selektiven Einsatz von Planungsmethoden und -verfahren der Disposition systematisch zu erschließen (Loukmidis u. Stich 2004). Die Grundlage hierfür bildet die Strukturierung des Artikelsortiments nach dispositionsrelevanten Merkmalen anhand einer Klassifikations- und Entscheidungsmatrix (KENT-Matrix). Nach der Bildung von homogenen Artikelklassen können anhand von Leistungsmerkmalen klassenspezifische Dispositionsstrategien festgelegt werden, die nach dem Prinzip eines dynamischen Bestandsmanagements bei Veränderung der Rahmenbedingungen neu ausgewählt und eingesetzt werden können (Loukmidis u. Stich 2005).

4.7.2 Terminologie Bestandsmanagement

Der Begriff Bestandsmanagement (engl.: inventory management), der auch mit dem Begriff der Lagerhaltung gleichgesetzt wird (Pfohl 2003), umfasst grundsätzlich alle Aktivitäten, die sich auf das Management von Beständen beziehen. Pfohl (2003) bezeichnet diese Aktivitäten als Entscheidungstatbestände und Pfohl et al. (1993) unterscheiden für das Bestandsmanagement die Aufgabenbereiche Bestandspolitik, -planung und -kontrolle. Wagner (2003) erweitert den Begriff um den wirtschaftlichen Aspekt, so dass im Rahmen des Bestandsmanagements bestandsbeeinflussende Entscheidungen zu treffen sind, die unter der Einbeziehung aller relevanten Prozesse und Kosten zu einem ökonomischen Optimum führen sollen.

Unter Beständen werden alle Roh-, Hilfs- und Betriebsstoffe sowie unfertige und fertige Erzeugnisse verstanden (§266 HGB), die bilanziell in der Position Vorräte des Umlaufvermögens ausgewiesen werden (vgl. Abb. 4.7-1).

Bestände können zwischen nahezu allen Prozessen einer Lieferkette (Beschaffung, Produktion, Distribution) gehalten werden. Daher stellt das Bestandsmanagement eine Querschnittsfunktion dar, die über alle Funktionsbereiche die Bestände und damit auch die Materialflüsse zu optimieren hat. Somit übernimmt das Bestandsmanagement zugleich eine Integrations- und Koordinationsfunktion, um durch Vorgabe von Soll-Beständen gezielt die vor- und nachgelagerten Prozesse aufeinander abstimmen zu können. Diese Funktion gewinnt zunehmend an Bedeutung, da Unternehmen sich immer häufiger zu losen Netzwerken zusammenschließen, aber die einzelnen Unternehmen weiterhin unabhängig bleiben wollen (Wagner 2003).

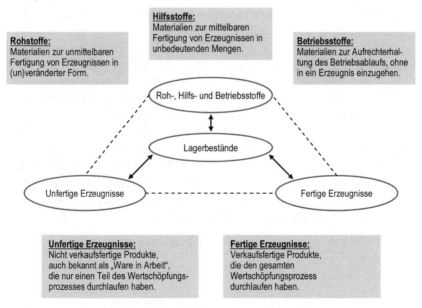

Abb. 4.7-1 Für das Bestandsmanagement relevante Betrachtungsobjekte

4.7.3 Bestandsfunktionen

Bestände werden aus unterschiedlichen Gründen auf Lager gehalten. Daraus lassen sich eine Reihe von Bestandsfunktionen ableiten, die im Zusammenhang mit dem Materialfluss einen bestimmten Zweck erfüllen. Folgende drei Hauptfunktionen (bekannt auch als Motive der Kassenhaltungstheorie von Keynes) können zunächst unterschieden werden, die zugleich die Bedeutung der Existenz von Beständen begründen (Lenerz 1998; Wahl 1999; Wagner 2003):

- *Ausgleichsfunktion (Transaktionsmotiv):* Verlaufen Input- und Outputströme eines Prozesses asynchron, übernehmen Bestände als Puffer die Aufgabe, die dadurch entstandenen zeitlichen und mengenmäßigen Differenzen auszugleichen. Diese Abweichungen können darin begründet sein, dass es entweder technisch unmöglich oder aber wirtschaftlich untragbar ist, die Materialströme genau zu synchronisieren. Diese Abweichungen entstehen beispielsweise durch unterschiedliche Produktionsgeschwindigkeiten aufeinander folgender Arbeitsgänge im Betrieb, durch unterschiedliche Losgrößen im Produktions- und Distributionsprozess zwischen den Partnern innerhalb einer Lieferkette oder durch absatzseitig saisonale Nachfragen.
- *Sicherungsfunktion (Vorsichtsmotiv):* Verlaufen Input- und/oder Outputströme unsicher, beispielsweise durch unerwartete Lieferverzögerungen, Transport- bzw. Produktionsausfälle oder hohe Nachfragen, können Bestände jeweilige unvorhergesehene Ereignisse auffangen. Insbesondere der Trend zu kürzeren Produktlebenszyklen und die zunehmende Produktvielfalt erschweren in Betrachtung der gesamten Lieferkette die Vorhersage des Bedarfs. Allerdings wird diese Funktion oft zur Rechtfertigung von überhöhten Beständen missbraucht.
- *Spekulationsfunktion (Spekulationsmotiv):* Verläuft die Preisentwicklung auf der Beschaffungs- und/oder Absatzseite stochastisch, kann eine erhöhte Bevorratung entsprechend sinnvoll sein. Beispielsweise werden in Erwartung höherer Preise durch Verknappung des Angebotes sowohl in Beschaffungs- als auch in Distributionslager Bestände zu niedrigen Preisen aufgebaut. Sind Unternehmen international tätig, können solche Spekulationsbestände auch zur gezielten Ausnutzung von Wechselkursdifferenzen gehalten werden.

Weitere Funktionen, die in bestimmten Fällen eine Bedeutung haben und oft neben den obigen zum Tragen kommen, sind (Reinitzhuber 1997; Wagner 2003; Stölzle et al. 2004):

- *Kostensenkungsfunktion (Nutzung von Economies of Scale):* Die Bündelung von Beschaffungs-, Produktions- und Transportlosgrößen ermöglicht die Realisierung von Größendegressionseffekten. Somit entstehen Bestände beispielsweise durch das Erzielen von Mengenrabatten beim Lieferanten, durch günstigere Transportkonditionen für größere Transportmengen oder durch die Senkung von Produktionsstückkosten bei größeren Produktionslosen.
- *Veredelungsfunktion:* Ist die Lagerhaltung Teil des Wertschöpfungsprozesses, um eine gewünschte Qualität zu erlangen, wie beispielsweise im Reifeprozess von Lebens- und Genussmitteln (Bier, Wein, Käse), erfüllt der erforderliche Bestand die Funktion der Veredelung.
- *Akquisitionsfunktion:* Bestände können durch die dauerhafte Präsenz eines Produktes zusätzliche optische Kaufanreize schaffen und somit den Absatz unterstützen. In diesem Fall nehmen Bestände die Funktion der Akquisition von Kunden wahr wie beispielsweise im Einzelhandel oder im Konsignationslager direkt beim Kunden.

4.7.4 Bestandskategorien und -arten

Abhängig davon, welche Bedeutung die Bestände haben, in welchem Prozess sie sich befinden, aus welchen Gründen sie existieren oder wie sie sich innerhalb des Materialflusses positionieren, können unterschiedliche Bestandskategorien und -arten unterschieden werden (Verwijmeren 1998; Wagner 2003).

A. Erforderlicher Bestand:

1. *Lagerbestand:* Bestand, der sich unabhängig seiner Position entlang des Materialflusses (Beschaffungs- oder Eingangslager, Produktionslager, Erzeugnis- oder Distributionslager) im Lagerungsprozess befindet. Er besteht aus dem Losgrößen- und dem Sicherheitsbestand.

   - *Losgrößenbestand:* Durch die Ausgleichs- und Kostensenkungsfunktion entstehen Losgrößenbestände, die das Ziel verfolgen, den Materialfluss- und Wertschöpfungsprozess entlang der Lieferkette zu harmonisieren und wirtschaftlich zu gestalten.
   - *Sicherheitsbestand:* Durch die Sicherungsfunktion entstehen Sicherheitsbestände, die das Ziel verfolgen, unvorhersehbare Unsicherheiten entlang der Lieferkette aufzufangen und die Lieferfähigkeit des entsprechenden Lagers gegenüber nachfolgenden Prozessen oder Kunden sicherzustellen. Solche Unsicherheiten können Abweichungen im Verbrauch, im theoretisch erwarteten Bestandsverlauf sowie

von Liefertermin, -menge und -qualität sein. Dabei ist der Sicherheitsbestand nicht zur Deckung des Planbedarfs heranzuziehen.

2. *Durchlaufbestand:* Bestand, der sich im Produktions- bzw. Transportprozess befindet. Man kann hier zwischen dem Work-in-process- und dem Transportbestand unterscheiden.

- *Work-in-process (WIP) Bestand:* Bestand, der zwischen zwei Lagerpositionen (meist zwischen Eingangs- und Produktionslager) unterwegs ist und sich im Produktionsprozess mit einer entsprechenden Wertschöpfung befindet. Dieser WIP-Bestand ist proportional zur Produktionszeit (Durchlaufzeit), die aus den beiden Komponenten Bearbeitungszeit und Übergangszeit besteht. Ist die Übergangszeit durch verbesserte Planung zu vermeiden bzw. zu reduzieren (z. B. Rüstzeitoptimierung), können WIP-Bestände gesenkt werden.
- *Transportbestand:* Bestände, die zwischen zwei Lagerpositionen entlang der Lieferkette auf Straße, Schiene oder im Flugzeug, Schiff ohne Wertschöpfung unterwegs sind. Die Höhe des durchschnittlichen Transportbestands ist bei fester Bedarfsrate proportional zur Transportzeit.

B. *Erwünschter Bestand:*

1. *Spekulationsbestand*, um Preisvorteile bei der Beschaffung zu erzielen.
2. *Akquisitionsbestand*, um dem Kunden eine verstärkte Produktpräsenz anzuzeigen.
3. *Strategischer Bestand*, um in Krisen die Versorgung zu gewährleisten.
4. *Kapazitätsbestand*, um bei zyklischem Bedarf einen Kapazitätsausgleich zu erzielen.

4.7.5 Ziele und Zielkonflikte des Bestandsmanagements

Primäres Ziel des Bestandsmanagements ist die Sicherstellung einer reibungslosen Versorgung vor- und nachgelagerter Prozesse der Lieferkette mit dem benötigten Material. Dies ist durch eine hohe logistische Leistungsfähigkeit zu erreichen, die sich durch einen niedrigen Lieferverzug und einen hohen Servicegrad ausdrücken lässt.

Andererseits sind, wie bereits bei der Definition des Bestandsmanagements erwähnt wurde, die bestandsrelevanten Logistikkosten zu minimieren. Zur Erreichung dieses Ziels werden folgende Kostenarten unterschieden (Wahl 1999; Hartmann 2002):

4.7 Unternehmensübergreifendes Bestandsmanagement

- *Beschaffungskosten:* Umfassen alle Kosten, die im Fall des Fremdbezugs unmittelbar mit der bestellten Menge (Materialkosten) und mittelbar mit der Häufigkeit der Bestellabwicklung (Bestellkosten) anfallen und im Fall der Eigenfertigung durch die Herstellung der Erzeugnisse (Herstellkosten) und das Umrüsten zwischen zwei Losen (Rüstkosten) entstehen.
- *Lagerhaltungskosten:* Umfassen alle Kosten, die durch die Aufbewahrung und Pflege der Bestände während der Lagerung entstehen. Dabei wird zwischen den Kapitalbindungskosten, die als Opportunitätskosten angesehen werden, und den Lagerkosten, die aus Raum-, Personal-, Pflege-, Handlings-, Versicherungs- und Wertminderungskosten bestehen, unterschieden.
- *Fehlmengenkosten:* Umfassen alle Gewinnschmälerungen, die dadurch entstehen, dass die benötigten Mengeneinheiten nicht rechtzeitig oder nicht in der erforderlichen Qualität intern bereitgestellt oder extern geliefert werden. Hierzu zählen Kosten, die anfallen aufgrund reduzierter Erlöse bzw. entgangener Deckungsbeiträge oder zusätzlich entstehen durch Sonderfahrten, Überstunden oder Konventionalstrafen.
- *Distributionskosten:* Umfassen alle Kosten der Versanddisposition und Versanddurchführung, wie z. B. Kosten der Auftragsabwicklung, der Kommissionierung, der Verpackung, des Versands und der Fakturierung.
- *Kosten des Informationssystems:* Umfassen alle Kosten der Administration, Pflege und Nutzung von IT-Systemen, die für die Planung und Steuerung von Beständen erforderlich sind.

Die beiden Ziele des Bestandsmanagements, hohe logistische Leistungsfähigkeit einerseits und minimale Logistikkosten andererseits, stehen jedoch konfliktär zueinander und bilden somit den klassischen Zielkonflikt der Disposition. Geringe Lagerbestände führen zwar zu niedrigen Kapitalbindungs- und Lagerkosten, erhöhen jedoch das Risiko von Fehlmengen. Andererseits werden zur Erreichung einer geforderten hohen Logistikleistung (hoher Servicegrad) entsprechend hohe Bestände gehalten, die ihrerseits nicht nur Kosten verursachen, sondern auch die Liquidität des Unternehmens verringern (Hartmann 2002).

Verschärft wird dieser Zielkonflikt durch historisch bedingte, gegenläufige Ziele und Interessen einzelner funktionaler Bereiche innerhalb eines Unternehmens (Hartmann 1999) (vgl. Abb. 4.7-2).

840 4 Konzeptentwicklung in der Produktionsplanung und -steuerung

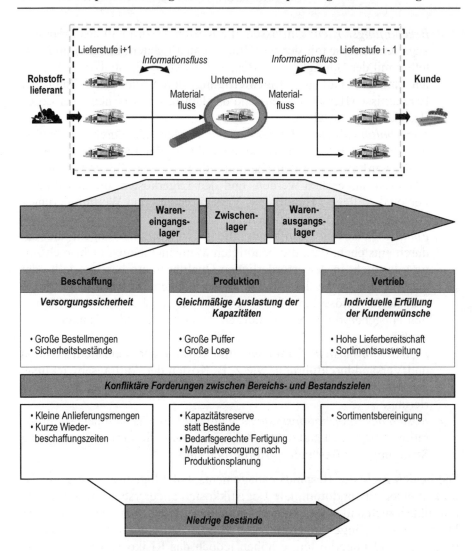

Abb. 4.7-2 Zielkonflikte des Bestandsmanagements

Einkauf und Beschaffung verfolgen die Strategie einer hohen Versorgungssicherheit mit günstigen Beschaffungskonditionen von Rohmaterialien und möglichst großer Unabhängigkeit vom Lieferanten. Üblicherweise führen diese Ziele zu großen Bestellmengen und Sicherheitsbeständen. Aus Sicht der Produktion steht der kostengünstige Einsatz von Produktionskapazitäten im Vordergrund (niedrige Herstellkosten, gleichmäßige Auslastung), der durch das Streben von großen Losen und somit durch niedrige Rüstkosten erreicht werden kann. Hieraus entstehen hohe WIP-Bestände, um kurzfristige Engpässe auszugleichen. Der Vertrieb wiederum möchte Kundenwünsche schnell und individuell erfüllen, um entsprechende Umsatzziele zu erreichen. Bei hoher Volatilität der Kundennachfrage werden zur Gewährleistung einer hohen Lieferbereitschaft hohe Bestände an fertigen Erzeugnissen gehalten.

Überträgt man diese Denkweise auf die gesamte Supply Chain, erweitern sich die Zielkonflikte der Disposition durch die unterschiedlichen Ziele und Interessen der einzelnen Unternehmen. Es wird ersichtlich, dass zur Erreichung der zwei zuvor genannten Ziele des Bestandsmanagements, Gewährleistung einer hohen logistischen Leistung bei minimalen Kosten, nicht ohne eine bereichs- und unternehmensübergreifende Koordination von Zielen und Interessen möglich ist. Somit bildet sie für eine ganzheitliche Planung und Steuerung von Beständen das dritte Ziel des Bestandsmanagements (Stölzle et al. 2004).

4.7.6 Ursachen und Auswirkungen „falscher" Bestände

Idealerweise sollten entlang der Lieferkette nur erwünschte Bestände existieren (Verwijmeren 1998). Da jedoch Unsicherheiten, technische Restriktionen und niedrige Flexibilität den Bedarfs- und Versorgungsprozess entlang der Lieferkette oft charakterisieren, sind Lager- und Durchlaufbestände für die zeit- und mengenmäßige Entkopplung der Prozesse oft unabdingbar. Abbildung 4.7-3 stellt beispielhaft die beiden Bestandskategorien entlang einer Lieferkette dar, vom Rohstoff bis zum Endverbraucher. Für jede Stufe der Lieferkette sind die Bestandshöhen pro Kategorie abgebildet.

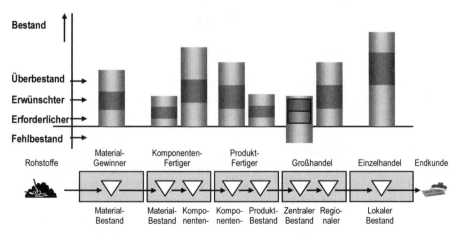

Abb. 4.7-3 Bestandsarten entlang der Lieferkette (Verwijmeren 1998)

4 Konzeptentwicklung in der Produktionsplanung und -steuerung

Die Höhen des erforderlichen und des erwünschten Bestandes sollten somit den Gesamtbestand einer Lieferkette widerspiegeln. Jedoch sind Fehl- und Überbestände keine Seltenheit, Gegenläufige Bereichsziele, fehlende Transparenz und Koordination sowie Unsicherheiten in der Quantifizierung und Terminierung des Bedarfs und Versorgungsvorgangs, die nicht adäquat mit den jeweiligen Bestandsmanagementsystemen abgestimmt sind, stellen neben der markseitig steigenden Dynamik und der erhöhten Planungskomplexität einige der Ursachen für „falsche Bestände" dar (vgl. Abb. 4.7-4).

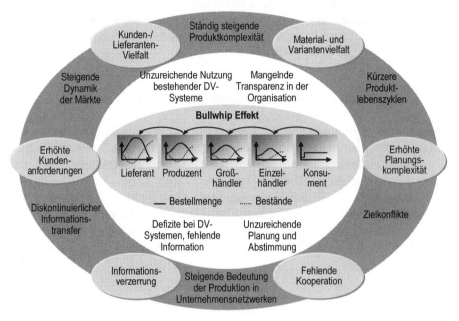

Abb. 4.7-4 Ursachen für „falsche" Bestände

Bekanntes Problem fehlender Koordination bei der unternehmensübergreifenden Betrachtung von Beständen ist die Entstehung des Bullwhip-Effektes. Dieses Phänomen beschreibt die Verstärkung von Bestandsschwankungen bei gleichzeitig geringer Änderung des Kundenbedarfs entlang der Lieferkette. Zudem wechseln sich große Fehlmengen mit großen Überbeständen ab. Je weiter die Partner einer Lieferkette vom Endkunden entfernt sind und je größer die Durchlaufzeit von Information und Material ist, desto intensiver ist der Effekt (Schönsleben et al. 2003).

Die Haltung überhöhter Bestände zur Vermeidung von Fehlmengen und Gewährleistung von hoher Versorgungssicherheit, gleichmäßiger Produktionsauslastung und hoher Lieferbereitschaft führt jedoch nicht nur zu erhöhten Kosten, sondern birgt auch eine Reihe von Risiken (Lutz 2002). Treten zukünftig prognostizierte Bedarfe nicht in der erwarteten Höhe auf, müssen Bestände partiell oder sogar ganz (z. B. in der Endphase des Lebenszyklus) verschrottet werden (Verschrottungsrisiko). Dies gilt insbesondere bei Produkten mit kurzen Produktlebenszyklen, die aufgrund von häufigen Technologieänderungen (z. B. in der Computerbranche) obsolet werden (Obsoleszenzrisiko). Oft verdecken hohe Bestände Probleme und Schwachstellen im Prozess (See der Bestände).

Bestände zu senken, nur um Kosten einzusparen und somit das Unternehmensergebnis zu verbessern, ist jedoch nicht zielführend. Neben der Erreichung einer hohen Lieferbereitschaft sollte im Vordergrund die Beseitigung bestandsverursachender Probleme sein (vgl. Abb. 4.7-5).

4.7.7 Bestandsmanagement-Konzept „House of Stock"

Die stetig kürzer werdenden Liefer- und Produktlebenszeiten und die rapide steigende Variantenvielfalt haben zu einer unausweichlich ansteigenden Komplexität der Planung und Steuerung von Beständen geführt. Hohe logistische Leistung, hohe Flexibilität und Reaktionsfähigkeit bei unerwartetem Bedarf und zu minimalen Kosten werden heute mehr denn je gefordert. Ohne eine angemessene Systemunterstützung können diese Ziele nur noch unzureichend beherrscht werden. Für diesen Zweck setzen Unternehmen verstärkt verschiedene IT-Systeme wie z. B. für Produktionsplanung und -steuerung (PPS), Enterprise Resource Planning (ERP), Supply Chain Management (SCM) oder Warenwirtschaft (WW) ein, die mehr oder weniger ausgeprägte Funktionen des Bestandsmanagements unterstützen.

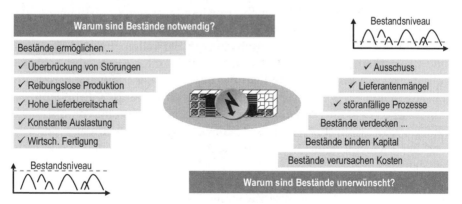

Abb. 4.7-5 Unterschiedliche Betrachtungsweisen von Beständen

Trotz dieser stetig wachsenden IT-Durchdringung ist ein einschneidender Erfolg in Bezug auf eine Optimierung der logistischen Leistung in Beschaffung, Produktion und Vertrieb bei zahlreichen Unternehmen bisher ausgeblieben. Als Gründe hierfür werden im Wesentlichen zwei Aspekte genannt. Auf der einen Seite bestehen bei den Systemen selbst nach wie vor erhebliche Defizite in der Systemkonzeption, d. h. die im Rahmen des Bestandsmanagements durchzuführenden Aufgaben werden nur unzureichend in den Systemfunktionen abgebildet und unterstützt. Der zweite wesentliche Aspekt bezieht sich auf die unzureichende Beherrschung der Systemfunktionen, d. h. selbst wenn die Funktionen vorhanden sind, werden sie nicht anforderungsgerecht genutzt.

Es ist somit erforderlich, Bestände unterschiedlich zu betrachten und Planungsfunktionen den Anforderungen entsprechend dynamisch einzusetzen. Daraus resultiert der Bedarf nach einem Konzept, welches die Anforderungen der zu behandelnden Artikel nach bestimmten Kriterien strukturiert und Planungsverfahren und -parameter der Disposition auf Basis ihrer Leistungsmöglichkeiten dieser Artikelstruktur dynamisch zuordnet.

Das „House of Stock" ist ein solches Konzept (vgl. Abb. 4.7-6), welches aus folgenden drei Ebenen besteht (Loukmidis u. Stich 2004):

- *Strukturierungsebene*, zur systematischen Identifizierung und Klassifizierung der zu betrachtenden Absatz- und Beschaffungsartikel,
- *Planungs- & Steuerungsebene*, als Kernstück des dynamischen Bestandsmanagements mit seinen Planungselementen der Disposition und
- *Simulation & Controllingebene*, die das Gesamtkonzept mit der Analyse von Verbesserungspotenzialen und des kontinuierlichen Controllings vervollständigt.

Jede Ebene beinhaltet ein bis mehrere Module, welche die Elemente der inhaltlichen Gestaltung des Konzeptes abbilden, stark miteinander vernetzt sind und den ganzheitlichen Lösungsansatz darstellen. Erfahrungsgemäß sind diese Elemente in der Industrie unterschiedlich stark oder schwach ausgeprägt, so dass durch eine Optimierung einzelner Elemente bereits ein gewisser Grad an Verbesserung zu erzielen ist (eine 20%-Erhöhung der Prognosegenauigkeit kann z. B. zu einer Kostenreduzierung von über 10% führen). Das größte Potenzial liegt jedoch in der ganzheitlichen Betrachtung der Elemente und ihrer Zusammenhänge, die oft in der Praxis nicht bekannt sind.

Im Folgenden werden die einzelnen Ebenen und Module des „House of Stock" beschrieben sowie ihre Zusammenhänge und Gestaltungsmöglichkeiten näher erläutert.

4.7 Unternehmensübergreifendes Bestandsmanagement

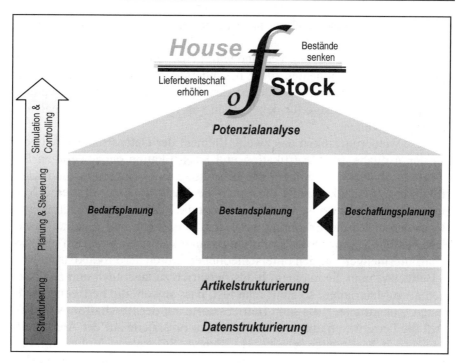

Abb. 4.7-6 Bestandsmanagement-Konzept „House of Stock"

4.7.7.1 Strukturierungsebene

Grundlage eines jeden Planungsprozesses in einem Unternehmen ist die Qualität und Verfügbarkeit adäquater Informationsstrukturen. Sie beeinflussen einerseits den Nutzungsgrad der bestehenden IT-Systeme und sind andererseits Voraussetzung für die Anwendung komplexer aber anforderungsgerechter Planungsverfahren.

Ein wesentliches Element dieser Ebene ist die *Datenstrukturierung*, die sich mit dem Aufbau der für ein dynamisches Bestandsmanagement notwendigen Daten befasst und die jeweiligen strukturellen Verflechtungen systematisch darstellt. In diesem Zusammenhang bildet der logistikgerechte Aufbau von Produktstrukturen sowie die Gestaltung einer einheitlichen Nummern- und Klassifikationssystematik ein essentielles Fundament.

Produktstrukturen spiegeln einerseits die organisatorische Gliederung des gesamten Produktspektrums des Unternehmens wider und andererseits die Zusammensetzung von Erzeugnissen, bestehend aus den jeweiligen Produktkomponenten und deren Strukturbeziehungen. Maßgebliche Gestaltungskriterien sind einerseits zur Differenzierung von Produktstrukturen die Strukturtiefe und die Strukturbreite und andererseits zur Gliederung von Produkten die Betrachtung nach Funktions-, Fertigungs- und Dispositionsstufen.

Eine klare Strukturierung verbunden mit einer einheitlichen Abgrenzung der einzelnen Komponenten dient besonders der artikelspezifischen Normung und Standardisierung, fördert den Prozess der Wiederverwendung und bildet die Grundlage für den Aufbau von Klassifikationsmerkmalen in Nummernsystemen.

Diese wiederum stellen das zweite Element der Datenstrukturierung dar mit der Aufgabe der Identifikation und Klassifikation der jeweiligen Betrachtungsobjekte. Die einheitliche Gestaltung einer Nummern- und Klassifikationssystematik schafft nicht nur die Basis für eine effiziente Nutzung von IT-Systemen, sondern unterstützt die Planung und Steuerung von Beständen durch die Erhöhung der Datentransparenz und -qualität in der Bestandsführung sowie der Ermittlung von zukünftigen Bedarfen und Beschaffungsmengen auf den unterschiedlichen Stufen der Produktstruktur.

Betrachtet man die in einem Industriebetrieb zu lagernden und zu disponierenden Materialien, so stellt man fest, dass sowohl die Fertigungsmaterialien, Zukaufteile, Hilfs- und Betriebsstoffe auf der Beschaffungsseite als auch die Fertigwaren und bereitzuhaltenden Ersatzteile auf der Absatzseite hinsichtlich Merkmalen wie z. B. Menge, Stückpreis, Volumen, Verbrauchshäufigkeit und -regelmäßigkeit, Lebenszyklusposition, Wiederbeschaffungszeit und notwendige Lieferbereitschaft große Unterschiede aufweisen. Es kann daher nicht sinnvoll sein, ein einheitliches, starres Dispositionsverfahren anzuwenden. Beispielsweise sind Teile wie Schrauben mit einem niedrigen Einzelwert, die in großen, im voraus bekannten Mengen regelmäßig benötigt werden, anders zu behandeln als hochwertige, zugekaufte Baugruppen, wie z. B. elektronische Steuerungen, die in unterschiedlichen Mengen und zu unregelmäßigen Zeitpunkten benötigt werden. Die Anforderungen an die Disposition hängen somit von den zu disponierenden Artikeln und seinen charakteristischen Merkmalen ab.

Um beurteilen zu können, auf welche Weise die Disposition den unterschiedlichen Anforderungen gerecht werden kann, sind die zu disponierenden Artikel entsprechend den unterschiedlichen Anforderungen zu strukturieren und die Elemente eines Dispositionssystems hinsichtlich ihrer Eignung für unterschiedliche Anforderungen zu beurteilen.

Aus diesem Grund ist eine *Artikelstrukturierung*, als zweites Element der Datenstrukturierung, eine dringende Voraussetzung für den optimierten Einsatz von IT-Systemen und dynamischen Planungsverfahren der Disposition. Die bekanntesten Möglichkeiten, das zu disponierende Artikelsortiment im Hinblick auf eine anforderungsgerechte Disposition zu strukturieren, stellen die ABC- und die XYZ-Analyse dar (vgl. Abb. 4.7-7).

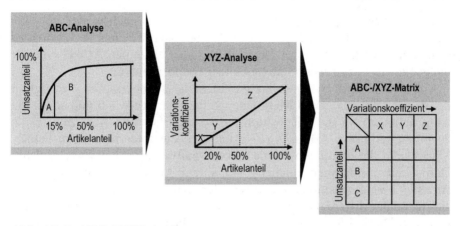

Abb. 4.7-7 ABC-/ XYZ-Analyse

Die ABC-Analyse ist ein Hilfsmittel zur Bildung von Artikelklassen auf der Basis der Verteilung einer Merkmalsausprägung in Abhängigkeit von einem anderen Merkmal. In der Disposition wird die ABC-Analyse überwiegend zur Bestimmung von Mengen-Wert-Verhältnissen der Artikel eingesetzt (z. B. Anteil eines Artikels am Gesamtumsatz). Ihre Aufgabe ist die Ermittlung der wirtschaftlichen Bedeutung der Artikel in Form einer Rangordnung und die Zuordnung zu den unterschiedlichen Wertgruppen (A, B und C). Die Wahl der Bezugsgröße (Lagerbestandswert, Einkaufsvolumen, Umsatzhöhe etc.) hängt dabei von der beabsichtigten Verwendung der Analyseergebnisse ab.

Eine Differenzierung des Artikelspektrums nach den Mengen-Wert-Anteilen der einzelnen Materialpositionen entsprechend einer ABC-Analyse genügt jedoch meist nicht für die Bestimmung geeigneter Dispositionsmethoden und -verfahren. Mit der XYZ-Analyse wird daher eine Differenzierung des Artikelspektrums im Hinblick auf die Vorhersagegenauigkeit und/oder die Regelmäßigkeit des Verbrauchs beabsichtigt. Als Merkmalsausprägung wird hierfür der Variationskoeffizient V herangezogen. Dabei gilt für X-Artikel konstanter Verbrauch, nur gelegentliche Schwankungen, hohe Vorhersagegenauigkeit, für Y-Artikel trendmäßiger Verbrauch, saisonale Schwankungen, mittlere Vorhersagegenauigkeit und für Z-Artikel unregelmäßiger Verbrauch, niedrige Vorhersagegenauigkeit.

Die Zusammenführung der Ergebnisse der ABC- und XYZ-Analyse führt zu einer Matrix mit neun verschiedenen Artikelklassen. Basiert die ABC-Analyse auf der Analyse des zuvor erwähnten Mengen-Wert-Verhältnisses, reichen die Charakteristika der entstehenden unterschiedlichen Artikelklassen dabei von Klassen mit hoher Vorhersagegenauigkeit mit hohem Verbrauchswert (sog. AX-Artikel) bis zu Artikelklassen mit geringer Vorhersagegenauigkeit und niedrigem Verbrauchswert (sog. CZ-Artikel). Wird nun festgelegt, welche Klassen nach welchen Richtlinien zu disponieren sind, so liegt im Idealfall für jeden einzelnen Artikel eine für ihn geeignete Verfahrensanleitung bei der Disposition vor.

Mit einer zunehmenden Artikelvielfalt steigt gleichermaßen die Vielfalt der dispositionsrelevanten Merkmale, so dass der Aufwand und somit die Anforderungen an die Disposition ansteigen. Bisherige Ansätze wie die zuvor aufgeführten ABC-, XYZ- Analysen, die integrierte neun-Felder-Matrix oder die dreidimensionale Kubus-Analyse weisen ein wesentliches Defizit auf: sie können abhängig von ihrem Aufbau nur eine begrenzte Anzahl (1-3) dispositions-relevanter Merkmale berücksichtigen, so dass sie für eine differenzierte artikelspezifische Zuordnung anforderungsgerechter Dispositionsstrategien nicht ausreichen.

Der Ansatz der KENT-Matrix bietet hierfür die Möglichkeit der Berücksichtigung und Integration einer Vielzahl weiterer dispositionsrelevanter Merkmale (z. B. Lebenszyklus, Verbrauchsmodell und erweiterte Charakteristika, Kritikalität, Versorgungsrisiko etc.), die unternehmensindividuell ausgewählt und beliebig erweiterbar sind (Loukmidis u. Stich 2005).

Zwei Kernprozesse charakterisieren diesen Ansatz: der Klassifikations- und der Entscheidungsprozess. Im Rahmen der Klassifikation werden dispositionsrelevante Merkmale festgelegt, abhängig von der entsprechenden Planungsproblematik und ihre groben Ausprägungen ermittelt (Morphologie). Diese bilden die ersten vordefinierten Artikelklassen. Im weiteren Schritt werden Entscheidungsregeln entwickelt, die eine Zuordnung der zu betrachtenden Artikel in die zuvor durch Merkmale und Merkmalsausprägungen beschriebenen Klassen ermöglichen. Durch eine weitere Analyse der Wirkzusammenhänge zwischen Planungsverfahren, -parameter und den Eigenschaften der Artikelklassen, können weitere Unterklassen gebildet werden, für die bestimmte „optimale" Dispositionsstrategien zugeordnet werden können (vgl. Abb. 4.7-8).

Zur Abbildung der Ergebnisse bietet sich für eine erste grobe Artikelklassifikation eine mehrschichtige zweidimensionale Matrix an, für eine detaillierte Modellierung des Gesamtablaufs mit allen Artikelklassen und -unterklassen mit der entsprechenden Zuordnung von klassenspezifischen Dispositionsstrategien werden Entscheidungsbäume mit Wenn-Dann-Regeln eingesetzt.

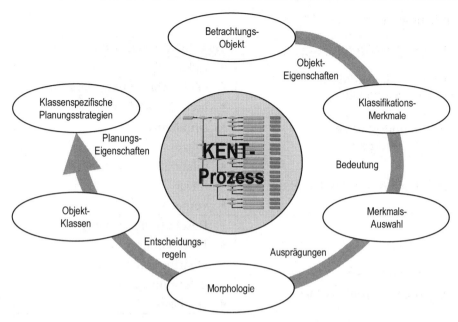

Abb. 4.7-8 Klassifikations- und Entscheidungsprozess

4.7.7.2 Planungs- und steuerungsebene

Die Planungsaufgaben der Disposition können mittels zahlreicher Dispositionsmethoden gelöst werden. Für jede Dispositionsmethode können wiederum diverse Dispositionsverfahren eingesetzt und unterschiedlich parametriert werden. Die Ebene der Planung und Steuerung von Beständen beinhaltet die drei grundlegenden Planungsaufgaben der Disposition, Bedarfs-, Bestands- und Beschaffungsplanung, die insbesondere für die innerbetriebliche Betrachtung von Bedeutung sind sowie Ansätze der Integration und Koordination dieser entlang der Versorgungskette.

Wie bei der Artikelstrukturierung können auch auf dieser Ebene Merkmale und Merkmalsausprägungen ermittelt werden, welche die Eigenschaften und Einsatzvoraussetzungen der verschiedenen Dispositionsmethoden und -verfahren beschreiben und somit eine Art Leistungsprofil darstellen. Im Folgenden werden beispielhaft einige Merkmale und ihre Ausprägungen aufgelistet, die sowohl den inner- als auch den überbetrieblichen Einsatz von Dispositionsmethoden und -verfahren berücksichtigen (Lenerz 1998; Hellingrath et al. 2002; Petry 2004; Sucky 2004).

Tabelle 4.7-1

Leistungsmerkmal	Merkmalsausprägung
Koordinationsgrad der Planungsaufgaben	▪ Lokal ▪ heterarchisch bzw. dezentral ▪ hierarchisch bzw. zentral
Integrationsgrad der Planungsaufgaben	▪ simultan ▪ sukzessiv
Informationsaustauschstruktur	▪ bilateral ▪ linear ▪ vernetzt
Prozessfokus	▪ Beschaffungssystem ▪ Produktionssystem ▪ Distributionssystem
Informationsgrad der Daten	▪ deterministisch ▪ stochastisch
Zeitliche Entwicklung von Modellparametern	▪ stationär ▪ dynamisch
Auftragsauslösung	▪ ereignisgesteuert ▪ regelmäßig
Anzahl der zu fertigenden Produkte	▪ Einproduktfall ▪ Mehrproduktfall
Anzahl der Fertigungsstufen	▪ einstufig ▪ mehrstufig
Berücksichtigung von Kapazitäten	▪ unkapazitiert ▪ kapazitiert
Zielgrößen	▪ monetär ▪ logistisch
Lösungsverfahren	▪ exakt ▪ heuristisch
...	▪ ...

Betrachtet man die grundlegenden Planungsaufgaben der Disposition, dann bildet die Bedarfsplanung den Auslöser für alle weiteren Planungsaktivitäten

Aufgabe der *Bedarfsplanung* ist es, zukünftige Bedarfe der verschiedenen Artikel- bzw. Artikelklassen zu ermitteln. Aufgrund der vielfältigen

Randbedingungen, durch welche die Bedarfsplanung beeinflusst wird, stehen verschiedene Verfahren zur Bedarfsermittlung zur Verfügung, welche zum großen Teil auch durch gängige IT-Systeme unterstützt werden.

Die verschiedenen Verfahren zur Bedarfsermittlung basieren auf analytischen Zusammenhängen, welche dem Systemnutzer oftmals nicht in ausreichender Art und Weise bekannt sind. Aus diesem Grund kommt es in zahlreichen Fällen zu einer nicht optimalen Nutzung der vorhandenen Funktionen.

Insbesondere bei der stochastischen Bedarfsermittlung ist die Entscheidung zu treffen, welche Prognoseverfahren für welche Artikel bzw. Artikelklassen eingesetzt und wie parametriert werden sollen. Durch die Klassifikationsfunktion der KENT-Matrix, einer Analyse der zur Verfügung stehenden Prognoseverfahren und der Gestaltung eines Entscheidungsbaumes kann dieser Entscheidungsprozess systematisch gelöst und automatisiert werden. Zugleich werden die Prognoseverfahren nicht statisch eingesetzt, sondern unterliegen der dynamischen Zuordnung der Artikelklassen.

Aufgabe der *Bestandsplanung* ist es, die Funktionen bereitzustellen, welche zur Planung der Bestandshöhe unter Berücksichtigung möglicher Abweichungen erforderlich sind. Besonders hervorzuheben ist hier die Planung von Sicherheitsbeständen, die unvorhergesehene Unsicherheiten in Beschaffung und Produktion auffangen sollen, und die Festlegung von Bestellauslösebeständen, die für eine mengenorientierte Beschaffungsauslösung notwendig sind.

Da durch die Bestandsplanung die Lagerbestände und damit das dort gebundene Kapital direkt beeinflusst werden, kommt ihr im Rahmen der Disposition eine wichtige Bedeutung zu. Durch eine Optimierung der Nutzung vorhandener Systemfunktionen zur Bestandsplanung lassen sich Rationalisierungspotenziale erschließen, ohne dass andere Planungsfunktionen nachteilig beeinflusst werden.

Zur praktischen Umsetzung der Ergebnisse aus der Bedarfs- und Bestandsplanung sind Aufträge zu generieren, die Mengen und Zeitpunkte eines Artikels oder einer Artikelklasse für den Bestell- oder Produktionsvorgang bestimmen. Hierbei stehen wiederum verschiedene Verfahren der Beschaffungsmengenrechnung und der Beschaffungsauslösung zu Verfügung, die im Rahmen der *Beschaffungsplanung* differenziert betrachtet und klassenspezifisch eingesetzt werden müssen.

Die Beschaffung findet in der täglichen Unternehmenspraxis häufig nur wenig Beachtung, obwohl sie zunehmend in den Blickpunkt intensiver Rationalisierungsbemühungen rückt. Eine optimierte Beschaffung ermöglicht jedoch beachtliche Wettbewerbsvorteile durch eine bessere Bestimmung von Beschaffungsmengen und -terminen.

4 Konzeptentwicklung in der Produktionsplanung und -steuerung

Die Auslösung eines Beschaffungsprozesses kann bedarfs-, bestands- oder terminbezogen stattfinden. Hierfür stehen Verfahren wie Bestellpunkt-, Bestellrhythmusverfahren oder variantenreiche Kombinationen zur Verfügung. Der differenzierte Einsatz solcher Verfahren ermöglicht eine kostenoptimale Gestaltung der Beschaffungsterminierung.

Ziel der Bestimmung wirtschaftlicher Beschaffungsmengen ist es, die gegenläufigen Tendenzen der Kostengruppen Beschaffungsvorgang (Eigenfertigung oder Fremdbeschaffung) und Lagerhaltung unter Betrachtung gegebener Randbedingungen so zu berücksichtigen, dass die entstehenden Gesamtkosten minimal werden. Hierfür stehen entsprechend statische, dynamische, exakte und heuristische Verfahren zur Auswahl, die unterschiedliche Rahmenbedingen berücksichtigen und unter bestimmten Restriktionen anwendbar sind. In der Mehrzahl der Fälle kommen jedoch nur einfach aufgebaute und leicht verständliche Verfahren zum Einsatz, die durch alle gängigen IT-Systeme unterstützt werden. Auch hier gilt der Fokus des Konzeptes „House of Stock", Verfahren der Beschaffungsmengenrechung artikelklassenspezifisch einzusetzen.

Die hier beschriebenen Planungsverfahren bilden den Grundstein der Disposition. Die Art und Weise wie sie eingesetzt, kombiniert und entlang einer Versorgungskette mehrstufig koordiniert bzw. synchronisiert werden bestimmen die weiteren Dispositionsstrategien. Bekannte Vertreter solcher Dispositionsstrategien sind:

- *MRP (Material Requirements Planning):* Der Ansatz von MRP geht von deterministischen Bedarfen aus und basiert auf einen diskreten Zeitraster. Er beinhaltet neben der Bedarfsermittlung eine Losbildung und eine Vorlaufterminierung und wird für mehrstufige Produktionssysteme eingesetzt. Die Aufträge werden in regelmäßigen Abständen auf Basis eines Hauptproduktionsprogramms (Master Production Schedule) zentral ermittelt (programmgesteuerte Disposition). Da hier keine Produktionskapazitäten berücksichtigt werden, wurde der Ansatz um diese Komponente erweitert (MRP II, Manufacturing Resource Planning). Die Abstimmung erfolgt dann sukzessive. Eine Optimierung anhand von ökonomischen Kriterien erfolgt nicht.
- *DRP (Distribution Requirements Planning):* Der DRP Ansatz basiert auf dem MRP Ansatz und wurde für die Belange der Distribution entwickelt. Hierbei werden Distributionssysteme wie mehrstufige Produktionsprozesse mit umgekehrter Flussrichtung betrachtet.
- *SIC (Stochastic Inventory Control):* Zu dieser Kategorie gehören die Ansätze der verbrauchsgesteuerten Disposition, die davon ausgehen, dass die Nachfrage stochastischen Schwankungen unterliegt. Der Bedarf wird im Gegensatz zu den MRP/DRP-Ansätzen nicht aus einem

Hauptprogramm (Master Schedule) hergeleitet, sondern aus Vergangenheitsverbräuchen geschätzt bzw. prognostiziert. Zu dieser Kategorie sind die Bestellpunkt- und Bestellrhythmusverfahren zuzuordnen. Der Einsatz dieser Verfahren konzentriert sich hauptsächlich auf lokaler Ebene (einstufige Betrachtung).

- *BSC (Base Stock Control):* Der Ansatz des Base Stock Control ist ein statischer Ansatz, der für mehrstufige Distributionssysteme eingesetzt wird. Fokus hier ist die systemweite Berücksichtigung der Bedarfsverläufe der untersten Lagerebene. Übergeordnete Lagerstufen werden mit den aktuellen Bestands- und Nachfragedaten aus den Endbedarfslagern versorgt. Ein Kommunikationsnetz stellt allen flussaufwärts liegenden Lagerstufen verzerrungs- und verzögerungsfreie Informationen über die momentane Bedarfssituation am Point of Sale zur Verfügung. Die flussaufwärts liegenden Lager warten bei ihrer eigenen Disposition nicht mehr die Bestellvorgänge der nachfolgenden Lagerstufen ab, sondern richten ihre eigenen Bestellungen nach der Endnachfrage und den in den nachfolgenden Lagerstufen vorhandenen Lagerbeständen. Zur Auslösung der Bestellmengen kann in einem Base Stock System auf herkömmliche Verfahren wie beispielsweise das Bestellpunktverfahren mit variabler Bestellmenge zurückgegriffen werden. Bestellpunkt und Wiederauffüllmenge werden dabei für jede Lagerstufe in Abhängigkeit von der einzukalkulierenden Wiederbeschaffungszeit sowie der im zugehörigen Distributionszweig erwarteten Endnachfrage bestimmt. Dabei bleibt das Bestellverhalten der zwischengeschalteten Lagerstufen explizit unberücksichtigt. Die einzelnen Lager unterstehen keiner zentralen Koordination. Im Gegensatz zu den vorherigen Ansätzen bietet der Ansatz von Base Stock Control die Möglichkeit, Dispositionsentscheidungen am Endbedarfsverlauf auszurichten.
- *LRP (Line Requirements Planning):* Der Ansatz von LRP kann als Kombination der Ansätze von BSC und MRP verstanden werden. So werden nicht nur Informationen des momentanen Endbedarfs an alle Lagerstufen weitergeleitet, sondern es werden auch zukünftige Entwicklungstendenzen der Nachfrage mitberücksichtigt.
- *ECR (Efficient Continuous Replenishment):* Unter diesem Ansatz versteht man die Abstimmung von Informationen und Materialflüssen zwischen den beteiligten Partnern einer Versorgungskette. Der Lagerbestand wird dabei zu einer gemeinsamen Variable der Partner. Diese Dispositionsstrategie ist im Gegensatz zu den zuvor erwähnten Ansätzen als eine unternehmensübergreifende Strategie zu verstehen. Man unterscheidet hierbei vier Ausprägungen: VMI (Vendor Managed Inventory), CMI (Co-Managed Inventory), BMI (Buyer-

Managed Inventory) und SMI (Supplier-Managed Inventory). Die Unterschiede liegen einerseits in der Art der Partnerbeziehung (Hersteller-Händler oder Lieferant-Hersteller Beziehung) und andererseits in der Verantwortung der Bewirtschaftung der Bestände.
- *CPFR (Collaborative Planning Forecasting and Replenishment):* Dieser Ansatz gilt als Weiterentwicklung der ECR Strategie und beschreibt einen Dispositionsprozess, der gemeinsam vom Hersteller und Händler geplant und gesteuert wird. Teilprozesse hier sind Planung im Sinne der Entwicklung einer Kooperationsvereinbarung und der Erarbeitung eines gemeinsamen Geschäftsplans, Prognose und Bestellung.
- *JIT (Just In Time)/JIS (Just In Sequence)/Kanban:* Diese Ansätze verlangen den Abschluss eines Rahmenvertrages zwischen den beteiligten Partnern. Es handelt sich um Beschaffungsprinzipien mit einem hohen Synchronisationsgrad der Informations- und Materialflüsse und starker Anbindung zwischen Lieferant und Abnehmer.

Ansätze wie diese sowie variantenreiche Weiterentwicklungen und Kombinationen dieser zeigen zugleich Vorteile und Nachteile auf. Auf Basis der zuvor erwähnten Merkmale und Merkmalsausprägungen können Leistungsprofile solcher Dispositionsstrategien erstellt werden. Der Einsatz wiederum dieser Dispositionsstrategien ist immer abhängig einerseits von den Anforderungen der zu planenden Artikel, die in der Artikelstrukturierung aufgenommen worden sind, andererseits aber auch von der inner- und überbetrieblichen Konfiguration der Unternehmensbereiche (Netzwerkkonfiguration des Aachener PPS-Modells) wiederzufinden sind. Nur so ist es möglich, anforderungsgerechte Dispositionsstrategien artikelspezifisch und adaptiv einzusetzen (vgl. Abb. 4.7-9).

4.7.7.3 Simulation und Controlling Ebene

Die letzte Ebene rundet das Konzept des „House of Stock" ab. Die Simulation und grafische Darstellung von Bedarfs- und Bestandsverläufen sowie die zeitliche Entwicklung kosten- und leistungsorientierter Kennzahlen durch den klassenspezifischen Einsatz der jeweils den Anforderungen entsprechenden Planungsverfahren ermöglicht die Quantifizierung der zu erzielenden Verbesserungspotenziale hinsichtlich Kosteneinsparung durch Bestandsreduzierung einerseits und Erhöhung des Lieferbereitschaftsgrades andererseits. Die Simulation kann einzelne Module oder auch das Gesamtkonzept beinhalten, abhängig vom Verbesserungsbedarf im jeweiligen Unternehmen. Hierbei spielt die Auswahl und der Einsatz logistikgerechter und aussagekräftiger Kennzahlen eine gewichtige Rolle, da somit Fehlentwicklungen im Prozess der Planung und Steuerung nicht nur von Beständen sondern des gesamten Versorgungsvorgangs frühzeitig erkannt und bewältigt werden können.

4.7.8 Zusammenfassung

Erkennt ein Unternehmen seine Schwachstellen hinsichtlich seines Informations- und Materialflusses im Rahmen seines Bestandsmanagements mit den entsprechenden Symptomen wie Schnittstellenprobleme, Bestandsprobleme, Terminierungsprobleme, Controllingprobleme oder Variantenprobleme und wird sich der Gefahren aber auch der Potenziale bewusst, so hat es den ersten wichtigen Schritt getan. Die Frage, die sich nun stellt, ist die nach den Ursachen und wie ohne große Verzögerungen die richtigen Lösungen erarbeitet werden können.

Die einzelnen Elemente des „House of Stock" und das Verständnis ihrer logistischen inner- und überbetrieblichen Zusammenhänge sowie die Analyse der jeweiligen Handlungsfelder (vgl. Abb. 4.7-10) bietet dabei Ansätze an, wie ohne umfangreiche Investitionen bestehende Planungssysteme im Rahmen eines dynamischen Bestandsmanagements optimal konfiguriert und genutzt werden können.

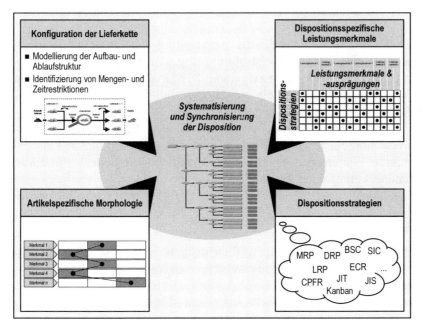

Abb. 4.7-9 Artikelspezifischer und adaptiver Einsatz anforderungsgerechter Dispositionsstrategien

4 Konzeptentwicklung in der Produktionsplanung und -steuerung

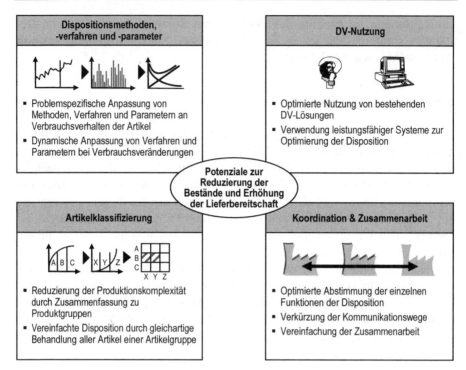

Abb. 4.7-10   Handlungsfelder im Dynamischen Bestandsmanagement

Dabei ist die Voraussetzung für die Anwendung differenzierter Dispositionsstrategien eine klare Artikelstrukturierung. Für diesen Zweck sind anforderungsgerechte dispositionsrelevante Merkmale, Ausprägungen und Entscheidungsregeln zu ermitteln, so dass ein multikriterieller Klassifikationsprozess entsteht, dessen Ergebnisse in die Klassifikations- und Entscheidungsmatrix (Kent-Matrix) einfließen können. Sind aus dieser Vorgehensweise homogene Artikelklassen gebildet worden, können klassenrepräsentative Planungsstrategien der Disposition (Methoden, Verfahren und Parameter) empfohlen werden.

4.7.9 Literatur

Birn H (2001) Kreislaufwirtschafts- und Abfallgesetz in der betrieblichen Praxis, Kommentar, Loseblattsammlung WEKA Fachverlag für technische Führungskräfte, Augsburg

Disney S M, Towill D R (2003) On the bullwhip and inventory variance produced by an ordering policy. Omega 31(2003):157-167

ELA European Logistics Asscociation (2004) Differentiation for Performance – Excellence In Logistics 2004. Deutscher Verkehrs-Verlag, Hamburg

Frese E (2004) Organisationstheorie. In: Frese E (Hrsg) Enzyklopädie der Betriebswirtschaft, Handwörterbuch der Organisation, Bd.2, 4.Aufl. Schaeffer-Poeschel, Stuttgart

Hartmann H (1999) Bestandsmanagement und -controlling – Optimierungsstrategien mit Beiträgen aus der Praxis. Deutscher Betriebswirte-Verlag, Gernsbach

Hartmann H (2002) Materialwirtschaft – Organisation, Planung, Durchführung, Kontrolle, 8. überarb. und erw. Aufl. Deutscher Betriebswirte-Verlag, Gernsbach

Hellingrath B, Keller M, Witthaut M (2002) Klassifizierung von Dispositionsstrategien großer Logistiknetze. (Technical Report 02001, SFB 559, Teilprojekt M7)

Inderfurth K, Teunter R H (2003) Production Planning and Control of Closed-Loop Supply Chains. In: Guide V D R, Van Wassenhove L N (Hrsg) Business Aspects of Closed-Loop Supply Chains, Pittsburgh. 2003, S 149-174

Kaluza B, Dullnig H (2003): Ansätze eines Logistik-Controlling in Verwertungs- und Entsorgungsnetzwerken. In: Seicht, G (Hrsg.): Jahrbuch für Controlling und Rechnungswesen 2002, Wien 2002, S 219 - 245

Kaluza B, Dullnig H, Goebel B (2001): Überlegungen zur Konzeption eines Produktionsplanungs- und Recyclingplanungs- und -steuerungssystems für Verwertungs- und Entsorgungsnetzwerke. Diskussionsbeiträge des Instituts für Wirtschaftswissenschaften der Universität Klagenfurt Nr. 2001/01, Klagenfurt

Lee C B (2003) Multi-Echelon Inventory Optimization, Evant White Paper Series

Lenerz P (1998) Effiziente Nachschubsteuerung in mehrstufigen Distributionskanälen – Bestandsmanagement auf Basis integrierter Informationssysteme. Gabler, Wiesbaden

Loukmidis G, Stich V (2004) House of Stock – Dynamisches Bestandsmanagement- Konzept zur Erreichung niedriger Bestände und hoher Lieferbereitschaft. PPS Management 9(2004)3:44-47

Loukmidis G, Stich V (2005) Kent-Matrix – Klassifikations- und Entscheidungsmatrix als grundlegendes Analyseinstrument zur Strukturierung des Artikelsortiments und Differenzierung der Dispositionsplanung am Beispiel der Ersatzteilversorgung. PPS Management 10(2005)1:14-17

Lutz S (2002) Kennliniengestütztes Lagermanagement. VDI, Düsseldorf

N.N. (2001) Handbuch Umweltcontrolling. Bundesministerium für Umwelt, Naturschutz und Reaktorsicherheit (Hrsg), 2. Aufl. Vahlen, München

Perona M, Miragliotta G (2004) Complexity management and supply chain performance assesment. A field study and a conceptual framework. Production Economics 90(2004):103-115

Petry K (2004) Entwicklung eines Losplanungsverfahrens zur Harmonisierung des Auftragsdurchlaufs. Shaker Verlag, Aachen

Pfohl H-Chr (2004) Logistiksysteme – Betriebswirtschaftliche Grundlagen, 7. korrigierte und aktualisierte Aufl. Springer, Berlin

Pfohl H-Chr, Stölzle W, Schneider H (1993) Entwicklungstrends im Bestandsmanagement. Betriebswirtschaftliche Forschung und Praxis 45(1993)5:529-551

Reinitzhuber K (1997) Bestandsmanagement für Unternehmen mit Kleinserienfertigung. Shaker Verlag, Aachen

Risse J, Zadek H (2005) Bestandsmanagement in der Supply Chain. Jahrbuch der Logistik 2005, S 94-97

Schönsleben P, Lödding H, Nienhaus J (2003) Verstärkung des Bullwhip-Effekts durch konstante Plan-Durchlaufzeiten – Wie Lieferketten mit einer Bestandsregelung Nachfrageschwankungen in den Griff bekommen. PPS-Management 8(2003)1:41-45

Stölzle W, Heusler F, Karrer M (2004) Erfolgsfaktor Bestandsmanagement – Konzept, Anwendung, Perspektiven. Versus Verlag, Zürich

Sucky E (2004) Koordination in Supply Chains – Spieltheoretische Ansätze zur Ermittlung integrierter Bestell- und Produktionspolitiken. Deutscher Universitäts-Verlag, Wiesbaden

Verwijmeren M A A P (1998) Networked Inventory Management by Distributed Object Technology. KPN Research, Leidschendam

Wagner M (2003) Bestandsmanagement in Produktions- und Distributionssystemen. Shaker Verlag, Aachen

Wahl Chr (1999) Bestandsmanagement in Distributionssystemen mit dezentraler Disposition. Difo-Druck OHG, Bamberg

Weber R (2000) Zeitgemäße Materialwirtschaft mit Lagerhaltung – Flexibilität, Lieferbereitschaft, Bestandsreduzierung, Kostensenkung. Expert Verlag, Renningen-Malmsheim

Wöhe G (2005) Einführung in die allgemeine Betriebswirtschaft, 22. Aufl. Vahlen, München

5 Ausblick

5 Zusammenfassung und Ausblick

von Günther Schuh und Andreas Gierth

Das vorliegende Buch versteht sich infolge eines sich ständig wandelnden betrieblichen Umfeldes in der produzierenden Industrie als eine Erweiterung, Ergänzung und Überarbeitung der letzten Auflage des Buches „Produktionsplanung und -steuerung. Grundlagen, Gestaltung und Konzepte" von 1999. Es soll ebenso wie dieses ein Bindeglied zwischen akademischer Forschung und unternehmerischer Praxis sein und Handbuchcharakter für den betrieblichen Praktiker besitzen.

Nach wie vor handelt es sich um eine umfassende, stets anwendungsorientierte Darstellung des gesamten Themenfeldes der Produktionsplanung und -steuerung, deren Begriffsverständnis in Richtung einer unternehmensübergreifenden PPS erweitert wurde. Dabei steht nicht mehr das Einzelunternehmen, sondern das gesamte Produktionsnetzwerk im Mittelpunkt der Betrachtung. Damit wurde einem der wesentlichen, im letzten Buch prognostizierten Trends der Produktionsindustrie auch auf Modellebene Rechnung getragen. Das erweiterte Aachener PPS-Modell ist somit nicht nur in der Lage, die betriebliche Realität adäquat abzubilden, sondern selbst wiederum Ausgangspunkt für neue Gestaltungsansätze zu sein.

Mit der Ausgangsfeststellung, dass sich mit der zunehmenden „Vernetzwerkung" von Einzelunternehmen in der produzierende Industrie auch die Anforderungen an das Produktionsmanagement geändert haben, ging die Beobachtung einher, dass der traditionelle PPS-Begriff allenfalls nur noch eine „Kern-PPS" abdeckte. Als Beantwortung dieser Diskrepanz zwischen akademischer Theorie und industrieller Wirklichkeit wurde in einer Weiterentwicklung des bestehenden Modells ein neues PPS-Modell erarbeitet, das im Grundlagenkapitel eingeführt wird. Es greift auf die bewährte Unterscheidung von Referenzsichten zurück, die verschiedene Blickwinkel auf die Teilaspekte der Produktionsplanung und -steuerung erlauben. Als neue Referenzsicht hinzugekommen ist an dieser Stelle die Prozessarchitektursicht.

Die Aufgabensicht definiert und spezifiziert alle im Rahmen der PPS anfallenden Aufgaben bzw. Teilaufgaben. Diese Definition erfolgt unabhängig von aufbauorganisatorischen Gliederungsmöglichkeiten in den Betrieben und Netzwerken, d. h. ohne spezifische Zuordnung zu einzelnen Organisationseinheiten. Ebenfalls unberücksichtigt bleibt dabei zunächst die zeitliche Reihenfolge. Allerdings wird unterschieden zwischen den sog. Kern- und Querschnittsaufgaben, wie es im alten Modell bereits der Fall war. Neu ist hingegen die Unterscheidung zwischen Aufgaben der Unternehmens- und der Netzwerkebene. Die Aufgaben der Netzwerkebene sind die Antwort auf die nötig gewordene Netzwerkorientierung des Modells. Beispielsweise gibt es nun die Aufgabe der Netzwerkabsatzplanung.

Die neue Prozessarchitektur-Referenzsicht stellt die Verteilung der aus den Aufgaben abgeleiteten Prozesselemente dar. Auf das oben genannte Beispiel bezogen stellt sich etwa die Frage, wie die Aufgabe der Netzwerkabsatzplanung zwischen mehreren Partnern eines Netzwerkes durchgeführt wird, z. B. zentral hierarchisch oder dezentral „demokratisch". Im Rahmen der Prozessarchitektursicht werden auf der Basis einer empirisch gestützten Morphologie unterschiedliche Typen von Produktionsnetzwerken entwickelt, die analog zu den „Auftragsabwicklungstypen" des ursprünglichen Modells zu sehen sind. Sie dienen darüber hinaus, gewissermaßen als „Schablonen", für die Verteilung von Aufgaben in einem Netzwerk.

Prozesse enthalten zielgerichtete Aufgaben oder Gruppen von Aufgaben, die eine Zustandsänderung eines genau festgelegten, von einem (externen oder internen) Lieferanten bereitgestellten Inputs bewirken und diesen einem (externen oder internen) Kunden als Output zur Verfügung stellen. Die Prozesssicht bildet die gesamte Auftragsabwicklung prozessual ab und bringt die einzelnen (Teil-)Prozesse in eine zeitliche Ordnung. Dabei wird die auch zeitlogische Abfolge der Aufgaben auf der Netzwerkebene generiert. Dieser Netzwerkperspektive kommt die Definition der Schnittstellen zwischen betrieblichen und überbetrieblichen Prozessen zu. In bewährter Tradition wird die Darstellung der innerbetrieblichen Abläufe für den Auftrags-, Rahmen-, Varianten- und Lagerfertiger differenziert.

Die Funktionssicht dient der Beschreibung von Anforderungen an ERP- bzw. PPS-Systeme, die zur Unterstützung aller PPS-Aktivitäten herangezogen werden. Ziel ist dabei die Integration aller Teilfunktionen in den netzwerkweit verwendeten ERP- oder SCM-Systemen. Funktionen sind als informationstechnische Umsetzung von (Teil-)Aufgaben zu verstehen. Durch die standortübergreifende Perspektive müssen somit auch die Netzwerkaufgaben als Funktionen dargestellt werden.

Die Veränderung der Wettbewerbs- und Marktsituation in der produzierenden Industrie, v. a. die zunehmende Vernetzung, eröffnet den Unternehmen gleichzeitig neue Gestaltungsfelder, die in den folgenden Beiträgen exemplarisch aufgezeichnet werden. Darunter fällt beispielsweise die

Reorganisation der inner- und überbetrieblichen Prozesse. Dabei geht es nicht zuletzt darum, Umstrukturierungen der betrieblichen Organisationsstruktur auch systemtechnisch zu unterstützen und umgekehrt mit der Einführung neuer Systeme die bestehenden Strukturen um neue und innovative Funktionalitäten zu ergänzen. In der Praxis hat sich ein Vorgehen nach dem so genannten 3**Phasen**Konzept bewährt. Dabei wird in drei Phasen zunächst die Prozess- und Strukturoptimierung, anschließend die Vorauswahl und schließlich die Endauswahl von ERP-/PPS-Systemen durchgeführt.

Ein anderes Beispiel beschäftigt sich mit der Harmonisierung von PPS-Prozessen und -Systemen. Die zunehmende Integration von Geschäftsfeldern und Organisationsbereichen erfordert in gleichem Maße die Integration von Prozessen, Informationssystemen und Daten über Unternehmensteile oder Geschäftsbereiche hinweg. Häufig herrschen in Unternehmen nach Veränderungen der organisatorischen Rahmenbedingungen sehr heterogene Systemlandschaften vor. Da die vollständige Integration der eingesetzten Systeme unter einem „Dachsystem" nicht immer möglich oder nötig ist, müssen zunächst die Harmonisierungspotenziale innerhalb des Unternehmens oder der Unternehmensgruppe identifiziert werden. Auf dieser Basis können alternative Harmonisierungsstrategien entwickelt und bewertet werden. Alternativen können neben der Implementierung eines neuen, übergreifenden ERP-/PPS-Systems beispielsweise die Teilsubstitution oder die Integration bestehender Systeme durch eine Middleware-Plattform sein. Gerade unter Kostengesichtspunkten ist hier eine vorherige Kalkulation, d. h. die Bewertung einer solchen Harmonisierungsstrategie unerlässlich.

Der Beitrag zum Controlling in Lieferketten zeigt auf, wie ein theoretisch fundiertes Logistik-Controlling in Produktionsunternehmen konkret ein- und durchgeführt werden kann. Beispielhaft werden dabei die immer wichtiger werdenden marktseitigen Zielgrößen Lieferzeit und Liefertreue als Ausgangspunkt gewählt. Allerdings beschreibt das Controlling keine lineare Prozessabfolge, sondern einen Regelkreis. Es dient der Formulierung und Kontrolle von Logistikzielen einschließlich Abweichungsanalysen und der Ableitung von Verbesserungsvorschlägen. Als solches hat sich das Controlling längst als fester Bestandteil der PPS etabliert.

Konkret auf den Maschinen- und Anlagenbau bezogen zeigt eine andere Darstellung, welche spezifischen Herausforderungen temporäre Produktionsnetzwerke mit sich bringen und wie diesen begegnet wird. Am Beispiel eines deutschen Unternehmens wird die auftragsspezifische oder projektbezogene Zusammenarbeit als eine typische Kooperationsform in dieser Branche skizziert. Deren besondere Kennzeichen sind u. a. die hohe Komplexität und Dynamik des Netzwerkes. Die spezifische Schwierigkeit für die Koordination solcher Netzwerke – aber eben auch ein enormes Rationalisierungspotenzial – besteht in der Schnittstellenproblematik: Uneinheitliche Softwaresysteme und Datenstandards bringen z. T. massive Verzögerungen und Redundanzen mit sich. Mit *myOpenFactory* wird ein universeller Datenstandard geschaffen, der in Anlehnung an den bestehenden Standard *EDIFACT* dessen Vorteile, so etwa seine weite Verbreitung, nutzen und dessen wesentlichen Schwachstellen beheben soll. Darüber hinaus wird auch ein Prozessstandard angestrebt, der auf Basis des Aachener PPS-Modells eine begrenzte Anzahl modularer Prozessbausteine zur Verfügung stellt. Diese erlauben eine einheitliche Abbildung und Koordination der einzelnen Schritte in der Auftragsabwicklung. Die Implementierung des Standards erfolgt internetbasiert. Somit ist die integrierte Auftragsabwicklung sowohl zwischen Anwendern verschiedener ERP-Systeme als auch zwischen Anwendern mit beschränkter informationstechnischer Infrastruktur möglich. Mit der Schaffung brachenweiter oder sogar -übergreifender Standards werden Effizienz und Transparenz der PPS letztlich in hohem Maße gefördert.

Zur Konkretisierung der Grundlagen und Gestaltungsfelder werden abschließend einige ausgewählte Konzepte für die inner- und überbetriebliche Produktionsplanung und -steuerung vorgestellt. Betrachtungsobjekt des ersten Beitrags sind jegliche Arten von Produktionskooperationen. Für diese wird auf Basis eines Phasenschemas ein Konzept der Materialkreislaufführung dargestellt, das unternehmensübergreifend langfristige ökonomische und ökologische Potenziale generieren soll. Ausgehend von einem Beispiel der Abfallproduktentsorgung in der Papierindustrie wird eine Methode vorgestellt, die in fünf Phasen eine optimale Gestaltung der Kooperation mit dem Ziel einer geschlossenen Kreislaufwirtschaft ermöglicht.

Ein weiteres Kapitel befasst sich mit Agentensystemen als eine Antwort auf die logistischen Herausforderungen, die aus dem industriellen Strukturwandel resultieren. Dazu wird zunächst der Begriff der Selbststeuerung eingeführt, definiert und erläutert. Anschließend wird ausführlich die Agententechnologie vorgestellt, die als Träger einer Konzeption selbststeuernder logistischer Prozesse fungieren kann. Der Grundgedanke dabei ist, dass logistische Objekte autonom Entscheidungen treffen und somit den Ablauf logistischer Prozesse beschleunigen und solider machen. Exemplarisch werden einige Ansatzpunkte und Potenziale der Selbststeuerung logistischer Prozesse in den Bereichen Produktions- und Transportlogistik sowie dem Supply Chain Management skizziert.

Natürlich befindet sich die produzierende Industrie nach wie vor in einem dynamischen Wandlungsprozess. Insofern ist die Darstellung von Aufgaben und Zielen der Produktionsplanung und -steuerung auch nur eine Abbildung des derzeitigen Anforderungsprofils an ein adäquates Produktionsmanagement. Ebenso wie etwa Modelle den vergangenen Änderungsprozessen im industriellen Umfeld Rechnung getragen haben und dementsprechend angepasst wurden, wird man sich auch weiterhin den künftigen Herausforderungen stellen müssen.

Zweifelsohne wird sich die Vernetzung von einzelnen Produktionsunternehmen zu Produktions- oder auch Logistiknetzwerken weiterhin verstärken. Dadurch wird es wiederum einen erhöhten Bedarf an empirisch gestützter Forschung geben, die neue, optimierte Organisationsformen und -konzepte entwickelt und diese angemessen und anwendungsorientiert darzustellen vermag.

Eine große Herausforderung bei der logistischen Vernetzung ist die Überwindung der aufbau- und ablauforganisatorischen sowie systemtechnischen Heterogenität der Organisationseinheiten, die derzeit in Netzwerken gegeben ist. Daraus kann man einen ersten Trend ableiten, dem die Unternehmen folgen werden: die Harmonisierung, insbesondere die der Planungs- und Steuerungsprozesse. Denn nur auf diese Weise kann die Vernetzung auch die gewünschten Synergieeffekte generieren. Es müssen einheitliche Kern- und Unterstützungsprozesse formuliert werden, die auf jeden Netzwerkpartner, unabhängig von seiner betrieblichen Größe oder seiner geografischen Lage, übertragbar sind. Ziel ist u. a. die Schaffung geschlossener Informationskreisläufe unter ständiger Gewährleistung einer maximalen Datensicherheit. Dabei können Referenzmodelle als Schablonen dienen, anhand derer ohne größeren Aufwand etwa gemeinsame Prozessstandards definiert werden können.

Ein zweiter Trend wird sicherlich die Entwicklung und Einführung von neuen Technologien sein, die die Integration von Unternehmensprozessen und IT-Systemen im Rahmen einer überbetrieblichen PPS unterstützen können. Als Beispiele wären etwa zu nennen die Entwicklung der quer durch alle Branchen zum Einsatz kommenden Transpondertechnik RFID (radio frequency identification) oder der entwickelte Quasi-Standard *myOpenFactory*, das als ein internetbasiertes, offenes Koordinationsinstrument konzipiert wurde, um den effizienten Datenaustausch zwischen verschiedenen ERP-Systemen ermöglichen und rudimentäre Funktionen eines ERP-Systems für kleine Unternehmen zu bieten.

Der sich als Reaktion aber auch Ausdruck des industriellen Fortschritts einstellende permanente Wandel in der Organisation von Produktionsunternehmen bzw. -netzwerken verpflichtet die Forschung gleichermaßen zum Handeln. Denn dem Betriebspraktiker fehlen oft sowohl das methodische Rüstzeug, als auch der nötige Überblick und die Zeit, den notwendigen fachwissenschaftlichen Hintergrund für die Entwicklung neuer PPS-Konzepte bereitzustellen. Die Aufgabe der Forschung ist damit nicht nur,

Fortschritt empirisch nachzuvollziehen, sondern vom Einzelfall zu abstrahieren, Modelle zu entwickeln und Trends zu antizipieren.

Sachverzeichnis

A

Aachener PPS-Modell 12
Ablauforganisation 108-110
ablauforganisatorisch 431
Absatz-
- mengenermittlung 34
- mengenkonsolidierung 34
- planung 33, 38, 40, 336, 390, 395, 402, 431, 432, 435, 449, 455, 625, 626, 652, 674, 675, 702
- prognosen 40
- schwankungen 646, 650

Agentenorientierte Techniken 757, 778
analytischer Hierarchieprozess 399
Angebotsbearbeitung 59-61, 139, 141, 170, 171, 227
Angebotseinholung/-bewertung 57, 58
Anpassprogrammierungen 369, 370
Arbeitspläne 47, 651, 670, 674, 721, 764, 765, 781, 784, 793, 796, 805
Arbeitsplan-Wissensbasis 764
Assemble-to-Order (ATO) 87, 88, 94
Aufgabenmodell 650-652, 668, 674, 675, 701, 712, 819-822
Aufgabensicht 18, 19, 28
Aufgabenverteilung 81
Auftrags-
- abwicklungsmerkmal 120
- abwicklungsprozess 13, 77, 108, 120, 136, 139, 158, 173, 182, 354, 364
- abwicklungstyp 110, 111, 120, 135, 136, 141, 161, 167, 170, 191, 461
- auslösungsart 122, 135
- bearbeitung 59, 139, 141, 142, 147, 149, 171, 175, 248, 264, 265, 270
- durchlauf 479, 480, 482
- durchlaufzeit 483, 496
- einplanung 647, 649, 678, 810
- fertiger 25, 74, 135, 136, 138, 139, 141, 144, 145, 147, 151, 153, 159, 161, 163, 166-168, 170-173, 175, 177, 180, 185, 530, 572, 575, 576, 580, 582-584
- freigabe 56, 222, 269
- koordination 59, 62, 63, 74, 75, 145, 149, 151, 163, 164, 167, 189, 350, 433, 437, 532
- management 20, 29, 58, 59, 61, 69, 139, 144-146, 151, 161, 163, 173, 175, 182, 191, 248, 264, 699, 710, 714-716, 718

Auftragsterminabweichung 481
Auslastung 454, 467, 476, 479
Auswahl von Best Practices 545, 549, 586, 591, 594

Sachverzeichnis

Automatisierungspyramide 758, 763, 764
Available to Promise (ATP) 772

B

Baustellenmontage 132
Bearbeitungszeit 47, 52
Belastungssituation 46
Belegungsplanung 50
Belegungszeit 47
Beschaffungs-
- art 43, 72, 127, 147, 149, 161, 177, 187, 203, 206, 207, 214, 252
- artzuordnung 45
- auftrag
  periodenbezogener 47
- planung 432
- programm 43
Best Practices des SCM 542, 543, 545, 552, 555, 563, 581, 583, 584, 585, 594
Bestand 474-476, 478, 479, 483, 485, 488, 493, 506
Bestands-
- analyse 64, 66, 279, 281
- führung 64, 67, 68, 77, 147, 153, 159, 167, 175, 177, 180, 185, 187, 191, 279, 280, 284
- management 20, 29, 59, 64, 66, 112, 117, 119, 136, 153, 167, 185, 191, 248, 711, 833-835, 838, 840, 843, 845, 856, 857, 858
- planung 64, 65, 115, 119, 145, 177, 180, 185, 187
Bestell-
- freigabe 58, 166, 180, 228
- rechnung 57, 151, 164, 180
Betriebsdatenerfassung (BDE) 151, 197
Betriebsmittel 29
Bevorratung 553
Bewegungsdaten 71, 77, 253
Bietstrategieermittlung 709
Blindleistung 765

Bottom-up-Vorgehensweise 414
Bruttoprimärbedarf 41
Bruttosekundärbedarf 45
Business Process Reengineering 413, 418, 420

C

Capable to Promise (CTP) 772
Chargenverwaltung 64, 68
Computer Aided Design (CAD) 72, 196, 262, 263
Computer Supported Cooperative Work (CSCW) 718
Configure to Promise (CoTP) 774
Continuous/Batch-Process (C/BP) 87, 88
Controlling 29, 58, 59, 69, 70, 416, 417, 418, 467-472, 474, 479, 480, 482, 484, 496, 506, 507, 508, 509, 596, 599
Controllingsichtweisen 503
Customer Relationship Management (CRM) 789

D

Daten-
- bereinigung 374
- modell 669, 670, 671, 697, 719, 721, 722, 723, 770, 819, 822
- qualität 367, 372, 383, 396, 402, 508, 521
- übernahme 351, 374
- verwaltung 20, 21, 29, 71, 248, 627, 651, 667, 711, 719, 788, 819, 820
Deliberation 753
Distributionsplanung 432, 554
Domänenwissen 769
Durchlauf-
- diagramm 475, 476, 479, 483, 487
- terminierung 46
- zeit 47, 400, 471, 476, 478, 479, 481, 482, 483, 485, 502, 554

E

Echtbetrieb 357, 374, 375
Effizienzkriterien 414
Eigenfertigungs-
- auftrag 47
- planung 435, 436
- planung und -steuerung 20, 29, 37, 46, 49, 50, 57, 62, 164, 177, 178, 187, 188, 189, 667, 699, 706, 717, 719, 819, 820
- programm 50
Eigenständigkeit 753
Einkaufsgemeinschaft 82
Einmalfertigung 129, 138
Einzel-Agenten-Ebene 756
Einzelkapazität 48
Endauswahl 341-343, 347, 348, 351, 353, 354, 356, 371
Engineering Data Management (EDM) 196, 262, 263
Engineer-to-Order (ETO) 87, 92, 97, 102
Enterprise Application Integration 719, 801
Entkopplungspunkt 167, 182, 185
Entscheidungsunterstützung 357, 503, 544, 545, 547, 549, 568, 581, 591, 593, 594
Entsorgung 606, 610, 613, 626, 627, 632, 784, 792
Entsorgungs-
- planung 626
- ressource 605, 623, 625-628
Entwicklungsgemeinschaft 82
entwicklungsgeprägtes Seriennetzwerk 97, 102
E-Procurement 687
Erfolgsfaktoren
 strategische 396, 400
Ergebnisvisualisierung 651
ERP-/PPS-System 25, 26, 71, 72, 78, 195-197, 207, 208, 216, 219, 263, 264-274, 275, 278, 287, 732, 736, 738-740, 811, 812

ERP-System 515, 519, 536-538, 559, 560
Ersatzdaten 42, 141, 175, 204
Erzeugnis-
- spektrum 123, 156, 170
- struktur 44, 46, 124, 204, 213

F

Fabrikplanung 648, 652, 655, 657, 658, 665, 674, 791, 796
 stategische 663
Fehlerkreis 505, 506
Fehlleistung 762, 765
Fein-
- konzeption 358, 359, 365, 366, 368
- planungsvorgang 51
- spezifikation 358
- terminierung 52
Fertigungs-
- art 129, 138, 147
- auftrag 46
- kapazitäten 47
- los 52
- struktur 50, 133, 164, 188
FIFO 51
Fließfertigung 88, 132
Fließmontage 132, 133
fokale Unternehmung 427
Fortschrittszahlenkonzept 154, 226
Fremdbestimmtes Lieferanten-Netzwerk 97, 102
Fremdbezugsplanung 20, 226, 431, 432, 435, 531-533, 535
Fremdbezugsplanung und -steuerung 29, 37, 45, 49, 56, 62, 76, 114, 136, 161, 165, 179, 190, 699, 704-718, 819, 820
Fremdbezugsprogramm 49
Fremdvergabe 692-696, 700, 702, 703, 706, 712, 713, 716, 743, 813
Funktionen 15-17, 81, 195, 207, 223, 225, 226, 248, 264, 279, 285
Funktionsmodell 718, 737
Funktionssicht 19, 25

G

geplante Auftragslast 653
Globalisierung 416
Gruppenmontage 132, 138

H

Harmonisierungspotenzial 382,
    385, 396, 397, 399, 401, 403, 417
Harmonisierungsstrategie 381, 390,
    392, 394, 396, 410, 411, 414,
    416, 417
Hersteller 87, 101, 102, 190
Hierarchieprozess
    analytischer 399
Hierarchisch-stabile Kette 94, 97,
    102, 103
Hybridfertigungs-Netzwerk 94,
    102, 105

I

Informations- und
    Kommunikationstechnologie
    (IuK) 725
Informationsaufbereitung 69
Informationsaufbereitung
    bzw. -bewertung 651
Inselfertigung 131, 138
Interaktion 661-663, 668, 672, 688,
    748-750, 752, 753, 767
Interdependenzen
    strukturbedingte 428
Intermediär 683, 684, 686, 687,
    689-713, 715, 716, 720, 721, 724,
    736, 737, 739
Intermediärdatenverwaltung 711
Interne Produktionsnetzwerktypen
    437
Ist-Analyse 317, 411, 461
IT-Strategie 381, 389, 411

J

JADE 754, 771, 774, 776

K

Kanban
    Kanbankonzept 191
    Kanbansteuerung 180
Kapazitäts-
- abgleich 48
- abstimmung 48, 675, 705, 706,
    713, 715, 716, 719, 811, 813,
    814, 816, 820
- angebot 42, 47, 48
- anpassung 48
- arten 48
- ausfall 650
- bedarf 47, 48
- bedarfsermittlung 47
- deckungsrechnung 42
- grobplanung 436
- gruppe 47
- planung 48
- profil 42
- reservierung 692-695, 697, 700,
    702, 703, 705, 706, 710-712, 714
Kennzahlen 299, 353, 354, 391,
    405, 470, 472, 476, 479, 483, 486
Kennzahlensystem 472, 473, 503
Kernaufgaben 28, 37
Kleinserienfertiger 575, 576, 581,
    582
Kleinserienfertigung 129, 130, 138
Kooperation 606-612, 615, 618,
    620-628, 630-633, 635-638, 640,
    641, 742, 745, 754, 761, 805
Kooperation
    Kreislauforientierte Kooperation
    639
    Produktionskooperation 682
    Unternehmenskooperation 605,
    606
Kooperations-
- architektur 607, 615, 623
- aufgabe 609, 611, 613, 618, 620,
    621, 622, 623, 624, 628, 631,
    638, 642
- bildung 606, 607, 624, 642
- lebenszyklus 607

- typ 618, 621, 623
- vereinbarung 607, 623, 642, 854

Kooperative Leistungserstellung 81

Koordinations-
- bedarf 34, 90, 117, 421, 428, 431, 436, 438
- ebenen 421, 431-434
- form 90, 91, 97
- schwerpunkte 424, 431, 432, 435-437, 447, 449, 451, 455-462, 464

KOZ 51

Kreislaufwirtschaft 603-606, 641, 643

Kundenänderungseinflüsse 87, 88, 94, 134, 182

kundenanonym 576

kundenauftragsanonym 39, 147, 167, 177

kundenauftragsbezogen 39, 41, 121, 123, 135, 144, 147, 167, 169, 170, 173, 175, 178, 271

Kundenauftragsfertiger 572

Kunden-Lieferanten-Schnittstelle 543-547, 549, 563, 564, 567, 568, 580, 585, 586, 587, 591-594

L

Lageranalyse 491

Lagerbestand 485-489, 558, 562

Lagerdurchlaufdiagramm 486

Lagerfertiger 25, 45, 88, 136, 164, 177, 180, 182, 185-187, 190, 191, 572, 576, 578, 580, 581, 584

Lagerkosten 579

Lagerverwaltung 64, 67, 153, 191, 248, 285, 289

Lastenheft 358

Lean Thinking 304-306, 329

Leistungskennlinie 477, 478

Lernfähigkeit 754

Lieferabruf 154, 156, 159, 161, 583

Lieferantenauswahl 32, 58, 114, 164, 180, 226, 230, 231

Lieferantenprofilermittlung 707

Lieferkette 467, 468, 496-499, 501, 502, 547, 557, 558, 560, 593

Lieferterminermittlung 647, 663, 664, 666, 708

Lieferverzug 486-490, 500

Logistikkosten 467, 473

Logistikleistung 467, 473, 509, 549, 550

Losgröße 45, 52, 88, 157, 182, 187, 205, 207, 210, 213-215, 252, 258
optimale 52

Losgrößenbildung 52

Losgrößenrechnung 52

M

Make-to-Order (MTO) 87, 88, 94, 97

Make-to-Stock (MTS) 87, 88, 94

Manufacturing Execution System (MES) 197, 219

Maschinendatenerfassung (MDE) 197

Massenfertigung 129, 130, 154, 182, 226

Maßnahme
ökologische 608, 611

Maßnahmenableitung 69

Material Requirements Planning (MRP) 646, 852

Materialdeckungsrechnung 42

Materialflussanalyse 482

Materialführung 607, 624, 625, 627, 628, 631

Materialgruppenbedarf 42

Materialkreislauf 604

Mischfertiger 576, 583, 584

Mittelpunktterminierung 47

Modellierung 413, 431, 465, 474, 545, 547, 593, 595

Morphologie 83, 92, 121, 392, 394, 395, 417

MRP II 739, 852

Multi-Agenten-Ebene 756

Multiagentensimulation 754, 755, 778

Multi-Agentensystem 752, 757, 758

N

Netto-
- primärbedarf 41
- sekundärbedarf 45
- sekundärbedarfsermittlung 45

Netzplan 46
Netzwerk 424, 432, 435, 436, 449, 450, 513, 539, 542, 567, 568, 587, 598
- absatzplan 34
- absatzplanung 20, 29, 31, 33-36, 40, 102, 104, 105, 115, 116, 117, 145, 174, 175, 182, 234, 239, 240
- aufgaben 28, 29, 31, 37, 59, 82, 100, 101, 109-112, 117, 248
- auslegung 31, 32, 45, 58, 102, 104, 105, 112-114, 147, 161, 177, 187
- bedarfsallokation 35, 36, 104, 117
- bedarfsplanung 20, 29, 31, 34, 35, 103-105, 112, 117, 147, 161, 177
- beschaffungsplanung 35, 37, 105, 117, 119, 120
- beschaffungsprogramm 37
- ebene 15, 21, 23, 65, 81, 100, 102, 119, 120, 145, 180
- eigenfertigungsprogramm 37
- fremdfertigungsprogramm 37
- kapazitätsplanung 35, 36, 103-105, 117, 119
- konfiguration 20, 29, 31, 34, 36, 45, 64, 102, 104, 105, 112, 115, 234
- partner 29
- struktur 23, 82, 84, 100, 101, 103, 105, 115, 116, 117
- typ 23, 25, 82, 83, 94, 97, 100-105, 109

Nutzwertanalyse 342, 355, 399, 401, 403, 456

O

ökologische Maßnahme 608, 611
Ontologie 751, 755, 760, 769-771
  Aufgabenonotologie 771
  Bauteilontologie 759
  Domänenontologie 770
  Methodenontologie 770
Operative Produktionsplanung 647
Operatives Störungsmanagement 649
Organisationsanalyse 309, 323, 330, 341, 343, 344, 360, 365

P

Parameter 364, 369, 372, 373, 469, 496, 497, 498
- einstellung 373
- initialeinstellung 373
- konfiguration 372
Parametrisierung 369
Periodenbedarf 45
Personal 29
Pflichtenheft 732, 733, 737
Planung 38
  rollierende 38
  simultane 42, 50
  überbetriebliche 632, 634
Planungs- und Steuerungsprozesse 28
Planungs-
- anlässe 649, 658, 660, 667, 675
- genauigkeit 38, 651, 654, 666
- horizont 38
- instanz 29, 31, 32, 34, 83, 100, 101, 103
  zentrale 421, 426
- lauf 647
- parameter 653, 662-666
- raster 43
- sicherheit 610, 613, 638, 647, 651, 654, 666
- verfahren 646, 679, 844-846, 848, 852, 854
- zeitraum 37

Sachverzeichnis

PPS-
- Datengerüst 318
- Konzept 12
- System 12, 299, 347, 348, 351, 353, 356-358, 362, 363-365, 367, 370-372, 374, 383, 419

Primärbedarf 37, 38
Primärbedarfsplanung 41
Priorisierung von Best Practices 552
Prioritätsregeln 51
Pro-Aktivität 753
Product Data Management 196, 262, 263
Produktebene 100, 101
Produkterstellungsprozess 29
Produktions-
- abfallrecycling 603
- bedarfsplanung 20, 29, 35, 36, 37, 41, 42, 43, 46, 48, 49, 52, 53, 55, 56, 117, 120, 136, 144, 147, 149, 160, 161, 164, 173, 175, 177, 178, 187, 189, 222, 432, 435, 436, 666, 674, 699, 703, 713, 715, 716, 718, 819, 820
- controlling 479, 508
- faktoren 43
- kennlinie 483
- konzept 87, 88, 94
- leistungen 682-689, 692, 698, 699, 712, 714, 720, 721, 725, 730, 738, 739, 740
- netzwerk 31, 36, 81, 83, 84, 87, 91-94, 105, 112, 197, 336, 385, 421, 422, 426, 427, 440-447, 450, 456, 516, 517, 524, 526, 537, 539, 545, 563, 564, 568, 644, 682, 686, 741
- netzwerktyp 94
- parameter 648
- plan 37
- planung 28
  operative 647
- planung und -steuerung 28, 646, 647, 650, 651, 654, 657, 667, 669, 672, 679, 680, 683, 697,
724, 735, 741, 742, 746, 761, 778, 796, 808, 809, 811, 812, 819, 832, 843
  intermediärangebundene 688
- programm 395, 449
- programmplanung 20, 29, 37, 38, 39-41, 43, 65, 74, 75, 115, 119, 145, 147, 154, 175, 182, 185, 189, 198, 199, 201, 202, 430, 431, 435, 449, 466, 625, 626, 628, 638, 641, 652, 699, 702, 703, 712-715, 718, 819, 820, 823
- programmvorschlag 652
- ressourcen 29
- standort 33, 36, 84, 104, 115, 118, 228, 235, 236, 238, 243
- steuerung 28
- verbund 83-85, 90, 97, 102, 180

Produkt-
- neuauflage 89
- programmplanung 31, 32
- recycling 604
- spezifität 86
- struktur 85, 147, 203, 264

Projekteinrichtung 311, 312, 314
Projektmanagement 149, 264, 271, 278, 332, 406, 407, 416
Projektnetzwerk 92, 97, 102, 103
Protégé 3.0 770, 771, 779
Prototyp 364
Prototyping 364
Prozess 296, 299, 301, 302, 347, 354, 355, 382, 388, 389, 399, 401-403, 414, 472, 519, 525, 527, 531-533, 535, 538, 555, 558, 560, 593
Prozess- und Strukturanalyse 301, 316, 321
Prozess- und Strukturreorganisation 301, 310, 322, 325, 347
Prozess-
- architektur 15, 21, 81, 82, 83, 100, 101, 102, 105, 109
- architektursicht 18
- merkmal 100, 101

874 Sachverzeichnis

- modell 108, 109, 110, 111, 136, 656, 660, 803
- referenzmodell 110, 111, 136
- sicht 18, 23

Q

Quality Function Deployment 399, 403
Querschnittsaufgaben 20, 28, 29, 58, 59, 71, 109, 111, 112, 120, 136, 197, 248

R

Rahmenauftragsfertiger 25, 135, 153, 154, 156, 158, 159, 161, 163, 164, 165, 166, 167, 190
Rahmenkontrakt 154, 156, 159, 166
Rationalität 754
Reaktive Steuerung 767
Reaktivität 753
Recycling 637, 642, 643, 784
  Produktionsabfallrecycling 604, 642
Referenzprozess 23, 110, 170
Referenzsicht 18
Reihenfertigung 131, 132
Reihenfolgeplanung 54, 63, 150, 151, 178
Reihenmontage 133
Releasefähigkeit 338, 359, 370
Releasewechsel 351, 359
Reorganisation 12, 297, 301, 302, 304, 306, 307-312, 314, 318, 323, 324, 326-328, 360, 365, 424, 563
Ressourcenfeinplanung 49, 53, 54, 56, 149, 150
Ressourcengrobplanung 42
Ressourcenstamm 651, 663, 677
Restrukturierungsmaßnahmen 647, 652
Routing 766, 767, 768
Rückwärtsterminierung 47
Rüst-
- kosten 52
- zeiten 52

- zeitoptimierung 50

S

Schlupfzeitregel 51
Schulung 362, 363, 364, 370, 406, 407
SCM 396, 403, 417, 423, 425, 432, 452, 464, 515, 542-545, 547-549, 552, 568, 581, 582, 584-588, 590, 591, 593, 594, 598
SCOR-Modell 769, 770, 771
Sekundärmaterial 610, 628, 637
Sekundärrohstoff 632, 633, 638, 639, 641
Selbststeuerung 745-748, 749, 752-768, 772-774, 776, 779
Serienfertigung 129, 130, 209, 290
Seriennetzwerk
  entwicklungsgeprägtes 97, 102
Servicegrad 467, 487, 488, 489, 490, 493, 496, 498, 500, 501, 552
Sicherheits- und Pufferbestände 652
Simulation 647-651, 653, 663, 665, 666, 670, 671, 673, 674, 676, 677, 679, 680, 681, 778, 779, 787, 844, 854
  Ablaufsimulation 647, 649, 650, 651, 653-656, 669, 679, 680
  Ablaufsimulator 648, 659, 660
  Dynamische Ablaufsimulation 651
  Materialflusssimulation 650, 672
  Simulationsunterstützte Produktionsplanung und -steuerung 647
  Szenariobasierte Simulationsdurchführung 648
Simulations-
- elemente 653, 659, 660
- ergebnisse 653, 671
- modell 648, 662, 663, 670, 673
- studie 651
- technik 647, 648, 657, 660, 679, 680

Sachverzeichnis

- umgebung 648, 660, 661, 662, 663, 669, 671, 673, 677, 680
- werkzeug 648

Simulative Fabrikplanung 651
Simultanplanung 651
Softwareagent 752, 754, 757-760, 768
Soll-Konzeption 310, 317, 318, 322, 325, 406, 407, 413, 414
Stammdaten 72, 77, 161, 196, 230, 233, 248, 250, 254, 260, 285
Stammdatenverwaltung 336, 350
Standardisierung 297, 298, 300, 380, 381, 384-386, 390, 393, 395, 404, 412, 521, 539, 544
Störungsmanagement 647, 648, 663, 664, 666
   operatives 649
strategische Erfolgsfaktoren 396, 400
strategische Fabrikplanung 663
strukturbedingte Interdependenzen 428
Strukturplanung 652, 667
Stücklisten 631, 651, 674, 708, 721, 738, 784, 788-790, 793, 796, 798, 801, 803, 805
Stufenplanung 42
Stützleistung 765
Substituierbarkeit 28, 91, 92, 94
Supply Chain Management 465, 515, 540, 542, 544, 545, 595-599
Supply Chain Organisation 425
System-
- architektur 383, 384, 388, 536, 537
- planung 652
- robustheit 749, 762
- test 351, 352, 354, 357

T

Taktische Logistikplanung 663
Techniken
   agentenorientierte 757, 778

Teile 349, 373, 435, 439, 513, 520, 559, 562
Teilmodell 15, 18
Terminbedarf 45
Termintreue 440, 471, 476, 479, 498, 500, 506, 561
Testfahrplan 348, 349, 351, 352, 353, 371
Top-down-Vorgehensweise 414
Transaktionskosten 613, 630, 642, 682, 684, 698, 725, 726, 729, 730, 736
Transportmodi 766, 768
Trichtermodell 474, 475, 479
Typologisierung 566, 568, 570, 587, 589

U

Überbetriebliche Planung 632, 634
Übergangsmatrix 47
Übergangszeit 47, 52
Umplanung 51
Umweltschutz 645, 793, 797, 810
Unternehmens-
- ebene 21, 81
- typen 545, 563, 572, 580, 581, 582, 584, 593
- typologie 570, 572, 573, 582, 593, 594
Unternehmung
   fokale 427

V

Variantenfertiger 25, 135, 136, 167, 168, 170-173, 175-178, 180, 191
Variantenkonfiguration 170, 171
Verbesserungsprozess 414
Verbundstruktur 84
Verfügbarkeit 613, 655, 677, 702, 704, 717, 752, 804, 805, 816, 845
Verfügbarkeitsprüfung 55, 56, 153, 167, 177, 187, 191, 221, 222, 241
Verpflichtungsheft 353, 358, 359
Vertragspartnerbewertung 691

Vorauswahl 341-344, 346-348, 354, 415, 461
Vorgehensweisen zur Softwareauswahl 337
Vorlauf- und Übergangszeiten 651
Vorwärtsterminierung 47

W

Werkstattfertigung 130
Wertschöpfungskette 68, 82, 101, 105, 300, 381, 549, 557, 596
Wertschöpfungsnetzwerk 28
Wirtschaftlichkeit 419, 467

Z

zentrale Planungsinstanz 421, 426
Zielgerichtetheit 753, 768
Zielsystem 311, 322, 421, 451, 453, 467, 471, 479, 545-549, 553, 581, 593, 598
Zusammenarbeit 82, 84, 89, 90, 92, 94, 97, 102, 105

Druck und Bindung: Strauss GmbH, Mörlenbach